易学易用系列

新编

网站设计与网页制作（Dreamweaver CC+Photoshop CC+Flash CC版）从入门到精通

龙马高新教育 编著

人民邮电出版社
北京

图书在版编目（C I P）数据

新编网站设计与网页制作（Dreamweaver CC + Photoshop CC + Flash CC版）从入门到精通 / 龙马高新教育编著. -- 北京 : 人民邮电出版社, 2015.9（2019.1重印）
ISBN 978-7-115-39147-6

Ⅰ. ①新… Ⅱ. ①龙… Ⅲ. ①网页制作工具 Ⅳ. ①TP393.092

中国版本图书馆CIP数据核字(2015)第130882号

内 容 提 要

本书以零基础讲解为宗旨，用实例引导读者学习，深入浅出地介绍了网站设计与网页制作的相关知识和应用方法。

全书分为 5 篇，共 24 章。第 1 篇【网页制作篇】主要介绍了网页与网站的基础知识、Dreamweaver CC 的基本操作、创建网页样式、灵活的网页布局、使用网页元素美化网页、用表单创建交互网页、用行为丰富页面，以及动态网站开发筹备等；第 2 篇【图片处理篇】主要介绍了 Photoshop CC 的基本操作、绘制与修饰图形图像、创建文字及效果，以及图像的高级处理等；第 3 篇【动画增效篇】主要介绍了 Flash CC 的基本操作、元件和库的运用、制作动画，以及测试和优化 Flash 作品等；第 4 篇【综合实战篇】主要介绍了个人网站开发、商业网站开发、制作 Flash 广告，以及使用 Flash 制作企业门户网站等；第 5 篇【高手秘技篇】介绍了如何打造赏心悦目的网站，网站的优化与推广，使用滤镜、笔刷和纹理等知识，供读者巩固提高。

在本书附赠的 DVD 多媒体教学光盘中，包含了 23 小时与图书内容同步的教学录像，以及案例的配套素材和结果文件。此外，还赠送了大量相关内容的教学录像和电子书，便于读者扩展学习。

本书不仅适合网站设计与网页制作的初、中级用户学习使用，也可以作为各类院校相关专业学生和电脑培训班学员的教材或辅导用书。

♦ 编　　著　龙马高新教育
责任编辑　张　翼
责任印制　杨林杰

♦ 人民邮电出版社出版发行　北京市丰台区成寿寺路 11 号
邮编　100164　电子邮件　315@ptpress.com.cn
网址　http://www.ptpress.com.cn
固安县铭成印刷有限公司印刷

♦ 开本：787×1092　1/16
印张：33
字数：802 千字　2015 年 9 月第 1 版
印数：3 901－4 200 册　2019 年 1 月河北第 5 次印刷

定价：69.80 元（附光盘）

读者服务热线：(010)81055410　印装质量热线：(010)81055316
反盗版热线：(010)81055315
广告经营许可证：京东工商广登字 20170147 号

电脑是现代信息社会的重要标志，掌握丰富的电脑知识、正确熟练地操作电脑已成为信息时代对每个人的要求。为满足广大读者的学习需要，我们针对不同学习对象的接受能力，总结了多位电脑高手、高级设计师及计算机教育专家的经验，精心编写了这套“新编从入门到精通”系列丛书。

丛书主要内容

本套丛书涉及读者在日常工作和学习中各个常见的电脑应用领域，在介绍软硬件的基础知识及具体操作时均以读者经常使用的版本为主，在必要的地方也兼顾了其他版本，以满足不同领域读者的需求。本套丛书主要包括以下品种。

新编学电脑从入门到精通	新编老年人学电脑从入门到精通
新编笔记本电脑应用从入门到精通	新编电脑办公（Windows 8 + Office 2010版）从入门到精通
新编Office 2003从入门到精通	新编电脑办公（Windows 8 + Office 2013版）从入门到精通
新编Office 2010从入门到精通	新编电脑办公（Windows 7 + Office 2013版）从入门到精通
新编Office 2013从入门到精通	新编PowerPoint 2013从入门到精通
新编电脑打字与Word排版从入门到精通	新编电脑选购、组装、维护与故障处理从入门到精通
新编黑客攻击与防范从入门到精通	新编电脑及数码设备系统安装与维护从入门到精通
新编Photoshop CC从入门到精通	新编中文版AutoCAD 2015从入门到精通
新编UG 9.0从入门到精通	新编SPSS 23.0从入门到精通
新编Premiere CC从入门到精通	新编SolidWorks 2015从入门到精通
新编金蝶KIS从入门到精通	新编用友U8 V12.0从入门到精通
新编淘宝网开店、装修、推广从入门到精通	新编微信公众平台搭建与开发从入门到精通
新编Word/Excel/PPT 2003从入门到精通	新编Word/Excel/PPT 2007从入门到精通
新编Word/Excel/PPT 2010从入门到精通	新编Word/Excel/PPT 2013从入门到精通
新编Word 2013从入门到精通	新编Excel 2003从入门到精通
新编Excel 2010从入门到精通	新编Excel 2013从入门到精通
新编网站设计与网页制作（Dreamweaver CC + Photoshop CC + Flash CC版）从入门到精通	

本书特色

零基础、入门级的讲解

无论读者是否从事计算机相关行业，是否使用过网站设计与网页制作软件，都能从本书中找到最佳的起点。本书入门级的讲解，可以帮助读者快速地从新手迈向高手行列。

精选内容，实用至上

全部内容都经过精心选取编排，在贴近实际的同时，突出重点、难点，帮助读者对所学知识深化理解，触类旁通。

实例为主，图文并茂

在介绍过程中，每一个知识点均配有实例辅助讲解，每一个操作步骤均配有对应的插图加深认识。这种图文并茂的方法，能够使读者在学习过程中直观、清晰地看到操作过程和效果，便于深刻理解和掌握。

高手指导，扩展学习

本书以“高手支招”的形式为读者提炼了各种高级操作技巧，总结了大量系统实用的操作方法，以便读者学习到更多的内容。

双栏排版，超大容量

本书采用双栏排版的格式，大大扩充了信息容量，在不足 600 页的篇幅中容纳了传统图书 700 多页的内容。这样，就能在有限的篇幅中为读者奉送更多的知识和实战案例。

书盘结合，互动教学

本书配套的多媒体教学光盘内容与书中知识紧密结合并互相补充。在多媒体光盘中，我们仿真工作、学习中的真实场景，帮助读者体验实际工作环境，并借此掌握日常所需的知识和技能以及处理各种问题的方法，达到学以致用的目的，从而大大增强了本书的实用性。

光盘特点

23 小时全程同步视频教学录像

教学录像涵盖本书所有知识点，详细讲解每个知识点及实战案例的操作过程和关键点。读者可更轻松地掌握书中所有知识点的方法和技巧，而且扩展的讲解部分可使读者获得更多的知识。

超多、超值资源大放送

随书奉送 Photoshop/Dreamweaver/Flash CC 常用快捷键速查表、500 个经典 Photoshop 设计案例效果图、CSS 属性速查表、HTML 标签速查表、精彩 CSS+DIV 布局赏析电子书、42 个精选 Flash 案例源文件、100 个精选 Flash 声音素材、Flash 优秀作品展示、网页配色方案速查表、网页设计布局与美化疑难解答电子书、网页制作常见问题及解答电子书、颜色代码查询表、10 小时 CSS+DIV 网页样式布局教学录像、8 小时 HTML 5+CSS 3 网页设计与制作教学录像，以及教学用 PPT 课件等超值资源，以方便读者扩展学习。

配套光盘运行方法

❶ 将光盘放入光驱中，几秒钟后系统会弹出【自动播放】对话框，如下图所示。

❷ 在 Windows 7 操作系统中单击【打开文件夹以查看文件】链接以打开光盘文件夹，用鼠标右键单击光盘文件夹中的 MyBook.exe 文件，并在弹出的快捷菜单中选择【以管理员身份运行】菜单项，打开【用户账户控制】对话框，如下图所示。单击【是】按钮，光盘即可自动播放。（在 Windows 8 操作系统中会在桌面右上角显示快捷操作界面，单击界面后，在其列表中选择【运行 MyBook.exe】选项即可。）

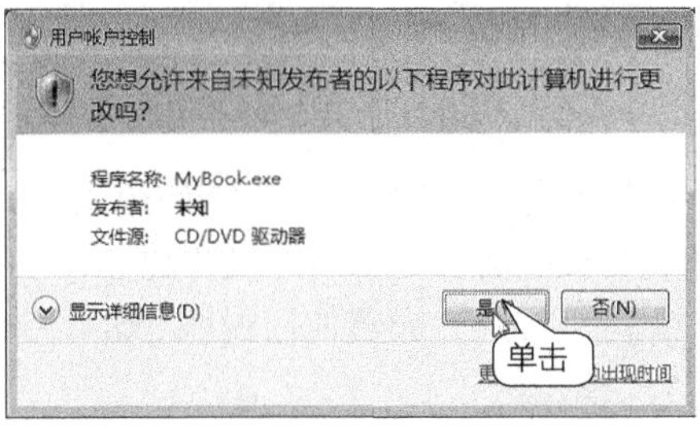

❸ 光盘运行后首先播放片头动画，之后进入光盘的主界面。其中包括【课堂再现】、【教学用 PPT】两个学习通道，和【素材文件】、【结果文件】、【赠送资源】、【帮助文件】、【退出光盘】五个功能按钮。

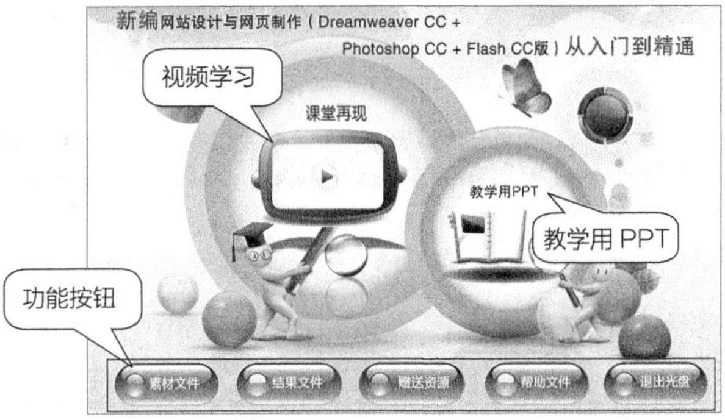

❹ 单击【课堂再现】按钮，进入多媒体同步教学录像界面。在左侧的章号按钮上单击鼠标左键，在弹出的快捷菜单上单击要播放的节名，即可开始播放相应的教学录像。

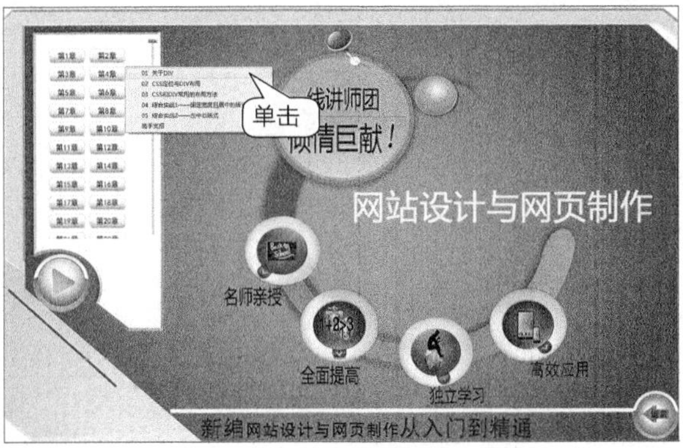

❺ 单击【教学用 PPT】按钮，打开赠送的教学用 PPT 文件夹。

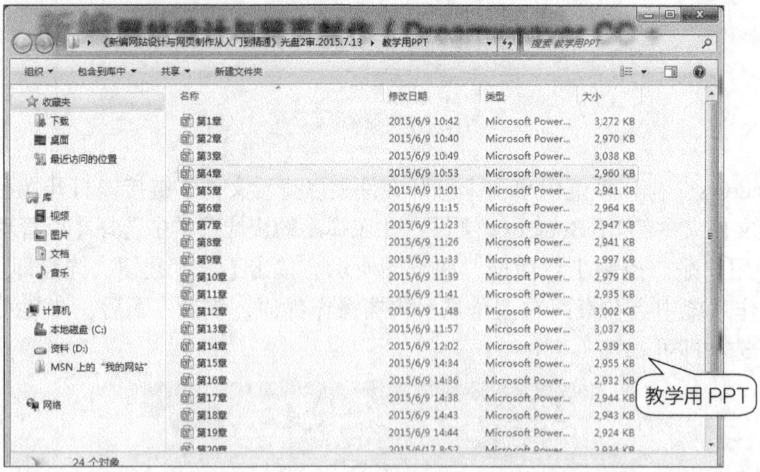

❻ 单击【素材文件】和【结果文件】按钮，可打开本书的素材文件和结果文件文件夹。

❼ 单击【赠送资源】按钮，可以查看随本书赠送的资源。

❽ 单击【帮助文件】按钮，可以打开“光盘使用说明 .pdf”文档，该说明文档详细介绍了光盘在电脑上的运行环境及运行方法等。

❾ 单击【退出光盘】按钮，即可退出本光盘系统。

网站支持

更多学习资料，请访问 www.51pcbook.cn。

创作团队

本书由龙马高新教育策划，孔长征任主编，李震、王伟娜任副主编，其中第 1 章 ~ 第 5 章由王伟娜老师编著。参与本书编写、资料整理、多媒体开发及程序调试的人员有孔万里、赵源源、周奎奎、张任、张田田、尚梦娟、李彩红、尹宗都、王果、陈小杰、左琨、邓艳丽、崔姝怡、侯蕾、左花苹、刘锦源、普宁、王常吉、师鸣若、钟宏伟、陈川、刘子威、徐永俊、朱涛和张允等。

在编写过程中，我们竭尽所能地将最好的讲解呈现给读者，但也难免有疏漏和不妥之处，敬请广大读者不吝指正。若您在学习过程中产生疑问，或有任何建议，可发送电子邮件至 zhangyi@ptpress.com.cn。

编者

目录

第1篇　网页制作篇

第2篇 图片处理篇

第3篇 动画增效篇

赠送资源(光盘中)

- 赠送资源1　10小时CSS+DIV网页样式布局教学录像
- 赠送资源2　8小时HTML 5+CSS 3网页设计与制作教学录像
- 赠送资源3　网页制作常见问题及解答电子书
- 赠送资源4　网页设计布局与美化疑难解答电子书
- 赠送资源5　Photoshop/Dreamweaver/Flash CC常用快捷键速查表
- 赠送资源6　CSS属性速查表
- 赠送资源7　HTML标签速查表
- 赠送资源8　精彩CSS+DIV布局赏析电子书
- 赠送资源9　500个经典Photoshop设计案例效果图
- 赠送资源10　42个精选Flash案例源文件
- 赠送资源11　100个精选Flash声音素材
- 赠送资源12　Flash优秀作品展示
- 赠送资源13　网页配色方案速查表
- 赠送资源14　颜色代码查询表
- 赠送资源15　教学用PPT课件

第1篇 网页制作篇

第1章 网页设计快速入门——网页与网站基础知识

第2章 Dreamweaver CC的基本操作

第3章 创建网页样式——CSS

第4章 灵活的网页布局——CSS+DIV

第5章 使用网页元素美化网页——添加对象

第6章 让网页动起来——用表单创建交互网页

第7章 从此告别单调——用行为丰富页面

第8章 动态网站开发筹备

第 1 章

网页设计快速入门——网页与网站基础知识

学习目标

制作网站先要学习一些有关网站的知识。通过本章的学习，读者能够掌握网页制作的基础知识，了解网页的相关概念，初步认识HTML常用标记的用法。

学习效果

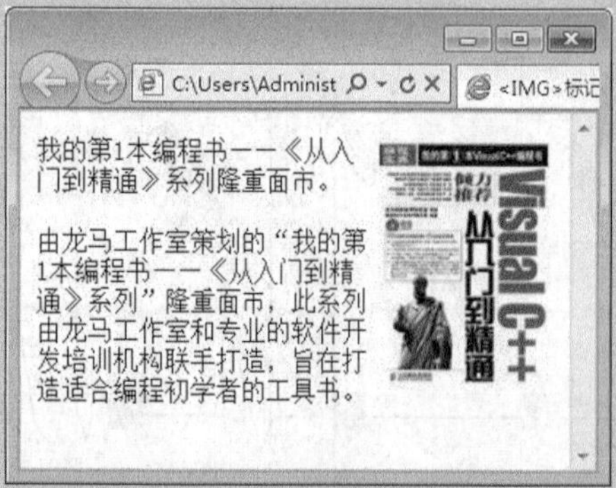

我的第1本编程书——《从入门到精通》系列隆重面市。
由龙马工作室策划的“我的第1本编程书——《从入门到精通》系列”隆重面市，此系列由龙马工作室和专业的软件开发培训机构联手打造，旨在打造适合编程初学者的工具书。

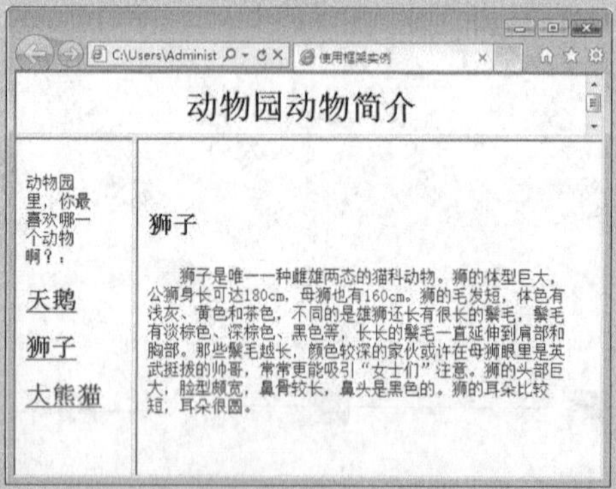

动物园动物简介
动物园里，你最喜欢哪一个动物啊？：
天鹅
狮子
大熊猫
狮子

1.1 认识网页与网站

本节教学录像时间：9 分钟

网页是网站的必要组成部分，而一个功能丰富的网站不仅仅包括网页，还可能包括一些资源，如视频文件、声音文件等，另外网站还可能需要一些软件支持，如MySQL数据库等。开发网站时需要明白URL的概念，及了解一些开发工具的使用方法。

1.1.1 网页和网站的关系

在介绍网页和网站的关系之前，先来了解网页与网站的定义。网页又叫Web页，实际上是一个文件，它存放在和Internet相连的某个服务器上。网页又分为静态网页和动态网页两种。静态网页是事先编写好放在站点上的，所有访问同一个页面的用户看到的都是相同的内容。例如，下图展示的就是清华大学院系设置栏目的网页。

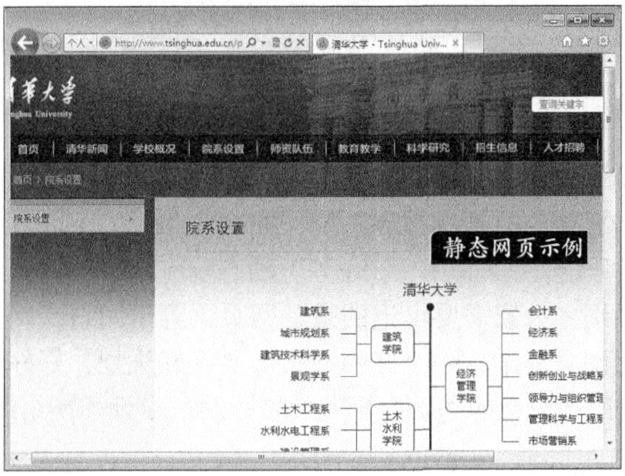

动态网页是能够与访问者进行交互的网页。它能够针对不同的访问者的不同需要，将不同的信息反馈给访问者，从而实现与访问者之间的交互。例如，当你访问淘宝网并登录到你的账户时，网页会显示你添加到购物车中的商品信息以及购买过的商品的信息等，下图就是查看购物车时显示的网页。

网站可以简单地认为是许多网页文件集合而成的，这些网页通过超链接连接在一起，至于多少网页集合在一起才能称作网站并没有明确的规定，即使只有一个网页也能称为网站。在一般情况下，每个网站都有一个被称为主页（HomePage）或者首页的特殊页面。当访问者访问该服务器时，网站服务器首先将主页传递给访问者。主页就是网站的“大门”，起着引导访问者浏览网站的作用，作为网站的起始点和汇总点，网站有哪些内容，更新了什么内容，均可通过主页告诉访问者。下图展示的是清华大学网站的主页。

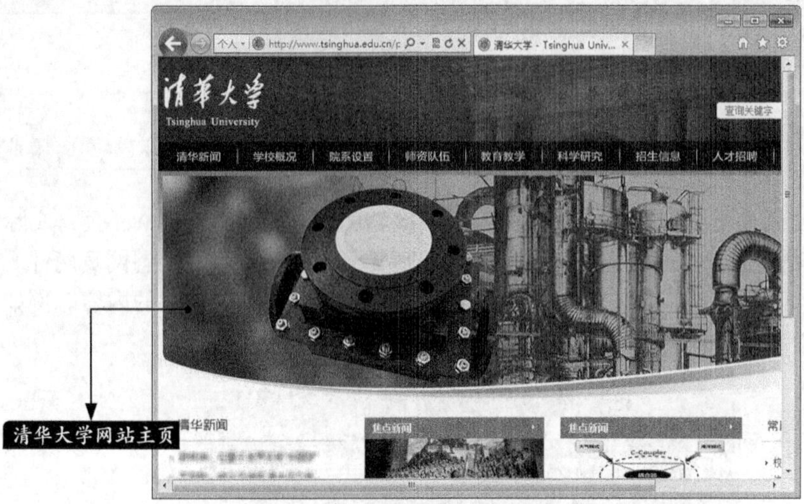

但是，网站又不止这么简单，因为网站也是基于B/S结构的软件，还需要用到多种软件和技术。比如，大部分网站需要使用数据库管理系统（如MySQL、Oracle等）存储和管理网站中的数据，以及通过服务器端编程语言（如PHP、JSP等）动态响应结果等。

关于网页和网站的区别，大家需要牢记的是，网页不等于网站，网页只是网站的一部分，负责前台的显示；网站要比网页复杂，一个好的网站需要好好规划，好好设计。网页的设计要简单得多，但是网页的设计是网站设计的基础，只有学好了网页设计才能组织好网站设计。

小提示

网页后缀名通常为.html或.htm。另外还有以.asp、.jsp、.php等为扩展名的动态网页文件，这三种格式的动态网页文件是指在HTML文档中嵌入了.net、.java、.php编程语言，需要注意这些动态网页是不能直接在用户浏览器上解析的。这些不同类型的后缀名代表不同类型的网页文件。

1.1.2 网页的相关概念

在制作网页时，经常会接触到很多和网络有关的概念，如万维网、浏览器、URL、FTP、IP地址及域名等。理解与网页相关的概念，对制作网页会有一定的帮助。

1. 浏览器

浏览器是指将互联网上的文本文档（或其他类型的文件）翻译成网页，并让用户与这些文件交互的一种软件工具，主要用于查看网页的内容。目前最常用的浏览器是微软公司的Internet Explorer，另外还有许多常见的浏览器，如Google Chrome、360安全浏览器、搜狗高速浏览器、腾讯QQ浏览器、火狐浏览器、百度浏览器等。下图展示的为Internet Explorer浏览器和搜狗高速浏览器界面。

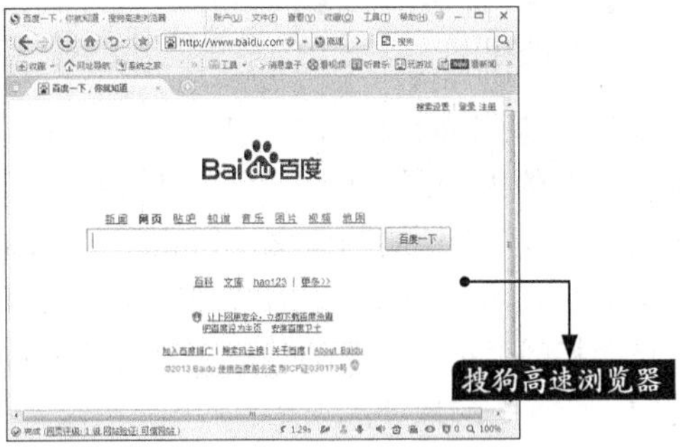

2.HTML

HTML（HyperText Mark-up Language，超文本标记语言）是W3C（World Wide Web Consortium）组织推荐使用的一个国际标准，是一种用来制作超文本文档的简单标记语言。我们在浏览网页时，看到的丰富的视频、文字、图片等内容都是通过浏览器解析HTML语言表现出来的。用HTML编写的超文本文档称为HTML文档，它能独立于各种操作系统平台，一直被用作WWW（万维网）的信息表示语言。

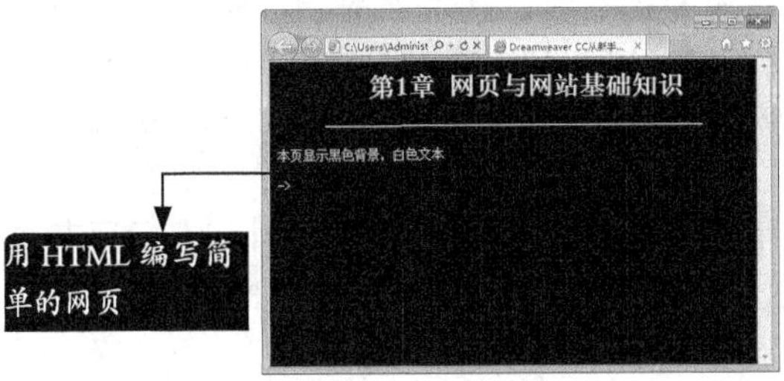

3.URL、域名与IP地址

URL（Uniform Resource Locator，统一资源定位符）也就是网络地址，是在Internet上用来描述信息资源，并将Internet提供的服务统一编址的系统。简单来说，通常在IE浏览器或Netscape浏览器中输入的网址就是URL的一种。术语统一资源标识符（Uniform Resource Identifer，URI）一词有时可与URL互换使用，但它是一个更为一般性的术语，URL只是URI中的一种。Web连接设备使用这种地址在一台特定的服务器上找到一个特定的文件，以便下载它并将其显示给用户（或者把它用于别的用途，Web上的文件并非全部用于显示）。

Web URL遵守一种标准的语法，它可以被分解为几个主要部分，每部分都向客户端和服务器传达着特定的信息。

下表为URL各部分组成的含义。

URL组成部分	代表的含义
http://	代表超文本传输协议，通知example.com服务器显示Web页
www	代表一个Web服务器
example.com/	是装有网页的服务器域名，或站点服务器的名称
examples/	为该服务器上的子目录，就好像文件夹

续表

URL组成部分	代表的含义
example.html	服务器文件夹中的一个HTML文件（网页）

域名类似于Internet上的门牌号，是用于识别和定位互联网上计算机的层次结构式字符标识，与该计算机的因特网协议（IP）地址相对应。但相对于IP地址而言，更便于用户理解和记忆。URL和域名是两个不同的概念，如http://www.sohu.com/是URL，而www.sohu.com是域名。

IP（Internet Protocol，因特网协议）是为计算机网络相互连接进行通信而设计的协议，是计算机在因特网上进行相互通信时应当遵守的规则。IP地址是给因特网上的每台计算机和其他设备分配的一个唯一的地址。

4.网站上传和下载

上传（Upload）是从本地计算机（一般称客户端）向远程服务器（一般称服务器端）传送数据的行为和过程。下载（Download）是从远程服务器取回数据到本地计算机的过程。

1.2 网页的HTML构成

本节教学录像时间：10 分钟

HTML文本是由HTML标记组成的描述性文本，HTML标记可以用于说明文字、图形、动画、声音、表格和链接等。HTML的结构包括头部（Head）和主体（Body）两大部分，其中头部描述浏览器所需的信息，而主体则包含所要说明的具体内容。

通常情况下，HTML文档的标记都可嵌套使用，通常由三对基本标记来构成一个HTML，分别是文档标记<HTML>、头部<HEAD>和主体<BODY>，具体结构如下。

```
<HTML>........................................ HTML 文件开始
<HEAD>........................................ 文件头开始
头部信息
</HEAD>........................................ 文件头结束
<BODY>........................................ 文件体开始
文档主体，正文部分
</BODY>........................................ 文件体结束
</HTML>........................................ HTML 文件结束
```

要学习编写一个满意的HTML页面，首先需要学习的是HTML中最基本的顶级标记，包括文档标记、头部标记以及主体标记等。下图所示即为一段HTML代码。

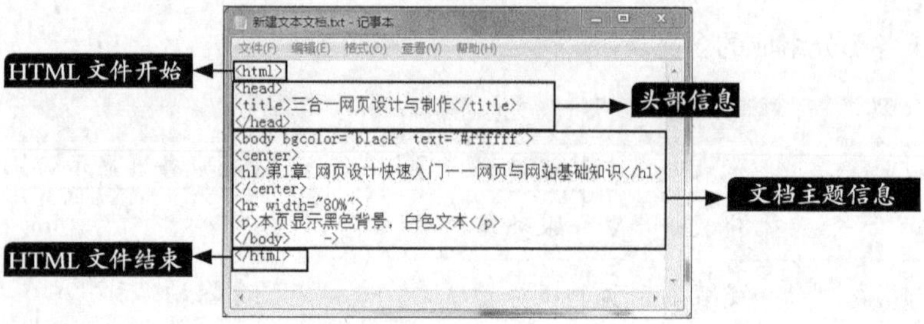
新建文本文档.txt - 记事本
文件(F) 编辑(E) 格式(O) 查看(V) 帮助(H)
HTML 文件开始
<html>
<head>
<title>三合一网页设计与制作</title>
</head>
头部信息
<body bgcolor="black" text="#ffffff">
<center>
<h1>第1章 网页设计快速入门——网页与网站基础知识</h1>
</center>
<hr width="80%">
<p>本页显示黑色背景，白色文本</p>
</body>
文档主题信息
HTML 文件结束
</html>

HTML元素（Element）构成了HTML文件，这些元素由HTML标记（tags）所定义。HTML文件是一种包含了很多标记（tags）的纯文本文件，标记告诉浏览器如何去显示页面。

1.2.1 文档标记

基本HTML的页面以<HTML>标记开始，以</HTML>标记结束。HTML文档中的所有内容都应该在这两个标记之间。空结构在IE中的显示是空白的。

<HTML>标记的语法格式如下。

```
<HTML>
...
</HTML>
```

HTML 5设计准则中的第3条即是“化繁为简”，Web页面的文档类型说明（DOCTYPE）被极大地简化。

在使用Dreamweaver CC创建HTML文档时，文档头部的类型说明代码如下。

```
<! doctype html PUBLIC "-//W3C//DTD XHTML 1.0 Transitional//EN"
"http://www.w3.org/TR/xhtml1/ DTD/xhtml1-transitional.dtd">
```

上面为XHTML文档类型说明，可以看出这段代码既烦琐又难记，HTML 5对文档类型进行了简化，简单到15个字符就可以了，代码如下。

```
<! doctype html>
```

1.2.2 头部标记

头部标记（<HEAD>…</HEAD>）包含文档的标题信息，如标题、关键字、说明以及样式等。除了<TITLE>标题外，一般位于头部的内容不会直接显示在浏览器中，而是通过其他的方式显示。

(1) 内容

头部标记中可以嵌套多个标记，如<TITLE>、<BASE>、<ISINDEX>和<SCRIPT>等标记，可以添加任意数量的属性，如<SCRIPT>、<STYLE>、<META>或<OBJECT>。除了<TITLE>外，其他的嵌入标记可以使用多个。

(2) 位置

在所有的HTML文档中，头部标记都不可或缺，但是其起始和结尾标记可省，在各个HTML版本文档中，头部标记一直紧跟<BODY>标记，但在框架设置文档中，其后跟<FRAMESET>标记。

(3) 属性

<HEAD>标记的属性“PROFILE”给出了元数据描写的位置，说明其中的<META>和<LIND>元素的特性，该属性的形式没有严格的格式规定。

1.2.3 主体标记

主体标记（<BODY>…</BODY>）包含了文档的内容，用若干个属性来规定文档中显示的背景和颜色。

主体标记所可能用到的属性如下。

⑴ BACKGROUND=URI（文档的背景图像，URL指图像文件的路径）
⑵ BGCOLOR=Color（文档的背景色）
⑶ TEXT=Color（文本颜色）
⑷ LINK=Color（链接颜色）
⑸ VLINK=Color（已访问的链接颜色）
⑹ ALINK=Color（被选中的链接颜色）
⑺ ONLOAD=Script（文档已被加载）
⑻ ONUNLOAD=Script（文档已推出）

为该标记添加属性的代码格式如下。

```
<BODY BACKGROUNE="URI "BGCOLOR="Color ">
……………………………………
</BODY>
```

1.3 HTML常用标记

本节教学录像时间：34 分钟

在HTML文档中，除了具有不可缺少的文档、头部和主体3对标记外，还有其他很多常用的标记，如<P>、<TABLE>、<DIV>和<ADDRESS>等。

1.3.1 链接标记<LINK>

<LINK>定义了文档的关联，在<HEAD>…</HEAD>中可包含任意数量的<LINK>，该标记可能用到的属性见下表。

属性	举例	释义
REL	<LINK REL=Glossary HREF="a1.html">	“a1.html”是当前文档的词汇表
REV	<LINK REV=Subsection HREF="a2.html">	当前文档是“a2.html”的词汇表
HREF	<LINK HREF ="1.html">	表示链接的对象是“1.html”文档

1.3.2 段落标记<P>

<P>…</P>定义了一个段，是一种块级标记，其结尾标签可以省略。在使用浏览器的样式表单时为了避免出现差错，建议使用结尾标签。

小提示

块级标记是相对于行内标记来讲的，可以换行。在没有任何布局属性作用时，一对块级标记中的内容默认的排列方式是换行排列，而行内标记中的内容默认的排列方式则是同行排列，直到宽度超出包含它的容器宽度时才自动换行。

步骤01 将下述代码输入到记事本中，并保存为“1.html”。

```
<HTML>
<HEAD>
<TITLE> 简单页面 </TITLE>
</HEAD>
<BODY>
这是我的第一个段落。
<P> 这是我的 </P>
<P> 第二个段落 </P>
</BODY>
</HTML>
```

步骤02 在IE浏览器中打开保存的文档，即可看到显示效果。可以看到没有使用段落标记的文字同行排列显示，而使用段落标记的文字则是以一个段落的形式换行显示。

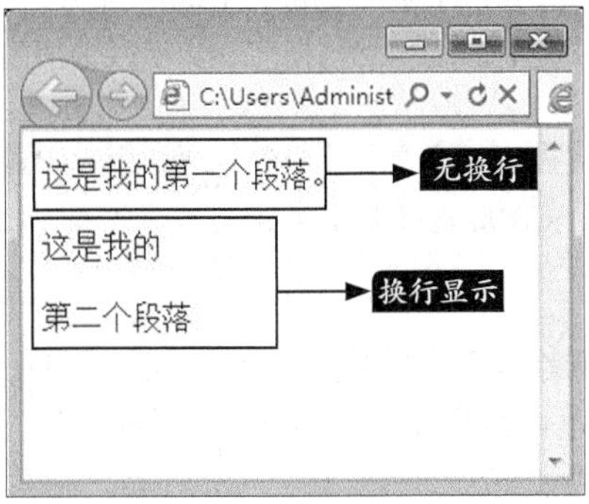

所使用的属性是通用属性中的“ID”属性和“LANG”属性，下面分别介绍。

小提示

通用属性适合大多数的标记，其中有“ID”“CLASS”“STYLE”“TITLE”“LANG”和“DIR”等属性。在本章后面讲解几种常用标记时，将先后用到这些通用属性。

1. “ID”属性

“ID”属性为文档中的元素指定了一个独一无二的身份标识，该属性的值的首位必须是英文字母，在英文字母的后面可以是任意的字母、数字和各种符号。使用格式如下。

```
<P ID=F1>My first Paragraph.</P>
<P ID=F2>My second Paragraph.</P>
```

以上代码指定了两个段落，其中第1段“My first Paragraph.”的标识为“F1”，第2段“My second Paragraph.”的标识为“F2”。

通过这些指定的标识ID，可以将段落与相应的样式规则联系起来，如下面的代码就定义了两段的各自颜色。

```
P#F1{
Color:navy;
Background:lime
}
P#F2{
Color: white;
Background: black
}
```

步骤01 将下述代码输入到记事本中，并保存为“2.html”。

```
<HTML>
<HEAD>
<style>
P#F1{
Color:navy;
Background:lime
}
P#F2{
Color:white;
Background:black
}</style>
<TITLE> 简单页面 </TITLE>
</HEAD>
<P ID=F1> 第一个段落 </P>
<P ID=F2> 第二个段落 </P>
</BODY>
</HTML>
```

小提示

由此段代码可以看出，第1段文字的颜色为海军蓝（Navy），背景色为浅绿色（Lime）；第2段文字的颜色为白色（White），背景色为黑色（Black）。

步骤 02 在IE浏览器窗口中打开保存的文档，即可看到页面效果。

小提示

如果希望将第2段文字的背景色设置为红色（Red），可以将“P#F2{Color:white;Background:black}”修改为“P#F2{Color:white;Background:red}”。

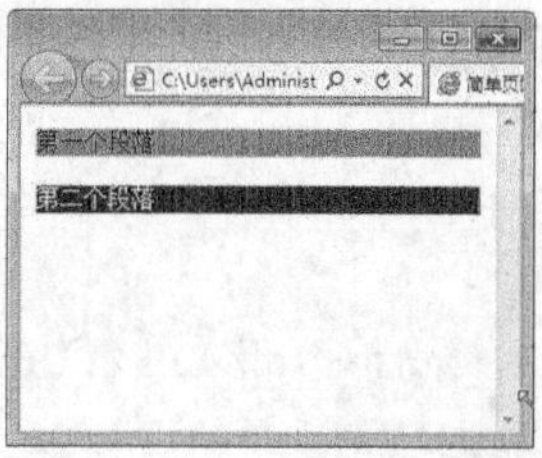

2. “LANG”属性

“LANG”属性指定了内容所使用的语言，其属性值不区分大小写。使用格式如下。

```
<PLANG=en>This paragraph is in Englis-h.</P>
```

1.3.3 通用块标记<DIV>

<DIV>…</DIV>定义了一个通用块级容器，可以把文档分割为独立的、不同的部分，为分块的内容提供样式或语言信息。<DIV>…</DIV>可以包含任何行内或块级标记，以及多个嵌套。

小提示

<DIV>…</DIV>与“CLASS”“ID”和“LANG”等通用属性联合使用则非常有效。这里以“CLASS”属性为例，介绍<DIV>…</DIV>标签的使用方法。

“CLASS”属性用于把一个一个元素指定为一个或者多个类的成员。和“ID”属性不同，“CLASS”类可以被任意数量的元素分享，而一个元素也可以属于多重的类，其属性值是一个类名称的列表。该属性在<DIV>…</DIV>标签中的使用方法如下。

```
<DIV CLASS="n1">
  <P> 这是第一条新闻 </P>
</DIV>
<DIV CLASS="n2">
  <P> 这是第二条新闻 </P>
</DIV>
```

通过这些指定的CLASS，可以对DIV分别进行格式设定。如下面的代码就定义了两个DIV（分别是n1和n2）的各自颜色，具体的代码详见随书光盘中的“素材\ch01\1.3\1.3.3\1.html”。

```
<style>
 .n1{
  color:red;
 }
 .n2{
  color:black;
 }
</style>
```

步骤01 打开随书光盘中的“素材\ch01\1.3\1.3.3\1.html”，即可看到第1段文字的颜色为红色，第2段文字的颜色为黑色。

C:\Users\Administ
这是第一条新闻
这是第二条新闻

步骤02 用记事本打开文档，将其中的<style>标记中的代码修改为如下的代码。

```
<style>
 .n1{
   color:navy;
 }
 .n2{
   color:green;
 }
</style>
```

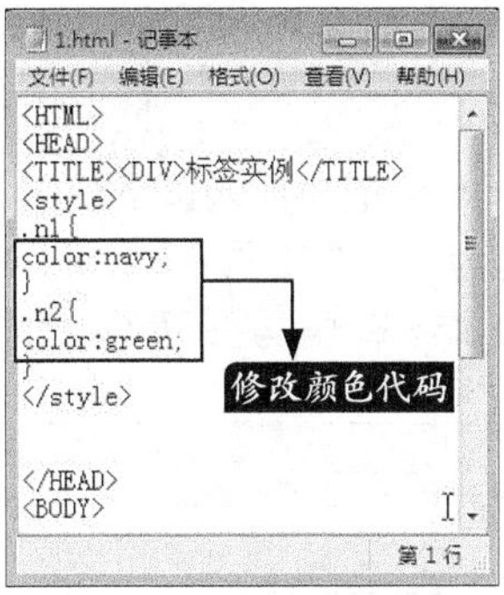
1.html - 记事本
文件(F) 编辑(E) 格式(O) 查看(V) 帮助(H)
<HTML>
<HEAD>
<TITLE><DIV>标签实例</TITLE>
<style>
.n1{
color:navy;
}
.n2{
color:green;
}
</style>
</HEAD>
<BODY>
修改颜色代码
第1行

步骤03 将“n1”DIV的文字颜色修改为海军蓝，将“n2”DIV的文字颜色修改为绿色，保存后在IE浏览器中打开，即可看到如下效果。

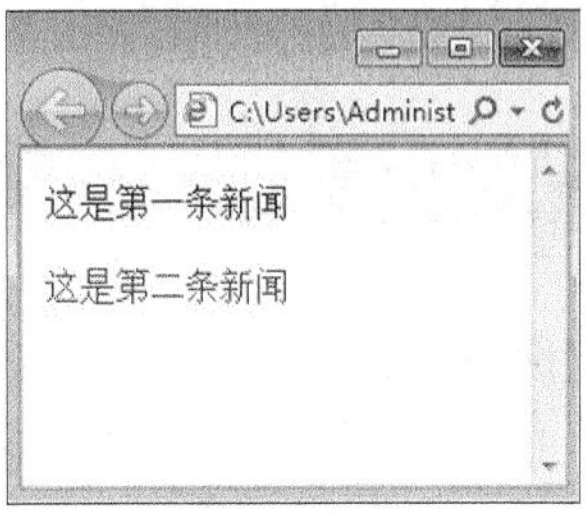
C:\Users\Administ
这是第一条新闻
这是第二条新闻

1.3.4 行内标记<SPAN>

<SPAN>…</SPAN>行内标记本身并没有结构含义，但可以通过使用“LANG”“DIR”“CLASS”和“ID”等通用属性来提供外加的结构。

小提示

这里结合“STYLE”属性来介绍<SPAN>…</SPAN>行内标记的使用方法。“STYLE”属性允许为一个单独出现的元素指定样式。

步骤01 用记事本打开随书光盘中的“素材\ch01\1.3\1.3.4\1.html”，即可看到其中的文字都是统一的显示格式。

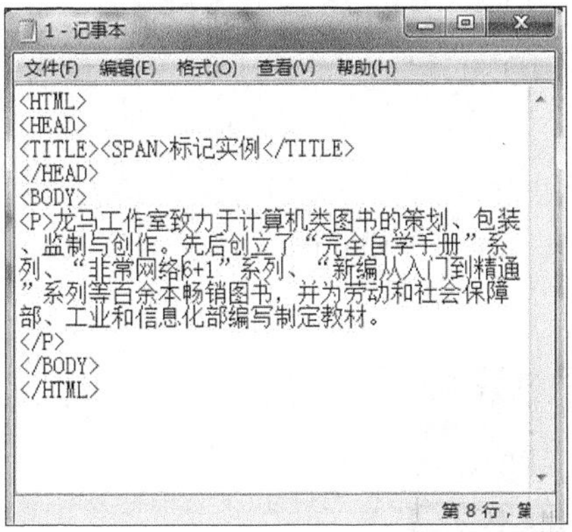
1 - 记事本
文件(F) 编辑(E) 格式(O) 查看(V) 帮助(H)
<HTML>
<HEAD>
<TITLE><SPAN>标记实例</TITLE>
</HEAD>
<BODY>
<P>龙马工作室致力于计算机类图书的策划、包装、监制与创作。先后创立了“完全自学手册”系列、“非常网络6+1”系列、“新编从入门到精通”系列等百余本畅销图书，并为劳动和社会保障部、工业和信息化部编写制定教材。
</P>
</BODY>
</HTML>
第8行，第

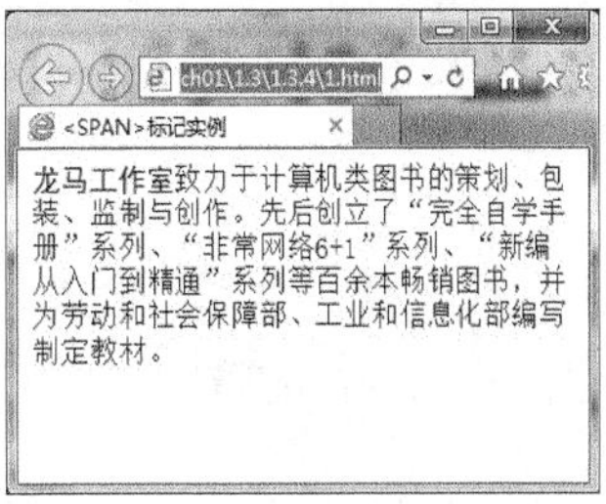
ch01\1.3\1.3.4\1.html
<SPAN>标记实例
龙马工作室致力于计算机类图书的策划、包装、监制与创作。先后创立了“完全自学手册”系列、“非常网络6+1”系列、“新编从入门到精通”系列等百余本畅销图书，并为劳动和社会保障部、工业和信息化部编写制定教材。

步骤02 如果希望将其中的“龙马工作室”文字用黑体显示，可以在记事本中添加如下的代码对类“jiahei”进行格式设定，字体显示为黑体。

```
<style>
 .jiahei {
 font-family: " 黑体 ";
```

```
}
</style>
```

步骤 03 在<P>标记中加入以下代码，设置黑体显示的内容为“龙马工作室”。

```
<span class="jiahei"> 龙马工作室 </span>
```

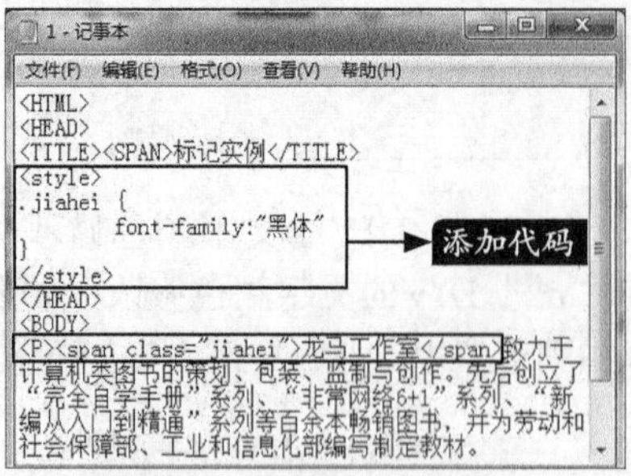
1 - 记事本
文件(F) 编辑(E) 格式(O) 查看(V) 帮助(H)
<HTML>
<HEAD>
<TITLE><SPAN>标记实例</TITLE>
<style>
.jiahei {
font-family:"黑体"
}
</style>
</HEAD>
<BODY>
<P><span class="jiahei">龙马工作室</span>致力于计算机类图书的策划、包装、监制与创作。先后创立了“完全自学手册”系列、“非常网络6+1”系列、“新编从入门到精通”系列等百余本畅销图书，并为劳动和社会保障部、工业和信息化部编写制定教材。
添加代码

步骤 04 将文档保存，然后用IE浏览器打开，即可看到用黑体显示的文字。

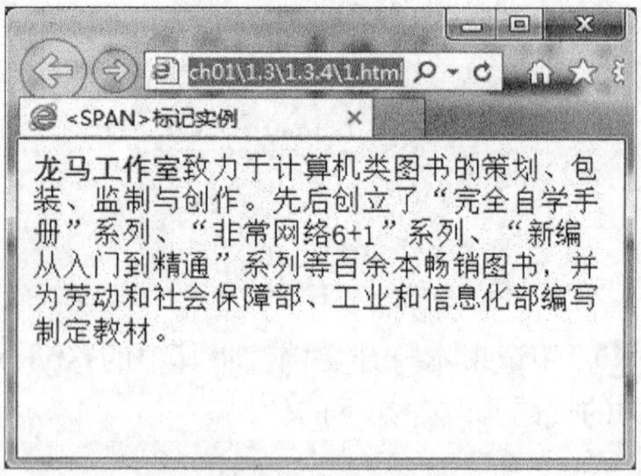
ch01\1.3\1.3.4\1.html
<SPAN>标记实例
龙马工作室致力于计算机类图书的策划、包装、监制与创作。先后创立了“完全自学手册”系列、“非常网络6+1”系列、“新编从入门到精通”系列等百余本畅销图书，并为劳动和社会保障部、工业和信息化部编写制定教材。

1.3.5 元数据标记<META>

元数据标记<META>的作用是定义HTML页面中的相关信息，例如文档关键字、描述以及作者信息等。可以在头部标记中使用多次。元数据标记<META>的语法格式如下。

```
<META NAME="" CONTENT="">
```

<META>标记的“NAME”属性用于给出特性名称，“CONTENT”属性则给出其对应的特性值。使用元数据标记还可以指定编码格式，以保证网页中的汉字正常显示。下面是使用该标记指定编码格式的例子。

```
<META http-equiv="Content-Type" content= "text/HTML; charset=gb2312" />
```

下面用一个实例介绍<META>标记的使用方法。以下是所使用的代码。

```
<HTML>
<HEAD>
<TITLE> 元数据标记例子 </TITLE>
<META http-equiv="Content-Type" content="text/HTML; charset=gb2312" />
<META NAME="keywords"CONTENT=" 计算机，编程语言，网页，网站 ">
</HEAD>
<BODY>
由龙马工作室策划的“我的第 1 本编程书——《从入门到精通》系列”隆重面市。此系列由龙马工作室和专业的软件开发培训机构联手打造，旨在打造适合编程初学者的工具书。
</BODY>
</HTML>
```

使用上述代码编写的网页（随书光盘中的“结果\ch01\1.3\1.3.5\1.html”）的显示效果如下图所示。

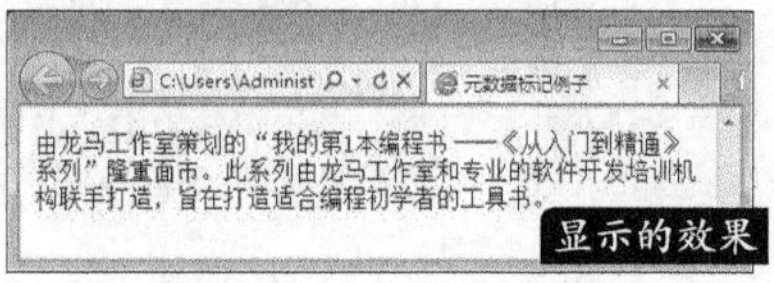
C:\Users\Administ
元数据标记例子
由龙马工作室策划的“我的第1本编程书 ——《从入门到精通》系列”隆重面市。此系列由龙马工作室和专业的软件开发培训机构联手打造，旨在打造适合编程初学者的工具书。
显示的效果

1.3.6 图像标记<IMG>

<IMG>行内标记定义了一个行内图像，所要用到的属性见下表。

属性	举例	释义
SRC	<img src="lotus.jpg">	图像的位置为“lotus.jpg”
ALT	<img src="lotus.jpg" alt="莲花之美">	图像替换文本为“莲花之美”
WIDTH	<img src="lotus.jpg" width=400>	图像宽度为400像素
HEIGHT	<img src="lotus.jpg" height=300>	图像高度为300像素
ALIGN	<img src="lotus.jpg" align=left>	图像对齐方式为左对齐
BORDER	<img src="lotus.jpg" border=10>	图像的边框宽度为10像素

下面举例介绍<IMG>标记的使用方法和产生的效果。

步骤01 用记事本打开随书光盘中的文件“素材\ch01\1.3\1.3.6\1.html”。

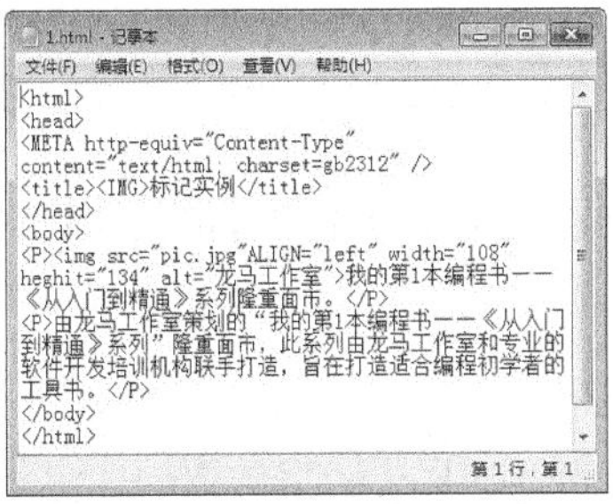

由页面中如图所示的代码可以看出，网页中的图像文件为“pic.jpg”，对齐方式为左对齐，宽度和高度分别为108mm和134mm，图像的替换文本为“龙马工作室”。

```
<img src="pic.jpg"ALIGN="left" width="108" heghit="134" alt=" 龙马工作室 ">
```

小提示

在图片没有加载的情况下，即可看到“ALT”属性指定的替换文本“龙马工作室”。

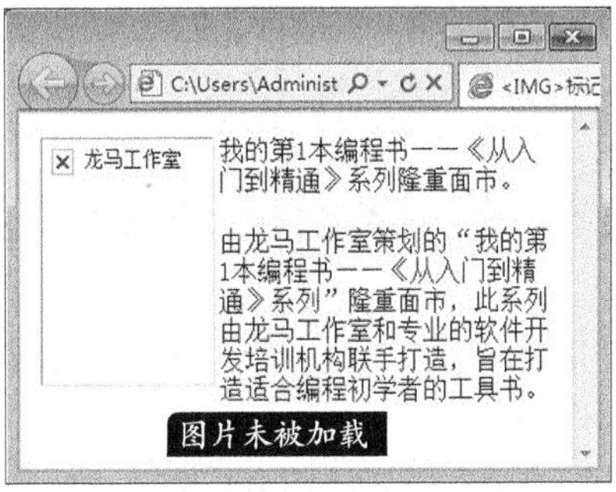

步骤02 如果需要修改图像的对齐方式，可以将<img>标记中的“ALIGH="left"”修改为“ALIGH="right"”。

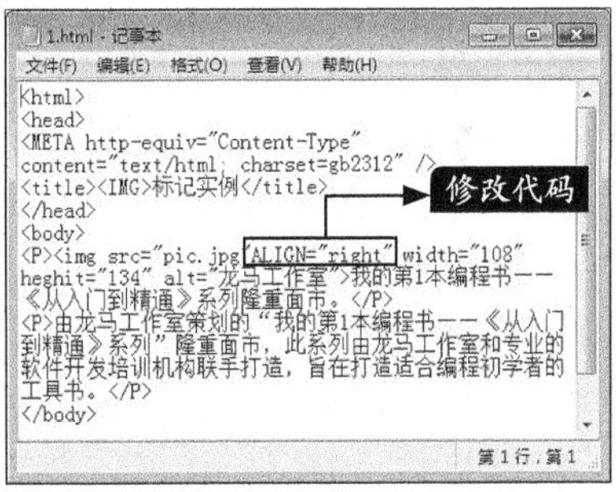

步骤03 将页面保存，然后在IE浏览器中打开文档，即可看到图片右对齐的显示效果。

1.3.7 框架容器标记<FRAMESET>

<FRAMESET>…</FRAMESET>是一个框架容器，框架是将窗口分成矩形的子区域。在一个框架设置文档中，<FRAMESET>…</FRAMESET>标签取代了<BODY>…</BODY>的位置，紧接在<HEAD>标签之后。

小提示

框架结构允许在一个窗口中展现多个独立的文档。<FRAMESET>…</FRAMESET>标记所要用到的属性见下表。

属性	举例	释义
ROWS	<frameset rows="60,*">	多重框架的高度值为“60,*”
COLS	<frameset cols="20%,*">	多重框架的宽度值为“20%,*”

1.3.8 子框架标记<FRAME>

<FRAME>定义了一个框架设置文档中的子区域，包含在定义了框架尺寸的<FRAMESET>…</FRAMESET>中。

其中要用到的属性如下表所示。

属性	举例	释义
NAME	<frame name="top">	框架的名称为“top”
SRC	<frame name="top" src="1top.html">	框架的内容为“1top.html”
SCROLLING	<frame name="top" src=1top.html" scrolling="auto">	将框架的滚动设置为自动

步骤01 打开随书光盘中的“素材\ch01\1.3\1.3.8”文件夹中的HTML文档文件全部复制到一个文件夹中，然后新建记事本，输入以下代码，并保存为.html文件。

```
html>
 <head>
  <META http-equiv="Content-Type" content="text/html; charset=gb2312" />
 <title> 使用框架实例 </title>
 </head>
 <frameset rows="60,*">
  <frame name="top" src="1top.html" scrolling="auto">
  <frameset cols="20%,*">
   <frame name="left" src="1left.html" scrolling="auto">
   <frame name="right" src="1right1.html" scrolling="auto">
  </frameset>
  <noframes>
   <body>
   <p> 此网页使用了框架，但您的浏览器不支持框架。</p>
   </body>
  </noframes>
 </frameset>
 </HTML>
```

小提示

实例1页面实际上由6个文件组成：1个定义整个框架页面的框架集文件（1.html），3个框架文件（1top.html、1left.html、1right1.html），2个链接文件（1right2.html和1right3.html）。

步骤02 保存页面后即可在IE浏览器窗口中预览页面效果。

C:\Users\Administrato
使用框架实例
动物园动物简介
框架 top
动物园里，你最喜欢哪一个动物啊？：
天鹅
狮子
大熊猫
框架 left
天鹅：
天鹅是雁形目鸭科雁亚科中最大的水禽，有7、8种。5种生活于北半球，均为白色，脚黑色。天鹅体形优美，具有长颈，体坚实，脚大，在水中滑行时神态庄重，飞翔时长颈前伸，徐缓地扇动双翅。越冬迁飞时在高空组成斜线或"人"字形队列前进。其他水禽无论在水中还是空中的行动均不如天鹅快速。天鹅以头钻入（不是全身潜入）浅水中觅食水生植物。游泳或站立时，疣鼻天鹅和黑天鹅往往把一只脚放在背后。
框架 right

步骤03 如果需要将右侧框架的内容显示为"1right2.html"，只需将<frame>标记中的"<frame name="right" src="1right1.html" scrolling="auto">"修改为"<frame name="right" src="1right2.html" scrolling="auto">"即可。

新建文本文档1.html - 记事本
文件(F) 编辑(E) 格式(O) 查看(V) 帮助(H)
<html>
<head>
<META http-equiv="Content-Type" content="text/html; charset=gb2312" />
<title>使用框架实例</title>
</head>
<frameset rows="60,*">
<frame name="top" src="1top.html" scrolling="auto">
<frameset cols="20%,*">
<frame name="left" src="1left.html" scrolling="auto">
<frame name="right" src="1right2.html" scrolling="auto">
</frameset>
<noframes>
<body>
<p>此网页使用了框架，但您的浏览器不支持框架。</p>
</body>
</noframes>
</frameset>
</html>
修改代码

步骤04 修改页面后保存，即可在IE浏览器中看到右侧框架的显示内容已经更改为文件"1right2.html"。

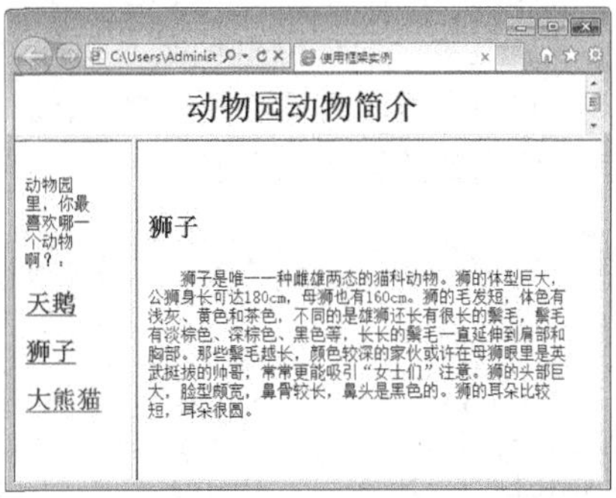
动物园动物简介
动物园里，你最喜欢哪一个动物啊？：
天鹅
狮子
大熊猫
狮子

1.3.9 表格标记<TABLE>

<TABLE>…</ TABLE>标签用来定义HTML中的表格，一般处于<BODY>标记中。简单的HTML表格是由<table>标记以及一个或多个<tr>、<th>或<td>标记组成。

步骤01 打开随书光盘中的"素材\ch01\1.3\1.3.9\table.html"文件，即可看到页面中有一个4行4列的表格。

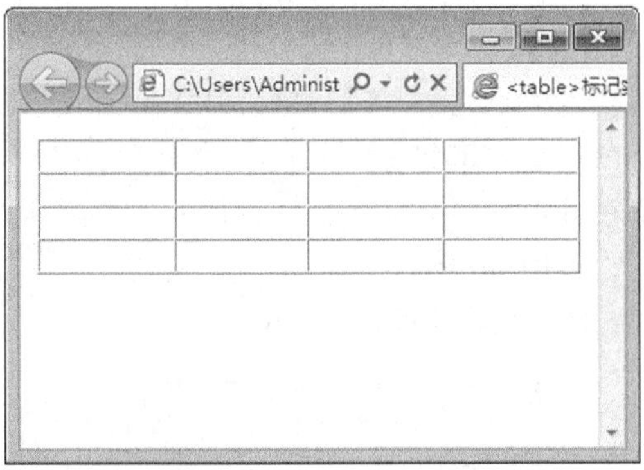
C:\Users\Administ
<table>标记

步骤02 用记事本打开"素材\ch01\1.3\1.3.9\table.html"文件。

步骤03 将文档中的代码"<table width="100%" border="1" cellspacing="0" cellpadding="0 ">"修改为"<table width="100%" border="3" cellspacing="2" cellpadding="2">"，即将边框粗细、单元格边距和间距分别修改为3、2和2。

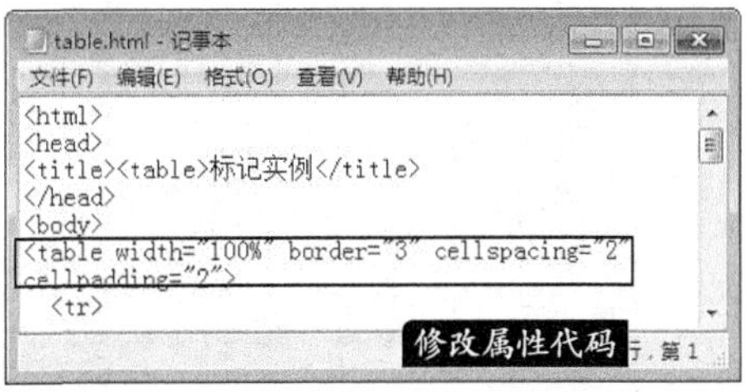
table.html - 记事本
文件(F) 编辑(E) 格式(O) 查看(V) 帮助(H)
<html>
<head>
<title><table>标记实例</title>
</head>
<body>
<table width="100%" border="3" cellspacing="2" cellpadding="2">
<tr>
修改属性代码

步骤04 保存文档，然后在IE浏览器中打开文档，即可看到修改表格属性后的效果。

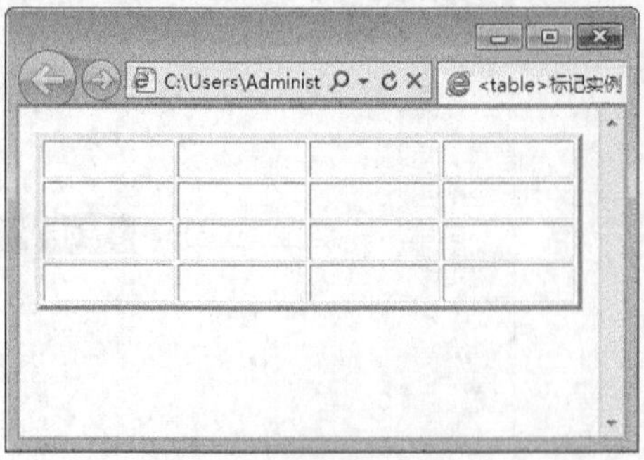
C:\Users\Administ
<table>标记实例

小提示

<table>标记中的代码“<table width="100%" border="1" cellspacing="0" cellpadding="0">”分别定义了表格的宽度为100%，边框粗细为1像素，单元格边距和间距都为0。由于<tr>标记定义表格行，<th>标记定义表头，<td>标记定义表格单元，所以4对<tr>标记定义了表格行数为4，16对<td>标记定义了表格是4行4列的表格。

1.3.10 浮动帧标记<IFRAME>

<IFRAME>标记是浮动帧标记，与<FRAME>最大的不同是，所用的HTML文件不与另外的文件相互独立显示，而可以直接嵌入在一个HTML文件中，与其内容相互融合，成为一个整体。还可以多次在一个页面内显示同一内容，就像“画中画”电视。

其中要用到的属性见下表。

属性	举例	释义
SRC	<Iframe src="11.txt">	指定显示的文件“11.txt”
WIDTH	<Iframe src="11.txt" width="120">	显示区域的宽为120
HEIGHT	<Iframe src="11.txt" height="100">	显示区域的高为100
SCROLLING	<Iframe src="11.txt" scrolling="auto">	定义显示区域的滚动条为自动
FRAMEBORDER	<Iframe src="11.txt" frameborder="1">	显示区域边框的宽度为1

下面用一个实例介绍IFRAME标记的使用方法。

步骤01 用记事本打开随书光盘中的HTML文档“素材\ch01\1.3\1.3.10\index.html”，在打开的窗口中可以查看文档的HTML代码，然后在<BODY>标签的后面加入如下代码。

```
<Iframe src="11.txt" width="120" height="100" scrolling="auto" frameborder="1">
</iframe>
```

index.html - 记事本
文件(F) 编辑(E) 格式(O) 查看(V) 帮助(H)
<html>
<head>
<META http-equiv="Content-Type" content="text/html; charset=gb2312" />
<title>画中画</title>
</head>
<body>
<Iframe src=" 11.txt" width="120" height="100" scrolling="auto" frameborder="1"></iframe>
<h2>

天鹅：

</h2>
    天鹅是雁形目鸭科雁亚科中最大的水禽，有7、8种。5种生活于北半球，均为白色，脚黑色。天鹅体形优美，具有长颈，体坚实，脚大，在水中滑行时神态庄重，飞翔时长颈前伸，徐缓地扇动双翅。越冬迁飞时在高空组成斜线或"人"字形队列前进。其他水禽无论在水中还是空中的行动均不如天鹅快速。天鹅以头钻入（不是全身潜入）浅水中觅食水生植物。游泳或站立时，疣鼻天鹅和黑天鹅往往把一只脚放在背后。
</body>
</html>
第1行，第1

步骤02 将文档保存，然后在IE浏览器中打开文档，即可看到“画中画”的效果。

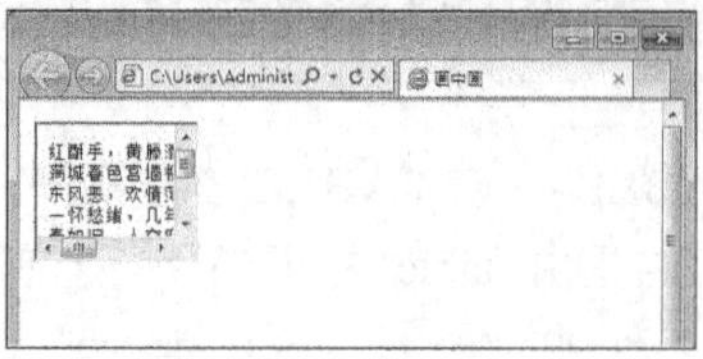
C:\Users\Administ
画中画

如果需要修改“画中画”显示区域的大小，可以修改<Iframe>标记中的width和height属性的值，如在<BODY>标记的后面重新输入如下代码。

```
<Iframe src=" 11.txt" width="400" height="200" scrolling="auto" frameborder="1">
</Iframe>
```

显示的效果如下图所示。

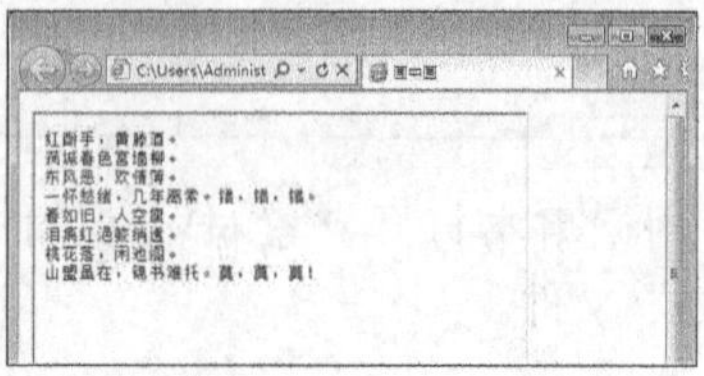
C:\Users\Administ
画中画

1.3.11 容器标记<MARQUEE>

使用<MARQUEE>…</MARQUEE>标记可以实现滚动的文字或图片效果，该标记是一个容器标记，所要用到的属性见下表。

属性	举例	释义
ALIGN	<marquee align="left">	内容的对齐方式为左对齐
BEHAVIOR	<marquee behavior="alternate">	内容的滚动方式为来回滚动
BGCOLOR	<marquee bgcolor="#FF0000">	活动内容的背景颜色为红色
DIRECTION	<marquee direction="up">	内容的滚动方向为从上向下
HSPACE	<marquee hspace="50">	与父容器水平边框的距离为50
VSPACE	<marquee vspace="20">	与父容器垂直边框的距离为20
LOOP	<marquee loop="-1">	滚动次数为-1时表示一直滚动
SCROLLAMOUNT	<marquee scrollamount="10">	滚动的速度为10pixels
SCROLLDELAY	<marquee scrolldelay="100">	两次滚动延迟时间为100毫秒
onMouseOut	onMouseOut="this.start()"	鼠标移出滚动区域继续滚动
onMouseOver	onMouseOver="this.stop()"	鼠标移入滚动区域停止滚动

下面用一个实例介绍<MARQUEE>的使用方法。

1. 实现滚动的文字效果

步骤01 用记事本打开随书光盘中的“素材\ch01\1.3\1.3.11\text.html”，即可在打开的记事本窗口中查看文档的代码。

步骤02 在代码中的<BODY>标记下插入如下代码。

```
<marquee id="affiche" align="left" behavior="scroll" bgcolor="#FF0000"
direction="up" height="300" width="200" hspace="50" vspace="20" loop="-1"
scrollamount="10" scrolldelay="100" onMouseOut="this.start()"
onMouseOver="this.stop()">
滚动的字幕实例
</MARQUEE>
```

小提示

由<marquee>标记中的代码可以看出，活动的内容的对齐方式为左对齐（align="left"），背景颜色为红色（bgcolor="#FF0000"），滚动方向为向上滚动（direction="up"）。

步骤03 保存文档，然后在IE浏览器中打开网页文档，即可看到所设置的滚动字幕效果。

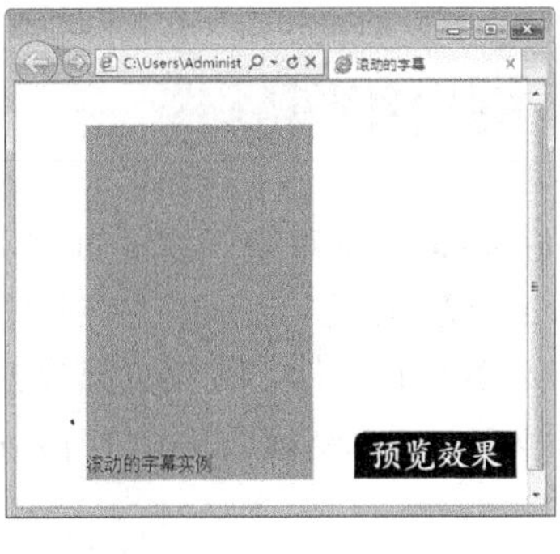

小提示

如果将属性修改为“align=right”、“bgcolor=yellow”和“direction="down"”，修改属性后的显示效果则如图所示。

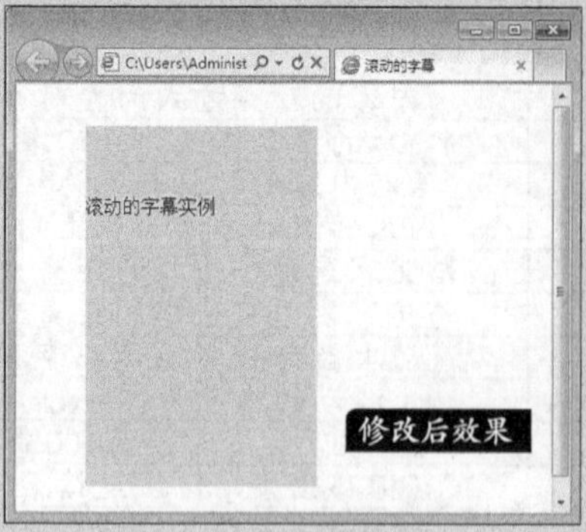
C:\Users\Administ
滚动的字幕
滚动的字幕实例
修改后效果

2. 实现滚动的图片效果

步骤 01 用记事本打开随书光盘中的“素材\ch01\1.3\1.3.11\pic.html”，即可在打开的记事本窗口中查看文档的代码。

步骤 02 在代码中的<body>标记下插入如下代码。

```
<MARQUEE width=380 height=80
onmouseover=stop() onmouseout=
start() scrollAmount=3 loop=infinite
deplay="0"><img src="images/1.jpg">
<img src="images/2.jpg"><img src=
"images/3.jpg">
</MARQUEE>
```

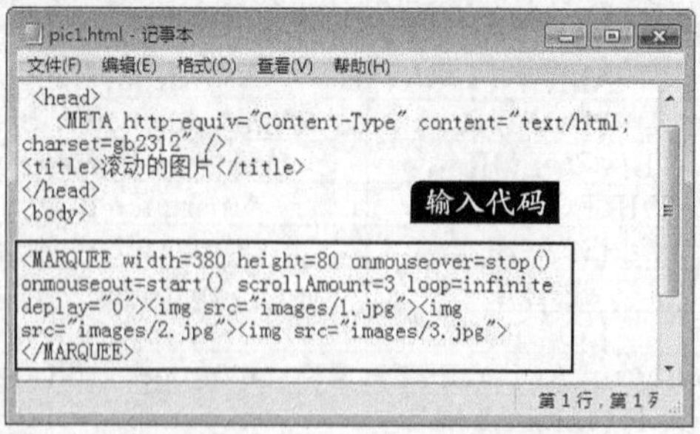
pic1.html - 记事本
文件(F) 编辑(E) 格式(O) 查看(V) 帮助(H)
<head>
<META http-equiv="Content-Type" content="text/html; charset=gb2312" />
<title>滚动的图片</title>
</head>
<body>
输入代码
<MARQUEE width=380 height=80 onmouseover=stop() onmouseout=start() scrollAmount=3 loop=infinite deplay="0"><img src="images/1.jpg"><img src="images/2.jpg"><img src="images/3.jpg">
</MARQUEE>
第1行，第1列

步骤 03 保存文档，然后在IE浏览器中打开网页文档，即可看到所设置的滚动字幕效果。

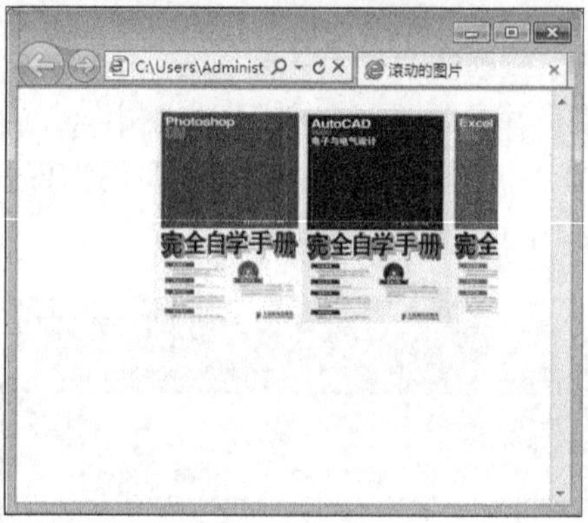
C:\Users\Administ
滚动的图片
Photoshop
AutoCAD
Excel
完全自学手册
完全自学手册
完全

1.4 常用网页制作工具

本节教学录像时间：7 分钟

常见的网页制作软件包括网页编辑软件Dreamweaver、动画制作软件Flash和图像制作软件Photoshop。目前，这三个软件为网页制作中比较常用的工具组合，下面分别介绍它们的作用。

1.4.1 网页编辑软件

Dreamweaver是用于开发网页和网站的专业工具，最大的特点是所见即所得。当前最新的Dreamweaver为CC版本，该版本在软件的界面和性能上都进行了很大的改进，新增了许多功能，增强了软件的可操作性，优化了部分工具和菜单，这有助于不同层次的用户熟练地进行操作。如下图所示为Dreamweaver CC的操作窗口。

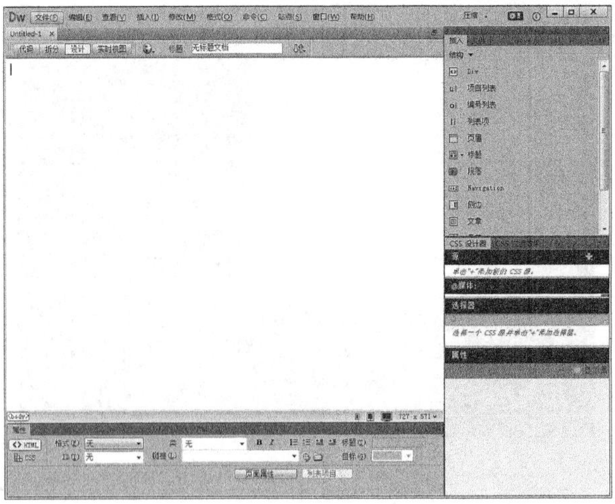

1.4.2 图像制作软件

Photoshop作为专业的图形图像处理软件，是许多从事平面设计工作人员的必备工具。它被广泛地应用于广告公司、制版公司、输出中心、印刷厂、图形图像处理公司、婚纱影楼以及网页设计类的公司等。

Photoshop当前较新的版本是CC，在Photoshop CC版本中，软件的界面与功能的结合更加趋于完美，各种命令与功能不仅得到了很好的扩展，还最大限度地为用户的操作提供了简捷、有效的途径。在Photoshop CC中增加了轻松完成精确选择、内容感知型填充、操控变形等功能，还添加了用于创建、编辑3D和基于动画内容的突破性工具。这些新增功能让用户使用起来更加得心应手。

1.4.3 动画制作软件

Flash CC是目前Flash的较新版本，该软件是一款矢量图像与动画制作软件，具有交互性强、文件尺寸小、简单易学等特点。

与以前版本的风格相比，Flash CC的工作界面更加美观，使用起来更加方便。Flash动画已经成为当今网站必不可少的部分，美观的动画能够为网页增色不少，从而吸引更多的浏览者。漂亮的Flash动画不仅需要设计者对制作工具非常熟悉，更重要的是设计者应具有独特的创意。

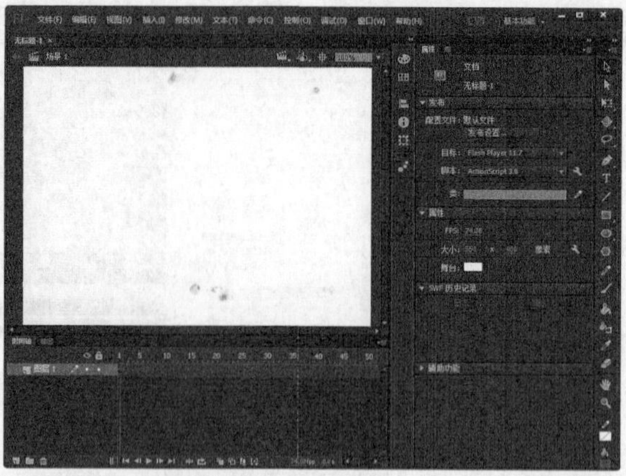

1.5 网站开发流程

本节教学录像时间：10 分钟

对于一个网站来说，除了网页内容外，还要对网站进行整体规划设计。格局凌乱的网站的内容再精彩，也不能说是一个好网站。要设计出一个精美的网站，前期的规划是必不可少的。网站的成功与否很重要的一个决定因素在于它的构思，拥有好的创意及丰富详实的内容才能够让网页焕发出勃勃生机。

1.5.1 确定网站风格和布局

在对网页插入各种对象、修饰效果前，要先确定网页的总体风格和布局。网站风格是指网站给浏览者的整体形象，包括站点的CI（标志、色彩和字体）、版面布局、浏览方式、交互性、文字、内容及网站荣誉等诸多因素。

例如，网易的网站给人的感觉是平易近人的，迪斯尼是生动活泼的，IBM是专业严肃的。这些都是网站给人们留下的不同感受。

根据不同的网页风格，可以将网页分为商业网页和个人网页两种。商业网页内容丰富、信息量大，一般都有统一的布局设计。

个人网页风格多样、内容专一、形式灵活，更容易创造出美感。

小提示

个人网页的设计可以从自己的专业或兴趣爱好入手，比如在计算机、绘画等方面有独到见解的可将此专题作为网页内容。但网页涉及内容切勿过广，不然内容虽然丰富，但涉及各个方面的内容会比较肤浅。确定网页风格后，要对网页的布局进行整体规划，也就是网页上的网站标志、导航栏及菜单等元素的位置。不同网页的各种网页元素所处的位置不同，通常情况下，重要的元素应放在突出位置。

常见的网页布局有“同”字型、“厂”字型、标题正文型、分栏型、封面型和Flash型等。

1. “同”字型

“同”字型是大型网站常用的页面布局，特点是内容丰富、链接多、信息量大。网页的上部分是徽标和导航栏，下部分为3列，两边区域是图片或文字链接和小图片广告，中间是网站的主要内容，最下面是版权信息等。

2. “厂”字型

“厂”字型布局的特点是内容清晰、一目了然，网页顶端是徽标和导航栏，左侧是文本和图片链接，右边是正文信息区。

3. 标题正文型

标题正文型布局的特点是内容简单，网页上部是网站徽标和标题，下部是网页正文。

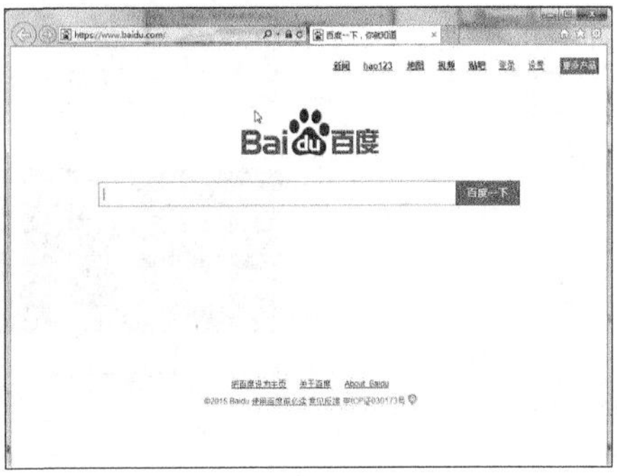

4. 分栏型

分栏型布局一般分为左右（或上下）两栏或多栏。一栏是导航链接，一栏是正文信息。

5. 封面型

封面型布局更接近于平面设计艺术，主要应用于首页上，一般为设计精美的图片或动画，多用于个人网页，如果处理得好，会给人带来赏心悦目的感觉。

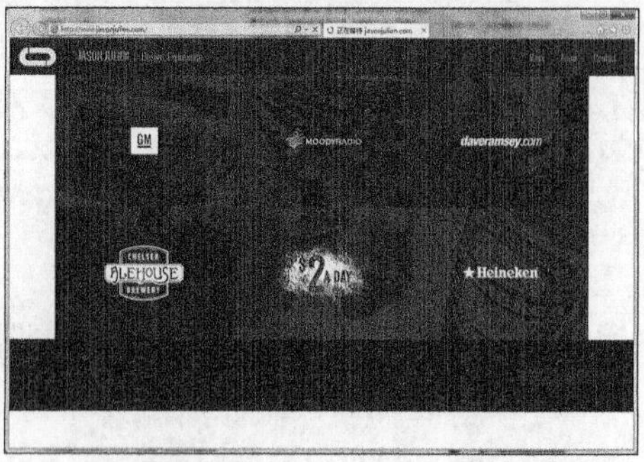

6. Flash型

Flash型布局采用Flash技术完成，页面所表达的信息极富感染力，其视觉效果与听觉效果与传统页面不同，能给浏览者以很大的冲击。Flash网页很受年轻人的喜爱。

1.5.2 搜集、整理素材

确定了网站风格和布局后，就要开始搜集素材了。常言道：“巧妇难为无米之炊”，要让自己的网站有声有色、能吸引人，就要尽量搜集素材，包括文字、图片、音频、动画及视频等，搜集到的素材越充分，制作网站就越容易。素材既可以从图书、报刊、光盘及多媒体上得来，也可以从网上搜集，还可以自己制作，然后把搜集到的素材去粗取精，选出制作网页所需的素材。

小提示

在搜集图片素材时，一定要注意图片的大小，因为在网络中传输时，图片的容量越小，传输的速度就越快，所以应尽量搜集容量小、画面精美的图片。

1.5.3 规划站点、制作网页

规划站点就像设计师设计大楼一样，图纸设计好了，才能建成一座漂亮的楼房。规划站点就是对站点中所使用的素材和资料进行管理和规划，对网站中栏目的设置、颜色的搭配、版面的设计、文字图片的运用等进行规划。

一般情况下，将站点中所用的图片和按钮等图形元素放在Images文件夹中，HTML文件放在根目录下，而动画和视频等放在Flash文件夹中。对站点中的素材进行详细的规划，便于日后管理。

制作网页是一个复杂而细致的过程，一定要按照先大后小、先简单后复杂的顺序来制作。所谓先大后小，就是在制作网页时，先把大的结构设计好，然后再逐步完善小的结构设计。所谓先简单后复杂，就是先设计出简单的内容，然后再设计复杂的内容，以便出现问题能及时修改。

在网页排版时，要尽量保持网页风格的一致性，不至于在网页跳转时产生不协调的感觉。在制作网页时灵活地运用模板，可以大大地提高制作的效率。将相同版面的网页做成模板，基于此模板创建网页，以后想改变网页时，只需修改模板就可以了。

1.5.4 网站的测试与发布

网页制作完毕，应该利用上传工具将其发布到Internet上供大家浏览、观赏、使用。上传工具有很多，有些网页制作工具本身就带有FTP功能，利用这些FTP工具，可以很方便地把网站发布到所申请的网页服务器上。上传网站之前，要在浏览器中打开网站，逐一对站点中的网页进行测试，发现问题要及时修改，然后再上传。

高手支招

本节教学录像时间：5 分钟

如何查看网页的HTML代码

要查看网页的HTML代码，可在当前网页上右击鼠标，如果是IE浏览器，则在弹出的菜单中选择“查看源文件”，如果是Firefox则在弹出菜单中选择“查看页面源文件”。这是了解HTML工作原理和学习他人实例的好方法，然而很多商业网站使用复杂的HTML代码，它们可能难以阅读和理解，但是不要气馁。

使用记事本编辑HTML文件后如何在浏览器中预览

很多初学者在保存文件时没有将HTML文件的扩展名.html或.htm作为文件的扩展名，导致文件还是以.txt为扩展名，因此，无法在浏览器中查看。如果读者通过单击右键创建记事本文件，在给文件重命名时，一定要以.html或.htm作为文件的扩展名。特别要注意当Windows系统的扩展名隐藏时，更容易出现这样的错误。读者可以在【文件夹选项】对话框中查看是否显示扩展名。

保存好看的网页

对于网页制作人员，当在上网冲浪的过程，遇到好看的网页，一定要将其保存起来。那么如何保存好看的网页呢？用户可以使用另存为下载方式保存好看的网页。

使用另存为下载方式保存网页的具体操作步骤如下。

步骤 01 打开需要保存的网页。

步骤 02 在浏览器中单击【设置】按钮，然后选择【文件】➤【另存为】菜单命令。

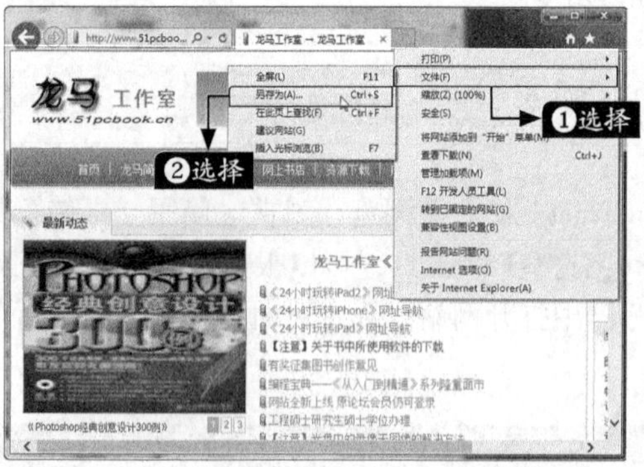

步骤 03 随即打开【保存网页】对话框，在其中指定文件保存的位置，这里选择保存在【我的文档】文件夹下，在【文件名】文本框中输入文件的名称，单击【保存类型】下拉按钮，在弹出的下拉列表中选择【网页，全部（*.htm,html）】选项，单击【保存】按钮即可保存。

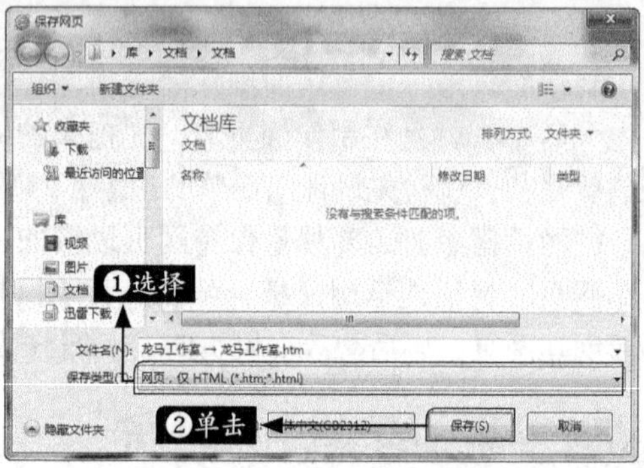

第2章

Dreamweaver CC的基本操作

学习目标

在学习Dreamweaver CC之前，首先要了解软件的基本操作。本章主要讲述文档的基本操作方法、文档属性的设置、用图形美化网页以及如何创建链接等网页内容的基本操作方法。通过本章节的学习，读者可以轻松地制造一些简单的图文并茂的网页。

学习效果

2.1 Dreamweaver CC的工作环境

本节教学录像时间：6 分钟

在学习Adobe公司推出的Dreamweaver CC之前，先来了解一下它的工作环境。

在Dreamweaver的工作区可以查看文档和对象属性。工作区将许多常用的操作放置于工具栏中，便于快速地对文档进行修改。Dreamweaver CC的工作区主要由工作区切换器、菜单栏、【插入】面板、文档工具栏、文档窗口、状态栏、【属性】面板和面板组等组成。

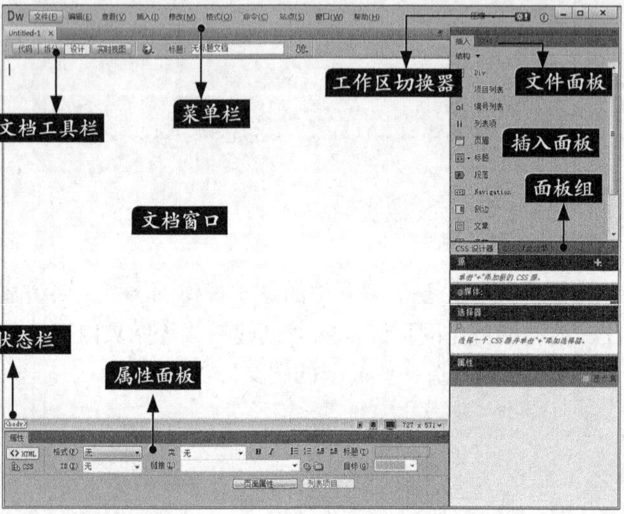

【插入】面板中有9组面板，分别是【常用】面板、【结构】面板、【媒体】面板、【表单】面板、【jQuery Mobile】面板、【jQuery UI】面板、【模板】面板、【收藏夹】面板和【隐藏标签】面板。本节介绍常用的【常用】面板、【结构】面板和【表单】面板。

1.【常用】面板

在【常用】面板中，用户可以创建和插入最常用的对象，如图像和表格等。

2.【结构】面板

【结构】面板包含插入层、ul(ol,li)列表、段落、标题和框架的常用命令按钮和工具按钮等。

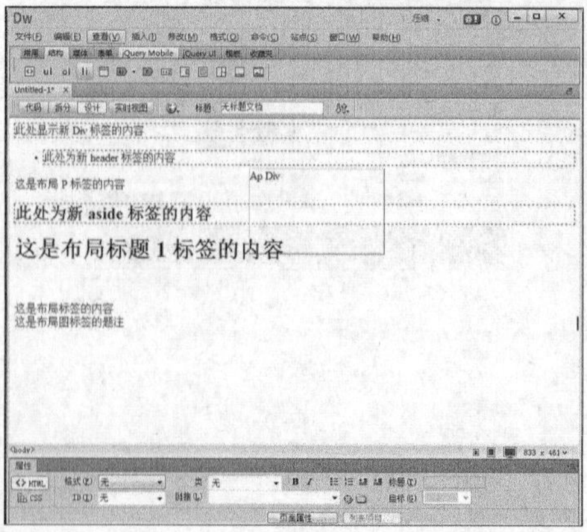

3.【表单】面板

【表单】面板包含一些常用的创建表单和插入表单元素的按钮及一些Spry工具按钮，可以根据情况选择所需要的域、表单或按钮等。

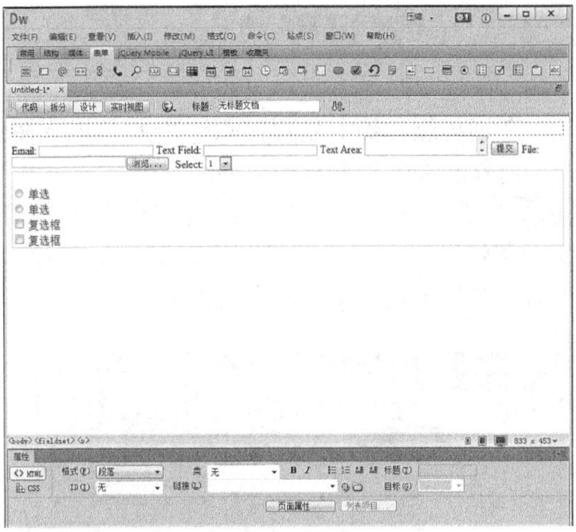

2.2 创建站点

本节教学录像时间：9 分钟

在开始制作网页之前，最好先定义一个新站点，这是为了更好地利用站点对文件进行管理，尽可能减少链接与路径方面的错误。

小提示

Dreamweaver站点是一种管理网站中所有相关联文档的工具，通过站点可以实现将文件上传到网络服务器、自动跟踪和维护、管理文件以及共享文件等功能。Dreamweaver中的站点包括本地站点、远程站点和测试站点3类。

2.2.1 创建本地站点

使用向导创建本地站点的具体步骤如下。

步骤01 打开Dreamweaver CC，选择【站点】➤【新建站点】菜单命令，弹出【站点设置对象】对话框，输入站点的名称，并设置本地站点文件夹的路径和名称，然后单击【保存】按钮。

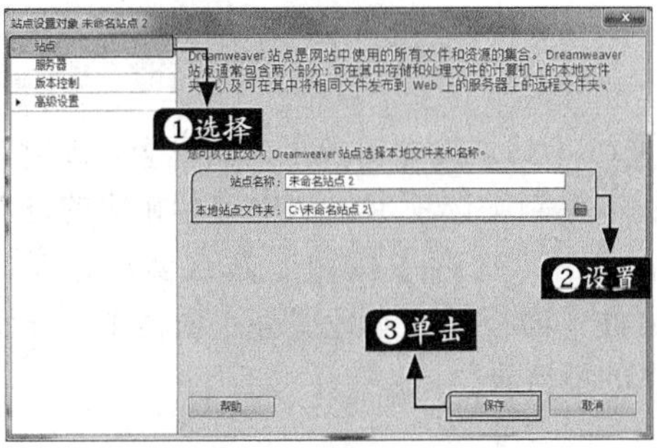

步骤02 本地站点创建完成，在【文件】面板的【本地文件】窗格中会显示该站点的根目录。

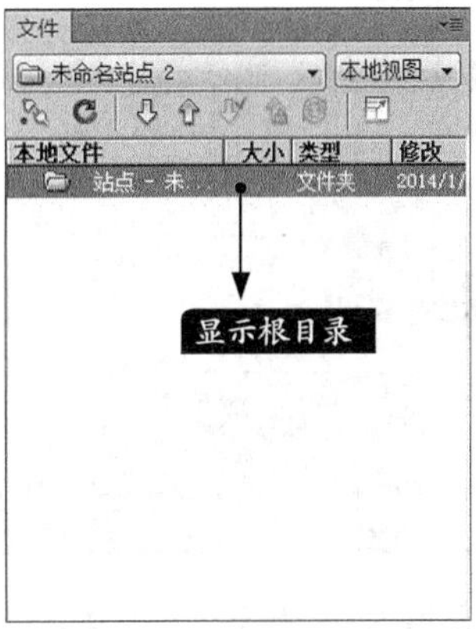

2.2.2 创建远程站点

在远程服务器上创建站点，需要在远程服务器上指定远程文件夹的位置，该文件夹将存储生产、协作和部署等方案的文件。

步骤01 选择【站点】➤【新建站点】菜单命令，在弹出的【站点设置对象】对话框中输入【站点名称】和【本地站点文件夹】。

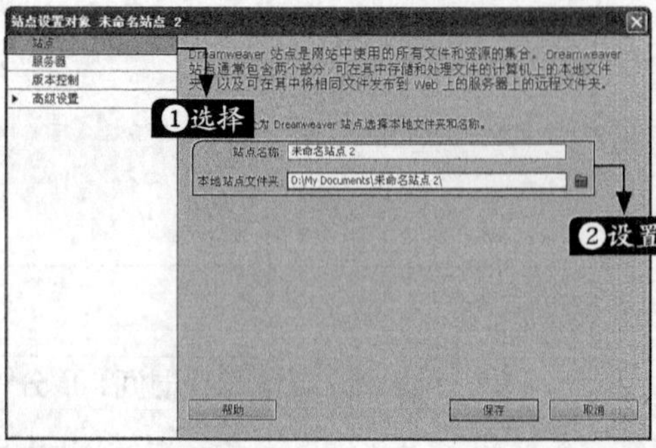

步骤02 选择【服务器】选项卡，单击【添加新服务器】按钮➕。

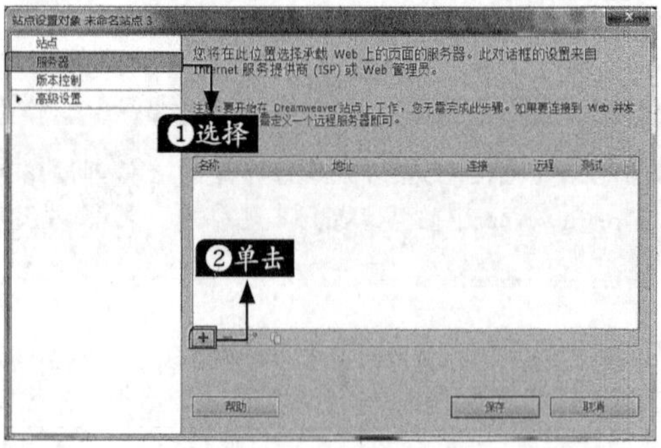

步骤03 在打开的对话框中输入【服务器名称】、【FTP地址】、【用户名】和【密码】，设置【连接方法】为“FTP”，然后单击【测试】按钮。

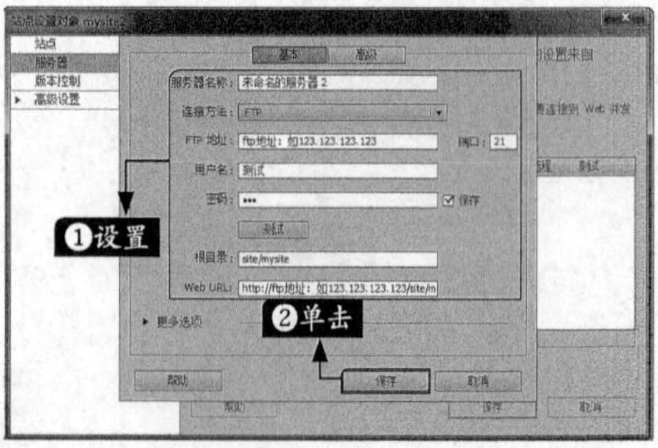

步骤04 稍等片刻即可弹出对话框，提示Dreamweaver已成功连接到服务器，单击【确定】按钮。

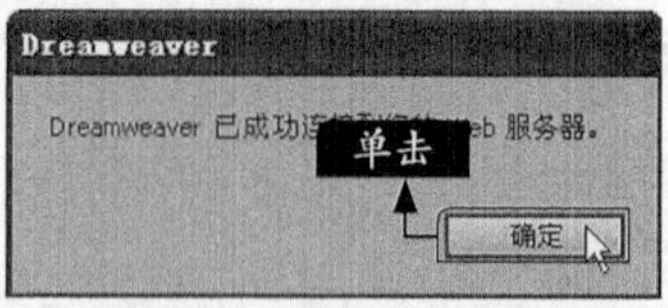

步骤05 返回原来的对话框，单击选择【高级】选项，然后根据需要进行设置，完成后单击【保存】按钮。

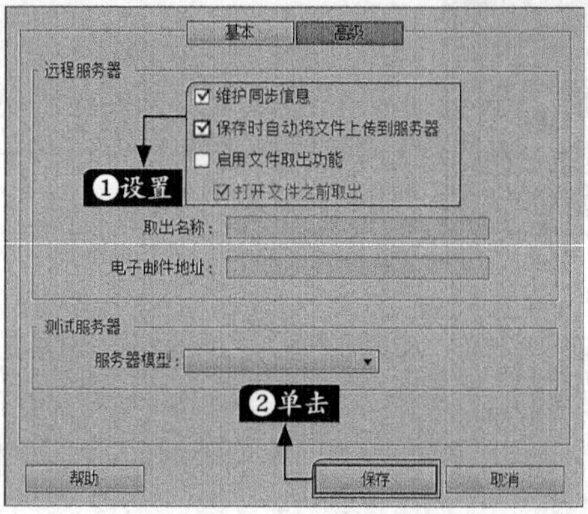

步骤06 返回【站点设置对象】对话框中的【服务器】选项卡，在其中可以看到新建的远程服务器的相关信息，然后单击【保存】按钮。

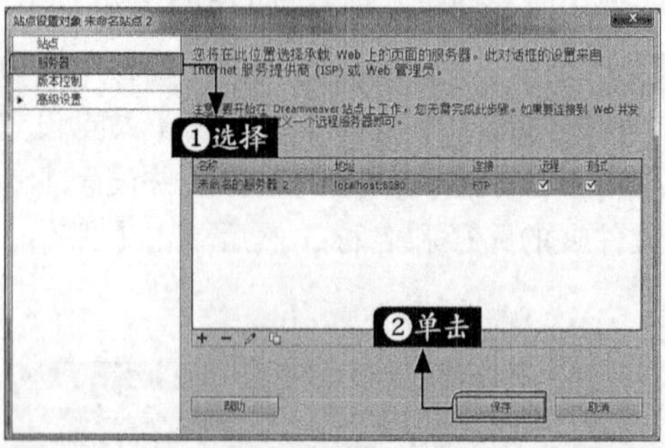

步骤07 【站点设置对象】对话框会自动跳转到【版本控制】选项卡，从中进行相应的设置，然后单击【保存】按钮。站点创建完成，在【文件】面板的【本地文件】窗格中会显示该站点的根目录。

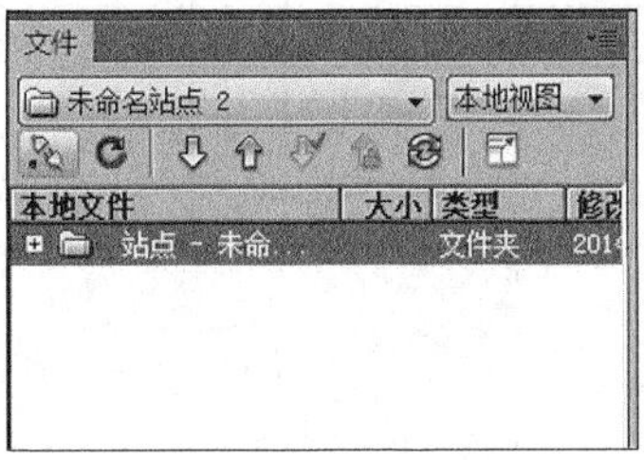

步骤08 在【文件】面板中选择【远程服务器】选项，然后单击【连接到远端主机】按钮，即可成功地连接到远程服务器，并看到远程站点的根目录。

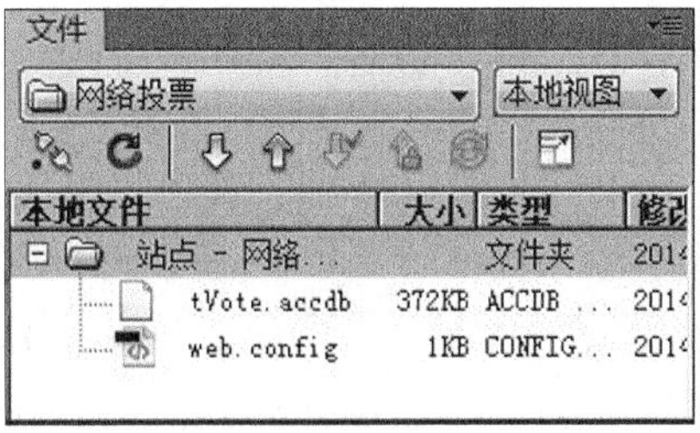

2.3 管理站点

本节教学录像时间：5 分钟

设置好Dreamweaver CC的站点后，接下来可以对本地站点进行多方面的管理，如打开站点、编辑站点、复制站点及删除站点等。

2.3.1 打开站点

要打开一个创建好的站点，具体的操作步骤如下。

步骤01 选择【窗口】➤【文件】菜单命令，打开【文件】面板，在左边的站点下拉列表中选择【管理站点】选项。

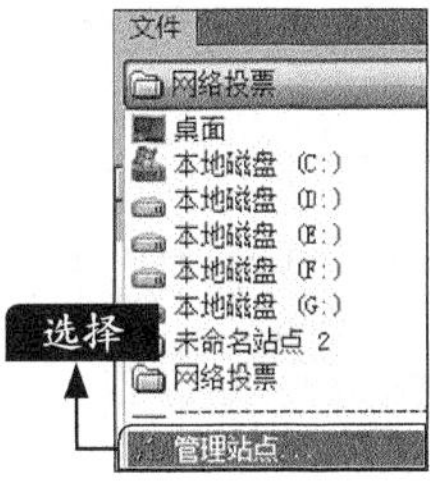

步骤02 弹出【管理站点】对话框，单击站点名称列表框中需要打开的站点，然后单击【完成】按钮。

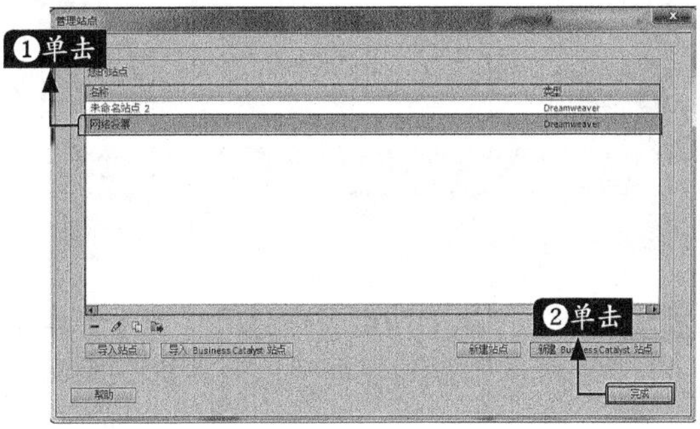

步骤03 上述操作即可打开站点。

2.3.2 编辑站点

创建站点之后，接下来可以对站点的属性进行编辑。具体的操作步骤如下。

步骤01 选择【站点】➤【管理站点】菜单命令，打开【管理站点】对话框。从中选定要编辑的站点名称，然后单击按钮。

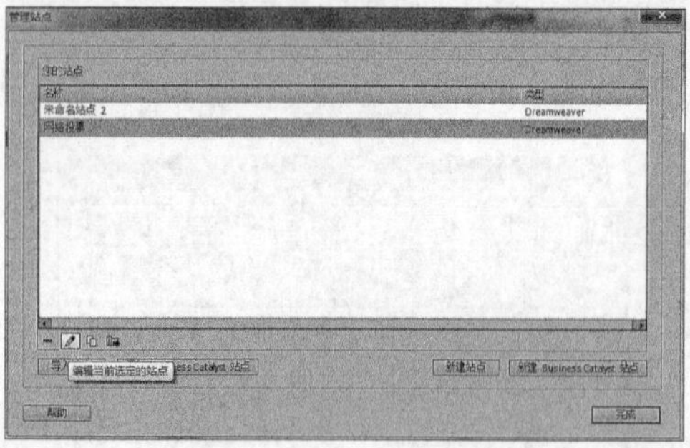

步骤02 打开【站点设置对象】对话框，从中按照创建站点的方法对站点进行编辑。

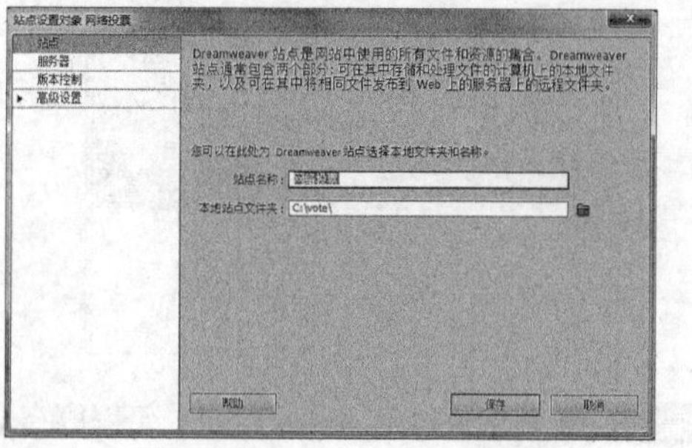

步骤03 编辑完成后单击【保存】按钮，返回【管理站点】对话框，然后单击【完成】按钮，即可完成编辑操作。

2.3.3 复制站点

如果想创建多个结构相同或类似的站点，可利用站点的可复制性实现。复制站点的具体步骤如下。

步骤01 在【管理站点】对话框中单击【复制】按钮，即可复制该站点。

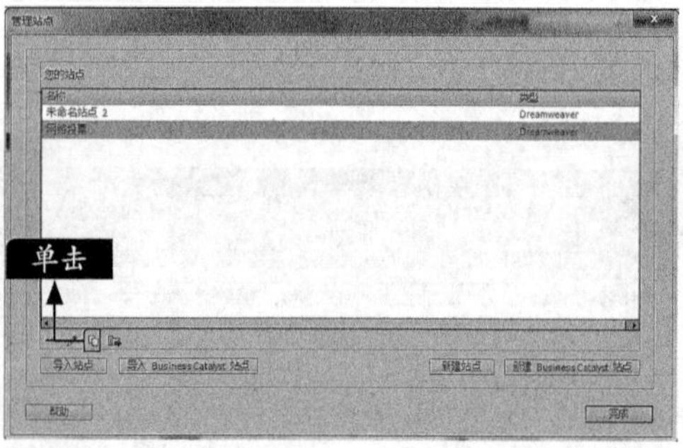

步骤02 新复制出的站点名称会出现在【管理站点】对话框的站点列表框中，该名称在原站点名称的后面会添加“复制”字样。

步骤03 如需要更改站点名称，选择新复制的站点，单击按钮，即可对其改名。在【管理站点】对话框中单击【完成】按钮，即可完成对站点的复制操作。

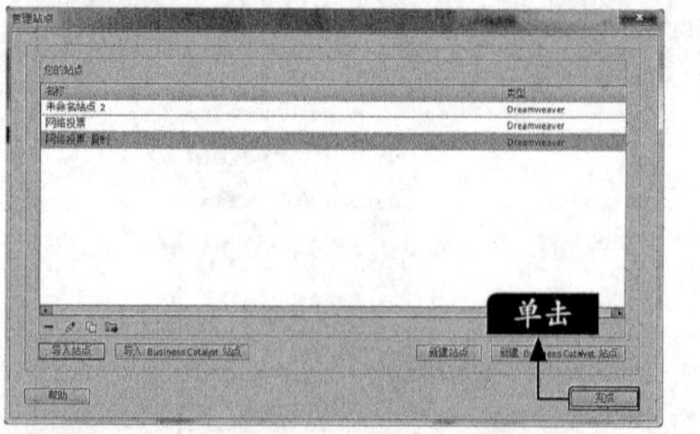

2.3.4 删除站点

如果不再需要利用Dreamweaver对本地站点进行操作，可以将其从站点列表中删除。具体的操作步骤如下。

选择要删除的本地站点，然后在【管理站点】对话框中单击按钮，弹出【Dreamweaver】对话框，提示用户删除站点操作不能撤销，询问是否要删除本地站点，单击【是】按钮，即可删除选定的本地站点。

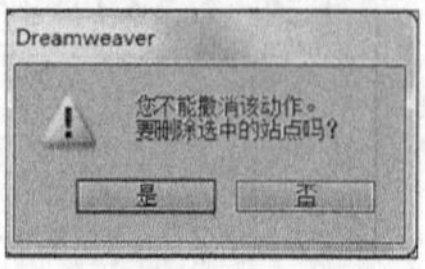

2.4 文档的基本操作

本节教学录像时间：14 分钟

Dreamweaver CC为创建Web文档提供了灵活的环境。本节介绍创建文档的基本操作及文档属性的设置。

2.4.1 创建空白文档

制作网页应该从创建空白文档开始。具体操作步骤如下。

步骤 01 选择【文件】➤【新建】菜单命令，打开【新建文档】对话框。

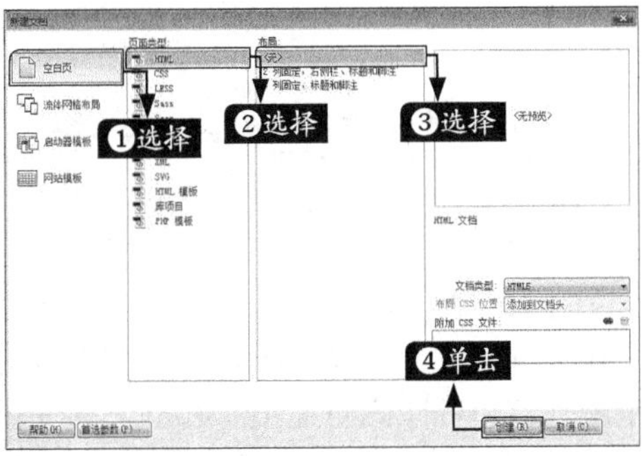

步骤 02 选择【空白页】选项，在【页面类型】列表框中选择【HTML】选项，在右侧的列表框中选择【<无>】选项，然后单击【创建】按钮，即可创建一个空白文档。

2.4.2 设置页面属性

设置页面属性，即设置页面的外观效果。选择【修改】➤【页面属性】菜单命令，或按【Ctrl+J】组合键，打开【页面属性】对话框，从中可以设置外观、链接、标题、标题/编码和跟踪图像等属性。

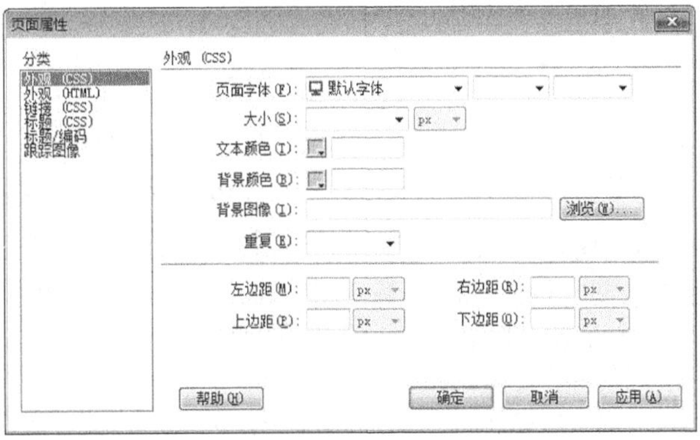

1. 设置外观

在【页面属性】对话框的【分类】列表框中选择【外观】选项，可以设置CSS外观和HTML外观的属性。

⑴【页面字体】

在【页面字体】下拉列表中可以设置文本的字体样式，如选择【黑体】样式，然后单击【应用】按钮，页面中的字体即可显示为黑体。

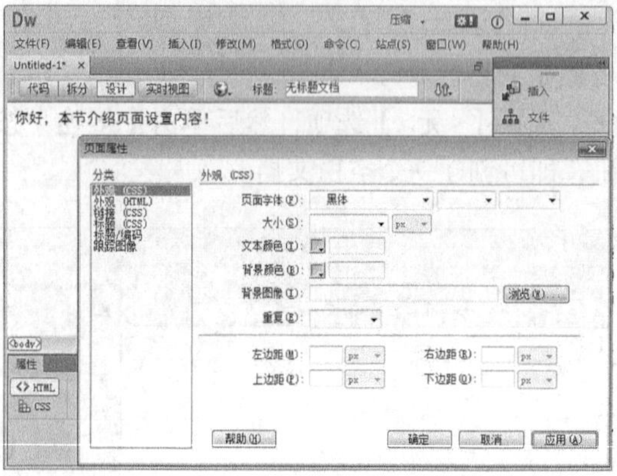

⑵【大小】

在【大小】下拉列表中可以设置文本的大小，这里选择“36”，在右侧的单位下拉列表中选择【px】单位，单击【应用】按钮，页面中的文本即可显示为36px大小。

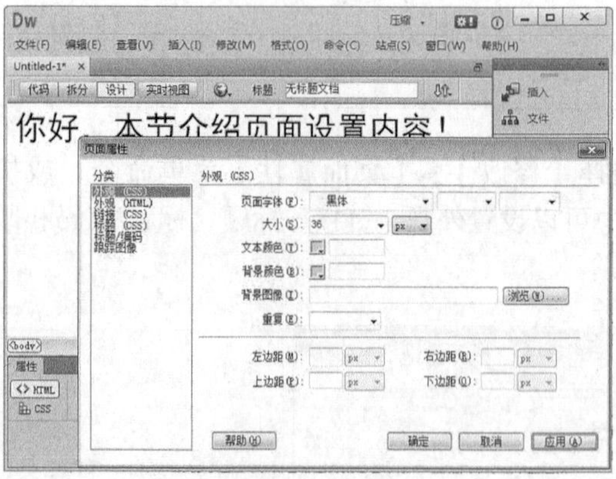

⑶【文本颜色】

在【文本颜色】文本框中输入文本显示颜色的十六进制值，或者单击文本框左侧的【选择颜色】按钮，即可在弹出的颜色选择器中选择文本的颜色。

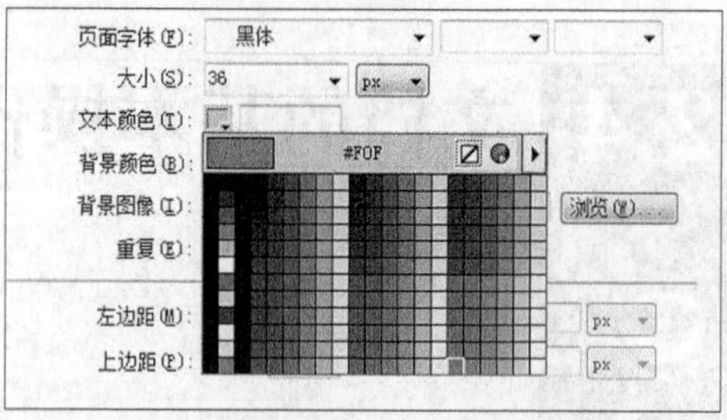

单击【应用】按钮，即可看到页面字体呈现为选中的颜色。

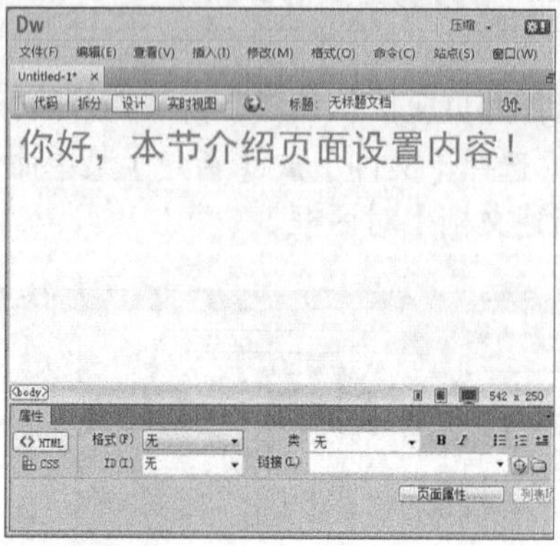

⑷【背景颜色】

在【背景颜色】文本框中设置背景颜色，这里输入蓝色的十六进制值“#06F”，完成后单击【应用】按钮，即可看到页面背景呈现出所输入的颜色。

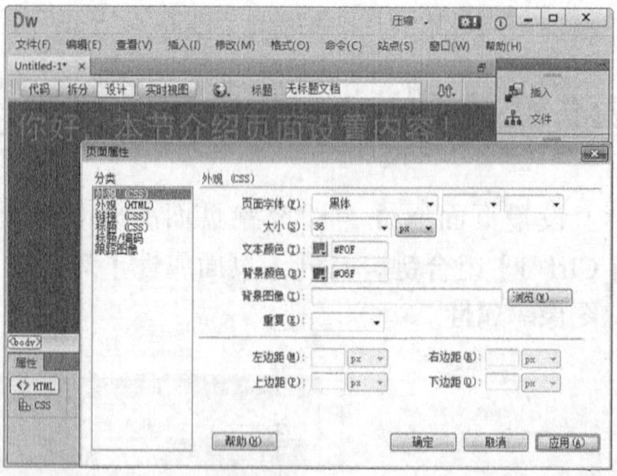

⑸【背景图像】

在该文本框中，可直接输入网页背景图像的路径，或者单击文本框右侧的【浏览】按钮 ，在弹出的对话框中选择图像作为网页背景图像。

完成后单击【确定】按钮返回【页面属性】对话框，然后单击【应用】按钮，即可看到页面显示的背景图像。

小提示

【背景图像】和【背景颜色】不能同时显示。如果在网页中同时设置这两个选项，在浏览网页时则只显示网页的【背景图像】。

(6)【重复】

可选择背景图像在网页中的排列方式，有不重复、重复、横向重复和纵向重复4个选项。如选择【repeat-x】（横向重复）选项，背景图像就会以横向重复的排列方式显示。

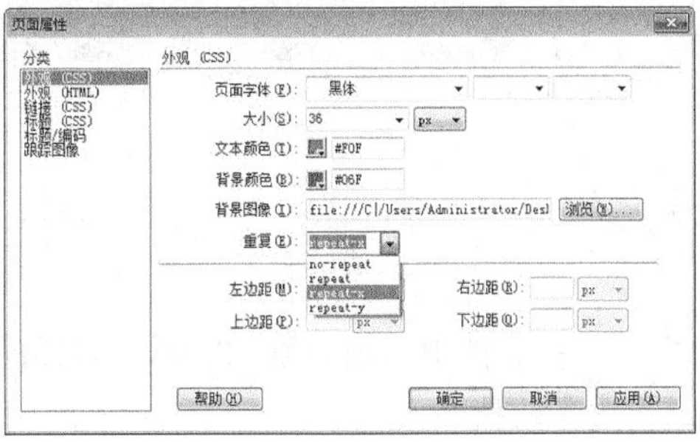

(7)【左边距】、【上边距】、【右边距】和【下边距】用于设置页面四周边距的大小。

2. 设置链接

在【页面属性】对话框的【分类】列表框中选择【链接】选项，则可设置链接的属性。

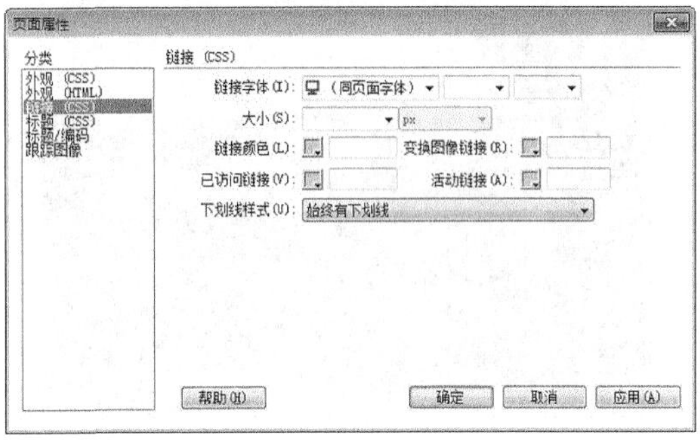

3. 设置标题

在【页面属性】对话框的【分类】列表框中选择【标题】选项，则可设置标题的属性。

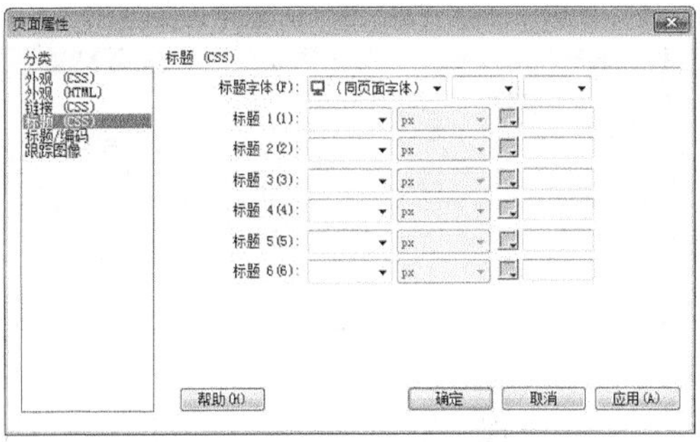

4. 设置标题/编码

在【页面属性】对话框的【分类】列表框中选择【标题/编码】选项，可以设置标题/编码的属性，如网页的标题、文档类型和网页中文本的编码。

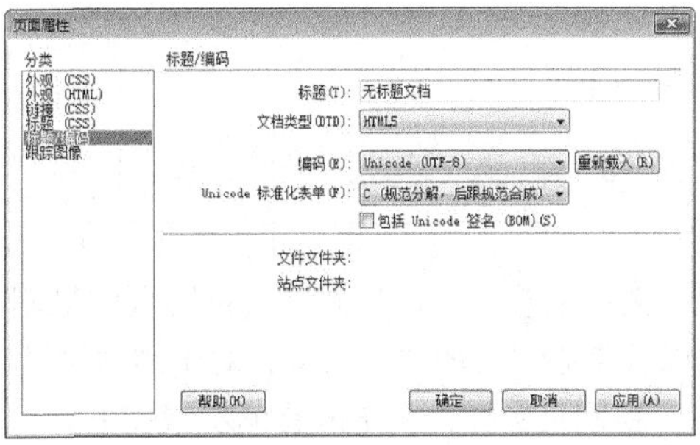

在【标题】文本框中输入标题文字“重新设置页面属性”字样，单击【应用】按钮，此时在文档窗口上方的【标题】文本框中即可显示重新输入的标题文字。

5. 设置跟踪图像

在【页面属性】对话框的【分类】列表框中选择【跟踪图像】选项，则可设置跟踪图像的属性。

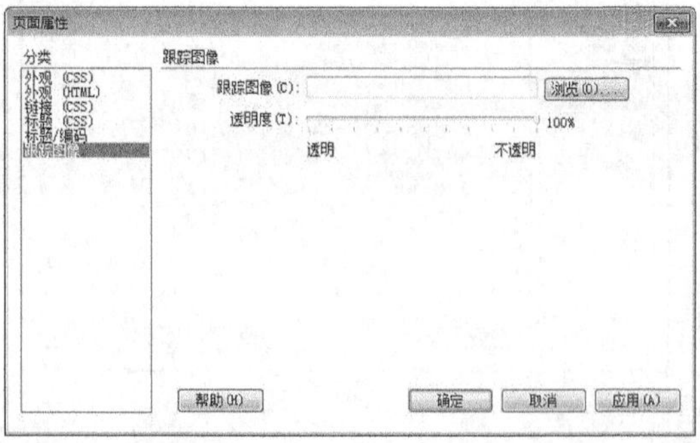

(1)【跟踪图像】

设置作为网页跟踪图像的文件路径，也可以单击文本框右侧的 浏览(W)... 按钮，在弹出的对话框中选择图像作为跟踪图像。

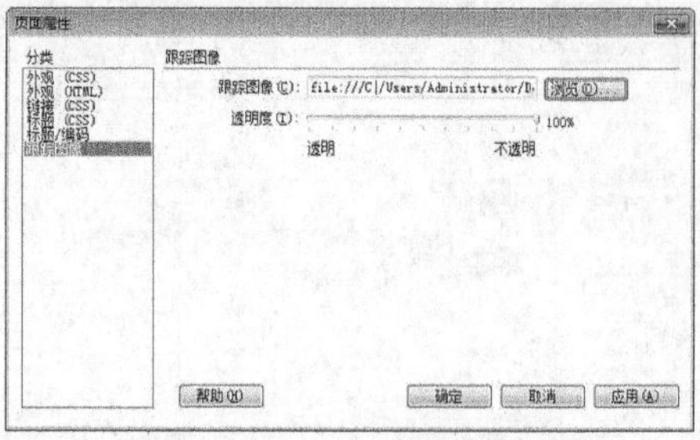

小提示

跟踪图像是Dreamweaver中非常有用的功能。使用这个功能，可以先用平面设计工具设计出页面的平面版式，再以跟踪图像的方式导入到页面中，这样用户在编辑网页时即可精确地定位页面元素。

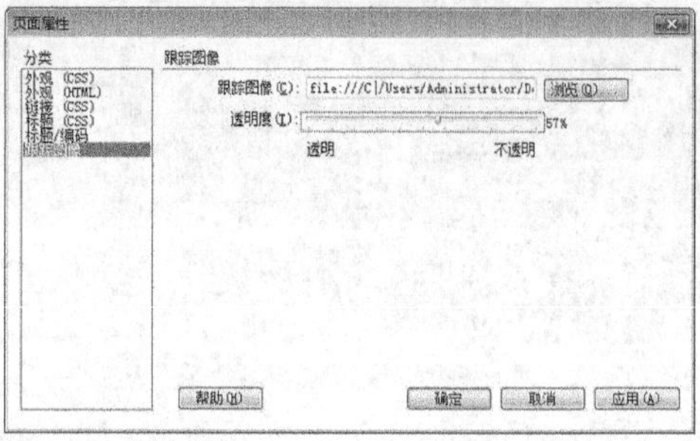

(2)【透明度】

拖动滑块，可以调整图像的透明度，透明度越高，图像越明显。

2.4.3 插入文本

文本是基本的信息载体，是网页中最基本的元素之一。在文件中运用丰富的字体、多样的格式以及赏心悦目的文本效果，对于网站设计师来说是必不可少的技能。

在网页中插入文本的具体步骤如下。

步骤 01 选择【文件】➤【打开】菜单命令。

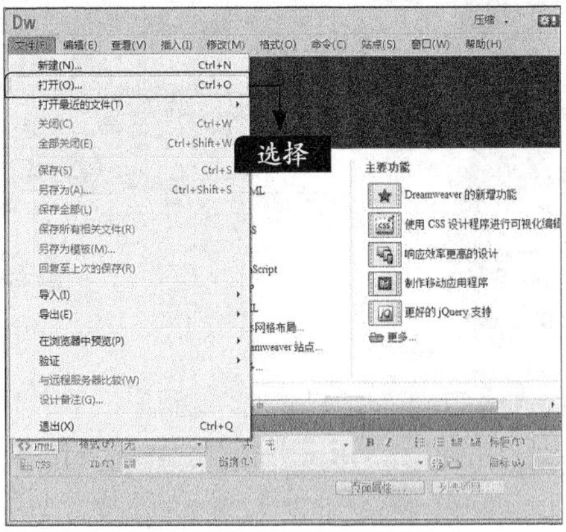
选择

步骤 02 弹出【打开】对话框，在【查找范围】下拉列表中定义打开文件的位置为“素材\ch02\2.4\2.4.3\”，在下方的文件列表框中选择打开的对象“index.html”，完成后单击【打开】按钮。

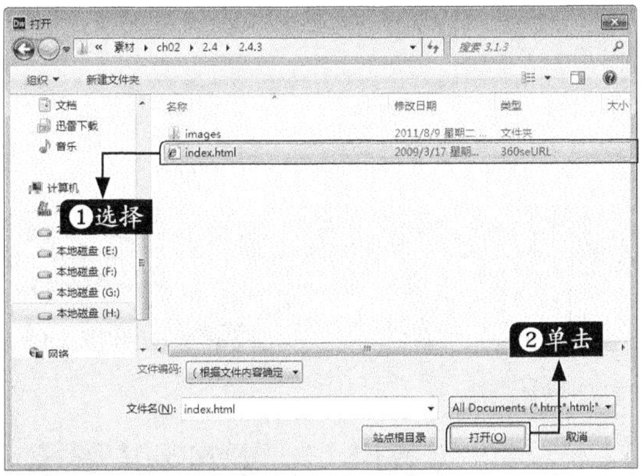
①选择
②单击

步骤 03 打开随书光盘中的“素材\ch02\2.4\2.4.3\index.html”文件，然后将光标放置在文档的编辑区。

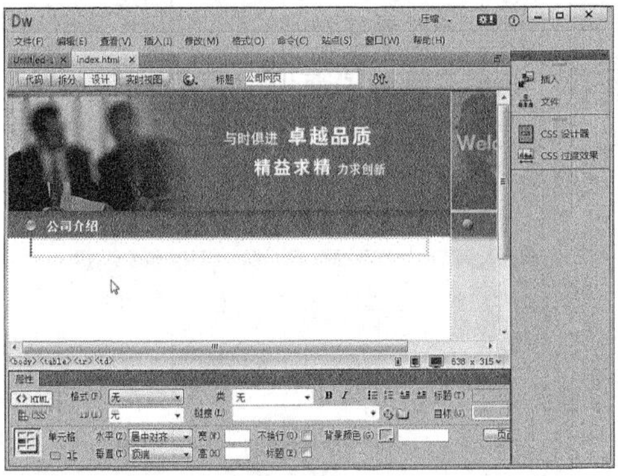

步骤 04 输入文字，如下图所示。

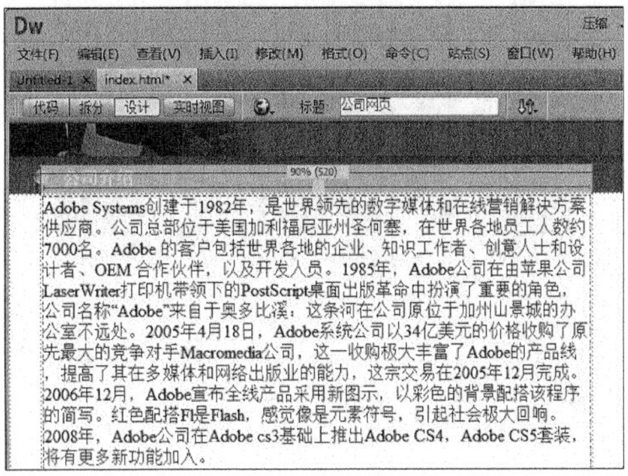

步骤 05 选择【文件】➤【另存为】菜单命令，将文件保存为“结果\ch02\2.4\2.4.3\index.html”，按【F12】键在浏览器中预览效果。

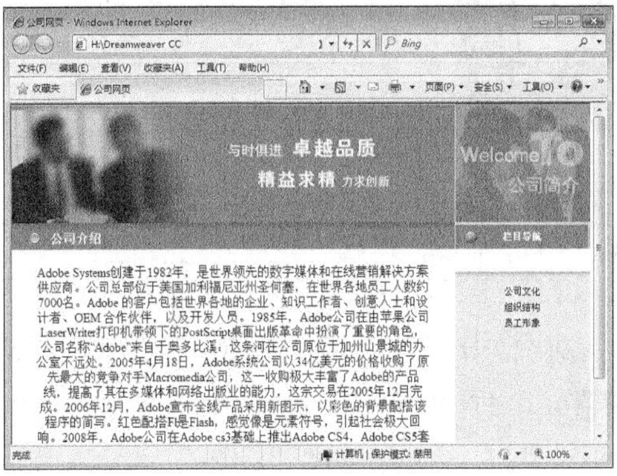

小提示

在输入文本的过程中，换行时如果直接按【Enter】键，行距会比较大。一般情况下，在网页中换行时按【Shift + Enter】组合键，这样才是正常的行距。

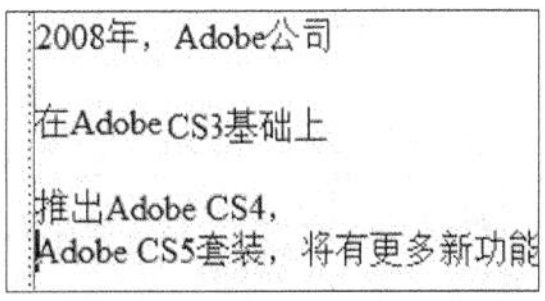
2008年，Adobe公司
在Adobe CS3基础上
推出Adobe CS4，
Adobe CS5套装，将有更多新功能

也可以在文档中添加换行符来实现文本换行，有如下两种操作方法。

(1) 选择【窗口】➤【插入】菜单命令，打开【插入】面板，然后单击【文本】选项卡中的【字符】按钮，在弹出的列表中选择【换行符】选项。

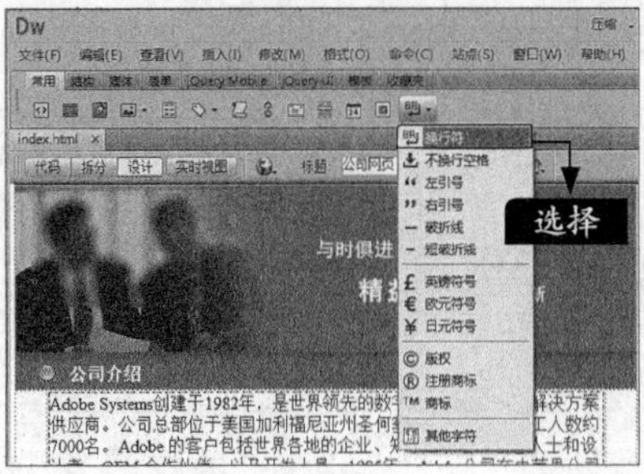

⑵ 选择【插入】➤【HTML】➤【特殊字符】➤【换行符】菜单命令。

2.5 设置文本属性

本节教学录像时间：16 分钟

设置文本属性主要是对网页中的文本格式进行编辑和设置，包括文本字体、文本颜色和字体样式等。

2.5.1 设置字体

对网页中的文本进行字体设置的具体步骤如下。

步骤 01 打开随书光盘中的“素材\ch02\2.5\2.5.1\index.html”文件。

步骤 02 在文档窗口中，选定要设置字体的文本。

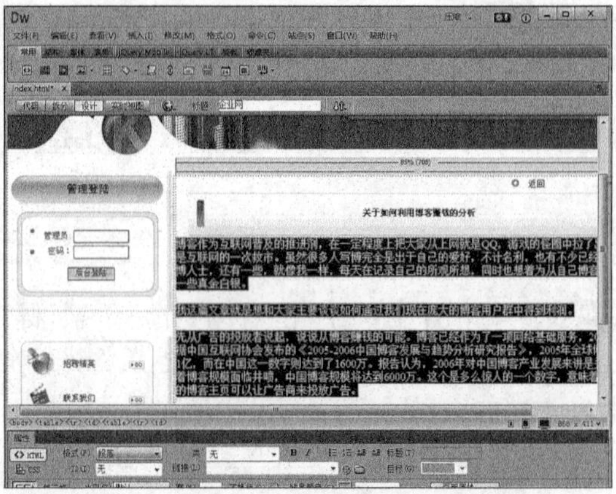

步骤 03 单击【属性】面板中的【页面属性】按钮，弹出【页面属性】对话框，设置文本字体为“黑体”。

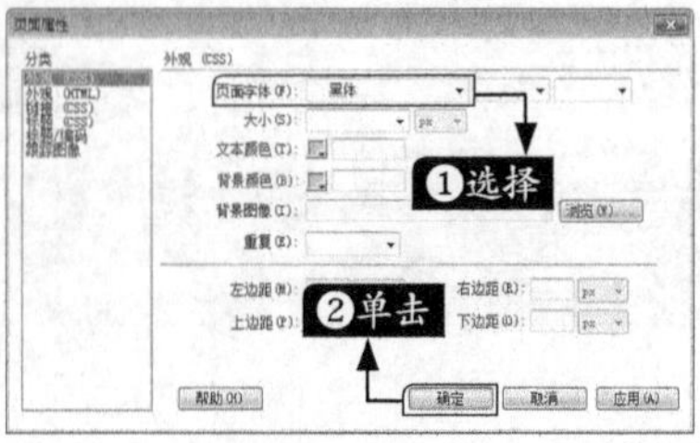

步骤04 单击【确定】按钮后即可看到所选文本字体已经发生变化。

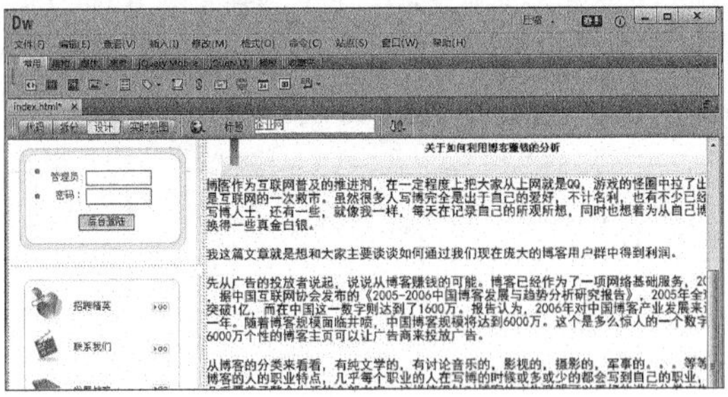

如果字体列表中没有所要的字体，可以按照如下的方法编辑字体列表。

在【页面属性】面板的【页面字体】下拉列表中选择【管理字体】选项，打开【管理字体】对话框。

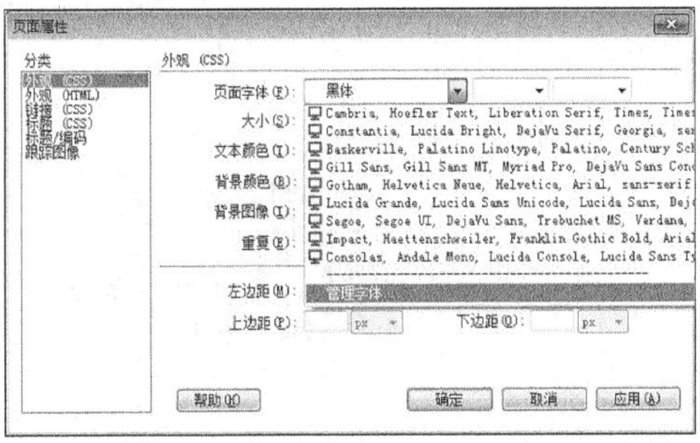

选择【自定义字体堆栈】选项卡，在【可用字体】列表框中选择要使用的字体，然后单击<<按钮，所选字体就会出现在左侧的【选择的字体】列表框中。

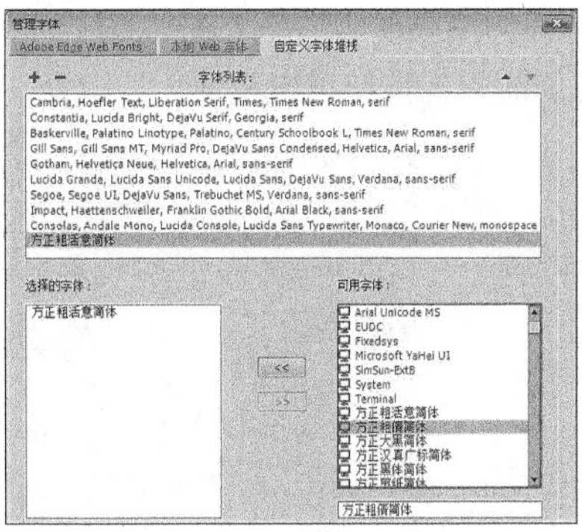

如果要创建新的字体列表，可以从列表框中选择【（在以下列表中添加字体）】选项。如果没有出现该选项，可以单击对话框左上角的+按钮添加。

要从字体组合项中删除字体，可以从【字体列表】列表框中选定该字体组合项，然后单击列表框左上角的−按钮，设置完成单击【确定】按钮即可。

2.5.2 设置字号

字号是指字体的大小。在Dreamweaver CC中设置文字字号的具体步骤如下。

步骤01 打开随书光盘中的“素材\ch02\2.5\2.5.2\index.html”文件，选定要设置字号的文本。

步骤 02 在下面的【属性】面板中，单击【大小】右侧的下拉按钮设置字体大小。

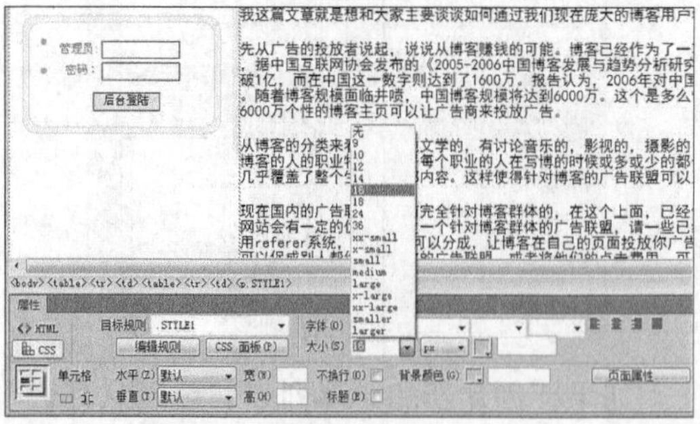

> **小提示**
>
> 如果希望设置字符相对默认字符大小的增减量，可以在同一个下拉列表中选择【xx-small】、【xx-large】或【smaller】等选项。如果希望取消对字号的设置，可以选择【无】选项。

2.5.3 设置字体颜色

丰富的字体颜色会增强网页的表现力。在Dreamweaver CC中，设置字体颜色的具体步骤如下。

步骤 01 打开随书光盘中的“素材\ch02\2.5\2.5.2\index.html”文件，选定要设置字体颜色的文本。

步骤 02 在【属性】面板上单击【文本颜色】按钮，打开Dreamweaver CC颜色板，从中选择需要的颜色，也可以直接在该按钮右边的文本框中输入颜色的十六进制数值。

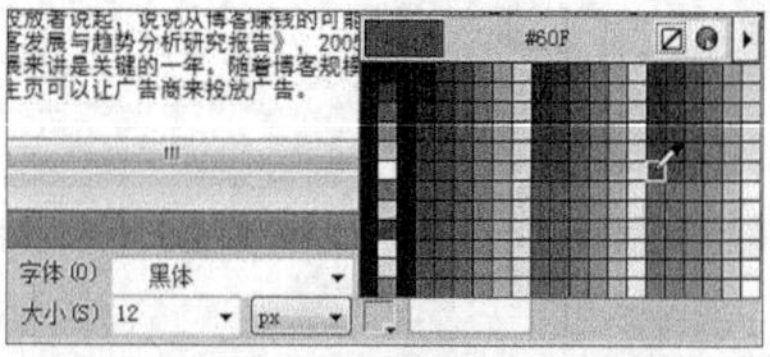

步骤 03 单击后即可更改选中文本的颜色。

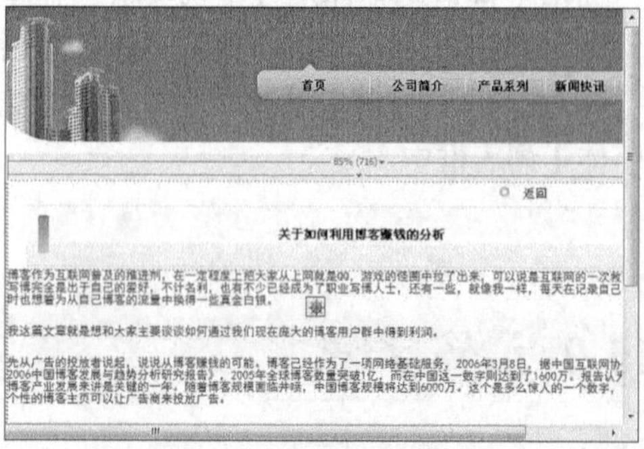

2.5.4 设置字体样式

字体样式是指字体的外观显示样式，如字体的加粗、倾斜、加下划线等。利用Dreamweaver CC可以设置多种字体样式，具体的操作步骤如下。

步骤 01 选定要设置字体样式的文本。

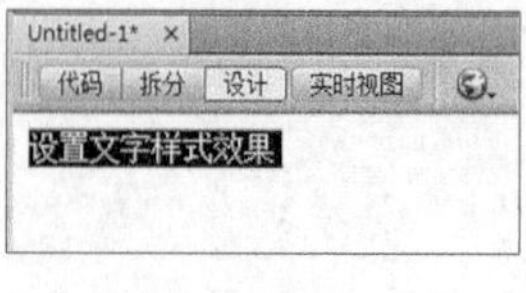

步骤 02 选择【格式】➤【HTML样式】菜单命令，弹出子菜单。

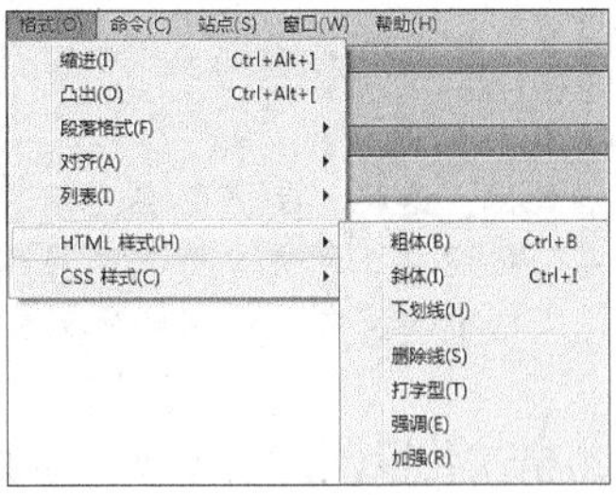

(1) 粗体

从子菜单中选择【粗体】菜单命令，可以将选定的文字加粗显示。

设置文字样式效果

(2) 斜体

从子菜单中选择【斜体】菜单命令，可以将选定的文字显示为斜体样式。

设置文字样式效果

(3) 下划线

从子菜单中选择【下划线】菜单命令，可以在选定文字的下方显示一条下划线。

设置文字样式效果

小提示

也可以利用【属性】面板设置字体的样式。选定字体后，单击【属性】面板上的按钮为加粗样式，单击 *I* 按钮为斜体样式。

(4) 删除线

从子菜单中选择【删除线】菜单命令，就会在选定文字的中部横贯一条横线，表明文字被删除。

~~设置文字样式效果~~

(5) 打字型

从子菜单中选择【打字型】菜单命令，就可以将选定的文本作为等宽度文本来显示。

`设置文字样式效果`

(6) 强调

从子菜单中选择【强调】菜单命令，则表明选定的文字需要在文件中被强调。大多数浏览器会把它显示为斜体样式。

设置文字样式效果

(7) 加强

从子菜单中选择【加强】菜单命令，则表明选定的文字需要在文件中以加强的格式显示。大多数浏览器会把它显示为粗体样式。

设置文字样式效果

2.5.5 编辑段落

段落指的是一段格式上统一的文本。在文件窗口中每输入一段文字，按【Enter】键后，就会自动形成一个段落。编辑段落主要是对网页中的一段文本进行设置。

1. 设置段落格式

使用【属性】面板中的【格式】下拉列表，或选择【格式】➤【段落格式】菜单命令，都可以设置段落格式。

步骤 01 将光标放置在段落中任意一个位置，或选择段落中的一些文本。

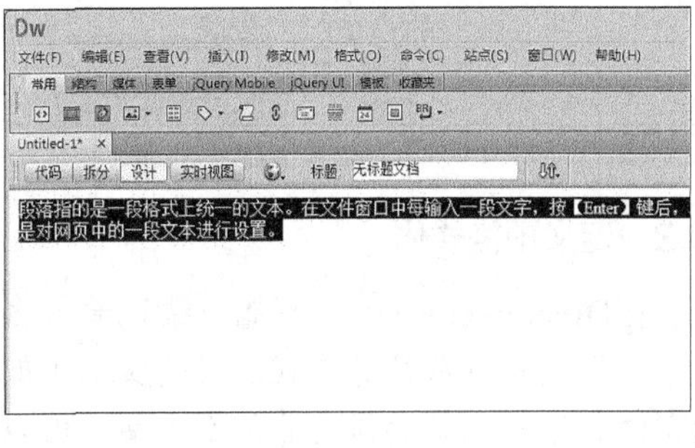

步骤 02 选择【格式】➤【段落格式】子菜单中的菜单命令。

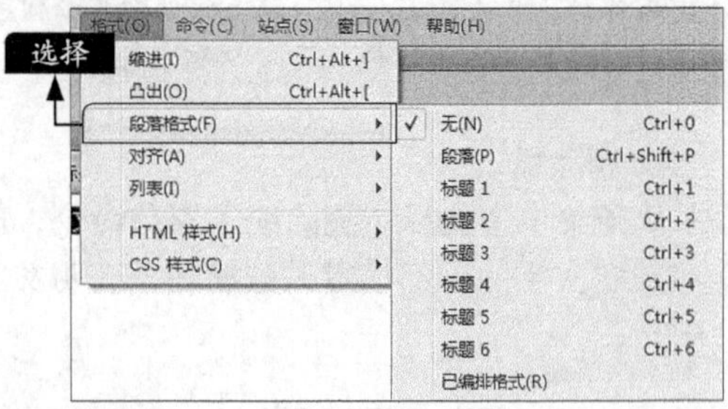

步骤 03 选择一个段落格式（如【标题 1】），然后单击【拆分】按钮，在代码视图下可以看到与所选格式关联的 HTML 标记（如表示【标题 1】的 h1、表示【预先格式化的】文本的 pre 等）将应用于整个段落。

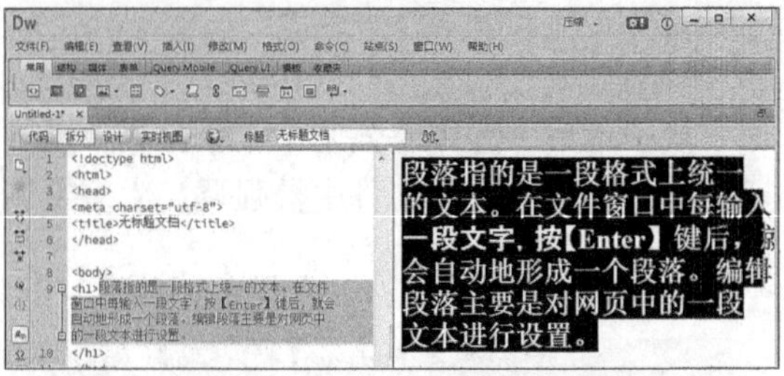

> **小提示**
>
> 若要更改此设置，可以选择【编辑】➤【首选项】菜单命令，弹出【首选项】对话框，然后在【常规】分类中的【编辑选项】区域中，撤选【标题后切换到普通段落】复选框。

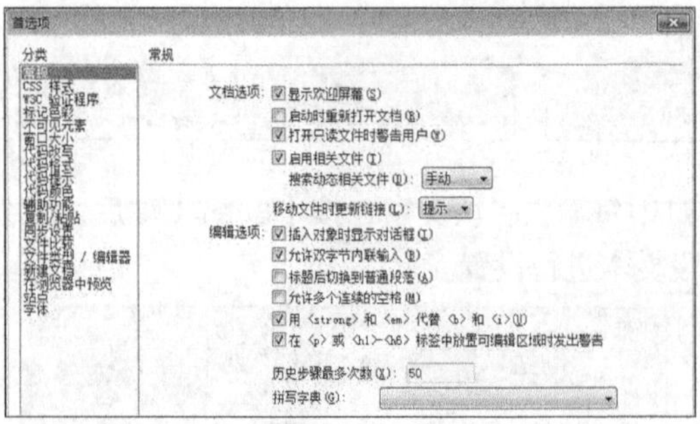

2. 定义预格式化

在Dreamweaver中，不能连续地输入多个空格。在显示一些特殊格式的段落文本（如诗歌）时，这一点就会显得非常不方便。可以使用预格式化标签<pre>和</pre>来解决这个问题。

> **小提示**
>
> 预格式化指的是预先对<pre>和</pre>之间的文字进行格式化，这样，浏览器在显示其中的内容时，就会完全按照真正的文本格式来显示，即原封不动地保留文档中的空白，如空格及制表符等。

设置预格式化段落的具体操作步骤如下。

步骤 01 将光标放置在要设置预格式化的段落中。

> **小提示**
>
> 如果要将多个段落设置为预格式化，则可同时拖选多个段落。

步骤 02 按【Ctrl+F3】组合键打开【属性】面板，在【格式】下拉列表中选择【预先格式化的】选项，也可以选择【格式】➤【段落格式】➤【已编排格式的】菜单命令。

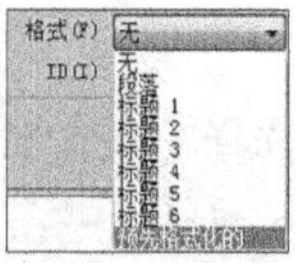

该操作会自动地在相应段落的两端添加<pre>和</pre>标记。如果原来段落的两端有<p>和</p>标记，则会分别用<pre>和</pre>标记来替换它们。

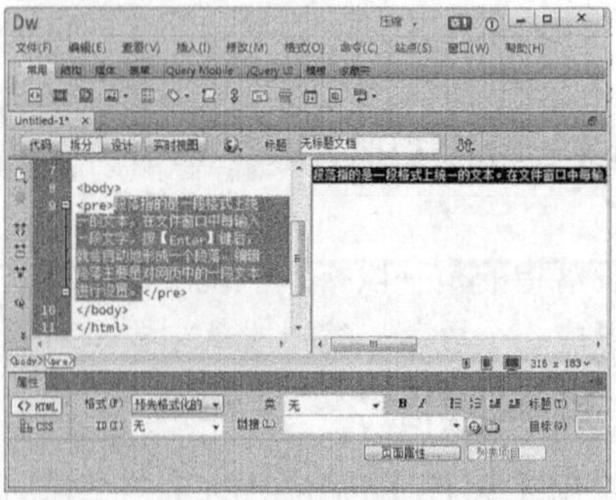

> **小提示**
>
> 由于预格式化文本不能自动换行，因此除非绝对需要，否则尽量不要使用预格式化功能。

如果要在段落的段首空出两个空格，不能

直接在【设计视图】方式下输入空格，而应切换到【代码视图】中，在段首文字之前输入代码“ ”。

小提示

该代码只表示一个半角字符，要空出两个汉字的位置，需要添加4个代码。这样，在浏览器中就可以看到段首已经空两个格了。

3．设置段落的对齐方式

段落的对齐方式指的是段落相对文件窗口（或浏览器窗口）在水平位置的对齐方式，有4种对齐方式：左对齐、居中对齐、右对齐和两端对齐。

对齐段落的具体步骤如下。

步骤01 将光标放置在要设置对齐方式的段落中。

步骤02 单击【属性】面板【CSS】选项卡中的对齐按钮即可。

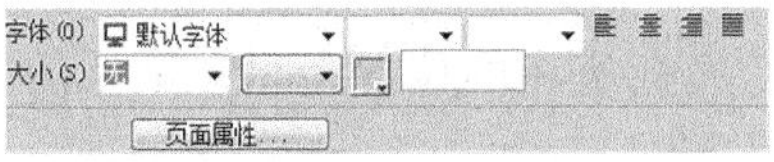

【左对齐】按钮：单击该按钮，可以设置段落相对文档窗口左对齐。

【居中对齐】按钮：单击该按钮，可以设置段落相对文档窗口居中对齐。

【右对齐】按钮：单击该按钮，可以设置段落相对文档窗口右对齐。

【两端对齐】按钮：单击该按钮，可以设置段落相对文档窗口两端对齐。

4．设置段落缩进

在强调一段文字或引用其他来源的文字时，需要对文字进行段落缩进，以表示和普通段落有区别。缩进主要是指内容相对于文档窗口（或浏览器窗口）左端产生的间距。

将光标放置在要设置缩进的段落中。如果要缩进多个段落，则选择多个段落，选择【格式】➤【缩进】菜单命令，即可将当前段落往右缩进一段位置。

单击【属性】面板中的【删除内缩区块】按钮和【内缩区块】按钮，即可实现当前段落的凸出和缩进。凸出是将当前段落往左恢复一段缩进位置。

小提示

也可以使用快捷键来实现缩进。按【Ctrl + Alt +]】组合键可以进行一次右缩进，按【Ctrl + Alt + [】组合键可以向左恢复一段缩进位置。

2.5.6 检查拼写

如果要对英文材料进行检查更正，可以使用Dreamweaver CC中的检查拼写功能。选择【命令】➤【检查拼写】菜单命令，可以检查当前文档中的拼写。【检查拼写】命令忽略 HTML标记和属性值。

默认情况下拼写检查器使用美国英语拼写字典。要更改字典，可以选择【编辑】➤【首选项】菜单命令，在弹出的【首选项】对话框中选择【常规】分类，在【拼写字典】下拉列表中选择要使用的字典，然后单击【确定】按钮即可。

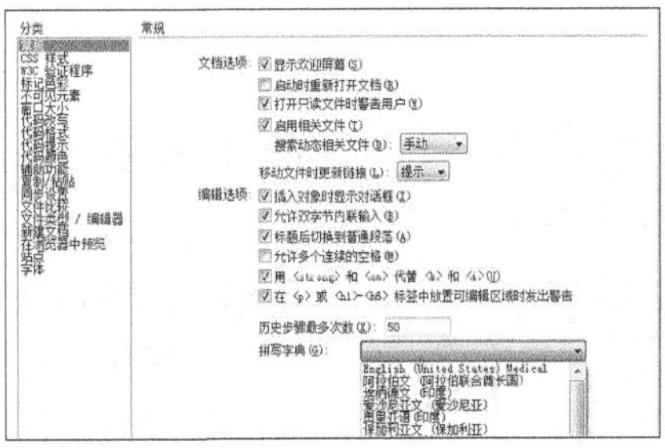

选择【命令】➤【检查拼写】菜单命令，如果文本内容中有错误，就会弹出【检查拼写】对话框。

如果单词的拼写没有错误，则会弹出如图所示的提示框。

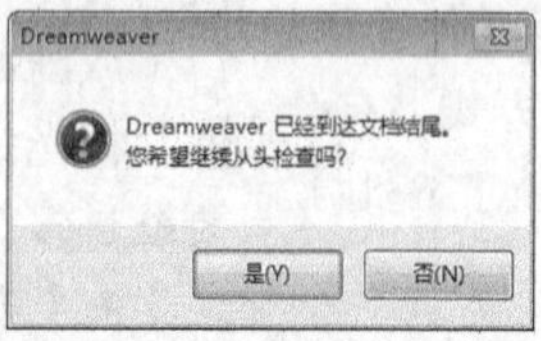

2.5.7 创建项目列表

列表就是那些具有相同属性元素的集合。Dreamweaver CC常用的列表有无序列表和有序列表两种，无序列表使用项目符号来标记无序的项目，有序列表使用编号来记录项目的顺序。

1. 无序列表

在无序列表中，各个列表项之间没有顺序级别之分，通常使用一个项目符号作为每个列表项的前缀。

设置无序列表的具体步骤如下。

步骤01 将光标放置在需要设置无序列表的文档中。

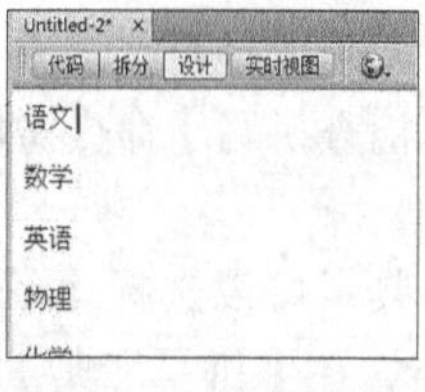

步骤02 选择【格式】➤【列表】➤【项目列表】菜单命令。

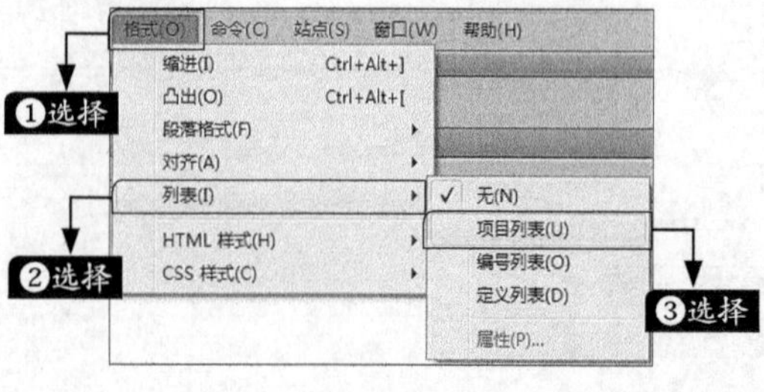

步骤03 光标所在的位置将出现默认的项目符号。

步骤04 重复以上步骤，设置其他文本的项目符号。

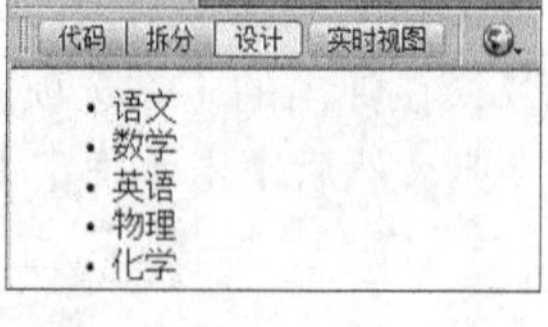

2. 有序列表

对于有序编号，可以指定其编号类型和起始编号。可以采用阿拉伯数字、大写字母或罗马数字等作为有序列表的编号。

设置有序列表的具体步骤如下。

步骤01 将光标放置在需要设置有序列表的文档中。

步骤02 选择【格式】➤【列表】➤【编号列表】菜单命令。

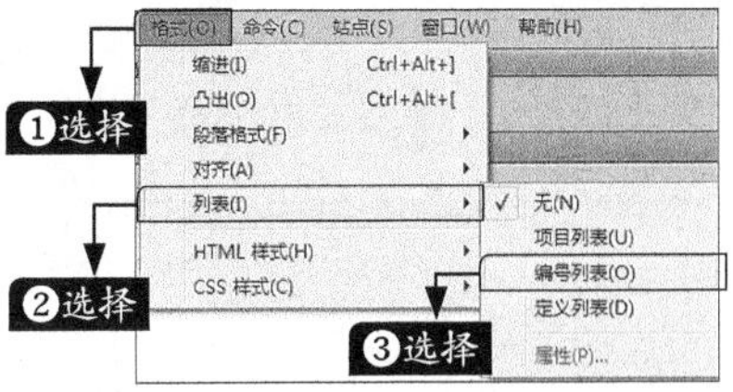

步骤03 光标所在的位置将出现编号列表。

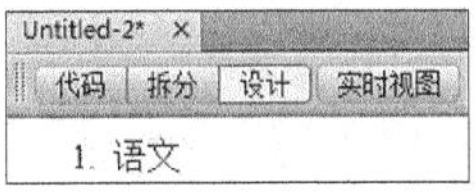

步骤04 重复以上步骤，设置其他文本的编号列表。

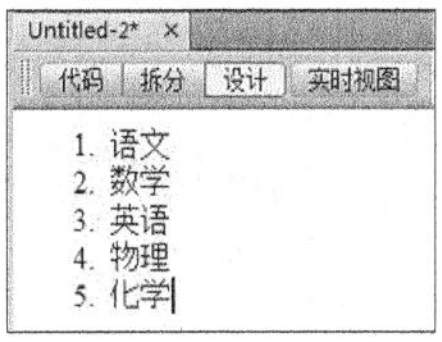

列表还可以嵌套，嵌套列表是包含其他列表的列表。选定要嵌套的一个或多个列表项，单击【属性】面板中的【缩进】按钮 或选择【格式】➤【缩进】菜单命令。

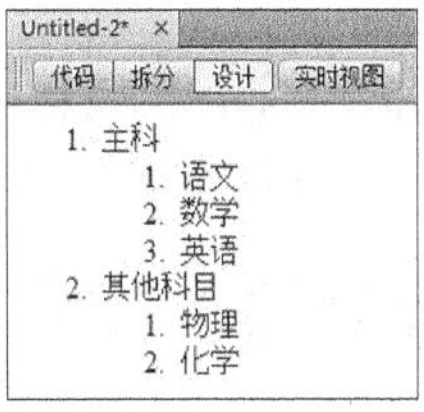

2.6 用图像美化网页

本节教学录像时间：12 分钟

无论是个人网站还是企业网站，图文并茂的网页都能为网站增色不少。用图像美化网页会使网页变得更加美观、生动，从而吸引更多的浏览者。

2.6.1 选择合适的图像格式

网页中通常使用的图像格式有3种，即GIF、JPEG和PNG，下面介绍它们各自的特性。

1. GIF格式

网页中最常用的图像格式是GIF，其特点是图像文件占用磁盘空间小，支持透明背景和动画，多数用于图标、按钮、滚动条和背景等。

2. JPEG格式

JPEG格式是一种图像压缩格式，主要用于摄影图片的存储和显示，文件的扩展名为.jpg或.jpeg。

GIF格式文件和JPEG格式文件的特点对比见下表。

	GIF	JPEG/JPG
色彩	16色、256色	代表超文本传输协议，通知example.com服务器显示Web页
真彩色	www	代表一个Web服务器
特殊功能	透明背景、动画效果	无
压缩是否有损失	无损压缩	有损压缩

3. PNG格式

PNG格式汲取了GIF格式和JPEG格式的优点，存储形式丰富，兼有GIF格式和JPEG格式的色彩模式，采用无损压缩方式来减小文件的大小。

2.6.2 插入图像

在文件中插入漂亮的图像会使网页更加美观，使页面更具吸引力。

步骤 01 打开随书光盘中的“素材\ch02\2.6\2.6.2\index.html”文件。

步骤 02 选择【插入】➤【图像】➤【图像】菜单命令。

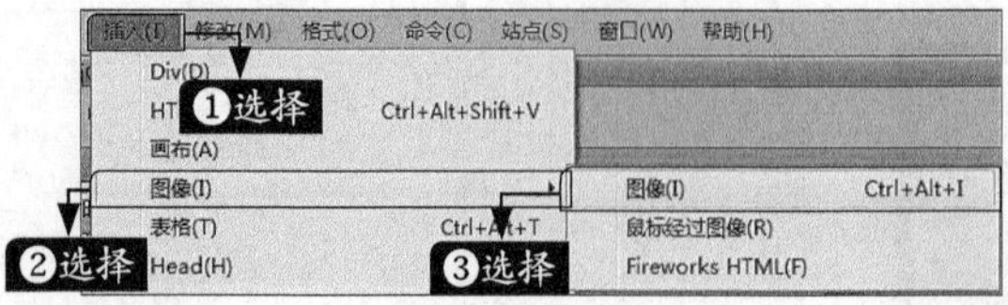

步骤 03 弹出【选择图像源文件】对话框，从中选择要插入的图像文件，然后单击【确定】按钮，即可完成向文档中插入图像的操作。

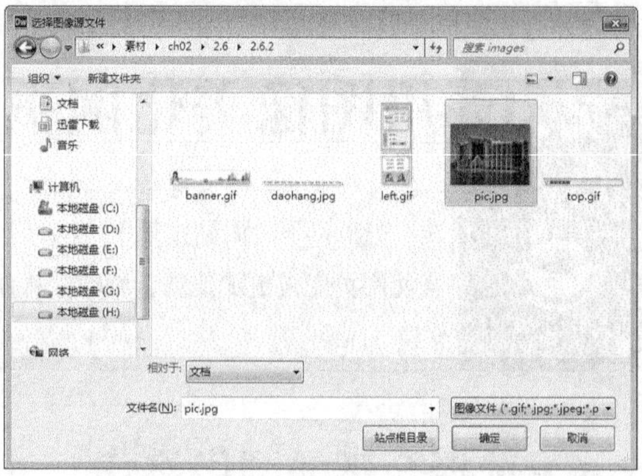

保存文档，按【F12】键在浏览器中预览效果。

2.6.3 设置图像属性

在页面中插入图像后单击选定图像，此时图像的周围会出现边框，表示图像正处于选中状态。可以在【属性】面板中设置该图像的属性。

1.【地图】

用于创建客户端图像的热区，在右侧的文本框中可以输入地图的名称。

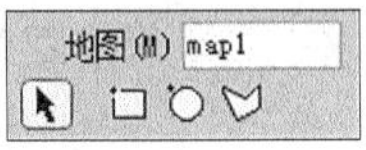

小提示

输入的名称中只能包含字母和数字，并且不能以数字开头。

2.【热点工具】按钮

单击这些按钮，可以创建图像的热区链接。

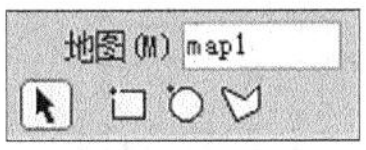

3.【宽】和【高】

设置在浏览器中显示图像的宽度和高度，以像素为单位。

如在【宽】文本框中输入宽度值，页面中的图片即会显示相应的宽度。

小提示

【宽】和【高】的单位除像素外，还有pc（十二点活字）、pt（点）、in（英寸）、mm（毫米）、cm（厘米）和2in+5mm的单位组合等。

4.【图像源文件】

用于指定图像的路径。单击【Src】文本框右侧的【浏览文件】按钮，弹出【选择图像源文件】对话框，可从中选择图像文件，或直接在文本框中输入图像路径。

5.【链接】

用于指定图像的链接文件。可拖动【指向文件】图标到【文件】面板中的某个文件上，或直接在文本框中输入URL地址。

6.【目标】

用于指定链接页面在框架或窗口中的打开方式。

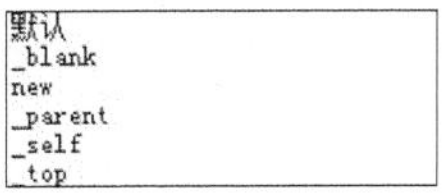

小提示

【目标】下拉列表中有以下几个选项。

_blank：在弹出的新浏览器窗口中打开链接文件。

_parent：如果是嵌套的框架，会在父框架或窗口中打开链接文件；如果不是嵌套的框架，则与_top相同，在整个浏览器窗口中打开链接文件。

_self：在当前网页所在的窗口中打开链接。此目标为浏览器默认的设置。

_top：在完整的浏览器窗口中打开链接文件，会删除所有的框架。

7.【原始】

用于设置图像下载完成前显示的低质量图像，这里一般指PNG图像。单击旁边的【浏览文件】按钮，即可在弹出的对话框中选择低质量图像。

8.【替换】

图像的说明性文字，用于在浏览器不显示

图像时替代图像显示的文本。

9.【编辑】

启动图像编辑器中的一组编辑工具对图像进行复杂的编辑。

【编辑】按钮：单击该按钮，可以使用Photoshop编辑该文件（同时安装有Photoshop软件时才可使用）。

【编辑图像设置】按钮：单击该按钮，弹出【图像优化】对话框，从中可设置图像的格式、品质、优化等。

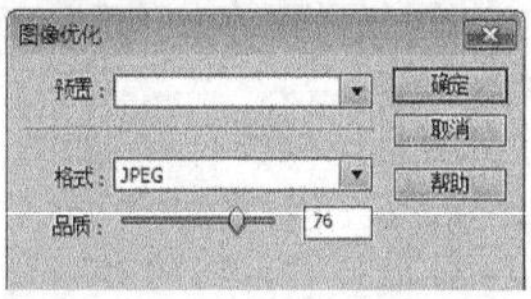

【从源文件中更新】按钮：无需打开Photoshop或Fireworks图像编辑软件，即可在Dreamweaver中更改源图像和更新图像。

【裁剪】按钮：单击该按钮，可以在图像上拖选出保留的区域，然后在区域上双击鼠标，即可将不需要的区域删除。

【重新取样】按钮：单击该按钮，可重新调整图像的大小，以提高图片在新的大小和形状下的品质。

【亮度和对比度】按钮：单击该按钮，在弹出的【亮度/对比度】对话框中拖动滑块或输入相应的数值，可调整图像的亮度和对比度。

【锐化】按钮：单击该按钮，在弹出的【锐化】对话框中拖动滑块，可调整图像的清晰度。

2.6.4 插入鼠标经过图像

鼠标经过图像是指在浏览器中查看并在鼠标指针移过它时发生变化的图像。鼠标经过图像实际上是由两幅图像组成，即初始图像（页面首次加载时显示的图像）和替换图像（鼠标指针经过时显示的图像）。

小提示

用于创建鼠标经过图像的两幅图像的大小必须相同。如果图像的大小不同，Dreamweaver则会自动地调整第2幅图像的大小，使之与第1幅图像匹配。

步骤01 打开随书光盘中的“素材\ch02\2.6\2.6.4\ index.html”文件，然后将光标定位于要插入鼠标经过图像的位置，选择【插入】➤【图像对象】➤【鼠标经过图像】菜单命令。

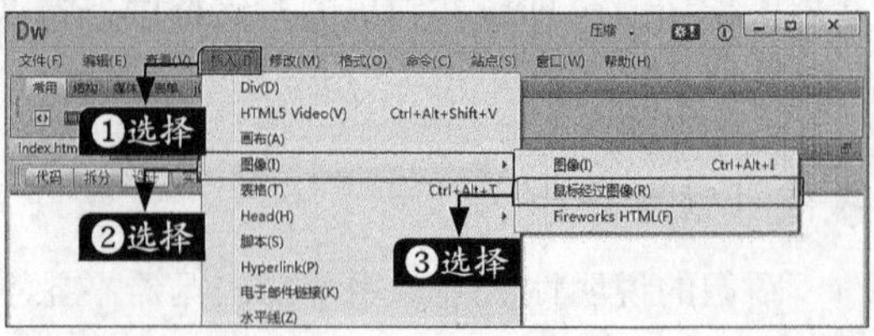

步骤02 弹出【插入鼠标经过图像】对话框，在【图像名称】文本框中输入一个名称（这里保持默认名称不变）。

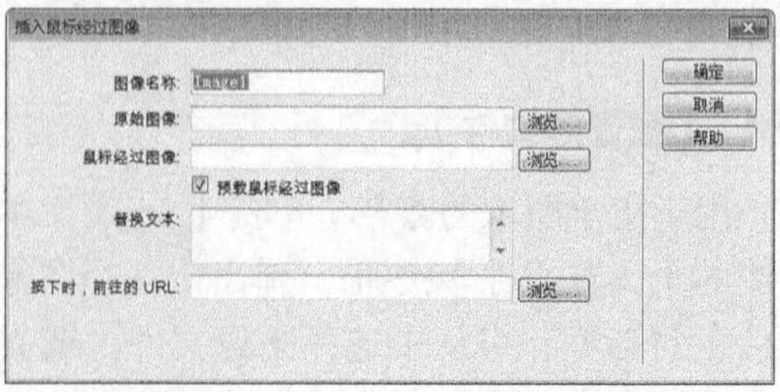

步骤03 单击【原始图像】文本框右侧的【浏览】按钮，在弹出的【原始图像：】对话框中选择鼠标经过前的图像文件，设置完成后单击【确定】按钮。

步骤04 返回【插入鼠标经过图像】对话框，在【原始图像】文本框中即可看到添加的原始图像文件路径。

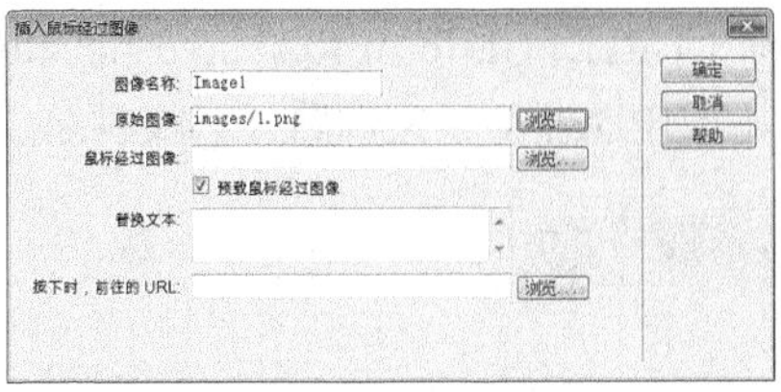

步骤05 单击【鼠标经过图像】文本框右侧的【浏览】按钮，在弹出的【鼠标经过图像：】对话框中选择鼠标经过原始图像时显示的图像文件，然后单击【确定】按钮，返回【插入鼠标经过图像】对话框。

步骤06 在【替换文本】文本框中输入名称（这里不再输入），并选中【预载鼠标经过图像】复选框。如果要建立链接，可以在【按下时，前往的URL】文本框中输入URL地址，也可以单击右侧的【浏览】按钮，选择链接文件（这里不填）。单击【确定】按钮，关闭对话框，保存文档，按【F12】键在浏览器中预览效果。

鼠标指针经过前的图像如下图所示。

鼠标指针经过后的图像如下图所示。

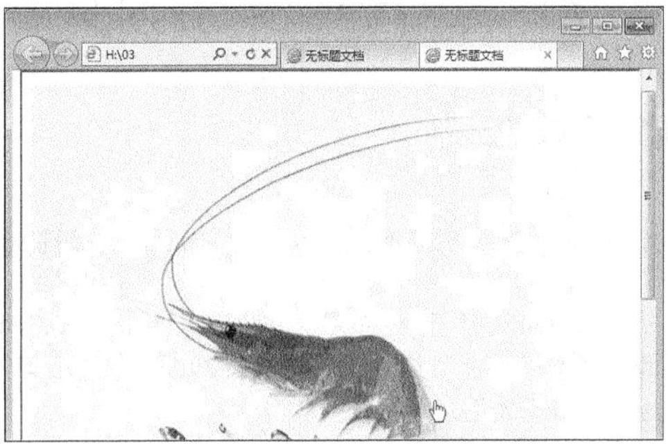

2.7 创建链接

本节教学录像时间：20 分钟

链接是网页中极为重要的部分，单击文档中的链接，即可跳转至相应的位置。正是因为网站中有了链接，用户才能在网站中相互跳转而方便地查阅各种各样的知识，享受网络带来的无穷乐趣。

2.7.1 了解链接

利用链接可以实现在文档间或文档中的跳转。链接由两个端点（也称锚）和一个方向构成，通常将开始位置的端点称作源端点（或源锚），而将目标位置的端点称为目标端点（或目标锚），链接就是由源端点到目标端点的一种跳转。

目标端点可以是任意的网络资源，它可以是一个页面、一幅图像、一段声音、一段程序，甚至可以是页面中的某个位置。

小提示

链接也叫超级链接。超级链接根据链接源端点的不同，分为超文本和超链接两种。超文本就是利用文本创建的超级链接。在浏览器中，超文本一般显示为下方带蓝色下划线的文字。超链接是利用除了文本之外的其他对象所构建的链接。

每个页面都有一个唯一的地址，称为统一资源定位符（URL，Uniform Resource Locator）。URL地址通常由4部分组成，分别是文件传输协议、域名（或IP地址）、文件路径和文件名。

一般来说，Dreamweaver 允许使用的链接路径有3种：绝对路径、文档相对路径和根相对路径。

1. 绝对路径

小提示

如果在链接中使用完整的URL地址，这种链接路径就称为绝对路径。绝对路径的特点是：路径同链接的源端点无关。

例如要创建“龙马腾飞”文件夹中的index.html文档的链接，则可使用绝对路径“D:\龙马腾飞\index.html”。

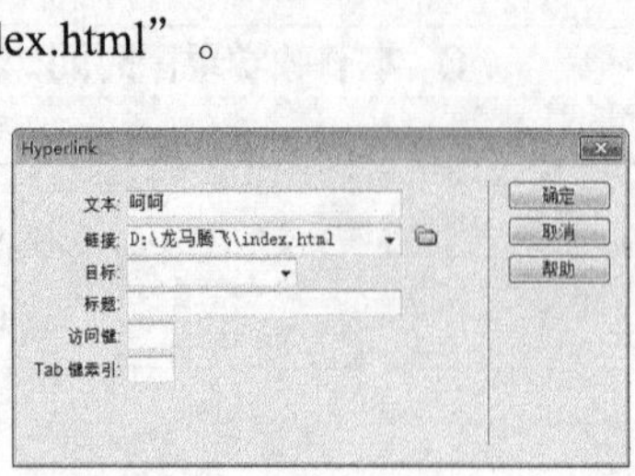

小提示

采用绝对路径有两个缺点：一是不利于测试，二是不利于移动站点。

2. 文档相对路径

文档相对路径是指以当前文档所在的位置为起点到被链接文档经由的路径。

小提示

文档相对路径可以表述源端点同目标端点之间的相互位置，它同源端点的位置密切相关。

使用文档相对路径有以下3种情况。

⑴ 如果链接中源端点和目标端点在同一目录下，那么在链接路径中只需提供目标端点的文件名即可。

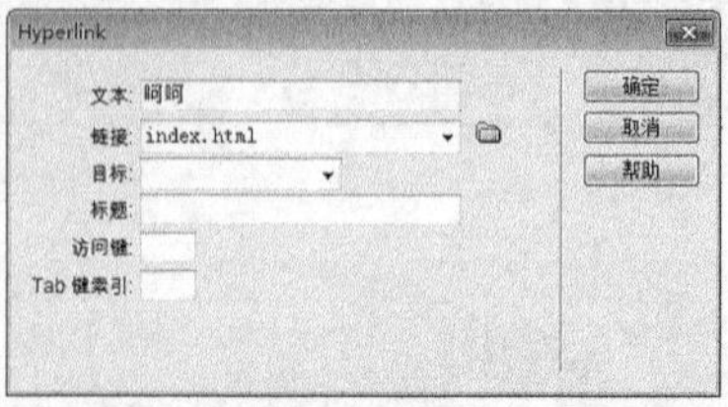

⑵ 如果链接中源端点和目标端点不在同一目录下，则需要提供目录名、前斜杠和文件名。

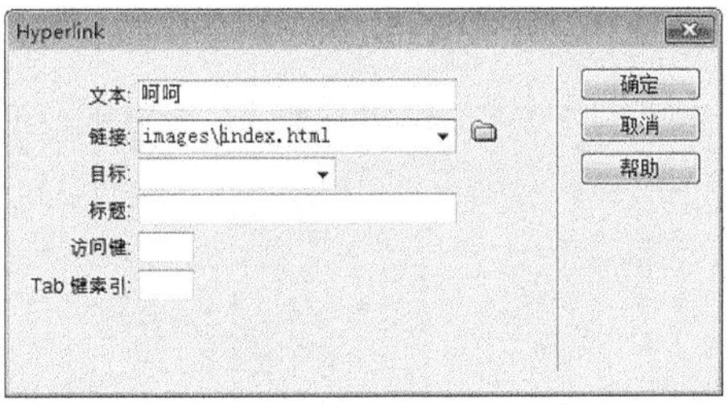

(3) 如果链接指向的文档没有位于当前目录的子级目录中，则可利用“../”符号来表示当前位置的上级目录。

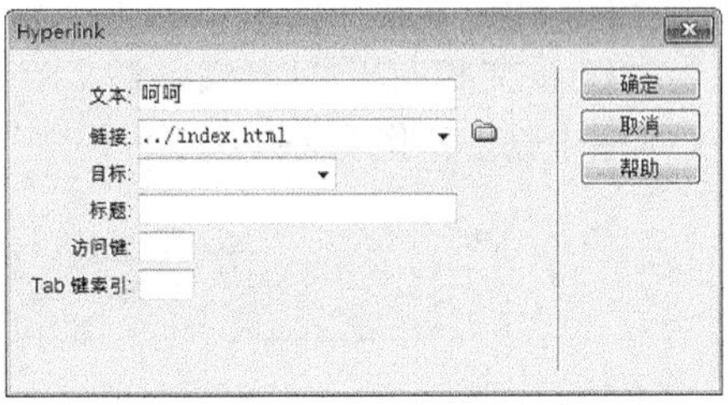

小提示

采用相对路径的特点：只要站点的结构和文档的位置不变，那么链接就不会出错，否则链接就会失效。在把当前文档与处在同一文件夹中的另一文档链接，或把同一网站下不同文件夹中的文档相互链接时，可以使用相对路径。

3. 根相对路径

小提示

可以将根相对路径看作是绝对路径和相对路径之间的一种折中，是指从站点根文件夹到被链接文档经由的路径。在这种路径表达式中，所有的路径都是从站点的根目录开始的，同源端点的位置无关，通常用一个斜线“/”来表示根目录。

例如，/ziliao/xue.html就是站点根文件夹下的ziliao子文件夹中的一个文件（xue.html）的根相对路径。根相对路径是指定网站内文档链接的最好方法，因为在移动一个包含根相对链接的文档时，无须对原有的链接进行修改。

小提示

根相对路径同绝对路径非常相似，只是它省去了绝对路径中带有协议地址的部分。

2.7.2 创建链接

Internet之所以越来越受欢迎，很大程度上是因为在网页中使用了链接。根据链接的范围，可分为内部链接和外部链接两种。内部链接是指同一个文档之间的链接，外部链接是指不同网站文档之间的链接。

1. 创建网站内的文本链接

通过Dreamweaver，可以使用多种方法来创建内部链接。

使用【属性】面板创建网站内文本链接的具体步骤如下。

步骤01 启动Dreamweaver CC，打开随书光盘中的“素材\ch02\2.7\2.7.2\index.html”文件，选定“清风细语”这几个字，将其作为建立链接的文本。

步骤02 单击【属性】面板中的【浏览文件】按钮，弹出【选择文件】对话框，选择网页文件“xiyu.html”，单击【确定】按钮。

步骤 03 保存文档，按【F12】键在浏览器中预览效果。

2. 创建网站内的图像链接

使用【属性】面板创建图像链接的具体步骤如下。

步骤 01 打开随书光盘中的“素材\ch02\2.7\2.7.2\index_3.html”文件，选定要创建链接的图像，单击【属性】面板中的【浏览文件】按钮。

步骤 02 弹出【选择文件】对话框，浏览并选择一个文件，在【相对于】下拉列表中选择【文档】选项，然后单击【确定】按钮。

步骤 03 在【属性】面板的【目标】下拉列表中，选择链接文档打开的方式，然后在【替换】文本框中输入图像的替换文本“风景”。

3. 创建外部链接

创建外部链接是指将网页中的文字或图像与站点外的文档相连，也可以是Internet上的网站。创建外部链接（从一个网站的网页链接到另一个网站的网页）时，必须使用绝对路径，即被链接文档的完整URL包括所使用的传输协议（对于网页通常是http://）。

例如，在主页上添加网易、搜狐等网站的图标，将它们与相应的网站链接起来。

步骤 01 打开随书光盘中的“素材\ch02\2.7\2.7.2\index_3.html”文件，选定搜狐网站图标，在【属性】面板的【链接】文本框中输入搜狐的网址“http://www.sohu.com”。

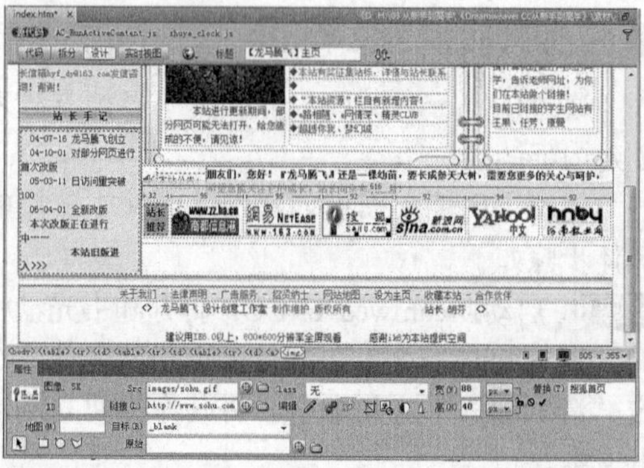

步骤 02 保存网页后按【F12】键，在浏览器中将网页打开，然后单击创建的图像链接，即可打开搜狐网站首页。

2.7.3 创建图像热点链接

在网页中，不但可以单击整幅图像跳转到链接文档，也可以单击图像中的不同区域而跳转到不同的链接文档。通常将处于一幅图像上的多个链接区域称为热点。

步骤01 打开随书光盘中的"素材\ch02\2.7\2.7.3\index.html"文档，选中其中的图像。

步骤02 单击【属性】面板中相应的热点工具，这里选择矩形热点工具□，然后在图像上需要创建热点的位置拖动鼠标，创建热点。

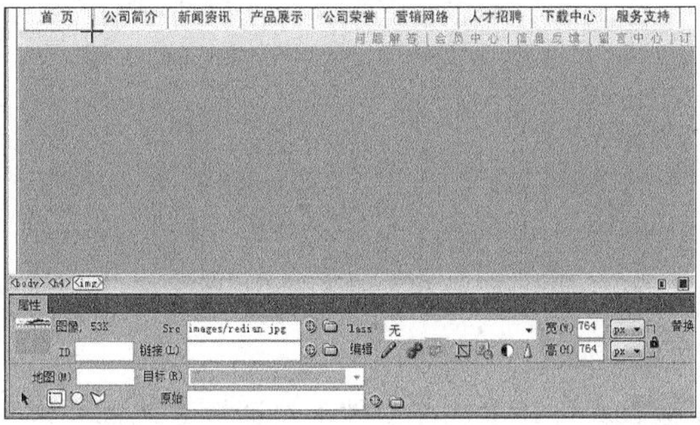

步骤03 松开鼠标左键后，弹出【Drwamweaver】提示框，单击【确定】按钮。

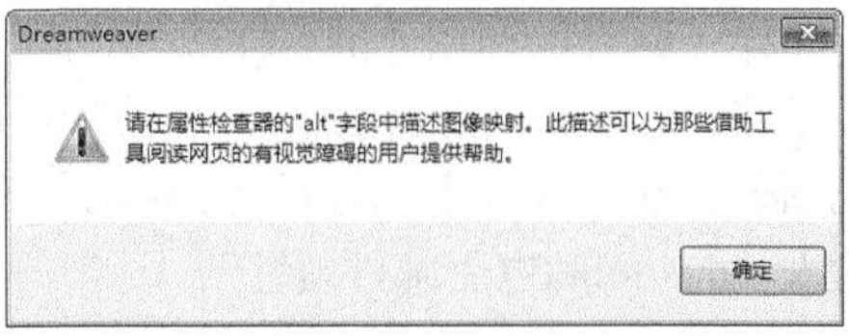
Dreamweaver
请在属性检查器的"alt"字段中描述图像映射。此描述可以为那些借助工具阅读网页的有视觉障碍的用户提供帮助。
确定

步骤04 在【属性】面板的【链接】文本框中输入链接的文件，即可创建一个图像热点链接。

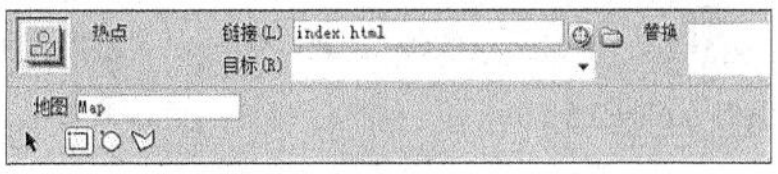

步骤05 再用**步骤01**~**步骤02**的方法创建其他的热点链接，单击【属性】面板上的指针热点工具，将鼠标指针恢复为标准箭头状态，在图像上选取热点。

> **小提示**
>
> 被选中的热点边框上会出现控点，拖动控点可以改变热点的形状。选中热点后，按【Delete】键可以删除热点。也可以在【属性】面板中设置热点相对应的URL链接地址。

2.7.4 创建电子邮件链接

电子邮件链接是一种特殊的链接，单击这种链接，会启动计算机中相应的E-mail程序，允许书写电子邮件，然后发往链接中指定的邮箱地址。

步骤01 打开随书光盘中的"素材\ch02\2.7\2.7.4\index.html"文件。将光标置于文档窗口中要显示电子邮件链接的地方，选定即将显示为电子邮件链接的文本或图像，然后选择【插入】➤【电子邮件链接】菜单命令。

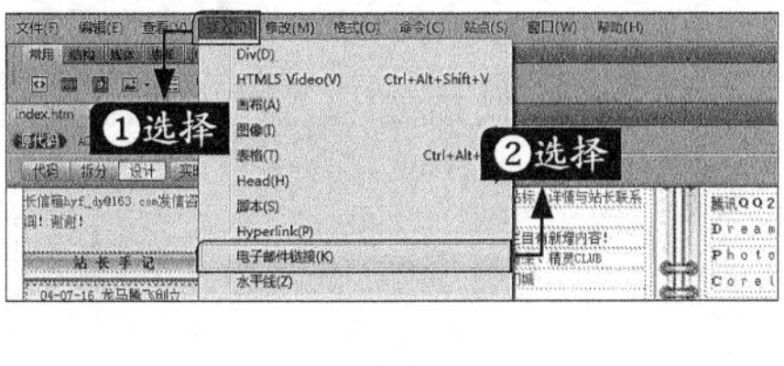
①选择
②选择

> **小提示**
>
> 也可以在【插入】面板的【常用】选项卡中单击【电子邮件链接】按钮。
>
> 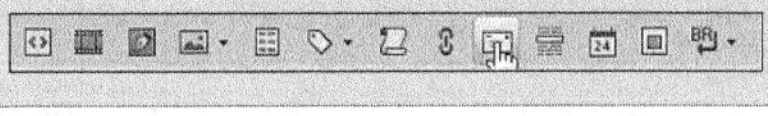

步骤02 在弹出的【电子邮件链接】对话框的【文本】文本框中，输入或编辑作为电了邮件链接显示在文档中的文本，在【电子邮件】文本框中输入邮件送达的E-mail地址，然后单击

【确定】按钮。

同样，也可以利用【属性】面板创建电子邮件链接。选定即将显示为电子邮件链接的文本或图像，在【属性】面板的【链接】文本框中输入“mailto:和电子邮件地址”。

小提示

电子邮件地址的格式为：用户名@主机名（服务器提供商）。在【属性】面板的【链接】文本框中，mailto:与电子邮件地址之间不能有空格（如mailto:hyf_dy@163.com）。

步骤 03 保存文档，按【F12】键在浏览器中预览，可以看到电子邮件链接的效果。单击电子邮件链接文本，可以打开用于发送邮件的E-mail程序窗口以书写邮件。

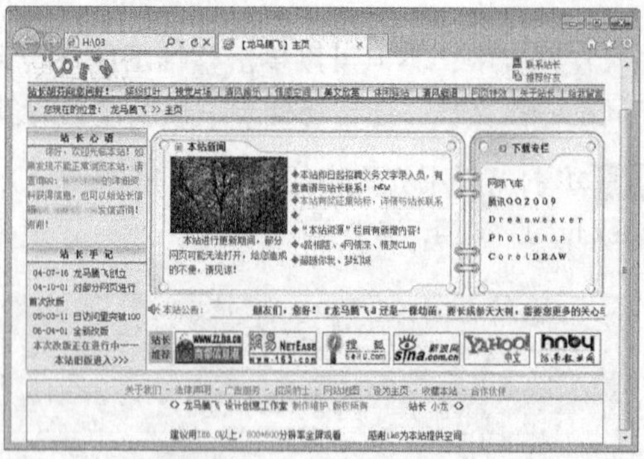

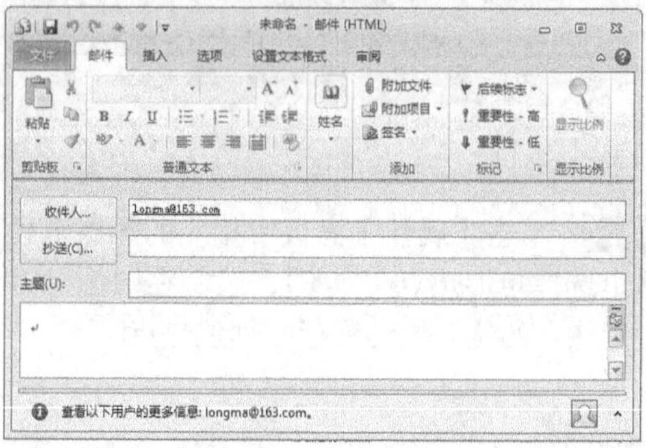

2.7.5 创建下载文件的链接

下载文件的链接在软件下载网站或源代码下载网站中应用得较多。其创建的方法与一般的链接的创建方法相同，只是所链接的内容不是文字或网页，而是一个软件。

步骤 01 打开随书光盘中的“素材\ch02\2.7\2.7.5\ index.html”文件，选中要设置为下载文件的链接的文本，然后单击【属性】面板中【链接】文本框右边的【浏览文件】按钮。

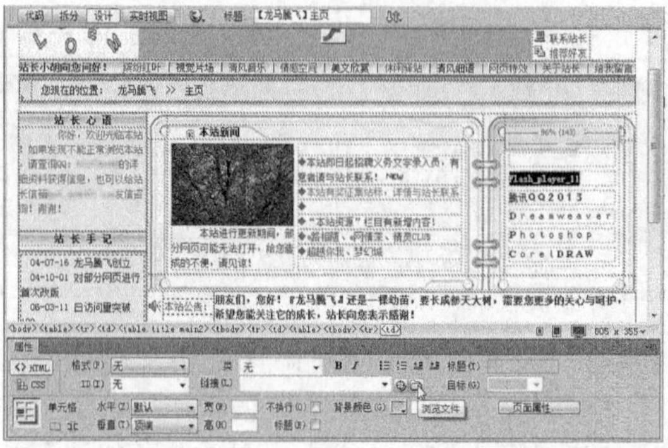

步骤 02 打开【选择文件】对话框，选择要链接的下载文件，例如“install_flash_player_11”文件，然后单击【确定】按钮，即可创建下载文件的链接。

步骤03 保存文档，按【F12】键在浏览器中预览，可以看到下载文件链接的效果。单击后弹出提示框，单击【保存】按钮，即可开始下载文件。

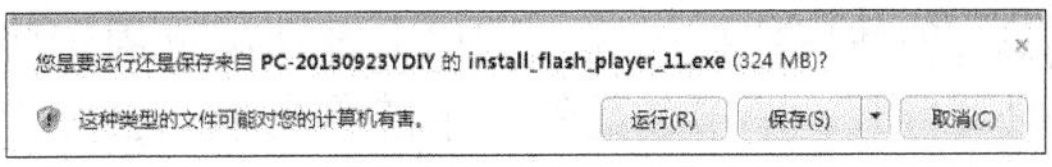
您是要运行还是保存来自 PC-20130923YDIY 的 install_flash_player_11.exe (324 MB)?
这种类型的文件可能对您的计算机有害。
运行(R)
保存(S)
取消(C)

2.7.6 创建空链接

空链接就是没有目标端点的链接。利用空链接可以激活文档中链接对应的对象和文本。一旦对象或文本被激活，就可以为之添加一个行为，以实现当光标移动到链接上时，进行切换图像或显示分层等动作。创建空链接的具体步骤如下。

步骤01 在文档窗口中，选中要设置为空链接的文本或图像。

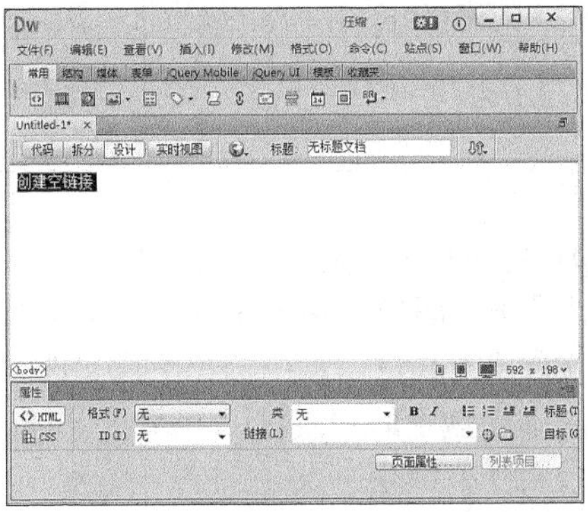
创建空链接

步骤02 打开【属性】面板，在【链接】文本框中输入一个“#”号，即可创建空链接。

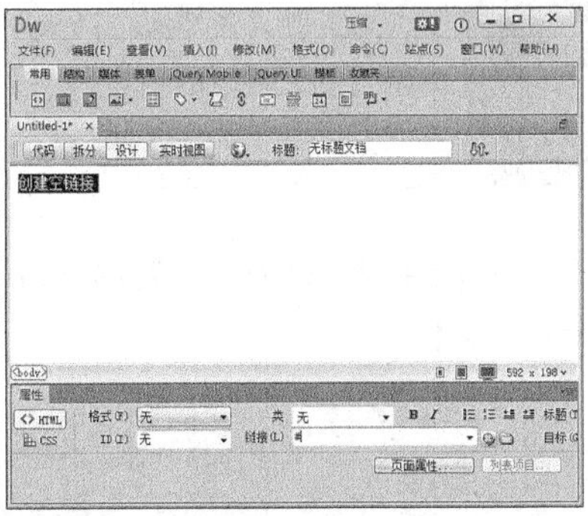
创建空链接

2.7.7 创建脚本链接

脚本链接是另一种特殊类型的链接，通过单击带有脚本链接的文本或对象，可以运行相应的脚本及函数（JavaScript和VBScript等），从而为浏览者提供许多附加的信息。脚本链接还可以被用来确认表单。创建脚本链接的具体步骤如下。

步骤01 打开随书光盘中的“素材\ch02\2.7\2.7.7\index.html”文档，选择要创建脚本链接的文本、图像或其他对象，这里选择文本“关闭网站”。

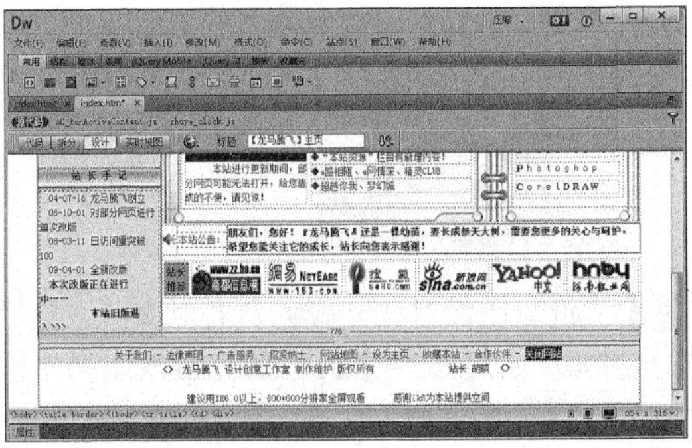

步骤02 在【属性】面板的【链接】文本框中输入“JavaScript:”，接着输入相应的JavaScript代码或函数，例如输入“window.close()”，表示关闭当前窗口。

小提示

在代码“javascript:window.close ()”中，括号内不能有空格。

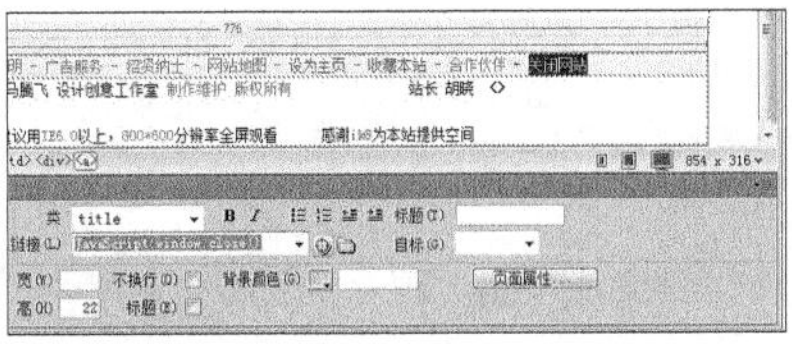

步骤 03 保存网页，按【F12】键在浏览器中将网页打开。单击创建的脚本链接文本，会弹出一个对话框，单击“是”按钮，将关闭当前窗口。

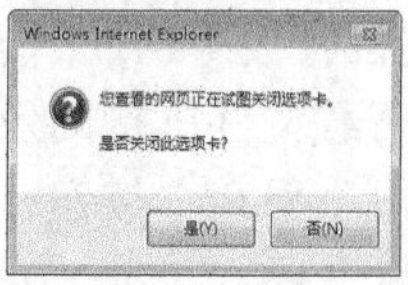

小提示

JPG格式的图片不支持脚本链接，如要为图像添加脚本链接，则应将图像转换为GIF格式。

2.8 综合实战——制作图文并茂的网页

本节教学录像时间：6 分钟

本实例讲述如何在网页中插入文本和图像，并对网页中的文本和图像进行相应的排版，以形成图文并茂的网页。

步骤 01 打开随书光盘中的“素材\ch02\2.8\index.html”文件。

步骤 02 将光标放置在要输入文本的位置，然后输入文本。

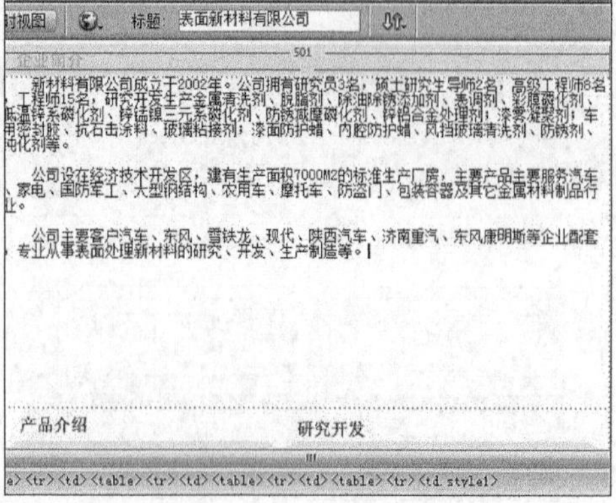

步骤 03 将光标放置在文本的适当位置，选择【插入】➤【图像】菜单命令，弹出【选择图像源文件】对话框，从中选择图像文件（这里选择附书光盘中的“素材\ch02\2.8\ images\1.jpg”文件）。

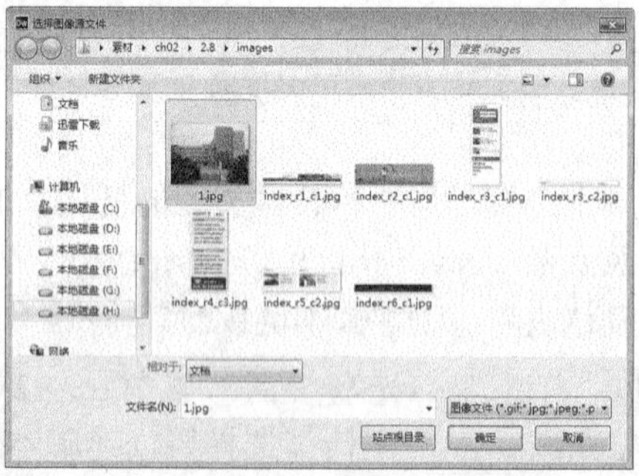

步骤 04 单击【确定】按钮，插入图像。

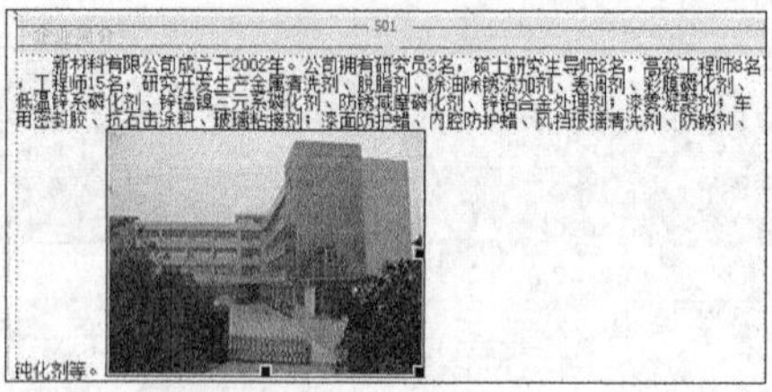

步骤 05 设置图像对齐方式为“右对齐”，然后选定图像，在【属性】面板的【替换】文本框中输入“欢迎您的光临！”。

步骤 06 选定所输入的文字，在【属性】面板中设置【字体】为“宋体”，【大小】为“12”，并在中文输入法的全角状态下，设置每个段落的段首空两个汉字的空格。

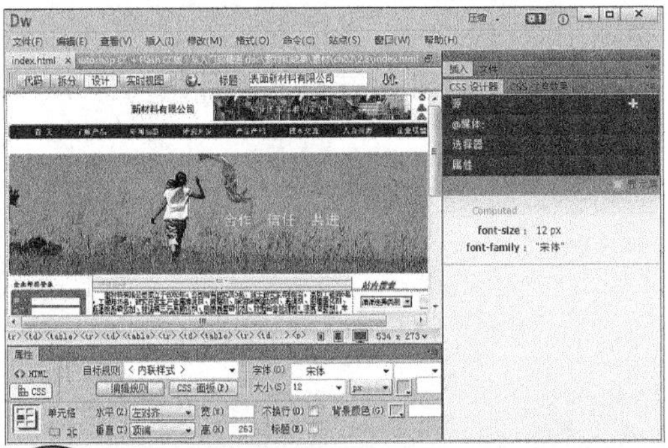

步骤 07 保存文档，按【F12】键在浏览器中预览效果。

高手支招

本节教学录像时间：4 分钟

设置外部的图片编辑器

在Dreamweaver中使用图片外部编辑器，能够为编辑网页带来方便。具体的操作步骤如下。

步骤 01 选择【编辑】➤【首选项】菜单命令，打开【首选项】对话框。

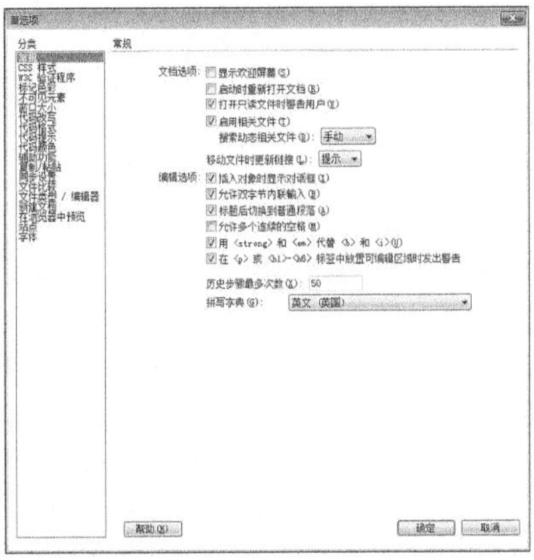

步骤 02 在【文件类型/编辑器】选项卡中的【扩展名】列表框中选择图片的后缀名，在【编辑器】列表框的上方单击【添加】按钮。

步骤 03 弹出【选择外部编辑器】对话框，选择一种图片的外部编辑器的可执行文件，完成后单击【打开】按钮。

步骤 04 返回【首选参数】对话框，即可看到编辑器中增加了Photoshop项，单击【确定】按钮。

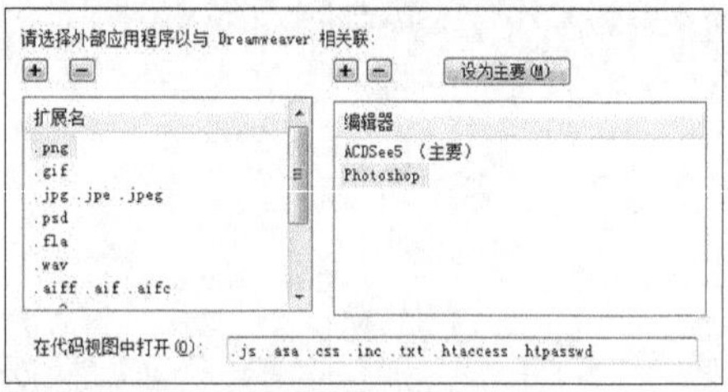

步骤 05 在Dreamweaver界面中右击要编辑的图片，然后在弹出的快捷菜单中选择【编辑】命令，即可在其下看到添加的外部编辑器，这里选择新添加的编辑器“Photoshop”。

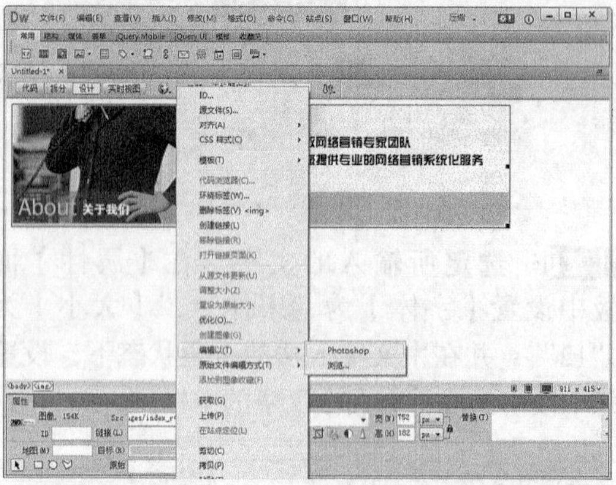

此时即可打开所选择的图片编辑器来编辑所选择的图片。

第3章

创建网页样式——CSS

学习目标

CSS样式主要用于控制网页内容的外观，对网页进行精确的布局定位，设置特定的字体和样式等。养成使用CSS样式设置文本格式的习惯，对于保持网站的整体风格和修改文本样式都能带来极大的便利。

学习效果

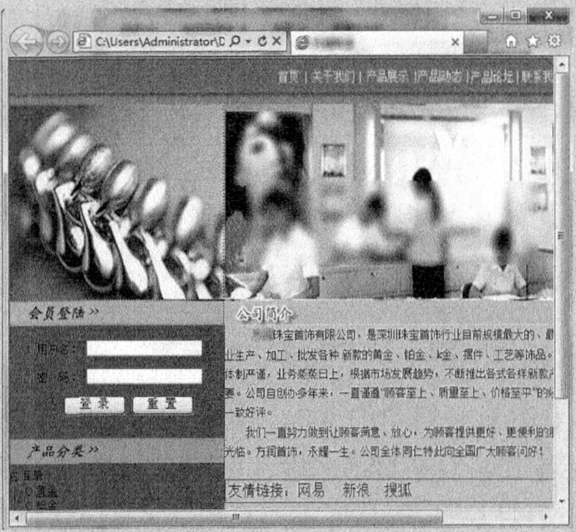

3.1 网页设计中的CSS

本节教学录像时间：10 分钟

CSS是Cascading Style Sheet（层叠样式表）的缩写，是用于控制网页样式并允许将样式信息与网页内容分离的一种标记性语言。CSS是1996年由W3C审核通过，并推荐使用的。目前CSS较新版本为CSS 3，是能够真正做到网页表现与内容分离的一种样式设计语言。

CSS的引入就是为了使得HTML能够更好地适应页面的美工设计。CSS是网页排版与风格设计的重要工具，它以HTML为基础，提供了丰富的扩展功能，如字体、颜色、背景和整体排版等，并且可以针对可视化浏览器设置不同的样式风格。CSS的引入引发了网页设计一个又一个的新高潮，使用CSS设计的优秀页面层出不穷。

3.1.1 CSS的作用

在主页制作时采用CSS技术，可以有效地对页面的布局、字体、颜色、背景和其他效果实现更加精确的控制。CSS样式可以一次对若干个文档的样式进行控制，当CSS样式更新后，所有应用了该样式的文档都会自动更新。CSS样式可指定类似定位、特殊效果和鼠标热区等独特的HTML属性，可充分地弥补HTML的不足，简化网页的源代码，避免重复劳动，减少工作量。可以说，CSS在现代网页设计中是必不可少的工具之一。

CSS的优越性有以下几点。

1. 分离了格式和结构

HTML并没有严格地控制网页的格式或外观，仅定义了网页的结构和个别要素的功能，其他部分则让浏览器自己决定应该让各个要素以何种形式显示。但是，随意使用HTML样式会导致代码混乱，编码会变得臃肿。CSS通过将定义结构的部分和定义格式的部分分离，能够对页面的布局施加更多的控制，也就是把CSS代码独立出来，从另一个角度来控制页面外观。

2.控制页面布局

HTML中的<font size>代码能调整字号，表格标签可以生成边距，但是，总体上的控制却很有限，比如它不能精确地生成80像素的高度，不能控制行间距或字间距，不能在屏幕上精确地定位图像的位置，而CSS使这一切都成为可能。

3.制作出更小、下载更快的网页

CSS只是简单的文本，就像HTML那样，它不需要图像，不需要执行程序，不需要插件，不需要流式。有了CSS之后，以前必须求助于GIF格式的，现在通过CSS就可以实现。此外，使用CSS还可以减少表格标签及其他加大HTML体积的代码，减少图像用量，从而减小文件的大小。

4.便于维护及更新大量的网页

如果没有CSS，要更新整个站点中所有主体文本的字体，就必须一页一页地修改网页。CSS则可以将格式和结构分离，利用样式表可以将站点上所有的网页都指向单一的一个CSS文件，只要修改CSS文件中的某一行，整个站点就会随之发生变动。

5.使浏览器成为更友好的界面

CSS代码有很好的兼容性，如丢失了某个插件时不会发生中断，或者使用低版本的浏览器时代码不会出现杂乱无章的情况。只要是可以识别CSS的浏览器，就可以应用CSS。

CSS样式表的功能主要有以下几点。

(1) 可以更加灵活地控制网页中文字的字体、大小、颜色、间距及风格等。

(2) 可以方便地为网页中的任何元素设置不同的背景颜色、背景图像及位置。

(3) 可以灵活地设置一段文本的间距、缩进及对齐方式等。

(4) 可以精确地控制网页中各元素的位置，设置相同或不同的样式。

(5) 可以为网页中的元素设置各种过滤器，从而产生如阴影、透明和模糊等效果。

(6) 可以与脚本语言相结合产生各种动态效果。

(7) 由于是直接的HTML格式的代码，因此网页打开的速度非常快。

3.1.2 CSS的基本使用方法

在正式建立样式表之前，首先应了解一下CSS的基本语法。HTML是由标签和属性构成的，CSS 也是如此。

样式表基本语法如下。

```
HTML 标签 { 属性 1: 属性值 ; 属性 2: 属性值 ; 属性 3: 属性值 ; …… }
```

例如，所有的H1标题都为黑体字及蓝色，其CSS可以定义如下。

```
H1 { font- family: " 黑体 " ; color: blue }
```

小提示

各个标签属性之间应使用分号“;”隔开。

在使用样式表的过程中，经常会有几个标签使用相同属性的情况。例如规定HTML页面中凡是粗体字、斜体字以及H1标题均使用黑体且显示为红色，按照上面介绍的方法应如下定义。

```
B { font-family: " 黑体 " ; color: red}
I { font-family: " 黑体 " ; color: red}
H1 { font-family: " 黑体 " ; color: red}
```

显然这样书写很麻烦，而引进分组的概念则会使其变得简洁明了，即用逗号分隔各个HTML标签，把3行代码合并成1行。

```
B,I,H1 { font-family: " 黑体 " ; color: red}
```

放置样式表的方式有多种。首先介绍在页面内直接引用CSS的方法。该方法是把样式表信息包括在<style>和</style>标记中，一般是把该组标记及其内容放到<HEAD>和</HEAD>中去。例如上例的完整代码可以是如下的形式。

```
<HTML>
 <HEAD>
 <TITLE> 这是一个 CSS 示例 </TITLE>
 <STYLE TYPE="text/css">
 <!-- B,I,H1 { font- family: " 黑体 " ; color: blue } -- >
```

```
 </STYLE>
 </HEAD>
 <BODY>
<h1> 这是 H1 标题 </h1>
 <B> 这是粗体字 </B><br>
 <I> 这是斜体字 </I>
</BODY>
</HTML>
```

其中，<STYLE>标签中的“TYPE= " text/ css " ”是为了让浏览器知道本页面使用的是CSS样式规则。

“<!--”和“-->”这对注释标记是为了防止有些低版本的浏览器不认识CSS。以上代码在浏览器中的显示形式如下图所示。

3.2 定义CSS样式的属性

本节教学录像时间：22 分钟

可以创建一个CSS规则来自动地完成HTML标签的格式，设置成CLASS属性所标识的文本范围的格式。

步骤 01 在视图页面将鼠标指针悬停在你要添加样式的对象上单击右键，在弹出的快捷菜单中选择【CSS样式】下的【新建】命令。

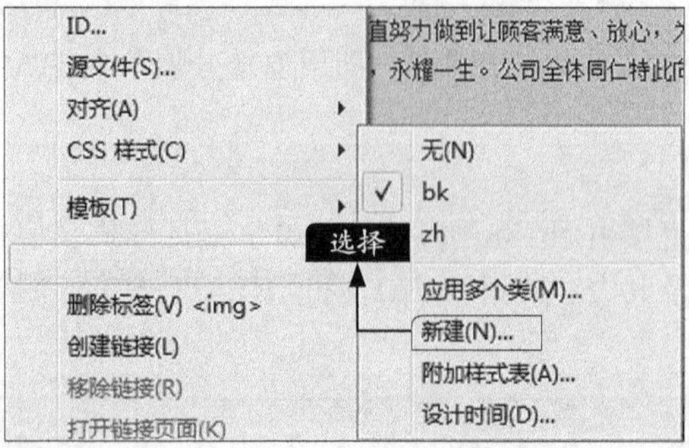

步骤 02 在【新建CSS规则】对话框中可以定义创建的CSS样式的类型。

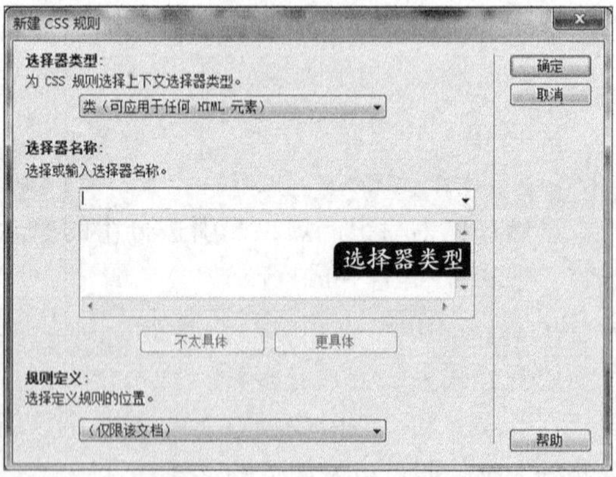

1.【选择器类型】

(1)【类（可应用于任何HTML元素）】：创建一个可作为class属性应用于任何HTML元素的自定义样式。

小提示

类名称必须以英文句点开头，可以包含任何字母和数字组合（例如.myhead1）。如果没有输入开头的句点，Dreamweaver会自动输入。

(2)【ID（仅用于一个HTML元素）】：定义包含特定ID属性的标签的格式。可以从【选择器类型】下拉菜单中选择【ID】选项，然后在【选择器名称】文本框中输入唯一ID。

小提示

ID必须以#号开头，可以包含任何字母和数字组合（例如#myID1）。如果没有输入开头的#号，Dreamweaver会自动输入。

(3)【标签（重新定义HTML元素）】：重新定义特定HTML标签的默认格式设置，可选择重新定义标签。

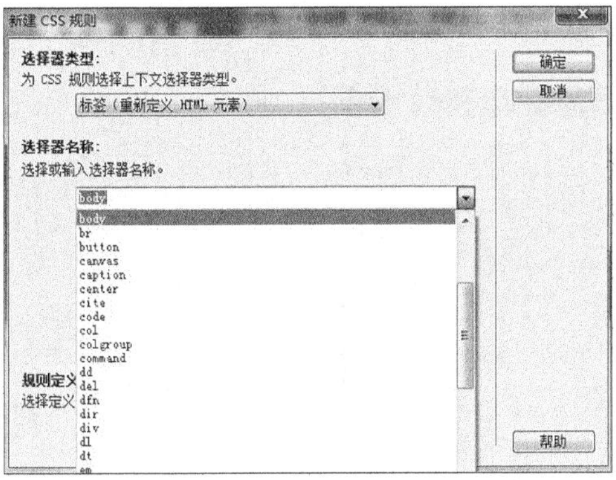

(4)【复合内容（基于选择的内容）】：定义同时影响两个或者多个标签、类或ID的复合规则。例如输入Div p，则Div标签内的所有p元素都将受此规则的影响。

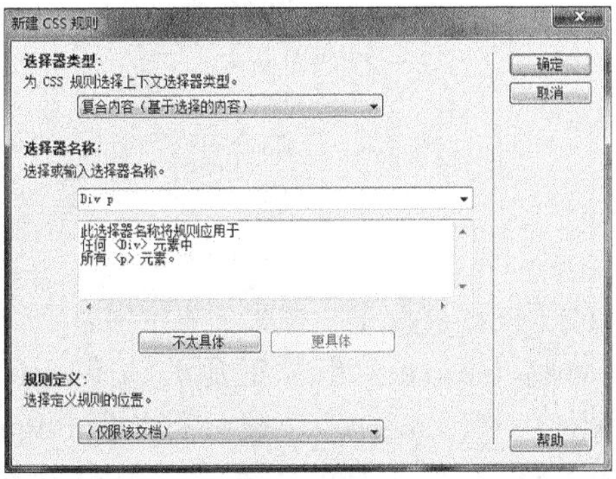

2.【选择器名称】

类名称必须以句点开头，并且可以包含任何字母和数字的组合（如.mystyle1）。如果没有输入开头的句点，Dreamweaver 会自动添加。

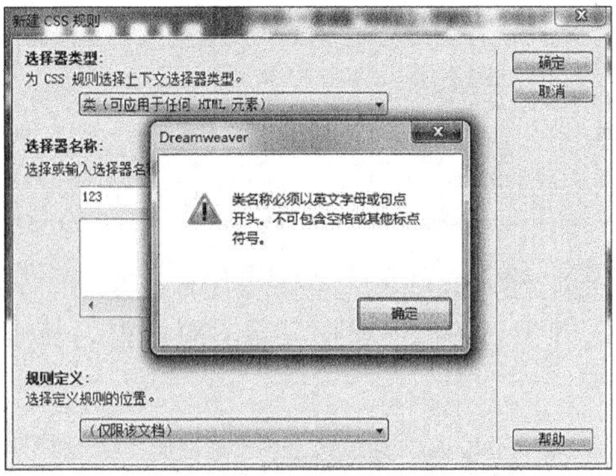

3.【规则定义】

步骤01 选中【（仅限该文档）】选项，则定义的CSS规则只对当前文档起作用，不保存编辑的样式；选中【（新建样式表文件）】选项，可以定义一个外部链接的CSS样式。

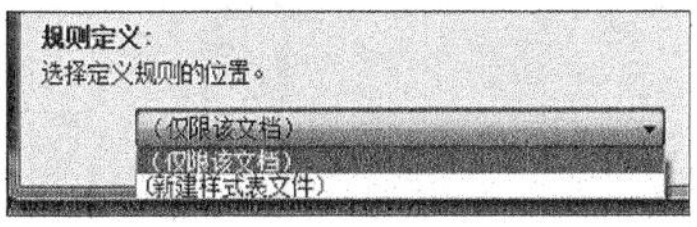

步骤02 在【选择器类型】下拉列表中选择【标签（重新定义HTML元素）】，在【规则定义】下拉列表中选择【（新建样式表文件）】选项。

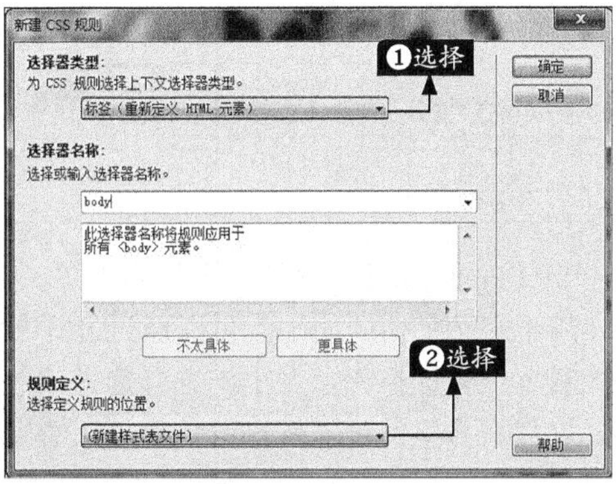

步骤03 单击【确定】按钮，弹出【将样式表文件另存为】对话框。

步骤04 输入文件名，单击【保存】按钮，弹出样式的【…的CSS规则定义】对话框，从中选择要为新的CSS规则设置的样式选项。

步骤05 设置完样式属性后单击【确定】按钮即可。

3.2.1 定义文本样式

保存CSS规则后，系统会自动打开对应对象的样式的【CSS 规则定义】对话框，在【类型】选项下可以定义网页中文本的字体、样式、行高和颜色等，以及对字体的修饰效果等。

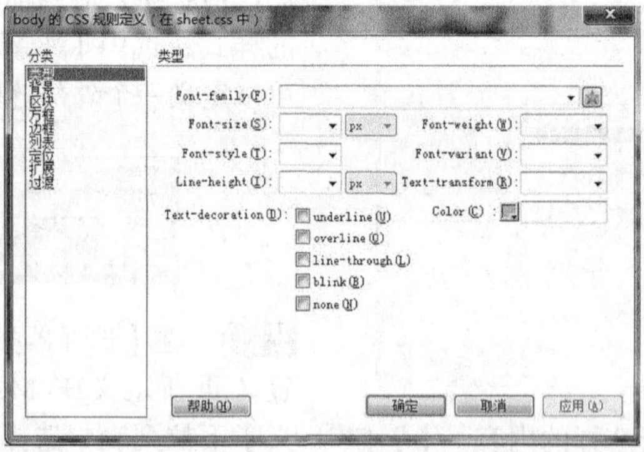

(1)【Font-family】（字体）下拉列表

用于指定文本的字体。

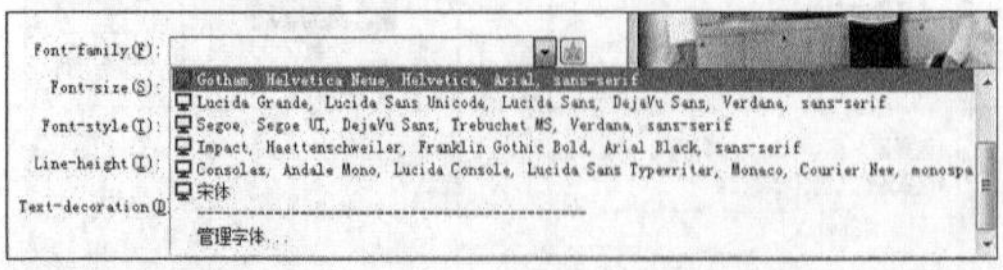

(2)【Font-size】（大小）下拉列表

用于定义字体的大小。可以通过选择数字和度量单位来选择特定大小，也可选择相对大小。以像素为单位可以有效地防止浏览器破坏文本。

(3)【Font-weight】（粗细）下拉列表

对字体应用特定或相对的粗体量。

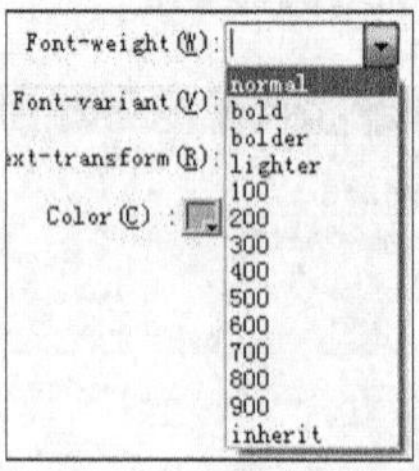

(4)【Font-style】（样式）下拉列表

可将【normal】（正常）、【italic】（斜体）、【inherit】（继承）或【oblique】（偏斜体）指定为字体样式，默认设置为

【normal】（正常）。

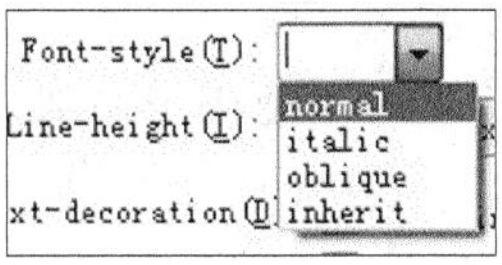

(5)【Font-variant】（变体）下拉列表

设置文本的小型大写字母变量。

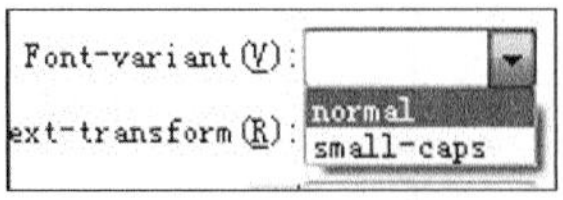

(6)【Line-height】（行高）下拉列表

设置行间的距离，不允许使用负值。

(7)【Text-transform】（大小写）下拉列表

将所选内容中每个单词的首字母大写，或者将文本设置为全部大写或小写。

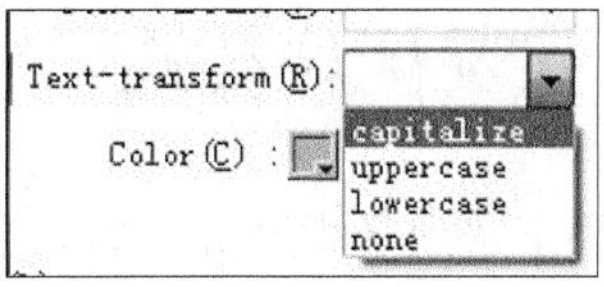

(8)【Text-decoration】（修饰）选项组

用于控制链接文本的显示状态，有【underline】（下划线）、【overline】（上划线）、【line-through】（删除线）、【blink】（闪烁）和【none】（无）5个复选框。

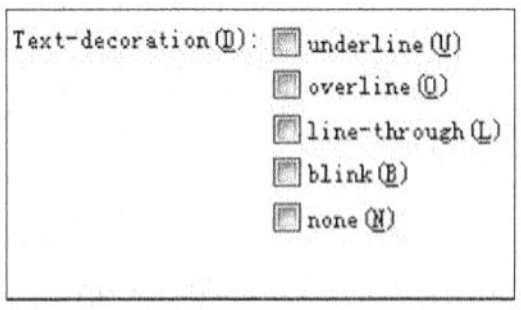

(9)【Color】（颜色）下拉列表

用于设置文本的颜色。

3.2.2 定义背景样式

选择【CSS规则定义】对话框中的【背景】选项卡，可以定义CSS样式的背景样式，对Web页面中的任何元素应用背景属性。如创建一个样式，然后将背景颜色或背景图像添加到任何页面元素（文本、表格和页面等）中，还可以设置背景图像的位置。

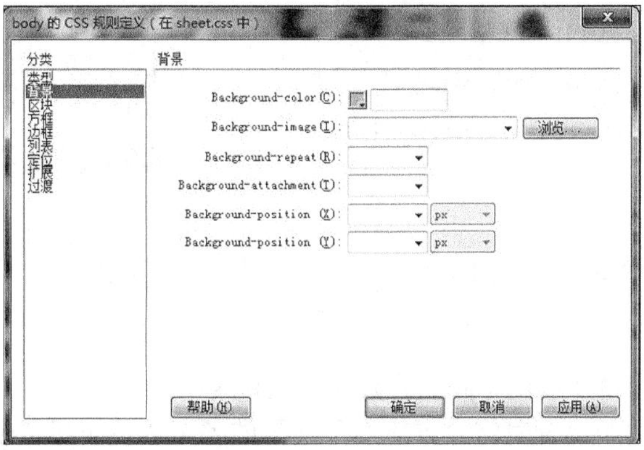

(1)【Background-attachment】（附件）下拉列表

用于控制背景图像是否随页面的滚动而一起滚动。

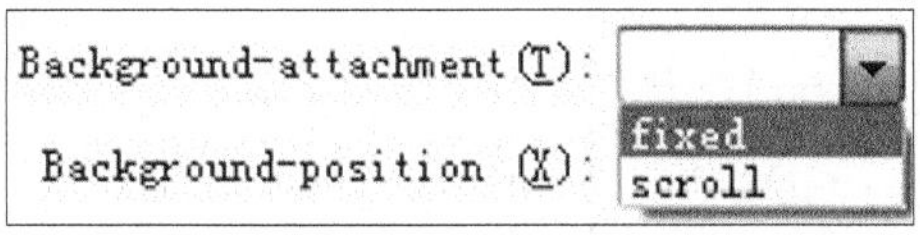

(2)【Background-position（X）】（水平位置）和【Background-position（Y）】（垂直位置）下拉列表

指定背景图像相对于元素的初始位置，可用于将背景图像与页面中心水平和垂直对齐。

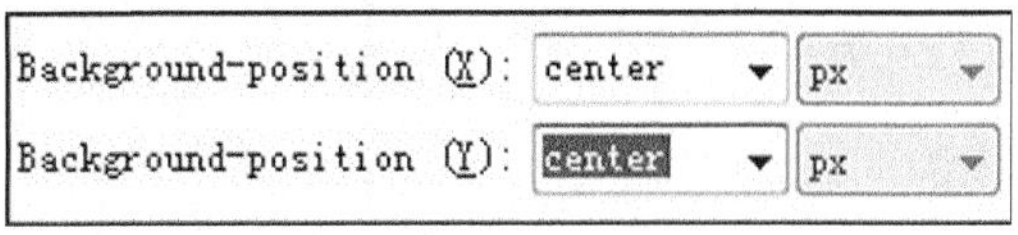

3.2.3 定义区块样式

【区块】选项是指网页中的文本、图像及AP元素等替代元素，主要用于控制块中内容的间距、对齐方式和文字缩进等。

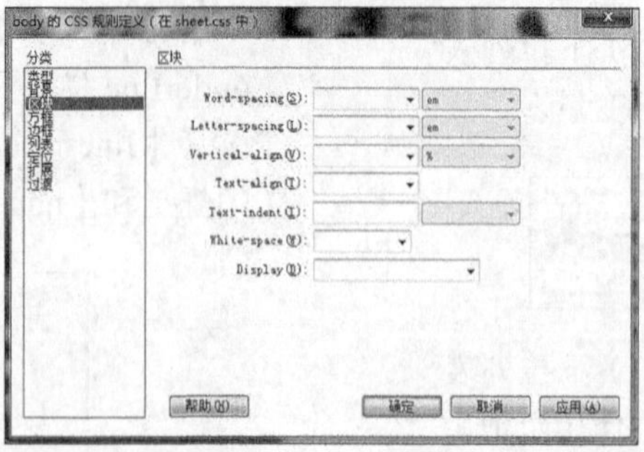

(1)【Text-indent】（文字缩进）文本框

指定第1行文字的缩进程度，可以使用负值创建凸出，但显示则取决于浏览器。仅当标签应用于块级元素时，Dreamweaver才在文档窗口中显示该属性。

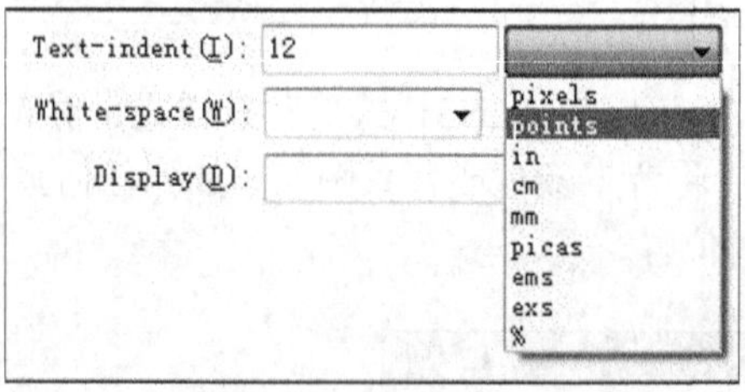

(2)【White-space】（空格）下拉列表

确定如何处理元素中的空白，有3个选项可供选择。

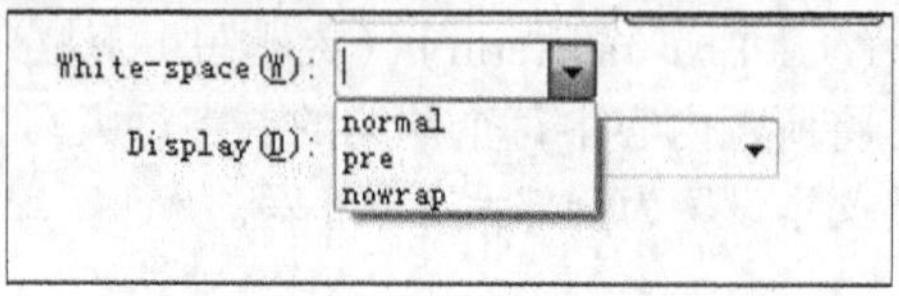

(3)【Display】（显示）下拉列表

指定是否以及如何显示元素。其中，【none】（无）选项表示关闭应用此属性的元素的显示。

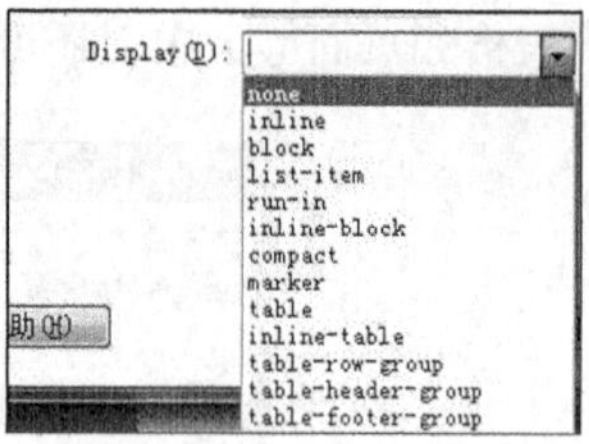

3.2.4 定义方框样式

【方框】选项用于控制元素在页面上的放置方式和属性。

可以在应用填充和边距设置时将设置应用于元素的各个边，也可以使用【全部相同】复选框将相同的设置应用于元素的所有边。

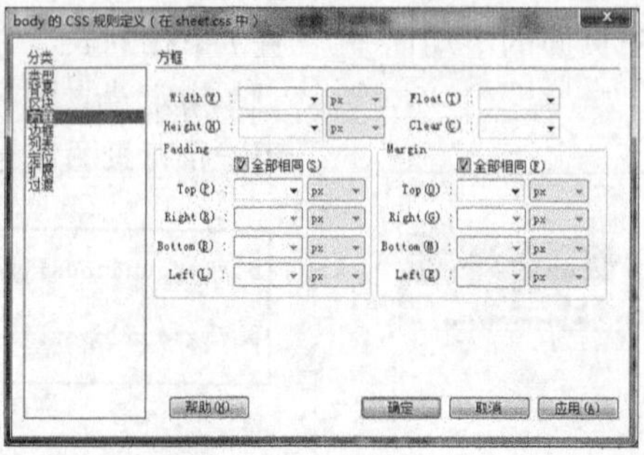

(1)【Float】(浮动)下拉列表

用于设置其他元素(如文本、层及表格等)在哪边围绕元素浮动。其他元素按通常的方式环绕在浮动元素的周围,利用该项可以把元素移动到页面的外部。

(2)【Clear】(清除)下拉列表

定义元素的哪一边不允许有层。如果清除边上出现层,待清除设置的元素将移到该层的下方。

(3)【Padding】(填充)选项组

指定元素内容与元素边框(如果没有边框,则为边距)的间距。

(4)【Margin】(边界)选项组

指定一个元素的边框(如果没有边框,则为填充)与另一个元素的间距。仅当应用于块级元素(段落、标题及列表等)时,Dreamweaver才在文档窗口中显示该属性。

3.2.5 定义边框样式

【边框】选项用于定义元素周围边框的设置。

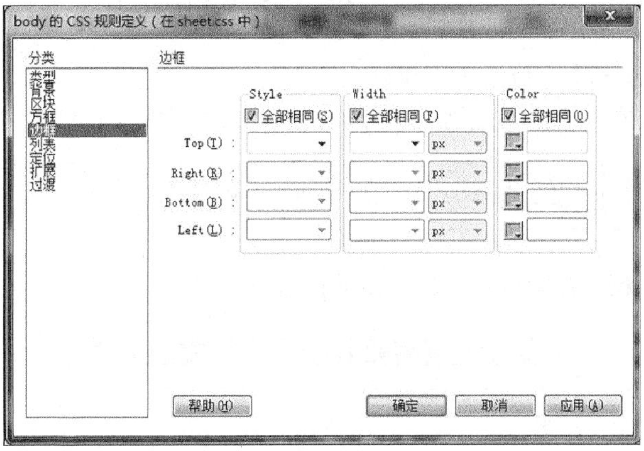

(1)【Style】(样式)列表

用于设置边框的样式外观,而样式的显示方式取决于浏览器。选中【全部相同】复选框表示将相同的边框样式属性设置为应用于该元素的"Top(上)、Right(右)、Bottom(下)、Left(左)"四侧。

(2)【Width】(粗细)列表

用于设置元素边框的粗线,选中【全部相同】复选框表示将相同的边框宽度设置为应用于该元素的"Top(上)、Right(右)、Bottom(下)、Left(左)"四侧。

(3)【Color】(颜色)列表

用于设置边框对应位置的颜色。可以分别对每条边框设置颜色,但显示效果取决于浏览器。选中【全部相同】复选框表示将相同的边框颜色设置为应用于该元素的"Top(上)、Right(右)、Bottom(下)、Left(左)"四侧。

3.2.6 定义列表样式

【列表】选项用于定义列表的类型等。

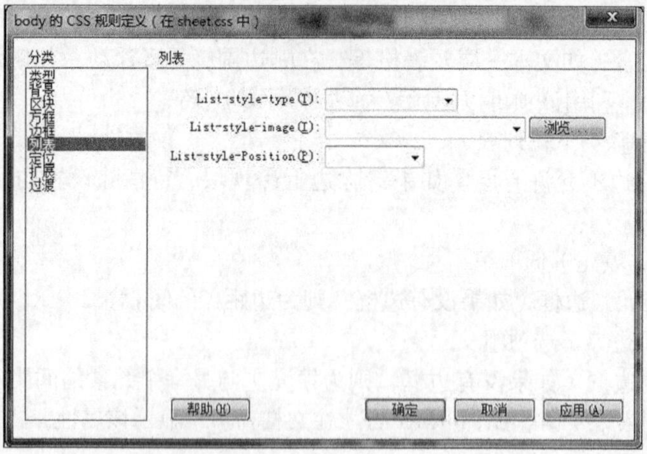

⑴【List-style-type】（类型）下拉列表

用于确定列表中每一项前面使用的项目编号的类型。

⑵【List-style-image】（项目符号图像）下拉列表

用于为项目符号指定自定义图像。单击【浏览】按钮可以选择图像，或直接输入图像的路径。

⑶【List-style-Position】（位置）下拉列表

用于设置列表项文本是否换行或缩进（外），以及文本是否换行到左边距（内）。

3.2.7 定义定位样式

【定位】选项用于精确控制网页中的元素的位置。

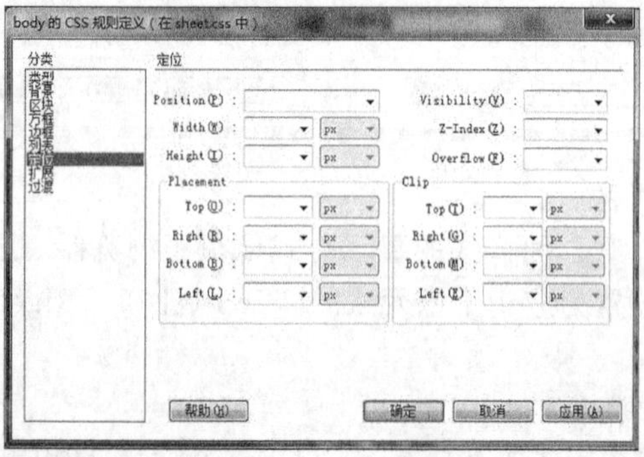

⑴【Position】（定位）下拉列表

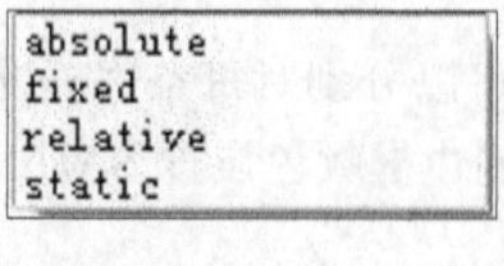

用于确定浏览器如何定位DIV。在展开的四项中，【absolute】是使用定位框中输入的坐标放置DIV；【fixed】是将DIV放置在固定的位置，【relative】是指对象不可层叠，但将依据Left、Right、Top、Bottom等属性在正常文档中偏移DIV 位置，【static】是指DIV放在文本的初始位置。

⑵【Visibility】（可见性）下拉列表

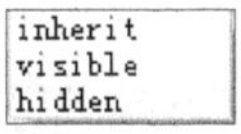

用于确定DIV的初始条件。包含3个可用的值。其中【inherit】是继承DIV父级的可见属性，如果DIV没有父级，它将是可见的；【visible】用于显示该DIV的内容；【hidden】用于隐藏该DIV的内容。

⑶【Z-Index】下拉列表

用于确定DIV的堆叠顺序。编号较高的DIV显示在编号较低的DIV上面。

⑷【Overflow】下拉列表

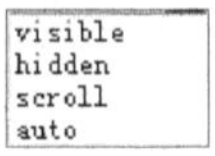

Overflow仅限于CSS DIV，用于在DIV的内容超过它的大小时将发生的情况，它包括4个处理该扩展的选项。

【visible】：增加DIV的大小，使它的所有内容均可见。

【hidden】：保持DIV的大小并剪辑任何超出的内容，而不提供任何滚动条。

【scroll】：在DIV中添加滚动条，不管内容是否超出DIV大小。

【auto】：此为body对象和textarea的默认值。在需要时剪切内容并添加滚动条。

⑸【Placement】下拉列表

指定DIV的大小和位置。

⑹【Clip】下拉列表

用于定义DIV的可见部分。

3.2.8 定义扩展样式

【扩展】选项的属性包括【分页】、光标和过滤器3个选项，它们中的大部分不受任何浏览器的支持，或者仅受 Internet Explorer 4.0 和更高版本的支持。

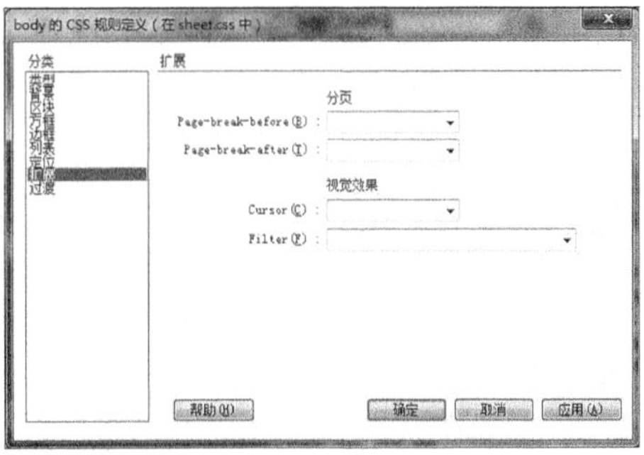

⑴【Page-break-before】（之前）和【Page-break-after】（之后）下拉列表

分页在打印期间，在样式所控制的对象之前或之后强行分页。

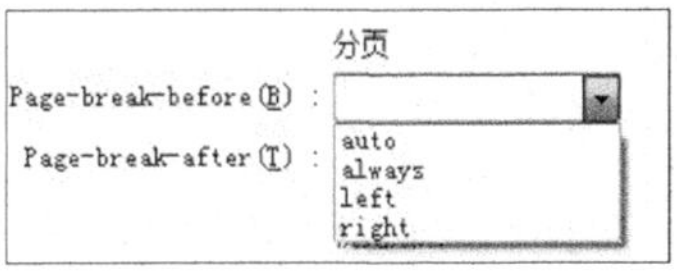

⑵【Cursor】（光标）下拉列表

当鼠标指针位于样式所控制的对象上时，改变鼠标指针的图像。可在下拉列表中设置。

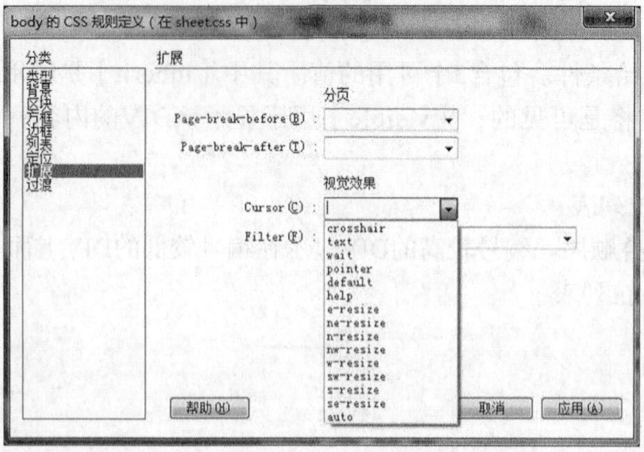

【Cursor】（光标）下拉列表中鼠标形状的属性说明见下表。

属性	说明	属性	说明
crosshair	精确定位“+”字形状	n- resize	向上的箭头形状
text	文本“I”形状	nw- resize	向左上方的箭头形状
wait	等待形状	w- resize	向左的箭头形状
pointer	指针	sw- resize	向左下方的箭头形状
default	默认光标形状	s- resize	向下的箭头形状
help	帮助“？”形状	se- resize	向右下方的箭头形状
e- resize	向右的箭头形状	auto	自动，默认状态改变
ne- resize	向右上方的箭头形状		

⑶【Filter】（过滤器）下拉列表

过滤器又称CSS滤镜，可对样式所控制的对象应用特殊效果（包括模糊和反转）。正是因为有了滤镜属性，页面才会变得更加漂亮。

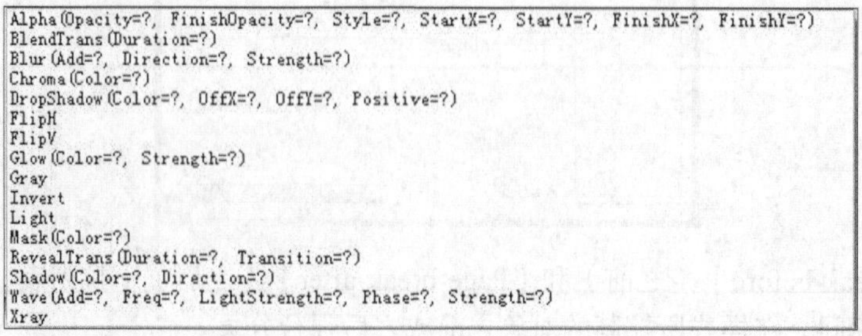

3.2.9 定义过渡样式

【过渡】选项可以根据需要在该对话框中进行相应的设置。

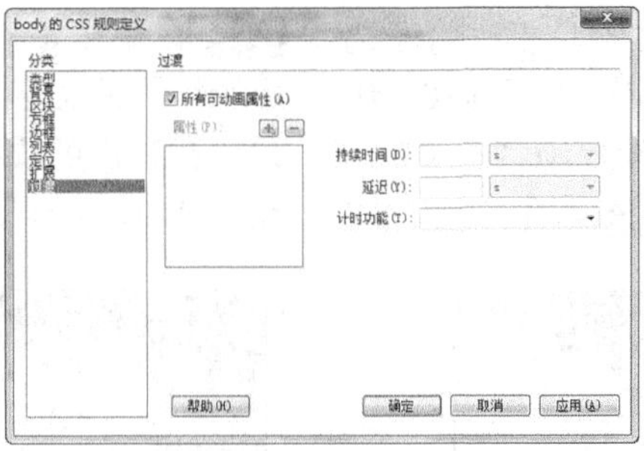

(1)【属性】

当取消勾选【所有可动画属性】复选框后可单击【添加】按钮[+]，即可在弹出的下拉列表中选择添加过渡效果的CSS属性。

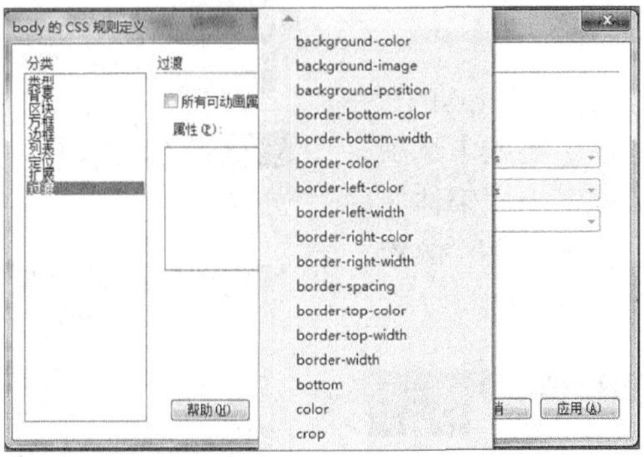

(2)【持续时间】

该选项用于设置过渡效果的持续时间，单位为s（秒）或ms（毫秒）。

(3)【延迟】

设置过渡效果时，以s或ms为单位进行延迟。

(4)【计时功能】

在该选项的下拉列表中提供了Dreamweaver CC提供的CSS过渡效果，可以选择相应的选项，从而添加相应的过渡效果。

3.2.10 创建嵌入式CSS样式

嵌入式CSS样式是一系列包含在HTML文档文件头部分的style标签内的CSS规则。

步骤01 打开随书光盘中的“素材\ch03\3.2.10\index.html”文件。

步骤02 在视图页面将鼠标指针悬停在你要添加样式的对象上，单击右键，选择【CSS样式】下的【新建】命令。

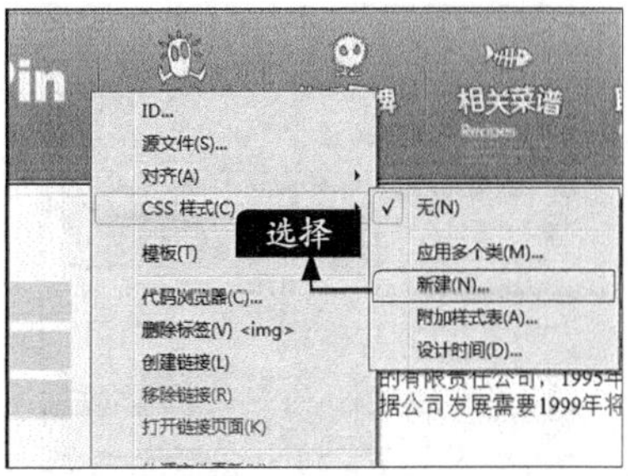

步骤03 弹出【新建CSS规则】对话框，将【选择器类型】设置为【类（可应用于任何HTML元素）】，【选择器名称】设置为“.qrs”，【规则定义】设置为【（仅限该文档）】。

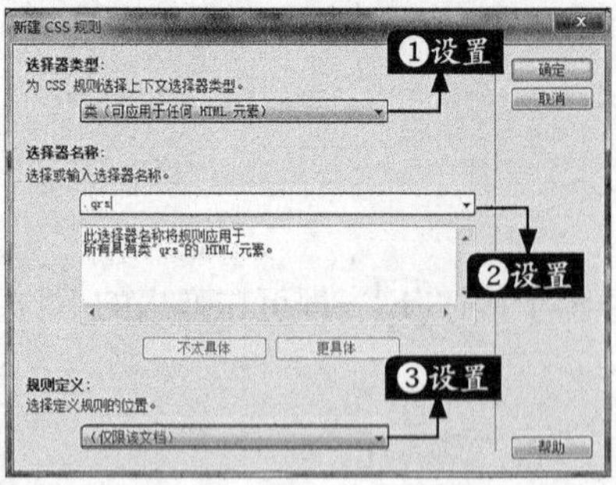

步骤04 单击【确定】按钮，弹出【.qrs的CSS规则定义】对话框，从中选择【类型】选项，将【Font-family】（字体）设置为“宋体”，【Font-size】（大小）设置为“12”像素，【Color】（颜色）设置为“#9966FF”。

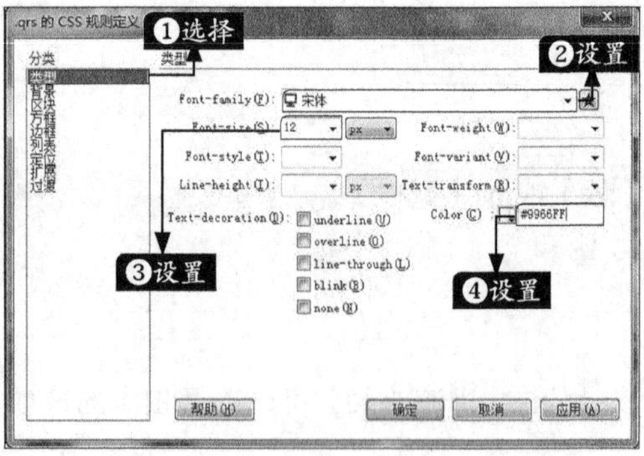

步骤05 单击【确定】按钮新建样式。选中要应用样式的文字，在新建的样式上单击鼠标右键，在弹出的快捷菜单中选择【CSS样式】，在子菜单命令中选择【qrs】命令。

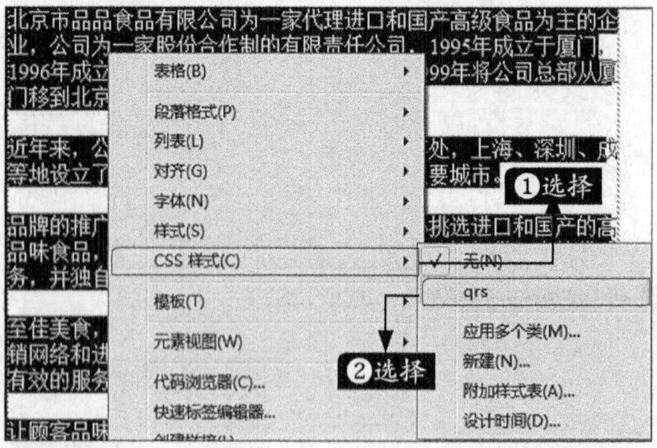

步骤06 保存文档，按【F12】键在浏览器中预览效果。

3.2.11 链接外部样式表

Dreamweaver提供了链接外部CSS样式的功能，通过该功能可以将其他页面中的样式应用到当前页面中。

步骤01 打开随书光盘中的“素材\ch03\3.2.11\index.html”文件。

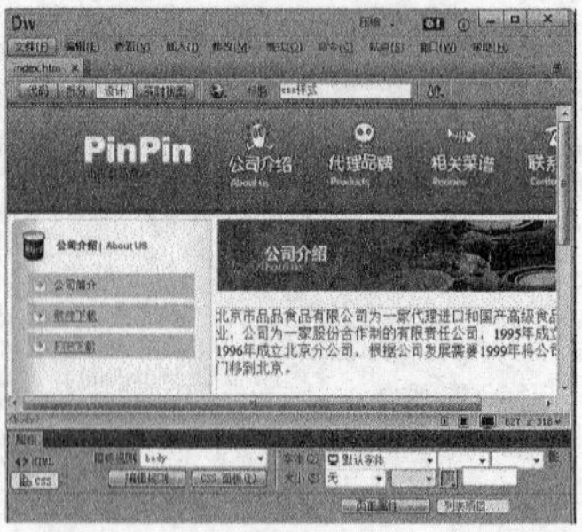

步骤02 打开【CSS面板】，在【源】一栏单击➕图标，选择【附加现有的CSS文件】命令。

步骤03 或者右键单击页面，选择【CSS样式】下的【附加样式表】命令。

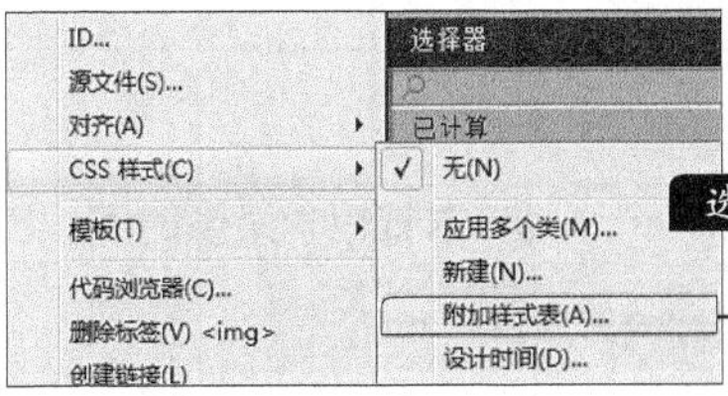

步骤04 弹出【使用现有的CSS文件】对话框，单击【文件/URL】文本框右侧的【浏览】按钮 浏览... 。

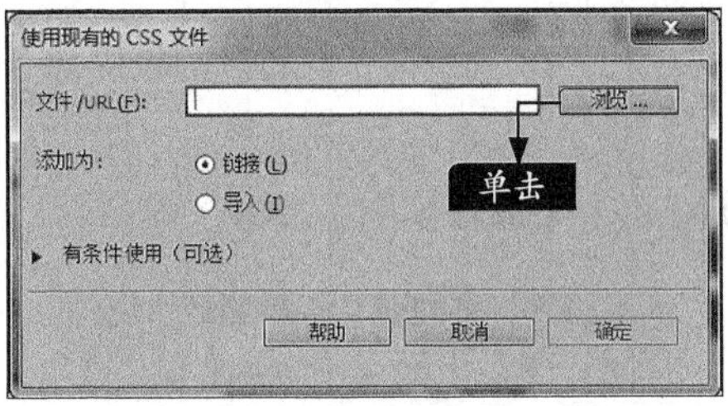

步骤05 弹出【选择样式表文件】对话框，从中选择“yangshi.css”文件，单击【确定】按钮。

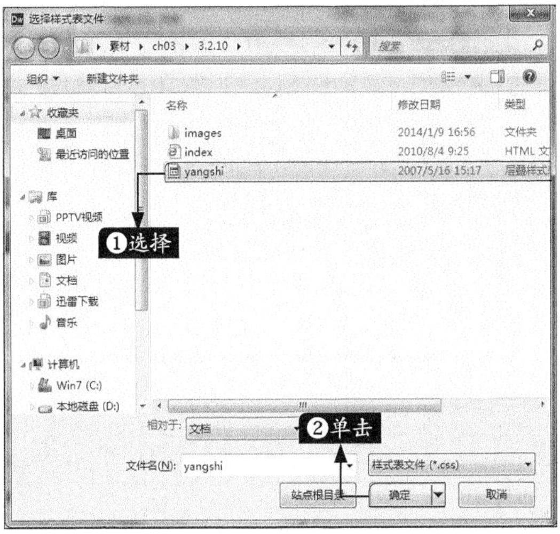

步骤06 返回【使用现有的CSS文件】对话框，“yangshi.css”文件已添加到【文件/URL】文本框中。

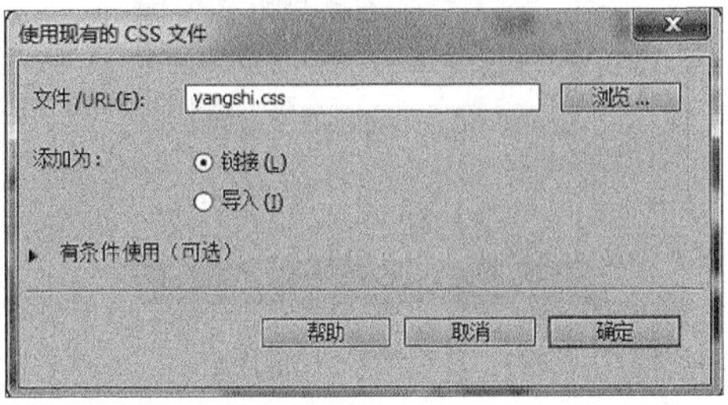

步骤07 单击【确定】按钮关闭对话框，完成CSS样式的链接。

步骤08 选中要应用样式的文字，在新建的样式上单击鼠标右键，在弹出的快捷菜单中选择【CSS样式】，在子菜单命令中选择【ys】命令。

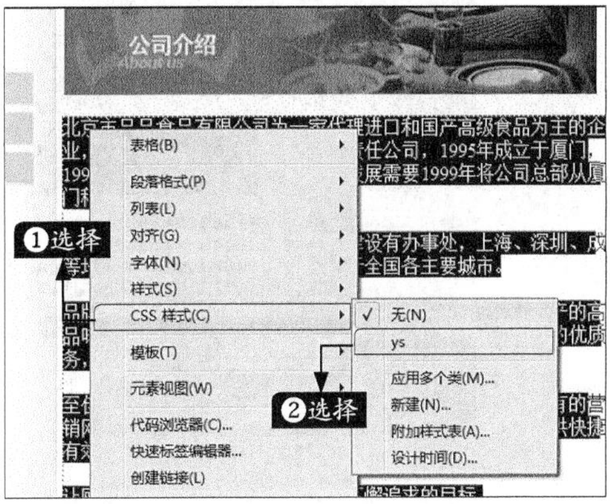

步骤09 保存页面，按【F12】键即可在浏览器中预览页面效果。

3.3 编辑CSS样式

本节教学录像时间：5 分钟

定义CSS样式后，还可以对CSS样式进行编辑和修改。

3.3.1 修改CSS样式

修改CSS样式的具体步骤如下。

步骤 01 鼠标指针悬停在已添加过CSS样式的地方，在页面下方的属性中单击【CSS】按钮 CSS ，然后在目标规则的下拉列表中选择要编辑的CSS样式。

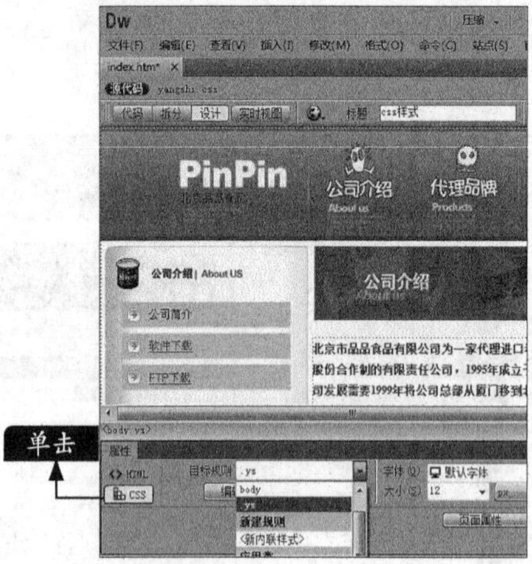

步骤 02 单击【编辑规则】按钮 编辑规则 。

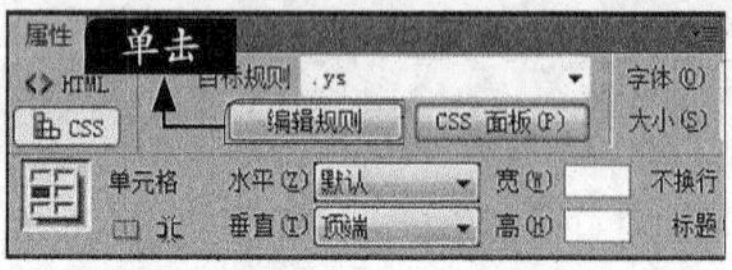

步骤 03 打开样式的【CSS规则定义】对话框，从中重新定义CSS样式即可。

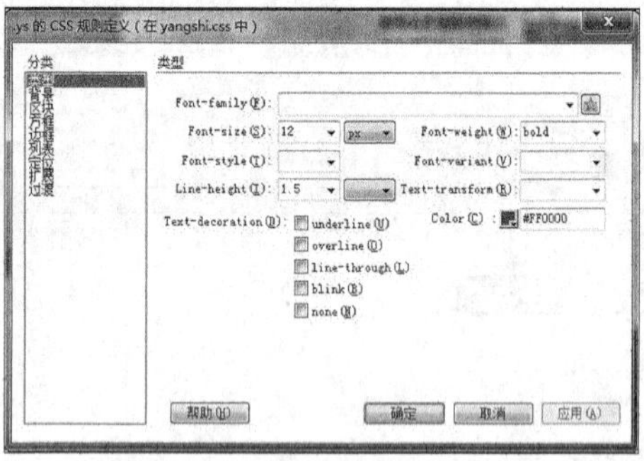

3.3.2 删除CSS样式

删除CSS样式的具体步骤如下。

步骤 01 在【CSS设计器】面板中选择要删除的样式，单击右上角的按钮 - 。

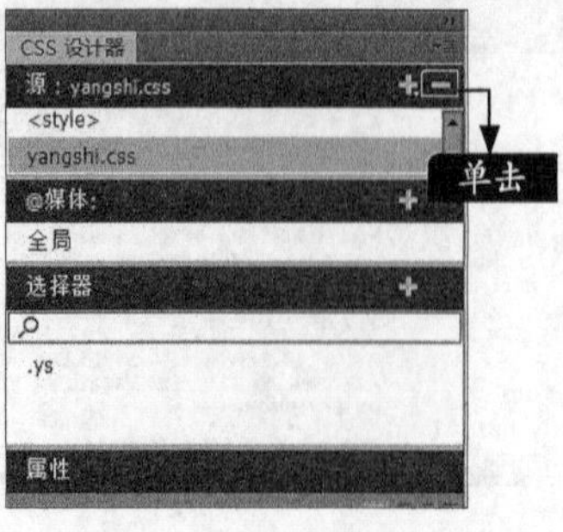

步骤 02 这时样式即被删除，同时从CSS规则中消失。

3.3.3 复制CSS样式

复制CSS样式的具体步骤如下。

步骤01 在【CSS样式】面板中右击要复制的样式，在弹出的快捷菜单中选择【直接复制】菜单命令。

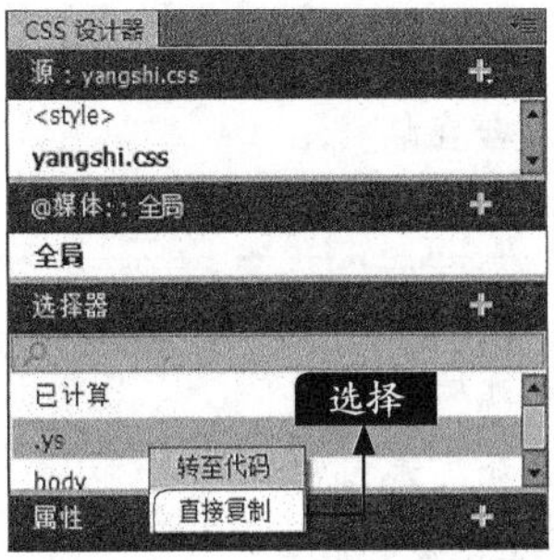

步骤02 直接复制后即可重命名，再在页面下方选中后选择【编辑规则】进行编辑。

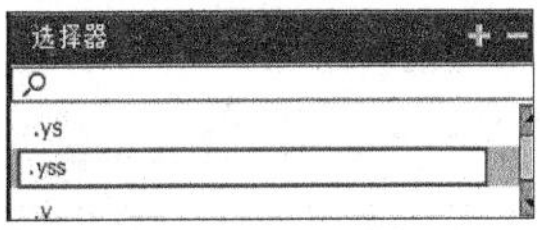

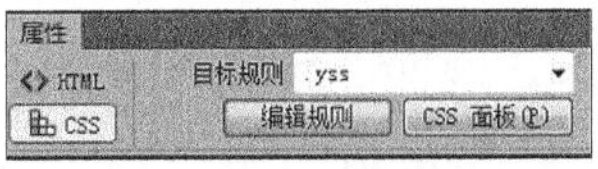

步骤03 编辑完成后，即可看到复制的CSS样式。

3.4 过滤器

本节教学录像时间：31 分钟

CSS过滤器属性用于把可视化的过滤器和转换效果添加到一个标准的HTML元素上。在Dreamweaver CC中，可以直接在对话框中添加过滤器的参数，而不用写过多的代码。与Dreamweaver CS 6不同的是，Dreamweaver CC的扩展放在倒数第二个位置。

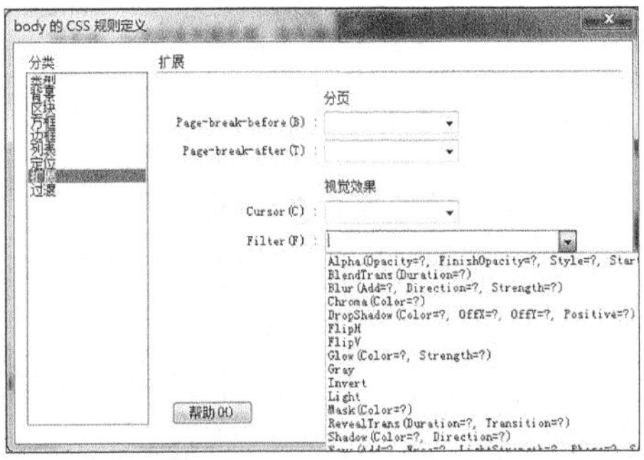

CSS滤镜属性的标识符是Filter。与前面介绍的属性定义的方法类似，它的书写格式如下。

```
filter: filtername（parameters）
```

其中，Filter是滤镜选择符，即只要进行滤镜操作就必须先定义Filter。滤镜名称及功能如下表所示。

滤镜名称	功能
Alpha	设置透明度
BlendTrans	设置淡入淡出的转换效果
Blur	设置模糊效果
Chroma	设置指定颜色透明
DropShadow	设置投射阴影
FlipH	水平翻转
FlipV	垂直翻转
Glow	为对象的外边界增加发光效果
Gray	设置灰度（降低图片的彩色度）
Invert	设置底片效果
Light	设置灯光投影
Mask	设置透明膜
RevealTrans	设置切换效果
Shadow	设置阴影效果
Wave	利用正弦波打乱图片
Xray	设置X射线照片效果

通过CSS规则定义的“扩展”面板下的【Filter】（滤镜）下拉列表，可以直接选择所需要的滤镜。使用时将参数中的“？”设置为相应的参数值即可，不用书写更多的代码，因此使用起来较为简单方便。

```
Alpha(Opacity=?, FinishOpacity=?, Style=?, StartX=?, StartY=?, FinishX=?,
BlendTrans(Duration=?)
Blur(Add=?, Direction=?, Strength=?)
Chroma(Color=?)
DropShadow(Color=?, OffX=?, OffY=?, Positive=?)
FlipH
FlipV
Glow(Color=?, Strength=?)
Gray
Invert
Light
Mask(Color=?)
RevealTrans(Duration=?, Transition=?)
Shadow(Color=?, Direction=?)
Wave(Add=?, Freq=?, LightStrength=?, Phase=?, Strength=?)
Xray
```

3.4.1 Alpha属性

本小节介绍如何应用Alpha属性设置透明度，具体的操作步骤如下。

步骤01 打开随书光盘中的“素材\ch03\3.4\3.4.1\Alpha.html”文件。

步骤02 在视图页面将鼠标指针悬停在要添加样式的图片或者其他要添加样式的对象上，单击右键选择【CSS样式】下的【新建】命令。

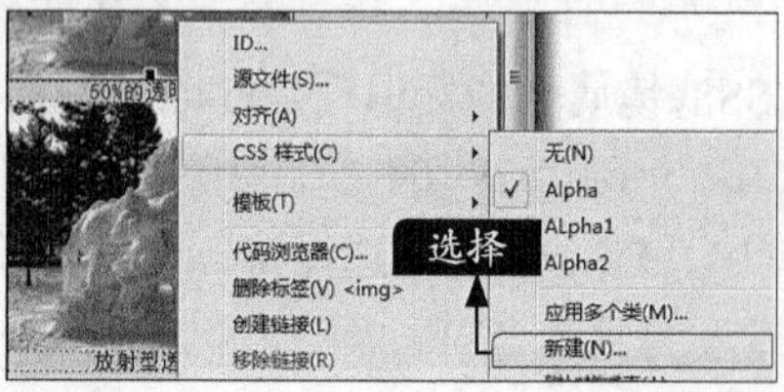

步骤03 在弹出的【新建CSS规则】对话框中，设置【选择器名称】为“.Alpha”，【选择器类型】为【类（可应用于任何HTML元素）】，【规则定义】为【（仅限该文档）】。

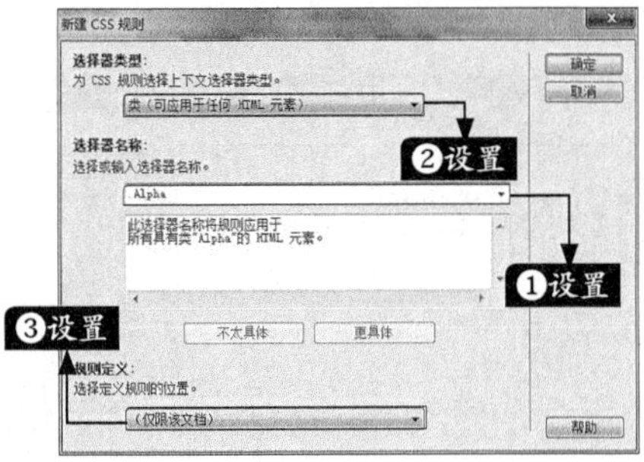

步骤04 单击【确定】按钮，弹出【.Alpha的CSS规则定义】对话框。在【扩展】选项卡下的【Filter】下拉列表中选择【Alpha(Opacity=?, Finish Opacity=?, Style=?, StartX=?, StartY=?, Finish X=?, FinishY=?)】选项，将参数Opacity后面的问号改为“50”，删除其余参数。若要直接应用于该对象，单击【应用】按钮，然后单击【确定】按钮。

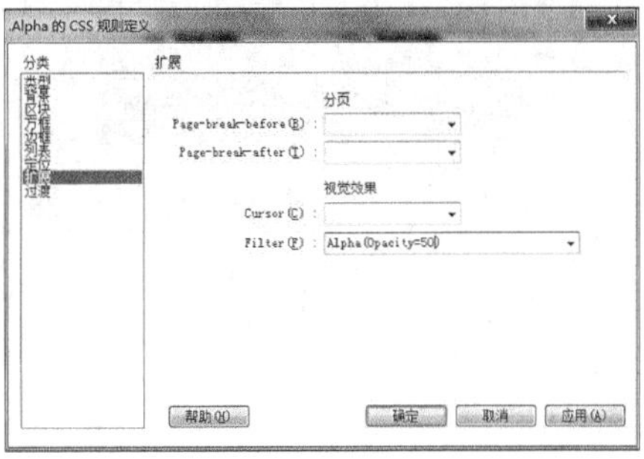

步骤05 重复步骤03～步骤04，分别定义.Alpha1和.Alpha2，并使.Alpha1后面的参数为Alpha(Opacity=0, FinishOpacity=100, Style=1, StartX=0, StartY=0, FinishX=100, FinishY=140）。

.Alpha2后面的参数为Alpha(Opacity=10, FinishOpacity=100, Style=2, StartX=30, StartY=30, FinishX=200, FinishY =200)。

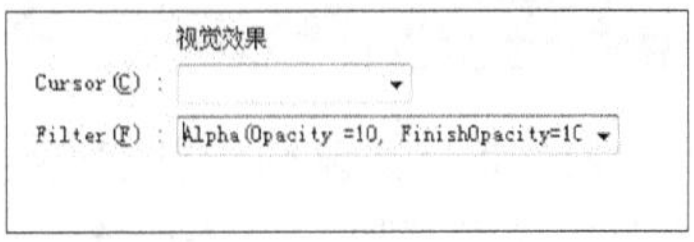

步骤06 若要应用已经存在的CSS规则，则在要应用规则的对象上右键选择CSS样式下的样式。

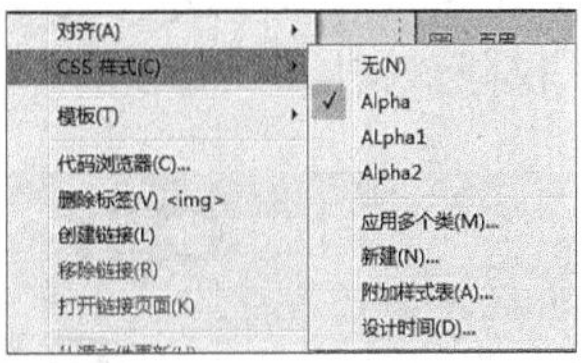

步骤07 若要应用已经存在的CSS规则，则在要应用规则的对象上单击右键选择CSS样式下的样式。

3.4.2 Blur属性

本小节介绍如何应用Blur属性建立模糊的效果，具体的操作步骤如下。

步骤01 打开随书光盘中的“素材\ch03\3.4\3.4.2\Blur.html”文件。

步骤02 在视图页面将鼠标指针悬停在你要添加样式的图片或者其他你要添加样式的对象单击右键选择【CSS样式】下的新建命令，在弹出的【新建CSS规则】对话框中，设置【选择器名称】为“.Blur”，【选择器类型】为【类（可应用于任何HTML元素）】，【规则定义】为【（仅限该文档）】。

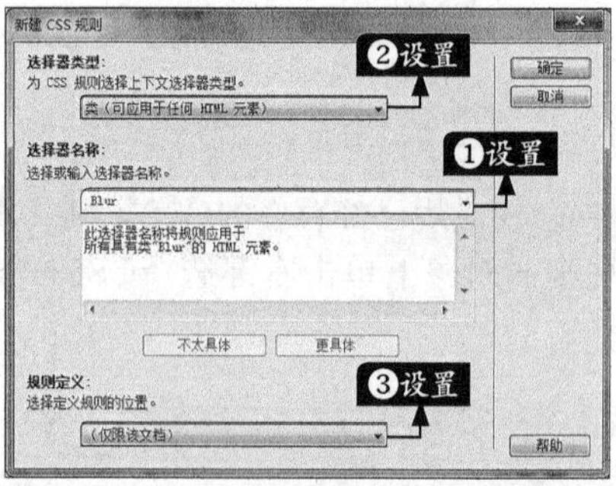

步骤03 单击【确定】按钮，打开【Blur的CSS规则定义】对话框，在【扩展】选项卡下的【Filter】（过滤器）下拉列表中设置参数为“Blur(Add=true，Direction=45,Strength=30）。

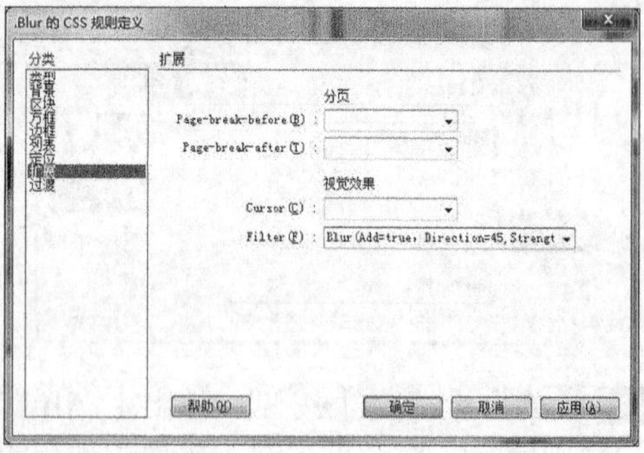

步骤04 单击【确定】按钮，返回【CSS样式】面板，对右侧的图像套用样式“Blur”。保存文档，按【F12】键在浏览器中预览效果。

3.4.3 Chroma属性

本小节介绍如何应用Chroma属性把指定的颜色设置为透明效果，具体的操作步骤如下。

步骤01 打开随书光盘中的“素材\ch03\3.4\3.4.3\Chroma.html”文件。

步骤02 在视图页面将鼠标指针悬停在要添加样式的图片或者其他要添加样式的对象上，单击右键选择【CSS样式】下的新建命令，在弹出的【新建CSS规则】对话框中设置【选择器名称】为“.Chroma”，【选择器类型】为【类（可应用于任何HTML元素）】，【规则定义】为【（仅限该文档）】。

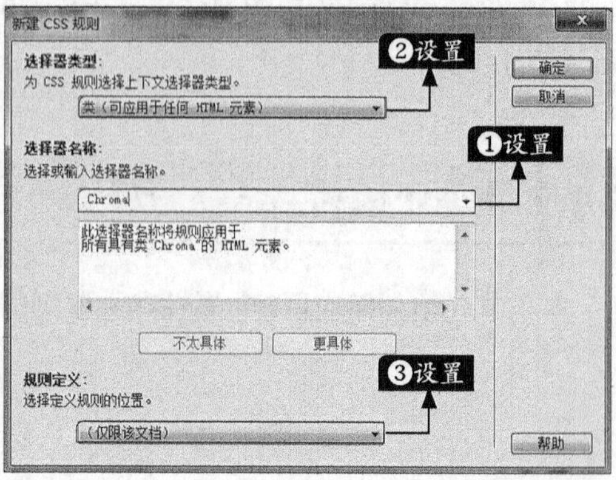

步骤03 单击【确定】按钮，打开【.Chroma 的CSS规则定义】对话框，在【扩展】选项卡下的【Filter】（过滤器）下拉列表中设置参数为“Chroma(Color=#FFFFFF)”。

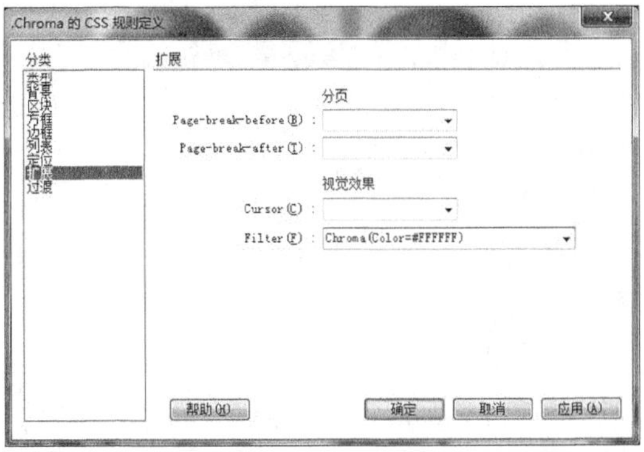

步骤04 单击【确定】按钮，返回【CSS样式】面板，对右侧的图像套用样式“Chroma”。保存文档，按【F12】键在浏览器中预览效果。

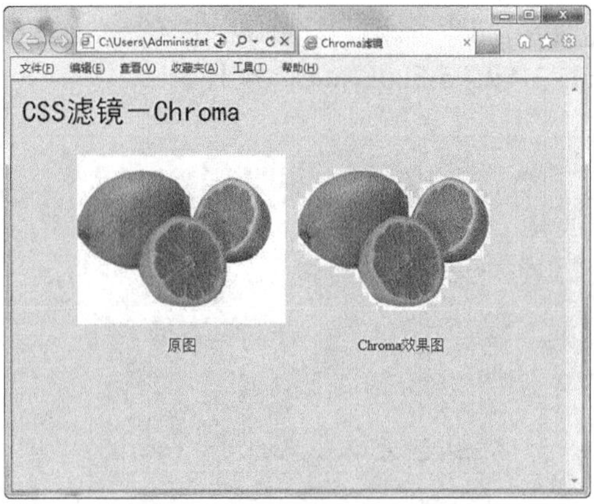

3.4.4 DropShadow属性

本小节介绍如何应用DropShadow属性建立一种偏移的影像轮廓（即投射阴影），具体的操作步骤如下。

步骤01 打开随书光盘中的“素材\ch03\3.4\3.4.4\DropShadow.html”文件。

步骤02 在视图页面将鼠标指针悬停在要添加样式的图片或者其他要添加样式的对象上，单击右键选择【CSS样式】下的新建命令，在弹出的【新建CSS规则】对话框中，设置【选择器名称】为“.DropShadow”，【选择器类型】为【类（可应用于任何HTML元素）】，【规则定义】为【（仅限该文档）】。

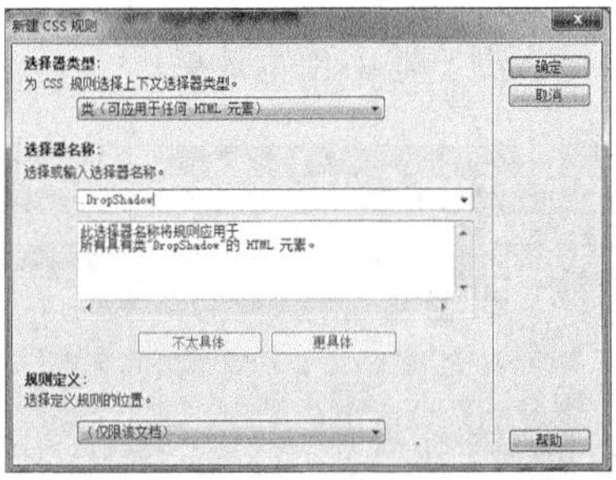

步骤03 单击【确定】按钮，弹出【.DropShadow 的CSS规则定义】对话框。在【扩展】选项卡下的【Filter】（过滤器）下拉列表中设置参数为“DropShadow(Color=#FFFFFF, OffX=1, OffY=1, Positive=10)”。

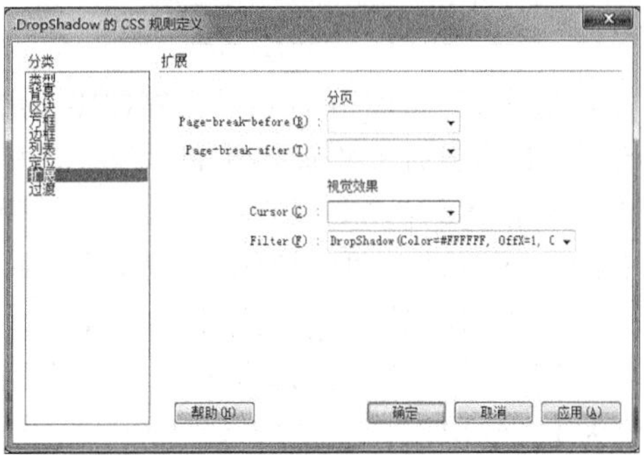

步骤04 单击【确定】按钮，返回【CSS样式】面板，对文字套用样式“Dropshadow”。保存文档，按【F12】键在浏览器中预览效果。

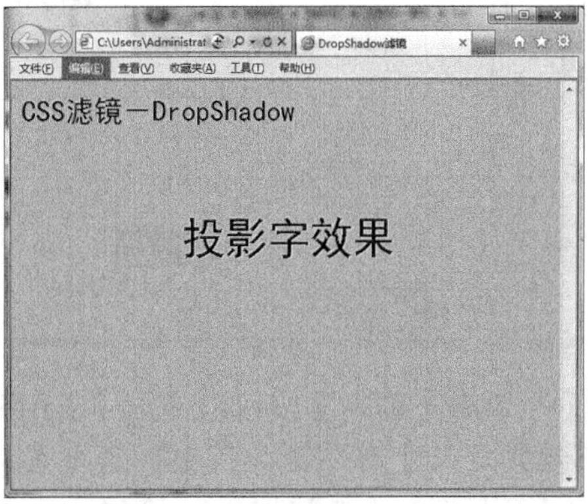

3.4.5 FlipH和FlipV属性

本小节介绍如何应用FlipH属性和FlipV属性完成图像的水平和垂直翻转，具体的操作步骤如下。

步骤01 打开随书光盘中的“素材\ch03\3.4\3.4.5\FlipH.html”文件。

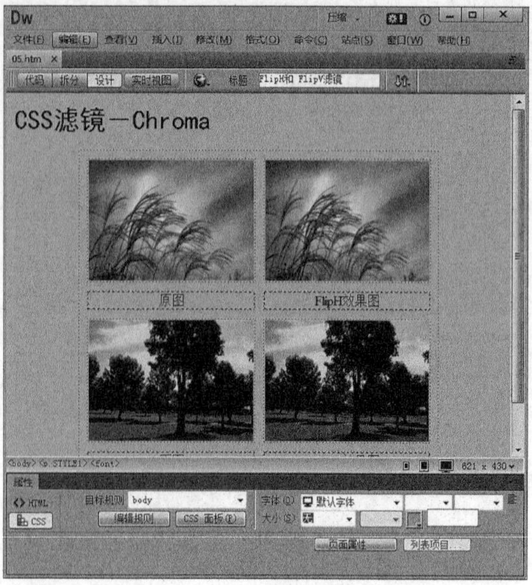

步骤02 在视图页面将鼠标指针悬停在要添加样式的图片或者其他要添加样式的对象上，单击右键选择【CSS样式】下的新建命令，在弹出的【新建CSS规则】对话框中，定义【选择器名称】为“.FlipH”，【选择器类型】为【类（可应用于任何HTML元素）】，【规则定义】为【（仅限该文档）】。

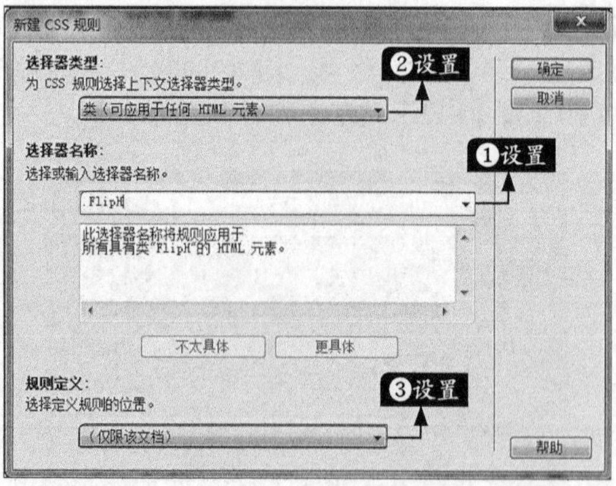

步骤03 单击【确定】按钮，弹出【.FlipH的CSS规则定义】对话框。在【扩展】选项卡下的【Filter】（过滤器）下拉列表中选择“FlipH”，这个滤镜没有参数。

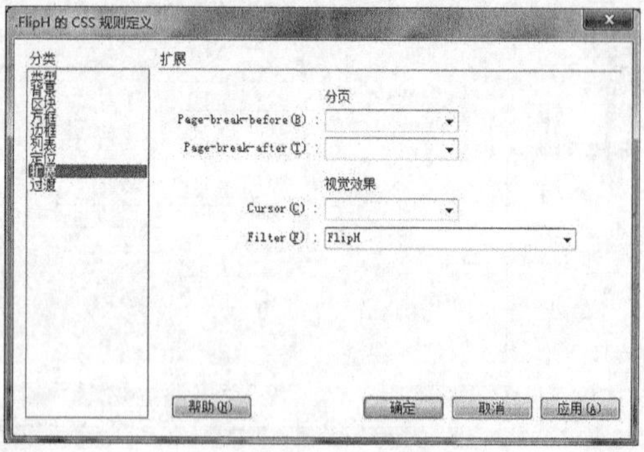

步骤04 重复步骤02~步骤03，新建样式“.FlipV”。

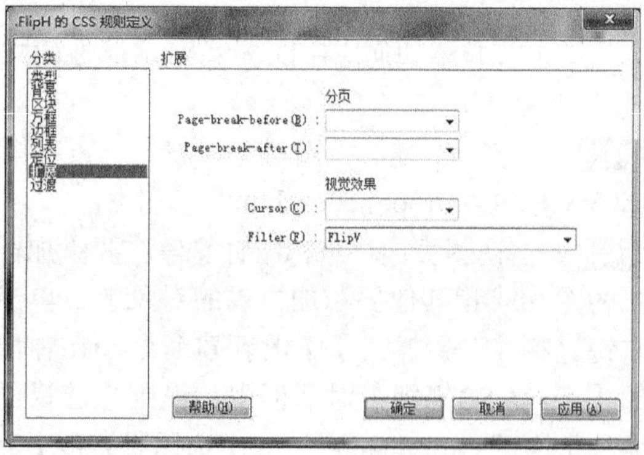

步骤05 单击【确定】按钮，返回【CSS样式】面板，对文档窗口中右侧的两幅图像分别套用样式“FlipH”和“FlipV”。保存文档，按【F12】键在浏览器中预览效果。

3.4.6 Glow属性

本小节介绍如何应用Glow属性为对象的外边界增加光效，具体的操作步骤如下。

步骤01 打开随书光盘中的“素材\ch03\3.4\3.4.6\Glow.html”文件。

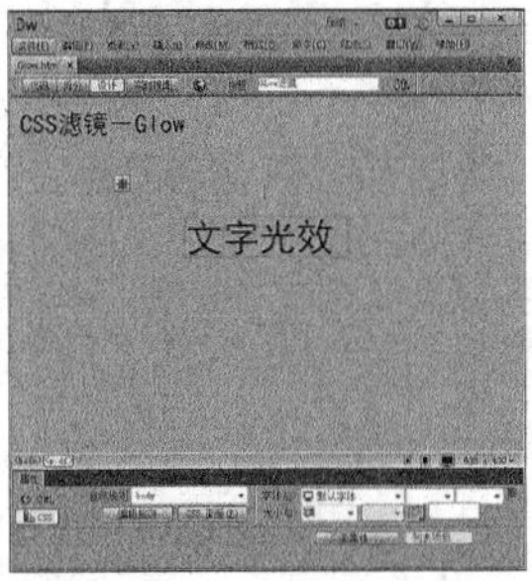

步骤02 在视图页面将鼠标指针悬停在要添加样式的图片或者其他要添加样式的对象上，单击右键选择【CSS样式】下的新建命令，在弹出的对话框中，设置【选择器名称】为“.Glow”，【选择器类型】为【类（可应用于任何HTML元素）】，【规则定义】为【（仅限该文档）】。

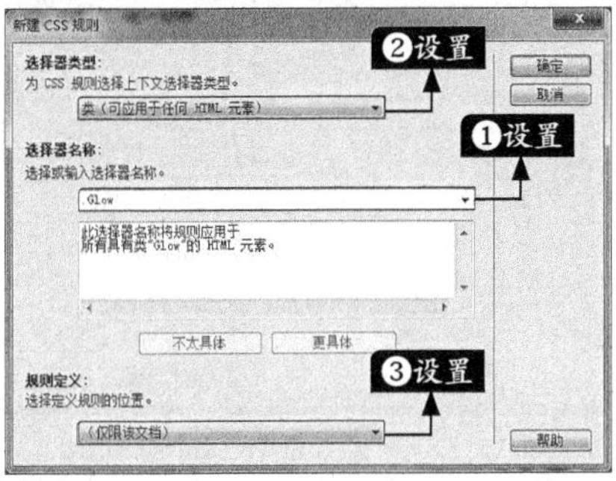

步骤03 单击【确定】按钮，打开【.Glow 的 CSS规则定义】对话框，在【扩展】选项卡下的【Filter】（过滤器）下拉列表中设置参数为“Glow(Color=#00FF33,Strength=5)”。

步骤04 单击【确定】按钮，返回【CSS样式】面板，对文档中的文字套用样式“Glow”。保存文档，按【F12】键在浏览器中预览效果。

3.4.7 Gray属性

本小节介绍如何应用Gray属性降低图片的彩色度，具体的操作步骤如下。

步骤01 打开随书光盘中的“素材\ch03\3.4\3.4.7\Gray.html”文件。

步骤02 在视图页面将鼠标指针悬停在要添加样式的图片或者其他要添加样式的对象上，单击右键选择【CSS样式】下的新建命令，在弹出的对话框中，设置【选择器名称】为“.Gray”，【选择器类型】为【类（可应用于任何HTML元素）】，【规则定义】为【（仅限该文档）】。

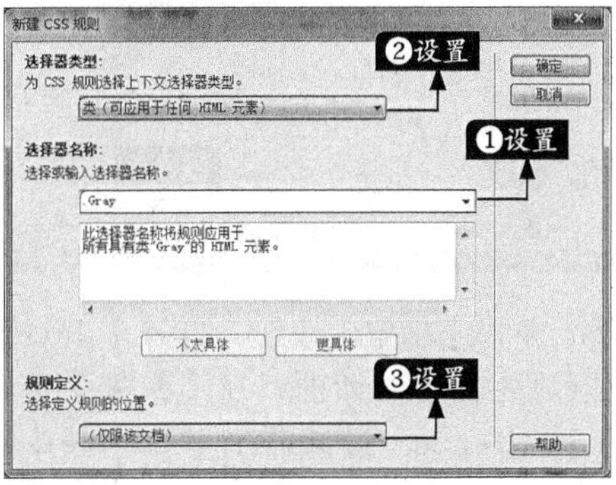

步骤 03 单击【确定】按钮，打开【.Gray 的CSS规则定义】对话框。在【扩展】选项卡下的【Filter】（过滤器）下拉列表中选择“Gray”，该滤镜没有参数。

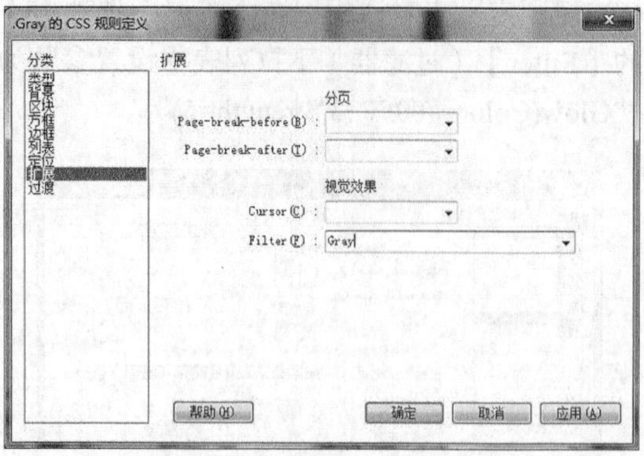

步骤 04 单击【确定】按钮，返回【CSS样式】面板，对文档中的图像套用样式“Gray”。保存文档，按【F12】键在浏览器中预览效果。

3.4.8 Invert属性

本小节介绍如何应用Invert属性将色彩、饱和度以及亮度等值完全翻转建立底片效果，具体的操作步骤如下。

步骤 01 打开随书光盘中的“素材\ch03\3.4\3.4.8\Invert.html”文件。

步骤 02 在视图页面将鼠标指针悬停在要添加样式的图片或者其他要添加样式的对象上，单击右键选择【CSS样式】下的新建命令，在弹出的【新建CSS规则】对话框中，设置【选择器名称】为“.Invert”，【选择器类型】为【类（可应用于任何HTML元素）】，【规则定义】为【（仅限该文档）】。

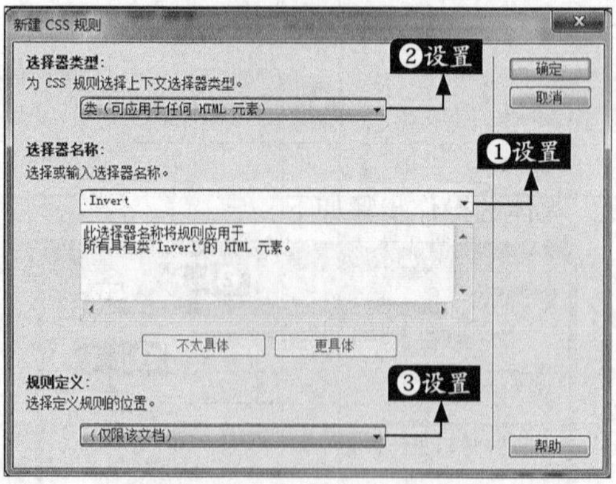

步骤 03 单击【确定】按钮，打开【.Invert 的CSS规则定义】对话框，在【扩展】选项卡下的【Filter】（过滤器）下拉列表中选择“Invert”选项。

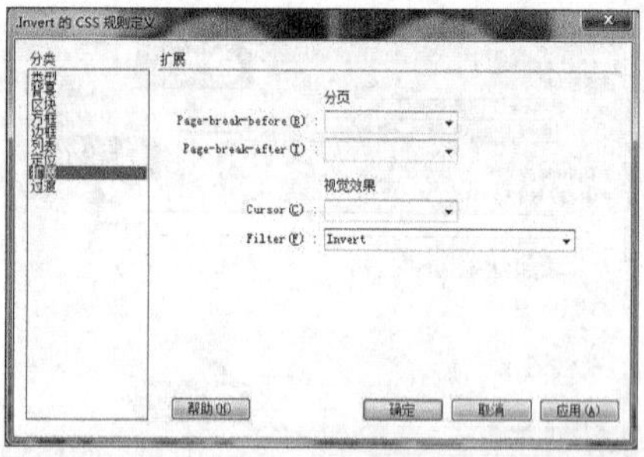

步骤 04 单击【确定】按钮，返回【CSS样式】面板，对文档中的图像套用样式“Invert”。保存文档，按【F12】键在浏览器中预览效果。

3.4.9 Mask属性

本小节介绍如何应用Mask属性为一个对象建立透明膜，具体的操作步骤如下。

步骤01 打开随书光盘中的“素材\ch03\3.4\3.4.9\Mask.html”文件。

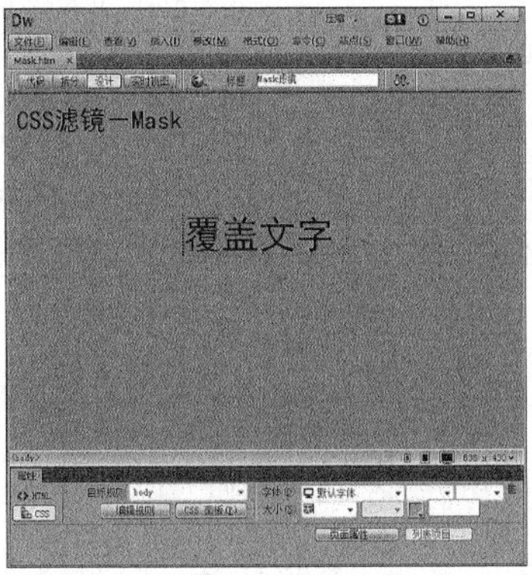

步骤02 在视图页面将鼠标指针悬停在要添加样式的图片或者其他要添加样式的对象上，单击右键选择【CSS样式】下的新建命令，在弹出的【新建CSS规则】对话框中，设置【选择器名称】为“.Mask”，【选择器类型】为【类（可应用于任何HTML元素）】，【规则定义】为【（仅限该文档）】。

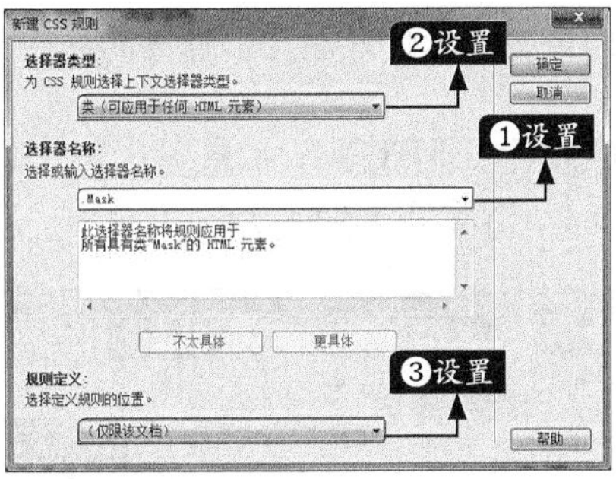

步骤03 单击【确定】按钮，打开【.Mask的CSS规则定义】对话框，在【扩展】选项卡下的【Filter】（过滤器）下拉列表中设置参数为“Mask(Color=#FF0000)”。

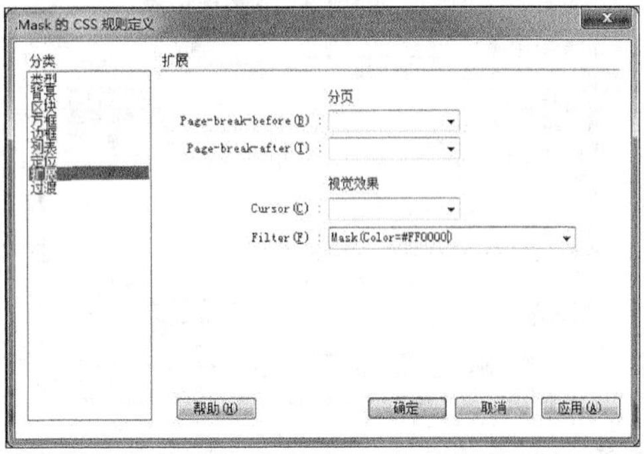

步骤04 单击【确定】按钮，返回【CSS样式】面板，对文档中的文字套用样式“Mask”。保存文档，按【F12】键在浏览器中预览效果。

3.4.10 Shadow属性

本小节介绍如何应用Shadow属性建立一个对象的固体轮廓，具体的操作步骤如下。

步骤01 打开随书光盘中的“素材\ch03\3.4\3.4.10\Shadow.html”文件。

步骤02 在视图页面将鼠标指针悬停在要添加样式的图片或者其他要添加样式的对象上，单击右键选择【CSS样式】下的新建命令，在弹出的【新建CSS规则】对话框中，设置【选择器名称】为“.Shadow”，【选择器类型】为【类（可应用于任何HTML元素）】，【规则定义】为【（仅限该文档）】。

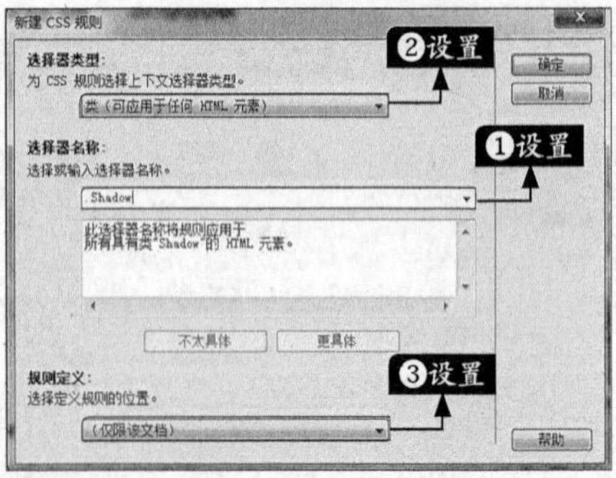

步骤03 单击【确定】按钮，打开【.Shadow 的CSS规则定义】对话框，在【扩展】选项卡下的【Filter】（过滤器）下拉列表中设置参数为“Shadow(Color=#666666,Direction=45)”。

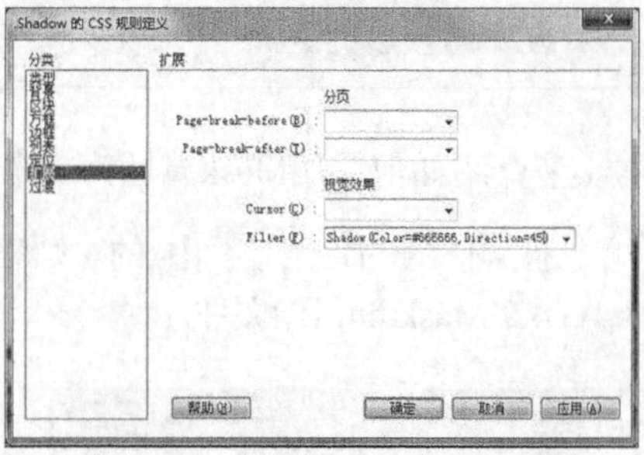

步骤04 单击【确定】按钮，返回【CSS样式】面板，对文档中的文字套用样式“Shadow”。保存文档，按【F12】键在浏览器中预览效果。

3.4.11 Wave属性

本小节介绍如何应用Wave属性在*X*轴和*Y*轴方向利用正弦波纹打乱图片，具体的操作步骤如下。

步骤01 打开随书光盘中的“素材\ch03\3.4\3.4.11\Wave.html”文件。

步骤02 在视图页面将鼠标指针悬停在要添加样式的图片或者其他要添加样式的对象上，单击右键选择【CSS样式】下的新建命令，在弹出的【新建CSS规则】对话框中，设置【选择器名称】为“.Wave”，【选择器类型】为【类（可应用于任何HTML元素）】，【规则定义】为【（仅限该文档）】。

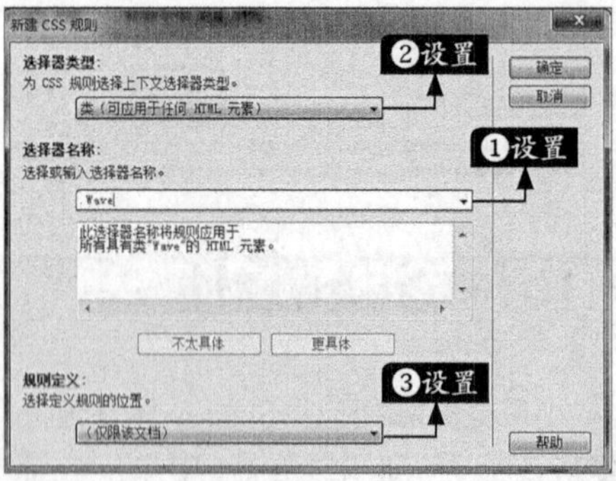

步骤03 单击【确定】按钮，打开【.Wave 的CSS规则定义】对话框，在【扩展】选项卡下的【Filter】（过滤器）下拉列表中设置参数为“Wave(Add=0,Freq=60,LightStrength=1,Phase=0, Strength=3)”。

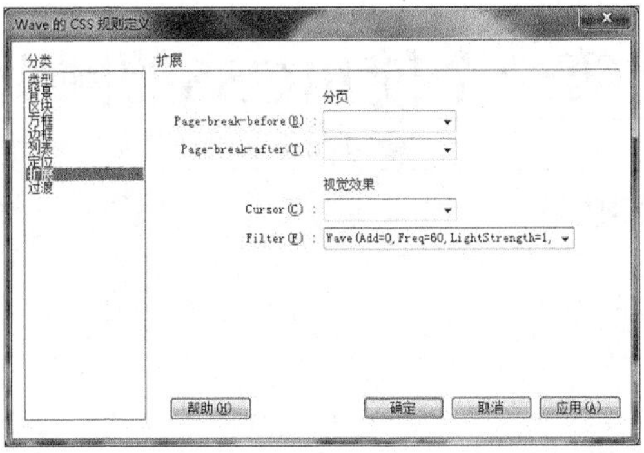

步骤04 单击【确定】按钮，返回【CSS样式】面板，对文档中的图像套用样式“Wave”。保存文档，按【F12】键在浏览器中预览效果。

3.4.12 Xray属性

本小节介绍如何应用Xray属性显示黑暗中对象的轮廓，具体的操作步骤如下。

步骤01 打开随书光盘中的“素材\ch03\3.4\3.4.12\Xray.html”文件。

步骤02 在视图页面将鼠标指针悬停在要添加样式的图片或者其他要添加样式的对象上，单击右键选择【CSS样式】下的新建命令，在弹出的【新建CSS规则】对话框中，设置【选择器名称】为“.Xray”，【选择器类型】为【类（可应用于任何HTML元素）】，【规则定义】为【（仅限该文档）】。

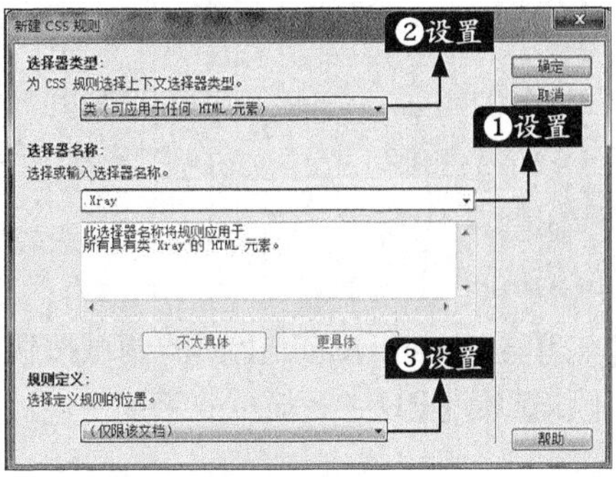

步骤03 单击【确定】按钮，打开【.Xray 的CSS规则定义】对话框，在【扩展】选项卡下的【Filter】（过滤器）下拉列表中选择“Xray”选项。

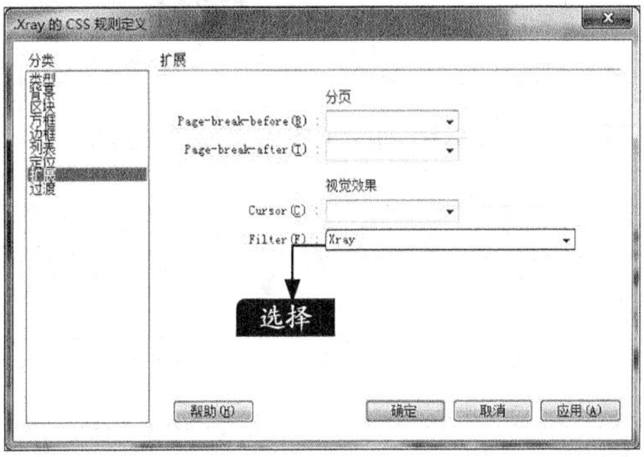

步骤04 单击【确定】按钮，返回【CSS样式】面板，对文档中的图像套用样式“Xray”。保存文档，按【F12】键在浏览器中预览效果。

3.5 综合实战1——创建第一个使用CSS的网页

本节教学录像时间：4 分钟

下面使用CSS技术来创建自己的第一个网页。

步骤 01 在Dreamweaver CC中单击【文件】➤【新建】命令，弹出【新建文档】对话框。选择【空白页】选项卡下【页面类型】中的【HTML】文档，在文档类型列表中选择【HTML 5】，单击【创建】按钮。

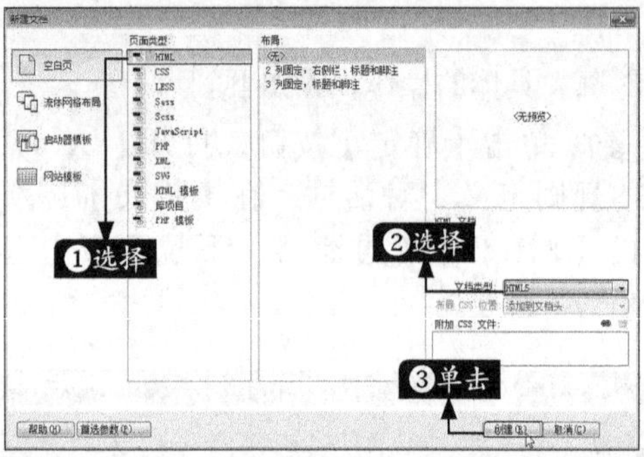

步骤 02 上述操作即可创建新的网页文件。

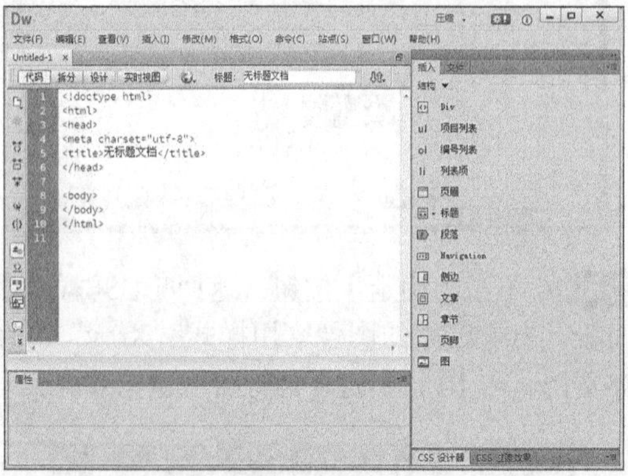

步骤 03 选择【文件】➤【保存】命令，保存为3-5.html，修改<title>标记名称为“CSS网页”。在<style>标记中输入想要的标题的样式。其代码如下。

```
<style type="text/css">
<!-- h1{
color:red;          /* 红色 */
font-size:20px;       /* 文字大小 */
}
-->
</style>
```

步骤 04 在<body>…</body>中直接调用CSS样式就能看到带有CSS样式规则的网页，全部代码如下。

```
<!doctype html>
<html>
<head>
<meta charset="utf-8">
<style type="text/css">
<!--
h1{
color: red;          /* 红色 */
font-size:20px;        /* 文字大小 */
}
img{ width:400px; height:300px;
filter:
blur(add=ture,direction=100,strength=150)
}
-->
-->
</style>
<title>CSS 网页 </title>
</head>
<body>
<h1> 创建第一个使用 CSS 的网页 </h1>
    <img src=" images/ 花朵 .png">
</body>
</html>
```

步骤 05 单击Dreamweaver上面的调试按钮，或者按下快捷键【F12】，显示效果如下。

小提示

由于创建文件的过程与调试的过程步骤一样，在后面的例子中，就不再一一介绍创建文件的过程。

3.6 综合实战2——定义网页样式和边框

本节教学录像时间：6 分钟

可以使用CSS样式定义网页中的样式和边框，对网页的布局进行统一的设置，定义过CSS样式的网页看起来会更加整齐。

步骤01 打开随书光盘中的“素材\ch03\3.6\index.html”文件。

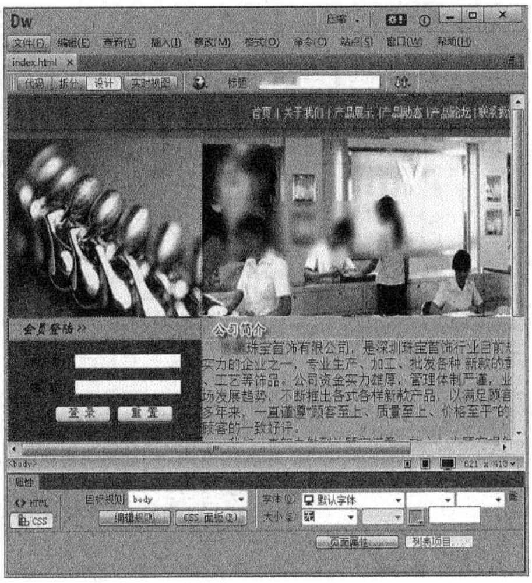

步骤02 在视图页面将鼠标指针悬停在要添加样式的图片或者其他要添加样式的对象上，单击右键选择【CSS样式】下的【新建】命令。

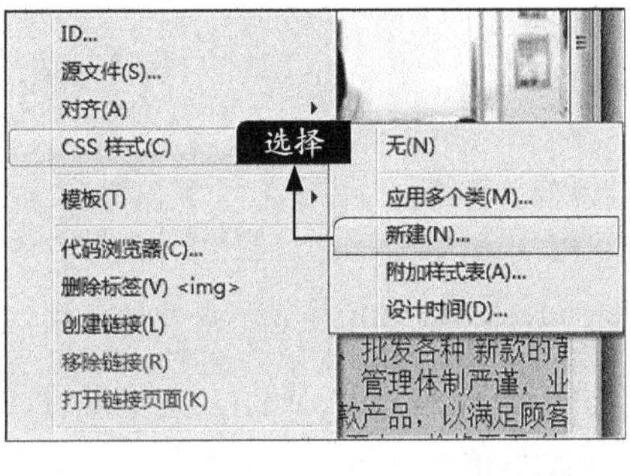

步骤03 弹出【新建CSS规则】对话框，在【选择器类型】下拉列表中选择【类（可应用于任何HTML元素）】选项，在【选择器名称】文本框中输入“.zh”，在【规则定义】下拉列表中选择【（仅限该文档）】选项，然后单击【确定】按钮，弹出【.zh的CSS规则定义】对话框。

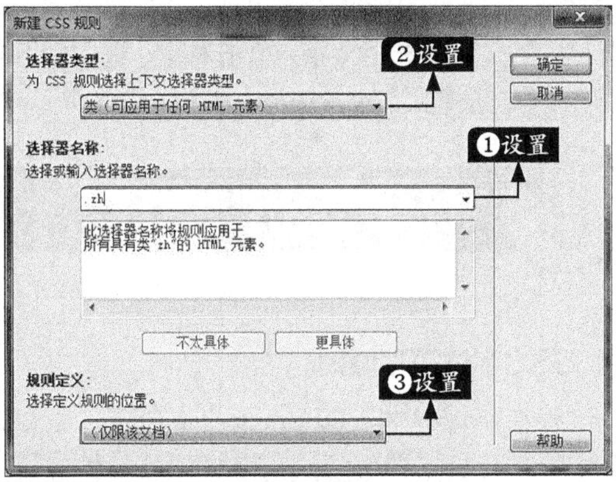

步骤04 在【类型】选项卡下的【Font- family】（字体）下拉列表中选择“宋体”，在【Font-size】（大小）下拉列表中选择“12”，单位选择像素（px），将【Line- height】（行高）设置为“180%”，在【Color】（颜色）文本框中输入“#00F”，然后单击【确定】按钮。

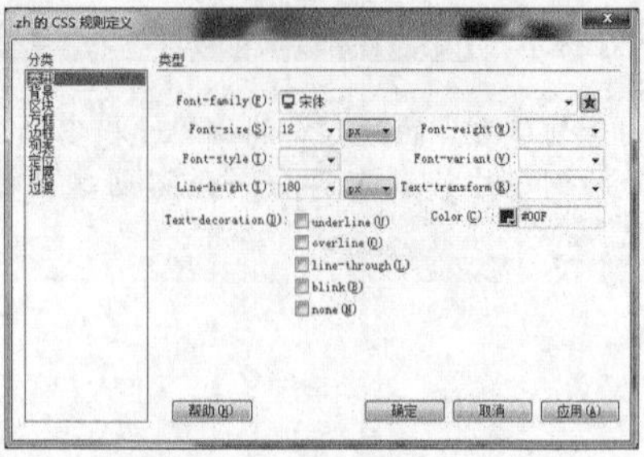

步骤05 重复步骤02~步骤03，新建.bk的CSS规则定义。在【.bk的CSS规则定义】对话框中的【边框】选项下，选中【全部相同】设置，【Style】（样式）全部为“solid”（实线），【Width】（宽度）全部设置为“thin”（细），【Color】（颜色）全部相同，设置为“#FF0000”，然后单击【确定】按钮。

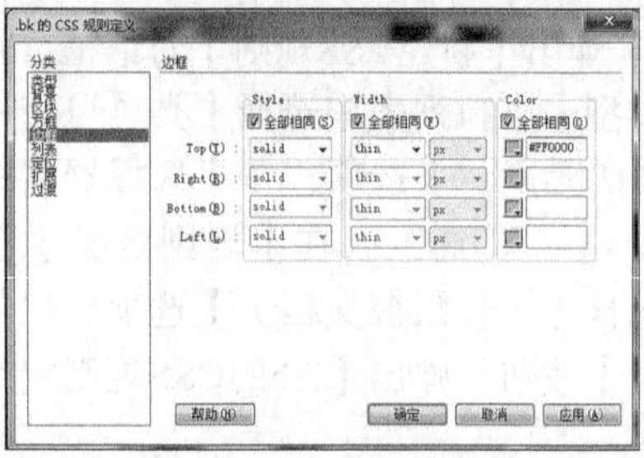

步骤06 所定义的新样式将出现在【CSS样式】面板中。在文档中选定文字，单击右键，选中CSS样式，在【CSS样式】列表选择【zh】样式。

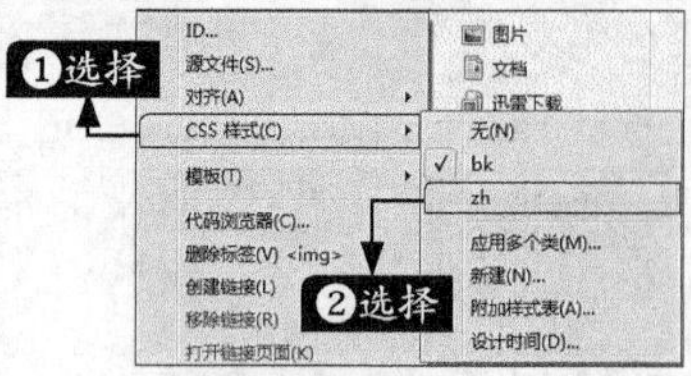

步骤07 选定网页中的表格，右键单击，选中CSS样式，选择【bk】样式。

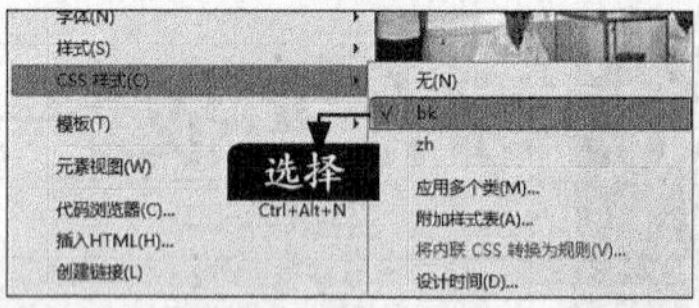

步骤08 保存文档，按【F12】键在浏览器中预览效果。

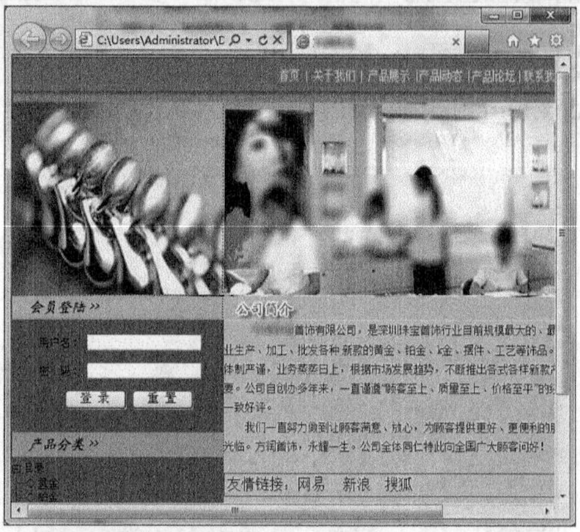

高手支招

本节教学录像时间：2 分钟

CSS字体简写原则

在代码视图下，使用CSS对字体进行定义时，一般都会采用如下的书写方式。

```
font- size: 1em;
line- height: 1.5em;
font- weight: bold;
font- style: italic;
font- variant: small-caps;
font- family: verdana,serif;
```

其实，可以采用以下简化的书写方式。

```
font: 1em/1.5em bold italic small- caps verdana,serif
```

需要注意的是，使用这一简写方式至少要指定font-size和font-family属性，其他属性（font-weight，font-style和font-varient等）如未指定，将自动使用默认值。

第4章

灵活的网页布局——CSS+DIV

学习目标

CSS+DIV是Web标准中的常用术语之一，主要用于说明与HTML网页设计语言中的表格（table）定位方式的区别。用CSS+DIV可以非常灵活地布局页面，制作出漂亮而又充满个性的个人网页。

学习效果

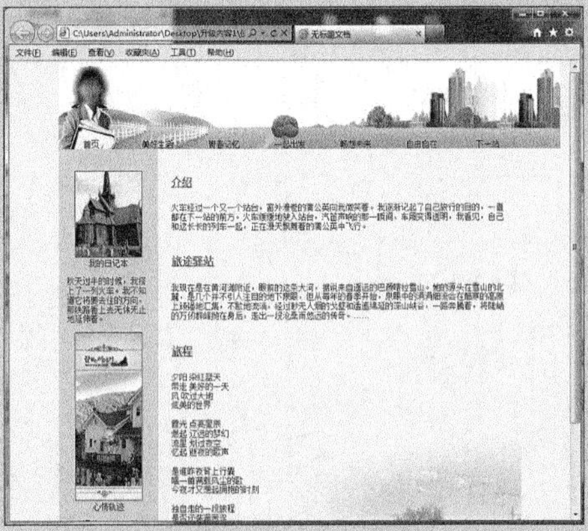

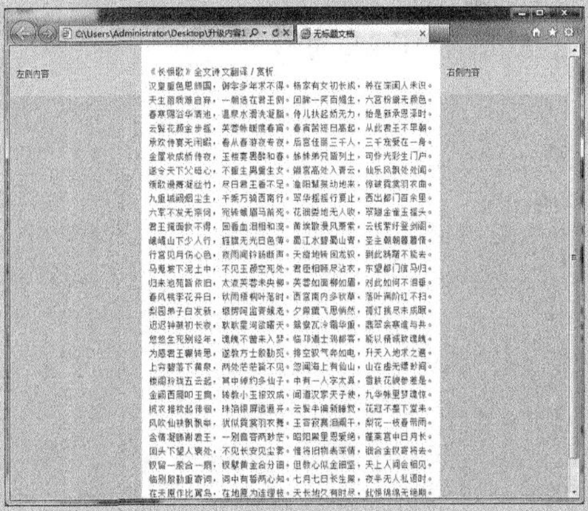

4.1 关于DIV

本节教学录像时间：17 分钟

<div>标记作为一个容器标记，被广泛地应用在<HTML>语言中。利用这个标记，加上CSS对其进行控制，可以很方便地实现各种效果。

4.1.1 创建DIV

<div>（division）就是一个区块容器标记，声明时只需要对<div>进行相应的控制，其中的各种标记元素就都会因此而改变。如下代码就是一个DIV的应用实例（详见“素材\ch04\4.1.1\div.html”）。

```
<html>
<head>
<title>div 标记范例 </title>
<style type="text/css">
<!- -
div{
    font-size:18px;
    font-weight:bold;
    font-family:Arial;
    color:#FF0000;
    background-color:#FFFF00;
    text-align:center;
    width:300px;
    height:100px;}
- ->
</style>
</head>
<body>
<div>
这是一个 div 标记
</div>
</body>
</html>
```

在本实例中通过CSS对<div>块的控制，制作了一个宽300像素高100像素的黄色区块，并进行了文字效果的相应设置。在IE中的执行结果如图所示。

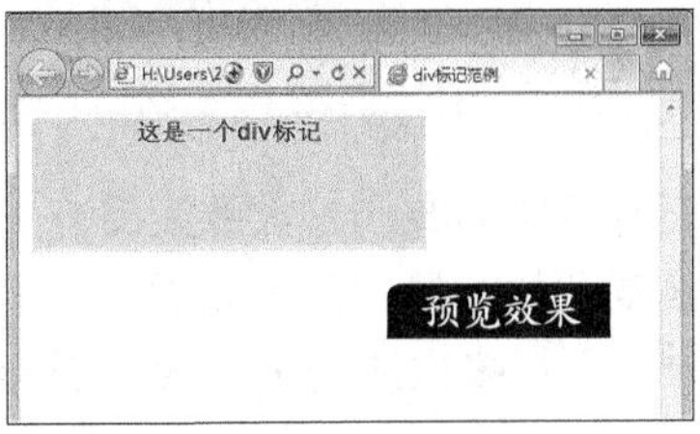

4.1.2 为什么要用CSS+DIV布局

本小节以设计1级标题为例，介绍DIV与CSS结合的优势。

对于1级标题，传统的表格布局代码如下。

```
<table width="100%"border="0"cellpadding="0">
<tr>
<td><font face="Arial"size="4"color="#000000"><b>height</b></font></td>
</tr>
</table>
<!-- 下面是实现下线的表格 -->
<table width="100%"border="0"cellspacing="1"cellpadding="0">
<tr>
<td height="2"bgcolor="#FF9900"></td>
</tr>
</table>
```

可以看出不仅结构和表现混杂在一起，而且页面内到处是为了实现装饰线而插入的表格代码。而使用CSS+DIV布局可以使结构清晰化，将内容、结构与表现相分离，以方便设计人员对网页进行改版和引用数据。

1级标题的实现如下所示。

```
<h1>height</h1>
```

同时,在CSS内定义<h1>的样式如下。

```
h1{
font:bold 16px Arial;
color:#000;
border-bottom:2px solid#f90:
}
```

当需要修改外观的时候，如需要把标题文字替换成红色、下划线变成1px灰色的虚线，只需要修改相应的CSS即可，而不用修改HTML文档，如下所示。

```
h1{
font:bold 16px Arial;
color:#f00;
border-bottom:1px dashed#666:
}
```

4.1.3 DIV的嵌套与固定格式

在设计一个网页时，首先需要有整体的布局，大致需要有头部、中部和底部，中部还会分为左、右或者左、中、右。无论多么复杂的布局，都可以拆分为上下、上中下、左右、左中右等固定的格式，这些格式都可以使用DIV进行多次嵌套来实现。嵌套就是为了实现更为复杂的页面排版。

以下面这段代码为例。

```
<div id = “top” > 网页头部 </div>
<div id = “main” >
<div id = “left” > 左边部分 </div>
<div id = “right” > 右边部分 </div>
</div>
<div id = “bottom” ></div>
```

在代码中每个DIV都分别定义一个id名称便于识别，分别定义了为top、main和bottom三个对象。它们之间的关系是并列关系，这在网页中的布局结构中属于垂直方向布局，如左下图所示。在main中使用的是左右分栏的布局结构，在main中有两个id为left和right的DIV，这两个DIV属于并列关系，而它们都被包含在main中，和main形成一种嵌套的关系，用CSS实现left和right左右显示。

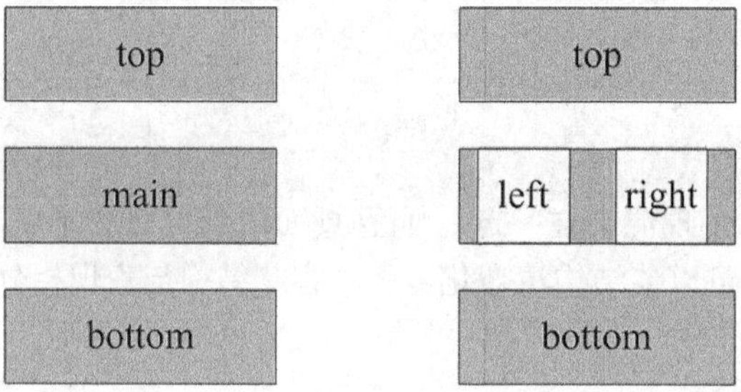

4.2 CSS定位与DIV布局

本节教学录像时间：14 分钟

网页中的各种元素都必须有自己合理的位置，从而搭建出整个页面的结构。本节围绕CSS定位的几种原理方法，深入介绍使用CSS对页面中的块元素定位的方法。

4.2.1 盒子模型

一个盒子模型是由content（内容）、border（边框）、padding（间隙）和margin（间隔）4个部分组成，如图所示。

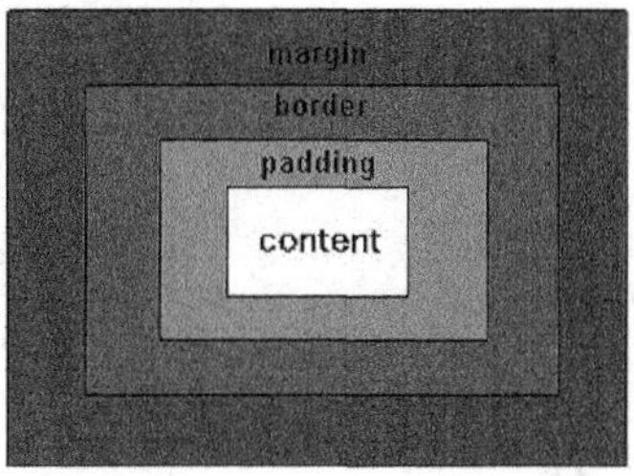

一个盒子的实际宽度（或高度）是由content+padding+border+margin组成的。在CSS中可以通过设定width和height的值来控制content的大小，并且对于任何一个盒子，都可以分别设定4条边各自的border、padding和margin。

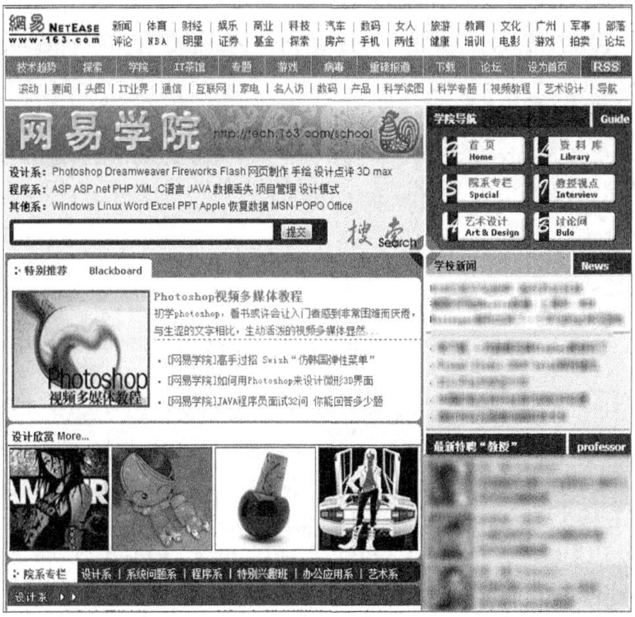

4.2.2 元素的定位

网页中的各种元素都必须有自己合理的位置，从而搭建出整个页面的结构。

小提示

本小节围绕CSS定位的几种原理方法进行深入的介绍，包括float、position和z-index等。需要说明的是，这里的定位不是用<table>进行排版，而是用CSS的方法对页面中的块元素定位。

1. float定位

float定位是CSS排版中非常重要的手段。float的属性值很简单，可以设置为left、right或者默认值none。当设置了元素向左或者向右浮动时，元素会向其父元素的左侧或右侧靠紧。例如下面的例子，其代码参见“光盘\素材\ch04\4.2.2\float.html”文件。

```
<html>
<head>
<title>float 属性 </title>
<style type="text/css">
<!-- 
body{
    margin:15px;
```

```
      font- family:Arial;font- size:12px;
   }
   .father{
         background- color:#ff0000;
         border:1px solid#111111;
         padding:25px;
 /* 父块的 padding*/
   }
   .son1{
      padding:10px;
/* 子块 son1 的 padding*/
      margin:5px;
/* 子块 son1 的 margin*/
      background- color:#ffff00;
      border:1px dashed#111111;
      /* float:left;*/     /* 块 son1 左浮动，
删除代码中的 " /*" 和 "*/" 可得到块 son1
   左浮动效果 */
   }
   .son2{
      padding:5px;
      margin:0px;
      background- color:#ffd270;
      border:1px dashed#111111;
   }
   - ->
   </style>
   </head>
   <body>
     <div class="father">
         <div class="son1">float1</div>
         <div class="son2">float2</div>
   </div>
   </body>
   </html>
```

设置块son1向左浮动前，页面效果如下图（上）所示。当设置了块son1的float值为left时，页面效果则如下图（下）所示。

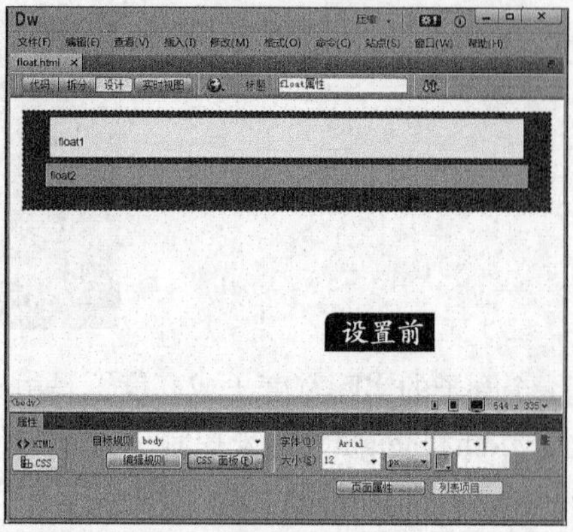

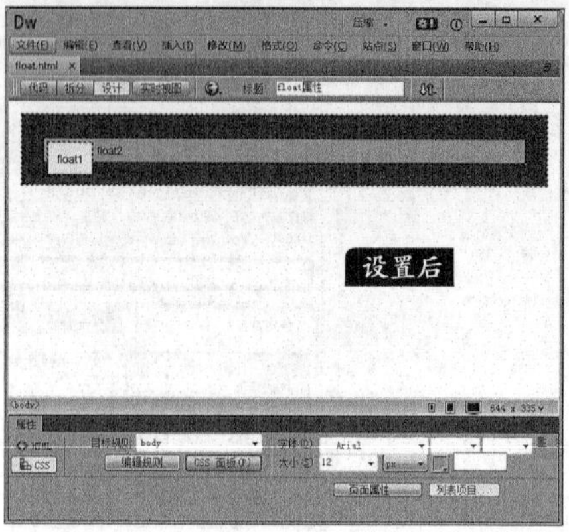

2. position定位

position从字面上看就是指定块的位置，即块相对于其父块的位置和相对于它自身应该在的位置。

position属性一共有4个值，分别是static、absolute、relative和fixed。这里以absolute为例来讲解position定位。如下代码参见“光盘\素材\ch04\4.2.2\position.html”文件。

```
<html>
<head>
<title>position 属性 </title>
<style type="text/css">
<!- -
#father{
      background- color:#ffff66;
      border:1px dashed#000000;
      width:100%;
      height:100%;
      padding:5px;
```

```
        }
    #block1{
        background- color:#fff0ac;
        border:1px dashed#000000;
        padding:10px;
        position:absolute; /*absolute 绝
对定位 */
        left:30px;
        top: 35px;
        }
    #block2{
        background-color:#ffbd76;
        border:1px dashed#000000;
        padding:10px;
        }
    - ->
    </style>
    </head>
    </body>
        <div id="father">
            <div id="block1">absolute</div>
            <div id="block2">block2</div>
        </div>
    </body>
    </html>
```

本例将子块1的position属性值设置为absolute，并且调整了它的位置，如下图所示。此时子块1已经不再属于父块#father，因为将其position值设置成了absolute，因此子块2成为父块中的第1个子块，移动到了父块的最上方。

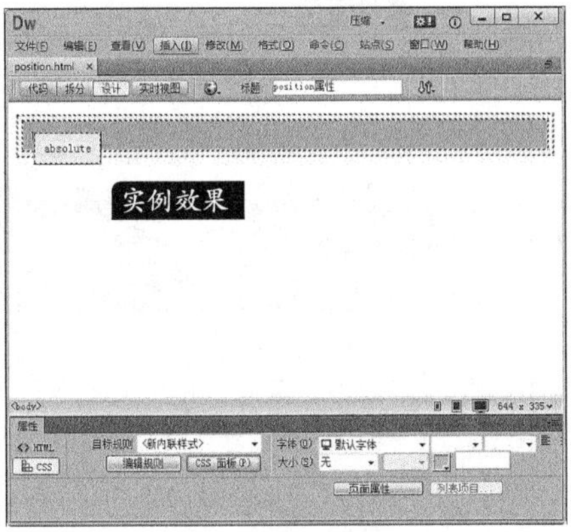

如果将两个子块的position属性同时设置为absolute，这时两个子块都将不再属于其父块，都相对于页面定位。

在上例的基础上进行修改，如下代码详见“光盘\素材\ch04\4.2.2\position2.html”文件。

```
    #block1{
        background- color:#fff0ac;
        border:1px dashed#000000;
        padding:10px;
        position:absolute; /*absolute 绝
对定位 */
        left:30px;
        top: 35px;
        }
    #block2{
        background- color:#ffbd76;
        border:1px dashed#000000;
        padding:10px;
        position:absolute; /*absolute 绝
    对定位 */
        }
```

当将两个子块的position属性都设置为absolute时，它们均按照各自的属性进行了定位，都不再属于其父块。两个子块有重叠的部分，且块2位于块1的上方，如下图所示。

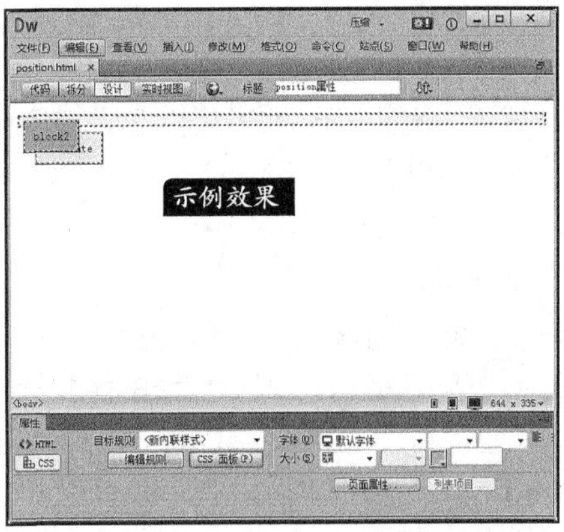

3. z-index空间位置

z-index属性用于调整定位时重叠块的上下位置，与它的名称一样，想象页面为x-y轴，垂直于页面的方向为z轴，z-index值大的页面位于其值小的上方，如下图所示。

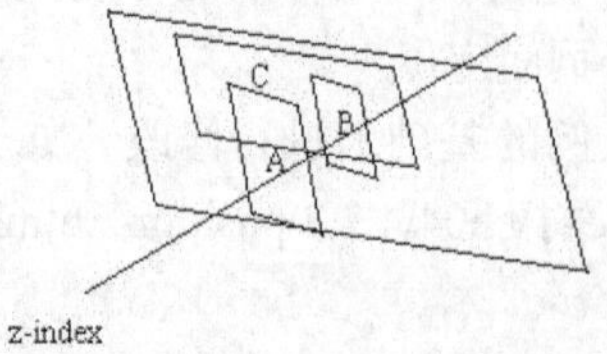

小提示

z-index属性的值为整数，可以是正数，也可以是负数。当块被设置了position属性时，该值便可设置各块之间的重叠高低关系。默认的z-index值为0，当两个块的z-index值一样时，将保持原有的高低覆盖关系。

如下代码详见“光盘\素材\ch04\4.2.2\z-index.html”文件。

```
<html>
<title>z-index 属性 </title>
<style type="text/css">
<!- -
body{
   margin:10px;
   font- family:Arial;
   font- size:13px;
   }
#block1{
      background- color:#ff0000;
      border:1px dashed#000000;
      padding:10px;
      position:absolute;
      left:20px;
      top:30px;
      z- index:1;     /* 高低值 1*/
      }
#block2{
      background- color:#ffc24c;
      border:1px dashed#000000;
      padding:10px;
      position:absolute;
      left:40px;
      top:50px;
      z- index:0;       /* 高低值 0*/
      }
#block3{
      background- color:#c7ff9d;
      border:1px dashed#000000;
      padding:10px;
      position:absolute;
      left:60px;
      top:70px;
      z- index:-1;  /* 高低值 -1*/
    }
- ->
</style>
</head>
<body>
    <div
id="block1">AAAAAAAAAA</div>
    <div
id="block2">BBBBBBBBBB</div>
    <div
id="block3">CCCCCCCCCC</div>
</body>
```

本例对3个有重叠关系的块分别设置了z-index的值。设置前与设置后的效果对比如下图所示。

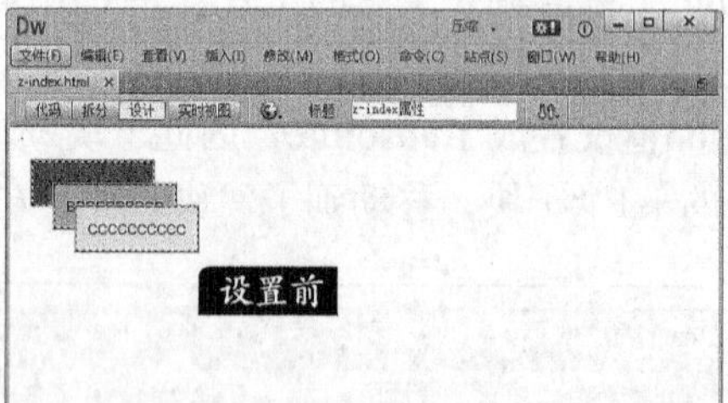

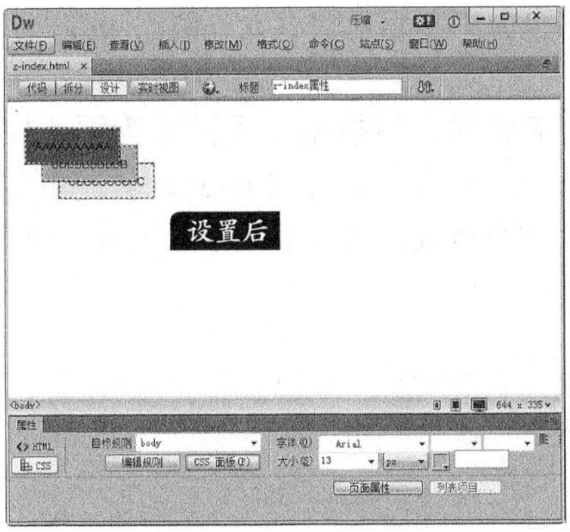

下面采用元素的定位方法来实现文字的阴影效果，如图所示。

如下代码参见“素材\ch04\4.2.2\yinying.html”文件。

```
<html>
<head>
<title> 文字阴影效果 </title>
<style type="text/css">
<!- -
body{
   margin:15px;
   font- family: 黑体 ;
   font- size:60px;
   font- weight:bold;
}
#block1{
      position:relative;
      z- index:1;
}
#block2{
      color:#AAAAAA;
/* 阴影颜色 */
      position:relative;
      top:-1.06em;
/* 移动阴影 */
      left:0.1em;
      z-index:0;
/* 阴影重叠关系 */
}
- ->
</style>
</head>
<body>
<div id="father">
      <div id="block1"> 定位阴影效果
</div>
      <div id="block2"> 定位阴影效果
</div>
</div>
</body>
</html>
```

4.3 CSS+DIV布局的常用方法

本节教学录像时间：18 分钟

本节介绍CSS布局的整体思路和具体方法，包括CSS布局的整体规划、设计各块的位置以及使用CSS定位等。

4.3.1 使用DIV对页面整体规划

使用DIV可以将页面首先在整体上进行<div>标记的分块，然后对各个块进行CSS定位，最后再在各个块中添加相应的内容。这样进行过<div>标记的页面更新起来会十分容易，同时也可以通过修改CSS的属性来重新定位。

CSS布局要求设计者首先对页面有一个整体的框架规划，包括整个页面分为哪些模块、各个模块之间的父子关系如何等。以最简单的框架为例，页面由横幅（banner）、主体内容（content）、菜单导航（links）和脚注（footer）等几个部分组成，各个部分分别用自己的id来标识。整体内容如下图所示。

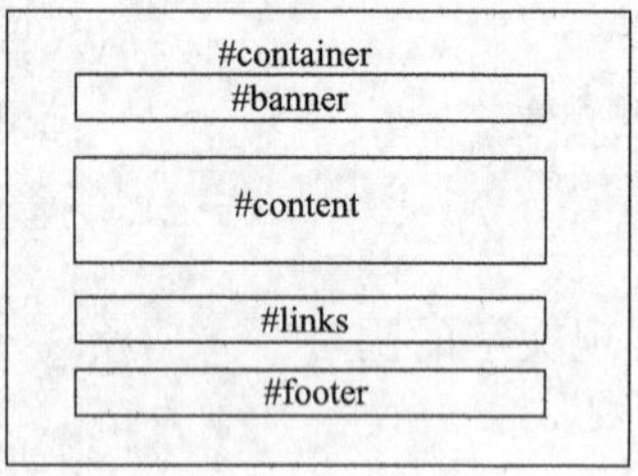

图中的每个色块都是一个<div>，这里直接用CSS的ID表示方法来表示各个块。页面中的所有DIV块都属于块#container，一般的DIV布局都会在最外面加上一个父DIV，以便对页面的整体进行调整。对于每个子DIV块，还可以再加入各种块元素或者行内元素。

4.3.2 设计各块的位置

当页面的内容确定后，则需要根据内容本身来考虑整体的页面版型，例如单栏、双栏或左中右等。这里考虑到导航条的易用性，采用了常见的双栏模式，如下图所示。

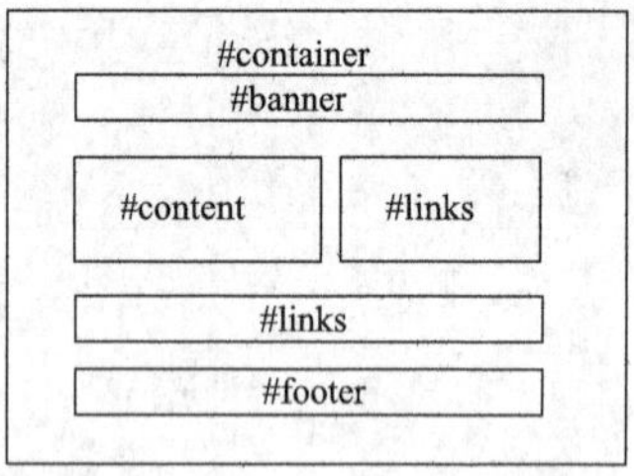

在整体的#container框架中，页面的banner在最上方，然后是内容#content与导航条#links，二者在页面的中部，其中#content占据整个页面的主体。最下方的是页面的脚注#footer，用于显示版权信息和注册日期等。有了页面的整体框架后，就可以使用CSS对各个DIV块进行定位了。

4.3.3 使用CSS定位

整理好页面的框架后，便可以利用CSS对各个块进行定位，实现对页面的整体规划，然后再往各个模块中添加内容。首先对<body>标记与#container父块进行设置，如下代码所示。

```
body{
  margin:0px;
  font- size:13px;
  font- family:Arial;
   }
#container{
```

```
    position:realtive;
    width:100%;
}
```

以上设置了页面文字的字号、字体以及父块的宽度，让其撑满整个浏览器。接下来设置#banner块，代码如下。

```
#banner{
    height:80px;
    border:1px solid#000000;
    text- align:center;
    background- color:#a2d9ff;
    padding:10px;
    margin-bottom:2px;
}
```

这里设置了#banner块的高度，以及一些其他的个性化设置，当然用户也可以根据自己的需要进行调整。如果#banner本身就是一幅图片，那么对#banner的高度就不需要设置。

利用float浮动方法将#content移动到左侧，#links移动到页面右侧。这里不指定#content的宽度，因为它需要根据浏览器的变化而自己调整，但#links作为导航条，则可指定其宽度为200px。

```
#content{
    float:left;
}
#links{
float:right;
width:200px;
text-align:center;
}
```

在分别设置了#content和#links的浮动属性后，页面的块并没有按照想象的进行移动，#links被挤到了#content的下方，这是因为对#content没有设置宽度的缘故，它的宽度仍然是整个页面的100%。页面又需要占满浏览器的100%，因此不能设置#content的宽度，此时的解决办法是将#links的margin-left设为负数，强行往左拉回200px，代码如下。

```
#links{
float:right;
width:200px;
border:1px solid#000000;
margin- left:-200px              /* 往左拉回 200px*/
text-align:center;
}
```

可以看到#content的内容与#links的内容发生了重叠，这时只需要设置#content的padding-right为-200px，在宽度不变的情况下将内容往左挤回去即可。另外由于#content和#links都设置了浮动属性，因此对#footer需要设置clear属性，使其不受浮动的影响。

```
#content{
```

```
        float:left;
        text- align:center;
        padding- right:200px;
      }
   #footer{
      clear:both;
      text-align:center;
      height:30px;
      border:1px solid#000000;
   }
```

这样页面的整体框架便搭建好了。这里需要指出的是，#content块中不能放宽度太长的元素，否则#links将会再次被挤到#content的下方。

4.4 综合实战1——固定宽度且居中的版式

本节教学录像时间：11 分钟

宽度固定而且居中的版式是网络中最常见的排版方式之一。在制作之前，需要用Photoshop或Fireworks（以下简称PS或FW）等图片处理软件将需要制作的界面布局简单地勾画出来，以下是构思好的界面布局图。

仔细分析一下，会发现图片大致分为以下几个部分。

(1) 顶部部分，其中包括一幅Banner图片。

(2) 链接部分，包括网页的导航链接。

(3) 侧边栏。

(4) 主体内容。

(5) 底部，包括一些版权信息。

各个层之间的关系如下面所示的DIV页面布局图。

```
│body {}   /*这是一个HTML元素*/
└# container {}   /*页面层容器*/
      ├#banner{}   /*横幅图片*/
      ├#links{}   /*导航链接*/
      ├#leftbar{}   /*侧边栏*/
      ├#content{}   /*页面主体*/
      └#footer {}   /*页面底部*/
```

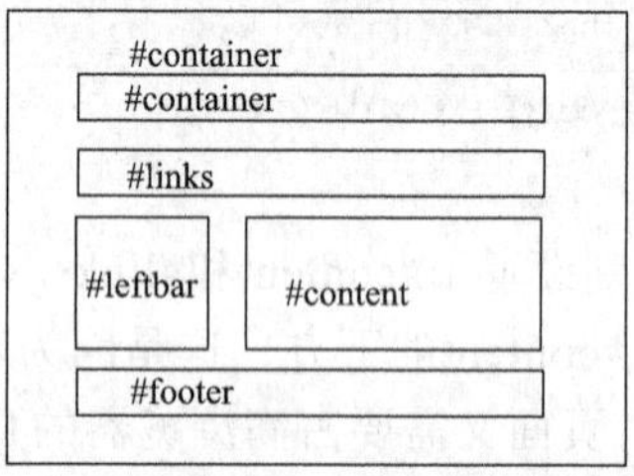

小提示

在制作之前还需要将“素材\ch04\4.4”文件夹复制到“\结果\ch04\4.4”中。

第1步：制作基本结构

步骤 01 在Dreamweaver中新建一个空白文档，保存为“\结果\ch04\4.4\index.html”。在【拆分】视图下的<body>标签中加入如下代码，首先将所有的页面内容用一个大的<div>包裹起来，如下图所示。

```
    <div id ="container"> 页面具体内容 </
div>
```

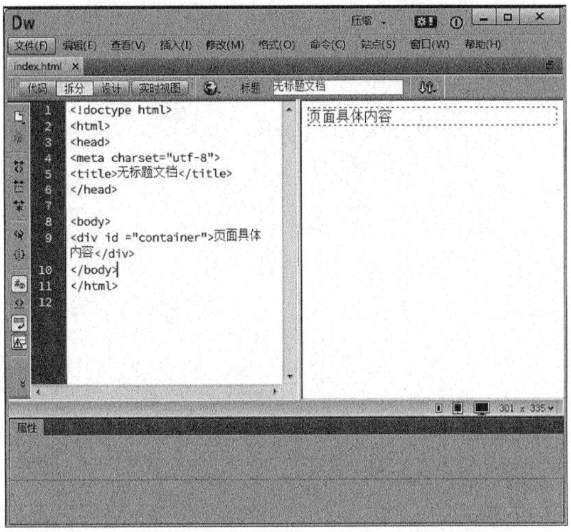
Dw
文件(F) 编辑(E) 查看(V) 插入(I) 修改(M) 格式(O) 命令(C) 站点(S) 窗口(W) 帮助(H)
index.html
代码 拆分 设计 实时视图 标题 无标题文档
<!doctype html>
<html>
<head>
<meta charset="utf-8">
<title>无标题文档</title>
</head>
<body>
页面具体内容
</body>
</html>
页面具体内容
属性

步骤02 在#container块中写入DIV的基本结构，即将“页面具体内容”文字替换为如下代码。

```
<div id="banner"> 横幅图片 </div>
<div id="links"> 导航链接 </div>
<div id="leftbar"> 侧边栏 </div>
<div id="content"> 页面主体 </div>
<div id="footer"> 页面底部 </div>
```

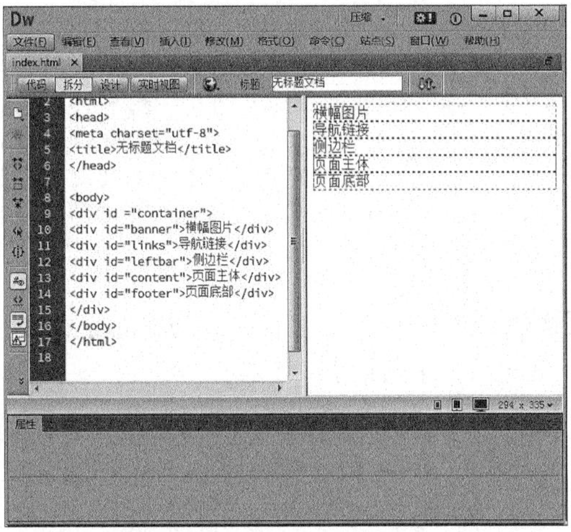
Dw
文件(F) 编辑(E) 查看(V) 插入(I) 修改(M) 格式(O) 命令(C) 站点(S) 窗口(W) 帮助(H)
index.html
代码 拆分 设计 实时视图 标题 无标题文档
<head>
<meta charset="utf-8">
<title>无标题文档</title>
</head>
<body>

横幅图片
导航链接
侧边栏
页面主体
页面底部

</body>
</html>
横幅图片
导航链接
侧边栏
页面主体
页面底部
属性

小提示

加入的代码指定了#container块中各个子块的ID分别为banner、links、leftbar、content和footer。

步骤03 在<head>标签中写入CSS代码，来定义各个子块的样式。首先定义#container块的样式，输入如下代码。

```
<style>
<!- -
body, html{
margin:0px; padding:0px;
background:#e9fbff;
}
#container{
position: relative;
left:50%;
width:700px;
margin- left:- 350px;
padding:0px;
background:url(container_bg.jpg) repeat
- y;
}
- ->
</style>
```

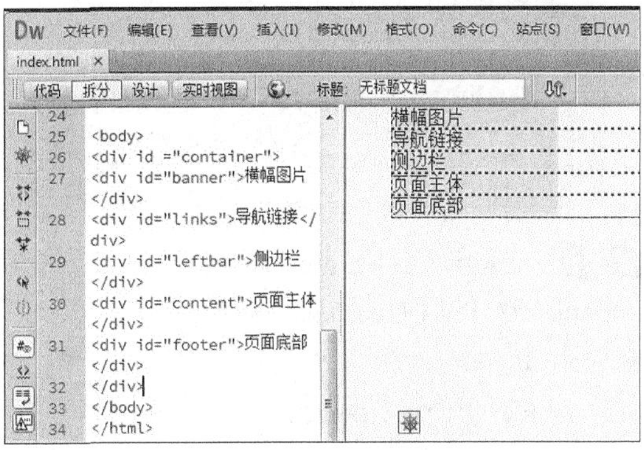
Dw 文件(F) 编辑(E) 查看(V) 插入(I) 修改(M) 格式(O) 命令(C) 站点(S) 窗口(W)
index.html
代码 拆分 设计 实时视图 标题: 无标题文档
<body>

横幅图片
导航链接
侧边栏
页面主体
页面底部

</body>
</html>
横幅图片
导航链接
侧边栏
页面主体
页面底部

下面对这段代码逐行进行解释。

首先对<body>和<html>标记进行属性控制，虽然90%以上的浏览器都是以<body>为基准的，但考虑到个别情况，因此二者同时声明，一般情况下不需要声明<html>标记。

第4行代码“margin:0px;”指定页面四周的空隙都为0。“padding:0px;”指定页面四周的间距为0。紧接着设置“background:#e9fbff;”，即指定页面的背景颜色。

接下来设置#container的属性，“position:relative;”设置块相对于原来的位置；“left:50%;”指内容缩进到中间50%的位置；设定“width:700px;”，这是固定宽度；“margin-left:-350px;”指边界突出350px，这是为了实现页面居中显示的效果。

最后的“background:url(container_bg.jpg) repeat-y;”用来设置#container背景图片的位置，并且沿Y轴垂直重复显示。

第2步：充实内容

步骤01 插入#banner块的内容，即将其中的“横幅图片”文字替换为如下代码。

```
<img src="banner1.jpg" border="0">
```

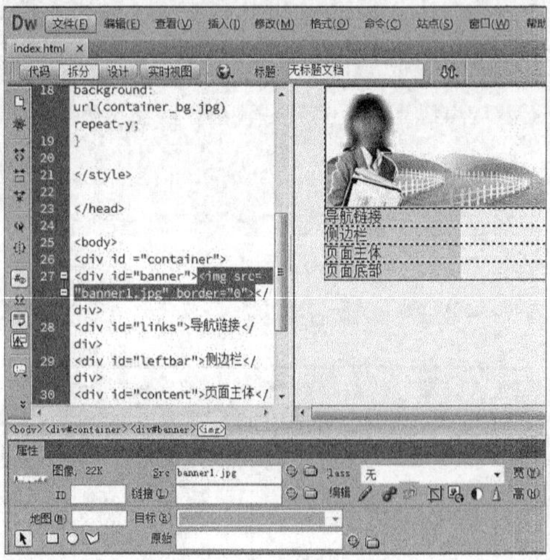

index.html
代码 拆分 设计 实时视图 标题: 无标题文档
background:
url(container_bg.jpg)
repeat-y;
}
</style>
</head>
<body>
<div id ="container">
<div id="banner"><img src=
"banner1.jpg" border="0"></
div>
<div id="links">导航链接</
div>
<div id="leftbar">侧边栏</
div>
<div id="content">页面主体</
导航链接
侧边栏
页面主体
页面底部

步骤02 设定#banner块的样式，即在#container{}的后面输入如下代码。

```
#banner{
margin:0px; padding:0px;
}
```

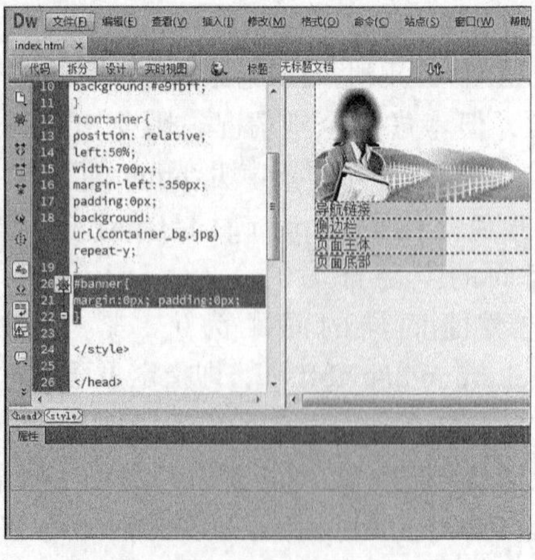

index.html
#container{
position: relative;
left:50%;
width:700px;
margin-left:-350px;
padding:0px;
background:
url(container_bg.jpg)
repeat-y;
}
#banner{
margin:0px; padding:0px;
}
</style>
</head>
导航链接
侧边栏
页面主体
页面底部

步骤03 插入#links块的内容，即将块中的“导航链接”文字替换为如下代码。

```
<ul>
<li> 首页 </li>
<li> 美好生活 </li>
<li> 青春记忆 </li>
<li> 一起出发 </li>
        <li> 畅想未来 </li>
        <li> 自由自在 </li>
        <li> 下一站 </li>
</ul>
<br>
```

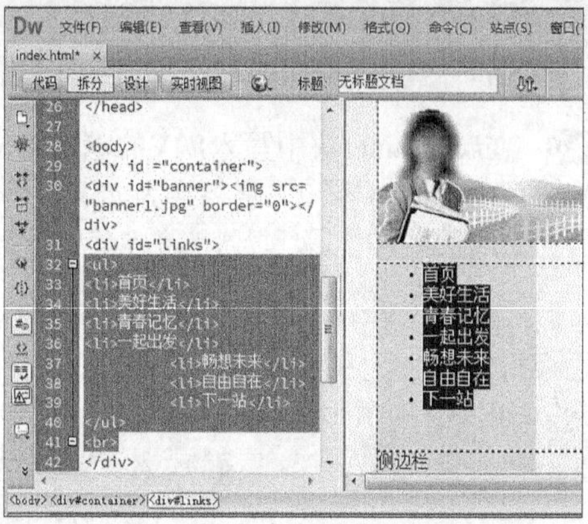

index.html*
</head>
<body>
<div id ="container">
<div id="banner"><img src=
"banner1.jpg" border="0"></
div>
<div id="links">
<ul>
<li>首页</li>
<li>美好生活</li>
<li>青春记忆</li>
<li>一起出发</li>
<li>畅想未来</li>
<li>自由自在</li>
<li>下一站</li>
</ul>

</div>
首页
美好生活
青春记忆
一起出发
畅想未来
自由自在
下一站
侧边栏

小提示

<ul>标记用来显示无序的列表信息，一般是在给<li>加链接时使用，而使用<li>标记则是为了使导航链接的文字实现横向的均分排列效果，并且可以自动适应父级的宽度。使用
标记可以使后面的内容另起一行。

步骤04 设定#links块的样式，即在#banner{}的后面输入如下代码。

```
#links{
font- size:12px;
margin:- 18px 0px 0px 0px;
padding:0px;
position:relative;
}
#links ul{
list- style- type:none;
padding:0px; margin:0px;
width:700px;
```

```
}
#links ul li{
text-align:center;
width:100px;
display:block;
float:left;
}
#links br{
display:none;
}
```

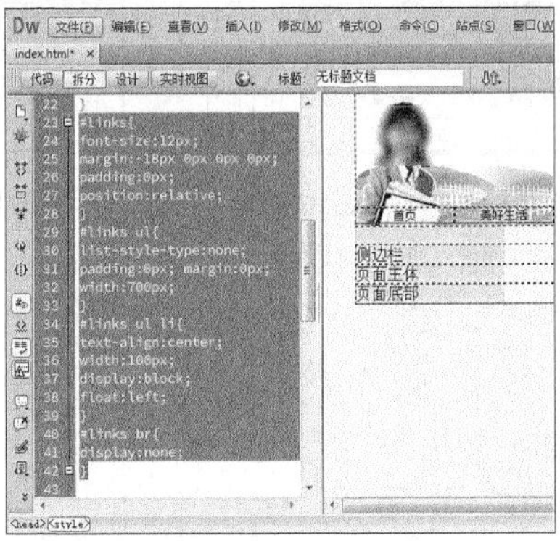

小提示

#links{}指定了链接文字的大小和位置，“margin:-18px 0px 0px 0px;”可使整个子块向上移动18px位置，实现处于banner图片中的效果。#links ul{}指定了<ul>标记的样式，其中“list-style-type:none;”指定了列表样式为无标记类型，宽度为700px。#links ul li{}指定了排列方式，其中“display:block;”指将元素显示为块级元素，并且总是在新行显示。

步骤05 插入#leftbar块的内容，即将块中的“侧边栏”文字替换为如下代码。

```
<p><img src="selfpic1.jpg" class="pic1">
<br> 我的日记本 </p>
<p class="leftcontent"> 秋天过半的时候，我搭上了一列火车。我不知道它将要去往的方向，那铁路看上去无休无止地延伸着。</p>
<p><img src="selfpic2.jpg" class="pic1">
<br> 心情轨迹 </p>
<p class="leftcontent"> 无意间发现，白云的上面，长着许许多多的蒲公英。它在我面前迅速地长大，风吹过的时候，纷纷升起，飞向无尽的远方。</p>
```

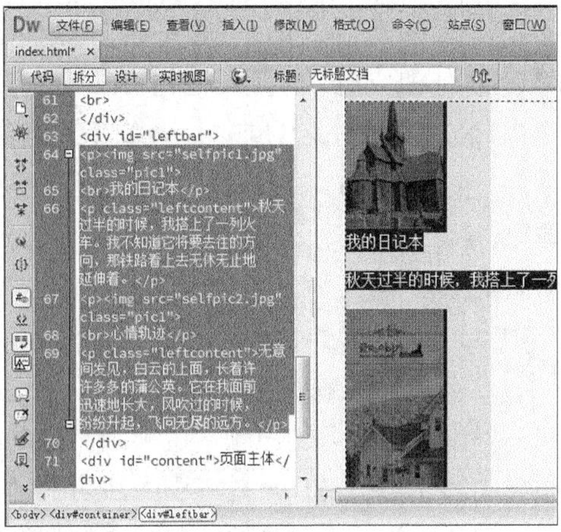

步骤06 设定#leftbar块的样式，即在#links br{}的后面输入如下代码。

```
#leftbar{
background- color:#d2e7ff;
text- align:center;
font- size:12px;
width:150px;
float:left;
padding- top:20px;
padding- bottom:30px;
margin:0px;
}
#leftbar p{
padding- left:12px; padding-right:12px;
}
```

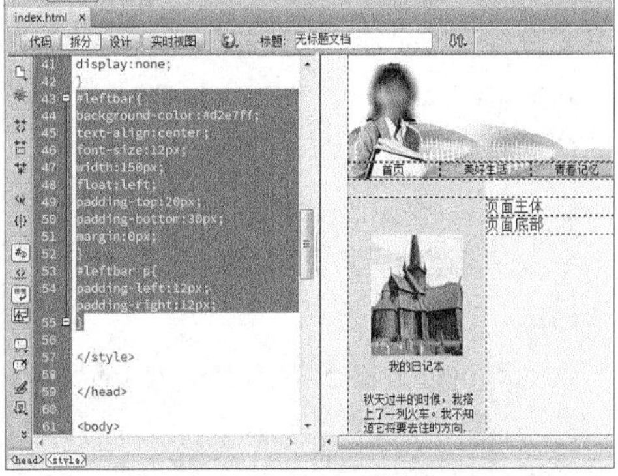

步骤07 插入#content块的内容，即将块中的“页面主体”文字替换为如下代码。

```
<h4> 介绍 </h4>
<p> 火车经过一个又一个站台，窗外漫卷的蒲公英向我微笑着。我逐渐记起了自己旅行的目的，一直都在下一站的前方。火车缓缓地驶入站台，汽笛声响的那一瞬间，车厢变得透明，我看见，自己和这长长的列车一起，正在漫天飘舞着的蒲公英中飞行。</p>
<h4> 旅途驿站 </h4>
<p> 我现在是在黄河滩附近，眼前的这条大河，据说来自遥远的巴颜喀拉雪山。她的源头在雪山的北麓，是几个并不引人注目的地下泉眼，但从每年的春季开始，泉眼中的涓涓细流会在酷寒的高原上顽强地汇集，不歇地流淌，经过渺无人烟的戈壁和逶迤绵延的深山峡谷，一路奔腾着，将陡峭的万仞群峰抛在身后，走出一段沧桑而悠远的传奇……
<h4> 旅程 </h4>
<p> 夕阳染红蓝天 <br>
带走美好的一天 <br>
风吹过大地 <br>
炫美的世界 <br>
<br>
霞光点亮星辰 <br>
燃起辽远的梦幻 <br>
流星划过夜空 <br>
忆起逝夜的歌声 <br>
<br>
是谁昨夜背上行囊 <br>
唱一首满载风尘的歌 <br>
今夜才又想起拥抱的时刻 <br>
<br>
独自走的一段旅程 <br>
是否还装满苦涩 <br>
一路风雨飘摇 那坎坷对谁说 <br>
<br>
来吧看这远处亮起的点点星火 <br>
伸手触摸那写在匆匆旅程的歌 <br>
谁在转过的街口从容挥手 <br>
谁用欢笑和拥抱 <br>
记住这一刻
</p>
```

步骤08 设定#content块的样式，即在#leftbar p{}的后面输入如下代码。

```
#content{
font- size:12px;
float:left;
width:550px;
padding:5px 0px 30px 0px;
margin:0px;
background:url(bg1.jpg) no-repeat bottom right;
}
#content p, #content h4{
padding- left:20px; padding-right:15px;
}
```

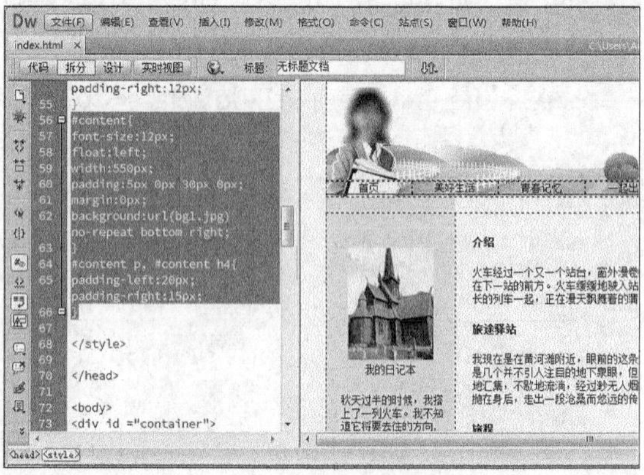

小提示

#content{}指定了#content块的字体大小（12px）、左浮动、宽度（550px）、上填充距（5px）、下填充距（30px）、左右填充距（均为0px）、4个边距（均为0px）以及背景图像的路径（bg1.jpg））、位置（右下）和显示方式（no-repeat）。#content p, #content h4{}指定了#content块中<p>标记和<h4>标记的左填充距（20px）和右填充距（15px）。

步骤09 插入#footer块的内容，即将块中的“页面底部”文字替换为“版权所有 2015.5.8 Next Station”，然后在#content p, #content h4{}的后面输入如下代码来设定#footer块的样式。

```
#footer{
clear:both; font- size:12px;
width:100%;
padding:3px 0px 3px 0px;
text-align:center;
margin:0px;
background- color:#b0cfff;
}
```

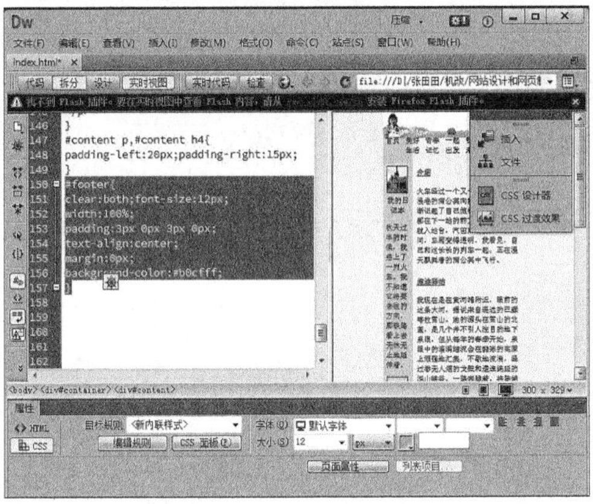

步骤10 设定前面定义的类“pic1”和“leftcontent”的样式和<h4>标记的样式，即在#footer{}的后面输入如下代码。

```
.pic1{
border:1px solid #00406c;
}
p.leftcontent{
text- align:left;
color:#001671;
}
h4{
text- decoration:underline;
color:#0078aa;
padding- top:15px;
font-size:16px;
}
```

小提示

此处代码指定了左侧栏中图片的边框和颜色、文本对齐方式和颜色，h4{}指定了页面主体部分中标题文字的样式（下划线）、颜色（绿色）、上填充距（15px）和字体大小（16px）。

步骤11 操作完成保存页面，按【F12】键，即可在浏览器窗口中预览页面效果，可以看到制作好的固定宽度且居中的版式。

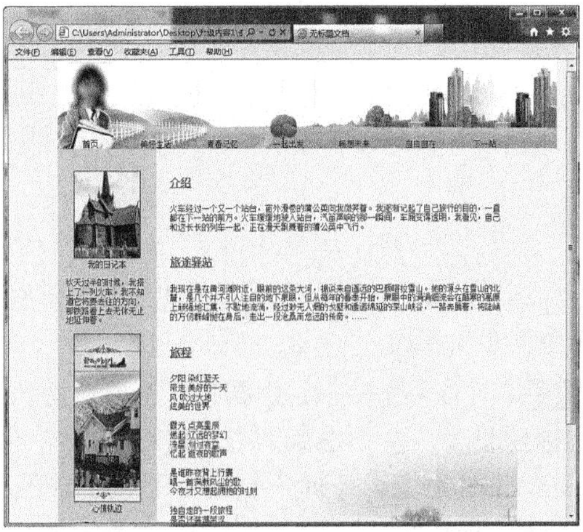

4.5 综合实战2——左中右版式

本节教学录像时间：7 分钟

将页面分割为左中右3块也是网页中常见的一种排版模式，本节以此结构为例来进一步讲解使用CSS排版的方法。在制作之前，需要将制作的界面布局简单地勾画出来，以下是构思好的界面布局图。

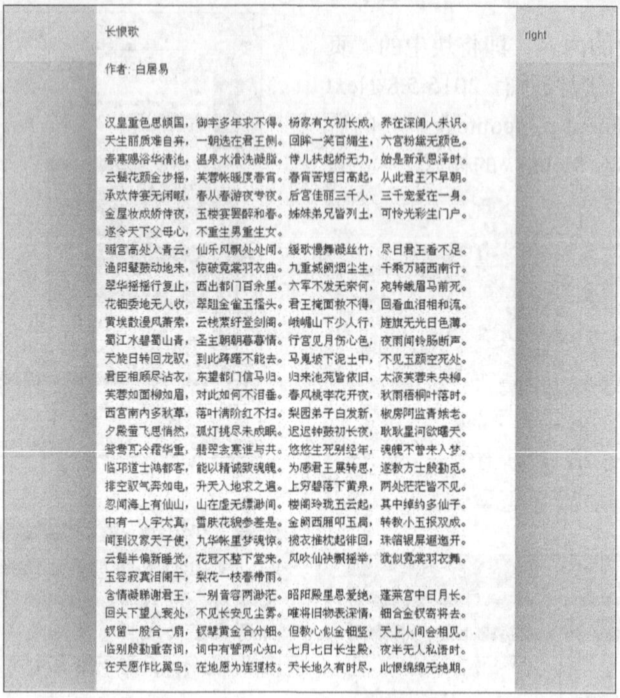
长恨歌
right
作者：白居易
汉皇重色思倾国，御宇多年求不得。杨家有女初长成，养在深闺人未识。
天生丽质难自弃，一朝选在君王侧。回眸一笑百媚生，六宫粉黛无颜色。
春寒赐浴华清池，温泉水滑洗凝脂。侍儿扶起娇无力，始是新承恩泽时。
云鬓花颜金步摇，芙蓉帐暖度春宵。春宵苦短日高起，从此君王不早朝。
承欢侍宴无闲暇，春从春游夜专夜。后宫佳丽三千人，三千宠爱在一身。
金屋妆成娇侍夜，玉楼宴罢醉和春。姊妹弟兄皆列土，可怜光彩生门户。
遂令天下父母心，不重生男重生女。
骊宫高处入青云，仙乐风飘处处闻。缓歌慢舞凝丝竹，尽日君王看不足。
渔阳鼙鼓动地来，惊破霓裳羽衣曲。九重城阙烟尘生，千乘万骑西南行。
翠华摇摇行复止，西出都门百余里。六军不发无奈何，宛转蛾眉马前死。
花钿委地无人收，翠翘金雀玉搔头。君王掩面救不得，回看血泪相和流。
黄埃散漫风萧索，云栈萦纡登剑阁。峨嵋山下少人行，旌旗无光日色薄。
蜀江水碧蜀山青，圣主朝朝暮暮情。行宫见月伤心色，夜雨闻铃肠断声。
天旋日转回龙驭，到此踌躇不能去。马嵬坡下泥土中，不见玉颜空死处。
君臣相顾尽沾衣，东望都门信马归。归来池苑皆依旧，太液芙蓉未央柳。
芙蓉如面柳如眉，对此如何不泪垂。春风桃李花开夜，秋雨梧桐叶落时。
西宫南内多秋草，落叶满阶红不扫。梨园弟子白发新，椒房阿监青娥老。
夕殿萤飞思悄然，孤灯挑尽未成眠。迟迟钟鼓初长夜，耿耿星河欲曙天。
鸳鸯瓦冷霜华重，翡翠衾寒谁与共。悠悠生死别经年，魂魄不曾来入梦。
临邛道士鸿都客，能以精诚致魂魄。为感君王展转思，遂教方士殷勤觅。
排空驭气奔如电，升天入地求之遍。上穷碧落下黄泉，两处茫茫皆不见。
忽闻海上有仙山，山在虚无缥渺间。楼阁玲珑五云起，其中绰约多仙子。
中有一人字太真，雪肤花貌参差是。金阙西厢叩玉扃，转教小玉报双成。
闻到汉家天子使，九华帐里梦魂惊。揽衣推枕起徘回，珠箔银屏逦迤开。
云鬓半偏新睡觉，花冠不整下堂来。风吹仙袂飘摇举，犹似霓裳羽衣舞。
玉容寂寞泪阑干，梨花一枝春带雨。
含情凝睇谢君王，一别音容两渺茫。昭阳殿里恩爱绝，蓬莱宫中日月长。
回头下望人寰处，不见长安见尘雾。唯将旧物表深情，钿合金钗寄将去。
钗留一股合一扇，钗擘黄金合分钿。但教心似金钿坚，天上人间会相见。
临别殷勤重寄词，词中有誓两心知。七月七日长生殿，夜半无人私语时。
在天愿作比翼鸟，在地愿为连理枝。天长地久有时尽，此恨绵绵无绝期。

分析一下，会发现图片大致分为左侧栏、中间栏和右侧栏3个部分，以下为DIV页面布局图。

```
│body {}    /*这是一个HTML元素*/
└├#left{}    /*左侧栏*/
├#middle{}    /*正文部分*/
├#right{}    /*右侧栏*/
```

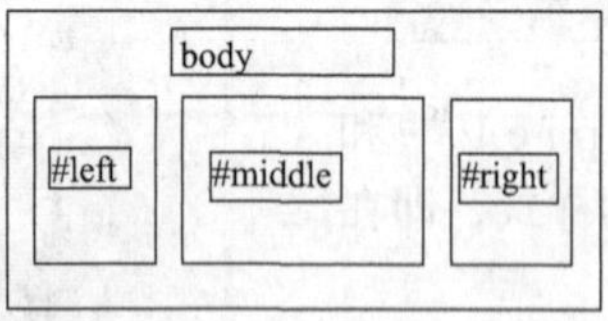
body
#left
#middle
#right

这里需要制作的是左侧栏#left与右侧栏#right的固定宽度、位置，中间的#middle随着页面自动调整的布局方式。

步骤 01 在Dreamweaver中新建一个空白文档，将标题设为“左中右版式”，保存为“\结果\ch04\4.5.html”。在【拆分】视图下写入DIV的基本结构，即将如下代码插入在<body>标记中。

```
<div id="left">
<p> 左侧内容 </p>
</div>
<div id="middle">
```

```
<pre> 主体内容 </pre>
</div>
<div id="right">
<p> 右侧内容 </p>
</div>
```

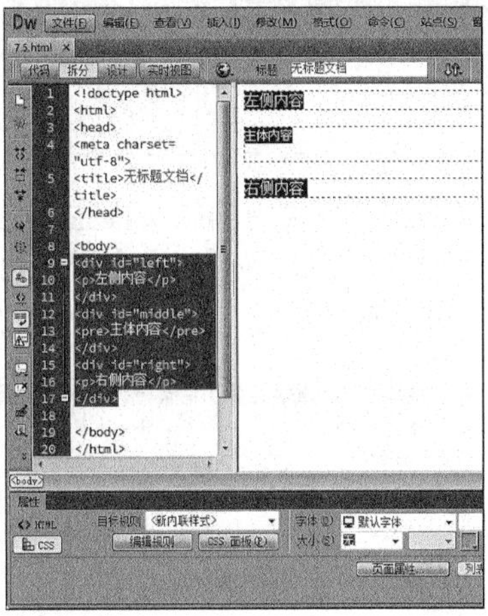

步骤 02 设定<body>标记的样式，即在<head>标记中插入如下代码。

```
<style>
<!-- 
body{
margin:0px; padding:0px;
font- family:arial;
color:#060;
background- color:#DDDDDD;
}
-->
</style>
```

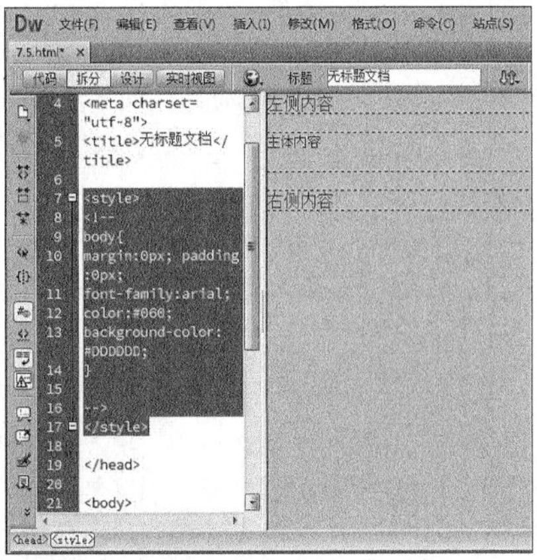

小提示

这里的代码用来设置<body>标记的样式，包括margin、padding、字体、颜色和背景色等。

步骤 03 设置#left、#middle和#right的样式，即在body{}的后面输入如下代码。

```
#left{
position:absolute;
top:0px;
left:0px;
margin:0px;
background:#cce9ff;
width:190px; /* 固定宽度 */
}
#middle{
padding:10px;
background:#ffffff;
margin:0px 190px 0px 190px; /* 左右空 190px */
margin- top:0px;
}
#right{
position:absolute;
top:0px;
right:0px;
margin:0px;
background:#cce9ff;
width:190px; /* 固定宽度 */
}
```

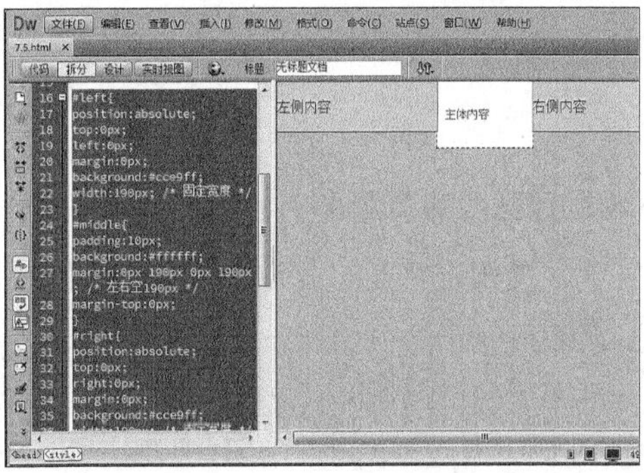

小提示

其中#left与#right都采用绝对定位，并且固定块的宽度，而#middle块由于需要根据浏览器自动调整，因此不设置类似的属性。但由于将另外两个块的position属性设置为absolute，此时#middle的实际宽度为100%，因此必须将它的margin- left和margin-right设置为190px（左右块的宽度）。

步骤 04 设置<p>标记和<pre>标记的样式，继续输入如下代码。

```
p{
font- size:12px;
line- height:22px;
margin:20px 0px 10px 0px;
padding:10px;
}
pre{
font-size:12x;
line- height:20px;
margin:20px 0px 10px 0px;
font- family:arial;
}
```

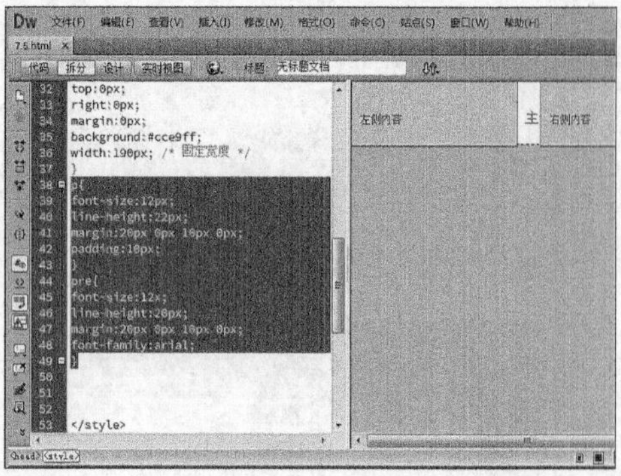

步骤 05 在#middle块中输入页面主体的具体内容，然后保存页面，按【F12】键即可在浏览器窗口中预览效果。

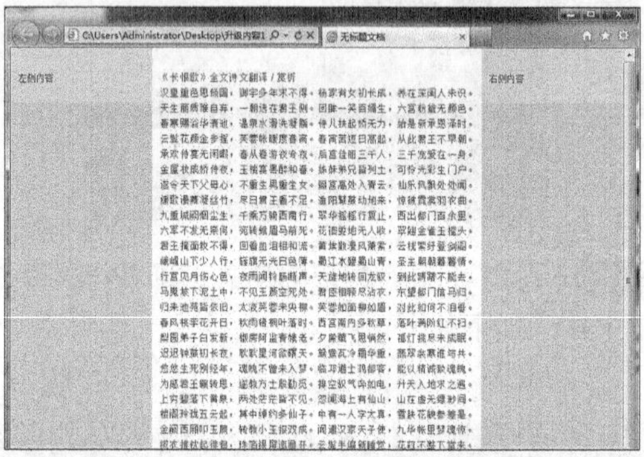

高手支招

本节教学录像时间：3 分钟

移除超链接的虚线

在FireFox浏览器中单击一个超链接，会在外围出现一个虚线轮廓。解决这种问题需要在标签样式中加入如下代码。

```
outline:none.
a{
outline: none;
}
```

将固定宽度的页面居中

为了使固定宽度的页面在浏览器中居中显示，可以加入如下代码。

```
#wrapper {
margin: auto;
position: relative;
}
```

第5章

使用网页元素美化网页——添加对象

学习目标

本章介绍如何在网页中插入水平线、日期和特殊字符等网页元素。学完本章，读者应能熟练地掌握在网页中添加多媒体对象的方法，以制作出更加有声有色、富有美感的网页。

学习效果

5.1 插入水平线

本节教学录像时间：5 分钟

网页文档中的水平线主要用于分隔文档内容，使文档结构清晰明了，便于浏览。在文档中插入水平线的具体步骤如下。

步骤 01 打开“素材\ch05\5.1\index.html”文件，然后将光标置于要插入水平线的位置。

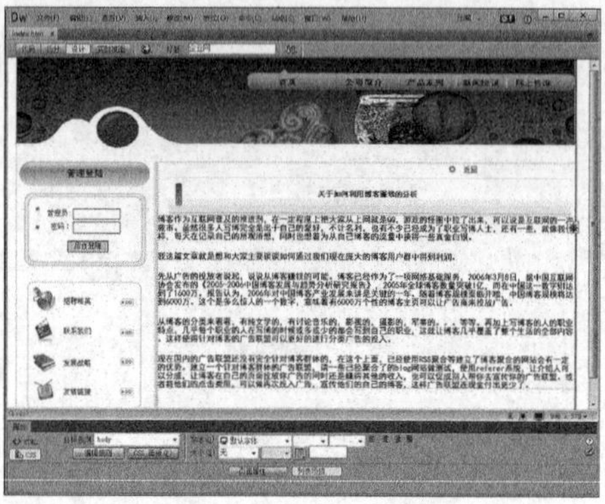

步骤 02 选择【插入】➤【水平线】菜单命令。

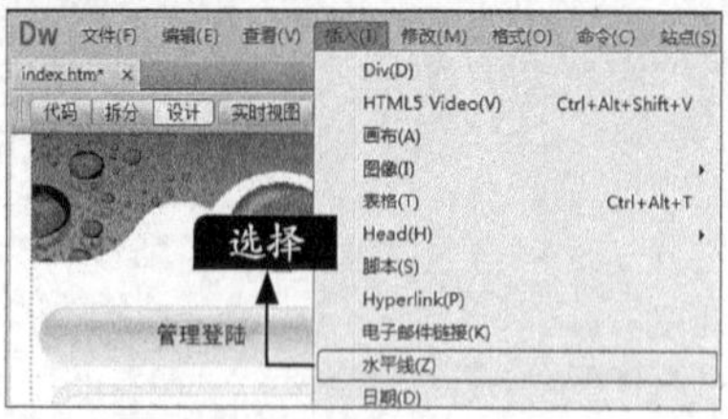

步骤 03 上述操作即可在文档窗口中插入一条水平线。

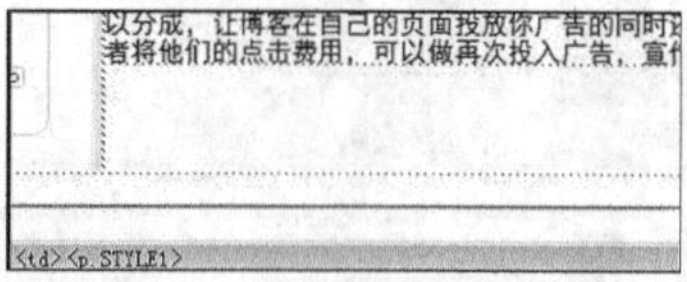

步骤 04 在【属性】面板中，将【宽】设置为“710”，【高】设置为“5”，【对齐】设置为【居中对齐】，并选中【阴影】复选框。

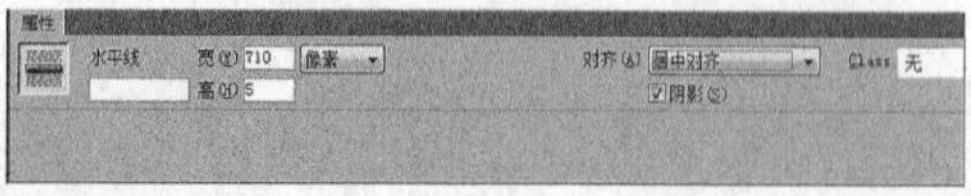

步骤 05 插入水平线，保存页面后在浏览器中浏览时，会发现水平线没有颜色。

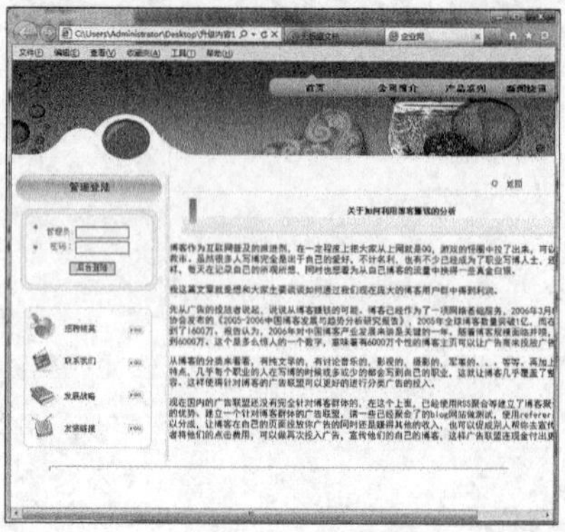

步骤 06 要修改水平线的颜色，在【属性】面板中单击按钮，打开标签快速编辑器，添加代码“color="#FF6600"”，然后保存即可。

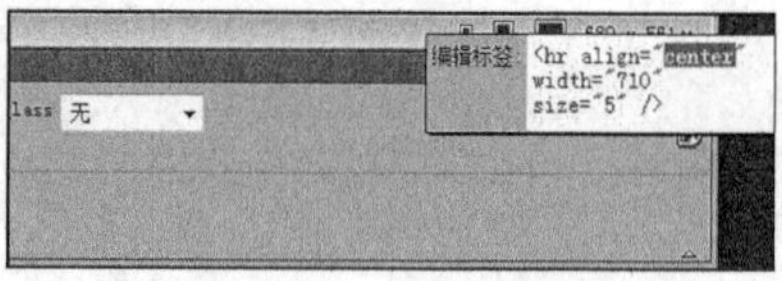

小提示

(1) 在Dreamweaver CC中更改水平线的颜色后，在设计视图下不能看到水平线的新颜色，只有在浏览器中预览时才能看到。

(2) 要想删除水平线，选定水平线，然后按【Delete】键即可。

步骤 07 按【F12】键，即可预览插入的水平线效果。

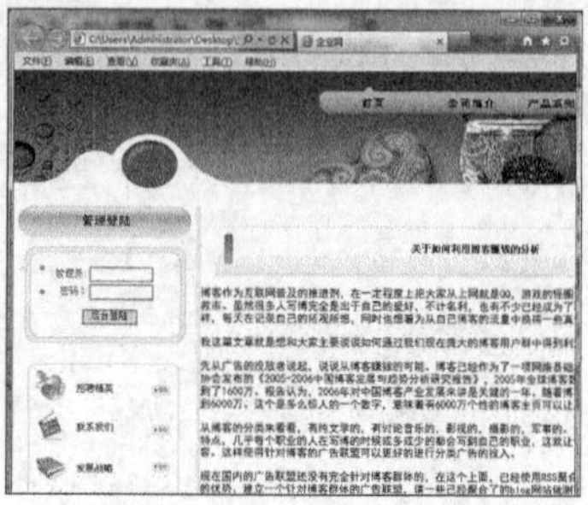

5.2 插入日期

本节教学录像时间：4 分钟

上网时，经常会看到有的网页上显示有日期。向网页中插入系统当前日期的具体操作步骤如下。

步骤01 在文档窗口中，将插入点放到要插入日期的位置。

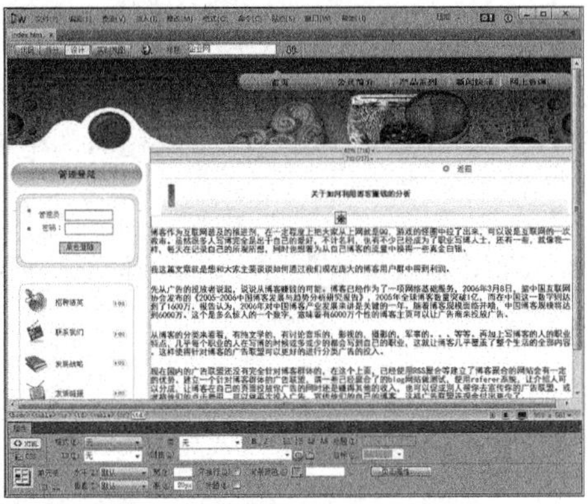

步骤02 选择【插入】➤【日期】菜单命令。

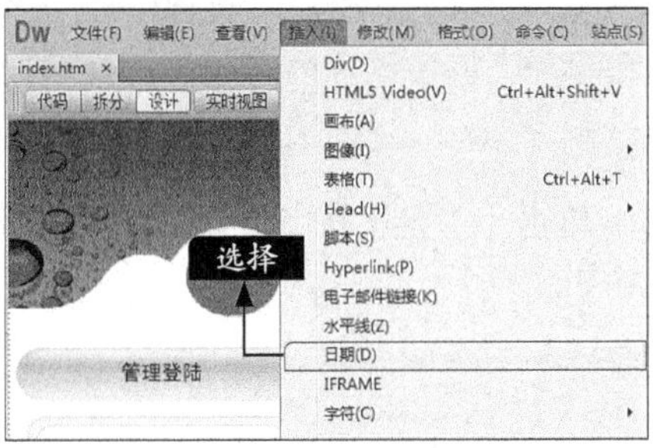

步骤03 弹出【插入日期】对话框，从中分别设置【星期格式】、【日期格式】和【时间格式】，并选中【储存时自动更新】复选框。

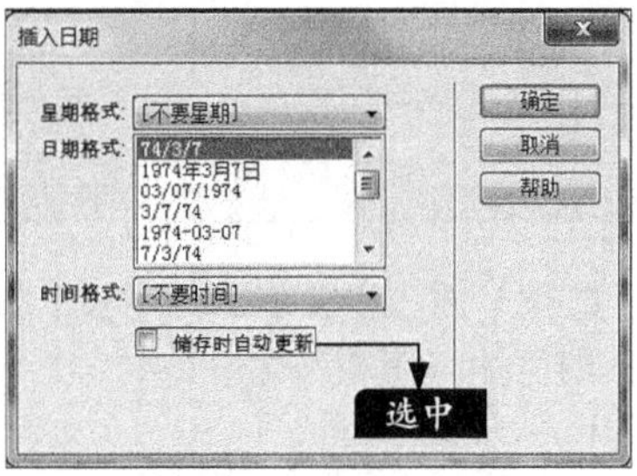

步骤04 单击【确定】按钮，即可将日期插入到当前文档中。

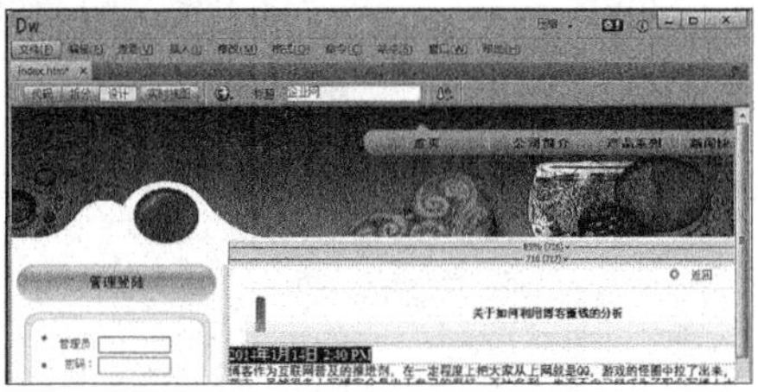

步骤05 保存文档，按【F12】键在浏览器中预览效果。

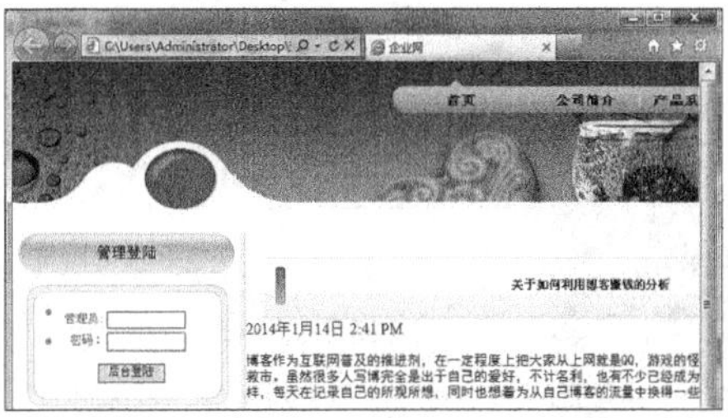

5.3 插入特殊字符

本节教学录像时间：3 分钟

在Dreamweaver CC中，有时需要插入一些特殊字符，如版权符号和注册商标符号等。插入特殊字符的具体步骤如下。

步骤01 将光标放到文档中需要插入特殊字符（这里输入版权符号）的位置。

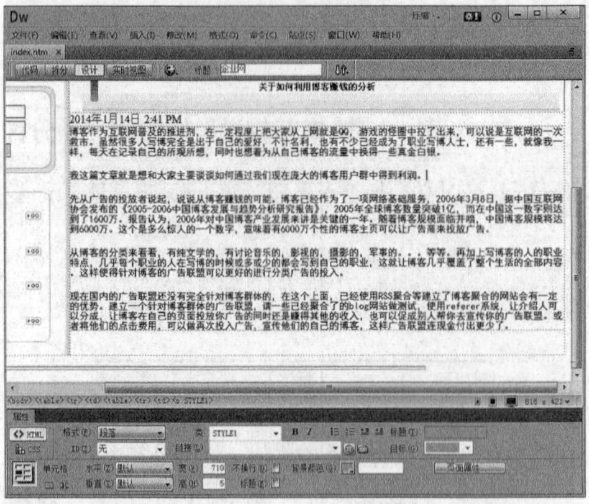

步骤 02 选择【插入】➤【字符】➤【版权】菜单命令，即可插入版权符号。

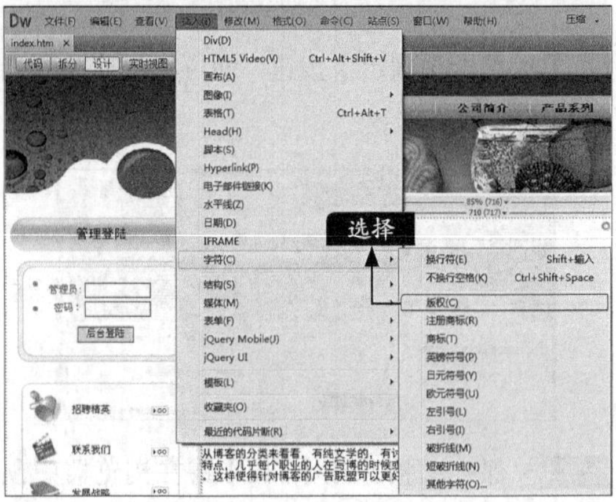

步骤 03 如果在【特殊字符】子菜单中没有需要的字符，可以选择【插入】➤【字符】➤【其他字符】菜单命令，打开【插入其他字符】对话框。

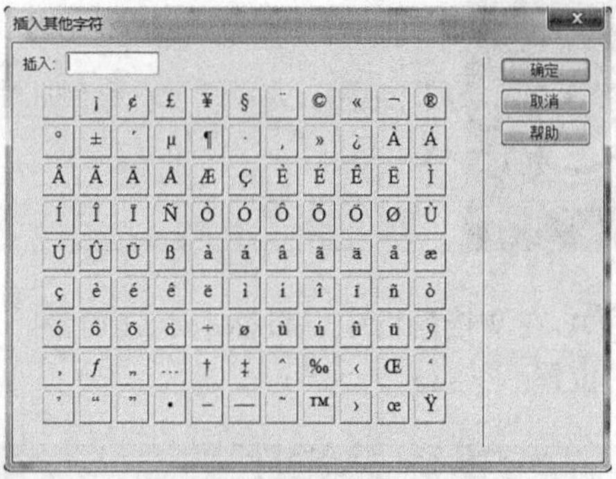

步骤 04 单击需要的字符，该字符就会出现在【插入】文本框中。也可以直接在该文本框中输入字符。

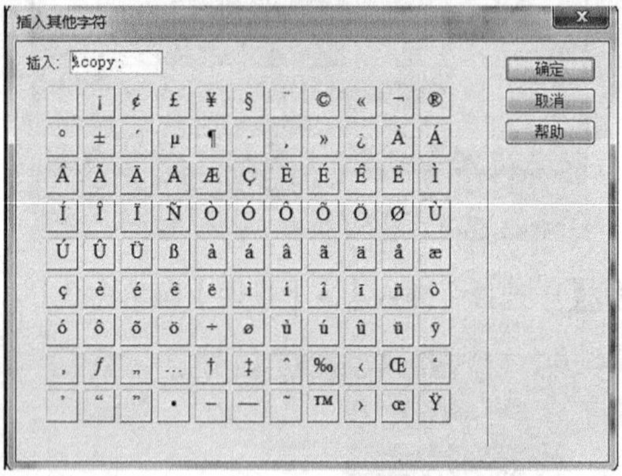

步骤 05 单击【确定】按钮，即可将该字符插入到文档中。

5.4 插入Flash对象

本节教学录像时间：12 分钟

在网页中可以插入的Flash对象有Flash动画、Flash按钮和Flash文本等。

5.4.1 插入Flash动画

Flash与Shockwave电影相比，其优势是文件小且网上传输速度快。

步骤01 打开“素材\ch05\5.4\5.4.1\ index.html”文件。将光标置于要插入Flash动画的位置，选择【插入】➤【媒体】➤【Flash SWF】菜单命令。

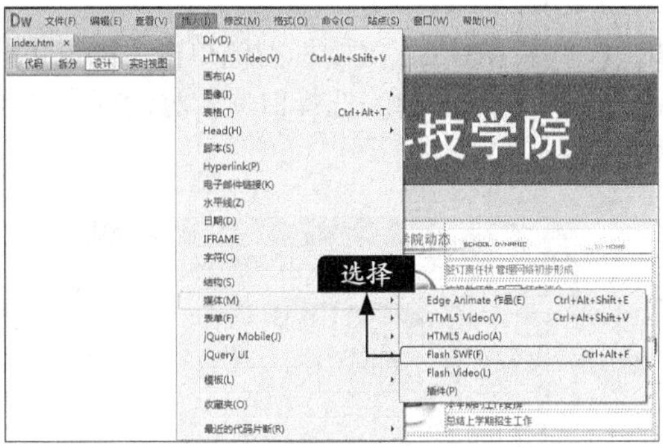

小提示

也可以打开【插入】面板，选择【媒体】目录下的【Flash SWF】菜单。

步骤02 弹出【选择SWF】对话框，从中选择相应的Flash文件（这里选择“素材\ch05\5.4.1\images\1.swf”文件）。

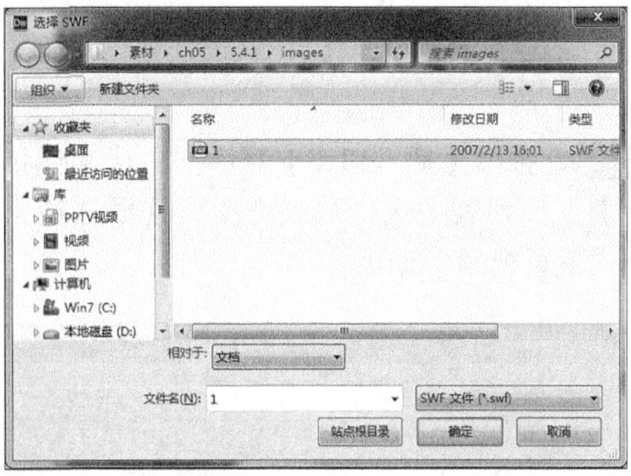

步骤03 单击【确定】按钮插入Flash动画，然后调整Flash动画的大小，使其适合网页。

步骤04 保存文档，按【F12】键在浏览器中预览效果。

5.4.2 插入FLV文件

用户可以向网页中轻松地添加FLV视频，而无需使用Flash创作工具。在开始操作之前，必须有一个经过编码的FLV文件。

步骤01 打开“素材\ch05\5.4\5.4.2\ index.html”文件。将光标置于要插入Flash动画的位置，选择【插入】➤【媒体】➤【Flash Video】菜单命令。

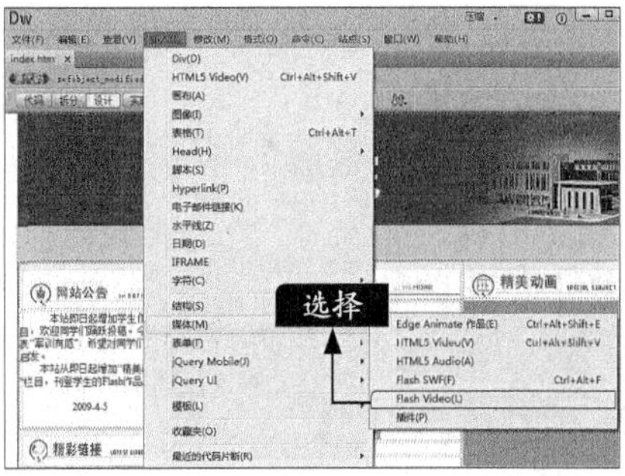

小提示

也可以打开【插入】面板，选择【媒体】目录下的【Flash Video】菜单。

步骤 02 弹出【插入FLV】对话框，从【视频类型】下拉列表中选择视频类型，这里选择【累进式下载视频】选项。

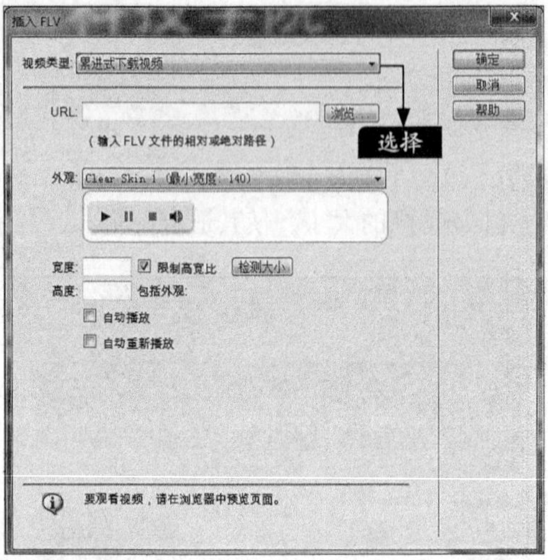

小提示

“累进式下载视频”是将FLV文件下载到站点访问者的硬盘上，然后播放。与传统的“下载并播放”视频传送方法不同，累进式下载允许在下载完成之前就开始播放。也可以选择【流视频】选项，选择此选项后下方的选项区域也会随之发生变化，接下来可以进行相应的设置。

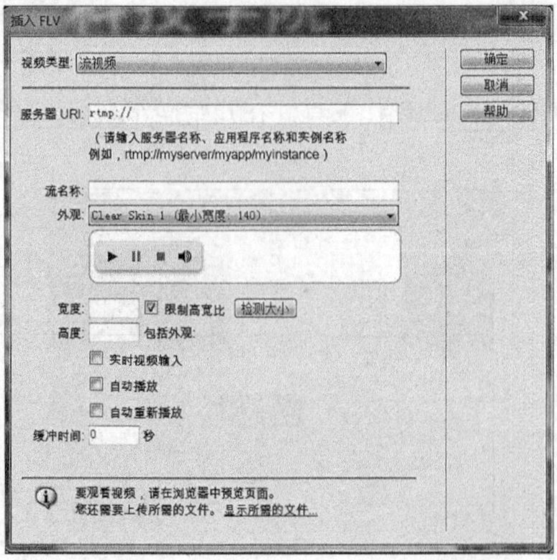

小提示

“流视频”对视频内容进行流式处理，并在一段可确保流畅播放的很短的缓冲时间后在网页上播放该内容。

步骤 03 在【URL】文本框右侧单击【浏览】按钮，即可在弹出的【选择FLV】对话框中选择要插入的FLV文件。

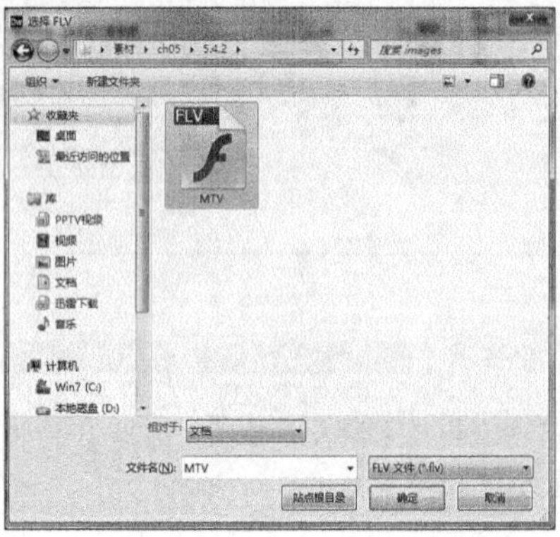

步骤 04 返回【插入FLV】对话框，在【外观】下拉列表中选择设置显示出来的播放器外观。

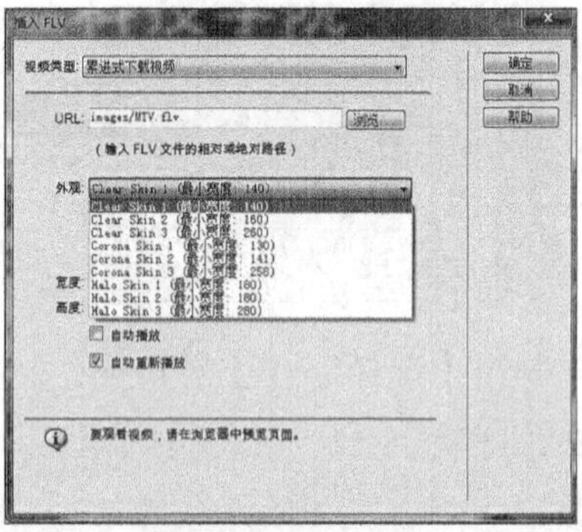

步骤 05 设置【宽度】和【高度】，并选中【限制高宽比】、【自动播放】和【自动重新播放】3个复选框，完成后单击【确定】按钮。

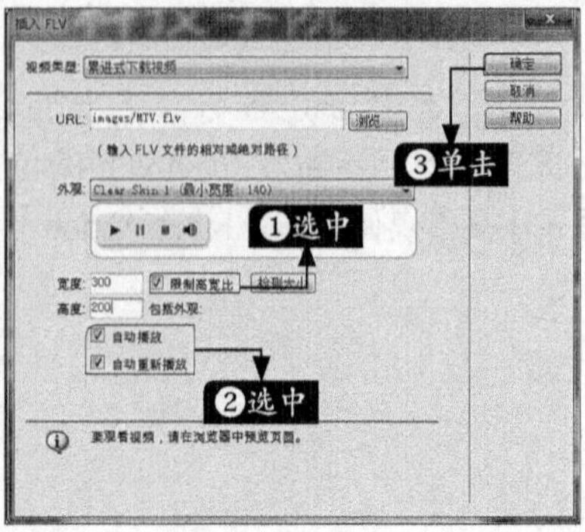

步骤06 单击【确定】按钮关闭对话框，即可将FLV文件添加到网页上。

步骤07 保存页面后按【F12】键，即可在浏览器中预览效果。

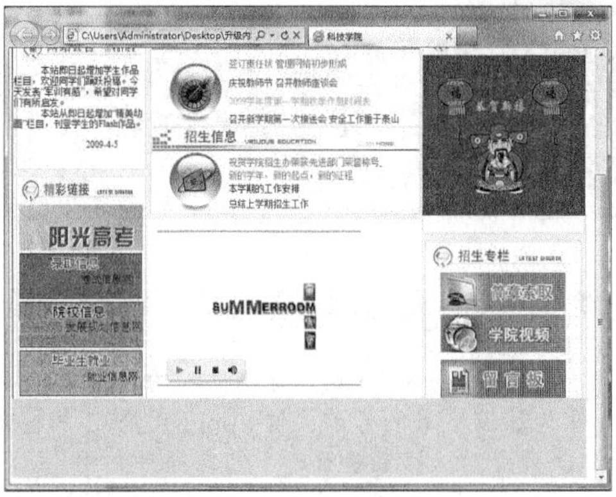

5.5 插入Shockwave动画插件

本节教学录像时间：4 分钟

Shockwave电影集动画、位图、视频和声音于一体，并将它们合成为一个交互式界面，所生成的压缩格式能够快速下载，并支持在目前大多数的浏览器上播放。

步骤01 打开“素材\ch05\5.5\index.html”文件。

步骤02 将光标放在要插入Shockwave动画的位置，选择【插入】➤【媒体】➤【插件】菜单命令。

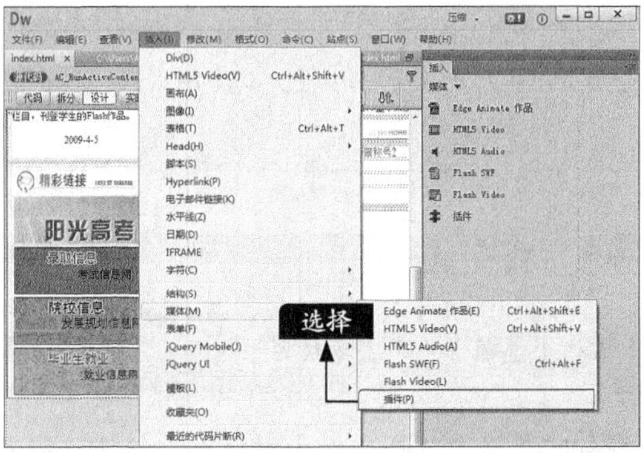

小提示

也可以打开【插入】面板，在【媒体】选项卡中单击【插件】按钮。

步骤03 弹出【选择文件】对话框，选择“素材\ch05\5.5\images\2.swf”文件。

步骤04 单击【确定】按钮，这时Dreamweaver文档窗口中就会出现Shockwave的图标。

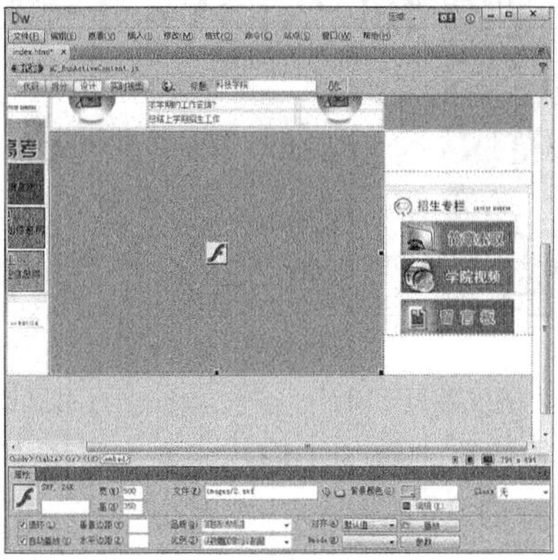

步骤05 在【属性】面板中可以根据需要设置属性，这里将【宽】和【高】分别设置为“371”和“238”。

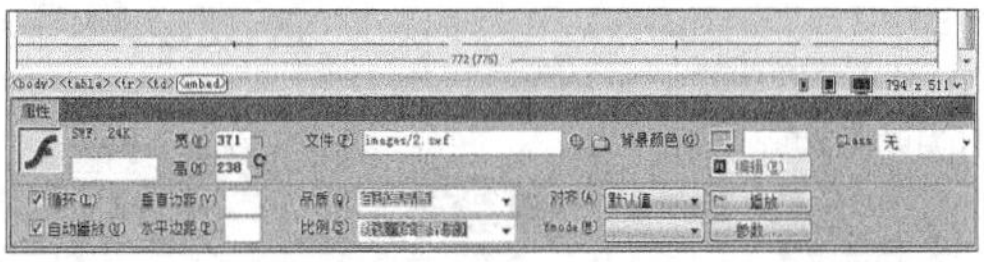

步骤06 保存文档，按【F12】键在浏览器中预览Shockwave电影的效果。

5.6 插入声音

本节教学录像时间：5 分钟

上网时，有时打开一个网站就会响起动听的音乐，这是因为在该网页中添加了背景音乐。添加背景音乐需要在【代码】视图中进行。在网页中添加背景音乐的具体步骤如下。

小提示

在Dreamweaver CC中可以插入的声音文件类型有mp3、wav、midi、aif、ra和ram等。其中，mp3、ra和ram等为压缩格式的音乐文件；midi是通过计算机软件合成的音乐，其文件较小，不能被录制；wav和aif文件可以被录制，并且播放时不需要插件。

步骤01 打开“素材\ch05\5.6\index.html”文件，在【文档】工具栏中单击【代码】按钮，将文档窗口切换到【代码】。

步骤02 在<head>和</head>之间的任意位置添加以下代码。

```
<bgsound src="images/yinyue.mp3
"loop ="-1">
```

步骤03 保存文档，按【F12】键，在浏览器中打开网页，就可以听到美妙的音乐了。

5.7 插入Java小程序

本节教学录像时间：2 分钟

Java是一种允许开发可嵌入Web页面的应用程序的编程语言。Java Applet（Java小程序）是在Java的基础上演变而成的，能够嵌入在网页中可执行一定的小任务的应用程序。在网页中插入Java小程序的具体步骤如下。

步骤01 在文档窗口中，将光标放在要插入Java Applet的位置，选择【插入】➤【媒体】➤【插件】菜单命令。

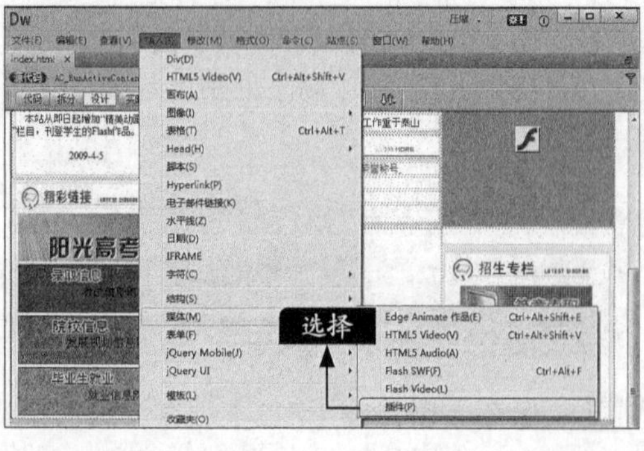

小提示

也可以打开【插入】面板，在【插入】面板的【媒体】选项卡中单击【插件】选项。

步骤02 弹出【选择文件】对话框，从中选择包含Java Applet的文件，单击【确定】按钮，插入Java Applet。

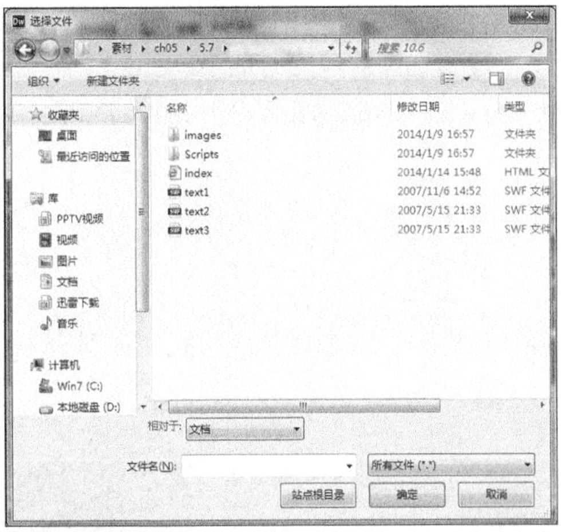

步骤03 选定插入的Java Applet，选择【窗口】➤【属性】菜单命令，打开【属性】面板，即可在其中进行相应的属性设置。

5.8 插入ActiveX控件

本节教学录像时间：3 分钟

ActiveX控件（也称OLE控件）是可以充当浏览器插件的可重复使用的组件，可以在Windows系统的Internet Explorer中运行，但不能在Macintosh系统或Netscape Navigator中运行。

在网页中插入ActiveX控件的具体步骤如下。

步骤01 在文档窗口中，将光标放在要插入ActiveX控件的位置，选择【插入】➤【媒体】➤【插件】菜单命令。

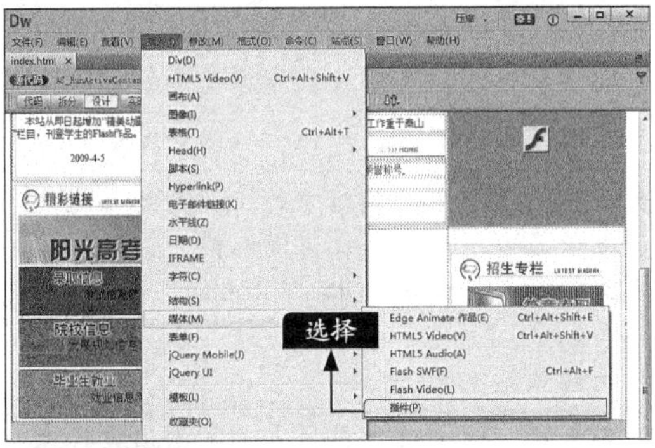

小提示

也可以打开【插入】面板，在【插入】面板的【媒体】选项卡中单击【插件】选项。

步骤02 在文档窗口中会出现ActiveX控件的图标。选定ActiveX控件的图标，然后在【属性】面板即可进行属性设置。

5.9 使用HTML 5 Audio和Video API

本节教学录像时间：5 分钟

Audio标签和Video标签可以在网页中插入多媒体。下面先介绍媒体元素。

常见的媒体元素包括文本、图形、动画、声音及视频等。在网页功能效果实现中，这些媒体元素扮演着重要的角色。

Audio标签和Video标签所使用的媒体元素主要是音频和视频。可用的音频和视频媒体元素格式很多，在Audio标签和Video标签中调用媒体元素时，一定要选择对应支持的格式。

Audio标签主要用于定义播放声音文件或者音频流的标准。Audio标签支持3种音频格式，分别为ogg 、mp3和wav。

在HTML 5网页中播放音频的基本格式如下。

```
<audio src="song.mp3" controls="controls">
</audio>
```

Video标签主要用于定义播放视频文件或者视频流的标准。它支持3种视频格式，分别为ogg、WebM和MPEG 4。

在HTML 5网页中播放视频的基本格式如下。

```
<video src="1.mp4" controls="controls">
</ video >
```

5.10 设置多媒体属性

本节教学录像时间：5 分钟

使用Audio标签和Video标签在网页中实现了音频和视频文件的插入。为了使播放效果更好，可以为其设置属性，下面介绍Audio和Video的相关属性设置。

1. Audio标签属性设置

Audio标签中的常见属性见下表。

属性	值	描述
autoplay	autoplay（自动播放）	如果出现该属性，则音频在就绪后马上播放
	controls（控制）	如果出现该属性，则显示控件，如播放按钮
	loop（循环）	如果出现该属性，则音频结束时重新开始播放
	preload（加载）	如果出现该属性，则音频在页面加载时进行加载，并预备播放，如果使用“autoplay”，则忽略该属性
	url（地址）	要播放的音频的 URL地址
autobuffer	autobuffer（自动缓冲）	在网页显示时，该二进制属性表示是由用户代理（浏览器）自动缓冲的内容，还是由用户使用相关API进行内容缓冲

2. Video标签属性设置

Video标签的常见属性见下表。

属性	值	描述
autoplay	autoplay	如果出现该属性，则视频就绪后马上播放

续表

属性	值	描述
controls	controls	如果出现该属性，则显示控件，如播放按钮
	loop	如果出现该属性，每当视频结束时重新开始播放
	preload	如果出现该属性，则视频在页面加载时进行加载，并预备播放，如果使用“autoplay”，则忽略该属性
	url	要播放的视频的 URL
width	宽度值	设置视频播放器的宽度
height	高度值	设置视频播放器的高度
poster	url	当视频未响应或缓冲不足时，该属性值链接到一个图像。该图像将以一定比例显示出来

5.11 综合实战——插入透明Flash背景

本节教学录像时间：4 分钟

本节通过一个具体的实例来讲解多媒体在网页中的应用。

步骤01 打开“素材\ch05\5.11\index.html”文件，将光标置于要插入Flash动画的位置，选择【插入】➤【媒体】➤【Flash SWF】菜单命令。

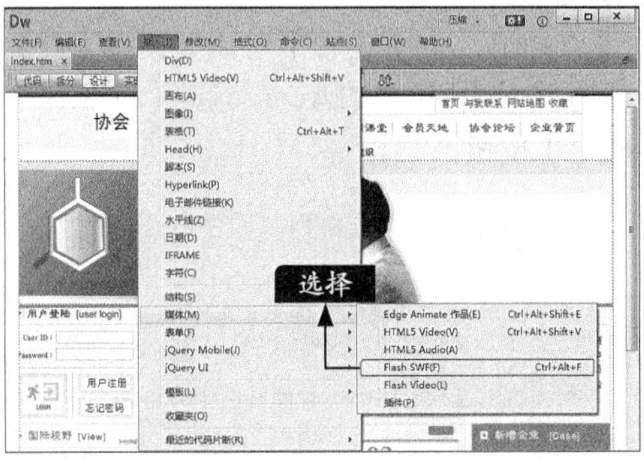

小提示

也可以打开【插入】面板，在【插入】面板的【媒体】选项卡中单击【Flash SWF】选项。

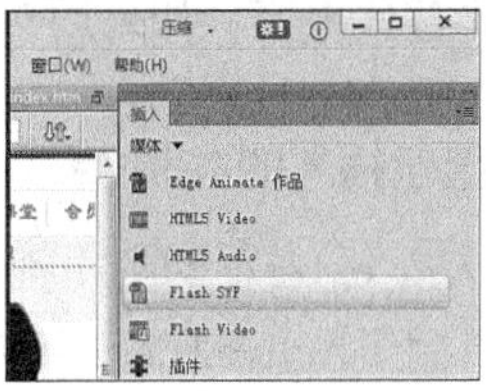

步骤02 弹出【选择SWF】对话框，从中选择Flash文件（这里选择“素材\ch05\5.11\images\01.swf”文件）。

步骤03 单击【确定】按钮，插入Flash文件，然后调整其大小，使其完全覆盖网页中的Banner图片。

步骤04 选定插入的Flash，单击【属性】面板中

的【播放】按钮，播放Flash，可以看到Flash影片显示的背景是黑色。

步骤05 单击【属性】面板中的【停止】按钮，停止播放Flash，然后在【wmode】下拉列表中选择【透明】选项。

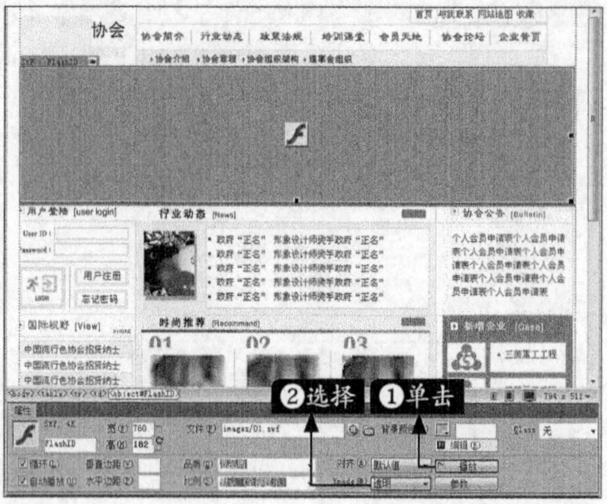

步骤06 保存文档，按【F12】键在浏览器中预览效果。

高手支招

本节教学录像时间：4 分钟

如何查看FLV文件

若要查看FLV文件，用户的计算机上必须安装Flash Player 8或更高版本。如果没有安装所需的Flash Player 版本，但安装了Flash Player 6.0、6.5或更高版本，则浏览器将显示Flash Player快速安装程序，而非替代内容。如果用户拒绝快速安装，那么页面就会显示替代内容。

如何正常显示插入的Active

使用Dreamweaver在网页中插入Active后，如果浏览器不能正常地显示Active控件，则可能是因为浏览器禁用了Active所致，此时可以通过下面的方法启用Active。

步骤01 打开IE浏览器窗口，选择【工具】➤【Internet 选项】菜单命令。打开【Internet 选项】对话框，选择【安全】选项卡，单击【自定义级别】按钮。

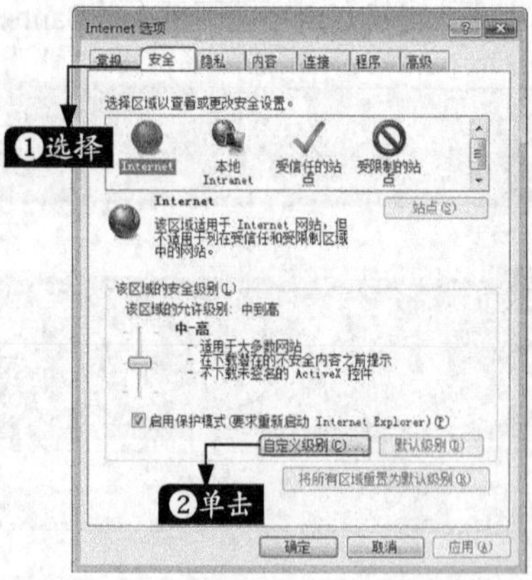

步骤02 打开【安全设置】对话框，在【设置】列表框中启用有关的Active选项，然后单击【确定】按钮。

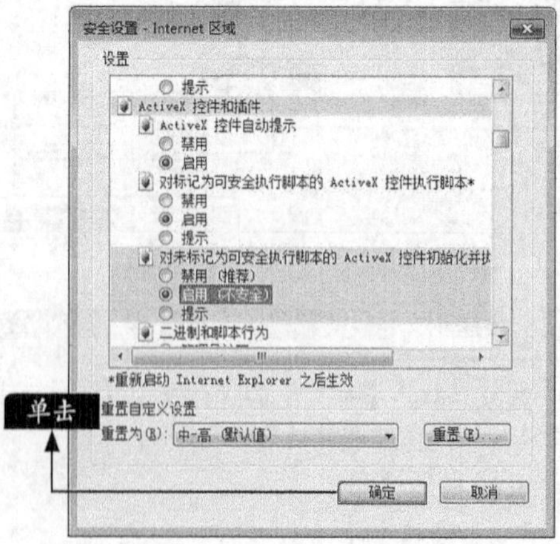

第6章

让网页动起来——用表单创建交互网页

学习目标

表单可以用来收集用户的各种信息，是网站管理者与访问者之间沟通的桥梁。使用表单可以收集、分析用户的反馈意见，以做出科学、合理的决策，是一个网站能否成功的重要因素之一。

学习效果

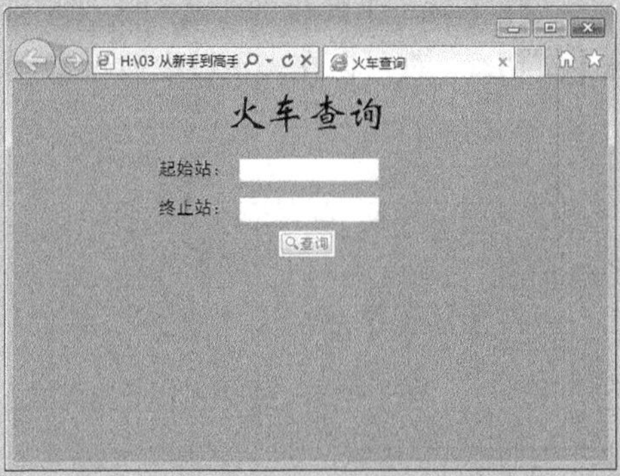

6.1 创建表单域

本节教学录像时间：2 分钟

每一个表单中都包括表单域和若干个表单元素，而所有的表单元素都要放在表单域中才会生效，因此，制作表单时要先插入表单域。

步骤 01 将光标放置在要插入表单的位置，选择【插入】➤【表单】➤【表单】菜单命令。插入表单域后，页面上会出现一条红色的虚线。

小提示

要插入表单域，也可以在【插入】面板的【表单】选项卡中单击【表单】按钮。

步骤 02 选择表单，或在标签选择器中选择 <form#form1>标签，即可在表单的【属性】面板中设置属性。

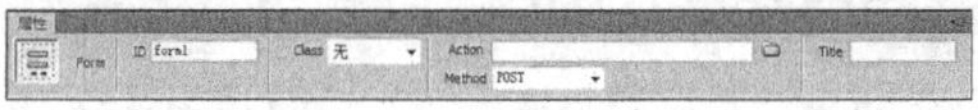

6.2 插入文本域

本节教学录像时间：15 分钟

根据不同的TYPE属性，文本域可分为单行文本域、多行文本域和密码域3种。

选择【插入】➤【表单】➤【文本域】菜单命令，或在【插入】面板的【表单】选项卡中单击【文本】按钮、【文本区域】按钮或【密码域】按钮，都可以在表单域中插入文本域。

6.2.1 单行文本域

单行文本域通常提供单字或短语响应，如姓名或地址等。

选择【插入】➤【表单】➤【文本域】菜单命令，或在【插入】面板的【表单】选项卡中单击【文本】按钮，即可插入单行文本域。

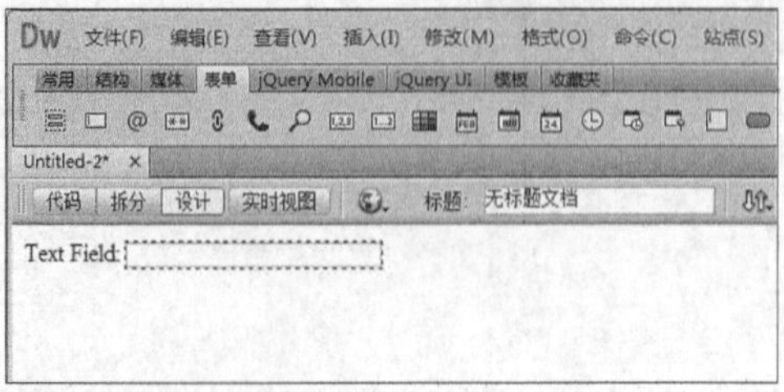

6.2.2 多行文本域

选择【插入】➤【表单】➤【文本域】菜单命令，或在【插入】面板的【表单】选项卡中单击【文本区域】按钮，即可插入多行文本域。

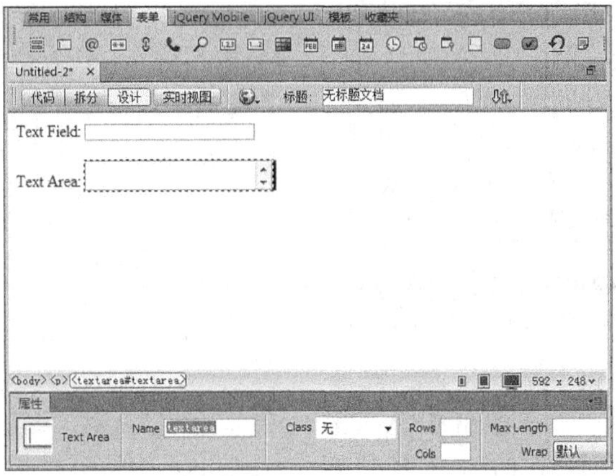

小提示

插入文本域后，在【属性】面板中即可以设置文本行数和每行可输入最大字符数。多行文本域可为访问者提供一个较大的区域，供其输入响应，还可以指定访问者最多可输入的行数以及对象的字符宽度。如果输入的文本超过了这些设置，该域将按照换行属性中指定的设置进行滚动。

6.2.3 密码域

密码域是特殊类型的文本域。当用户在密码域中输入文本信息时，所输入的文本会被替换为星号或项目符号以隐藏该文本，从而防止这些信息被别人看到。

6.2.4 调查表的制作

调查表通常用来收集用户的反馈信息，用户可根据网站的需要对风格进行改进。制作一个调查表的具体步骤如下。

步骤 01 打开随书光盘中的“素材\ch06\6.2.4\index.html”文件。

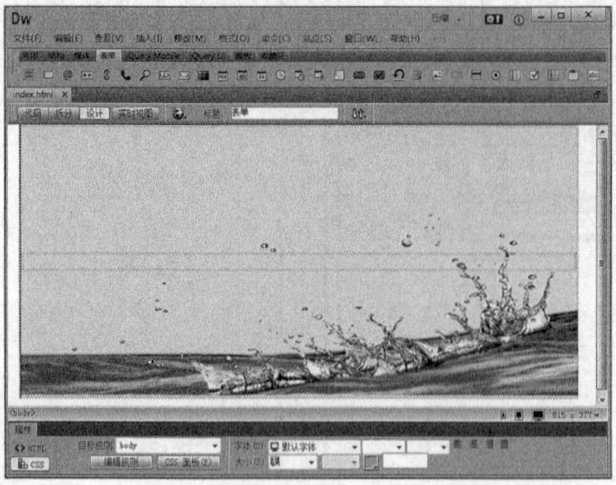

步骤 02 将光标放到要插入表单的位置，选择【插入】➤【表单】➤【表单】菜单命令，或在【插入】面板的【表单】选项卡中单击【表单】按钮，插入表单。

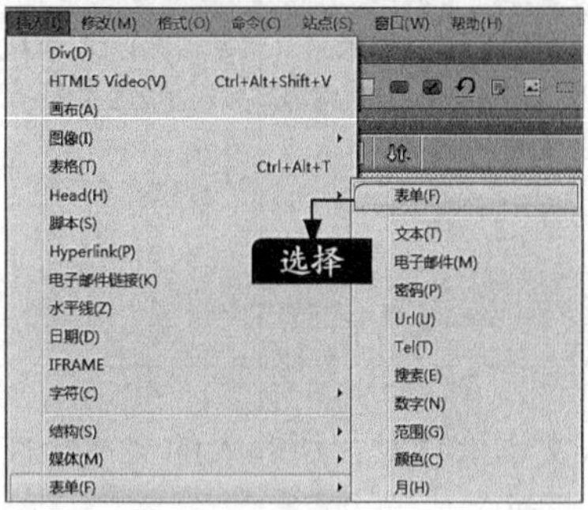

步骤 03 选定表单，在【属性】面板的【Action】文本框中输入“mailto:zzliangzhong@163. com”。

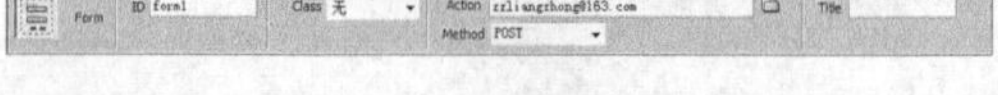

步骤 04 选择【插入】➤【表格】菜单命令，弹出【表格】对话框，插入一个10行2列的表格，调整表格大小后如图所示。

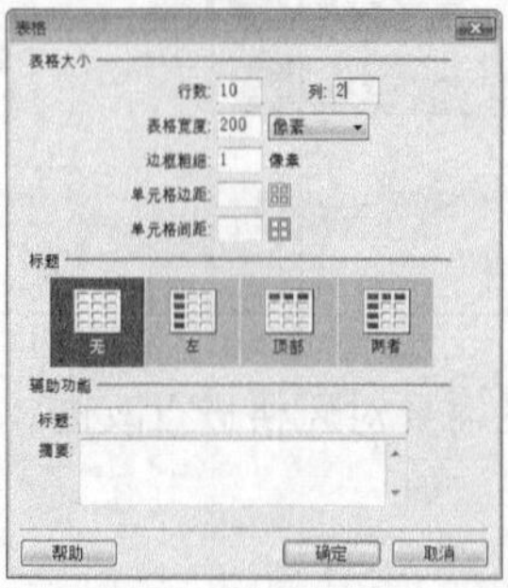

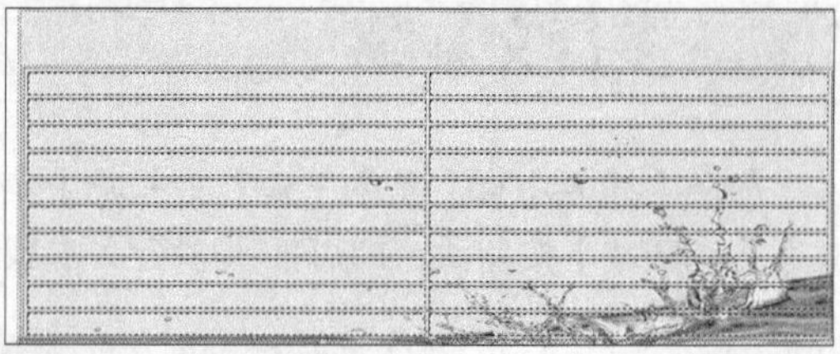

步骤 05 将光标放在第1行的第1列单元格中，在【属性】面板中，设置为“右对齐”，然后输入“姓名”。

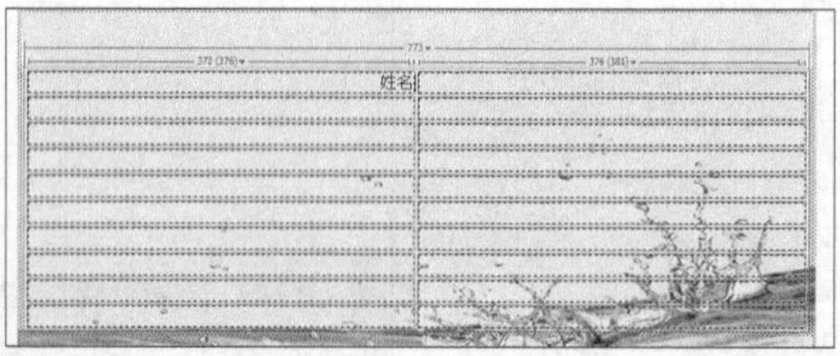

步骤 06 将光标放在第1行的第2列单元格中，选择【插入】➤【表单】➤【文本】菜单命令，插入文本域。然后在【属性】面板中，将【Size】（字符高度）设置为“20”，单元格对齐方式为“左对齐”。

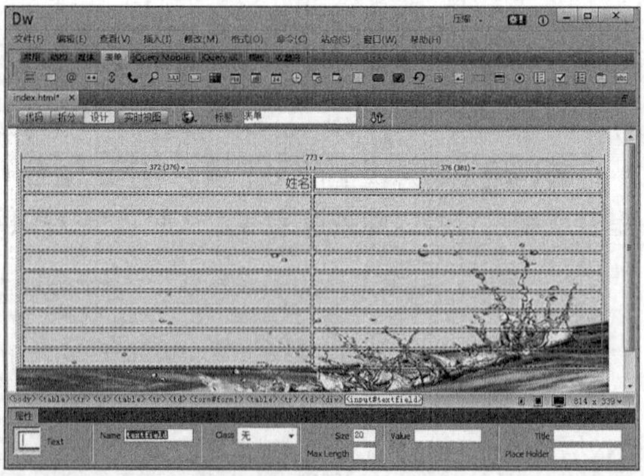

步骤 07 使用同样的方法，在其他单元格中插入文本域，并设置其相应的属性。然后将光标放在第9行第1列的单元格中，输入“自我介绍”，同时在【属性】面板中设置“右对齐”。

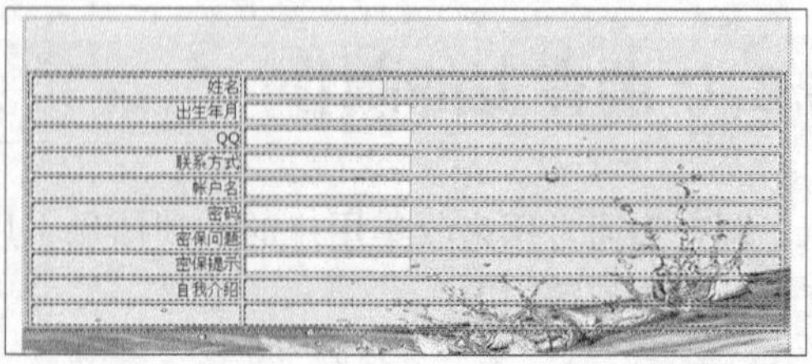

步骤 08 将光标放在第9行第2列的单元格中，选择【插入】➤【表单】➤【文本区域】菜单命令，插入文本区域。然后在【属性】面板中，将【字符宽度】设置为“45”，【行数】设置为“6”，并在【初始值】文本域中输入相关的文字。

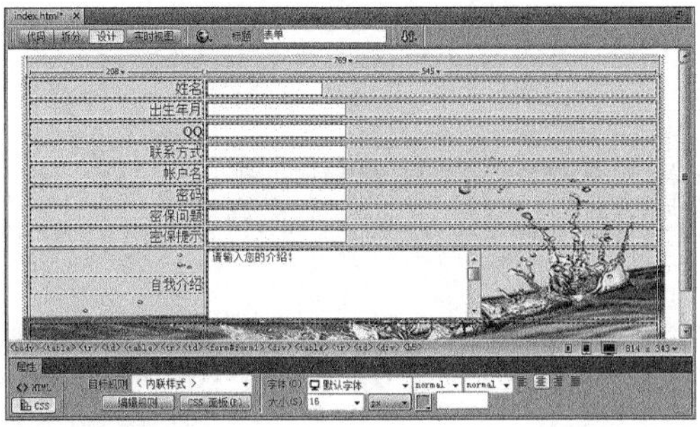

步骤 09 保存文档，按【F12】键在浏览器中预览效果。

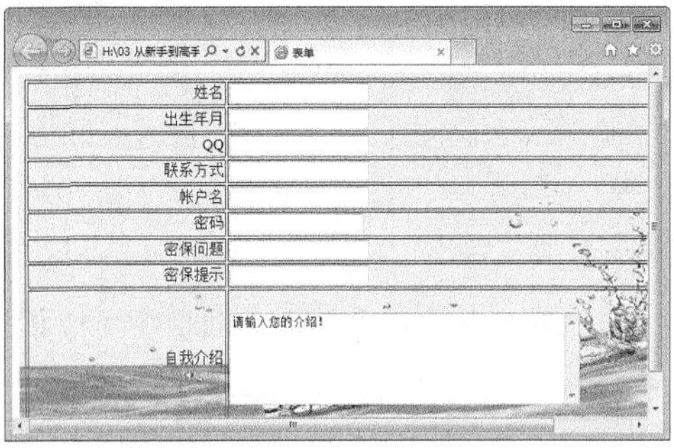

6.3 复选框和单选按钮

本节教学录像时间：8 分钟

复选框允许在一组选项中选择多个选项，用户可以选择任意多个适用的选项。

单选按钮代表互相排斥的选择。在某个单选按钮组（由两个或多个共享同一名称的按钮组成）中选择一个选项，就会取消对该组中其他所有选项的选择。

6.3.1 复选框

要从一组选项中选择多个选项，可使用复选框。可以使用如下两种方法插入复选框。

(1) 选择【插入】➤【表单】➤【复选框】菜单命令。

(2) 单击【插入】面板【表单】选项卡中的【复选框】按钮☑。

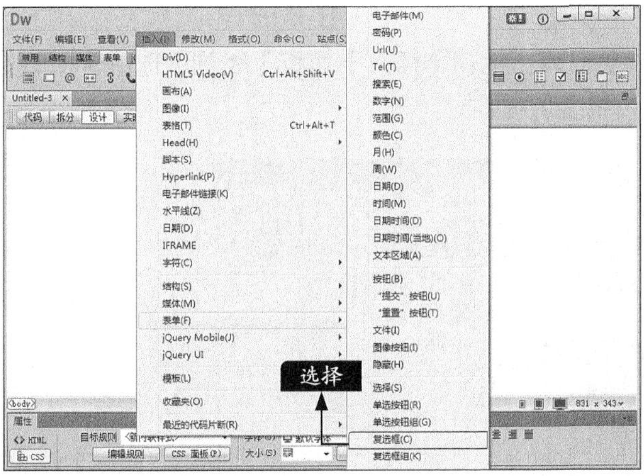

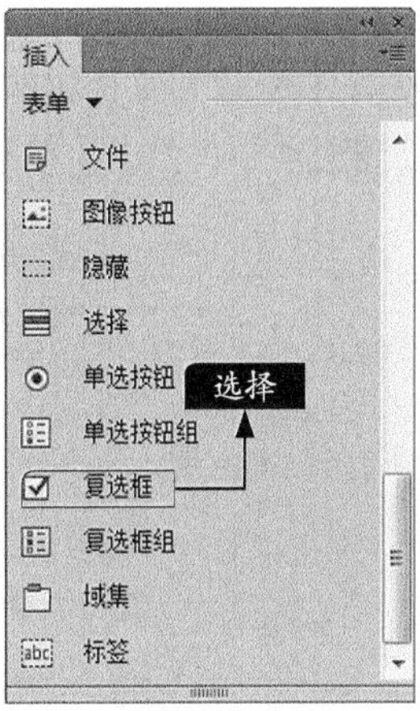

若要为复选框添加标签，可在该复选框的旁边单击，然后输入标签文字即可。

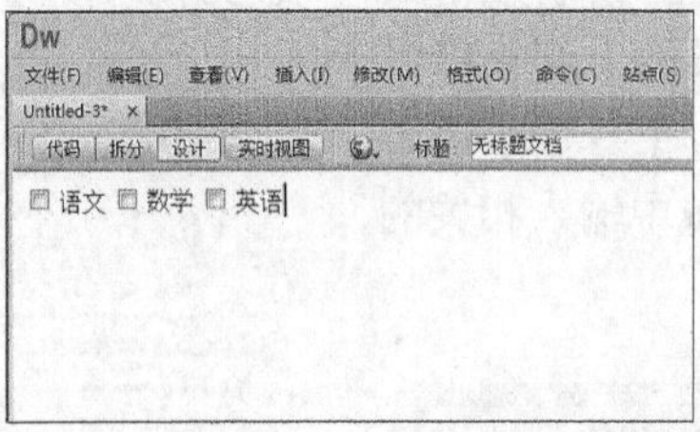

选中复选框，在【属性】面板中可以设置其属性。

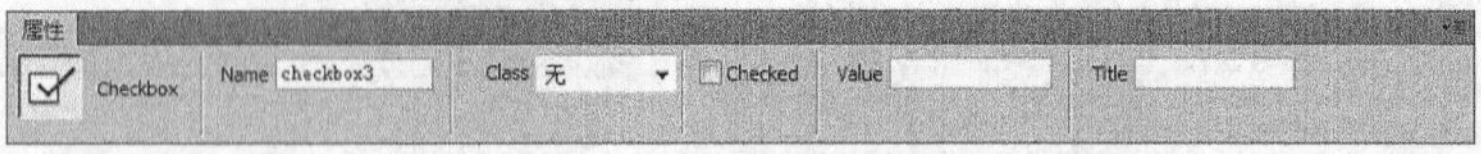

6.3.2 单选按钮

如果从一组选项中只能选择一个选项，则需要使用单选按钮。

选择【插入】➤【表单】➤【单选按钮】菜单命令，即可插入单选按钮。若要为单选按钮添加标签，可在该单选按钮的旁边单击，然后输入标签文字即可。

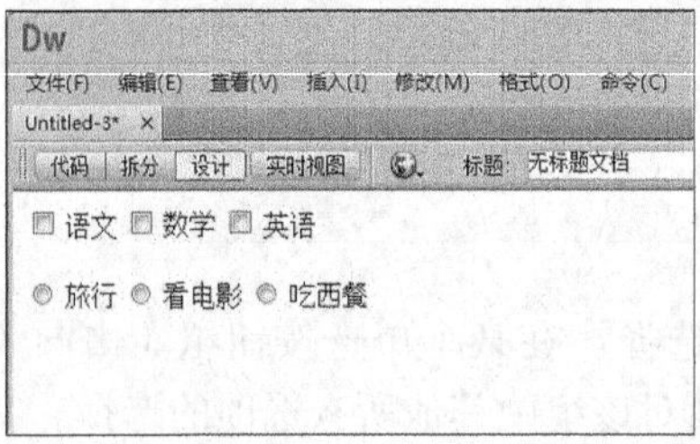

选中【单选按钮】按钮◉，在【属性】面板中可以设置其属性。

6.3.3 单选按钮组

将光标置于要插入单选按钮组的位置，拖动【插入】面板【表单】选项卡中的【单选按钮组】按钮到文档中，弹出【单选按钮组】对话框。

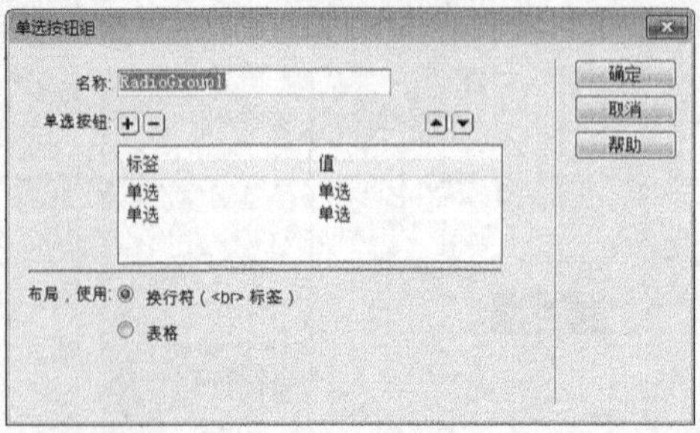

在【单选按钮组】对话框中，在【名称】右侧的文本框中可以输入单选按钮组的名称，单击或可以添加或删除单个的单选按钮。通过单击【向上】按钮和【向下】按钮，可以对单选按钮重新排序。

选择【布局，使用】选项组中的选项，可以设置Dreamweaver对这些按钮进行布局时使用的格式。

【换行符（
标签）】：以换行符的布局显示每个单选按钮br 的位置。

【表格】：创建一个单列表，并将这些单选按钮放在左侧，将标签放在右侧。

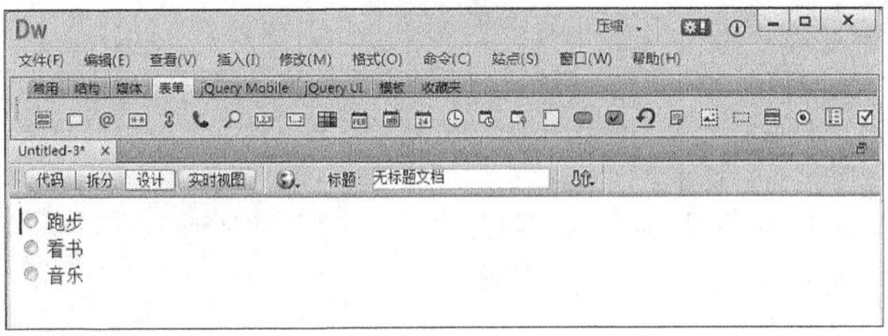

6.4 列表和菜单

本节教学录像时间：7 分钟

表单中有两种类型的菜单：一种是单击时下拉的菜单，称为下拉菜单；另一种则显示为一个列有项目的可滚动列表，用户可从该列表中选择项目，称为滚动列表。

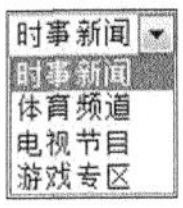

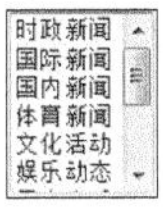

6.4.1 下拉菜单

创建下拉菜单的具体步骤如下。

步骤 01 选择【插入】➤【表单】➤【选择】菜单命令，即可插入一个选择列表。

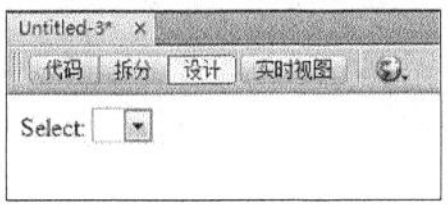

步骤 02 删除说明文字后，选中按钮，然后单击鼠标右键，在弹出的快捷菜单中选择【列表数值】选项。

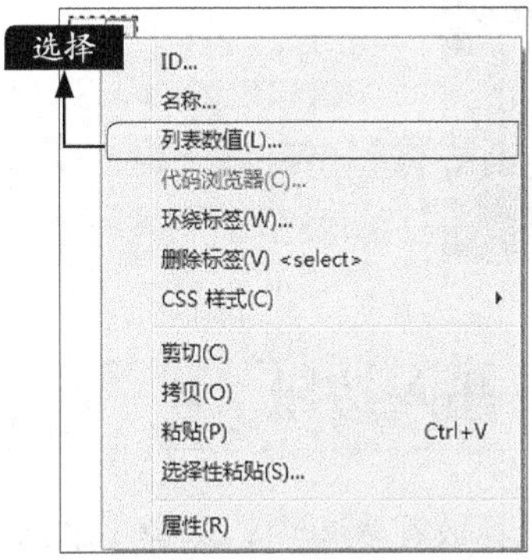

步骤 03 弹出【列表值】对话框，在该对话框中设置项目标签，然后单击【确定】按钮。

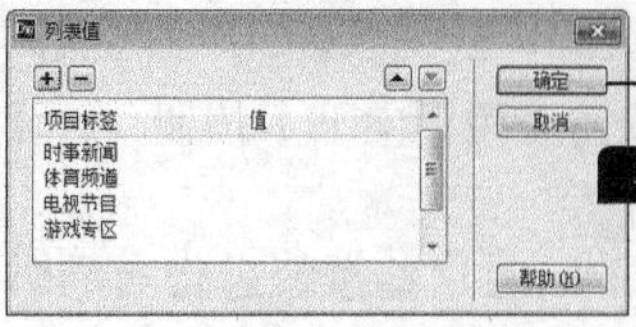

步骤04 保存文档，然后按【F12】键在浏览器中预览效果。

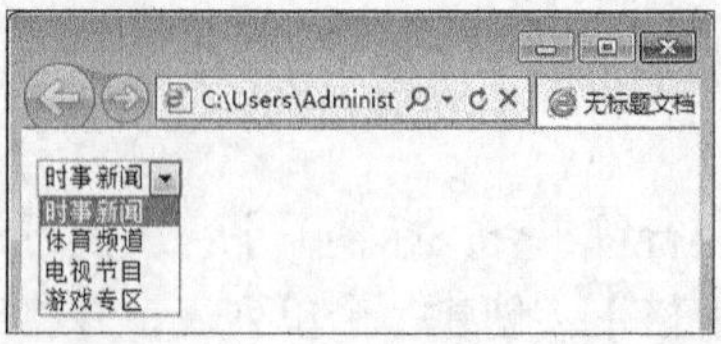

6.4.2 滚动列表

创建滚动列表的具体步骤如下。

步骤01 选择【插入】➤【表单】➤【文本区域】菜单命令，即可插入一个文本区域，删除ID名称“Text Area:”。

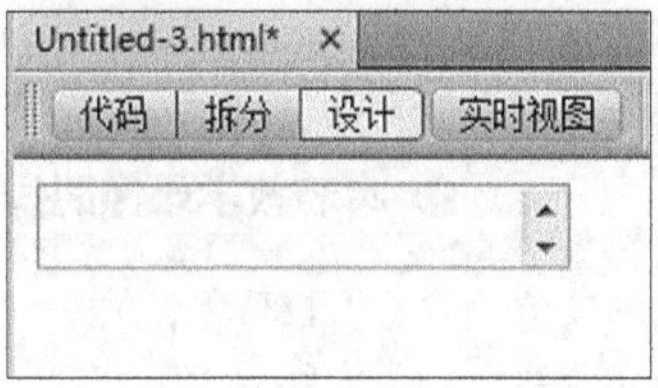

步骤02 选择文本区域框，在【属性】窗格中设置文本行数为“6”，一行文本包含最大字符数为“9”，并且在【Value】文本框中输入内容。

步骤03 保存文档，然后按【F12】键在浏览器中预览效果。

6.5 使用按钮激活表单

本节教学录像时间：5 分钟

按钮对于表单来说是必不可少的，无论用户对表单进行了什么操作，只要不单击【提交】按钮，服务器与客户之间就不会有任何交互操作。

6.5.1 插入按钮

将光标放在表单内，选择【插入】➤【表单】➤【提交】按钮菜单命令，即可插入提交按钮；选择【重置】按钮菜单命令，即可插入重置按钮。

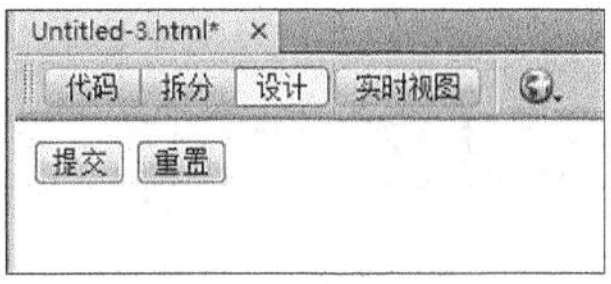

选中表单【提交】按钮，即可在打开的【属性】面板中设置按钮名称、执行动作、执行内容、值（按钮标签）和【类】等属性；选中表单【重置】按钮，可以设置按钮名称、类、值及元素说明等。

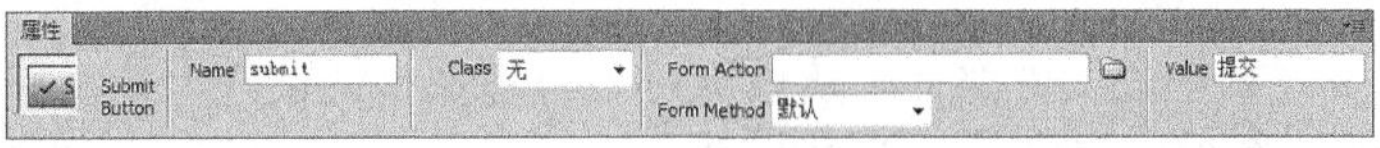

6.5.2 图像按钮

可以使用图像作为按钮图标。如果要使用图像来执行任务而不是提交数据，则需要将某种行为附加到表单对象上。

步骤01 打开随书光盘中的“素材\ch06\6.5.2\index.html”文件。

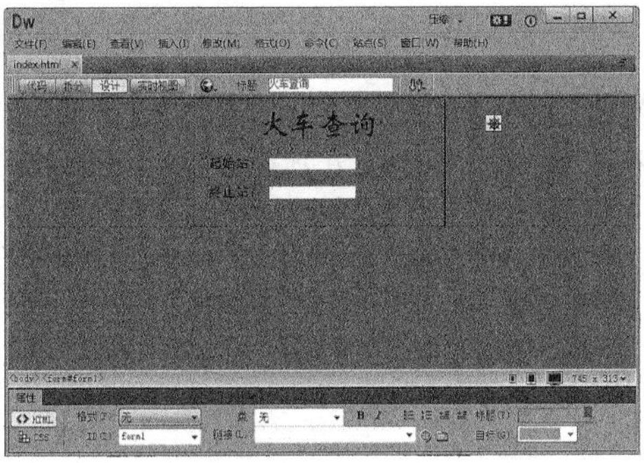

步骤02 将光标置于第4行单元格中，然后选择【插入】➤【表单】➤【图像按钮】菜单命令，或拖动【插入】面板【表单】选项卡中的【图像按钮】按钮，弹出【选择图像源文件】对话框。

步骤03 在【选择图像源文件】对话框中选定图像，这里选择随书光盘中的“素材\ch06\6.5.2\images\anniu2.jpg”文件，然后单击【确定】按钮，插入图像域。

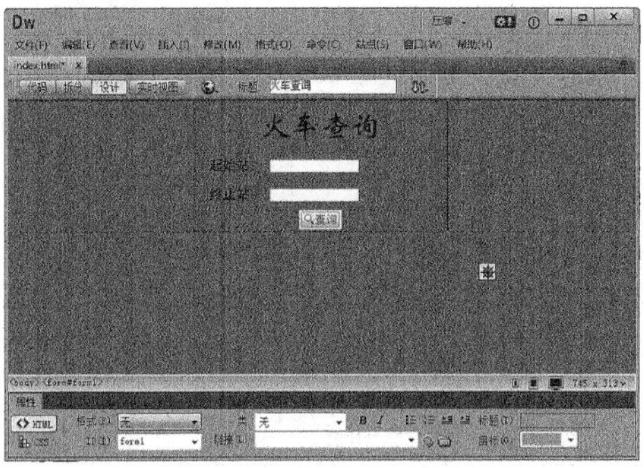

步骤04 选中该图像域，打开其【属性】面板，设置图像域的属性，这里采用默认设置。保存文档，然后按【F12】键在浏览器中预览效果。

6.6 使用隐藏域和文件域

本节教学录像时间：5 分钟

隐藏域主要用于程序设计，可用来保存一些信息、传递一些参数等。当浏览者提交表单时，隐藏域的内容会一起提交给处理程序。

文件域用于查找硬盘中的文件路径，然后通过表单将选择的文件上传。在设置电子邮件的附件、上传图片、发送文件时，经常会使用文件域。

6.6.1 隐藏域

创建隐藏域的具体步骤如下。

步骤01 将光标放在表单域内。选择【插入】➤【表单】➤【隐藏】菜单命令，在文档中会出现标记。

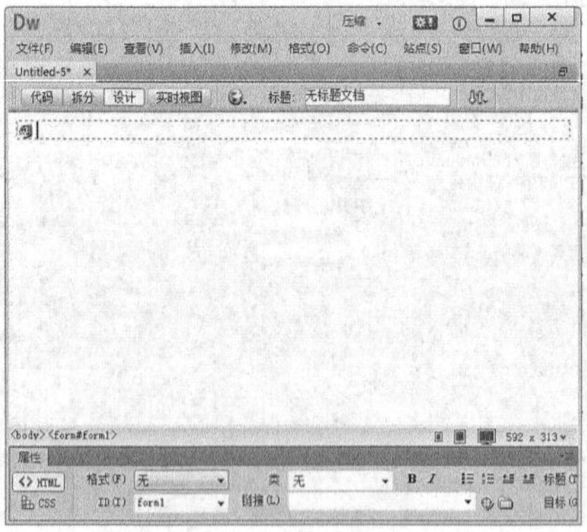

> **小提示**
>
> 如果未看到标记，则可选择【查看】➤【可视化助理】➤【不可见元素】菜单命令来查看标记。

步骤02 选定隐藏域，打开其【属性】面板，即可在其中的文本框中分别指定隐藏区域的名称和【值】。

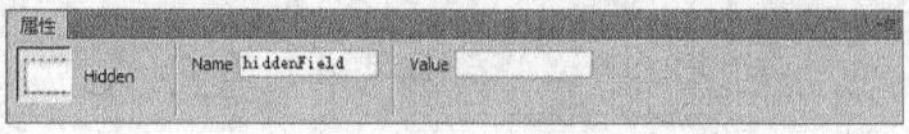

6.6.2 文件域

在表单中创建文件域的具体步骤如下。

步骤01 选择【插入】➤【表单】➤【表单】菜单命令，插入表单。

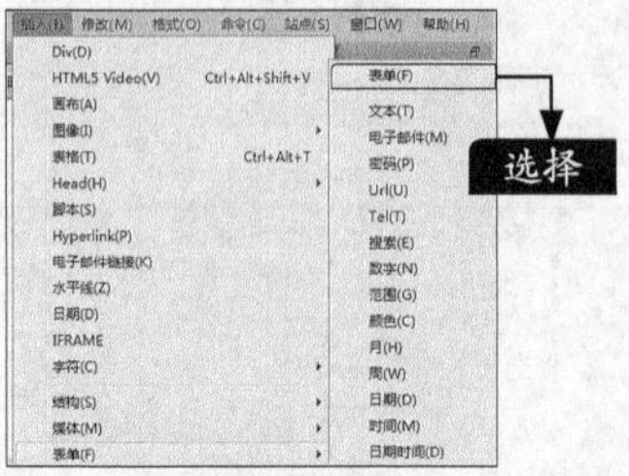

步骤02 将光标放在表单区域内，然后选择【插入】➤【表单】➤【文件】菜单命令，在表单中插入文件域。

步骤 03 选中文件域，打开其【属性】面板，即可在其中指定文件域的名称、最多字符数和类等。

6.7 综合实战——制作留言板

本节教学录像时间：14 分钟

一个好的网站，总是在不断地完善和改进，在改进的过程中，总是要经常听取别人的意见，为此可以通过留言板来获取浏览者浏览网站的反馈信息。

第1步：插入表格

步骤 01 打开随书光盘中的“素材\ch06\6.7\index.html”文件。

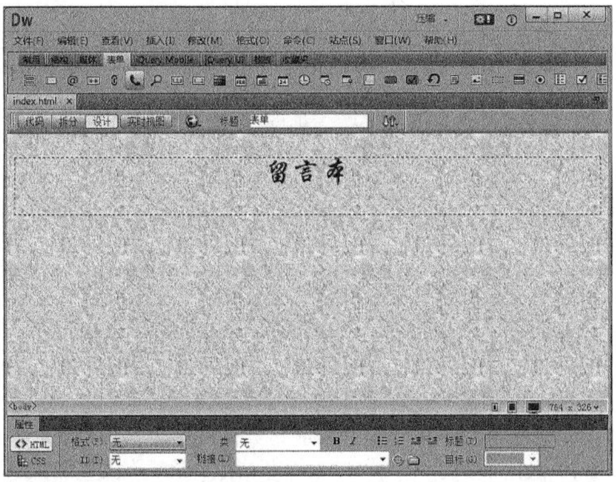

步骤 02 将光标移到下一行，单击【插入】面板【表单】选项卡中的【表单】按钮，插入一个表单。

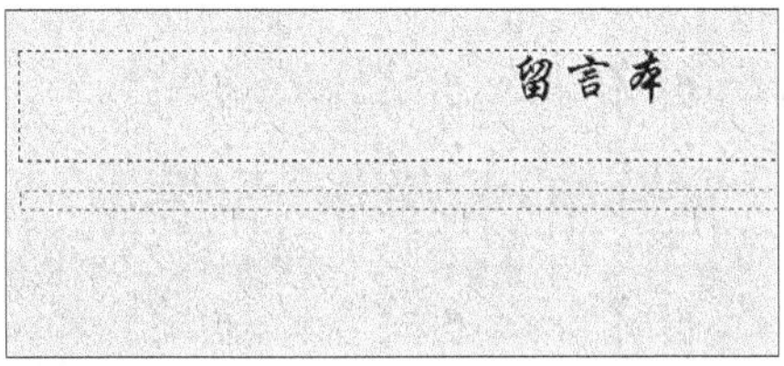

步骤 03 将光标放在红色的虚线内，选择【插入】➤【表格】菜单命令，打开【表格】对话框。将【行数】设置为“9”，【列】设置为“2”，【表格宽度】设置为“470”像素，【单元格边距】设置为“2”，【单元格间距】设置为“3”。

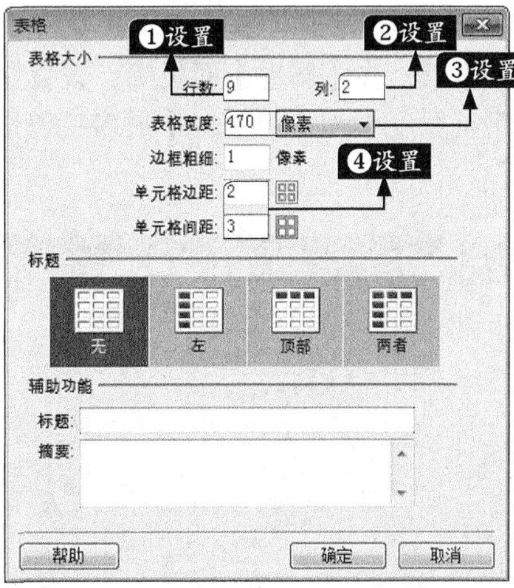

步骤 04 单击【确定】按钮，在表单中插入表格，设置表格“居中显示”，调整表格的宽度、位置后的效果如图所示。

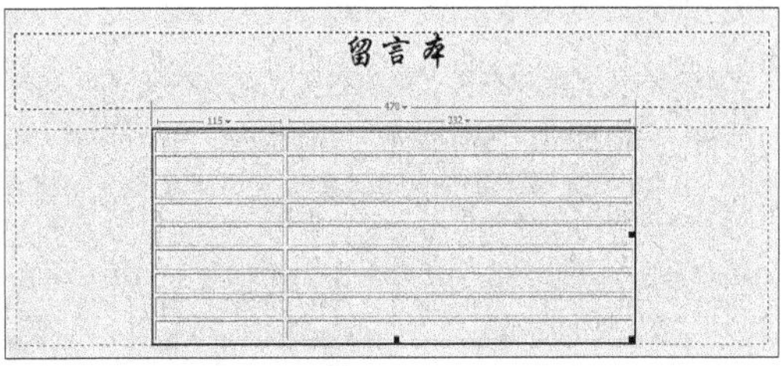

第2步：设置前8行表格

步骤 01 在第1列单元格中输入相应的文字，然后选定文字，在【属性】面板中，设置文字的【大小】为“12”像素，对齐方式为“右对齐”。

步骤02 将光标放在第1行的第2列单元格中，选择【插入】➤【表单】➤【文本】菜单命令，插入文本域。在【属性】面板中，设置文本域的【字符宽度】为“12”，【最多字符数】为“12”。

步骤03 重复以上步骤，在以下位置单元格中插入文本域，并设置相应的属性。

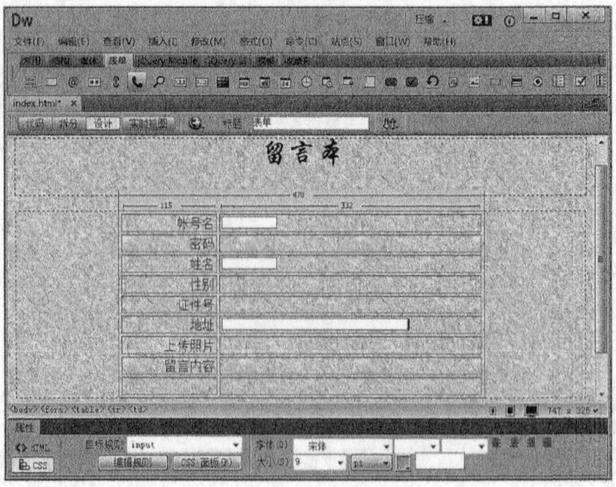

步骤04 将光标放在第2行第2列，单击【插入】➤【表单】➤【密码】菜单命令，插入密码域。

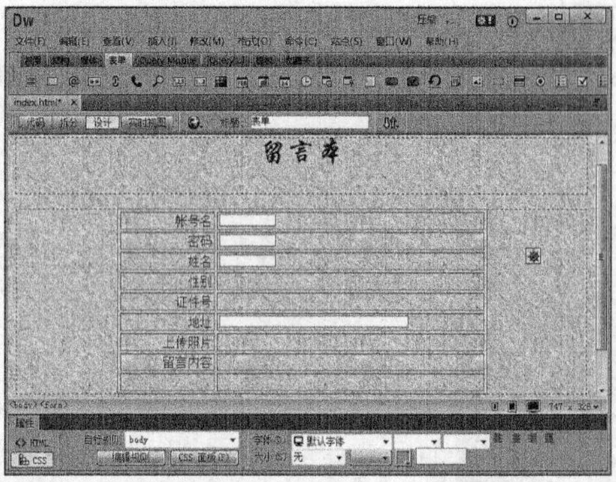

步骤05 将光标放在第4行第2列的单元格中，单击【插入】面板的【表单】选项卡中的【单选按钮】，插入单选按钮，在单选按钮的右侧输入“男”，按照同样的方法再插入一个单选按钮，输入“女”。在单选按钮“男”的【属性】面板中，勾选【checked】选项。

步骤06 将光标放在第5行的第2列单元格中，选择【插入】➤【表单】➤【选择】菜单命令，插入列表/菜单。在【属性】面板的【类型】中选择【菜单】，单击【列表值】按钮，打开【列表值】对话框，设置相应的内容。

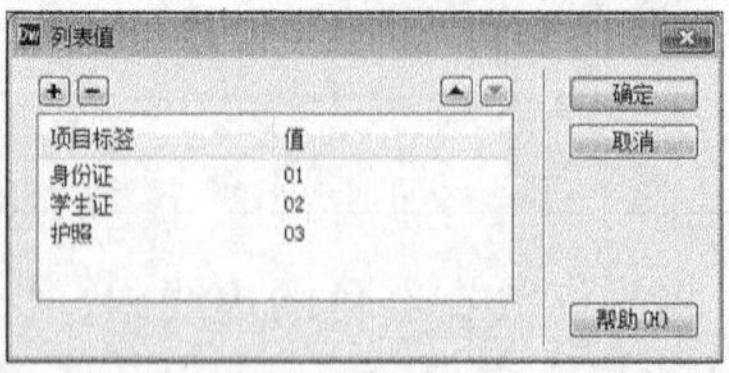

步骤07 单击【确定】按钮，插入列表菜单，然后在其后位置处插入一个文本域。

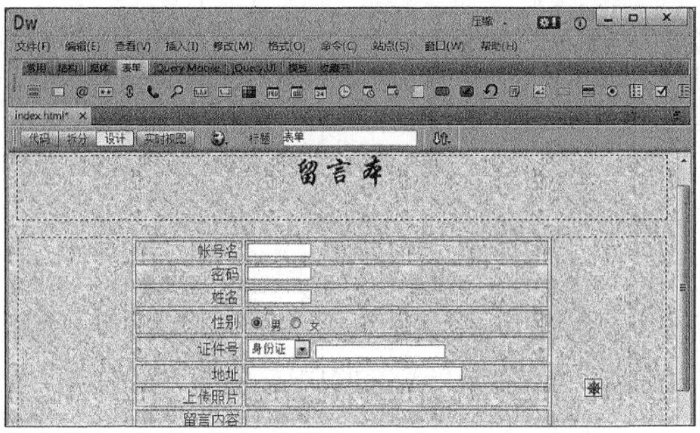

步骤08 将光标放在第7行第2列的单元格中，选择【插入】➤【表单】➤【文件】菜单命令，插入文件域，然后在【属性】面板中设置相应的属性。

步骤09 将光标放在第8行的第2列单元格中，选择【插入】➤【表单】➤【文本区域】菜单命令，插入多行文本域，【属性】面板中的选项为默认值。

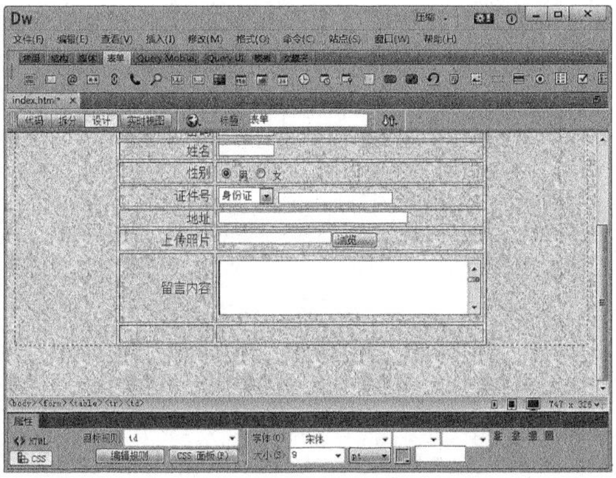

步骤10 选定第9行的两个单元格，选择【修改】➤【表格】➤【合并单元格】菜单命令，合并单元格。并设置单元格“居中对齐”。

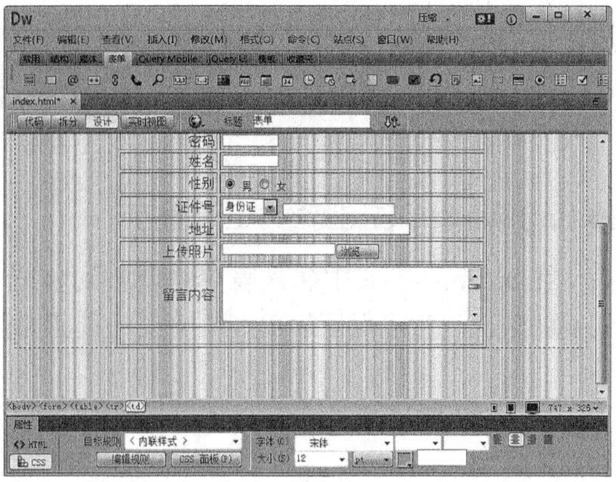

步骤11 选择【插入】➤【表单】➤【按钮】菜单命令，插入两个按钮：提交按钮和重置按钮。在【属性】面板中分别设置相应的属性。

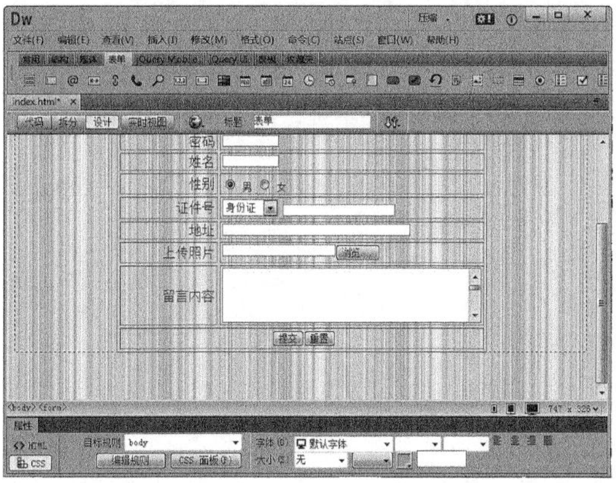

步骤12 保存文档，按【F12】键在浏览器中预览效果。

高手支招

本节教学录像时间：1 分钟

如何保证表单在浏览器中正常显示

在Dreamweaver中插入表单并调整到合适的大小后，在浏览器中预览时可能会出现表单大小失真的情况。为了保证表单在浏览器中能正常显示，建议使用CSS样式表调整表单的大小。

第7章

从此告别单调——用行为丰富页面

学习目标

行为即JavaScript元素，在网页中常被用在页面的交互中。行为是事件和动作的组合，当添加一个行为时，要确定在一个事件上的一个动作。在Dreamweaver CC中，可以用行为或动作把JavaScript插入到网页中。

学习效果

7.1 应用行为

本节教学录像时间：7 分钟

行为是由对象、事件和动作构成的。

1. 对象

对象是产生行为的主体，很多网页元素都可以成为对象，如图片、文字和多媒体文件等。对象也是基于成对出现的标签的，在创建时首先应选择对象的标签。此外，网页本身有时也可以作为对象。

2. 事件

事件是触发动态效果的原因，它可以被附加到各种页面元素上，也可以被附加到HTML标记中。一个事件总是针对页面元素或标记而言的，例如将鼠标指针移到图片上。

3. 动作

动作指最终需要完成的动态效果，例如交换图像、弹出信息、打开浏览器窗口及播放声音等。动作通常是一段JavaScript代码。

将事件和动作组合起来就构成了行为，一个事件可以同多个动作相关联，即发生事件时可以执行多个动作。为了实现需要的效果，还可以指定和修改动作发生的顺序。

小提示

在Dreamweaver CC中使用内置的行为时，系统会自动地向页面中添加JavaScript代码，完全不必自己编写。行为是指事件和动作的组合，事件是触发动作的情景，例如单击一个按钮时，称为OnClick的事件就会发生；当鼠标指针经过一个对象时，就会触发onMouseOver事件。动作是预先写好的一段JavaScript代码，可执行指定的任务，如打开浏览器窗口、播放声音或停止Shockwave动画的播放等。

为某个页面元素附加行为，就是为该元素指定动作和触发事件。

7.1.1 编辑行为

在Dreamweaver CC中，对行为的添加和控制主要是通过【行为】面板来实现的。【行为】面板主要用于设置和编辑行为，选择【窗口】➤【行为】菜单命令，即可打开【行为】面板。

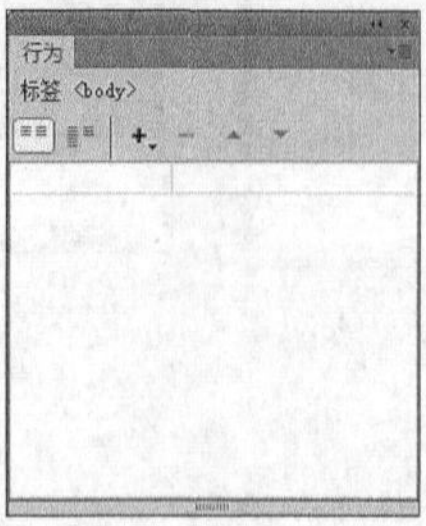

小提示

按【Shift+F4】组合键，也可以打开【行为】面板。

7.1.2 添加行为

添加行为的具体步骤如下。

步骤01 在网页中选定一个对象，也可以单击文档窗口左下角的<body>标签选中整个页面，然后选择【窗口】➤【行为】菜单命令，打开【行为】面板，单击+按钮，弹出动作菜单。

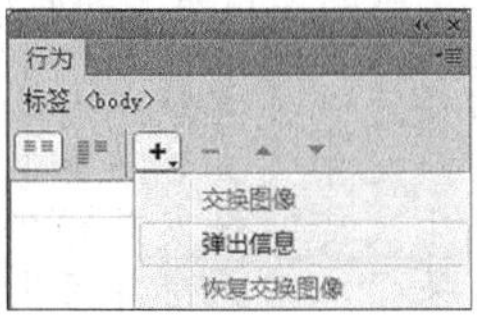

步骤02 从弹出的动作菜单中选择一种动作，会弹出相应的参数设置对话框（此处选择【弹出信息】菜单命令），在其中进行设置后单击【确定】按钮。在事件列表中会显示动作的默认事件，单击该事件，会出现一个下拉按钮，单击【下拉】按钮，即可弹出包含全部事件的事件列表。

可以从该列表中选择一种事件来替换默认的事件。

7.2 标准事件

本节教学录像时间：4 分钟

不同的浏览器支持不同的事件，Dreamweaver CC配备有一套得到主流浏览器承认的事件列表。

下表列出了不同浏览器的版本所支持的不同的事件类型。

事件		浏览器支持	解说
一般事件	onClick	IE 3.0及以上	鼠标单击左键时触发此事件
	onDblClick	IE 4.0及以上	鼠标双击时触发此事件
	onMouseDown	IE 4.0及以上	按下鼠标左键时触发此事件
	onMouseUp	IE 4.0及以上	鼠标左键按下后松开时触发此事件
	onMouseOver	IE 3.0及以上	鼠标指针移动到某对象范围的上方时触发此事件
	onMouseMove	IE 4.0及以上	鼠标指针移动时触发此事件
	onMouseOut	IE 4.0及以上	鼠标指针离开某对象范围时触发此事件
	onKeyPress	IE 4.0及以上	键盘上的某个键被按下并且释放时触发此事件
	onKeyDown	IE 4.0及以上	键盘上的某个按键被按下时触发此事件
	onKeyUp	IE 4.0及以上	键盘上的某个按键被按下后放开时触发此事件

续表

事件		浏览器支持	解说
页面相关事件	onAbort	IE 4.0及以上	图片下载被用户中断时触发此事件
	onBeforeUnload	IE 4.0及以上	当前页面的内容将要被改变时触发此事件
	onError	IE 4.0及以上	出现错误时触发此事件
	onLoad	IE 3.0及以上	页面内容完成时触发此事件
	onMove	IE 4.0及以上	浏览器的窗口被移动时触发此事件
	onResize	IE 4.0及以上	当浏览器的窗口大小被改变时触发此事件
	onScroll	IE 4.0及以上	浏览器的滚动条位置发生变化时触发此事件
	onStop	IE 5.0及以上	浏览器的【停止】按钮被按下或者正在下载的文件被中断时触发此事件
	onUnload	IE 3.0及以上	当前页面将被改变时触发此事件
表单相关事件	onBlur	IE 3.0及以上	当前元素失去焦点时触发此事件
	onChange	IE 3.0及以上	当前元素失去焦点并且元素的内容发生改变时触发此事件
	onFocus	IE 3.0及以上	当某个元素获得焦点时触发此事件
	onReset	IE 4.0及以上	当表单中RESET的属性被激发时触发此事件
	onSubmit	IE 3.0及以上	一个表单被递交时触发此事件
字幕事件滚动	onBounce	IE 4.0及以上	在Marquee内的内容移动至Marquee显示范围之外时触发此事件
	onFinish	IE 4.0及以上	Marquee元素完成需要显示的内容后触发此事件
编辑事件	onStart	IE 4.0及以上	Marquee元素开始显示内容时触发此事件
	onBeforeCopy	IE 5.0及以上	页面当前的被选择内容将要复制到浏览者系统的剪贴板前触发此事件
	onBeforeCut	IE 5.0及以上	页面中的一部分或者全部的内容将被移离当前页面（剪切）并移动到浏览者的系统剪贴板时触发此事件
	onBeforeDditFous	IE 5.0及以上	当前元素将要进入编辑状态时触发此事件
	onBeforePaste	IE 5.0及以上	内容将要从浏览者的系统剪贴板传送（粘贴）到页面中时触发此事件
	onBeforeUpdate	IE 5.0及以上	浏览者粘贴系统剪贴板中的内容时通知目标对象
	onContextMenu	IE 5.0及以上	浏览者按下鼠标右键出现菜单时或者通过键盘的按键触发页面菜单时触发此事件
	onCopy	IE 5.0及以上	当页面当前的被选择内容被复制后触发此事件
	onCut	IE 5.0及以上	当页面当前的被选择内容被剪切时触发此事件
	onDrag	IE 5.0及以上	当某个对象被拖动时触发此事件（活动事件）
	onDragDrop	IE 4.0及以上	一个外部对象被鼠标拖进当前窗口或者帧时触发此事件
	onDragEnd	IE 5.0及以上	鼠标拖动结束（即鼠标的按钮被释放了）时触发此事件
	onDragEnter	IE 5.0及以上	对象被鼠标拖动的对象进入其容器范围内时触发此事件

续表

事件		浏览器支持	解说
编辑事件	onDragLeave	IE 5.0及以上	对象被鼠标拖动的对象离开其容器范围内时触发此事件
	onDragOver	IE 5.0及以上	某个被拖动的对象在另一个对象容器范围内拖动时触发此事件
	onDragStart	IE 4.0及以上	当某个对象将被拖动时触发此事件
	onDrop	IE 5.0及以上	在一个拖动的过程中，释放鼠标时触发此事件
	onLoseCapture	IE 5.0及以上	元素失去鼠标移动所形成的选择焦点时触发此事件
	onPaste	IE 5.0及以上	内容被粘贴时触发此事件
	onSelect	IE 4.0及以上	文本内容被选择时触发此事件
	onSelectStart	IE 4.0及以上	文本内容的选择将开始发生时触发此事件
数据绑定	onAfterUpdate	IE 4.0及以上	数据完成由数据源到对象的传送时触发此事件
	onCellChange	IE 5.0及以上	数据来源发生变化时触发此事件
	onDataAvailable	IE 4.0及以上	数据接收完成时触发此事件
	onDatasetChanged	IE 4.0及以上	数据在数据源发生变化时触发此事件
	onDatasetComplete	IE 4.0及以上	来自数据源的全部有效数据读取完毕时触发此事件
	onErrorUpdate	IE 4.0及以上	使用onBeforeUpdate事件触发取消了数据传送时触发此事件(代替onAfterUpdate事件)
	onRowEnter	IE 5.0及以上	当前数据源的数据发生变化并且有新的有效数据时触发此事件
	onRowExit	IE 5.0及以上	当前数据源的数据将要发生变化时触发此事件
	onRowsDelete	IE 5.0及以上	当前数据记录将被删除时触发此事件
	onRowsInserted	IE 5.0及以上	当前数据源将要插入新数据记录时触发此事件
外部事件	onAfterPrint	IE 5.0及以上	文档被打印后触发此事件
	onBeforePrint	IE 5.0及以上	文档即将打印时触发此事件
	onFilterChange	IE 4.0及以上	某个对象的滤镜效果发生变化时触发此事件
	onHelp	IE 4.0及以上	浏览者按下【F1】键或者在浏览器的“帮助”中选择时触发此事件
	onPropertyChange	IE 5.0及以上	对象的属性之一发生变化时触发此事件
	onReadyStateChange	IE 5.0及以上	对象的初始化属性值发生变化时触发此事件

7.3 标准动作

本节教学录像时间：23 分钟

Dreamweaver CC内置有许多行为，每一种行为都可以实现一个动态效果或实现用户与网页之间的交互。

7.3.1 交换图像

【交换图像】动作通过更改图像标签的src属性，将一个图像和另一个图像交换。创建【交换图像】动作的具体步骤如下。

步骤 01 打开随书光盘中的“素材\ch07\7.3.1\index. html”文件。

步骤 02 选择【窗口】➤【行为】菜单命令，打开【行为】面板。选择要交换的图像，单击+按钮，在弹出的菜单中选择【交换图像】菜单命令。

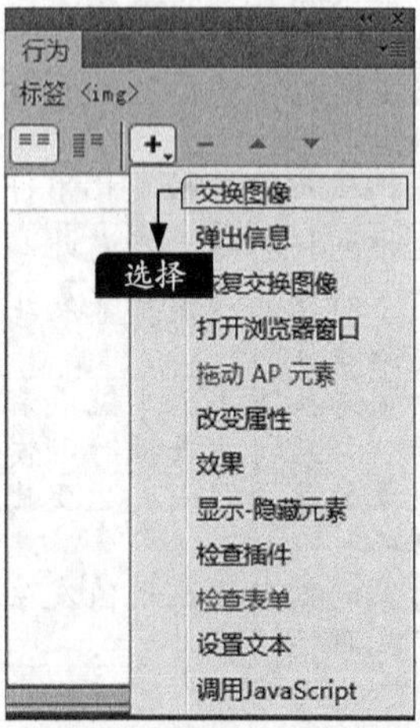

步骤 03 弹出【交换图像】对话框，单击【浏览】按钮 浏览... ，弹出【选择图像源文件】对话框，从中选择“素材\ch07\7.3.1\images\1.jpg”文件。

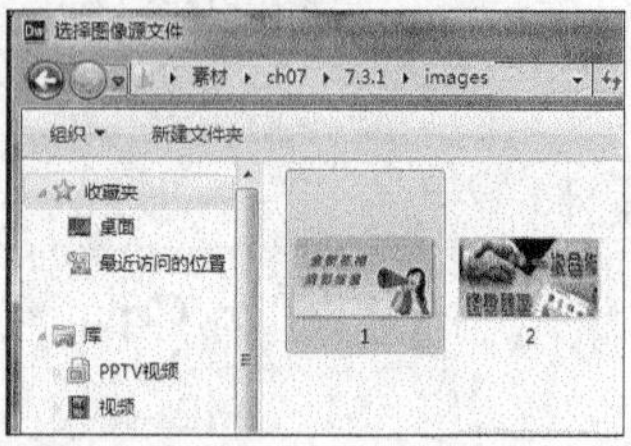

步骤 04 单击【确定】按钮，返回【交换图像】对话框。

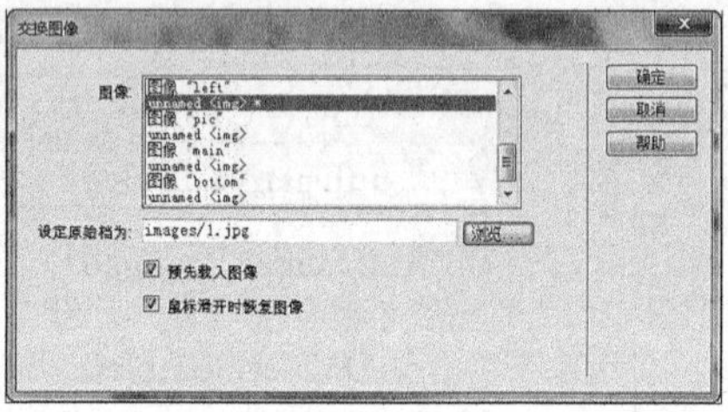

步骤 05 单击【确定】按钮，添加【交换图像】行为。

步骤 06 保存文档，按【F12】键在浏览器中预览效果。

7.3.2 弹出信息

使用【弹出信息】行为的具体步骤如下。

步骤 01 打开 “素材\ch07\7.3.2\index.html” 文件。单击文档窗口状态栏中的<body>标签，选择【窗口】➤【行为】菜单命令，打开【行为】面板。

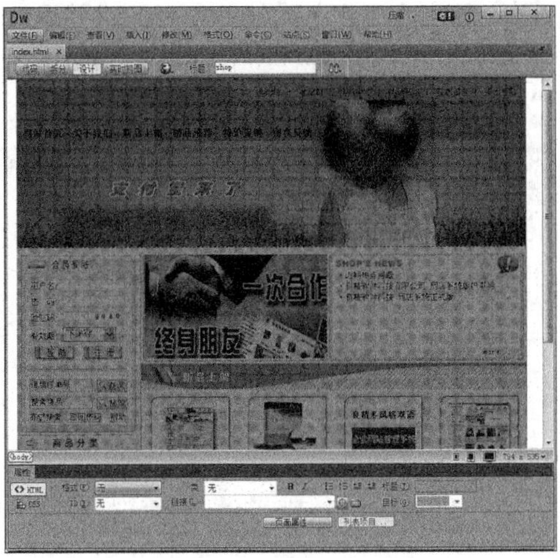

步骤 02 单击【行为】面板中的按钮+，在弹出的菜单中选择【弹出信息】菜单命令。

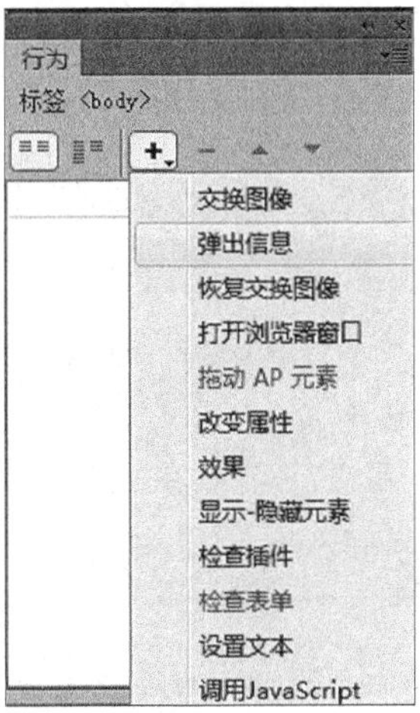

步骤 03 弹出【弹出信息】对话框，在【消息】文本框中输入要显示的信息。

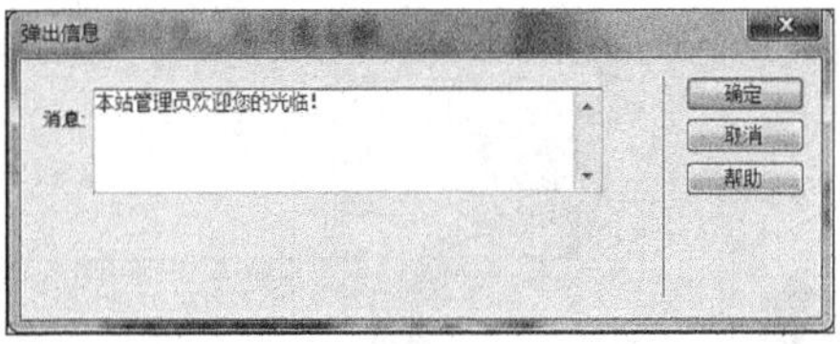

步骤 04 单击【确定】按钮添加行为，并设置相应的事件“onClick”。

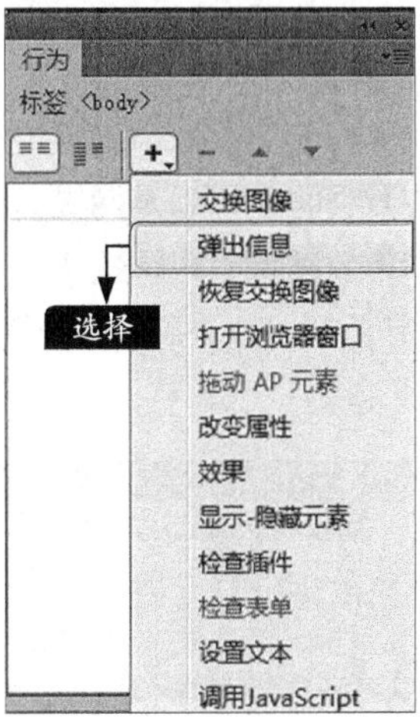

步骤 05 保存文档，按【F12】键在浏览器中预览效果。

7.3.3 打开浏览器窗口

使用【打开浏览器窗口】行为的具体步骤如下。

步骤01 打开“素材\ch07\7.3.3\index. html”文件。打开【行为】面板，单击+按钮，在弹出的菜单中选择【打开浏览器窗口】菜单命令。

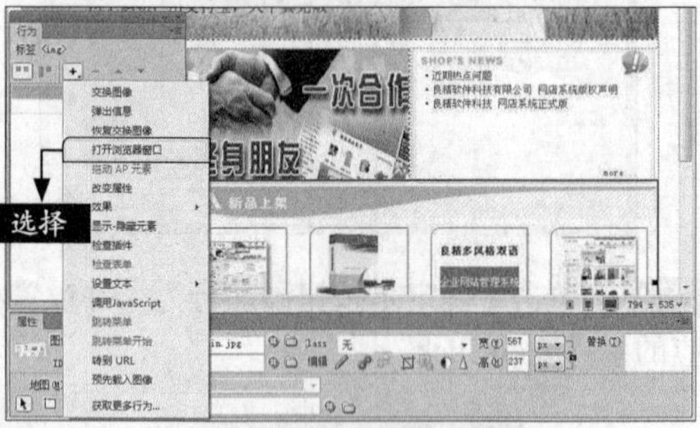

步骤02 弹出【打开浏览器窗口】对话框，在【要显示的URL】文本框中输入在新窗口中载入的目标URL地址（可以是网页，也可以是图像），或单击【要显示的URL】文本框右侧的【浏览】按钮浏览...，弹出【选择文件】对话框。

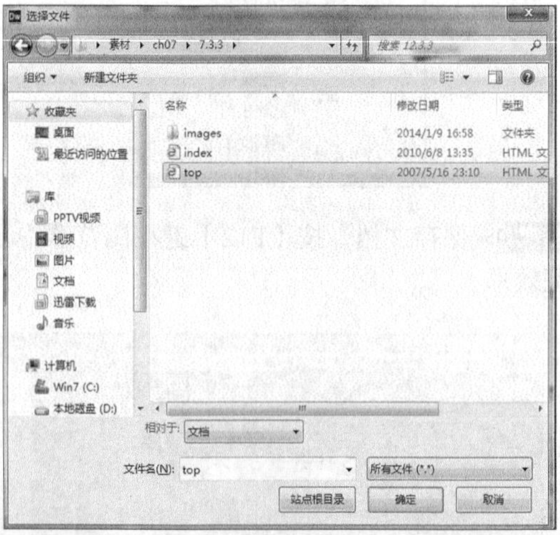

步骤03 在【选择文件】对话框中选择文件（此处选择“素材\ch07\7.3.3\top.html”文件），单击【确定】按钮，将其添加到文本框中，然后将【窗口宽度】和【窗口高度】分别设置为“300”和“230”，在【窗口名称】文本框中输入“弹出窗口”。

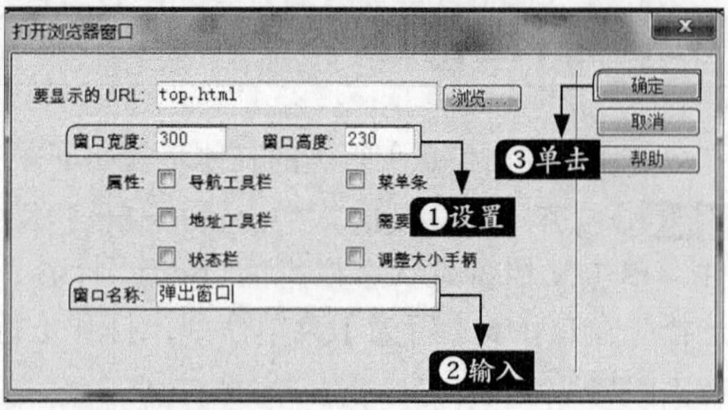

步骤04 单击【确定】按钮添加行为，并设置相应的事件。

步骤05 保存文档，按【F12】键在浏览器中预览效果。

7.3.4 调用JavaScript

使用【调用JavaScript】行为的具体步骤如下。

步骤01 打开“素材\ch07\7.3.4\index.html”文件，在【行为】面板中单击+按钮，从弹出的菜单中选择【调用JavaScript】菜单命令。

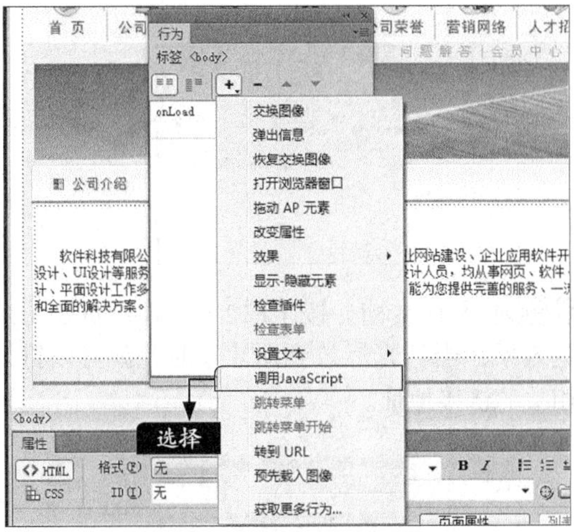

步骤02 弹出【调用JavaScript】对话框，在对话框中输入“window.close()”，表示关闭当前网页。单击【确定】按钮添加行为。

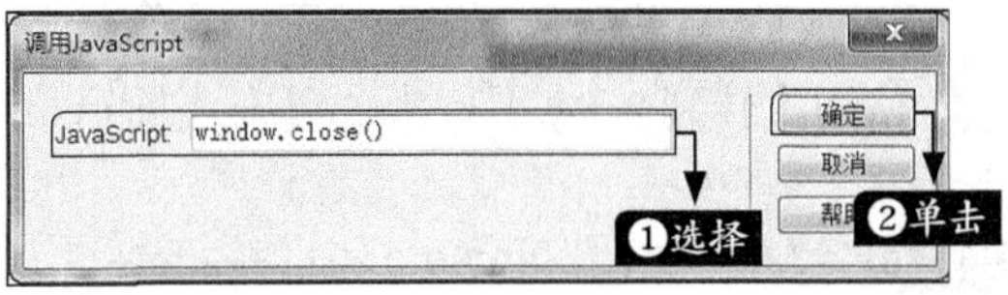

步骤03 保存文档，按【F12】键在浏览器中预览效果。

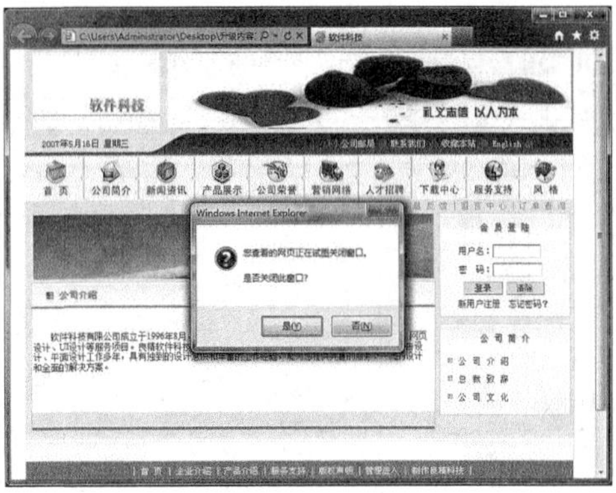

7.3.5 检查插件

使用【检查插件】行为，可根据访问者是否安装了指定插件转到不同的页。例如，想让安装有Shockwave软件的访问者转到一页，让未安装该软件的访问者转到另一页。

使用【检查插件】行为的具体步骤如下。

步骤01 选择【窗口】➤【行为】菜单命令，打开【行为】面板。单击+按钮，从弹出的菜单中选择【检查插件】菜单命令。

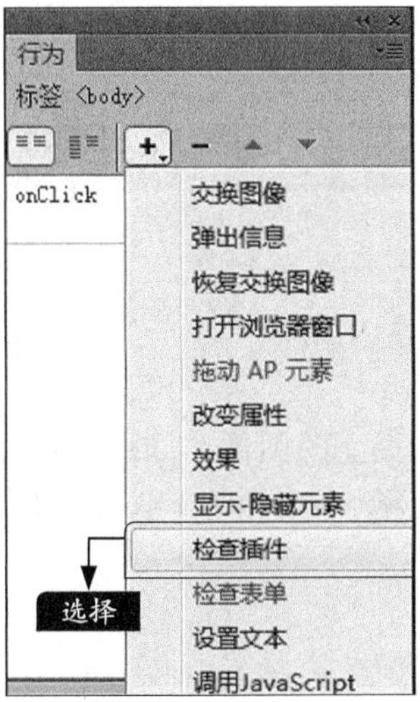

步骤02 弹出【检查插件】对话框，从中可以选择或输入插件，分别设置有插件和无插件所访问的URL，单击【确定】按钮。

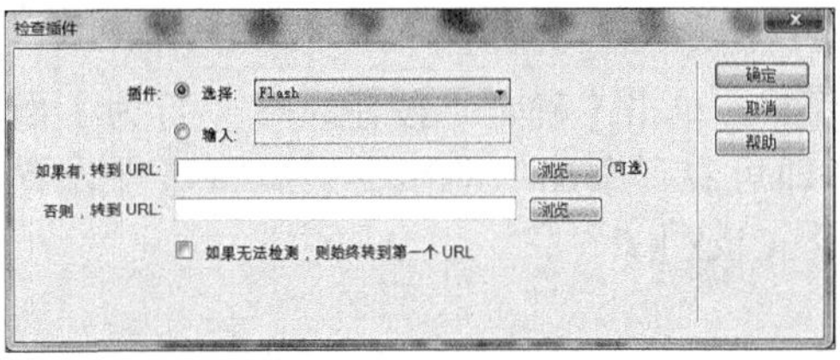

小提示

在Windows上的Internet Explorer检测不到大多数的插件。默认情况下，当不能实现检测时，会自动转到【否则，转到URL】文本框中列出的地址中。

7.3.6 转到URL

使用【转到 URL】行为，可在当前窗口或指定的框架中打开一个新页。具体的操作步骤如下。

步骤 01 打开“素材\ch07\7.3.6\index.html”文件。选定要添加行为的图片，在【行为】面板中单击+按钮，从弹出的菜单中选择【转到 URL】菜单命令。

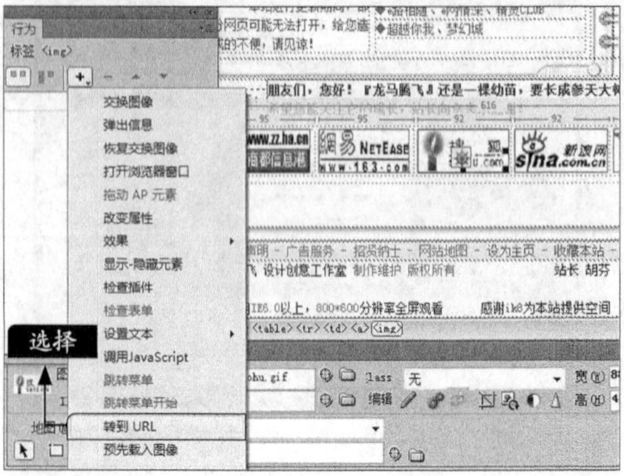

步骤 02 弹出【转到 URL】对话框，在【URL】文本框中输入链接的地址，这里输入“http://www.sohu.com/”。

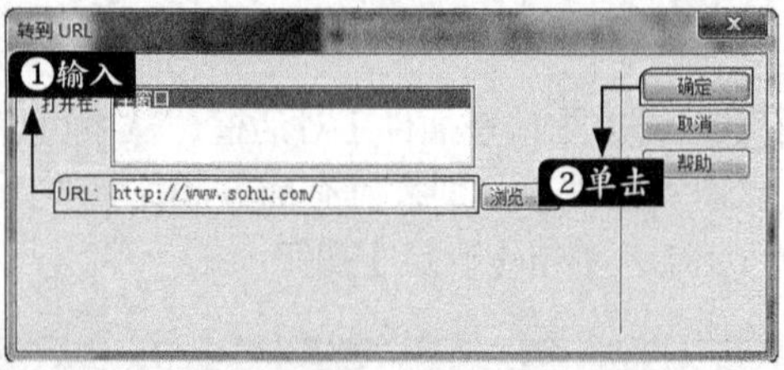

步骤 03 单击【确定】按钮，在【行为】面板中即可看到添加的动作，然后将事件设置为【onClick】。

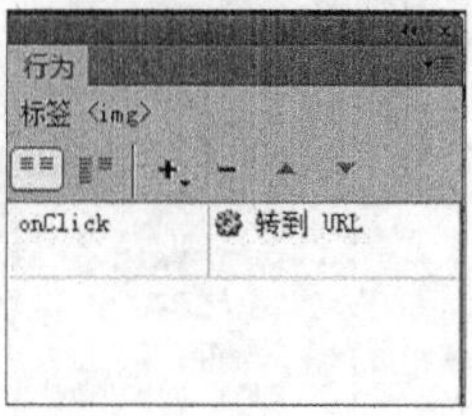

步骤 04 保存文档，按【F12】键在浏览器中预览效果，当把光标放到图片上时，就可以打开相关的链接地址。

7.3.7 预先载入图像

使用【预先载入图像】行为，可以将不会立即出现在页上的图像（如那些将通过行为或JavaScript 换入的图像）载入浏览器缓存中，以防止当图像应该出现时由于下载而导致延迟。

使用【预先载入图像】行为的具体步骤如下。

步骤01 选择一个对象并打开【行为】面板，单击+按钮，在弹出的菜单中选择【预先载入图像】菜单命令。

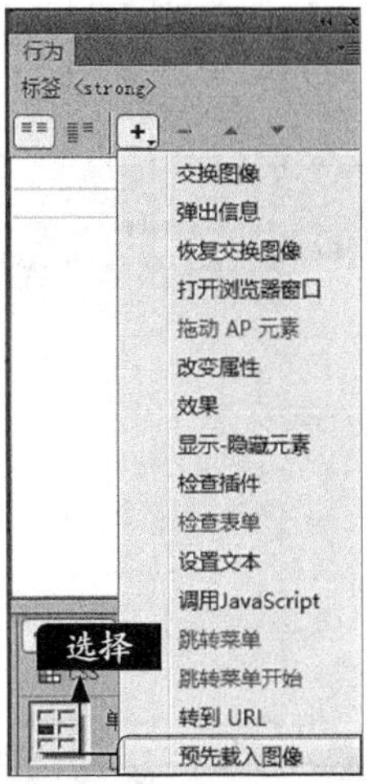

步骤02 打开【预先载入图像】对话框。

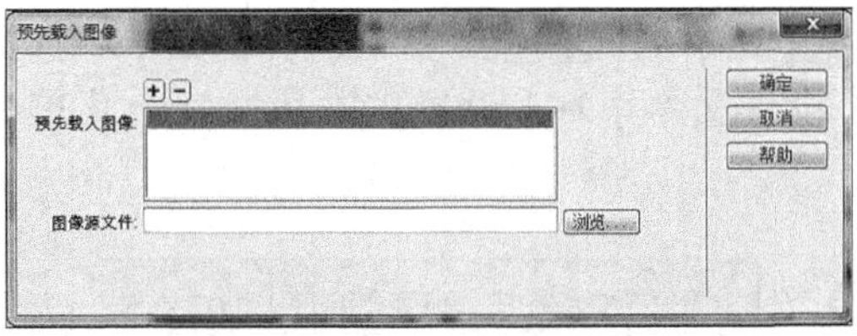

步骤03 单击【浏览】按钮，在弹出的【选择图像源文件】对话框中选择要预先载入的图像文件，或在【图像源文件】文本框中输入图像的路径和文件名，单击【确定】按钮。

步骤04 单击对话框顶部的+按钮，将图像添加到【预先载入图像】列表框中。设置完成，单击【确定】按钮。

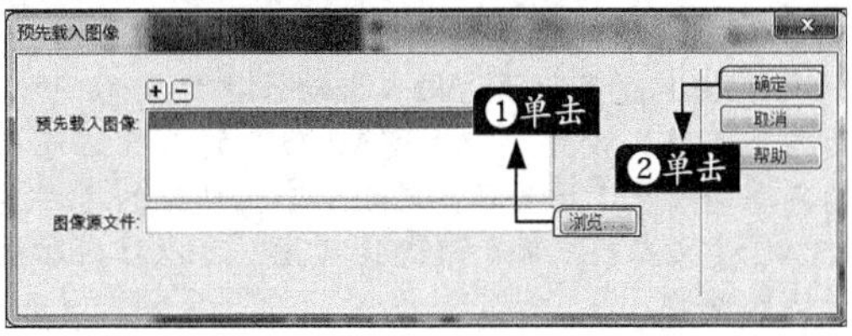

小提示

若要从【预先载入图像】列表框中删除某个图像，首先在列表框中选择该图像，然后单击−按钮即可。

7.3.8 设置文本

利用【行为】面板设置文本，主要包括设置框架文本、设置容器的文本、设置状态栏文本和设置文本域文字等。

1. 设置框架文本

【设置框架文本】动作允许用户动态设置框架的文本，并以用户指定的内容替换框架的内容和格式设置，该内容可以包含任何有效的HTML代码。使用此动作可动态显示信息，具体步骤如下。

步骤01 选择一个框架并打开【行为】面板，单击+按钮，然后在弹出菜单中选择【设置文本】➤【设置框架文本】菜单命令。

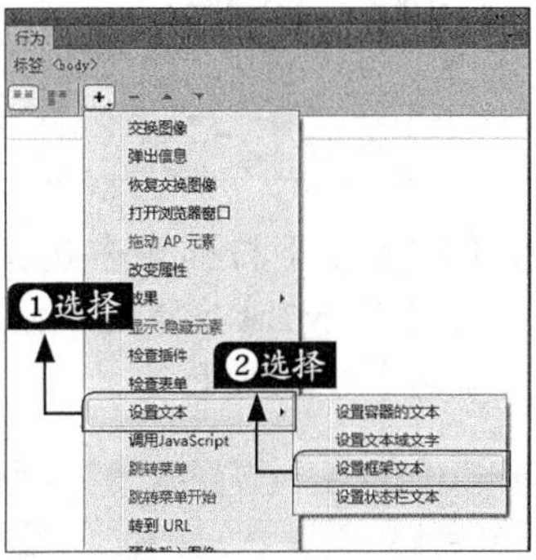

步骤02 弹出【设置框架文本】对话框，从【框架】下拉列表中选择目标框架。

步骤 03 单击【获取当前HTML】按钮，复制当前目标框架Body部分的内容，在【新建HTML】文本框中输入消息，然后单击【确定】按钮。

2. 设置容器的文本

【设置容器的文本】动作以用户指定的内容替换页面上现有AP DIV的内容和格式设置，该内容可以包括任何有效的HTML源代码。

> **小提示**
>
> 虽然【设置容器的文本】动作将替换AP DIV的内容和格式设置，但保留AP DIV的属性，包括颜色。通过在【设置容器的文本】对话框的【新建HTML】文本框中添加HTML标签，可以对内容进行格式设置。

使用【设置容器的文本】动作的具体步骤如下。

步骤 01 选择一个容器对象并打开【行为】面板，单击+按钮，在弹出菜单中选择【设置文本】➤【设置容器的文本】菜单命令，打开【设置容器的文本】对话框。

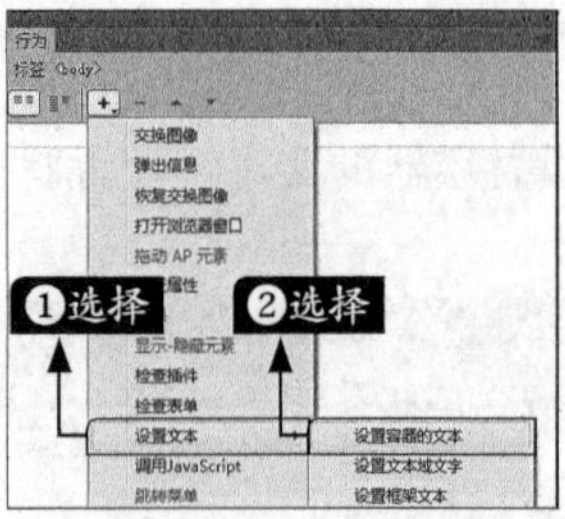

步骤 02 在【容器】下拉列表中选择目标AP DIV，在【新建 HTML】文本框中输入消息，然后单击【确定】按钮即可。

3. 设置文本域文字

使用【设置文本域文字】动作，可以用指定的内容替换表单文本域中的内容。

步骤 01 选择一个文本域，并打开【行为】面板。

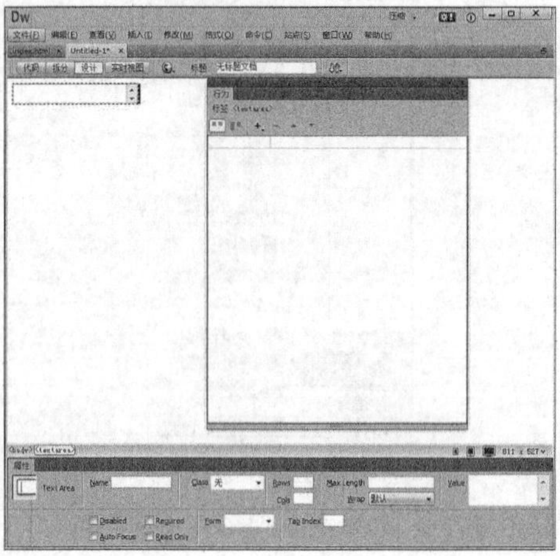

步骤 02 单击+按钮，然后在弹出菜单中选择【设置文本】➤【设置文本域文字】菜单命令。

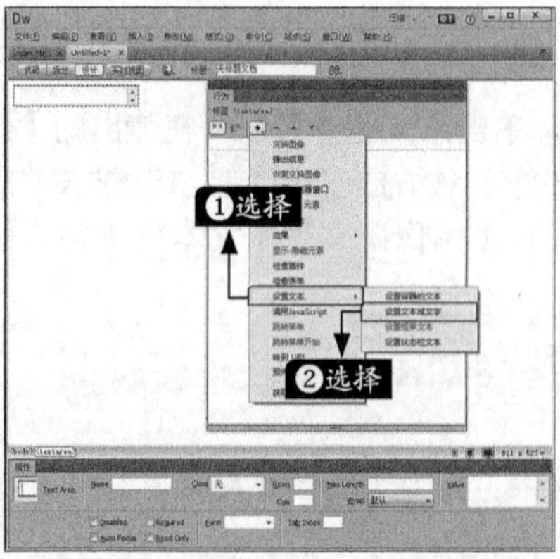

步骤 03 打开【设置文本域文字】对话框，从【文本域】下拉列表中选择目标文本域，在【新建文本】文本框中输入文本，然后单击【确定】按钮即可。

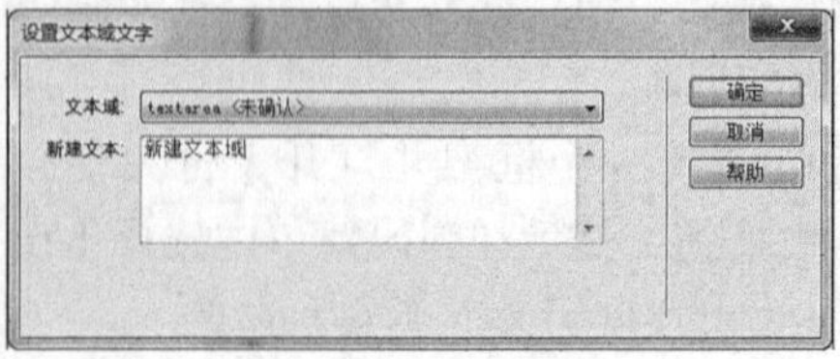

7.3.9 显示-隐藏元素

使用【显示-隐藏元素】行为，可以显示、隐藏、恢复一个或多个AP DIV的默认可见性。

步骤01 选择【插入】➤【Div】菜单命令，或在【插入】面板的【结构】选项卡中单击【Div】按钮，会打开如下对话框。

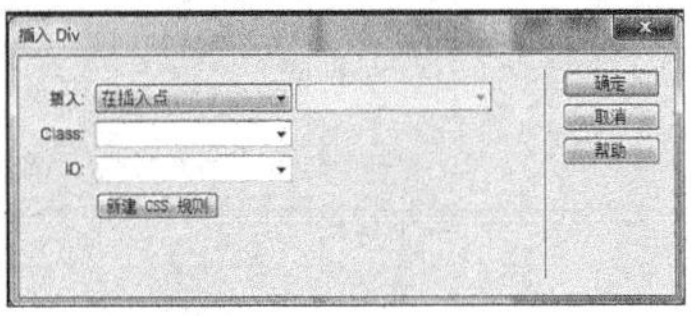

步骤02 设置ID后选择【新建CSS规则】按钮，单击【确定】按钮，在【CSS规则定义】窗口中，选择定位菜单，将Position属性设置为【absolute】（此处必须为新建的DIV设置ID）。

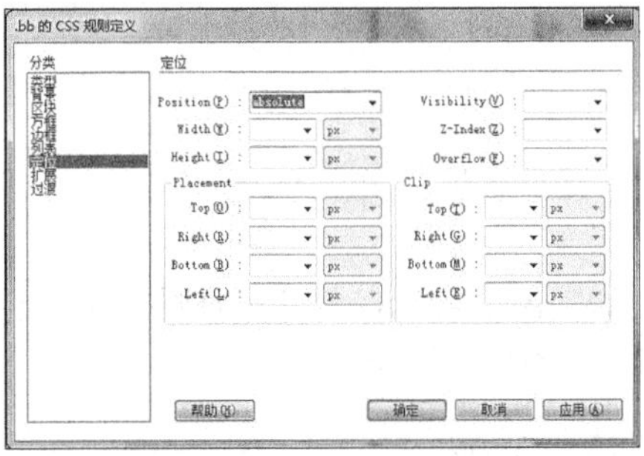

步骤03 选中新建的AP DIV，选择【窗口】➤【行为】菜单命令，打开【行为】面板。单击+按钮，从弹出的菜单中选择【显示隐藏元素】菜单命令。

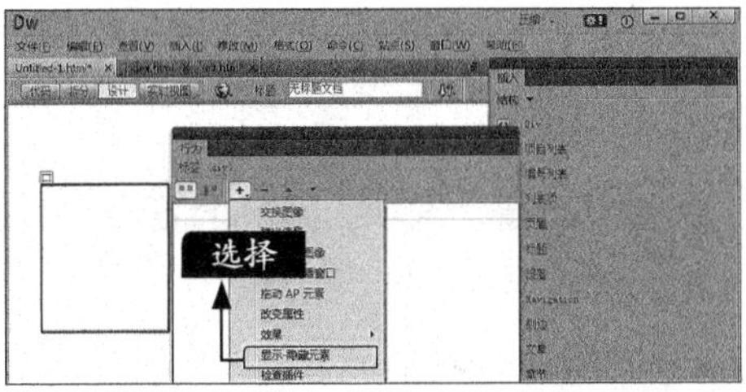

步骤04 打开【显示-隐藏元素】对话框，在【元素】列表框中选择要更改其可见性的AP DIV。

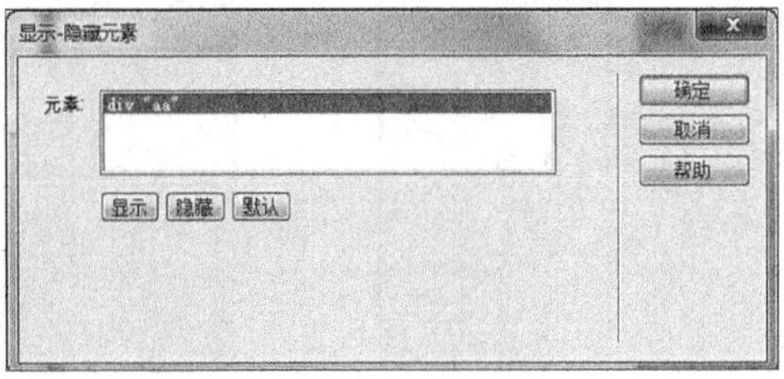

步骤05 单击【显示】按钮，可以显示该AP DIV；单击【隐藏】按钮，可以隐藏该AP DIV；单击【默认】按钮，可以恢复AP DIV的默认可见性。设置完毕单击【确定】按钮。

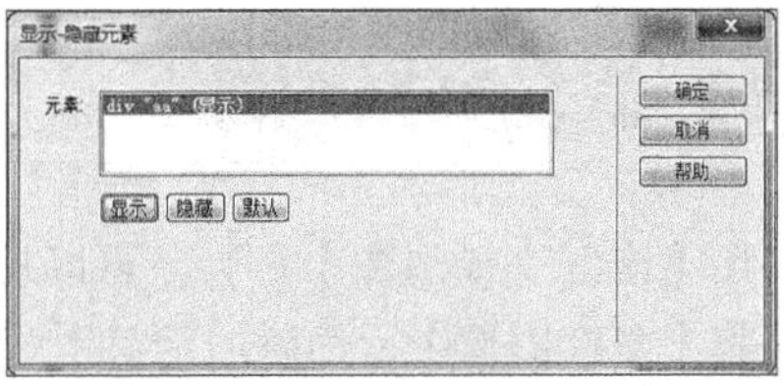

步骤06 检查默认事件是否是所需的事件，如果不是，可以从弹出菜单中选择合适的事件。

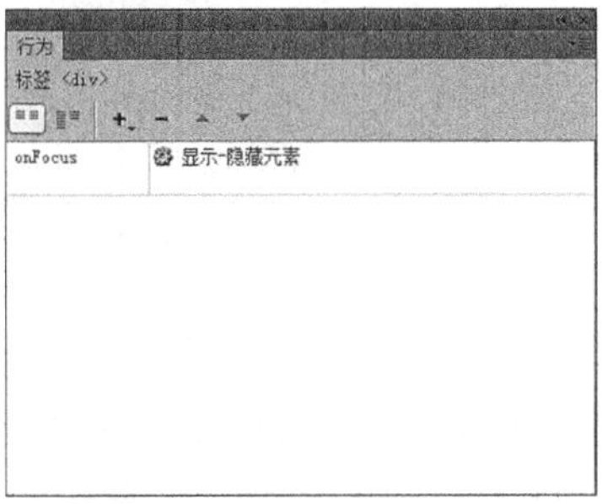

7.3.10 改变属性

可以使用【改变属性】行为更改对象的某个属性（例如AP DIV的背景颜色或表单的动作）的值。

步骤 01 选择一个对象并打开【行为】面板，单击面板中的+按钮，从弹出的菜单中选择【改变属性】菜单命令。

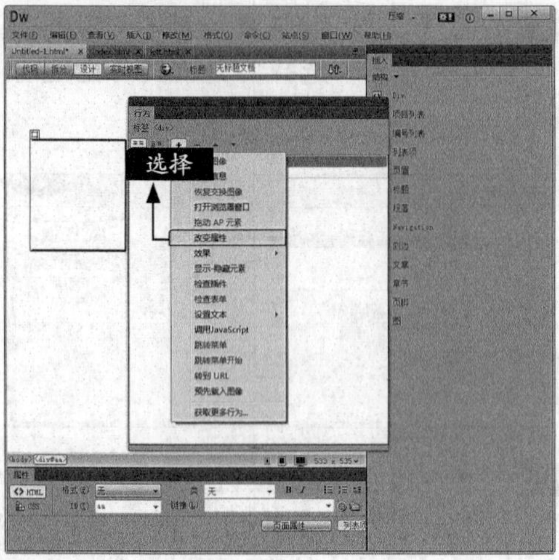

步骤 02 打开【改变属性】对话框，从中可以选择元素类型和命名元素，然后选择要更改的属性，并为该属性输入新值。设置完毕单击【确定】按钮即可。

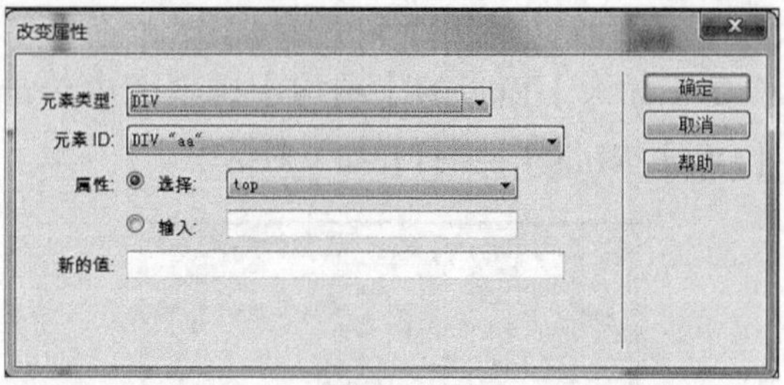

小提示

如果要查看每个浏览器中可以更改的属性，可以从浏览器的弹出菜单中选择不同的浏览器或浏览器版本。如果正在输入属性名称，则一定要使用该属性准确的JavaScript名称。注意，JavaScript属性是区分大小写的。

7.3.11 恢复交换图像

使用【恢复交换图像】行为，可以将最后一组交换的图像恢复为它们以前的源文件，这样，每一次将【交换图像】行为附加到某个对象时，都会自动地添加该行为。

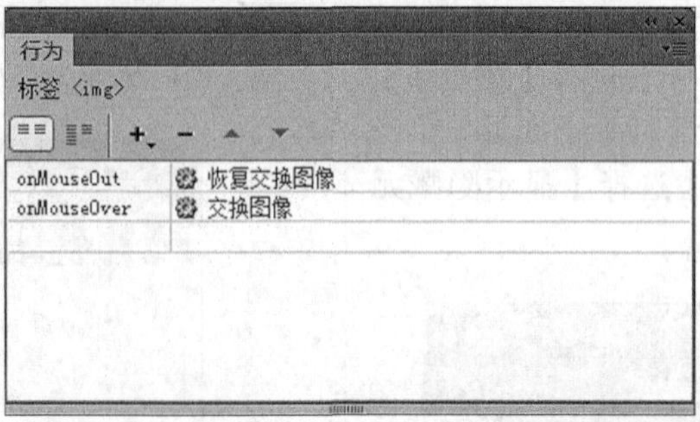

如果在附加【交换图像】行为时选择了【鼠标滑开时恢复图像】选项，则不再需要手动选择【恢复交换图像】行为。

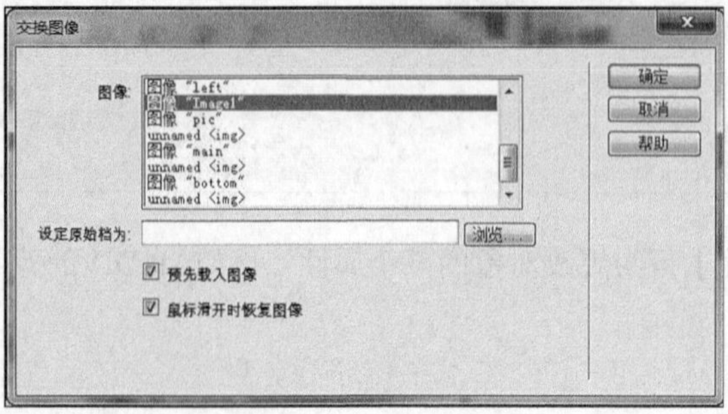

7.3.12 检查表单

使用【检查表单】行为，可以检查指定文本域的内容，以确保输入了正确的数据类型。将此行为附加到表单，可防止表单提交到服务器后任何指定的文本域中包含无效的数据。

使用【检查表单】行为的具体步骤如下。

步骤 01 若要在填写表单时分别检查各个域，可以选择一个文本域，然后选择【窗口】➤【行为】菜单命令；若要在提交表单时检查多个域，可以在文档窗口左下角的标签选择器中单击<form>标签。

步骤 02 选择【窗口】➤【行为】菜单命令，打开【行为】面板，单击+按钮，从弹出的菜单中选择【检查表单】菜单命令。

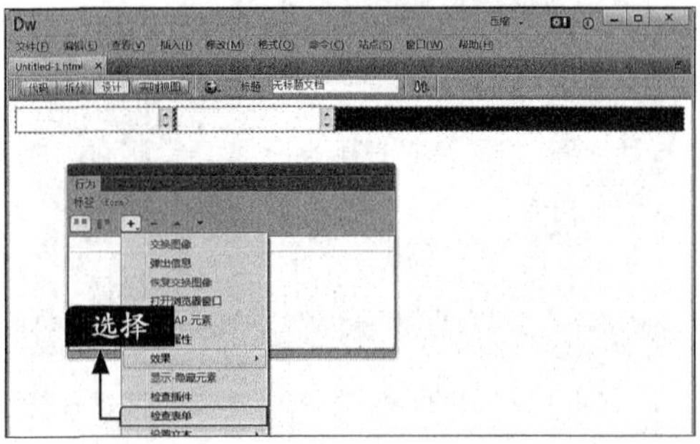

步骤 03 在打开的【检查表单】对话框中可以进行相关的设置。设置完毕单击【确定】按钮，即可添加【检查表单】行为，并设置相应的事件。

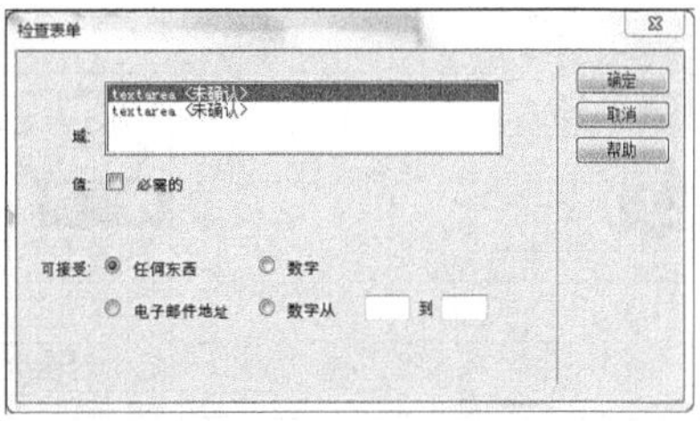

7.4 综合实战1——创建跳转菜单

本节教学录像时间：5 分钟

本实例主要学习利用【行为】面板创建【跳转菜单】动作的方法。使用跳转菜单可以在不同的网页之间跳转，以实现网页的链接。

步骤 01 打开“素材\ch07\7.4\index.html”文件，将光标放到需要插入跳转菜单的位置，选择【插入】➤【表单】➤【选择】菜单命令。

步骤 02 单击页面下方属性中的【列表值】按钮。

步骤 03 弹出【列表值】对话框，单击 + 按钮添加选项。完成添加选项后单击【确定】按钮。

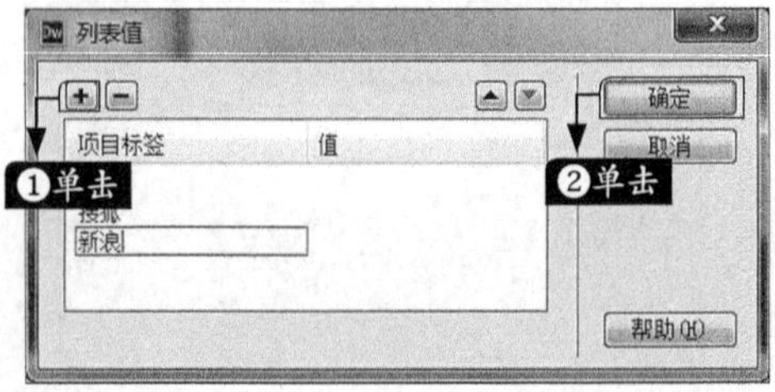

步骤 04 选择插入的跳转菜单，在【行为】面板中单击按钮，从弹出的菜单中选择【跳转菜单】选项。

步骤 05 弹出【跳转菜单】对话框。

步骤 06 在该对话框中单击 + 按钮，可以增加菜单项，在【文本】文本框中输入该项的内容，在【选择时，转到URL】文本框中设定该项所指向的链接目标。

步骤 07 保存文档，按【F12】键在浏览器中预览效果。

7.5 综合实战2——拖动AP元素

本节教学录像时间：6 分钟

【拖动AP 元素】动作允许访问者拖动AP 元素，使用此动作可创建拼板游戏、滑块控件和其他可移动的界面元素。

具体的操作步骤如下。

步骤01 打开“素材\ch07\7.5\index. html”文件，将光标置于页面中，然后选择【插入】➤【Div】菜单命令，在页面中插入一个DIV并在插入过程中设置定位【absolute】。

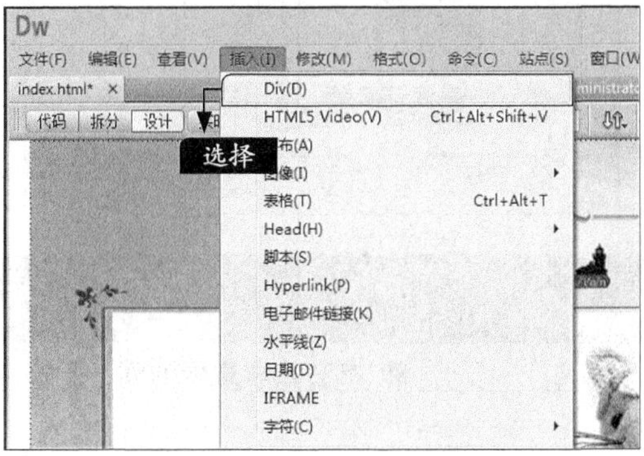

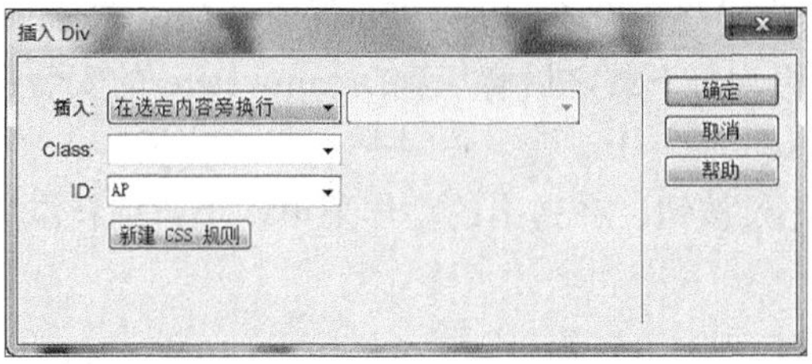

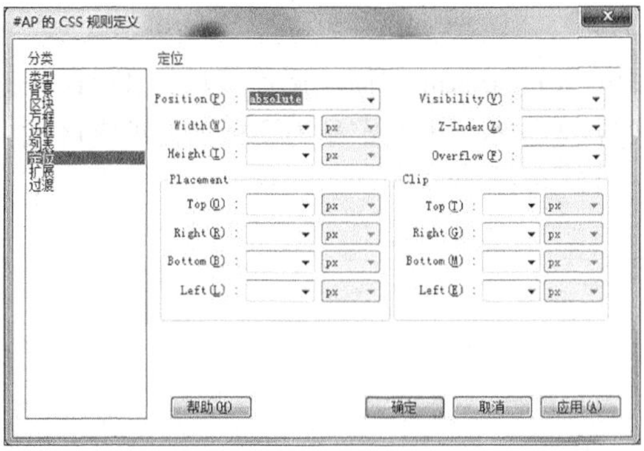

步骤02 为了便于识别，给AP DIV加一个背景色，并在其中输入文字。

步骤03 选择【窗口】➤【行为】菜单命令，打开【行为】面板，单击+按钮，在弹出的菜单中选择【拖动AP 元素】菜单命令（当前选择【body】标签）。

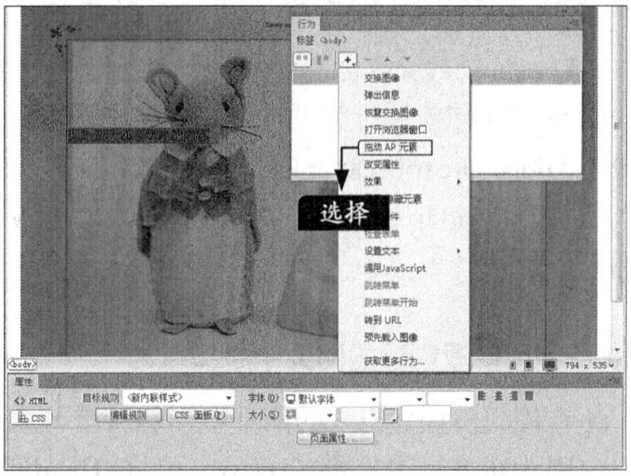

步骤04 弹出【拖动AP 元素】对话框，在【AP 元素】下拉列表中选择【div “apDiv4”】选项，在【移动】下拉列表中选择【不限制】选项。

步骤05 切换到【高级】选项卡，在【拖动控制点】下拉列表中选择【元素内的区域】选项，它的功能是设置AP Div的可作用区域，决定鼠标在AP Div的哪个范围内按下并移动时能拖动AP Div，然后在后面的【左】、【上】、【宽】和【高】等文本框中分别输入0、0、200和150。

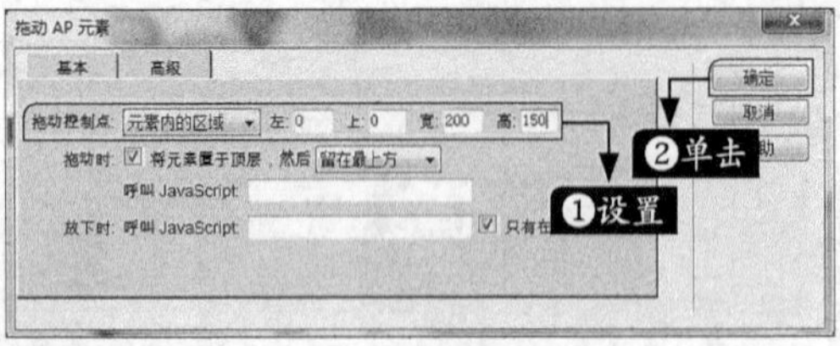

步骤06 单击【确定】按钮添加行为，并设置相应的事件，然后保存文档，按【F12】键即可在浏览器中预览效果。

高手支招

本节教学录像时间：2 分钟

下载并使用更多的行为

Dreamweaver包含了百余个事件、行为，如果认为这些行为还不足以满足需求，Dreamweaver同时也提供有扩展行为的功能，可以下载第三方的行为，下载之后解压到Dreamweaver的安装目录“Adobe Dreamweaver CC\configuration\Behaviors\Actions”下。

重新启动Dreamweaver，在【行为】面板中单击+按钮，在弹出的动作菜单即可看到新添加的动作选项。

在使用模板创建的网页中添加行为

在使用模板做出来的网页中不能新增行为。

因为新增行为需要在HTML文件的Head部分之中插入JavaScript，而使用模板后，HTML文件的Head部分会被锁定。这时需要事先在模板中定义好行为，然后把它定义为模板的可编辑区域，随后，就可以在网页中更改这个行为了。

第8章

动态网站开发筹备

学习目标

随着网络技术的迅猛发展，网络已经深入到人们工作和生活的各个方面。在网上查阅资料、学习、娱乐、购物等，这些都需要借助网络中服务器强大的后台数据库功能来实现，利用数据库实现网络应用的就是动态数据库网站。

学习效果

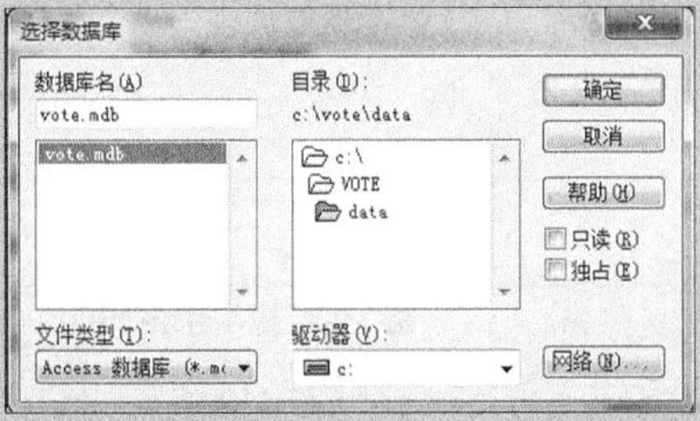

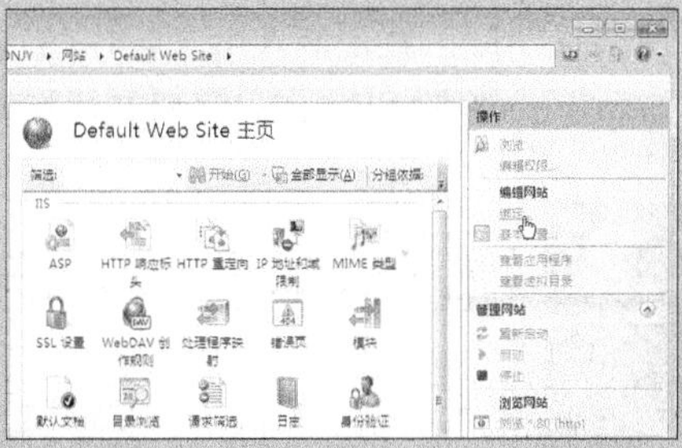

8.1 ASP基础

本节教学录像时间：6 分钟

Active Server Pages（ASP）提供有服务器端脚本编写环境。使用ASP，用户可以创建和运行动态、交互的Web服务器应用程序，可以组合HTML页、脚本命令和ActiveX组件，以创建交互的Web页和基于Web的功能强大的应用程序。

8.1.1 初识ASP

ASP能够与任何一种Action Scripting语言相容，在普通的文本编辑器中即可进行ASP页面的编辑和设计。

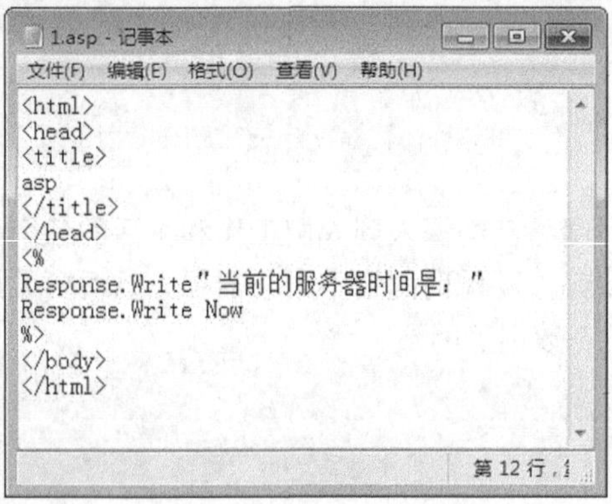
1.asp - 记事本
文件(F) 编辑(E) 格式(O) 查看(V) 帮助(H)
<html>
<head>
<title>
asp
</title>
</head>
<%
Response.Write"当前的服务器时间是："
Response.Write Now
%>
</body>
</html>
第 12 行，1

8.1.2 创建ASP 页面

ASP页面实际上就是嵌入ASP脚本的HTML页面。ASP页面以文件的形式保存在站点中，扩展名为“.asp”，创建ASP页面只需要直接将文件的扩展名改为“.asp”即可。

8.2 配置IIS服务器

本节教学录像时间：19 分钟

IIS（Internet Information Services，Internet信息服务管理器）是由微软公司提供的，用于配置应用程序池或网站，FTP站点，SMTP或NNTP站点的，基于MMC控制台的管理程序。IIS是Windows Server 2003/2008操作系统自带的组件，无须安装第三方程序，即可用来搭建各种网站并管理服务器中的所有站点。

IIS服务不仅提供了FTP服务、SMTP服务、NNTP服务以及IIS管理服务，还可以实现信息发布，文件传输及用户通信，并管理这些服务。

本节以Windows Server 2008服务器为例，讲述IIS的安装和设置的方法。

8.2.1 IIS简介

IIS是Internet Information Server的缩写，它是微软公司主推的Web服务器，现在用户一般常用的版本是Windows 2003里面包含的IIS 6或者更早的IIS 5，IIS与Window NT Server完全集成在一起，因而用户能够利用Windows NT Server和NTFS（NT File System，NT的文件系统）内置的安全特性，建立强大、灵活而安全的Internet和Intranet站点。IIS支持ISAPI，使用ISAPI可以扩展服务器功能， IIS的设计目的是建立一套集成的服务器服务，用以支持HTTP、FTP和SMTP，它能够提供快速且集成了现有产品，同时可扩展的Internet服务器。

新的IIS 7在Windows Server 2008中加入了更多的安全方面的设计，用户现在可以通过微软的.Net语言来运行服务器端的应用程序。除此之外，通过IIS 7新的特性来创建模块将会减少代码在系统中的运行次数，将遭受黑客脚本攻击的可能性降至最低。从安全的角度来考虑，这是IIS所涉及的一个新领域。下面介绍IIS中五个最为核心的增强特性。

1. 完全模块化的IIS

IIS7从核心层讲被分割成了40多个不同功能的模块，像验证、缓存、静态页面处理和目录列表等功能全部被模块化。这意味着Web服务器可以按照运行需要来安装相应的功能模块。可能存在安全隐患和不需要的模块将不会再加载到内存中去，程序的受攻击面减小了，同时性能方面也得到了增强。

2. 通过文本文件配置的IIS 7

IIS 7另一大特性就是管理工具使用了新的分布式web.config配置系统。IIS 7不再拥有单一的metabase 配置存储，而将使用和ASP.NET支持的同样的web.config文件模型，这样就允许用户把配置和Web应用的内容一起存储和部署，无论有多少站点，用户都可以通过web.config文件直接配置，这样当公司需要挂接大量的网站时，可能只需要很短的时间，因为管理员只需要复制之前做好的任意一个站点的web.config文件，然后把设置和Web应用一起传送到远程服务器上即可，不必再写管理脚本来定制配置。

3. MMC 图形模式管理工具

在IIS 7中，用户现在可以用管理工具在Windows客户机器上创建和管理任意数目的网站。而不再局限于单个网站，同时相比IIS之前的版本，IIS 7的管理界面也更加友好和强大，此外IIS 7的管理工具是用.NET和Windows Forms写成的，是可以被扩展的。这意味着用户可以将自己的UI模块添加到管理工具中，为HTTP 运行时模块和配置设置提供管理支持。

4. IIS 7安全方面的增强

安全问题永远是微软被攻击的重中之重，因为微软这艘巨型战舰过于庞大，难免百密一失，微软积极地响应着每一个安全方面的意见与建议。IIS的安全问题主要集中在有关.NET程序的有效管理以及权限管理方面，IIS 7针对IIS 服务器遇到的安全问题做了相应的增强。

在新版本中IIS 和ASP.NET 管理设置集成到了单个管理工具里。这样，用户就可以在一个地方查看和设置认证和授权规则，而不像以前那样要通过多个不同的对话框来做。这给管理人员提供了一个更加一致和清晰的用户界面，以及Web平台上统一的管理体验。

5. IIS 7的Windows PowerShell 管理环境

关注脚本编程或者是Exchange Server 2007的用户都不会对Windows PowerShell感到陌生，Windows PowerShell是一个特为系统管理员设计的Windows 命令行Shell 。在这个 Shell 中包括一个交互提示和一个可以独立，或者联合使用的脚本环境。对于热爱脚本管理的IT朋友们Windows PowerShell必将让他们爱不释手。而对于IIS服务器，Windows PowerShell同样可以提供全面的管理功能。

8.2.2 安装IIS组件

安装IIS组件的具体步骤如下。

步骤 01 打开【控制面板】窗口，双击【程序和功能】选项。

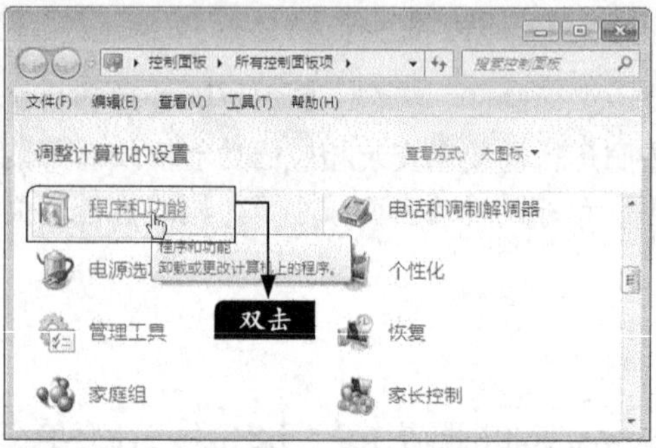

步骤 02 弹出【卸载或更改程序】对话框，单击左侧的【打开或关闭Windows功能】选项卡。

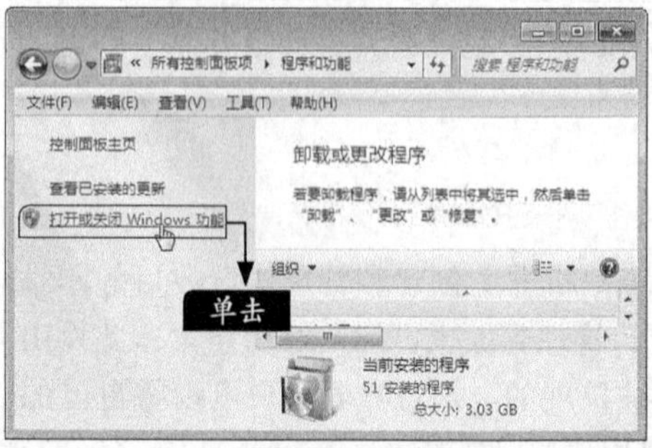

步骤 03 在打开的【Windows功能】对话框中，选中【Internet信息服务】复选框，按照下图勾选子选项，打开该功能，然后单击【确定】按钮。

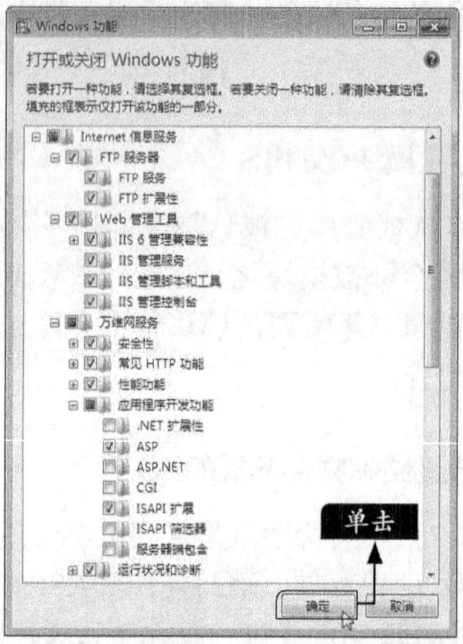

> **小提示**
>
> 复选框为选中状态☑时，为全部选中该功能下的子选项；复选框为■状态时，为非全部选中状态，如上图所示。

步骤 04 弹出【Microsoft Windows】对话框，待加载完毕，即表示完成了IIS的安装。

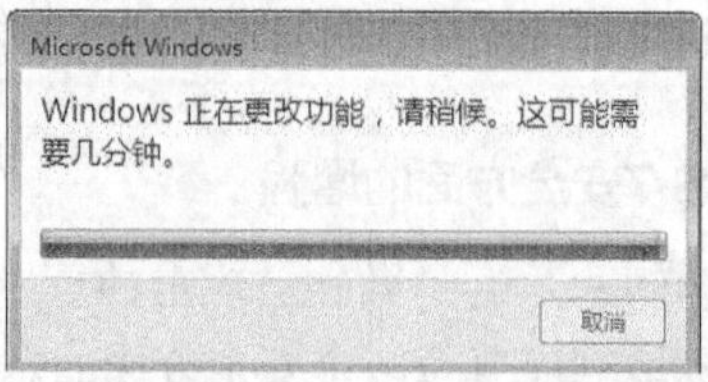

8.2.3 设置IIS服务器

IIS安装完成，还需要进一步设置其相关选项，之后IIS网站才能正式启用。设置IIS服务器的具体步骤如下。

步骤01 返回到控制面板，双击【管理工具】选项。

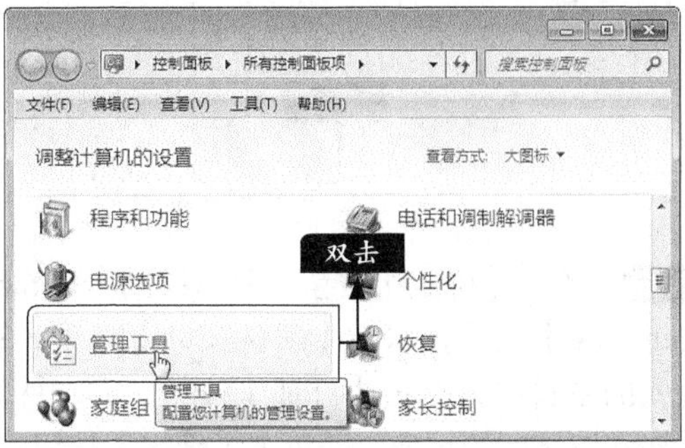

步骤02 打开【管理工具】窗口，双击【Internet信息服务（IIS）管理器】选项。

步骤03 打开【Internet 信息服务（IIS）服务器】窗口，单击左侧列表中的【Default Web Site】选项，然后单击【ASP】选项。

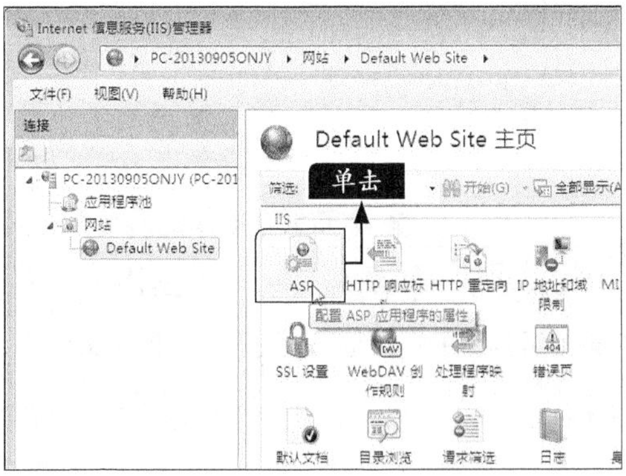

步骤04 在打开的【ASP】对话框中，将【启用父路径】修改为【True】，然后单击右侧的【应用】按钮。

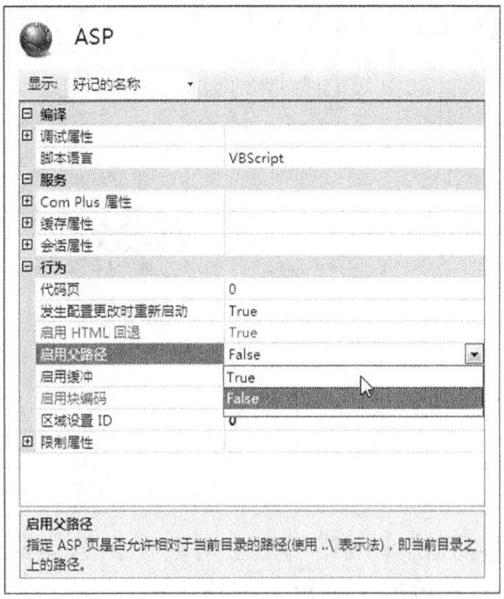

步骤05 返回【Default Web Site】主页，单击右侧列表中的【高级设置】选项。

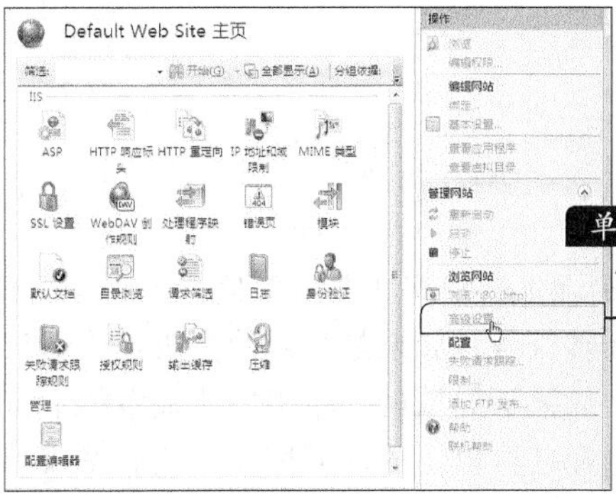

步骤06 在弹出的【高级设置】对话框中，单击【物理路径】右侧的按钮[...]，选择要添加的网站目录。

步骤 07 返回【Default Web Site】主页，单击右侧列表中的【绑定】选项。

步骤 08 弹出【网站绑定】对话框，选择要绑定的网站，单击【编辑】按钮。

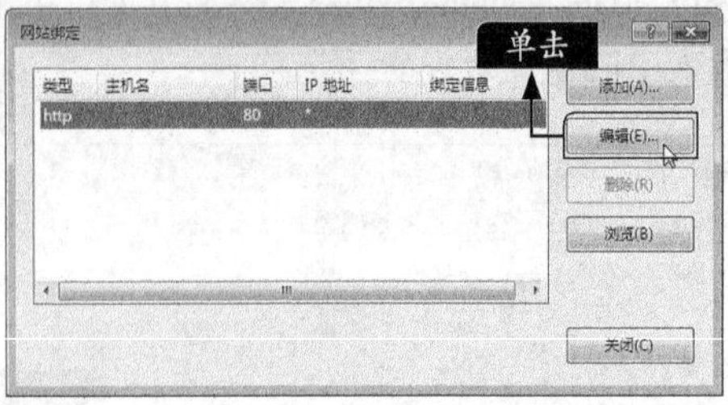

步骤 09 在【编辑网站绑定】对话框中，设置IP地址和端口号。如果是一台计算机修改端口号即可；如果是局域网，单击IP地址中的下拉按钮，选择计算机上的局域网IP，然后修改端口号即可。

步骤 10 单击【确定】按钮，并返回到【Default Web Site】主页，双击【默认文档】选项，在转入的主页中，单击【添加】按钮，添加网站的缺省被访问的页面，并单击【确定】按钮。

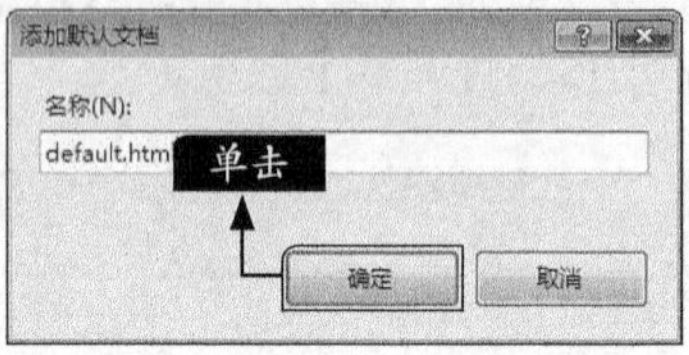

步骤 11 访问"物理目录"下的网站，在浏览器地址栏中输入"http://10.8.19.253:8081"，如果打开默认网站的首页，则说明IIS正常运行了。

8.3 连接数据库

本节教学录像时间：14 分钟

数据库是指长期存储在计算机内的、有组织的、可共享的数据集合。动态页面最主要的特点就是结合后台数据库，自动更新页面，建立数据库的链接是页面通向数据的桥梁。

8.3.1 创建数据库

本小节以在Access软件中创建数据库为例，介绍创建数据库的方法。

步骤01 在【Microsoft Access】窗口中选择【文件】➤【新建】菜单命令，在右侧的【新建文件】窗格中单击【空白桌面数据库】链接。

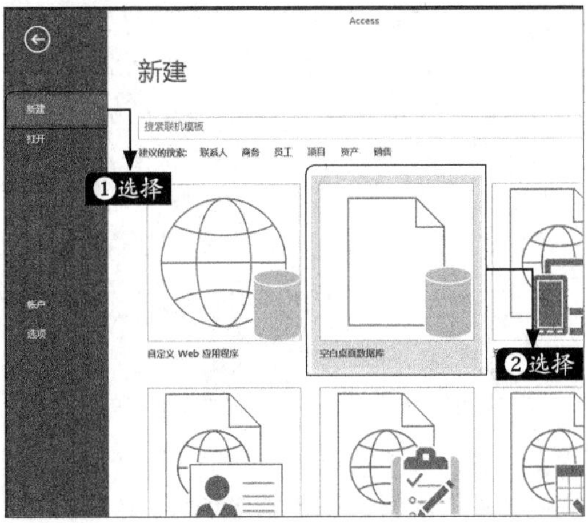

步骤02 在弹出的【空白桌面数据库】对话框中设置数据库的名称和保存路径，完成后单击【创建】按钮。

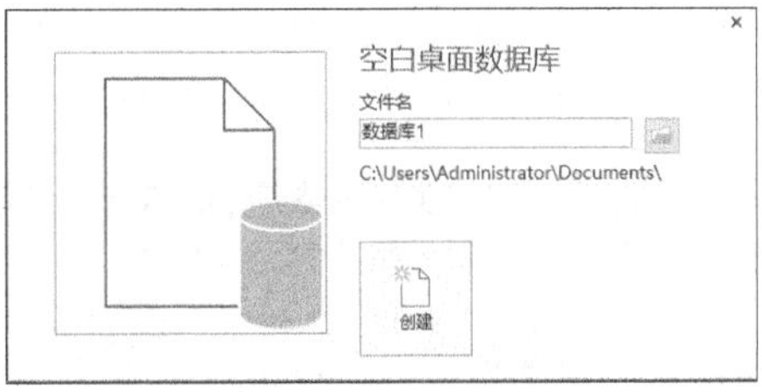

步骤03 在打开的【数据库】窗口上方单击【视图】下拉菜单，选择【设计视图】选项。

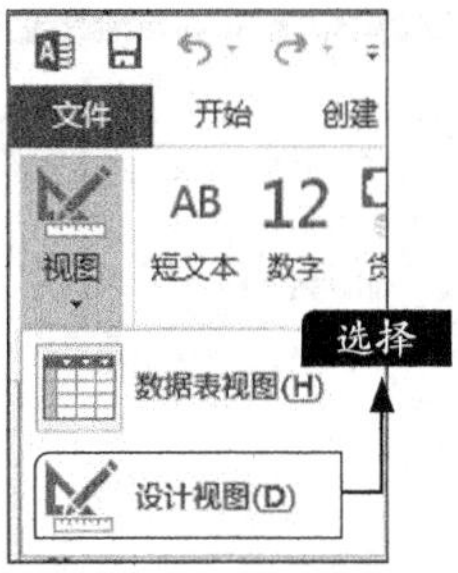

步骤04 在弹出的对话框中确定表名“tVote”，并单击【确定】按钮。

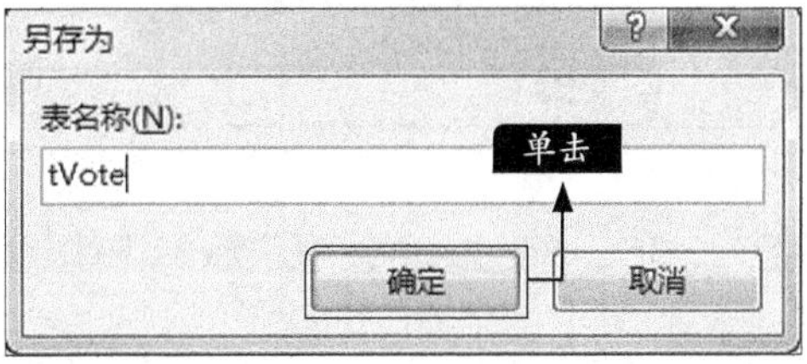

步骤05 在打开的窗口中设置【字段名称】和【数据类型】。

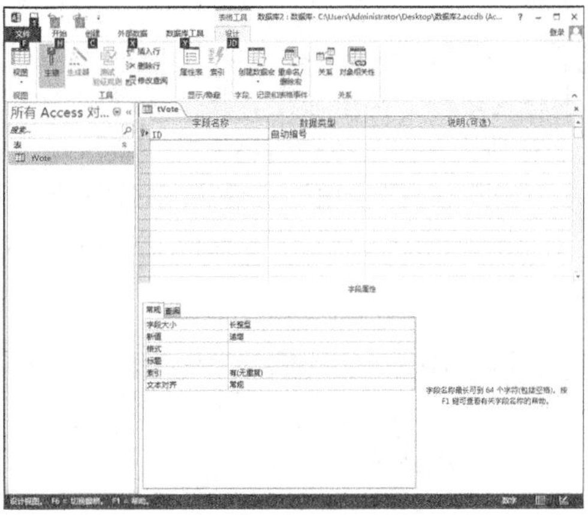

8.3.2 定义站点

将数据库和ASP页面连接起来，首先需要新建一个动态站点。

步骤01 配置IIS，将【本地路径】设置为“C:\vote”。

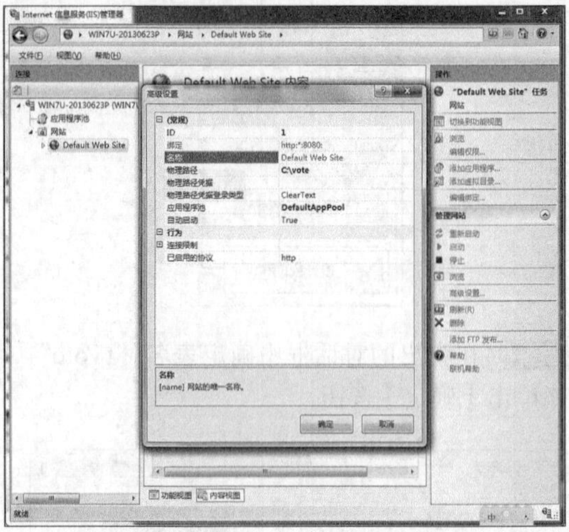

小提示

此处的站点文件夹为“vote”，将其设置为默认网站的本地路径，是为了方便以后测试网站时直接在IE地址栏中输入“127.0.0.1”或“http://localhost/”即可测试网站。

步骤02 启动Dreamweaver CC，选择【站点】➤【新建站点】菜单命令，弹出【站点设置对象】对话框，在【站点名称】文本框中输入网站的名称“网络投票”，在【本地站点文件夹】文本框中输入网站的本地根文件夹为“C:\vote\”。

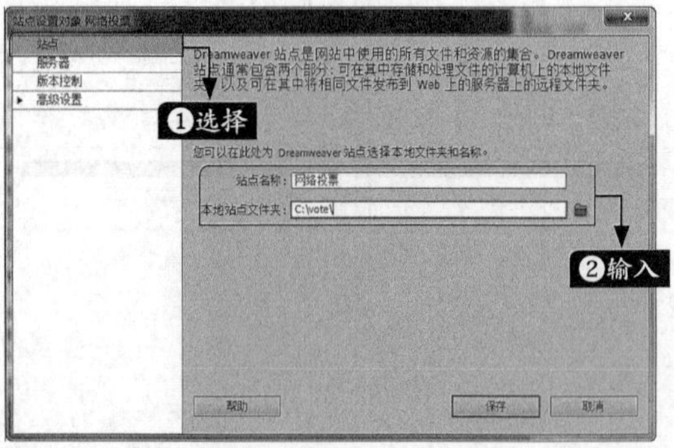

步骤03 选择【服务器】选项卡，单击【添加新服务器】按钮⊞，在弹出的对话框中选择【基本】选项卡，然后在【连接方法】下拉列表中选择【本地/网络】选项，在【服务器文件夹】文本框中设置本地的网站根文件夹为“C:\vote”，在【Web URL】文本框中输入“http://localhost/”。

步骤04 在【高级】选项卡中的【服务器模型】下拉列表中选择【ASP VBScript】选项，然后单击【保存】按钮。

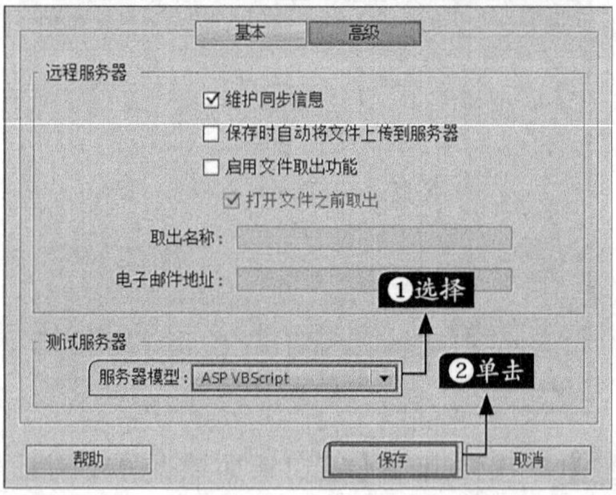

步骤05 返回【站点设置对象】对话框，在【服务器】选项卡中选择新建服务器的【测试】栏中的复选框，然后单击【保存】按钮，即可完成在Dreamweaver CC中定义站点的操作。

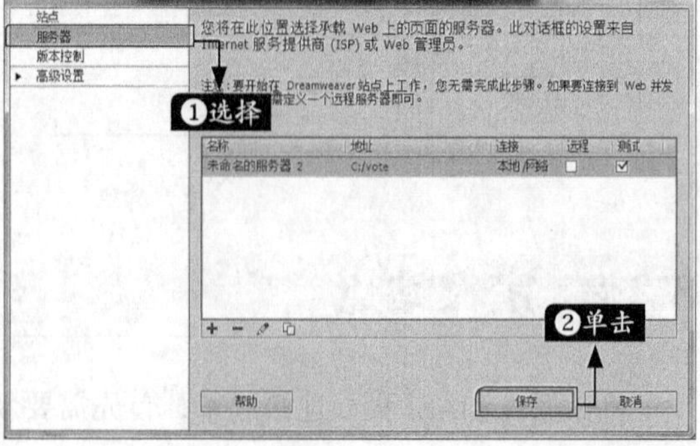

8.3.3 创建ODBC数据源

在动态网页中是通过开放式数据库链接（ODBC）驱动程序提供程序链接到数据库的，该驱动程序负责将运行的结果送回应用程序。

步骤01 打开【控制面板】窗口，双击【管理工具】选项，打开【管理工具】窗口。

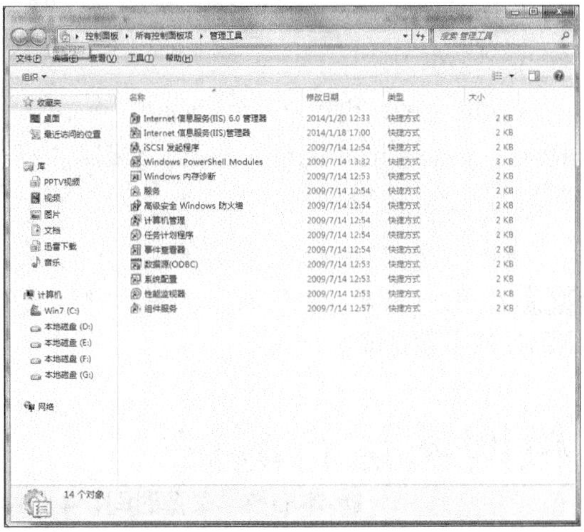

步骤02 双击【数据源】选项，打开【ODBC数据源管理器】对话框，选择【系统DSN】选项卡，单击【添加】按钮。

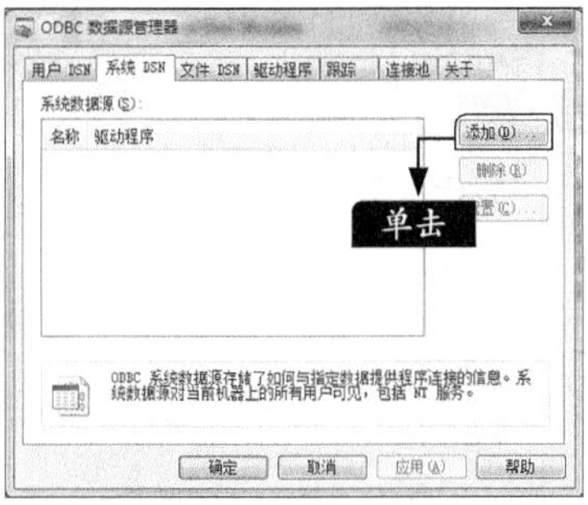

步骤03 打开【创建新数据源】对话框，从中选择数据源类型，例如要使用Access，就在列表框中选择【Microsoft Access Driver (*.mdb)】选项，然后单击【完成】按钮。

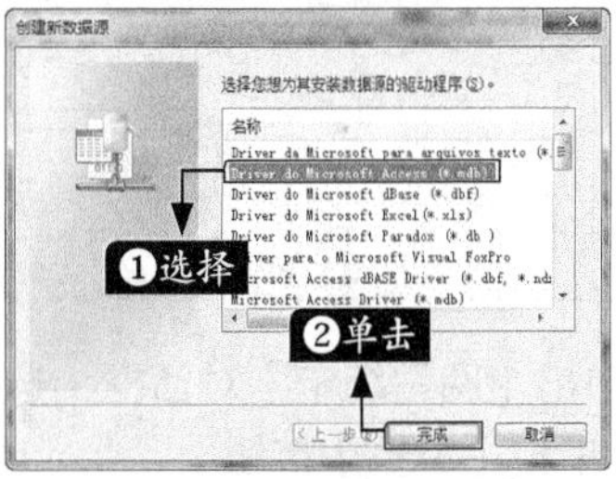

步骤04 弹出【ODBC Microsoft Access安装】对话框，在【数据源名】文本框中输入数据源的名称“Vote”（此名称在调用打开数据库时使用），在【说明】文本框中输入对该数据库的描述性的语言来注释（如“网络投票系统数据库”），然后单击【选择】按钮。

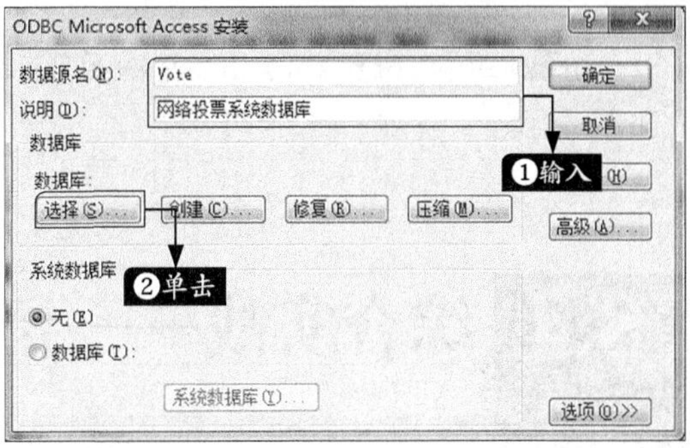

步骤05 打开【选择数据库】对话框，从中选取“C:\vote\date\tVote.mdb”数据库，单击【确定】按钮。

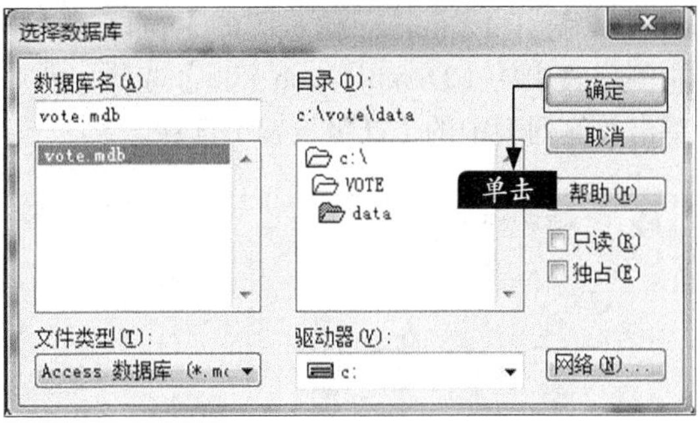

步骤06 完成数据库的选取后，返回【ODBC Microsoft Access安装】对话框，然后单击【确定】按钮，返回【ODBC数据源管理器】对话框。此时，用户可以看到新增加了一个ODBC数据源，这为以后建立与数据库的连接做好了准备。

8.3.4 连接数据库

要实现动态网页中的应用程序完成对数据库的读取、写入以及改写等操作，就必须先完成网页与数据库的连接。具体的操作步骤如下。

Dreamweaver CC中取消了工具上的数据库快速链接功能，所以必须以代码的形式进行数据库链接。

步骤 01 启动Dreamweaver CC，新建conn.asp文件，将以下代码粘贴进去即可。

```
<%@ language=VBscript%>
<%
dim conn,mdbfile
mdbfile=server.mappath(" 数据库名称.mdb"
set conn=server.createobject("adodb.connection"
conn.open "driver={microsoft access driver (*.mdb)};uid=admin;pwd= 数据库密码 ;dbq="&mdbfile
%>
```

步骤 02 用IIS测试本机的站点，提示测试成功则已连接上数据库。

8.4 综合实战——留言板网站运行测试

本节教学录像时间：4 分钟

运行测试留言板网站的具体步骤如下。

步骤 01 打开【Internet 信息服务】窗口，单击左侧列表中的【Default Web Site】选项，然后单击右侧列表中的【高级设置】选项。

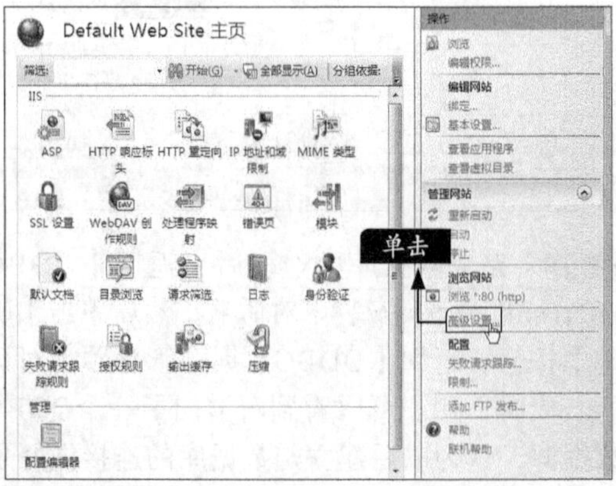

步骤 02 在弹出的【高级设置】对话框中，单击【物理路径】右侧的按钮，选择要添加的网站目录“C: \Liuyan”。

步骤 03 返回【Default Web Site】主页，单击右侧列表中的【绑定】选项。

步骤 04 弹出【网站绑定】对话框，选择要绑定的网站，单击【编辑】按钮。

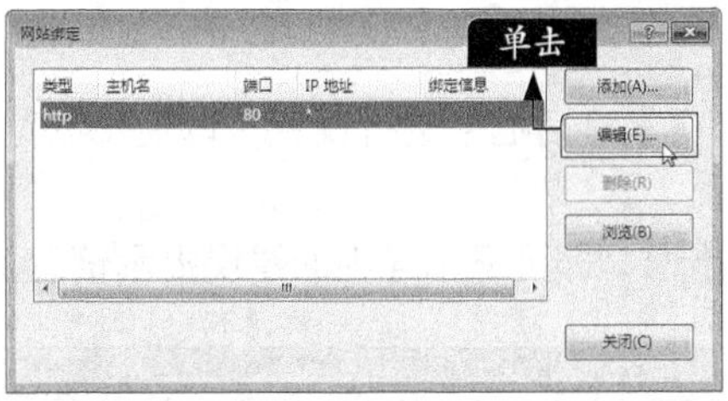

步骤05 在【编辑网站绑定】对话框中，设置IP地址和端口号。在【IP地址】文本框中输入127.0.0.1。

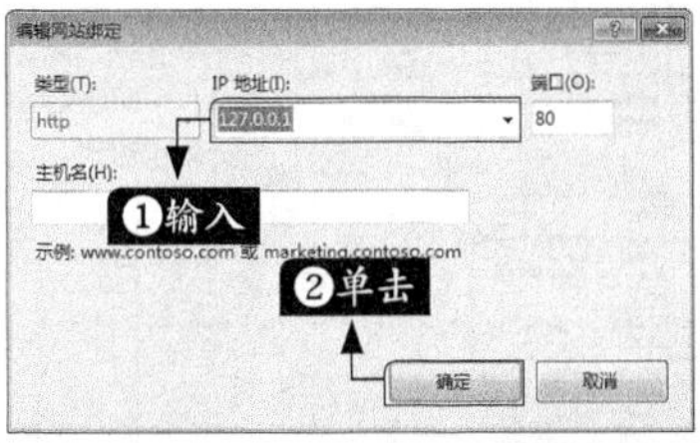

步骤06 单击【确定】按钮，并返回到【Default Web Site】主页，双击【默认文档】选项，在转入的主页中，单击【添加】按钮，弹出【添加默认文档】对话框，输入“login.asp”，并单击【确定】按钮。

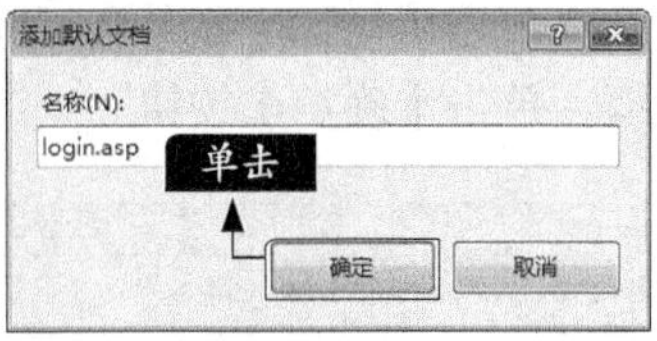

小提示

此时打开IE浏览器，在地址栏中输入“http://127.0.0.1/login.asp”，按【Enter】键，即可运行制作好的留言板网站系统。

高手支招

本节教学录像时间：4 分钟

如何卸载IIS

用户经常会遇到IIS不能正常使用的情况，所以需要首先卸载IIS，然后再安装。卸载IIS的具体步骤如下。

步骤01 打开计算机，单击桌面左下角的【开始】按钮，在弹出的【开始】菜单中选择【控制面板】菜单命令。

步骤02 打开【控制面板】窗口，双击【程序和功能】选项。

步骤03 弹出【程序和功能】对话框，选择左侧【打开或关闭Windows功能】选项卡。

步骤04 弹出【Windows功能】对话框，撤选【Internet信息服务】下的【FTP服务器】、【Web管理工具】、【万维网服务】复选框。

步骤05 撤销勾选后单击【确定】按钮，重启系统后更改生效。

设置【Internet选项】

使用IE浏览器测试网站系统时，可以在【Internet选项】对话框中进行设置，以使IE浏览器显示详细的测试结果信息。具体的操作步骤如下。

步骤 01 在浏览器窗口中选择【工具】➤【Internet选项】菜单命令，在打开的【Internet选项】对话框中撤销勾选【显示友好http错误信息】复选框，单击【确定】按钮。

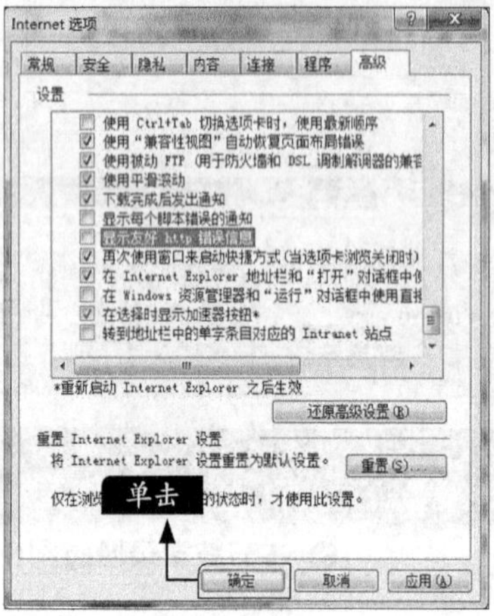

步骤 02 设置完成，如果浏览器再次打开网页并出现错误，即可显示详细的错误提示信息。

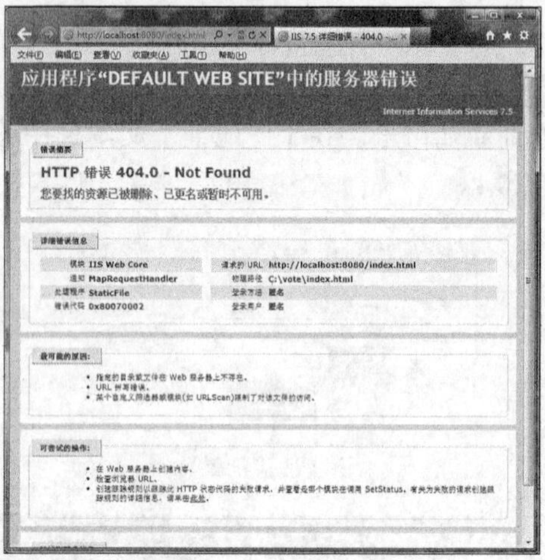

步骤 03 根据IE浏览器显示的错误信息，在Dreamweaver中打开该页面，在【代码】视图下即可检查更改出错的代码。

第2篇
图片处理篇

第9章 Photoshop CC的基础操作

第10章 绘制与修饰图形图像

第11章 创建文字及效果

第12章 图像的高级处理——图层、通道和蒙版

第9章

Photoshop CC的基础操作

学习目标

Photoshop CC是图形图像处理的专业软件，是优秀设计师的必备工具之一。Photoshop不仅为图形图像设计提供了一个更加广阔的发展空间，而且在图像处理中还有化腐朽为神奇的功能。本章主要介绍Photoshop CC的基础操作。

学习效果

9.1 认识Photoshop CC工作界面

本节教学录像时间：8 分钟

Photoshop CC工作界面的设计非常系统化，便于操作和理解，易于被人们接受。它主要由标题栏、菜单栏、工具箱、任务栏、面板和工作区等几个部分组成。

9.1.1 菜单栏

Photoshop CC中有11个主菜单，每个菜单内都包含一系列的命令，这些命令按照不同的功能采用分割线进行分离。

菜单栏包含执行任务的菜单，这些菜单是按主题进行组织的。

(1) 【文件】菜单中包含的是用于处理文件的基本操作命令，如新建、保存、退出等菜单命令。

(2)【编辑】菜单中包含的是用于进行基本编辑操作的命令，如填充、自动混合图层、定义图案等菜单命令。

(3)【图像】菜单中包含的是用于处理画布图像的命令，如模式、调整、图像大小等菜单命令。

(4)【图层】菜单中包含的是用于处理图层的命令，如新建、图层样式、合并图层等菜单命令。

⑸【类型】菜单中包含的是用于处理文本操作的命令，如消除锯齿、栅格化文字图层、文字变形等菜单命令。

⑹【选择】菜单中包含的是用于处理选区的命令，如修改、变换选区、载入选区等菜单命令。

⑺【滤镜】菜单中包含的是用于处理滤镜效果的命令，如滤镜库、风格化、模糊等菜单命令。

⑻【3D】菜单中包含的是用于处理和合并现有的3D对象、创建新的3D对象、编辑和创建3D纹理，及组合3D对象与2D图像的命令。

⑼【视图】菜单中包含的是一些基本的视图编辑命令，如放大、打印尺寸、标尺等菜单命令。

⑽【窗口】菜单中包含的是一些基本的面板启用命令。

⑾【帮助】菜单中包含的是一些帮助命令。

9.1.2 工具箱

默认情况下，工具箱将出现在屏幕左侧。用户可通过拖移工具箱的标题栏来移动它，也可以通过选择【窗口】➤【工具】菜单命令，显示或隐藏工具箱。

工具箱中的某些工具也会出现在工具选项栏中。通过这些工具，可以进行文字、选择、绘画、绘制、取样、编辑、移动、注释和查看图像等操作。通过工具箱中的工具，还可以更改前景色/背景色以及在不同的模式下工作。

用户可以展开某些工具以查看它们后面的隐藏工具。工具图标右下角的小三角形表示存在隐藏工具。

通过将鼠标指针放在任何工具上，用户可以查看有关该工具的信息。工具的名称将出现在指针下面的工具提示中。某些工具提示包含指向有关该工具的附加信息的链接。

工具箱如下图所示。

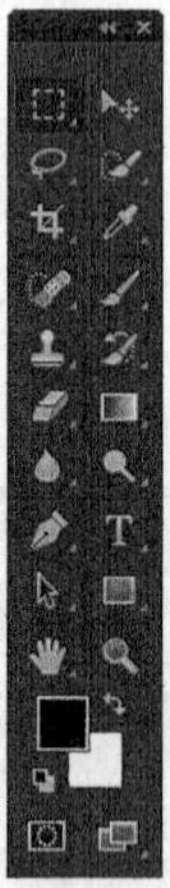

小提示

双击工具箱顶部的◀◀按钮可以实现工具箱的展开和折叠。如果工具的右下角有一个黑色的三角，说明该工具是一组工具（还有隐藏的工具）。把光标放置在工具上，按下鼠标左键并且停几秒钟就会展开隐藏的工具。

9.1.3 选项栏

大多数工具的选项都会在选中该工具的状态下在选项栏中显示，选中【移动工具】时的选项栏如下图所示。

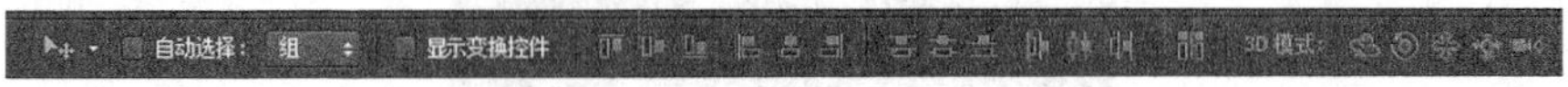

选项栏与工具相关，并且会随所选工具的不同而变化。选项栏中的一些设置（如绘画模式和不透明度）对于许多工具都是通用的，但是有些设置则专用于某个工具（如用于铅笔工具的【自动抹掉】设置）。

9.1.4 面板

使用面板可以监视和修改图像。

1.【图层】面板

【图层】面板列出了图像中的所有图层、图层组和图层效果。可以使用【图层】面板来显示和隐藏图层、创建新图层以及处理图层组。

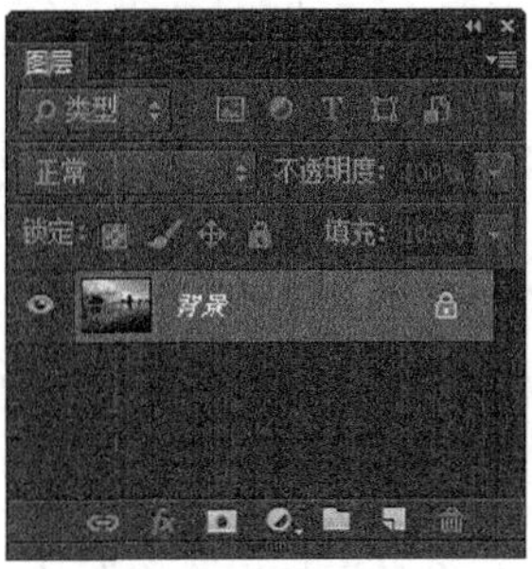

2.【通道】面板

【通道】面板列出了图像中的所有通道，对于RGB、CMYK和Lab图像，将最先列出复合通道。通道内容的缩览图显示在通道名称的左侧，在编辑通道时会自动更新缩览图。

3.【路径】面板

【路径】面板列出了每条存储的路径、当前工作路径及当前矢量蒙版的名称和缩览图像。

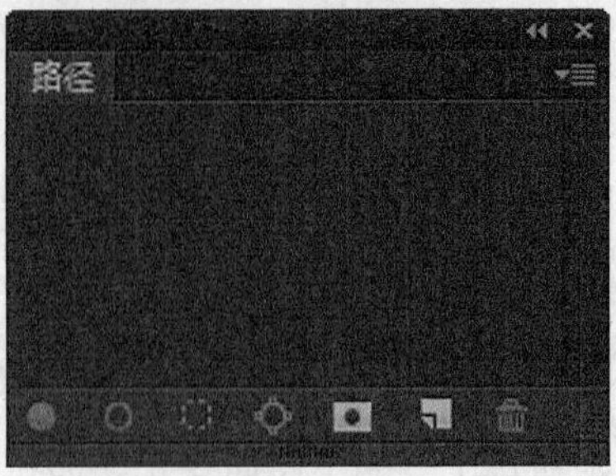

9.1.5 状态栏

状态栏位于每个文档窗口的底部，显示相关信息，例如现用图像的当前放大倍数、文件大小以及当前工具用法的简要说明等。

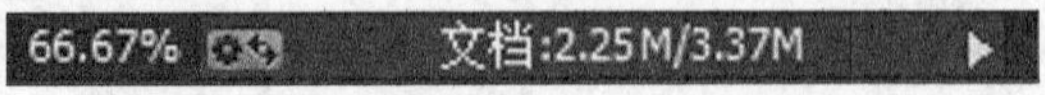

单击状态栏上的黑色右三角可以弹出一个菜单。

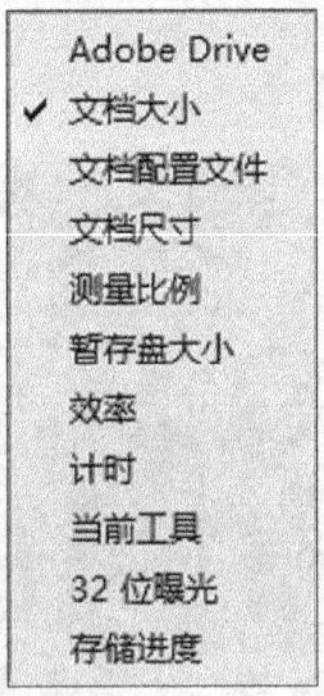

选择相应的图像状态，状态栏的信息显示情况也会随之改变，例如选择【暂存盘大小】，状态栏中将显示有关暂存盘大小的信息。

9.2 文件的基本操作

本节教学录像时间：12 分钟

要绘制或处理图像，首先要新建、打开图像文件，处理完成之后，再进行保存，这是最基本的流程。本节主要介绍Photoshop CC中文件的基本操作。

9.2.1 新建文件

新建文件的方法有以下两种。

方法1

选择【文件】➤【新建】菜单命令，打开【新建】对话框。

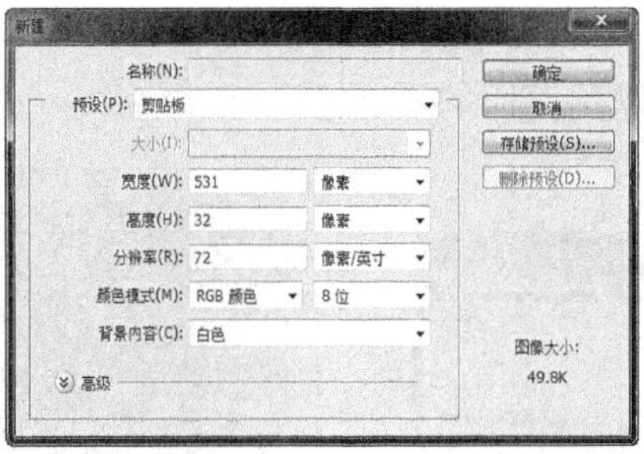

小提示

在制作网页图像时通常用【像素】做单位，在制作印刷品时则是用【厘米】做单位。

(1)【名称】文本框：用于填写新建文件的名称。【未标题-1】是Photoshop默认的名称，可以将其改为其他名称。

(2)【预设】下拉列表：用于提供预设文件尺寸及自定义尺寸。

(3)【宽度】设置框：用于设置新建文件的宽度，默认以像素为宽度单位，也可以选择英寸、厘米、毫米、点、派卡和列等为单位。

(4)【高度】设置框：用于设置新建文件的高度，单位同上。

(5)【分辨率】设置框：用于设置新建文件的分辨率。像素/英寸默认为分辨率的单位，也可以选择像素/厘米为单位。

(6)【颜色模式】下拉列表：用于设置新建文件的模式，包括位图、灰度、RGB颜色、CMYK颜色和Lab颜色等几种模式。

(7)【背景内容】下拉列表：用于选择新建文件的背景内容，包括白色、背景色和透明等3种。

①白色：白色背景。

②背景色：以所设定的背景色（相对于前景色）为新建文件的背景。

③透明：透明的背景（以灰色与白色交错的格子表示）。

方法2

使用快捷键【Ctrl+N】。

9.2.2 打开文件

打开文件的方法有以下6种。

1.用“打开”命令打开文件

使用【打开】命令打开文件的具体步骤如下。

步骤01 选择【文件】➤【打开】菜单命令，打开【打开】对话框。通常【文件类型】默认为【所有格式】，也可以选择某种特定的文件格式，然后在大量的文件中进行筛选。

步骤 02 单击【打开】对话框中的【显示预览窗格】菜单图标，可以选择以预览图的形式来显示图像。

步骤 03 选中要打开的文件，然后单击 打开(O) 按钮或者直接双击文件即可打开文件。

2.用“打开为”命令打开文件

当需要打开一些没有后缀名的图形文件时（通常这些文件的格式是未知的），就要用到“打开为”命令。选择【文件】➤【打开为】菜单命令，打开【打开】对话框，具体操作同【打开】命令。

3.用“在Bridge中浏览”命令打开文件

选择【文件】➤【在Bridge中浏览】菜单命令，打开【Bridge】对话框，双击某个文件将打开该文件。

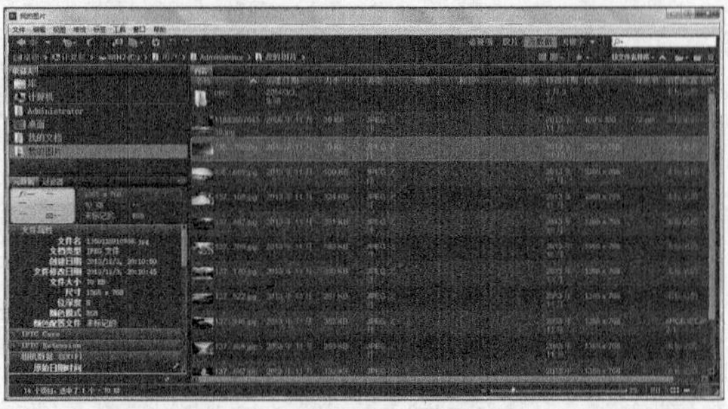

4.通过快捷方式打开文件

（1）按【Ctrl+O】组合键。

（2）在工作区域内双击也可以打开【打开】对话框。

5.打开最近使用过的文件

选择【文件】➤【最近打开文件】菜单命令，弹出最近处理过的文件，选择想要打开的文件。

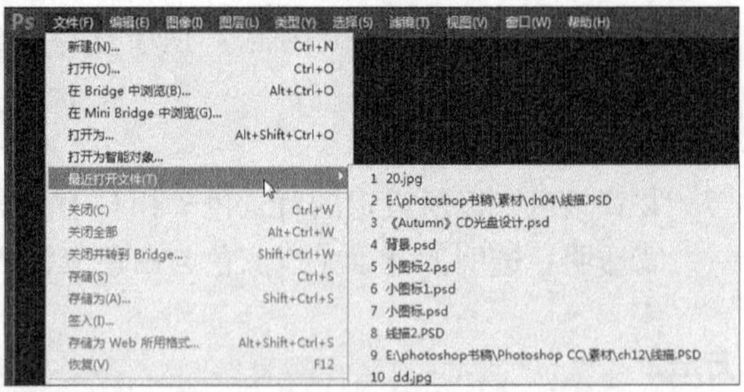

6.作为智能对象打开

选择【文件】➤【打开为智能对象】菜单命令，打开【打开】对话框，双击目标文件，将该文件作为智能对象打开。

9.2.3 保存文件

保存文件的方法有以下一些方法。

1.用“存储”命令保存文件

选择【文件】➤【存储】菜单命令，可以以原有的格式存储正在编辑的文件。

2.用“存储为”命令保存文件

选择【文件】➤【存储为】菜单命令，打开【存储为】对话框进行保存。对于新建的文件或已经存储过的文件，可以使用【存储为】命令将文件另外存储为某种特定的格式。

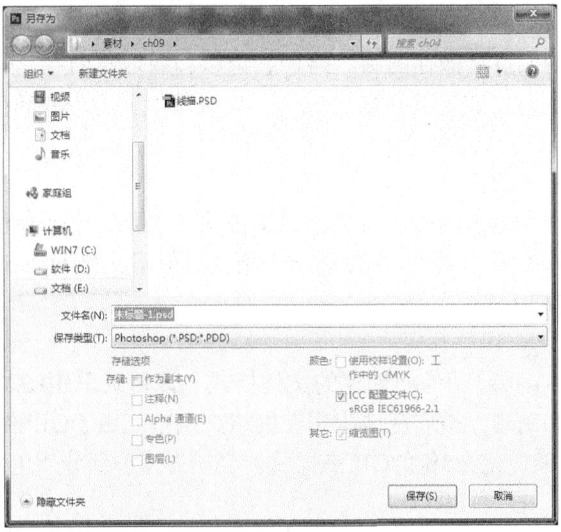

(1)【存储选项】区：用于对各种要素进行存储前的取舍。

①【作为副本】复选框：选中此复选框，可将所编辑的文件存储为文件的副本并且不影响原有的文件。

②【Alpha通道】复选框：当文件中存在Alpha通道时，可以选择存储A1pha通道（选中此复选框）或不存储Alpha通道（撤选此复选框）。要查看图像是否存在Alpha通道，可执行【窗口】➤【通道】菜单命令打开【通道】面板，然后在其中查看即可。

③【图层】复选框：当文件中存在多图层时，可以保持各图层独立进行存储（选中此复选框）或将所有图层合并为同一图层存储（撤选此复选框）。要查看图像是否存在多图层，可执行【窗口】➤【图层】菜单命令打开【图层】面板，然后在其中查看即可。

④【注释】复选框：当文件中存在注释时，可以通过选中或撤选此复选框对其存储或忽略。

⑤【专色】复选框：当图像中存在专色通道时，可以通过选中或撤选此复选框对其存储或忽略。专色通道可以在【通道】面板中查看。

(2)【颜色】选项区：用于为存储的文件配置颜色信息。

(3)【缩览图】复选框：用于为存储文件创建缩览图，该选项为灰色表明系统自动地为其创建缩览图。

3.通过快捷方式保存文件

使用快捷键【Ctrl+ S】。

4.用“签入”命令保存文件

选择【文件】➤【签入】命令保存文件时，允许存储文件的不同版本以及各版本的注释。

5.选择正确的文件保存格式

在使用“存储”或“存储为”命令保存图像时，可以在打开的对话框中选择文件的保存格式，Photoshop CC支持PSD、JPEG、TIFF、GIF、EPS等多种格式，每一种格式都有各自的特点。例如，TIFF格式是用于印刷的格式，GIF是用于网络的格式等，我们可根据文件的使用目的选择合适的保存格式。

（1）PSD格式

PSD格式是Photoshop默认的文件格式，是除大型文档格式（PSB）之外支持大多数Photoshop功能的唯一格式。PSD格式可以保存图层、路径、蒙版和通道等内容，并支持所有的颜色模式，由于保存的信息较多，所以生成的文件也比较大，将文件保存为PSD格式，可以方便以后进行修改。

（2）BMP格式

BMP格式是一种用于Windows操作系统的图像格式，主要用于保存位图文件，该格式可以处理24位颜色的图像，支持PSB、位图、灰度和索引模式，但不支持Alpha通道。BMP格式采用RLE压缩方式，生成的文件较大。

（3）GIF格式

GIF格式是基于网络上传输图像而创建的文件格式，该格式采用LZW无损压缩方式，压缩效果较好，支持透明背景和动画，被广泛地应用在网络文档中。由于GIF格式使用8位颜色，仅包含256种颜色，因此24位图像优化为8位的GIF格式后，会损失掉一部分颜色信息。

（4）DICOM格式

DICOM（医学数字成像和通信）格式通常用于传输和存储医学图像，如超声波和扫描图像。Dicom文件包含图像数据和标头，其中存储了有关病人和医学图像的信息。可以在Photoshop Extended中打开、编辑和存储Dicom格式。

（5）EPS格式

EPS格式是为Postscript打印机上输出图像而开发的文件格式，几乎所有的图形、图表和页面排版程序都支持该格式，EPS可以同时包含矢量图形和位图图像，支持RGB、CMYK、位图、双色调、灰度、索引、和ab模式，但不支持Alpha通道。

（6）JPEG格式

JPEG格式是由联合图像专家组开发的文件格式，它采用有损压缩方式，具有较好的压缩效果。但是将压缩品质数值设置得较大时，会损失掉图像的某些细节。JPEG格式支持RGB、CMYK和灰度模式，但不支持Alpha通道。

（7）PCX格式

PCX格式采用RLE无损压缩格式，支持24位，256色的图像，适合保存索引和线画稿模式的图像。PCX格式支持RGB、索引、灰度和位图模式和一个颜色通道。

（8）PDF格式

PDF格式是便携文档格式，是一种通用文件格式，它还支持矢量数据和位图数据，具有电子文档收缩和导航功能，是Adobe Illustrator 和Adobe Acrobat的主要格式。 PDF格式具有良好的文件信息保存功能和传输能力，已成为网络传输的重要文件格式。PDF格式支持RGB、CMYK、索引、灰度、位图和LAB模式，但不支持Alpha通道。

（9）RAW格式

Photoshop Raw格式是一种灵活的文件格式，用于在应用程序与计算机平台之间传递图像。该格式支持具有Alpha通道的CMYK、RGB和灰度格式，以及无Alpha通道的多通道、LAB、索引和双色调模式。

（10）PICT格式

PICT格式作为应用程序之间传递图像的中间文件格式，应用于MAC OS图形和页面排版应用程序中。PICT格式支持具单个Alpha通道的RGB图像，以及没有Alpha通道的索引模式、灰度和位图模式的图像。PICT格式在压缩包含大块纯色区域的图像时特别有效。对于包含大块黑色和白色区域的Alpha通道，这种压缩的效果惊人。

（11）PIXAR格式

PIXAR格式是专为高端图形应用程序（如用于渲染三维图像和动画的应用程序）设计的。PIXAR格式支持具有单个Alpha通道的RGB和灰度图像。

（12）PNG格式

PNG格式能够像JPEG模式一样支持1 667万种颜色，还可以像GIF一样支持透明度，并且可包含所有的Alpha通道，该格式采用无损压缩方式，不会破坏图像的质量。但该格式不支持动画和早期的浏览器，尚未被广泛地使用。

（13）SCITEX格式

SCITEX“连续色调”（CT）格式用于SCITEX计算机上的高端图像处理。SCITEX CT格式支持CMYK、RGB和灰度图像，但不支持Alpha通道，以该格式存储的CMYK图像文件通常都非常大。

（14）TGA格式

TGA格式支持一个单独Alpha通道的32位RGB文件，以及无Alpha通道的索引、灰度模式，16位和24位RGB文件。

（15）TIFF格式

TIFF格式是一种通用的文件格式，所有的绘画、图像编辑和页面排版应用程序都支持该格式。而且，几乎所有的桌面扫描仪都可以产生TIFF图像。TIFF格式支持具有Alpha通道的CMYK、RGB、LAB、索引颜色和灰度图像，以及没有Alpha通道的位图模式图像。Photoshop可以在TIFF文件中存储图层，但是，如果在另一个应用程序中打开该文件，则只有拼合图像是可见的。

（16）便携位图格式

便携位图（PBM）文件格式（也称为“便携位图库”或“便携二进制图”）支持单色位图（1位/像素）。该格式可用于无损压缩数据传输，因为许多应用程序都支持此格式，我们甚至可以在简单的文本编辑器中编辑或创建此类文件。

（17）PSB文件

PSB文件是Photoshop的大型文档格式，可以支持最高达到300 000像素的超大图像文件，它支持Photoshop所有的功能，可保持图像中的通道，图层样式和滤镜效果不变。但PSB格式的文件只能在Photoshop中打开。

9.2.4 关闭文件

关闭文件的方法有以下3种。

方法1

选择【文件】➤【关闭】菜单命令，即可关闭正在编辑的文件。

方法2

单击编辑窗口上方的【关闭】按钮，即可关闭正在编辑的文件。

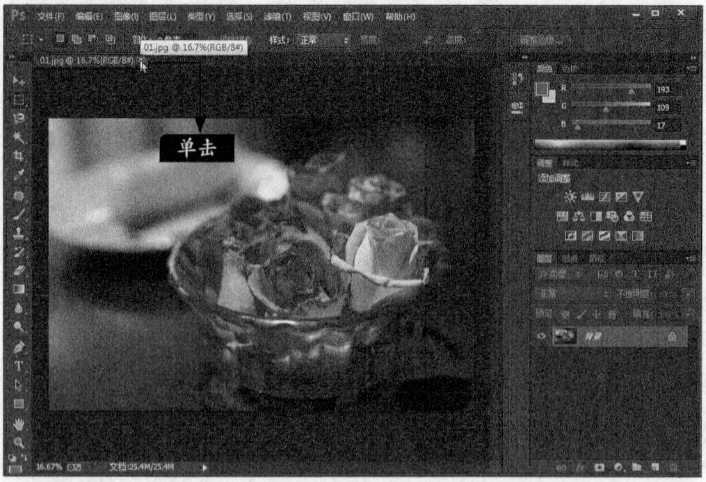

方法3

在标题栏上右击，在弹出的快捷菜单中选择【关闭】菜单命令，如果关闭所有打开的文件，可以选择【关闭全部】菜单命令。

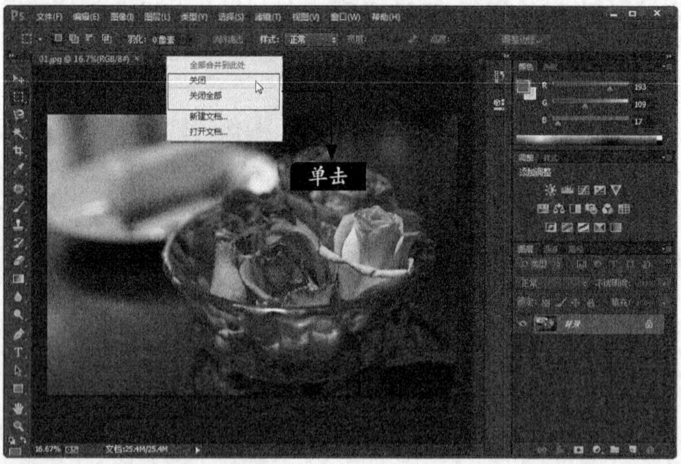

9.3 图像的基本操作

本节教学录像时间：21 分钟

本节介绍使用Photoshop CC处理和编辑图像的常用方法，例如查看图像、裁剪图像和修改图像的大小等操作。

9.3.1 查看图像

在图像的编辑过程中，我们会频繁地在图像的整体和局部之间来回切换，通过对整体的把握和对局部的修改来达到最终的完美效果。Photoshop CC提供了一系列的图像查看命令，可以方便地完成这些操作。

1.使用导航器查看

选择【窗口】➤【导航器】菜单命令，可以查看局部图像。

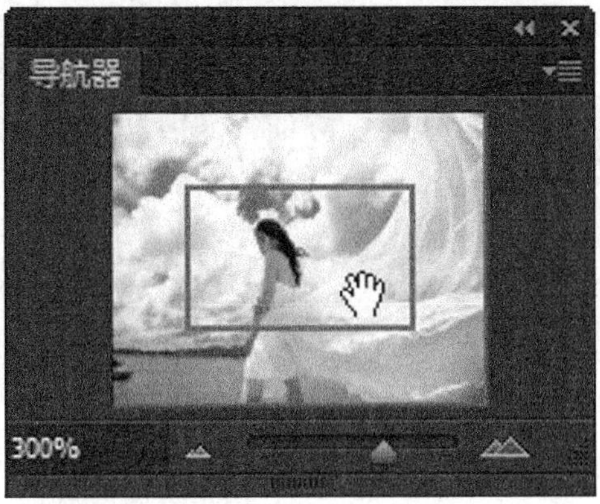

单击导航器中的缩小图标可以缩小图像，单击放大图标可以放大图像。也可以在左下角的位置直接输入缩放的数值。在导航器缩略窗口中使用抓手工具可以改变图像的局部区域。

2.使用【缩放工具】查看

使用【缩放工具】可以实现对图像的缩放查看。使用缩放工具拖曳出想要放大的区域，即可对局部区域进行放大。

按【Ctrl++】组合键以画布为中心放大图像；按【Ctrl+−】组合键以画布为中心缩小图像；按【Ctrl+0】组合键以满画布显示图像，即图像窗口充满整个工作区域。此外，也可以在左下角的位置直接输入缩放的数值。在导航器缩略窗口中使用抓手工具可以改变图像的局部区域。

3.使用【抓手工具】查看

当图像放大到窗口中只能够显示局部图像的时候，如果需要查看图像中的某一部分，方法有3种：使用【抓手工具】；按住空格键同时拖曳鼠标可以将所要显示的部分图像在图像窗口中显示出来；也可以拖曳水平滚动条和垂直滚动条来查看图像。下图所示为使用【抓手工具】查看部分图像。

4.画布旋转查看

单击【旋转视图工具】可平稳地旋转画布，以便以所需的任意角度进行无损查看。

步骤01 选择【编辑】➤【首选项】➤【性能】菜单命令，在弹出的【首选项】对话框中的【图形处理器设置】选项中勾选【使用图形处理器】复选框，然后单击【确定】按钮。

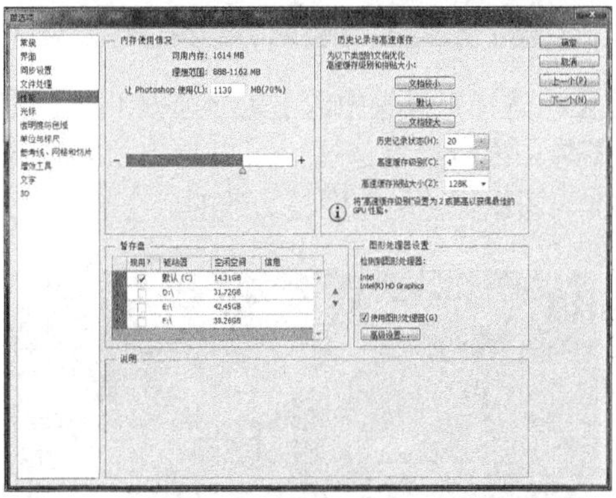

步骤02 打开随书光盘中的“素材\ch09\9.3\01.jpg”文件。

步骤 03 在工具栏上单击【旋转视图工具】，然后在图像上单击即可出现旋转图标。

步骤 04 移动鼠标即可实现图像的旋转。

步骤 05 选择工具箱中的【矩形选框工具】，在图像中拖拉绘制选区，可以看出绘制选区的角度与图像旋转的角度是一致的。

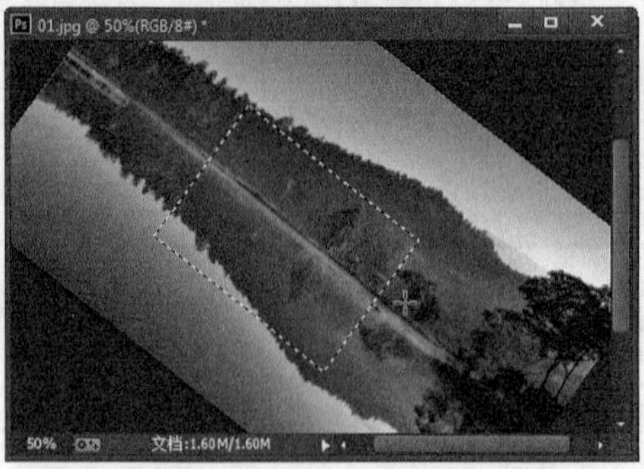

步骤 06 双击工具箱中的【旋转视图工具】，则可返回图像原来的状态。

小提示

启用“启用OpenGL绘图”选项对显卡有以下的要求。

(1) 显卡硬件支持DirectX 9。

(2) Pixel Shader至少为1.3版。

(3) Vertex Shader至少为1.1版。

5.更平滑地平移和缩放

使用更平滑的平移和缩放工具，可以顺畅地浏览图像的任意区域。在缩放到单个像素时仍能保持清晰度，并且可以使用新的像素网格，轻松地在最高放大级别下进行编辑。

步骤 01 打开随书光盘中的“素材\ch09\9.3\02.jpg”文件。

步骤 02 单击【缩放工具】可对图像进行放大，当图像放大到一定程度时会出现网格。

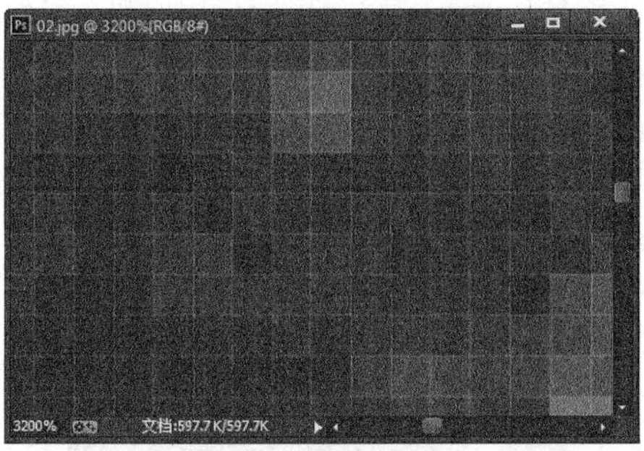

小提示

在Photoshop以前的版本中，当图像放大到一定程度时，会出现马赛克。但Photoshop CC版本中当图像放大到一定程度时，图像上会出现网格，每个网格表示每个像素的范围。

步骤03 切换到抓手工具可以随意地拖动图像查看。但是由于图像过大不容易查看另外一处的图像，为此可以按住【H】键，在图像中单击，此时图像会变为全局图像，且图像中会出现一个方框，然后移动方框到需要查看的位置。

步骤04 松开即可跳转到需要查看的区域。

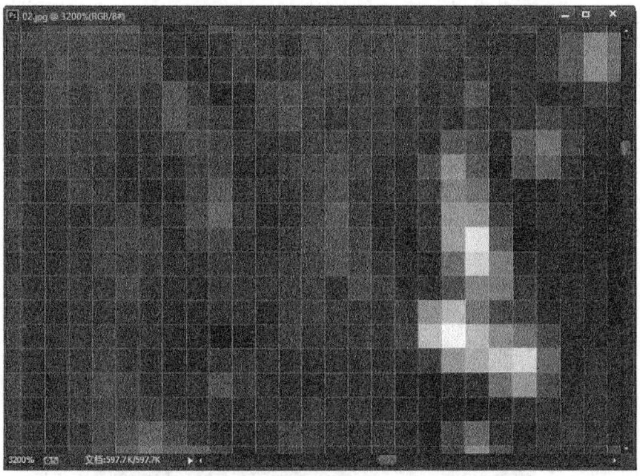

6.多样式地排列文档

在打开多个图像时，系统可以对图像进行多样性的排列。

步骤01 打开随书光盘中的“素材\ch09\9.3\03-1.jpg、03-2.jpg、03-3.jpg、03-4.jpg、03-5.jpg、03-6.jpg”文件。

步骤02 选择【窗口】➤【排列】➤【全部垂直拼贴】菜单命令。

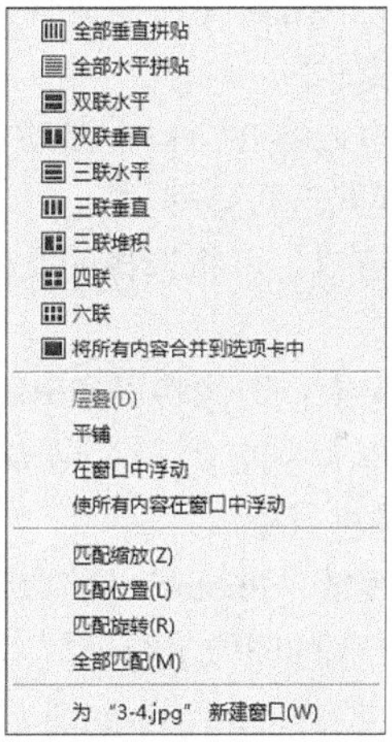

步骤03 图像的排列将发生明显的变化，切换为抓手工具，选择“03-6”文件，可拖曳进行查看。

步骤 04 按住【Shift】键的同时，拖曳“1-6”文件，可以发现其他图像也随之移动。

步骤 05 选择【窗口】➤【排列】➤【六联】菜单命令，图像的排列发生变化。

用户可以根据需要选择适合的排列样式。其他选项介绍如下。

⑴ 使所有内容在窗口中浮动：可将所有文件以浮动的样式进行排列。

⑵ 新建窗口：可将选择的文件复制一个新的文件。

⑶ 实际像素：图像将以100%像素显示。

⑷ 按屏幕大小缩放：Photoshop将根据屏幕的大小对图像进行缩放。

⑸ 匹配缩放：Photoshop将以当前选中的图像为基础对其他的图像进行缩放。

⑹ 匹配位置：Photoshop将以当前选中的图像为基础对其他的图像调整位置。

⑺ 匹配缩放和位置：Photoshop将以当前选中的图像为基础对其他的图像进行缩放和调整位置。

7.使用标尺定位图像

利用标尺可以精确地定位图像中的某一点以及创建参考线。

选择【视图】➤【标尺】菜单命令或使用快捷键【Ctrl+R】，标尺会出现在当前窗口的顶部和左侧。

标尺内的虚线可显示出当前鼠标移动时的位置。更改标尺原点（左上角标尺上的（0.0）标志），可以从图像上的特定点开始度量。在左上角按下鼠标左键，然后拖曳到特定的位置释放，即可改变原点的位置。

小提示

要恢复原点的位置，在左上角双击鼠标即可。

标尺原点还决定网格的原点，网格的原点位置会随着标尺的原点位置而改变。

默认情况下标尺的单位是厘米，如果要改变标尺的单位，可以在标尺位置单击右键，会弹出一列单位，然后选择相应的单位即可。

9.3.2 裁剪图像

处理图像时，如果边缘有多余的部分可以通过裁剪来修整。常见的裁剪图像的方法有3种：使用剪裁工具、使用【裁剪】命令和用【裁切】命令剪切。

1.使用裁剪工具

裁剪工具去除图像中裁剪选框或选区周围的部分。对于移去分散注意力的背景元素以及创建照片的焦点区域而言，裁剪功能非常有用。

默认情况下，裁剪照片后，照片的分辨率与原始照片的分辨率相同。使用【照片比例】选项可以在裁剪照片时查看和修改照片的大小和分辨率。如果使用预设大小，则会改变分辨率以适合预设。通过裁切工具可以剪去不需要的部分。

(1) 属性栏参数设置

选中【裁剪工具】，在属性栏中可以通过设置图像的宽、高、分辨率等来确定要保留图像的大小。单击【清除】按钮可以将属性栏中的数值清除掉。

(2) 使用【裁剪工具】裁剪图像

步骤01 打开随书光盘中的“素材\ch09\9.3\05.jpg”文件。

步骤02 选择【裁剪工具】，在图像中拖曳创建一个矩形，放开鼠标后即可创建裁剪区域。

步骤03 将光标移至定界框的控制点上，单击并拖动鼠标调整定界框的大小，也可以进行旋转。

步骤04 按【Enter】键确认裁剪，最终效果如下图所示。

2.用【裁剪】命令裁剪

使用【裁剪】命令剪裁图像的具体操作步骤如下。

步骤01 打开随书光盘中的“素材\ch09\9.3\06.jpg”文件，使用选区工具来选择要保留的图像部分。

步骤02 选择【图像】➤【裁剪】菜单命令。

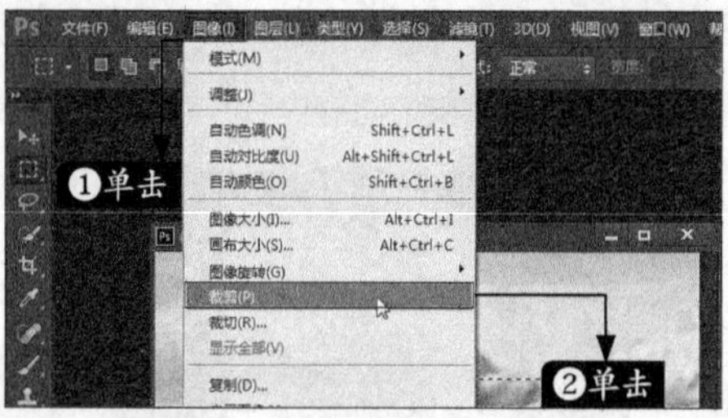

步骤03 完成图像的剪裁，按【Ctrl+D】组合键取消选区。

3.用【裁切】命令裁切

【裁切】命令通过移去不需要的图像数据来裁剪图像，所用的方式与【裁剪】命令不同，主要通过裁切周围的透明像素或指定颜色的背景像素来裁剪图像。

用【剪切】命令剪切图像的具体操作步骤如下。

步骤01 打开随书光盘中的“素材\ch09\9.3\07.tif”文件。选择【图像】➤【裁切】菜单命令。

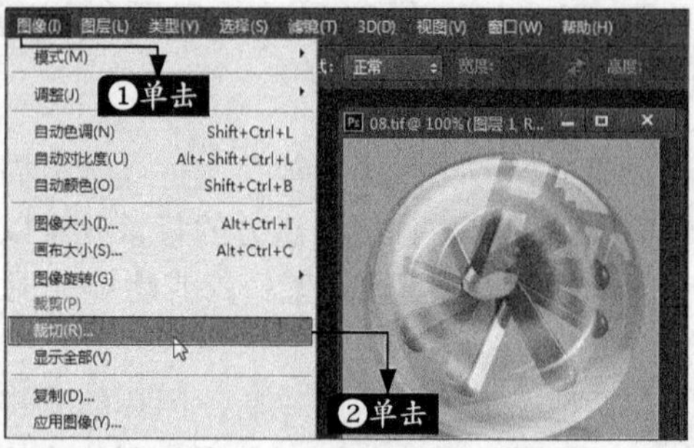

步骤02 弹出【裁切】对话框，选中【右下角像素颜色】单选按钮，单击【确定】按钮。

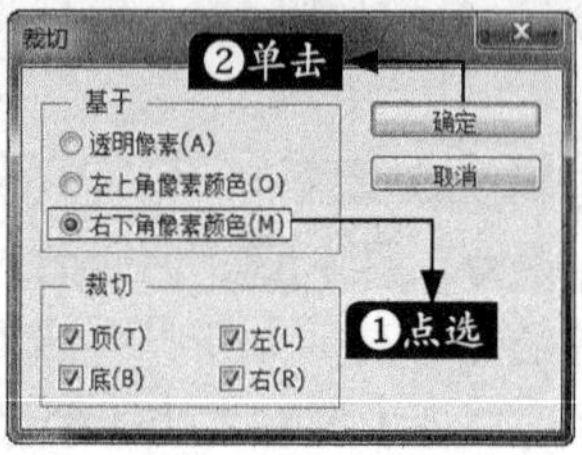

【裁切】对话框中各个参数的含义如下。

(1) 透明像素：修整掉图像边缘的透明区域，留下包含非透明像素的最小图像。

(2) 左上角像素颜色：使用此选项，可从图像中移去左上角像素颜色的区域。

(3) 右下角像素颜色：使用此选项，可从图像中移去右下角像素颜色的区域。

(4) 剪切：选择一个或多个要修整的图像区域，包括【顶】、【底】、【左】和【右】4个选项。

步骤03 剪切后的图像如下图所示。

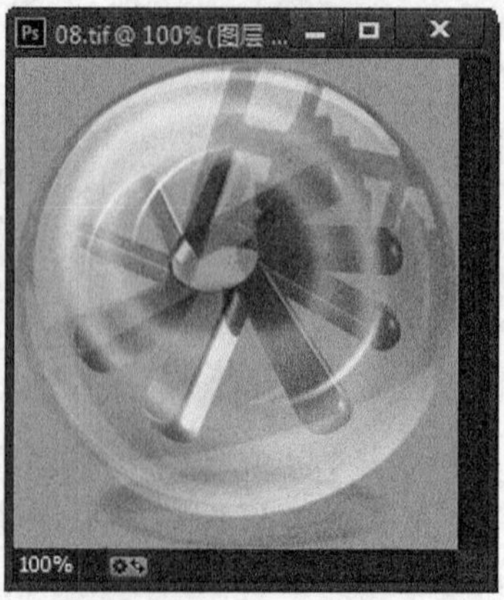

9.3.3 修改图像大小

扫描或导入图像以后还需要调整其大小，以使图像能够满足实际操作的需要。

1.了解像素

像素（Pixel）是Picture（图像）和Element（元素）这两个单词组合的缩写，是计算图像常见的单位。如同摄影的相片一样，数码影像也具有连续性的浓淡阶调，若把影像放大数倍，会发现这些连续色调其实是由许多色彩相近的小方点所组成，这些小方点就是构成影像的最小单位像素（Pixel）。这种最小单位的像素在屏幕上显示通常是单个的染色点。越高位的像素，其拥有的色板也就越丰富，越能表达颜色的真实感。

在Photoshop CC中，单击工具栏中的【缩放工具】按钮，放大图像几次，即可看到最小单位像素。

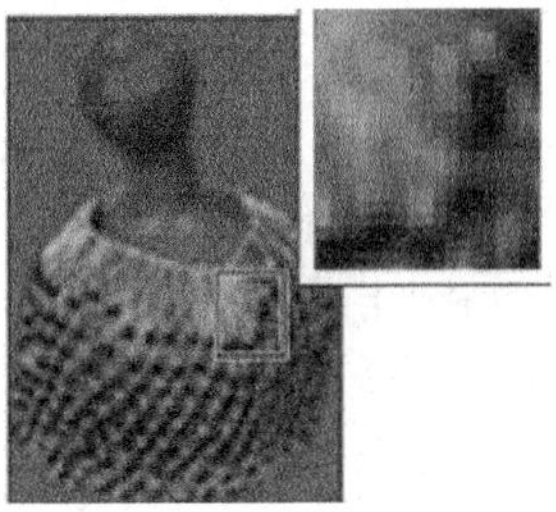

2.了解分辨率

所谓分辨率，是指屏幕所能显示的像素的多少，主要用来表示屏幕的精密度。由于图像上的点、线和面都是由像素组成的，图像可显示的像素越多，画面就越精细，同样的图像区域内能显示的信息也越多，所以分辨率是个非常重要的性能指标。可以把整个图像想象成是一个大型的棋盘，而分辨率的表示方式就是所有经线和纬线交叉点的数目。

图像分辨率指图像中存储的信息量。图像分辨率和图像尺寸（高宽）的值一起决定文件的大小及输出的质量，该值越大图形文件所占用的磁盘空间也就越多。图像分辨率以比例关系影响着文件的大小，即文件大小与其图像分辨率的平方成正比。如果保持图像尺寸不变，将图像分辨率提高1倍，则其文件大小增大为原来的4倍。

两幅相同的图像，分辨率分别为72 ppi和300 ppi；套印缩放比率为200%。

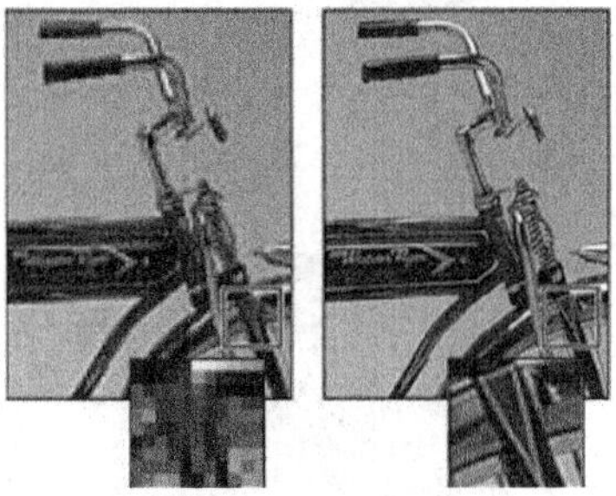

3.修改图片的大小

在Photoshop CC中，可以使用【图像大小】对话框来调整图像的像素大小、打印尺寸和分辨率。

步骤01 选择【文件】➤【打开】命令，打开“光盘\素材\ch09\9.3\08.jpg”图像。

步骤02 选择【图像】➤【图像大小】命令，打开【图像大小】对话框。

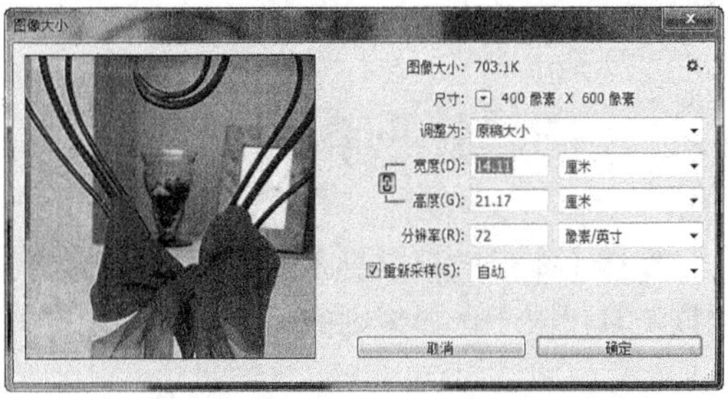

步骤 03 在【图像大小】中设置【分辨率】为10，单击【确定】按钮。

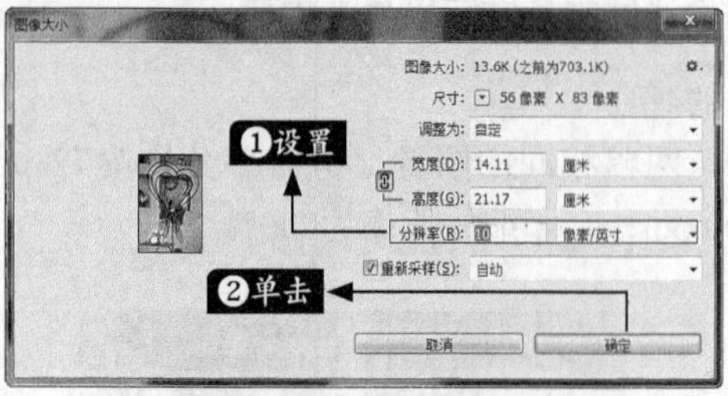

步骤 04 改变图像大小后的效果如下图所示。

小提示

调整图像大小时，位图数据和矢量数据会产生不同的结果。位图数据与分辨率有关，因此更改位图图像的像素大小可能导致图像品质和锐化程度损失。相反，矢量数据与分辨率无关，调整其大小不会降低图像边缘的清晰度。

（1）【像素大小】设置区：在此输入【宽度】值和【高度】值。如果要输入当前尺寸的百分比值，应选取【百分比】作为度量单位。图像的新文件大小会出现在【图像大小】对话框的顶部，而旧文件大小则在括号内显示。

（2）【约束比例】按钮：如果要保持当前的像素宽度和像素高度的比例，则应选择【约束比例】复选框。更改高度时，该选项将自动更新宽度，反之亦然。

（3）【重新采样】选项：在其后面的下拉列表框中包括【邻近】、【两次线性】、【两次立方】、【两次立方较平滑】、【两次立方较锐利】等选项。

①【邻近】：选择此项，速度快但精度低。建议对包含未消除锯齿边缘的插图使用该方法，以保留硬边缘并产生较小的文件。但是该方法可能导致锯齿状效果，在对图像进行扭曲或缩放时或在某个选区上执行多次操作时，这种效果会变得非常明显。

②【两次线性】：对于中等品质方法可使用两次线性插值。

③【两次立方】：选择此项，速度慢但精度高，可得到最平滑的色调层次。

④【两次立方较平滑】：在两次立方的基础上，适用于放大图像。

⑤【两次立方较锐利】：在两次立方的基础上，适用于图像的缩小，用以保留更多在重新取样后的图像细节。

9.4 选区的基本操作

本节教学录像时间：31 分钟

在Photoshop中不论是绘图还是图像处理，图像的选取都是这些操作的基础。本章将针对Photoshop中常用的选取工具进行详细的讲解。

9.4.1 创建矩形和圆形选区

魔棒【矩形选框工具】主要用于选择矩形的图像，是Photoshop CC中比较常用的工具。使用该工具仅限于选择规则的矩形，不能选取其他形状。

1. 使用【矩形选框工具】创建选区

步骤01 打开随书光盘中的“素材\ch09\9.4\01.jpg”文件。

步骤02 选择工具箱中的【矩形选框工具】。

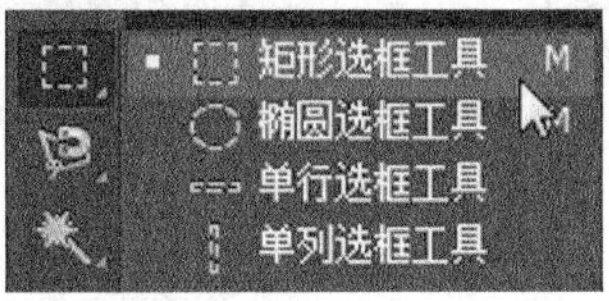

步骤03 从选区的左上角到右下角拖曳鼠标从而创建矩形选区。

步骤04 按住【Ctrl】键的同时拖动鼠标，可移动选区及选区内的图像。

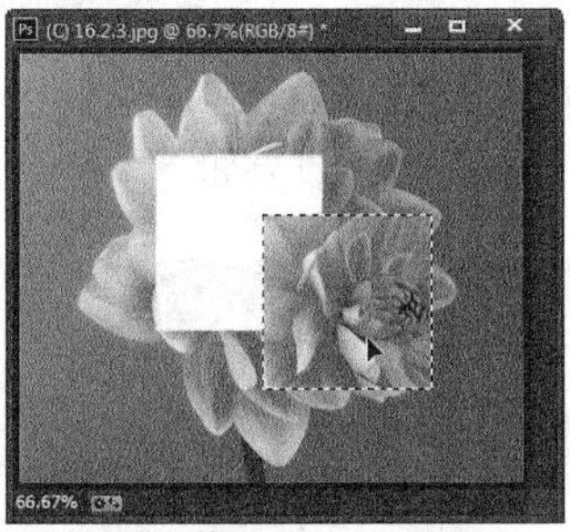

步骤05 按住【Ctrl+Alt】组合键的同时拖动鼠标，则可复制选区及选区内的图像。

小提示

在创建选区的过程中，按住空格键同时拖动选区可使其位置改变，松开空格键则继续创建选区。

2.【矩形选框工具】参数设置

在使用矩形选框工具时可对【选区的加减】、【羽化】、【样式】选项和【调整边缘】等参数进行设置，【矩形选框工具】的属性栏如下图所示。

(1) 选区的加减

步骤01 选择【矩形选框工具】，在需要选择的图像上拖曳鼠标从而创建矩形选区。

步骤02 单击属性栏上的【添加到选区】按钮（在已有选区的基础上，按住【Shift】键）。在需要选择的图像上拖曳鼠标可添加矩形选区。

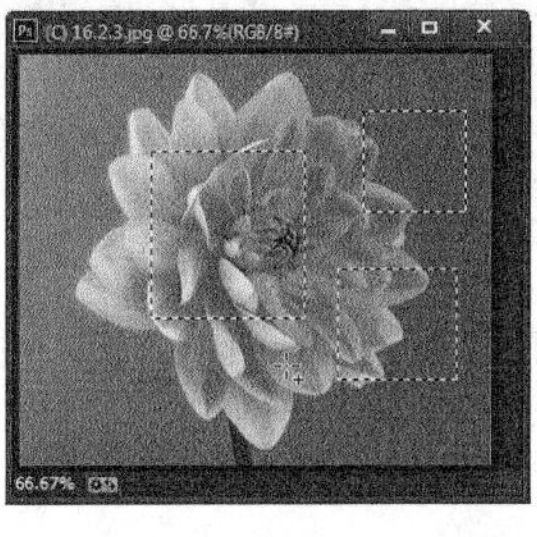

步骤 03 单击属性栏上的【从选区减去】按钮（在已有选区的基础上按住【Alt】键）。在需要选择的图像上拖曳鼠标可减去选区。

步骤 04 单击属性栏上的【与选区交叉】按钮（在已有选区的基础上同时按住【Shift】键和【Alt】键）。在需要选择的图像上拖曳鼠标可创建与选区交叉的选区。

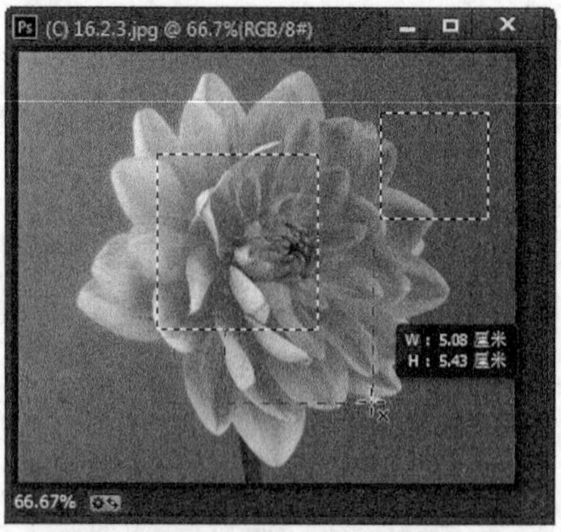

(2) 羽化参数设置

步骤 01 打开随书光盘中的“素材\ch09\9.4\02.jpg”文件。

步骤 02 选择工具箱中的【矩形选框工具】，在工具栏中设置【羽化】为“0px”,然后在图像中绘制选区。

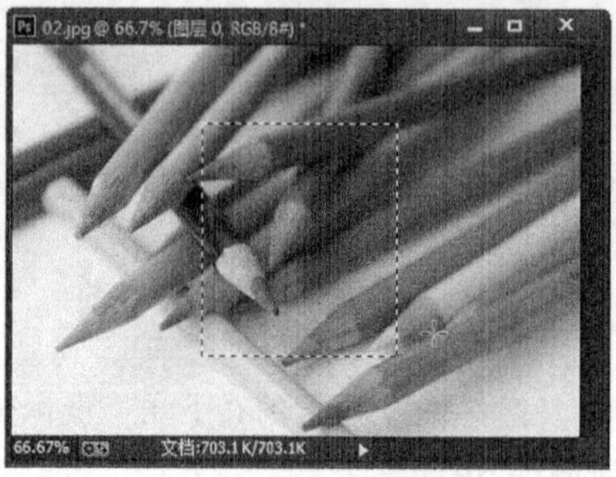

步骤 03 按【Ctrl+ Shift+I】组合键反选选区，按【Delete】键删除选区内的图像，最终结果如图所示。

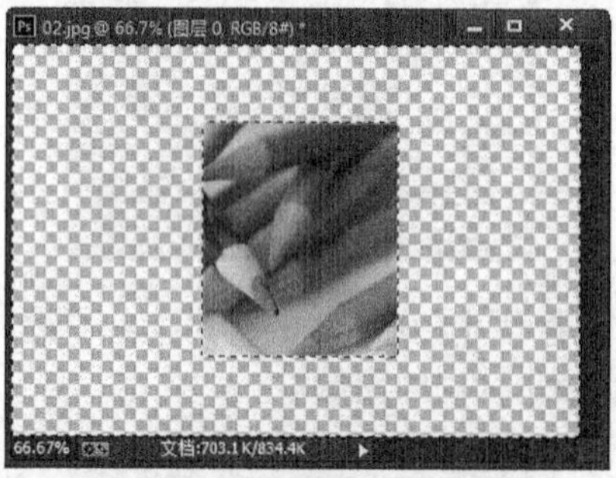

步骤 04 重复步骤 01~步骤 03，其中设置【羽化】为“10px”时，效果如下图所示。

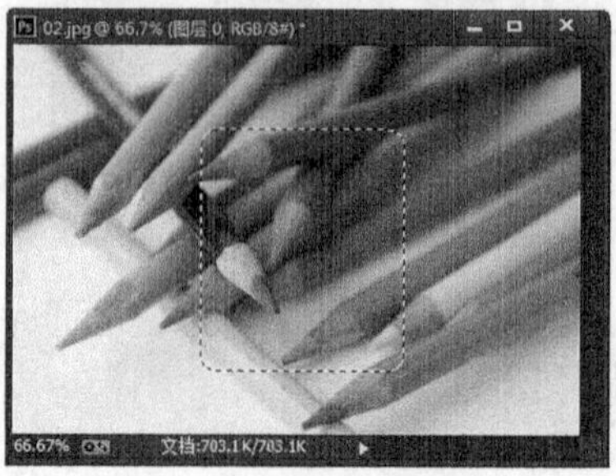

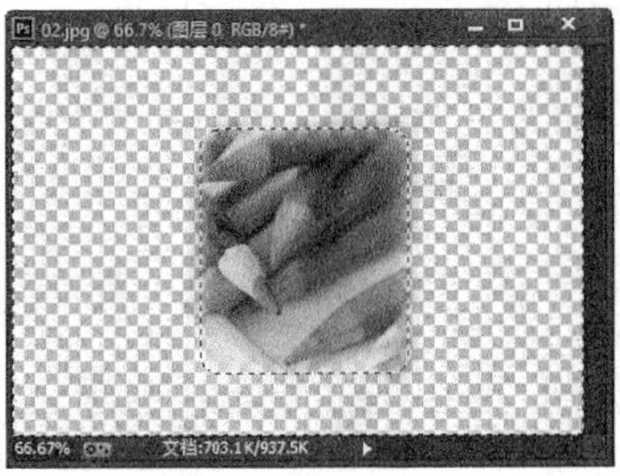

步骤05 重复步骤01~步骤03，其中设置【羽化】为“50px”时，效果如下图所示。

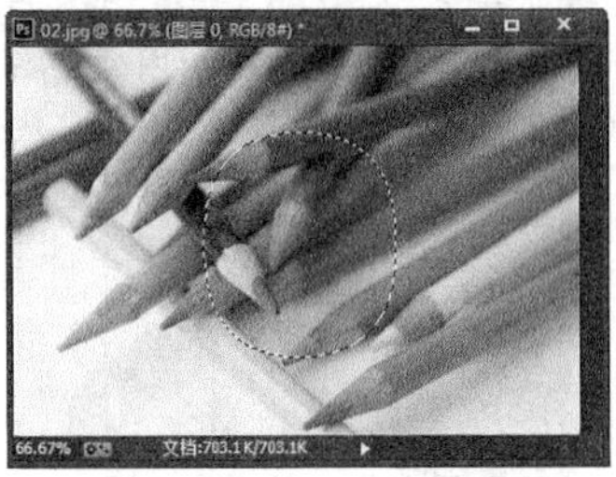

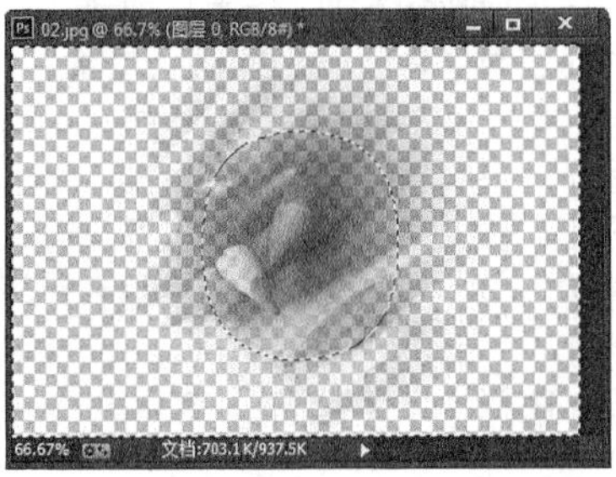

3. 边缘参数设置

建立好矩形选区后，单击【调整边缘】按钮 调整边缘... ，打开【调整边缘】对话框，可以通过调整【半径】、【对比度】、【平滑】、【羽化】和【移动边缘】参数对选框进行调整，在对话框下方有参数调整效果示例。

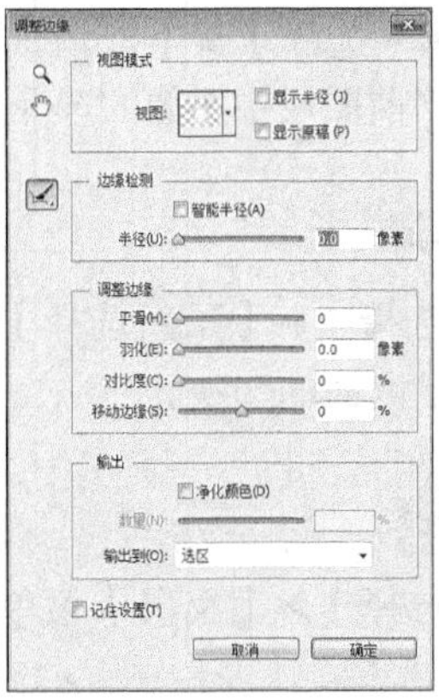

【椭圆选框工具】用于选取圆形或椭圆的图像。

(1) 使用【椭圆选框工具】创建选区

步骤01 打开随书光盘中的“素材\ch09\9.4\03.jpg”文件。

步骤02 选择工具箱中的【椭圆选框工具】。

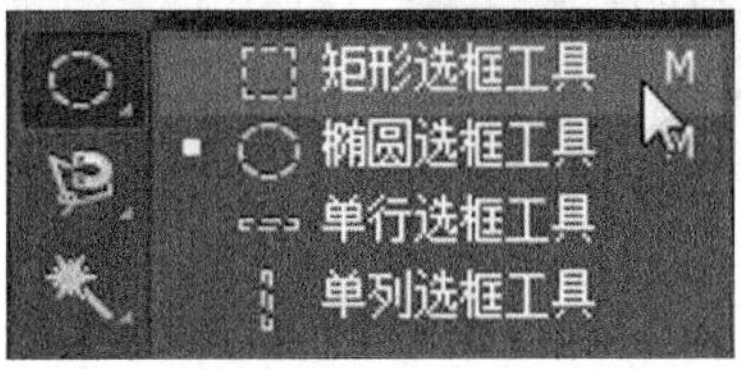

步骤03 在画面中的橘子处拖动鼠标，创建一个圆形选区。

步骤04 按住【Ctrl+Alt】组合键的同时拖动鼠标，则可复制选区及选区内的图像。

⑵【椭圆选框工具】参数设置

【椭圆选框工具】与【矩形选框工具】的参数设置基本一致。这里主要介绍它们之间的不同之处。

消除锯齿前后的对比效果如下图所示。

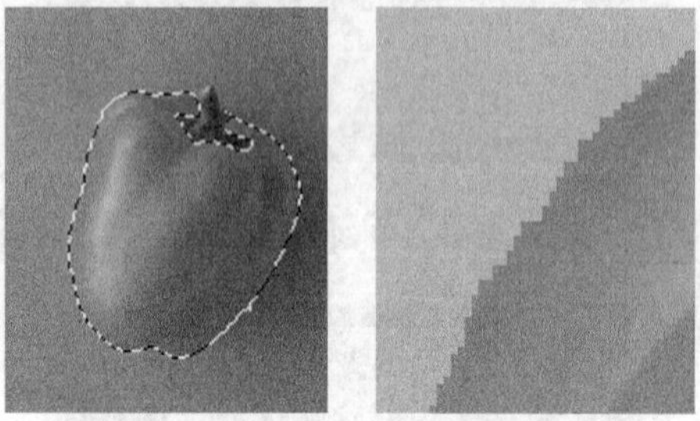

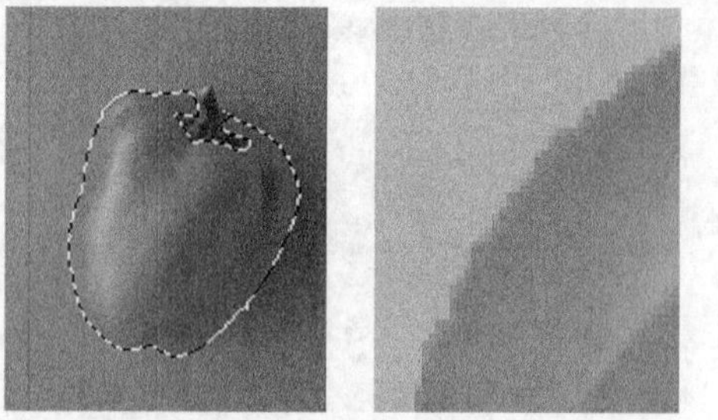

小提示

在系统默认的状态下，【消除锯齿】复选框自动处于开启状态。不是所有的图像中都要清除锯齿，例如现在流行的像素艺术突出的就是锯齿效果。

9.4.2 使用【选择】命令选择选区

在【选择】菜单中也包含选择对象的命令，比如选择【选择】➤【全部】菜单命令或者按下【Ctrl+A】组合键，可以选择当前文档边界内的全部图像。

1. 选择全部与取消选择

步骤 01 打开随书光盘中的“素材\ch09\9.4\04.jpg”文件。

步骤 02 选择【选择】➤【全部】菜单命令，选择当前图层中图像的全部。

步骤 03 选择【选择】➤【取消选择】菜单命令，取消对当前图层中图像的选择。

2. 重新选择

选择【选择】➤【重新选择】菜单命令，可重新选择已取消的选项。

3. 反向选择

选择【选择】➤【反向】菜单命令，可以

选择图像中除选中区域以外的所有区域。

步骤01 打开随书光盘中的“素材\ch09\9.4\05.jpg”文件。

步骤02 使用【魔棒工具】选择白色背景。

步骤03 选择【选择】➤【反向】菜单命令，反选选区从而选中图像中的美女。

小提示

使用【魔棒工具】时在属性栏中要选中【连续】复选框。

9.4.3 使用【修改】命令调整选区

选择【选择】➤【修改】菜单命令可以对当前选区进行修改，比如修改选区的边界、平滑度、扩展与收缩选区以及羽化边缘等。

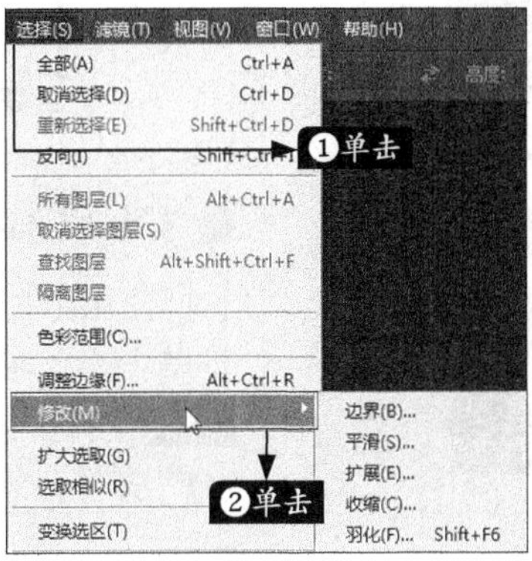

1. 修改选区边界

使用【边界】命令可以使当前选区的边缘产生一个边框，其具体操作如下。

步骤01 打开随书光盘中的“素材\ch09\9.4\06.jpg”文件，选择【矩形选框工具】，在图像中建立一个矩形边框选区。

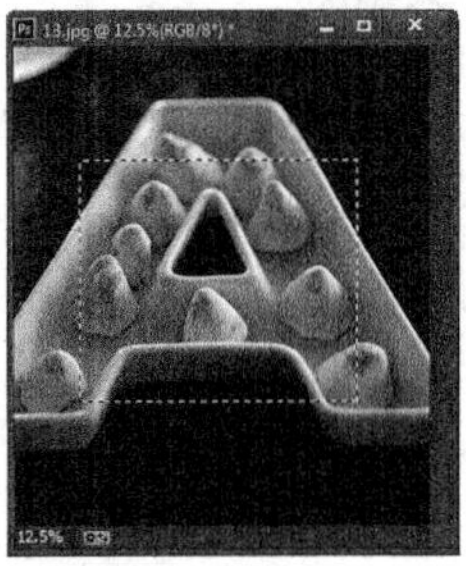

步骤 02 选择【选择】➤【修改】➤【边界】菜单命令，弹出【边界选区】对话框。在【宽度】文本框中输入“80”像素，单击【确定】按钮。

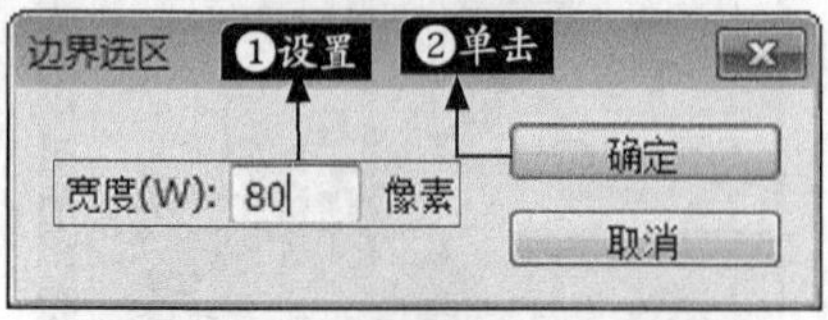

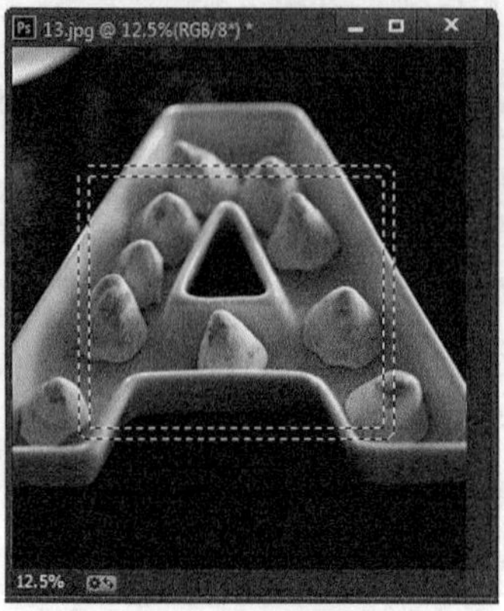

步骤 03 选择【编辑】➤【清除】菜单命令（或按【Delete】键），再按【Ctrl+D】组合键取消选择，制作出一个选区边框。

2. 平滑选区边缘

使用【平滑】命令可以使尖锐的边缘变得平滑，具体操作如下。

步骤 01 打开随书光盘中的“素材\ch09\9.4\07.jpg”文件，然后使用【多边形套索工具】 在图像中建立一个多边形选区。

步骤 02 选择【选择】➤【修改】➤【平滑】菜单命令，弹出【平滑选区】对话框。在【取样半径】文本框中输入“10”像素，然后单击【确定】按钮，即可看到图像的边缘变得平滑了。

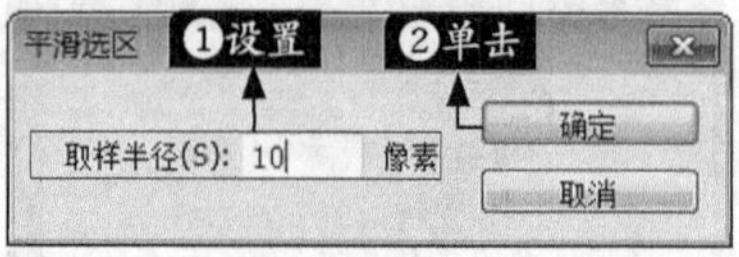

步骤 03 按【Ctrl+Shift+I】组合键反选选区，按【Delete】键删除选区内的图像，然后按【Ctrl+D】组合键取消选区。此时，一个多角形的相框就制作好了。

3. 扩展选区

使用【扩展】命令可以对已有的选区进行扩展。

步骤 01 打开随书光盘中的“素材\ch09\9.4\08.jpg”文件，然后建立一个椭圆选区。

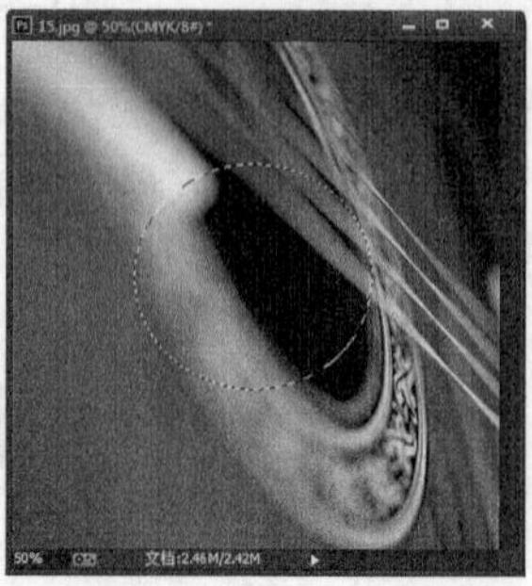

步骤 02 选择【选择】➤【修改】➤【扩展】菜单命令，弹出【扩展选区】对话框。在【扩展量】文本框中输入“100”像素，然后单击【确定】按钮，即可看到图像的边缘得到了扩展。

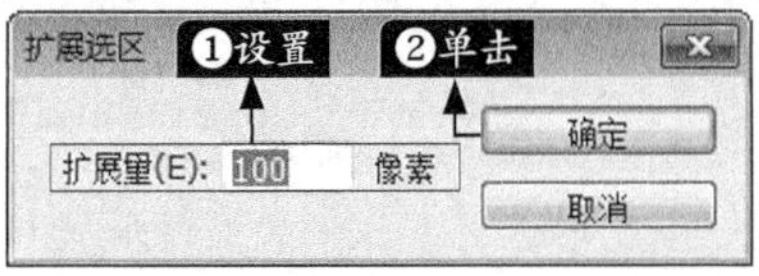

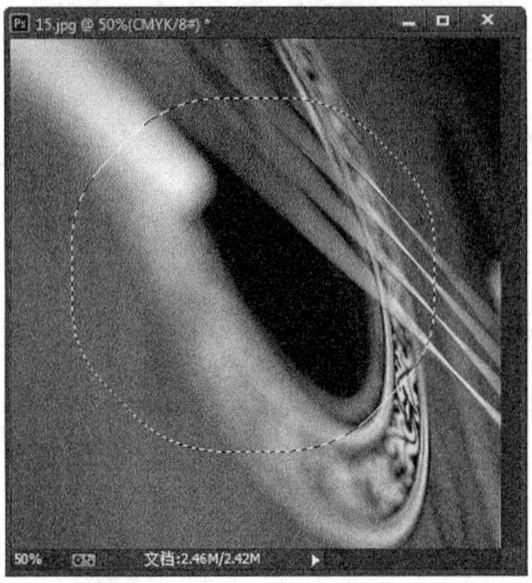

4. 收缩选区

使用【收缩】命令可以使选区收缩。

继续上面的例子操作，选择【选择】➤【修改】➤【收缩】菜单命令，弹出【收缩选区】对话框。在【收缩量】文本框中输入“100”像素，然后单击【确定】按钮，即可看到图像边缘得到了收缩。

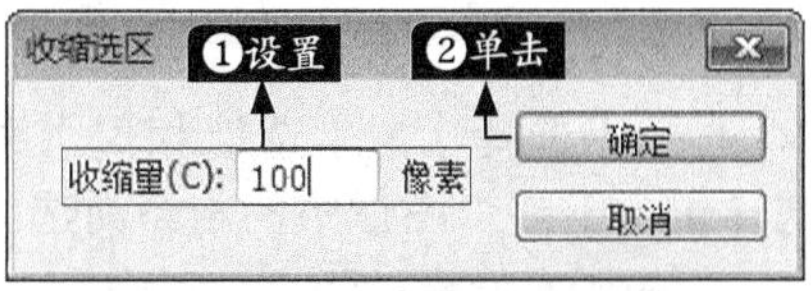

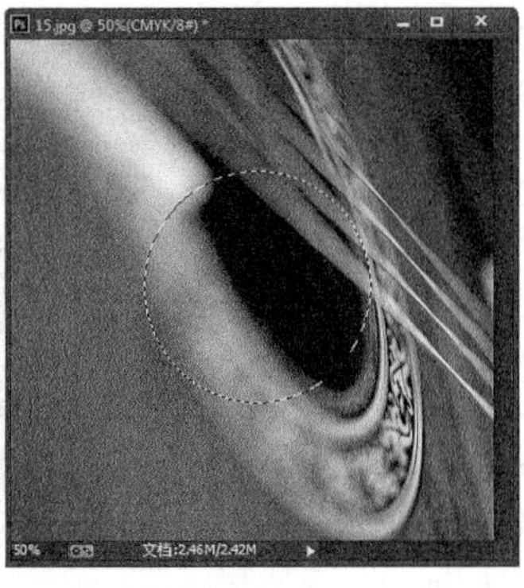

小提示

物理距离和像素距离之间的关系取决于图像的分辨率。例如72像素/英寸图像中的 5 像素距离就比在300像素/英寸图像中的长。

5. 羽化选区边缘

选择【羽化】命令，可以通过羽化使硬边缘变得平滑，其具体操作如下。

步骤 01 打开随书光盘中的“素材\ch09\9.4\09.jpg”文件，选择【椭圆选框工具】，在图像中建立一个椭圆形选区。

步骤 02 选择【选择】➤【修改】➤【羽化】菜单命令，弹出【羽化选区】对话框。在【羽化半径】文本框中输入数值，其范围是0.2～255，单击【确定】按钮。

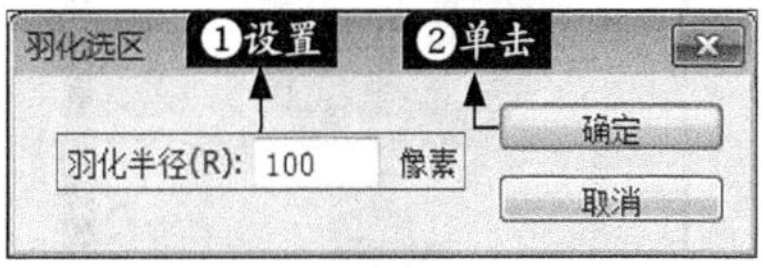

步骤 03 选择【选择】➤【反向】菜单命令，反选选区。

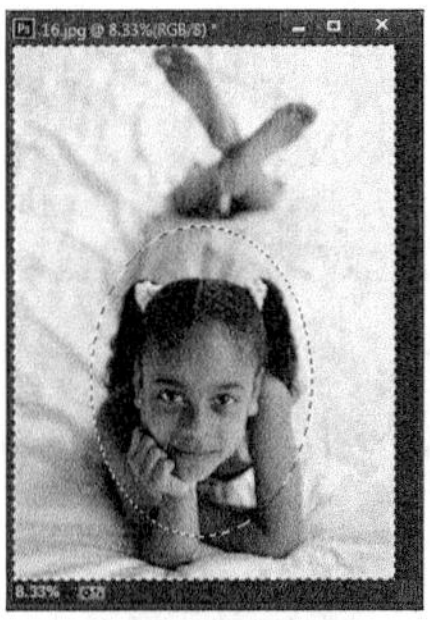

步骤 04 选择【编辑】➤【清除】菜单命令，按【Ctrl+D】组合键取消选区。清除反选选区后如下图所示。

小提示

如果选区小，而羽化半径过大，小选区可能变得非常模糊，以致于看不到其显示，因此系统会出现【任何像素都不大于50%选择】的提示，此时应减小羽化半径或增大选区，或者单击【确定】按钮，接受蒙版当前的设置。

9.4.4 修改选区

创建选区后，有时需要对选区进行深入编辑，才能使选区符合要求。【选择】下拉菜单中的【扩大选取】、【选取相似】和【变换选区】命令可以对当前的选区进行扩展、收缩等编辑操作。

1.扩大选取

使用【扩大选取】命令可以选择所有和现有选区颜色相同或相近的相邻像素。

步骤01 打开随书光盘中的“素材\ch09\9.4\10.jpg”文件，选择【矩形选框工具】，在苹果中创建一个矩形选框。

步骤02 选择【选择】➤【扩大选取】菜单命令，即可看到与矩形选框内颜色相近的相邻像素都被选中了。可以多次执行此命令，直至选择了合适的范围为止。

2. 选取相似

使用【选取相似】命令可以选择整个图像中的与现有选区颜色相邻或相近的所有像素，而不只是相邻的像素。

步骤01 选择【矩形选框工具】，在黄色苹果上创建一个矩形选区。

步骤02 选择【选择】➤【选取相似】菜单命令，这样包含于整个图像中的与当前选区颜色相邻或相近的所有像素就都会被选中。

3. 变换选区

使用【变换选区】命令可以对选区的范围进行变换。

步骤01 打开随书光盘中的“素材\ch09\9.4\11.jpg”文件，选择【矩形选框工具】，在其中一张信纸上用鼠标拖移出一个矩形选框。

步骤02 选择【选择】➤【变换选区】菜单命令，或者在选区内单击鼠标右键，从弹出的快捷菜单中选择【变换选区】命令。

步骤03 按住【Ctrl】键来调整节点以完整而准确地选取白色信纸区域，然后按【Enter】键确认。

9.4.5 管理选区

选区创建之后，就需要对选区进行管理。

1. 存储选区

使用【存储选区】命令可以将制作好的选区进行存储，方便下一次操作。

步骤01 打开随书光盘中的“素材\ch09\9.4\12.jpg”文件，然后选择草莓的选区。

小提示

这里使用魔棒工具先选择白色的背景区域，然后使用反选命令即可。

步骤02 选择【选择】➤【存储选区】菜单命令，弹出【存储选区】对话框。在【名称】文本框中输入“草莓选区”，然后单击【确定】按钮。

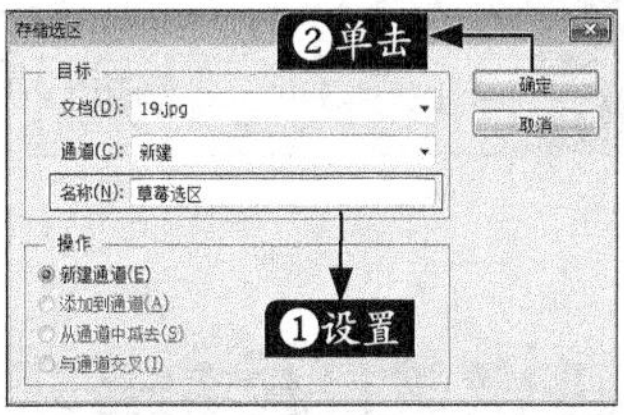

步骤03 此时在【通道】面板中就可以看到新建立的一个名为【草莓选区】的通道。

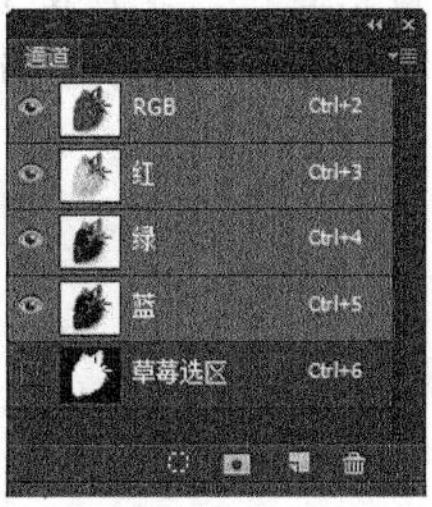

步骤 04 如果在【存储选区】对话框中的【文档】下拉列表框中选择【新建】选项，那么就会出现一个新建的【存储文档】通道文件。

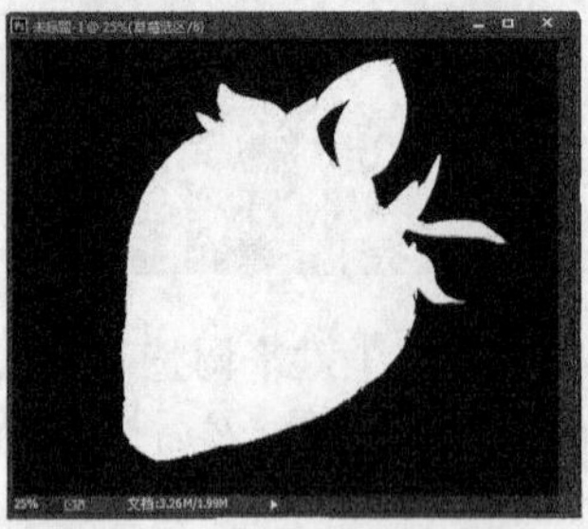

2. 载入选区

存储好选区以后，就可以根据需要随时载入保存好的选区。

步骤 01 继续上面的操作步骤，当需要载入存储好的选区时，可以选择【选择】➤【载入选区】菜单命令，打开【载入选区】对话框。

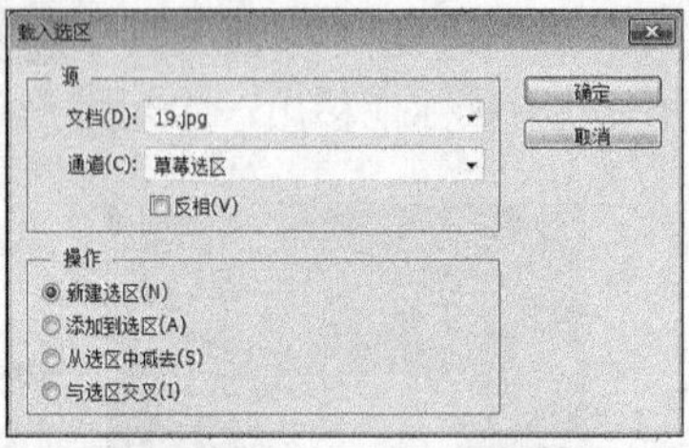

步骤 02 此时在【通道】下拉列表框中会出现已经存储好的通道的名称——草莓选区，然后单击【确定】按钮即可。如果选择相反的选区，可勾选【反相】复选框。

9.5 调整图像的色彩

本节教学录像时间：17 分钟

色彩是事物外在的一个重要特征，不同的色彩可以传递不同的信息，带来不同的感受。成功的设计师应该有很好的驾驭色彩的能力，Photoshop提供了强大的色彩设置功能。本节将介绍如何在Photoshop中随心所欲地进行颜色的设置。

9.5.1 设定前景色和背景色

前景色和背景色是用户当前使用的颜色，工具箱中包含前景色和背景色的设置选项，它由设置前景色、设置背景色、切换前景色和背景色以及默认前景色和背景色等部分组成。

利用色彩控制图标可以设定前景色和背景色。

【设置前景色】按钮：单击此按钮将弹出拾色器来设定前景色，它会影响到画笔、填充命令

和滤镜等的使用。

【设置背景色】按钮：设置背景色和设置前景色的方法相同。

【默认前景色和背景色】按钮：单击此按钮默认前景色为黑色、背景色为白色，也可以使用快捷键【D】来完成。

【切换前景色和背景色】按钮：单击此按钮可以使前景色和背景色相互交换，也可以使用快捷键【X】来完成。

9.5.2 使用拾色器设置颜色

单击工具箱中的【设置前景色】或【设置背景色】按钮，即可弹出【拾色器（前景色）】对话框，在拾色器中有4种色彩模型可供选择，分别是HSB、RGB、Lab和CMYK。

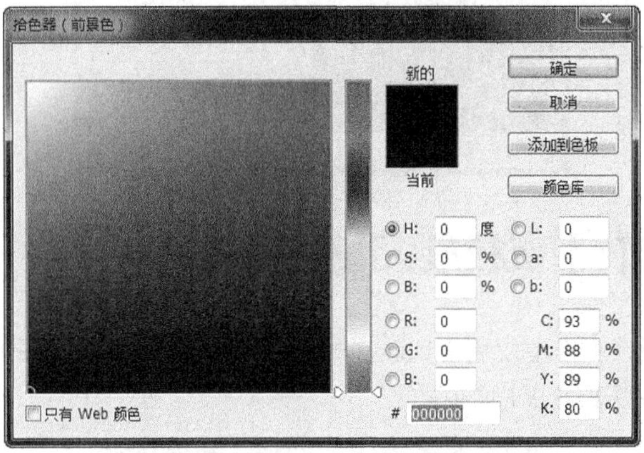

通常使用HSB色彩模型，因为它是以人们对色彩的感觉为基础的。它把颜色分为色相、饱和度和明度3个属性，这样便于观察。

在设定颜色时可以拖曳彩色条两侧的三角滑块来设定色相。然后在【拾色器（前景色）】对话框的颜色框中单击鼠标（这时鼠标指针变为一个圆圈）来确定饱和度和明度。完成后单击【确定】按钮即可。也可以通过在色彩模型不同的组件后面的文本框中输入数值来完成。

小提示

在实际工作中一般是用数值来确定颜色。

在【拾色器（前景色）】对话框中右上方有一个颜色预览框，分为上下两个部分，上边代表新设定的颜色，下边代表原来的颜色，这样便于进行对比。如果在它的旁边出现了惊叹号，则表示该颜色无法被打印。

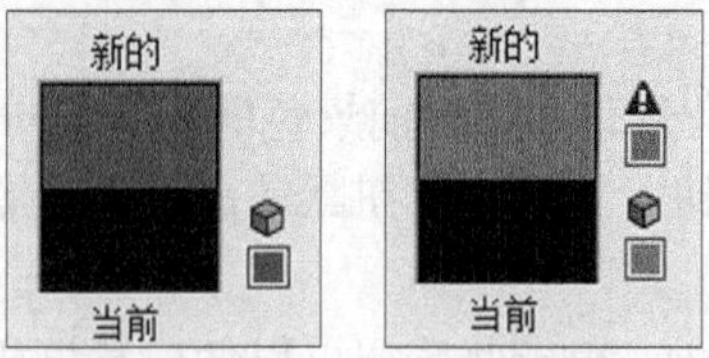

如果在【拾色器（前景色）】对话框中选中【只有Web颜色】复选框，颜色则变很少，这主要用来确定网页上使用的颜色。

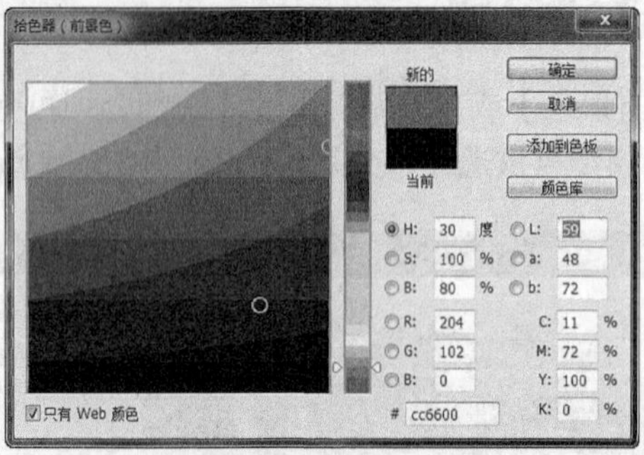

9.5.3 使用【颜色】面板设置颜色

【颜色】面板是设计工作中使用得比较多的一个面板。可以通过选择【窗口】➤【颜色】菜单命令或按【F6】键调出【颜色】面板。

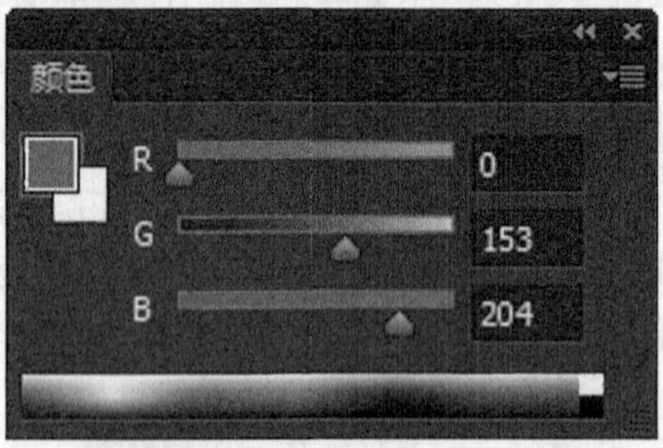

在设定颜色时要单击面板右侧的黑三角，弹出面板菜单，然后在菜单中选择合适的色彩模式和色谱。

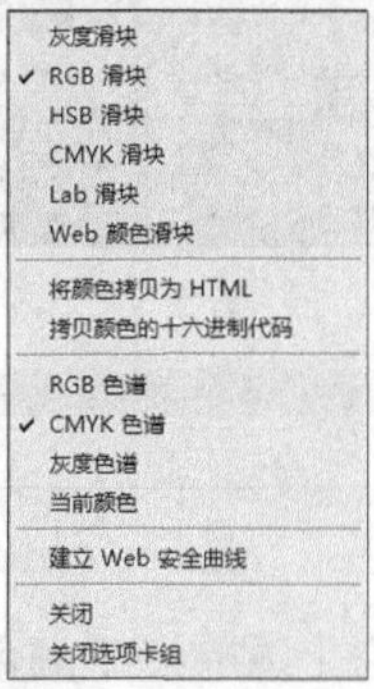

(1) CMYK滑块：在CMYK颜色模式中（PostScript打印机使用的模式）指定每个图案值（青色、洋红、黄色和黑色）的百分比。

⑵ RGB滑块：在RGB颜色模式（监视器使用的模式）中指定0到255（0是黑色，255是纯白色）之间的图素值。

⑶ HSB滑块：在HSB颜色模式中指定饱和度和亮度的百分数，指定色相为一个与色轮上位置相关的0° 到360° 之间的角度。

⑷ Lab滑块：在Lab模式中输入0到100之间的亮度值（L）和从绿色到洋红的值（-128到+127以及从蓝色到黄色的值）。

⑸ Web颜色滑块：Web安全颜色是浏览器使用的216种颜色，与平台无关。在8位屏幕上显示颜色时，浏览器会将图像中的所有颜色更改为这些颜色，这样可以确保为Web准备的图片在256色的显示系统上不会出现仿色。可以在文本框中输入颜色代号来确定颜色。

单击面板前景色或背景色按钮来确定要设定的或者更改的是前景色还是背景色。

接着可以通过拖曳不同色彩模式下不同颜色组件中的滑块来确定色彩。也可以在文本框中输入数值来确定色彩，其中，在灰度模式下可以在文本框中输入不同的百分比来确定颜色。

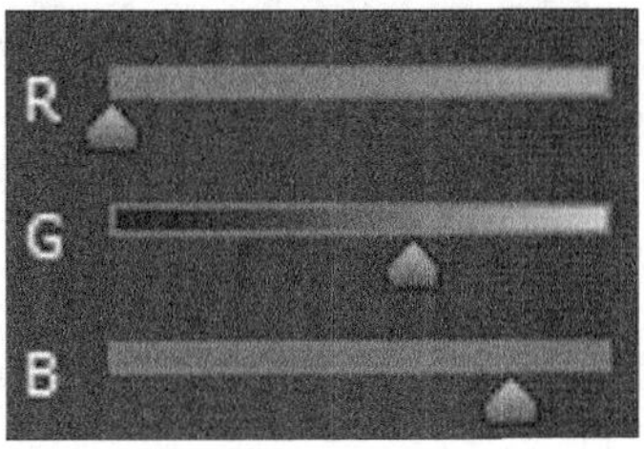

当把鼠标指针移至面板下方的色条上时，指针会变为吸管工具。这时单击，同样可以设定需要的颜色。

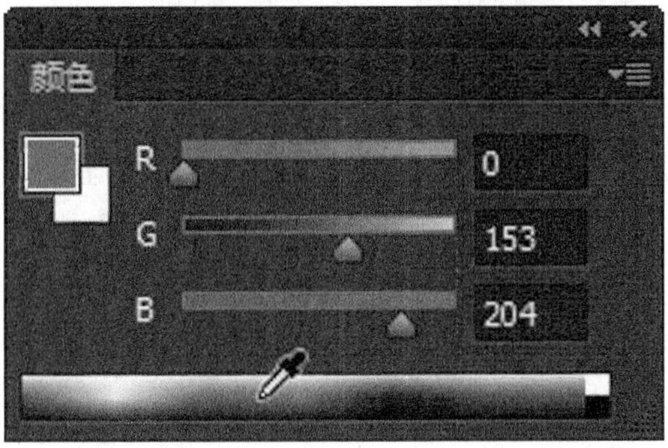

9.5.4 使用【色板】设置颜色

在设计中有些颜色可能会经常用到，这时可以把它放到【色板】面板中。选择【窗口】➤【色板】菜单命令即可打开【色板】面板。

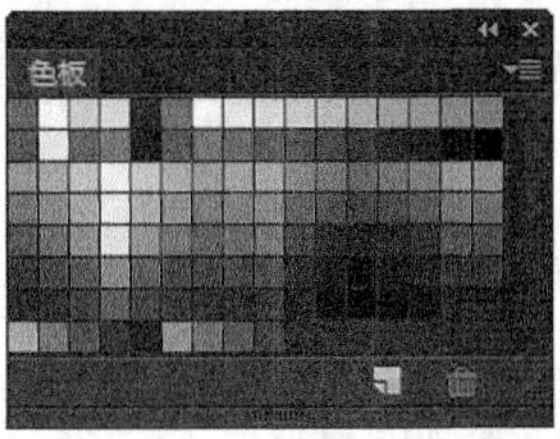

⑴ 色标：在它上面单击可以把该色设置为前景色。

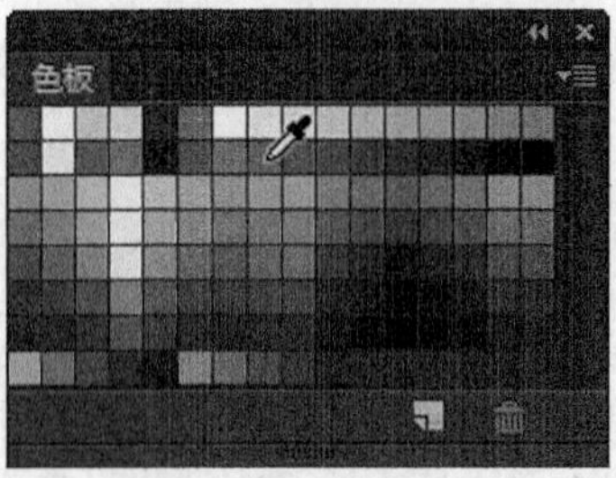

如果在色标上面双击，则会弹出【色板名称】对话框，从中可以为该色标重新命名。

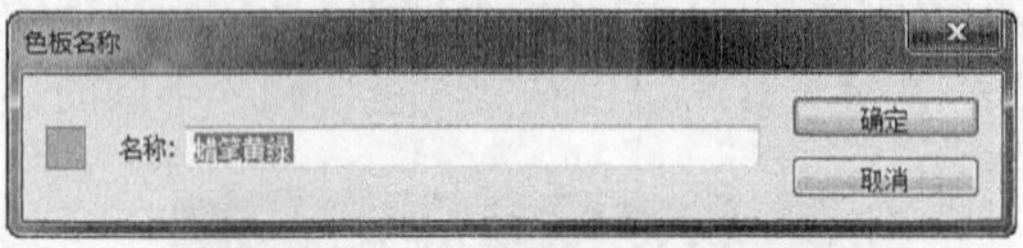

⑵ 创建前景色的新色板：单击此按钮可以把常用的颜色设置为色标。

⑶ 删除色标：选择一个色标，然后拖曳到该按钮上可以删除该色标。

9.5.5 使用【吸管工具】设置颜色

选择【吸管工具】在所需要的颜色上单击，可以把同一图像中不同部分的颜色设置为前景色，也可以把不同图像中的颜色设置为前景色。

将同一图像中不同的颜色设置为前景色，如下图所示。

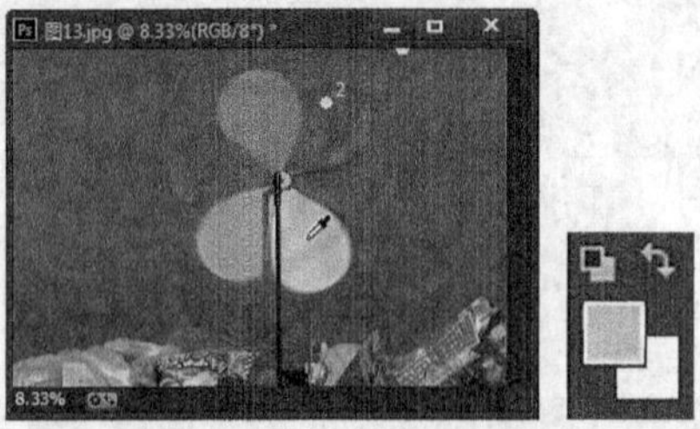

将不同图像中的颜色设置为前景色，如下图所示。

9.5.6 使用【渐变工具】填充

渐变是由一种颜色向另一种颜色实现的过渡，以形成一种柔和的或者特殊规律的色彩区域，可以在整个文档或选区内填充渐变颜色。

1.【渐变工具】相关参数设置

选择【渐变工具】后的属性栏如下。

⑴【点按可编辑渐变】：选择和编辑渐变的色彩，是渐变工具最重要的部分，通过它能够看出渐变的情况。

⑵ 渐变方式包括线性渐变、径向渐变、角度渐变、对称渐变和菱形渐变5种。

【线性渐变】：从起点到终点颜色在一条直线上过渡。

【径向渐变】：从起点到终点颜色按圆形向外发散过渡。

【角度渐变】：从起点到终点颜色做顺时针过渡。

【对称渐变】：从起点到终点颜色在一条直线同时做两个方向的对称过渡。

【菱形渐变】：从起点到终点颜色按菱形向外发散过渡。

⑶【模式】下拉列表：用于选择填充时的色彩混合方式。

⑷【反向】复选框：用于决定掉转渐变色的方向，即把起点颜色和终点颜色进行交换。

⑸【仿色】复选框：选中此复选框会添加随机杂色以平滑渐变填充的效果。

⑹【透明区域】复选框：只有选中此复选框，不透明度的设定才会生效，包含有透明的渐变才能被体现出来。

2. 利用渐变绘制彩色圆柱

步骤01 新建一个大小为800像素×600像素、分辨率为72像素/英寸的画布。

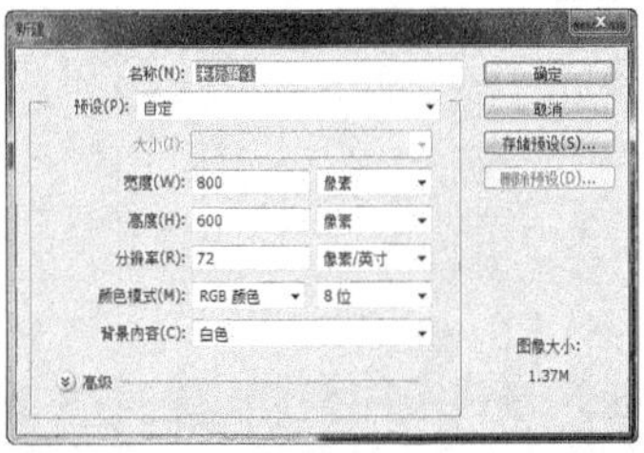

步骤02 在【图层】面板上单击【新建】按钮，新建【图层1】图层。

步骤03 选择工具箱中的【矩形选框工具】，然后在画布中建立一个矩形选框。

步骤04 在属性栏中选择【添加到选区】按钮，然后使用【椭圆选框工具】在矩形选框的底部绘制一个椭圆。

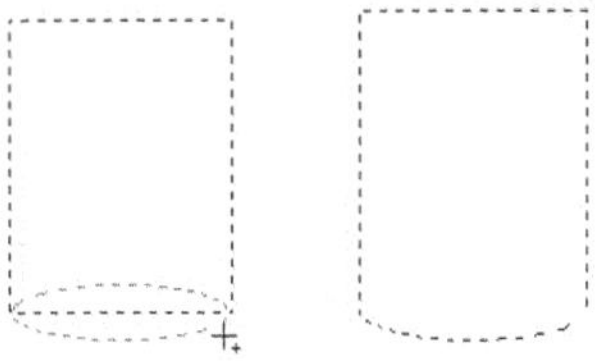

步骤05 选择【渐变工具】，在其属性栏中单击【点按可编辑渐变】按钮，在弹出对话框中选择【预设】中的【色谱】。

步骤 06 在参数设置栏中选择【线性渐变】，然后在选区中水平拖曳填充渐变。

步骤 07 按【Ctrl+D】组合键取消选区，在【图层】面板上单击【新建】按钮，新建【图层2】图层。选择【图层2】图层，然后使用【椭圆选框工具】在矩形的上方创建一个椭圆选区。

步骤 08 将选区填充为灰色（C：0、M：0、Y：0、K：10），然后取消选区。

9.6 图像色彩的高级调整

本节教学录像时间：52 分钟

色彩调整命令是Photoshop CC的核心内容，各种调整命令是对图像进行颜色调整不可缺少的命令。选择【图像】➤【调整】菜单命令，从其子菜单中可以选择各种命令。

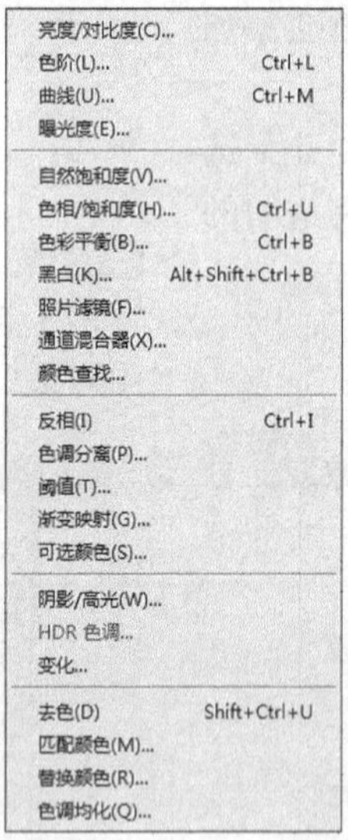

9.6.1 调整图像的色阶

【色阶】命令通过调整图像暗调、灰色调和高光的亮度级别来校正图像的色调，包括反差、明暗、图像层次以及平衡图像的色彩。

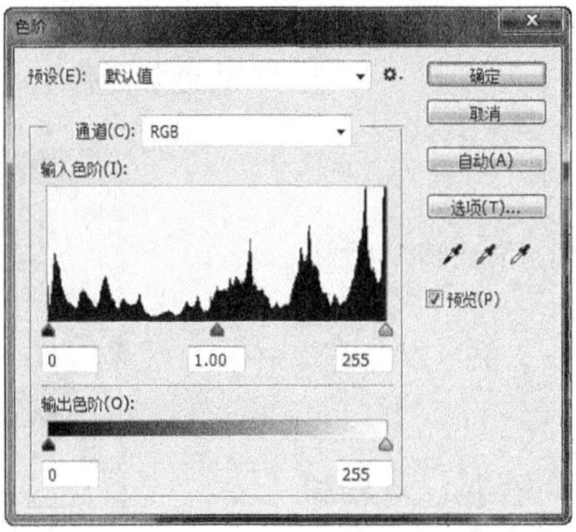

1. 【预设】下拉列表

利用此下拉列表可根据Photoshop预设的色彩调整选项对图像进行色彩调整。

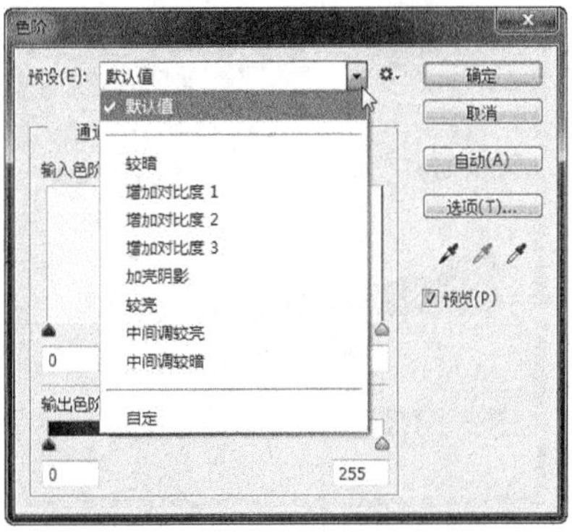

2. 【通道】下拉列表

利用此下拉列表，可以在整个颜色范围内对图像进行色调调整，也可以单独编辑特定颜色的色调。若要同时编辑一组颜色通道，在选择【色阶】命令之前应按住【Shift】键在【通道】面板中选择这些通道。之后，通道菜单会显示目标通道的缩写，例如红代表红色。【通道】下拉列表还包含所选组合的个别通道，可以只分别编辑专色通道和Alpha通道。

3. 阴影滑块

向右拖动该滑块可以增大图像的暗调范围，使图像显得更暗。同时拖曳的程度会在【输入色阶】最左边的方框中得到量化。

4. 【输入色阶】参数框

在【输入色阶】参数框中，可以通过调整暗调、中间调和高光的亮度级别来分别修改图像的色调范围，以提高或降低图像的对比度。可以在【输入色阶】参数框中键入目标值，这种方法比较精确，但直观性不好。以输入色阶直方图为参考，通过拖曳3个【输入色阶】滑块来调整，可使色调的调整更为直观。

5. 【输出色阶】参数框

【输出色阶】参数框中只有暗调滑块和高光滑块，通过拖曳滑块或在参数框中键入目标值，可以降低图像的对比度。具体来说，向右拖曳暗调滑块，【输出色阶】左侧的参数框中的值会相应增加，但此时图像却会变亮；向左拖曳高光滑块，【输出色阶】右侧的参数框中的值会相应减小，但图像却会变暗。这是因为在输出时，Photoshop的处理过程是这样的：比如将第一个参数框的值调为10，则表示输出图像会以在输入图像中色调值为10的像素的暗度为最低暗度，所以图像会变亮；将第二个参数框的值调为245，则表示输出图像会以在输入图像中色调值245的像素的亮度为最高亮度，所以图像会变暗。总之，【输入色阶】的调整是用来增加对比度的，而【输出色阶】的调整则是用来减少对比度的。

6. 中间调滑块

左右拖曳此滑块，可以增大或减小中间色调范围，从而改变图像的对比度。其作用与在【输入色阶】中间的参数框中键入数值相同。

7. 高光滑块

向左拖曳此滑块，可以增大图像的高光范

围，使图像变亮。高光的范围会在【输入色阶】最右侧的参数框中显示。

8. 【自动】按钮

单击【自动】按钮可以将高光和暗调滑块自动地移动到最亮点和最暗点。

9. 吸管工具

吸管工具用于完成图像中的黑场、灰场和白场的设定。使用【设置黑场吸管】在图像中的某点颜色上单击，该点则成为图像中的黑色，该点与原来黑色的颜色色调范围内的颜色都将变为黑色，该点与原来白色的颜色色调范围内的颜色整体都进行亮度的降低。使用【设置白场吸管】完成的效果则正好与【设置黑场吸管】的作用相反。使用【设置灰场吸管】可以完成图像中的灰度设置。

下面通过调整图像的对比度来学习【色阶】命令的使用方法。

步骤 01 打开随书光盘中的“素材\ch09\9.6\01.jpg”图像。

步骤 02 选择【图像】➤【调整】➤【色阶】菜单命令，弹出【色阶】对话框。

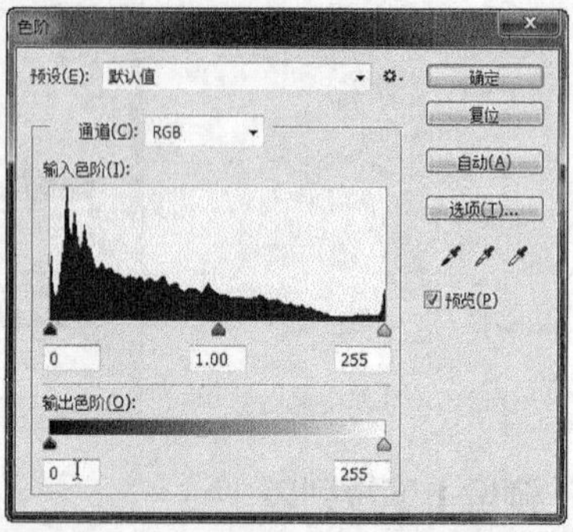

步骤 03 调整中间调滑块，使图像的整体色调的亮度有所提高，最终效果如下图所示。

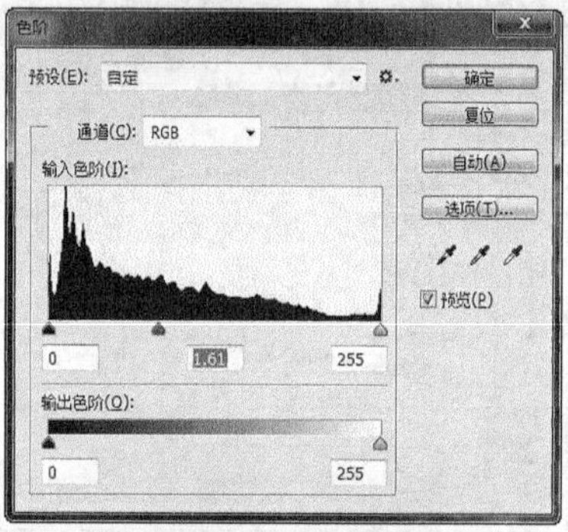

9.6.2 调整图像的亮度/对比度

选择【亮度/对比度】命令，可以对图像的色调范围进行简单的调整，具体步骤如下。

步骤 01 打开随书光盘中的“素材\ch09\9.6\02.jpg”图像。

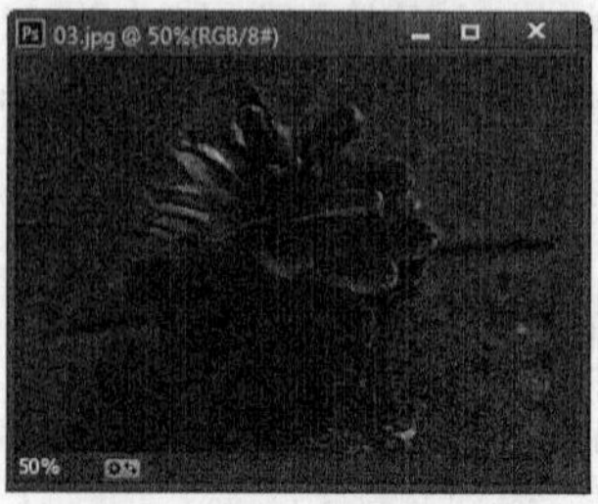

步骤02 选择【图像】➤【调整】➤【亮度/对比度】菜单命令，弹出【亮度/对比度】对话框，设置【亮度】为“150”，【对比度】为“35”。

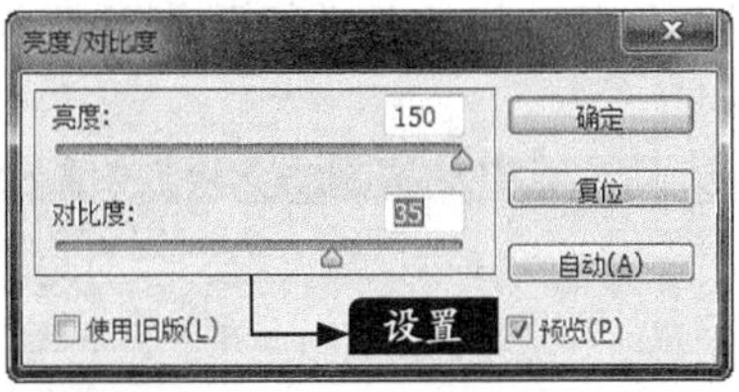

步骤03 单击【确定】按钮，得到最终图像效果。

9.6.3 调整图像的色彩平衡

选择【色彩平衡】命令可以调节图像的色调，可分别在暗调区、灰色调区和高光区通过控制各个单色的成分来平衡图像的色彩，操作简单直观。

1.【色彩平衡】参数设置

选择【图像】➤【调整】➤【色彩平衡】菜单命令，即可打开【色彩平衡】对话框。

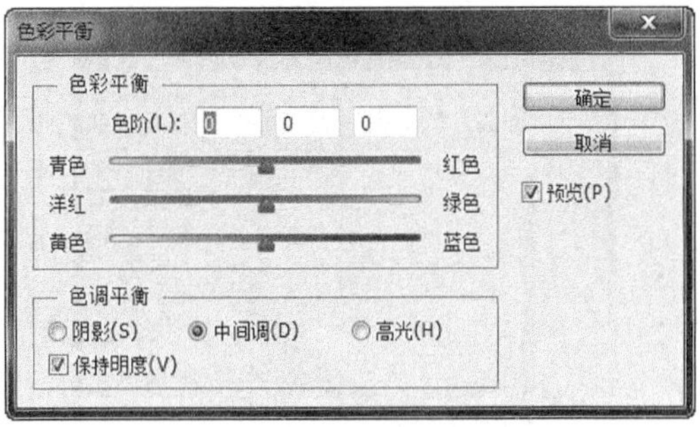

【色彩平衡】设置区：可将其中的滑块拖曳至要在图像中增加的颜色，或将滑块拖离要在图像中减少的颜色。利用上面提到的互补性原理，即可完成对图像色彩的平衡。

【色调平衡】设置区：通过选择【阴影】、【中间调】或【高光】单选按钮可以控制图像不同色调区域的颜色平衡。若选中【保持明度】复选框，可防止图像的亮度值随着颜色的更改而改变。

2. 使用【色彩平衡】命令调整图像

步骤01 打开随书光盘中的“素材\ch09\9.6\03.jpg”图像。

步骤02 选择【图像】➤【调整】➤【色彩平衡】菜单命令，在弹出的【色彩平衡】对话框中的【色阶】参数框中依次输入+30、+10和+30。

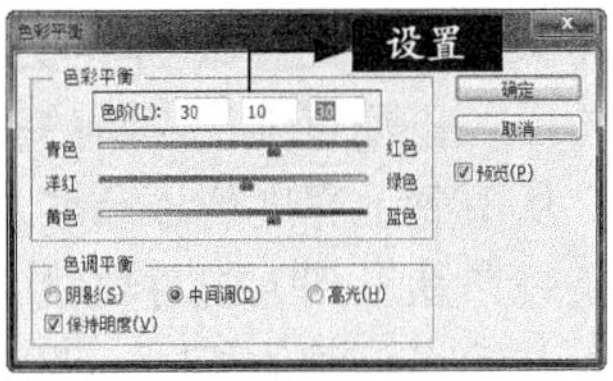

步骤03 单击【确定】按钮，得到最终图像效果。

9.6.4 调整图像的曲线

Photoshop可以调整图像的整个色调范围及色彩平衡。但它不是通过控制3个变量（阴影、中间调和高光）来调节图像的色调，而是对0到255色调范围内的任意点进行精确调节。同时，也可以选择【图像】➤【调整】➤【曲线】菜单命令对个别颜色通道的色调进行调节以平衡图像色彩。

1. 【通道】下拉列表

若要调整图像的色彩平衡，可以在【通道】下拉列表中选取所要调整的通道，然后对图像中的某一个通道的色彩进行调整。

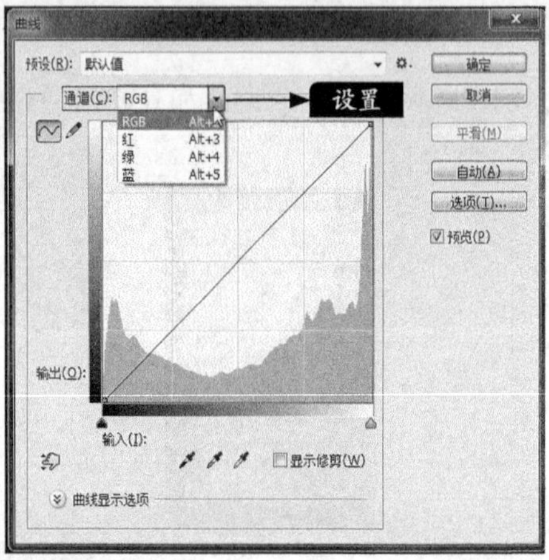

2. 曲线

水平轴（输入色阶）代表原图像中像素的色调分布，初始时分成了5个带，从左到右依次是暗调（黑）、1/4色调、中间色调、3/4色调、高光（白）；垂直轴代表新的颜色值，即输出色阶，从下到上亮度值逐渐增加。默认的曲线形状是一条从下到上的对角线，表示所有像素的输入与输出色调值相同。调整图像色调的过程就是通过调整曲线的形状来改变像素的输入和输出色调，从而改变整个图像的色调分布。

将曲线向上弯曲会使图像变亮，将曲线向下弯曲会使图像变暗。

曲线上比较陡直的部分代表图像对比度较高的区域；相反，曲线上比较平缓的部分代表图像对比度较低的区域。

使用✎工具可以在曲线缩略图中手动绘制曲线。

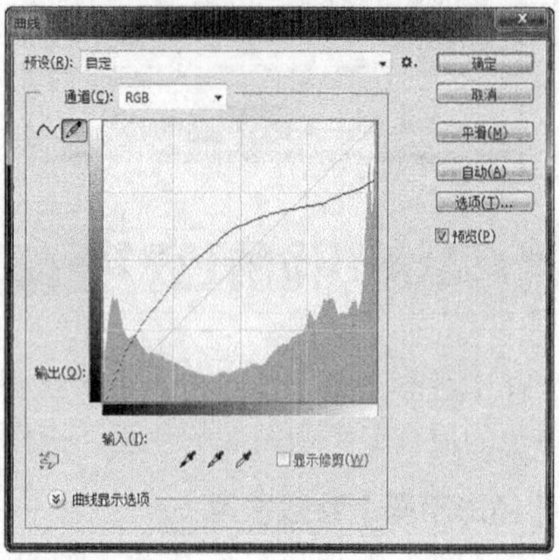

为了精确地调整曲线，可以增加曲线后面的网格数，按住【Alt】键单击缩略图即可。

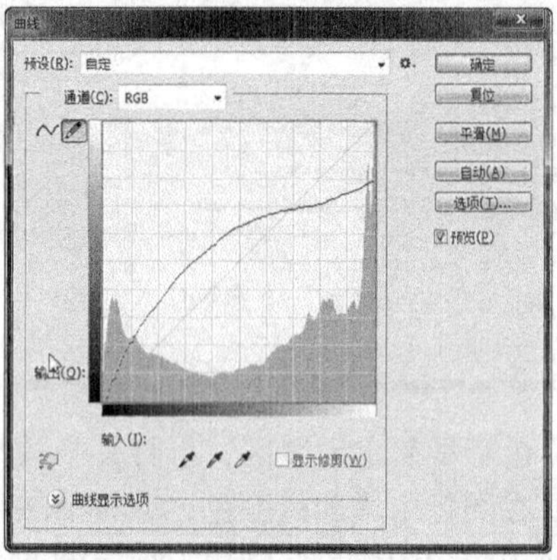

默认状态下在【曲线】对话框中：

⑴ 移动曲线顶部的点主要是调整高光。

⑵ 移动曲线中间的点主要是调整中间调。

⑶ 移动曲线底部的点主要是调整暗调。

将曲线上的点向下或向右移动会将【输入】值映射到较小的【输出】值，并会使图像变暗；相反，将曲线上的点向上或向左移动会将较小的【输入】值映射到较大的【输出】值，并会使图像变亮。因此如果希望将暗调图像变亮，则可向上移动靠近曲线底部的点；如果希望高光变暗，则可向下移动靠近曲线顶部的点。

3. 使用【曲线】命令来调整图像

步骤01 打开随书光盘中的“素材\ch09\9.6\04.jpg”图像。

步骤02 选择【图像】➤【调整】➤【曲线】命令，在弹出的【曲线】对话框中调整曲线（或者设置【输入】为“145”，【输出】为“115”）。

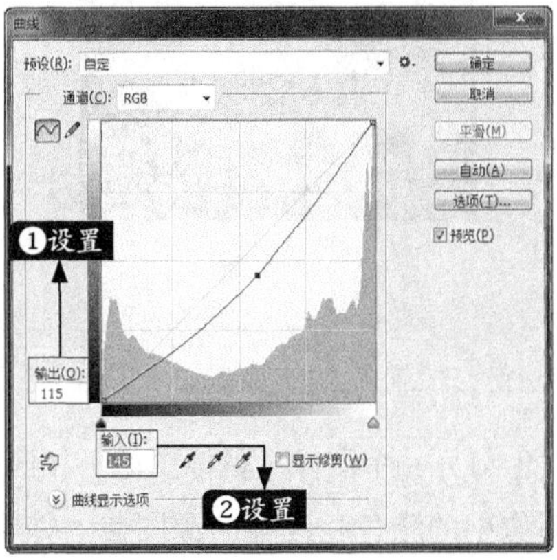

步骤03 在【通道】下拉列表中选择“红”选项，调整曲线（或者设置【输入】为“150”，【输出】为“110”）。

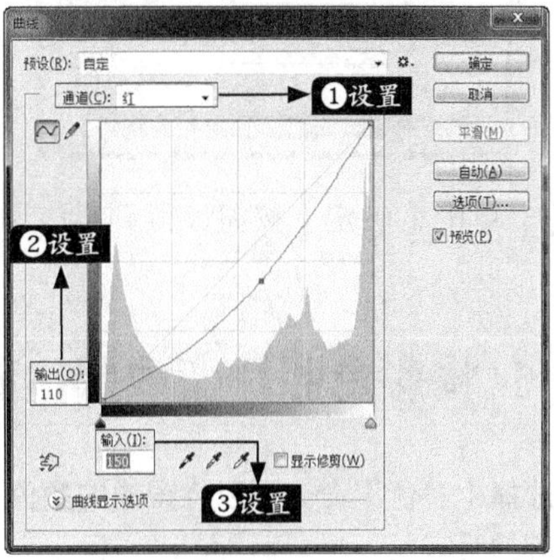

步骤04 单击【确定】按钮，得到最终图像效果。

9.6.5 调整图像的色相/饱和度

“色相”就是通常所说的颜色，即红、橙、黄、绿、青、蓝和紫。“饱和度”简单地说是一种颜色的纯度，颜色纯度越高，饱和度越大，颜色纯度越低，饱和度就越小。“亮度”就是指色调，即图像的明暗度。

下面利用【色相/饱和度】命令来改变天空的颜色。

步骤01 打开随书光盘中的“素材\ch09\9.6\05.jpg”图像。

步骤02 选择【图像】➤【调整】➤【色相/饱和度】菜单命令，在弹出的【色相/饱和度】对话框中的【预设】下拉列表中选择“蓝色”选项，设置【色相】为“+180”，【饱和度】为“+20”，【明度】为“ - 3”。

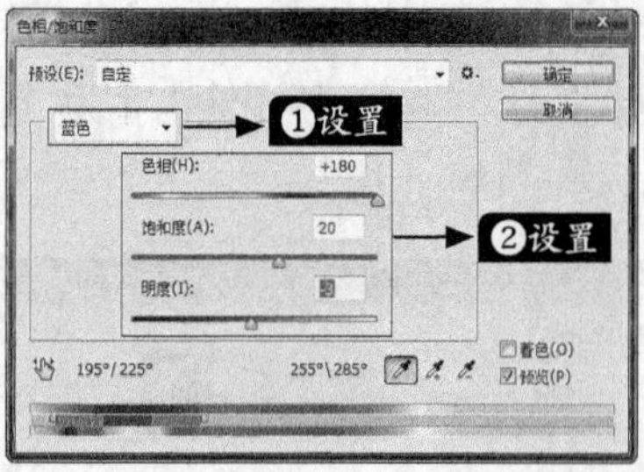

步骤 03 单击【确定】按钮，得到最终图像效果。

9.6.6 将彩色照片变成黑白照片

选择【去色】命令可以将图像的颜色去掉，变成相同颜色模式下的灰度图像，每个像素仅保留原有的明暗度。

步骤 01 打开随书光盘中的“素材\ch09\9.6\06.jpg”图像。

步骤 02 选择【图像】➤【调整】➤【去色】菜单命令，图像变成黑白效果。

9.6.7 匹配图像颜色

选择【匹配颜色】命令可将一个图像（源图像）的颜色与另一个图像（目标图像）相匹配。

1.【匹配颜色】对话框参数设置

选择【图像】➤【调整】➤【匹配颜色】菜单命令，即可打开【匹配颜色】对话框。

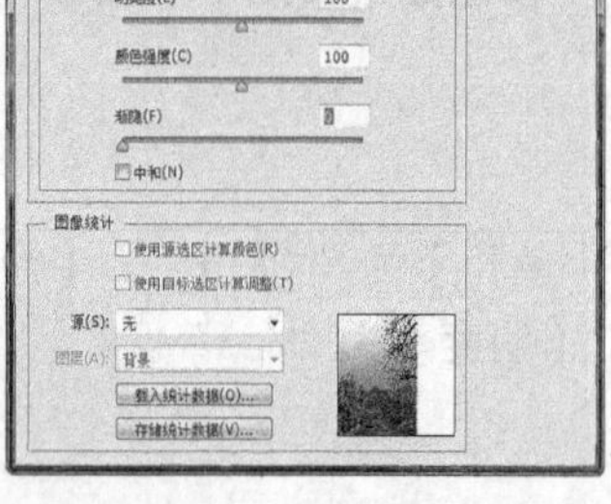

(1)【源】下拉列表：选取要将其颜色与目标图像中的颜色相匹配的源图像。如果不希望参考另一个图像来计算色彩调整，则可选取【无】选项。选择【无】选项后目标图像和源图像相同。

(2)【图层】下拉列表：从要匹配其颜色的源图像中选取图层。如果要匹配源图像中所有图层的颜色，则可从【图层】下拉列表中选取【合并的】选项。

(3)【应用调整时忽略选区】复选框：如果在图像中建立了选区，撤选【应用调整时忽略选区】复选框，则会影响目标图像中的选区，并将调整应用于选区图像中。使用该复选框可以实现对局部区域的颜色匹配。

(4)【明亮度】选项：可增加或减小目标图

像的亮度。可以在【明亮度】参数框中输入一个值，最大值是200，最小值是1，默认值是100。

(5)【颜色强度】选项：可以调整目标图像的色彩饱和度。可以在【颜色强度】参数框中输入一个值，最大值是200，最小值是 1（生成灰度图像），默认值是100。

(6)【渐隐】选项：可控制应用于图像的调整量。向右移动该滑块可以减小调整量。

2. 使用【匹配颜色】命令来调整图像颜色

步骤 01 打开随书光盘中的“素材\ch09\9.6\05.jpg”和“素材\ch09\9.6\06.jpg”图像。

步骤 02 将“05.jpg”的颜色色调应用到“06.jpg”中。选择【图像】➤【调整】➤【匹配颜色】菜单命令，在弹出的【匹配颜色】对话框中设置明亮度为200，颜色强度为100，渐隐为25，源设置为“图06.jpg”。

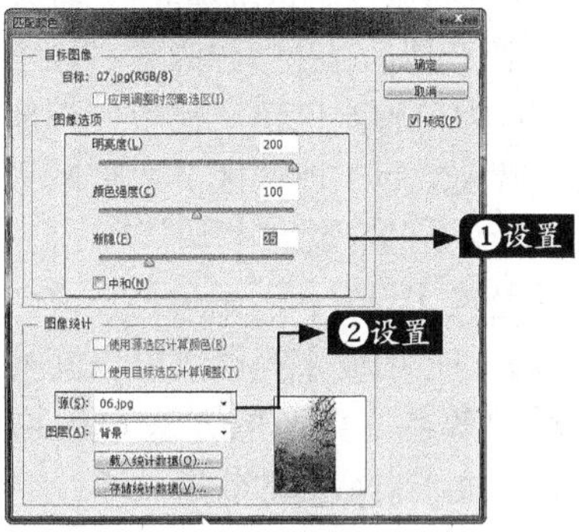

步骤 03 单击【确定】按钮，得到最终图像效果。

9.6.8 为图像替换颜色

选择【替换颜色】命令可以创建蒙版，以选择图像中的特定颜色，然后替换这些颜色。可以设置选定区域的色相、饱和度和亮度，也可以使用拾色器选择替换颜色。

小提示

由【替换颜色】命令创建的蒙版是临时性的。

1. 【替换颜色】对话框参数设置

选择【图像】➤【调整】➤【替换颜色】命令，即可弹出【替换颜色】对话框。

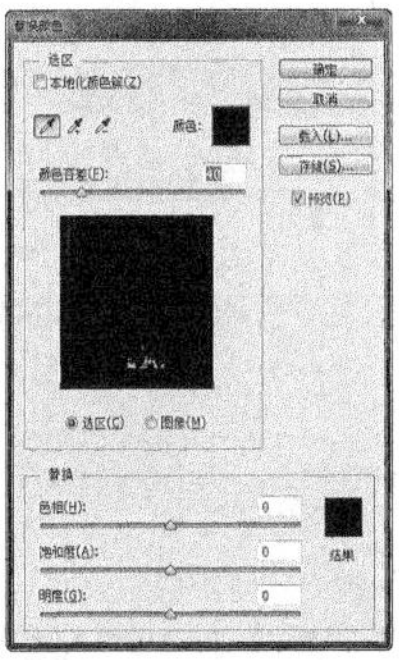

(1)【本地化颜色簇】复选框：如果正在图像中选择多个颜色范围，则选择【本地化颜色簇】复选框来构建更加精确的蒙版。

(2)【颜色容差】设置项：通过拖曳颜色容差滑块或在参数框中输入数值可以调整蒙版的容差，以扩大或缩小所选颜色区域。向右拖曳滑块，将增大颜色容差，使选区扩大；向左拖曳滑块将减小颜色容差，使选区减小。

(3)【选区】单选按钮：选中【选区】单选按钮将在预览框中显示蒙版。未蒙版区域为白色，被蒙版区域为黑色，部分被蒙版区域（覆盖有半透明蒙版）会根据其不透明度而显示不同亮度级别的灰色。

(4)【图像】单选按钮：选中【图像】单选按钮，将在预览框中显示图像。在处理大的图像或屏幕空间有限时，该选项非常有用。

(5) 吸管工具：选择一种吸管在图中单击，可以确定将为何种颜色建立蒙版。带加号的吸管可用于增大蒙版（即选区），带减号的吸管可用于去掉多余的区域。

(6)【替换】设置区：通过拖曳【色相】、【饱和度】和【明度】等滑块可以变换图像中所选区域的颜色，调节的方法和效果与应用【色相/饱和度】对话框的效果一样。

2. 使用【替换颜色】命令来替换花朵的颜色

步骤 01 打开随书光盘中的“素材\ch09\9.6\07.jpg”图像。

步骤 02 选择【图像】➤【调整】➤【替换颜色】命令，在弹出的【替换颜色】对话框中使用吸管工具吸取图像中的黄色，并设置【颜色容差】为150，【色相】为“- 50”，【饱和度】为“+20”，【明度】为“- 7”。

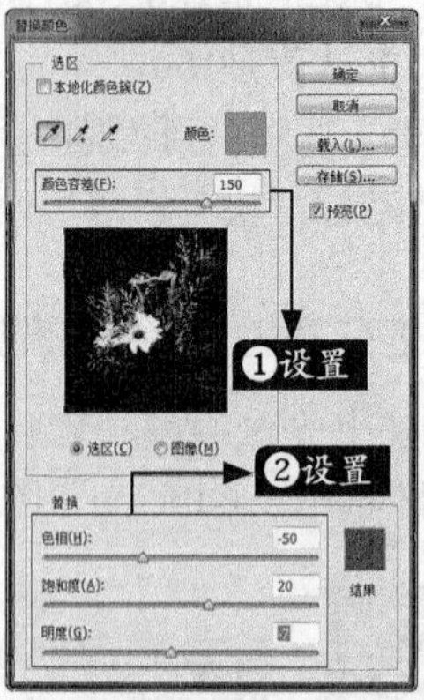

步骤 03 单击【确定】按钮后的图像效果如下图所示。

9.6.9 使用【可选颜色】命令调整图像

可选颜色校正是在高档扫描仪和分色程序中使用的一项技术，它基于组成图像某一主色调的4种基本印刷色（CMYK），选择性地改变某一主色调（如红色）中某一印刷色（如青色C）的含量，而不影响该印刷色在其他主色调中的表现，从而对图像的颜色进行校正。

小提示

操作时首先应确保在【通道】面板中选择了复合通道。

1.【可选颜色】对话框参数设置

选择【图像】➤【调整】➤【可选颜色】菜单命令，即可弹出【可选颜色】对话框。

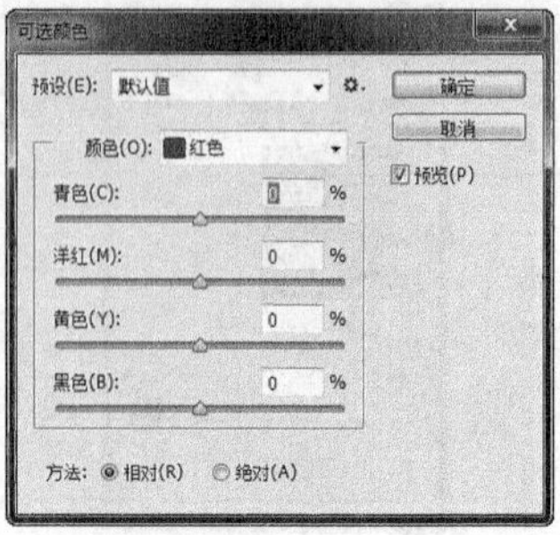

(1)【预设】下拉列表：可以选择默认选项和自定选项。

(2)【颜色】下拉列表：选择要进行校正的主色调，可选颜色有RGB、CMYK中的各通道色及白色、中性色和黑色。

(3)【相对】单选项：用于增加或减少每一种印刷色的相对改变量。如为一个起始含有50%洋红色的像素增加10%，该像素的洋红色含量则会变为55%。

(4)【绝对】单选项：用于增加或减少每一种印刷色的绝对改变量。如为一个起始含有50%洋红色的像素增加10%，该像素的洋红色含量则会变为60%。

2. 使用【可选颜色】命令来调整图像

步骤01 打开随书光盘中的“素材\ch09\9.6\08.jpg”图像。

步骤02 选择【图像】➤【调整】➤【可选颜色】菜单命令，在弹出的【可选颜色】对话框中的【颜色】下拉列表中选择“红色”选项，并设置【青色】为“-100”，【洋红】为“+100”，【黄色】为“+100”，【黑色】为“+100”。

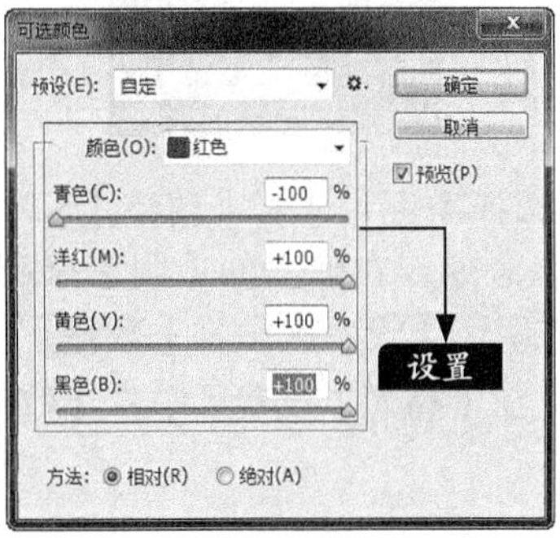

步骤03 单击【确定】按钮，调整后的效果如下图所示。

9.6.10 调整图像的阴影/高光

【阴影/高光】命令能基于阴影或高光中的局部相邻像素来校正每个像素，从而调整图像的阴影和高光区域。该命令适用于校正由强逆光而形成阴影的照片或者校正由于太接近相机闪光灯而有些发白的照片，在以其他采光方式拍摄的照片中，这种调整也可用于使阴影区域变亮。

1.【阴影/高光】对话框参数设置

选择【图像】➤【调整】➤【阴影/高光】菜单命令，即可弹出【阴影/高光】对话框。

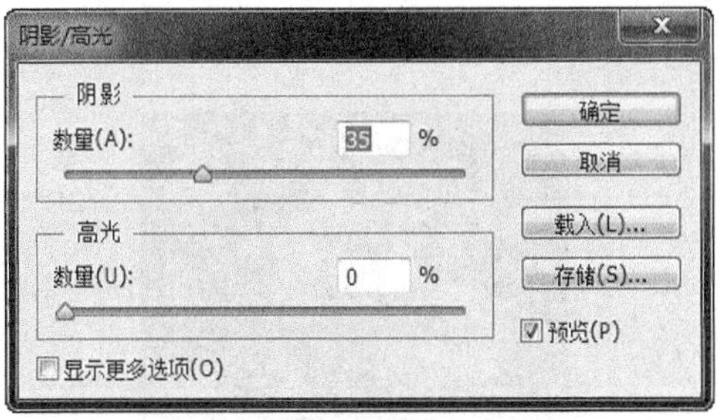

(1)【阴影】设置区用来设置图像的阴影区域，通过调整【数量】的值可以控制阴影区域的强度，该值越高，图像的阴影区域越亮。

(2)【高光】设置区用来调整图像的高光区域，通过调整【数量】的值可以控制高光区域的强度，该值越高，图像的高光区域越暗。

2. 使用【阴影/高光】命令来调整图像

步骤01 打开随书光盘中的“素材\ch09\9.6\09.jpg”图像。

步骤 02 选择【图像】➤【调整】➤【阴影/高光】菜单命令，在弹出的【阴影/高光】对话框中的【阴影】设置区中将【数量】值设置为“90”，在【高光】设置区中将【数量】值设为“8%”。

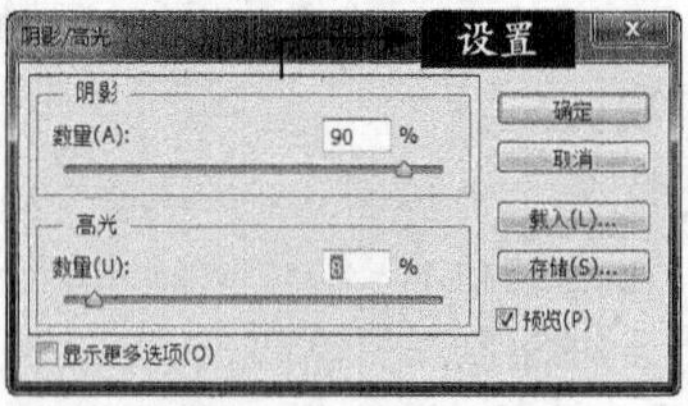

步骤 03 单击【确定】按钮，调整后的效果如图所示。

9.6.11 调整图像的曝光度

【曝光度】命令专门用于调整HDR图像的色调，也可以用于8位和16位图像。

1.【曝光度】对话框参数设置

选择【图像】➤【调整】➤【曝光度】菜单命令，即可弹出【曝光度】对话框。

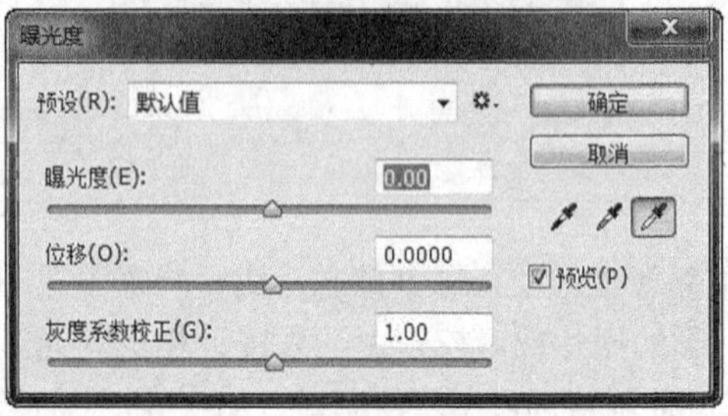

(1)【曝光度】设置项：可以调整色调范围的高光端，对极限阴影的影响很小。

(2)【位移】设置项：可以使阴影和中间调变暗，对高光的影响很小。

(3)【灰度系数校正】设置项：使用简单的乘方函数调整图像灰度系数，负值将被视为它们的相应正值。

2. 使用【曝光度】命令调整图像

步骤 01 打开随书光盘中的“素材\ch09\9.6\10.jpg”图像。

步骤 02 选择【图像】➤【调整】➤【曝光度】菜单命令，在弹出的【曝光度】对话框中进行如下图所示的参数设置。

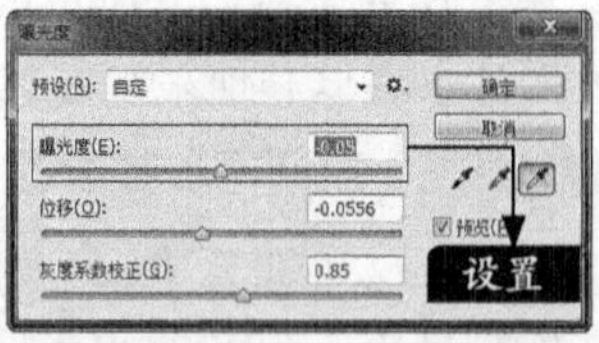

步骤 03 单击【确定】按钮，调整后的效果如下图所示。

9.6.12 使用【通道混和器】命令调整图像的颜色

通道混和器是使用图像中现有（源）颜色通道的混和来修改目标（输出）颜色通道。颜色通道是代表图像（RGB或CMYK）中颜色分量的色调值的灰度图像。使用通道混和器可以通过源通道向目标通道加减灰度数据。

1.【通道混和器】对话框参数设置

选择【图像】➤【调整】➤【通道混和器】命令，即可弹出【通道混和器】对话框。

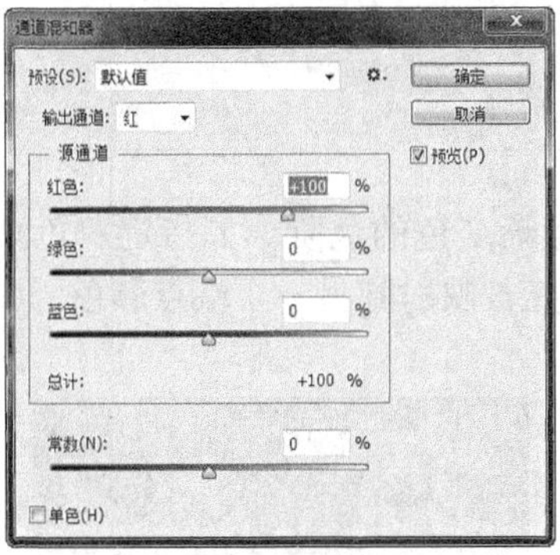

(1)【输出通道】下拉列表：选择进行调整后作为最后输出的颜色通道，可随颜色模式而异。

(2)【源通道】设置区：向右或向左拖曳滑块可以增大或减小该通道颜色对输出通道的贡献。在参数框中输入一个-200 ~ +200之间的数也能起到相同的作用。如果输入一个负值，则先将原通道反相，再混和到输出通道上。

(3)【常数】设置项：在参数框中输入数值或拖曳滑块，可以将一个具有不透明度的通道添加到输出通道上。负值作为黑色通道，正值作为白色通道。

(4)【单色】复选框：选中【单色】复选框，同样可以将相同的设置应用于所有的输出通道，但创建的是只包含灰色值的彩色模式图像。如果先选中【单色】复选框，然后再撤选，则可单独地修改每个通道的混和，从而创建一种手绘色调的效果。

2. 使用【通道混和器】命令来调整图像的颜色

步骤01 打开随书光盘中的“素材\ch09\9.6\11.jpg”图像。

步骤02 选择【图像】➤【调整】➤【通道混和器】命令，在弹出的【通道混和器】对话框中的【输出通道】下拉列表中选择“红”选项，并在【源通道】设置区中设置【红色】为+70【绿色】为0，【蓝色】为0。

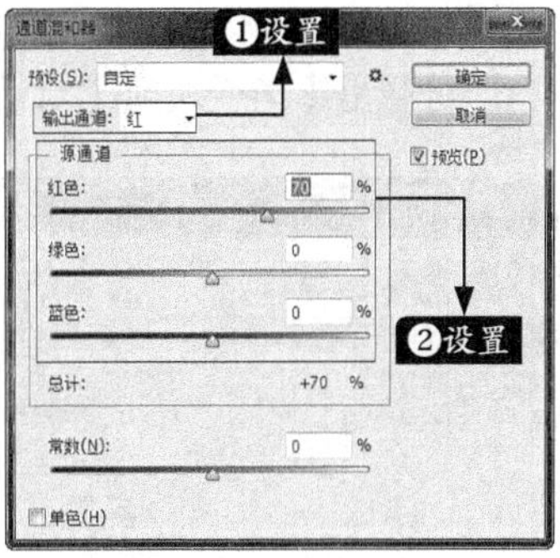

步骤03 在【输出通道】下拉列表中选择“绿”选项，并设置【红色】为“0”，【绿色】为“+122”，【蓝色】为“0”。

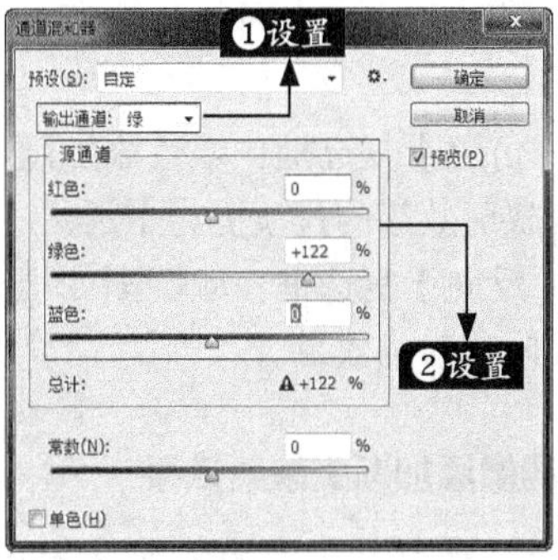

步骤04 在【输出通道】下拉列表中选择“蓝”选项，并设置【红色】为“0”，【绿色】为“0”，【蓝色】为“+168”。

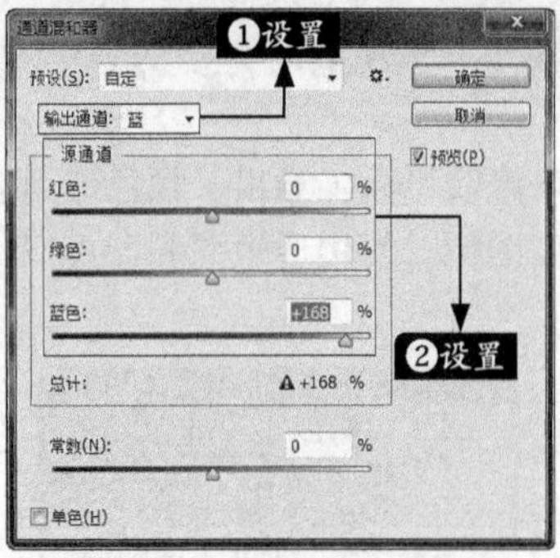

步骤 05 单击【确定】按钮，调整后的效果如下图所示。

9.6.13 为图像添加渐变映射效果

选择【渐变映射】命令可以将图像的色阶映射为一组渐变色的色阶。如指定双色渐变填充时，图像中的暗调被映射到渐变填充的一个端点颜色，高光被映射到另一个端点颜色，中间调被映射到两个端点之间的层次。

1.【渐变映射】对话框参数设置

选择【图像】➤【调整】➤【渐变映射】菜单命令，即可弹出【渐变映射】对话框。

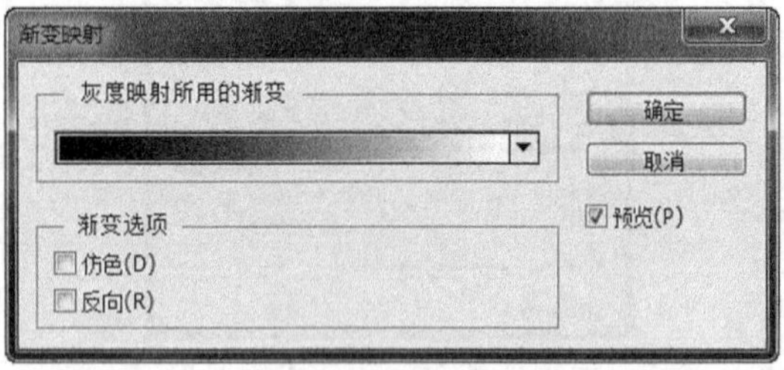

⑴【灰度映射所用的渐变】下拉列表：从列表中选择一种渐变类型，默认情况下，图像的暗调、中间调和高光分别映射到渐变填充的起始（左端）颜色、中间点和结束（右端）颜色。

⑵【仿色】复选框：通过添加随机杂色，可使渐变映射效果的过渡更为平滑。

⑶【反向】复选框：颠倒渐变填充方向，以形成反向映射的效果。

2. 为图像添加渐变映射效果

步骤 01 打开随书光盘中的“素材\ch09\9.6\12.jpg”图像。

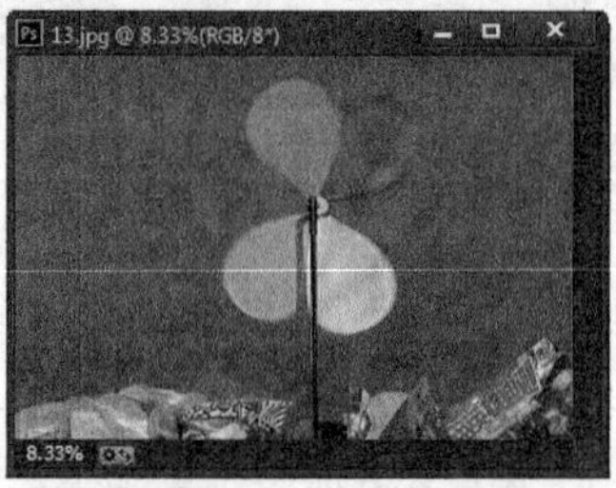

步骤 02 选择【图像】➤【调整】➤【渐变映射】菜单命令，在弹出的【渐变映射】对话框中选择一种渐变映射。

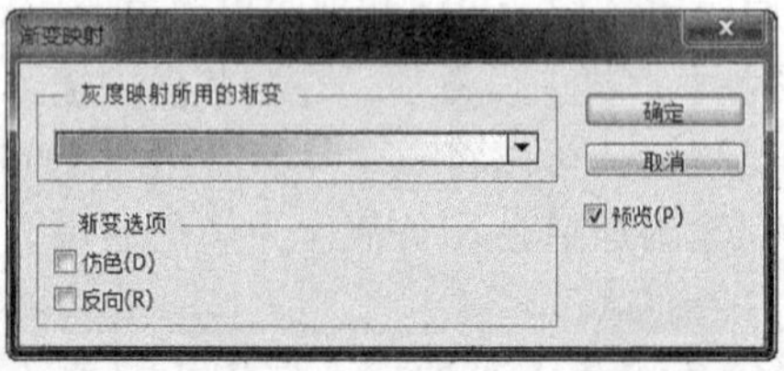

步骤 03 单击【确定】按钮，调整后的效果如下。

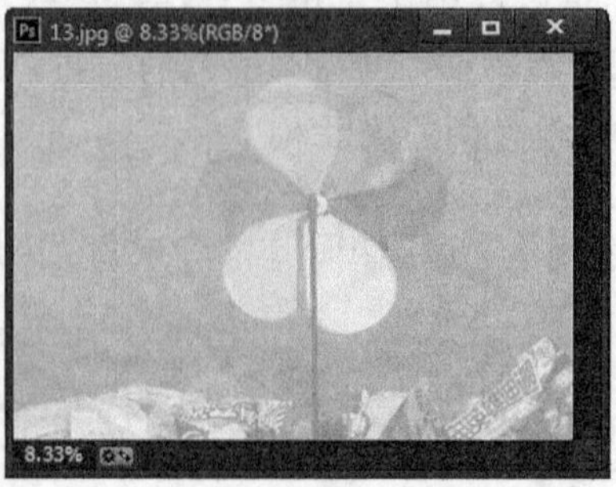

9.6.14 调整图像的偏色

选择【照片滤镜】命令可以模仿在相机镜头前面加彩色滤镜，以便调整通过镜头传输的光的色彩平衡和色温。

1.【照片滤镜】对话框参数设置

选择【图像】➤【调整】➤【照片滤镜】菜单命令，即可弹出【照片滤镜】对话框。

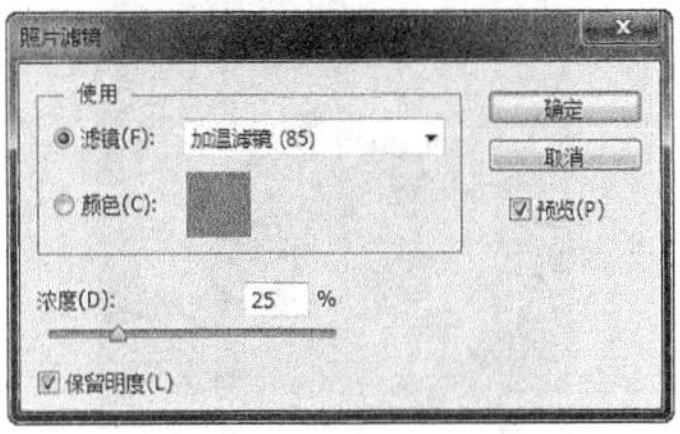

(1)【滤镜】单选项：选择各种不同镜头的彩色滤镜，用于平衡色彩和色温。

(2)【颜色】单选项：根据预设颜色，调整图像应用色相。

(3)【浓度】设置项：调整应用于图像的颜色数量，可拖动【浓度】滑块或者在【浓度】参数框中输入百分比。【浓度】越大，应用的颜色调整越大。

(4)【保留明度】复选框：选中此复选项可以避免由于添加颜色滤镜导致的图像变暗。

2. 使用照片滤镜调整图像偏色

步骤01 打开随书光盘中的“素材\ch09\9.6\13.jpg”图像。

步骤02 该图像整体色调偏红色。选择【图像】➤【调整】➤【照片滤镜】菜单命令，在弹出的【照片滤镜】对话框中设置【颜色】为绿色（C：81，M：42，Y：100，K：44），【浓度】为64%。

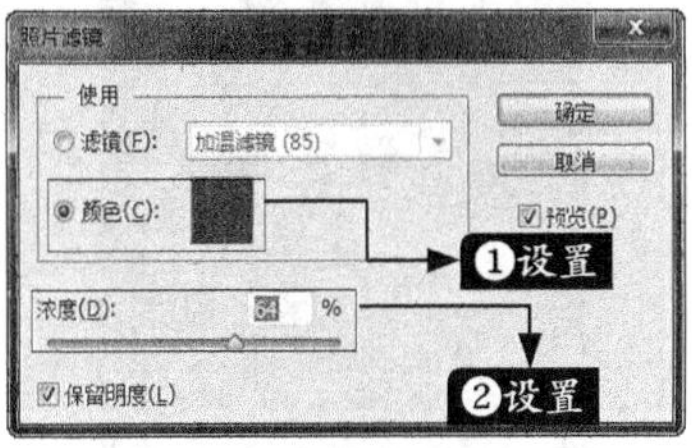

步骤03 单击【确定】按钮后的效果如下图所示。

9.6.15 实现图片的底片效果

选择【反相】命令可以反转图像中的颜色，通道中每个像素的亮度值都会转换为256级颜色值刻度上相反的值。下面使用【反相】命令给图片制作出一种底片的效果。

步骤01 打开随书光盘中的“素材\ch09\9.6\14.jpg”图像。

步骤02 选择【图像】➤【调整】➤【反相】菜单命令，得到的效果如下图所示。

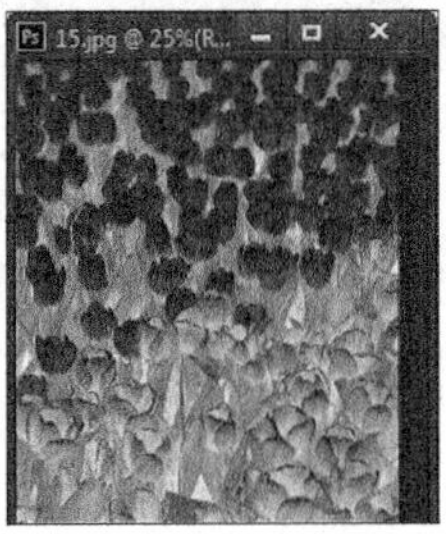

9.6.16 使用【色调均化】命令调整图像

【色调均化】命令可以重新分布图像中像素的亮度值，使它们更均匀地呈现所有范围的亮度级别。Photoshop CC将最亮值均调整为白色，最暗的值均调整为黑色，而中间值则均匀地分布在整个灰度范围中。

步骤01 打开随书光盘中的“素材\ch09\9.6\15.jpg”图像。

步骤02 选择【图像】➤【调整】➤【色调均化】菜单命令，得到的效果图如下。

9.6.17 制作黑白分明的图像效果

选择【阈值】命令可以将灰度或彩色图像转换为高对比度的黑白图像，可以指定某个色阶作为阈值。所有比阈值亮的像素转换为白色，而所有比阈值暗的像素则转换为黑色。【阈值】命令对确定图像的最亮和最暗区域有很大作用。

下面使用【阈值】命令制作一张黑白分明的图像效果。

步骤01 打开随书光盘中的“素材\ch09\9.6\16.jpg”图像。

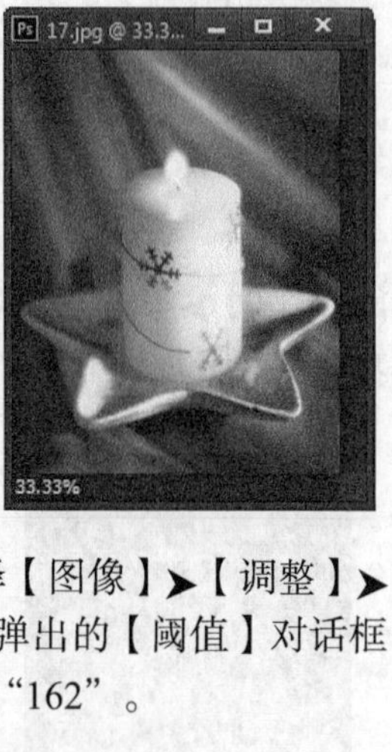

步骤02 选择【图像】➤【调整】➤【阈值】菜单命令，在弹出的【阈值】对话框中设置【阈值色阶】为“162”。

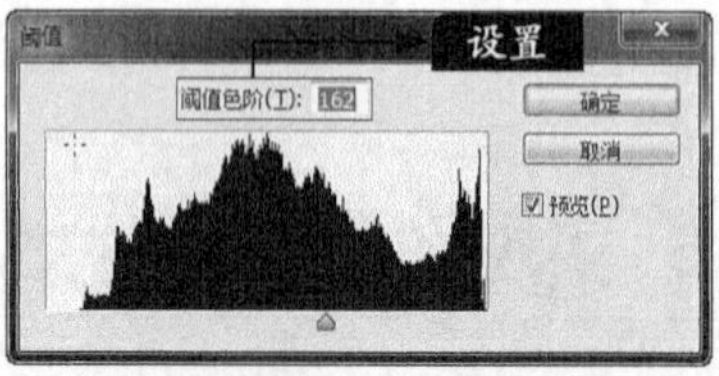

步骤03 单击【确定】按钮后得到的效果图如下。

9.6.18 实现图片的特殊效果

选择【色调分离】命令可以指定图像中每个通道的色调级（或亮度值）的数目，然后将像素映射为最接近的匹配级别。在图像中创建特殊效果（例如创建大的单调区域）时此命令非常有用，在减少灰度图像中的灰色色阶数时，它的效果最为明显。但它也可以在彩色图像中产生一些特殊的效果。

下面使用【色调分离】命令来制作特殊效果。

步骤01 打开随书光盘中的“素材\ch09\9.6\17.jpg”图像。

步骤02 执行【图像】➤【调整】➤【色调分离】命令，在弹出的【色调分离】对话框中设置【色阶】为3。

步骤03 单击【确定】按钮后得到的效果图如下所示。

9.6.19 实现图像不同色调区的调整

【变化】命令通过显示替代物的缩览图，可以调整图像的色彩平衡、对比度和饱和度。选择【变化】命令可以完成不同色调区域的调整，如暗调、中间色调、高光以及饱和度等的调整。

【变化】命令对图像的调整仍然是使用互补色的原理来完成的。如果图像偏向绿色，则单击加深洋红缩略图，在图像中添加洋红色来平衡绿色。如果图像偏亮，则单击较暗缩略图，以降低图像的亮度。

选择【图像】➤【调整】➤【变化】菜单命令即可弹出【变化】对话框。

9.6.20 使用【自然饱和度】命令调整图像的色彩

【自然饱和度】在调节图像饱和度时会保护已经饱和的像素，即在调整时会大幅增加不饱和像素的饱和度，而对已经饱和的像素只做很少、很细微的调整，特别是对皮肤的肤色有很好的保护作用，这样不但能够增加图像某一部分的色彩，而且还能使整幅图像的饱和度正常。

下面使用【自然饱和度】命令调整图像的色彩。

步骤01 打开随书光盘中的“素材\ch09\9.6\18.jpg”图像。

步骤02 选择【图像】➤【调整】➤【自然饱和度】菜单命令，在弹出的【自然饱和度】对话框中设置自然饱和度为+100、饱和度为“+10”。

步骤03 单击【确定】按钮后得到的效果图如下。

9.6.21 使用【黑白】命令调整图像的色彩

通过丰富的设定，可以创造高反差的黑白图片、红外线模拟图片以及复古色调等，极富有新意。

下面使用黑白命令调整图像的色彩。

步骤01 打开随书光盘中的“素材\ch09\9.6\19.jpg”图像。

步骤02 选择【图像】➤【调整】➤【黑白】菜单命令，在弹出的【黑白】对话框中设置红色为88%，设置黄色为94%。

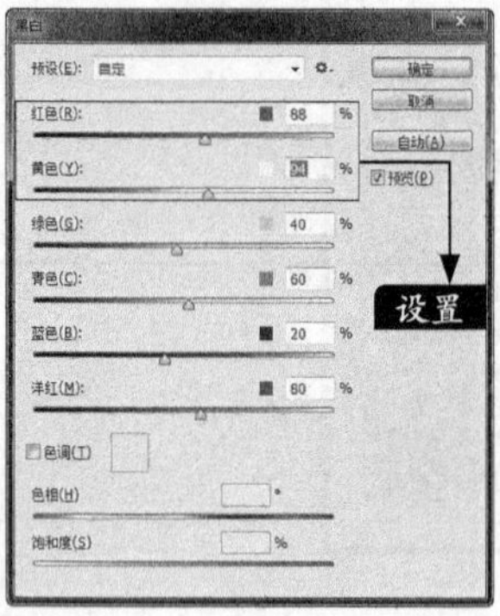

步骤03 单击【确定】按钮后得到的效果图如下。

9.6.22 自动调整图像

在Photoshop CC中，将【自动色调】、【自动对比度】和【自动颜色】3个菜单命令从【调整】菜单中提取出放到【图像】菜单中，使菜单命令的分类更清晰。

1. 自动色调

【自动色调】命令可以自动调整图像中的黑场和白场，将每个颜色通道中最亮的和最暗的像素映射到纯白，中间像素值按比例重新分布。使用【自动色调】命令可以增强图像的对比度，在像素值平均分布并且需要以简单的方式增加对比度的特定图像中，该命令可以提供较好的结果。

2. 自动对比度

【自动对比度】命令可以自动调整图像的对比度，使高光看上去更亮，阴影看上去更暗，该命令可以改进摄影或连续色调图像的外观，但无法改善单调颜色的图像。

3. 自动颜色

【自动颜色】命令可以自动搜索图像来标识阴影、中间调和高光，从而调整图像的对比度和颜色。

9.7 综合实战——为图片转换背景

本节教学录像时间：3 分钟

本实例使用图像调整命令中的【替换颜色】命令为照片更换背景。

步骤 01 选择【文件】➤【打开】菜单命令，打开随书光盘中的“素材\ch09\9.7\01.jpg”图像。

步骤 02 选择【图像】➤【调整】➤【替换颜色】菜单命令，在弹出的【替换颜色】对话框中设置【颜色容差】为“150”。使用吸管吸取背景的颜色。在【替换】设置区中设置【色相】为“-40”。单击【确定】按钮。

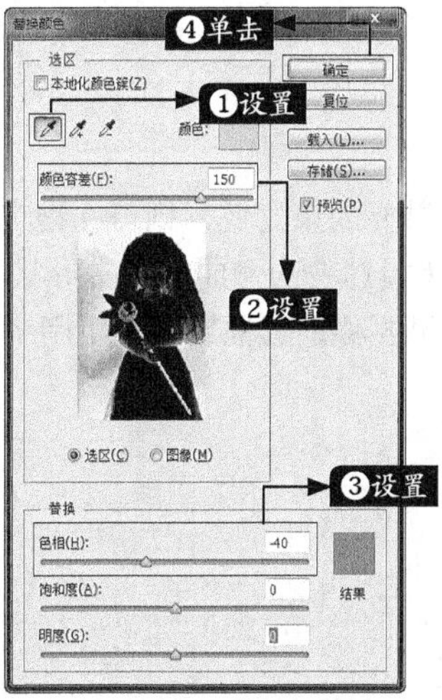

步骤 03 选择【图像】➤【调整】➤【替换颜色】菜单命令，在弹出的【替换颜色】对话框

中设置【颜色容差】为140。使用吸管吸取风车的颜色。在【替换】设置区中设置【色相】为“-120”。

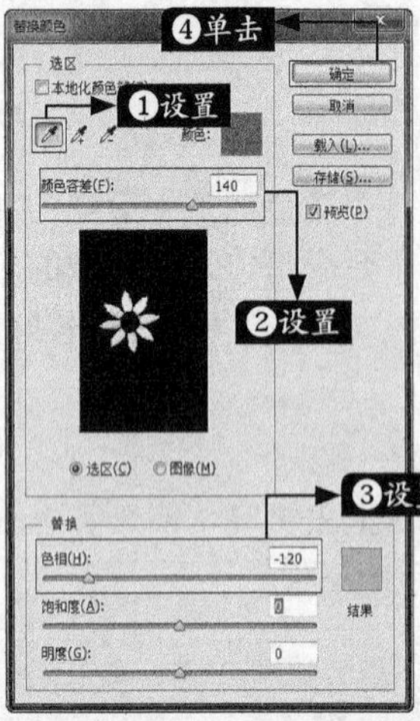

步骤 04 单击【确定】按钮，完成图像的调整。

小提示

本实例通过运用【替换颜色】命令为图片更换背景，读者在学习的时候还可以应用【可选颜色】命令及【色相/饱和度】命令为图像更换颜色。

高手支招

本节教学录像时间：6 分钟

裁剪工具使用技巧

裁剪工具使用技巧如下。

(1) 如果要将选框移动到其他位置，则可将指针放在定界框内并拖曳，如果要缩放选框，则可拖移手柄。

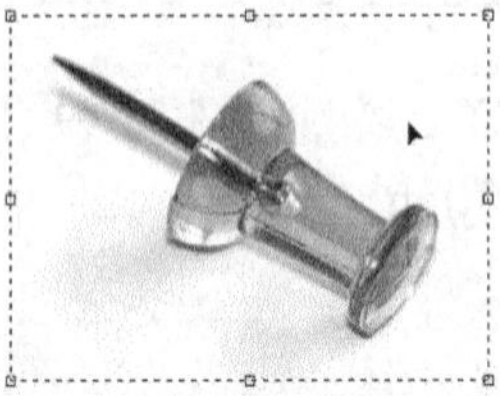

(2) 如果要约束比例，则可在拖曳手柄时按住【Shift】键。如果要旋转选框，则可将指针放在定界框外（指针变为弯曲的箭头形状）并拖曳。

(3) 如果要移动选框旋转时所围绕的中心点，则可拖曳位于定界框中心的圆。

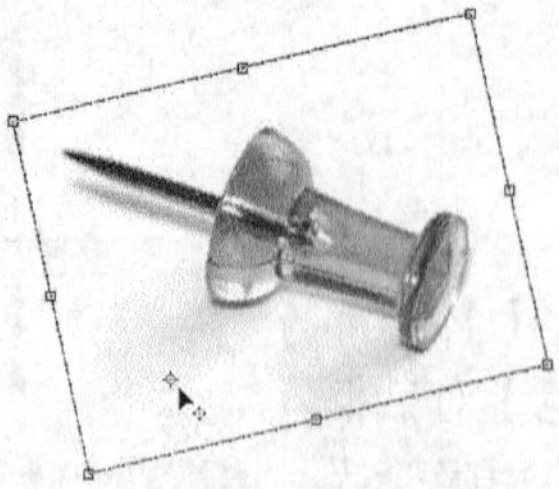

(4) 如果要使裁剪的内容发生透视，可以选择属性栏中的【透视】选项，并在4个角的定界点

上拖曳鼠标，这样内容就会发生透视。如果要提交裁剪，可以单击属性栏中的✓按钮；如果要取消当前裁剪，则可单击⊘按钮。

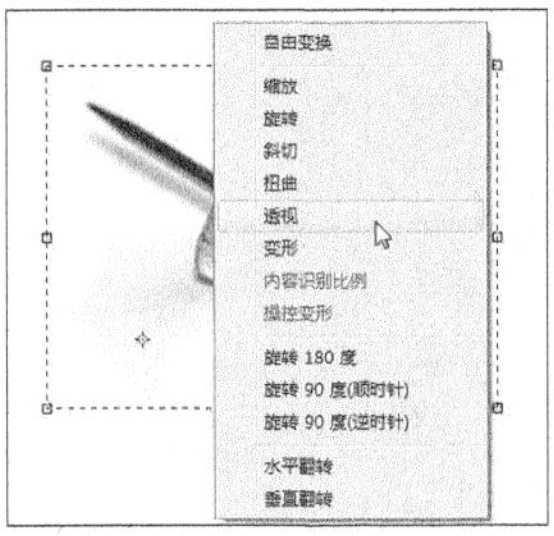

● 抠取照片中的人物

使用【橡皮擦工具】配合【磁性套索工具】选取照片中的人物，具体操作如下。

步骤 01 打开随书光盘中的“素材\ch09\技巧\01.jpg”文件。

步骤 02 选择【图像】➤【调整】➤【去色】菜单命令，将图像去除颜色。

步骤 03 选择【磁性套索工具】，在属性栏中单击【从选区减去】按钮，在图像中创建如图所示的选区。

步骤 04 选择【选择】➤【反向】菜单命令，反选选区。

步骤 05 将头发的颜色设为前景色，发丝边缘的颜色设为背景色（R：161、G：161、B：161），然后单击【确定】按钮。

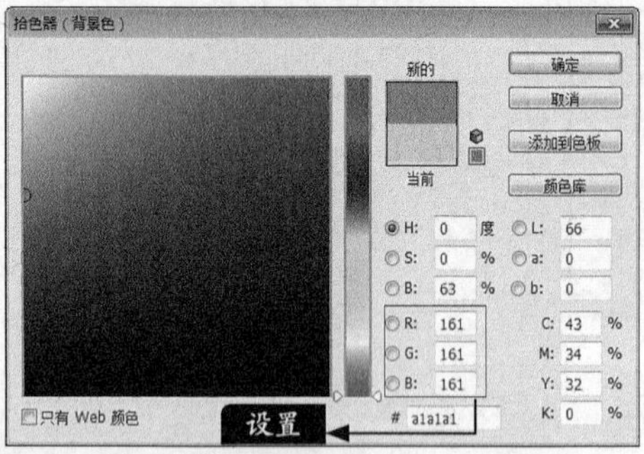

步骤 06 单击【背景橡皮擦工具】，在属性栏中设置各项参数，在人物边缘单击。

步骤 07 将背景单击完成之后，按【Ctrl+D】组合键取消选区，人物就抠取出来了。

第10章

绘制与修饰图形图像

学习目标

在Photoshop CC中不仅可以直接绘制各种图形，还可以通过处理各种位图或矢量图来制作出各种图像效果。本章的内容比较简单易懂，读者可以按照实例步骤进行操作，也可以导入自己喜欢的图片进行编辑处理。

学习效果

10.1 绘画工具

本节教学录像时间：12 分钟

掌握画笔的使用方法，不仅可以绘制出美丽的图画，而且还可以为其他工具的使用打下基础。

10.1.1 用【画笔】工具柔化皮肤

在Photoshop CC中使用【画笔】工具配合图层蒙版可以对人物的脸部皮肤进行柔化处理。

步骤01 选择【文件】➤【打开】命令，打开随书光盘中的“素材\ch10\10.1\柔化皮肤.jpg”文件。

步骤02 复制背景图层的副本并将其重命名为“皮肤柔化”。对“皮肤柔化”图层进行高斯模糊。选择【滤镜】➤【模糊】➤【高斯模糊】命令，打开高斯模糊对话框，设置半径为2个像素的模糊。

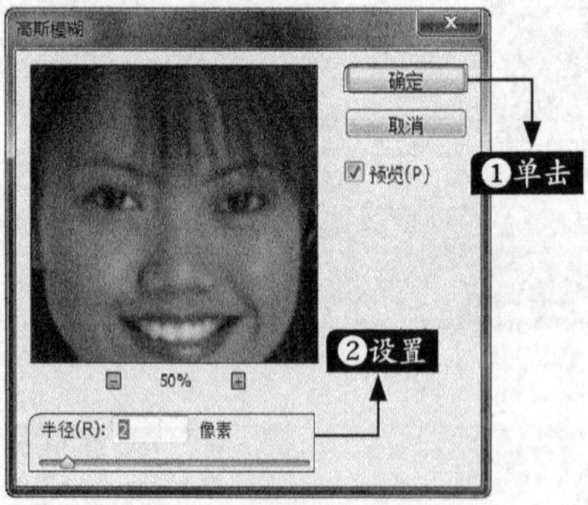

步骤03 按住【Alt】键单击【图层】调板中的【添加图层蒙版】按钮，可以向图层添加一个黑色蒙版，并将显示下面图层的所有像素。

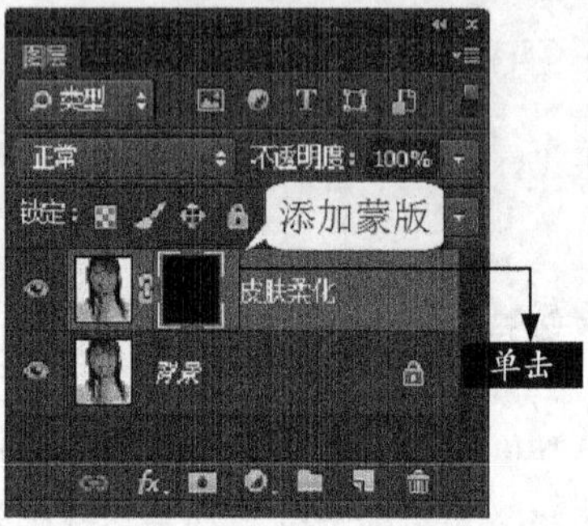

步骤04 选择【皮肤柔化】图层蒙版图标，然后选择【画笔】工具。选择柔和边缘笔尖，从而不会留下破坏已柔化图像的锐利边缘。

步骤05 在模特面部的皮肤区域绘制白色，但不在想要保留细节的区域（如模特的眼睛、嘴唇、鼻孔和牙齿）绘制颜色。

小提示

如果不小心在不需要蒙版的区域填充了颜色，可以将前景切换为黑色，绘制该区域以显示下面图层的锐利边缘。在工作流程的此阶段，图像是不可信的，因为皮肤没有显示可见的纹理。

步骤06 在【图层】调板中，将【皮肤柔化】图层的混合模式切换为“变暗”。此步骤将纹理添加回皮肤，但保留了柔化。

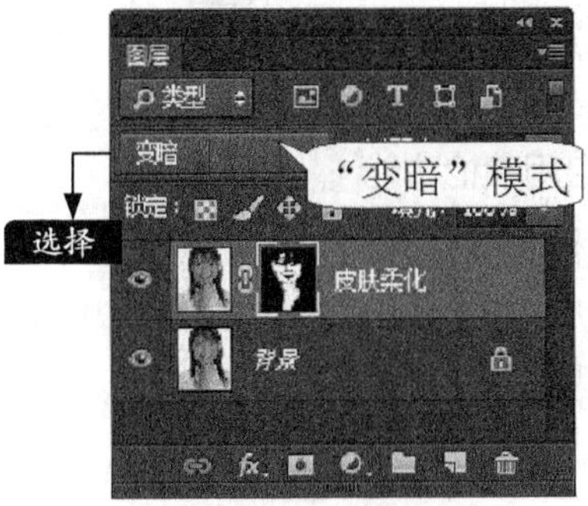

【画笔工具】是直接使用鼠标进行绘画的工具。绘画原理和现实中的画笔相似。

选中【画笔工具】，其属性栏如下图所示。

小提示

使用画笔时，也可以在【画笔】属性栏或面板中对画笔进行粗细、硬度等设置。

1. 更改画笔的颜色

通过设置前景色和背景色可以更改画笔的颜色。

2. 更改画笔的大小

在画笔属性栏中单击画笔后面的三角会弹出【画笔预设】选取器，如下图所示。在【主直径】文本框中可以输入1~2500像素的数值或者直接通过拖曳滑块更改来更改画笔直径。也可以通过快捷键更改画笔的大小，按【[】键缩小，按【]】键可放大。

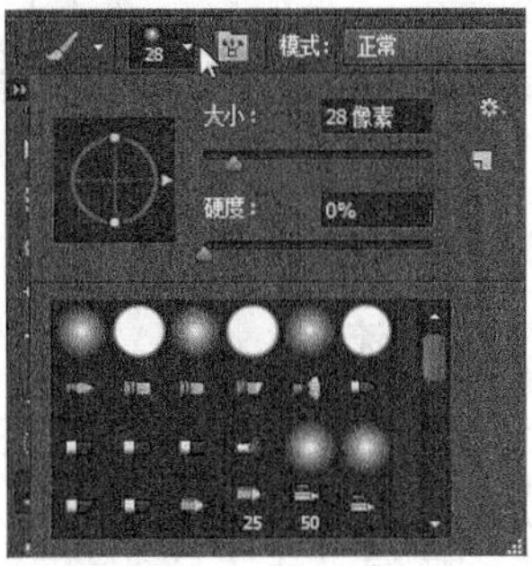

3. 更改画笔的硬度

可以在【画笔预设】选取器中的【硬度】文本框中输入0%~100%之间的数值或者直接拖曳滑块更改画笔硬度。硬度为0%的效果和硬度为100%的效果如下图所示。

4. 更改笔尖样式

在【画笔预设】选取器中可以选择不同的笔尖样式，如下图所示。

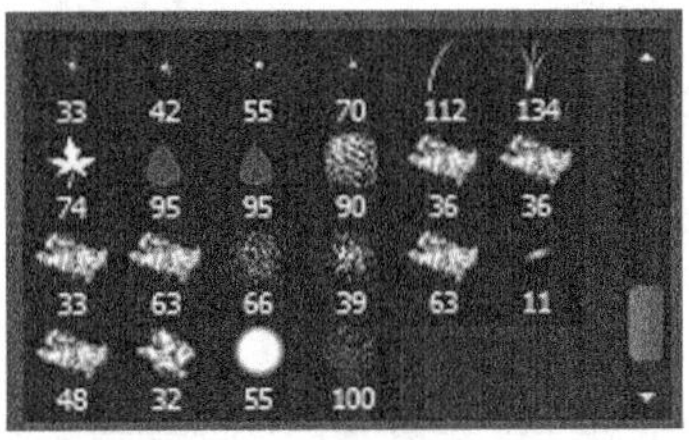

5. 设置画笔的混合模式

在画笔的属性栏中通过【模式】选项可以选择绘画时的混合模式。

6. 设置画笔的不透明度

在画笔的属性栏中的【不透明度】参数框中可以输入1%~100%之间的数值来设置画笔的不透明度。不透明度为20%时的效果和不透明度为100%时的效果分别如下图所示。

7. 设置画笔的流量

流量控制画笔在绘画中涂抹颜色的速度。在【流量】参数框中可以输入1%～100%之间的数值来设定绘画时的流量。流量为20%时的效果和流量为100%时的效果分别如下图所示。

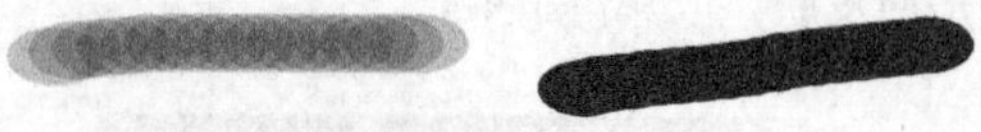

8. 启用喷枪功能

喷枪功能是用来制造喷枪效果的。在画笔属性栏中单击图标，图标为反白时为启动，图标灰色则表示取消该功能。

10.1.2 用【历史记录画笔】工具恢复色彩

使用【历史记录画笔工具】可以结合历史记录对图像的处理状态进行局部恢复。下面通过恢复图像局部为色彩图像来学习【历史记录画笔工具】的使用方法。

步骤01 打开随书光盘中的“素材\ch10\10.1\01.jpg”文件。

步骤02 选择【图像】➤【调整】➤【黑白】菜单命令，在弹出的【黑白】对话框中单击【确定】按钮，将图像调整为黑白颜色。

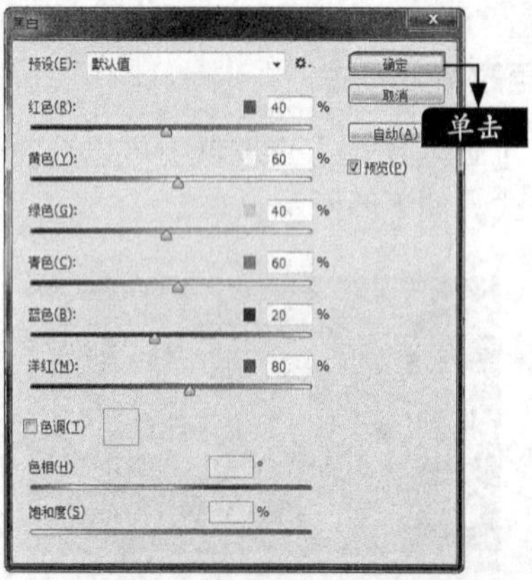

步骤03 选择【窗口】➤【历史记录】菜单命令，在弹出的【历史记录】对话框中单击【黑白】以设置【历史记录画笔的源】图标所在位置，将其作为历史记录画笔的源图像。

步骤04 选择【历史记录画笔工具】，在属性栏中设置画笔大小为21，模式为正常，不透明度为100%，流量为100%。

> **小提示**
>
> 在绘制的过程中可根据需要调整画笔的大小。

步骤05 在图像的绿色树丛部分进行涂抹以恢复树丛的色彩。

10.1.3 用【历史记录艺术画笔工具】制作粉笔画

【历史记录艺术画笔工具】使用指定的历史记录状态或快照中的源数据，以风格化描边进行绘画。下面通过使用【历史记录艺术画笔】工具将图像处理成特殊效果。

步骤01 打开随书光盘中的“素材\ch10\10.1\02.jpg”文件。

步骤02 在【图层】面板的下方单击【创建新图层】按钮，新建【图层1】图层。

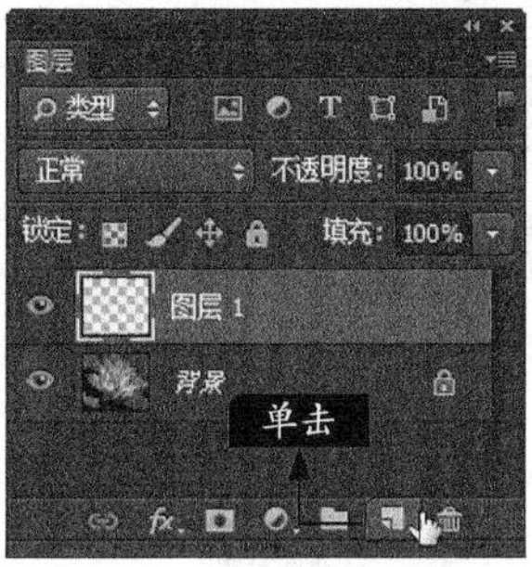

步骤03 双击工具箱中的【设置前景色】按钮，在弹出的【拾色器（前景色）】对话框中设置颜色为灰色（C：0，M：0，Y：0，K：10），然后单击【确定】按钮。

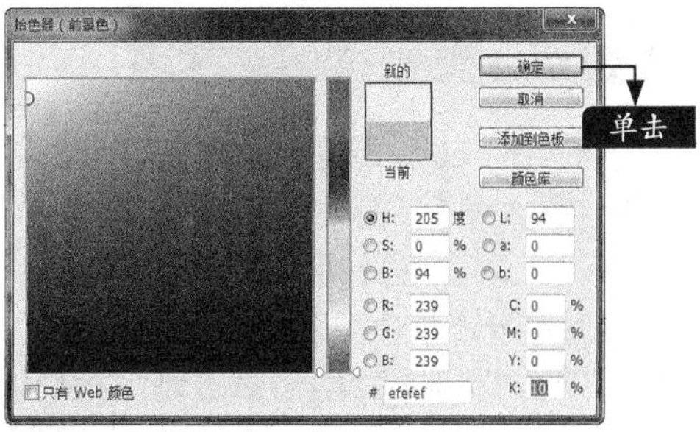

步骤04 按【Alt+Delete】组合键为【图层1】图层填充前景色。

步骤05 选择【历史记录艺术画笔工具】，在属性栏中设置参数，如下图所示。

步骤06 选择【窗口】➤【历史记录】菜单命令，在弹出的【历史记录】面板中的【打开】步骤前单击，指定图像被恢复的位置。

步骤07 将鼠标指针移至画布中单击并拖动鼠标进行图像的恢复，创建类似粉笔画的效果，如下图所示。

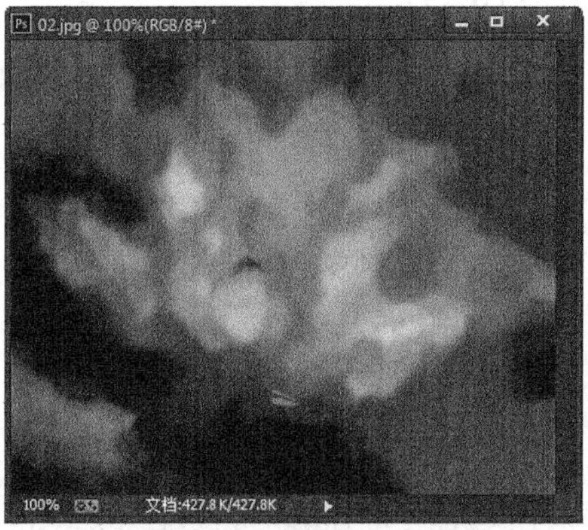

10.2 图像的修复

本节教学录像时间：16 分钟

用户可以通过Photoshop CC所提供的命令和工具对不完美的图像进行修复，使之符合工作的要求或审美情趣。这些工具包括图章工具、修补工具和修复画笔工具等。

10.2.1 变换图形

对于大小和形状不符合要求的图片和图像可以使用【自由变换】命令进行调整。选择要变换的图层或选区，执行【编辑】【自由变换】菜单命令或使用快捷键【Ctrl+T】，图形的周围会出现具有8个定界点的定界框，用鼠标拖曳定界点即可变换图形。在自由变换状态下可以完成对图形的缩放、旋转、扭曲、斜切和透视等操作。

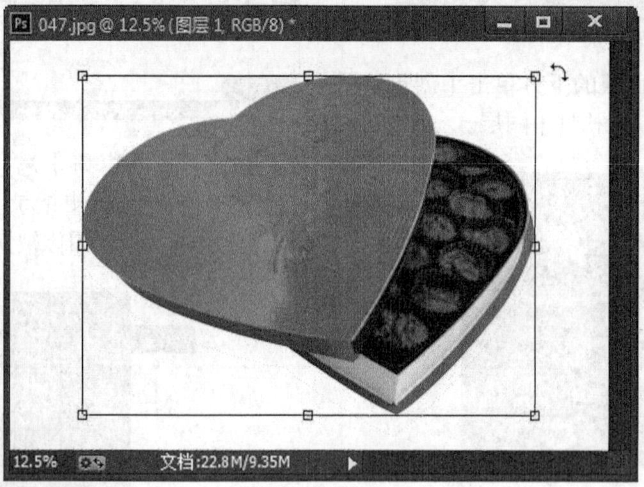

【自由变换】相关参数设置

执行【编辑】➤【自由变换】菜单命令或使用快捷键【Ctrl+T】后，在属性栏中将出现如图所示的属性栏。

⑴【参考点位置】按钮：此按钮中有9个小方块，单击任一方块即可更改对应的参考点。

⑵【X】（水平位置）和【Y】（垂直位置）参数框：输入参考点的新位置的值也可以更改参考点。

⑶【相关定位】按钮：单击此按钮可以相对于当前位置指定新位置。【W】、【H】参数框中的数值分别表示水平和垂直缩放比例，在参数框中可以输入0%～100%的数值进行精确的缩放。

⑷【链接】按钮：单击此按钮可以保持在变换时图像的长宽比不变。

⑸【旋转】按钮：在此参数框中可指定旋转角度。【H】、【V】参数框中的数值分别表

示水平斜切和垂直斜切的角度。

在属性栏中还包含以下三个按钮：表示在自由变换和变形模式之间切换；表示应用变换；表示取消变换，单击【Esc】键也可以取消变换。

小提示

在Photoshop中【Shift】键是一个锁定键，它可以锁定水平、垂直、等比例和15° 等。

可以利用关联菜单实现变换效果。在自由变换状态下的图像中右击，弹出的菜单称为关联菜单。在该菜单中可以完成自由变换、缩放、旋转、扭曲、斜切、透视、旋转180° 、顺时针旋转90° 、逆时针旋转90° 、水平翻转和垂直翻转等操作。

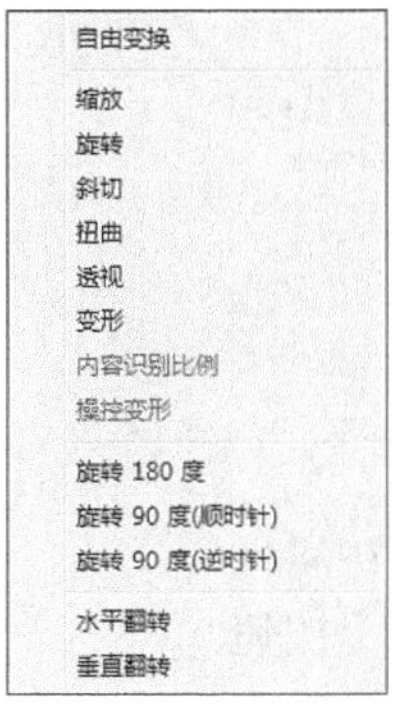

10.2.2 使用【仿制图章工具】复制图像

【仿制图章工具】是一种复制图像的工具，利用它可以做一些图像的修复工作。下面通过复制图像来学习【仿制图章工具】的使用方法。

步骤 01 打开随书光盘中的“素材\ch10\10.2\01.jpg”文件。

步骤 02 选择【仿制图章工具】，把鼠标指针移动到想要复制的图像上，按住【Alt】键，这时指针会变为形状，单击鼠标即可把鼠标指针落点处的像素定义为取样点。

步骤 03 在要复制的位置单击或拖曳鼠标即可。

步骤 04 多次取样多次复制，直至画面饱满。

10.2.3 使用【图案图章工具】制作特效背景

使用【图案图章工具】可以利用图案进行绘画。下面通过绘制图像来学习【图案图章工具】的使用方法。

步骤 01 打开随书光盘中的“素材\ch10\10.2\02.psd”文件。

步骤 02 选择【图案图章工具】，并在属性栏中单击【点按可打开“图案”拾色器】按钮，在弹出的菜单中选择“扎染”图案。

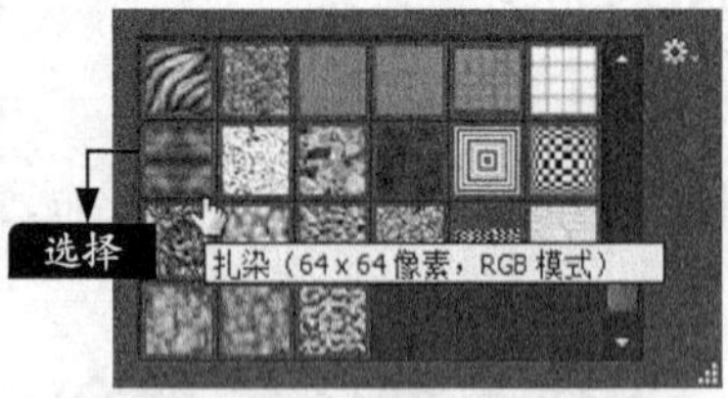

小提示

如果读者没有“嵌套方块”图案，可以单击面板右侧的按钮，在弹出的菜单中选择“图案”选项进行加载。

步骤 03 在需要填充图案的位置单击或拖曳鼠标即可。

10.2.4 用【修复画笔工具】去除皱纹

【修复画笔工具】可用于消除并修复瑕疵，使图像完好如初。与【仿制图章工具】一样，使用【修复画笔工具】可以利用图像或图案中的样本像素来绘画。但是【修复画笔工具】可将样本像素的纹理、光照、透明度和阴影等与源像素进行匹配，从而使修复后的像素不留痕迹地融入图像的其他部分。

1.【修复画笔工具】相关参数设置

【修复画笔工具】的属性栏中包括【画笔】设置项、【模式】下拉列表框、【源】选项区和【对齐】复选框等。

(1)【画笔】设置项：在该选项的下拉列表中可以选择画笔样本。

(2)【对齐】复选框：勾选该项会对像素进行连续取样，在修复过程中，取样点随修复位置的移动而变化。取消勾选，则在修复过程中始终以一个取样点为起始点。

(3)【模式】下拉列表：其中的选项包括【替换】、【正常】、【正片叠底】、【滤色】、【变暗】、【变亮】、【颜色】和【亮度】等。

(4)【源】选项区：在其中可选择【取样】

或者【图案】单选项。按下【Alt】键定义取样点，然后才能使用【源】选项区。选择【图案】单选项后要先选择一个具体的图案，然后使用才会有效果。

2.使用【修复画笔工具】修复照片

步骤01 选择【文件】➤【打开】命令，打开“素材\ch10\10.2\减少皱纹.jpg”图像。

步骤02 创建背景图层的副本并将其命名为润色皱纹。选择【修复画笔工具】。确保选中【选项】栏中的【对所有图层取样】复选框，并确保画笔略宽于要去除的皱纹，而且该画笔足够柔和，能与未润色的边界混合。按住【Alt】键并单击皮肤中与要修复的区域具有类似色调和纹理的干净区域。选择无瑕疵的区域作为目标。

步骤03 在要修复的皱纹上拖动工具。确保覆盖全部皱纹，包括皱纹周围的所有阴影，覆盖范围要略大于皱纹。继续这样操作直到去除所有明显的皱纹。是否要在来源中重新取样，取决于需要修复的瑕疵数量。

小提示

如果无法在皮肤上找到作为修复来源的无瑕疵区域，请打开具有较干净皮肤的人物照。其中包含与要润色图像中的人物具有相似色调和纹理的皮肤。将第二个图像作为新图层复制到要润色的图像中。解除背景图层的锁定，将其拖动至新图层的上方。确保“修复画笔”工具设置为“对所有图层取样”。按住【Alt】键并单击新图层中干净皮肤的区域。使用“修复画笔”工具去除对象的皱纹。

10.2.5 用【污点修复画笔工具】去除雀斑

使用【污点修复画笔工具】可以快速除去照片中的污点、划痕和其他不理想的部分。使用方法与【修复画笔工具】类似，但当修复画笔要求指定样本时，污点画笔则可以自动从所修饰的区域周围取样。

步骤01 打开随书光盘中的“素材\ch10\10.2\去除瑕疵.jpg”文件。

步骤02 选择【污点修复画笔工具】，在属性栏中设定各项参数保持不变（画笔大小可根据需要进行调整）。

步骤03 将鼠标指针移动到污点上，单击鼠标即可修复斑点。

步骤04 修复其他斑点区域，直至图片修饰完毕。

·【修补工具】是对【修复画笔工具】的一个补充。【修复画笔工具】使用画笔对图像进行修复，而【修补工具】则是通过选区对图像进行修复。像【修复画笔工具】一样，【修补工具】能将样本像素的纹理、光照和阴影等与源像素进行匹配，但使用【修补工具】还可以仿制图像的隔离区域。

步骤05 打开随书光盘中的“素材\ch10\10.2\修复大区域.jpg”文件。

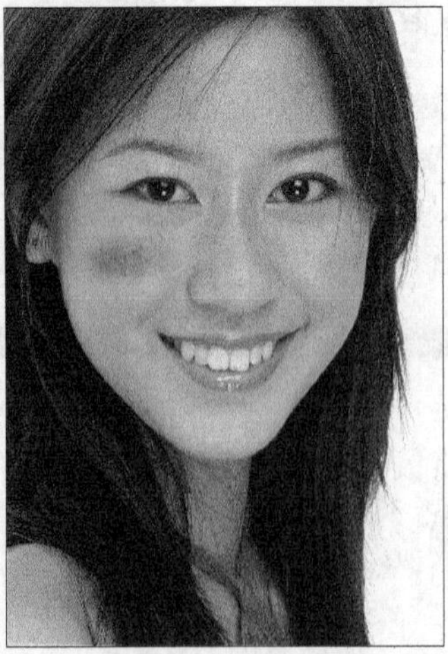

步骤06 选择【修补工具】，在属性栏中设置修补为：源。

步骤07 在需要修复的位置绘制一个选区，将鼠标指针移动到选区内，再向周围没有瑕疵的区域拖曳来修复瑕疵。

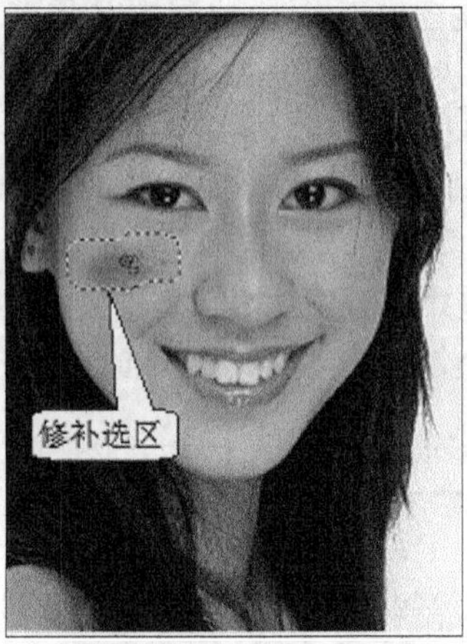

步骤08 修复其他瑕疵区域，直至图片修饰完毕。

小提示

无论是用【仿制图章工具】、【修复画笔工具】还是【修补工具】，在修复图像的边缘时都应该结合选区完成。

10.3 用【消失点】滤镜复制图像

本节教学录像时间：4 分钟

通过使用“消失点”，可以在图像中指定透视平面，然后应用到绘画、仿制、复制或粘贴等编辑操作。使用“消失点”修饰、添加或去除图像中的内容时，效果会更加逼真，Photoshop可以准确确定这些编辑操作的方向，并将它缩放到透视平面。下面通过复制图像来学习【消失点】滤镜的使用方法。

步骤01 打开随书光盘中的“素材\ch10\10.3\01.jpg”文件。

步骤02 选择【滤镜】➤【消失点】菜单命令，弹出【消失点】对话框。

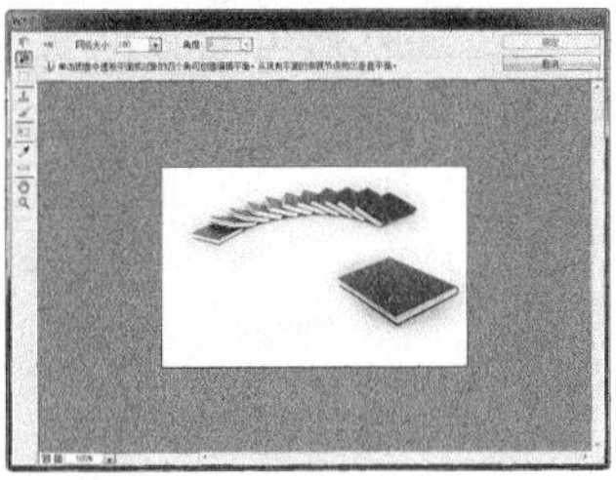

步骤03 单击【创建平面工具】按钮，在书本上创建透视网格。

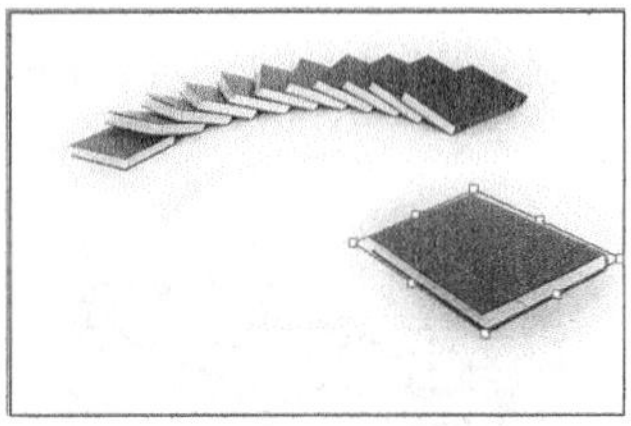

步骤04 选择【图章工具】按钮，按住【Alt】键复制书本，再在空白处单击即可复制书本。

步骤05 复制完毕后单击【确定】按钮。

10.4 图像的润饰

本节教学录像时间：12 分钟

用户可以使用Photoshop CC中的工具对图像的细节进行修饰。

10.4.1 消除照片上的红眼

【红眼工具】可消除用闪光灯拍摄的人物照片中的红眼，也可以消除用闪光灯拍摄的动物照片中的白色或绿色反光。

1.【红眼工具】相关参数设置

选择【红眼工具】后的属性栏如下图所示。

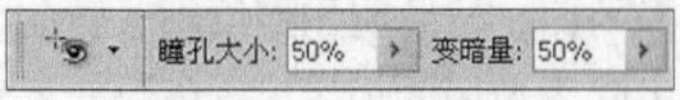

⑴【瞳孔大小】设置框：设置瞳孔（眼睛暗色的中心）的大小。

⑵【变暗量】设置框：设置瞳孔的暗度。

2. 修复一张有红眼的照片

步骤 01 打开随书光盘中的“素材\ch10\10.4\01.jpg”文件。

步骤 02 选择【红眼工具】，设置其参数。

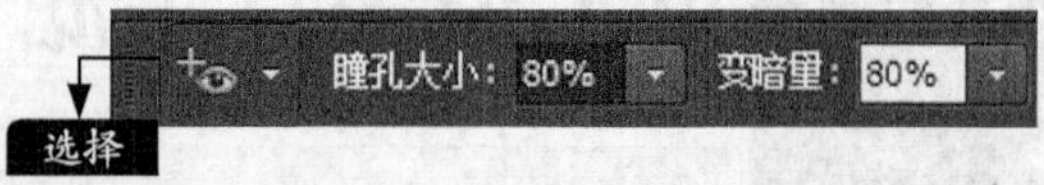

步骤 03 单击照片中的红眼区域，可得到如下图所示的效果。

小提示

红眼是由于相机闪光灯在主体视网膜上反光引起的。在光线暗淡的条件下照相时，由于主体的虹膜张开得很宽，更加明显地出现红眼现象。因此在照相时，最好使用相机的红眼消除功能，或者使用远离相机镜头位置的独立闪光装置。

10.4.2 用模糊工具制作景深效果

使用【模糊工具】可以柔化图像中的硬边缘或区域，从而减少细节。它的主要作用是进行像素之间的对比，使主题鲜明。

1.【模糊工具】相关参数设置

选择【模糊工具】后的属性栏如下。

⑴【画笔】设置项：用于选择画笔的大小、硬度和形状。

⑵【模式】下拉列表：用于选择色彩的混合方式。

⑶【强度】设置框：用于设置画笔的强度。

⑷【对所有图层取样】复选框：选中此复选框，可以使模糊工具作用于所有层的可见部分。

2. 使用【模糊工具】模糊背景

步骤 01 打开随书光盘中的“素材\ch10\10.4\02.jpg”文件。

步骤02 选择【模糊工具】，设置模式为正常，强度为100%。

步骤03 按住鼠标左键在需要模糊的背景上拖曳鼠标即可。

10.4.3 实现图像的清晰化效果

使用【锐化工具】可以聚焦软边缘以提高清晰度或聚焦的程度，也就是增大像素之间的对比度。下面通过将模糊图像变为清晰图像来学习【锐化工具】的使用方法。

步骤01 打开随书光盘中的“素材\ch10\10.4\03.jpg”文件。

步骤02 选择【锐化工具】，设置模式为正常，强度为50%。

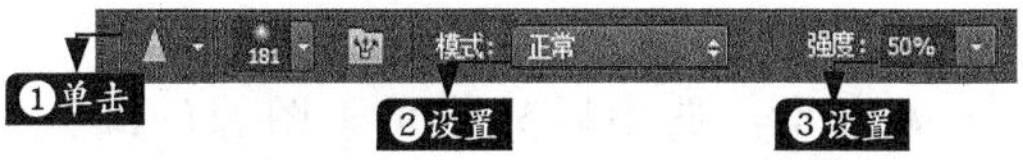

步骤03 按住鼠标左键在花瓣上进行拖曳即可。

10.4.4 用【涂抹工具】制作风刮效果

使用【涂抹工具】产生的效果类似于用干画笔在未干的油墨上擦过，也就是说画笔周围的像素将随着笔触一起移动。

1.【涂抹工具】的参数设置

选择【涂抹工具】后的属性栏如下。

选中【手指绘画】复选框后可以设定涂痕的色彩，就好像用蘸上色彩的手指在未干的油墨上绘画一样。

2. 制造花儿被大风刮过的效果

步骤01 打开随书光盘中的“素材\ch10\10.4\04.jpg”文件。

步骤02 选择【涂抹工具】，各项参数保持不变，可根据需要更改画笔的大小。

步骤03 按住鼠标左键在花朵边缘上进行拖曳即可。

10.4.5 加深/减淡图像区域

【减淡工具】和【加深工具】用于调节图像特定区域的曝光度，可以使图像区域变亮或变暗。摄影时，摄影师减弱光度可以使照片中的某个区域变亮（减淡），或增加曝光度使照片中的区域变暗（加深），减淡和加深工具的作用相当于摄影师调节光度。

选择【加深工具】后的属性栏如下。

1.【减淡工具】和【加深工具】的参数设置

(1)【范围】下拉列表：有以下选项。

- 暗调：选中后只作用于图像的暗调区域。
- 中间调：选中后只作用于图像的中间调区域。
- 高光：选中后只作用于图像的高光区域。

(2)【曝光度】设置框：用于设置图像的曝光强度。

建议使用时先把【曝光度】的值设置得小一些，一般情况选择15%比较合适。

2. 对图像的中间调进行处理从而突出背景

步骤01 打开随书光盘中的“素材\ch10\10.4\05.jpg”文件。

步骤02 选择【减淡工具】，保持各项参数不变，可根据需要更改画笔的大小。

步骤03 按住鼠标左键在盘子及花上进行涂抹。

步骤04 同理使用【加深工具】来涂抹底纹。

小提示

在使用【减淡工具】时，如果同时按下【Alt】键可暂时切换为【加深工具】。同样在使用【加深工具】时，如果同时按下【Alt】键则可暂时切换为【减淡工具】。

10.4.6 用【海绵工具】制作艺术效果

使用【海绵工具】可以精确地更改区域的色彩饱和度。在灰度模式下，该工具通过使灰阶远离或靠近中间灰色来增加或降低对比度。

选择【海绵工具】后的属性栏如下。

1.【海绵工具】工具参数设置

在【模式】下拉列表中可以选择【去色】选项以降低色彩饱和度，选择【加色】选项以提高色彩饱和度。

2. 使用【海绵工具】使花更加鲜艳突出

步骤 01 打开随书光盘中的“素材\ch10\10.4\06.jpg”文件。

步骤 02 选择【海绵工具】，设置模式为“加色”，其他参数保持不变，可根据需要更改画笔的大小。

步骤 03 按住鼠标左键在花上进行涂抹。

步骤 04 在属性栏的【模式】下拉列表中选择【去色】选项，再涂抹背景即可。

10.5 擦除图像

本节教学录像时间：10 分钟

在绘制图像时有些多余的部分可以通过擦除工具将其擦除，使用擦除工具还可以操作一些图像的选择和拼合。

10.5.1 制作图案叠加的效果

使用【橡皮擦工具】，可以通过拖动鼠标来擦除图像中的指定区域。

1.【橡皮擦工具】的参数设置

选择【橡皮擦工具】后的属性栏如下。

【画笔】选项：对橡皮擦的笔尖形状和大小进行设置，与【画笔工具】的设置相同，这里不再赘述。

【模式】下拉列表中有以下3种选项：【画笔】、【铅笔】和【块】模式。

2. 制作图案叠加的效果

步骤01 打开随书光盘中的“素材\ch10\10.5”中的“01.jpg”和“02.jpg”文件。

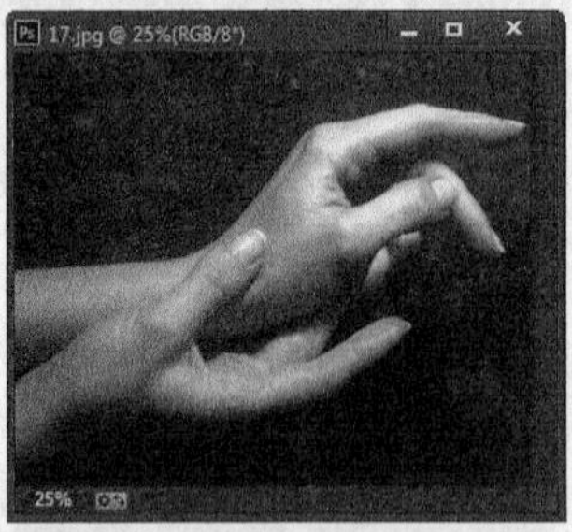

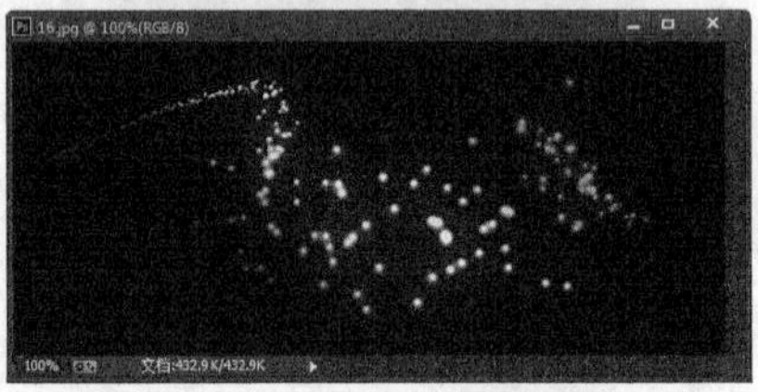

步骤02 选择【移动工具】将“01.jpg”素材拖曳到“02.jpg”素材中，并调整位置。

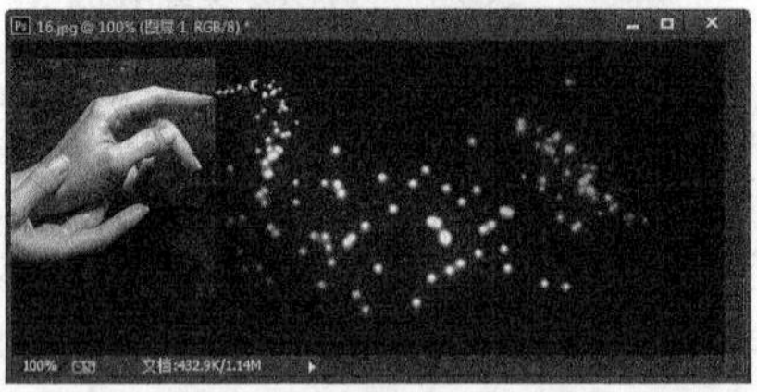

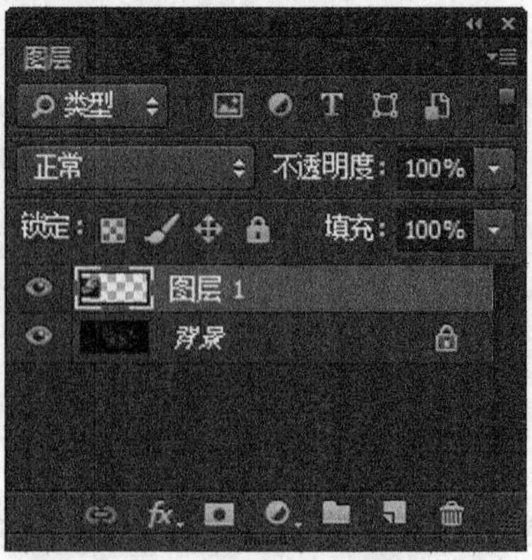

步骤03 选择【橡皮擦工具】，保持各项参数不变，设置画笔的硬度为0，画笔的大小可根据涂抹时的需要进行更改。

步骤04 按住鼠标左键在手所在位置进行涂抹，涂抹后的最终效果如下图所示。

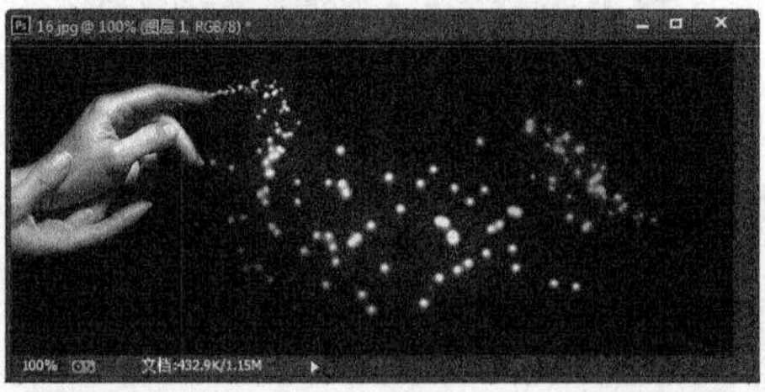

10.5.2 擦除背景颜色

【背景橡皮擦工具】是一种可以擦除指定颜色的擦除器，这个指定颜色叫作标本色，表现为背景色。【背景橡皮擦工具】只擦除了白色区域。其擦除的功能非常灵活，在一些情况下可以达到事半功倍的效果。

1.【背景橡皮擦工具】的参数设置

选择【背景橡皮擦工具】后的属性栏如下。

(1)【画笔】设置项：用于选择形状。

(2)【限制】下拉列表：用于选择背景橡皮擦工具的擦除界限，包括以下3个选项。

①不连续：在选定的色彩范围内可以多次重复擦除。

②连续：在选定的标本色内不间断地擦除。

③查找边界：在擦除时保持边界的锐度。

(3)【容差】设置框：可以输入数值或者拖曳滑块进行调节。数值越低，擦除的范围越接近标本色。大的容差值会把其他颜色擦成半透明的效果。

(4)【保护前景色】复选框：用于保护前景色，使之不会被擦除。

(5)【取样】设置：用于选取标本色方式的选择设置，有以下3种。

①连续：单击此按钮，擦除时会自动选择所擦的颜色为标本色。此选项用于抹去不同颜色的相邻范围。在擦除一种颜色时，【背景橡皮擦工具】不能超过这种颜色与其他颜色的边界而完全进入另一种颜色，因为这时已不再满足相邻范围这个条件。当【背景橡皮擦工具】完全进入另一种颜色时，标本色即随之变为当前颜色，也就是说当前所在颜色的相邻范围为可擦除的范围。

②一次：单击此按钮，擦除时首先在要擦除的颜色上单击以选定标本色，这时标本色已固定，然后就可以在图像上擦除与标本色相同的颜色范围。每次单击选定标本色只能做一次不间断的擦除，如果要继续擦除则必须重新单击选定标本色。

③背景色板：单击此按钮即选定好背景色，即标本色，然后就可以擦除与背景色相同的色彩范围。

在Photoshop中是不支持背景层有透明部分的，而【背景橡皮擦工具】则可直接在背景层上擦除，因此擦除后Photoshop CC会自动地把背景层转换为一般层。

2. 使用【背景橡皮擦工具】擦除背景

步骤01 打开随书光盘中的“素材\ch10\10.5\03.jpg”文件。

步骤02 选择【背景橡皮擦工具】，设置限制为连续，容差为15%，可根据需要更改画笔的大小。

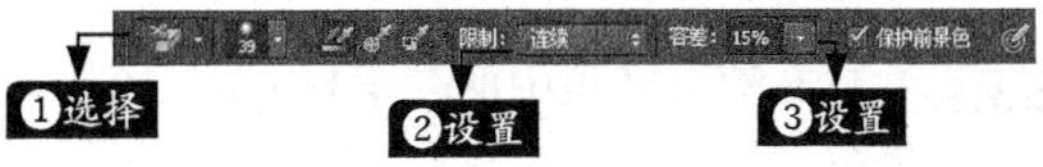

步骤03 按住鼠标左键在背景上单击，直至背景清除完毕。

步骤04 打开一个背景图片，将人物拖到该背景中，如下所示。

10.5.3 使用魔术橡皮擦工具擦除背景

【魔术橡皮擦工具】相当于魔棒加删除命令。选中【魔术橡皮擦工具】，在图像上欲擦除的颜色范围内单击，就会自动地擦除掉与此颜色相近的区域。

1.【魔术橡皮擦工具】的参数设置

选择【魔术橡皮擦工具】后的属性栏如下。

(1)【容差】文本框：数值越小表示选取的颜色范围越接近，数值越大表示选取的颜色范围越大。在文本框中可输入0 ~ 255之间的数值。

(2)【消除锯齿】复选框：其功能已在前面介绍过。

(3)【连续】复选框：复选此项，只擦除与单击点像素邻近的像素，取消勾选则可擦除图像中的所有相似像素。

(4)【对所有图层取样】复选框：复选此项，可对所有可见图层中的取样来擦除色样。

(5)【不透明度】参数框：用来设置擦除效果的不透明度。

2. 使用【魔术橡皮擦工具】擦除背景

步骤01 打开随书光盘中的“素材\ch10\10.5\04.jpg”文件。

步骤02 选择【魔术橡皮擦工具】，设置容差值为32，不透明度为100%。

步骤03 在紧贴人物的背景处单击，此时可以看到已经清除了相连的相似的背景。

步骤04 再次单击，直至背景清除完毕。

10.6 矢量工具创建的内容

本节教学录像时间：4 分钟

Photoshop中的矢量工具可以创建不同类型的对象，包括形状图层、工作路径和填充像素。选择矢量工具后，在工具的选项栏上按下相应的按钮指定一种绘制模式，然后才能进行操作。

10.6.1 形状图层

使用形状工具或钢笔工具可以创建形状图层。形状中会自动填充当前的前景色，但也可以更改为其他颜色、渐变或图案来进行填充。形状的轮廓存储在链接图层的矢量蒙版中。

单击工具选项栏中的【形状】图层按钮后，可在单独的形状图层中创建形状。形状图层由填充区域和形状两部分组成。填充区域定义了形状的颜色、图案和图层的不透明度；形状则是一个矢量蒙版，它定义了图像显示和隐藏区域。形状是路径，它出现在【路径】面板中。

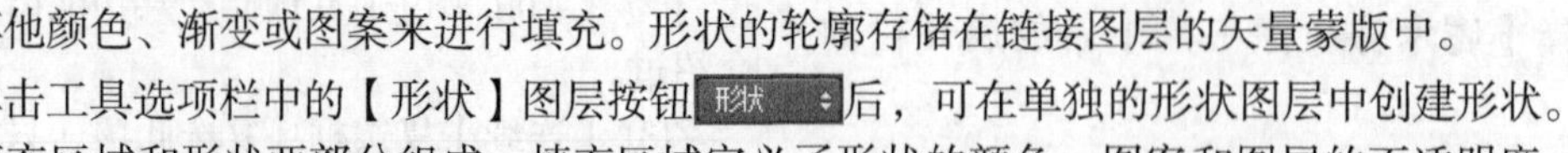

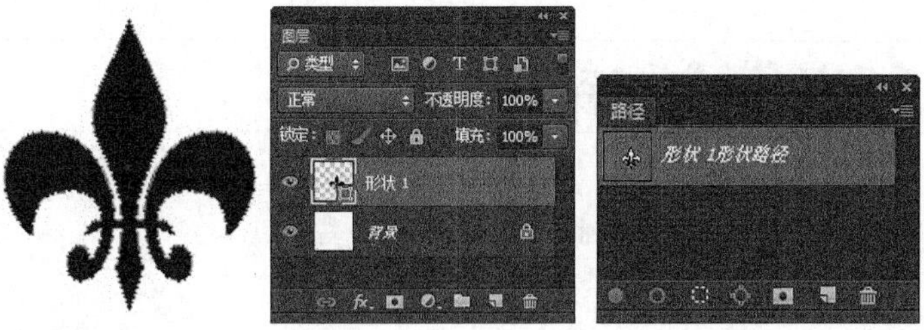

10.6.2 工作路径

【路径】面板显示了存储的路径、当前工作路径和当前矢量蒙版的名称和缩览图像。减小缩览图的大小或将其关闭，可在路径面板中列出更多路径，而关闭缩览图可提高性能。要查看路径，必须先在路径面板中选择路径名。

单击【路径】按钮 路径 后，可绘制工作路径，它出现在【路径】面板中，创建工作路径后，可以使用它来创建选区、创建矢量蒙版，或者对路径进行填充和描边，从而得到光栅化的图像。在通过绘制路径选取对象时，需要选择【路径】按钮。

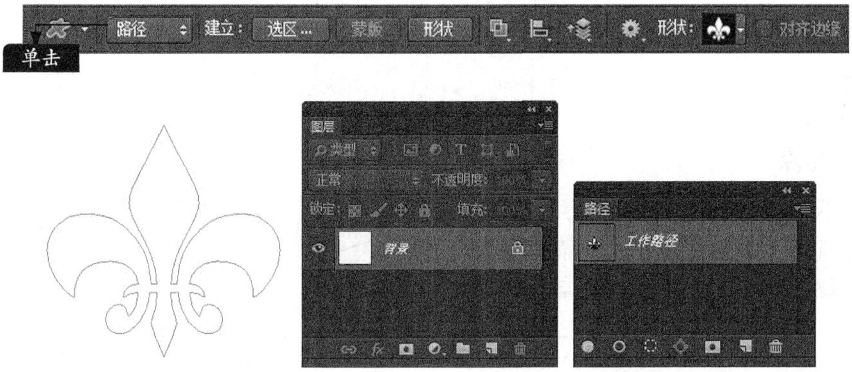

10.6.3 填充区域

单击【像素】按钮 像素 ，绘制的将是光栅化的图像，而不是矢量图形。在创建填充区域时Photoshop使用前景色作为填充颜色，此时【路径】面板中不会创建工作路径，在【图层】面板中可以创建光栅化图像，但不会创建形状图层，该选项不能用于钢笔工具，只有使用各种形状工具（矩形工具、椭圆工具、自定形状等工具）时才能使用该按钮。

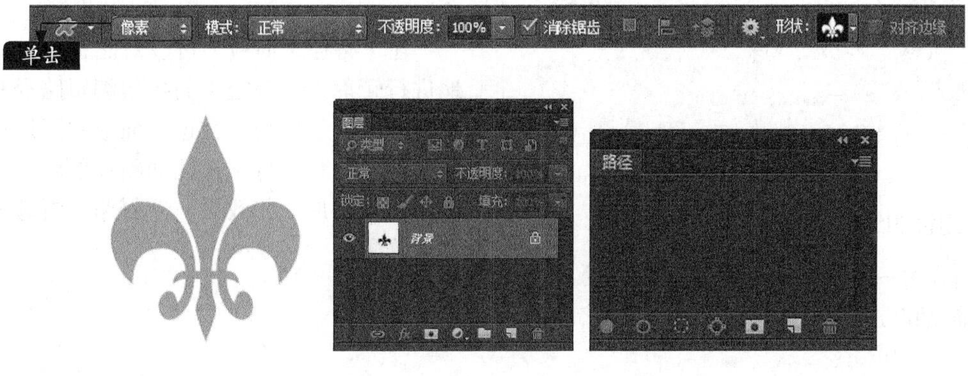

10.7 了解路径与锚点

本节教学录像时间：11 分钟

路径可以转换为选区，也可以进行填充或者描边。

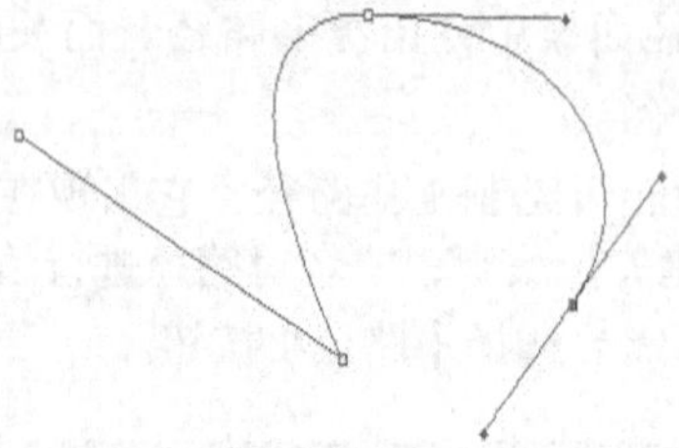

1. 路径的特点

路径是不包含像素的矢量对象，与图像是分开的，并且不会被打印出来，因而也更易于重新选择、修改和移动。修改路径后不影响图像效果。

2. 路径的组成

路径由一个或多个曲线段、直线段、方向点、锚点和方向线构成。

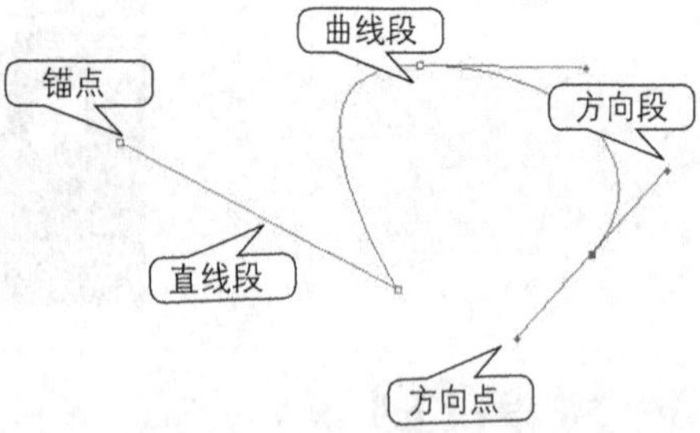

小提示

锚点被选中时为一个实心的方点，未选中时是空心的方点。控制点在任何时候都是实心的方点，而且比锚点小。

在【路径】面板中可以对路径快速而方便地进行管理。【路径】面板集编辑路径和渲染路径的功能于一身。在这个面板中可以完成从路径到选区和从自由选区到路径的转换，还可以对路径施加一些效果，使得路径看起来不会过于单调。

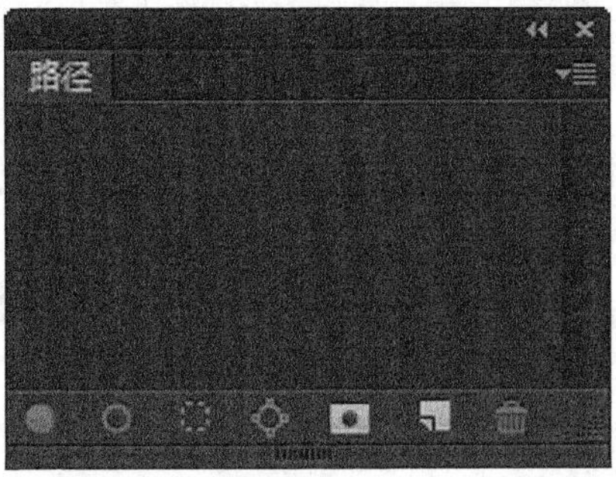

⑴ 用前景色填充路径：用前景色填充路径区域。

⑵ 用画笔描边路径：用画笔工具描边路径。

⑶ 将路径作为选区载入：将当前的路径转换为选区。

⑷ 从选区生成工作路径：从当前的选区中生成工作路径。

⑸ 创建新路径：可创建新的路径。

⑹ 删除当前路径：可删除当前选择的路径。

10.7.1 填充路径

单击【路径】面板上的【用前景色填充】按钮可以用前景色对路径进行填充。

1. 用前景色填充路径

步骤01 新建一个10厘米×10厘米的文档。

步骤02 选择【自定形状工具】绘制一个路径。

步骤03 单击【用前景色填充路径】按钮填充前景色。

2. 使用技巧

按【Alt】键的同时单击【用前景色填充】按钮可弹出【填充路径】对话框，在该对话框中可设置【使用】的方式，混合模式及渲染的方式，设置完成之后，单击【确定】按钮即可对路径进行填充。

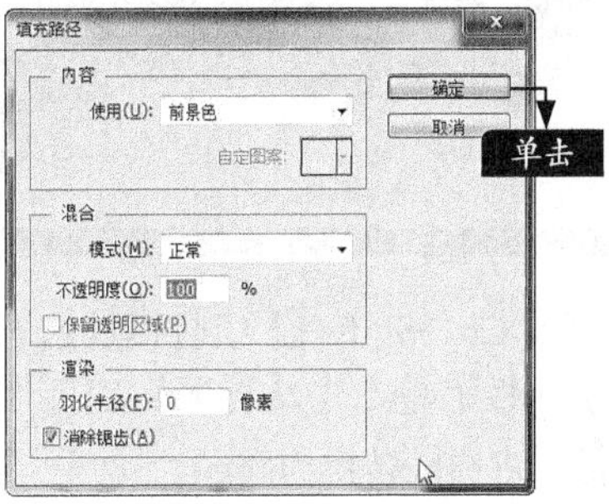

10.7.2 描边路径

单击【用画笔描边路径】按钮可以实现对路径的描边。

1. 用画笔描边路径

步骤01 新建一个10厘米×10厘米的图像。

步骤02 选择【自定形状工具】绘制一个路径。

步骤03 单击【用画笔描边路径】按钮填充路径。

2.【用画笔描边路径】使用技巧

描边情况与画笔的设置有关，所以要对描边进行控制就需要先对画笔进行相关设置（例如画笔的大小和硬度等）。按【Alt】键的同时单击【用画笔描边路径】按钮，弹出【描边路径】对话框，设置描边方式，然后单击【确定】按钮即可对路径进行描边。

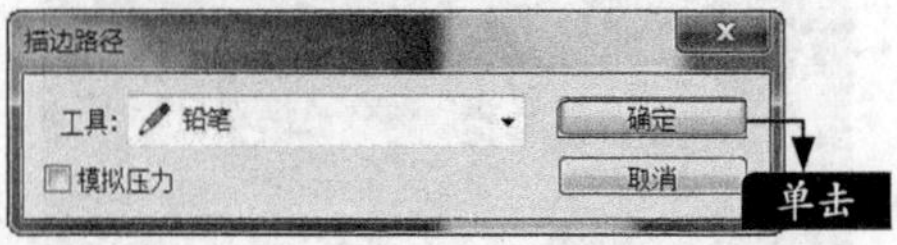

10.7.3 路径和选区的转换

单击【将路径作为选区载入】按钮可以将路径转换为选区进行操作，也可以按快捷键【Ctrl+Enter】来完成这一操作。

将路径转化为选区的操作步骤如下。

步骤01 打开随书光盘中的“素材\ch10\10.7\01.jpg”图像。

步骤02 选择【魔棒工具】。

步骤03 在手以外的白色区域创建选区。

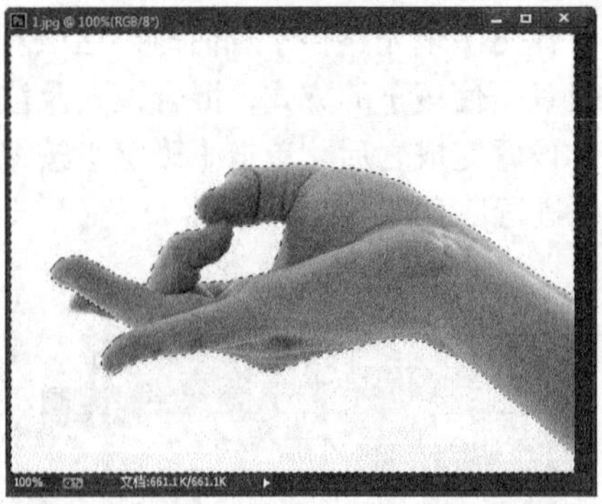

步骤04 按【Ctrl+Shift+I】组合键反选选区，在【路径】面板上单击【从选区生成工作路径】按钮，将选区转换为路径。

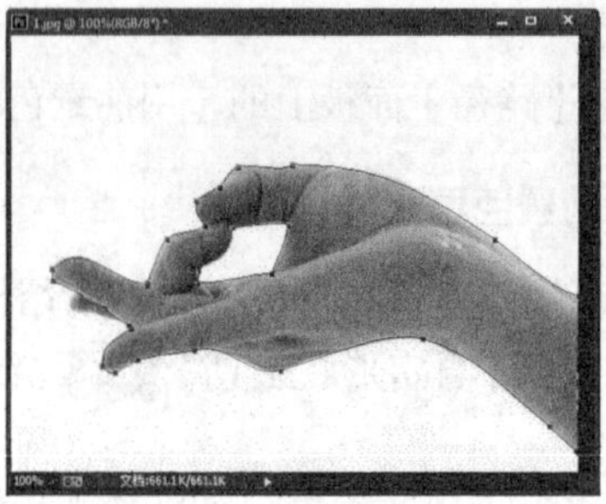

步骤05 单击【将路径作为选区载入】按钮，将路径载入为选区。

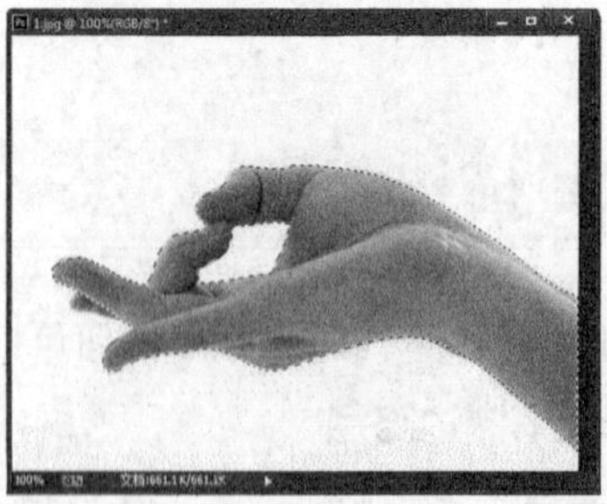

10.7.4 工作路径

在【路径】面板中单击路径预览图，路径将以高亮显示。

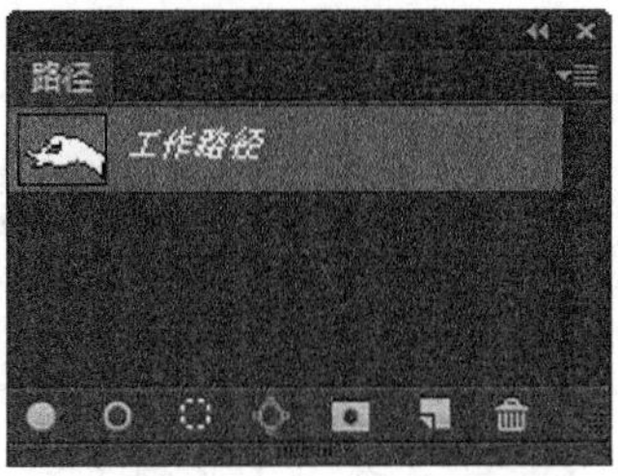

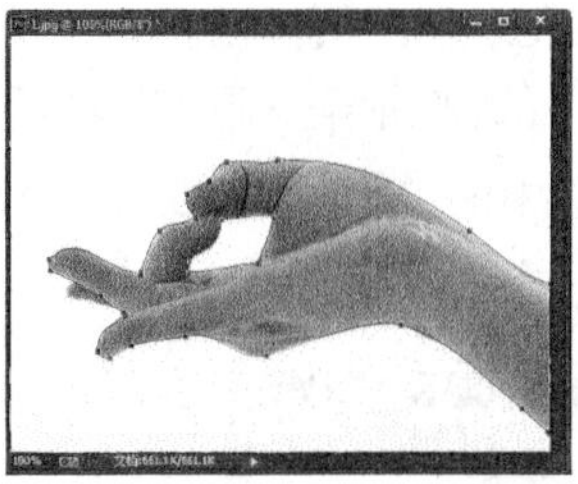

如果在面板中的灰色区域单击，路径将变为灰色，这时路径将被隐藏。

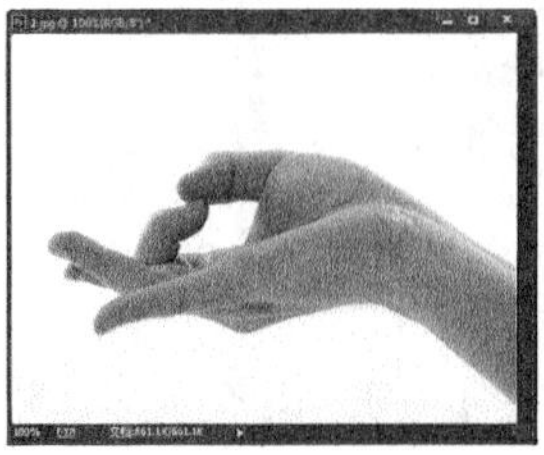

工作路径是出现在【路径】面板中的临时路径，用于定义形状的轮廓。用钢笔工具在画布中直接创建的路径及由选区转换的路径都是工作路径。

当工作路径被隐藏时可使用钢笔工具直接创建路径，则原来的路径将被新路径所代替。双击工作路径的名称将会弹出【存储路径】对话框，可以实现对工作路径重命名并保存。

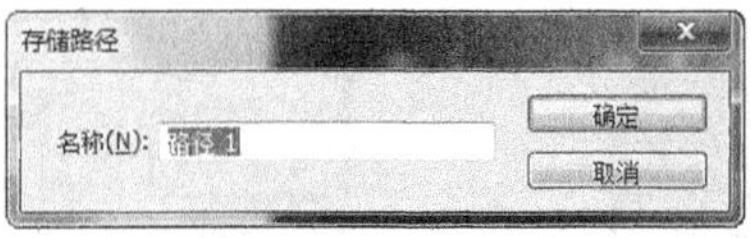

10.7.5 【创建新路径】、【删除当前路径】按钮的使用

单击【创建新路径】按钮后，再使用钢笔工具建立路径，路径将被保存。

在按【Alt】键的同时单击此按钮，则可弹出【新建路径】对话框，可以为生成的路径重命名。在按【Alt】键的同时，若将已存在的路径拖曳到【创建新路径】按钮上，则可实现对路径的复制并得到该路径的副本。将已存在的路径拖曳到【删除当前路径】按钮上则可将该路径删除。也可以选中路径后使用【Delete】键将路径删除，按【Alt】键的同时再单击【删除当前路径】按钮可将路径直接删除。

10.7.6 剪贴路径

如果要将Photoshop中的图像输出到专业的页面排版程序，例如InDesign、PageMaker等软件时，可以通过剪贴路径来定义图像的显示区域。在输出到这些程序中以后，剪贴路径以外的区域将变为透明区域。下面就来讲解一下剪贴路径的输出方法。

步骤 01 打开随书光盘中的“素材\ch10\10.7\02.jpg”图像。

步骤 02 选择【钢笔工具】，在苹果图像周围创建路径。

步骤 03 在【路径】面板中双击【工作路径】，在弹出的【存储路径】对话框中输入路径的名称，然后单击【确定】按钮。

步骤 04 单击【路径】面板右上角的小三角按钮，选择【剪贴路径】命令，在弹出的【剪贴路径】对话框中设置路径的名称和展平度（定义路径由多少个直线片段组成），然后单击【确定】按钮。

步骤 05 选择【文件】➤【存储】菜单命令，在弹出的【存储为】对话框中设置文件的名称、保存的位置和文件存储格式，然后单击【保存】按钮。

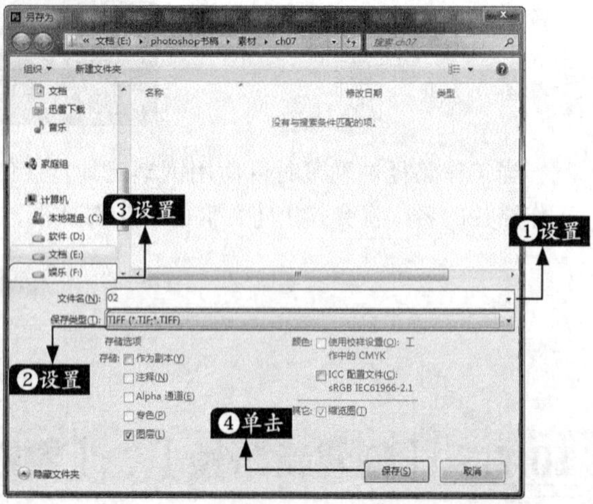

10.8 锚点

本节教学录像时间：1 分钟

锚点又称为定位点，它的两端会连接直线或曲线。由于控制柄和路径的关系，可分为以下3种不同性质的锚点。

(1) 平滑点：方向线是一体的锚点。

(2) 角点：没有公共切线的锚点。

⑶ 拐点：控制柄独立的锚点。

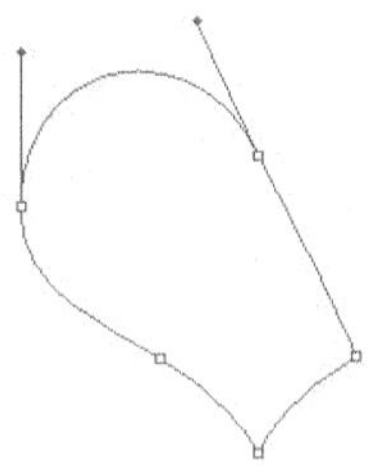

10.9 使用形状工具

本节教学录像时间：8 分钟

使用形状工具可以方便地绘制出许多特定的形状，还可以通过形状的运算及自定义形状让形状更加丰富。绘制形状的工具有【矩形工具】、【圆角矩形工具】、【椭圆工具】、【多边形工具】、【直线工具】及【自定形状工具】等。

10.9.1 绘制规则形状

Photoshop提供了5种绘制规则形状的工具：【矩形工具】、【圆角矩形工具】、【椭圆工具】、【多边形工具】和【直线工具】。

1. 绘制矩形

使用【矩形工具】可以很方便地绘制出矩形或正方形。

选中【矩形工具】，然后在画布上单击并拖曳鼠标即可绘制出所需要的矩形，若在拖曳鼠标时按住【Shift】键则可绘制出正方形。

矩形工具的属性栏如下。

单击按钮会出现矩形工具选项菜单，其中包括【不受约束】单选按钮、【方形】单选按钮、【固定大小】单选按钮、【比例】单选按钮、【从中心】复选框等。

⑴【不受约束】单选按钮：选中此单选按钮，矩形的形状完全由鼠标的拖曳决定。

⑵【方形】单选按钮：选中此单选按钮，绘制的矩形为正方形。

⑶【固定大小】单选按钮：选中此单选按钮，可以在【W：】参数框和【H：】参数框中输入所需的宽度和高度的值，默认的单位为像素。

⑷【比例】单选按钮：选中此单选按钮，可以在【W：】参数框和【H：】参数框中输入所需的宽度和高度的整数比。

⑸【从中心】复选框：选中此复选框，拖曳矩形时鼠标指针的起点则为矩形的中心。

绘制完矩形后，右侧会出现【属性】面板，在其中可以分别设置矩形四个角的圆角值。

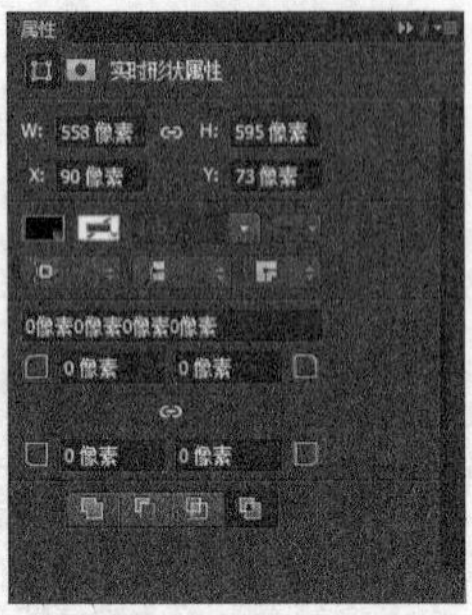

2. 绘制圆角矩形

使用【圆角矩形工具】可以绘制具有平滑边缘的矩形。其使用方法与【矩形工具】相同，只需用鼠标在画布上拖曳即可。

【圆角矩形工具】的属性栏与【矩形工具】的相同，只是多了【半径】参数框一项。

【半径】参数框用于控制圆角矩形的平滑程度。输入的数值越大越平滑，输入0时则为矩形，有一定数值时则为圆角矩形。

3. 绘制椭圆

使用【椭圆工具】可以绘制椭圆，按住【Shift】键可以绘制圆。【椭圆工具】的属性栏的用法和前面介绍的属性栏基本相同，这里不再赘述。

4. 绘制多边形

使用【多边形工具】可以绘制出所需的正多边形。绘制时鼠标指针的起点为多边形的中心，而终点则为多边形的一个顶点。

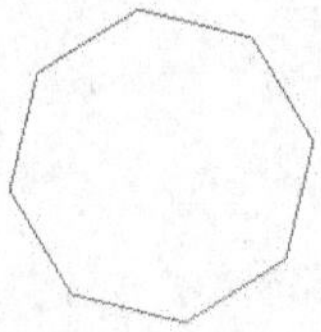

【多边形工具】的属性栏如下图所示。

【边】参数框：用于输入所需绘制的多边形的边数。

单击属性栏中的按钮，可打开【多边形选项】设置框。

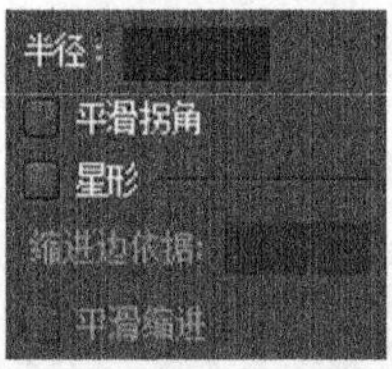

其中包括【半径】、【平滑拐角】、【星形】、【缩进边依据】和【平滑缩进】等选项。

⑴【半径】参数框：用于输入多边形的半径长度，单位为像素。

⑵【平滑拐角】复选框：选中此复选框，可使多边形具有平滑的顶角。多边形的边数越多越接近圆形。

⑶【星形】复选框：选中此复选框，可使多边形的边向中心缩进呈星状。

⑷【缩进边依据】设置框：用于设定边缩进的程度。

⑸【平滑缩进】复选框：只有选中【星形】复选框时此复选框才可选。选中【平滑缩进】复选框可使多边形的边平滑地向中心缩进。

5. 绘制直线

使用【直线工具】可以绘制直线或带有箭

头的线段。

使用的方法是：以鼠标指针拖曳的起始点为线段起点，拖曳的终点为线段的终点。按住【Shift】键可以将直线的方向控制在0°、45°或90°方向。

【直线工具】的属性栏如下图所示。其中【粗细】参数框用于设定直线的宽度。

单击属性栏中的按钮可弹出【箭头】设置区，包括【起点】、【终点】、【宽度】、【长度】和【凹度】等项。

(1)【起点】、【终点】复选框：二者可选择一个，也可以都选，用以决定箭头在线段的哪一方。

(2)【宽度】参数框：用于设置箭头宽度和线段宽度的比值，可输入10%～1 000%之间的数值。

(3)【长度】参数框：用于设置箭头长度和线段宽度的比值，可输入10%～5 000%之间的数值。

(4)【凹度】参数框：用于设置箭头中央凹陷的程度，可输入-50%～50%之间的数值。

6. 使用形状工具绘制图形

步骤01 新建一个10厘米×10厘米的图像。

步骤02 选择【矩形工具】，在属性栏中单击【像素】按钮。设置前景色为黑色，绘制一个矩形。

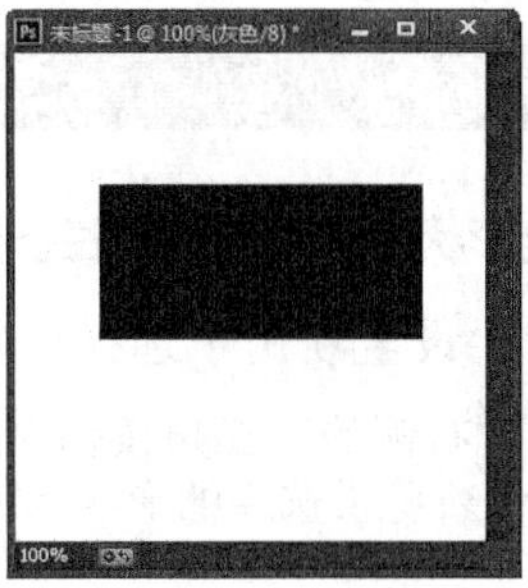

步骤03 新建一个图层，使用【椭圆工具】绘制两个车轮。

步骤04 新建一个图层，设置前景色为白色，使用【椭圆工具】绘制两个圆形。

步骤05 新建一个图层，使用【圆角矩形工具】绘制窗户。

10.9.2 绘制不规则形状

使用【自定形状工具】可以绘制不规则的图形或是自定义的图形。

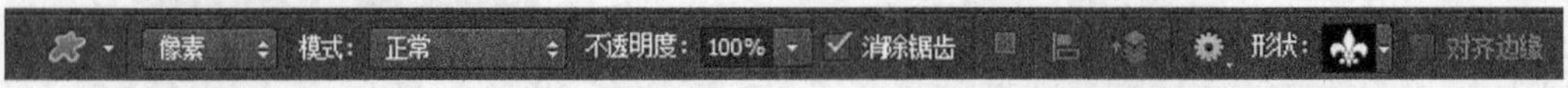

1.【自定形状工具】的属性栏参数设置

【形状】设置项用于选择所需绘制的形状。单击右侧的小三角按钮会出现形状面板，这里存储着可供选择的形状。

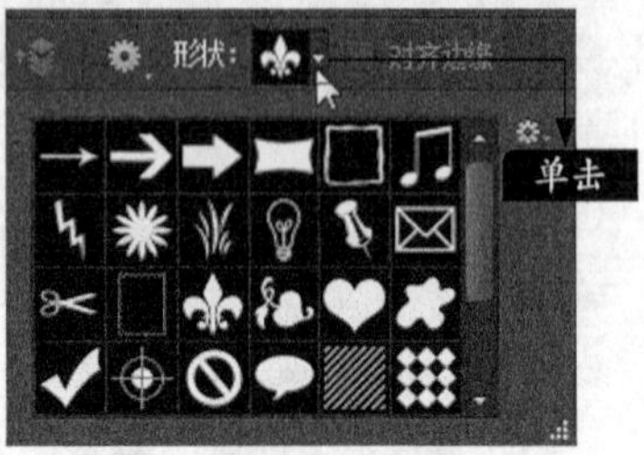

单击面板右上侧的小圆圈可以弹出一个下拉菜单。

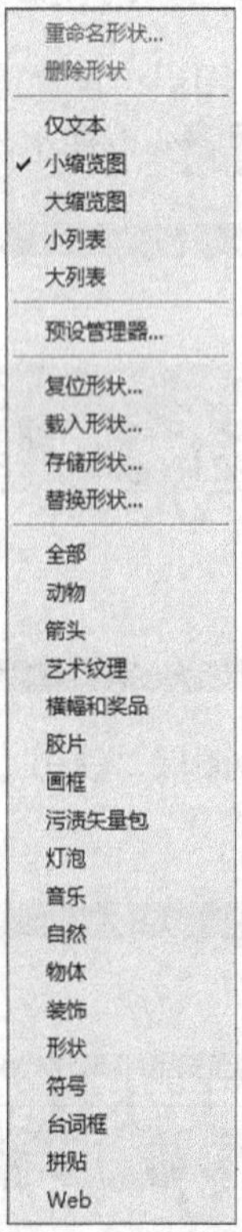

从中选择【载入形状】菜单项可以载入外形文件，其文件类型为*.CSH。

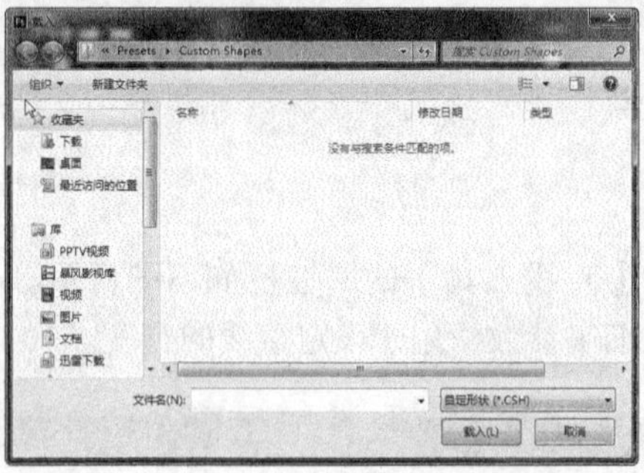

2. 使用【自定形状工具】绘制图画

步骤 01 新建一个10厘米×10厘米的图像。

步骤 02 选择【自定形状工具】，在自定义形状下拉列表中选择图形。设置前景色为黑色。

步骤 03 在图像上单击鼠标，并拖动鼠标即可绘制一个自定形状，多次单击并拖动鼠标可以绘制出大小不同的形状。

步骤04 新建一个图层。选择其他形状，继续绘制，直至完成绘制。

10.9.3 自定义形状

Photoshop CC不仅可以使用预置的形状，还可以把自己绘制的形状定义为自定义形状，以便于以后使用。

自定义形状的操作步骤如下。

步骤01 选择钢笔工具绘制出喜欢的图形。

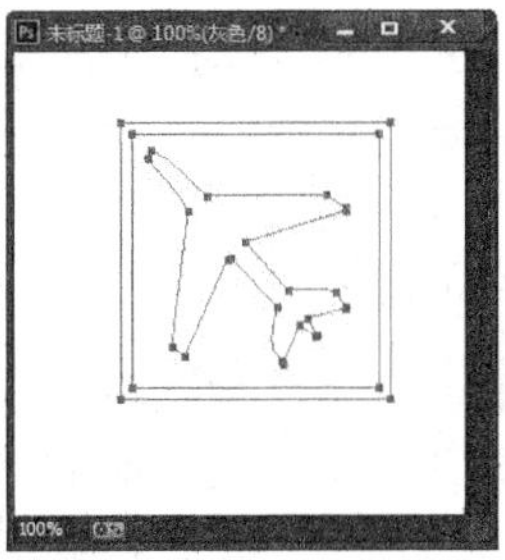

步骤02 选择【编辑】➤【定义自定形状】菜单命令，在弹出的【形状名称】对话框中输入自定义形状的名称，然后单击【确定】按钮。

步骤03 选择【自定形状工具】，然后在选项中找到自定义的形状即可。

10.10 钢笔工具

本节教学录像时间：6 分钟

【钢笔工具】可以创建精确的直线和曲线。它在Photoshop中主要有两种用途：一是绘制矢量图形，二是选取对象。在作为选取工具使用时，钢笔工具描绘的轮廓光滑、准确，是最为精确的选取工具之一。

1. 钢笔工具使用技巧

(1) 绘制直线：分别在两个不同的地方单击就可以绘制直线。

(2) 绘制曲线：单击鼠标绘制出第一点，然后单击并拖曳鼠标绘制出第二点，这样就可以绘制曲线并使锚点两端出现方向线。方向点的位置及方向线的长短会影响到曲线的方向和曲度。

(3) 曲线之后接直线：绘制出曲线后，若要在之后接着绘制直线，则需要按下【Alt】键暂时切换为转换点工具，然后在最后一个锚点上单击使控制线只保留一段，再松开【Alt】键在新的地方单击另一点即可。

选择钢笔工具，然后单击选项栏中的按钮可以弹出【钢笔选项】设置框。从中选中【橡皮带】复选框则可在绘制时直观地看到下一节点之间的轨迹。

2. 使用钢笔工具绘制一朵小花

步骤 01 新建一个10厘米×10厘米的图像。

步骤 02 选择【钢笔工具】，并在选项栏中按下【路径】按钮，在画面确定一个点开始绘制花朵。

步骤 03 绘制花朵部分。

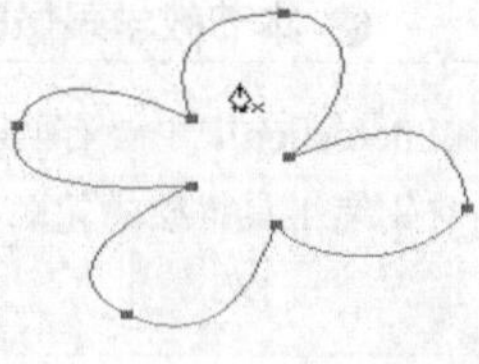

步骤 04 继续绘制花朵其他部分，直至完成，最终效果如下图。

3. 自由钢笔工具

【自由钢笔工具】用来绘制比较随意的图形，它的特点和使用方法都与套索工具非常相似，使用它绘制路径就像用铅笔工具在纸上绘图一样。选择该工具后，在画面单击并拖动鼠标即可绘制路径，路径的形状为光标运动的轨迹，Photoshop会自动为路径添加锚点，因而无需设定锚点的位置。

4. 添加锚点工具

【添加锚点工具】可以在路径上添加锚点，选择该工具后，将光标移至路径上，待光标显示为 状时，单击鼠标可添加一个脚点，如图所示。

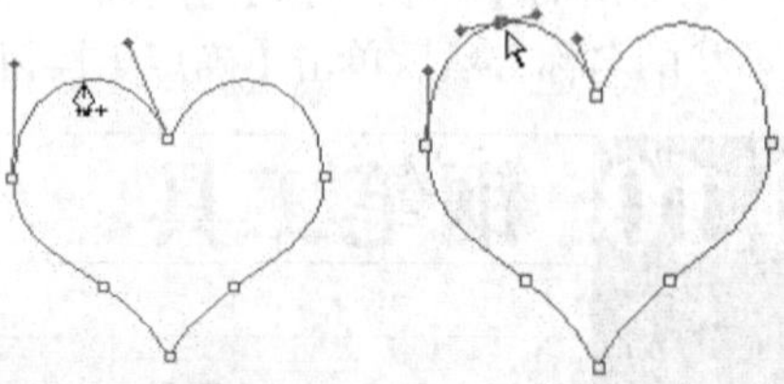

如果单击并拖动鼠标，则可添加一个平滑点，如图所示。

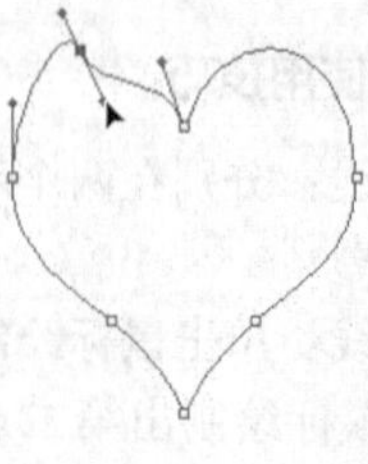

5. 删除锚点

使用【删除锚点工具】可以删除路径上的锚点。选择该工具后，将光标移至路径锚点上，待光标显示为状时，单击鼠标可以删除该锚点。

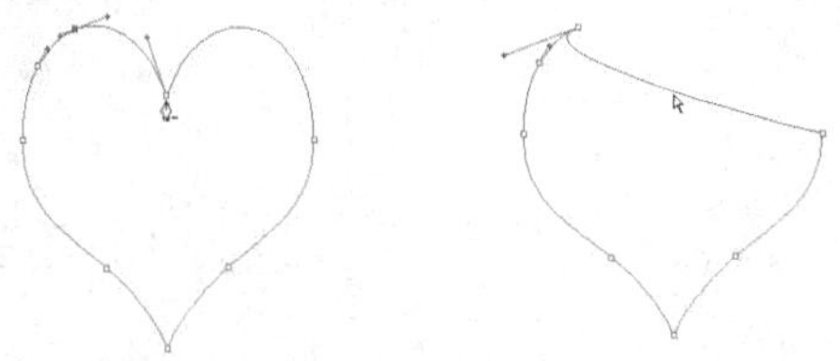

6. 转换点工具

【转换点工具】用来转换锚点类型，它可将角点转化为平滑点，也可将平滑点转换为角点。选择该工具后，将光标移至路径的锚点上，如果该锚点是平滑点，单击该锚点可以将其转化为角点，如图所示。

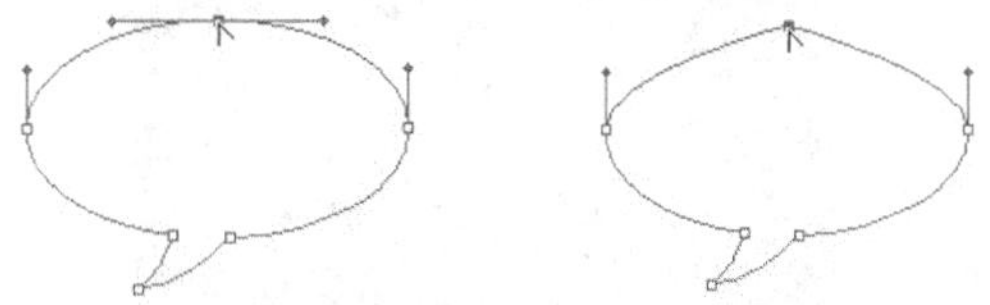

如果该锚点是角点，单击该锚点可以将其转化为平滑点，如图所示。

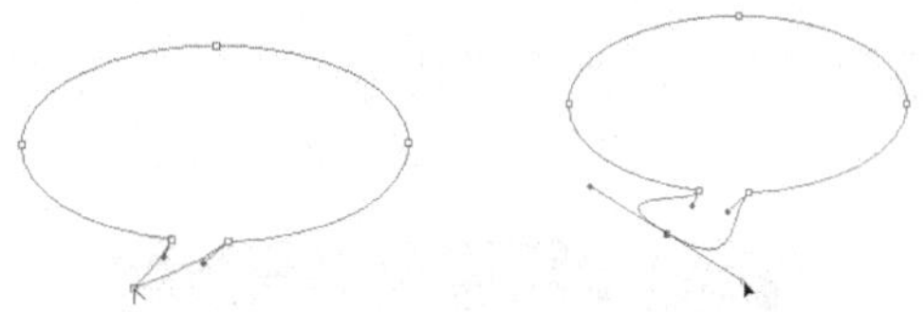

10.11 综合实战——删除照片中的无用文字

本节教学录像时间：6 分钟

本实例学习使用【橡皮擦工具】、【修复画笔工具】和【放大工具】来去除照片中无用的文字。

第1步：打开文件

步骤 01 选择【文件】➤【打开】菜单命令。

步骤 02 打开随书光盘中的“素材\ch10\10.11\01.jpg”图像。

第2步：去除文字

步骤 01 选择【缩放工具】，放大图像以便于操作。

步骤 02 选择【修补工具】，在需要修复的位置绘制一个选区，将鼠标指针移动到选区内，再向周围没有瑕疵的区域拖曳鼠标来修复瑕疵。

第3步：去除花朵上的文字

步骤 01 选择【修复画笔工具】，然后按住

【Alt】键单击复制图像的起点，在需要修饰的地方开始单击并拖曳鼠标。

步骤 02 同理继续修复其他部位的文字。根据位置适时调整画笔的大小，直至修复完毕。

步骤 03 选择【仿制图章工具】来修复一些花瓣的边缘部位。最终效果如图所示。

小提示

读者在学习的时候，可灵活地综合运用各种修复工具并适时地调整画笔的大小和笔尖的硬度，来完美地修复图像。

高手支招

本节教学录像时间：7 分钟

如何巧妙“移植”对象

在修饰图像的过程中，有时用【仿制图章工具】和【修补工具】是很难修复好照片的，这时，用户可以不妨试用“移植”的方法来做。例如，需要把下图地板上的衣物去掉，就可以使用“移植”的方法。由于该图中地板的纹理清晰，又有不同的光线，而且衣物的面积很大，利用【图章工具】和【修补工具】是很难修复好的。具体的操作步骤如下。

步骤 01 选择【文件】➤【打开】菜单命令。

步骤 02 打开随书光盘中的“素材\ch10\技巧\01.jpg”图像。

步骤 03 在工具箱中单击用【套索工具】或者【多边形套索工具】在需要取样的位置建立选区。

步骤04 选择【选择】➤【修改】➤【羽化】菜单命令，打开【羽化选区】对话框，在【羽化半径】文本框中输入“4”。

步骤05 单击【确定】按钮，然后使用快捷键【Ctrl+C】复制，并使用【Ctrl+V】快捷键粘贴，这时Photoshop会自动创建一个图层。

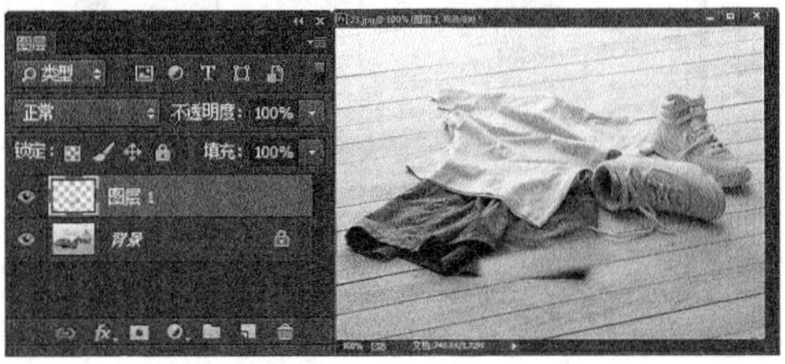

步骤06 使用【移动工具】把新图层移动到需要覆盖的位置，对齐板缝，用【Ctrl+T】进行自由变换并拖动其中的可移动点放大或缩小，使其对齐覆盖衣物的位置。

选择不规则图像

下面来讲述如何选择不规则图像。【钢笔工具】不仅可以用来编辑路径，还可以更为准确地选择文件中的不规则图像。具体的操作步骤如下。

步骤01 选择【文件】➤【打开】菜单命令，打开随书光盘中的“素材\ch10\技巧\02.jpg”图像。

步骤02 在工具箱中单击【自由钢笔工具】，然后在【自由钢笔攻击】属性栏中选中【磁性的】复选框。将鼠标移到图像窗口中，沿着企鹅的边沿单击并拖动，即可沿图像边缘产生路径。

步骤03 这时在图像中单击鼠标右键，从弹出的快捷菜单中选择【建立选区】菜单命令。

步骤 04 弹出【建立选区】对话框，在其中根据需要设置选区的羽化半径。

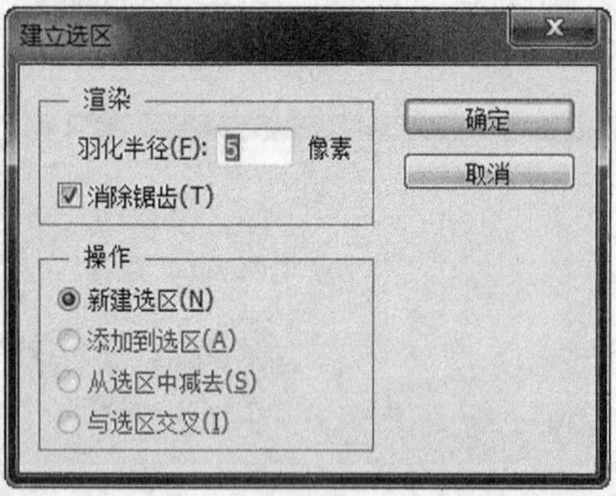

步骤 05 单击【确定】按钮，即可将建立一个新的选区。这样，图中的企鹅就选择好了。

第11章

创建文字及效果

学习目标

文字是平面设计的重要组成部分，它不仅可以传达信息，还能起到美化版面、强化主题的作用。Photoshop提供了多个用于创建文字的工具，文字的编辑和修改方法也非常灵活。

学习效果

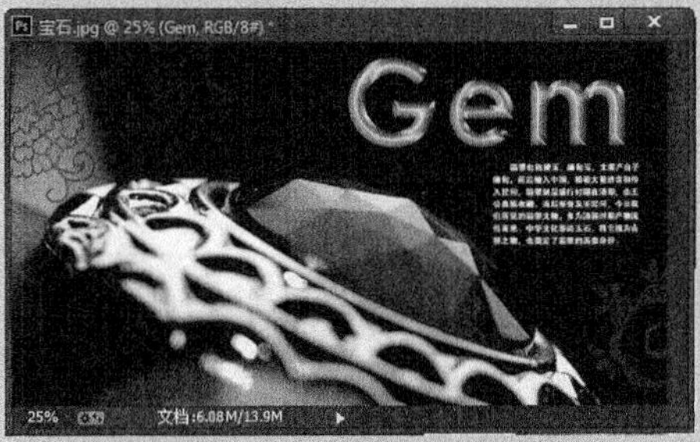

11.1 创建文字和文字选区

本节教学录像时间：9 分钟

文字是人们传达信息的主要方式，文字在设计工作中显得尤为重要。字的不同大小、颜色及字体传达给人的信息也不相同，所以用户应该熟练地掌握文字的输入与设定。

11.1.1 输入文字

输入文字的工具有【横排文字工具】、【直排文字工具】、【横排文字蒙版工具】和【直排文字蒙版工具】4种，后两种工具主要用来建立文字选区。

利用文字输入工具可以输入两种类型的文字：点文本和段落文本。

(1) 点文本用在较少文字的场合，例如标题、产品和书籍的名称等。选择文字工具然后在画布中单击输入文字即可。它不会自动换行。

(2) 段落文本主要用于报纸杂志、产品说明和企业宣传册等。选择文字工具，然后在画布中单击并拖曳鼠标生成文本框，在其中输入文字即可。它会自动换行形成一段文字。

下面来讲解输入文字的方法。

步骤 01 打开随书光盘中的"素材\ch11\01.jpg"文件。

步骤 02 选择【文字工具】，在文档中单击鼠标，输入标题文字。

步骤 03 选择【文字工具】，在文档中单击鼠标并向右下角拖动出一个界定框，此时画面中会呈现闪烁的光标，在界定框内输入文本。

小提示

当创建文字时，在【图层】面板中会添加一个新的文字图层，在 Photoshop 中，还可以创建文字形状的选框。但在 Photoshop 中，因为【多通道】、【位图】或【索引颜色】模式不支持图层，所以不会为这些模式中的图像创建文字图层。在这些图像模式中，文字显示在背景上。

11.1.2 设置文字属性

在Photoshop 中，通过文字工具的属性栏可以设置文字的方向、大小、颜色和对齐方式等。

1. 调整文字

步骤01 打开上述输入的文字文档，选择标题文字，在工具属性栏中设置字体为【方正黄草简体】，大小为【72点】，颜色为白色。

步骤02 选择文本框内的文字，在工具属性栏中设置字体为【方正楷体简体】，大小为【20点】，颜色为白色。

2.【文字工具】的参数设置

⑴【切换文本取向】按钮：单击此按钮可以在横排文字和竖排文字之间进行切换。

⑵【字体】设置框：设置字体类型。

⑶【字号】设置框：设置文字大小。

⑷【消除锯齿】设置框：消除锯齿的方法包括【无】、【锐利】、【犀利】、【浑厚】和【平滑】等，通常设定为【平滑】。

⑸【段落格式】设置区：包括【左对齐】按钮、【居中对齐】按钮和【右对齐】按钮。

⑹【文本颜色】设置项：单击可以弹出【拾色器（前景色）】对话框，在对话框中可以设定文本颜色。

⑺【创建文字变形】按钮：设置文字的变形方式。

⑻【切换字符和段落面板】按钮：单击该按钮可打开【字符】和【段落】面板。

⑼：取消当前的所有编辑。

⑽：提交当前的所有编辑。

小提示

在对文字大小进行设定时，可以先通过文字工具拖曳选择文字，然后使用快捷键对文字大小进行更改。

更改文字大小的快捷键：

【Ctrl+Shift+>】组合键增大字号。

【Ctrl+Shift+<】组合键减小字号。

更改文字间距的快捷键：

【Alt+←】组合键可以减小字符的间距。

【Alt+→】组合键可以增大字符的间距。

更改文字行间距的快捷键：

【Alt+↑】组合键可以减小行间距。

【Alt+↓】组合键可以增大行间距。

文字输入完毕，可以使用【Ctrl + Enter】组合键提交文字输入。

小提示

当创建文字时，在【图层】面板中会添加一个新的文字图层，在Photoshop 中，还可以创建文字形状的选框。

11.1.3 设置段落属性

创建段落文字后，可以根据需要调整界定框的大小，文字会自动在调整后的界定框中重新排列，通过界定框还可以旋转、缩放和斜切文字。下面讲解设置段落属性的方法。

步骤 01 打开随书光盘中的“素材\ch11\02.psd”文档。

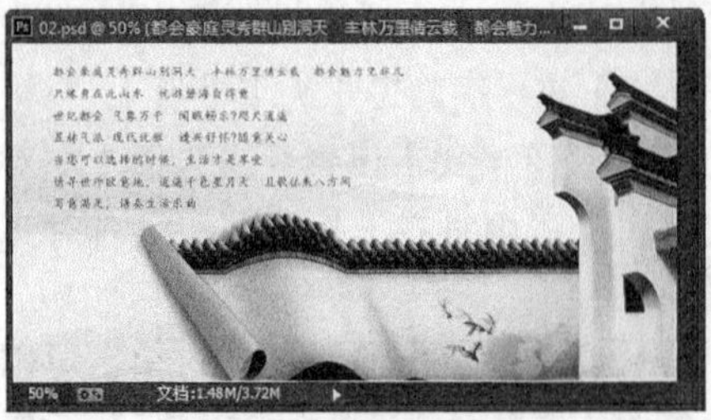

步骤 02 选择文字后，在属性栏中单击【切换字符和段落面板】按钮，弹出【字符】面板，切换到【段落】面板。

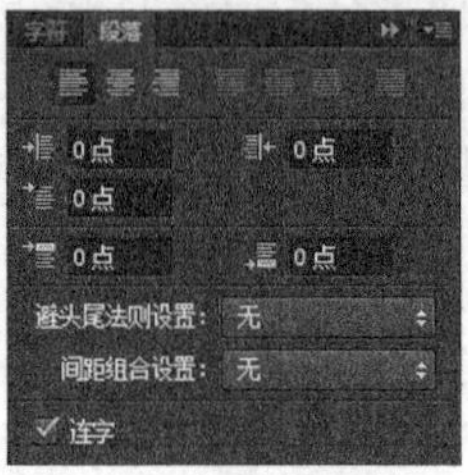

步骤 03 在【段落】面板上单击【最后一行左对齐】按钮，将文本对齐。

步骤 04 最终效果如下图所示。

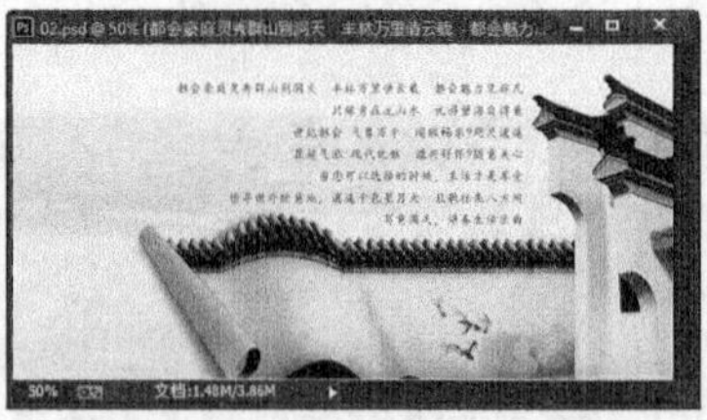

小提示

要在调整界定框大小时缩放文字，应在拖曳鼠标的同时按住【Ctrl】键。

若要旋转界定框，可将指针定位在界定框外，此时指针会变为弯曲的双向箭头形状。

按住【Shift】键并拖曳可将旋转限制为按15°进行。若要更改旋转中心，按住【Ctrl】键并将中心点拖曳到新位置即可，中心点可以在界定框的外面。

11.2 转换文字形状

本节教学录像时间：1 分钟

Photoshop 中的点文字和段落文字是可以相互转换的。输入点文字时，文字不会自动换行，一般用于输入少量文本。段落文本会根据框架的大小、长宽自动换行，适用于编辑大量的文本。

如果是点文字，可选择【类型】➤【文字】➤【转化为段落文字】菜单命令，将其转化为段落文字后各文本行彼此独立排行，每个文字行的末尾（最后一行除外）都会添加一个回车字符；如果是段落文字，可选择【类型】➤【文字】➤【转化为点文本】菜单命令，将其转化为点文字。

11.3 通过面板设置文字格式

本节教学录像时间：3 分钟

格式化字符是指设置字符的属性，包括字体、大小、颜色和行距等。输入文字前可以在工具属性栏中设置文字属性，也可以在输入文字后在【字符】面板中为选择的文本或者字符重新设置这些属性。

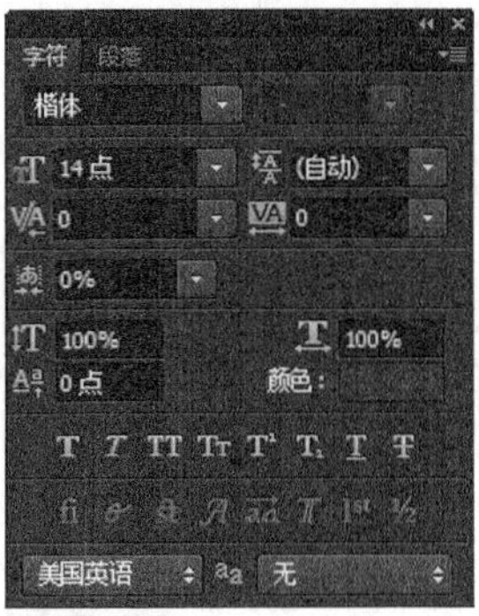

1. 设置字体

单击按钮，在打开的下拉列表中可以为文字选择字体。

2. 设置文字大小

单击字体大小选项右侧的按钮，在打开的下拉列表中可以为文字选择字号。也可以在数值栏中直接输入数值。

3. 设置文字颜色

单击【颜色】选项中的色块，可以在打开的【拾色器】对话框中设置字体颜色。

4. 行距

设置文本中各个文字之间的垂直距离。

5. 字距微调

用来调整两个字符的间距。

6. 字距调整

用来设置文本中所有的字符。

7. 水平缩放与垂直缩放

用来调整字符的宽度和高度。

8. 基线偏移

用来控制文字与基线的距离。

11.4 栅格化文字

本节教学录像时间：2 分钟

文字图层是一种特殊的图层，要想对文字进行进一步的处理，可以对文字进行栅格化处理，即将文字转换成一般的图像再进行处理。

下面来讲解文字栅格化处理的方法。

步骤 01 用【移动工具】选择文字图层。

步骤 02 选择【图层】➤【栅格化】➤【文字】菜单命令，栅格化后的效果如图所示。

11.5 创建变形文字

本节教学录像时间：6 分钟

为了增强文字的效果，可以创建变形文本。

1. 创建变形文字

步骤 01 打开随书光盘中的“素材\ch11\03.jpg”文档。

步骤 02 在需要输入文字的位置输入文字，然后选择文字。

步骤 03 在属性栏中单击【创建变形文本】按钮，在弹出的【变形文字】对话框中的【样式】下拉列表中选择【拱形】选项，并设置其他参数。

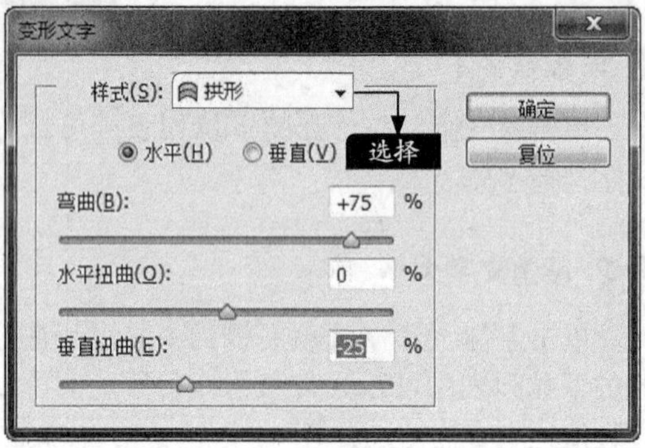

步骤 04 单击【确定】按钮，调整文字颜色为绿色，最终效果如图所示。

2. 【变形文字】对话框的参数设置

(1)【样式】下拉列表：用于选择哪种风格的变形。单击右侧的下三角可弹出样式风格菜单。

(2)【水平】单选项和【垂直】单选项：用于选择弯曲的方向。

(3)【弯曲】、【水平扭曲】和【垂直扭曲】设置项：用于控制弯曲的程度，输入适当的数值或者拖曳滑块均可。

11.6 创建路径文字

本节教学录像时间：5 分钟

路径文字可以使用沿着用钢笔工具或形状工具创建的工作路径的边缘排列的文字。路径文字可以分为绕路径文字和区域文字两种。

绕路径文字是文字沿路径放置，可以通过对路径的修改来调整文字组成的图形效果。

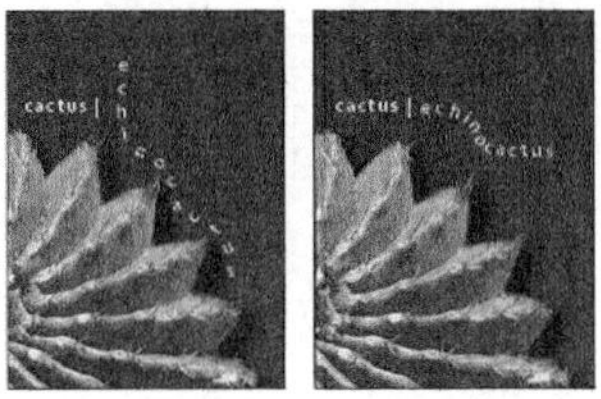
cactus
cactus

区域文字是文字放置在封闭路径内部，形成和路径相同的文字块，然后通过调整路径的形状来调整文字块的形状。

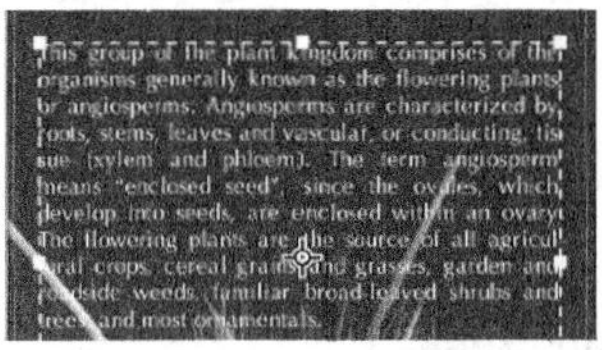
This group of the plant kingdom comprises of the
organisms generally known as the flowering plants
or angiosperms. Angiosperms are characterized by
roots, stems, leaves and vascular or conducting tis
sue (xylem and phloem). The term angiosperm
means "enclosed seed", since the
develop into seeds, are enclosed
The flowering plants are
cereal
weeds, familiar broad
and most

下面创建绕路径文字效果。

步骤 01 打开随书光盘中的“素材\ch11\04.jpg”图像。

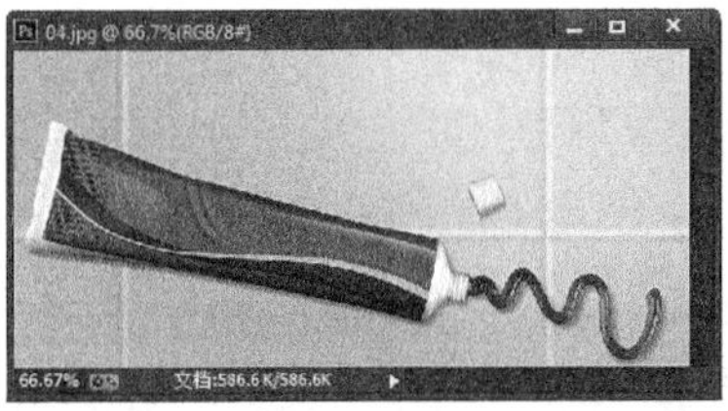
04.jpg @ 66.7%(RGB/8#)
66.67%
文档:586.6K/586.6K

步骤 02 选择【钢笔工具】，在工具属性栏中单击【路径】按钮，然后绘制希望文本遵循的路径。

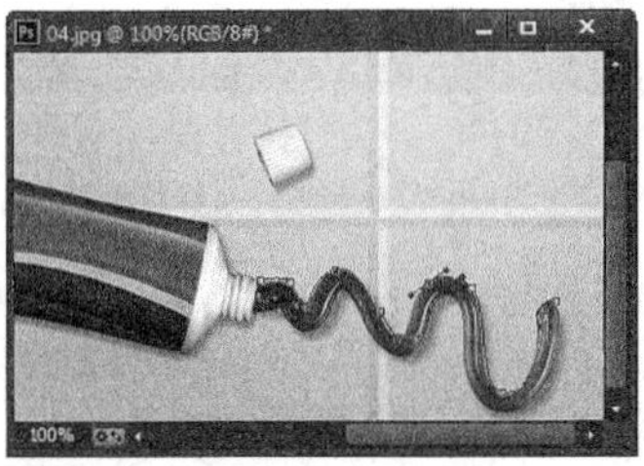
04.jpg @ 100%(RGB/8#)
100%

步骤 03 选择【文字工具】T，将光标移至路径上，当光标变为形状时在路径上单击，然后输入文字即可。

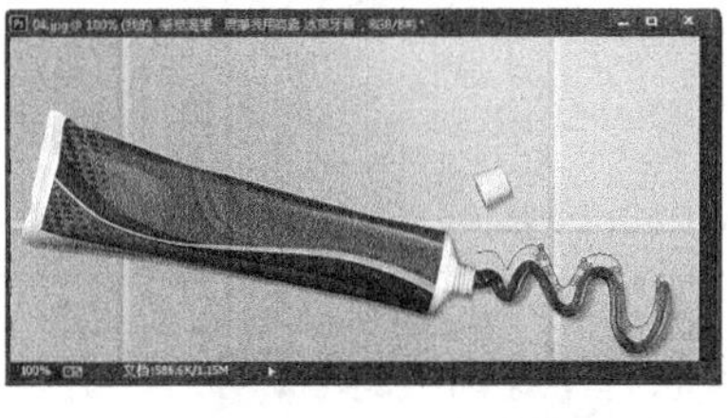

步骤 04 选择【直接选择工具】，当光标变为形状时沿路径拖曳即可。

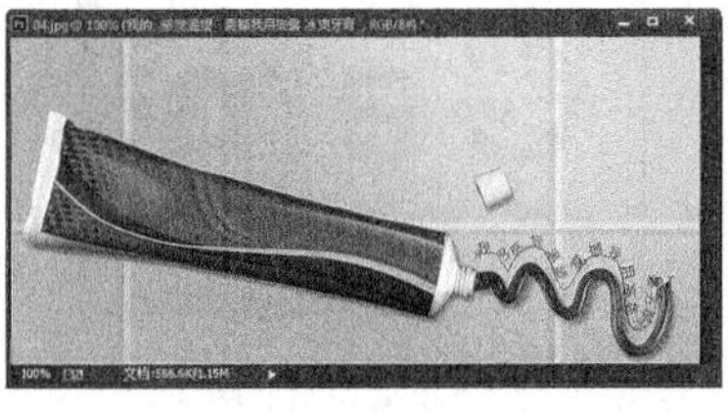

11.7 综合实战——翡翠文字

本节教学录像时间：9 分钟

本实例主要制作具有翡翠质感的特效文字，充分利用图层样式的各种设置制作出翡翠晶莹剔透的感觉。

第1步：制作文字效果

步骤 01 选择【文件】➤【新建】命令来新建一个名称为“翡翠文字”，大小为80mm × 50mm，分辨率为350像素，颜色模式为CMYK的文件。

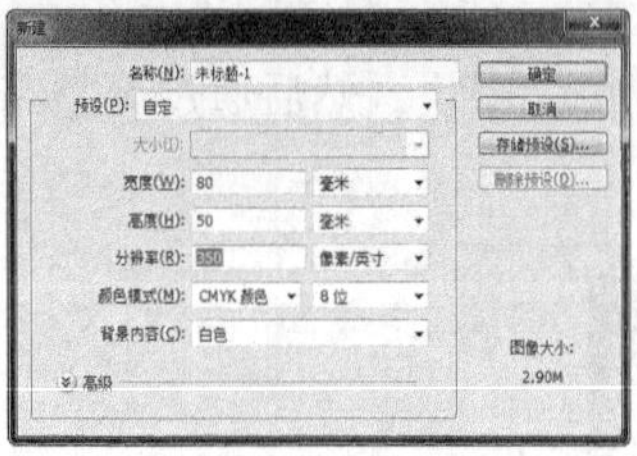

步骤 02 选择【文字工具】 T，在【字符】面板中设置各项参数，颜色设置为黑色。然后在图像窗口中输入“Gem”。

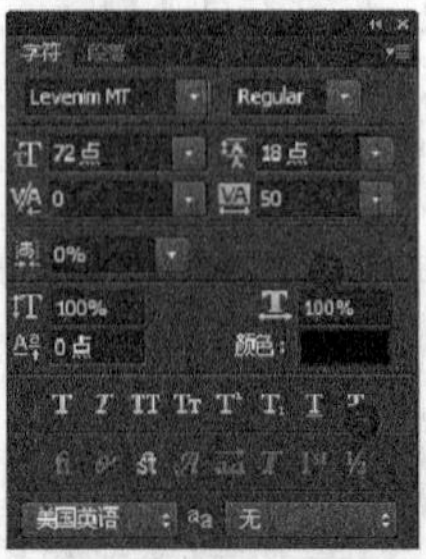

步骤 03 选择【移动工具】，按键盘中的方向键来适当调整文字的位置。

步骤 04 选择【文件】➤【打开】命令，打开随书光盘中“光盘\素材\ch11\翡翠.gif”文件。

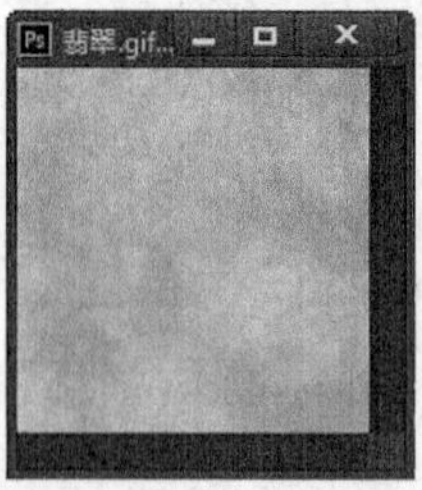

步骤 05 选择【编辑】➤【定义图案】命令，并在弹出的对话框中保持默认设置，单击【确定】按钮。

第2步：添加图层效果

步骤 01 返回【翡翠文字】图层，双击“Gem”的蓝色区域，在弹出的【图层样式】对话框中分别勾选【投影】和【内阴影】复选框。然后分别在面板中设置各项参数，其中“内阴影”的颜色为深绿色（C：91、M：50、Y：66、K：47），效果如图所示。

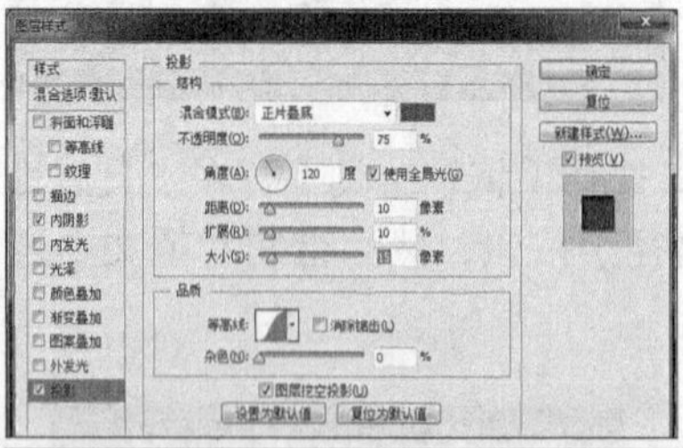

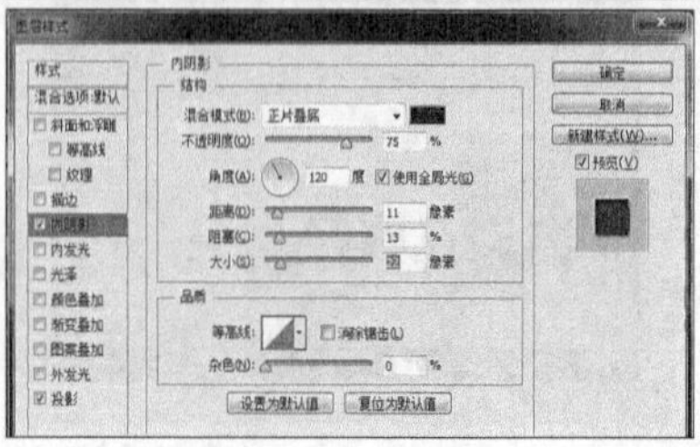

步骤02 勾选【内发光】和【斜面和浮雕】，然后分别在面板中设置各项参数，其中“内发光”为绿色（C：89、M：30、Y：100、K：21），“斜面和浮雕”为“高亮”颜色（C：18、M：8、Y：36、K：0），阴影颜色（C：88、M：28、Y：100、K：19）效果如下图所示。

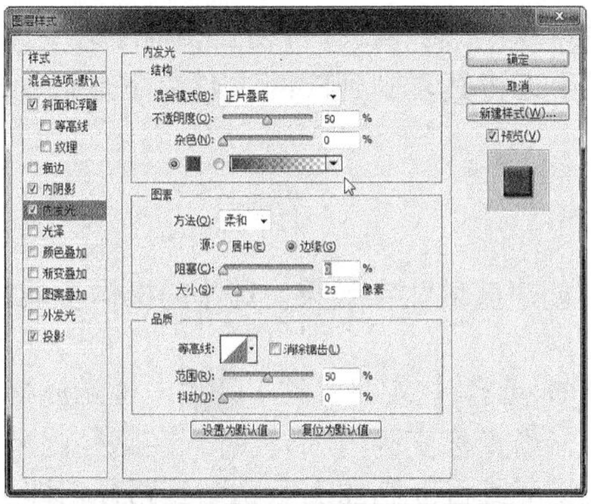

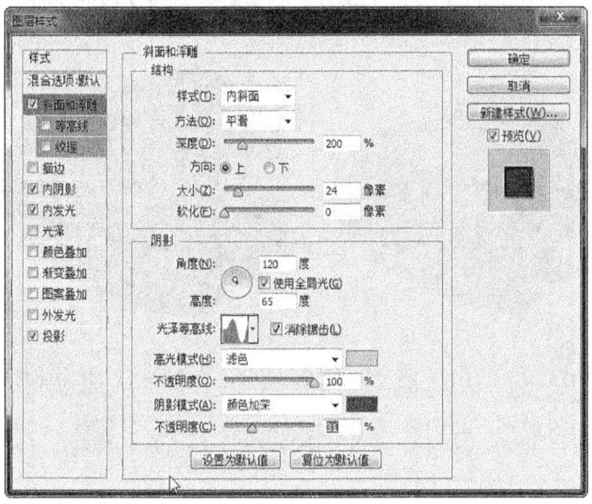

步骤03 勾选【颜色叠加】和【图案叠加】复选框，然后分别在面板中设置各项参数，其中“颜色叠加”的颜色为灰色（C：62、M：10、Y：94、K：1），“图案叠加”的图案选择自定义的“翡翠”效果如下图所示。

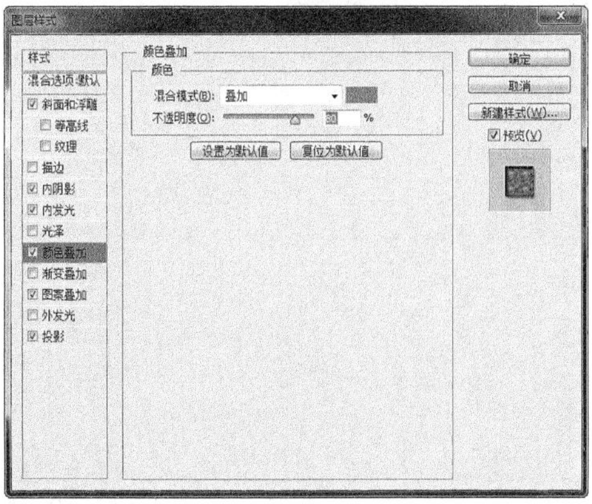

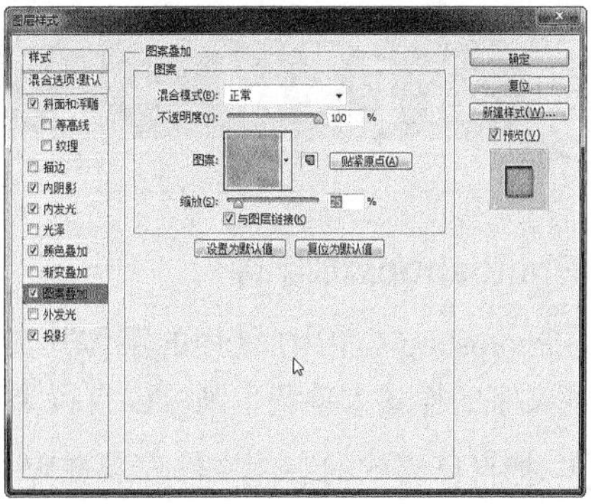

步骤04 完成上面的图层样式操作后，效果如图所示。

第3步：添加背景

步骤01 选择【文件】➤【打开】命令，打开随书光盘中“光盘\素材\ch11\宝石jpg”文件。

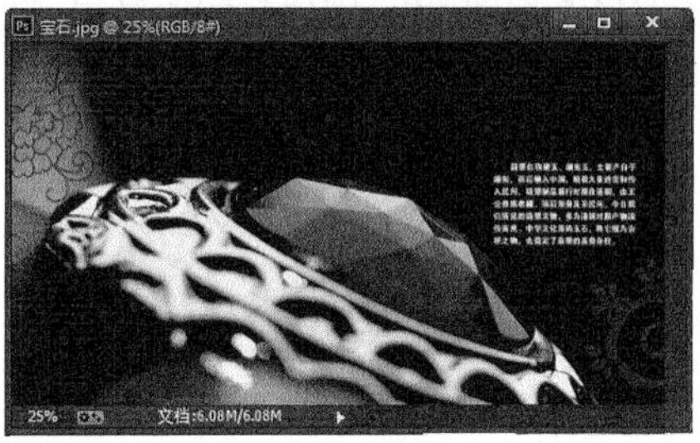

步骤02 使用【移动工具】将上述制作好的“翡翠文字”拖曳到“宝石”文件中，并调整好位置。效果如下图所示。

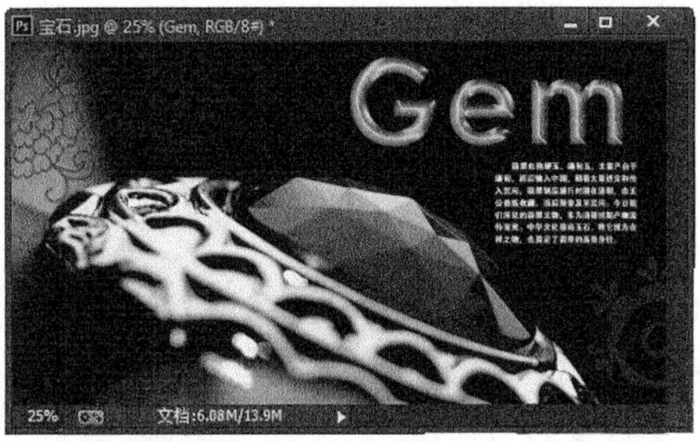

高手支招

本节教学录像时间：4 分钟

为Photoshop添加字体

在Photoshop CC中所使用的字体其实就是调用了Windows系统中的字体，如果感觉Photoshop中字库文字的样式太单调，则可以自行添加。具体的操作步骤如下。

步骤 01 把自己喜欢的字体文件安装在Windows系统的Fonts文件夹下，这样就可以在Photoshop CC中调用这些新安装的字体。

步骤 02 对于某些没有自动安装程序的字体库，可以手工将其复制到Fonts文件夹下进行安装。

用【钢笔工具】和【文字工具】创建区域文字效果

使用Photoshop的【钢笔工具】和【文字工具】可以创建区域文字效果。具体的操作步骤如下。

步骤 01 打开随书光盘中的“素材\ch11\05.jpg”文档。

步骤 02 选择【钢笔工具】，然后在属性栏中单击【路径】按钮，创建封闭路径。

步骤 03 选择【文字工具】，将光标移至路径内，当光标变为形状时，在路径内单击并输入文字或将复制的文字粘贴到路径内即可。

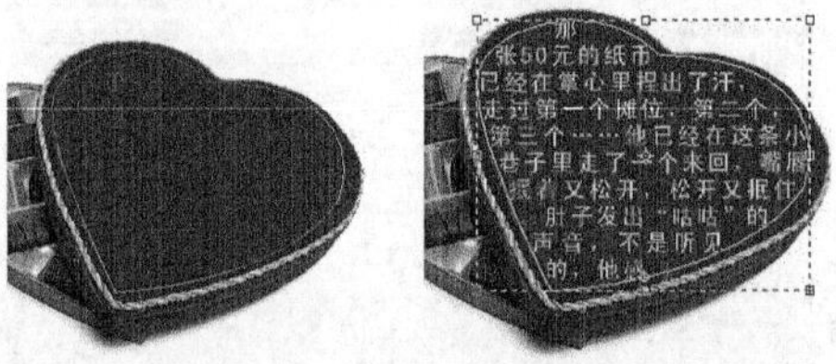

步骤 04 还可以通过调整路径的形状来调整文字块的形状。选择【直接选择工具】，然后对路径进行调整即可。

第12章

图像的高级处理——图层、通道和蒙版

学习目标

图层、通道和蒙版是Photoshop处理图像的基本功能，也是Photoshop中很重要的一部分。本章主要介绍图层的基本操作、管理图层、图层样式、图层混合技术、通道的基本操作及蒙版的应用。

学习效果

12.1 【图层】面板

本节教学录像时间：4 分钟

Photoshop中的所有图层都被保存在【图层】面板中，对图层的各种操作基本上都可以在【图层】面板中完成。使用【图层】面板可以创建、编辑和管理图层以及为图层添加样式，还可以显示当前编辑的图层信息，使用户清楚地掌握当前图层操作的状态。

选择【窗口】➤【图层】菜单命令或按【F7】键可以打开【图层】面板。

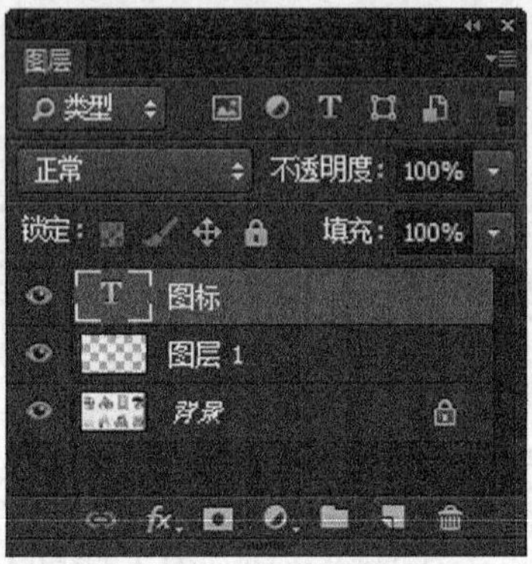

图层混合模式：创建图层中图像的各种特殊效果。

【锁定】工具栏：4个按钮分别是【锁定透明像素】、【锁定图像像素】、【锁定位置】和【锁定全部】。

显示或隐藏：显示或隐藏图层。当图层左侧显示【指示图层可见性】按钮时，表示当前图层在图像窗口中显示，单击【指示图层可见性】按钮，图标消失并隐藏该图层中的图像。

图层缩览图：图层的显示效果预览图。

图层不透明度：设置当前图层的总体不透明度。

图层填充不透明度：设置当前图层的填充百分比。

图层名称：图层的名称。

当前图层：在【图层】面板中蓝色高亮显示的图层为当前图层。

背景图层：在【图层】面板中，位于最下方的图层名称为“背景”二字的图层，即是背景图层。

链接图层：在图层上显示图标时，表示图层与图层之间是链接图层，在编辑图层时可以同时进行编辑。

添加图层样式：单击该按钮，从弹出的菜单中选择相应选项，可以为当前图层添加图层样式效果。

添加图层蒙版：单击该按钮，可以为当前图层添加图层蒙版效果。

创建新的填充或调整图层：单击该按钮，可以创建新的填充图层或调整图层。

创建新组：创建新的图层组。

创建新图层：单击该按钮，可以创建一个新的图层。

删除图层：用于删除当前图层或图层组。

12.2 图层的基本操作

本节教学录像时间：14 分钟

本节主要学习如何选择和确定当前图层、图层上下位置关系的调整、图层的对齐与分布以及图层编组等基本操作。

12.2.1 选择图层

在Photoshop的【图层】面板上深颜色显示的图层为当前图层，大多数操作都是针对当前图层进行的，因此对当前图层的确定十分重要。选择图层的方法如下。

步骤01 打开随书光盘中的“素材\ch12\12.2\招贴设计.psd”文件。

步骤02 在【图层】面板中选择【图层1】图层即可选择“背景图片”所在的图层，此时“背景图片”所在的图层为当前图层。

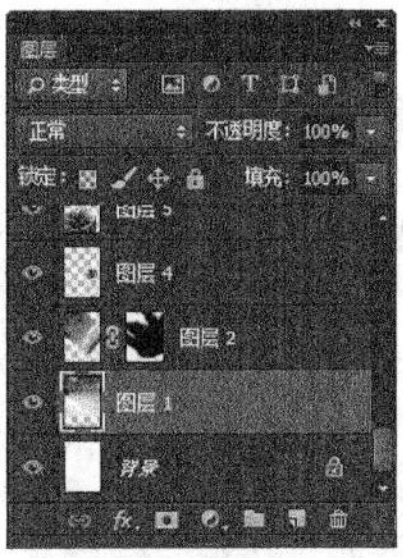

步骤03 还可以直接在图像中的“背景图片”上右击，然后在弹出的菜单中选择【图层1】图层即可选中“背景图片”所在的图层。

12.2.2 调整图层叠加次序

改变图层的排列顺序就是改变图层像素之间的叠加次序，可以通过直接拖曳图层的方法来实现。

1. 调整图层位置

步骤01 打开随书光盘中的“素材\ch12\12.2\01.psd”文件。

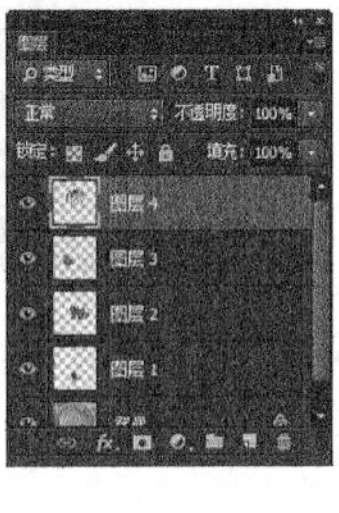

步骤 02 选中“香蕉”所在的【图层4】图层，选择【图层】➤【排列】➤【置为底层】菜单命令。

步骤 03 效果如下图所示。

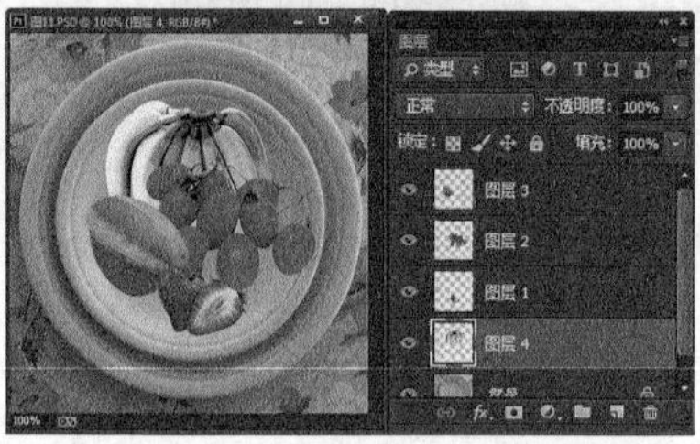

2. 调整图层位置的技巧

Photoshop提供了5种排列方式。

⑴ 置为顶层：将当前图层移动到最上层，快捷键为【Shift+Ctrl+］】。

⑵ 前移一层：将当前图层向上移一层，快捷键为【Ctrl+］】。

⑶后移一层：将当前图层向下移一层，快捷键为【Ctrl+［】。

⑷置为底层：将当前图层移动到最底层，快捷键为【Shift+Ctrl+［】。

⑸ 反向：将选中的图层顺序反转。

12.2.3 合并与拼合图层

合并图层即是将多个有联系的图层合并为一个图层，以便于进行整体操作。首先选择要合并的多个图层，然后选择【图层】➤【合并图层】菜单命令即可。也可以通过快捷键【Ctrl+E】来完成。

1. 合并图层

步骤 01 打开随书光盘中的“素材\ch12\12.2\招贴设计.psd”文件。

步骤 02 在【图层】面板中按住【Ctrl】键的同时单击所有图层，单击【图层】面板右上角的下三角按钮，在弹出的快捷菜单中选择【合并图层】命令。

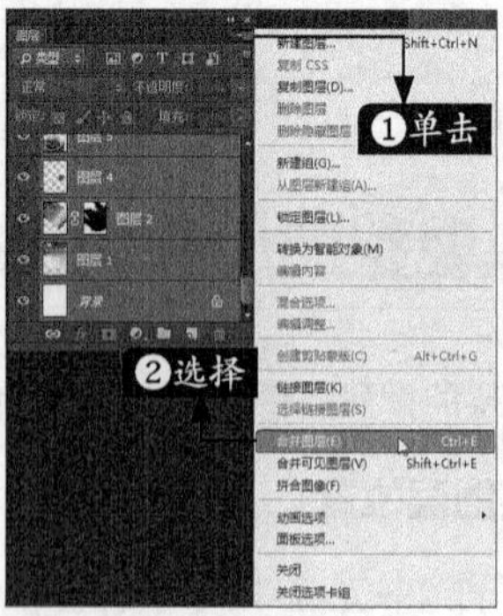

步骤 03 最终效果如图所示。

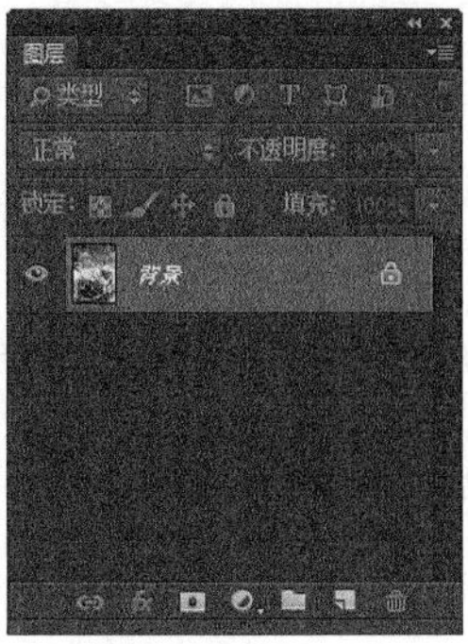

2. 合并图层的操作技巧

Photoshop提供了3种合并的方式。

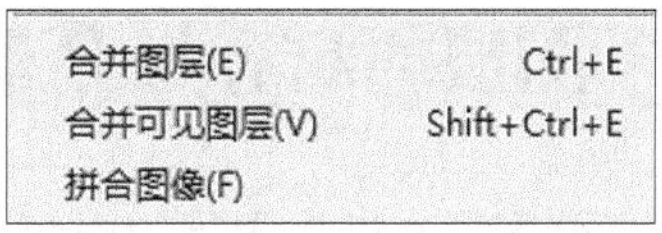

(1)合并图层：在没有选择多个图层的状态下，可以将当前图层与其下面的图层合并为一个图层。也可以通过【Ctrl+E】组合键来完成。

(2) 合并可见图层：将所有的显示图层合并到背景图层中，隐藏图层被保留。也可以通过【Shift+Ctrl+E】组合键来完成。

(3) 拼合图像：可以将图像中的所有可见图层都合并到背景图层中，隐藏图层则被删除。这样可以大大地减小文件。

12.2.4 图层编组

【图层编组】命令用来创建图层组，如果当前选择了多个图层，则可以选择【图层】Ø【图层编组】菜单命令（也可以通过【Ctrl+G】组合键来执行此命令）将选择的图层编为一个图层组。

图层编组的具体操作如下。

步骤 01 打开随书光盘中的“素材\ch12\12.2\招贴设计.psd”文件。

步骤 02 在【图层】面板中按【Ctrl】键的同时单击【图层1】、【图层2】和【图层4】图层，单击【图层】面板右上角的小三角按钮，在弹出的快捷菜单中选择【从图层新建组】菜单命令。

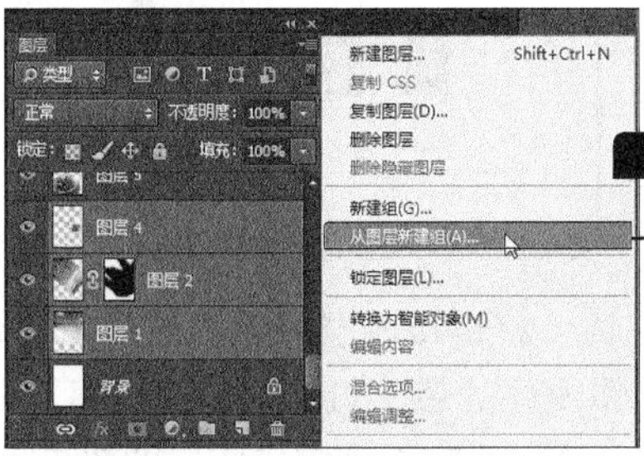

步骤 03 弹出【从图层新建组】对话框，设定名称等参数，然后单击【确定】按钮。

步骤 04 如果当前文件中创建了图层编组，选择【图层】➤【取消图层编组】菜单命令可以取消选择的图层组的编组。

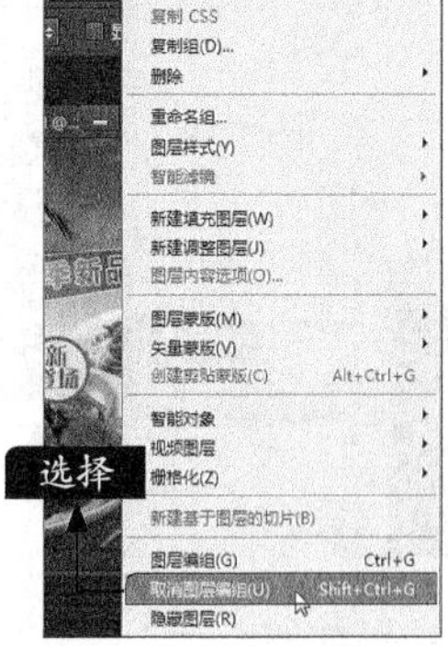

12.2.5 图层的对齐与分布

依据当前图层和链接图层的内容，可以进行图层之间的对齐操作。Photoshop中提供了6种对齐方式。

1. 图层的对齐与分布具体操作

步骤 01 打开随书光盘中的“素材\ch12\12.2\图标.psd”文件。

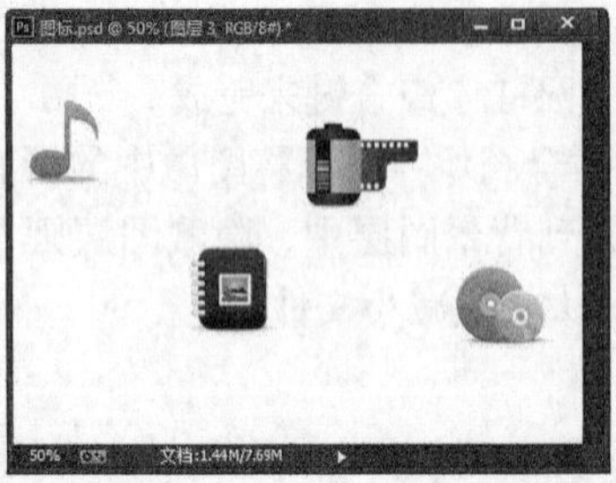

步骤 02 在【图层】面板中按住【Ctrl】键的同时单击【图层2】、【图层3】、【图层4】和【图层5】图层。

步骤 03 选择【图层】➤【对齐】➤【顶边】菜单命令。

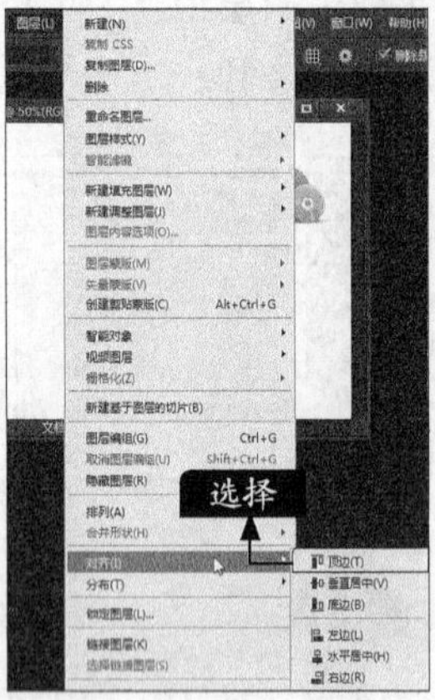

步骤 04 最终效果如图所示。

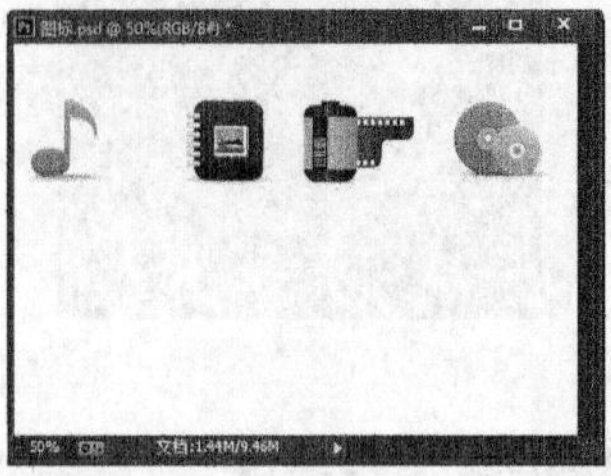

2. 图层对齐的操作技巧

Photoshop提供了6种排列方式。

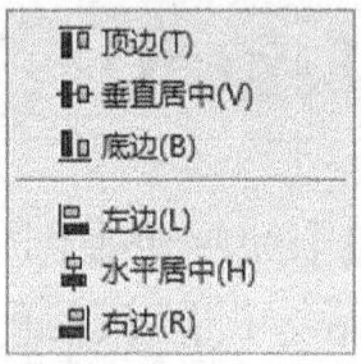

⑴ 顶边：将链接图层顶端的像素对齐到当前工作图层顶端的像素或者选区边框的顶端，以此方式来排列链接图层的效果。

⑵ 垂直居中：将链接图层的垂直中心像素对齐到当前工作图层垂直中心的像素或者选区的垂直中心，以此方式来排列链接图层的效果。

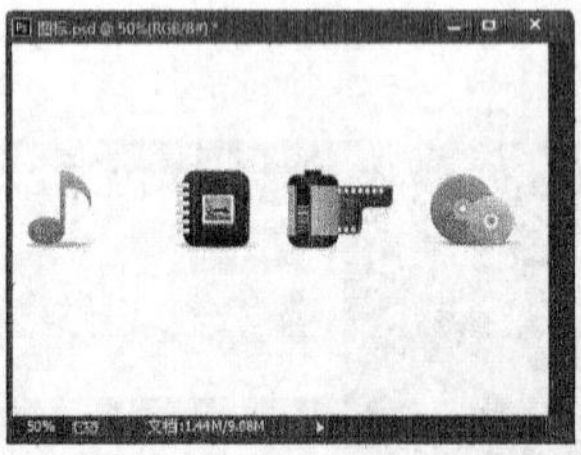

⑶ 底边：将链接图层的最下端的像素对齐到当前工作图层的最下端像素或者选区边框的最下端，以此方式来排列链接图层的效果。

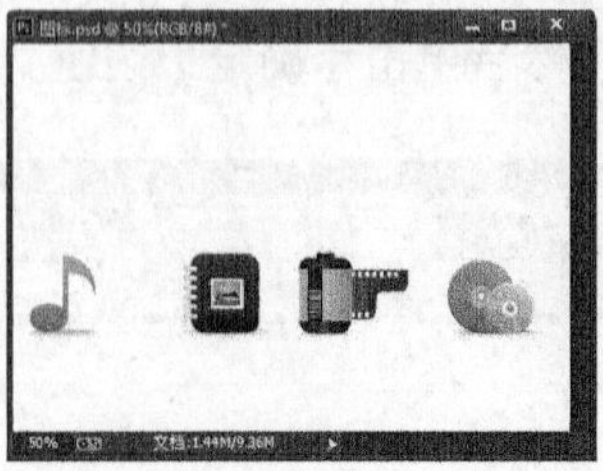

⑷ 左边：将链接图层最左边的像素对齐到当前工作图层最左端的像素或者选区边框的最左端，以此方式来排列链接图层的效果。

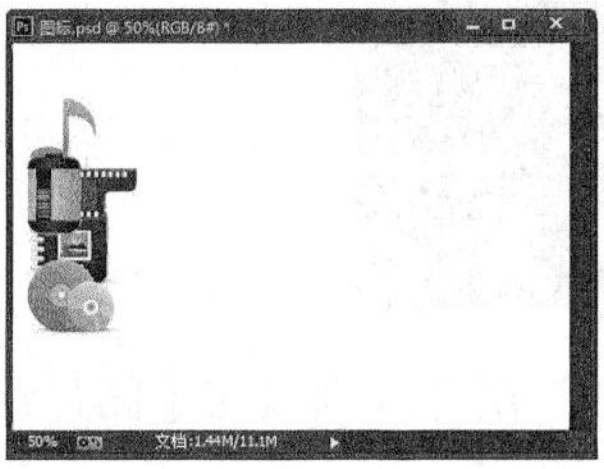

⑸ 水平居中：将链接图层水平中心的像素对齐到当前工作图层水平中心的像素或者选区的水平中心，以此方式来排列链接图层的效果。

⑹ 右边：将链接图层的最右端像素对齐到当前工作图层最右端的像素或者选区边框的最右端，以此方式来排列链接图层的效果。

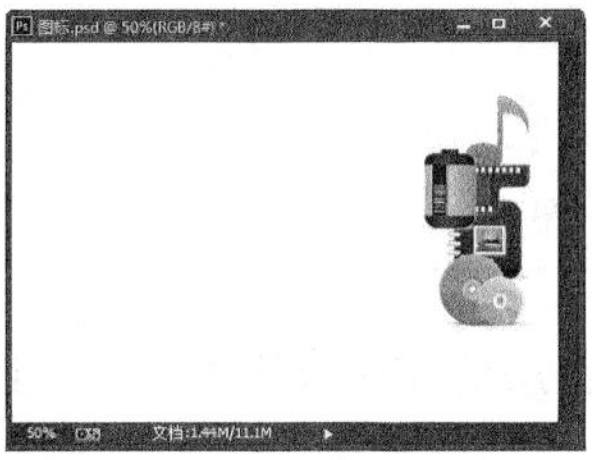

3. 将链接图层之间的间隔均匀地分布

Photoshop提供了6种分布的方式。

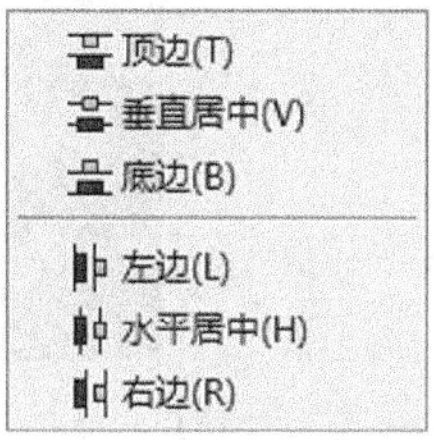

⑴ 顶边：参照最上面和最下面两个图形的顶边，中间的每个图层以像素区域的最顶端为基础，在最上和最下的两个图形之间均匀地分布。

⑵ 垂直居中：参照每个图层垂直中心的像素均匀地分布链接图层。

⑶ 底边：参照每个图层最下端像素的位置均匀地分布链接图层。

⑷ 左边：参照每个图层最左端像素的位置均匀地分布链接图层。

⑸ 水平居中：参照每个图层水平中心像素的位置均匀地分布链接图层。

⑹ 右边：参照每个图层最右端像素的位置均匀地分布链接图层。

小提示

关于对齐、分布命令也可以通过按钮来完成。首先要保证图层处于链接状态，当前工具为移动工具，这时在属性栏中就会出现相应的对齐、分布按钮。

12.3 用图层组管理图层

本节教学录像时间：2 分钟

在【图层】面板中，通常是将统一属性的图像和文字都统一放在不同的图层组中，这样便于查找和编辑。

12.3.1 管理图层

打开随书光盘中的“素材\ch12\12.3\01.psd”图像。

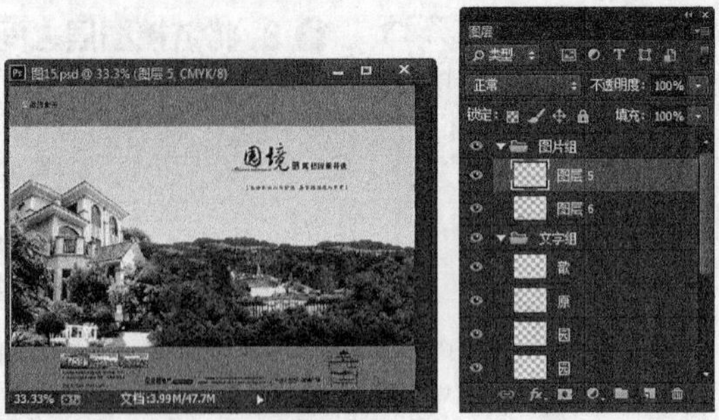

图中文字图层统一放在【文字组】图层组中，而所有的“图片”则放在【图片组】图层组中。

12.3.2 图层组的嵌套

创建图层组后，在图层组内还可以继续创建新的图层组，这种多级结构图层组被称为“图层组的嵌套”。

创建图层组的嵌套可以更好地管理图层。按下【Ctrl】键然后单击【创建新组】按钮可以实现图层组的嵌套。

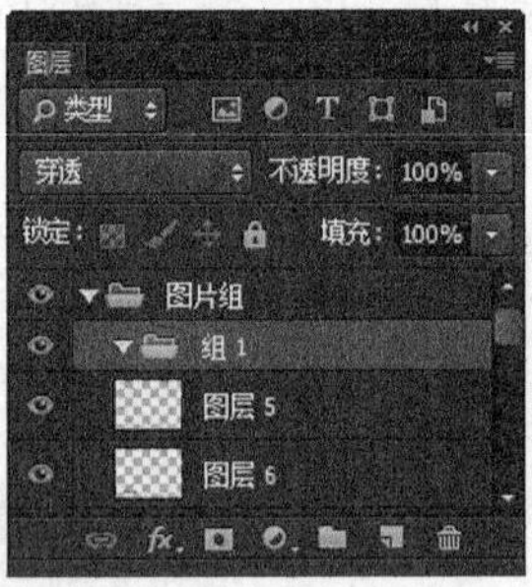

12.3.3 图层组内图层位置的调整

可以通过拖曳实现不同图层组内图层位置的调整，调整图层的前后位置关系后，图像也将会发生变化。

12.4 图层样式

本节教学录像时间：23 分钟

图层样式是多种图层效果的组合，Photoshop提供了多种图像效果，如阴影、发光、浮雕和颜色叠加等。将效果应用于图层的同时，也创建了相应的图层样式，在【图层样式】对话框中可以对创建的图层样式进行修改、保存和删除等编辑操作。

12.4.1 使用图层样式

在Photoshop中对图层样式进行管理是通过【图层样式】对话框来完成的。

1. 使用【图层样式】命令

步骤01 选择【图层】➤【图层样式】菜单命令添加各种样式。

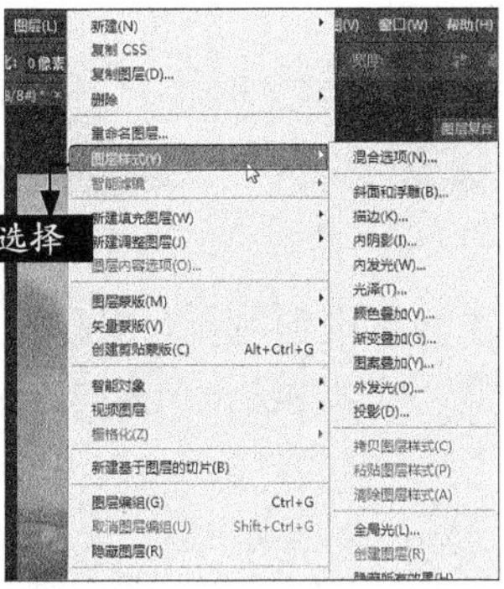

步骤02 单击【图层】面板下方的【添加图层样式】按钮 fx，也可以添加各种样式。

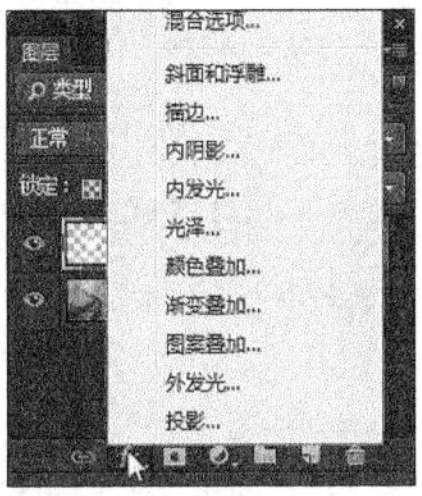

2.【图层样式】对话框参数设置

在【图层样式】对话框中可以对一系列的参数进行设定，实际上图层样式是一个集成的命令群，它是由一系列的效果集合而成的，其中包括很多样式。

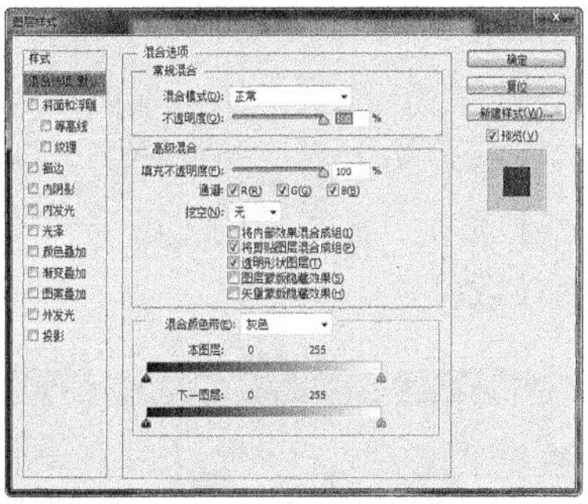

(1)【填充不透明度】设置项：可以输入值或拖曳滑块从而设置图层的不透明度。

(2)【通道】：在3个复选框中，可以选择参加高级混合的R、G、B通道中的任何一个或者多个。3个选项不选择也可以，但是一个选项也不选择的情况下，一般得不到理想的效果。

(3)【挖空】下拉列表：控制投影在半透明图层中的可视性或闭合。应用这个选项可以控制图层色调的深浅，有3个下拉菜单项，它们的效果各不相同。选择【挖空】为【深】，将【填充不透明度】数值设定为0，挖空到背景图层效果。

(4)【将内部效果混合成组】复选框：选中这个复选框可将本次操作作用到图层的内部效果，然后合并到一个组中。这样下次出现在窗口的默认参数即为现在的参数。

(5)【将剪切图层混合成组】复选框：将剪切的图层合并到同一个组中。

(6)【混合颜色带】设置区：将图层与该颜色混和，它有4个选项，分别是灰色、红色、绿色和蓝色。可以根据需要选择适当的颜色，以达到意想不到的效果。

12.4.2 制作投影效果

应用【投影】选项可以在图层内容的背后添加阴影效果。

1. 应用【投影】命令

步骤01 打开随书光盘中的“素材\ch12\12.4\01.psd”文件。

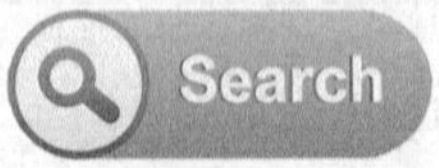

步骤02 选择图层1，单击【添加图层样式】按钮 fx，在弹出的【添加图层样式】菜单中选择【投影】选项。在弹出的【图层样式】对话框中进行参数设置。

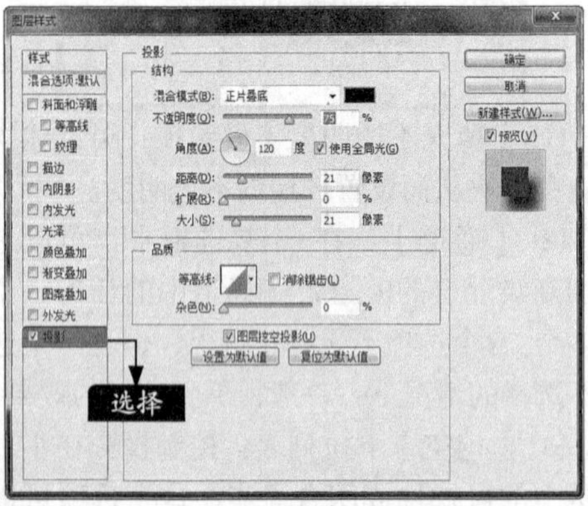

步骤03 单击【确定】按钮，最终效果如下图所示。

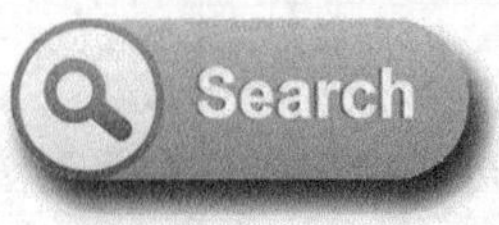

2.【投影】选项的参数设置

⑴【角度】设置项：确定效果应用于图层时所采用的光照角度。

⑵【使用全局光】复选框：选中该复选框，所产生的光源作用于同一个图像中的所有图层；撤选该复选框，产生的光源只作用于当前编辑的图层。

⑶【距离】设置项：控制阴影离图层中图像的距离。

⑷【扩展】设置项：对阴影的宽度做适当细微的调整，可以用测试距离的方法检验。

⑸【大小】设置项：控制阴影的总长度。加上适当的Spread参数会产生一种逐渐从阴影色到透明的效果，就好像将固定量的墨水泼到固定面积的画布上，但不是均匀的，而是从全“黑”到透明的渐变。

⑹【消除锯齿】复选框：选中该复选框，在用固定的选区做一些变化时，可以使变化的效果不至于显得很突然，可使效果过渡变得柔和。

⑺【杂色】设置项：输入数值或拖曳滑块

时，可以改变发光不透明度或暗调不透明度中随机元素的数量。

(8)【等高线】设置项：应用这个选项可以使图像产生立体的效果。单击其下拉菜单按钮会弹出等高线窗口，从中可以根据图像选择适当的模式。

12.4.3 制作内阴影效果

应用【内阴影】选项可以围绕图层内容的边缘添加内阴影效果。使用【内阴影】命令制造投影效果的具体操作如下。

步骤01 打开随书光盘中的"素材\ch12\12.4\02.jpg"文件，双击背景图层转换成普通图层。

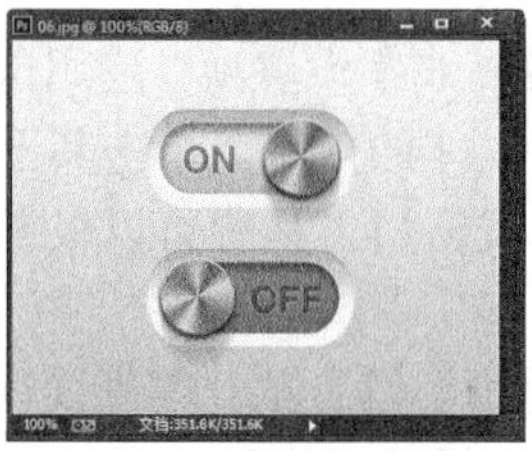

步骤02 单击【添加图层样式】按钮 fx，在弹出的【添加图层样式】菜单中选择【内阴影】选项。在弹出的【图层样式】对话框中进行参数设置。

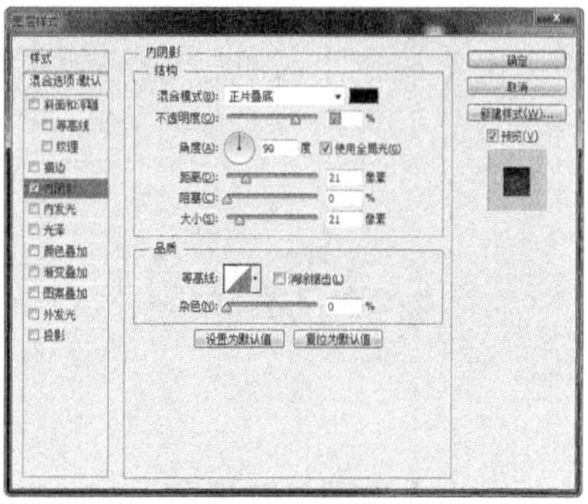

步骤03 单击【确定】按钮后会产生一种立体化的内投影效果。

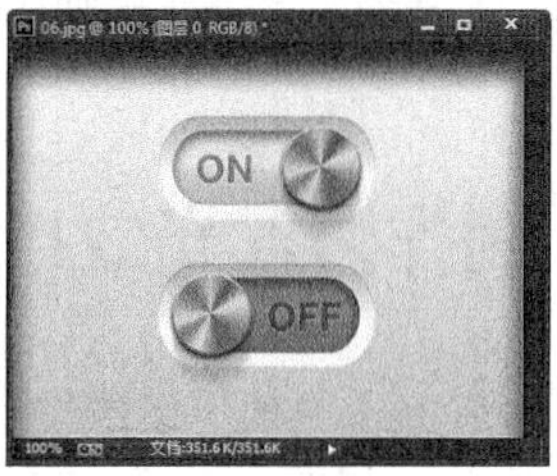

12.4.4 制作文字外发光效果

应用【外发光】选项可以围绕图层内容的边缘创建外部发光效果。本小节介绍使用【外发光】命令制造发光文字。

1. 使用【外发光】命令制造发光文字

步骤01 打开随书光盘中的"素材\ch12\12.4\文字.psd"文件。

步骤02 选择图层1，单击【添加图层样式】按

钮 fx ，在弹出的【添加图层样式】菜单中选择【外发光】选项。在弹出的【图层样式】对话框中进行参数设置。

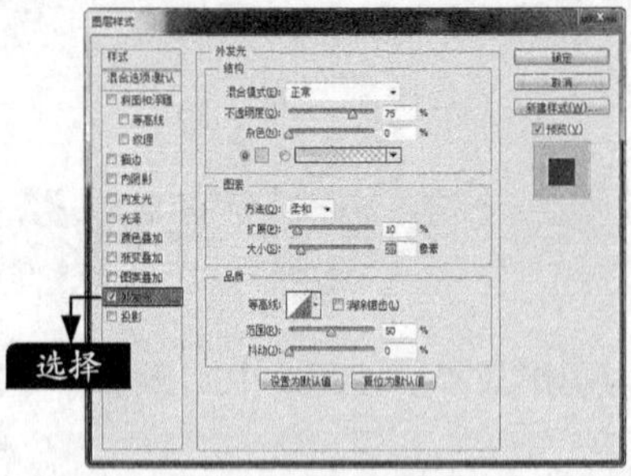

步骤 03 单击【确定】按钮，最终效果如图所示。

2.【外发光】选项参数设置

⑴【方法】下拉列表：即边缘元素的模型，有【柔和】和【精确】两种。柔和的边缘变化比较模糊，而精确的边缘变化则比较清晰。

⑵【扩展】设置项：即边缘向外边扩展。与前面介绍的【阴影】选项中的【扩展】设置项的用法类似。

⑶【大小】设置项：用以控制阴影面积的大小，变化范围是0～250像素。

⑷【等高线】设置项：应用这个选项可以使图像产生立体的效果。单击其下拉菜单按钮会弹出等高线窗口，从中可以根据图像选择适当的模式。

⑸【范围】设置项：等高线运用的范围，其数值越大效果越不明显。

⑹【抖动】设置项：控制光的渐变，数值越大图层阴影的效果越不清楚，且会变成有杂色的效果。数值越小就会越接近清楚的阴影效果。

12.4.5 制作内发光效果

应用【内发光】选项可以围绕图层内容的边缘创建内部发光效果。

【内发光】选项设置和【外发光】几乎一样。只是【外发光】选项卡中的【扩展】设置项变成了【内发光】中的【阻塞】设置项。外发光得到的阴影是在图层的边缘，在图层之间看不到效果的影响；而内发光得到的效果只在图层内部，即得到的阴影只出现在图层的不透明的区域。

使用【内发光】命令制造发光文字效果的具体步骤如下。

步骤 01 打开随书光盘中的“素材\ch12\12.4\心.psd”文件。

步骤 02 选择图层1，单击【添加图层样式】按钮 fx ，在弹出的【添加图层样式】菜单项中选择【内发光】选项。在弹出的【图层样式】对话框中进行参数设置。

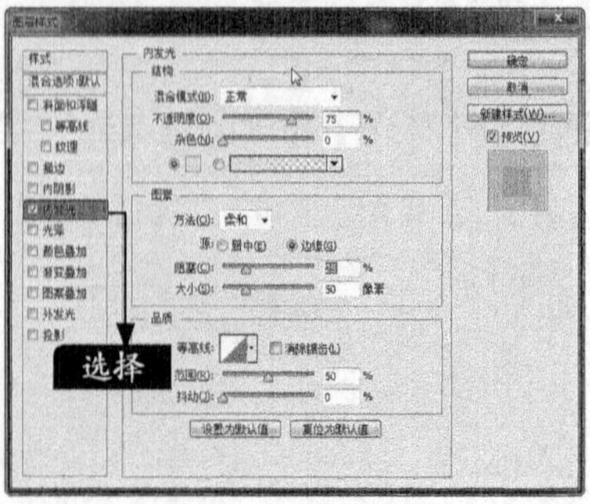

步骤03 单击【确定】按钮，最终效果如下图所示。

小提示

【内发光】选项参数设置与【外发光】选项参数设置相似，此处不再赘述。

12.4.6 创建立体图标

应用【斜面和浮雕】选项可以为图层内容添加暗调和高光效果，使图层内容呈现凸起的立体效果。

1. 使用【斜面和浮雕】命令创建立体文字

步骤01 打开随书光盘中的“素材\ch12\12.4\图标01.psd”文件。

步骤02 选择图层1单击【添加图层样式】按钮 fx，在弹出的【添加图层样式】菜单项中选择【斜面和浮雕】选项。在弹出的【图层样式】对话框中进行参数设置。

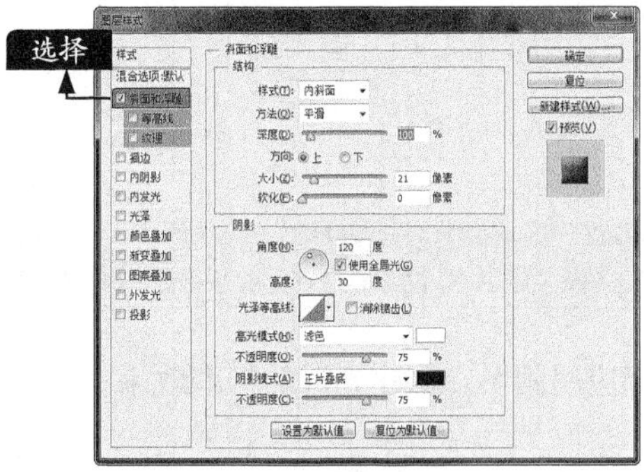

步骤03 最终形成的立体文字效果如下图所示。

2. 【斜面和浮雕】选项参数设置

(1)【样式】下拉列表：在此下拉列表中共有5种模式，分别是内斜面、外斜面、浮雕效果、枕状浮雕和描边浮雕。

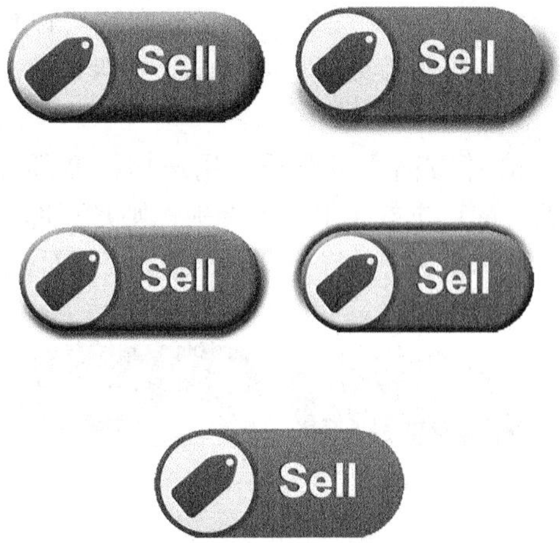

(2)【方法】下拉列表：在此下拉列表中有3个选项，分别是平滑、雕刻清晰和雕刻柔和。

平滑：选择该选项可以得到边缘过渡比较柔和的图层效果，也就是它得到的阴影边缘变化不尖锐。

雕刻清晰：选择该选项可以得到边缘变化明显的效果，与【平滑】选项相比，它产生的效果立体感特别强。

雕刻柔和：与【雕刻清晰】选项类似，但是它的边缘的色彩变化要稍微柔和一点。

(3)【深度】设置项：控制效果的颜色深度，数值越大得到的阴影越深，数值越小得到的阴影颜色越浅。

(4)【大小】设置项：控制阴影面积的大小，拖动滑块或者直接更改右侧文本框中的数值可以得到合适的效果图。

(5)【软化】设置项：拖动滑块可以调节阴影的边缘过渡效果，数值越大边缘过渡越柔和。

(6)【方向】设置项：用来切换亮部和阴影的方向。选择【上】单选项，则是亮部在上面；选择【下】单选项，则是亮部在下面。

(7)【角度】设置项：控制灯光在圆中的角度。圆中的【+】符号可以用鼠标移动。

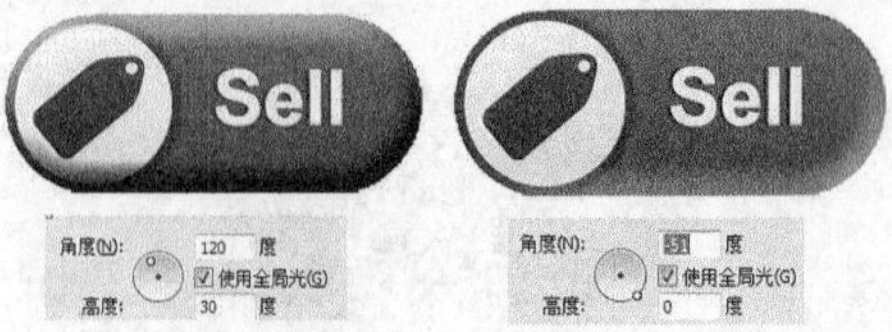

(8)【使用全局光】复选框：决定应用于图层效果的光照角度。可以定义一个全角，应用到图像中所有的图层效果；也可以指定局部角度，仅应用于指定的图层效果。使用全角可以制造出一种连续光源照在图像上的效果。

(9)【高度】设置项：是指光源与水平面的夹角。

(10)【光泽等高线】设置项：这个选项的编辑和使用的方法和前面提到的等高线的编辑方法是一样的。

(11)【消除锯齿】复选框：选中该复选框，在使用固定的选区做一些变化时，变化的效果不至于显得很突然，可使效果过渡变得柔和。

(12)【高光模式】下拉列表：相当于在图层的上方有一个带色光源，光源的颜色可以通过右侧的颜色块来调整，它会使图层达到许多种不同的效果。

(13)【阴影模式】下拉列表：可以调整阴影的颜色和模式。通过右侧的颜色块可以改变阴影的颜色，在下拉列表中可以选择阴影的模式。

12.4.7 为文字添加光泽度

应用【光泽】选项可以根据图层内容的形状在内部应用阴影，创建光滑的打磨效果。

1. 为文字添加光泽效果

步骤 01 打开随书光盘中的“素材\ch12\12.4\文字01.psd”文件。

步骤02 选择图层1，单击【添加图层样式】按钮，在弹出的【添加图层样式】菜单中选择【光泽】选项。在弹出的【图层样式】对话框中进行参数设置。

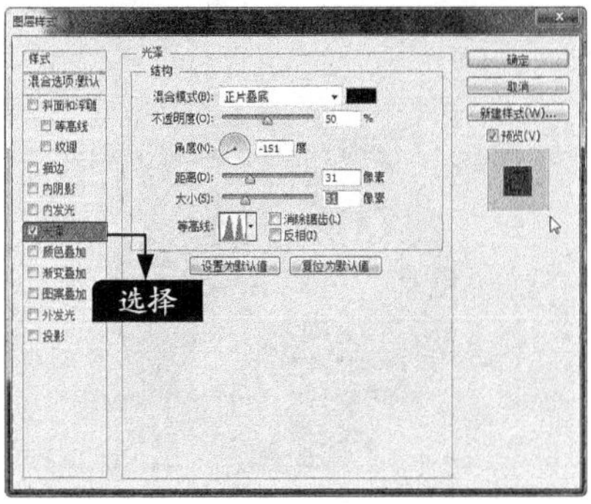

步骤03 单击【确定】按钮，形成的光泽效果如下。

2.【光泽】选项参数设置

⑴【混合模式】下拉列表：它以图像和黑色为编辑对象，其模式与图层的混合模式一样，只是在这里Photoshop将黑色当作一个图层来处理。

⑵【不透明度】设置项：调整混合模式中颜色图层的不透明度。

⑶【角度】设置项：即光照射的角度，它控制着阴影所在的方向。

⑷【距离】设置项：数值越小，图像上被效果覆盖的区域越大。其值控制着阴影的距离。

⑸【大小】设置项：控制实施效果的范围，范围越大效果作用的区域越大。

⑹【等高线】设置项：应用这个选项可以使图像产生立体的效果。单击其下拉菜单按钮会弹出等高线窗口，从中可以根据图像选择适当的模式。

12.4.8 为图层内容套印颜色

应用【颜色叠加】选项可以为图层内容套印颜色。

步骤01 打开随书光盘中的“素材\ch12\12.4\03.jpg”文件。

步骤02 将背景图层转化为普通图层。然后单击【添加图层样式】按钮，在弹出的【添加图层样式】菜单中选择【颜色叠加】选项。在弹出的【图层样式】对话框中为图像叠加橘红色（C：0，M：50，Y：100，K：0），并设置其他参数。

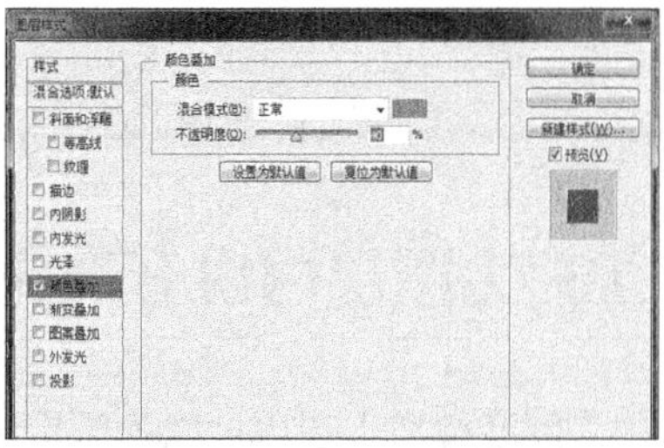

步骤03 单击【确定】按钮，最终效果如下图所示。

12.4.9 实现图层内容套印渐变效果

应用【渐变叠加】选项可以为图层内容套印渐变效果。

1. 为图像添加渐变叠加效果

步骤01 打开随书光盘中的“素材\ch12\12.4\图标02.psd”文件。

步骤02 选择图层1，然后单击【添加图层样式】按钮，在弹出的【添加图层样式】菜单中选择【渐变叠加】选项。在弹出的【图层样式】对话框中为图像添加渐变效果，并设置其他参数。

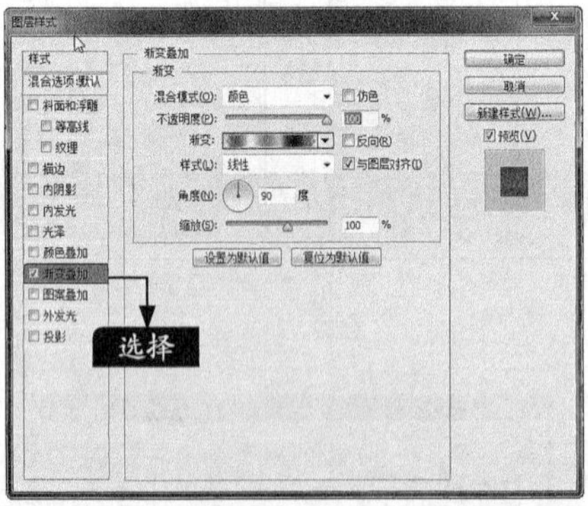

步骤03 单击【确定】按钮，最终效果如下图所示。

2.【渐变叠加】选项参数设置

(1)【混合模式】下拉列表：此下拉列表中的选项与【图层】面板中的混合模式类似。

(2)【不透明度】设置项：设定透明的程度。

(3)【渐变】设置项：使用这项功能可以对图像做一些渐变设置，【反向】复选框表示将渐变的方向反转。

(4)【角度】设置项：利用该选项可以对图像产生的效果做一些角度变化。

(5)【缩放】设置项：控制效果影响的范围，通过它可以调整产生效果的区域大小。

12.4.10 为图层内容套印图案混合效果

应用【图案叠加】选项可以为图层内容套印图案混合效果。在原来的图像上加上一个图层图案的效果，根据图案颜色的深浅在图像上表现为雕刻效果的深浅。使用中要注意调整图案的不透明度，否则得到的图像可能只是一个放大的图案。为图像叠加图案的具体操作步骤如下。

步骤01 打开随书光盘中的“素材\ch12\12.4\图标03.psd”文件。

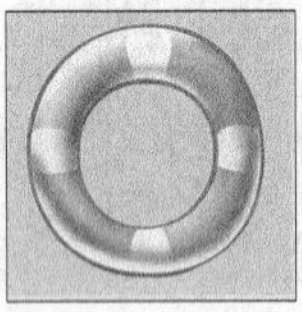

步骤02 选择图层1，然后单击【添加图层样式】按钮，在弹出的【添加图层样式】菜单中选择【图案叠加】选项。在弹出的【图层样式】对话框中为图像添加图案，并设置其他参数。

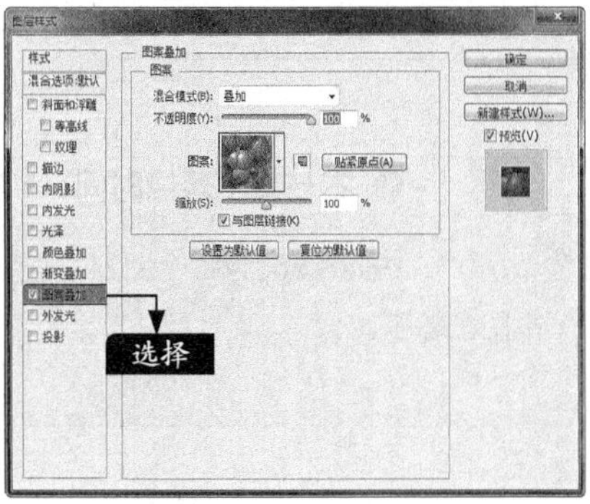

步骤03 单击【确定】按钮，最终效果如图所示。

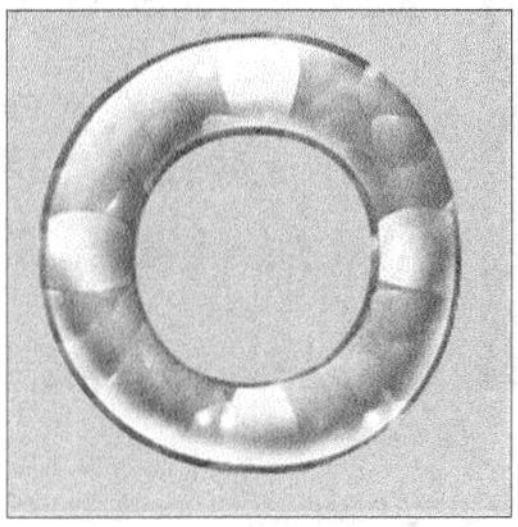

12.4.11 为文字添加描边效果

应用【描边】选项可以为图层内容创建边线颜色，可以选择渐变或图案描边效果，这对轮廓分明的对象（如文字等）尤为适用。【描边】选项是用来给图像描上一个边框的。这个边框可以是一种颜色，也可以是渐变，还可以是另一个样式，可以在边框的下拉菜单中选择。

1. 为文字添加描边效果

步骤01 打开随书光盘中的“素材\ch12\12.2\文字02.psd”文件。

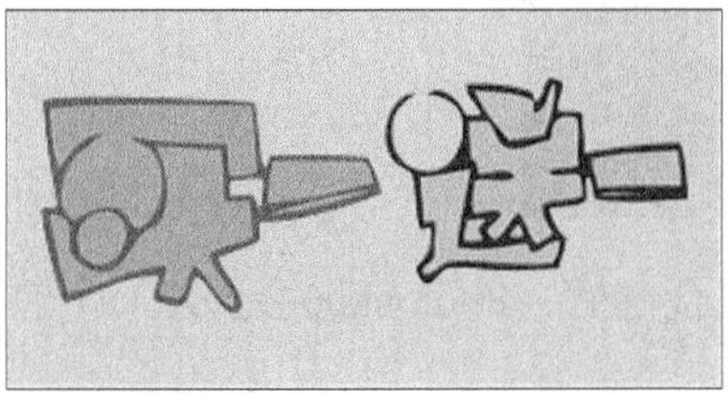

步骤02 选择图层1，单击【添加图层样式】按钮 fx.，在弹出的【添加图层样式】菜单中选择【描边】选项。在弹出的【图层样式】对话框中的【填充类型】下拉列表中选择【渐变】选项，并设置其他参数。

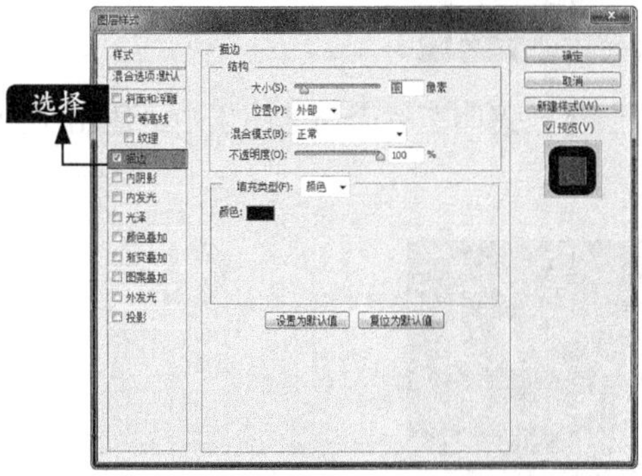

步骤03 单击【确定】按钮，形成的描边效果如图所示。

2.【描边】选项参数设置

(1)【大小】设置项：它的数值大小和边框的宽度成正比，数值越大图像的边框就越大。

(2)【位置】下拉列表：决定着边框的位置，可以是外部、内部或者中心，这些模式是以图层不透明区域的边缘为相对位置的。【外部】表示描边时的边框在该区域的外边，默认的区域是图层中的不透明区域。

(3)【不透明度】设置项：控制制作边框的透明度。

(4)【填充类型】下拉列表：在下拉列表框中供选择的类型有3种：颜色、图案和渐变，不同类型的窗口中选框的选项会不同。

12.5 图层的混合技术

本节教学录像时间：17 分钟

在Photoshop中，图层是图像的重要属性和构成方式，Photoshop为每个图层都设置了图层特效和样式属性，例如阴影效果、立体效果和描边效果等。

12.5.1 盖印图层

图层功能是Photoshop中非常强大的一项功能。在处理图像的过程中，使用图层可以对图像进行分级处理，从而减少图像处理的工作量并且降低难度。图层的出现使复杂多变的图像处理变得简单明晰起来。盖印图层是一种特殊的合并图层方法，它可以将多个图层的内容合并为一个目标图层，同时使其他图层保持完好。

按下【Ctrl+Alt+E】组合键可将当前图层中的图像盖印至下面的图层中。

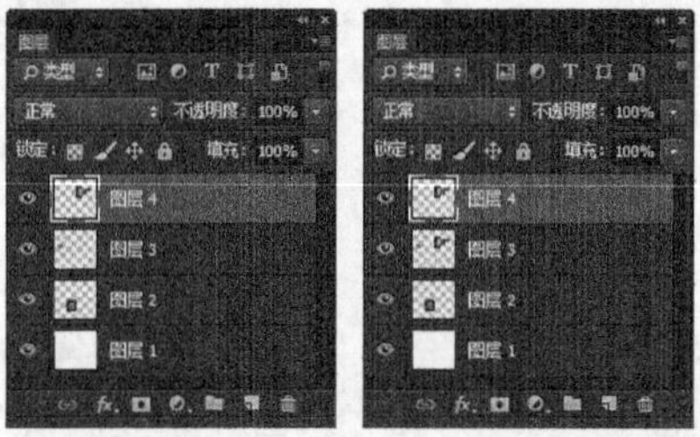

如果当前选择了多个图层，则按下【Ctrl+Alt+E】组合键后，Photoshop会创建一个包含合并内容的新图层，而原图层的内容保持不变。

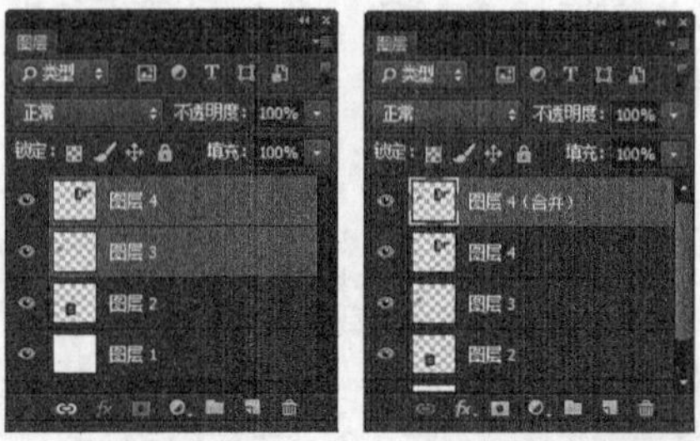

按下【Shift+Ctrl+Alt+E】组合键后，所有可见图层将被盖印至一个新建图层中，原图层内容保持不变。

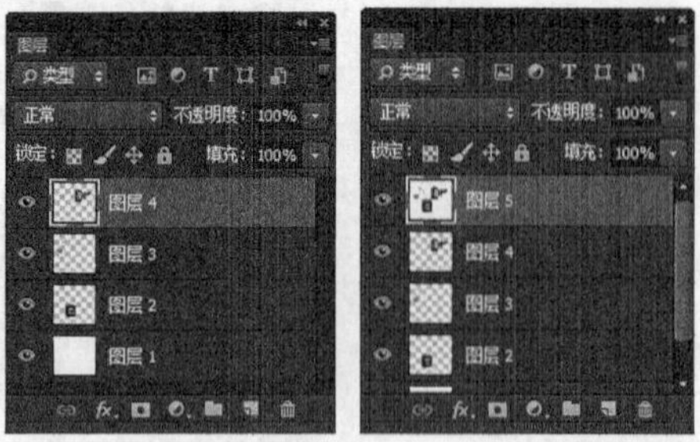

12.5.2 图层的不透明度

在【图层】面板中有两个控制图层不透明度的选项，即【不透明度】和【填充】。

【不透明度】选项控制着当前图层、图层中绘制的像素和形状的不透明度，如果对图层应用了图层样式，则图层样式的不透明度也会受到该值的影响。

【填充】选项只影响图层中绘制的像素和不透明度，不会影响图层样式的不透明度。

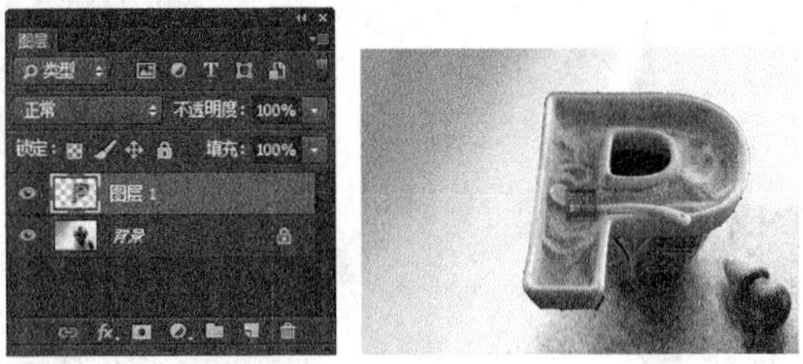

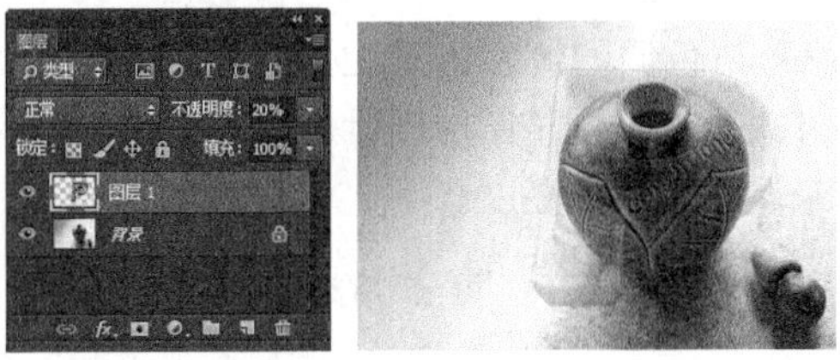

12.5.3 填充图层

填充图层是向图层中填充纯色、渐变和图案创建的特殊图层。在Photoshop中可以创建3种类型的填充图层：纯色填充图层、渐变填充图层和图案填充图层。创建填充图层后，可以通过设置混合模式或调整图层的不透明度来创建特殊的效果。填充图层可以随时修改或删除，不同类型的填充图层之间还可以相互转换，也可以将填充图层转换为调整图层。

下面通过为图像填充渐变蓝色来制作蓝天的效果。

步骤01 打开随书光盘中的“素材\ch12\12.5\03.jpg”文件。

步骤02 单击【图层】面板中的【创建新的填充或调整图层】按钮，在弹出的下拉列表中选择【渐变】命令。

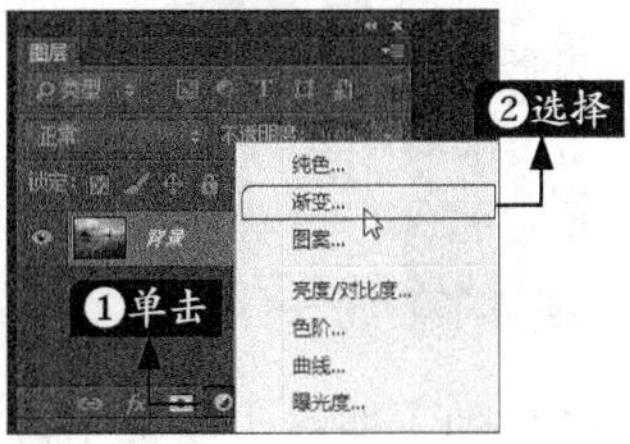

步骤 03 在弹出的【渐变填充】对话框中设置渐变为蓝色（R：0，G：125，B：175）到白色渐变色，具体参数设置如下，单击【确定】按钮完成设置。

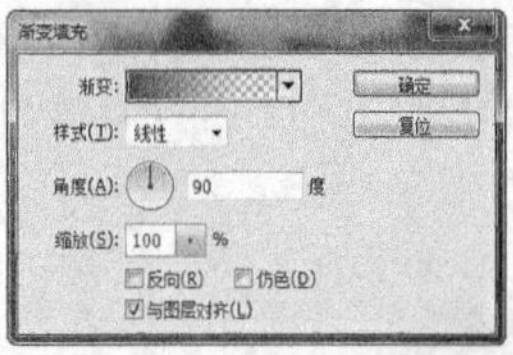

步骤 04 设置前景色为白色，选择【橡皮擦工具】来擦除山上的渐变色。

> **小提示**
>
> 选择【橡皮擦工具】擦除之前需要将图像栅格化处理。

12.5.4 调整图层

在Photoshop中，图像色彩与色调的调整方式主要有两种：一种方式是执行【图像】➤【调整】菜单中的命令，另一种方式是使用调整图层进行操作。

下面通过使用调整图层来调整图像的亮度。

步骤 01 打开随书光盘中的“素材\ch12\12.5\04.jpg”文件。

步骤 02 单击【图层】面板中的【创建新的填充或调整图层】按钮，在弹出的下拉列表中选择【曲线】命令。

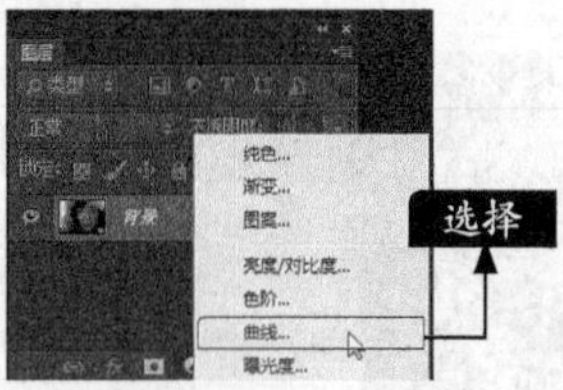

步骤 03 在弹出的【曲线】面板中调整图像亮度。

步骤 04 同理，单击【图层】面板中的【创建新的填充或调整图层】按钮，在弹出的下拉列表中选择【色阶】命令，继续调整图像的亮度。

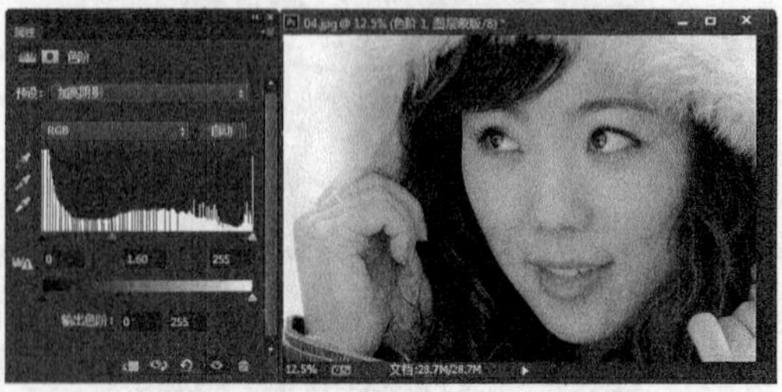

12.5.5 自动对齐图层和自动混合图层

Photoshop CC新增了【自动对齐图层】和【自动混合图层】命令。

【自动对齐图层】命令可以根据不同图层中的相似内容自动对齐图层。可以指定一个图层作为参考图层，也可以让Photoshop自动选择参考图层。其他图层将与参考图层对齐，以便匹配的内容能够自行叠加。

使用【自动混合图层】命令可缝合或组合图像，从而在最终复合图像中获得平滑的过渡效果。【自动混合图层】命令将根据需要对每个图层应用图层蒙版，以遮盖过度曝光或曝光不足的区域或内容差异。该功能仅适用于RGB或灰度图像，不适用于智能对象、视频图层、3D 图层或背景图层。

1.自动对齐图层

选择【编辑】➤【自动对齐图层】菜单命令，即可打开【自动对齐图层】对话框。

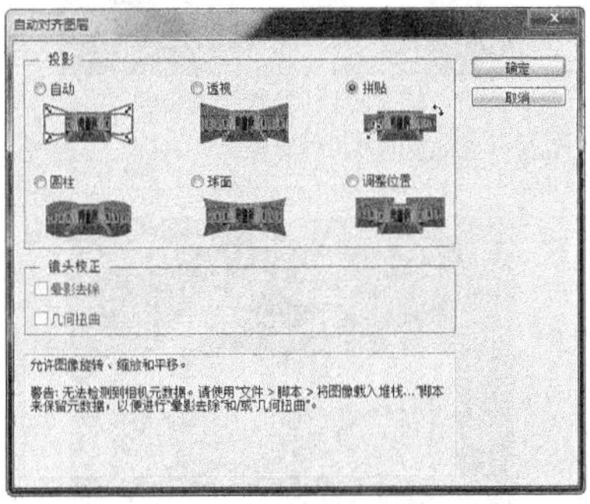

下面使用自动对齐图层功能来制作一张全景图。

步骤01 选择【文件】➤【新建】菜单命令，在弹出的【新建】对话框中设置名称为“拼接照片”，宽度为“25厘米”，高度为“13厘米”，分辨率为“300像素/英寸”的文档。

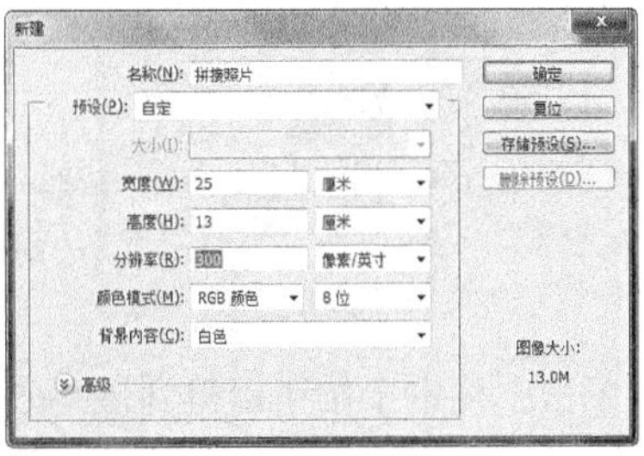

步骤02 选择【文件】➤【打开】菜单命令，打开随书光盘中“素材\ch12\12.5\拼接1.jpg”和“素材\ch12\12.5\拼接2.jpg”文件。

步骤03 使用移动工具将“拼接1”和“拼接2”图片拖曳到“拼接照片”文档中。

步骤04 选择新建的两个图层，选择【编辑】➤【自动对齐图层】菜单命令。在弹出的【自动对齐图层】对话框中选中【拼贴】单选按钮。然后单击【确定】按钮。

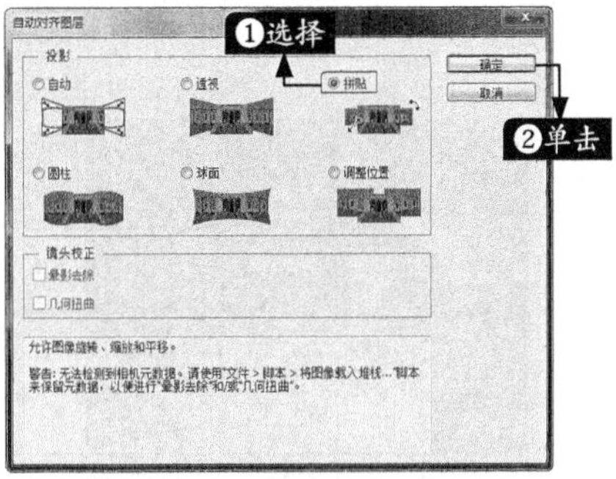

步骤 05 此时，图像已经拼贴在一起了，将不能对齐的部分进行裁切完成图像的拼接。

2 自动混合图层

【自动混合图层】命令将根据需要对每个图层应用图层蒙版，以遮盖过度曝光或曝光不足的区域或内容差异，并创建无缝复合。

选择【编辑】➤【自动混合图层】菜单命令，即可打开【自动混合图层】对话框。

下面通过使用【自动混合图层】命令来调整照片。

步骤 01 选择【文件】➤【打开】菜单命令，打开随书光盘中“素材\ch12\12.5\混合图层.jpg”文件。

步骤 02 选择背景图层，进行复制，复制出【背景副本】图层。

步骤 03 选择【背景副本】图层，按【Ctrl+T】组合键。然后在图像上右击，在弹出的快捷菜单中选择【水平翻转】命令。

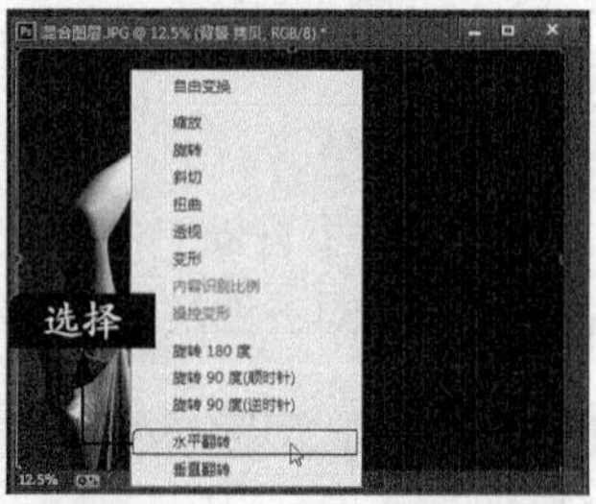

步骤 04 按回车键确认操作。

步骤 05 选中【背景】和【背景副本】图层，然后选择【编辑】➤【自动混合图层】菜单命令，在弹出的【自动混合图层】对话框中，单击【堆叠图像】单选按钮。

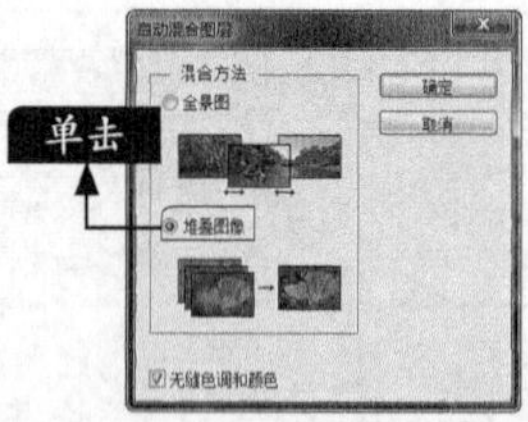

步骤 06 单击【确定】按钮后得到最终效果图。

12.6【通道】面板

本节教学录像时间：4 分钟

【通道】面板用来创建、保存和管理通道。打开一个RGB模式的图像，Photoshop会在【通道】面板中自动创建该图像的颜色信息通道，面板中包含了图像所有的通道，通道名称的左侧显示了通道内容的缩览图，在编辑通道时缩览图通常会自动更新。

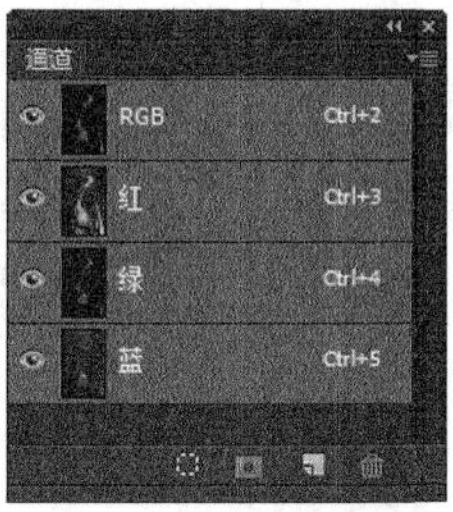

小提示

由于复合通道（即RGB通道）是由各原色通道组成的，因此在选中隐藏面板中的某一个原色通道时，复合通道将会自动隐藏。如果选择显示复合通道，则组成它的原色通道将自动显示。

1. 查看与隐藏通道

单击图标可以使通道在显示和隐藏之间切换，用于查看某一颜色在图像中的分布情况。例如在RGB模式下的图像，如果选择显示RGB通道，则红通道、绿通道和蓝通道都自动显示，但选择其中任意原色通道，其他通道则会自动隐藏。

2. 通道缩略图调整

单击【通道】面板右上角的黑三角，从弹出菜单中选择【面板选项】，打开【通道面板选项】对话框，从中可以设定通道缩略图的大小，以便对缩略图进行观察。

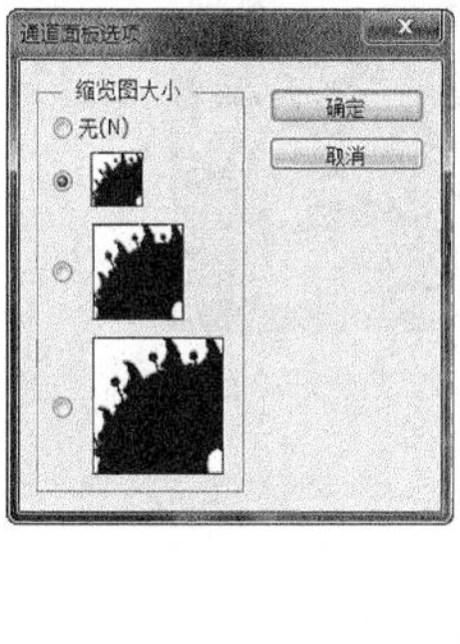

小提示

若选择某一通道的快捷键（红通道为【Ctrl+3】，绿通道为【Ctrl+4】，蓝通道为【Ctrl+5】，复合通道为【Ctrl+2】），此时打开的通道将成为当前通道。在面板中按住【Shift】键并且单击某个通道，可以选择或者取消多个通道。

3. 通道的名称

通道的名称能帮助用户很快识别各种通道的颜色信息。各原色通道和复合通道的名称是不能改变的，Alpha通道的名称可以通过双击通道名称任意修改。

4. 将通道作为选区载入

选择某一通道，单击在面板中的图标，则可将通道中的颜色比较淡的部分作为选区加载到图像中。也可以按住【Ctrl】键并在面板中单击该通道来载入选区。

5. 将选区存储为通道

如果当前图像中存在选区，那么可以通过单击按钮，把当前的选区存储为新的通道，以便修改和以后使用。在按住【Alt】键的同时单击按钮，可以新建一个通道并且能为该通道设置参数。

6. 新建通道

单击【创建新通道】按钮可以创建新的Alpha通道，按住【Alt】键并单击【创建新通道】按钮可以设置新建Alpha通道的参数。如果按住【Ctrl】键并单击【创建新通道】按钮，可以创建新的专色通道。

通过【创建新通道】按钮所创建的通道均为Alpha通道，颜色通道无法使用【创建新通道】按钮创建。

> **小提示**
>
> 将颜色通道删除后会改变图像的色彩模式。例如原色彩为RGB模式时，删除其中的红通道，剩余的通道为洋红和黄色通道，那么色彩模式将变化为多通道模式。

7. 删除通道

单击【删除当前通道】按钮按钮可以将当前编辑的通道删除。

12.7 通道的基本操作

本节教学录像时间：8 分钟

本节主要介绍通道的基本操作，包括分离通道、合并通道、应用图像、计算等。

12.7.1 分离通道

选择【通道】面板菜单中的【分离通道】命令，可以将通道分离成为单独的灰度图像，其标题栏中的文件名为原文件的名称加上该通道名称的缩写，而原文件则被关闭。当需要在不能保留通道的文件格式中保留单个通道信息时，分离通道将会非常有用。

分离通道后主通道会自动消失，例如RGB模式的图像分离通道后只得到R、G和B这3个通道。分离后的通道相互独立，被置于不同的文档窗口中，但是它们共存于一个文档，可以分别进行修改和编辑。在制作出满意的效果后还可以再将通道合并。下图所示为分离通道后的各个通道。

分离通道后的【通道】面板如图所示。

12.7.2 合并通道

在完成了对各个原色通道的编辑后，还可以合并通道。在选择【合并通道】命令时会弹出【合并通道】对话框。

步骤01 使用12.7.1小节中分离的通道文件。

步骤02 单击【通道】面板右侧的小三角，在弹出的下拉菜单中选择【合并通道】命令，弹出【合并通道】对话框。在【模式】下拉列表中选择【RGB颜色】，单击【确定】按钮。

步骤03 在弹出的【合并RGB通道】对话框中，分别进行如下设置。

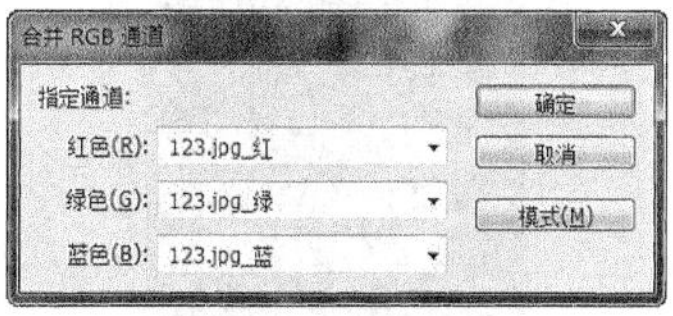

步骤04 单击【确定】按钮，将它们合并成一个RGB图像，最终效果如图所示。

12.7.3 应用图像

【应用图像】命令可以将图像的图层和通道（源）与现用图像（目标）的图层和通道混合。打开源图像和目标图像，并在目标图像中选择所需图层和通道。图像的像素尺寸必须与【应用图像】对话框中出现的图像名称相匹配。

使用【应用图像】命令调整图像的操作步骤如下。

第1步：打开文件

步骤01 选择【文件】➤【打开】菜单命令。

步骤02 打开随书光盘中的“素材\ch12\12.7\02.jpg”

第2步：创建Alpha通道

步骤01 选择【窗口】➤【通道】菜单命令打开【通道】面板，单击【通道】面板下方的【新建】按钮。

步骤02 新建【Alpha1】通道。

步骤03 使用自定义形状工具绘制音乐符号图形，填充白色。

第3步：使用【应用图像】菜单命令

步骤01 选择RGB通道，并取消【Alpha1】通道的显示。

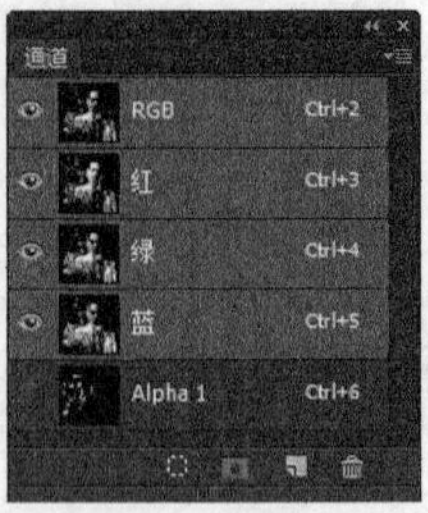

步骤02 选择【图像】➤【应用图像】菜单命令，在弹出的【应用图像】对话框中设置通道为“Alpha1”，混合设置为“叠加”。

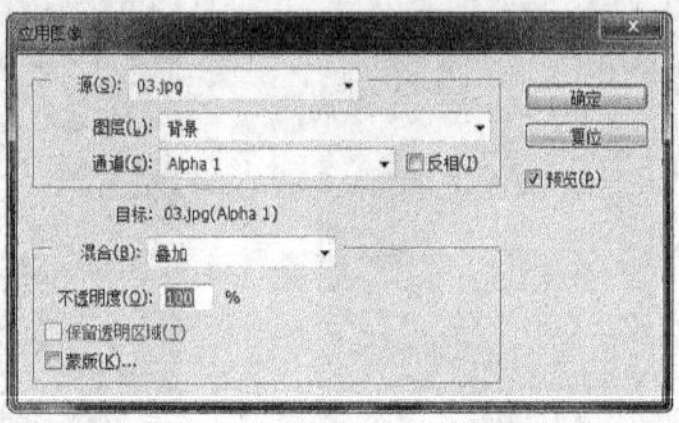

步骤03 单击【确定】按钮，得到如图所示的效果。

12.7.4 计算

【计算】命令用于混合两个来自一个或多个源图像的单个通道，然后将结果应用到新图像或新通道中。下面通过使用计算命令制作玄妙色彩图像。

第1步：打开文件

步骤01 选择【文件】➤【打开】菜单命令。

步骤02 打开随书光盘中的“素材\ch12\12.7\03.jpg”文件。

第2步：应用【计算】命令

步骤01 选择【图像】➤【计算】菜单命令。

步骤02 在打开的【计算】对话框中设置相应的参数。

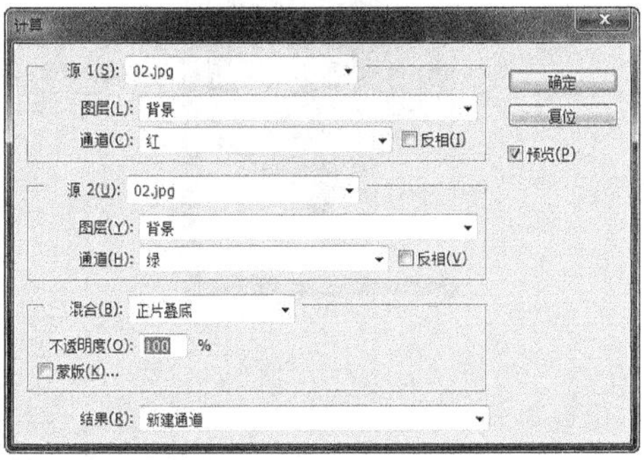

步骤03 单击【确定】按钮后，将新建一个【Alpha1】通道。

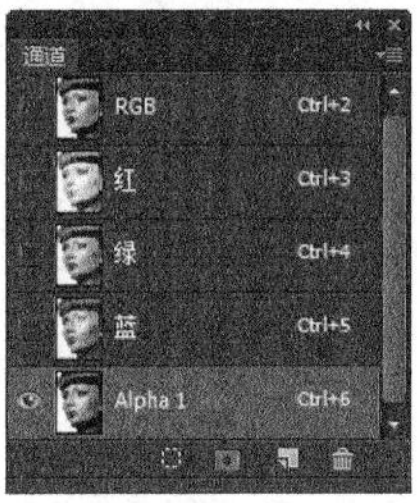

第3步：调整图像

步骤01 选择【绿】通道，然后按住【Ctrl】键单击【Alpha1】通道的缩略图，得到选区。

步骤02 设置前景色为白色，按【Alt+Delete】组合键填充选区，然后按【Ctrl+D】组合键取消选区。

步骤03 选中RGB通道查看效果，并保存文件。

12.8 矢量蒙版

本节教学录像时间：4 分钟

有蒙版的图层称为蒙版层。通过调整蒙版可以对图层应用各种特殊效果，但不会实际影响该图层上的像素。应用蒙版可以使这些更改永久生效，或者删除蒙版而不应用更改。

矢量蒙版是由钢笔或者形状工具创建的与分辨率无关的蒙板，它通过路径和矢量形状来控制图像显示区域，常用来创建Logo、按钮、面板或其他的Web设计元素。

下面来讲解使用矢量蒙版为图像添加心形的方法。

步骤01 打开随书光盘中的“素材\ch12\12.8\01.psd”文件。选择【图层2】图层。

步骤02 选择【自定形状工具】，并在属性栏中选择【路径】，单击【点按可打开“自定形状”拾色器】按钮，在弹出的下拉列表中选择“心形”。

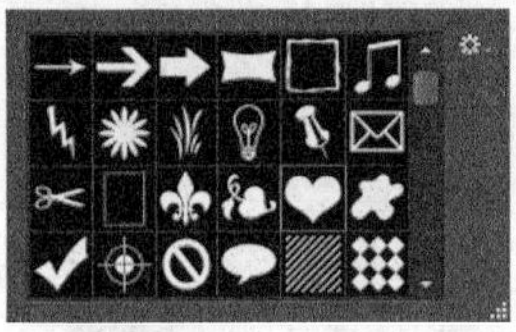

步骤03 在画面中拖动鼠标绘制“心形”。

步骤04 选择【图层】➤【矢量蒙版】➤【当前路径】菜单命令，基于当前路径创建矢量蒙版，路径区域外的图像即被蒙版遮盖。

12.9 蒙版的应用

本节教学录像时间：13 分钟

下面来学习蒙版的基本操作，主要包括新建蒙版、删除蒙版和停用蒙版等。

12.9.1 创建蒙版

单击【图层】面板下面的【添加图层蒙版】按钮，可以添加一个【显示全部】的蒙版。其蒙版内为白色填充，表示图层内的像素信息全部显示。

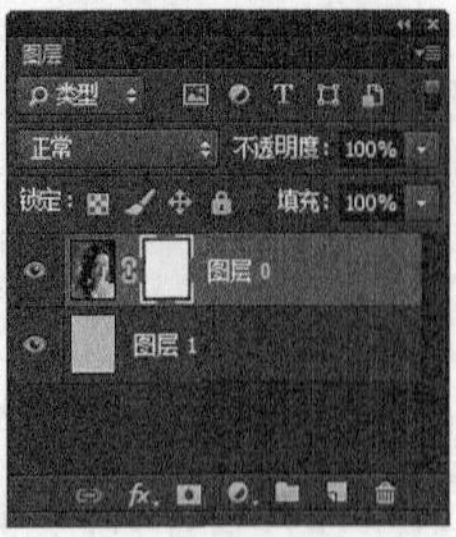

也可以选择【图层】➤【图层蒙版】➤【显示全部】菜单命令来完成此次操作。

选择【图层】➤【图层蒙版】➤【隐藏全部】菜单命令可以添加一个【隐藏全部】的蒙版。其蒙版内填充为黑色，表示图层内的像素信息全部被隐藏。

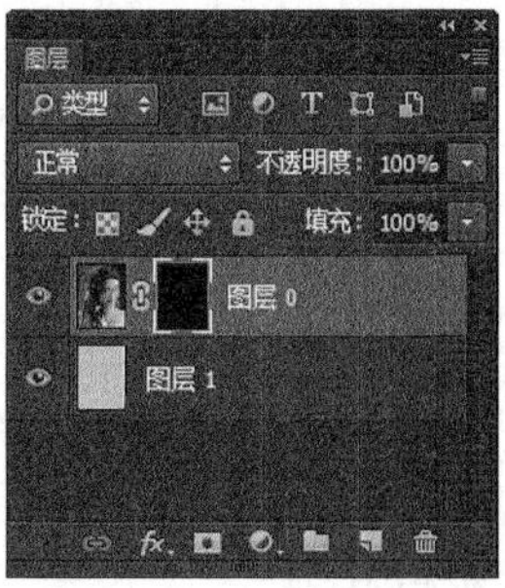

12.9.2 删除蒙版与停用蒙版

删除蒙版与停用蒙版分别有多种方法。

1. 删除蒙版

删除蒙版的方法有3种。

(1) 选中图层蒙版，然后拖曳到【删除】按钮上则会弹出删除蒙版对话框。

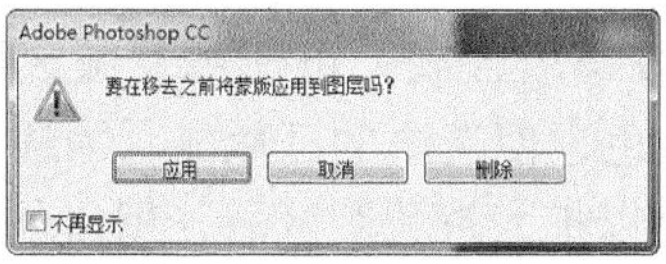

单击【删除】按钮时，蒙版被删除；单击【应用】时，蒙版被删除，但是蒙版效果会被保留在图层上；单击【取消】按钮时，将取消这次删除命令。

(2) 选择【图层】➤【图层蒙版】➤【删除】命令可删除图层蒙版。

选择【图层】➤【图层蒙版】➤【应用】命令，蒙版将被删除，但是蒙版效果会被保留在图层上。

(3) 选中图层蒙版，按住【Alt】键，然后单击【删除】按钮，可以将图层蒙版直接删除。

2. 停用蒙版

选择【图层】➤【图层蒙版】➤【停用】菜单命令，蒙版缩览图上将出现红色叉号，表示蒙版被暂时停止使用。

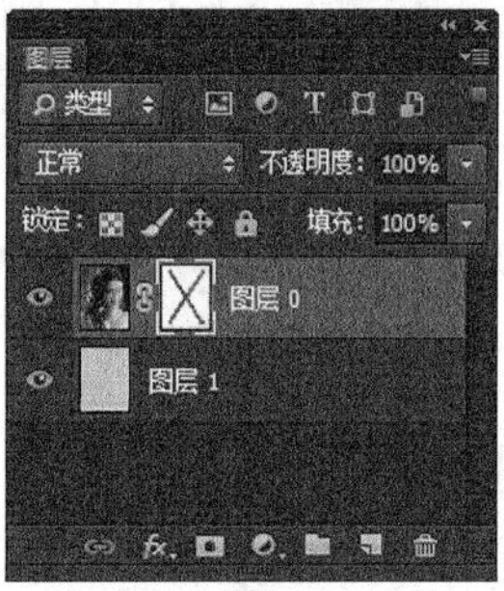

12.9.3 快速蒙版

应用快速蒙版后，会创建一个暂时的图像上的屏蔽，同时亦会在通道浮动窗中产生一个暂时的Alpha通道。该通道将对所选区域进行保护，让其免于被操作，而处于蒙版范围外的地方则可以进行编辑与处理。

1. 创建快速蒙版

步骤01 打开随书光盘中的“素材\ch12\12.9\01.jpg”文件。

步骤02 单击工具箱中的【以快速蒙版模式编辑】按钮，切换到快速蒙版状态下。

步骤03 选择【椭圆选框工具】，将前景色设定为黑色，然后选择盘子的图形。

步骤04 选择【油漆桶工具】填充，使蒙版覆盖整个要选择的图像。

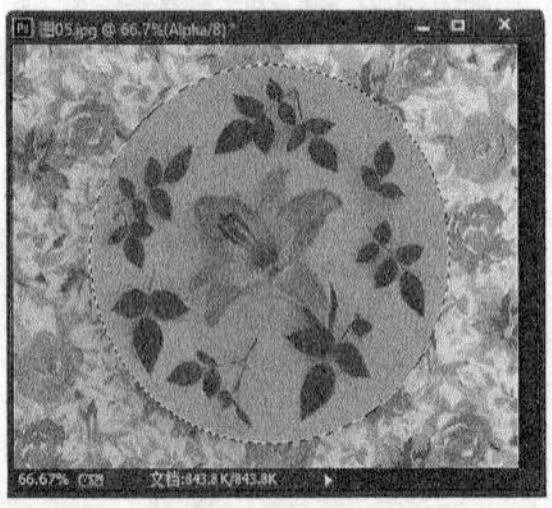

2. 快速应用蒙版

⑴ 修改蒙版

将前景色设定为白色，用画笔修改可以擦除蒙版（添加选区）；将前景色设定为黑色，用画笔修改可以添加蒙版（删除选区）。

⑵ 修改蒙版选项

双击【以快速蒙版模式编辑】按钮，弹出【快速蒙版选项】对话框，从中可以对快速蒙版的各种属性进行设定。

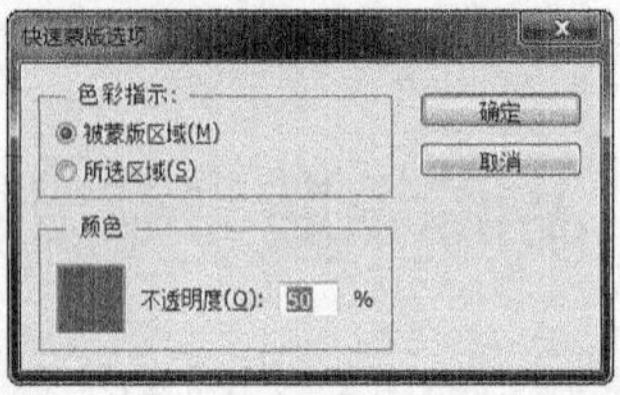

小提示

【颜色】和【不透明度】设置都只影响蒙版的外观，对如何保护蒙版下面的区域没有影响。更改这些设置能使蒙版与图像中的颜色对比更加鲜明，从而具有更好的可视性。

① 被蒙版区域：可使被蒙版区域显示为50%的红色，使选中的区域显示为透明。用黑色绘画可以扩大被蒙版区域，用白色绘画可扩大选中区域。选中该单选项时，工具箱中的【以快速蒙版模式编辑】按钮显示为灰色背景上的白圆圈。

② 所选区域：可使被蒙版区域显示为透明，使选中区域显示为50%的红色。用白色绘画可以扩大被蒙版区域，用黑色绘画可以扩大选中区域。选中该单选项时，工具箱中的【以快速蒙版模式编辑】按钮显示为白色背景上的灰圆圈。

③ 颜色：用于选取新的蒙版颜色，单击颜色框可选取新颜色。

12.9.4 剪切蒙版

剪切蒙版是一种非常灵活的蒙版，它可以使用下层图层中图像的形状来限制上层图像的显示范围，因此可以通过一个图层来控制多个图层的显示区域。剪切蒙版的创建和修改方法都非常简单。

下面使用自定义形状工具制作剪切蒙版特效。

步骤 01 打开随书光盘中的“素材\ch12\12.9\02.psd”文件。

步骤 02 设置前景色为黑色，新建一个图层，选择【自定形状工具】，并在属性栏上选择【像素】选项，再单击【点按可打开“自定形状”拾色器】按钮，在弹出的下拉列表中选择图形。

步骤 03 将新建的图层放到最上方，然后在画面中拖动鼠标绘制该形状。

步骤 04 选择【横排文字蒙版工具】，在画面中输入文字，设置字体和字号，并创建文字选区。按【Alt+Delete】组合键填充前景色，再按【Ctrl+D】组合键取消选区。

步骤 05 在【图层】面板上，将新建的图层移至人物图层的下方。

步骤 06 选择人物图层，选择【图层】➤【创建剪切蒙版】菜单命令，为其创建一个剪切蒙版。

12.9.5 图层蒙版

图层蒙版是加在图层上的一个遮盖，通过创建图层蒙版来隐藏或显示图像中的部分或全部。在图层蒙版中，纯白色区域可以遮罩下面的图像中的内容，显示当前图层中的图像；蒙版中的纯黑色区域可以遮罩当前图层中的图像，显示出下面图层的内容；蒙版中的灰色区域会根据其灰度值使当前图层中的图像呈现出不同层次的透明效果。

步骤 01 打开随书光盘中的“素材\ch12\12.9\03.jpg”和“素材\ch12\12.9\04.jpg”文件。

步骤 02 选择【移动工具】，将“03.jpg”拖曳到“04.jpg”文档中，新建【图层1】图层。

步骤 03 单击【图层】面板中的【添加图层蒙版】按钮，为【图层1】添加蒙版，选择【画笔工具】，设置画笔的大小和硬度。

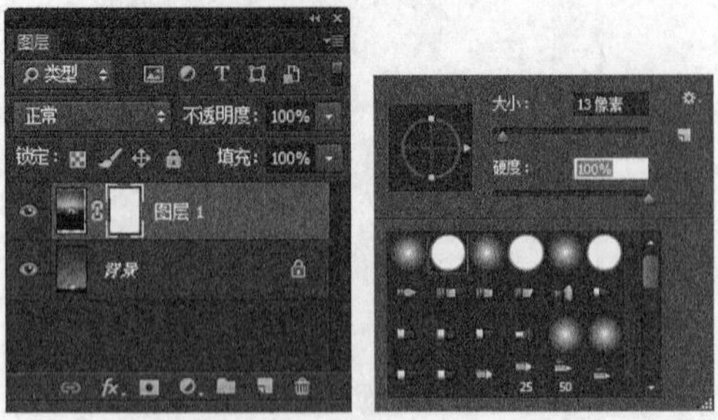

步骤 04 将前景色设为黑色，在画面上方进行涂抹。

步骤 05 按【Ctrl+E】组合键合并图层，然后选择【图像】➤【调整】➤【色彩平衡】菜单命令，调整颜色，使图像色调协调，单击【确定】按钮，最终效果如下图所示。

12.10 综合实战——制作啤酒广告

本节教学录像时间：11 分钟

本实例主要利用【移动工具】、【图层】命令和【选框工具】等来制作一个商业啤酒广告图片。

第1步：调整图像

步骤01 单击【文件】➤【打开】菜单命令，打开随书光盘中的“素材\ch12\12.10\06、07.jpg”文件。

步骤02 选择【魔棒工具】，将【容差】值设置为3，然后选择酒瓶的外部白色区域并反选。

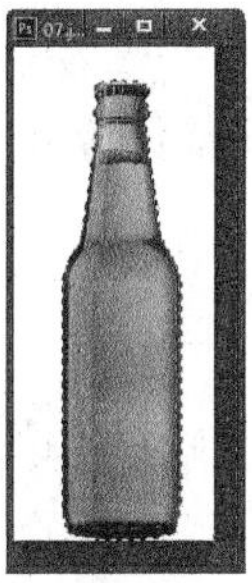

步骤03 使用移动工具将选区内图像拖到07图像中，然后按【Ctrl+T】组合键对啤酒瓶的大小和位置进行调整。

步骤04 选择【套索工具】，将【羽化】值设置为5，然后选择下部分的啤酒瓶图形。

步骤05 对选区内的图像进行【剪切】和【粘贴】操作，然后移动到和啤酒瓶对齐的位置，设置图层的混合样式为【强光】。

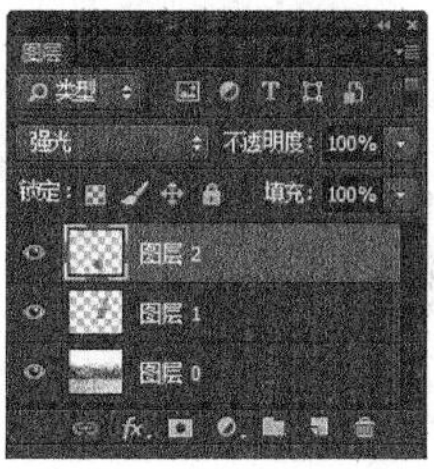

步骤06 设置后得到下部分酒瓶融入水中的效果。

步骤07 使用相同的方法选择中间部分的啤酒瓶图形。

步骤08 同样对选区内图形进行【剪切】和【粘贴】操作，然后移动到和啤酒瓶对齐的位置，设置图层的混合样式为【叠加】。

步骤09 效果不明显，可以再次复制该图层，使效果加强，如图所示。

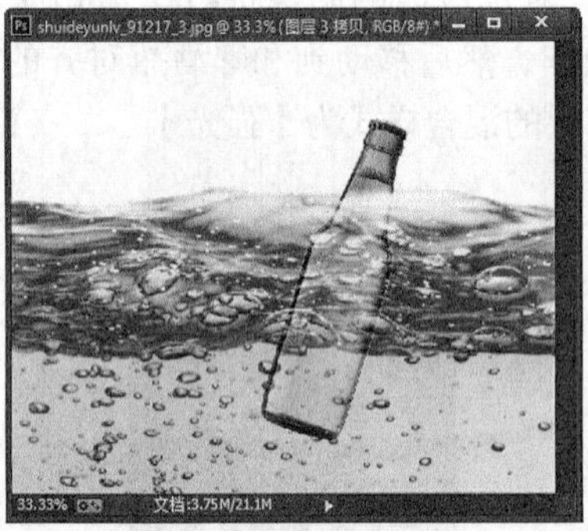

第2步：制作水滴效果

步骤01 选择【椭圆选框工具】，将【羽化】值设置为2，然后选择07图像上的一滴水。

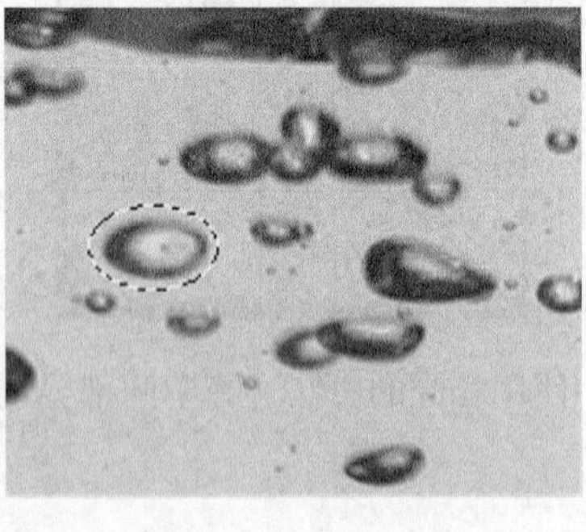

步骤02 对水滴图形进行【复制】和【粘贴】操作，然后移动到啤酒瓶上部的位置，设置改图层的混合模式为【明度】。

步骤03 按住【Alt】键对水滴图层进行【复制】，然后调整位置和大小。

步骤04 按住【Alt】键继续对水滴图层进行【复制】，然后调整位置和大小，使图像层次更加丰富。

第3步：添加文字和细节

步骤01 选择【横排文字工具】输入广告词，并设置大小。

步骤 02 使用【矩形工具】创建细部图像，填充颜色为蓝色，最终效果如下图所示。

高手支招

本节教学录像时间：3 分钟

复制智能滤镜

在【图层】面板中，按住【Alt】键将智能滤镜从一个智能对象拖动到另一个智能对象上，即可复制智能滤镜，或者拖动到智能滤镜列表中的新位置，也可复制智能滤镜。

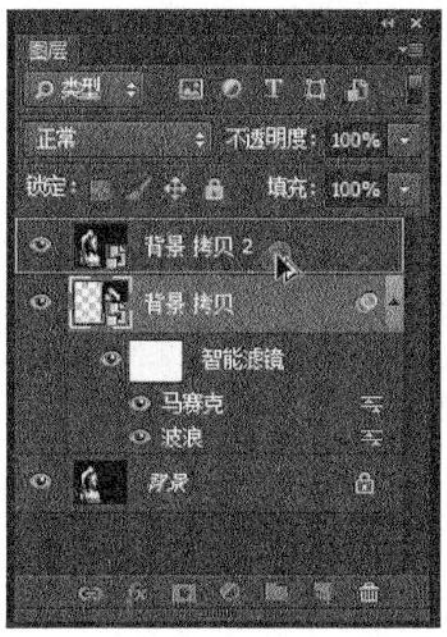

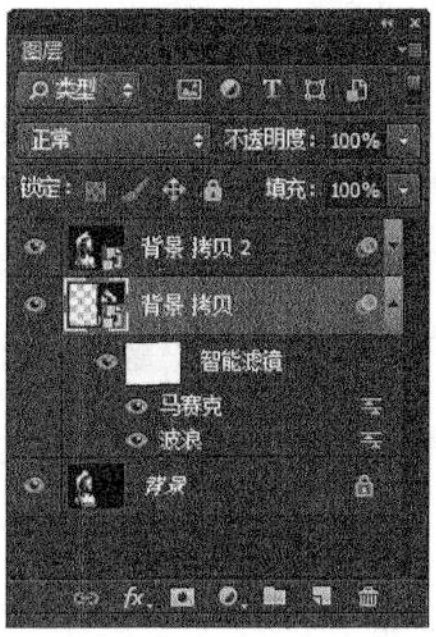

复制所有智能滤镜，可按住【Alt】键并拖动在智能对象图层旁边出现的智能滤镜图标，即可复制所有滤镜。

如何在通道中改变图像的色彩

原色通道中存储着图像的颜色信息。图像色彩调整命令主要是通过对通道的调整来实现其功能，其原理就是通过改变不同色彩模式下原色通道的明暗分布来调整图像的色彩。

利用颜色通道调整图像色彩的操作步骤如下。

步骤 01 打开随书光盘中的“素材\ch12\技巧\01.jpg”图像。

步骤 02 选择【窗口】➤【通道】菜单命令，打开【通道】面板。

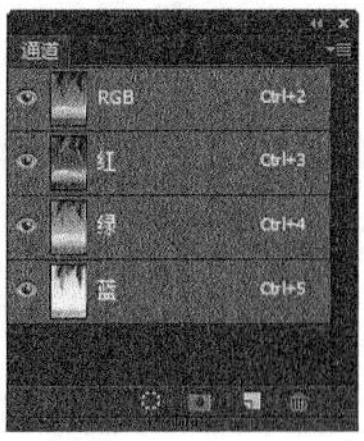

步骤 03 选择蓝色通道，然后选择【图像】➤【调整】➤【色阶】菜单命令，打开【色阶】对话框，设置其中的参数。

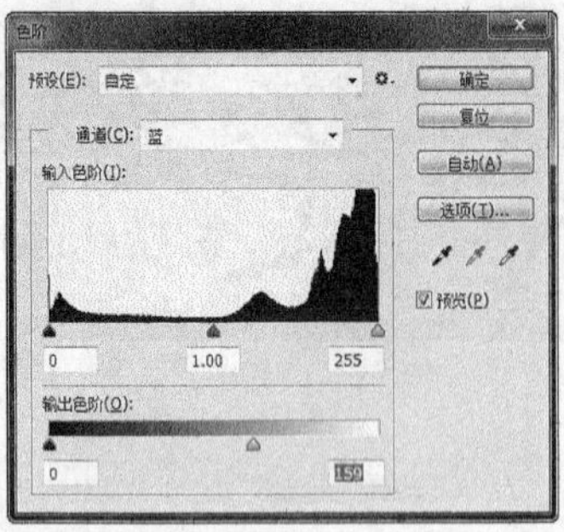

步骤 04 单击【确定】按钮，即可调整图像的色彩。

第3篇
动画增效篇

第13章 Flash CC的基本操作

第14章 管理我的动画素材——元件和库的运用

第15章 让静止的图片动起来——制作动画

第16章 欣赏制作的动画——测试和优化Flash作品

第13章

Flash CC的基本操作

学习目标

动画是网页中重要的元素之一，在网页中添加动画，可以增强网页的动感效果。目前，制作网页的重要工具是Flash，Flash是Macromedia公司的一款多媒体矢量动画软件，具有交互性强、文件尺寸小、简单易学及拥有独有的流式传输方式等优点。本章主要讲述Flash的常用绘图工具，包括铅笔工具、钢笔工具、椭圆工具等。

学习效果

13.1 Flash CC的工作界面

本节教学录像时间：3 分钟

与以前的版本相比，Flash CC使用起来更加方便。本节将介绍Flash CC的开始页和工作界面，以及在绘制动画的过程中所用到的舞台、菜单栏和各种实用面板。

13.1.1 开始页

运行Flash CC后会打开【开始】页。通过【开始】页，可以轻松地进行常用的操作。

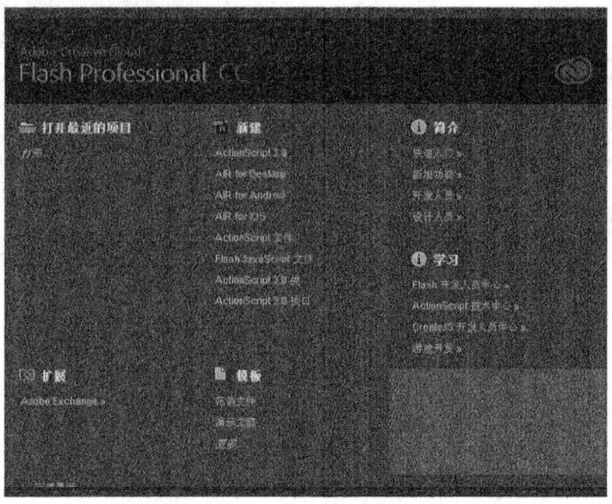

开始页包含以下5个区域。

(1) 从模板创建：列出创建新的Flash文件最常用的模板。可以通过单击列表中所需的模板创建新文件。

(2) 打开最近的项目：用于打开最近使用过的文档。也可以通过单击【打开】图标显示【打开】对话框。

(3) 新建：列出Flash的文件类型，如Flash javaScript文件和ActionScript文件等。可以通过单击列表中所需的文件类型，快速地创建新的文件。

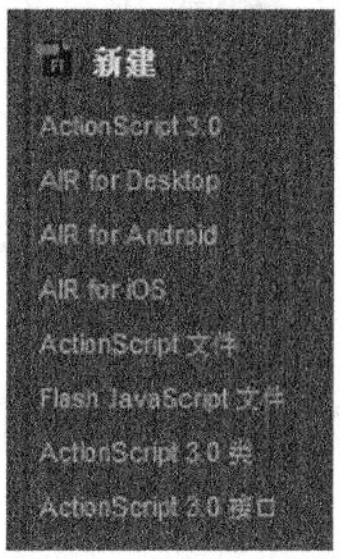

(4) 扩展：链接到Microsoft Internet Explorer站点。用户可以在其中下载Flash的扩展程序、脚本以及相关的信息。

(5) 学习：用于了解Flash CC的相关知识。

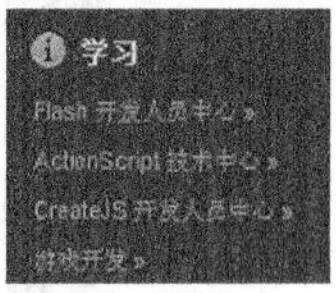

13.1.2 工作界面

与以前的版本相比，Flash CC的工作界面更具亲和力，如下图所示。

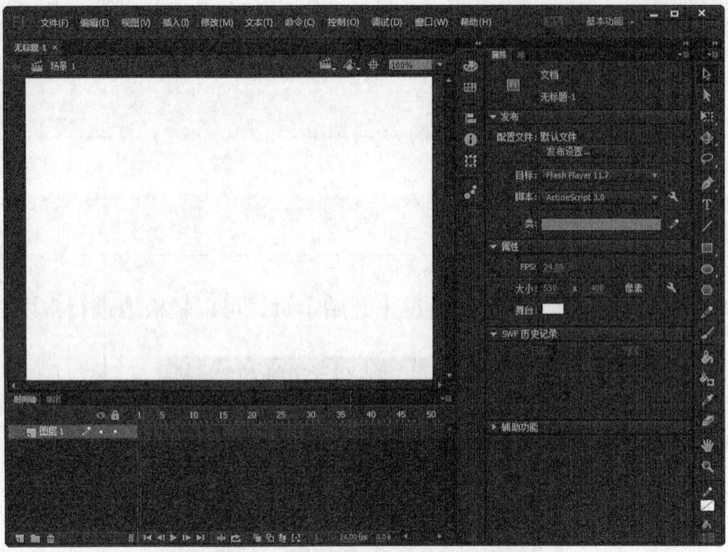

13.2 Flash文件的基本操作

本节教学录像时间：6 分钟

在Flash中工作时，可以创建新文档或者打开以前保存的文档。如果要创建新文档或设置现有文档的大小、帧频、背景颜色和其他的属性，可以使用【文档设置】对话框。

13.2.1 新建Flash文件

启动Flash CC后，在【开始】页中的【新建】区域下包括8个选项，单击任何一个新项目，都可以进入该项目的编辑窗口。

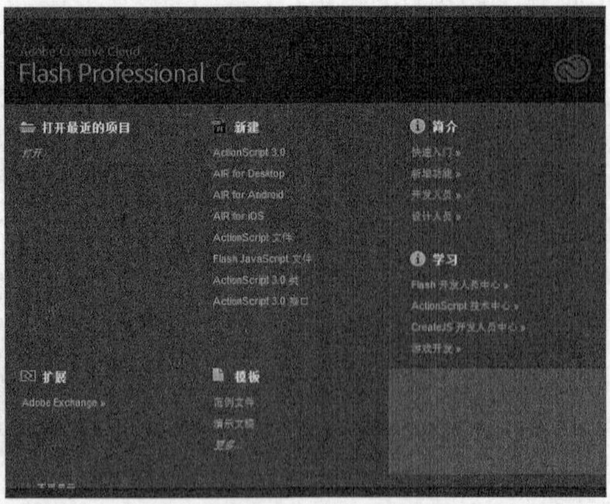

1. Flash文件

选择【新建】区域下的【ActionScript 3.0】选项，将在Flash文件窗口中新建一个Flash文件，这时将进入以后频繁使用的动画编辑主场景。

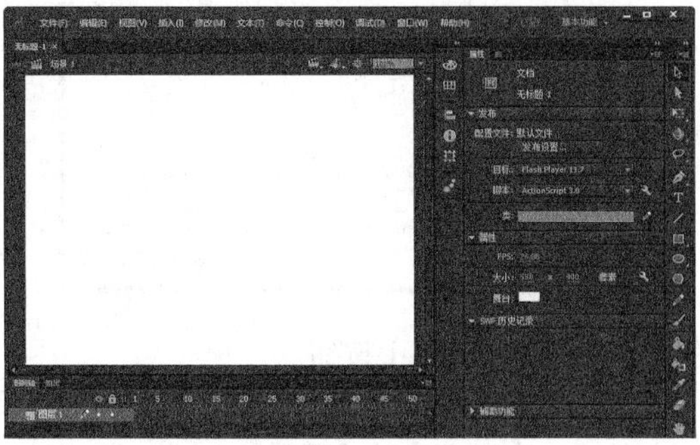

2. ActionScript文件

在新建文件时选择【ActionScript文件】选项，可以创建一个外部脚本文件（.as），同时可打开脚本窗口对其进行编辑。

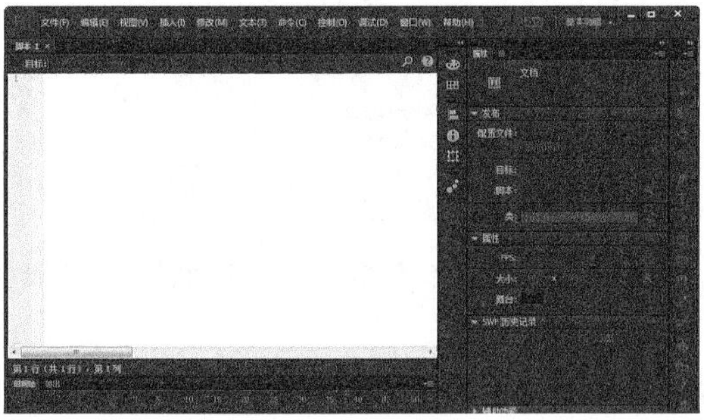

3. AIR文件

选择该选项，可以创建一个新的 Adobe AIR Flash 文档。Adobe® AIR™ 为跨操作系统运行时，通过它可以利用现有 Web 开发技术（Adobe® Flash® Professional、Adobe® Flex™、Adobe® Flash Builder™ HTML、JavaScript®、Ajax）生成丰富的 Internet 应用程序（RIA）并将其部署到桌面。借助 AIR，用户可以在熟悉的环境中工作，可以利用用户认为用起来最舒适的工具和方法，并且由于它支持 Flash、Flex、HTML、JavaScript 和 Ajax，用户可以创造满足需要的可能的最佳体验。

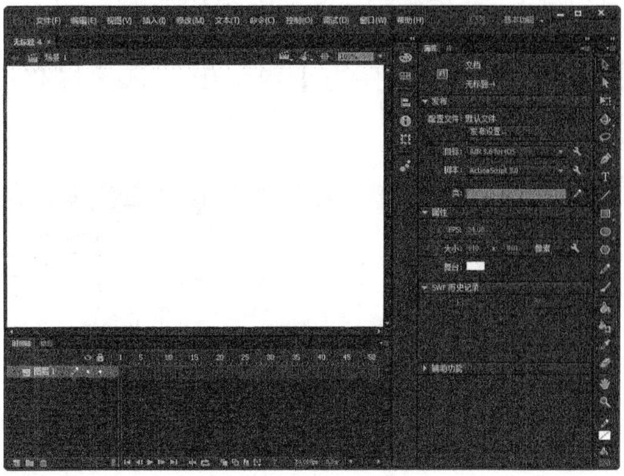

13.2.2 打开Flash文件

要打开现有文档，具体的操作步骤如下。

步骤01 选择【文件】➤【打开】菜单命令，弹出【打开】对话框。

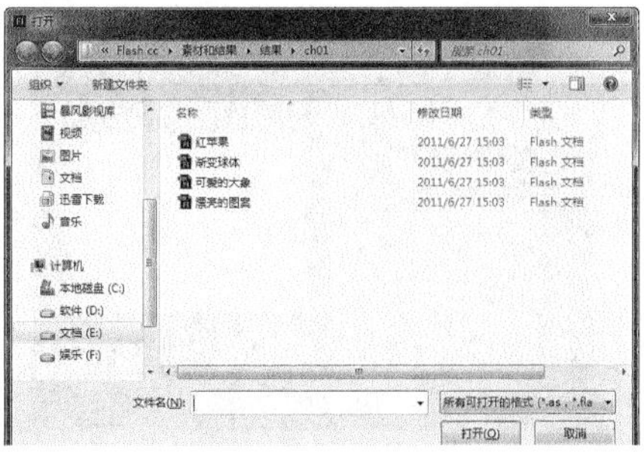

步骤02 在【查找范围】下拉列表中选择Flash文件的存放位置，然后单击所要打开的Flash文件。

步骤03 单击【打开】按钮，即可打开所选文件。

13.2.3 保存和关闭Flash文件

要保存Flash文件，可通过以下两种方法实现。

方法1

步骤01 选择【文件】➤【保存】菜单命令。

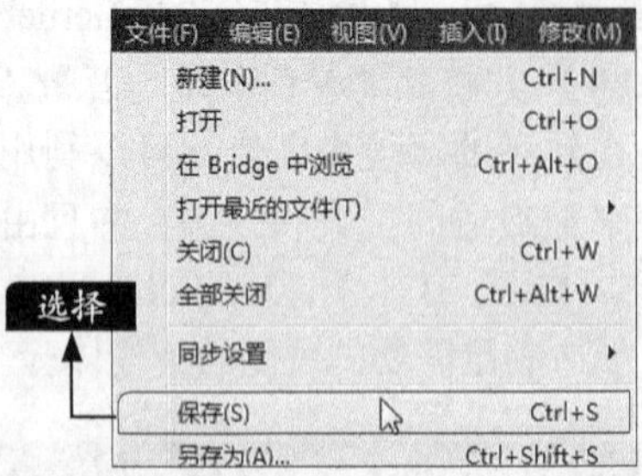

步骤02 弹出【另存为】对话框，选择保存路径，输入文件名。

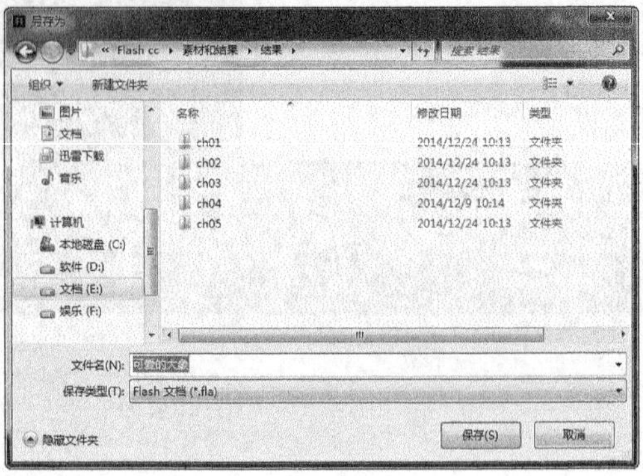

步骤03 单击【保存】按钮。

方法2

步骤01 选择【文件】➤【另存为】菜单命令。

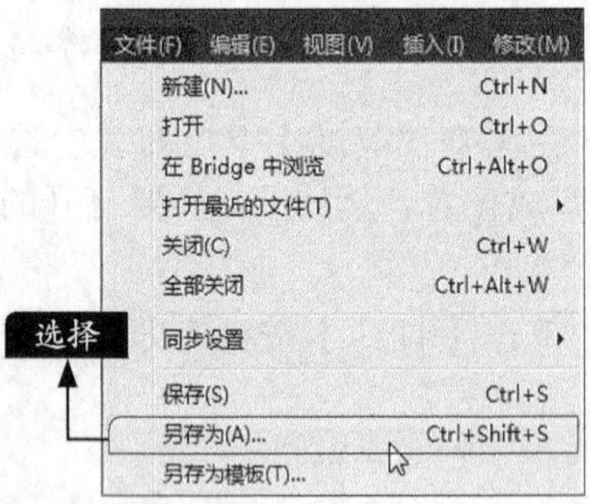

步骤02 弹出【另存为】对话框，如果以前从未保存过该文档，则应在【文件名】文本框中输入文件名，并选择保存路径。

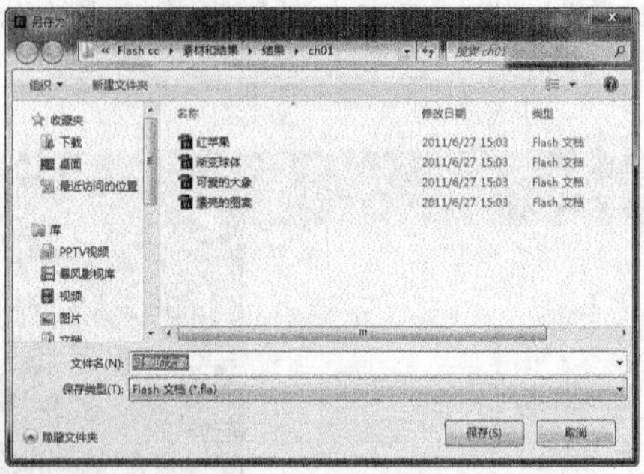

步骤03 单击【保存】按钮。

若需要还原到上次保存的文档版本，选择【文件】➤【还原】命令即可。

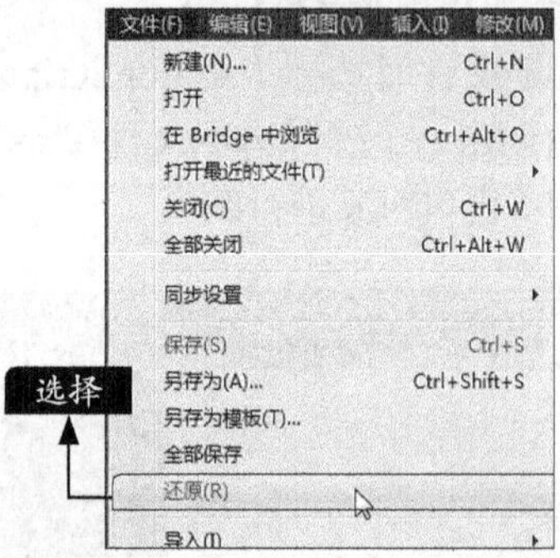

要将文档另存为模板，具体的操作步骤如下。

步骤04 选择【文件】➤【另存为模板】菜单命令，弹出【另存为模板警告】对话框。

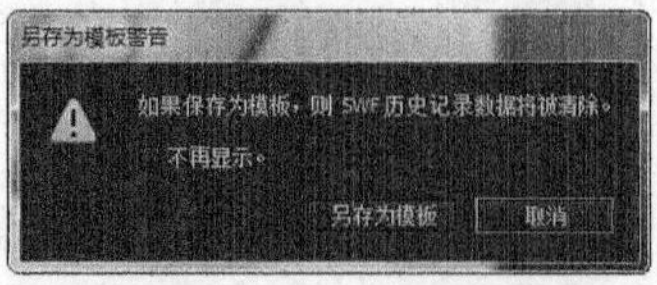

步骤05 单击【另存为模板】按钮，弹出【另存为模板】对话框。

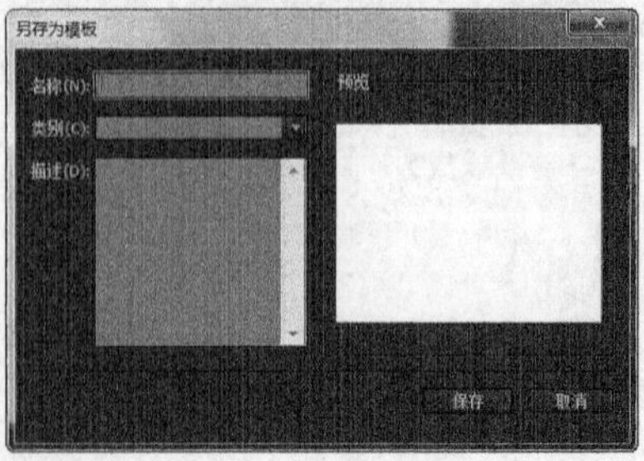

步骤06 在【名称】文本框中输入模板的名称。

步骤07 从【类别】下拉列表中选择一种类别或输入一个名称，以便创建新类别。

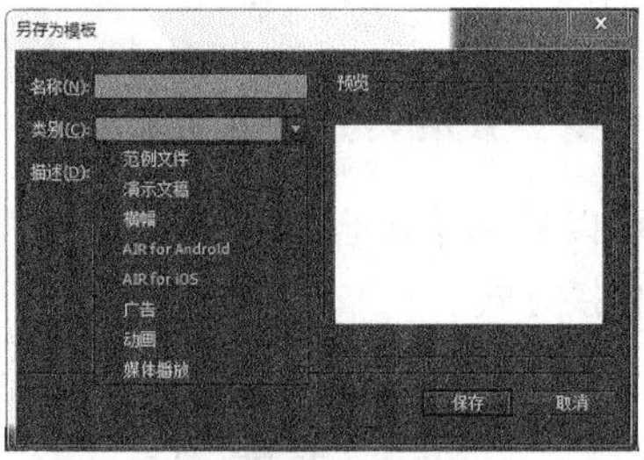

步骤08 在【描述】文本框中可以输入模板说明（最多255个字符）。

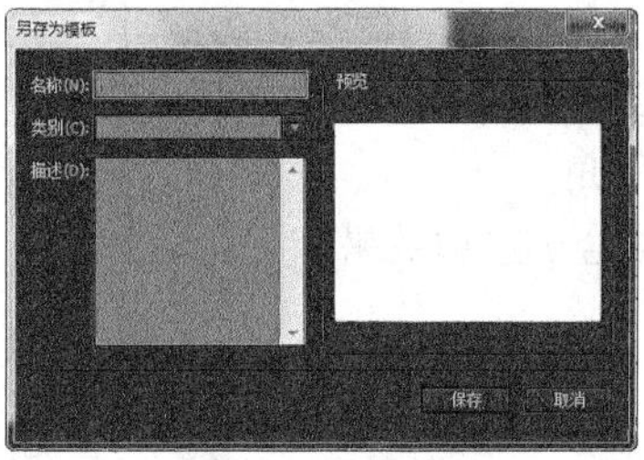

步骤09 单击【保存】按钮。

小提示

如果保存为模板，SWF历史记录数据将被清除。

退出Flash时保存文档的具体操作步骤如下。

步骤10 选择【文件】➤【退出】菜单命令。

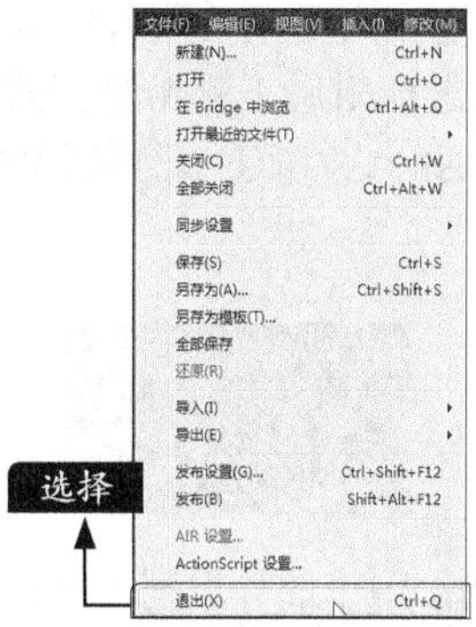

步骤11 如果有打开的文档包含未保存的更改，Flash会提示用户保存或放弃对文档的更改，系统会弹出提示对话框。

小提示

如果在包含未保存更改的一个或多个文档处于打开状态的情况下退出Flash，Flash会提示用户保存包含更改的文档。

步骤12 单击【是】按钮，则可保存更改并关闭文档（单击【否】按钮关闭文档，则不保存更改）。

13.3 常用绘图工具的应用

本节教学录像时间：25 分钟

Flash CC具有强大的绘图功能，使用Flash CC中的绘图工具可以创建和修改图形，绘制自由形状以及规则的线条或路径，并且可以填充对象，还可以对导入的位图进行适当的处理。

13.3.1 铅笔工具

使用铅笔工具不但可以直接绘制出不封闭的直线、竖线和曲线，而且可以绘制出各种规则和不规则的封闭形状。使用铅笔工具所绘制的曲线通常不够精确，但是可以通过编辑对其进行修整。

1. 相关知识

使用铅笔工具可以绘制直线或曲线。选取铅笔工具会出现附属工具铅笔模式，通过它可以选择Flash修改所绘笔触的模式，有3种模式可供选择。

⑴ 伸直：用于形状识别。如果绘制出近似的正方形、圆、直线或曲线，Flash将根据它的判断调整成规则的几何形状。

⑵ 平滑：用于对有锯齿的笔触进行平滑处理。

⑶ 墨水：用于较随意地绘制各类线条，这种模式不对笔触进行任何修改。

单击笔触颜色按钮，可从出现的调色板上选择除渐变以外的任何颜色（因为渐变不能用作笔触颜色）。

打开铅笔工具【属性】面板，可以选择的笔触样式包括实线、点状线及斑马线等，还可以设置笔触高度（即线条的宽度）。单击可以从调色板上选择颜色。

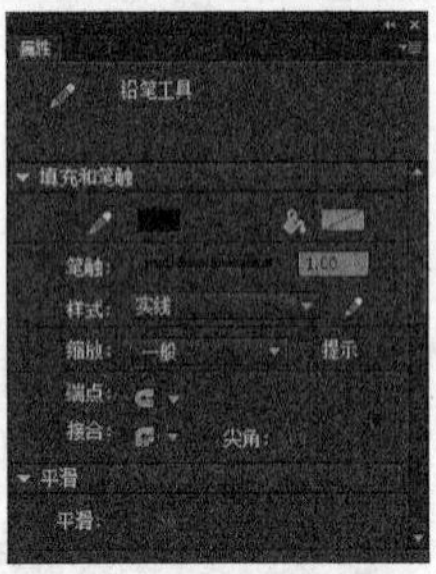

其中可以选择【端点】选项，设定路径终点的样式。

⑴ 无。

⑵ 圆角。

⑶ 方形。

设置效果如图所示。

还可以选择【接合】选项，定义两个路径片段的相接方式。

⑴ 尖角。

⑵ 圆角。

⑶ 斜角。

【接合】选项效果如图所示。

要更改开放或闭合路径中的转角，可以选择一个路径，然后选择另一个接合选项。为了避免尖角接合倾斜，应输入一个尖角限制。超过这个值的线条部分将被切成方形，而不形成尖角。

例如一个3磅笔触的尖角限制为2，那么当该点长度是该笔触粗细的两倍时，Flash就删除限制点。

2. 应用示例

下面介绍创建各类线条的方法。

步骤01 从【工具】面板中选择铅笔工具（或按【Y】键）。

步骤02 在【属性】面板的下拉列表框中选择笔触颜色、宽度和样式。

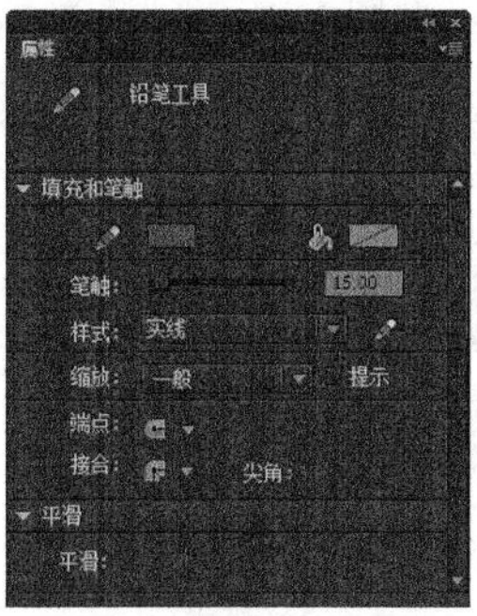

步骤03 从出现的铅笔模式附属工具中选择铅笔模式，并在不同的铅笔模式下拖曳鼠标创建形状。

13.3.2 钢笔工具

钢笔工具用于手动绘制路径，可以创建直线或曲线段，然后可以调整直线段的角度和长度以及曲线段的斜率，是一种比较灵活的形状创建工具。

选中钢笔工具，然后在舞台上单击鼠标确定贝塞尔曲线上的节点位置，可以来创建路径。路径由贝塞尔曲线构成，贝塞尔曲线是具有节点的曲线，通过节点上的控制手柄可以调整相邻两条曲线段的形状。

1. 相关知识

使用钢笔工具与铅笔工具有很大的差别。使用铅笔工具绘制一条线要按下、拖曳，然后松开；而钢笔工具则是单击确定一个点，再按下就确定另外一个点，直到双击后才停止画线。钢笔工具可以用来添加路径点帮助编辑路径，也可以删除路径点使路径变得平顺。不过使用钢笔工具绘制的线是不能用铅笔工具来编辑的。

下面介绍使用钢笔工具绘制直线的方法。

步骤01 选择钢笔工具（或按【P】键），在舞台上单击鼠标确定一个锚记点。

步骤02 单击第二点（如在第一点右侧单击第二点）画一条直线，继续单击添加相连的线段，直线路径上或直线和曲线路径接合处的锚记点被称为转角点，转角点以小方形表示。

小提示

使用部分选取工具可选中锚记点，未被选择的锚记点是空心的，被选中后则是实心的。

要结束路径，使用以下方法即可。

(1) 将钢笔工具放置到第一个锚记点上，单击或拖曳以闭合路径。

(2) 按住【Ctrl】键，在路径外单击。

(3) 单击工具箱里的其他工具。

(4) 在结束时双击鼠标，或单击选择任一个转角点。

下面介绍通过钢笔工具描绘曲线的方法。

步骤03 选择钢笔工具，在舞台上单击确定第一个点。

步骤04 在第一个点的右侧单击另一个点，并向右下拖曳绘出一段曲线，然后松开鼠标。

步骤05 将鼠标光标再向右移，在第三个点按下鼠标并向右上拖曳绘出一条曲线，可以用这种方法继续增加路径点。

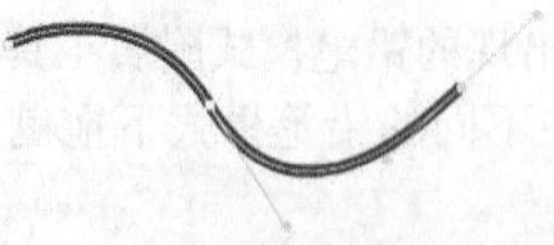

小提示

当用钢笔工具单击并拖曳时，须注意到曲线点上有延伸出去的切线，这是贝塞尔曲线所特有的手柄，拖曳它可以控制曲线的弯曲程度。

步骤06 删除路径点：将钢笔头指向一个路径点，此时钢笔头呈现 状态，或者直接在工具箱中选择删除锚点工具，单击路径点即可删除此路径点。

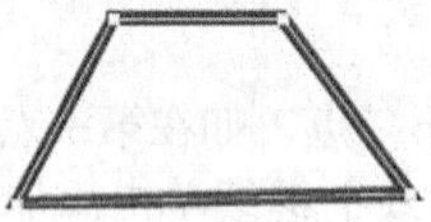

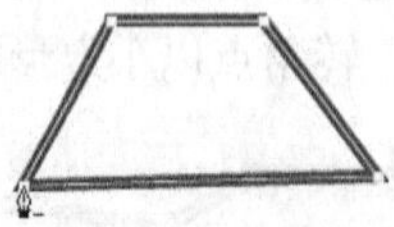

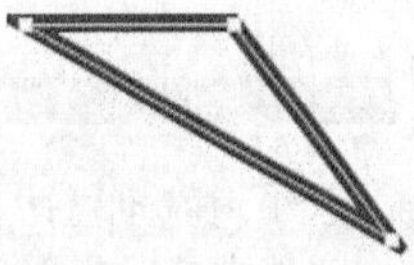

步骤07 如果要封闭路径，可将钢笔头指向第一个锚记点。当钢笔头的旁边出现一个小圆圈时单击第一个锚记点即可完成。

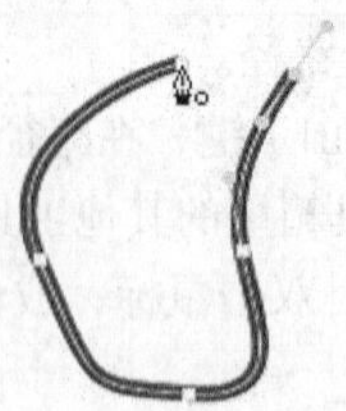

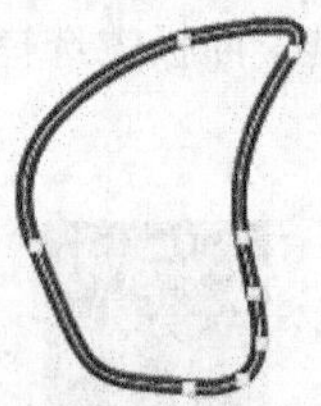

下面介绍通过钢笔工具编辑曲线的方法。

步骤08 添加路径点：将钢笔头移至一条路径上，当鼠标指针变成钢笔图标时单击即可添加一个路径点。

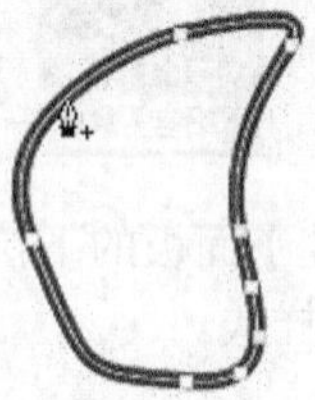

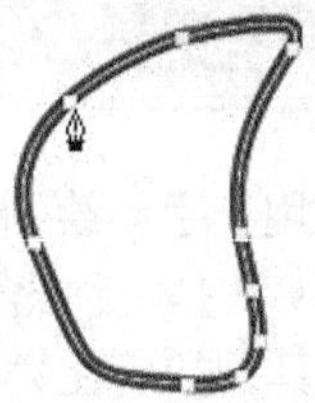

小提示

使用部分选取工具也能编辑用铅笔工具绘制的路径，方法可参见“部分选取工具”的内容。

2. 绘制苹果

使用Flash工具箱中的钢笔工具可以绘制苹果，其具体的操作步骤如下。

步骤01 选择【文件】➤【新建】命令，创建一个新影片，保存为“红苹果.fla”文档。

步骤02 然后选择钢笔工具（或按【P】键），在舞台上绘出苹果的形状（注意线条要连贯）。

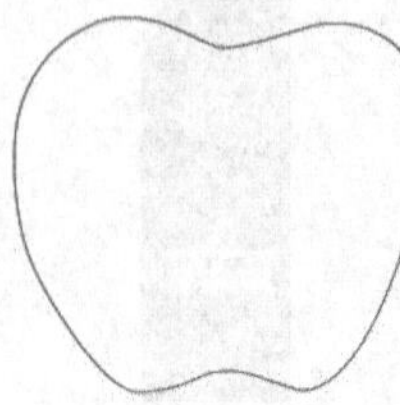

步骤03 选择绘制的苹果图形，打开【属性】面板，设置笔触的粗细为0.5，颜色为红色，接合方式为圆角。

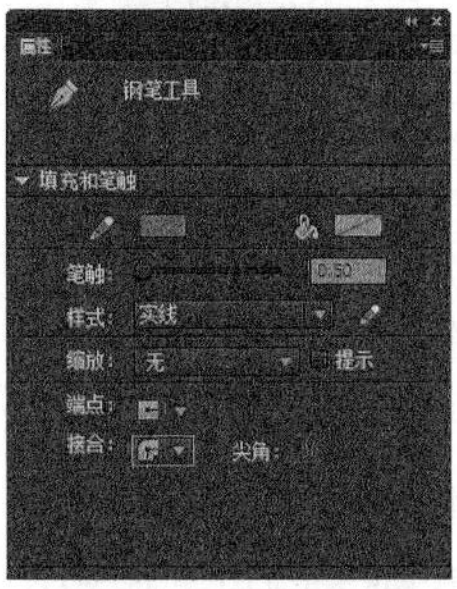

步骤04 单击【工具】面板中的颜料桶工具，在【颜色】面板（按【Alt+Shift+F9】组合键）上选择【颜色类型】下拉列表框中的【纯色】选项。

步骤05 在十六进制编辑文本框中输入颜色值#FE090E（红色）。

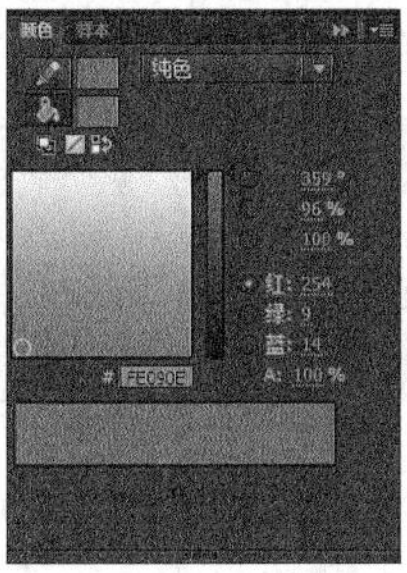

步骤06 单击舞台中的苹果图形，为苹果图形添加定义后的填充色。

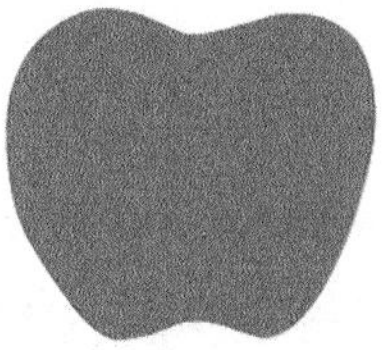

步骤07 再次选择钢笔工具（或按【P】键），绘制出苹果的内部亮色部分形状。

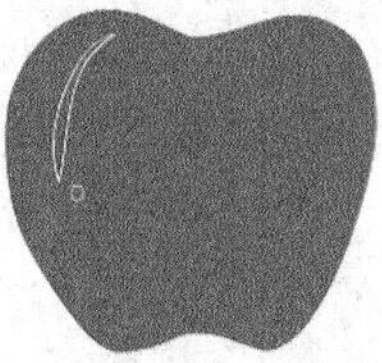

步骤08 为绘制的内部亮色部分形状填充白色，最后去掉笔触。

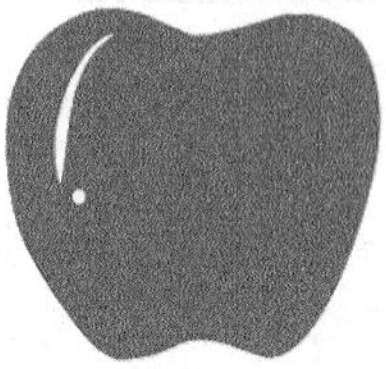

步骤09 为做好的苹果用钢笔工具添加颈杆，并填充绿色，如图所示。

步骤10 选择绘制的红苹果，然后右击，在快捷菜单中选择【转换为元件】命令，将其转换为图形后复制几个红苹果并调整其位置和大小。

13.3.3 椭圆和基本椭圆工具

【椭圆工具】和【基本椭圆工具】属于几何形状绘制工具，用于创建各种比例的椭圆形，也可以绘制各种比例的圆形，操作起来比较简单。

1. 相关知识

椭圆工具和基本椭圆工具用来创建椭圆形、圆形、扇形、饼形和圆环形。在创建椭圆时，可使用【属性】面板来设置边线。如果希望椭圆只有轮廓而没有填充，就需要在颜色工

具中先选中 ，然后单击按钮。

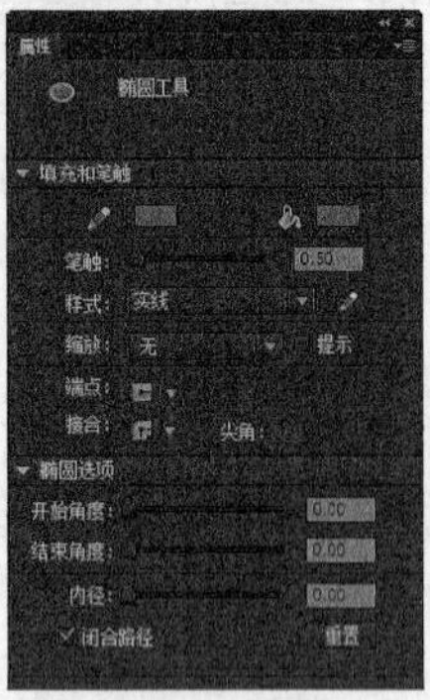

椭圆工具和基本椭圆工具的不同点如下。

⑴ 椭圆工具绘制后的图形是形状，只能使用编辑工具进行修改。

⑵ 基本椭圆工具绘制的图形可以在【属性】面板中修改其基本属性。

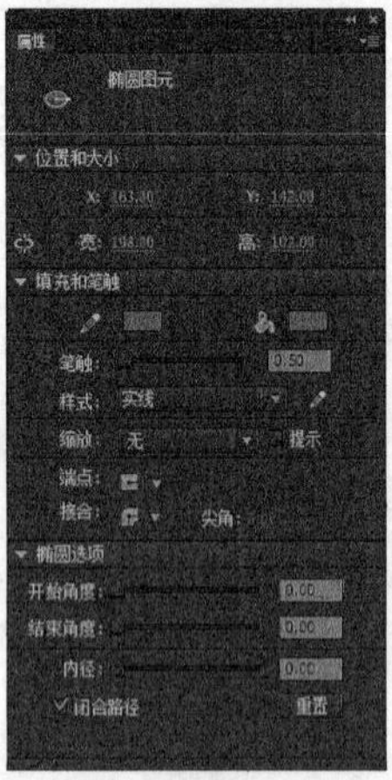

2. 应用示例

下面介绍创建椭圆的方法。

步骤 01 从【工具】面板中选择椭圆工具（或按【O】键）。

步骤 02 在打开的【颜色】面板中选择笔触的颜色、颜色的类型以及填充色。

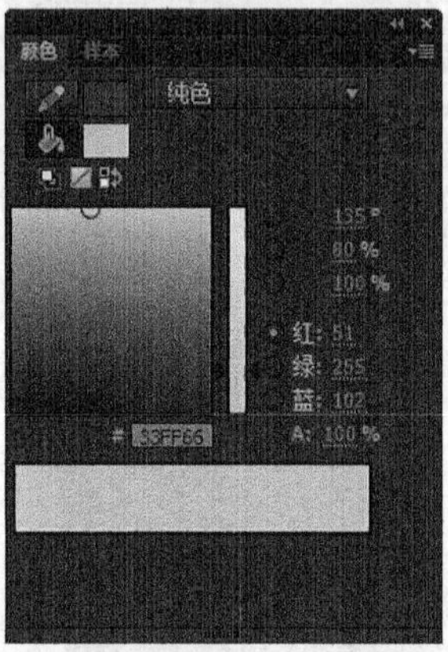

步骤 03 将鼠标指针移到舞台上单击并拖曳就会看到椭圆的一个基本样式，当椭圆的大小和形状达到要求后释放鼠标即可。

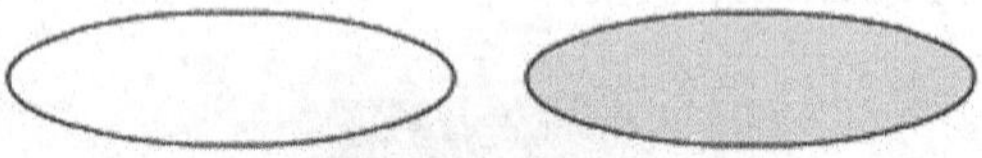

小提示

要绘制圆，在拖曳鼠标时按住【Shift】键即可。

13.3.4 矩形和基本矩形工具

【矩形工具】和【基本矩形工具】是几何形状绘制工具，用于创建各种比例的矩形，也可以绘制各种比例的正方形，操作方法与使用椭圆工具的方法相似。

1. 相关知识

【矩形工具】和【基本矩形工具】用于创建矩形和正方形。矩形工具的用法与椭圆工具基本一样，所不同的是：在矩形工具的【属性】面板中包括一个控制矩形边角半径的附属工具，从中输入一个【边角半径】的像素点数值就能绘制出相应的圆角矩形。

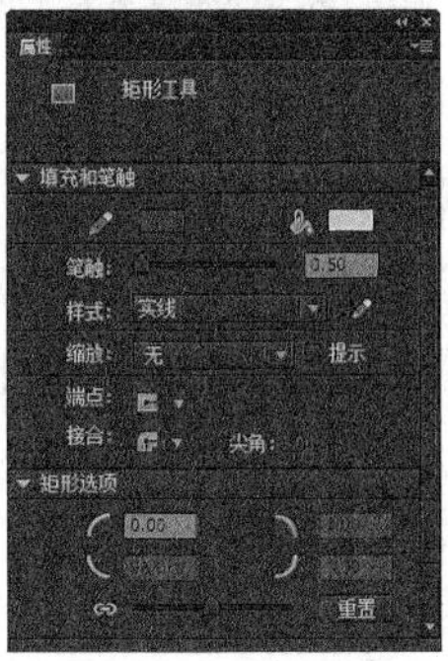

小提示

要想绘制出线框矩形，可以首先选中，然后单击按钮。

2. 应用示例

下面介绍创建圆角矩形框的方法。

步骤01 从【工具】面板中选择矩形工具（或按【R】键）。

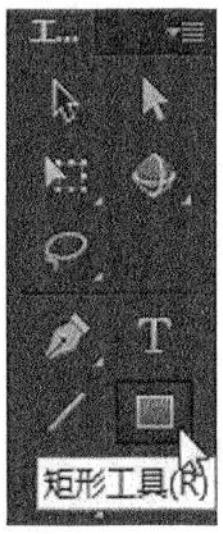

步骤02 在【笔触】面板中选择笔触的颜色、颜色类型和样式。如果希望矩形只有轮廓没有填充，可将填充颜色工具选为空。将鼠标指针移到舞台区，会发现它变成了一个十字光标。

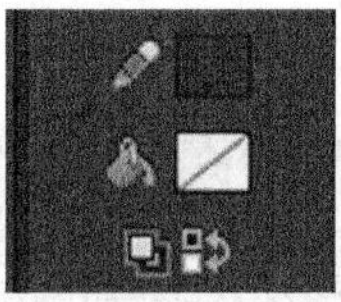

步骤03 在矩形工具的【属性】面板中设置矩形边角半径的大小。

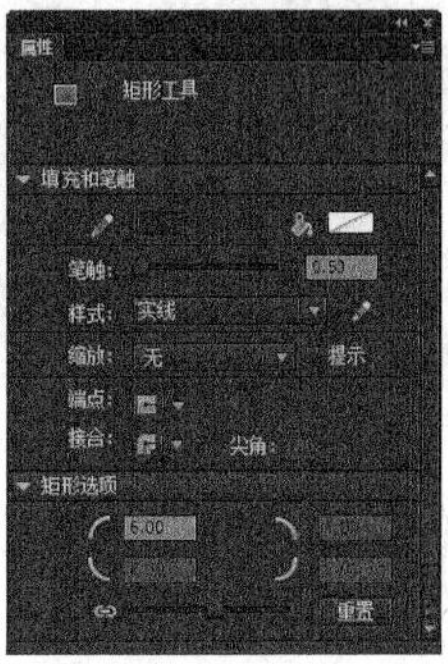

步骤04 单击并拖曳鼠标，将看到矩形的一个基本样式。在矩形的大小和形状达到要求后释放鼠标。从【笔触】面板的下拉列表框中选择其他的笔触样式，然后使用同样的方法拖曳出样式各异的多个圆角矩形。

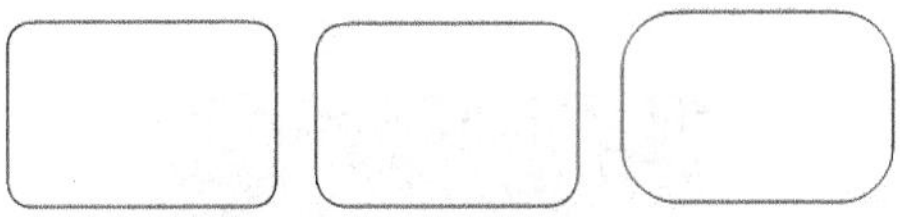

小提示

要创建正方形，可以在拖曳鼠标的同时按住【Shift】键。创建圆角矩形的一个简单的办法是：在拖曳鼠标的同时按下键盘上的方向键，按向上键可以缩小圆角半径，按向下键可以加大圆角半径。

13.3.5 颜色工具

Flash CC的颜色工具是多个纯色的集合。颜色工具主要包含笔触颜色与填充色。在颜色工具中可以设置笔触颜色和填充色的色彩模式和填充效果。

1. 笔触颜色与填充色

⑴ 笔触颜色可用来设定笔触的颜色。

设定笔触颜色的方法：在笔触颜色图标中单击按钮，然后从弹出的调色板中选择一种固定颜色即可。

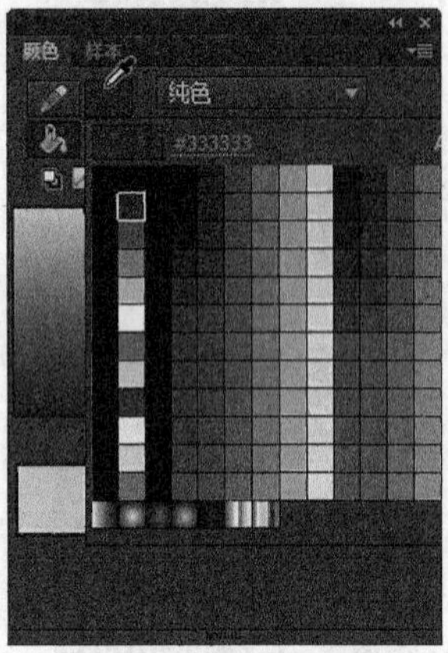

小提示

笔触颜色只能为一种固定颜色，不能选择为渐变色。

⑵ 填充色可用来设定填充的颜色。

设定填充颜色的方法：在填充色图标中单击按钮，然后从弹出的调色板中选择固定颜色，也可以在底部的可用渐变色上选择预设好的渐变色。

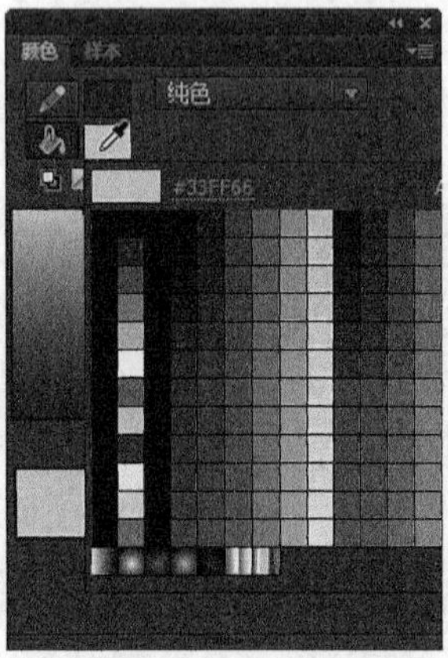

⑶ 切换按钮可用来将边框指定为黑色，填充为白色。可用来将边框（当选中按钮时）或填充色（当选中按钮时）设置成无色状态。按钮用于交换边框与填充的颜色值。

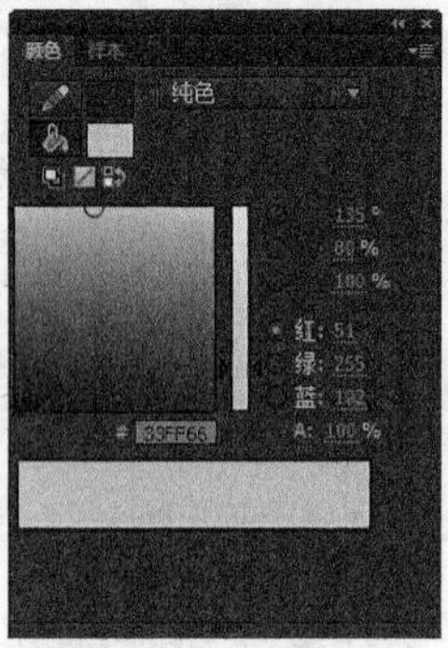

2. 颜色的设置

使用上面的颜色工具只能初步地选择颜色，如果需要自定义颜色，就要使用相关的浮动面板。

（1）【样本】面板

在Flash菜单中选择【窗口】➤【样本】命令，打开【样本】面板。

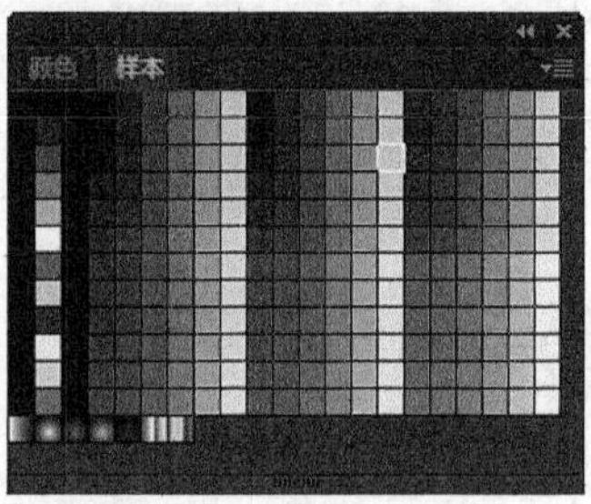

在该面板中有以下两部分。

① 上面为216种固定颜色。

② 下面是渐变色。

它们都是可供直接选取的颜色。当单击某一种颜色时，这种颜色就成为了当前颜色。

（2）【颜色】面板

在Flash菜单中选择【窗口】➤【颜色】命令，打开【颜色】面板。

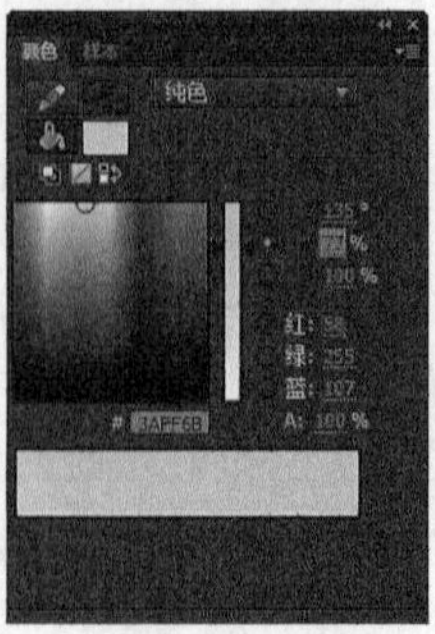

① 面板上方的一组按钮与颜色工具中的完全相同。下方有H、S、B颜色组合项，可以直接输入数字，也可以拖曳滑块调节，通过设定色彩值、饱和度和亮度以合成颜色。

② 如果在其他的窗口中选中了某种颜色，这种颜色的值就会反映在此栏内。

③ Alpha为透明度设置项，100%时不透明，0%时为全透明，拖曳透明度滑块可以改变当前颜色的透明度。

（3）填充效果

在【颜色】面板中可以设置不同的填充效果，从下拉菜单中可以选择5种填充模式中的任意一种。

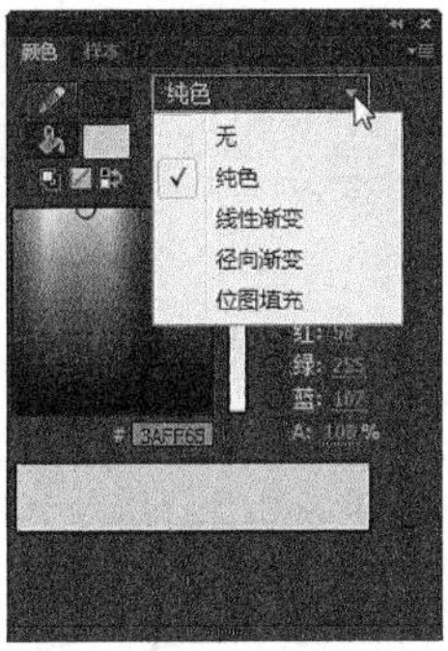

① 无：没有填充色，即只显示边框或轮廓。

② 纯色：例如红色、绿色和蓝色等颜色。

③ 线性渐变：一种特殊的填充方式，颜色可以从上往下（或者从一侧到另一侧）渐变成另一种颜色。

④ 径向渐变：与线性渐变类似，所不同的是从内往外呈放射渐变。

⑤ 位图填充：用导入的位图进行填充，可以根据自己的需要从【库】面板的图标中选择任一个位图进行填充，甚至可以将它平铺在形状中。

在创建对象（如使用椭圆、矩形和刷子等工具），或者用颜料桶工具为轮廓添加填充或改变已有的填充时，可以选择填充颜色或者渐变颜色。当选择渐变项，或者在颜色工具的填充色中选择一种渐变色时，【颜色】面板将切换为编辑渐变颜色面板。

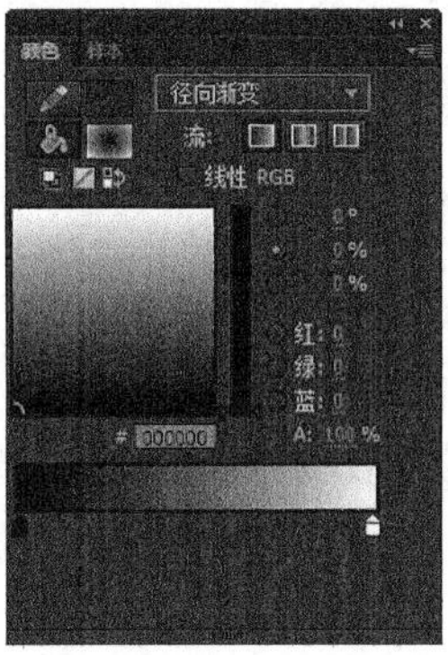

渐变色主要用于确定两种颜色之间的平滑过渡方式，并将这种过渡色彩应用到填充工具或刷子工具中。这种填色方式将大大地提高动画元素的创作能力。

溢出允许控制超出线性或放射状渐变限制的颜色。溢出模式有扩展（默认模式）、镜像和重复等几种模式。

在编辑渐变颜色时，可以在两种颜色之间过渡，也可在多种颜色之间过渡，这时就需要增加颜色数量。可以用鼠标在色彩滑动区上单击一下，即可增加一个颜色指示器。可以将色彩指示器左右拖曳，如果拖曳出滑动区即删除一种色彩。如果需要改变某种色彩显示器的颜色，可以先选中它，这时色彩指示器上面的三角部分会变成黑色，然后就可以单击取色按钮，再从弹出的调色板上选择一种颜色。设置完成后，在【颜色】面板下的样品栏中单击即可保存这种渐变色，以便于以后调用。

13.3.6 墨水瓶工具

对直线或形状轮廓只能应用纯色，而不能应用渐变或位图。使用墨水瓶工具可以在不选择形状轮廓的情况下，实现一次更改多个对象的笔触属性。

1. 相关知识

墨水瓶工具用于创建形状边缘的轮廓（或修改形状边缘的笔触），并且可以设定轮廓的颜色、宽度和样式，此工具仅影响形状对象。

要添加轮廓设置，可以先在铅笔工具中设置笔触属性，然后再使用墨水瓶工具。

2. 应用示例

使用墨水瓶工具添加或者改变笔触或轮廓的方法如下。

步骤01 打开随书光盘中“素材\ch13\绘图工具.fla”文档。

步骤02 从【工具】面板中选择墨水瓶工具（或按【S】键）。将鼠标指针移到舞台区，此时它会变成一个墨水瓶。

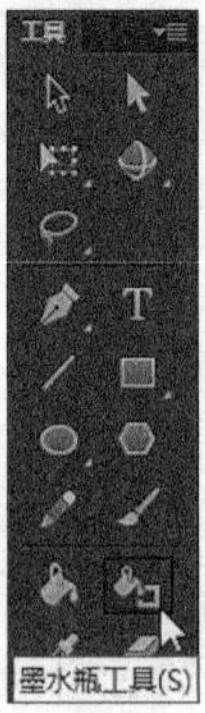

步骤03 从择墨水瓶工具的属性中选择所需要的设置（如选择笔触颜色为蓝色，笔触高度为5）。

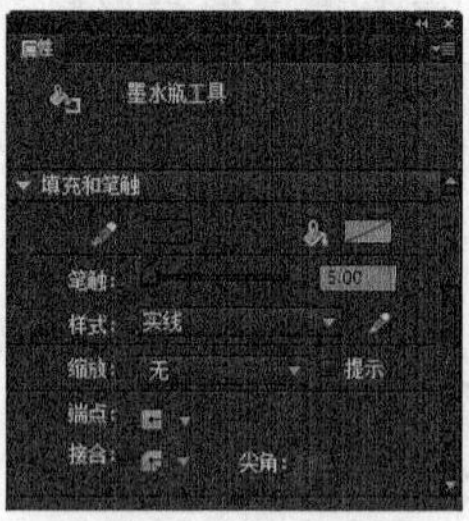

步骤04 使用墨水瓶单击某个形状的填充区域，添加的轮廓将具有铅笔工具中设置的属性。

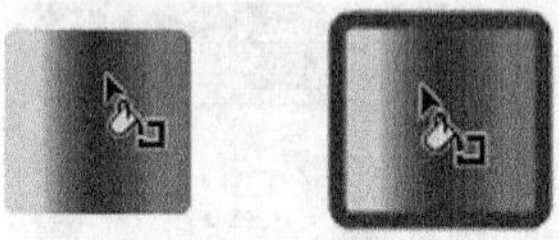

小提示

使用墨水瓶工具也可以改变框线的属性。如果一次要改变数条线段，可以按住【Shift】键将它们选中，再使用墨水瓶工具点选其中的任何一条线段。

13.3.7 颜料桶工具

Flash CC中的形状对象以及文本对象都具有填充属性。对于开放的路径对象来说虽然具有填充属性，却不能填上颜色，因此开放的路径对象无法显示填充。对于封闭的路径对象来说，如矩形、椭圆形、多边形、封闭曲线对象以及文本对象等都可以应用填充属性，可以使用颜料桶工具对它们进行填充操作。

1. 相关知识

颜料桶工具可用于填充线形轮廓，或者改变形状对象已有的填充。

（1）空隙模式

颜料桶工具拥有附属工具，可以根据空隙大小来处理未封闭的轮廓，有4种模式可供选择。

① 不封闭空隙：不允许有空隙，只限于封闭区域。

② 封闭小空隙：允许有小空隙。

③ 封闭中等空隙：允许有中等空隙。

④ 封闭大空隙：允许有大空隙。

小提示

虽然使用【封闭大空隙】模式可以封闭许多空隙，但是当空隙太大时就不起作用了，这时可采用缩小显示比例的方法来完成填充。

（2）锁定填充

这是颜料桶工具的一个附属按钮，它可以控制渐变的填充方式。当打开此功能时，所有使用渐变的填充看上去就像舞台上整个大型渐变形状的一部分。当关闭此功能时，每个填充都清楚可辨而且可以显示出整个渐变。

2 应用示例

下面介绍编辑线性渐变填充的方法。

步骤01 打开随书光盘中“素材\ch13\绘图工具.fla”文档。

步骤02 从【工具】面板中选择颜料桶工具（或按【K】键），然后从出现的附属工具中选择需要的空隙模式。将鼠标指针移到舞台区，此时它会变成一个颜料桶。

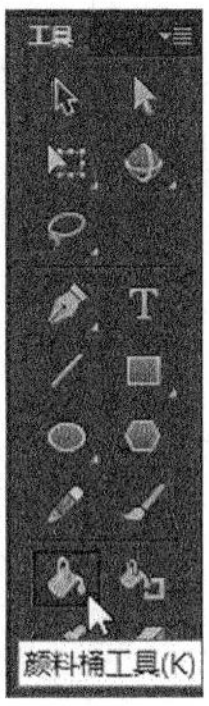

步骤03 用颜料桶工具在填充区内部单击以改变它的属性，或者在轮廓内单击以添加填充。使用线性渐变进行填充时，可以单击并拖曳鼠标以改变填充的角度。

步骤04 单击【工具】面板中的渐变变形工具。将鼠标指针移动到已做线性渐变填充的形状上，此时它会变成一个小型渐变元件。

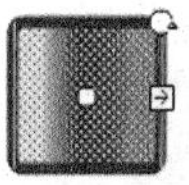

步骤05 在线性渐变区域的任意处单击会出现编辑手柄，利用手柄可以对渐变进行调整。要移动渐变的中心点，单击并拖曳中心手柄即可；要旋转渐变，单击并拖曳圆圈手柄即可；要调整渐变的大小，单击并拖曳方块手柄即可。

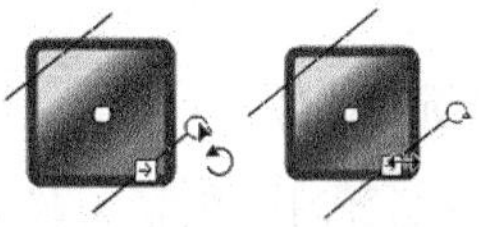

小提示

填充区域内已经有填充颜色，而轮廓内还没有填充颜色，此时在填充区域内使用颜料桶工具填充改变其填充颜色。

步骤06 单击【工具】面板中的填充变形工具。将鼠标指针移动到已做线性渐变填充的形状上，此时它会变成一个小型渐变元件。

编辑径向渐变填充的步骤如下。

步骤07 从【工具】面板中选择颜料桶工具。

步骤08 在【颜色】面板中选择径向渐变，然后使用颜料桶工具在填充内部单击，使它变成径向渐变填充。

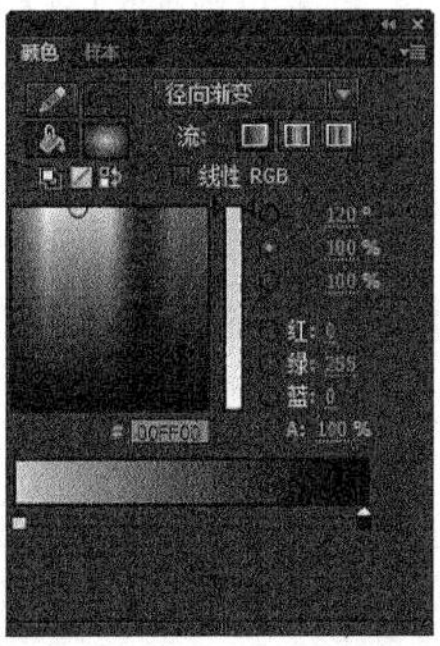

步骤09 单击按钮，然后单击径向渐变填充的区域，渐变将处于可编辑状态。要移动渐变的中心点，单击并拖曳带十字选取的中心手柄即可；要改变渐变，单击并拖曳带双向选取的小方形手柄即可；要调整渐变的大小，单击并拖曳里面带选取的小圆圈手柄即可；要旋转渐变，单击并拖曳带圆选取的小圆圈手柄即可。

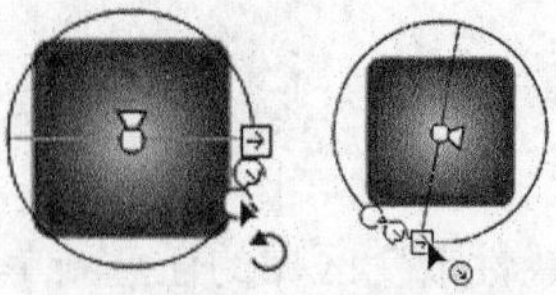

小提示

不能编辑组合类的填充，除非将它们分离成形状。

3. 实例：渐变球体

本实例需要练习颜料桶工具和椭圆工具的使用方法。

绘制渐变球体的具体操作步骤如下。

步骤 01 选择【文件】➤【新建】命令，创建一个新影片，保存为“渐变球体.fla”文档。

步骤 02 单击【工具】面板中的椭圆工具，并将【笔触颜色】设置为【没有颜色】。

步骤 03 在舞台上拖曳鼠标绘制一个无轮廓的椭圆形。

步骤 04 单击【工具】面板中的颜料桶工具，然后在【颜色】面板（按【Shift+F9】组合键）上选择【类型】下拉列表框中的【径向渐变】选项。

步骤 05 单击渐变定义栏的右侧添加一个渐变指针。

步骤 06 单击左侧的渐变指针，在十六进制编辑文本框中输入颜色值#FFFFFF（白色）。

步骤 07 同样，将中间和右边的渐变指针的颜色设置为#FF9900和#FFCC66。

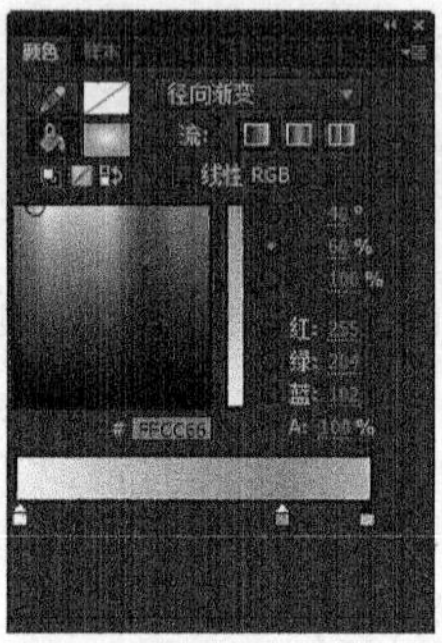

步骤 08 单击舞台中椭圆形的左上方，为椭圆形添加定义后的渐变填充色。

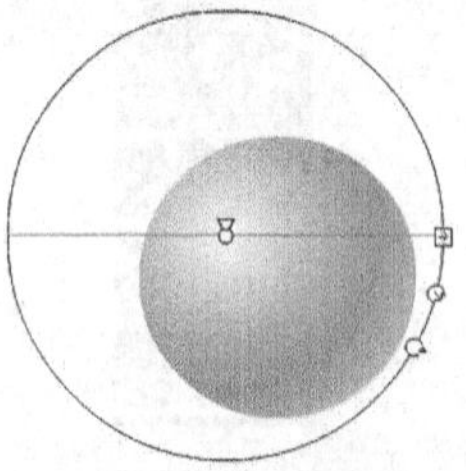

步骤 09 按【Ctrl+S】组合键保存文件。

13.3.8 滴管工具

滴管工具是关于颜色的工具，应用滴管工具可以获取需要的颜色，另外还可以对位图进行属性采样。使用滴管工具采到的样式一般包含笔触颜色、笔触高度、填充颜色和填充样式等。

1. 相关知识

使用滴管工具可以对舞台上的填充或笔触进行采样，然后将采到的样式运用于其他对象。

2. 应用示例

下面介绍复制填充的属性并将它用于另一个对象的方法。

具体的操作步骤如下。

步骤01 打开打开随书光盘中“素材\ch13\绘图工具.fla“文档，将【位图.bmp】从库中拖入舞台（按【F11】键调出【库】面板），并将其分离（按【Ctrl+B】组合键可以分离位图）。然后从【工具】面板中选择滴管工具（或按【I】键）。

步骤02 将滴管放在想复制其属性的填充（包括渐变和分离的位图）上，这时滴管工具的旁边会出现一个刷子图标。然后单击填充，就会将形状信息采样到填充工具中。

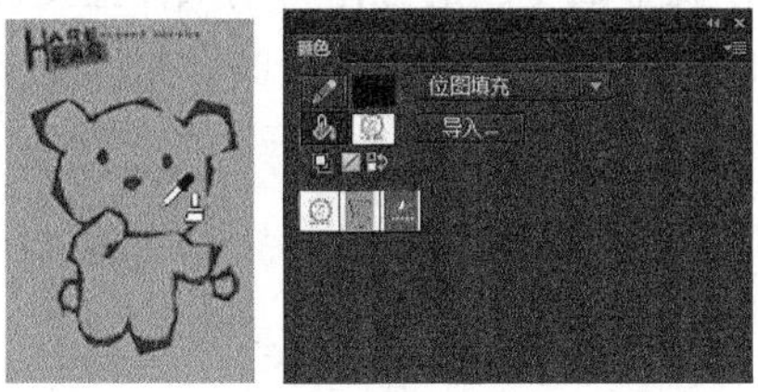

步骤03 单击已有的填充（或用填充工具拖出填充），该填充将具有滴管工具所提取的填充属性。

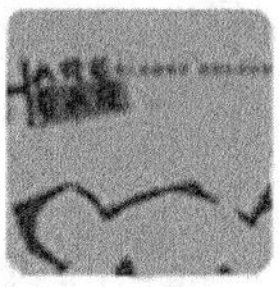

小提示

如果将位图分离，就可以用滴管工具取得图像并用于填充形状。

13.3.9 渐变变形工具

渐变变形工具主要用于对填充颜色进行各种方式的变形处理，如选择过渡色、旋转颜色和拉伸颜色等。通过使用填充变形工具，用户可以将选择对象的填充颜色处理为需要的各种色彩。在影片制作中经常要用到颜色的填充和调整，因此，熟练使用该工具也是掌握Flash的关键之一。

1. 相关知识

首先，单击【工具】面板中的渐变变形工具，鼠标的右下角将出现具有梯形渐变填充的矩形，然后选择需要进行填充变形处理的图像对象，被选择图形四周将出现填充变形调整手柄。通过调整手柄对选择的对象进行填充色的变形处理，具体处理方式可根据鼠标显示的不同形状来进行。处理后，即可看到填充颜色的变化效果。填充变形工具没有任何属性需要设置，直接使用即可。

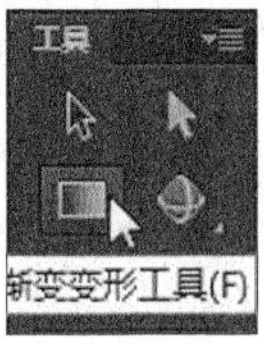

2. 应用示例

下面介绍使用填充变形工具的具体操作方法。

具体的操作步骤如下。

步骤01 在【绘图】工具箱中选择椭圆工具，在舞台上绘制一个无填充色的椭圆。

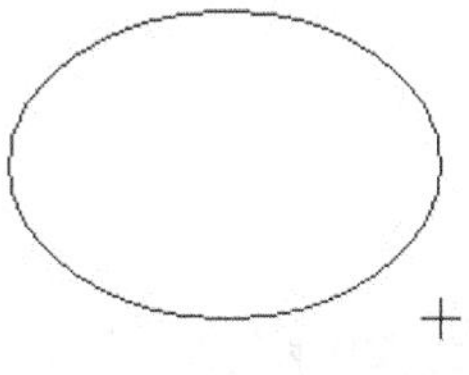

步骤02 单击按钮，在颜色选区中单击按钮，从弹出的【样本】面板中选中填充颜色为黑白径向渐变色。

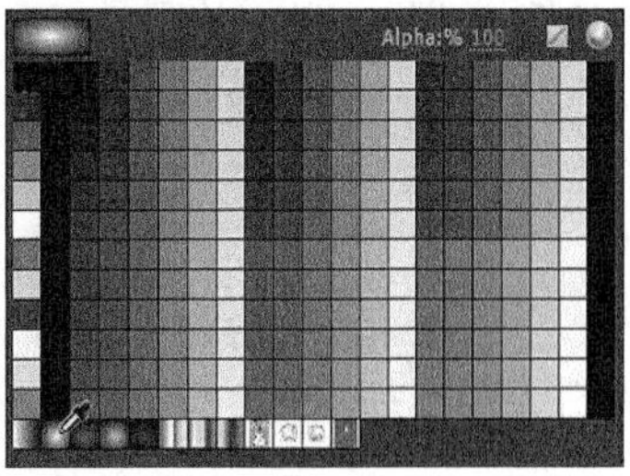

步骤03 在舞台上单击已绘制的椭圆图形，将其填充。

步骤04 单击按钮，在舞台的椭圆填充区域内单击鼠标左键，这时在椭圆的周围出现了一个渐变圆圈，在圆圈上有3个圆形和1个方形的控制点，拖动这些控制点填充色会发生变化。

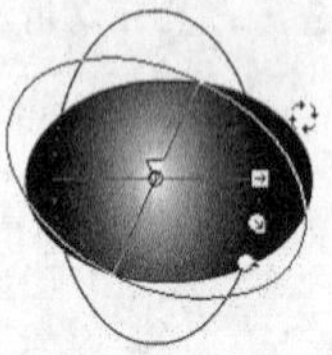

下面简要介绍这4个控制点的使用方法。

⑴ 调整渐变圆的中心：用鼠标拖曳位于图形中心位置的圆形控制点，可以移动填充中心的位置。

⑵ 调整渐变圆的长宽比：用鼠标拖曳位于圆周上的方形控制点，可以调整渐变圆的长宽比。

⑶ 调整渐变圆的大小：用鼠标拖曳位于圆周上的渐变圆大小控制点，可以调整渐变圆的大小。

⑷ 调整渐变圆的方向：用鼠标拖曳位于圆周上的渐变圆方向控制点，可以调整渐变圆的倾斜方向。

13.4 对象的基本操作

本节教学录像时间：10 分钟

Flash提供有各种基本的操作方法，包括选取对象、变形对象、复制对象和移动对象等。在实际中可以将单个的对象合成一组，然后作为一个对象来处理。

13.4.1 选取对象

Flash提供的选取方法有多种，选取对象主要是使用部分选取工具和套索工具进行。选取线条和填色区与选取组、实例和字体的效果是不同的：被选中的填色区和线条显示的是高亮的点阵，被选中的实例（或组）显示的则是一个蓝色的封闭边框。

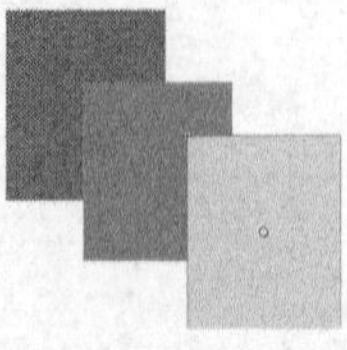

选取技巧有以下几类。

⑴ 使用【部分选取工具】选取对象。

单击对象、双击对象或拖曳出矩形框选取对象。

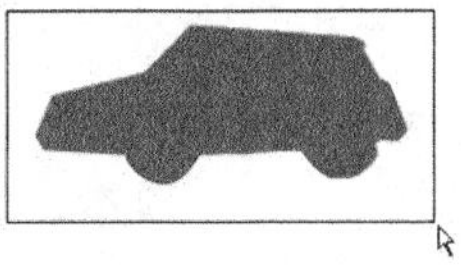

⑵ 使用【套索工具】选取对象。

使用套索工具及其附属的多边形模式，通过绘制任意形状的选取区域来选取对象。

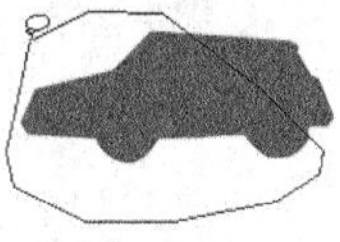

⑶ 一次选取较多的对象。

在按【Shift】键的同时单击鼠标左键进行新的选取。

⑷ 快速选取场景中的所有对象。

通过选择【编辑】➤【全选】菜单命令，或按【Ctrl+A】组合键来选择。须注意全选并不选取锁定层或者隐藏层中的对象。

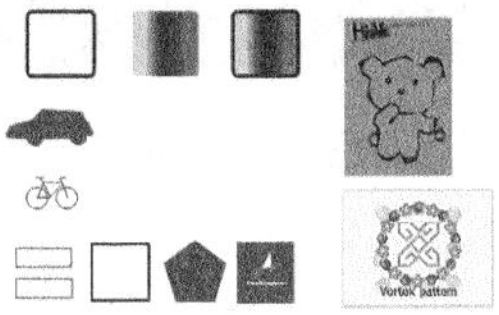

⑸ 取消对所有对象的选取。

通过选择【编辑】➤【取消全选】菜单命令，或者按【Ctrl+Shift+A】组合键来取消全选。

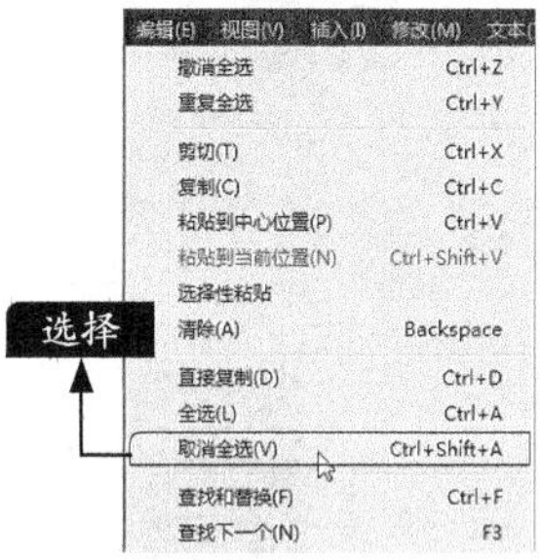

⑹ 防止组或实例被选中并被意外修改。

若不想选取该组或实例，选择【修改】➤【排列】➤【锁定】菜单命令即可。

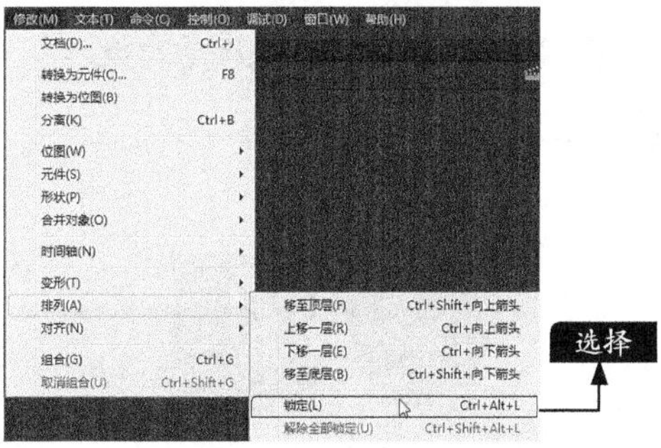

小提示

要想解除所有组（或实例）的锁定，选择【修改】➤【排列】➤【解除全部锁定】菜单命令即可。

13.4.2 移动对象

在舞台上可以使用选择工具拖曳来移动对象。通过使用方向键、【属性】面板或者【信息】面板，可以指定精确的位置。

1. 通过拖曳来移动对象

步骤 01 选择一个或多个对象（例如选择“绘图工具”文档中的一个图形）。

步骤 02 选择选取工具，将指针放在对象上，将其拖曳到新的位置即可。

2. 使用键盘上的方向键来移动对象

步骤 01 选取一个或多个对象。

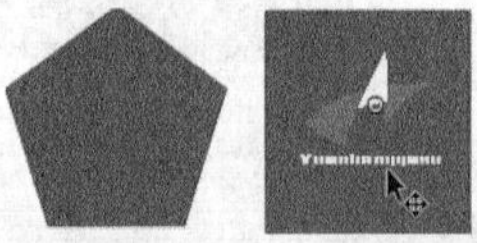

步骤 02 按相应的方向键（向上、向下、向左或向右）来移动对象，一次可移动一个像素。如果在按方向键的同时按【Shift】键，那么一次则可移动10个像素。

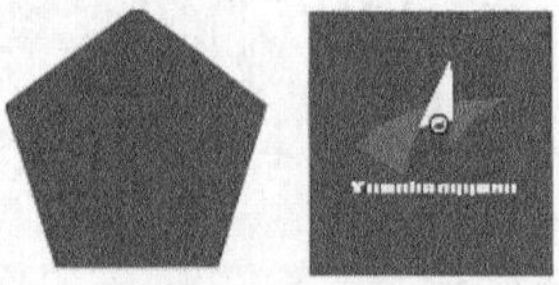

移动1个像素

移动10个像素

3. 使用【信息】面板移动对象

步骤 01 选择一个或多个对象。

步骤 02 选择【窗口】➤【信息】菜单命令，打开【信息】面板。

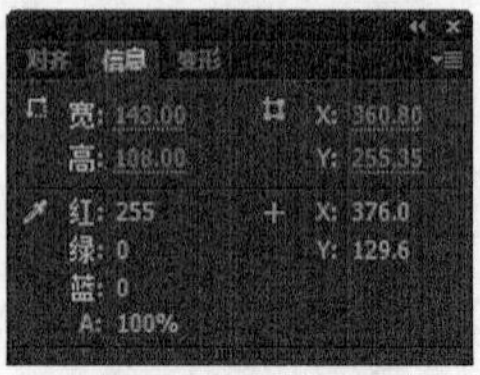

> **小提示**
>
> 因为【信息】面板的内容是随着对象的改变而改变的，所以只需要选择好舞台上的对象，【信息】面板就会反映出对象的属性，这样就可以很容易地调整其位置。

步骤 03 在【X】和【Y】字段中输入需要的值。

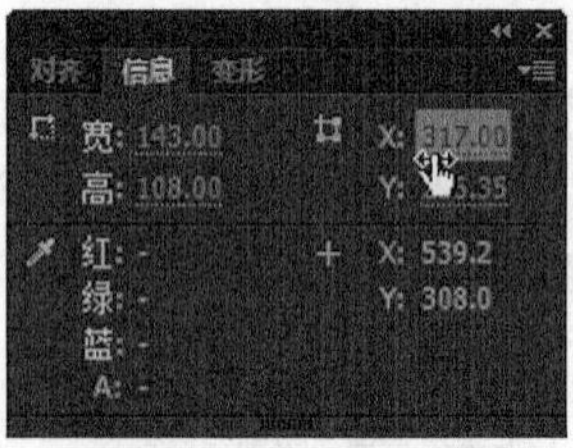

步骤 04 按【Enter】键，就可以将对象精确地移动到指定的位置。

4. 使用【属性】面板移动对象

步骤 01 选择一个或多个对象。

步骤02 如果看不到【属性】面板，选择【窗口】➤【属性】菜单命令即可。

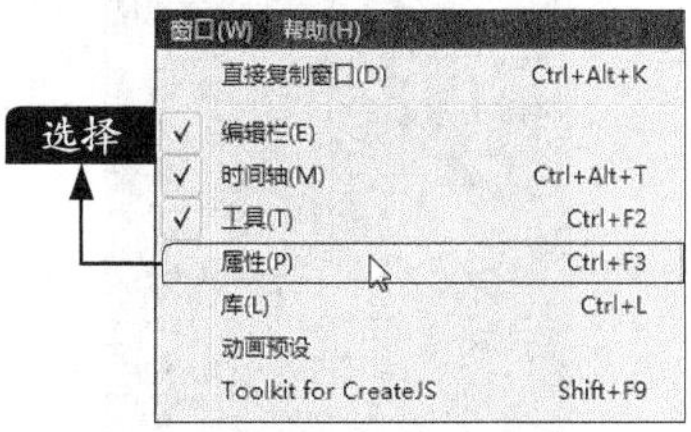

步骤03 输入所选内容左上角位置的【X】和【Y】值（单位是相对于舞台左上角而言的）即可。

13.4.3 复制对象

可以通过粘贴复制对象，也可以创建对象的变形副本。

1. 通过粘贴移动或复制对象

步骤01 选取一个或多个对象。

步骤02 选择【编辑】➤【剪切】菜单命令（或者【编辑】➤【复制】菜单命令）。

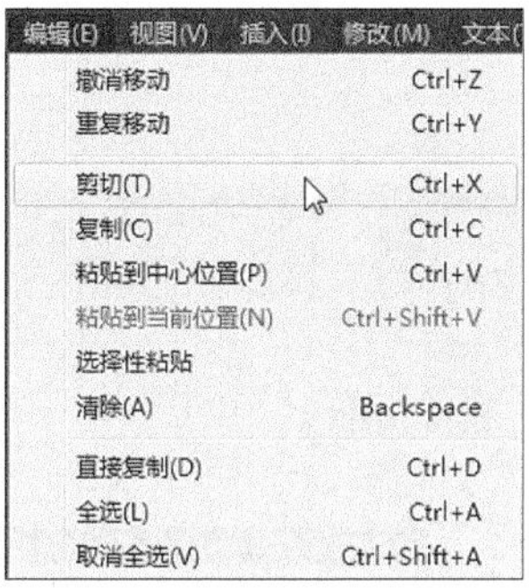

步骤03 选取另一个图层或场景，然后选择【编辑】➤【粘贴到中心位置】菜单命令（或者按【Ctrl+V】组合键），即可将选项粘贴到舞台中央（或者选择【编辑】➤【粘贴到当前位置】菜单命令，将选项粘贴到舞台上的同一个位置）。

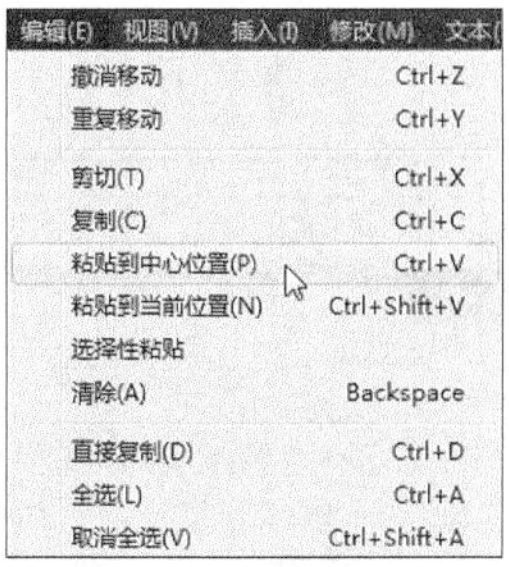

2. 创建对象的变形副本

要创建对象的缩放、旋转或倾斜副本，可以使用【变形】面板。

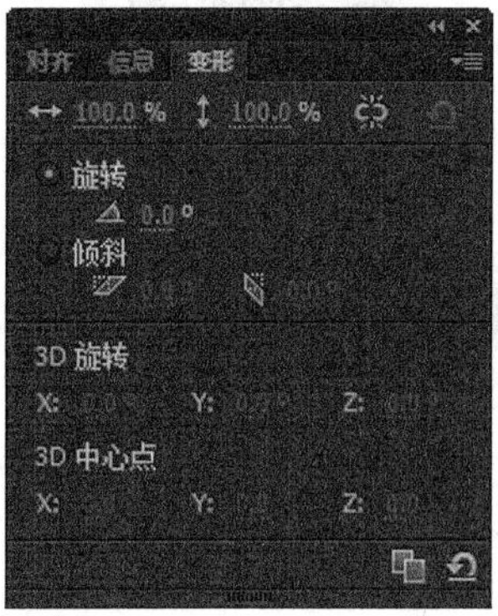

步骤01 选择对象（例如舞台上的正方形）。

步骤02 选择【窗口】➤【变形】菜单命令（或者按【Ctrl+T】组合键）。

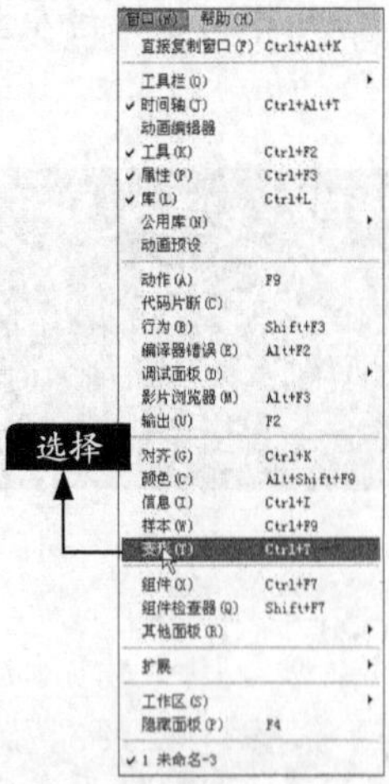

步骤 03 打开【变形】面板，单击右下方的【重置选区和变形】按钮。

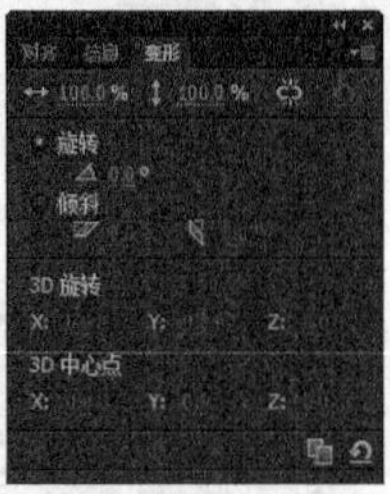

步骤 04 输入缩放、旋转或倾斜值。

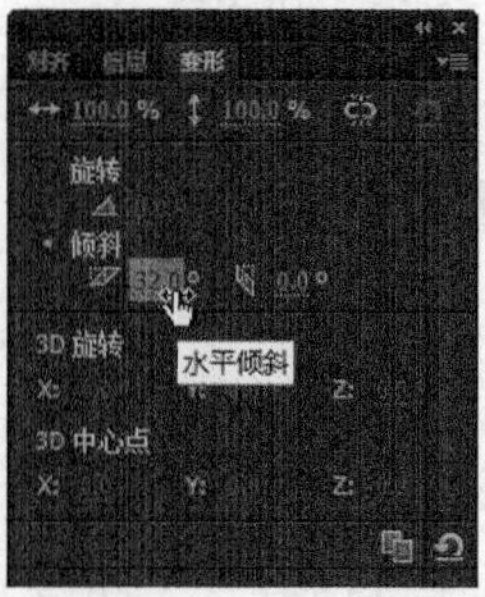

步骤 05 创建的对象副本如图所示。

13.4.4 删除对象

可以将对象从文件中删除。删除舞台上的实例不会从库中删除元件。

删除对象的具体操作步骤如下。

步骤 01 选择一个或多个对象。

步骤 02 进行以下操作之一，均可删除对象。

(1) 按【Delete】或【Backspace】键。

(2) 选择【编辑】➤【清除】菜单命令。

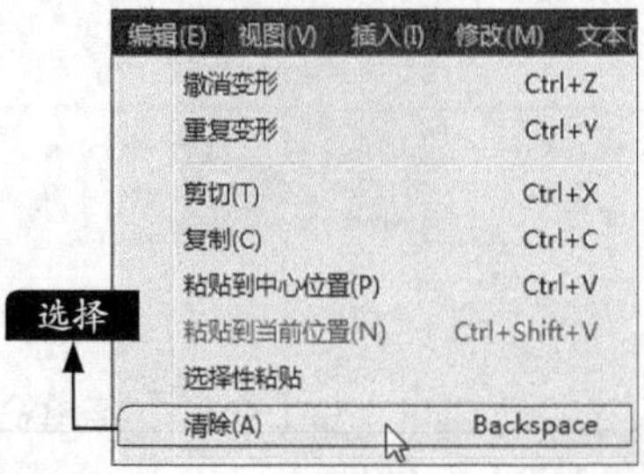

(3) 选择【编辑】➤【剪切】菜单命令。

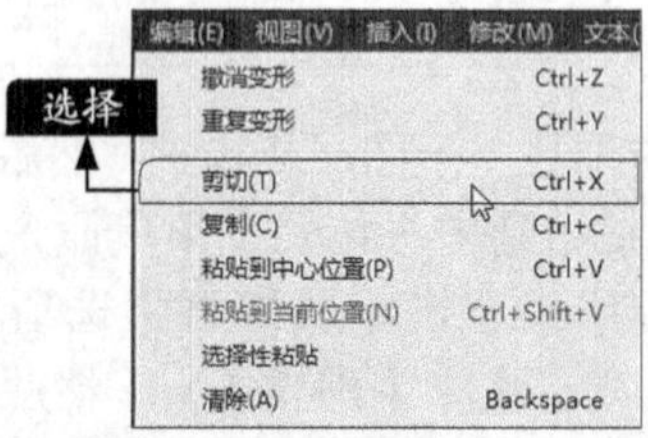

(4) 右击该对象，然后从弹出的快捷菜单中选择【剪切】菜单命令。

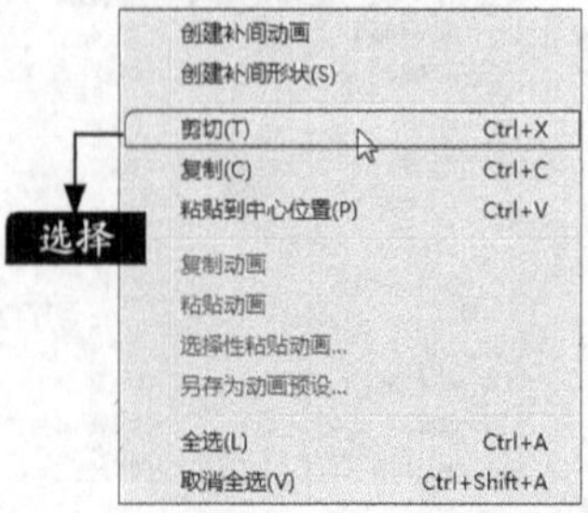

13.4.5 对象的编组

组是指将多个对象作为一个整体进行处理。在编辑组时，其中的每个对象都保持它自己的属性以及与其他对象的关系。一个组包含另一个组就称为“嵌套”。

1. 创建对象组

选中一个或几个对象（可以是形状、分离的位图或组等），然后选择【修改】➤【组合】菜单命令，即可将所有的选中对象组合在一起。

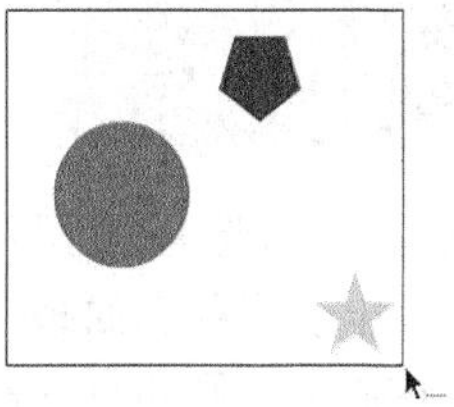

小提示

如果想将组重新转换为单个的对象，选中组对象，然后选择【修改】➤【取消组合】菜单命令即可。

2. 编辑对象组

编辑组合中的对象的具体步骤如下。

步骤01 双击组或者选中该组，然后选择【编辑】➤【编辑所选项目】菜单命令。

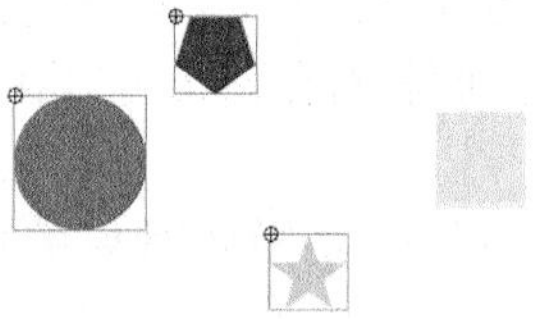

步骤02 此时舞台上的非组元素（如矩形）会变暗，因此无法编辑。而圆则处于可编辑状态，因此可以使用绘图工具修改。

步骤03 编辑完成单击【场景】按钮，或者双击舞台的空白区域即可返回主场景。

3. 分离对象组

要将组分离成单独的可编辑元素，选择【修改】➤【分离】菜单命令即可。分离可以极大地减小导入图形的文件大小。

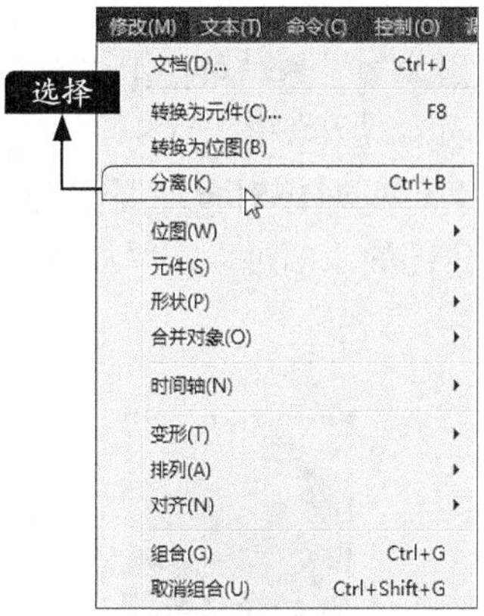

小提示

选中对象后，按【Ctrl+B】组合键也可以分离对象。

尽管可以在分离组后立即选择【编辑】➤【撤销】菜单命令来撤销该操作，但是分离操作不是完全可逆的。

13.4.6 变形对象

使用【工具】面板中的任意变形工具，或者选择【修改】➤【变形】➤【任意变形】菜单命令，可以对图形对象、组、文本块和实例等进行变形操作。

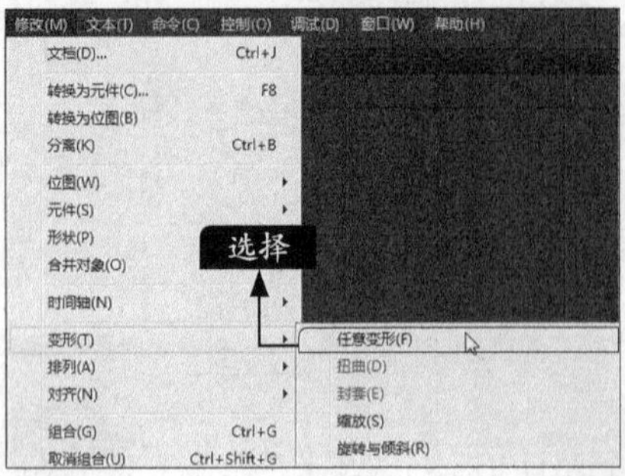

1. 缩放对象

缩放对象是将选中的图形对象按比例放大或缩小，也可以在水平或垂直方向分别放大或缩小对象。

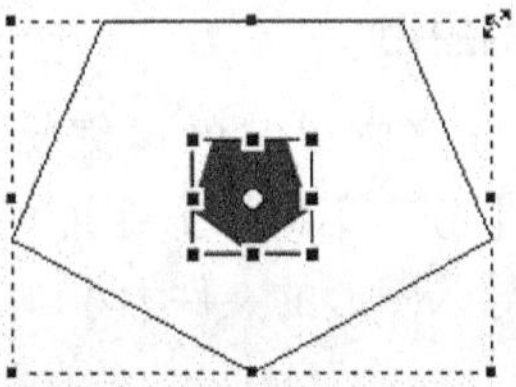

(1) 选取对象，然后单击【任意变形工具】（或者选择【修改】➤【变形】➤【缩放】菜单命令），这时在对象的周围会出现8个手柄，拖曳角部的手柄可以按照原来的长宽比缩放对象。

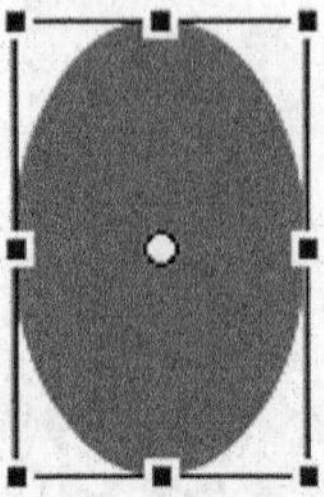

(2) 选取对象，选择【窗口】➤【变形】菜单命令，弹出【变形】面板，然后在【缩放宽度】字段和【缩放高度】字段中输入数值即可（单击【约束】按钮可锁定宽高比例）。

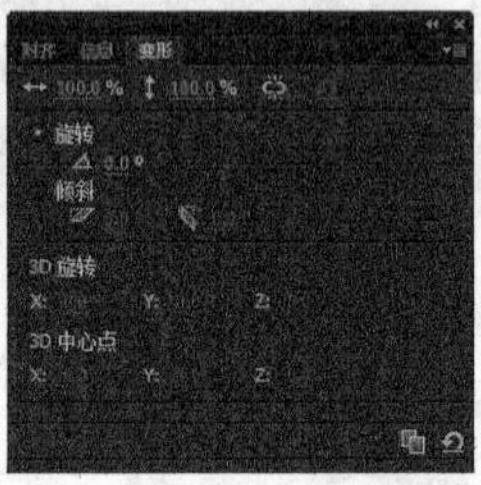

(3) 选定对象，然后选择【窗口】➤【信息】菜单命令，打开【信息】面板，在【宽】和【高】参数框中输入对象的宽和高的值，然后按【Enter】键，对象的大小就会相应地发生改变。

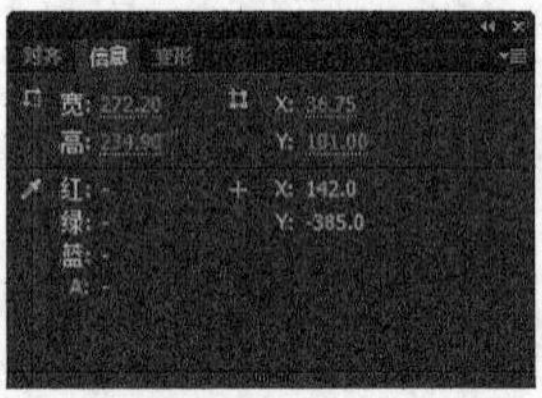

2. 旋转及倾斜对象

旋转就是将对象转动一定的角度，倾斜则是在水平或者垂直方向上弯曲对象。可以通过拖曳来旋转及倾斜对象，也可以在面板中输入数值来实现。

通过拖曳旋转及倾斜对象的操作步骤如下。

步骤01 选择对象。

步骤02 单击【任意变形工具】按钮（或者选择【修改】➤【变形】➤【旋转与倾斜】菜单命令）。

步骤03 在选择对象的周围会出现8个手柄，当鼠标放在角部的手柄处时则会变成形状，拖曳即可旋转；当鼠标放在选择对象的手柄连线处时则会变成形状，拖曳即可倾斜对象。

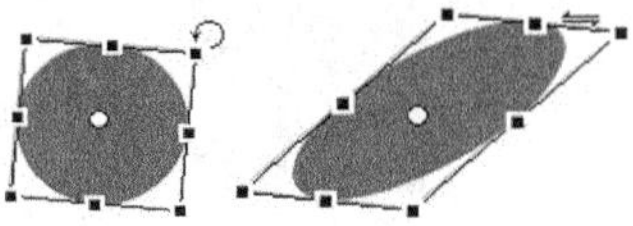

通过输入数值来旋转及倾斜对象的操作步骤如下。

步骤04 选择【窗口】➤【变形】菜单命令，打开【变形】面板。

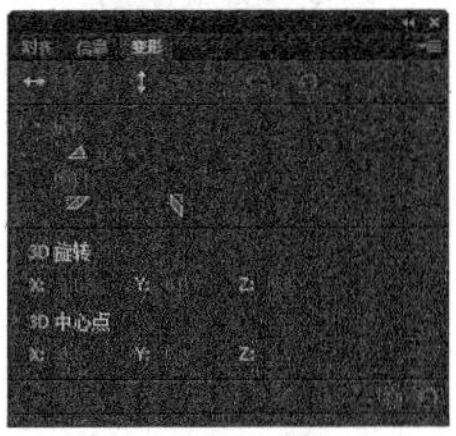

步骤05 在【旋转】参数框中输入数值，即可旋转选择对象；在【倾斜】参数框中输入数值，即可倾斜选择对象。

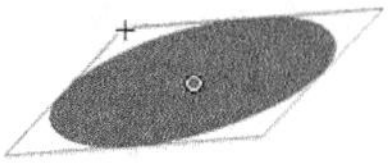

通过【3D旋转工具】，也可以旋转及倾斜对象。只不过3D旋转工具只适用于影片剪辑元件，并且只有在ActionScript3.0文档中才能使用。

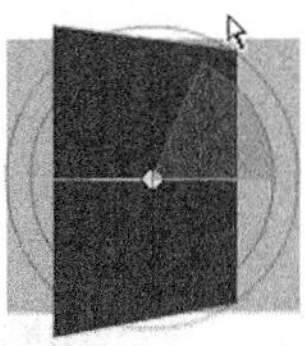

3. 翻转对象

翻转对象是将选中的图形沿水平方向镜像得到的图形。可以通过拖曳、执行菜单命令或者【变形】面板来翻转对象。

通过拖曳翻转对象的操作步骤如下。

步骤01 选择对象。

步骤02 单击【任意变形工具】，然后在其附属的工具中单击【缩放工具】按钮。

步骤03 这时对象的周围会出现8个手柄，然后拖曳方形手柄可以翻转对象。

执行命令翻转对象的操作步骤如下。

步骤01 选取对象。

步骤02 选择【修改】➤【变形】➤【水平翻转】菜单命令水平翻转对象（或者选择【修改】➤【变形】➤【垂直翻转】菜单命令垂直翻转对象）。

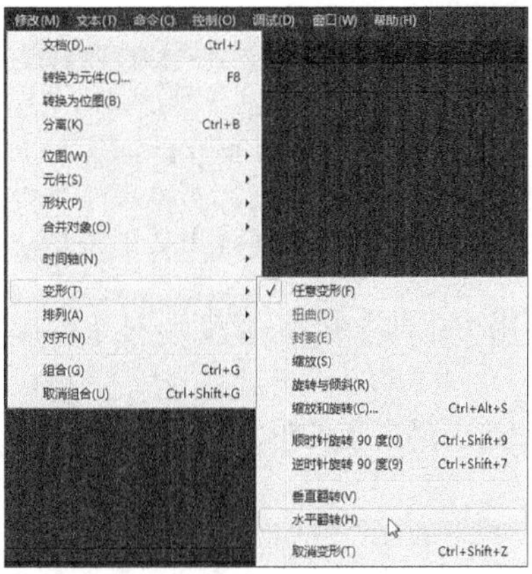

在【变形】面板中翻转对象的操作步骤如下。

步骤01 选取对象。

步骤02 选择【窗口】➤【变形】菜单命令，打开【变形】面板。

步骤03 选中【倾斜】单选按钮，然后在【水平倾斜】参数框中输入180°，可以水平翻转对象；在【垂直倾斜】参数框中输入180°，可以垂直翻转对象。

小提示

使用任意变形工具，可以灵活地控制对象的翻转程度。使用【变形】面板能复制翻转对象。

4. 自由变形对象

当修改形状对象时，利用【扭曲】按钮和【封套】按钮，可以提高创作的灵活性和效率。

小提示

选择对象，单击【工具】面板中的【任意变形工具】，才能使用【扭曲】按钮和【封套】按钮。选择对象后右击，在弹出的快捷菜单中也可以选择【扭曲】按钮和【封套】按钮。

使用【扭曲】按钮变形对象的操作步骤如下。

步骤01 选中舞台上的形状对象。

步骤02 单击【工具】面板中的【任意变形工具】，再单击附属工具中的【扭曲】按钮。

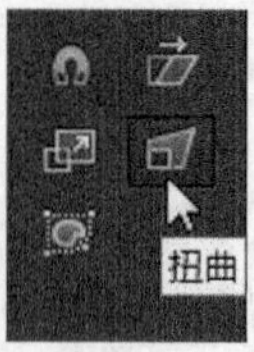

步骤03 用鼠标拖曳形状对象轮廓角部的方形手柄，可以改变对象的形状。

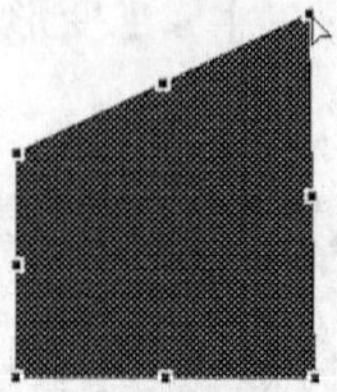

使用【封套】按钮变形对象的操作步骤如下。

步骤04 选中舞台上的形状对象。

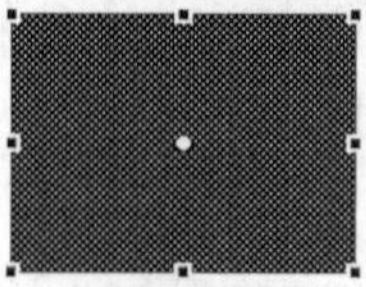

步骤05 单击【工具】面板中的【任意变形工具】，再单击附属工具中的【封套】按钮。

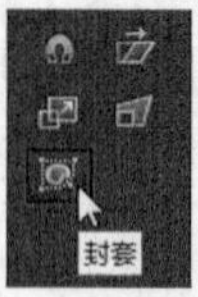

步骤06 用鼠标拖曳形状对象轮廓上的手柄，可以扭曲对象的形状。

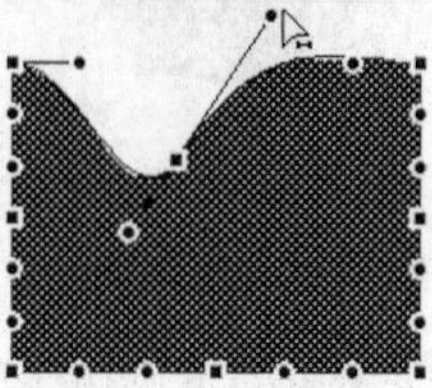

13.5 使用文字对象

本节教学录像时间：6 分钟

在Flash CC中支持更丰富的文本布局功能和对文本属性的精细控制。用户可以选择使用TLF文本或者传统文本，为文档中的标题、标签或者其他的文本内容添加文本。

Flash传统文本可以创建3种类型的文本字段，分别为静态文本、动态文本和输入文本。

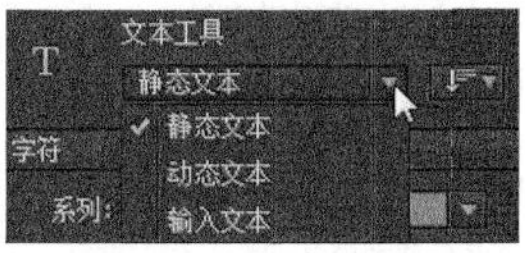

13.5.1 使用文本工具输入文字

要创建文本，可以单击【工具】面板中的【文本工具】T，在舞台上创建文本。

使用文本工具输入文字的具体步骤如下。

步骤 01 新建一个Flash空白文档，然后单击【工具】面板中的【文本工具】T。

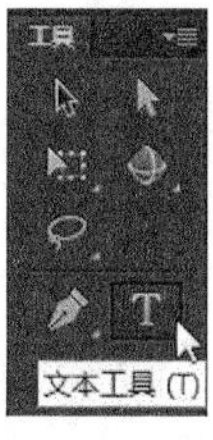

步骤 02 选择【窗口】➤【属性】菜单命令，选择文本创建的类型文本字段，在其下拉列表中选择【静态文本】选项。

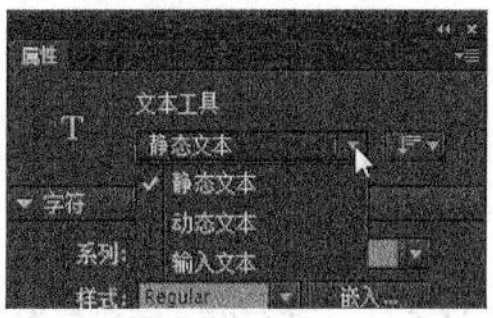

步骤03 在【属性】面板中单击【文本方向】按钮，然后选择【垂直】选项。

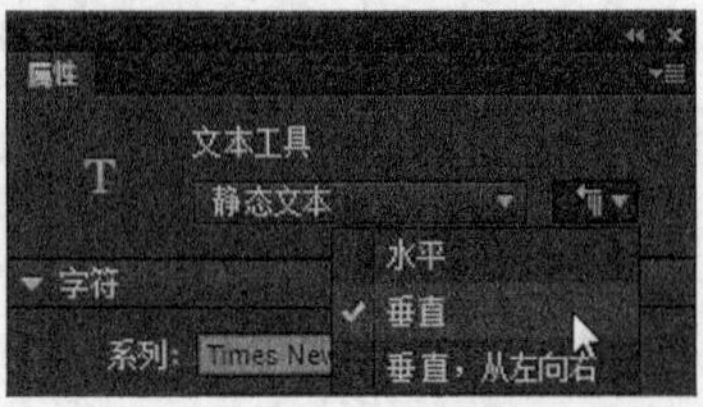
属性
文本工具
静态文本
水平
垂直
垂直，从左向右
字符
系列：

步骤04 在舞台窗口中按住鼠标左键拖曳，即可拖曳出文本框，然后在文本框中即可输入垂直方向的文字。

文本输入

选中【工具】面板中的文本工具，在舞台上输入文本，然后分别设定文本类型为【静态文本】、【动态文本】和【输入文本】，以区别3种文本类型。

13.5.2 文字输入状态

输入状态是指输入文字时文本输入框的状态。通常单击产生的文本输入框，会随着文字的增加而延长，如果需要换行可以按【Enter】键。

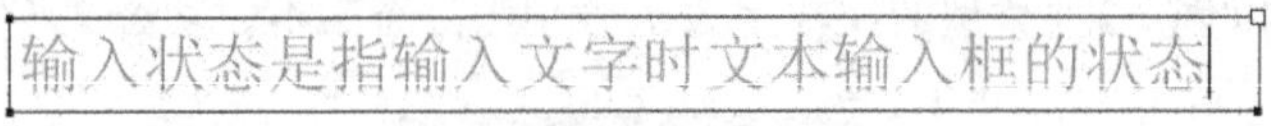
输入状态是指输入文字时文本输入框的状态

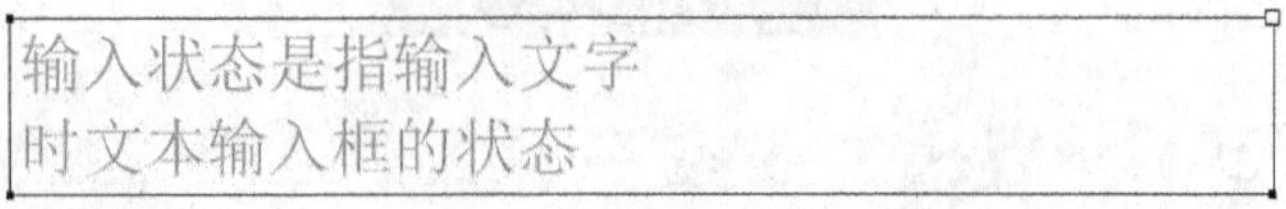
输入状态是指输入文字
时文本输入框的状态

单击鼠标拖曳产生的文本输入框则是固定宽度，文字会自动换行。

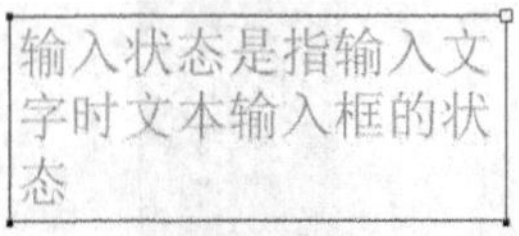
输入状态是指输入文
字时文本输入框的状
态

如果要取消宽度设置，双击字框右上角的小方块则会回到默认状态；而要从默认状态转换成固定宽度输入形式，只需用鼠标拖曳那个小圆圈，然后移到适当的位置即可。

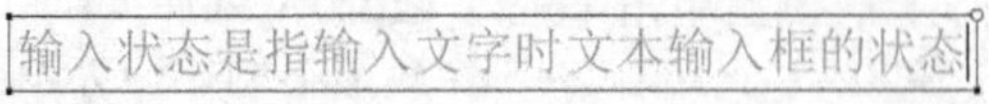
输入状态是指输入文字时文本输入框的状态

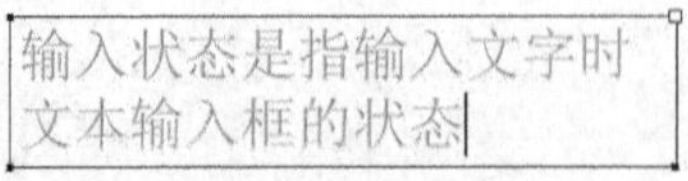
输入状态是指输入文字时
文本输入框的状态

在自动换行和单行两种输入状态之间切换的具体步骤如下。

步骤01 选择文本工具，在舞台上创建一个有固定宽度的文本框（例如选择静态文本类型）。

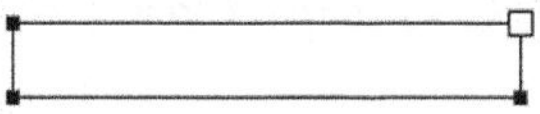

步骤02 输入文字后会看到，当输入的文字长度超过文本框所设定的宽度时，文字会自动换行。

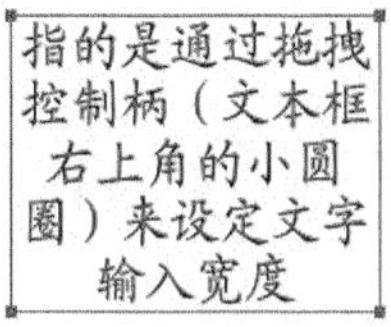
指的是通过拖拽
控制柄（文本框
右上角的小圆
圈）来设定文字
输入宽度

步骤03 双击文本框右上角的小方块，可以切换输入状态。

指的是通过拖拽控制柄（文本框右上角的小圆圈）来设定文字输入宽度

当文本类型为【动态文本】和【输入文本】类型的时候，在舞台上输入的文字，可以通过拖曳文本框上的8个小方块，更改文本框的大小。

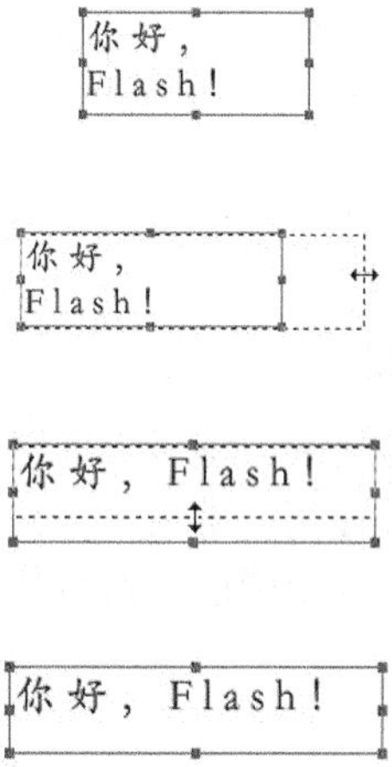
你好，
Flash！
你好，
Flash！
你好，Flash！
你好，Flash！

13.5.3 对文字整体变形

用户可以使用对其他对象进行变形的方式来改变文本块。可以缩放、旋转、倾斜和翻转文本块，以产生一些有趣的效果。

Flash

1. 相关知识

可以像处理对象那样处理文字，比如可以对文字的整体进行缩放、旋转、倾斜及翻转等，从而创建出各种效果。

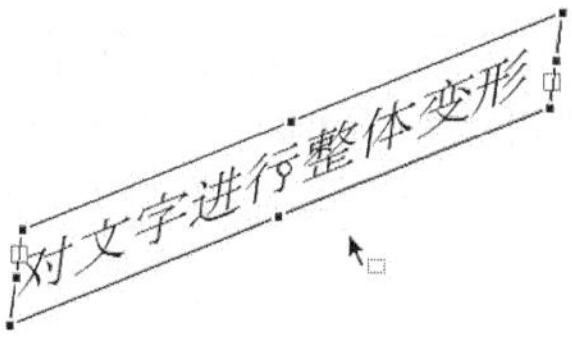
对文字进行整体变形

2. 整体变形文本

整体变形文本的具体步骤如下。

步骤01 选择选择工具，然后单击文本框，文本块的周围会出现蓝色边框，表示文本框已被选中。

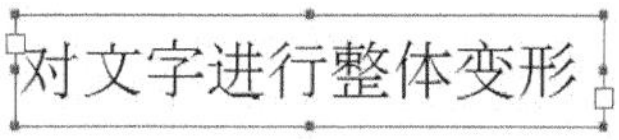
对文字进行整体变形

步骤02 单击【工具】面板中的任意变形工具，文本的四周会出现调整手柄，并显示出文本的中心点。对手柄进行拖曳，可以调整文本的大小、倾斜度和旋转角度等。

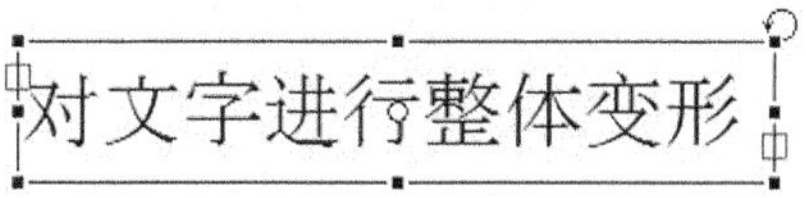
对文字进行整体变形

13.5.4 对文字局部变形

要对文字的局部进行变形，首先要分离文字，使其转换成元件，然后就可以对这些转换过的字符做各种变形处理。

1. 相关知识

可以分离文本，将每个字符放在一个单独的文本块中。分离文本之后，就可以迅速地将文本块分散到各个图层，然后分别制作每个文本块的动画。

> **小提示**
>
> 还可以将文本转换为组成它的线条和填充，以便对它进行改变形状、擦除和其他的操作。

分离文本的具体步骤如下。

步骤01 单击【工具】面板中的选择工具，然后选择文本块。

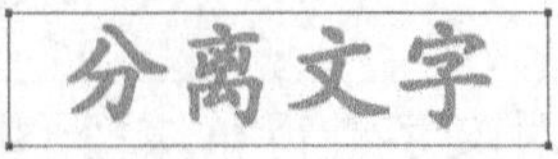

步骤02 选择【修改】➤【分离】菜单命令，这样选定文本中的每个字符会被放置在一个单独的文本块中，文本依然在舞台的同一个位置上。

步骤03 再次选择【修改】➤【分离】菜单命令，以将舞台上的字符转换为形状。

2. 局部变形文字

对文字进行局部变形的具体步骤如下。

步骤01 选择文本工具，然后在舞台上单击，在输入框中输入文字（例如输入“对文字进行局部变形”）。

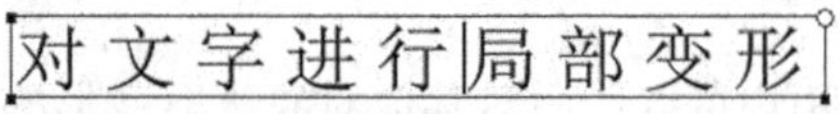

步骤02 单击选取工具，选择需要变形的文字，然后选择【修改】➤【分离】菜单命令，将文字分离。

> **小提示**
>
> 一旦把文字分离成位图，就不能再作为文本进行编辑了。因为此时的文字已是普通形状，不再具有文字的属性。

步骤03 选择任意变形工具，取消对文字的选择，然后就可以拖曳鼠标单独地改变某一个或一组文字的位置，同样也可以单独地改变其他的字符属性。

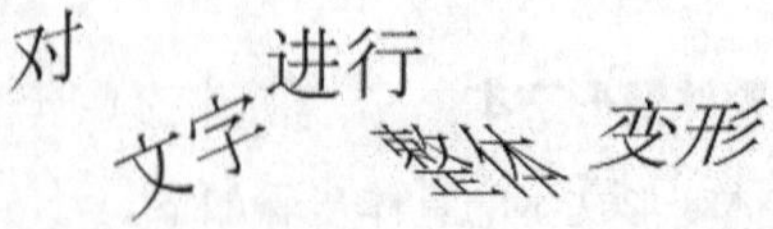

步骤04 如果对分离后的文字再进行一次分离操

作，就可以把文字变成位图。对于打散成位图的文字，就可以按照位图的编辑方式进行编辑了。

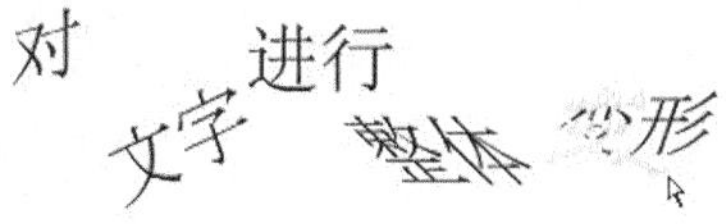

3. 局部变形应用——排版文字

本小节介绍局部变形的具体应用。

步骤01 选择【文件】➤【新建】菜单命令，弹出【新建文档】对话框，从中选择【常规】选项卡中的【ActionScript 3.0】选项。

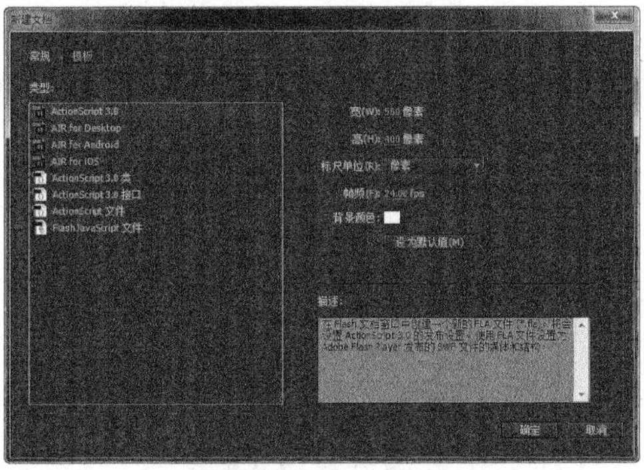

步骤02 新建一个文档，选择【文件】➤【保存】菜单命令，弹出【另存为】对话框，设置保存路径，输入【文件名】为“排版文字”，单击【保存】按钮。

步骤03 选择【修改】➤【文档】菜单命令，弹出【文档设置】对话框，从中设置文档【尺寸】为“300像素”（宽度）和“400像素”（高度），【背景颜色】为灰色。

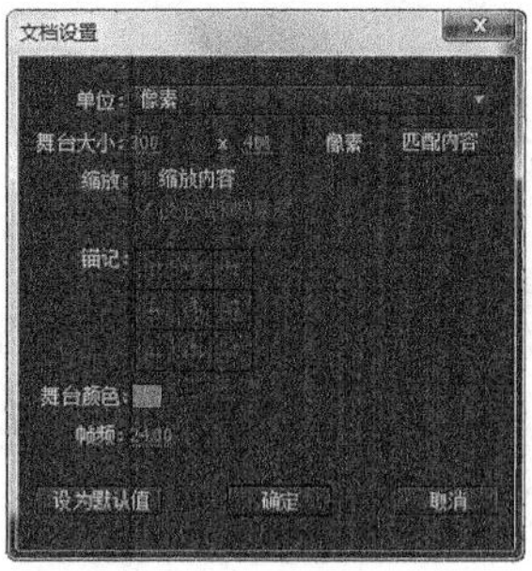

步骤04 选择【工具】面板中的文本工具，打开其【属性】面板，然后按照下图所示进行设置。

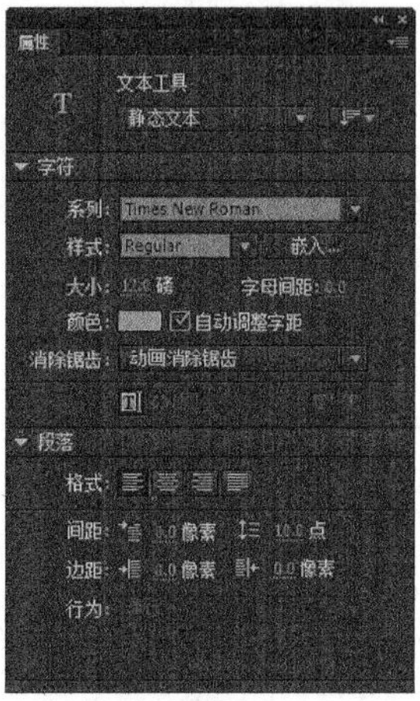

步骤05 在舞台上单击会产生一个文本输入框，然后可以直接输入文字。

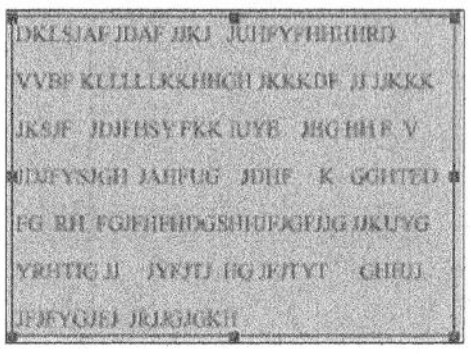

步骤06 完成文本的输入后，可以选择【工具】面板中的任意变形工具，对输入的文本进行旋转和变形。

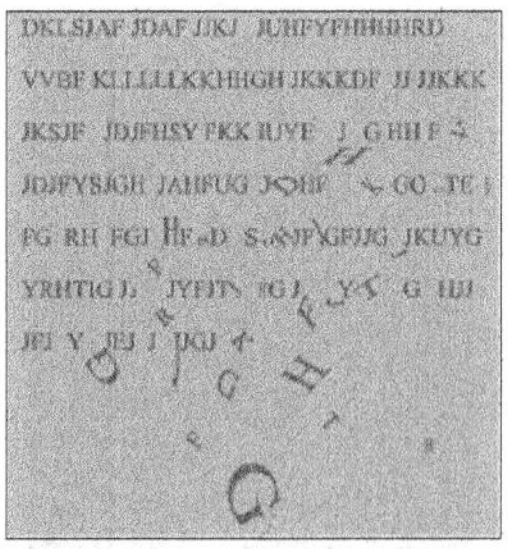

13.6 综合实战1——绘制卡通动物

本节教学录像时间：8 分钟

本实例主要介绍如何使用铅笔工具、椭圆工具和钢笔工具绘制一头可爱的大象。

具体的操作步骤如下。

第1步：绘制大象的耳朵

步骤 01 新建Flash文档，保存为【可爱的大象.fla】文档。

步骤 02 插入一个新图层，在【工具】面板中选择钢笔工具，然后在舞台中绘制大象左侧耳朵的基本形状，在【工具】面板中选择部分选取工具，调节节点来完善耳朵形状。

小提示

使用钢笔工具绘制的头部形状必须是闭合形状，这是为了方便下一步能够使用填充工具填充上颜色。

步骤 03 选择绘制的耳朵图形，打开【属性】面板，设置笔触的粗细为5。

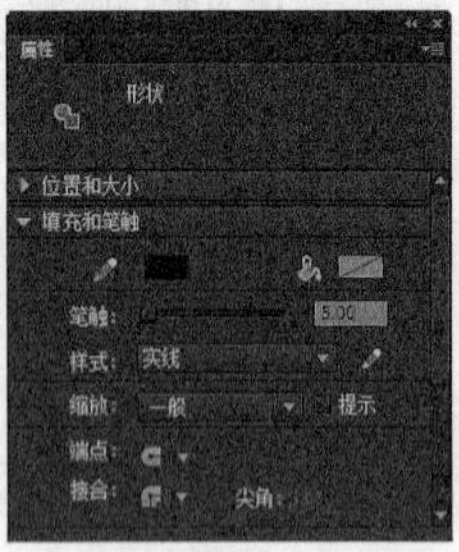

步骤 04 单击【工具】面板中的颜料桶工具，在【颜色】面板（按【Alt+Shift+F9】组合键）上选择【颜色类型】下拉列表框中的【纯色】选项。

步骤 05 在十六进制编辑文本框中输入颜色值#CCCCCC（灰色）。

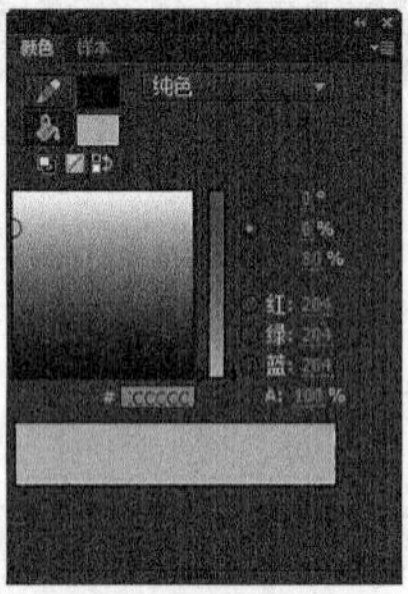

步骤 06 单击颜料桶工具，为耳朵形状添加定义后的填充色。

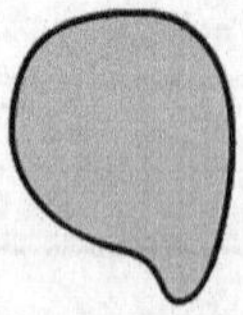

步骤 07 使用同样的方法绘制大象右侧的耳朵形状。

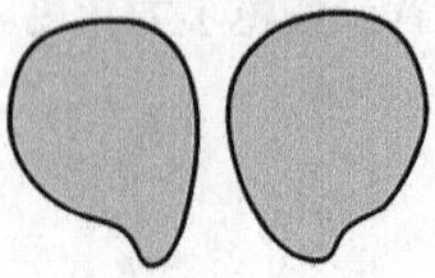

步骤08 插入一个新图层，在【工具】面板中选择铅笔工具，然后在舞台中绘制大象耳朵上的细节部分，在【工具】面板中选择部分选取工具，调节节点来完善细节形状。

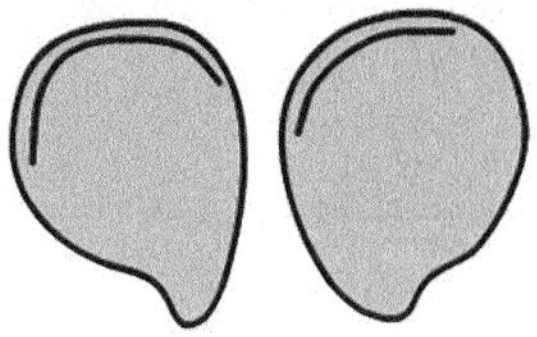

第2步：绘制大象的脸部

步骤01 新建一个图层，使用同样的方法绘制大象的脸部形状，并且在十六进制编辑文本框中输入颜色值为#CCCCCC（灰色），单击颜料桶工具，为脸部形状添加定义后的填充色。

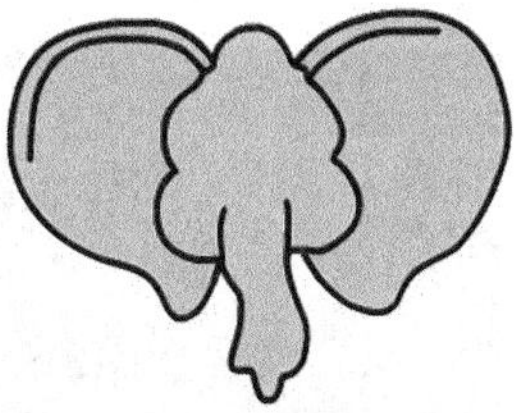

步骤02 插入一个新图层，在【工具】面板中选择铅笔工具，然后在舞台中绘制大象脸部上的细节部分，在【工具】面板中选择部分选取工具，调节节点来完善细节形状。

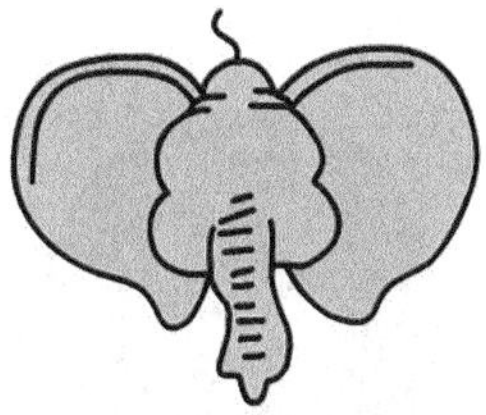

步骤03 新建一个图层，单击【工具】面板中的椭圆工具，然后在舞台中绘制大象的眼睛形状，然后使用部分选取工具调节节点来完善眼睛形状。

步骤04 单击【工具】面板中的颜料桶工具，在【颜色】面板（按【Alt+Shift+F9】组合键）上选择【颜色类型】下拉列表框中的【纯色】选项，在十六进制编辑文本框中输入颜色值#FFFFFF（白色）。

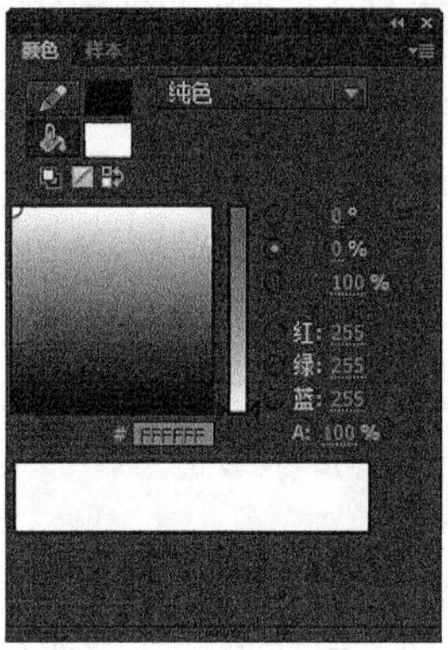

步骤05 单击舞台中的眼睛形状，为眼睛形状添加定义后的填充色。

步骤06 新建一个图层，单击【工具】面板中的铅笔工具，然后在舞台中绘制大象的眼睛的细节形状。

步骤07 这样就完成了大象的绘制。

13.7 综合实战2——制作互动媒体按钮

本节教学录像时间：9 分钟

Flash的向量绘图功能不是很强大，但是也可以绘制出非常好的图形效果，本实例使用简单的绘图和填充工具来制作一个互动媒体按钮的效果。

步骤 01 选择【文件】➤【新建】菜单命令，弹出【新建文档】对话框，从中选择【常规】选项卡中的【ActionScript 3.0】选项。

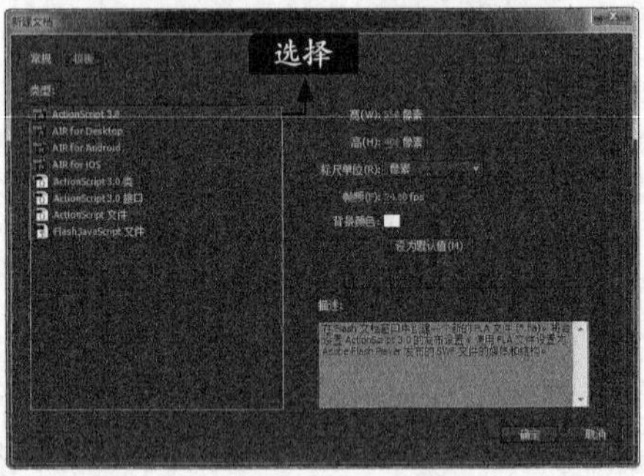

步骤 02 新建一个文档，选择【文件】➤【保存】菜单命令，弹出【另存为】对话框，设置保存路径，输入【文件名】为“互动媒体按钮”，单击【保存】按钮。

步骤 03 使用椭圆工具，设置笔触颜色为没有颜色，按【Shift】键绘制一个圆，然后在【颜色】面板中设置颜色类型为【径向渐变】，在圆上单击填充颜色，左侧颜色为#6B6BFF，右侧颜色为#000F91。

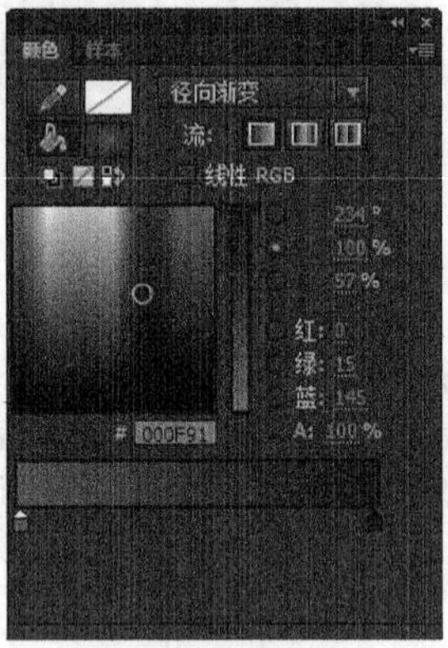

步骤 04 新建一个“图层2”，然后复制上面绘制的圆形粘贴到“图层2”上，使用钢笔工具绘制一条曲线，再去掉线条和下半部分图形。

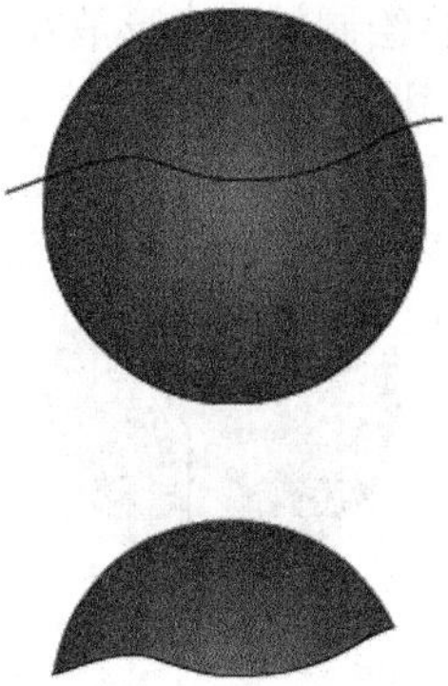

步骤05 对上半部分使用自由变换工具按【Shift】键等比例缩小一点，然后进行填充，选择白色到透明的线性渐变填充。

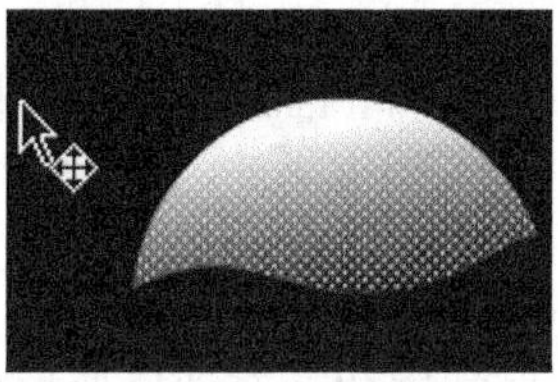

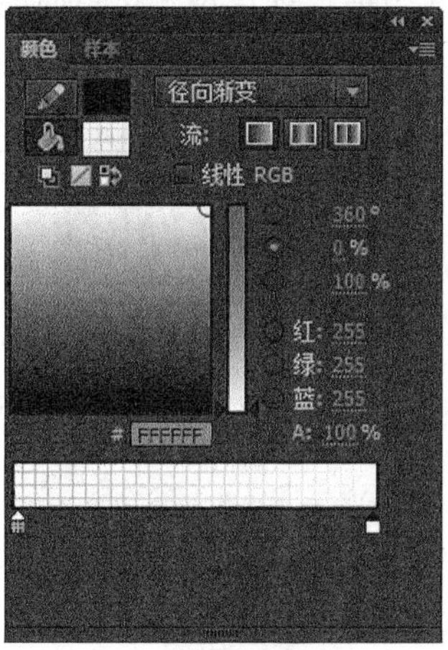

步骤06 使用填充变形工具，将填充调整为上面为白色，下面为透明，然后将做好的高光效果加在圆形上。

步骤07 新建一个“图层3”，使用相同的方法绘制下半部分的反光效果。

步骤08 在“图层1”和“图层2”之间新建一个“图层4”，使用钢笔工具绘制一个三角形，选择【径向渐变】填充。

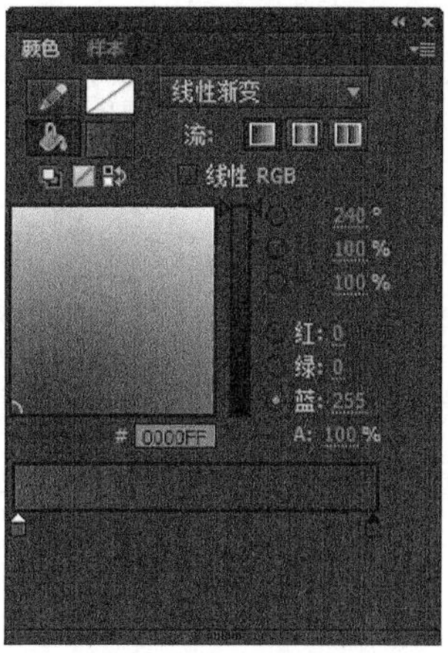

步骤09 选中绘制的三角形右击，在弹出的快捷菜单中选择【转换为元件】菜单命令，弹出【转换为元件】对话框，设置【类型】为【影片剪辑】，然后在【属性】面板中为其添加内发光的滤镜效果。

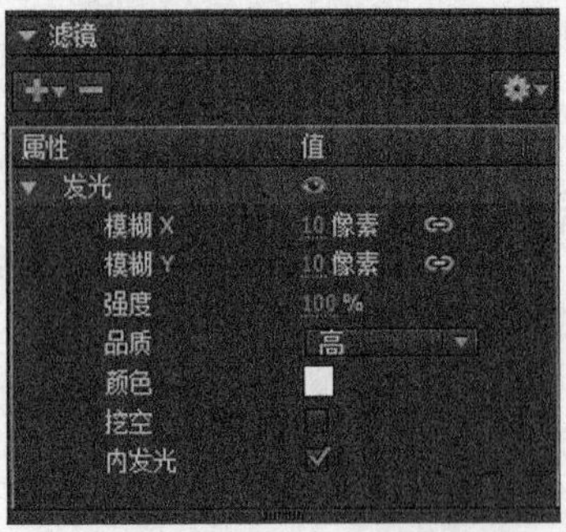

步骤 10 最后将绘制的三角形放在圆形上方，至此互动媒体按钮制作完成。

高手支招

本节教学录像时间：4 分钟

绘制五角星的方法

单击工具箱中的【矩形】工具不放，将弹出一个下拉列表，其中包含了矩形工具的扩展工具：多角星形工具，使用它可以绘制多边形和多角星形。

其中绘制五角星的具体操作步骤如下。

步骤 01 在Adobe Flash CC的主窗口中选择多角星形工具之后，打开其属性面板。

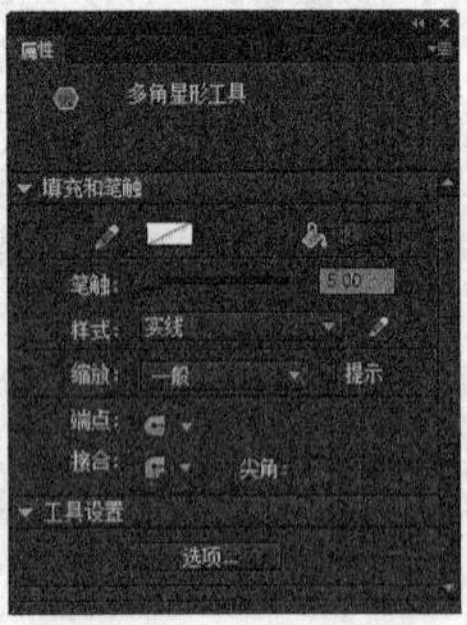

步骤 02 单击该面板中的【选项】按钮，打开【工具设置】对话框。在“样式”下拉列表框中选择“星形”选项，即可切换到绘制多角星形的状态；在“边数”文本框中输入数值，可以设置多边形的边数；在“星形顶点大小”文本框中输入数值，即可设置星形向内收缩的程度。

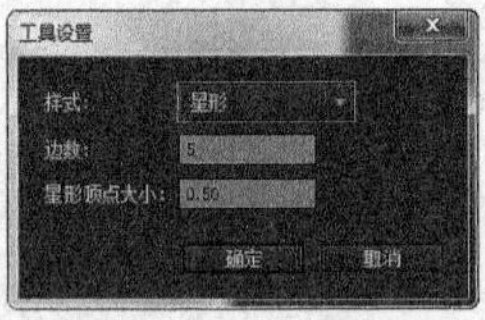

步骤 03 在设置完毕之后，单击【确定】按钮，绘制出星形。

钢笔工具的灵活应用

有的时候使用【钢笔工具】绘制图形不好控制，这时可以结合部分选取工具进行调整。例如使用钢笔工具在舞台上绘制一条曲线。

具体的操作步骤如下。

步骤01 在Adobe Flash CC的主窗口中，选择工具箱中的【钢笔】工具之后，在舞台上单击确定一个锚记点。

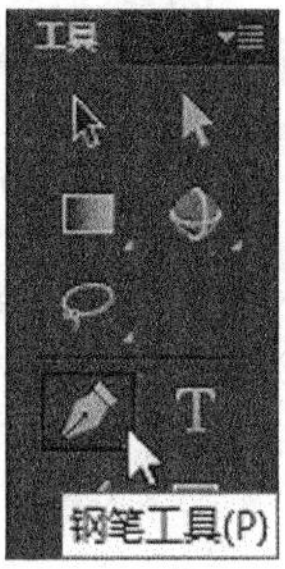

步骤02 在确定点的左边或右边单击，可以绘制一条直线。

步骤03 使用【转换锚点工具】调整节点2的曲线。

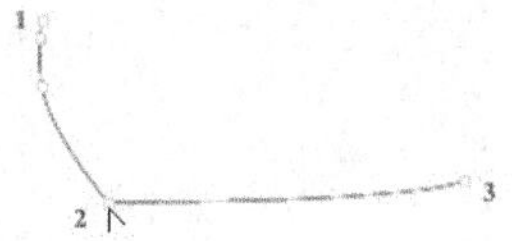

> **小提示**
>
> 当使用【转换锚点工具】单击节点2时，曲线就变成了角点，失去了以前的平滑，为此需要再次进行调整。

步骤04 返回上一步，使用【部分选取工具】单击节点2，会看到两个手柄，这时可以使用转换锚点工具对任意一个手柄进行调整。

如何在Flash中设置透明的渐变

选取填充的部分，在【颜色】面板中选择【线性渐变】或者【径向渐变】，然后单击颜色滑块，并在弹出的调色板中选择颜色，接着通过调节Alpha值，就可以设置透明度了。

步骤01 新建一个Flash文档，选择【修改】➤【文档】菜单命令，弹出【文档设置】对话框，设置【背景颜色】为“绿色”，单击【确定】按钮。

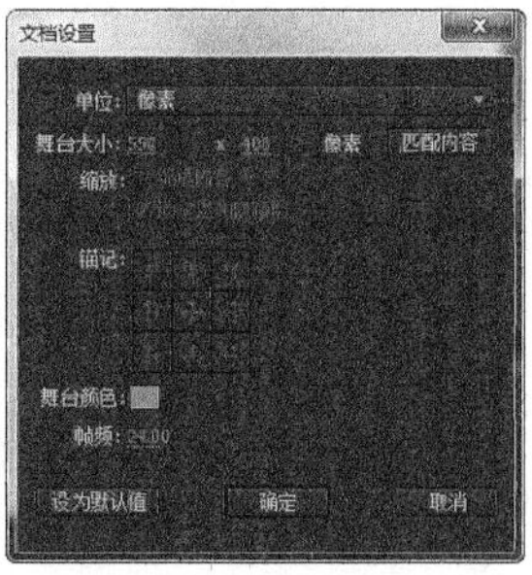

步骤02 单击【工具】面板中的【椭圆工具】，在舞台上绘制一个圆，然后在【颜色】面板中将【颜色类型】设置为从黑到白的【径向渐变】。

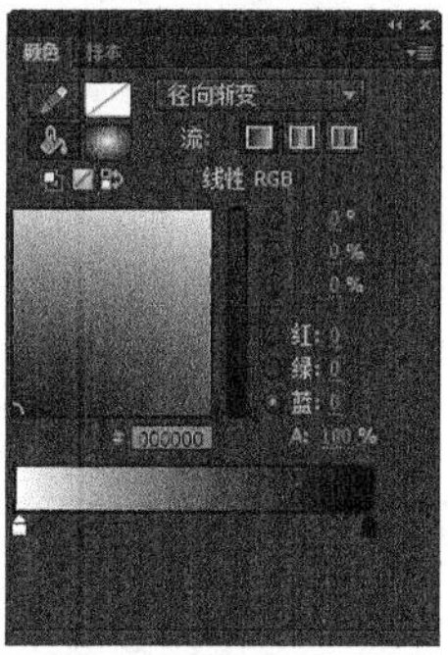

步骤03 选中圆的填充，单击“白色”的颜色滑块，然后调整它的Alpha值为“30%”。

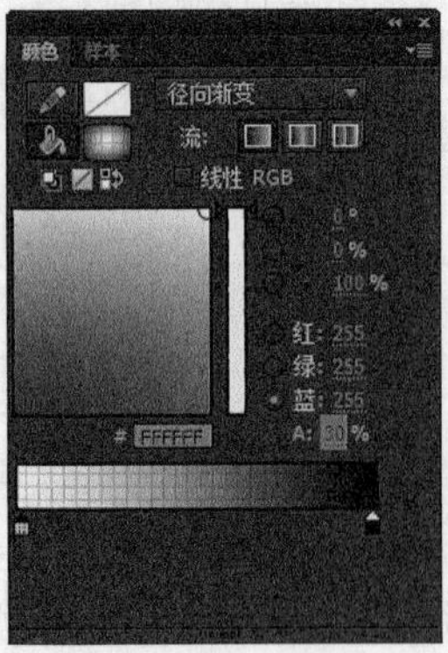

步骤 04 此时，圆的中间变得透明了，从中可以看到背景的颜色。

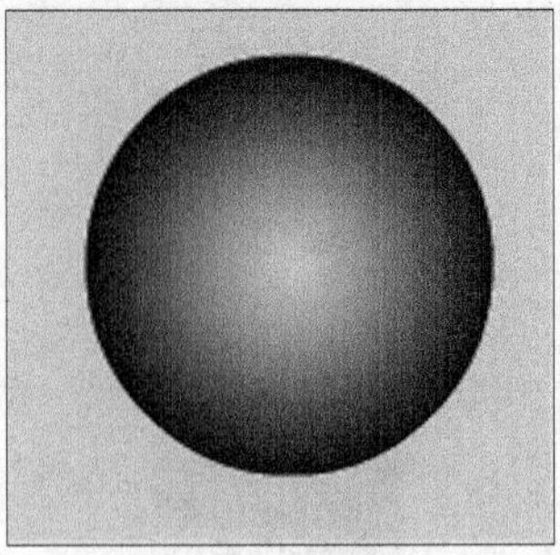

第14章

管理我的动画素材——元件和库的运用

学习目标

在制作动画的时候，往往需要重复使用一些图形文件，这种操作比较烦琐，本章就来解决这一难题。本章介绍元件和利用元件来组织动画素材的方法，这样对于素材的使用，就有了一套非常方便快捷的方法了。

学习效果

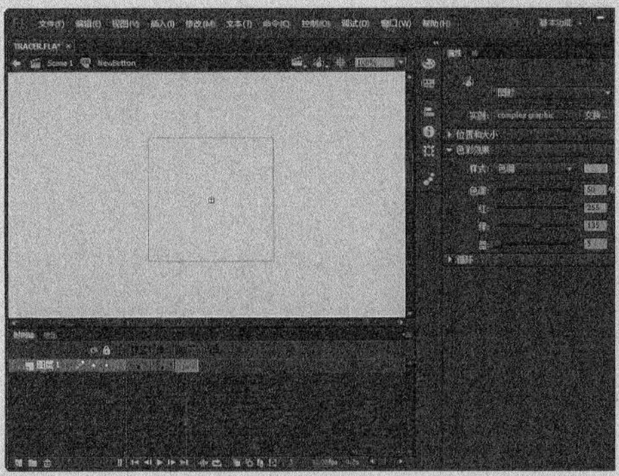

14.1 认识图层和时间轴

本节教学录像时间：7 分钟

在使用Flash CC制作动画之前，我们首先要认识Flash CC的图层和时间轴。Flash中的图层和Photoshop的图层有共同的作用：方便对象的编辑。在Flash中，可以将图层看作是重叠在一起的许多透明的纤维纸，当图层上没有任何对象的时候，可以透过上边的图层看下边的图层上的内容，在不同的图层上可以编辑不同的元素。

14.1.1 认识图层

图层用于帮助用户组织文档中的插图，用户可以在图层上绘制和编辑对象，而不会影响其他图层上的对象。如果一个图层上没有内容，那么就可以透过它看到下面的图层。

时间轴中图层或文件夹名称旁边的铅笔图标，表示该图层或文件夹处于活动状态。一次只能有一个图层处于活动状态（尽管一次可以选择多个图层）。

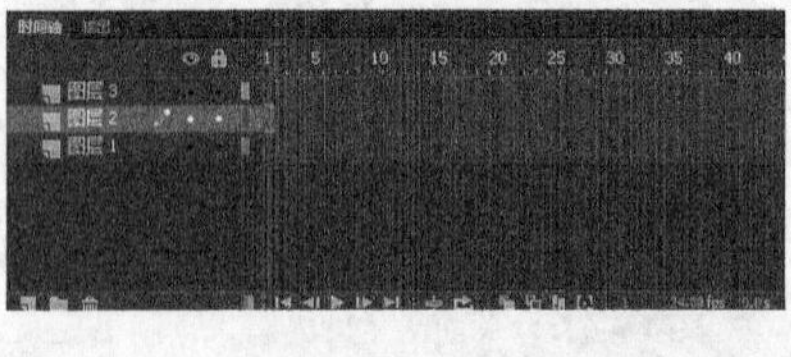

用户还可以通过创建图层文件夹，然后将图层放入其中来组织和管理这些图层。可以在时间轴中展开或折叠图层文件夹，而不会影响在舞台中看到的内容。

另外，使用特殊的引导层，可以使绘画和编辑变得更加容易；而使用遮罩层，则可创建复杂的效果。

14.1.2 图层的基本操作

认识完图层后，下面来学习一些图层的基本操作，如新建图层、新建图层文件夹、移动图层、删除图层等。

1. 新建图层

新创建的影片只有一个图层。根据需要可以增加多个图层，利用图层组织和布局影片的文字、图像、声音和动画，使它们处于不同的层中。

执行以下任一操作可以添加一个图层。

步骤01 单击时间轴左下的【新建图层】按钮，插入图层。

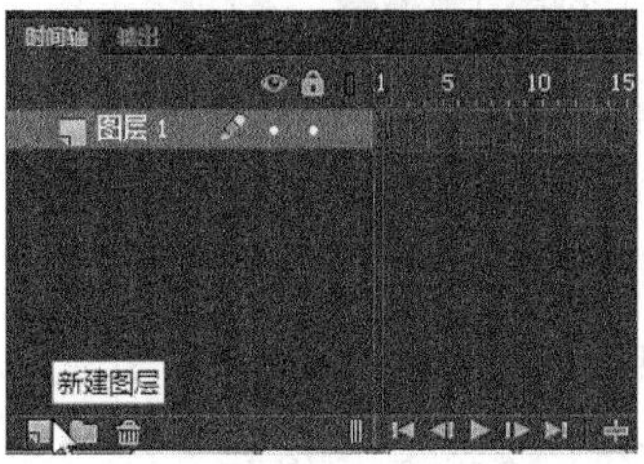

步骤02 选择【插入】➤【时间轴】➤【图层】菜单命令。

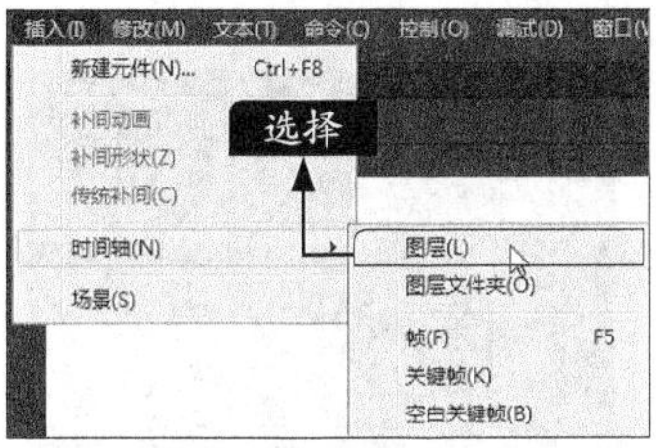

步骤03 右击时间轴的层编辑区，在弹出的菜单中选择【插入图层】选项。

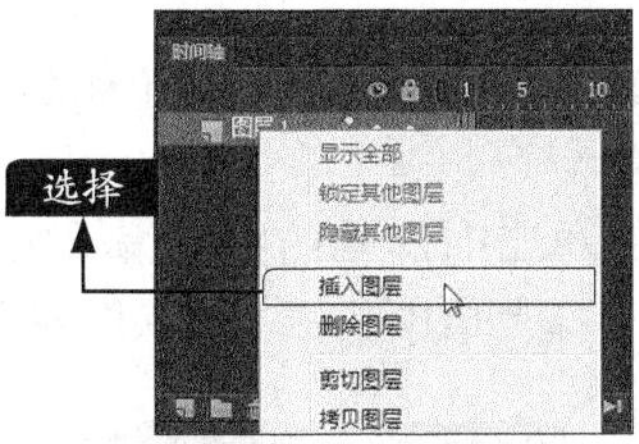

> **小提示**
>
> 系统默认插入图层的名称是【图层1】、【图层2】、【图层3】等，要重命名图层，只要双击需要重命名层的名称，在被选中层的名称字段中输入新的名称即可。

2. 选择图层

用鼠标在时间轴上选择一个层就能将该层激活，层名字旁边出现一个铅笔图标时，表示该层是当前的工作层。每次只能将一个层设置为工作层。当一个层被选中时，位于该层中的对象也将全部被选中。

选取图层包括选取单个图层、选取相邻图层和选取不相邻图层3种。

（1）选取单个图层

选取单个图层的方法有以下3种。

- 在图层面板中单击需要编辑的图层即可。
- 单击时间轴中需要编辑的图层中的任意一帧即可。
- 在场景中选取要编辑的对象也可选中图层。

（2）选取相邻图层

选取相邻图层的操作步骤如下。

步骤01 单击要选取的第一个图层。

步骤02 按住【Shift】键，单击要选取的最后一个图层即可选取两个图层间的所有图层。

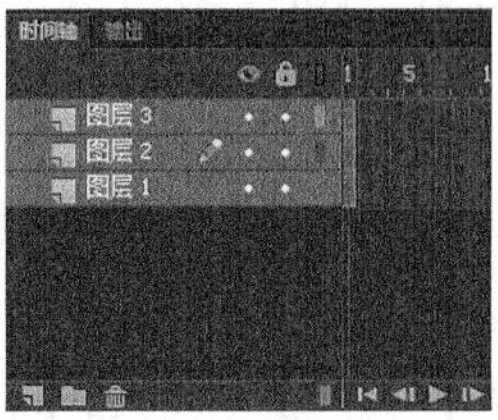

（3）选取不相邻图层

选取不相邻图层的操作步骤如下。

步骤01 单击要选取的图层。

步骤02 按住【Ctrl】键，然后单击需要选取的其他图层即可选取不相邻图层。

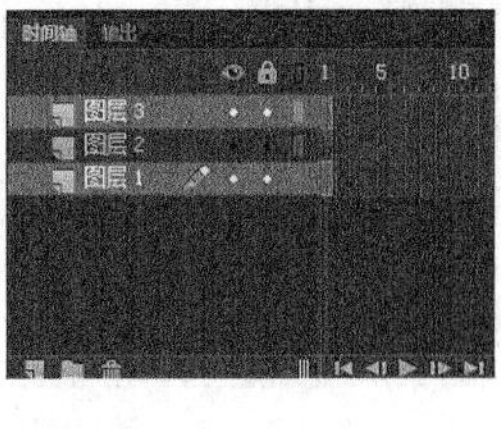

以上的选取方法对图层文件夹同样适用，不同的是一旦选择了某个文件夹，就选中了文件夹中的所有图层。

3. 移动图层

移动图层的操作步骤如下。

步骤 01 在图层编辑区，将指针移到图层名上，按住鼠标左键拖曳图层，这时会产生一条黑色实线。

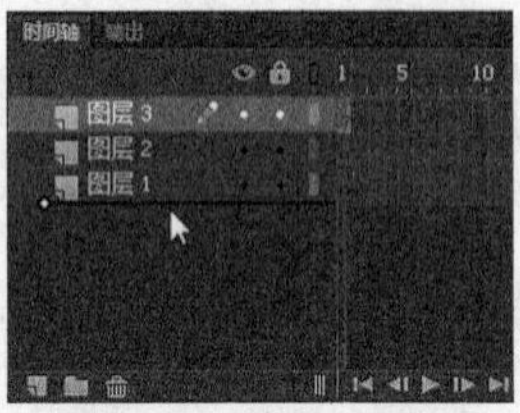

步骤 02 当实线到达预定位置后放开鼠标即可移动图层。

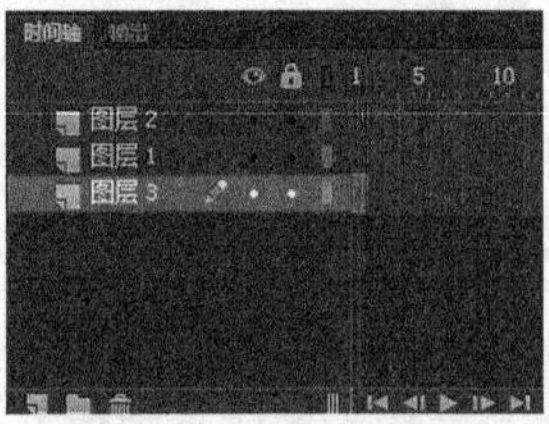

4. 拷贝图层

可将图层中的所有对象或部分帧复制下来，以便粘贴到场景或图层中。操作步骤如下。

步骤 01 单击图层名字，选取整个图层，或选取需要复制的部分帧。

步骤 02 选择【编辑】➤【时间轴】➤【复制帧】菜单命令，或在需要复制的帧上右击，在弹出的快捷菜单中选择【复制帧】菜单命令。

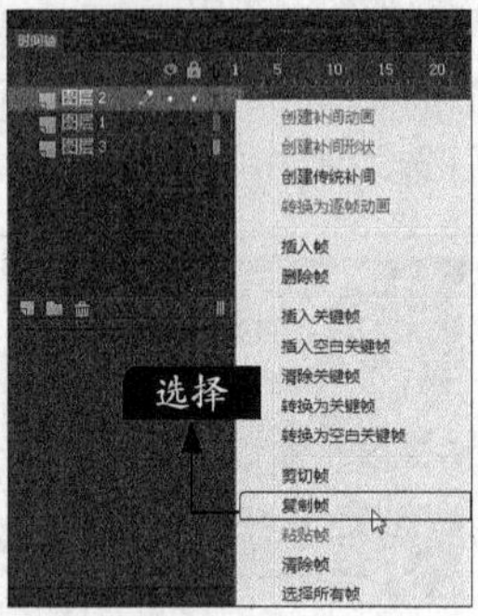

步骤 03 单击时间轴左下边的【新建图层】按钮，插入图层。

步骤 04 单击新图层，或选取需要粘贴的图层。选择【编辑】➤【时间轴】➤【粘贴帧】菜单命令；或在需要复制的帧上单击鼠标右键，然后在弹出的快捷菜单中选择【粘贴帧】命令。

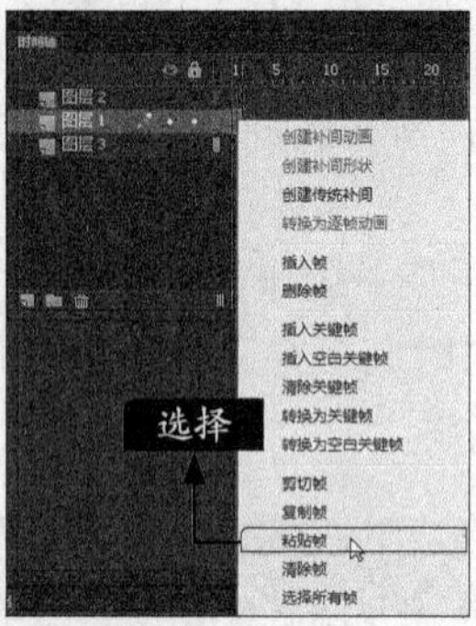

5. 删除图层

要删除图层，可以执行以下操作步骤。

步骤 01 选取要删除的图层。

步骤 02 执行下列任一操作。

- 单击时间轴上的【删除】按钮删除图层。

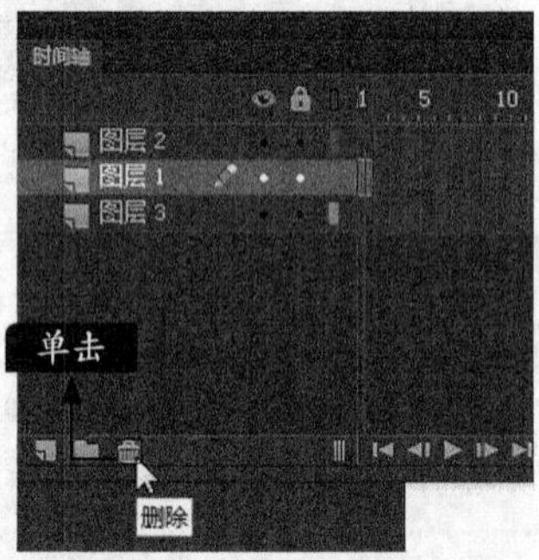

- 将要删除的图层拖曳到【删除】按钮位置。
- 右键单击时间轴的图层编辑区，从弹出的快捷菜单中选择【删除图层】选项。

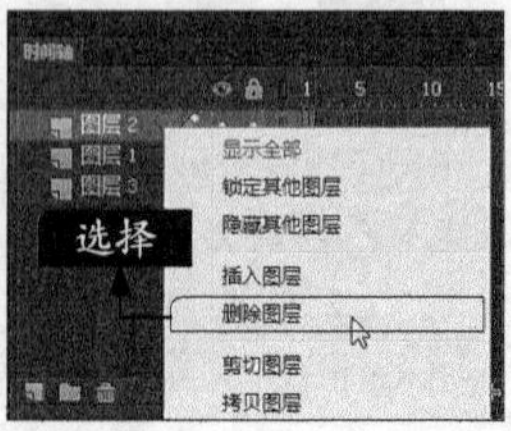

14.1.3 认识“时间轴”面板

无论是绘制图形还是制作动画，舞台和时间轴都是至关重要的。舞台是用于放置对象的一个矩形区域；时间轴用来显示 Flash图形和其他项目元素的时间，使用时间轴可以指定舞台上各图形的分层顺序。

对于Flash来说，时间轴至关重要，可以说，时间轴是动画的灵魂。只有熟悉了时间轴的操作和使用的方法，才能在制作动画的时候得心应手。

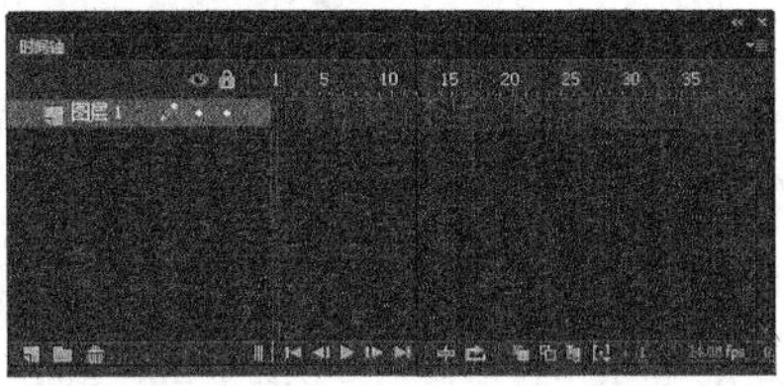

文档中的每个图层中的帧显示在该图层名右侧的一行中。时间轴顶部的时间轴标题指示帧编号，播放头指示当前在舞台中显示的帧。时间轴状态显示在时间轴的底部，可显示当前帧频、帧速率以及到当前帧为止的运行时间。

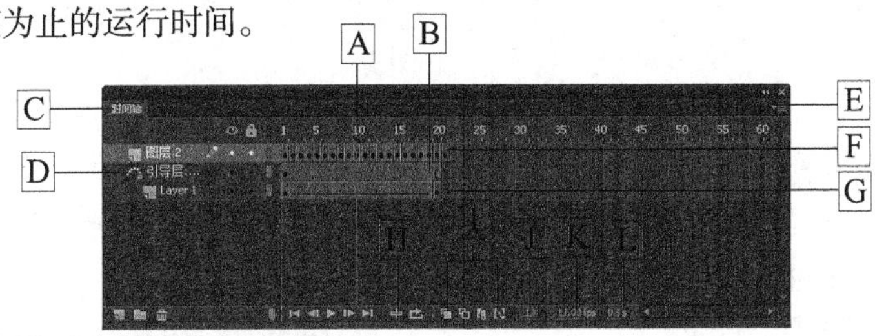

A是播放头，B是空关键帧，C是时间轴标题，D是引导层图标，E是“帧视图”弹出菜单，F是逐帧动画，G是补间动画，H是帧居中按钮，I是绘图纸按钮，J是当前帧指示器，K是帧频指示器，L是运行时间指示器。

若要更改时间轴中的帧显示，则可单击时间轴右上角的“帧视图”按钮，此时可弹出“帧视图”菜单。

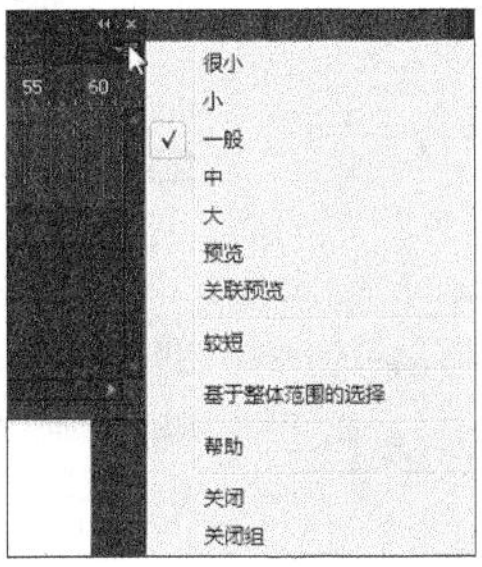

根据弹出菜单，用户可以更改帧单元格的宽度和减小帧单元格行的高度；要打开或关闭用彩色显示帧顺序，则可选择“彩色显示帧”。

14.1.4 “时间轴”面板的基本操作

关键帧在时间轴中标明：有内容的关键帧以该帧前面的实心圆表示，而空白的关键帧则以该帧前面的空心圆表示。

1. 创建关键帧

执行以下任一操作则可创建关键帧。

在时间轴上选取一帧，再按【F6】键。

右键单击时间轴上的某一帧，选择弹出菜单中的【插入关键帧】项。

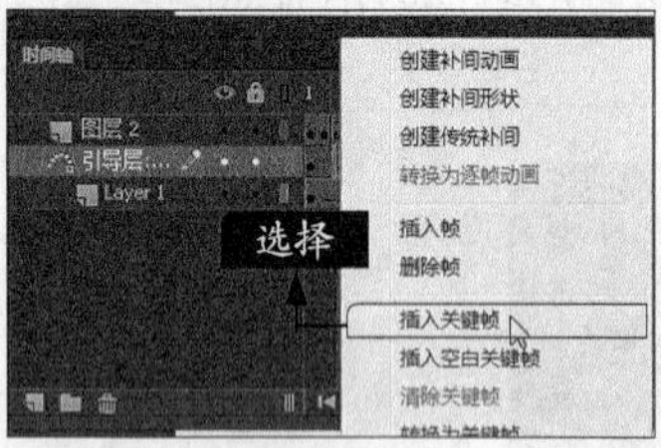

当给层添加新的关键帧时，前面关键帧中的内容会自动出现在舞台。如果不希望在新关键帧中有前面关键帧中的内容，那么就插入空关键帧。

2. 插入空白关键帧

执行以下任一操作插入空白关键帧。

⑴ 在时间轴上选取一帧，再按【F7】键。

⑵ 右键单击时间轴上的某一帧，选择弹出菜单中的【插入空白关键帧】项。

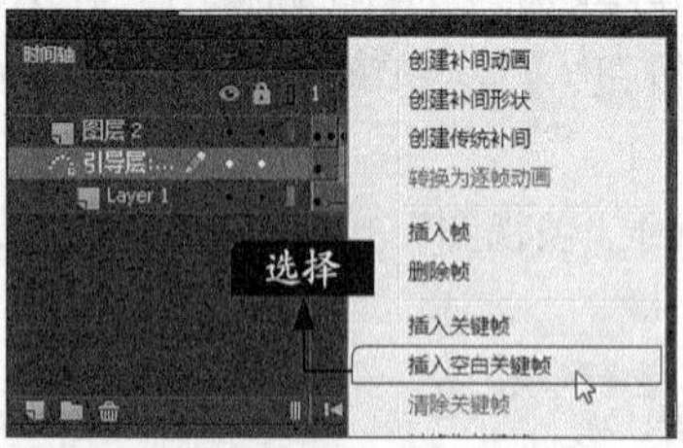

3. 删除帧或关键帧

要删除帧、关键帧或帧序列，请选择该帧、关键帧或序列，或者右击该帧、关键帧或序列，然后从弹出的菜单中选择【删除帧】。周围的帧保持不变。

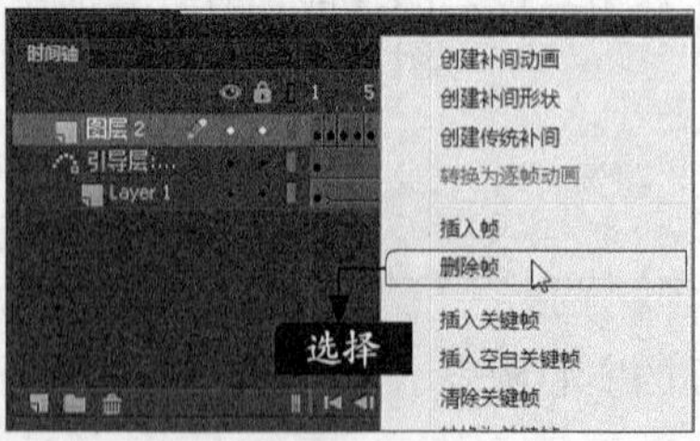

小提示

每个新文档的第1帧自动成为空白关键帧。在多帧动画中，新增层也会生成多个空白关键帧。当不想要这些关键帧时，可以将其选中，然后右键单击，选择弹出菜单中的【删除关键帧】项，即可删除它们。

4. 延伸帧

在为动画制作背景的时候，通常会需要制作一幅跨越许多帧的静止图像，这就要在这个层中插入帧延伸，新添加的帧中会包含前面关键帧中的图像。

将一帧静止图像延伸到其他帧中的具体步骤如下。

步骤 01 在任意图层的第1个关键帧中制作一幅图像。

步骤 02 选中该图层的另外一帧，按【F5】快捷键执行插入键；或右击，在弹出的快捷菜单中选择【插入帧】项，就可以将图像延伸到新帧的位置。

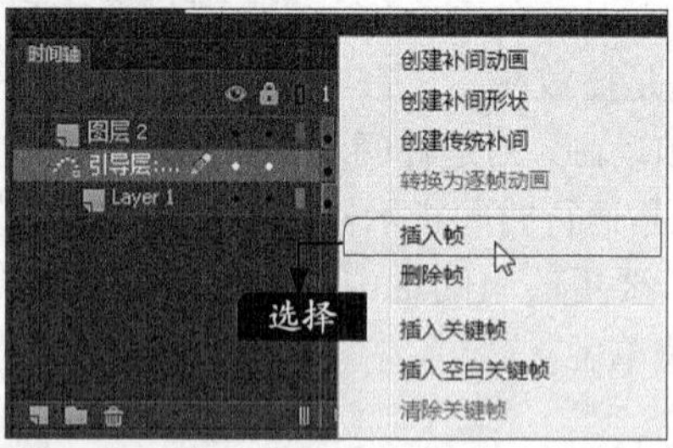

5. 设置帧频

帧频表示的是动画播放的速度，以每秒播放的帧数为度量。帧频太慢会使动画看起来一顿一顿的，帧频太快会使动画的细节变得模糊。在Web上，每秒12帧（fps）的帧频通常会得到最佳的效果。QuickTime和 AVI影片通常的帧频就是12fps，但是标准的运动图像速率是24fps。

动画的复杂程度和播放动画的计算机速度影响回放的流畅程度。在各种计算机上测试动画，以确定最佳帧频。

由于只给整个Flash文档指定一个帧频，因此最好在创建动画之前设置帧频。

步骤01 每次打开Flash的时候，程序都会自动创建一个新文档。选择【修改】➤【文档】菜单命令，或者按【Ctrl+J】组合键，会打开【文档设置】对话框，可对影片的帧频进行设置。

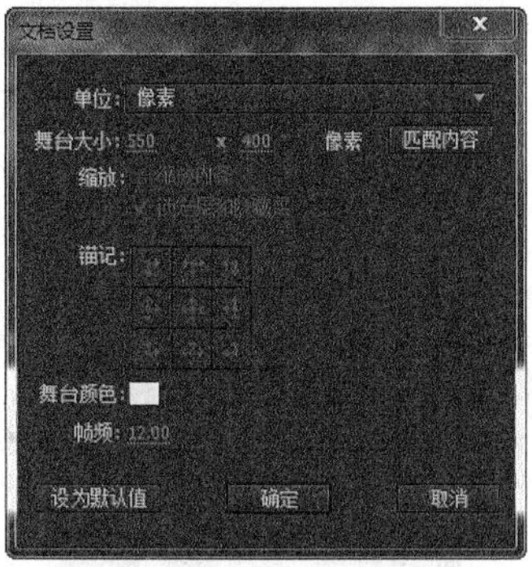

步骤02 设置文档大小属性，可在【舞台大小】的【宽】文本框和【高】文本框中输入相应的宽度值和高度值。默认的文档大小为550像素×400像素。其中最大尺寸为2 880像素×2 880像素，最小尺寸为18像素×18像素。

步骤03 可以通过【舞台颜色】选择并设置文档的背景颜色。

步骤04 在【帧频】文本框中输入每一秒钟要显示的动画帧数。

步骤05 【单位】用于选择一种标尺单位。

小提示

在时间轴下方的状态栏中会显示当前影片的帧频。

14.2 认识与创建元件

本节教学录像时间：8 分钟

元件是一些可以重复使用的图像、动画或者按钮，它们被保存在库中。实例是出现在舞台上或者嵌套在其他元件中的元件。使用元件可以使影片的编辑更加容易。

在影片中，使用元件可以显著地减小文件的尺寸。保存一个元件比保存每一个出现在舞台上的元素要节省更多的空间。使用元件还可以加快影片的播放，因为一个元件在浏览器上只下载一次即可。

14.2.1 元件类型

打开一个包含各类元件的影片文件（例如打开随书光盘中的“素材\ch14\TRACER.fla”文档），然后选择【窗口】➤【库】菜单命令，就能在【库】面板中找到3种类型的元件。

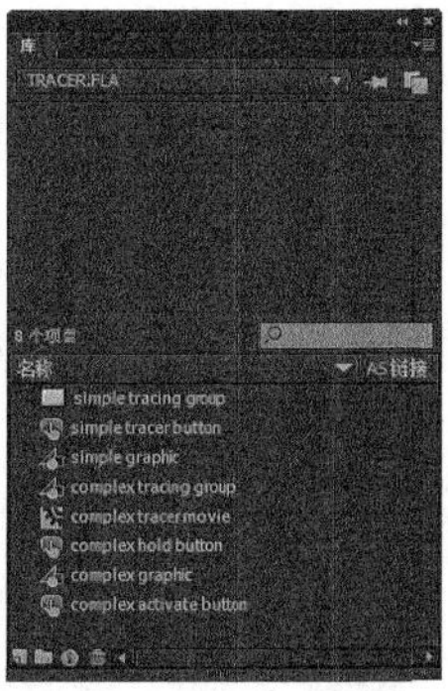

⑴【影片剪辑】：一个独立的小影片，它可以包含交互控制和音效，甚至能包含其他的影片剪辑。

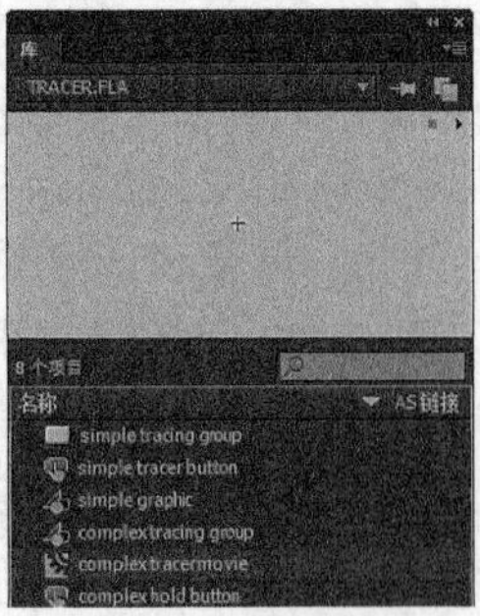

⑵【按钮】：用于在影片中创建对鼠标事件（如单击和滑过）响应的互动按钮。制作按钮首先要制作与不同的按钮状态相关联的图形。为了使按钮有更好的效果，还可以在其中加入影片剪辑或音效文件。

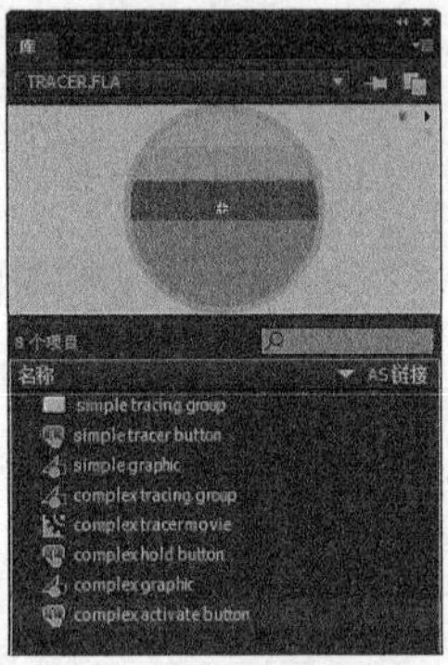

⑶【图形】：通常用于存放静态的图像。还能用来创建动画，在动画中也可以包含其他的元件，但是不能加上交互控制和声音效果。

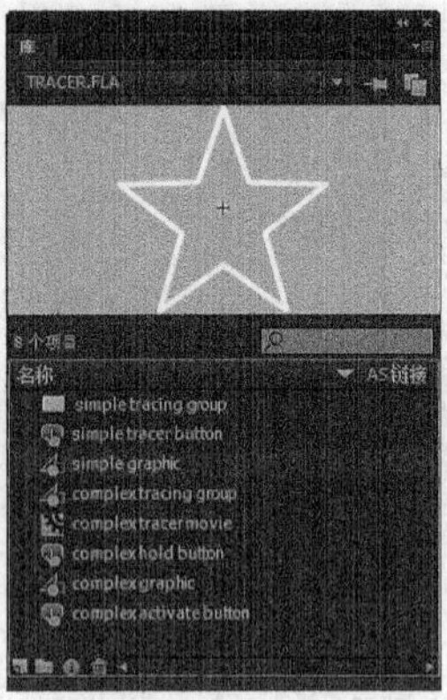

14.2.2 创建图形元件

从舞台上选取对象创建元件的具体步骤如下。

步骤 01 选取舞台上的元素（例如双击选中舞台上的圆角矩形框），然后选择【修改】➤【转换为元件】菜单命令。

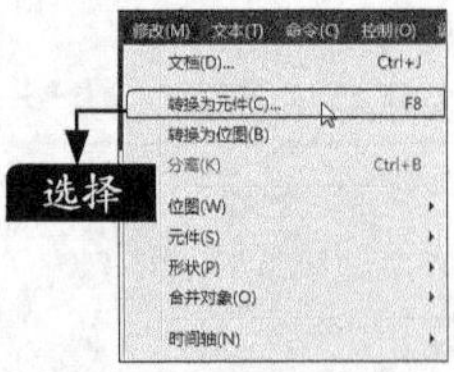

步骤 02 弹出【转换为元件】对话框，在【名称】文本框中输入元件的名称，在【类型】下拉列表中选择【图形】选项。

被选取的对象仍然在舞台上，但已成为元件的实例。被选取的对象还会复制一个新的元件放在【库】面板中。如果要对已创建的元件进行编辑，可以在【库】面板中双击这个元件进入元件编辑环境。

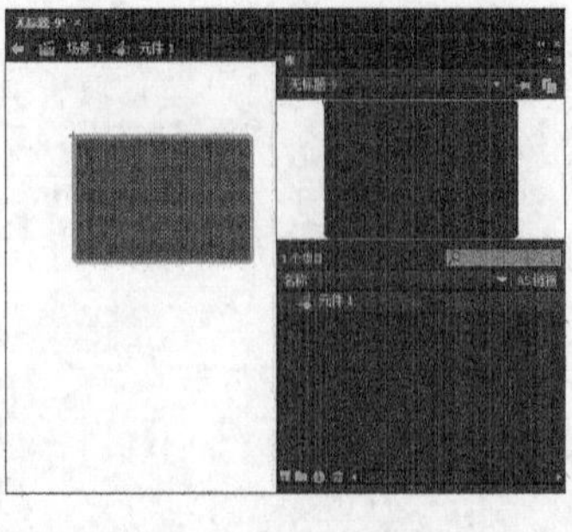

新建图形元件的具体步骤如下。

步骤 03 进行以下操作之一。

(1) 选择【插入】➤【新建元件】菜单命令。

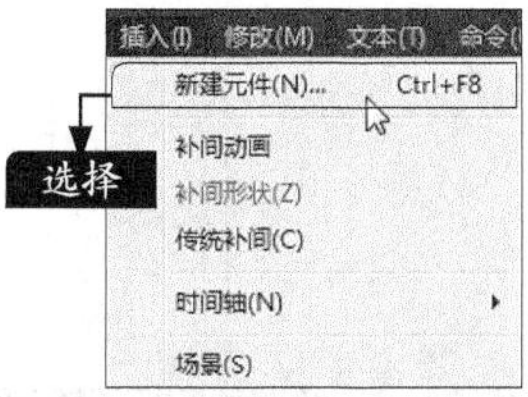

(2) 单击【库】面板底部的【新建元件】按钮。

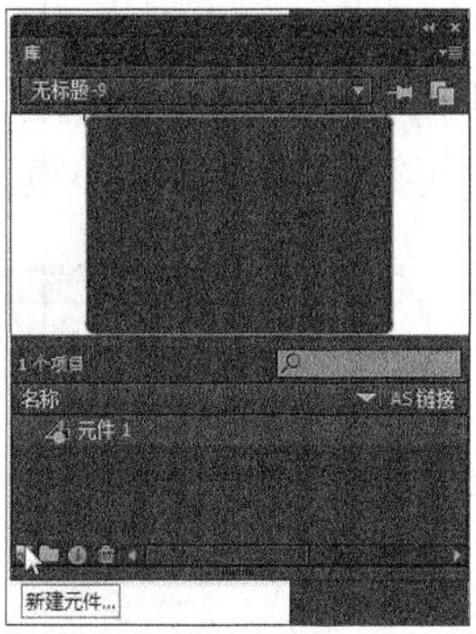

(3) 从【库】面板的选项菜单中选择【新建元件】选项。

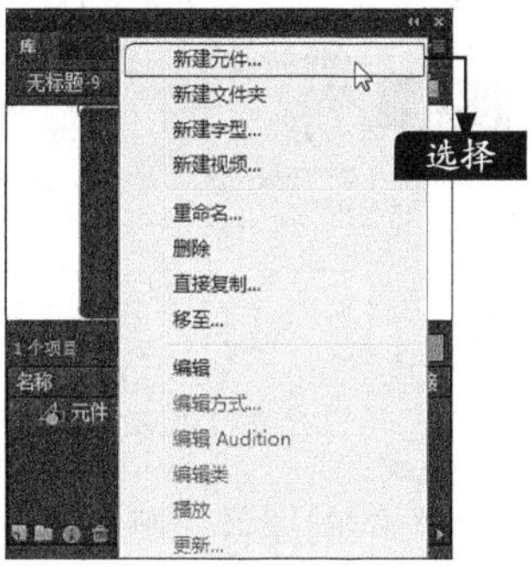

步骤04 弹出【创建新元件】对话框，在【名称】文本框中输入元件的名称，并在【类型】下拉列表中选择【图形】选项，单击【确定】按钮。

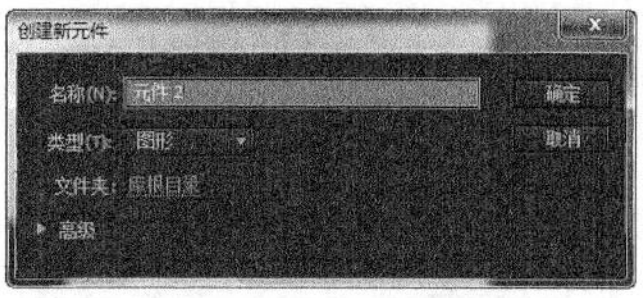

步骤05 Flash会切换到图形元件编辑模式，元件的名称会出现在舞台的上部。窗口中含有一个“十”字，它是元件的定位点。

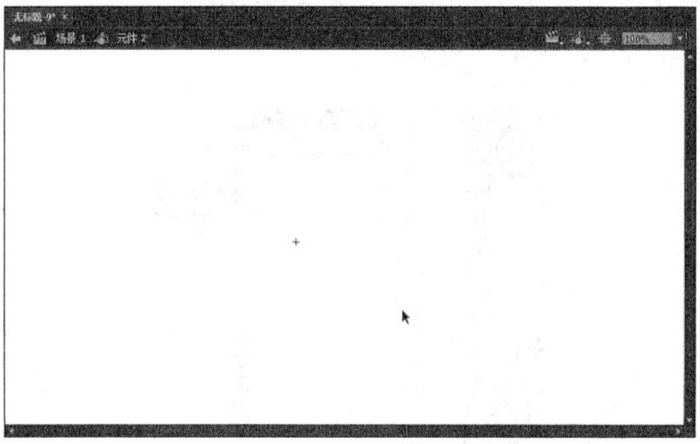

步骤06 要创建元件的内容，就要利用时间轴，使用绘图工具绘图或导入素材。

步骤07 完成元件内容的制作后，选择【编辑】➤【编辑文档】菜单命令(或者在左上角单击 场景 1 图标)，退出图形元件编辑模式并返回到舞台中。

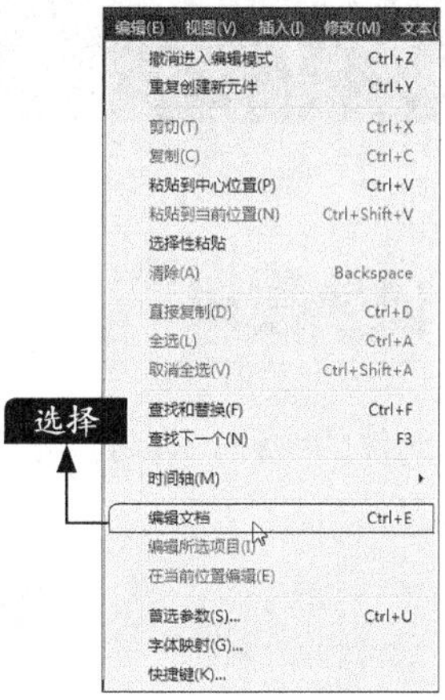

14.2.3 创建影片剪辑

创建影片剪辑的具体步骤如下。

步骤01 进行以下操作之一。

(1) 选择【插入】➤【新建元件】菜单命令（或者按【Ctrl+F8】组合键）。

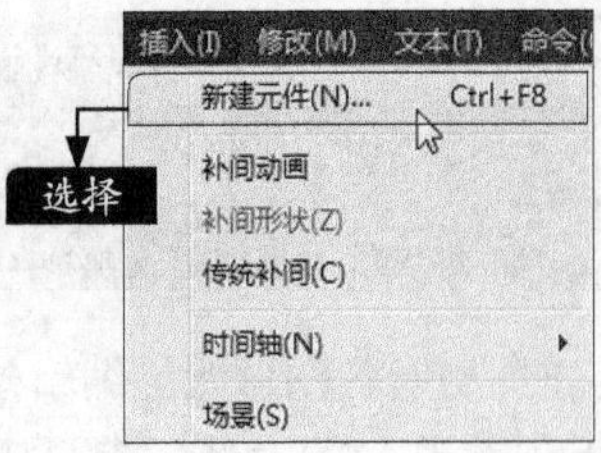

(2) 单击【库】面板底部的【新建元件】按钮(或者从【库】面板的选项菜单中选择【新建元件】菜单命令)。

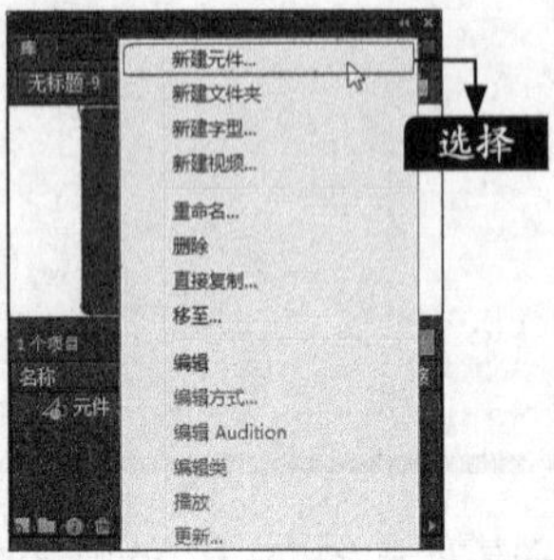

步骤 02 弹出【转换为元件】对话框，在【名称】文本框中输入元件的名称，在【类型】下拉列表中选择【影片剪辑】选项。

步骤 03 用时间轴及舞台制作动画序列。

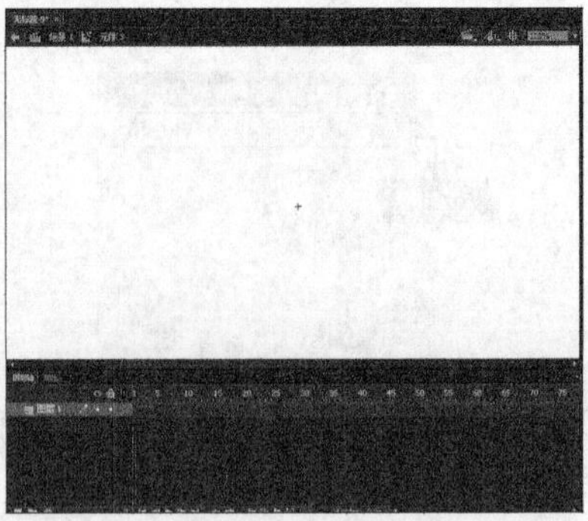

步骤 04 完成元件内容的制作后，选择【编辑】➤【编辑文档】菜单命令，或者单击左上角的 场景 1 图标，退出影片剪辑编辑模式。

14.2.4 创建按钮

按钮是元件的一种，它可以根据可能出现的每一种状态显示不同的图像、响应鼠标动作和执行指定的行为。

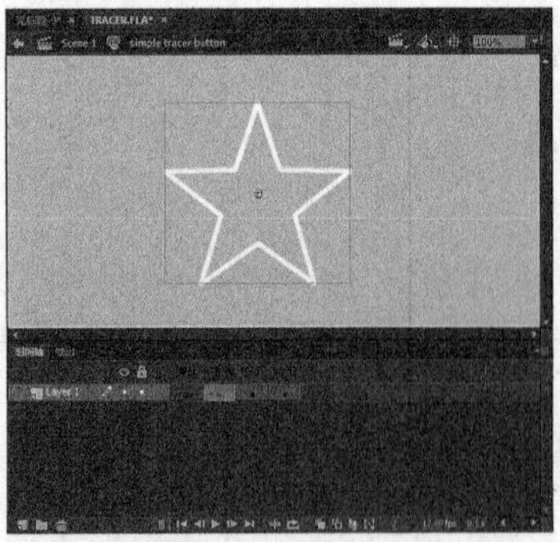

制作按钮的具体步骤如下。

步骤 01 打开随书光盘中的“素材\ch14\TRACER.fla”影片源文档。

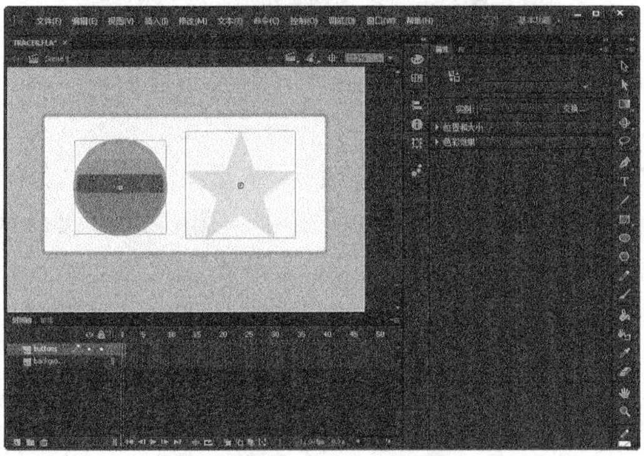

步骤 02 选择【插入】➤【新建元件】菜单命令，弹出【创建新元件】对话框。

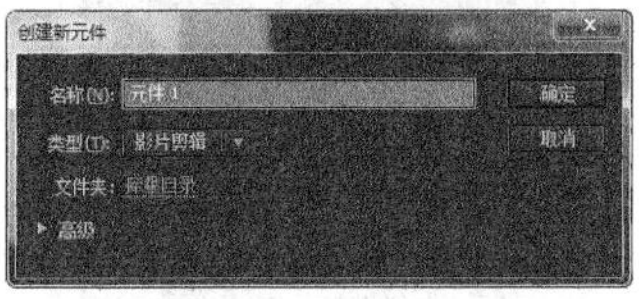

步骤 03 在【创建新元件】对话框中输入一个名字（这里使用“NewButton”作为名称），在【类型】下拉列表中选择【按钮】选项，单击【确定】按钮。

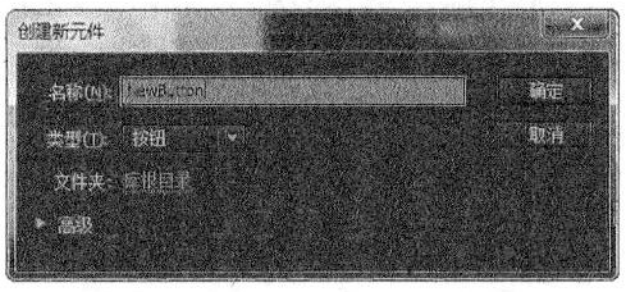

步骤 04 时间轴转变为由4帧组成的按钮编辑模式。

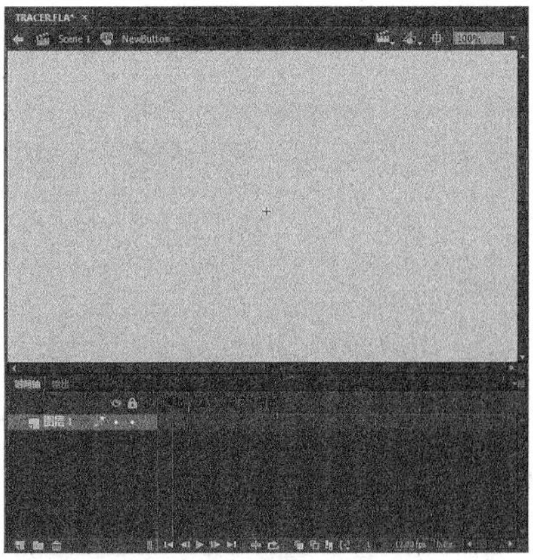

步骤 05 要创建“弹起”状态按钮图像，可将库中的图形元件“simple graphic”拖入舞台（使用【Ctrl+L】组合键可以打开【库】面板），然后将其对齐于定位点的中央。

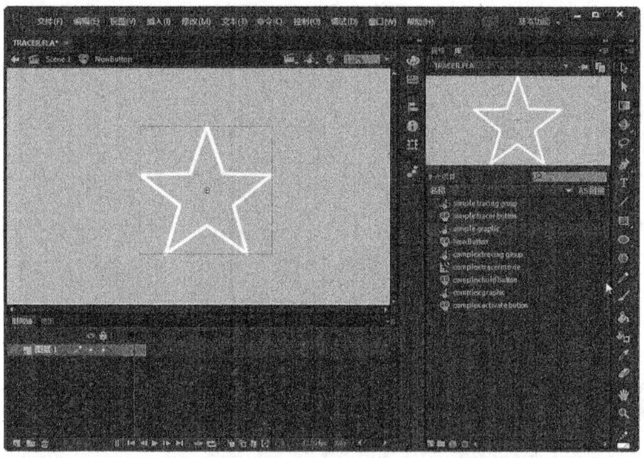

步骤 06 单击“指针经过”帧，按【F7】键插入一个空白关键帧。将库中的图形元件“complex graphic”拖入舞台，然后将其定位于定位点的中央。

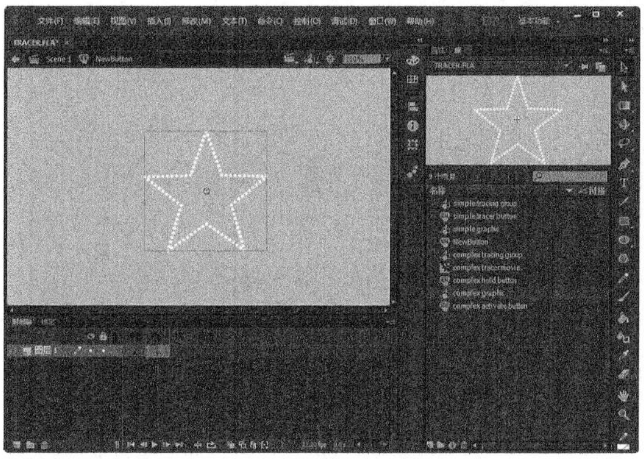

步骤 07 单击“按下”帧，按【F6】键插入一个关键帧，该帧继承了上一帧的内容。选中舞台上的元件，打开【属性】面板的【色彩效果】选项组，在【样式】下拉列表中选择【色调】选项，改变色彩。

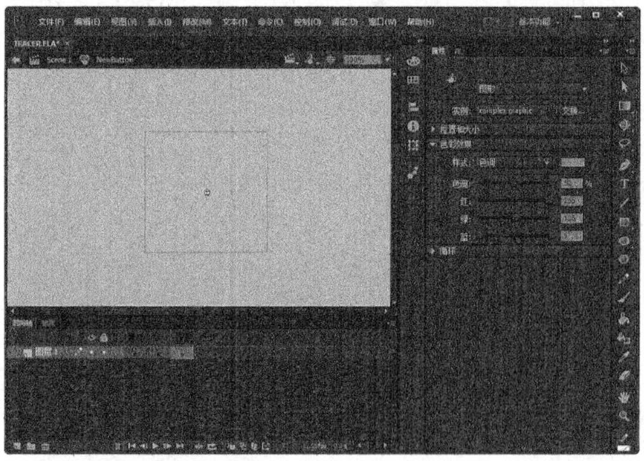

步骤08 右击“点击”帧，在弹出的快捷菜单中选择【插入空白关键帧】菜单命令，然后用椭圆绘图工具制作鼠标响应区域。

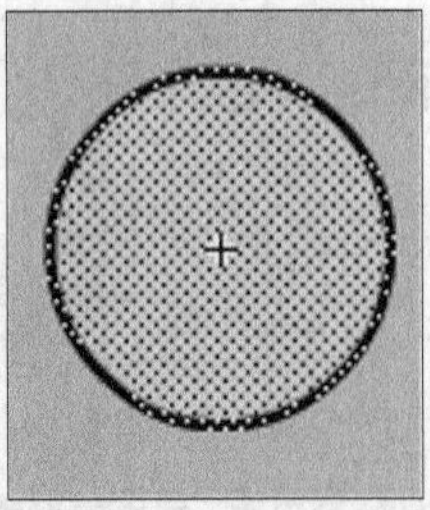

小提示

“点击”帧在舞台上是看不到的，但是它可用于定义对鼠标单击所能够做出反应的按钮区域。

步骤09 导入一个声音到【库】面板中，单击“按下”帧，从库中拖一个声音文件到舞台，这样音效即可加入“按下”帧中。

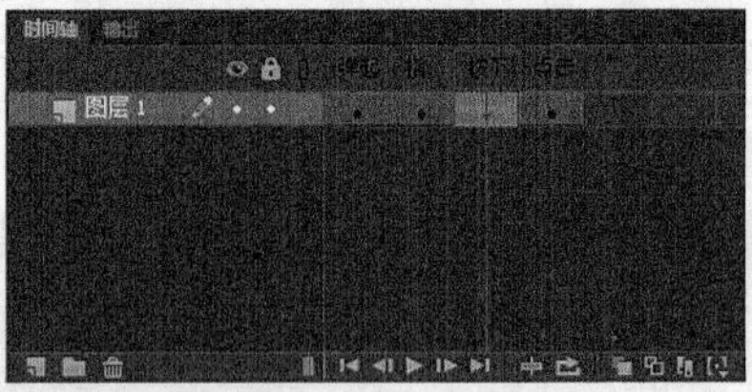

步骤10 按钮制作完成，单击时间轴上方的 Scene 1 图标切换到主场景中，就可以直接从库中调用该按钮。

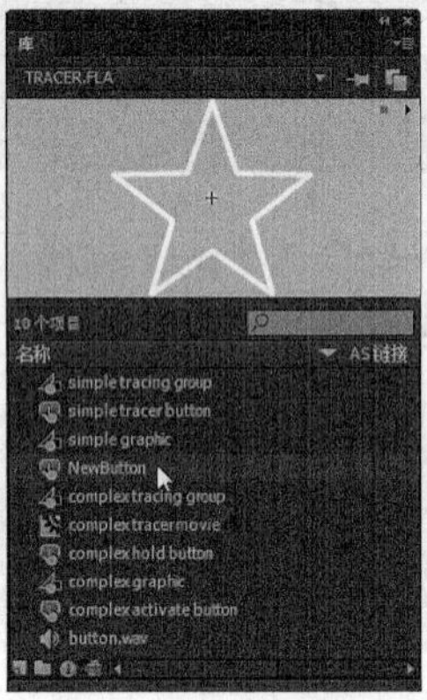

14.3.5 启用按钮

在编辑影片时，可以选择是否启用按钮功能。启用按钮功能后，按钮就会对用户指定的鼠标事件做出响应；当按钮功能被取消后，单击按钮会将其选中。一般情况下工作的时候，按钮功能是被禁止的，启用按钮功能可以快速地测试其行为是否令人满意。

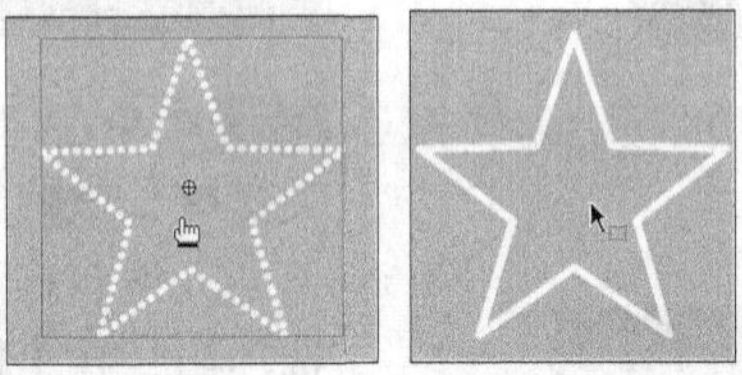

启用和禁止按钮功能的方法如下。

选择【控制】➤【启用简单按钮】菜单命令，按钮被启用。再次选择这个命令，则可禁止按钮功能。

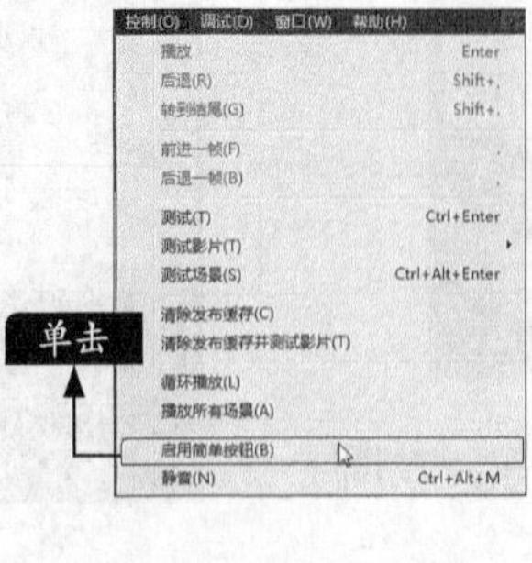

如果按钮中有影片剪辑，那么在编辑环境中是看不到的。要测试效果，按【Ctrl+Enter】组合键就能生成SWF动画。

14.3 使用“库”面板

本节教学录像时间：4 分钟

【库】面板是存储和组织在Flash中创建的各种元件的地方。它还用于存储和组织导入的文件，包括位图图形、声音文件和视频剪辑等。

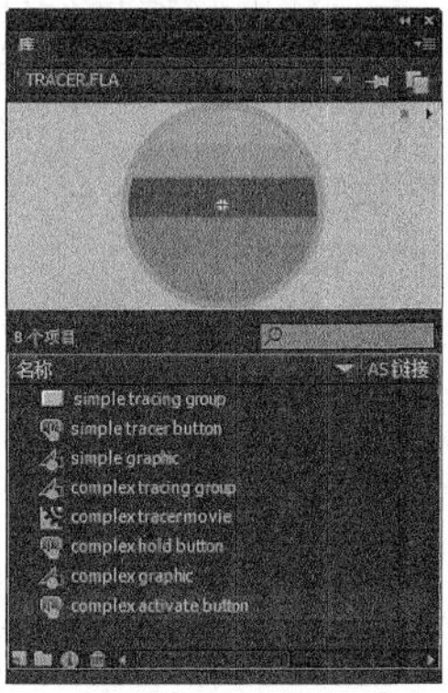

14.3.1 认识“库”面板

【库】面板是存储和组织在Flash中创建的各种元件的地方，它还用于存储和组织导入的文件，包括位图图形、声音文件和视频剪辑。【库】面板可以组织文件夹中的库项目，查看项目在文档中使用的频率，并按类型对项目排序。

1. 创建库元素

在【库】窗口的元素列表中，看见的文件类型是：图形、按钮、影片剪辑、媒体声音、视频、字体和位图。前面3种是在Flash中产生的元件，后面两种是导入素材后产生的。

要创建元件可执行下列操作之一。

- 选择【插入】➤【新建元件】菜单命令。
- 从【库】面板的选项菜单中选择【新建元件】项。
- 单击【库】面板下边的【新建元件】按钮。
- 先在舞台上选中图像或动画，然后选择【修改】➤【转换为元件】菜单命令。

结果都会弹出【新建元件】对话框，可以从中选择元件类型并为它命名。

另外，还可以通过菜单命令【文件】➤【导入】➤【导入到库】将外部的视频、声音、位图等素材导入影片中，它们会自动地出现在库里。

2. 重命名

给元件改名，可选择以下方法之一。

- 双击要重命名的元件名称。
- 右击要重命名的元件，选择弹出菜单中的【重命名】项。
- 在【库】面板选择要重命名的元件，选择【选项】菜单中的【重命名】项。

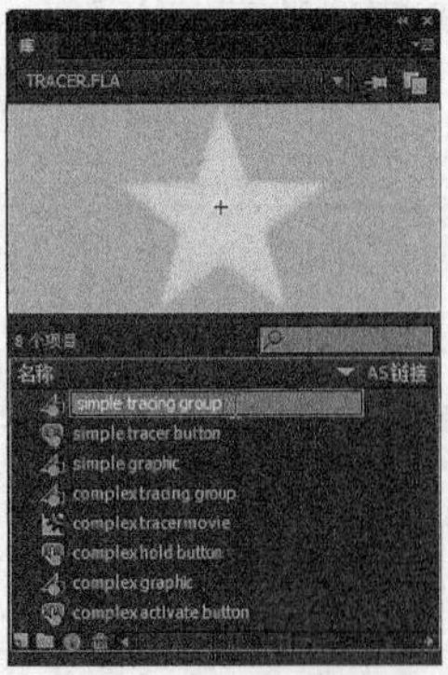

3. 建立文件夹

在库面板中建立文件夹的操作方法如下。

步骤 01 在【库】面板中单击【新建文件夹】按钮，会产生一个文件夹，可以给新增文件夹重新命名。

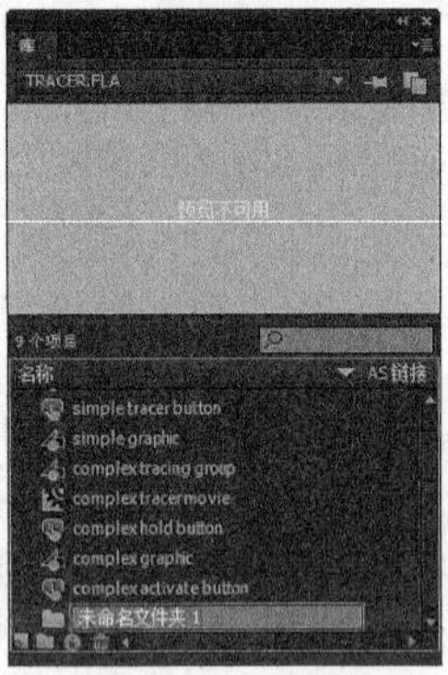

步骤 02 在【库】面板中选择一个或多个元件单击鼠标右键，然后在弹出的菜单中选取【移至】命令。

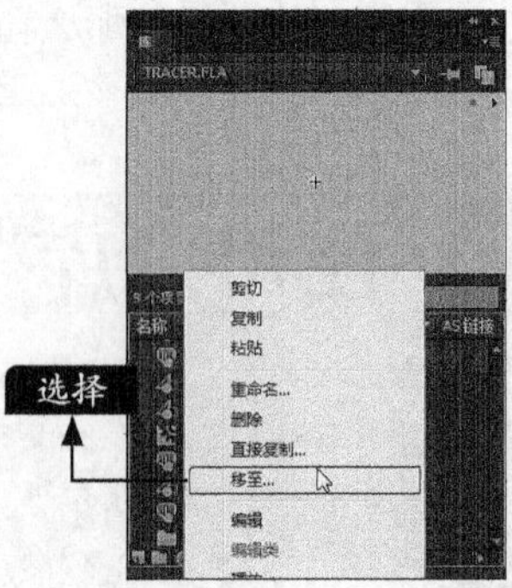

步骤 03 就会弹出【移至文件夹】对话框，可以将元件移至现有文件夹或者新建文件夹，单击【选择】按钮，选中的元件就移到新文件夹中。

步骤 04 另外，还可以将选中的元件拖曳到已存在的文件夹中。

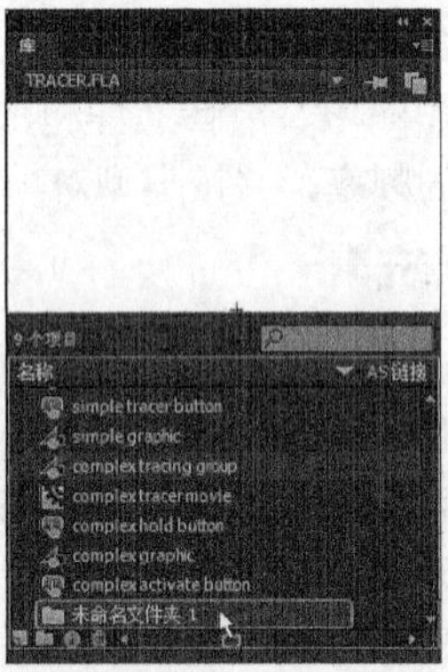

14.3.2 库的管理和使用

库文件可以反复出现在影片的不同画面中，并对整个影片的尺寸影响不大，因此被引用的元件就成为实例。

调用库中的元素非常简单，只需要将所需的文件拖入舞台，既可以从预览窗口拖入，也可以从文件列表中拖入。

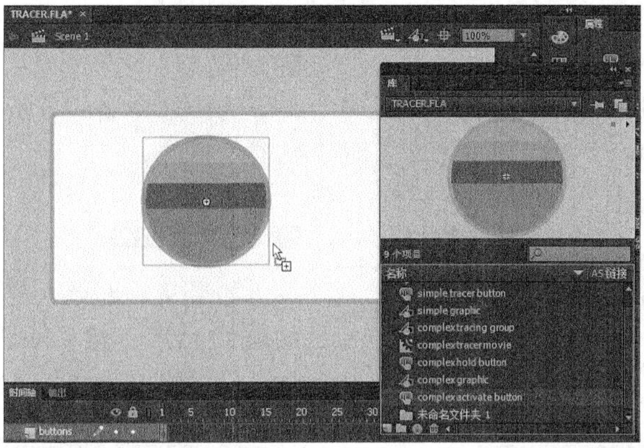

库文件的编辑可以使影片的编辑更加容易，因为当需要对许多重复的元素进行修改时，只要对库文件做出修改，程序就会自动根据修改的内容对所有该元件的实例进行更新。

1.编辑元件

从【库】面板转入元件编辑环境，有以下几种方法。

(1) 在库预览窗口或文件列表中双击任意一个元件。

(2) 右击库文件列表中选中的元件，然后选择弹出的快捷菜单中的【编辑】菜单命令。

进入单独的元件编辑状态后即可编辑元件。

双击场景中的实例，就会自动地切换到与其对应元件的编辑状态，而场景中的其他元素则变暗显示，并且不能被编辑。

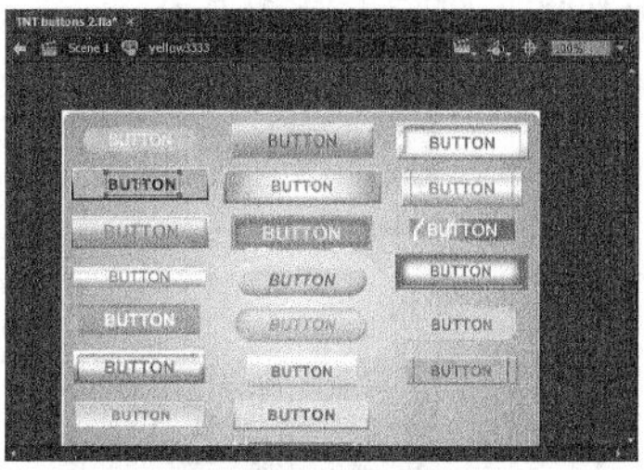

小提示

这种编辑方式比较适合元件相互参照定位的场合，因为在这里，元件与场景中的实例大小相同，因此可以参考周围的其他元素来编辑元件。

2. 编辑声音

由于舞台是显示图像的，编辑声音与舞台无关，所以需要在【声音属性】对话框中编辑场景中的声音。在【库】面板中双击文件列表中的声音图标，即可弹出【声音属性】对话框。

用户可以在【声音属性】对话框中根据需要对声音进行设置。

删除声音的方法有以下几种。

(1) 选中要删除的声音，然后单击【库】面板下方的【删除】按钮。

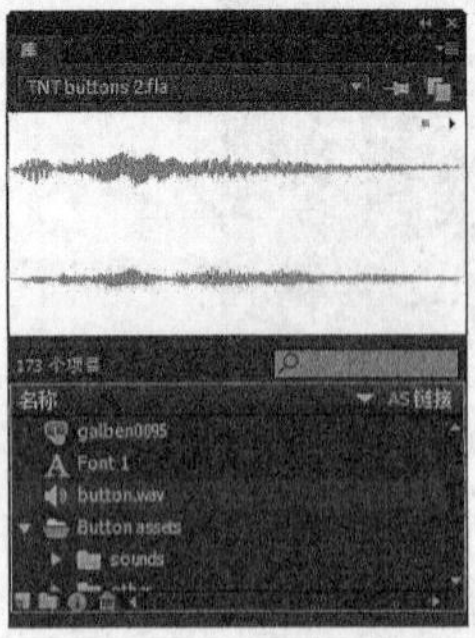

(2) 选中要删除的声音，右击，在弹出的快捷菜单中选择【删除】菜单命令。

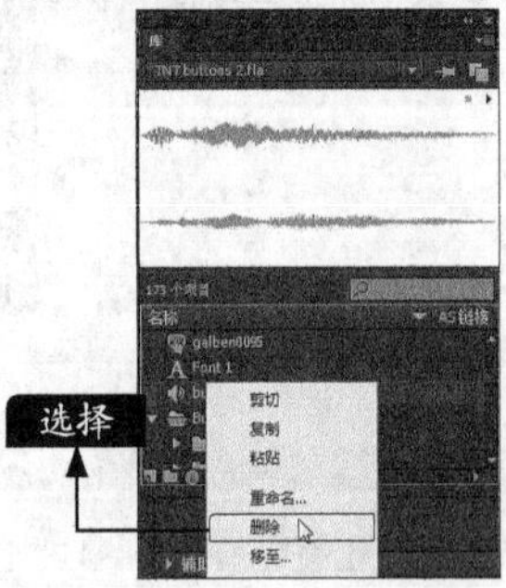

(3) 选中要删除的声音，然后按【Delete】键。

为声音命名的方法和对元件重新命名的方法是一样的。

3. 编辑位图

如果从外部导入位图，将在库中产生对应的位图元素，然后双击文件列表中的位图图标，即可弹出【位图属性】对话框。

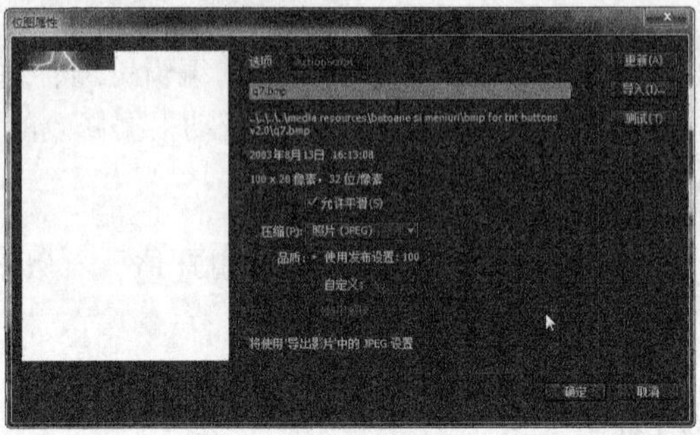

在【位图属性】对话框中，用户可以根据需要进行设置。

> **小提示**
>
> 选中位图，右击，在弹出的快捷菜单中选择【属性】菜单命令，也可以弹出【位图属性】对话框。

14.4 综合实战——制作绚丽按钮

本节教学录像时间：8 分钟

本实例充分地利用Flash CC提供的元件和库的功能来完成元件的建立和编辑，制作一个绚丽的按钮。

可以通过舞台上选定的对象来创建元件；或者创建一个空元件，然后在元件编辑模式下制作或导入内容；也可以在Flash中创建字体元件。元件可以拥有能够在 Flash 中创建包括动画在内的所有功能。

本实例的制作过程是：设置影片属性→设置元件→文件导入库→创建动画。具体的操作步骤如下。

第1步：设置影片属性

步骤01 选择【文件】➤【打开】菜单命令，打开随书光盘中的“素材\ch14\Flower.fla”文档，然后将其另存为“绚丽按钮”文档。

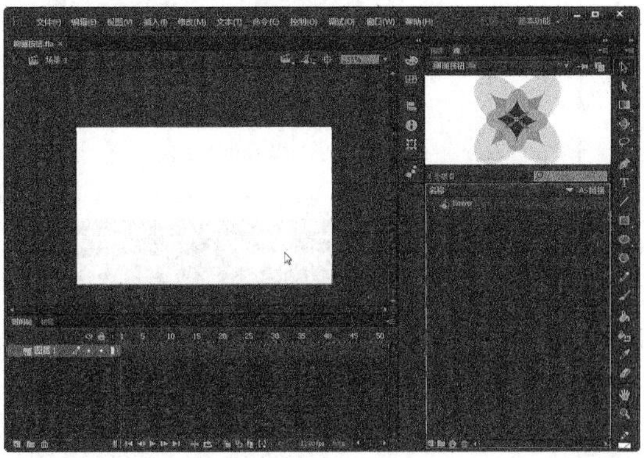

步骤02 选择【修改】➤【文档】菜单命令。

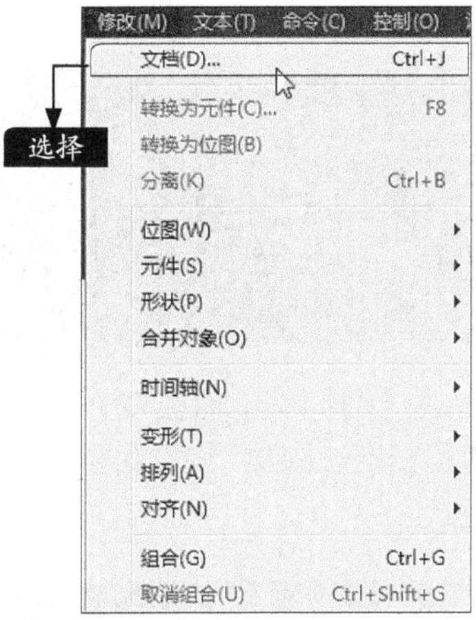

步骤03 弹出【文档设置】对话框，设置工作区宽度为“250像素”，高度为“150像素”，单击【确定】按钮。

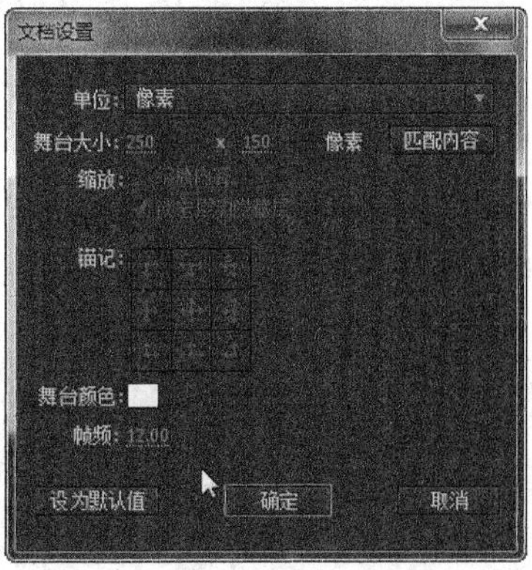

第2步：创建按钮元件

步骤01 选择【插入】➤【新建元件】菜单命令。

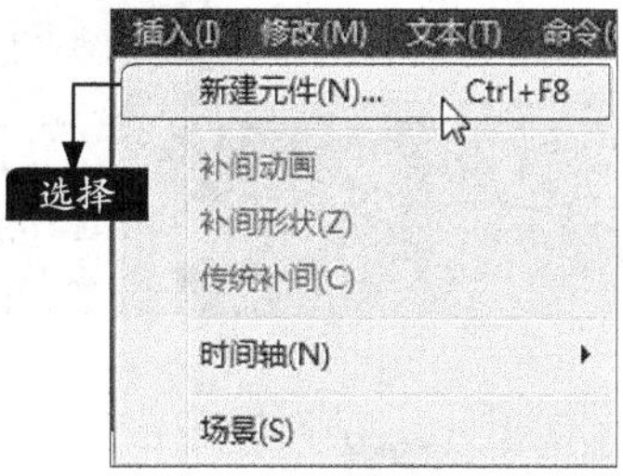

步骤02 弹出【创建新元件】对话框，在【名称】文本框中输入元件的名称“btn”，在【类型】下拉列表中选择【按钮】选项，然后单击【确定】按钮。

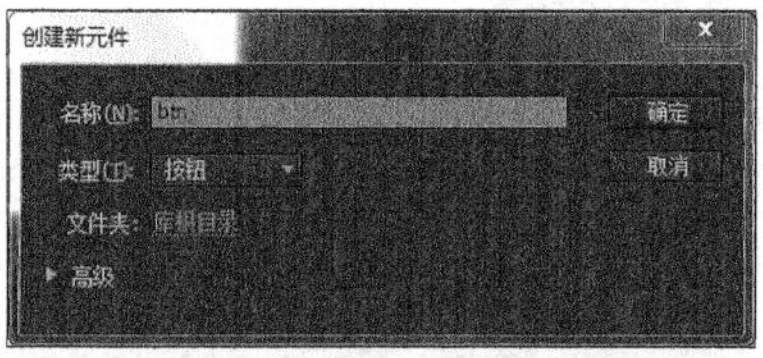

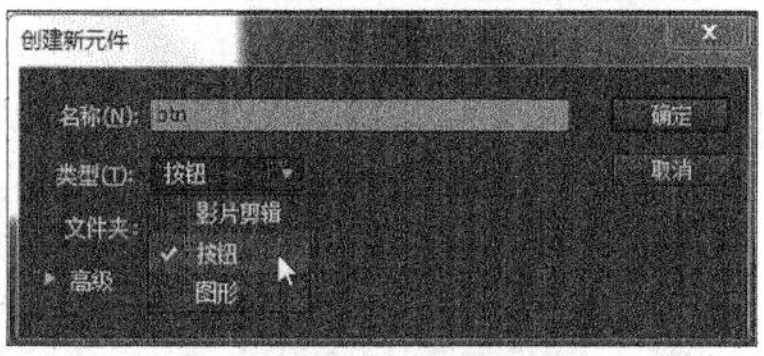

步骤03 进入“btn”按钮元件的编辑模式。

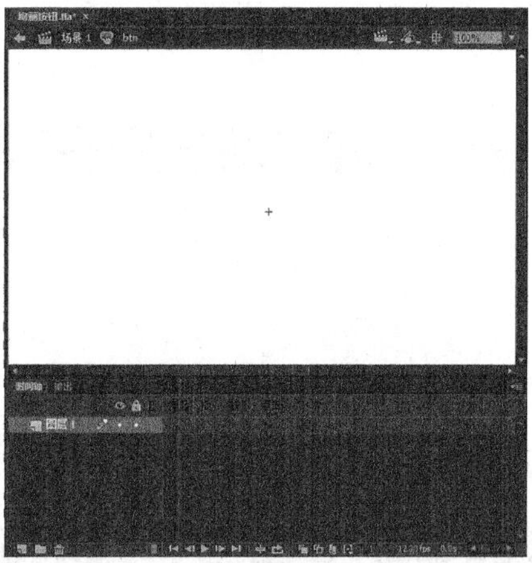

步骤04 按【Ctrl+L】组合键打开【库】面板，将“flower”图片拖曳到舞台的中央。

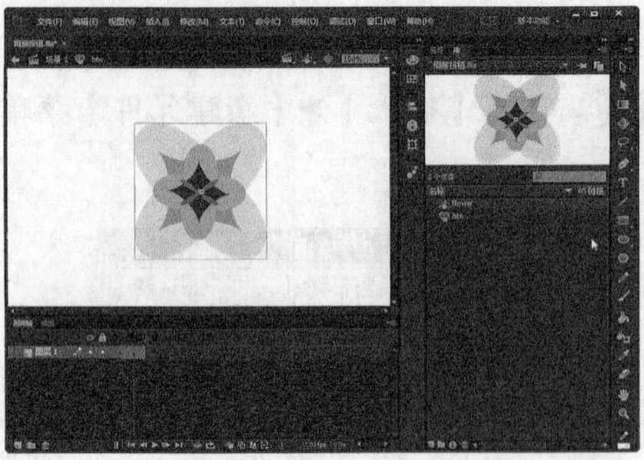

第3步：创建影片剪辑

步骤01 选择【插入】➤【新建元件】菜单命令，弹出【创建新元件】对话框，在【名称】文本框中输入元件的名称“movie”，在【类型】下拉列表中选择【影片剪辑】选项，然后单击【确定】按钮。

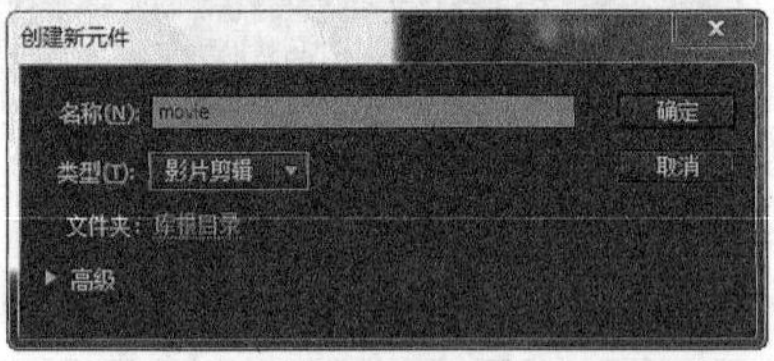

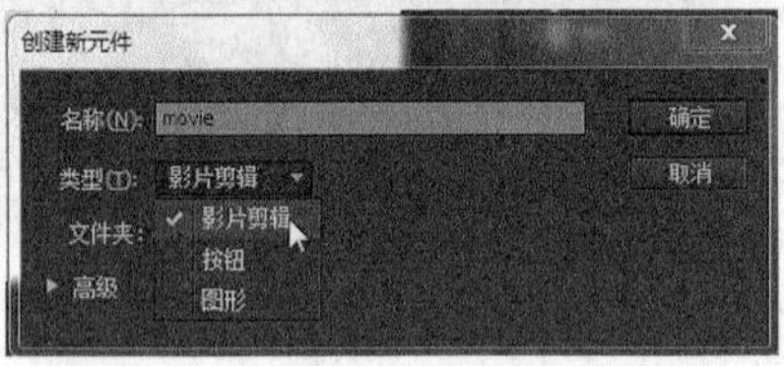

步骤02 进入“movie”影片剪辑元件的编辑模式。

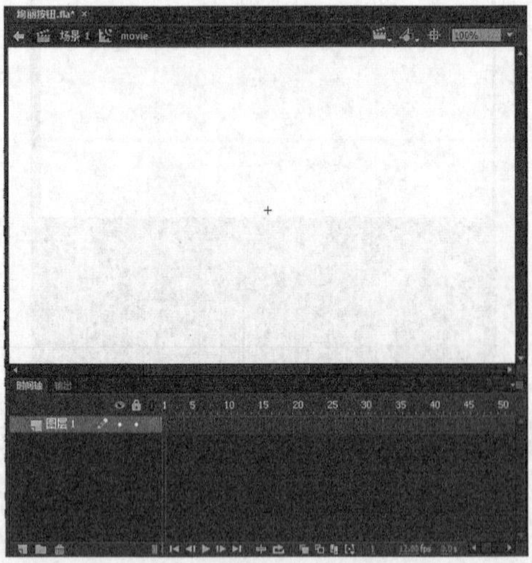

步骤03 将【库】面板中的“flower”图片拖曳到舞台的中央。

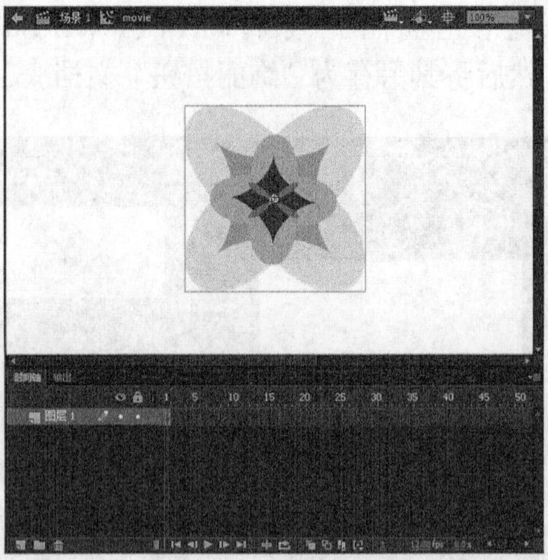

步骤04 右击“图层1”的第16帧，在弹出的快捷菜单中选择【插入帧】菜单命令，即可将“图层1”的帧延续到第16帧。

步骤05 单击【时间轴】面板左下方的【新建图层】按钮，在“图层1”的上方会增加一个新的“图层2”。

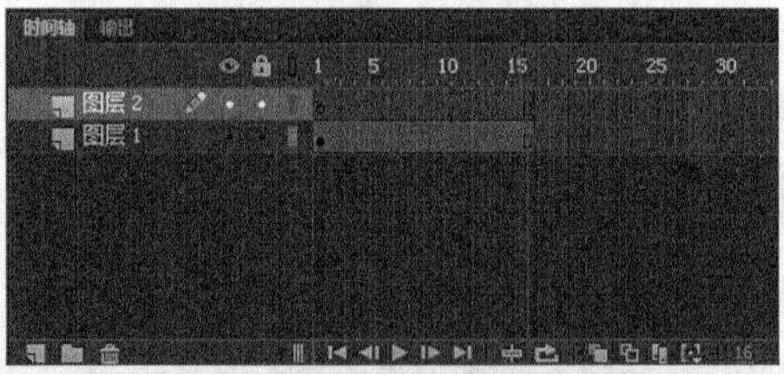

步骤06 从【库】面板中拖曳“flower”图形元件到舞台的中央。右击“图层2”的第16帧，选择弹出的快捷菜单中的【插入关键帧】菜单命令，即在第16帧处插入一个关键帧。

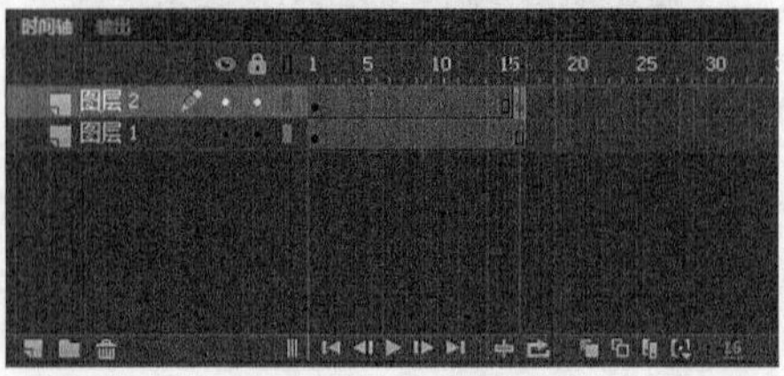

步骤07 选中“flower”图形，单击【工具】面板中的【缩放工具】，这时在图片“flower”的周围会出现8个小方块，向内拖曳位于顶点处的小方块可以缩小它的面积，然后将它放置于右下角。

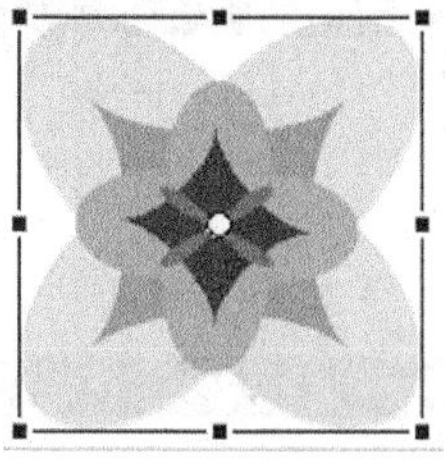

步骤08 按【Ctrl+F3】组合键打开【属性】面板，在【色彩效果】选项组的【样式】下拉列表中选择【Alpha】选项，设置Alpha值为0%，这时“flower”图形已经透明。

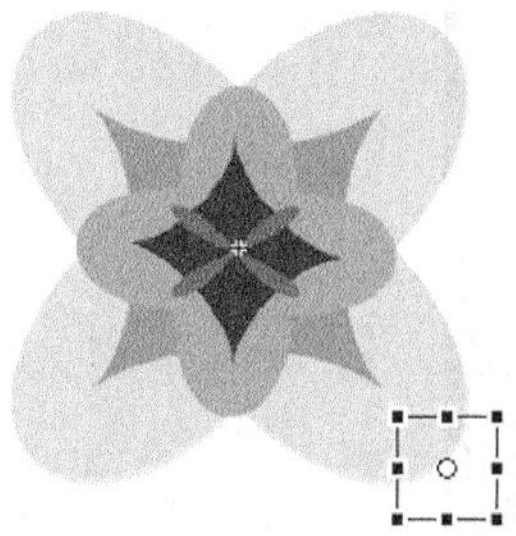

步骤09 右击“图层2”的第1帧，在弹出的快捷菜单中选择【创建传统补间】菜单命令，这样“flower”图形向右下角逐渐移动渐变、颜色渐变和大小渐变的动画就完成了。

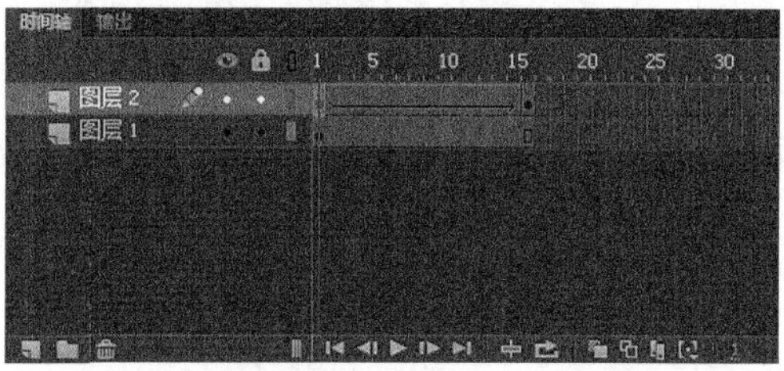

步骤10 重复步骤07～步骤08，完成“flower”图形向右上角、左上角和左下角逐渐移动渐变、颜色渐变和大小渐变的动画。

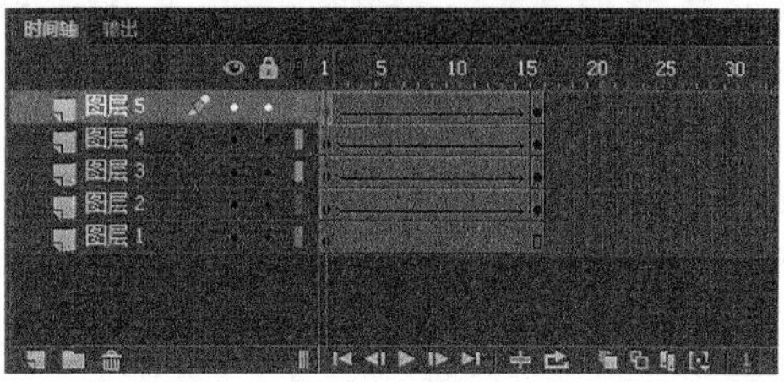

第4步：创建绚丽按钮动画

步骤01 双击【库】面板中的“btn”按钮，进入“btn”按钮编辑模式。

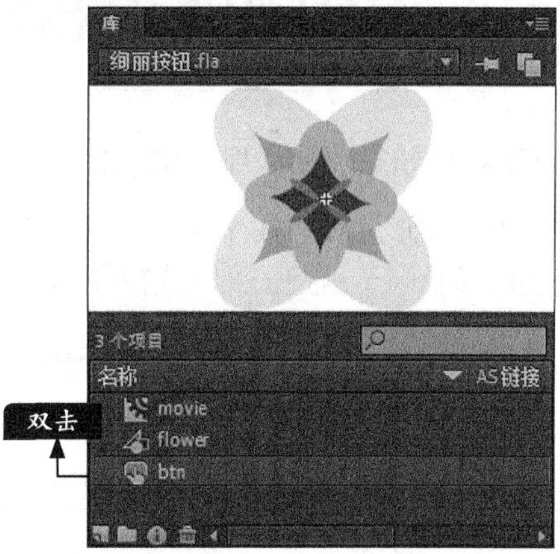

步骤02 右击“指针经过”帧，在弹出的快捷菜单中选择【插入空白关键帧】菜单命令，在该帧处插入空白关键帧。并选中空白关键帧，从【库】面板中拖曳影片剪辑“movie”到舞台的中央。

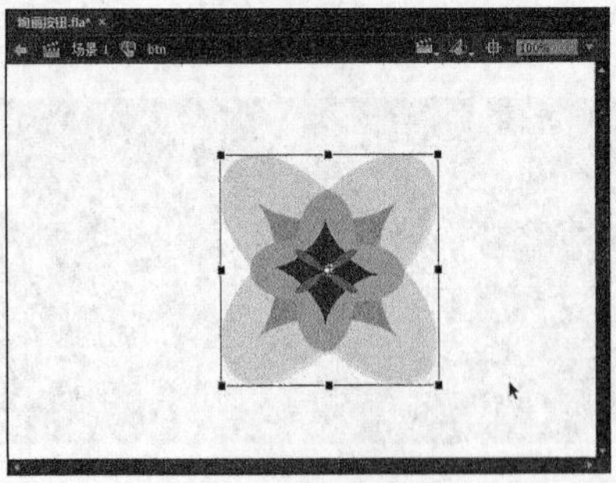

步骤 03 分别在“按下”帧和“点击”帧处插入一个与“弹起”帧相同的关键帧。

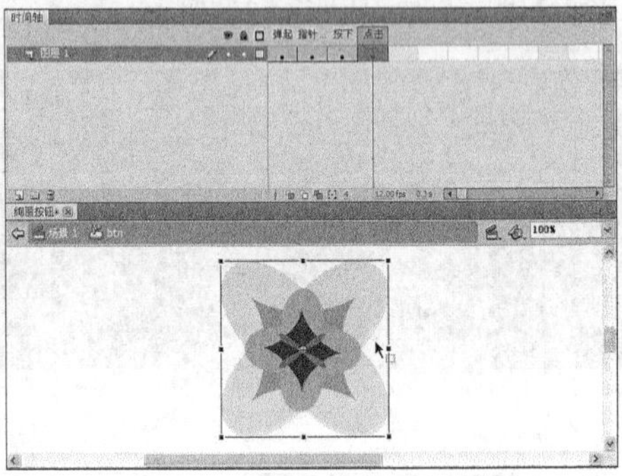

步骤 04 单击编辑区右上角的 场景 1 按钮切换到“场景1”中，然后从【库】面板中拖曳“btn”按钮到舞台的中央。

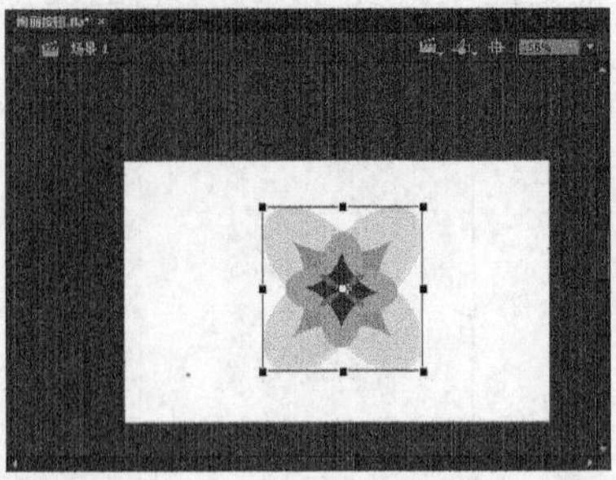

步骤 05 选择【控制】➤【测试影片】➤【测试】菜单命令，打开绚丽按钮的【播放器】窗口，从中可以看到“btn”按钮产生的效果。

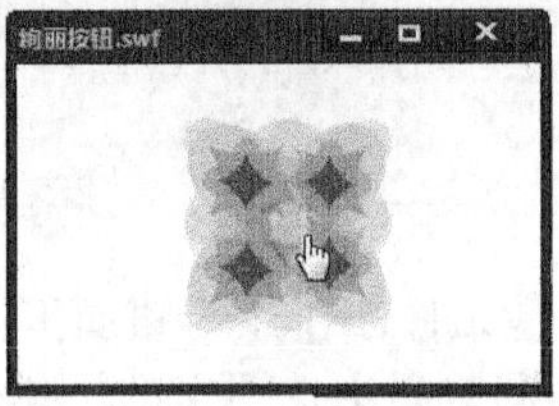

步骤 06 按【Ctrl+S】组合键保存即可。

高手支招

本节教学录像时间：3 分钟

正确区分图形、按钮和影片剪辑3种元件的方法

图形：图形元件可用于静态图像，并可用来创建连接到主时间轴的可重用动画片段。图形元件与主时间轴同步运行。交互式控件和声音在图形元件的动画序列中不起作用。

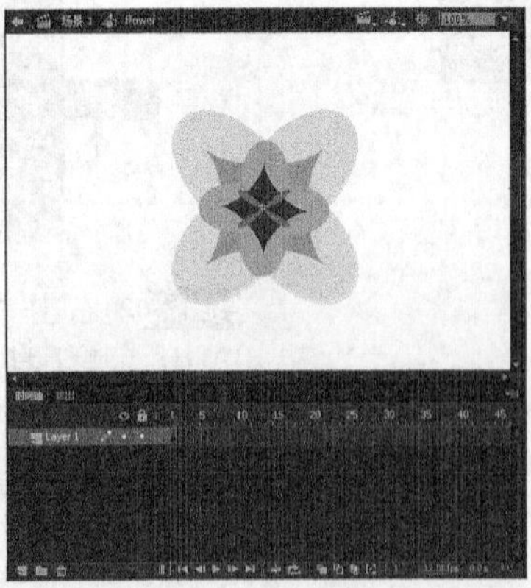

按钮：按钮元件可创建用于响应鼠标单击、滑过或其他动作的交互式按钮。可以定义与各种按钮状态关联的图形，然后将动作指定给按钮实例。

影片剪辑：影片剪辑拥有各自独立于主时间轴的多帧时间轴，用户可以将多帧时间轴看作是嵌套在主时间轴内的，它们可以包含声音或者其他影片剪辑实例等。用户也可以将影片剪辑实例放在按钮元件的时间轴内，以创建动画按钮。此外，还可以使用 ActionScript 对影片剪辑进行改编。

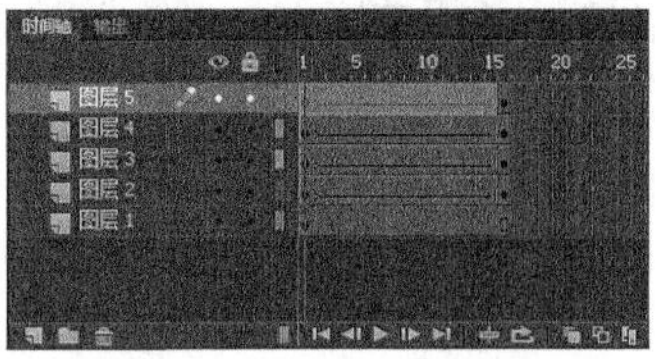

如何区分元件和实例

元件是指在Flash中创建的图形、按钮或者影片剪辑，可以在当前的影片或者其他的Flash影片中重复使用。任何一个元件都将自动成为库的一部分，且在库中保存。

实例则是元件在舞台中或者嵌套在其他元件中的一个元件副本。修改实例的大小、颜色及类型等属性，不会改变元件自身，但当元件发生改变时，实例则会随之改变。

步骤01 打开“素材\ch14\元件—实例.fla”文档。

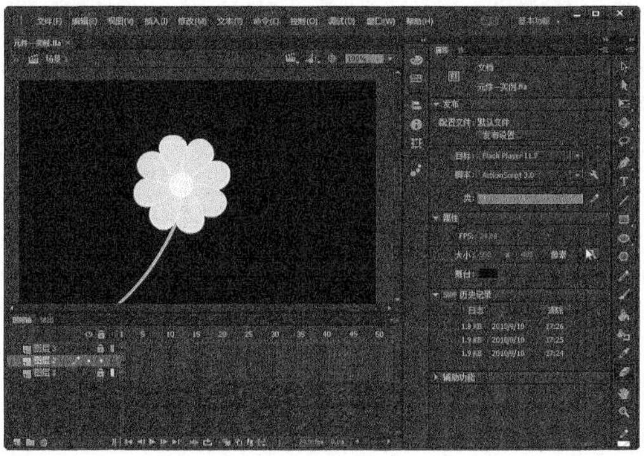

步骤02 在【库】面板中可以看到“元件1”，双击“元件1”进入它的编辑模式。

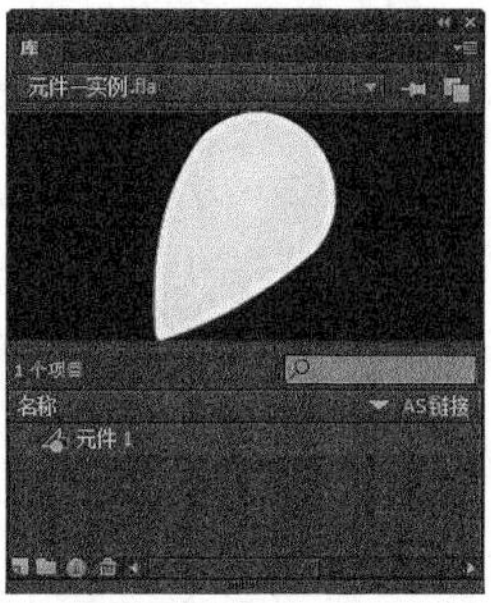

步骤03 单击【工具】面板中的【选择工具】，调整“元件1”的形状。

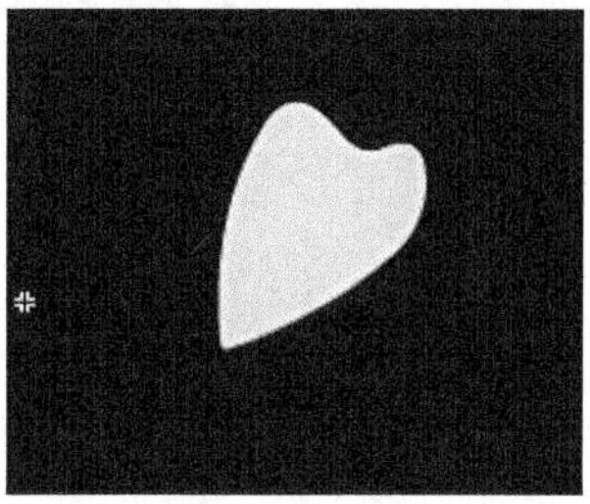

步骤04 使用颜料桶工具将其填充为浅蓝色。

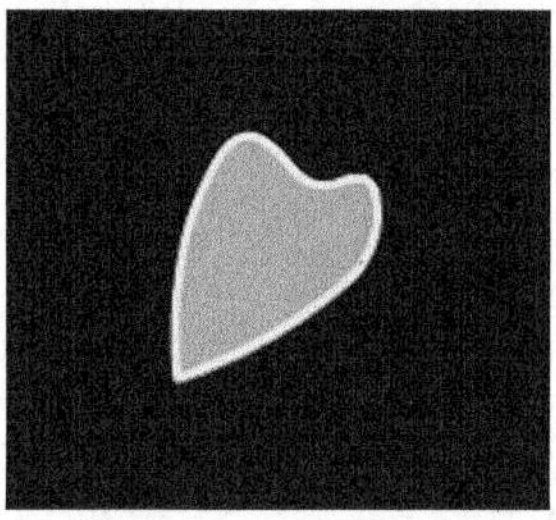

步骤05 单击按钮，回到“场景1”中，可以看到小花的花瓣随着“元件1”的修改而发生了变化。

步骤 06 选中场景中小花的其中一个花瓣，使用任意变形工具调整它的大小并旋转一定的角度，可以看到【库】面板中的“元件1”并没有发生变化，其他的花瓣也没有发生变化。

第15章 让静止的图片动起来——制作动画

学习目标

了解了Flash的诸如时间轴、关键帧、元件、层和舞台等基本概念之后，接下来将深入地讲述Flash编辑工具的工作原理和使用技巧，其中包含从编辑环境到影片制作，从矢量绘图到动画合成等各种概念、编辑技巧和使用技术。这些内容是利用Flash进行美术及多媒体动画创作的基础。

学习效果

SU MMERROOM

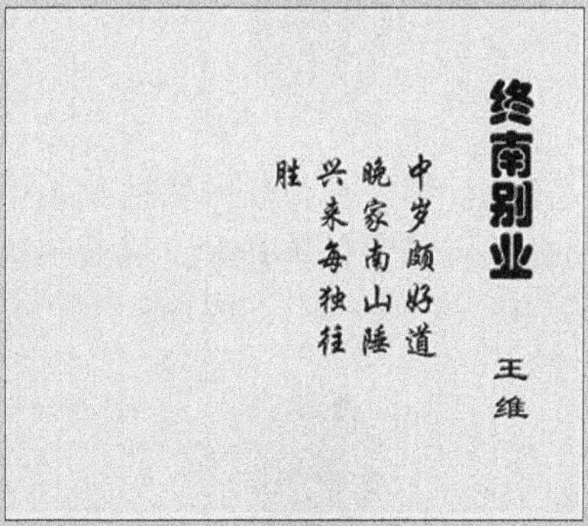
终南别业
王维
中岁颇好道
晚家南山陲
兴来每独往
胜

15.1 制作逐帧动画

本节教学录像时间：2 分钟

逐帧动画技术利用人的视觉暂留原理，快速地播放连续的、具有细微差别的图像，使原来静止的图形运动起来。要创建逐帧动画，需要将每个帧都定义为关键帧，然后给每个帧创建不同的图像。

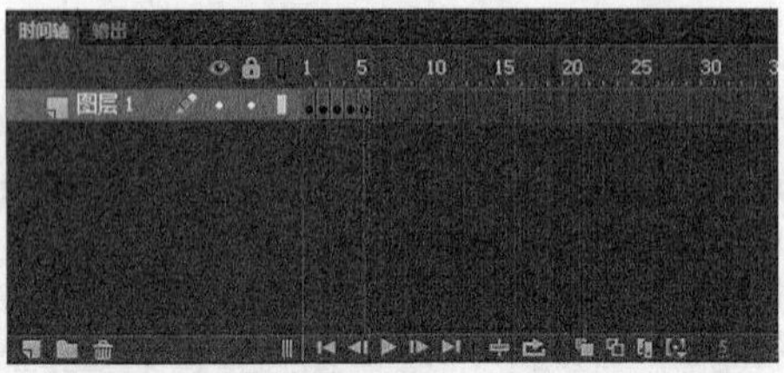

小提示

人眼所看到的图像大约可以暂存在视网膜上1/16秒，如果在暂存的影像消失之前观看另一张有细微差异的图像，并且后面的图片也在相同的极短时间间隔后出现，所看到的就是连续的动画效果。

可以在舞台上一帧一帧地绘制或修改图形来制作动画。

步骤 01 用铅笔等工具在舞台上绘出图形作为开始帧。

步骤 02 右击第2帧，在弹出的快捷菜单中选择【插入空白关键帧】菜单命令，然后在舞台上绘图。

步骤 03 使用同样的方法，分别在第3帧、第4帧和第5帧处插入空白关键帧，并分别在舞台上绘制内容。

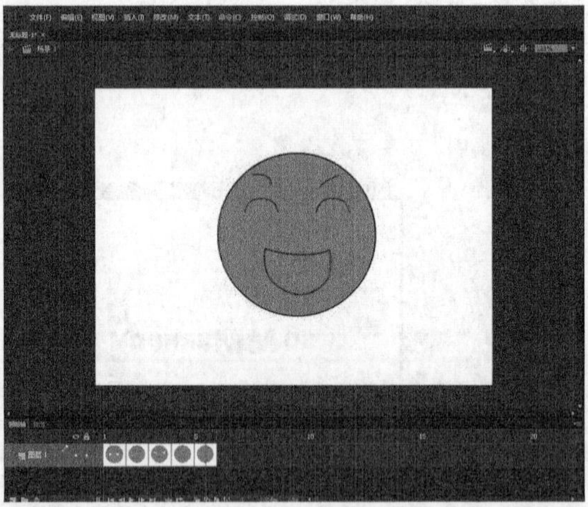

通过导入图片组，可以实现自动产生动画的效果。

步骤 04 选择【文件】➤【导入】➤【导入到舞台】菜单命令，然后在弹出的【导入】对话框中找到存放连续图片的文件夹“素材\ch15”。

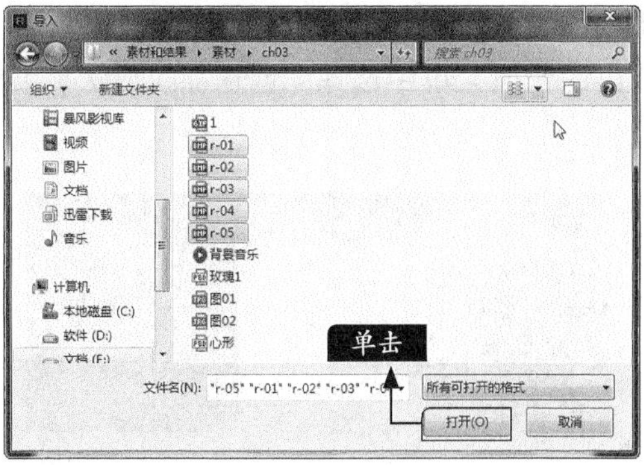

步骤 05 对话框文件目录中的r-01.bmp至r-05.bmp是一组表情图片组。选中第1张图片r-01.bmp，单击【打开】按钮，弹出一个对话框，提示是否导入所有的图片文件。

小提示

被导入的图片应该是一组以有序数字结尾的文件。

步骤 06 单击【是】按钮，这样一组共5张图片就会自动地导入连续的帧中。

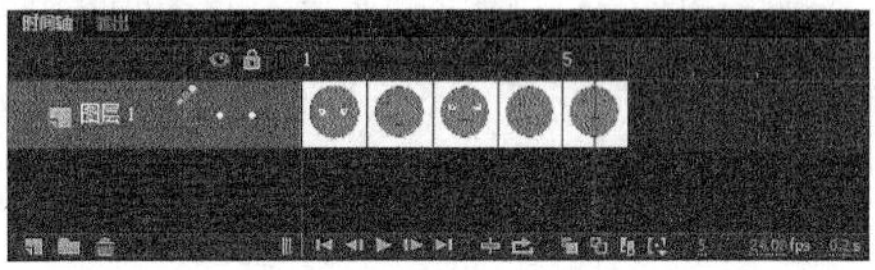

15.2 制作形状补间动画

本节教学录像时间：5 分钟

形状补间适用于图形对象。在两个关键帧之间可以制作出变形的效果，让一种形状随时间变换成另外一种形状，还可以对形状的位置、大小和颜色等进行渐变。

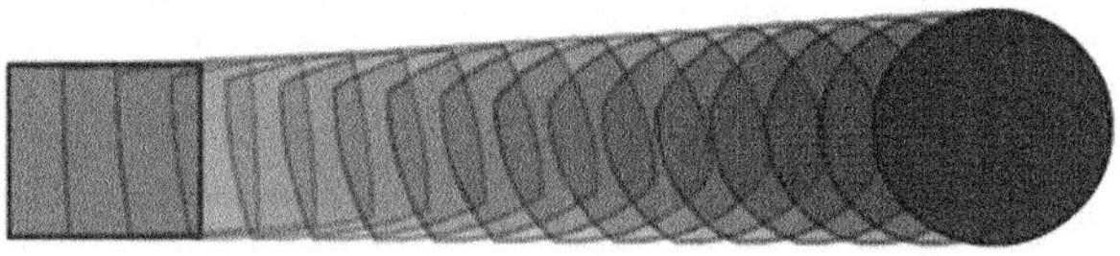

15.2.1 制作简单变形

让一种形状变换成另外一种形状的具体步骤如下。

步骤 01 使用绘图工具在舞台上拉出一个随意大小无边框的矩形，这是变形动画的第1帧。

步骤 02 选中第10帧，按【F7】键插入空白关键帧。在【工具】面板中单击【文本工具】T，在舞台上输入字母“j”，然后选中字母“j”。在【属性】面板的【字符】选项组下的【系列】下拉列表中选择【Webdings】选项，“j”变成“飞机”形状。

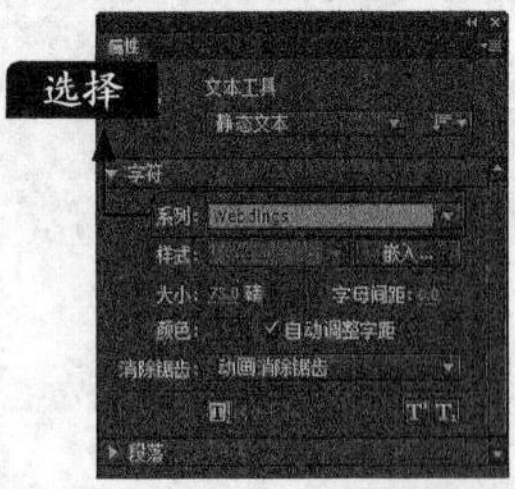

步骤03 按【Ctrl+B】组合键将“飞机”字符分离，这样就能作为变形结束帧的图形。

小提示

Flash不能对组、符号、字符或位图图像进行形状变形，所以要将字符打散。

步骤04 在时间轴上选取第1帧，然后右击，在弹出的快捷菜单中选择【创建补间形状】菜单命令。

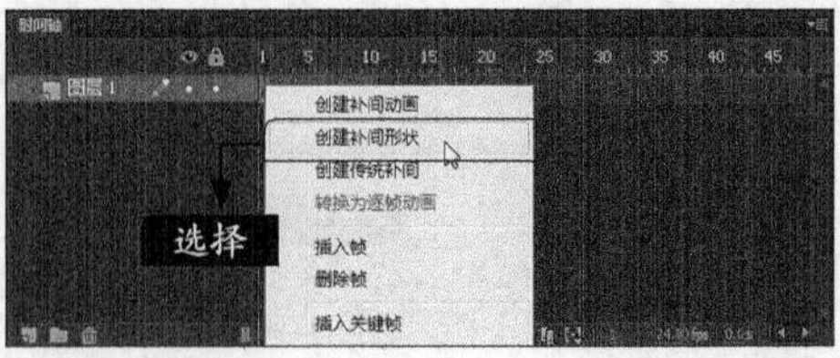

步骤05 至此变形动画制作完成，用鼠标拖曳播放头即可查看变形的过程。

15.2.2 控制变形

如果制作的变形效果不太理想，则可使用Flash的变形提示点，它可以控制复杂的变形。变形提示点用字母表示，以便于确定在开始形状和结束形状中的对应点。

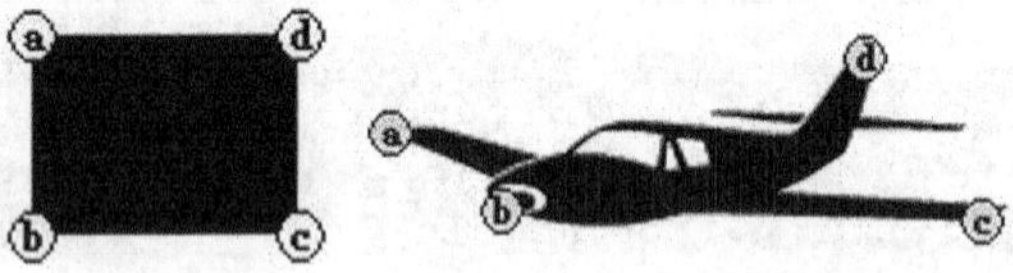

小提示

每一次最多可以设定26个变形提示点。变形提示点的颜色在变形开始的关键帧中是黄色的，在结束形状的关键帧中是绿色的，如果不是在曲线之上则提示点的颜色是红色的。

下面接着上一小节的步骤04继续进行操作。

步骤01 确定已选中第1帧，选择【修改】➤【形状】➤【添加形状提示】菜单命令，工作区中会出现变形提示点ⓐ，接着将其移到左上角的位置。

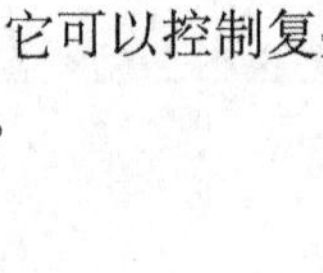

步骤02 选择第10帧，然后将变形提示点ⓐ移动到左上角的位置。

步骤03 重复上述过程，增加其他的变形提示点，并分别设置它们在开始形状和结束形状时的位置。

步骤04 再次移动播放头，就可以看到加上提示点后的变形动画。

小提示

(1) 在复杂的变形中最好创建一个中间形状，而不是仅仅定义开始帧和结束帧。

(2) 最好将变形提示点沿同样的转动方向依次放置。

(3) 要删除所有的变形提示点，选择【修改】➤【形状】➤【删除所有提示】菜单命令即可。

15.3 制作补间动画

本节教学录像时间：4 分钟

补间动画就是在一个图层的两个关键帧之间建立补间动画关系后，Flash会在两个关键帧之间自动地生成补充动画图形的显示变化，以得到更流畅的动画效果。

15.3.1 制作简单补间

补间动画只能具有一个与之关联的对象实例，并使用属性关键帧而不是关键帧，这是Flash中比较常用的动画类型。

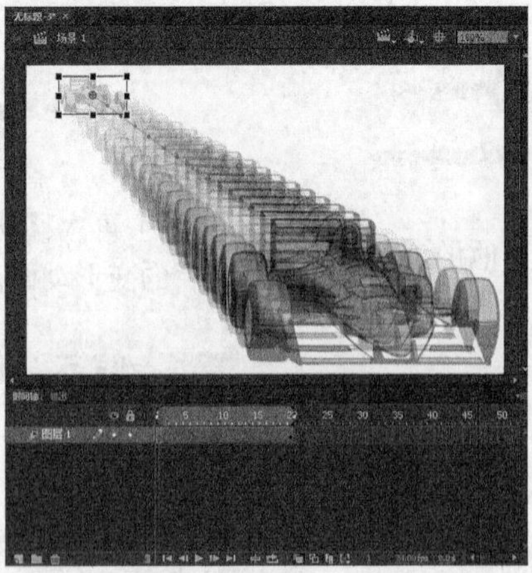

小提示

在创建补间动画的时候，要把对象转换为元件才能进行补间。

创建补间动画的方法有以下两种。

⑴ 在时间轴中创建。用鼠标选取要创建动画的关键帧后，单击鼠标右键，在弹出的快捷菜单中选择【创建补间动画】菜单命令，即可快速地完成补间动画的创建。

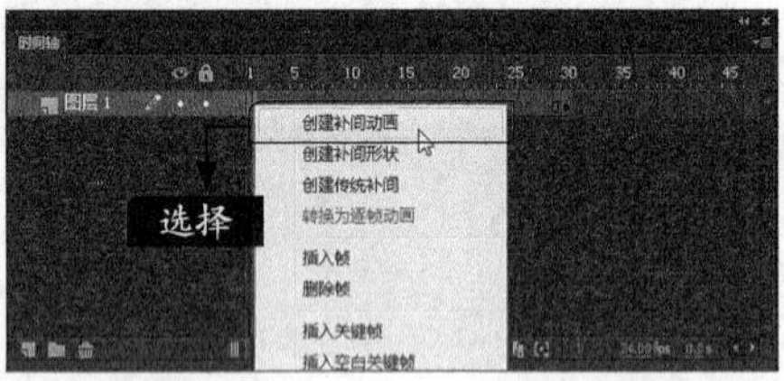

⑵ 在命令菜单中创建。选取要创建动画的关键帧后，选择【插入】➤【补间动画】菜单命令，同样也可以创建补间动画。

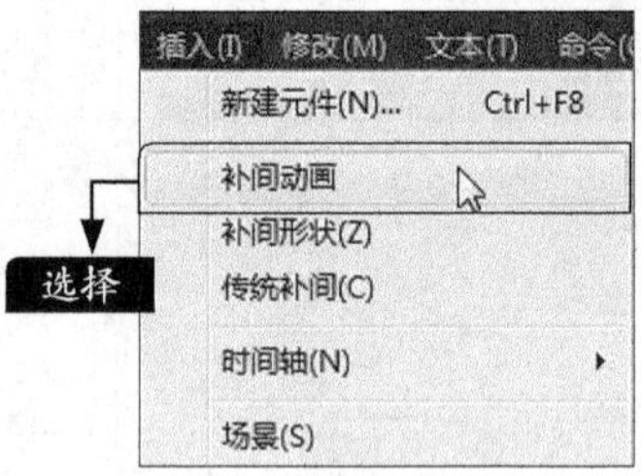

15.3.2 制作多种渐变运动

本小节制作一个由小变大的淡入动画，具体的操作步骤如下。

步骤 01 选择【文件】➤【新建】菜单命令，弹出【新建文档】对话框，选择【常规】选项卡中的【ActionScript 3.0】选项，单击【确定】按钮，新建一个文档。

步骤 02 选择【文件】➤【导入】➤【导入到舞台】菜单命令，弹出【导入】对话框，单击随书光盘中的“素材\ch15\1.gif”图片。

步骤03 单击【打开】按钮，将图片导入到舞台。

步骤04 选中导入的图片，右击，在弹出的快捷菜单中选择【转换为元件】菜单命令，弹出【转换为元件】对话框，在【类型】下拉列表中选择【图形】选项，单击【确定】按钮。

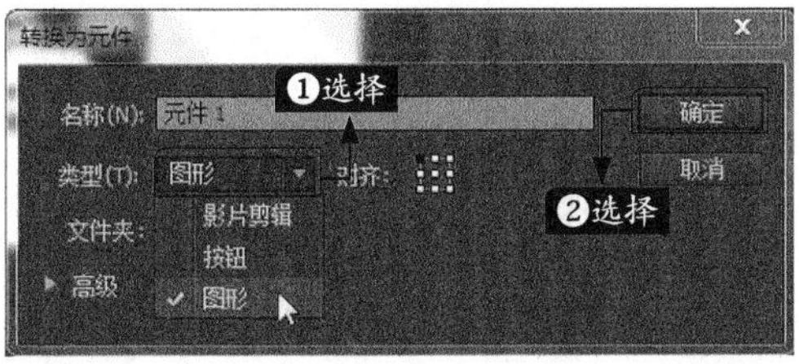

步骤05 选择第1帧，右击，在弹出的快捷菜单中选择【创建补间动画】菜单命令，然后将动画的终点调整到时间轴的第20帧（将光标放在动画持续的最后一帧，光标变成↔形状后，单击拖曳到第20帧）。

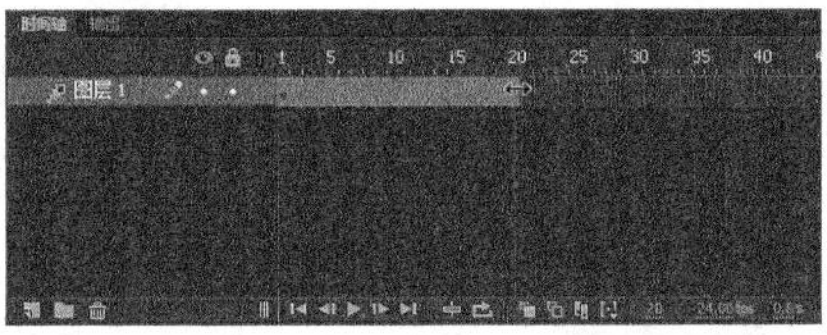

步骤06 单击第20帧，将舞台上的实例从第1帧的位置向右下方拖曳。

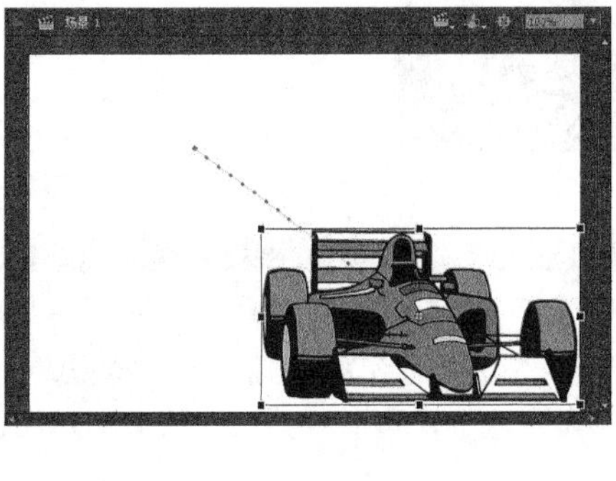

小提示

从图中可以看到实例运动的轨迹，若对实例的运动效果不太满意，用户还可以调整运动的轨迹。

步骤07 单击【时间轴】面板下方的【绘图纸外观】按钮，显示所有帧的“绘图纸”。选中第1帧，单击【工具】面板中的【缩放工具】，将舞台上的实例缩小。

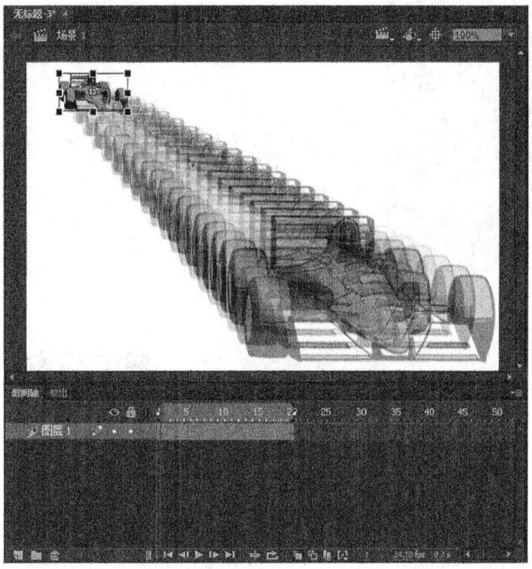

小提示

若要在补间动画范围中选择单个帧，必须按【Ctrl】键单击帧。

步骤08 选择第1帧的实例，然后在【属性】面板的【色彩效果】选项组的【样式】下拉列表中选择【Alpha】选项，并调整Alpha值为“20%”。

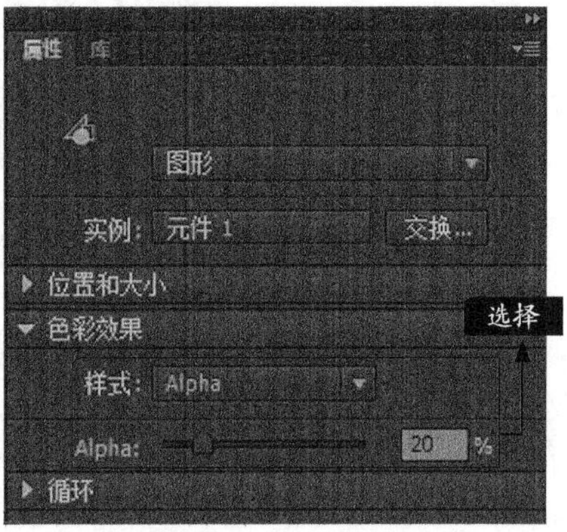

步骤 09 至此就完成了动画的制作，然后按【Ctrl+ Enter】组合键即可演示动画效果。

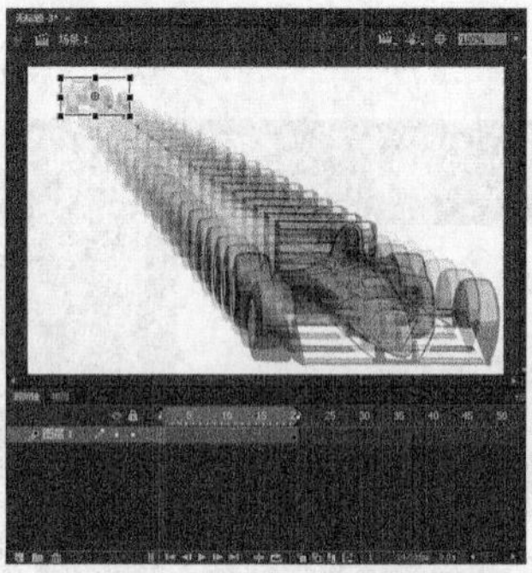

15.4 制作传统补间动画

本节教学录像时间：6 分钟

传统补间与补间动画类似，只是前者的创建过程比较复杂，并且可以实现通过补间动画无法实现的动画效果。

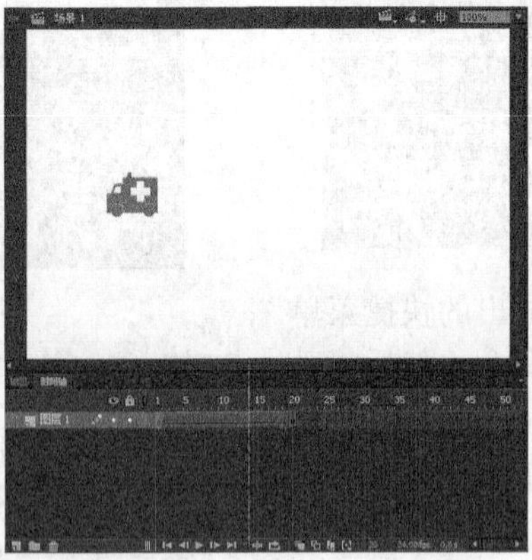

15.4.1 简单的传统补间动画

在传统补间中，只有关键帧是可编辑的，只可以查看补间帧，但无法直接编辑它们。

小提示

传统补间动画的插补帧显示为浅蓝色，并会在关键帧之间绘制一个箭头。

制作行驶的救护车动画的具体步骤如下。

步骤01 新建一个空白文档。

步骤02 单击【工具】面板中的【文本工具】，在舞台上输入字母“h”，在【属性】面板的【字符】选项组的【系列】下拉列表中选择【Webdings】选项，并将颜色设为“绿色”，字母“h”就变成了“救护车”形状。

步骤03 调整图形的位置，并单击【工具】面板中的【任意变形工具】，调整图形的大小。

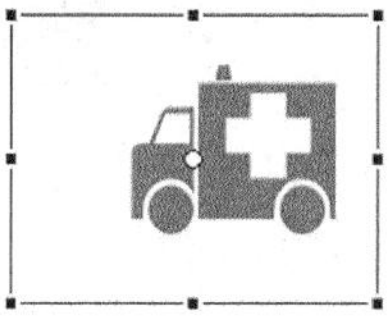

步骤04 选中【时间轴】面板中的第20帧，按【F6】键插入关键帧。

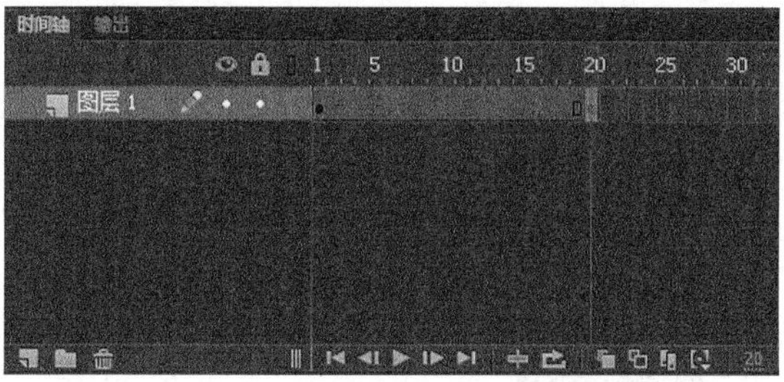

步骤05 将舞台上的图形移动到左侧的位置。

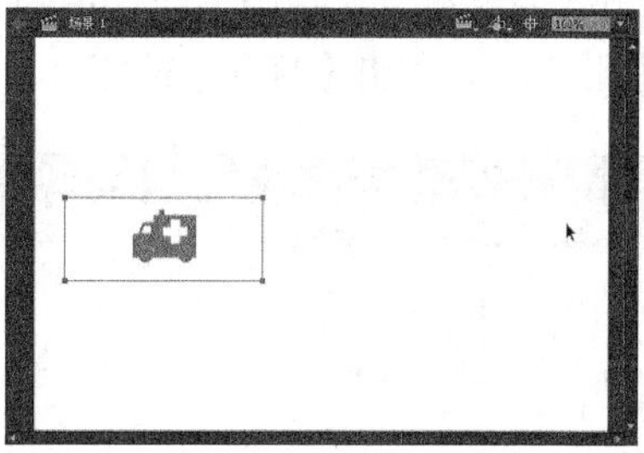

步骤06 选中“图层1”的第1帧，右击，在弹出的快捷菜单中选择【创建传统补间】菜单命令。

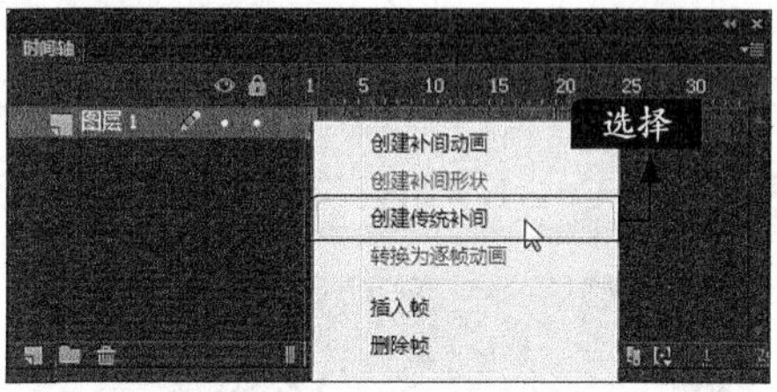

步骤07 至此就完成了动画的制作。

15.4.2 制作飘落的花

使用传统补间制作飘落的花的具体步骤如下。

步骤01 选择【文件】➤【打开】菜单命令，弹出【打开】对话框，选择随书光盘中的“素材\ch15\花儿.fla”，单击【打开】按钮。

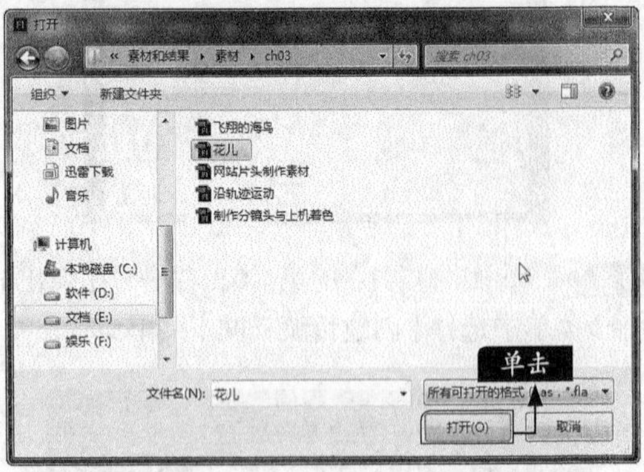

步骤02 按【Ctrl+L】组合键打开【库】面板。

步骤03 将【库】面板中的“花儿”图形拖曳到舞台的上部，然后选中“图层1”的第50帧，按【F6】键插入关键帧。

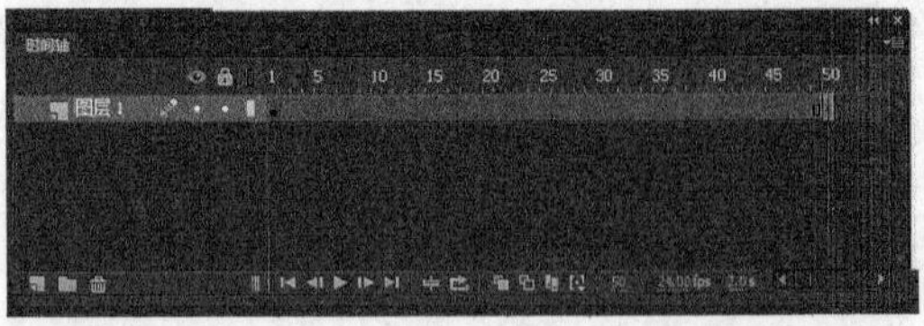

步骤04 将舞台上的“花儿”图形拖曳到舞台下方的任意一个位置。在“花儿”图形选中的状态下，按【Ctrl+T】组合键打开【变形】面板，选中【旋转】单选按钮，设置旋转角度为“240°”。

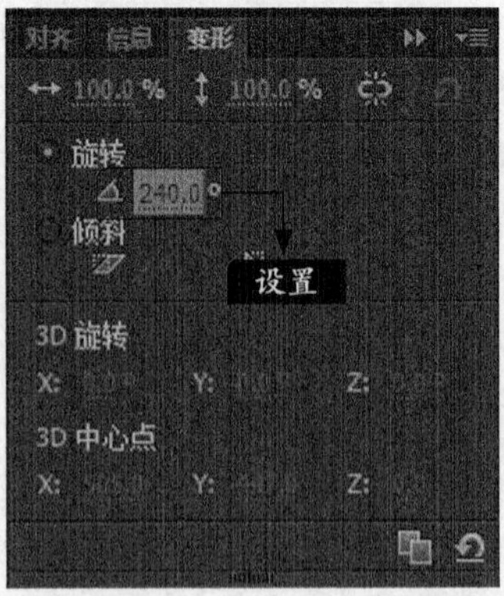

步骤05 选中“图层1”的第1帧，右击，在弹出的快捷菜单中选择【创建传统补间】菜单命令。

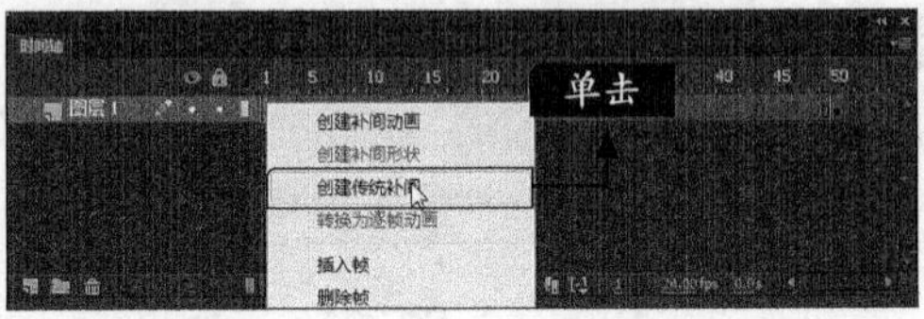

步骤06 单击【时间轴】面板下方的【新建图层】按钮，新建一个“图层2”，选中“图层2”的第1帧，然后将【库】面板中的“花儿”图形拖曳到舞台的顶部，并调整图形的大小。

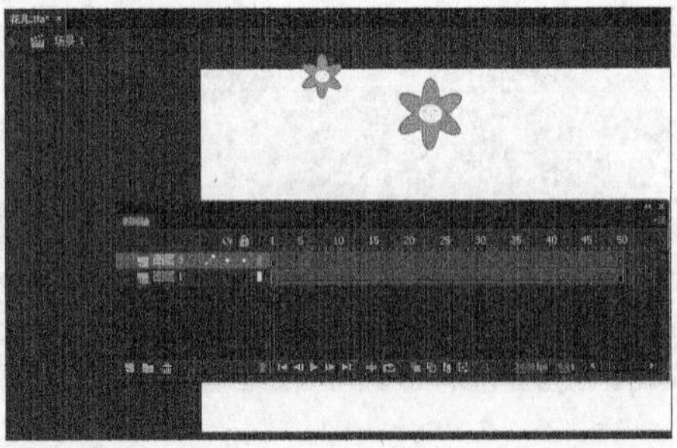

步骤07 选中“图层2”的第50帧，按【F6】键插入关键帧。

步骤08 将图形拖曳到舞台的下方。在【变形】面板中选中【旋转】单选按钮，设置旋转角度为“-60°”。

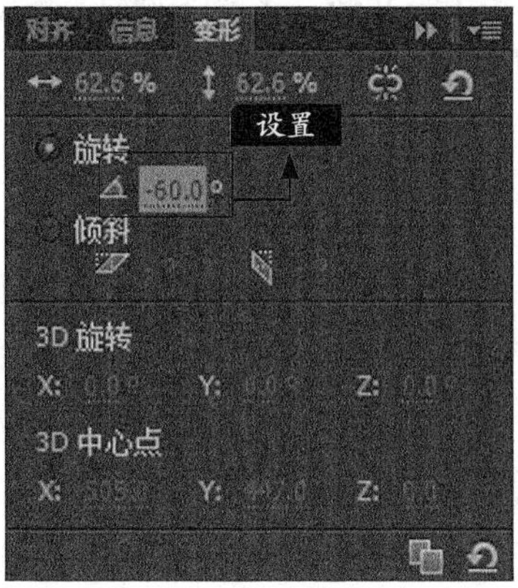

步骤09 选中“图层2”的第1帧，右击，在弹出的快捷菜单中选择【创建传统补间】菜单命令。

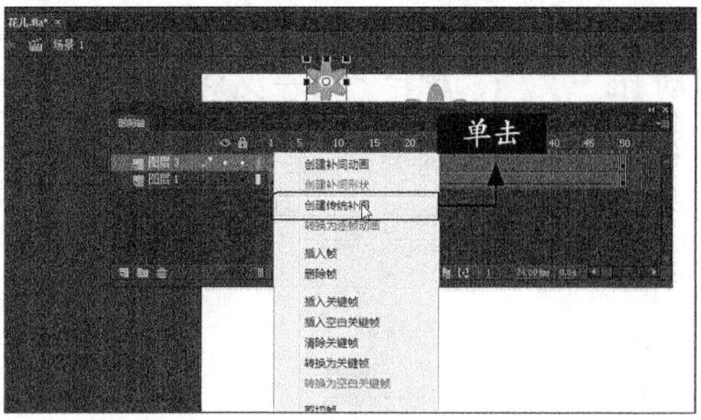

步骤10 按照步骤06～步骤09，分别制作其他花儿的飘落动画，并分别设置它们的旋转角度。

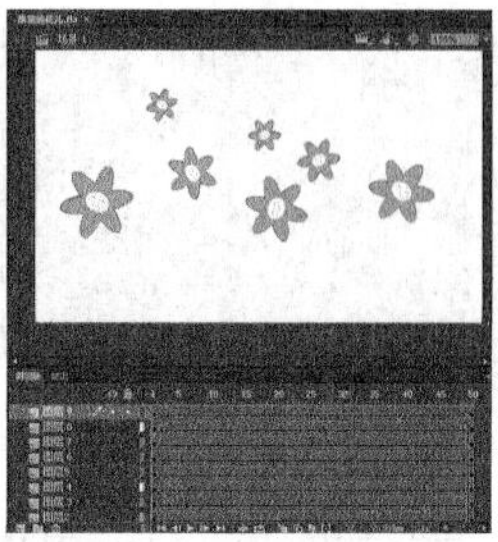

至此动画制作完成，按【Ctrl+S】组合键保存即可。

15.5 制作引导动画

本节教学录像时间：10 分钟

引导动画是使用引导层来实现的，主要是制作沿轨迹运动的动画效果。

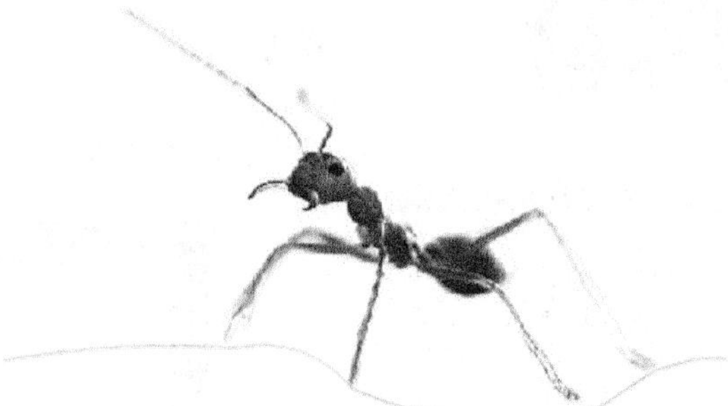

15.5.1 引导动画的制作步骤

本小节制作让对象沿着指定的路径进行运动的轨迹动画效果，具体的操作步骤如下。

步骤 01 打开随书光盘中的“素材\ch15\沿轨迹运动.fla”文档，舞台上有一支羽毛球（在库中其名称为“Feather”）。

步骤 02 选中“Layer 1”图层的第20帧，按【F6】键插入关键帧。

步骤 03 单击【新建图层】按钮，选中新建的图层，右击，在弹出的快捷菜单中选择【引导层】菜单命令，然后在引导层上用铅笔工具绘制一条光滑的轨迹线。

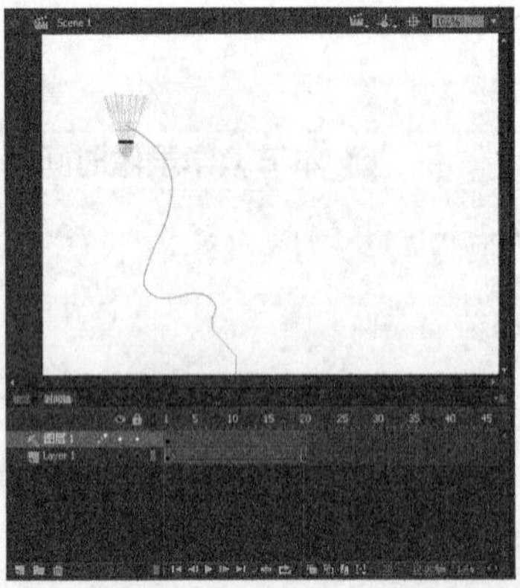

小提示

引导层是专门用来绘制运动轨迹的，一般不添加其他的内容。在播放动画的时候，轨迹不会显示出来。

步骤 04 单击工具属性栏上的【紧贴至对象】按钮，选中第1帧，在舞台上将“Feather”向轨迹线顶端拖曳，这时“Feather”中心出现的空心圆会自动地吸附在轨迹线顶端。然后松开鼠标，这就是运动的起点。

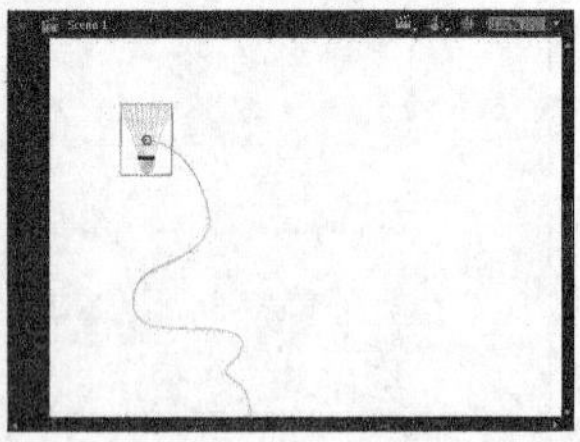

步骤 05 选中第20帧，将“Feather”拖曳到轨迹线的底端，作为运动的终点。

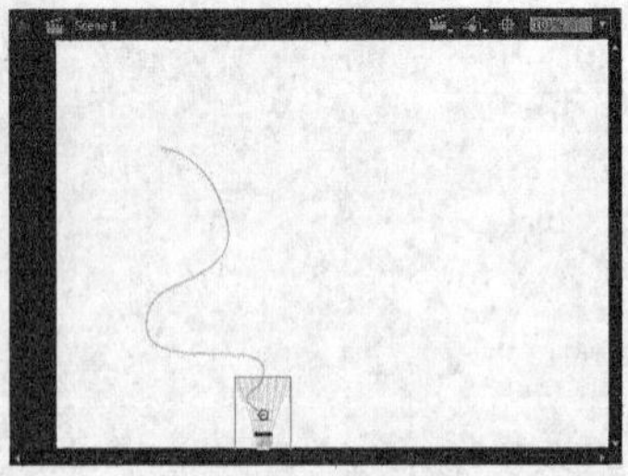

步骤 06 为了让“Feather”能产生更丰富的运动效果，可以选择第1帧，然后按【Ctrl+F3】组合键打开【属性】面板，选中【补间】选项组下的【贴紧】单选按钮。

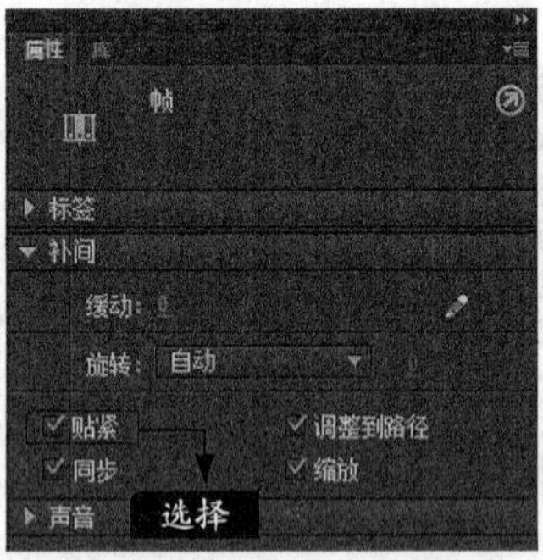

步骤 07 然后将“Layer 1”图层拖到“图层1”图层下方，设置完成，按【Ctrl+Enter】组合键测试动画效果即可。

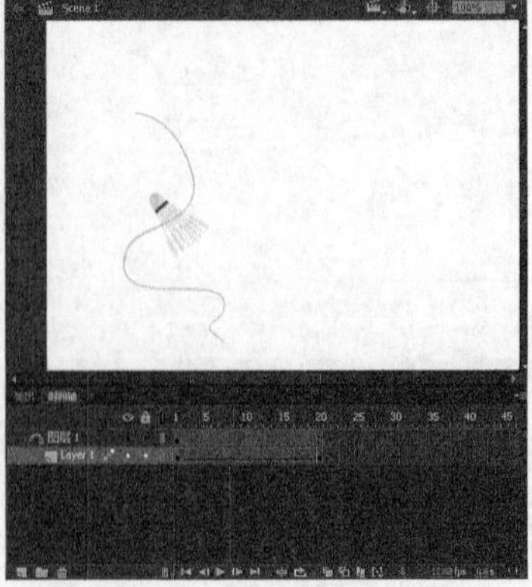

15.5.2 制作飞翔的海鸟

本小节以制作飞翔的海鸟为例，介绍引导动画的制作方法。具体的操作步骤如下。

步骤 01 打开随书光盘中的“素材\ch15\飞翔的海鸟.fla”文件。

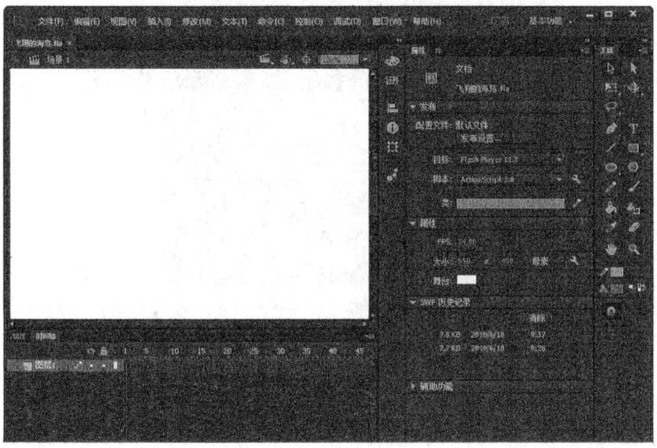

小提示

如果【库】面板没有打开，可以选择【窗口】➤【库】菜单命令（或者按【Ctrl+L】组合键），打开【库】面板。

步骤 02 双击“图层1”名称，将其重新命名为“背景层”，然后将库中的“蓝天大海”拖曳到舞台中。

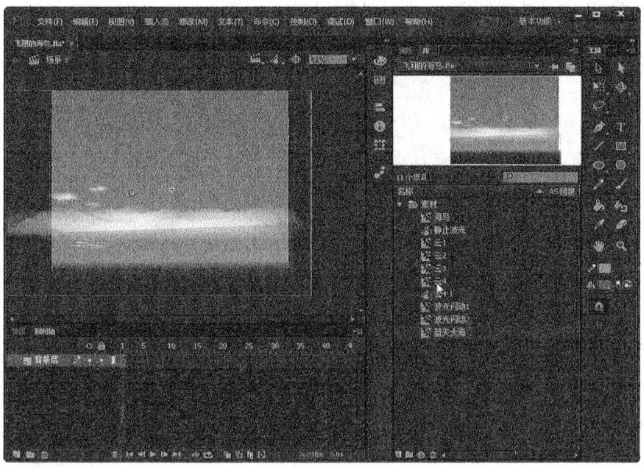

步骤 03 新建一个图层，命名为“遮罩”，然后使用矩形工具在舞台上绘制一个黑框，将舞台以外的画面遮住，并在背景层和遮罩层的第30帧按【F5】键插入帧。

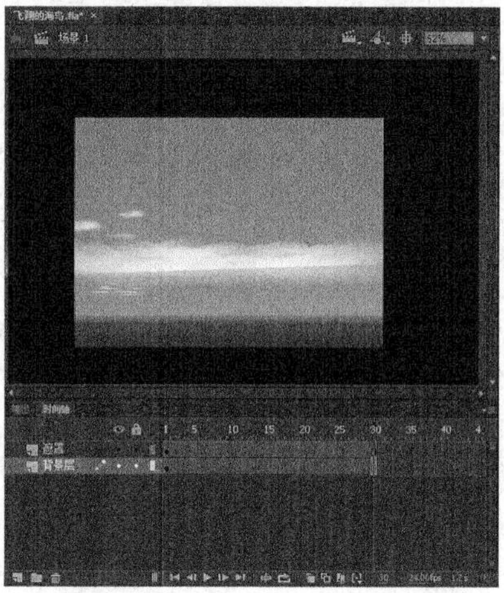

步骤 04 新建一个图层，命名为“海鸟”，然后将“海鸟”拖曳到舞台上的合适位置，并使用任意变形工具调整其大小。

步骤 05 新建一个图层，放在“海鸟”图层的上方，命名为“引导线”，然后选中“导引线”图层，右击，在弹出的快捷菜单中选择【引导层】菜单命令。

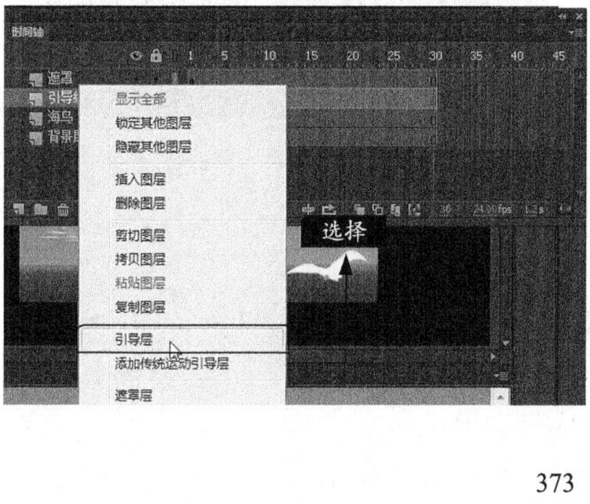

步骤 06 单击【工具】面板中的【铅笔工具】，在舞台上绘制一条光滑的轨迹线。

步骤 07 选中“海鸟”图层，并在第5帧、10帧、15帧、20帧、25帧和30帧处插入关键帧，然后单击【工具】面板中的【紧贴至对象】按钮，分别调整“海鸟”的位置和大小。

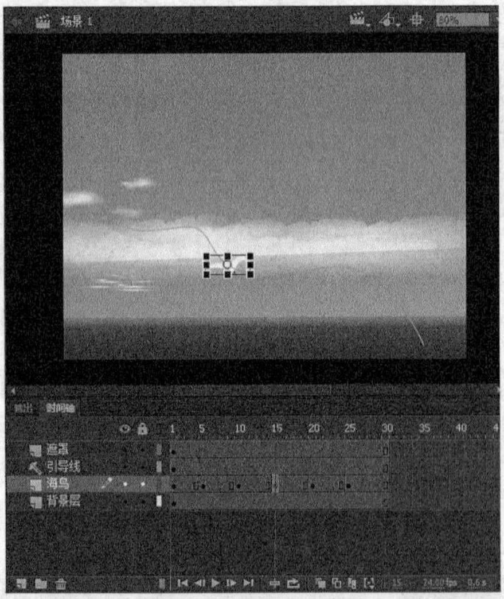

小提示

对“海鸟”的大小和方向，可以借助【任意变形工具】进行调整。

步骤 08 单击“海鸟”图层的第30帧，选中“海鸟”，在【属性】面板的【色彩效果】选项组的【样式】下拉列表中选择【Alpha】选项，设置Alpha值为0。

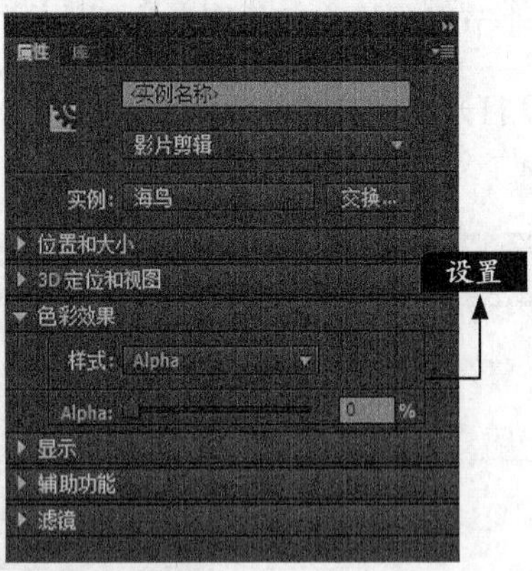

步骤 09 选中“海鸟”图层的第1帧，右击，在弹出的快捷菜单中选择【创建传统补间】菜单命令，然后分别在第5帧、10帧、15帧、20帧和25帧处创建传统补间，然后将“海鸟”图层拖到“引导线”图层下方。

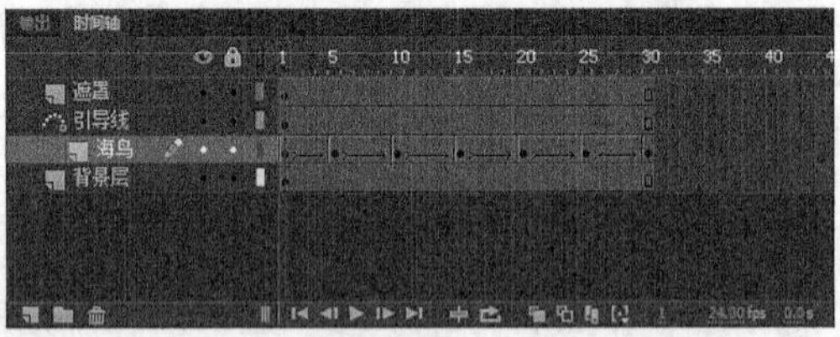

步骤 10 选择【控制】➤【测试影片】➤【测试】菜单命令，测试影片。

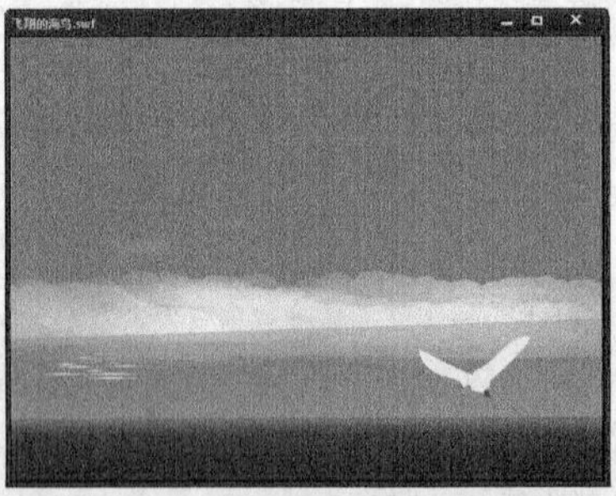

15.6 制作遮罩动画

本节教学录像时间：8 分钟

创建遮罩层，要将遮罩项目放在要用做遮罩的图层上。遮罩项目像是个窗口，透过它可以看到位于它下面的链接层区域。除了透过遮罩项目显示的内容之外，其余的内容都会被隐藏起来。

15.6.1 创建遮罩图层

遮罩图层中可以包含形状、实例或字体对象。创建遮罩图层的具体步骤如下。

步骤 01 建立一个空白文档，选中“图层1”的第1帧，然后在舞台上输入文本“本店盛大开业酬宾”。

步骤 02 在“图层1”的第25帧处按【F5】键插入帧。

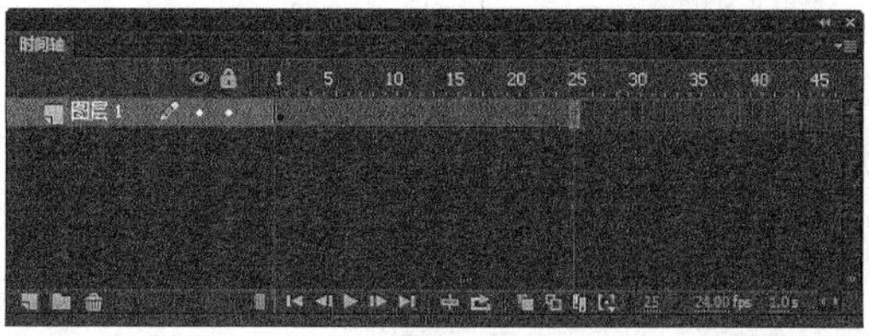

步骤 03 单击【新建图层】按钮，创建一个新图层，然后双击该图层名称，将其命名为“遮罩”。

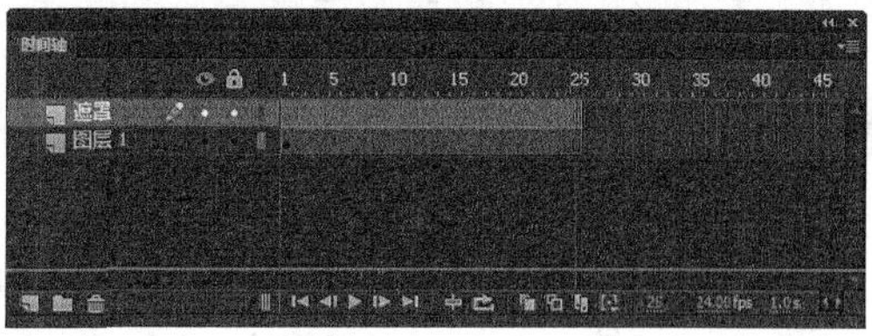

步骤 04 选中“遮罩”图层，然后使用绘图工具在舞台中绘制一个球，填充效果可根据个人的喜好设置，将球放在文本的左侧。

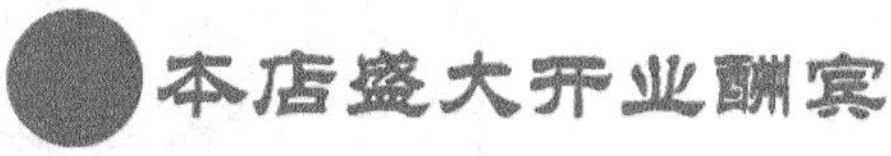

步骤 05 在遮罩”图层的第25帧和第12帧处按【F6】键分别插入关键帧。

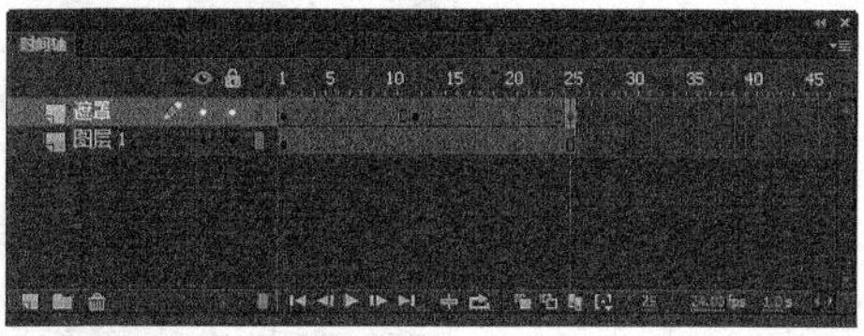

步骤 06 单击第12帧，将绘制的球移动到文字的右侧。

步骤 07 分别在“遮罩”图层的第1帧和第12帧处右击，在弹出的快捷菜单中选择【创建传统补间】菜单命令。

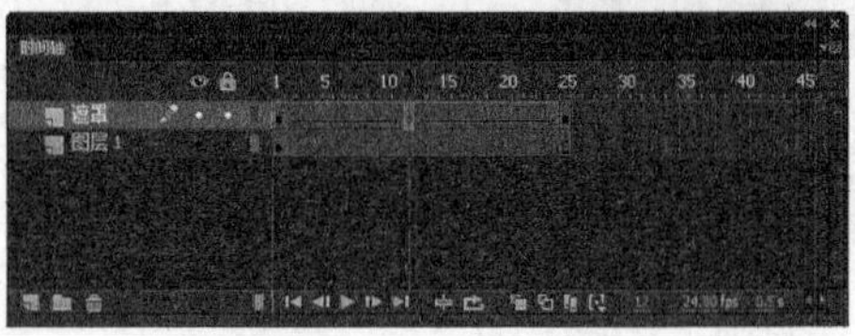

步骤 08 选中“遮罩”图层并右击，在弹出的快捷菜单中选择【遮罩层】菜单命令，这时遮罩图层和被遮罩图层将自动锁定。

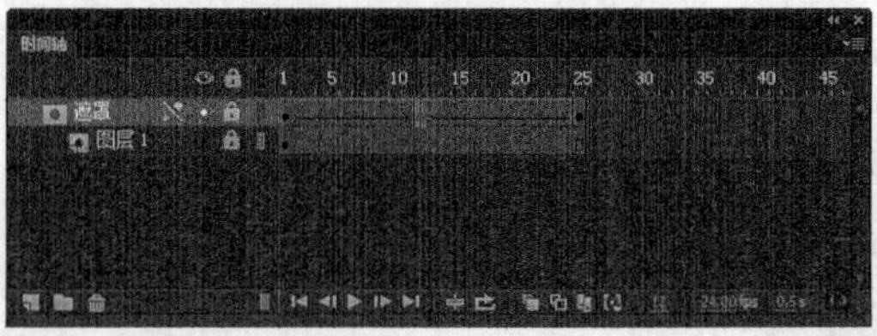

小提示

遮罩层不显示位图、渐变色、透明色、颜色和线条样式等。遮罩显示为透明的“视窗”。

步骤 09 按【Ctrl+Enter】组合键测试影片。

步骤 10 按【Ctrl+S】组合键保存即可。

15.6.2 百叶窗效果

百叶窗是现实生活中比较常见的，实现透过百叶窗切换图片，需要用到遮罩层动画。实现百叶窗效果的具体步骤如下。

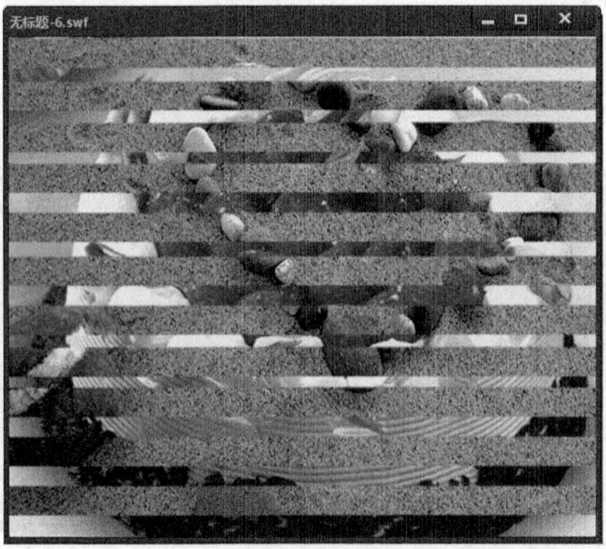

第1步：设置文档

步骤01 新建一个空白文档，选择【文档】➤【修改】菜单命令，弹出【文档设置】对话框，调整文档【舞台大小】为“495像素×408像素”，单击【确定】按钮。

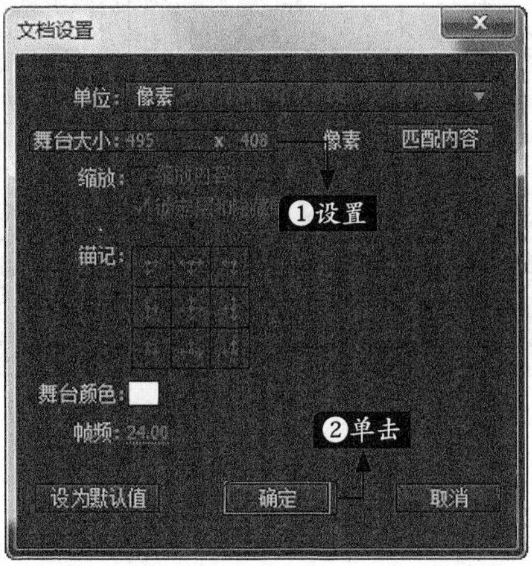

小提示

调整文档大小的标准是要与所用到的图片大小保持一致。

步骤02 选择【文件】➤【保存】菜单命令，弹出【另存为】对话框，选择保存路径，输入【文件名】为“百叶窗效果”。

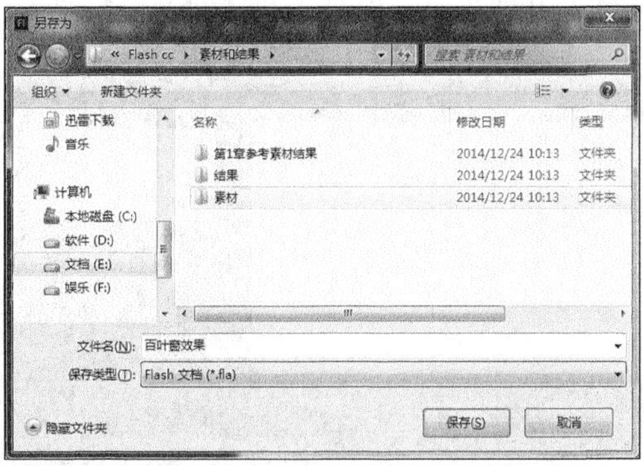

第2步：导入图片

步骤01 选择【文件】➤【导入】➤【导入到库】菜单命令。

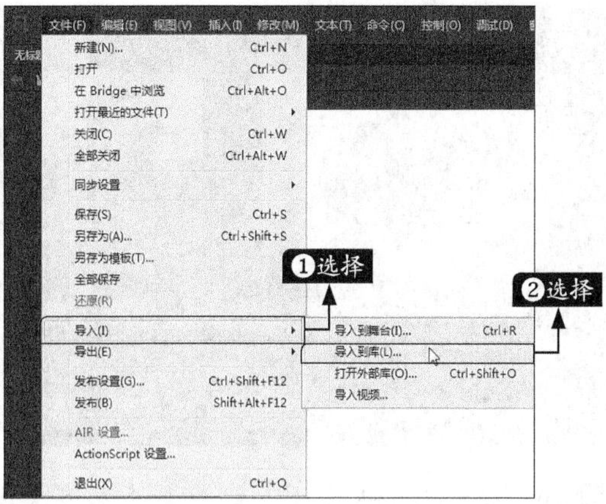

步骤02 弹出【导入到库】对话框，打开“素材\ch15”文件夹，按【Shift】键的同时选择“01.jpg”和“02.jpg”两张图片，然后单击【打开】按钮。

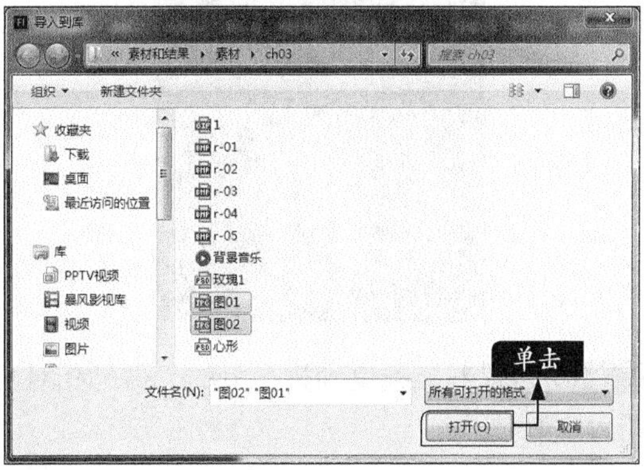

步骤03 在“图层1”中选中第1帧。

步骤04 按【Ctrl+L】组合键打开【库】面板，将图片“图01.jpg”拖曳到舞台上。

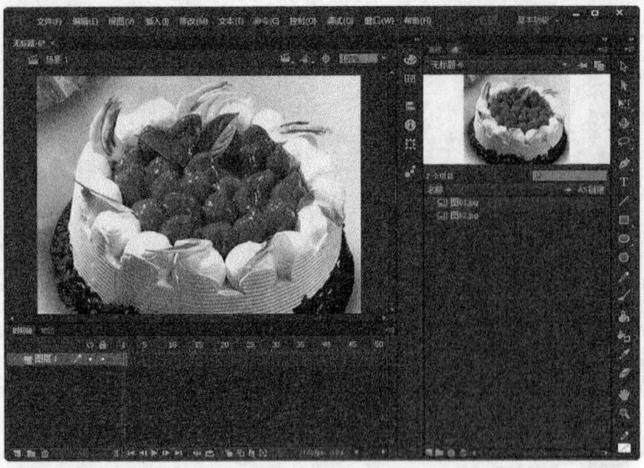

步骤05 按【Ctrl+K】组合键打开【对齐】面板，选中【与舞台对齐】复选框，在【对齐】选项组中单击【水平中齐】按钮和【垂直中齐】按钮。

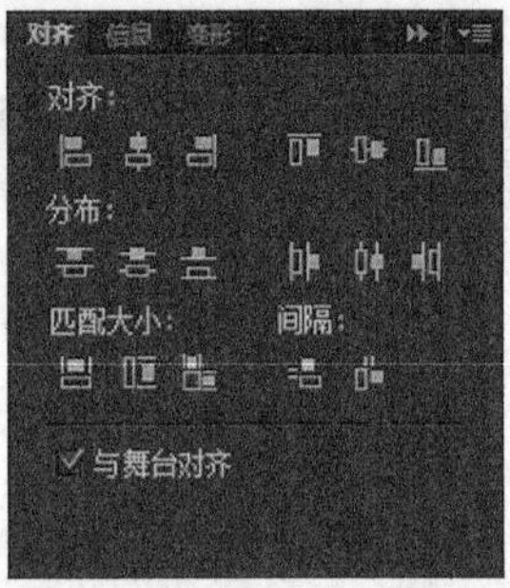

步骤06 可以看到拖曳到舞台上的元件已相对于舞台中心对齐。

步骤07 单击【新建图层】按钮，添加一个新图层“图层2”，在【库】面板中将“图02.jpg”拖曳到舞台上，按【Ctrl+K】组合键打开【对齐】面板，然后按照步骤05将其相对于舞台居中对齐。

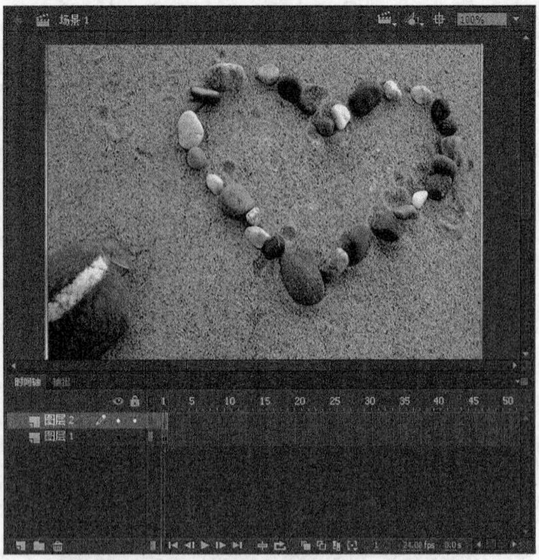

第3步：创建“叶片”元件

步骤01 按【Ctrl+F8】组合键，弹出【创建新元件】对话框，在【名称】文本框中输入“叶片”，在【类型】下拉列表中选择【影片剪辑】选项，单击【确定】按钮。

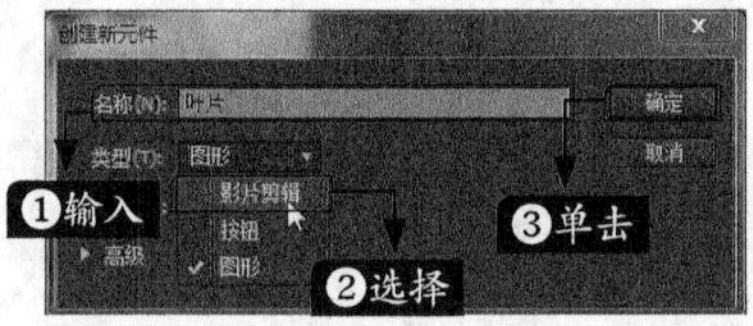

步骤02 此时进入“叶片”元件的编辑界面。

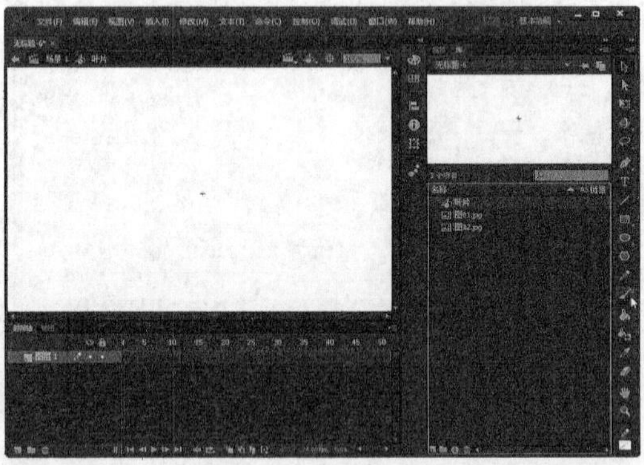

步骤03 在【工具】面板中单击【矩形工具】，在工作区域中绘制一个无线框的矩形，长为“495”（同主场景的宽），高为“40”（主场景的1/10大小），并让其中心对齐。

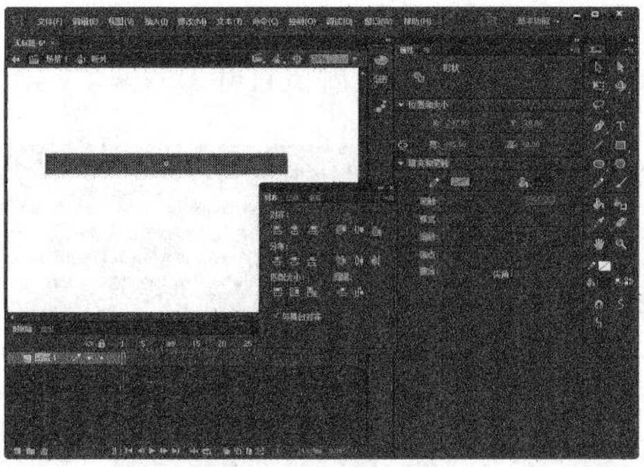

步骤04 在第30帧处按【F6】键插入关键帧，将矩形尺寸改为“495×1”。

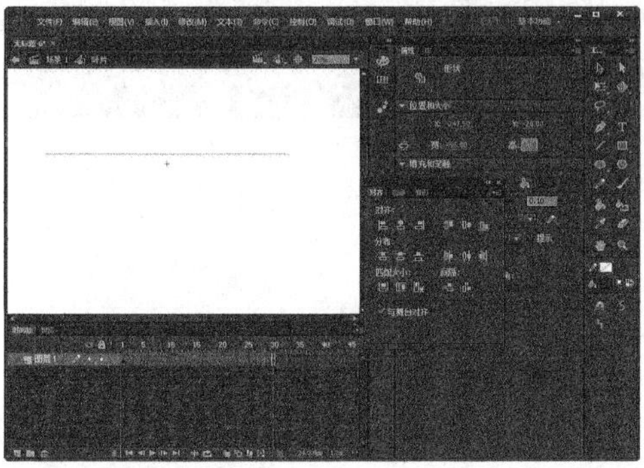

步骤05 选中第1帧，右击，在弹出的快捷菜单中选择【创建补间形状】菜单命令。

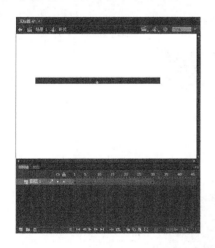

第4步：创建“百叶窗”元件

步骤01 按【Ctrl+F8】组合键，弹出【创建新元件】对话框，在【名称】文本框中输入“百叶窗”，在【类型】下拉列表中选择【影片剪辑】选项，单击【确定】按钮。

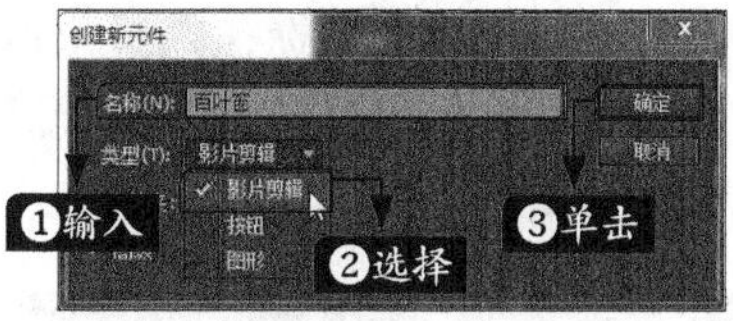

步骤02 此时进入“百叶窗”元件的编辑界面。

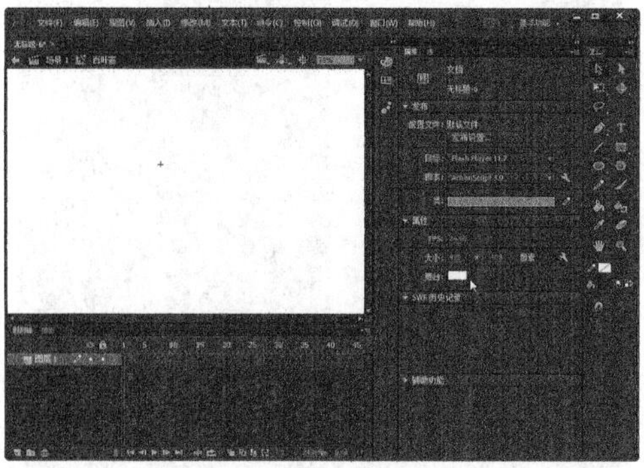

步骤03 将【库】面板中的“叶片”元件拖曳到编辑区域，然后按【Alt】键复制9个叶片，将10个叶片元件整齐排列。

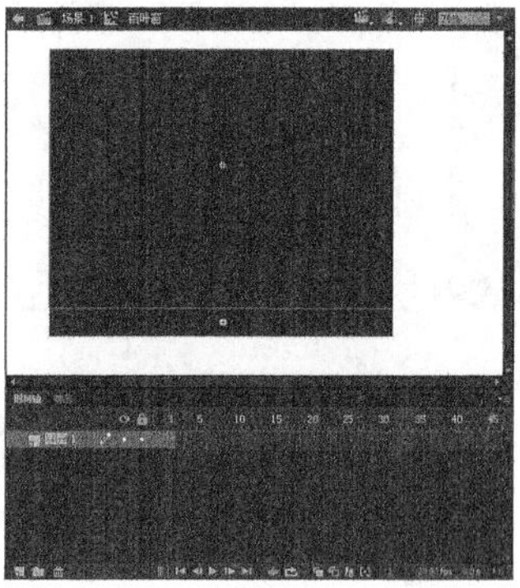

步骤04 按【Ctrl+E】组合键返回主场景，单击【新建图层】按钮，新建新图层“图层3”，然后在【库】面板中拖曳“百叶窗”元件至舞台中，并使元件中心对齐。

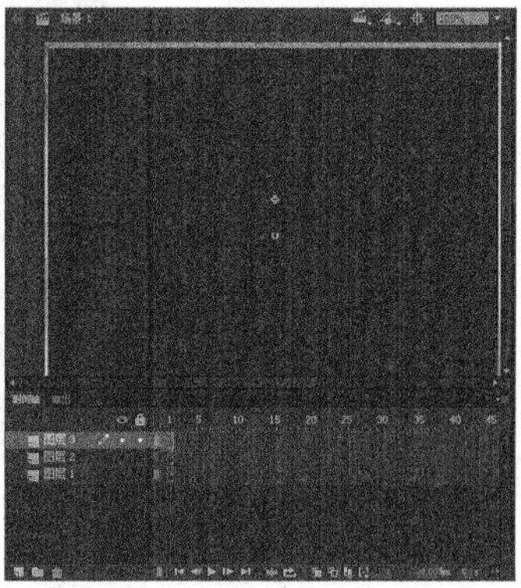

步骤 05 右击【图层3】图标，在弹出的快捷菜单中选择【遮罩层】菜单命令，将该图层设置为遮罩层。

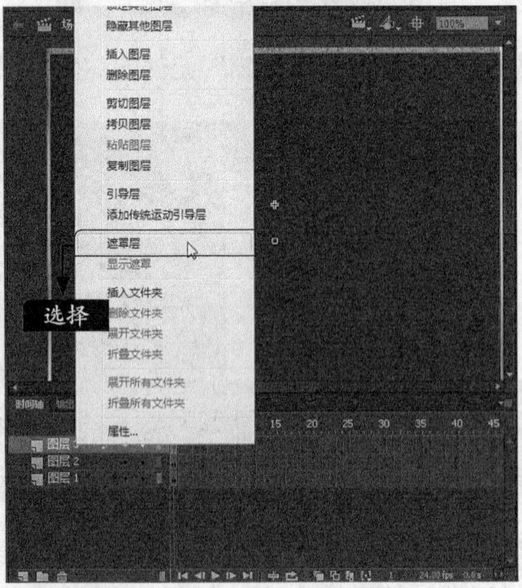

步骤 06 按【Ctrl+S】组合键保存文档，按【Ctrl+Enter】组合键测试百叶窗效果。

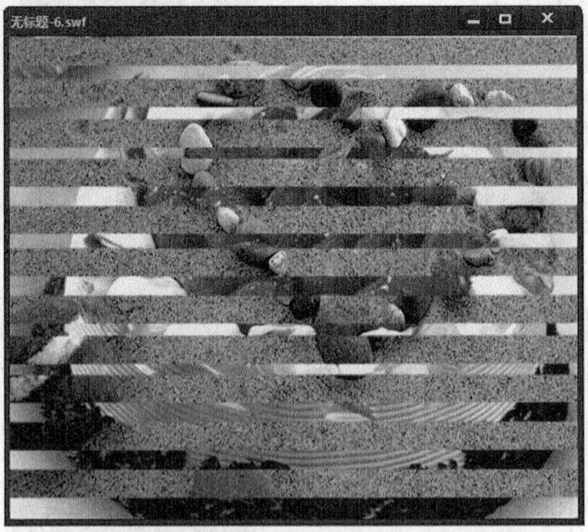

15.7 综合实战1——制作网站片头

本节教学录像时间：24 分钟

打开“素材\ch15\网站片头制作素材.fla”文档，然后按【Ctrl+L】组合键打开【库】面板，可以看到本实例中所用到的素材。

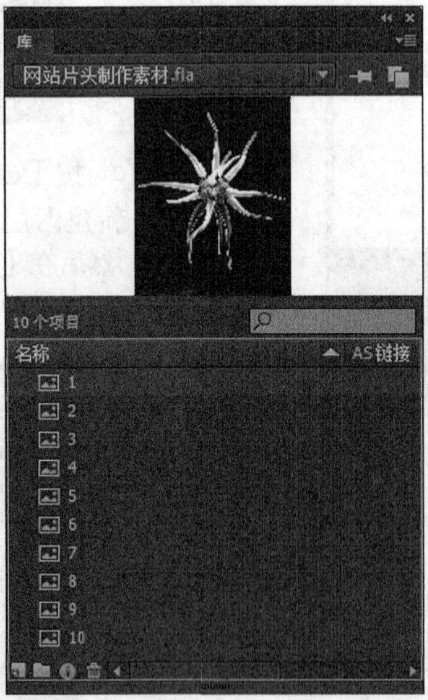

制作网站片头的具体步骤如下。

第1步：制作文字动画

步骤01 打开素材文件，双击“图层1”名称，将其更名为“wenzi”。

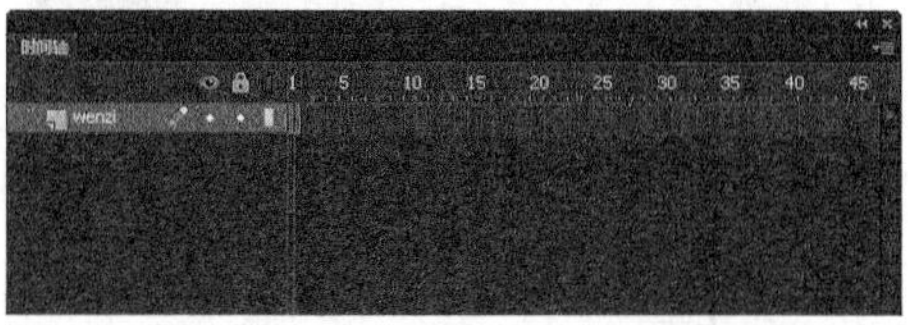

步骤02 单击【工具】面板中的【文本工具】T，在【属性】面板中设置文本类型为【静态文本】，字体为“Arial Black”，字体大小为“50”，颜色为“红色”。

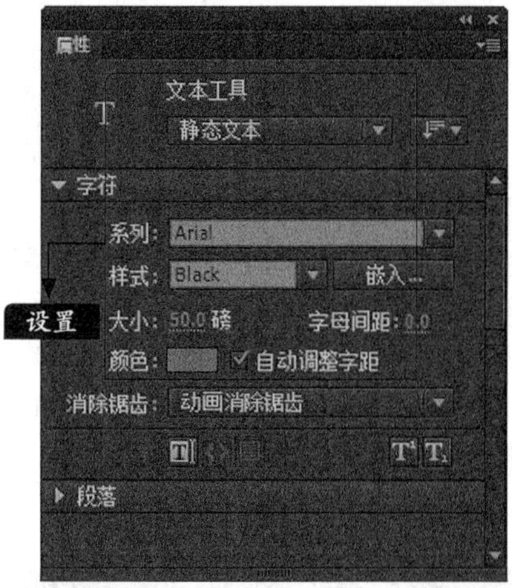

步骤03 在舞台中间位置输入文字“MM”。选择【修改】➤【转换为元件】菜单命令，弹出【转换为元件】对话框，设置元件【类型】为【图形】。

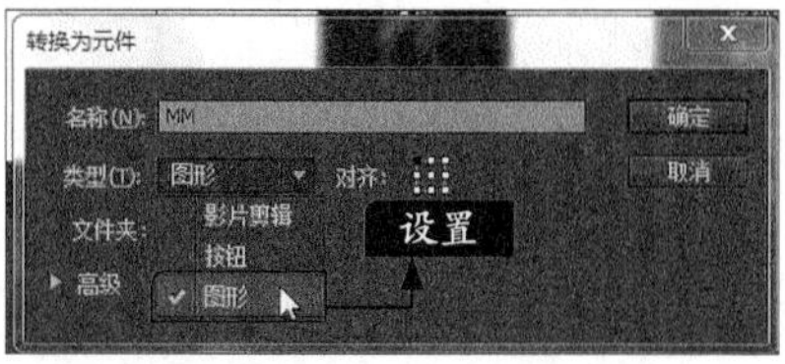

步骤04 选中“wenzi”图层的第10帧，右击，在弹出的快捷菜单中选择【插入关键帧】菜单命令。

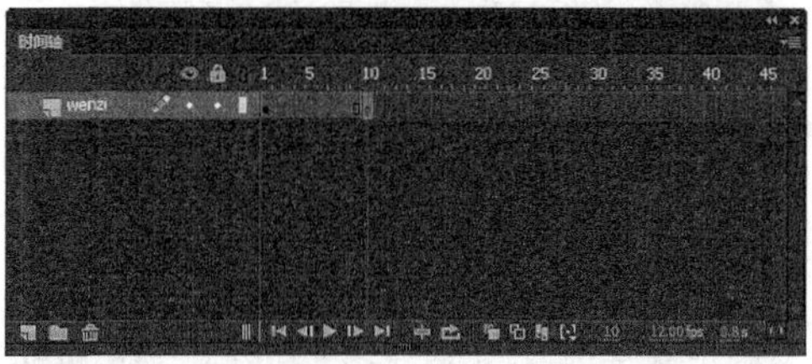

步骤05 选中第1帧，将舞台上的文字“MM”垂直向上移动到舞台的上方（使其刚出舞台），然后选中第1帧并右击，在弹出的快捷菜单中选择【创建传统补间】菜单命令。

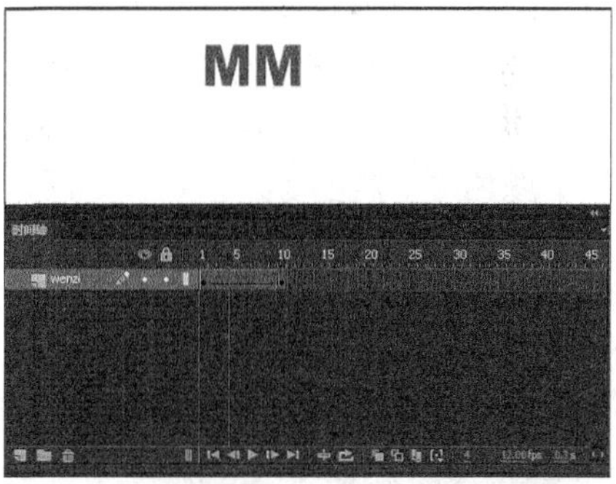

步骤06 选择“wenzi”图层的第1帧，然后选择文字“MM”。打开【属性】面板，在【色彩效果】选项组的【样式】下拉列表中选择【Alpha】选项，设置Alpha值为0。选择第49帧，按【F5】键插入帧，使动画延续到第49帧。

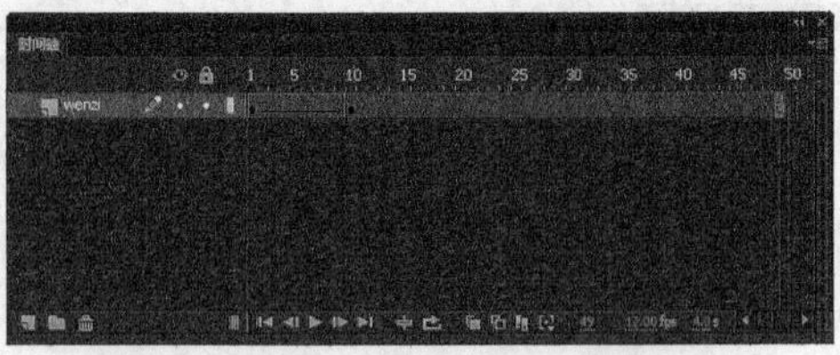

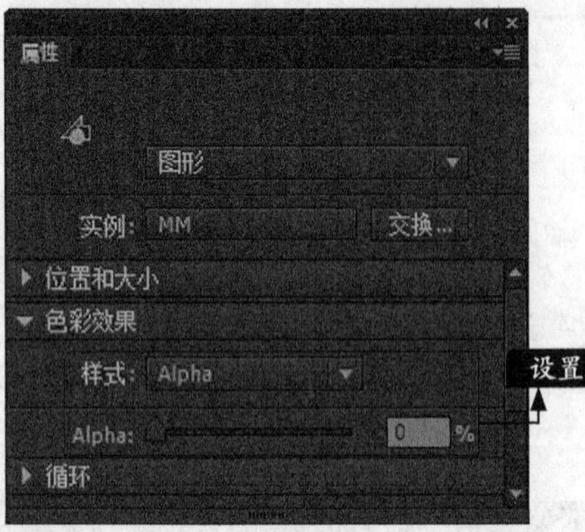

步骤07 新建一个图层，并命名为“wenzi-1”，然后单击第10帧，按【F7】键插入空白关键帧。

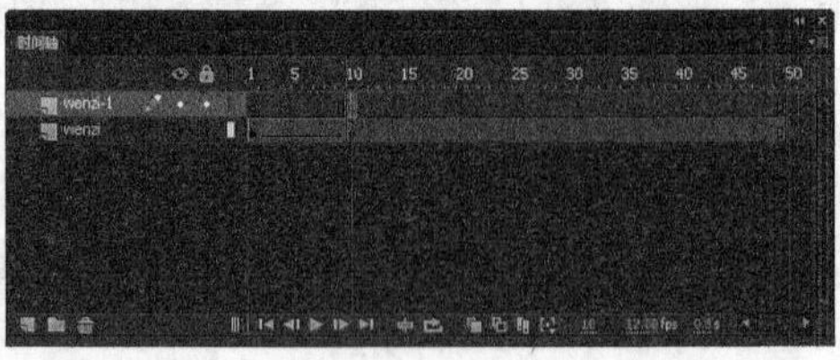

步骤08 单击【工具】面板中的【文本工具】T，在【属性】面板中设置其文本类型为【静态文本】，字体为“Arial”，字体大小为“30”，颜色为“黑色”。

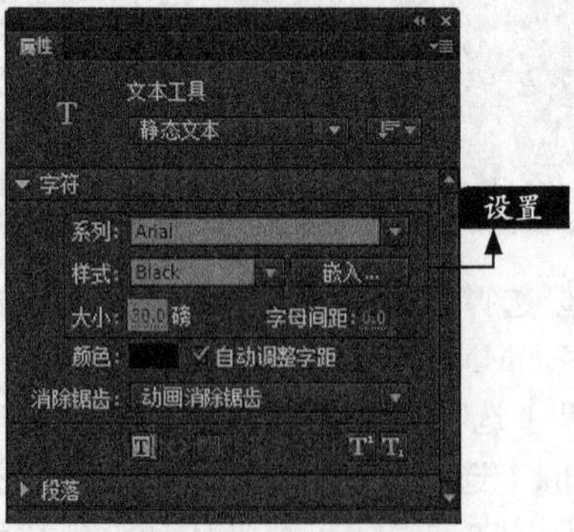

步骤09 在舞台上输入文字“SU”，再次在文字的下方位置输入文字“SU”，颜色设置为灰色。

步骤10 选中输入的文字，选择【修改】➤【转换为元件】菜单命令，将输入的文字转换为图形元件。

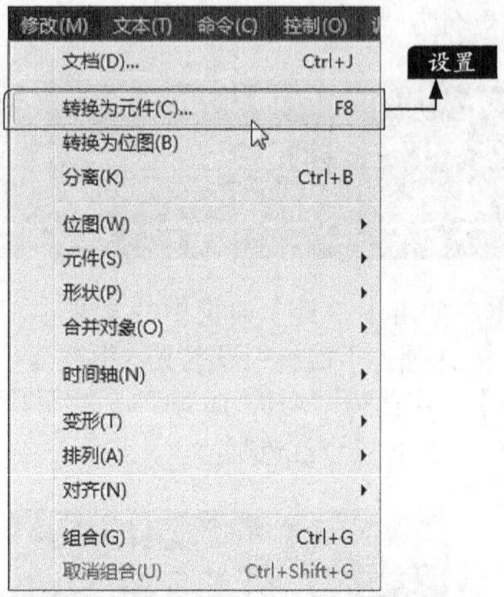

第2步：制作文字遮罩动画

步骤01 选择“wenzi-1”图层的第15帧，右击，在弹出的快捷菜单中选择【转换为关键帧】菜单命令，将其和文字“MM”的左边对齐；然后选择第10帧，右击，在弹出的快捷菜单中选择【创建传统补间】菜单命令；接着选择第49帧，按【F5】键插入帧。

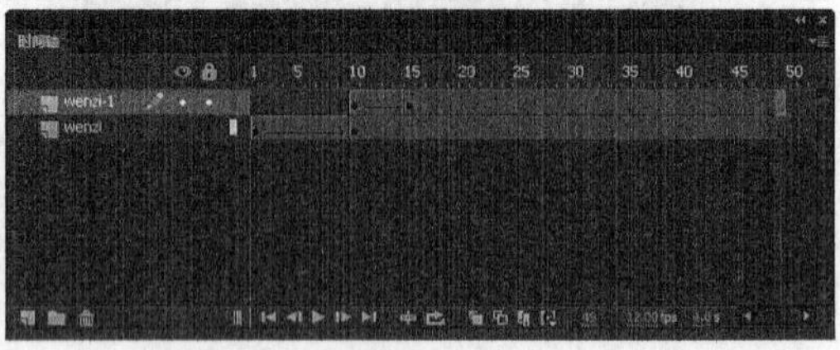

步骤02 新建一个图层，并命名为

"zhezhao-1"。选择第1帧，单击【工具】面板中的矩形工具，在舞台上绘制一个矩形，放在"SU"文字的左侧。

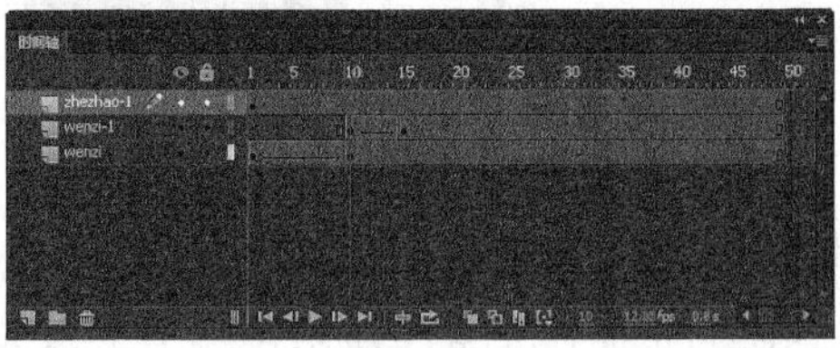

步骤03 右击图层"zhezhao-1"名称，在弹出的快捷菜单中选择【遮罩层】菜单命令。

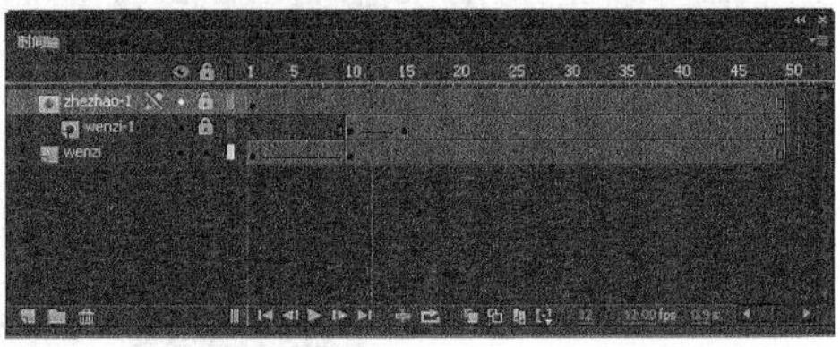

步骤04 同理，制作出文字"MM"右侧"ERROOM"文字的遮罩动画。

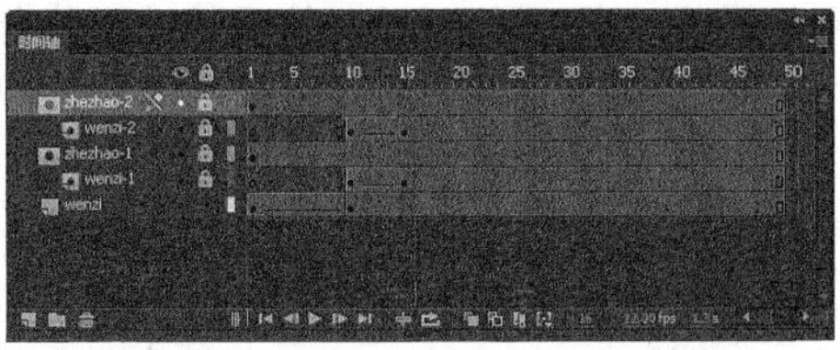

第3步：制作图片动画

步骤01 新建一个图层，将其命名为"tupian-1"。选中第27帧，按【F7】键插入空白关键帧，将库中的"2"图片拖到舞台上，并调整其大小和位置，然后选择【修改】➤【转换为元件】菜单命令，将图片转换为图形元件。

步骤02 选中第32帧，右击，在弹出的快捷菜单中选择【转换为关键帧】菜单命令，然后选择第27帧，右击，在弹出的快捷菜单中选择【创建传统补间】菜单命令，接着选择第49帧后按F5键来插入帧使动画延续到49帧。

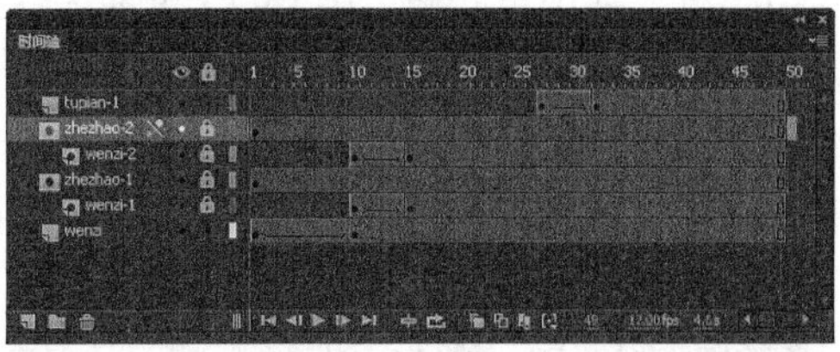

步骤03 单击"tupian-1"图层的第27帧，在舞台上选中图片"2"。打开【属性】面板，在【色彩样式】选型组的【样式】下拉列表中选择【Alpha】选项，设置Alpha值为0。

步骤04 同理，创建另外两张图片的动画效果。

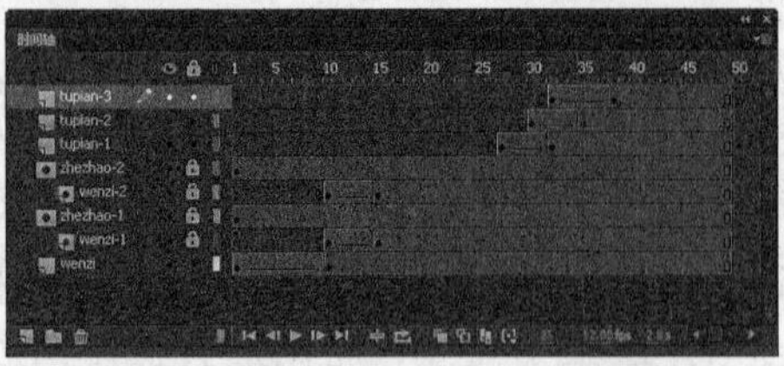

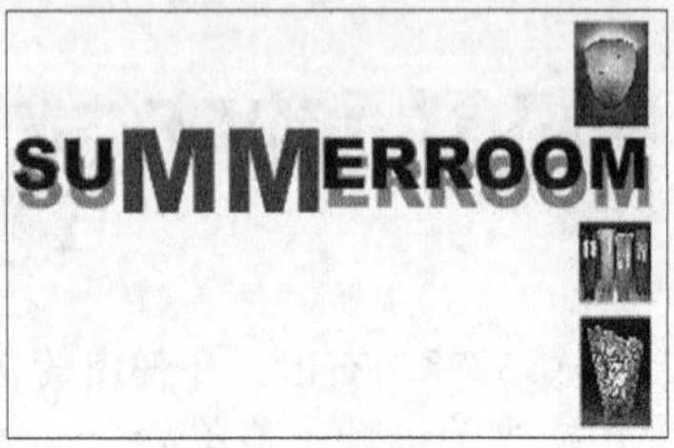

第4步：制作动画

步骤01 新建一个图层，将其命名为“beijing”。选中第49帧，按【F7】键插入空白关键帧，然后使用【工具】面板中的文本工具和矩形工具绘制一个背景效果。接着选择第55帧，按【F5】键插入帧，使动画延续到第55帧。

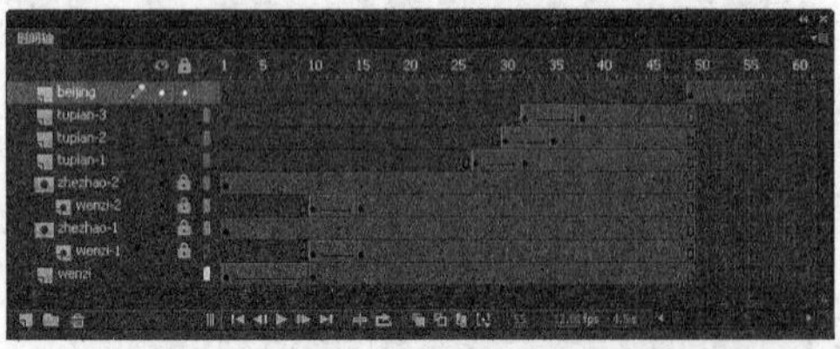

步骤02 新建一个图层，将其命名为“zhanshi”。选中第49帧，按【F7】键插入空白关键帧，将库中的“1”图片拖到舞台上，并调整其大小和位置，然后选择【修改】➤【转换为元件】菜单命令，将其转换为影片剪辑元件。

步骤03 双击创建的影片剪辑进入它的编辑模式。在时间轴上每隔10帧创建一个空白关键帧，然后依次将图片从库中拖曳到舞台上，创建影片剪辑的动画效果。

步骤04 新建一个图层，将其命名为“guodu”。选中第43帧，按【F7】键插入空白关键帧，使用矩形工具在舞台上绘制一个和舞台一样大小的白色矩形，然后按【F8】键，将其转换为图形元件。

步骤05 分别选中第49帧和55帧，右击，在弹出的快捷菜单中选择【转换为关键帧】菜单命

令，然后分别选中第43帧和第49帧，右击，在弹出的快捷菜单中选择【创建补间动画】菜单命令。

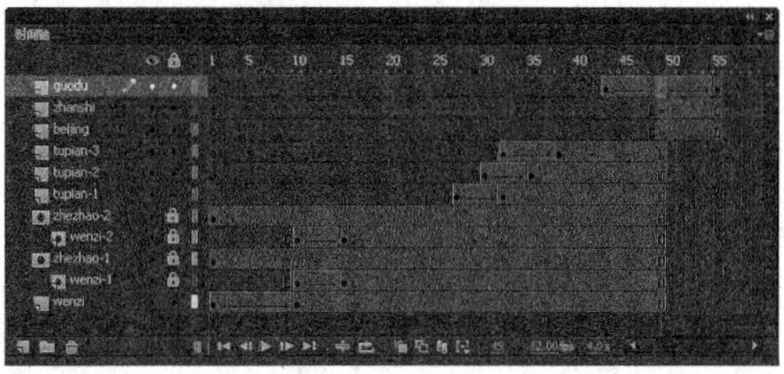

步骤 06 单击第43帧，选择绘制的白色矩形图形元件，打开【属性】面板，在【色彩效果】选项组的【样式】下拉列表中选择【Alpha】选项，设置Alpha值为0。

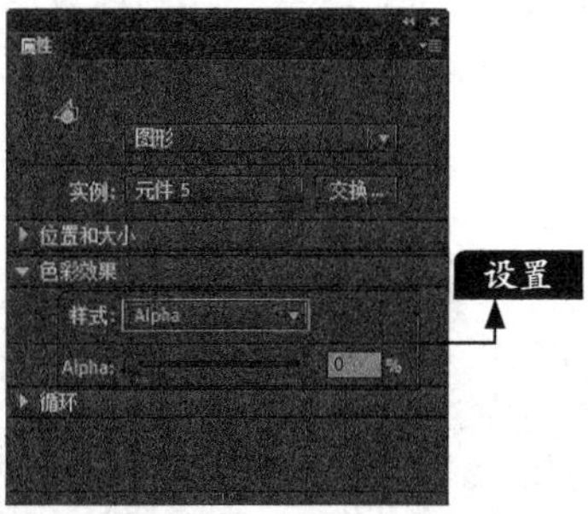

步骤 07 单击第55帧，选择绘制的图形元件，在【属性】面板的【色彩效果】选项组的【样式】下拉列表中选择【Alpha】选项，设置Alpha值为0，制作两个场景的过渡效果。

步骤 08 按【Ctrl+Enter】组合键测试影片。

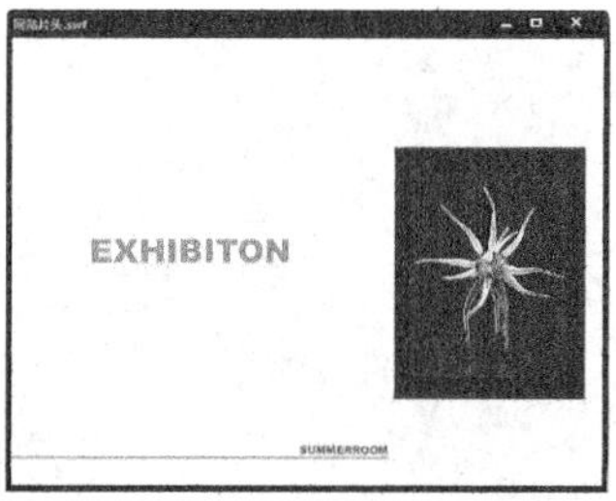

15.8 综合实战2——制作逐渐显示的古诗

本节教学录像时间：12 分钟

本节以显示王维的《终南别业》全诗为例，介绍打字效果的实现方法。

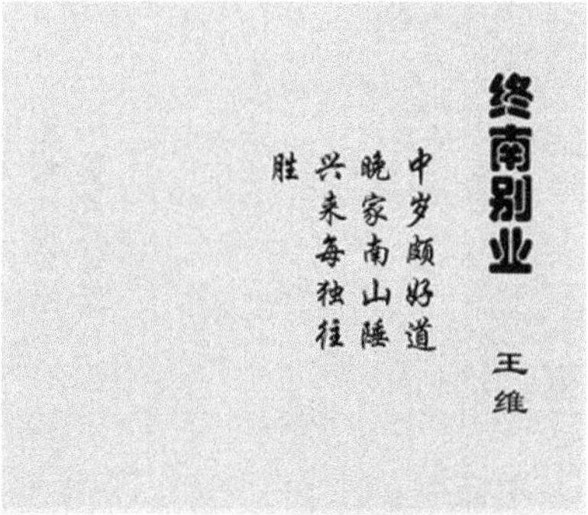

第1步：设置文档

步骤01 选择【文件】➤【新建】菜单命令。

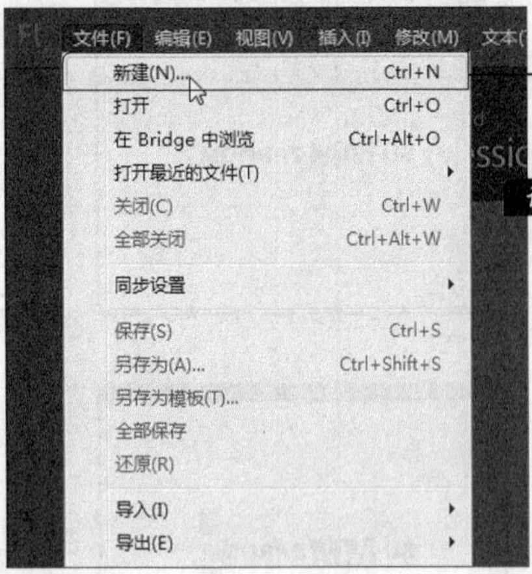

步骤02 弹出【新建文档】对话框，在【常规】选项卡的【类型】列表框中选择【ActionScript 3.0】选项，单击【确定】按钮。

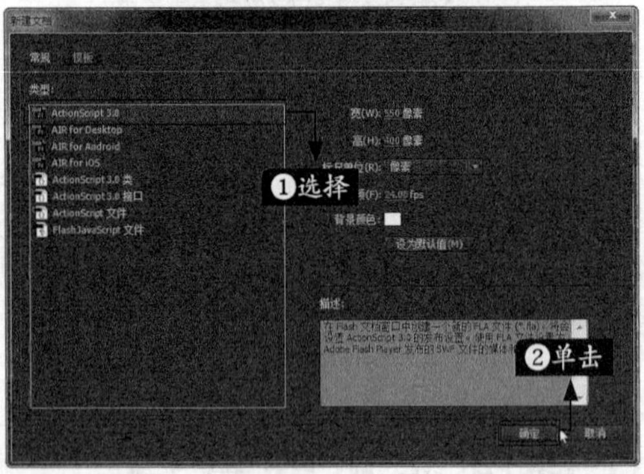

步骤03 新建一个空白文档，选择【文件】➤【保存】菜单命令，弹出【另存为】对话框，将文档保存为“结果\ch15\逐显古诗.fla”，单击【保存】按钮。

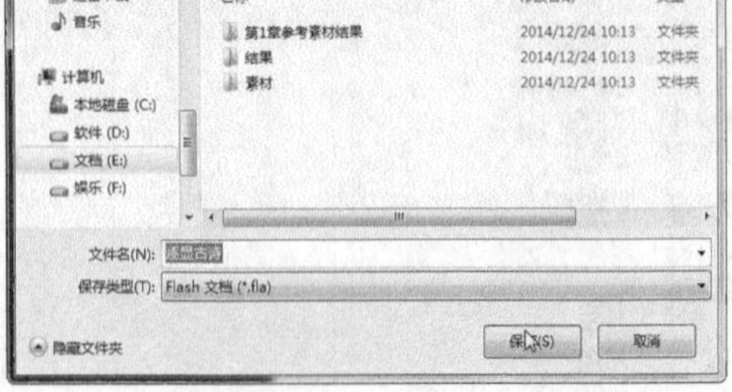

步骤04 选择【修改】➤【文档】菜单命令。

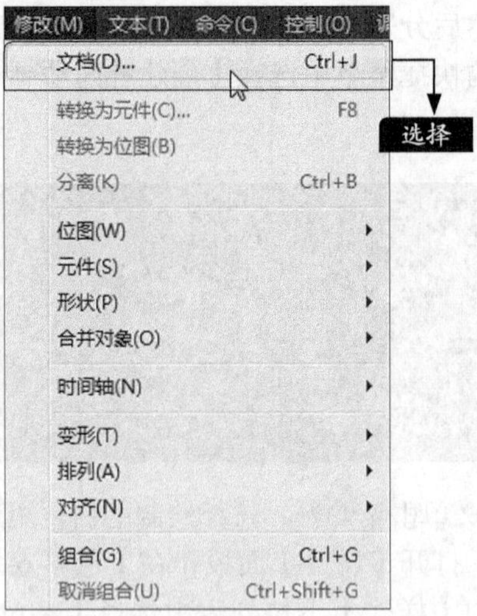

步骤05 弹出【文档设置】对话框，将【尺寸】宽度设为“600像素”，高度设为“500像素”，设置【背景颜色】为浅棕色，完成后单击【确定】按钮。

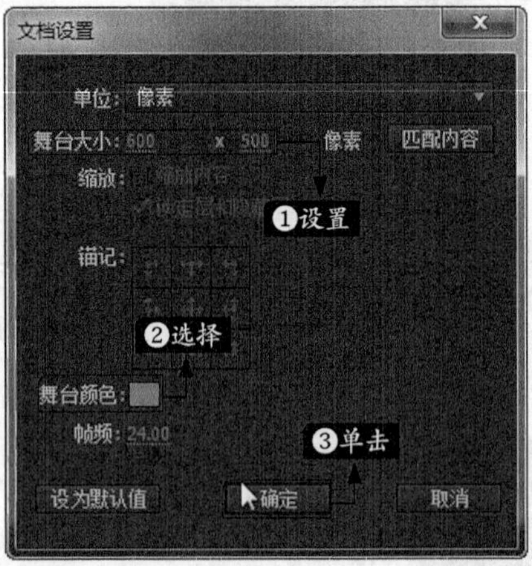

步骤06 在【工具】面板中单击【文本工具】T，在舞台上输入垂直文本《终南别业》全诗，并设置合适的字体和大小。

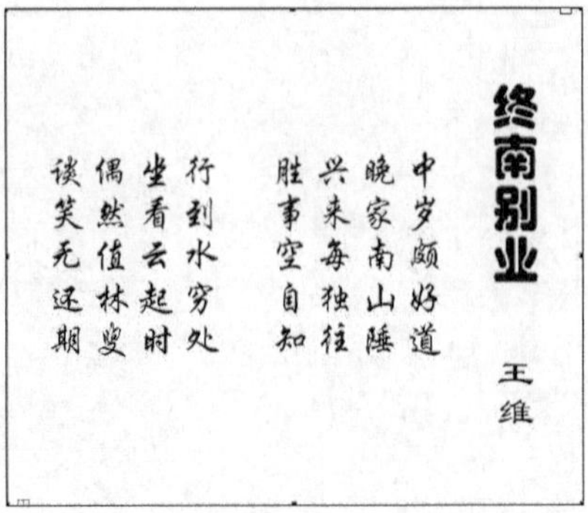

小提示

为了实现后面逐字显示的效果，这里的文字不选择居中对齐，而采用左对齐，然后通过键入空格实现文字居中的效果。

第2步：制作逐显关键帧

步骤01 按【F6】键，依次在第2帧到第46帧范围内的所有帧处插入关键帧。

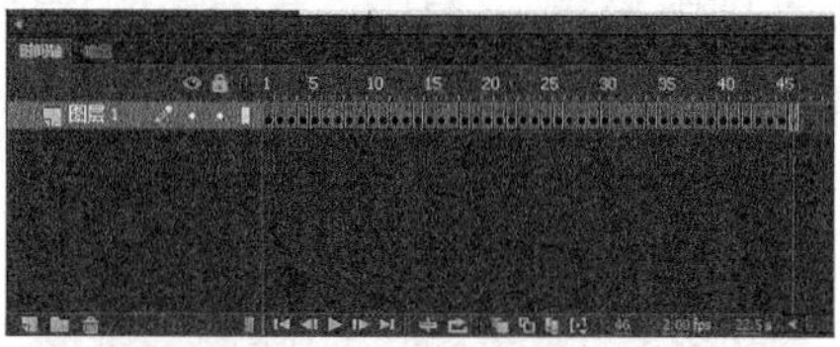

步骤02 选中第1帧，在【工具】面板中单击【文本工具】T，在舞台中选中古诗中除第1个字之外的所有字，然后按【Delete】键删除。

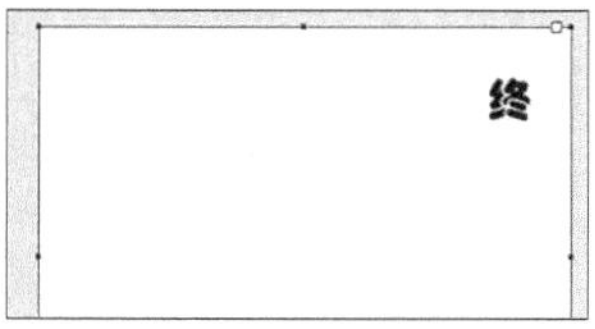
终

步骤03 选中第2帧，在【工具】面板中单击【文本工具】T，在舞台中选中古诗中除第2个字之外的所有字，然后按【Delete】键删除。

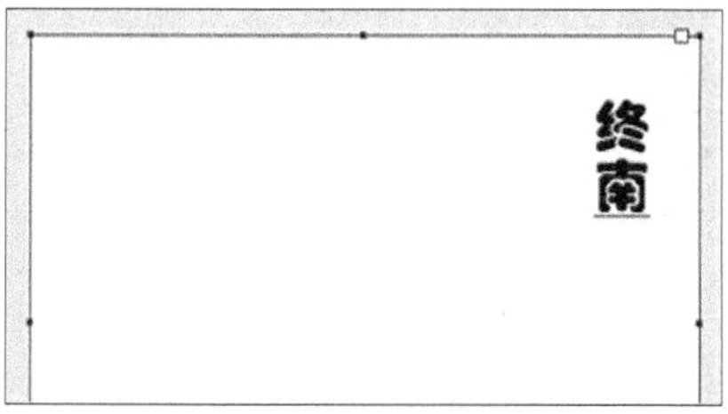
终南

步骤04 重复**步骤03**的操作，直到选中第46帧，在舞台中显示全部的古诗文字。

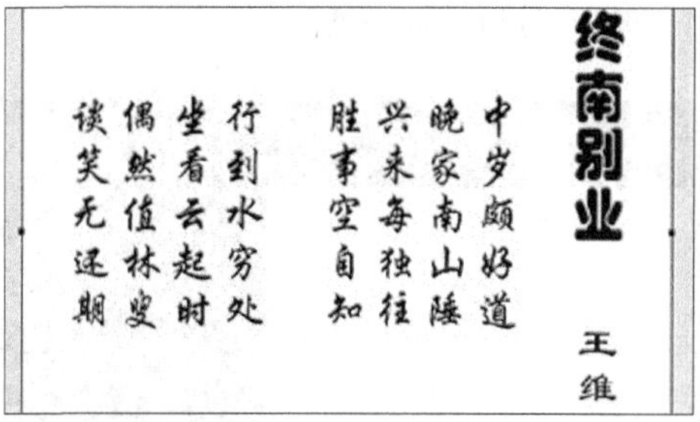
终南别业
王维
中岁颇好道
晚家南山陲
兴来每独往
胜事空自知
行到水穷处
坐看云起时
偶然值林叟
谈笑无还期

步骤05 在【时间轴】面板的下方将“帧速率”调整为“2.00fps”。

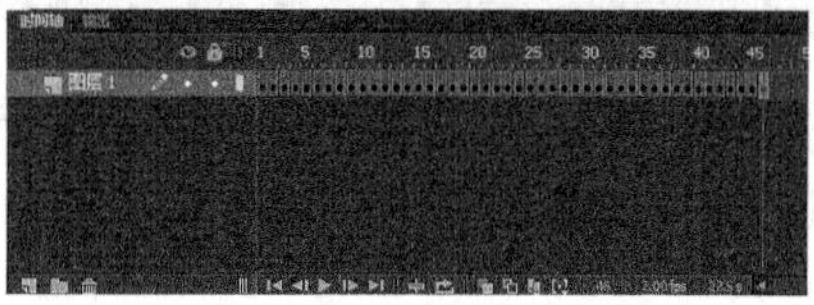

步骤06 按【Ctrl+S】组合键保存文档，按【Ctrl+Enter】组合键预览逐渐显示的古诗效果。

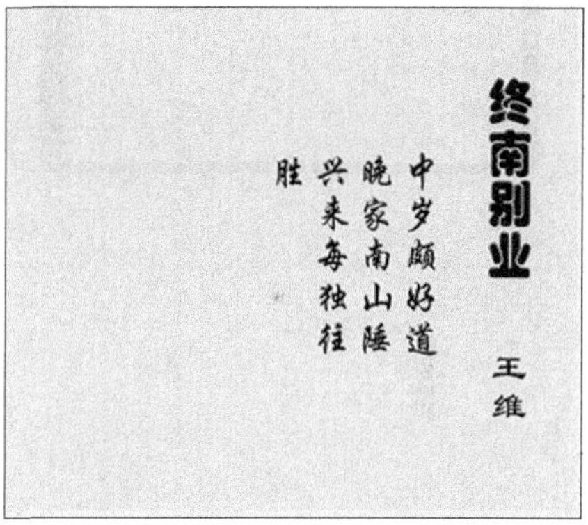
终南别业
王维
中岁颇好道
晚家南山陲
兴来每独往
胜

高手支招

本节教学录像时间：3 分钟

如何在制作补间形状动画时获得最佳效果

(1) 在复杂的补间形状中，需要创建中间形状，然后再进行补间，而不要只定义起始和结束的形状。

(2) 确保形状提示是符合逻辑的。

(3) 如果按逆时针顺序从形状的左上角开始放置形状提示，它们的工作效果则最好。

如何制作一个点慢慢延伸出来的效果

步骤01 新建一个空白文档，选中第1帧，在舞台上绘制一条很短的直线。

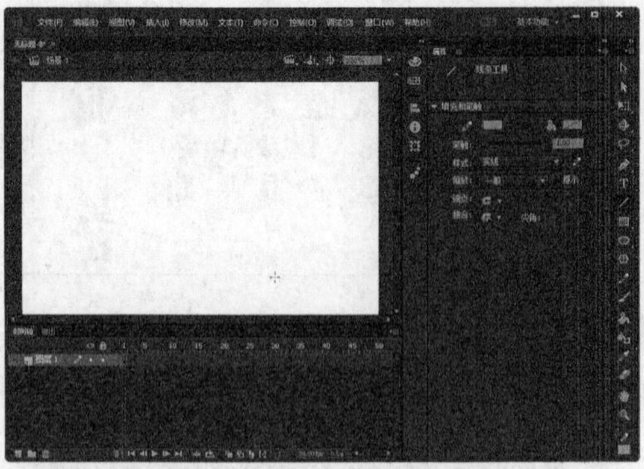

步骤02 选中第50帧，按【F6】键插入关键帧，然后使用部分选取工具拖曳其中的一个节点，使其延长。

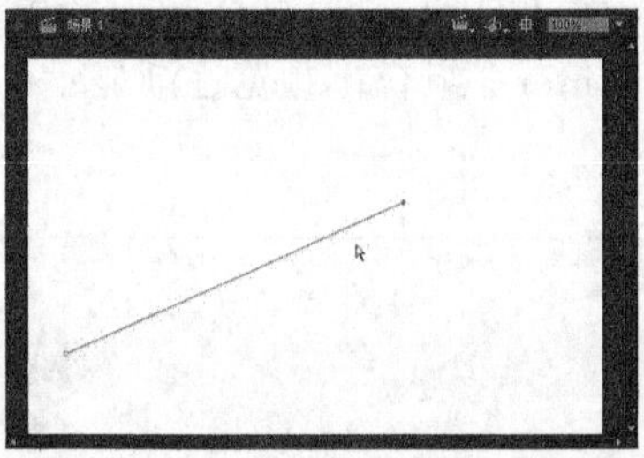

步骤03 使用钢笔工具添加节点，并使用转换锚点工具调整曲线。

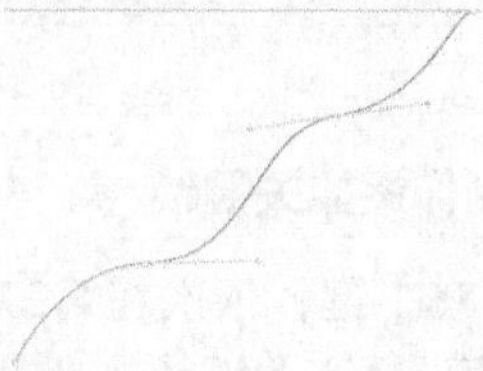

步骤04 选中第1帧，右击，在弹出的快捷菜单中选择【创建补间形状】菜单命令。

步骤05 按【Ctrl+Enter】组合键测试动画效果。

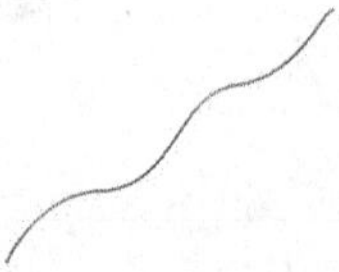

第 16 章

欣赏制作的动画——测试和优化Flash作品

学习目标

可以将Flash影片输出为GIF动画。虽然内容上没有大的变化，但是输出的GIF动画已经不是矢量动画了，不能随意地无损放大或缩小，而且影片的声音和动作都会失效。

学习效果

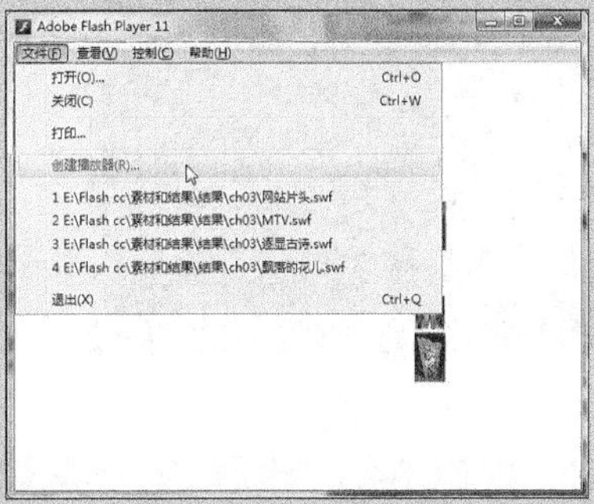

16.1 优化Flash影片

本节教学录像时间：2 分钟

在对影片测试完毕，导出文档之前，应该考虑怎样对Flash影片进行优化。采取措施缩短下载Flash影片的时间，减少影片的尺寸，前提是不能有损影片的播放质量。

(1) 减少对CPU的占用

影片的长宽尺寸越小越好。尺寸越小，影片文件就越小。可以在【文档设置】对话框中修改影片的尺寸。

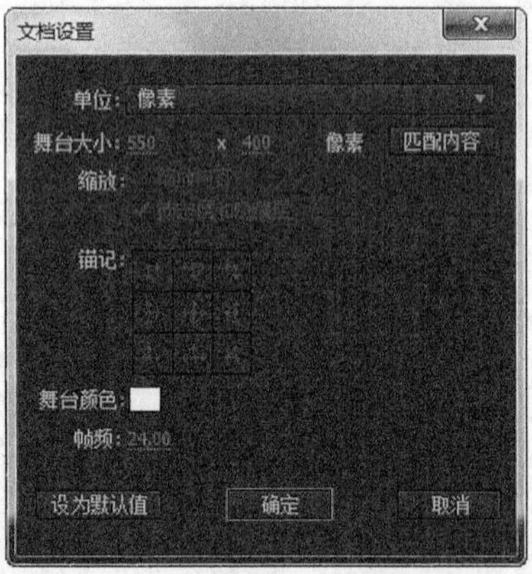

小提示

可以在Flash里将影片的尺寸设置得小一些，导出迷你SWF影片。接着选择【文件】➤【发布设置】菜单命令，在弹出的对话框中，在【HTML】选项卡中将影片的尺寸设置得大一些，这样，在网页里就会呈现出尺寸较大的影片，而画质则丝毫无损。

(2) 图形、文本及颜色的优化

尽量不使用特殊的线条类型，多使用构图简单的矢量图形。对于复杂的矢量图形，可以在【优化曲线】对话框中进行设置，从而减小文件的大小。

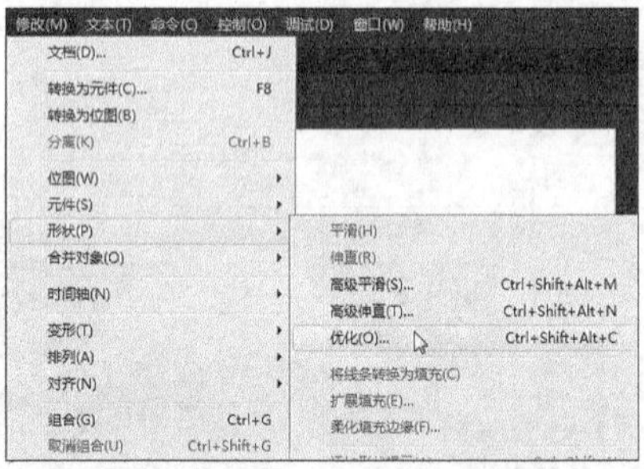

小提示

首先选中要优化的曲线，然后选择【修改】➤【形状】➤【优化】菜单命令，弹出【优化曲线】对话框。

限制字体和字体样式的使用，尽量不要将字体打散（选择【修改】➤【分离】菜单命令，可将文字打散）。

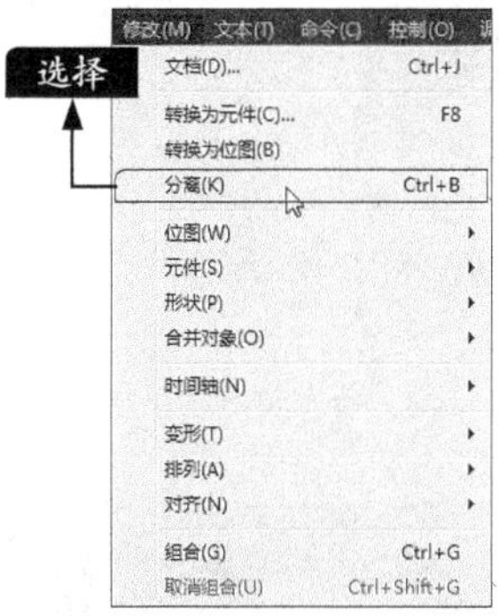

尽量少使用渐变色填充。

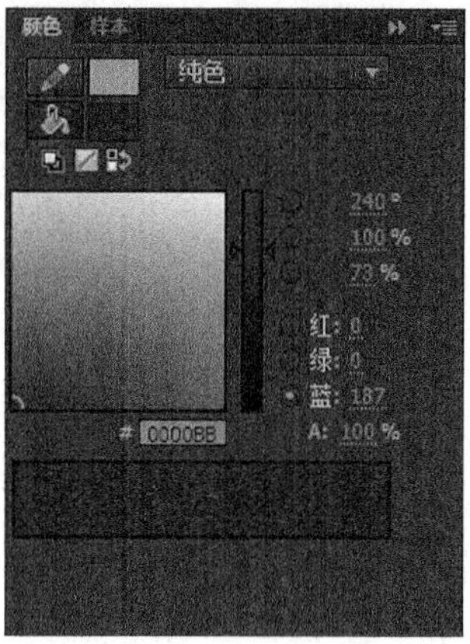

16.2 输出动画

本节教学录像时间：2 分钟

在Flash中，作品完成之后，就要考虑输出了。输出影片的一般步骤如下。

步骤 01 选择【文件】➤【导出】➤【导出影片】菜单命令，将其导出为QuickTime影片。

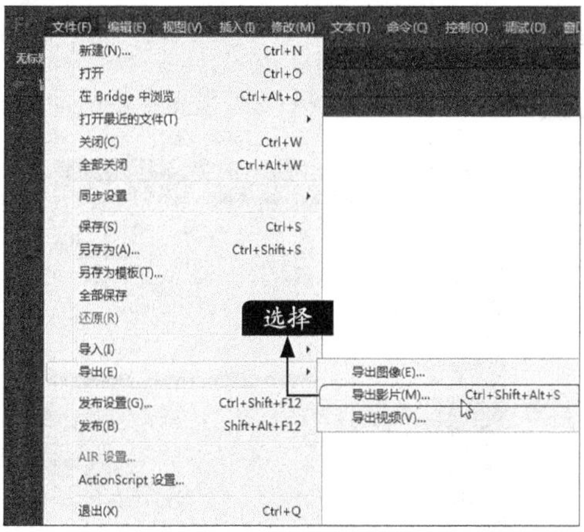

步骤 02 弹出【导出影片】对话框，选择保存路径，从【保存类型】下拉列表中选择一种格式，输入【文件名】，然后单击【保存】按钮即可。

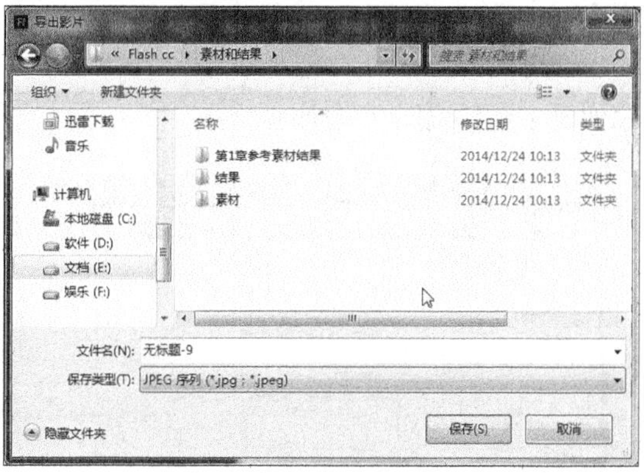

16.2.1 SWF动画

SWF动画是在浏览网页时常见的具有交互功能的动画。它是以.swf为后缀的文件，拥有动画、声音和交互等全部的功能，需要在浏览器中安装Flash播放器插件才能够看到它。

导出SWF动画的方法有以下几种。

方法1

步骤01 选择【文件】➤【导出】➤【导出影片】菜单命令，弹出【导出影片】对话框。

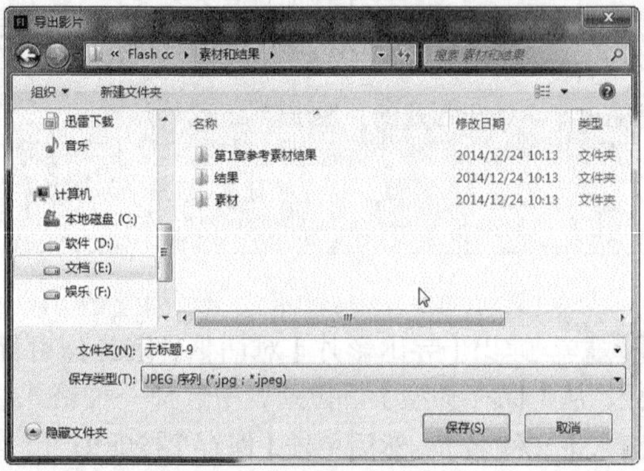

步骤02 选择保存路径，在【文件名】文本框中输入文件名（例如MTV），在【保存类型】下拉列表中选择“SWF 影片（*.swf）”。

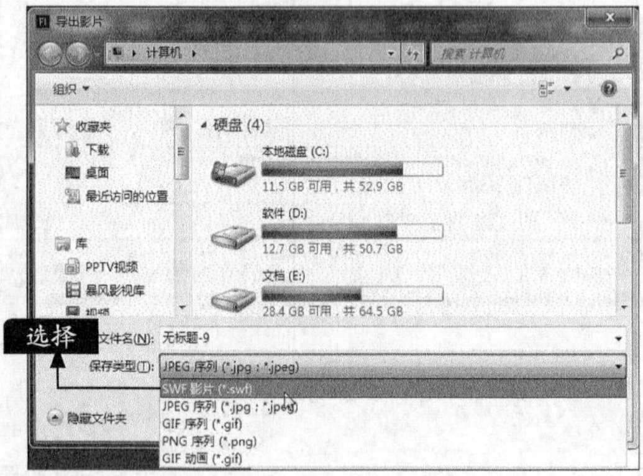

步骤03 单击【保存】按钮，弹出【导出SWF影片】进度条。

步骤04 完成导出SWF动画。

方法2

步骤01 选择【文件】➤【发布设置】菜单命令。

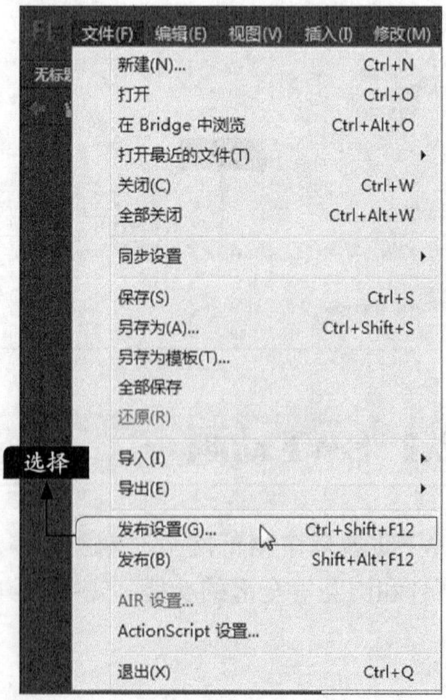

步骤02 弹出【发布设置】对话框，在【格式】选项卡中选中【Flash】复选框。

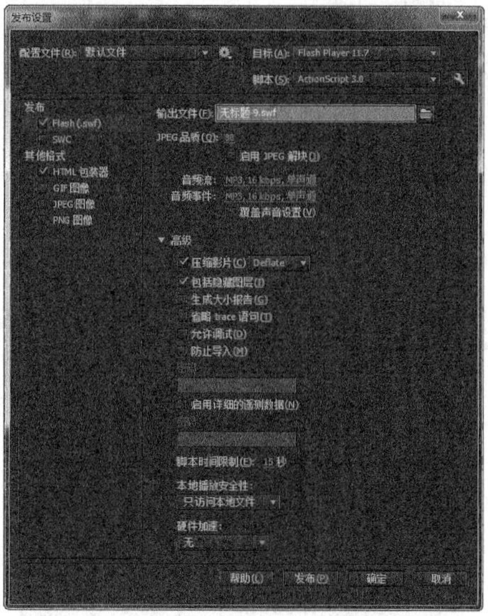

步骤03 单击【Flash】选项右侧的按钮，弹出【选择发布目标】对话框，从中选择发布路径。

步骤04 输入文件名称，单击【保存】按钮，返回【发布设置】对话框。

步骤05 在【发布设置】对话框中，选择【Flash】选项卡，从中可以对SWF影片进行设置。

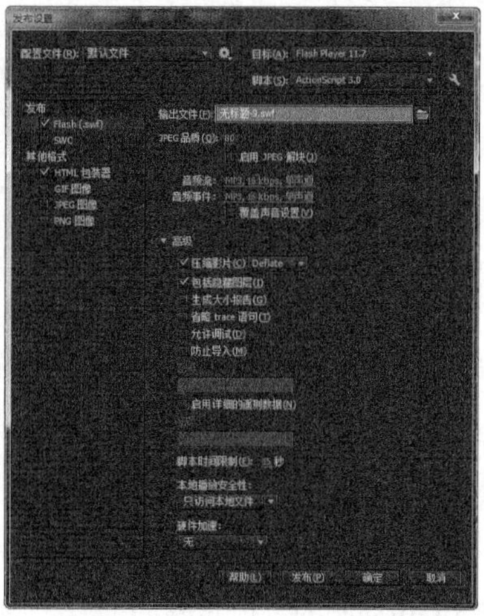

步骤06 设置完成，单击【发布】按钮，即可输出SWF动画（例如【无标题-9.swf】影片）。

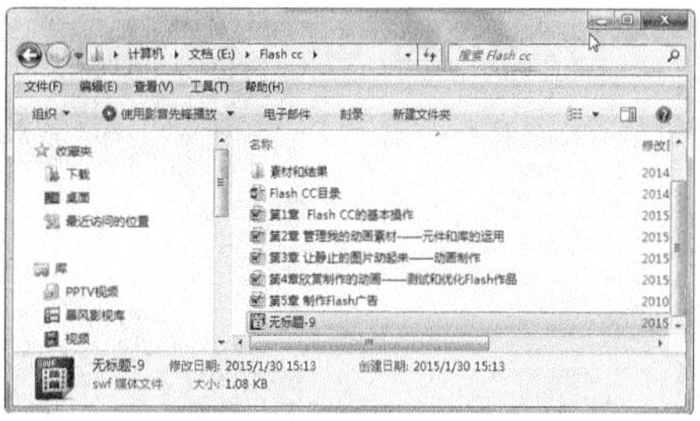

方法3

选择【控制】➤【测试影片】菜单命令（或者按【Ctrl+Enter】组合键）测试影片，也可以输出.SWF动画。

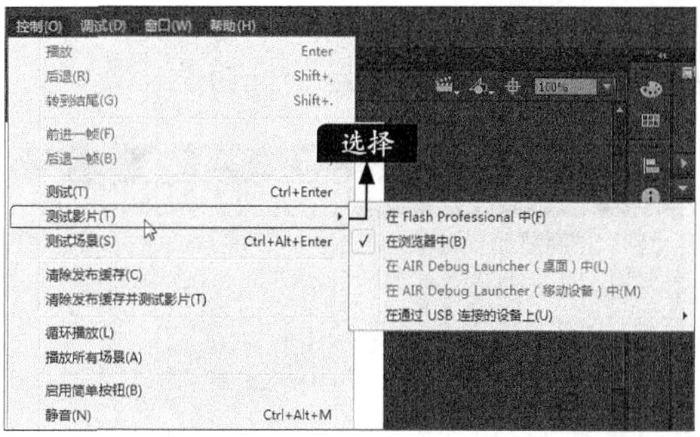

16.2.2 GIF动画

目前网页中见到的大部分的动态图标都是GIF动画（Animated GIF）形式，它是由连续的GIF图像组成的动画。

导出GIF动画的具体步骤如下。

步骤01 选择【文件】➤【导出】➤【导出影片】菜单命令，弹出【导出影片】对话框。

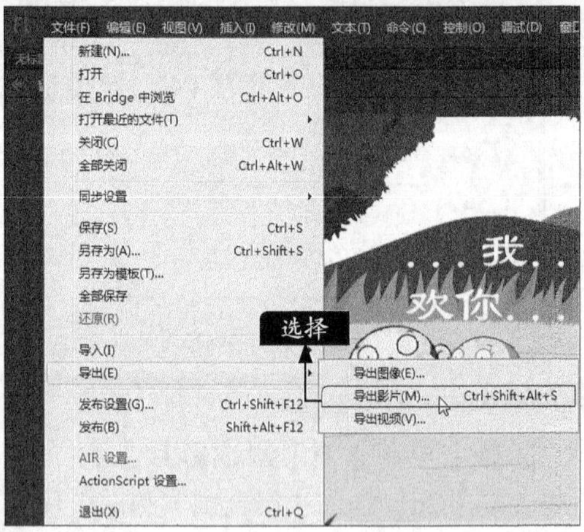

步骤02 选择保存路径，在【文件名】文本框中输入文件名（例如MTV），在【保存类型】下拉列表中选择“GIF 动画（*.gif）”。

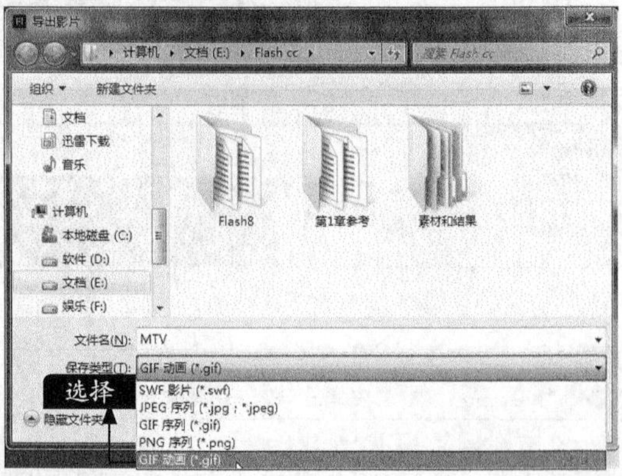

步骤03 单击【保存】按钮，弹出【导出 GIF】对话框。

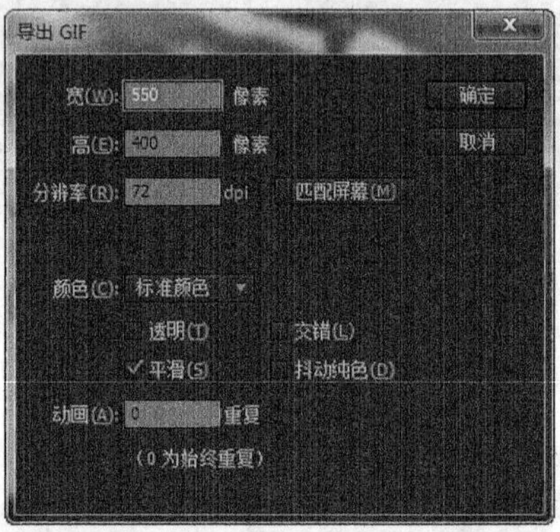

步骤04 在对话框中对GIF动画设置完成，单击【确定】按钮，弹出【正在导出GIF动画】进度条。

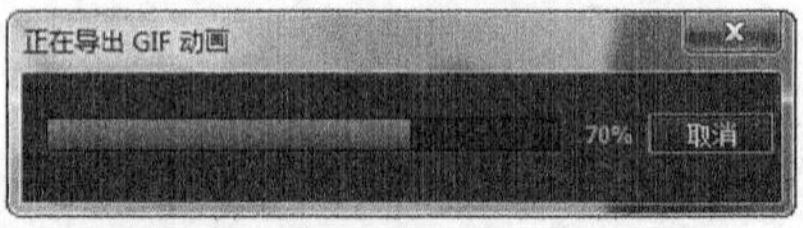

步骤05 完成导出GIF动画。

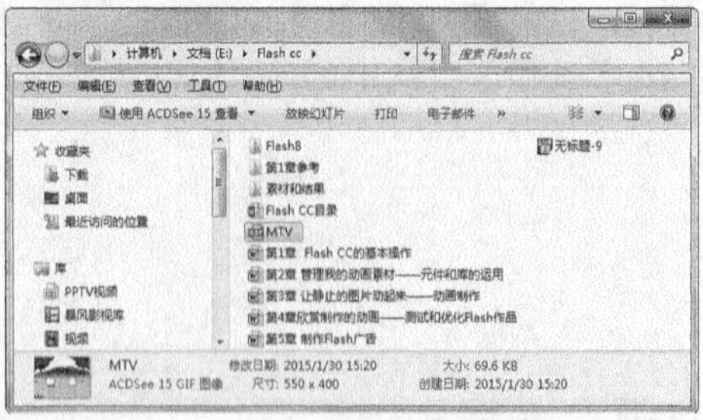

小提示

要想输出某一帧的GIF图像，可以选择【文件】➤【导出】➤【导出图像】菜单命令。

16.3 影片的发布设置

本节教学录像时间：2 分钟

可以输出的影片类型很多，为了避免在输出多种格式文件时每一次都需要进行设置，可以在【发布设置】窗口中选中全部需要发布的格式进行设置，然后就可以通过选择【文件】➤【发布】菜单命令，一次性地输出所有的指定的文件格式。

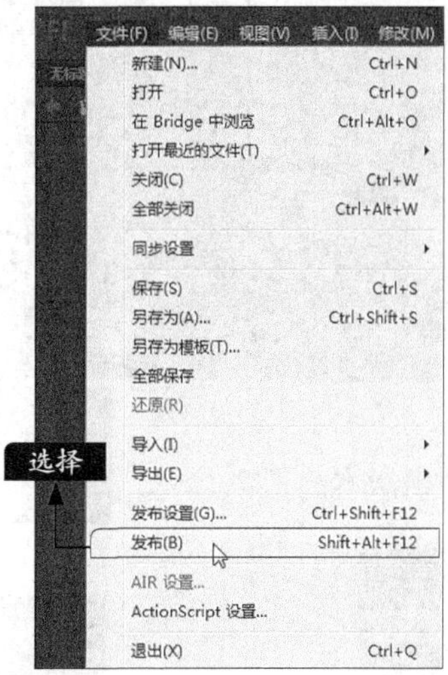

16.3.1 【发布设置】对话框

选择【文件】➤【发布设置】菜单命令，弹出【发布设置】对话框。

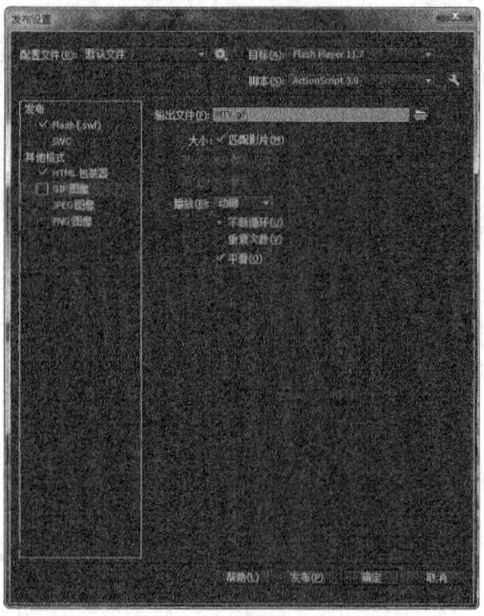

在【发布格式】选项卡中选择每个要发布的文件格式，在对话框中的当前面板上方就会出现所选格式的选项卡，然后单击【发布】按钮，就可以生成所有相关的文件。

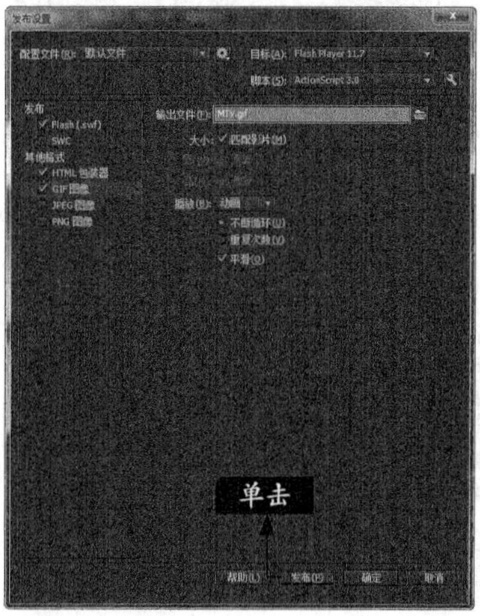

单击任意一个选项卡，即可在对话框中对它进行详细的设置。

16.3.2 发布Flash影片设置

在【发布设置】对话框中选择【Flash】选项卡。

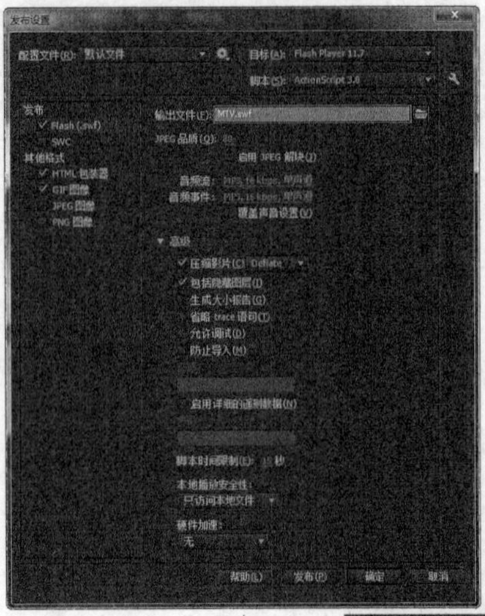

1. 播放器

可以选择发布动画的Flash播放器版本。

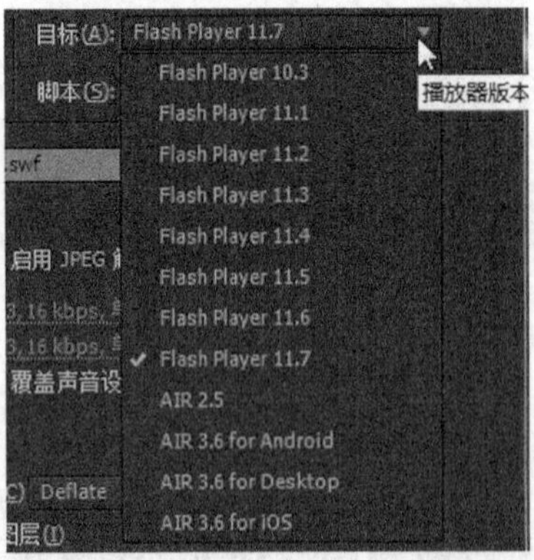

2. JPEG品质

可以选择动画的图形质量。数值为0~100。

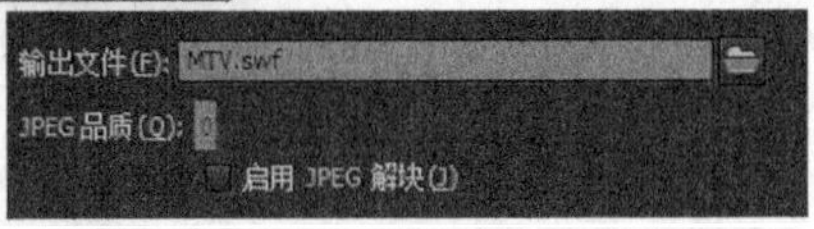

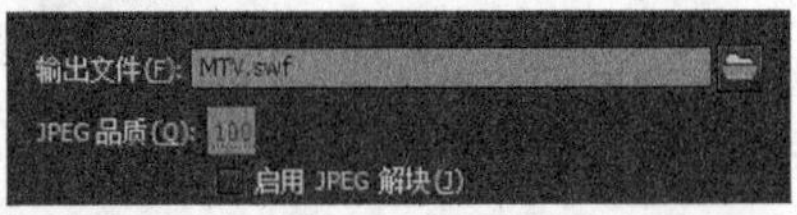

3. 跟踪和调试

可以为输出的Flash文件指定一系列的设置。

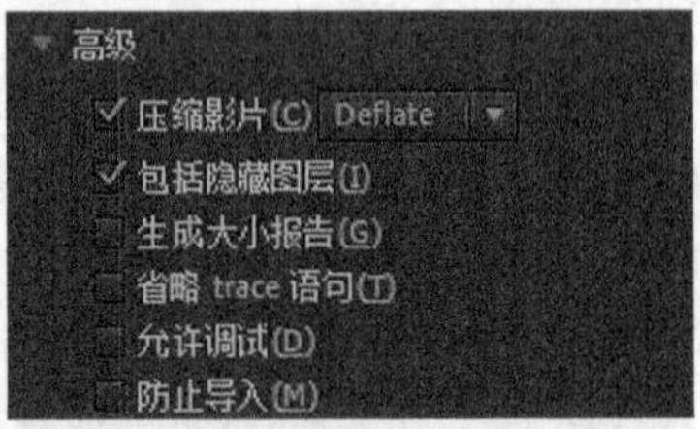

16.4 综合实战——生成可执行文件

本节教学录像时间：1 分钟

如果将作品打包成可独立运行的.exe文件，那么不用安装插件就可以欣赏，并且和.swf动画的效果完全相同。

把动画打包成可执行文件的具体步骤如下。

步骤01 在安装Flash CC程序的文件夹中找到子目录Players，双击其中的“Flas hPlayer.exe”文件。

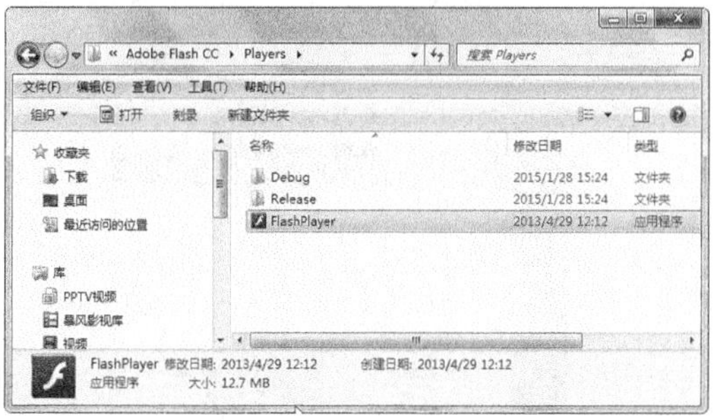

步骤02 此时即可启动Flash影片播放器。

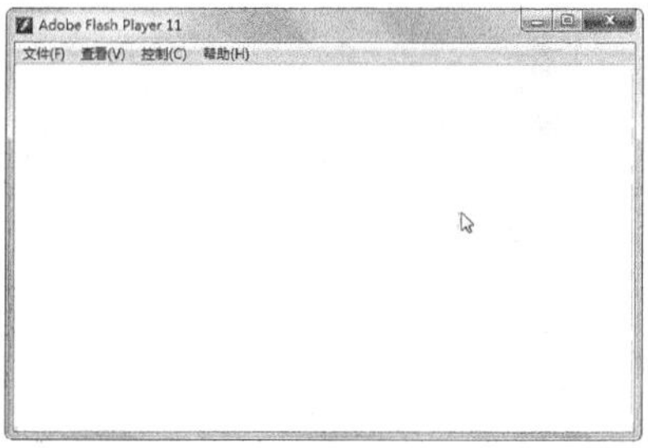

步骤03 在影片播放器中选择【文件】➤【打开】菜单命令。

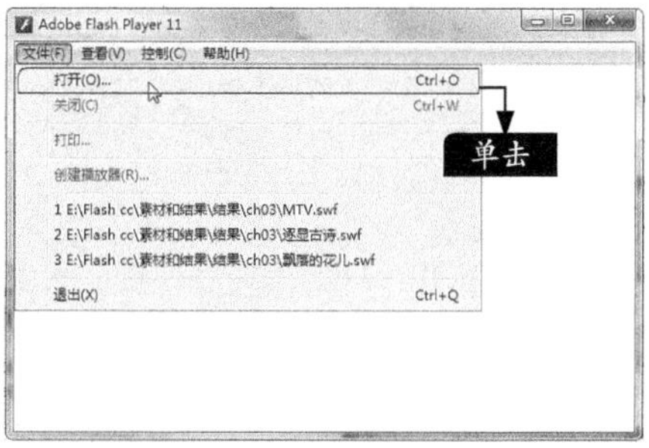

步骤04 弹出【打开】对话框，在【位置】文本框中可以直接输入要打开的本地文件地址，这里单击【浏览】按钮。

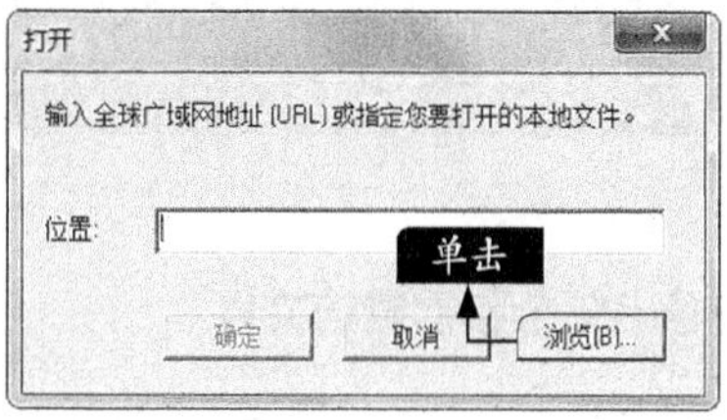

步骤05 弹出【打开】对话框，选择已做好的SWF动画文件，单击【打开】按钮。

小提示

此处所打开的文件以随书光盘中的“结果\ch15\网站片头.swf”文件为例。

步骤06 返回【打开】对话框，单击【确定】按钮。

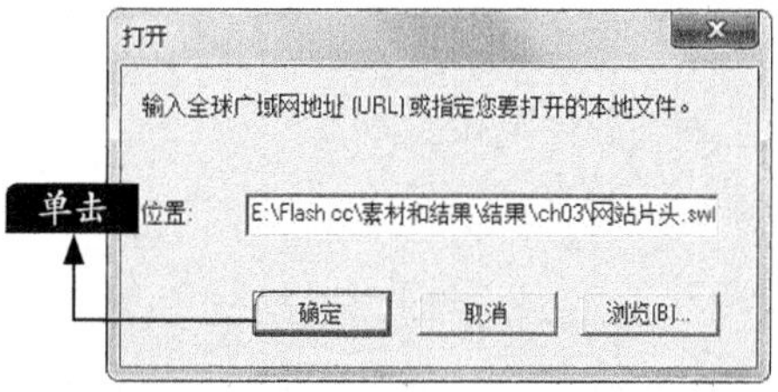

步骤07 打开之后选择【文件】➤【创建播放器】菜单命令。

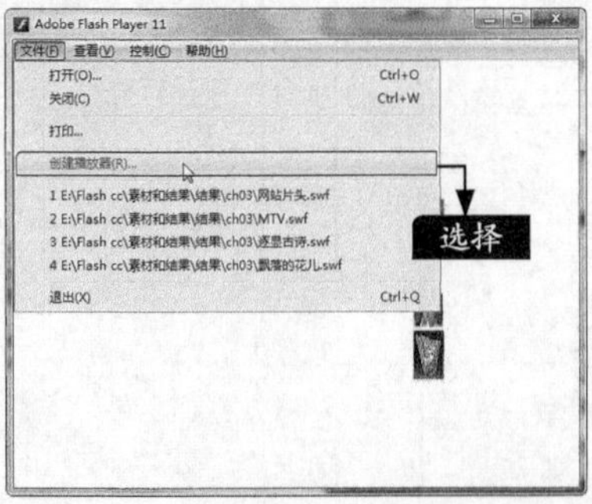

步骤08 弹出【另存为】对话框，选择保存路径，输入文件名称，然后单击【保存】按钮，此时会自动生成.exe文件。

高手支招

本节教学录像时间：1 分钟

如何导出单个和批量的文件

输出影片的时候，选择【文件】➤【导出】菜单命令，此时在子菜单中是单个的有选择性的导出。

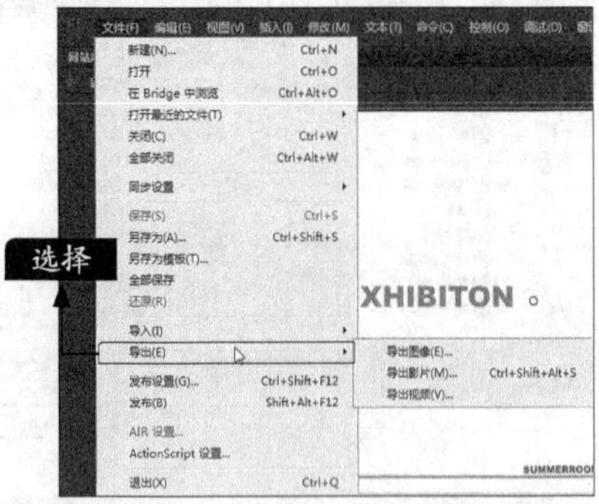

选择【文件】➤【发布】菜单命令，发布则是批量的，可以同时输出几个格式的文件。

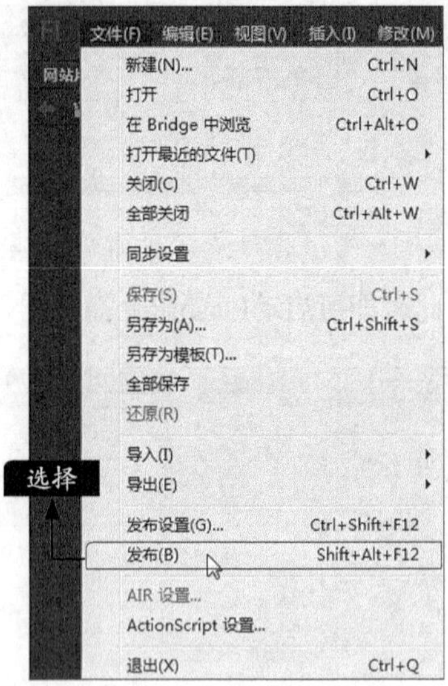

如何处理“帧”来优化影片

相对于逐帧动画，使用补间动画更能减小文件的体积。应尽量避免使用连续的关键帧，删除多余的关键帧，即使是空白关键帧也会增大文件的体积。

第4篇

综合实战篇

第 17 章

个人网站开发

学习目标

随着网络的快速发展，越来越多的人都想拥有自己的网站，在网上展示自己，很多网络爱好者已经开始自己做网站。本章介绍个人网站的制作方法。

学习效果

Firefox
我的网站
file:///C:/Users/Administrator/Desktop/
欢迎光临我的个人网站！
欢迎光临 - Mozilla Firefox
长歌行
青青园中葵，朝露待日晞。
阳春布德泽，万物生光辉。
常恐秋节至，焜黄华叶衰。
百川东到海，何时复西归？
我的音乐
我的地盘
祝福

17.1 网站开发的前期准备工作

本节教学录像时间：3 分钟

在制作网站前，首先要确定网站的主题、网站的栏目和网站的设计规划。

17.1.1 确定网站的主题

网站的题材有很多，如资讯、娱乐、求职、旅游、教育和生活等。在确定网站的主题时，要做到以下几点。

1. 主题小而内容精

制作个人网站一定要定位准确、内容精致，要经常更新，因为创新是网页的灵魂，长期没有新内容的网站将失去活力。

小提示

制作包罗万象的网站，把自己认为精彩的内容都放到上面，会让人觉得没有特色、没有主题、范围太广，以致样样都肤浅，个个都不精，更新维护也比较耗时。

2. 题材最好是自己擅长的内容

在选题时，一定不要脱离自己的业务范围，要做自己擅长的内容，那样做出的网站才能引起网友的关注，得到大家的认可。

3. 题材不要太滥，目标不要太高

个人网站不可能像商业网站那样信息量大，个人网站要尽量张扬个性，取材小而突显特色。

在某一题材上会有许多已经非常优秀、知名度很高的网站，想超过它们通常很难，因此要踏踏实实、从小做起，制订合理的目标，做出自己的特色。

17.1.2 确定网站的栏目并布局草图

在制作网站前，要先确定网站的相关栏目，以备搜集素材时有针对性。本章所做网站的主要栏目如下图所示。

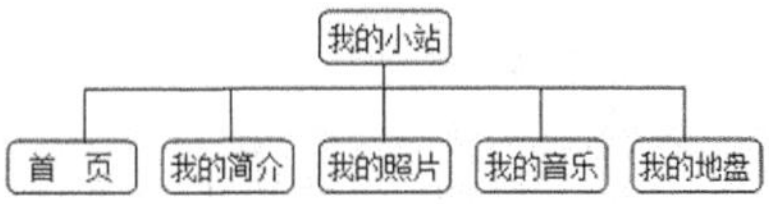

确定网站栏目后，最好画出草图，这样有利于设计网站。画草图就相当于在构思设计网站，有了草图做大纲，做网站时就会提高制作的效率。

17.2 创建本地站点

本节教学录像时间：2 分钟

创建本地站点的具体步骤如下。

步骤 01 打开Dreamweaver CC，选择【站点】➤【管理站点】菜单命令，弹出【管理站点】对话框，单击【新建站点】按钮。

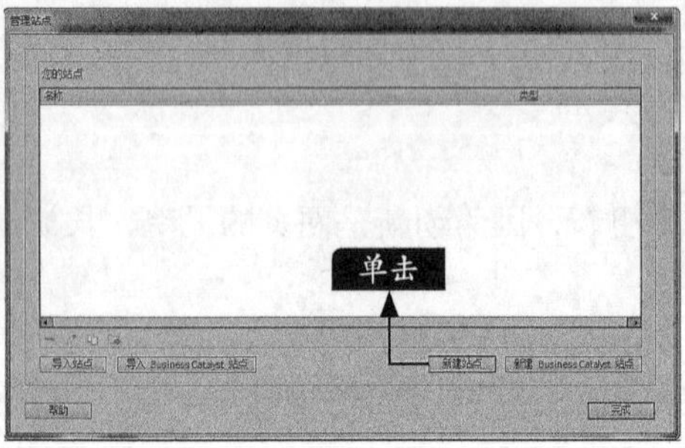

步骤 02 弹出【站点设置对象】对话框，从中设置本地站点文件夹的路径和名称，然后单击【保存】按钮。

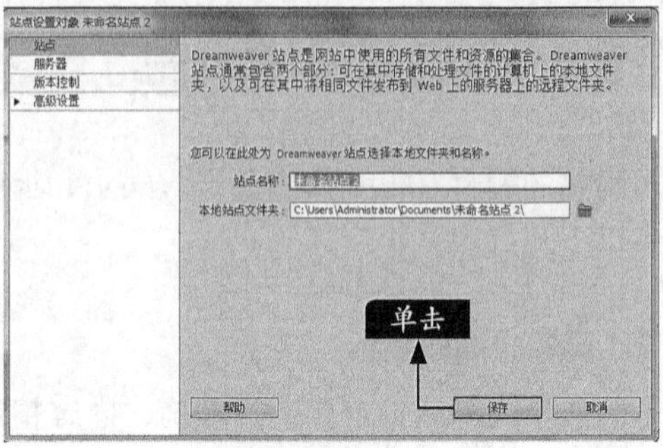

步骤 03 返回【管理站点】对话框，单击【完成】按钮，载入创建的新站点，此时在【文件】面板的【本地文件】窗格中就会显示该站点的根目录。

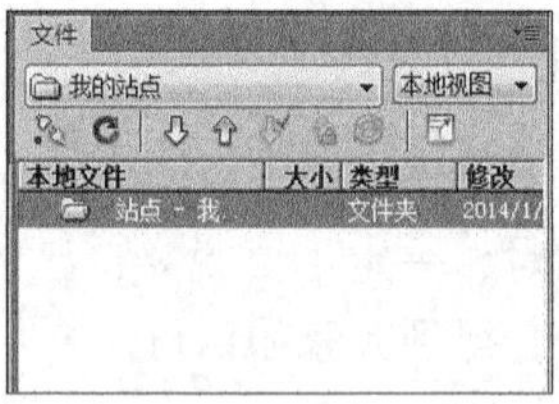

17.3 制作网站

本节教学录像时间：50 分钟

根据前面学习的知识，本节制作一个完整的个人网站。

17.3.1 制作网站的导航部分

制作网站时，应该首先制作网站的导航部分。

第1步：新建文档

步骤 01 选择【文件】➤【新建】菜单命令，弹出【新建文档】对话框，选择【空白页】选项卡，然后在【页面类型】列表框中选择【HTML】选项，在【布局】列表框中选择【（无）】选项。

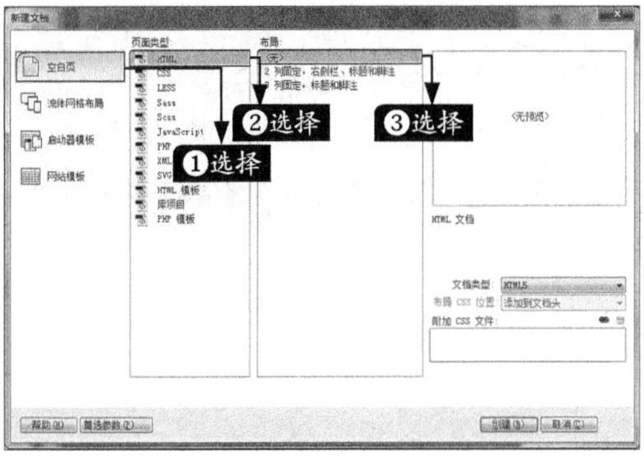

步骤02 单击【创建】按钮，创建一个空白文档。选择【文件】➤【另存为】菜单命令，弹出【另存为】对话框，在【文件名】文本框中输入“index.html”，然后单击【保存】按钮保存文档。

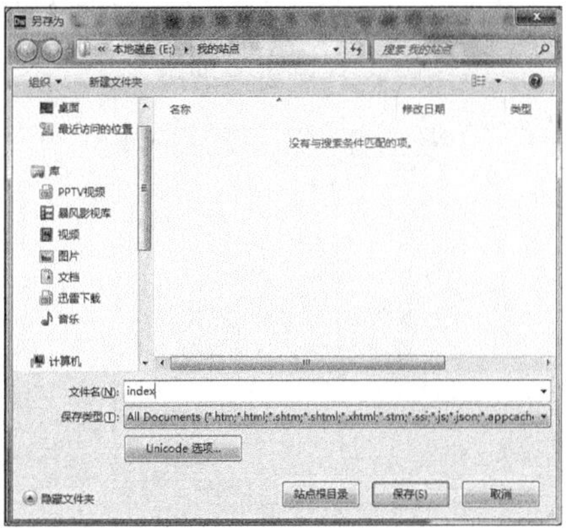

步骤03 将光标放在【标题】文本框中，输入“我的网站”。

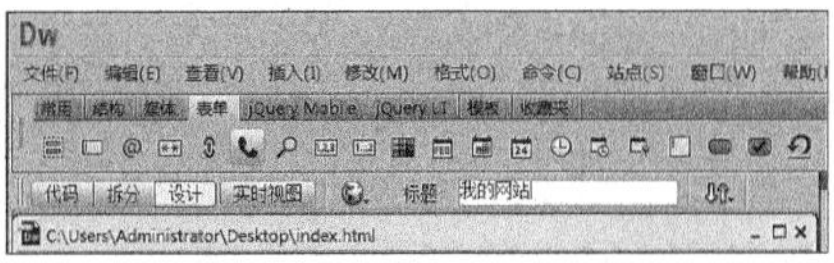

第2步：插入表格

步骤01 将光标放在页面中，选择【插入】➤【表格】菜单命令。

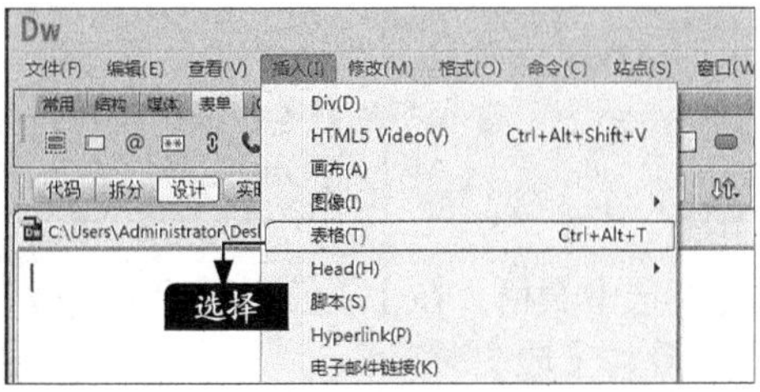

步骤02 弹出【表格】对话框，将【行数】设置为“1”，【列】设置为“2”，【表格宽度】设置为“778”像素。

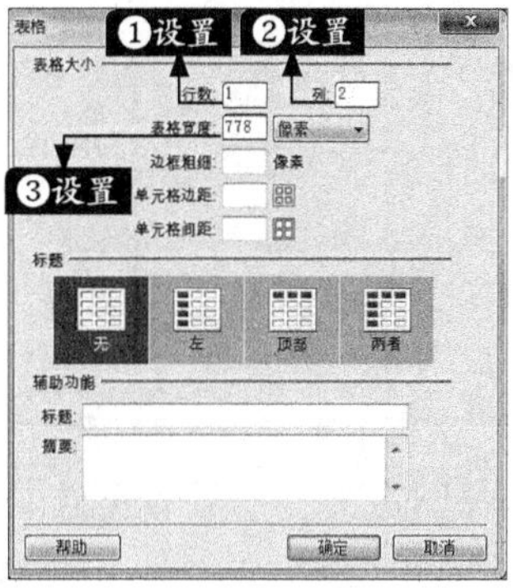

步骤03 单击【确定】按钮插入表格。选择表格，然后在【属性】面板中将【对齐】设置为【居中对齐】。

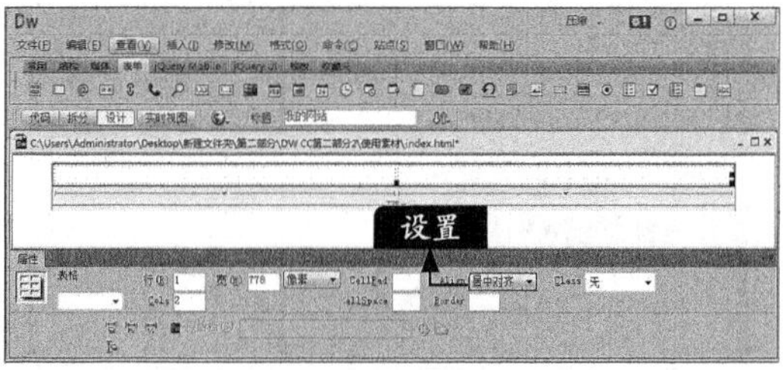

步骤04 选择【修改】➤【页面属性】菜单命令，弹出【页面属性】对话框，设置【上边距】和【左边距】的值都是0，然后单击【确定】按钮。

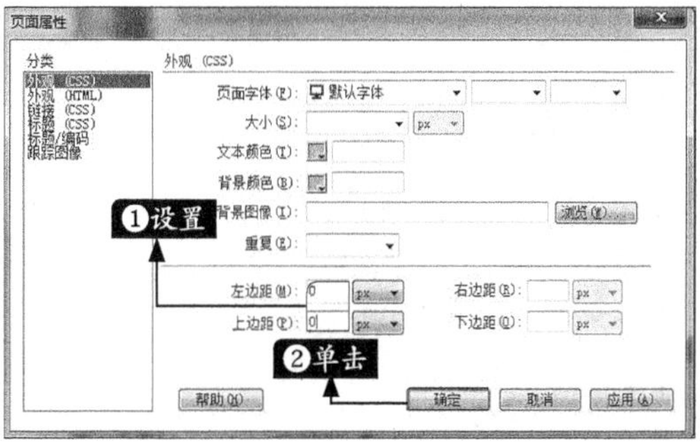

第3步：插入顶部图像

步骤01 将光标放在第1列单元格中，选择【插入】➤【图像】➤【图像】菜单命令，弹出【选择图像源文件】对话框。

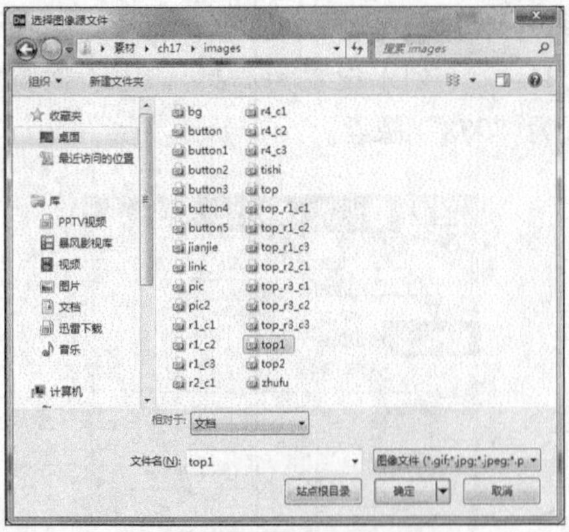

步骤02 选择图像文件（随书光盘中的“结果\ch17\images\top1.gif”文件），然后单击【确定】按钮插入图像。

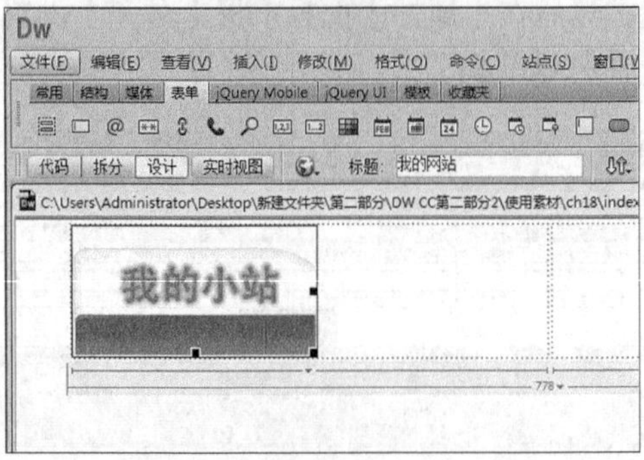

步骤03 将光标放在第2列单元格中，选择【插入】➤【图像】➤【图像】菜单命令，弹出【选择图像源文件】对话框。

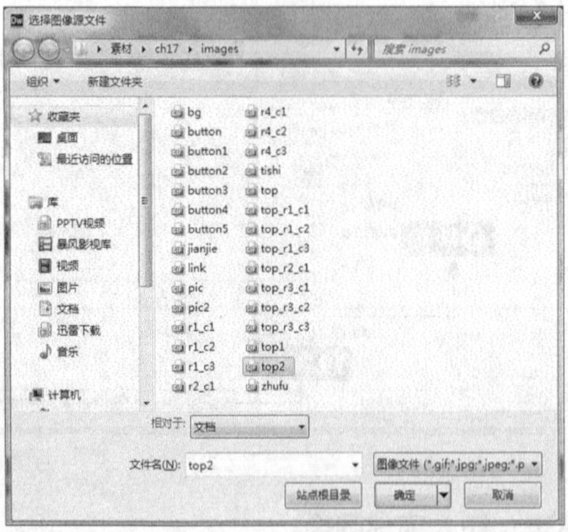

步骤04 选择图像文件（随书光盘中的“结果\ch17\images\top2.gif”文件），然后单击【确定】按钮插入图像。

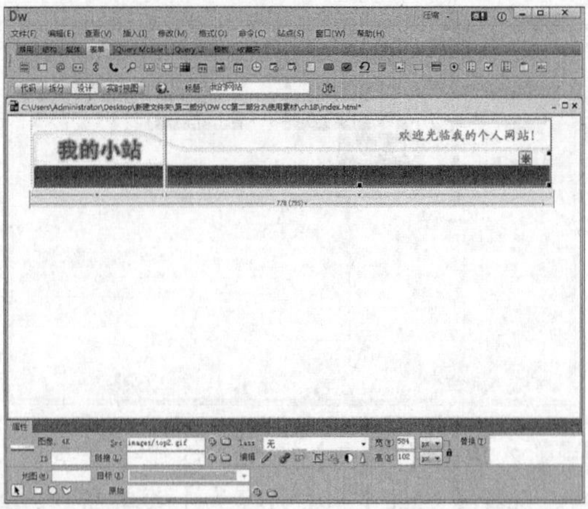

第4步：插入表格

步骤01 选定第1次插入的表格边框线后，按向右方向键一次，然后选择【插入】➤【表格】菜单命令，弹出【表格】对话框。

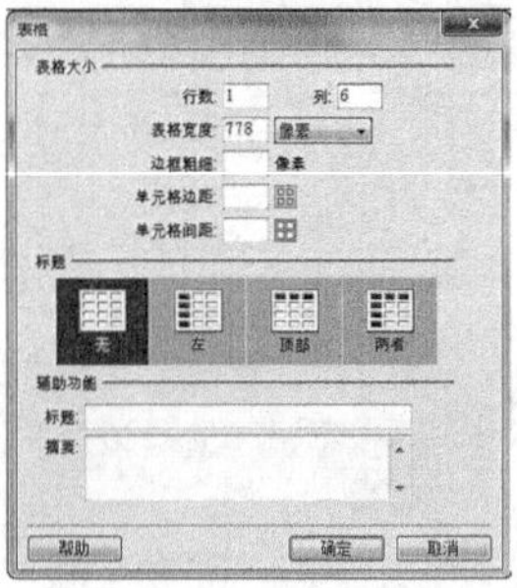

步骤02 将【行数】设置为“1”，【列】设置为“6”，【表格宽度】设置为“778”像素，然后单击【确定】按钮插入表格。

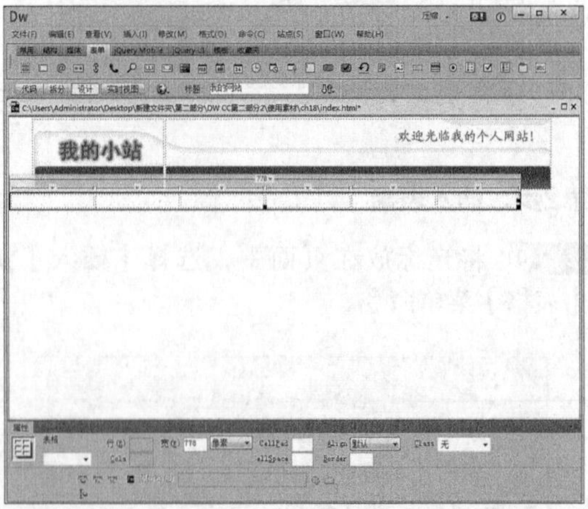

步骤03 选中表格，在【属性】面板中，将【对齐】设置为【居中对齐】。

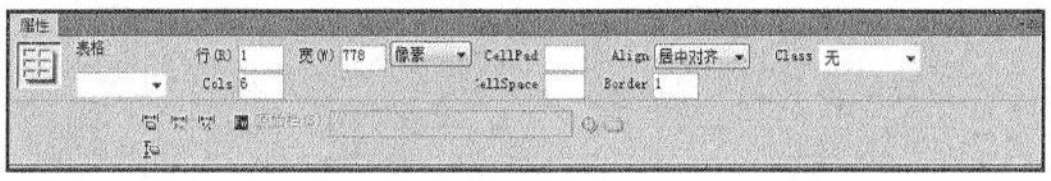

第5步：插入导航图像

步骤01 将光标放在第1列单元格中，然后切换到【拆分】视图下，在相应的位置输入如下代码。

```
<script language=JavaScript1.2>
var isnMonth = new
Array("1 月 ","2 月 ","3 月 ","4 月 ","5
月 ","6 月 ","7 月 ","8 月 ","9 月 ","10 月 ",
"11 月 ","12 月 ");
var isnDay = new
Array(" 星期日 "," 星期一 "," 星期二 ",
" 星期三 "," 星期四 "," 星期五 "," 星期六 ",
" 星期日 ");
today = new Date () ;
Year=today.getYear();
Date=today.getDate();
if (document.all)
document.write(Year+" 年
"+isnMonth[today
. getMonth()]+Date+" 日
  "+isnDay
[today.getDay()])
</script>
```

步骤02 切换到【设计】视图，将光标放在第2列单元格中，然后选择【插入】➤【图像】➤【图像】菜单命令，弹出【选择图像源文件】对话框。

步骤03 选择图像文件（随书光盘中的“结果\ch17\images\button1.gif”文件），然后单击【确定】按钮插入图像。

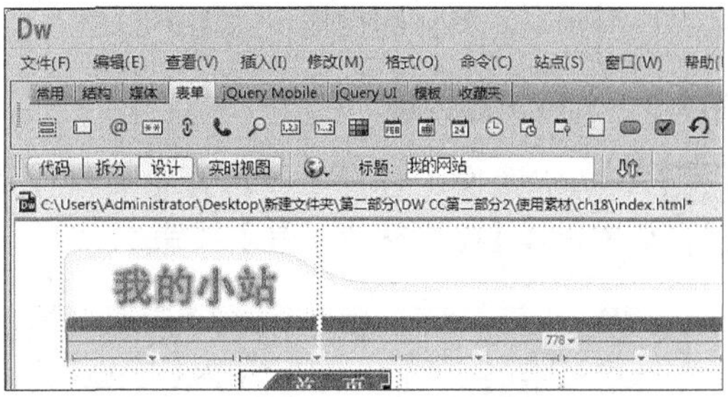

步骤04 将光标放在第3列单元格中，选择【插入】➤【图像】➤【图像】菜单命令，弹出【选择图像源文件】对话框。选择图像文件（随书光盘中的“结果\ch17\images\button2.gif”文件），然后单击【确定】按钮插入图像。

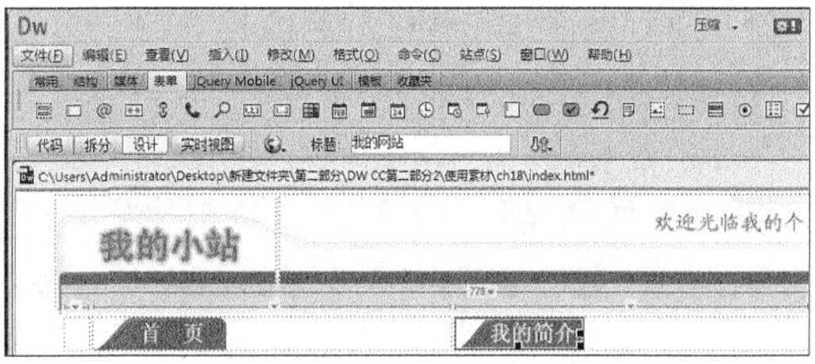

步骤05 重复**步骤02**～**步骤04**，用同样的方法插入其余的导航条图像。

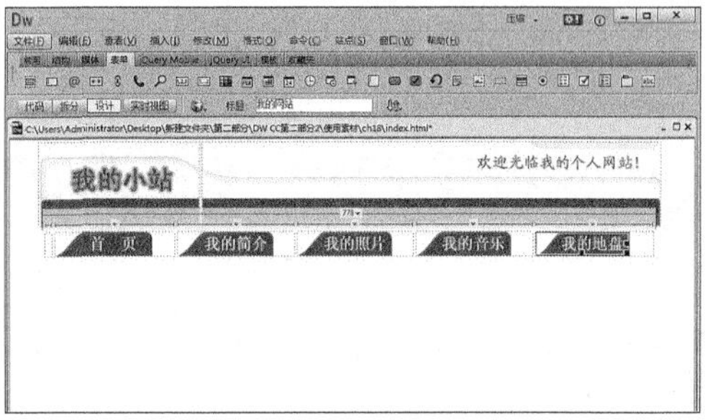

步骤06 保存文档，按【F12】键在浏览器中浏览网站导航条效果。

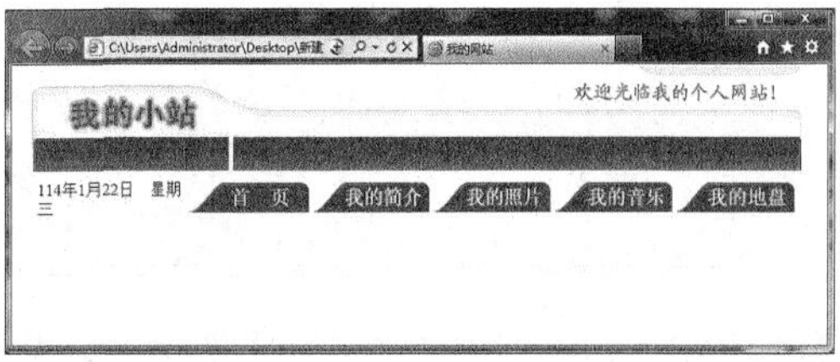

17.3.2 制作网站的主体部分

网站导航部分制作完成，接下来开始制作网站的主体部分。主体部分是网站中最主要的信息区，内容丰富。具体的操作步骤如下。

第1步：创建热点链接

步骤 01 选定图像【首页】，打开【属性】面板，从中选择【矩形热点工具】按钮□。

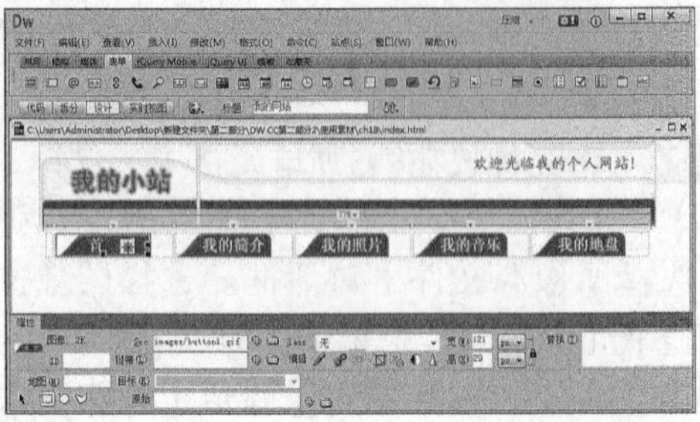

步骤 02 将光标移到图像上，在【首页】上拖动鼠标指针，绘制一个矩形热点。

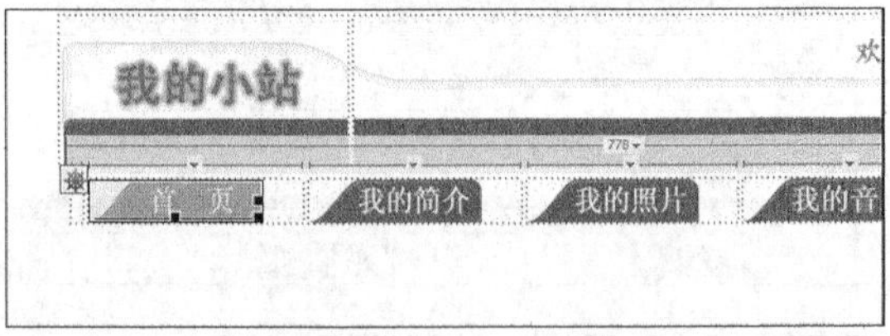

步骤 03 在【属性】面板中，单击【链接】文本框右边的【浏览文件】按钮，弹出【选择文件】对话框。选择链接文件，单击【确定】按钮。

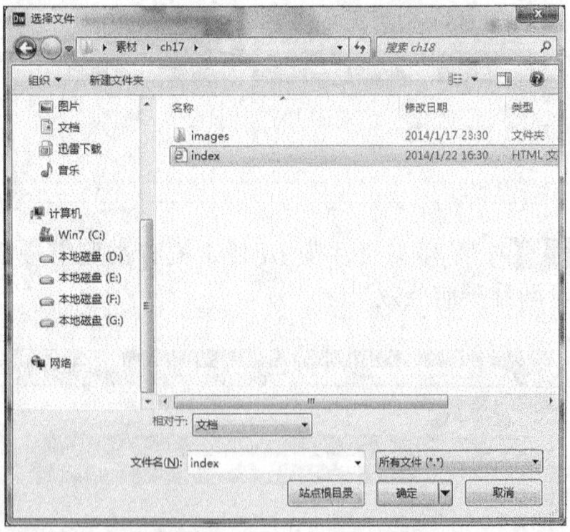

步骤 04 将光标移到【我的简介】图像上，并在其上方拖动鼠标指针，绘制一个矩形热点，然后在【属性】面板中设置图像的链接（此处设置为空链接）。

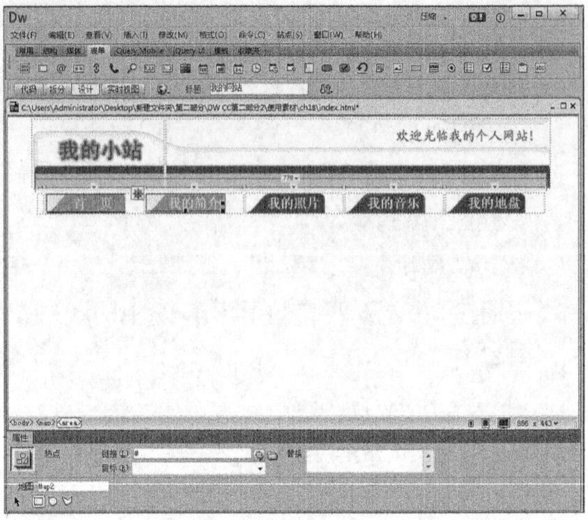

步骤 05 按照**步骤 01** ~ **步骤 02**，在其他的导航图像上绘制矩形热区，并设置相应的链接（此处设置为空链接）。

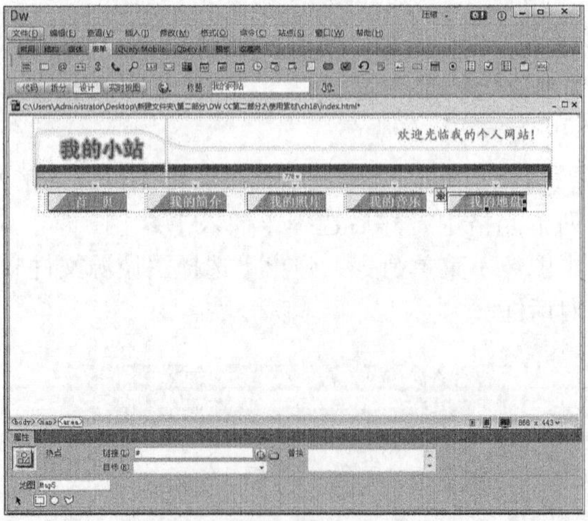

第2步：插入表格

步骤 01 将鼠标光标定位于导航栏的右侧，选择【插入】➤【表格】菜单命令，弹出【表格】对话框，将【行数】设置为“1”，【列】设置为“3”，【表格宽度】设置为“778”像素，并设置表格的【对齐】属性为【居中对齐】。

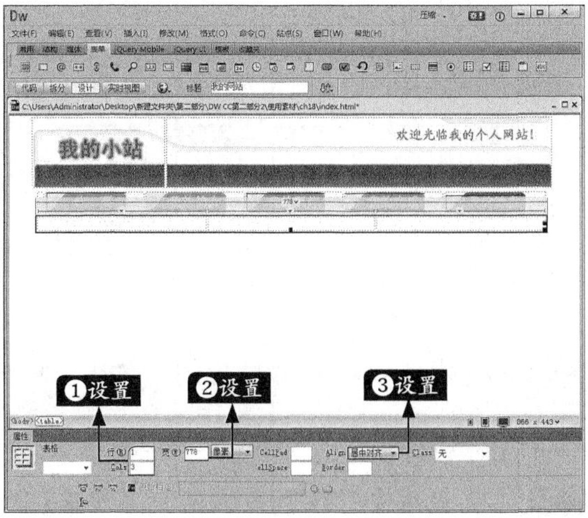
❶设置
❷设置
❸设置

步骤02 将光标放在第1列单元格中，插入一个背景图像（随书光盘中的“结果\ch17\images\bg.gif”文件）。

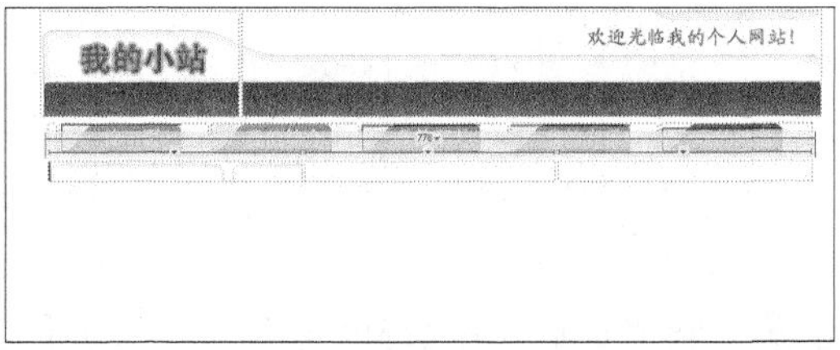

步骤03 在【属性】面板中，将【垂直】设置为【顶端】，将光标放在背景图像上，然后选择【插入】➤【表格】菜单命令，插入一个2行1列、宽度为“180”像素的表格。

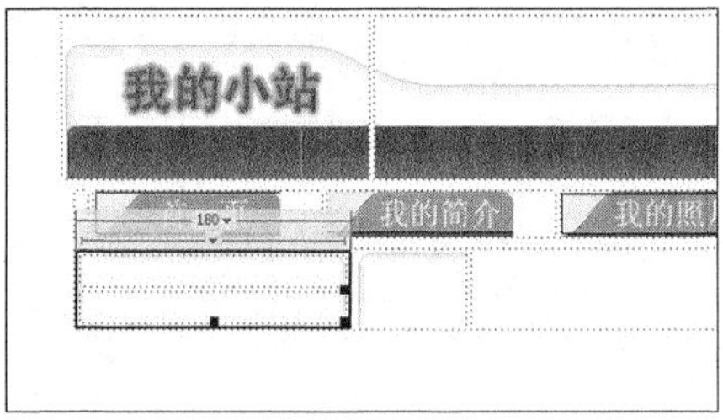

第3步：创建公告栏和祝福栏

步骤01 将鼠标光标放在第1行单元格中，选择【插入】➤【图像】菜单命令，在弹出的【选择图像源文件】对话框中选择图像文件（随书光盘中的“结果\ch17\image\pic2.gif”文件），然后单击【确定】按钮插入图像。

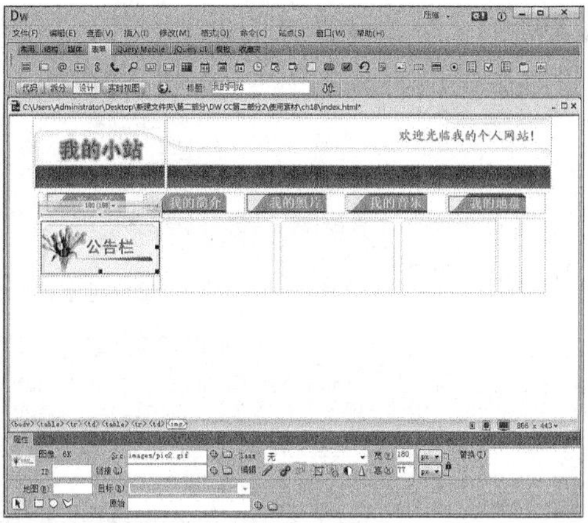

步骤02 将鼠标光标放在第2行单元格中，选择【插入】➤【表格】菜单命令，插入一个1行1列的表格。然后在【属性】面板中，将表格的【宽】设置为“90%”，【对齐】设置为【居中对齐】。

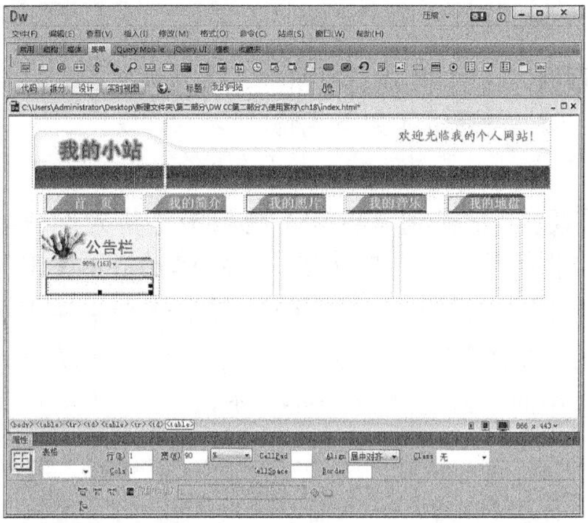

步骤03 将光标放在单元格中，输入相应的文字，并设置文字的属性。

将光标放在单元格中，输入相应的文字，并设置文字的属性。

步骤04 将光标放在文字的前面，然后切换到【拆分】视图中，在文字的前面输入如下代码。

```
<marquee behavior="scroll"
direction="up" scrolldelay="200"
 height="90">
```

我的小站
公告栏
将光标放在单元格中，输入相应的文字，并设置文字的属性。

步骤05 在【拆分】视图中，将光标放在文字的后面，然后输入如下代码。

```
</marquee>
```

步骤06 切换到【设计】视图中，将光标放在公告栏最右侧的单元格中，将单元格属性中的【垂直】设置为【顶端】。然后选择【插入】➤【图像】菜单命令，插入一幅图像（随书光盘中的“结果\ch17\images\zhufu.gif”文件）。

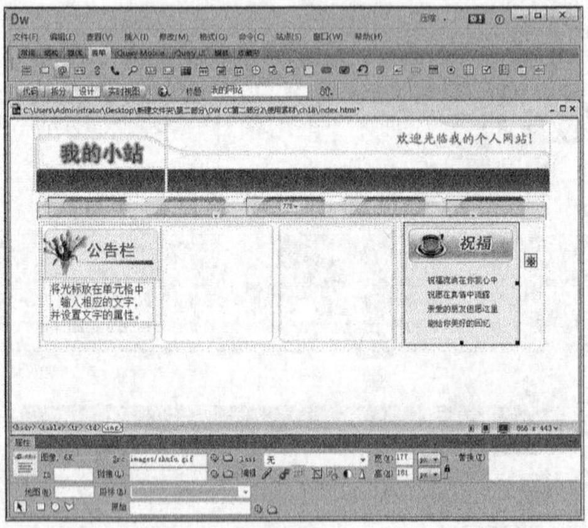
欢迎光临我的个人网站!
我的小站
公告栏
祝福
将光标放在单元格中，输入相应的文字，并设置文字的属性。

第4步：设置个人简历的图片

步骤01 将光标放在“祝福”栏左侧的单元格中，将单元格属性中的【垂直】设置为【顶端】。然后选择【插入】➤【表格】菜单命令，插入一个3行1列、宽度为“420”像素的表格。

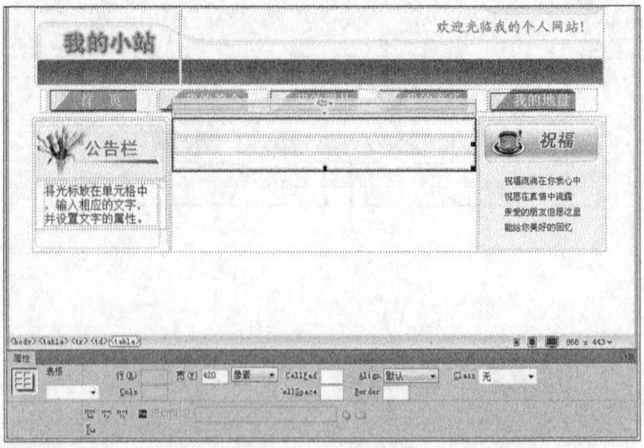
欢迎光临我的个人网站!
我的小站
公告栏
祝福
将光标放在单元格中，输入相应的文字，并设置文字的属性。

步骤02 将光标放在第1行单元格中，选择【插入】➤【图像】菜单命令，插入图像文件（这里选择随书光盘中的“结果\ch17\images\jianjie.gif”文件）。

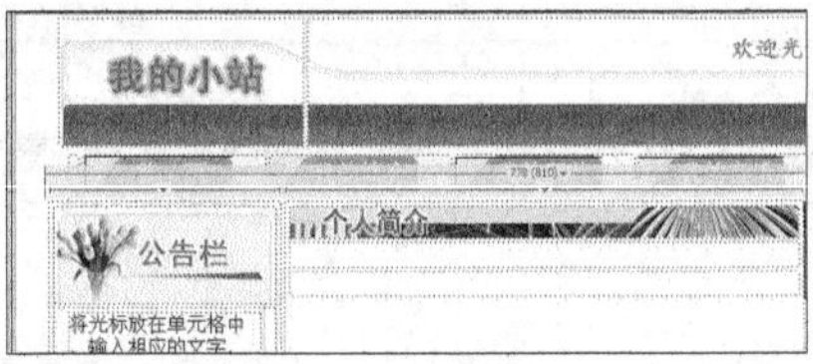
我的小站
公告栏
个人简介

步骤03 将光标放在第2行单元格中，选择【插入】➤【表格】菜单命令，插入一个3行3列、表格宽度为“420”像素的表格，然后在【属性】面板中，将【对齐】设置为【居中对齐】。

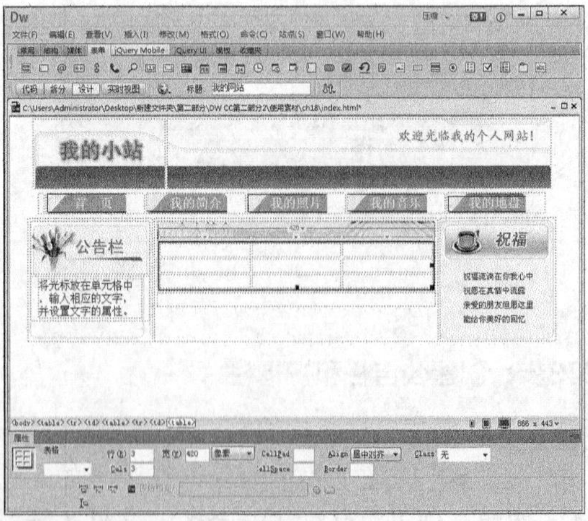
欢迎光临我的个人网站!
我的小站
公告栏
祝福
将光标放在单元格中，输入相应的文字，并设置文字的属性。

步骤04 将光标放在第1行第1列的单元格中，选择【插入】➤【图像】菜单命令，在弹出的【选择图像源文件】对话框中选择图像文件

（这里选择随书光盘中的“结果\ch17\ images\r1_c1.gif”文件），然后单击【确定】按钮插入图像。

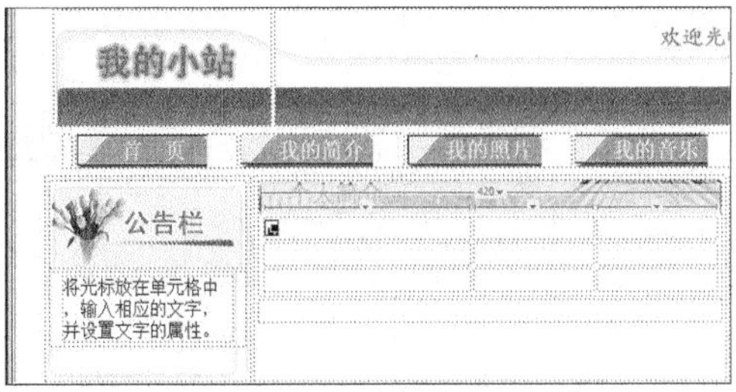
我的小站
公告栏
将光标放在单元格中，输入相应的文字，并设置文字的属性。

步骤05 将光标放在第1行第2列的单元格中，选择【插入】➤【图像】菜单命令，在弹出的【选择图像源文件】对话框中选择图像文件（这里选择随书光盘中的“结果\ch17\images\r1_c2.gif”文件），然后单击【确定】按钮插入图像。

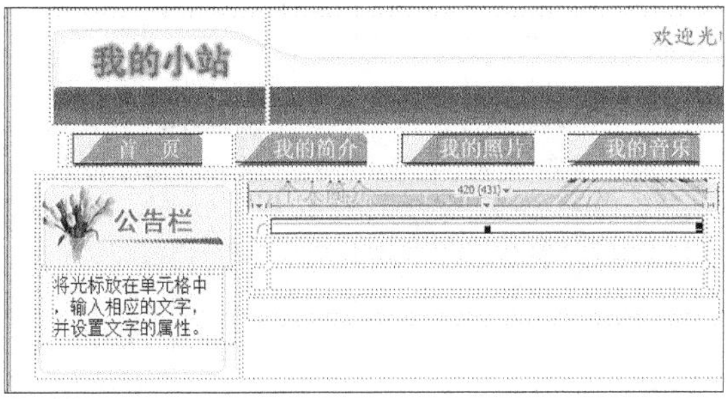
我的小站
公告栏
将光标放在单元格中，输入相应的文字，并设置文字的属性。

步骤06 将光标放在第1行第3列的单元格中，选择【插入】➤【图像】菜单命令，在弹出的【选择图像源文件】对话框中选择图像文件（这里选择随书光盘中的“结果\ch17\images\r1_c3.gif”文件），然后单击【确定】按钮插入图像。

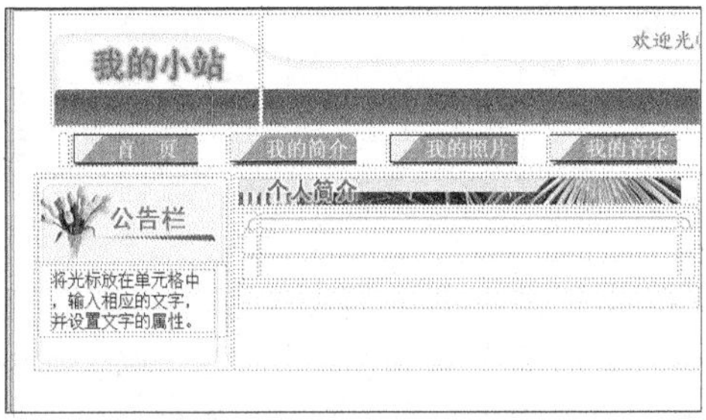
我的小站
公告栏
将光标放在单元格中，输入相应的文字，并设置文字的属性。

步骤07 选定第2行的3个单元格，选择【修改】➤【表格】➤【合并单元格】菜单命令，合并单元格。

选择

步骤08 在合并后的单元格中插入背景图像（这里选择随书光盘中的“结果\ch17\images\r2_c1.gif”文件）。

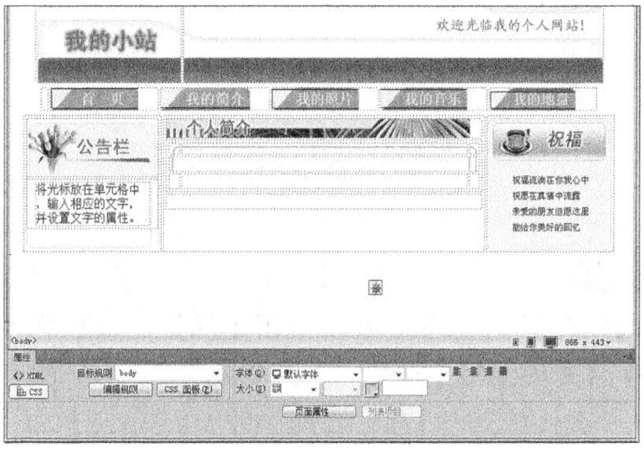
我的小站
欢迎光临我的个人网站！
公告栏
祝福

第5步：设置个人简历的文字

步骤01 将光标放在第2行单元格中，选择【插入】➤【表格】菜单命令，弹出【表格】对话框，从中设置【行数】为“4”，【列】为“4”，【表格宽度】为“380”像素，【边框粗细】为“1”，【单元格边距】为“2”，【单元格间距】为“1”。

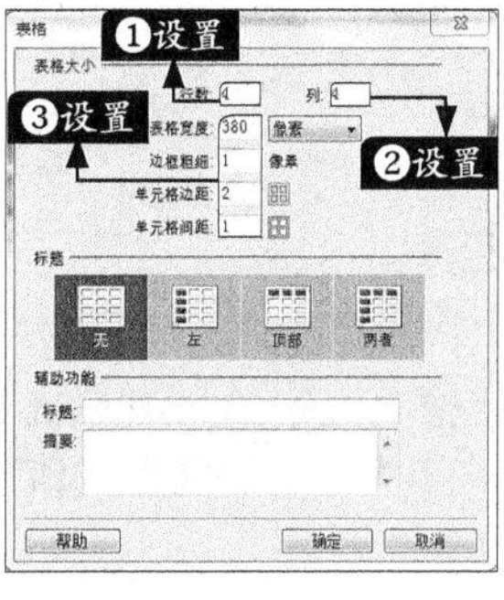
❶设置
❷设置
❸设置

步骤 02 选中表格，在【属性】面板中，将【对齐】设置为【居中对齐】。

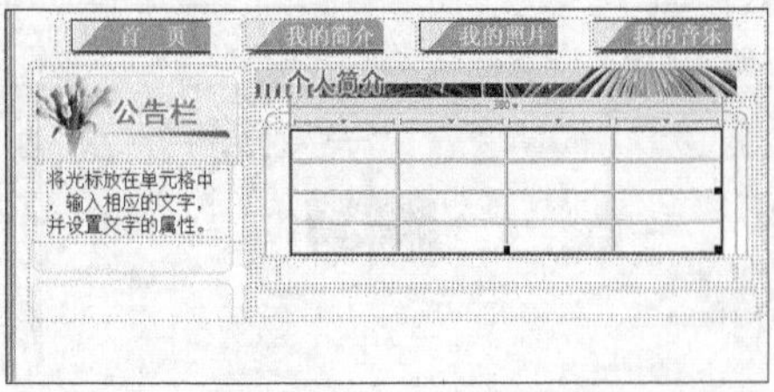

步骤 03 选中表格，然后切换到【拆分】窗口，在设置表格的代码处输入“bordercolor="#00FF66"”代码，为表格设置边框颜色。

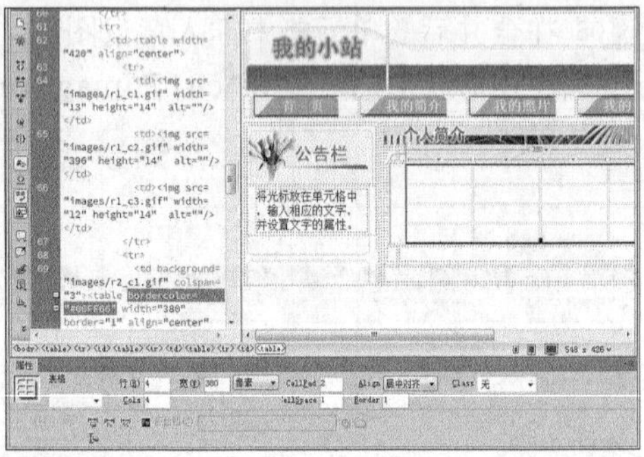

步骤 04 切换到【设计】窗口，选定表格第4行的第2~4列单元格，然后单击【属性】面板中的【合并单元格】按钮，合并单元格。

步骤 05 在表格的各个单元格中输入文字。

步骤 06 选定输入文字的所有单元格，在【属性】面板中将【大小】设置为“14”。

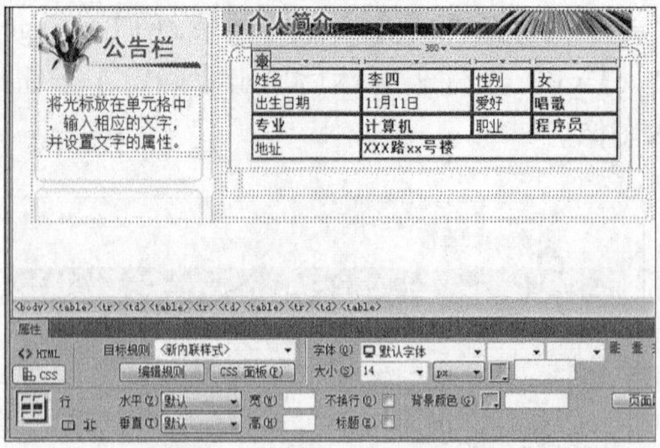

第6步：设置个人简历底部图像

步骤 01 将光标放在外面表格的第3行第1列的单元格中，选择【插入】➤【图像】菜单命令，在弹出的【选择图像源文件】对话框中选择图像文件（这里选择随书光盘中的“结果\ch17\images\ r4_c1.gif”文件），然后单击【确定】按钮插入图像。

步骤 02 将光标放在外面表格的第3行第2列的单元格中，选择【插入】➤【图像】菜单命令，在弹出的【选择图像源文件】对话框中选择图像文件（这里选择随书光盘中的“结果\ch17\images\ r4_c2. gif”文件），然后单击【确定】按钮插入图像。

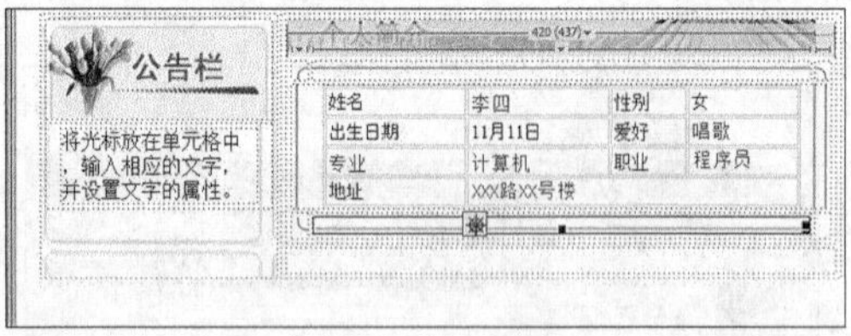

步骤 03 将光标放在外面表格的第3行第3列的单元格中，选择【插入】➤【图像】菜单命令，在弹出的【选择图像源文件】对话框中选择图像文件（这里选择随书光盘中的“结果\ch17\images\ r4_c3. gif”文件），然后单击【确定】按钮插入图像。

步骤04 将光标放在外面表格的第3行单元格中，选择【插入】➤【媒体】➤【Flash SWF】菜单命令。

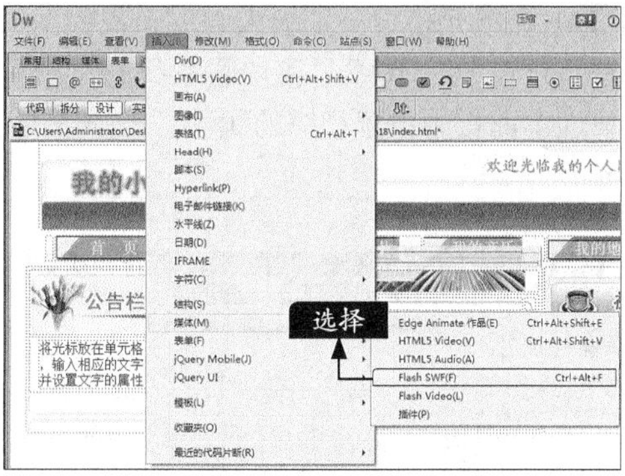

步骤05 打开【选择SWF】对话框，从中选择Flash文件（这里选择随书光盘中的“结果\ch17\images\ flash.swf”文件）。

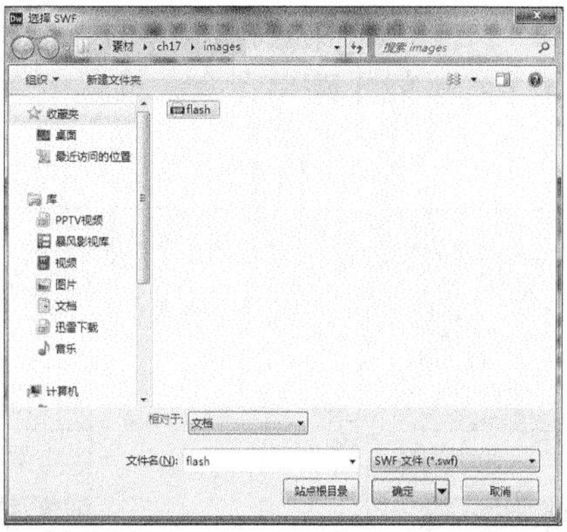

步骤06 单击【确定】按钮，插入Flash动画。

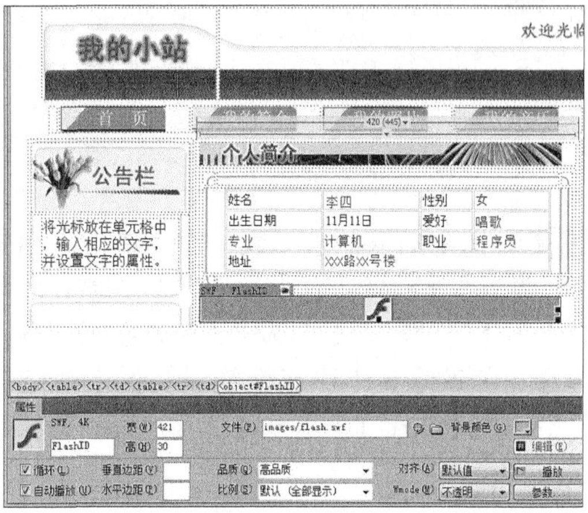

17.3.3 制作网站版权信息部分

网站的版权信息通常情况下位于网站的最底部，一般用来说明网站中有关的信息，如网站所有者、作者及联系方式等。制作网站版权信息部分的具体步骤如下。

第1步：插入水平线

步骤01 将光标放在“祝福”图片右侧的大表格的右边，选择【插入】➤【表格】菜单命令，插入一个3行1列、表格宽度为“778”像素的表格。然后在【属性】面板中，设置表格的【填充】为0，【间距】为0，将【对齐】设置为【居中对齐】，【边框】设置为0。

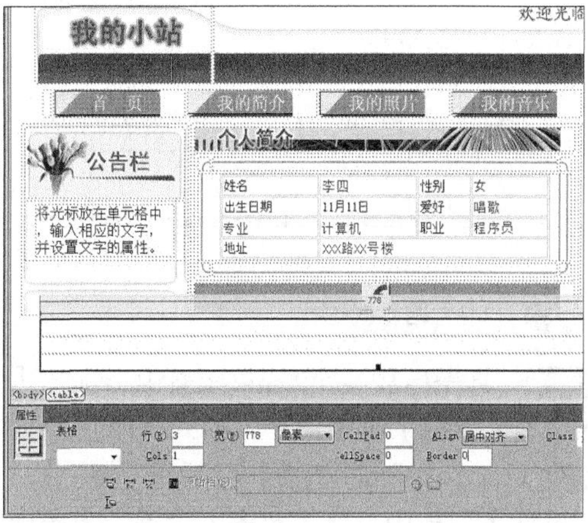

步骤02 将光标放在第1行单元格中，选择【插入】➤【水平线】菜单命令，插入一条水平线。

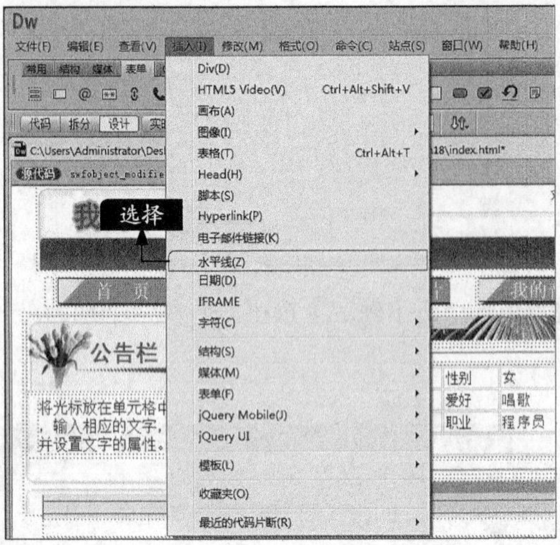

步骤03 选定插入的水平线，在【属性】面板中，设置水平线的【宽】为“778”像素，【对齐】为【居中对齐】，选中【阴影】复选框，选择【修改】➤【快速标签编辑器】或选中水平线按【Ctrl+T】组合键打开快速标签编辑器。

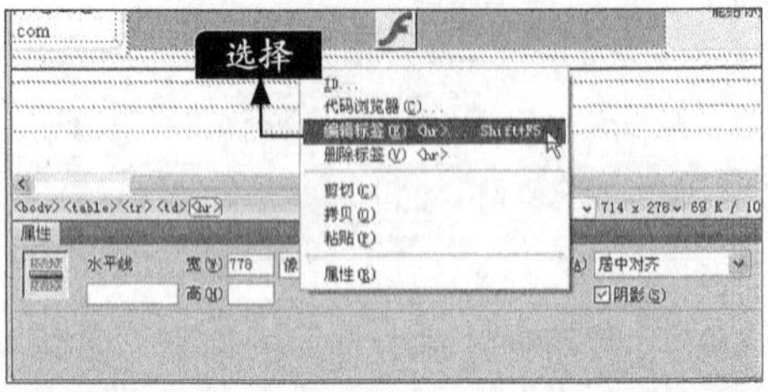

步骤04 打开【快速标签编辑器】，设置代码“color="#93D393"”。

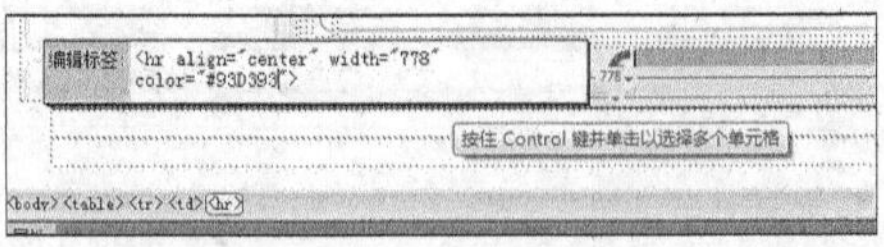

第2步：插入链接文字

步骤01 将光标放在第2行单元格中，选择【插入】➤【表格】菜单命令，插入一个1行4列、宽度为“60%”的表格。然后选定表格，在【属性】面板中，将【对齐】设置为【居中对齐】。

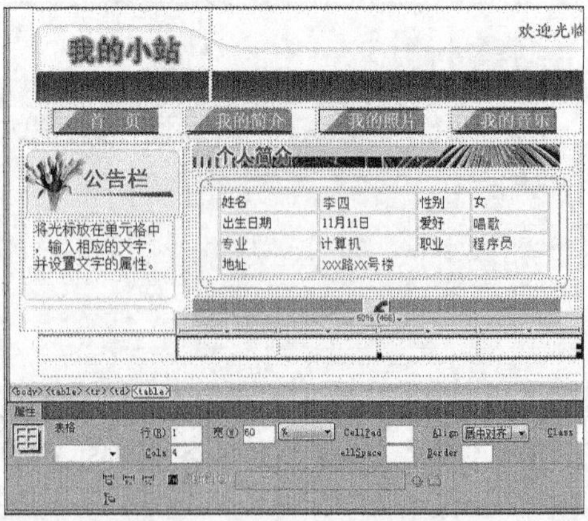

步骤02 在单元格中分别输入“关于我们”“设为首页”“加入收藏”和“联系我们”，并在【属性】面板中设置相应的属性。

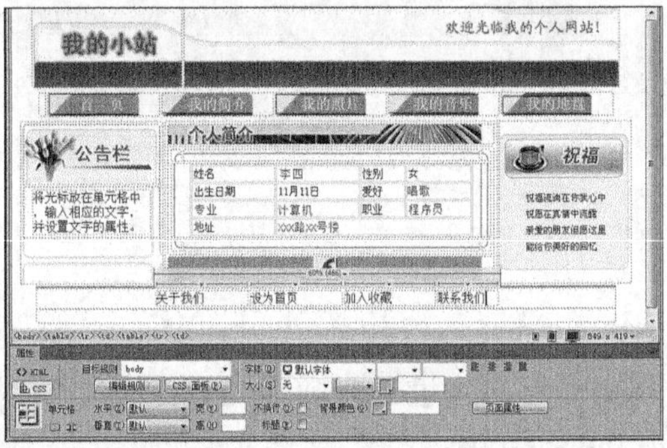

步骤03 选定文本“关于我们”，在【属性】面板的【链接】文本框中输入“#”，设为空链接。

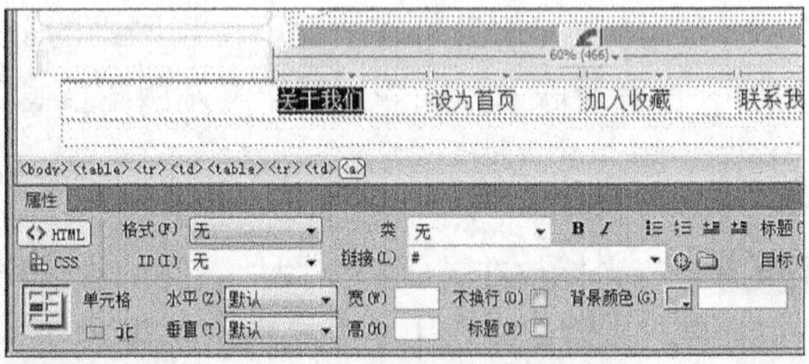

步骤04 将光标放在文本“设为首页”的前面，切换到【拆分】视图中，然后输入如下代码。

```
<a onclick="this.style.behavior='url(#
default#homepage)';this.setHomePage
('http://www.baiducom/');" href="#">
```

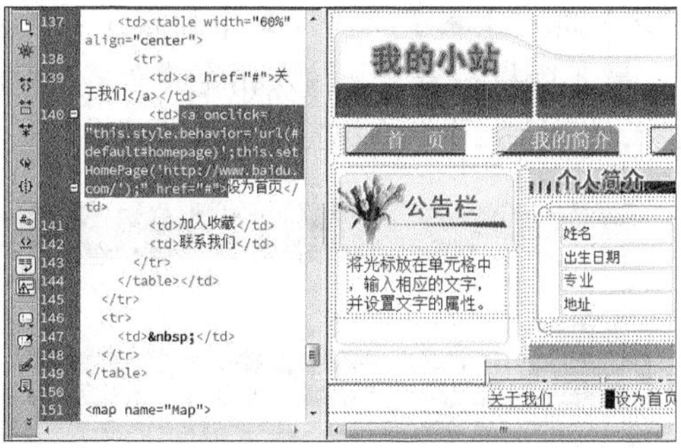

步骤 05 将光标放在文本“设为首页”的后面，切换到【拆分】视图中，然后输入如下代码。

```
</a>
```

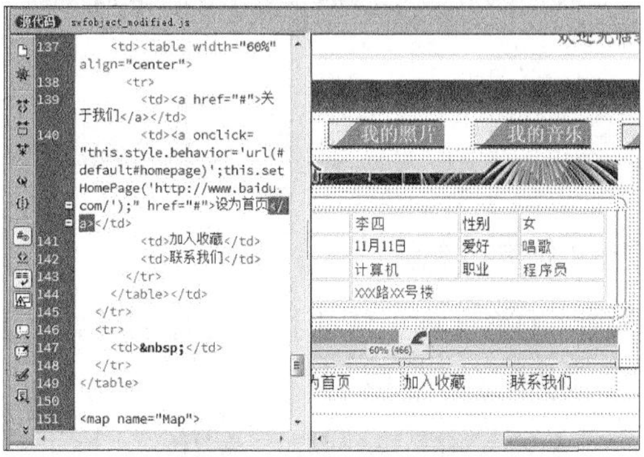

步骤 06 将光标放在文本“加入收藏”的前面，切换到【拆分】视图中，然后输入如下代码。

```
<a href="javascript:window.external.
addFavorite('http://www.sohu.com/','
加入收藏')" title="加入收藏">
```

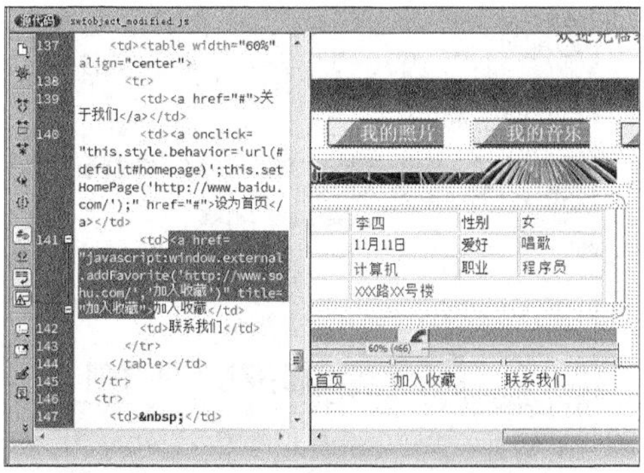

步骤 07 将光标放在文本“加入收藏”的后面，切换到【拆分】视图中，然后输入如下代码。

```
</a>
```

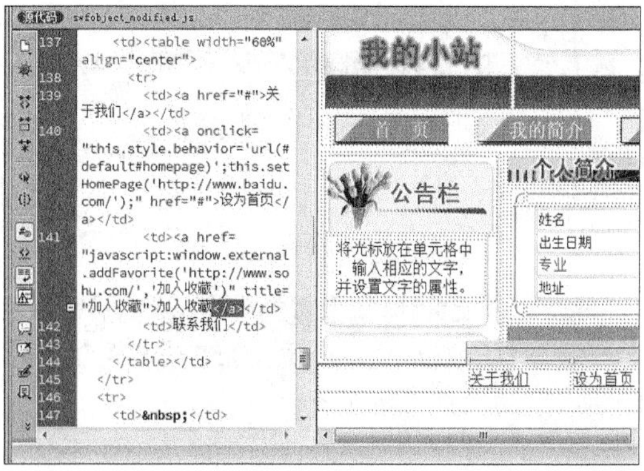

步骤 08 返回【设计】视图窗口，选定文本“联系我们”，在【属性】面板的【链接】文本框中输入“mailto:hyf_dy@163.com”，设置电子邮件链接。

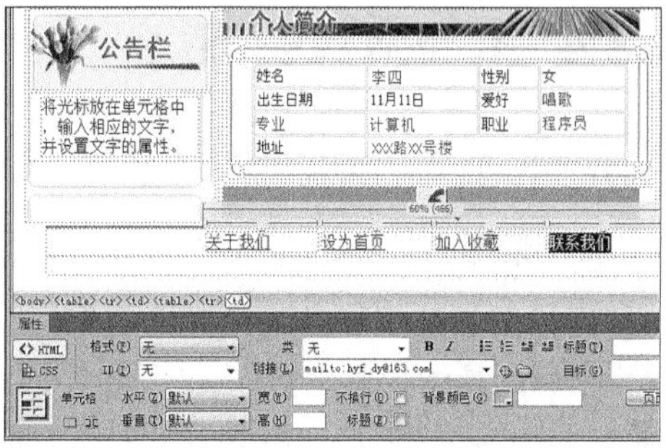

第3步：插入版权信息

步骤 01 将光标放在第3行单元格中，插入背景图像（这里选择随书光盘中的“结果\ch17\images\link.gif”文件）。

步骤 02 将光标放在背景图像上，在【属性】面板中，将【高】设置为“50”像素，【水平】设置为【居中对齐】。

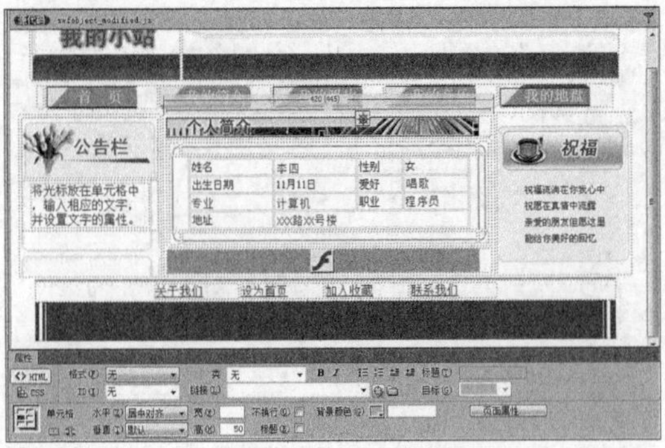

步骤03 在单元格中输入文本，并设置相应的属性。

步骤04 将光标放在“版权所有”文本的后面，选择【插入】➤【字符】➤【版权】菜单命令，插入版权符号，并输入相应的文字。保存文档，按【F12】键在浏览器中预览效果。

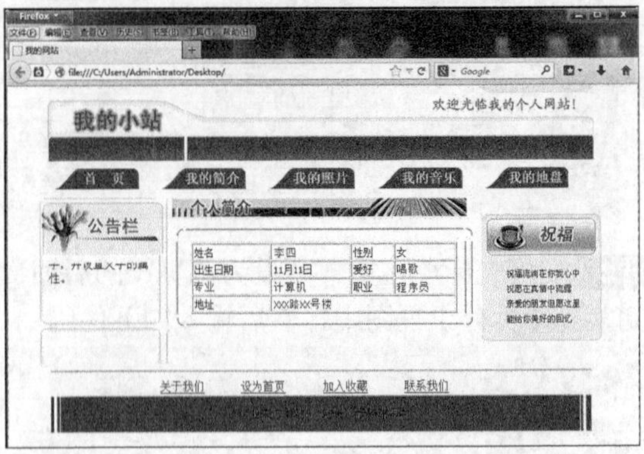

17.3.4 添加网页特效

网站制作好后，添加一些网页特效，会使网站变得更加有声有色。

1. 弹出信息

使用弹出信息，可以起到提示的作用。添加弹出信息的具体步骤如下。

步骤01 打开制作好的“index”文件，选定文本“关于我们”，然后按【Shift+F4】组合键，打开【行为】面板。

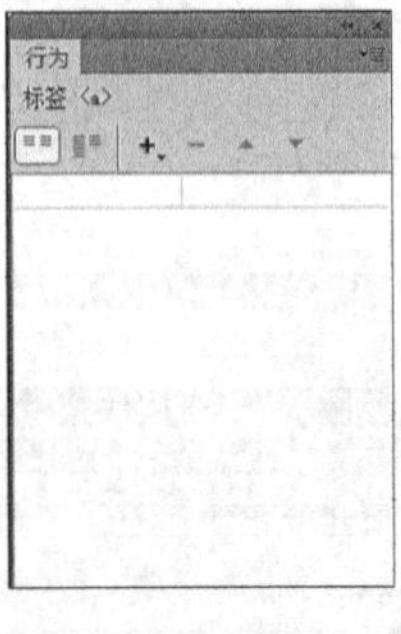

步骤02 单击【添加】按钮+，在弹出的下拉菜单中选择【弹出信息】菜单命令。

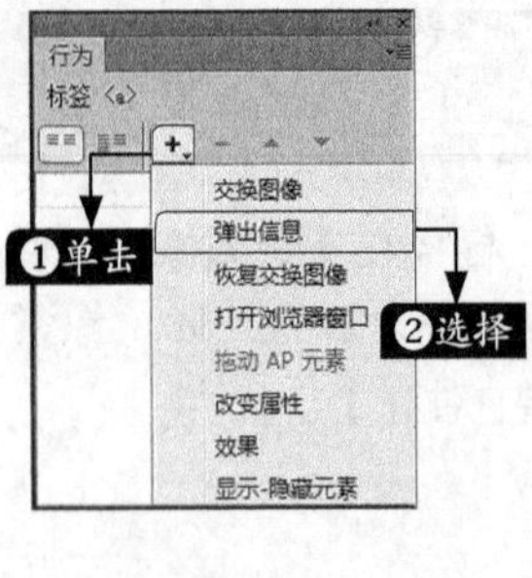

步骤03 打开【弹出信息】对话框，在【消息】文本框中输入相应的文字。

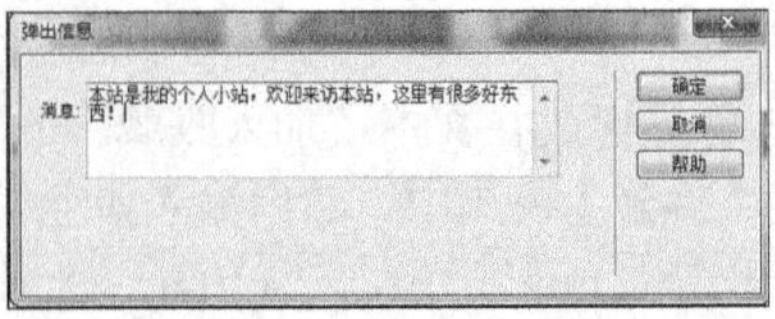

步骤04 单击【确定】按钮，将“弹出信息”行为添加到【行为】面板中。

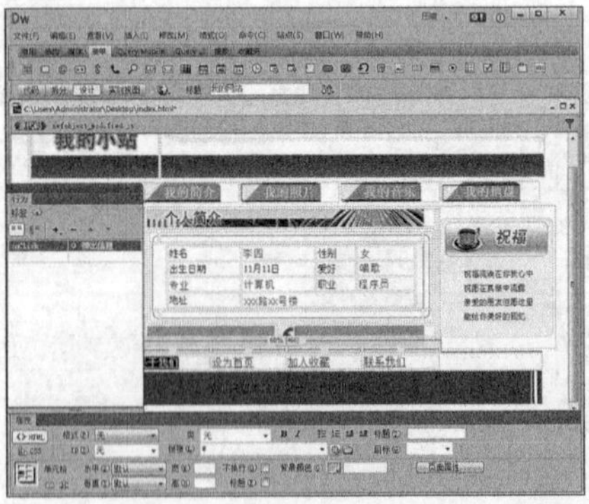

小提示

如果想修改事件，可以单击【行为】面板左边的onClick选项旁的按钮，从弹出的下拉列表中选择相应的事件。

步骤05 保存文档（文件名为“index_end1.html”），按【F12】键在浏览器中预览效果。

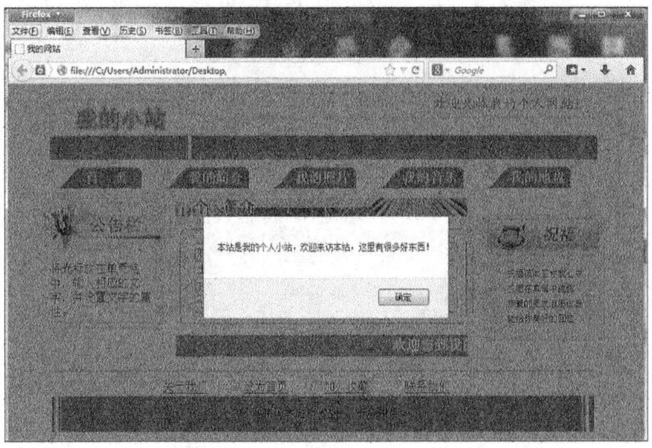

2. 打开浏览器窗口

打开浏览器窗口可以分两步完成：制作弹出窗口页面和添加打开浏览器窗口行为。

第1步：设置新建文档的页面

步骤01 选择【文件】➤【新建】菜单命令，在弹出的【新建文档】对话框中选择【空白页】选项卡，然后在【页面类型】列表框中选择【HTML】选项，在【布局】列表框中选择【（无）】选项。

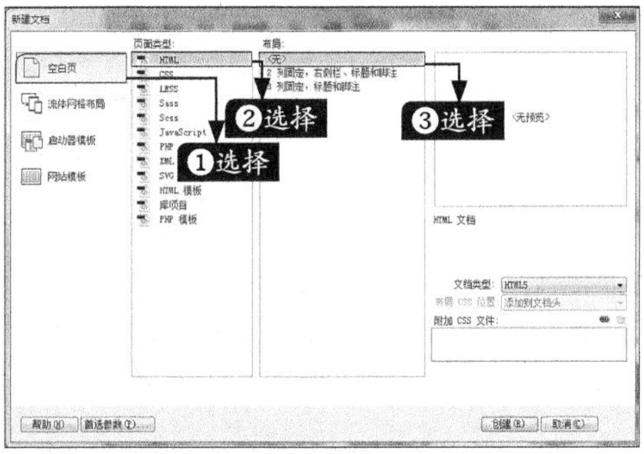

步骤02 单击【创建】按钮，创建一个空白文档，将【标题】设置为“欢迎光临”，选择【修改】➤【页面属性】菜单命令。

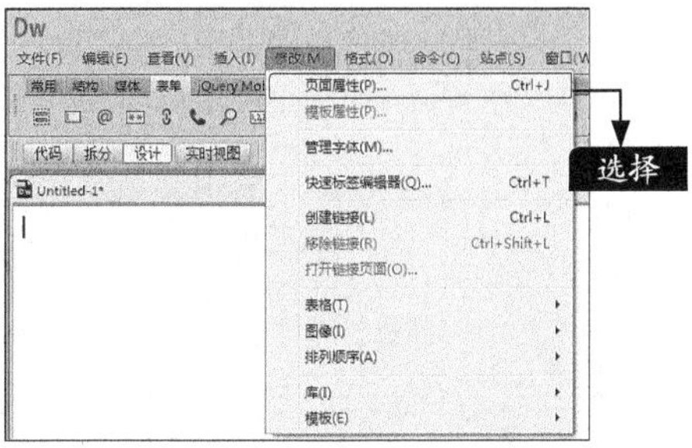

步骤03 弹出【页面属性】对话框，在【分类】列表框中选择【外观（CSS）】选项，在右侧设置【页面字体】为“宋体”，并点开最后一个下拉列表，选择【bold】，设置【大小】为“14”像素，将【文本颜色】设置为“#FF9933”，【左边距】设置为0，【上边距】设置为0。

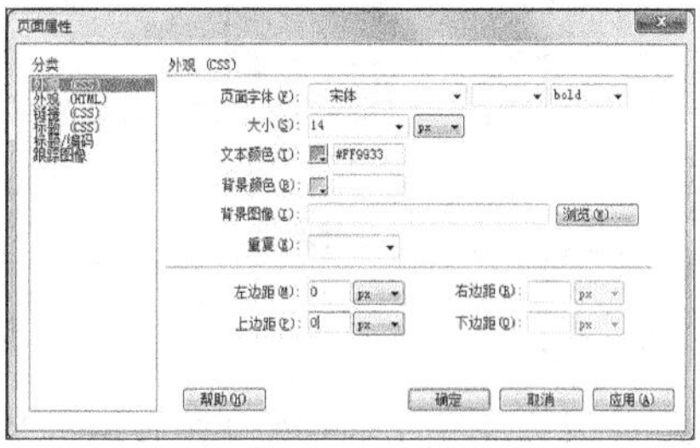

步骤04 单击【确定】按钮。然后选择【文件】➤【保存】菜单命令，保存【文件名】为“top.html”的文件。

第2步：制作弹出窗口页面

步骤01 选择【插入】➤【表格】菜单命令，插入一个3行3列、宽度为“367”像素的表格。

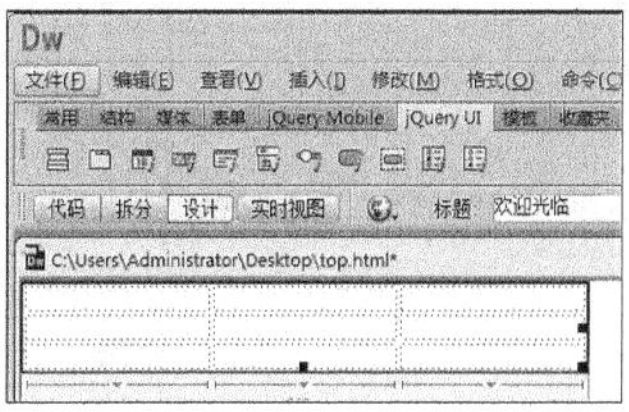

步骤02 将光标放在第1行第1列的单元格中，选择【插入】➤【图像】菜单命令，在弹出的【选择图像源文件】对话框中选择图像文件（这里选择随书光盘中的“结果\ch17\images\top_r1_c1.gif”文件），然后单击【确定】按钮插入图像。

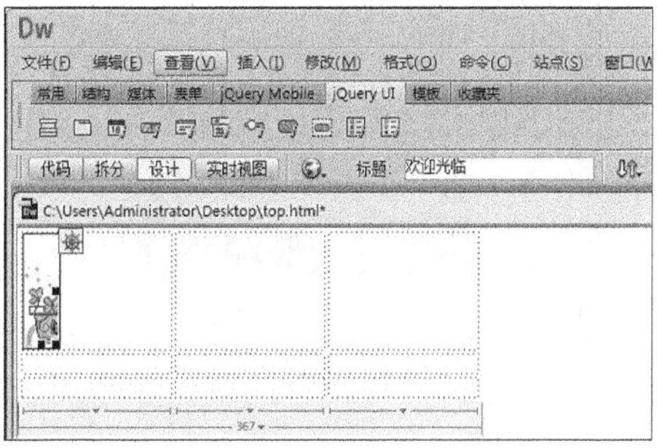

步骤03 将光标放在第1行第2列的单元格中，选择【插入】➤【图像】菜单命令，在弹出的【选择图像源文件】对话框中选择图像文件（这里选择随书光盘中的“结果\ch17\images\top_r1_c2.gif”文件），然后单击【确定】按钮插入图像。

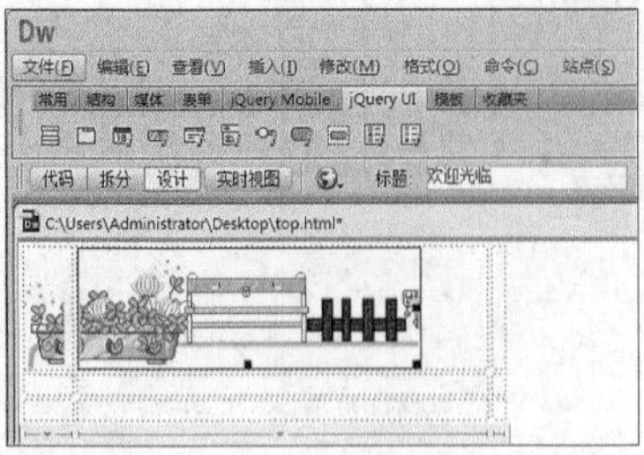

步骤04 将光标放在第1行第3列的单元格中，选择【插入】➤【图像】菜单命令，在弹出的【选择图像源文件】对话框中选择图像文件（这里选择随书光盘中的“结果\ch17\images\top_r1_c3.gif”文件），然后单击【确定】按钮插入图像。

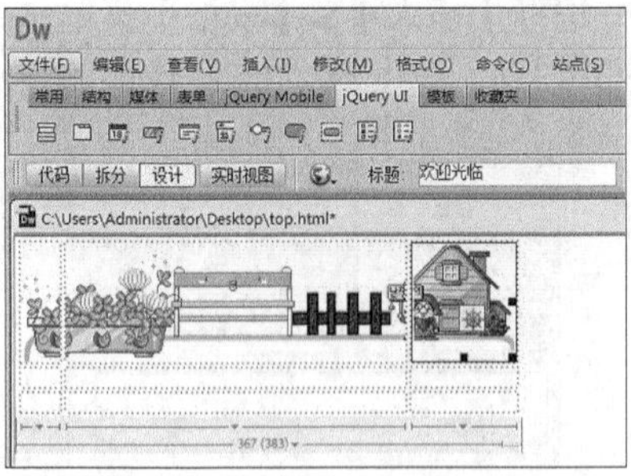

步骤05 选定表格第2行的3个单元格，执行【修改】➤【表格】➤【合并单元格】菜单命令，合并单元格，然后在合并后的单元格中插入背景图像（这里选择随书光盘中的“结果\ch17\images\top_r2_c1.gif”文件）。

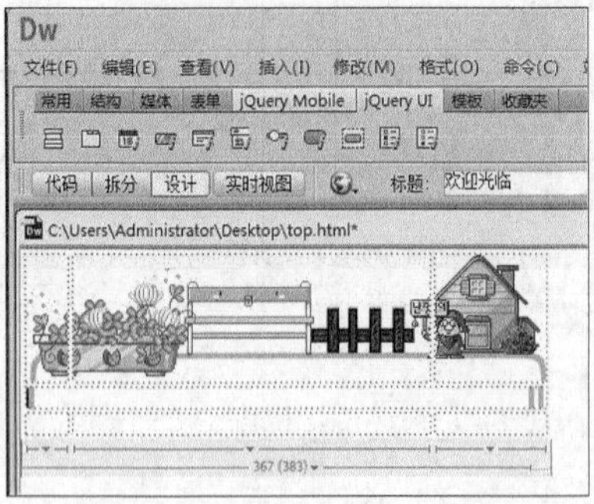

步骤06 将光标放在单元格中，在【属性】面板中，设置【水平】为【居中对齐】。然后选择【插入】➤【表格】菜单命令，插入一个2行1列、【表格宽度】为“80%”、【单元格边距】为“3”、【单元格间距】为“5”的表格。

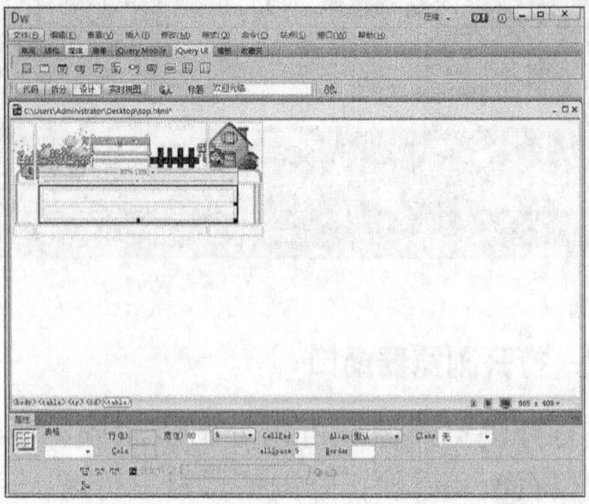

步骤07 在表格中输入相应的文字，设置第1行单元格中的文字的对齐方式为【居中对齐】。

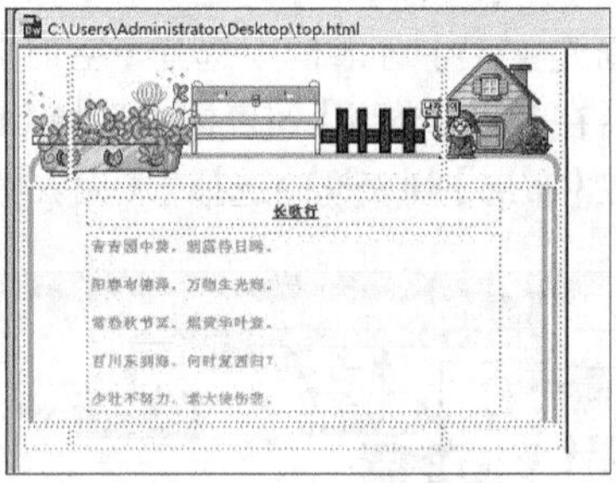

步骤08 将光标放在第3行第1列的单元格中，选择【插入】➤【图像】菜单命令，在弹出的【选择图像源文件】对话框中选择图像文件（这里选择随书光盘中的“结果\ch17\images\top_r3_c1.gif”文件），然后单击【确定】按钮插入图像。

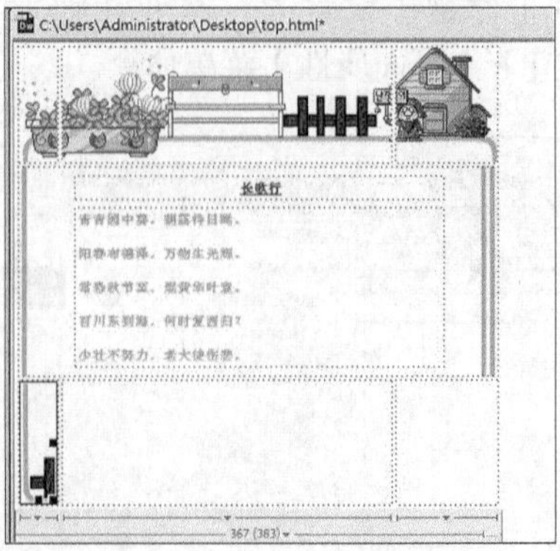

步骤09 将光标放在第3行第2列的单元格中，选择【插入】➤【图像】菜单命令，在弹出的【选择图像源文件】对话框中选择图像文件（这里选择随书光盘中的“结果\ch17\images\top_r3_c2.gif”文件），然后单击【确定】按钮插入图像。

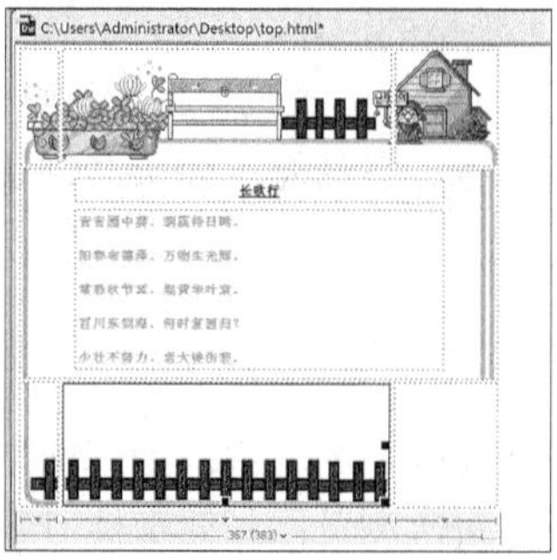

步骤10 将光标放在第3行第3列的单元格中，选择【插入】➤【图像】菜单命令，在弹出的【选择图像源文件】对话框中选择图像文件（这里选择随书光盘中的“结果\ch17\images\top_r3_c3.gif”文件），然后单击【确定】按钮插入图像。保存文档，按【F12】键在浏览器中预览效果。

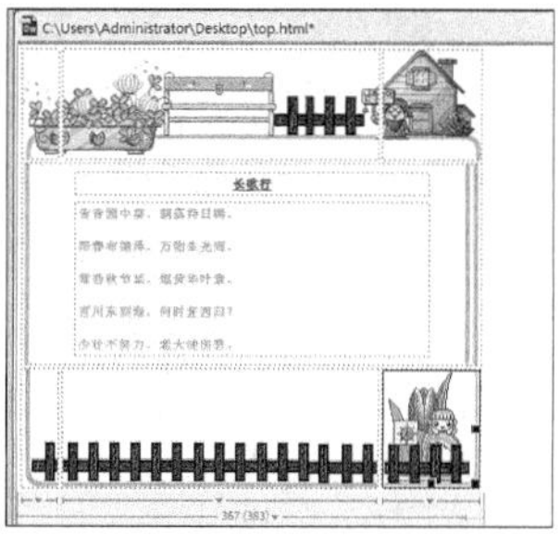

第3步：添加打开浏览器窗口行为

步骤01 打开制作好的“index_end1html”文件，选择文档左下角的<body>标签，然后选择【窗口】➤【行为】菜单命令，打开【行为】面板，单击【添加】按钮[+]，在弹出的下拉菜单中选择【打开浏览器窗口】菜单命令。

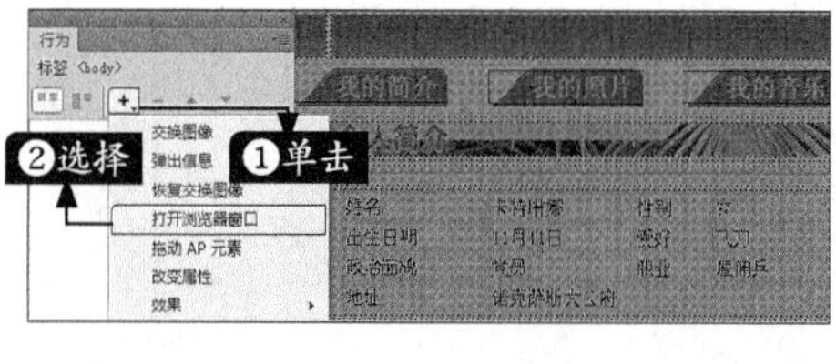

步骤02 弹出【打开浏览器窗口】对话框，单击【要显示的URL】文本框右侧的【浏览】按钮，弹出【选择文件】对话框。

步骤03 选择制作好的“top.html文件”，单击【确定】按钮，返回【打开浏览器窗口】对话框，从中将【窗口宽度】设置为“370”，【窗口高度】设置为“310”。

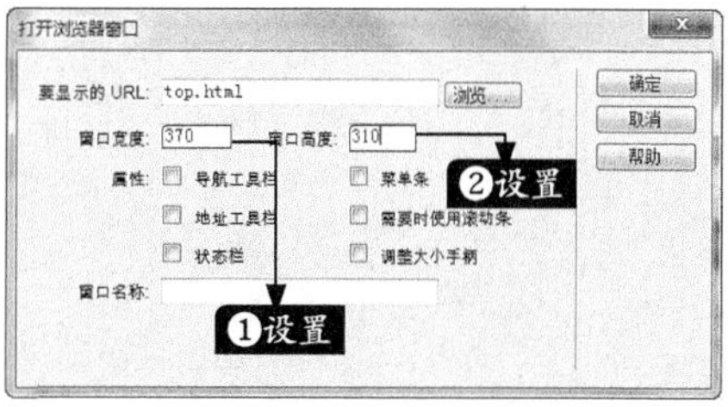

步骤04 单击【确定】按钮，将“打开浏览器窗口”行为添加到【行为】面板中。

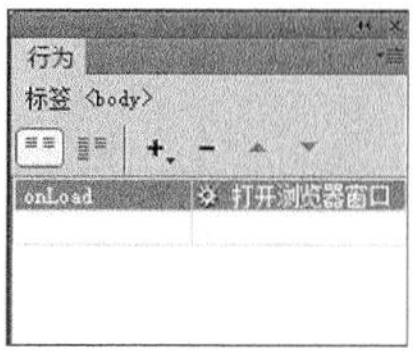

步骤05 保存文档，按【F12】键在浏览器中预览效果。

高手支招

本节教学录像时间：2 分钟

如何让人喜欢自己的网站

在制作个人网站时，一定要注意网站不求太大、太全，但要有自己的特色、自己的风格，要设计出自己的创意，做出自己喜欢、大家认可、具有相当的可观性的网站。

当然，要做出一个非常受人喜欢的网站是需要下一番工夫、动一番脑子的，不是一朝一夕就能够完成的。希望读者能在做网站的过程中多想、多看、多思考、多构思，做出有创意、有个性的网站。

提高网站的创新性

个人网站因为自由、灵活、版式新颖等，越来越受到网络爱好者的喜欢。做好网站上传到服务器后，一定要经常更新、添加内容、修改样式，使浏览者在每次浏览网站时都能有新的发现，这样网站才会越来越受大家的喜爱。

创新是网站的灵魂，一个没有创新的网站，是没有生机的网站，是失败的网站。

第18章

商业网站开发

学习目标

网站是现代公司的一个重要组成部分，也是一个公司适应社会发展的一种需求，是企业宣传、管理、营销的有效工具，是企业开展业务的重要基础设施和信息平台。本章以一个典型的企业网站为例，讲述商业网站的创建过程，包括网站的前期策划、素材的准备、创建本地站点、模板的制作，以及通过模板和库建立网站等。

学习效果

18.1 网站开发的前期准备工作

本节教学录像时间：4 分钟

在进行商业网站制作前，前期准备工作充分与否，决定了商业网站制作的成败。所以在制作商业网站时，准备工作显得尤为重要。

18.1.1 网站的策划

无论制作何种性质的网站，对网站进行合理的规划都要放到第一步，这一步直接影响到一个网站的功能是否完善、结构是否合理、是否够层次、能否达到预期的目的等。制作一个网站需要进行合理的规划、精心的准备与严密的设计。

18.1.2 定位网站主题

网站主题就是将要建立的网站所要包含的主要内容，网站必须要有明确的主题。要明确网站设计的目的和用户需求，主要针对哪些访问者，要认真规划和分析，要把握准主题。

为了做到主题鲜明突出、要点明确，需要按照客户的要求，以简单明确的语言和页面体现网站的主题，调动一切手段充分表现网站的个性和情趣，办出网站的特点，只有这样才能给用户留下深刻的印象。

18.1.3 确定网站的栏目和结构

本章介绍的网站主要包括“公司简介”“公司新闻”“产品介绍”“技术论坛”及“联系我们”等栏目。由于网站的整体页面风格一致，因此可以先创建模板，然后利用模板再创建其他的页面。

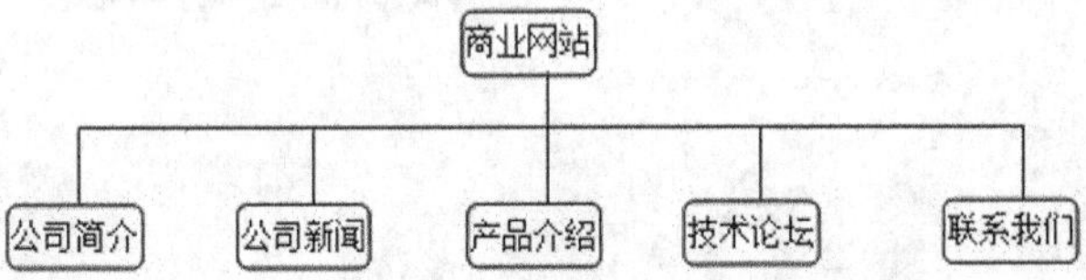

18.1.4 准备网站素材

明确了网站的主题以后，就要围绕主题搜集素材。要想让自己的网站有声有色，能够吸引客户，就要搜集各种素材，包括图片、音频、文字、视频和动画等。

小提示

准备素材很重要，搜集的素材越充分，以后制作网站就越容易。既可以从图书、报刊、光盘和多媒体上得来，也可以自己制作，还可以从网上搜集。素材搜集好后，应对搜集的素材去粗取精、去伪存真。

18.2 创建本地站点

本节教学录像时间：2 分钟

制作商业网站的第1步是创建本地站点，用来存放网站的文件及文件夹。创建了站点后，在制作网页的过程中就不会出现链接错误等情况。

创建本地站点的具体步骤如下。

步骤 01 打开Dreamweaver CC，选择【站点】➤【管理站点】菜单命令，弹出【管理站点】对话框。

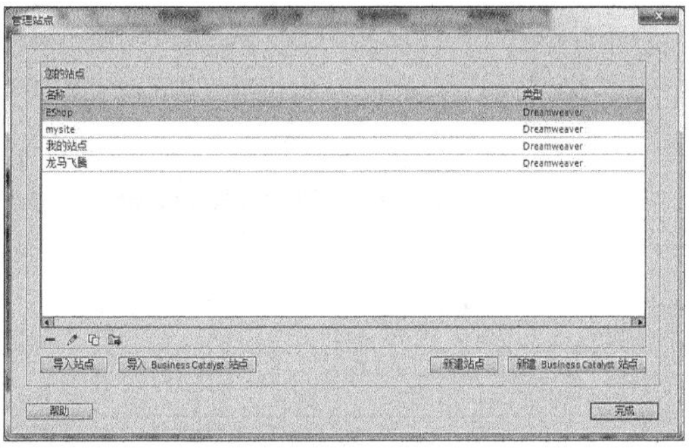

步骤 02 单击【新建站点】按钮，弹出【站点设置对象】对话框，输入【站点名称】为“我的站点”，然后单击【本地站点文件夹】文本框右侧的【浏览文件夹】按钮，在弹出的对话框中选择设置本地根文件夹的位置。

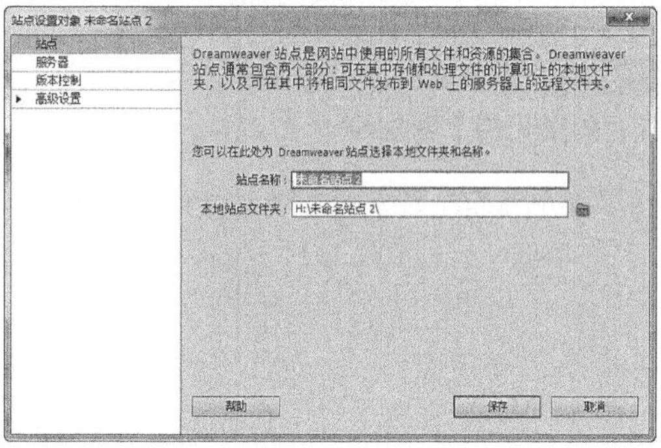

步骤 03 单击【保存】按钮，返回【管理站点】对话框，然后单击【完成】按钮，即可载入创建的新站点。

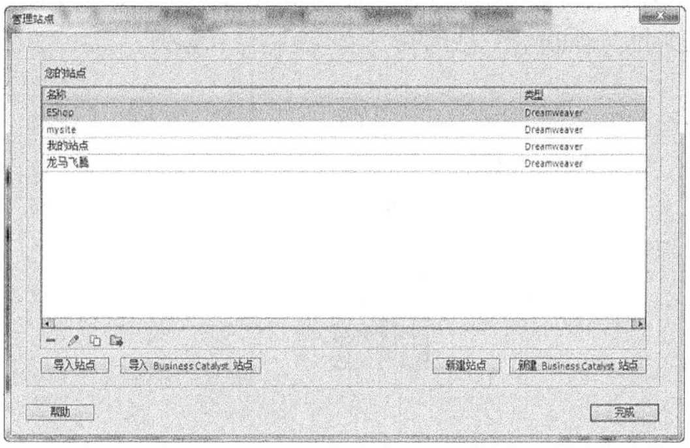

18.3 库网页的制作

本节教学录像时间：24 分钟

利用库制作网页，可以提高制作网站的效率，为后期更新提供方便。

18.3.1 创建顶部库文件

使用库文件，可以快速更新使用该库的所有文档。下图是本实例制作的顶部库文件。

第1步：插入Logo表格框架

步骤01 选择【文件】➤【新建】菜单命令，弹出【新建文档】对话框。

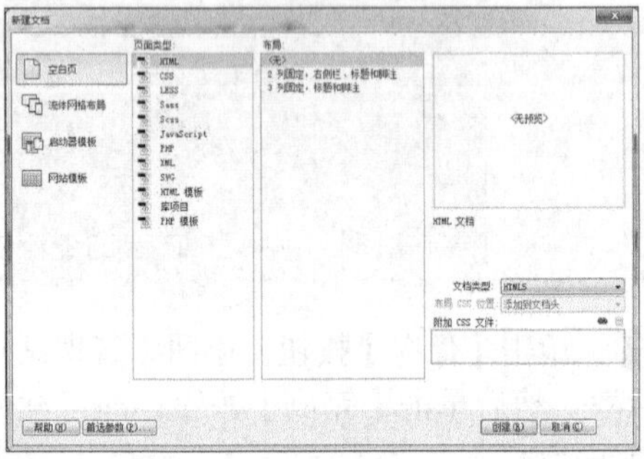

步骤02 选择【空白页】选项卡，然后在【页面类型】列表框中选择【库项目】选项。

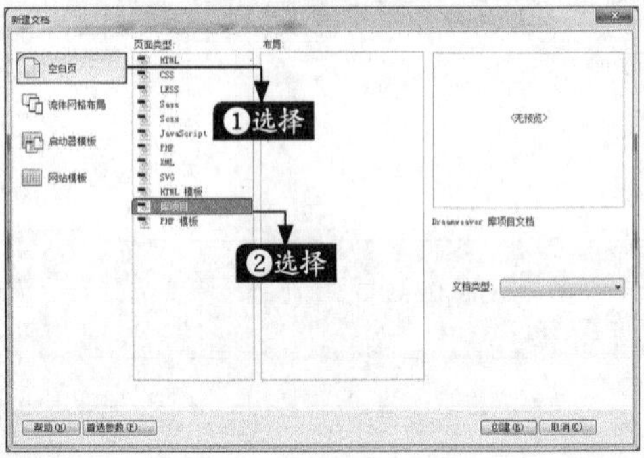

步骤03 单击【创建】按钮，创建一个空白库项目文档。

步骤04 选择【文件】➤【保存】菜单命令，弹出【另存为】对话框，在【文件名】文本框中输入文件名“top”，在【保存类型】下拉列表中选择【Library Files（*.lbi）】选项。

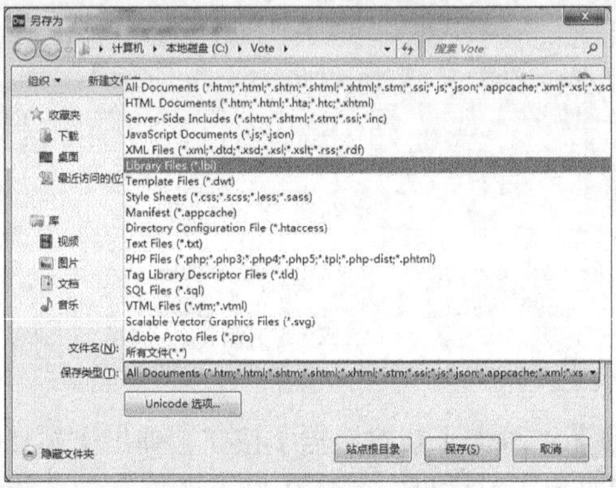

步骤05 单击【保存】按钮，保存库项目。然后将光标放在页面中，选择【插入】➤【表格】菜单命令。

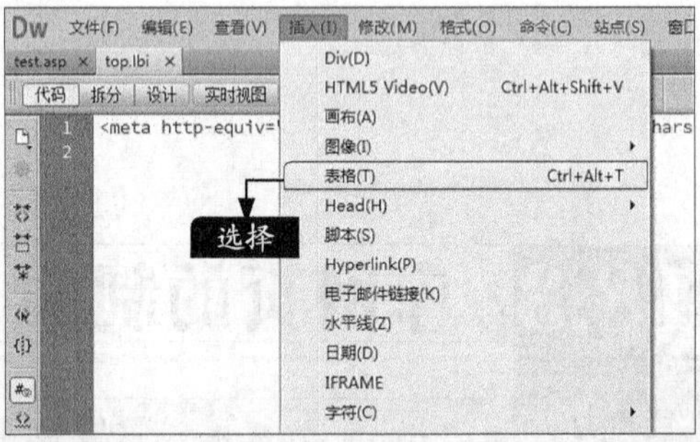

步骤06 弹出【表格】对话框，将【行数】设置为“2”，【列】设置为“2”，【表格宽度】设置为“778”像素，【边框粗细】设置为0，【单元格边距】设置为0，【单元格间距】设置为0。

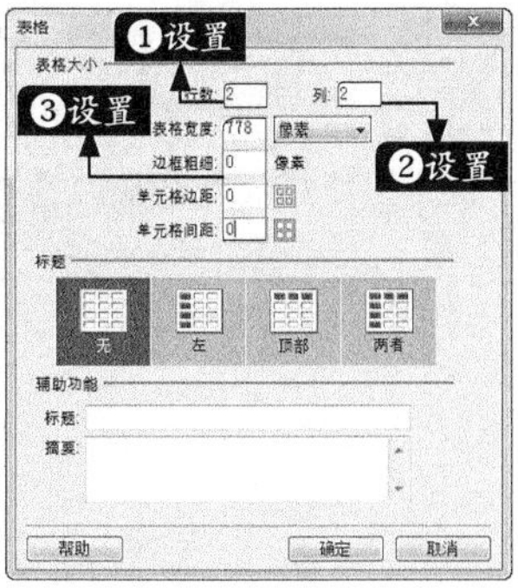

步骤07 单击【确定】按钮，插入表格。然后在【属性】面板中，将【Align】设置为【居中对齐】。此表格记为"表格1"。

第2步：插入Logo图片

步骤01 将光标放在"表格1"的第1行第1列的单元格中，选择【插入】➤【图像】菜单命令。

步骤02 弹出【选择图像源文件】对话框，从中选择图像文件（这里选择随书光盘中的"素材\ch18\images\index_r1_c1.jpg"文件）。

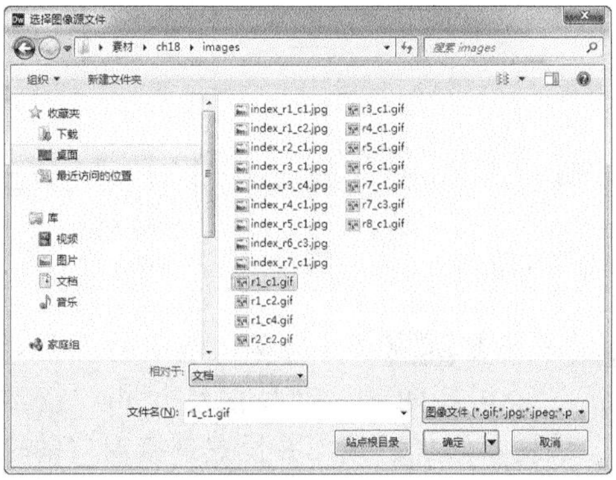

小提示

用户可以先将随书光盘中的images文件夹复制到本地站点文件夹内，在添加图片时，采取相对路径的方式添加图片，以防止images文件夹移动后，网站中的图片不能正常显示。

步骤03 单击【确定】按钮插入图像。

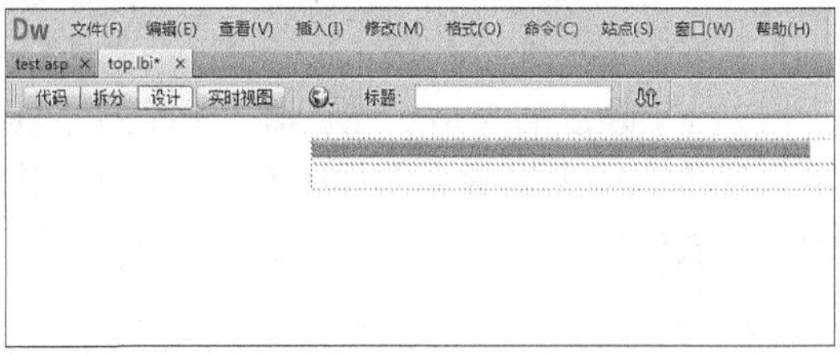

步骤04 单击【保存】按钮，保存库项目。然后将光标放在"表格1"的第2行第1列的单元格中，选择【插入】➤【图像】菜单命令，弹出【选择图像源文件】对话框，从中选择图像文件（这里选择随书光盘中的"素材\ch18\images\index_r2_c1.jpg"文件），然后单击【确定】按钮插入图像。

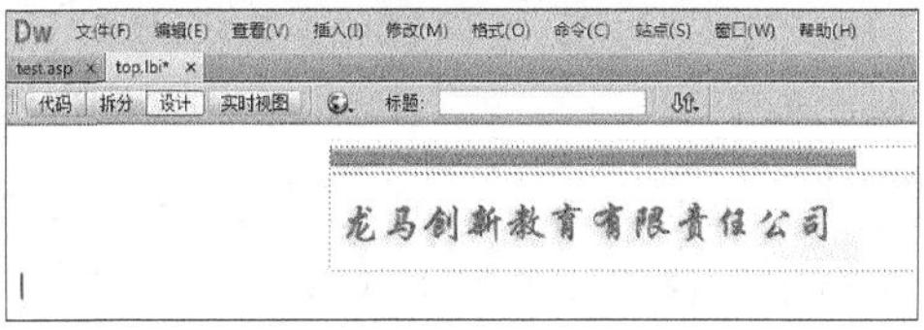

步骤05 选中"表格1"的第2列的两个单元格，然后选择【修改】➤【表格】➤【合并单元格】菜单命令，合并单元格。

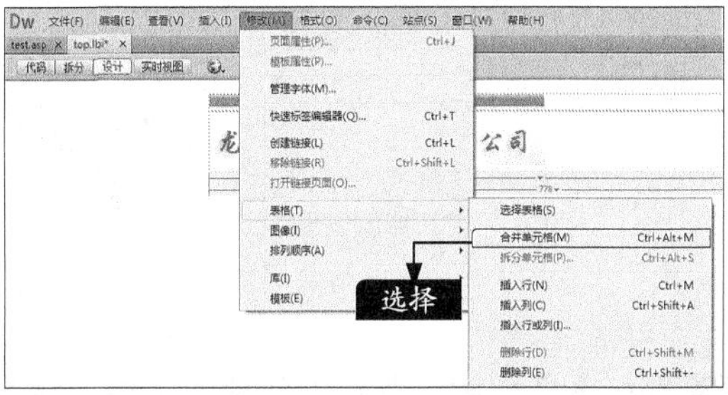

步骤06 将光标放在合并后的单元格中，选择【插入】➤【图像】菜单命令，弹出【选择图像源文件】对话框，从中选择图像文件（这里选择随书光盘中的"素材\ch18\images\index_r1_c2.jpg"文件）。

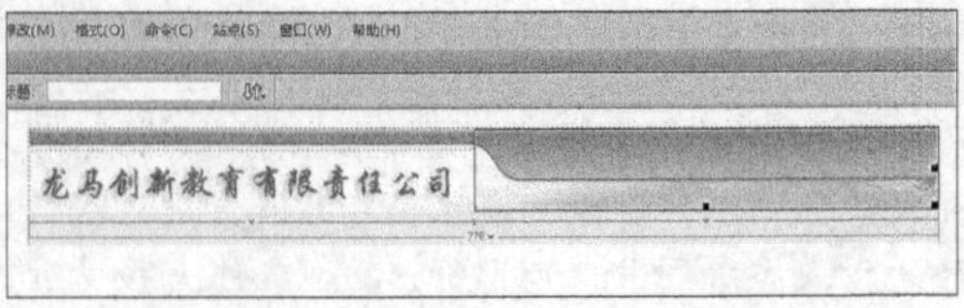

第3步：设计导航条

步骤01 将光标放在表格的右侧，选择【插入】➤【表格】菜单命令，插入一个2行2列、宽度为“778”像素的表格。然后在【属性】面板中，将【对齐】设置为【居中对齐】。此表格记为“表格2”。

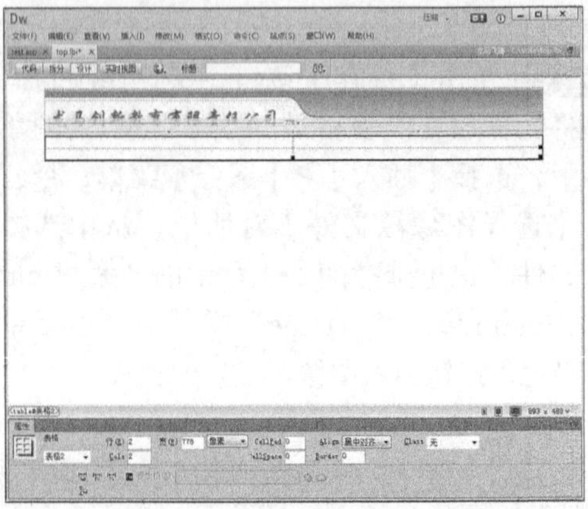

步骤02 将光标放在“表格2”的第1行第1列的单元格中，设置单元格的【宽】为“597”，【高】为“29”，然后插入背景图像（这里选择随书光盘中的“素材\ch18\images\ index_r3_c1.jpg”文件）。

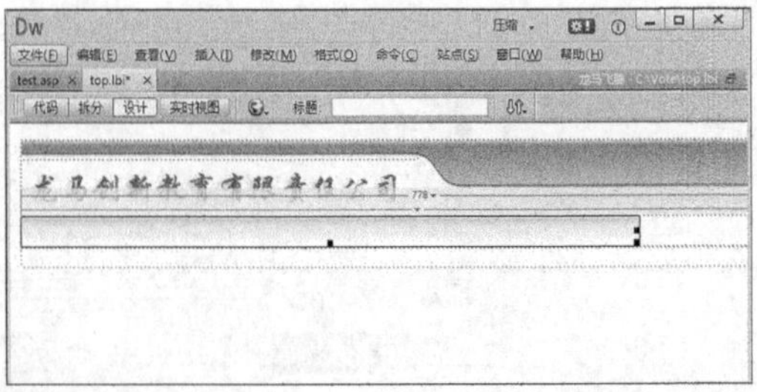

步骤03 将光标放在背景图像单元格中，选择【插入】➤【表格】命令，插入一个1行6列、宽度为“75%”的表格。然后在【属性】面板中，设置表格的【对齐】为【右对齐】。

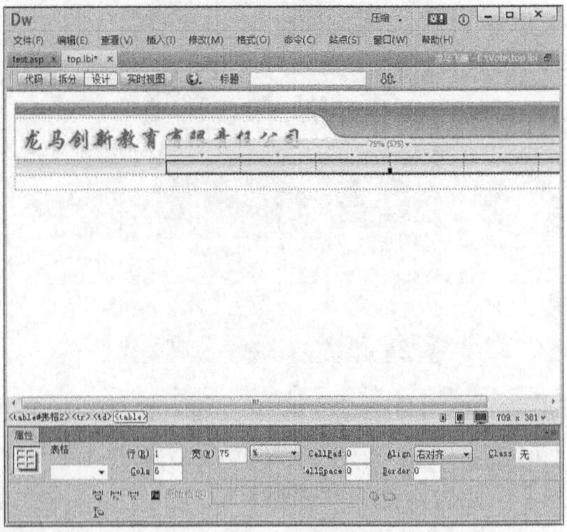

步骤04 在表格的单元格中分别输入相应的文字。

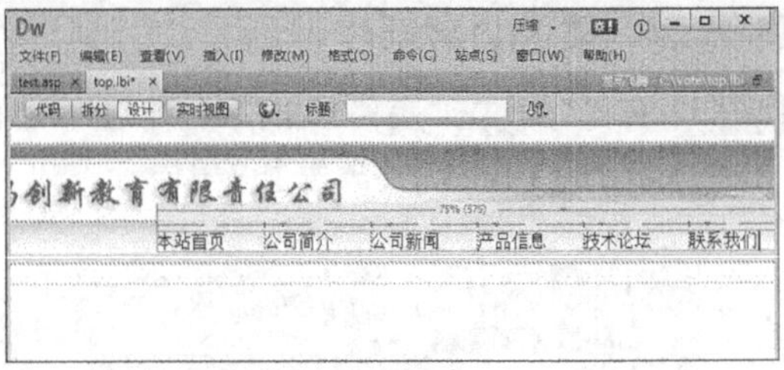

步骤05 选定文本“本站首页”，在【属性】面板的【链接】文本框中输入“#”，设置为空链接。

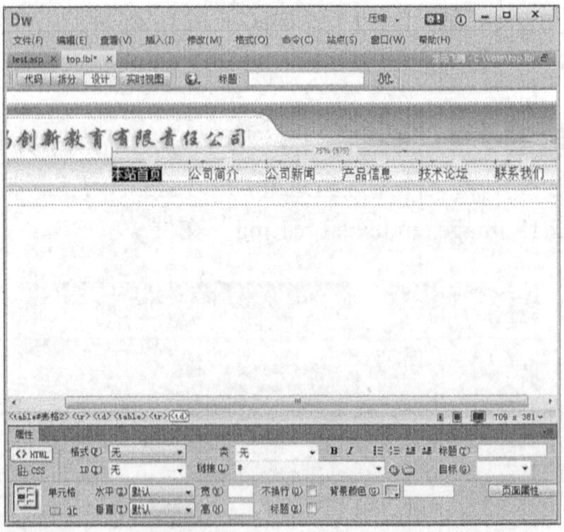

步骤06 重复步骤05，为导航条中的“公司简介”“公司新闻”“产品信息”和“技术论坛”等文本添加链接，并设置链接窗口的打开方式（此处设置为空链接）。

步骤07 选定导航条中的“联系我们”文本，在【属性】面板的【链接】文本框中输入“mailto:ll_dy@163.com”。

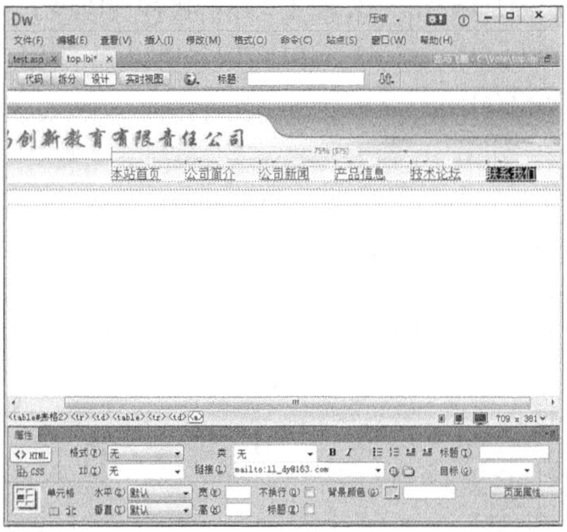

步骤08 导航条设置完毕，将光标放在“表格2”的第2行第1列的单元格中，然后选择【插入】➤【图像】菜单命令，弹出【选择图像源文件】对话框，从中选择图像文件（这里选择随书光盘中的“素材\ch18\images\index_r4_c1.jpg”文件）。

第4步：设置公告栏

步骤01 选中“表格2”的第2列的两个单元格，然后单击【属性】面板中的【合并单元格】按钮，合并单元格。

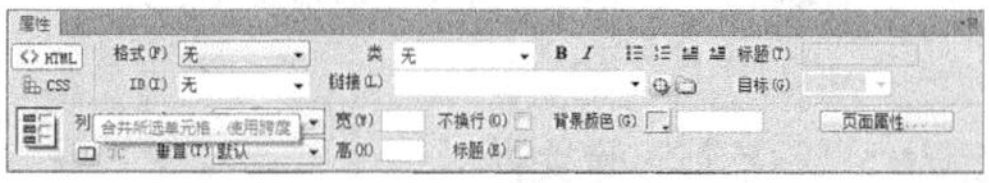

步骤02 将光标放在合并后的单元格中，插入背景图像（这里选择随书光盘中的“素材\ch18\images\ index_r3_c4.jpg”文件），然后在【属性】面板中将【宽】设置为“181”，【垂直】设置为【顶端】。

步骤03 将光标放在背景图像单元格中，选择【插入】➤【表格】菜单命令，插入一个2行1列、宽度为“150”像素的表格。然后在【属性】面板中，设置表格的【对齐】为【居中对齐】。此表格记为“表格3”。

步骤04 在“表格3”的第1行单元格中输入“公告栏”文本内容。

步骤05 在“表格3”的第2行单元格中输入公告的具体内容。

第5步：美化顶部库文件

步骤01 用鼠标右击body区域，从弹出的快捷菜单中选择【新建】菜单命令。打开【新建CSS规则】对话框，在【选择器类型】下拉列表中选择【标签（重新定义HTML元素）】选项，在【选择器名称】下拉列表中选择【table】选项，在【规则定义】下拉列表中选择【（仅限该文档）】选项。

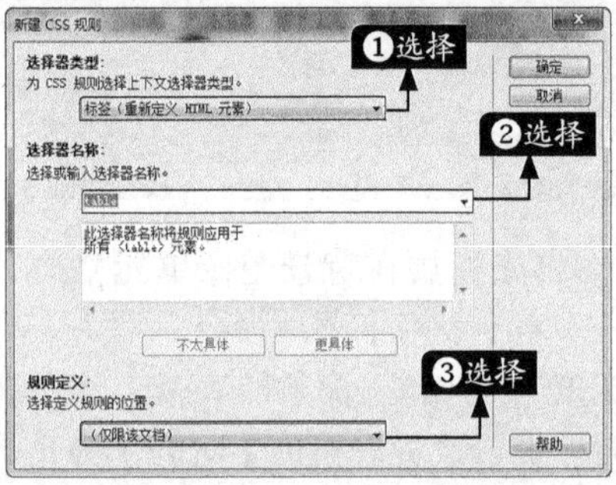

步骤02 单击【确定】按钮，打开【table的CSS规则定义】对话框，选择【分类】列表框中的【类型】选项，设置【Font-size】（大小）为“9 pt”，【Line-height】（行高）为“120%”，然后单击【确定】按钮。

步骤03 鼠标右键单击body区域，从弹出的快捷菜单中选择【新建】菜单命令，打开【新建CSS规则】对话框，在【选择器类型】下拉列表中选择【复合内容（基于选择的内容）】选项，在【选择器名称】下拉列表中选择【a:link】选项，在【规则定义】下拉列表中选择【（仅限该文档）】选项。

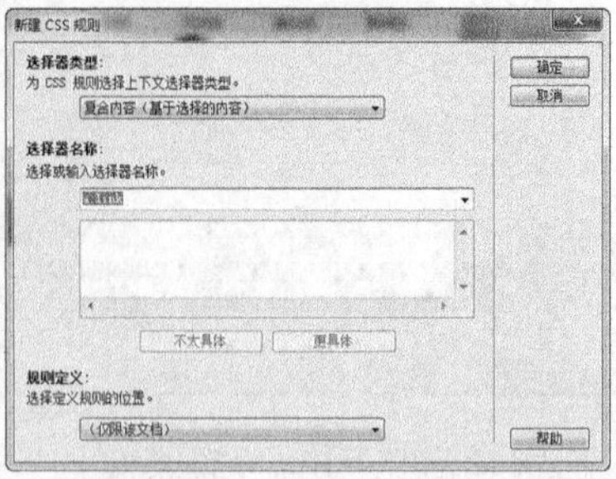

步骤04 单击【确定】按钮，打开【a:link的CSS规则定义】对话框，选择【分类】列表框中的【类型】选项，设置【Text-decoration】（修饰）为【none（无）】，【Color】（颜色）为“#996600”。

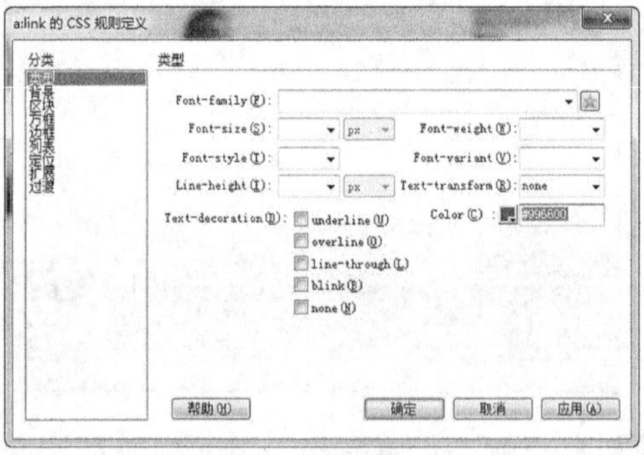

步骤05 重复步骤03～步骤04，设置a:visited样式的颜色为“#00CC66”，a:hover样式的颜色为“#FF66CC”，a:active样式的颜色为“#9999FF”，最终的【CSS样式】面板设计如图所示。

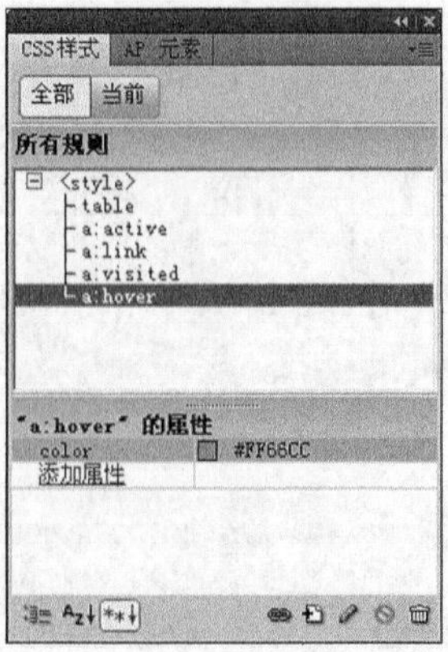

步骤06 将光标定位在“表格3”的第1行单元格中，在【属性】面板中将【高】设置为“29”。

第6步：设置顶部库文件与主体的分隔栏

步骤01 将光标放在“表格2”的右侧，选择【插入】➤【表格】菜单命令，插入一个1行1列、宽度为“778”像素的表格。该表格记为“表格4”，设置【对齐】为【居中对齐】。

步骤02 选定“表格4”，为表格添加背景图像（这里选择随书光盘中的“素材\ch18\images\index_r5_c1.jpg”文件）。

步骤03 将光标放在“表格4”中，选择【插入】➤【表格】菜单命令，插入一个1行2列、宽度为“778”像素的表格，设置【对齐】为【居中对齐】。该表格记为“表格5”。

步骤04 将光标放在“表格5”的第1列单元格中，在【属性】面板中，设置单元格的【宽】为“70”，然后输入“滚动新闻：”文本内容，并设置文字的相关属性。

步骤05 将光标放在“表格5”的第2列单元格中，输入“欢迎光临龙马创新教育有限责任公司！”文本内容，并设置相应的属性。

步骤06 将光标放置在“欢迎光临龙马创新教育有限责任公司！”文本内容的前面，切换到【拆分】视图中，在文字的前面输入如下代码。

```
<marquee behavior="scroll" direction
="left" height="10" scrolldelay="200">
```

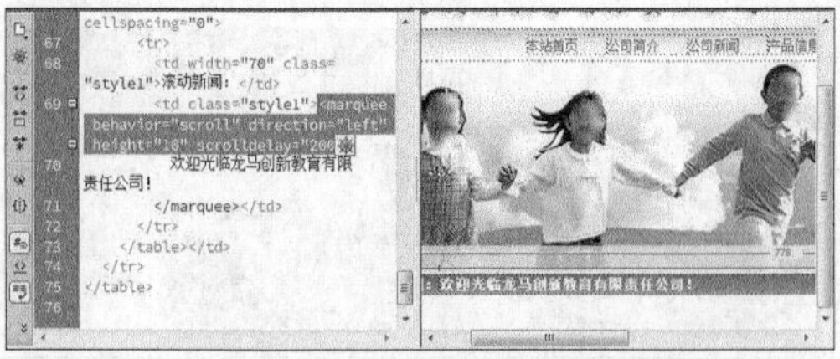

步骤 07 在【拆分】视图中，将光标放在“欢迎光临龙马创新教育有限责任公司！”文本内容的后面，然后输入如下代码。

```
</marquee>
```

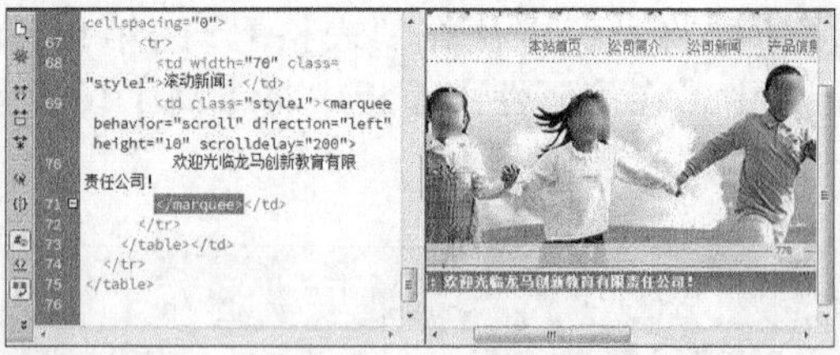

步骤 08 按【Ctrl+S】组合键，保存库项目，完成顶部库文件的设置。

18.3.2 创建底部库文件

下图是本实例制作的底部库文件，具体操作步骤如下。

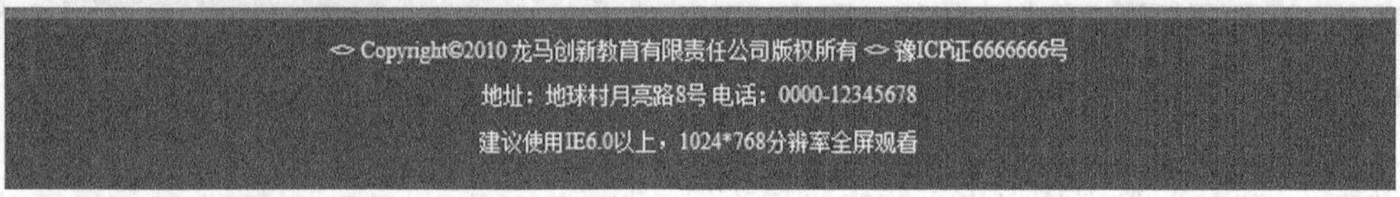

步骤 01 选择【文件】➤【新建】菜单命令，弹出【新建文档】对话框，选择【空白页】选项卡，在【页面类型】列表框中选择【库项目】选项。

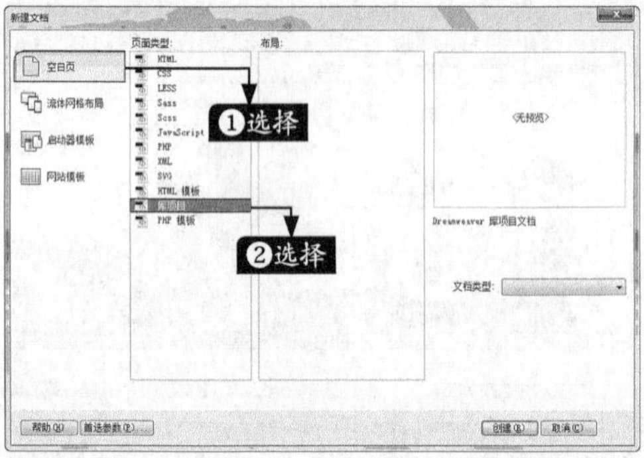

步骤 02 单击【创建】按钮，创建一个空白库项目文档。

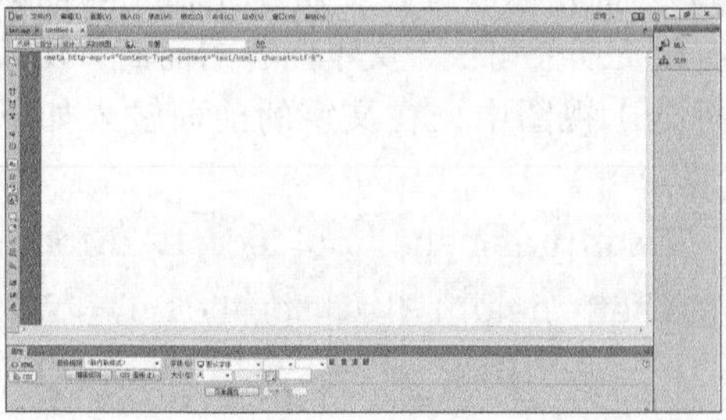

步骤 03 选择【文件】➤【保存】菜单命令，弹出【另存为】对话框，将文件保存于本地站点文件夹下，在【文件名】文本框中输入文件名“bottom”，在【保存类型】下拉列表中选择【Library Files（*.lbi）】选项。

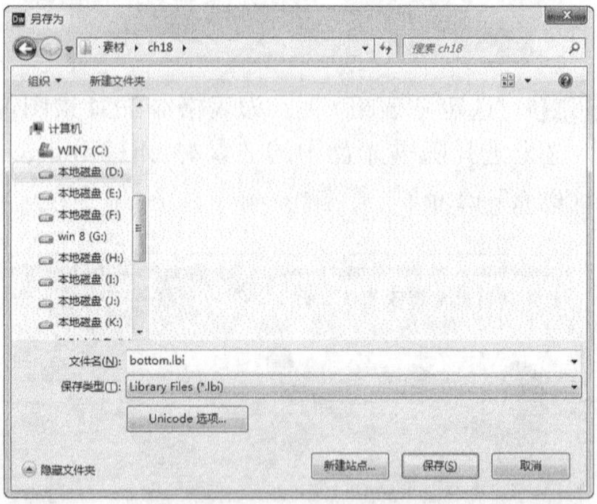

步骤 04 将光标放在页面中，选择【插入】➤【表格】菜单命令，在弹出的【表格】对话框中，将【行数】设置为“1”，【列】设置为“1”，【表格宽度】设置为“778”像素。

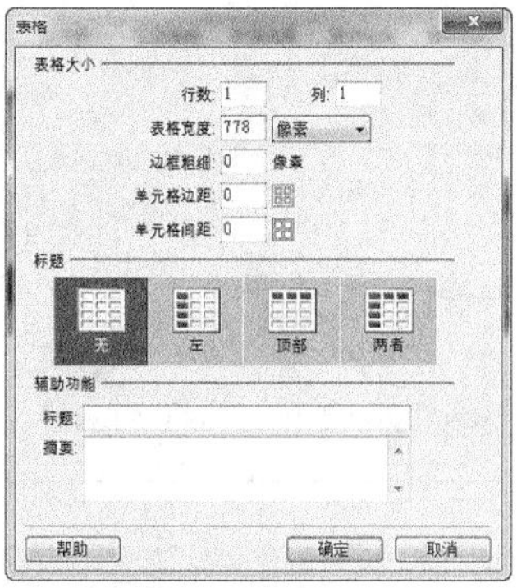

步骤05 单击【确定】按钮，插入表格。然后在【属性】面板中，设置【对齐】为【居中对齐】。将光标放在单元格中，将单元格的【高】设置为“109”。

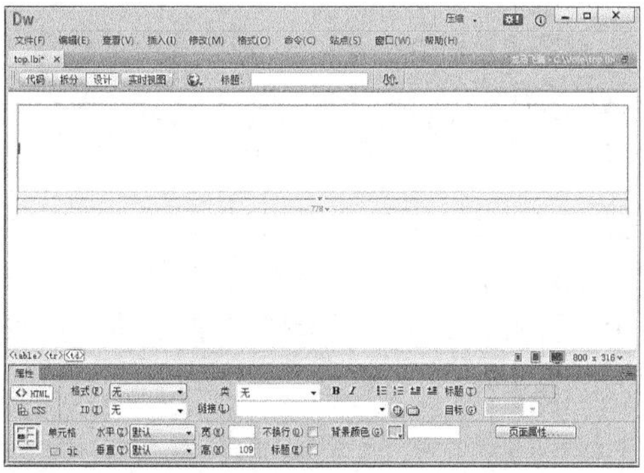

步骤06 为表格插入背景图像（这里选择随书光盘中的“素材\ch18\images\index_r7_c1.jpg”文件）。

步骤07 将光标放在背景图像上，选择【插入】➤【表格】菜单命令，插入一个3行1列、宽度为“80%”、单元格间距为“10”的表格。在【属性】面板中，设置【对齐】为【居中对齐】。

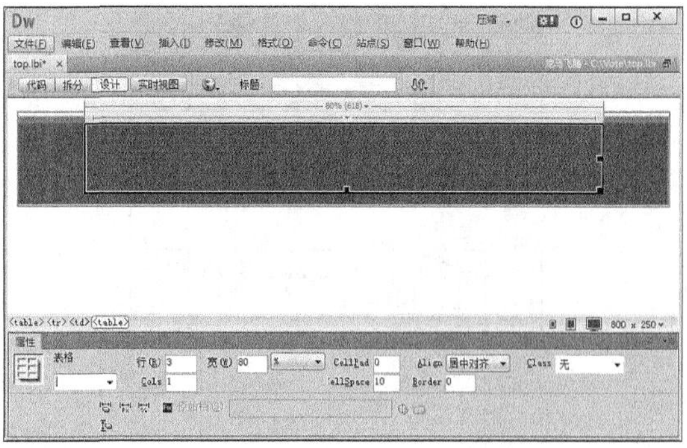

步骤08 在表格的每一行单元格中都输入相应的文字，并设置其属性。最终效果如下图所示。

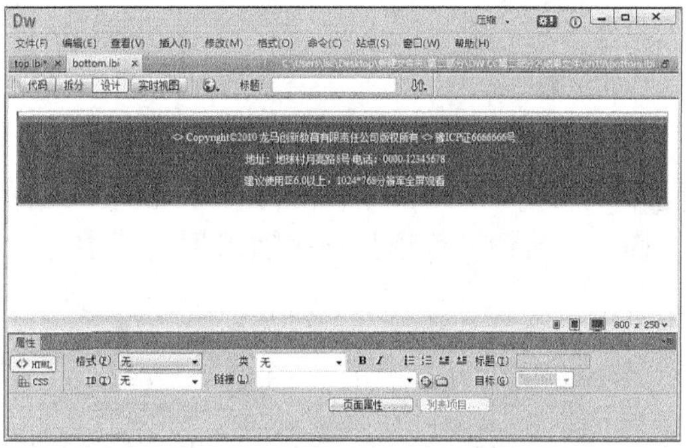

18.4 创建模板

本节教学录像时间：18 分钟

制作模板文件的具体步骤如下。

第1步：引用库项目

步骤01 选择【文件】➤【新建】菜单命令，弹出【新建文档】对话框。选择【空白页】选项卡，在【页面类型】列表框中选择【HTML模板】选项。

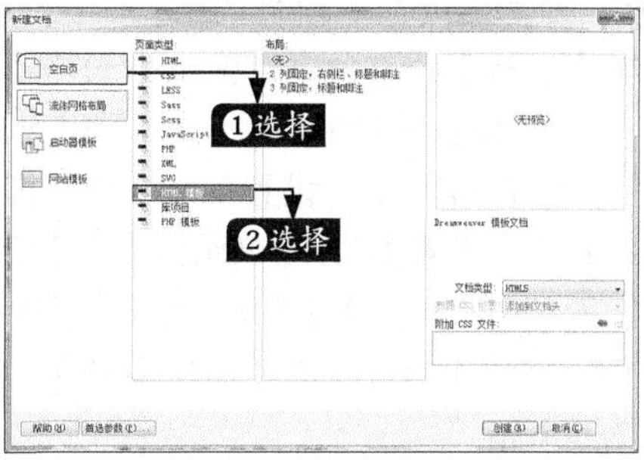

步骤02 单击【创建】按钮，创建一个空白的模板文件，将光标放在页面中，选择【窗口】➤【资源】菜单命令，打开【资源】面板。单击左侧的【库】按钮，打开【库】面板，其中显示了所创建的库项目。

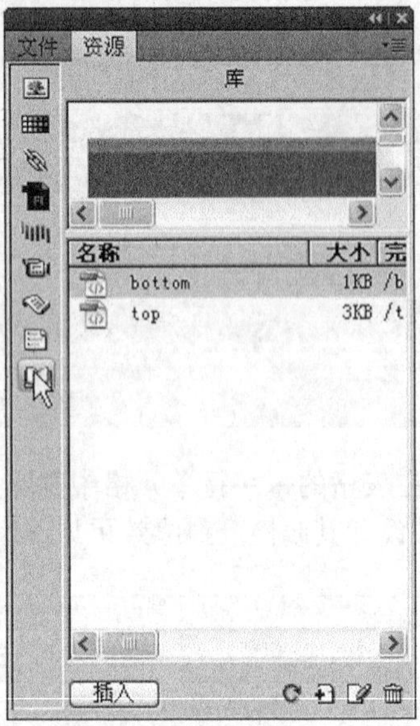

步骤03 选择“top”库项目，单击左下角的【插入】按钮，库项目即被插入到文档中。

第2步：添加网站最新动态

步骤01 将光标放在库项目的下面，选择【插入】➤【表格】菜单命令，弹出【表格】对话框，将【行数】设置为“1”，【列】设置为“2”，【表格宽度】设置为“778”像素，【边框粗细】设置为0，【单元格边距】设置为0，【单元格间距】设置为0。然后在【属性】面板中，设置【对齐】为【居中对齐】。该表格记为“表格1”。

步骤02 将光标放在“表格1”的第1列单元格中，在【属性】面板中，设置【垂直】为【顶端】，【宽】为“206”。

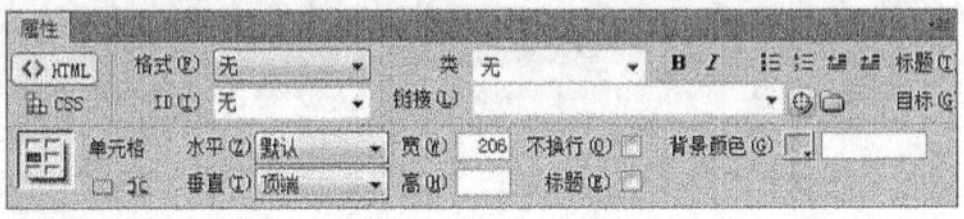

步骤03 将光标放在“表格1”的第1列单元格中，选择【插入】➤【表格】菜单命令，插入一个3行1列、宽度为“100%”的表格。该表格记为“表格2”。

步骤04 将光标放在“表格2”的第1行单元格中，选择【插入】➤【表格】菜单命令，插入一个2行3列、宽度为“100%”的表格。该表格记为“表格3”。

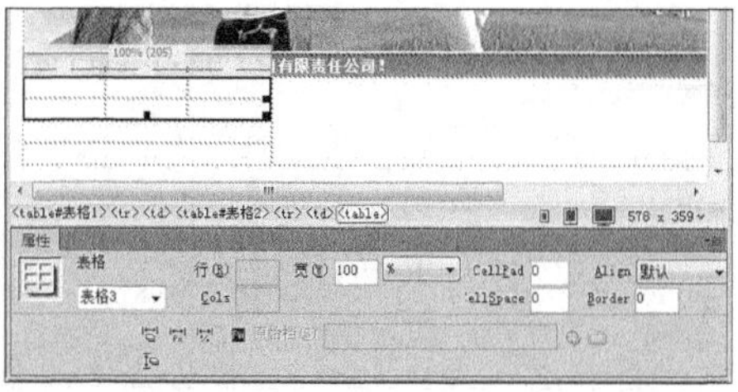

步骤05 选定“表格3”的第1列的两个单元格，单击【属性】面板中的【合并单元格】按钮，合并单元格。

步骤06 将光标放在合并后的单元格中，选择【插入】➤【图像】菜单命令，弹出【选择图像源文件】对话框，从中选择图像文件（这里选择随书光盘中的“素材\ch18\images\r1_c1.gif”文件）。

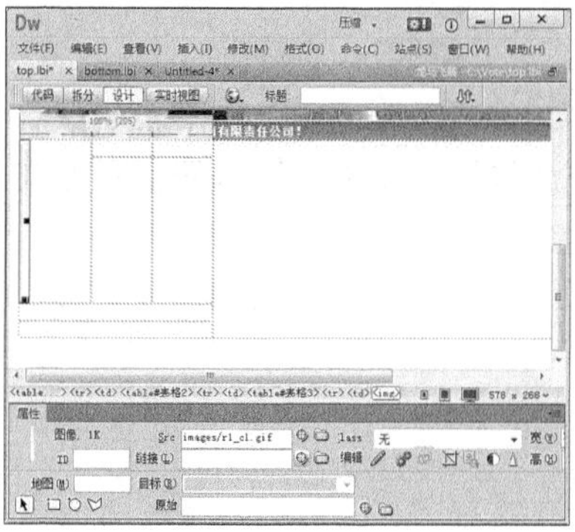

步骤07 重复步骤06，合并“表格3”的第3列的两个单元格，然后插入图像文件（这里选择随书光盘中的“素材\ch18\images\r1_c4.gif”文件）。

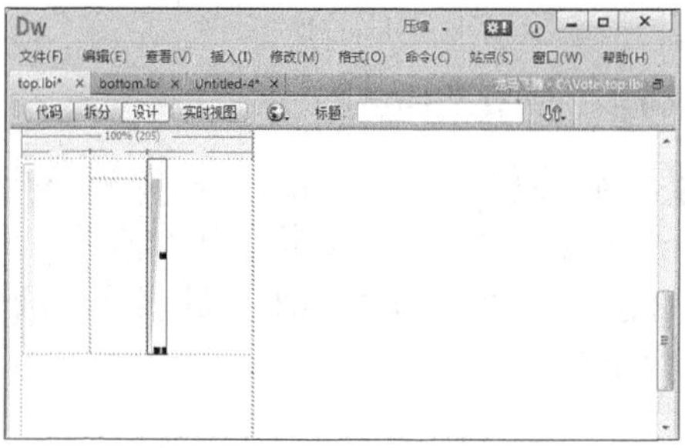

步骤08 将光标放在“表格3”第1行第2列的单元格中，然后选择【插入】➤【图像】菜单命令，弹出【选择图像源文件】对话框，从中选择图像文件（这里选择随书光盘中的“素材\ch18\images\r1_c2.gif”文件）。

步骤09 将光标放在“表格3”第2行第2列的单元格中，在【属性】面板中，设置单元格的【垂直】为【顶端】。然后选择【插入】➤【表格】菜单命令，插入一个5行1列、宽度为“100%”、单元格间距为“5”的表格。该表格记为“表格4”。

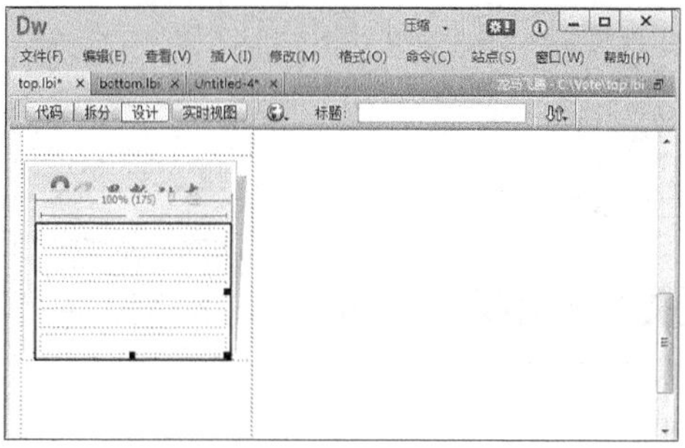

步骤10 在“表格4”的每个单元格中输入相应的文字，并设置文字的属性。

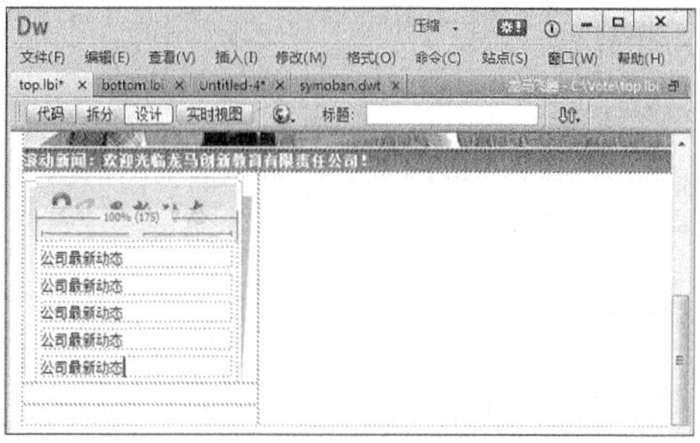

第3步：添加绿色通道链接

步骤01 将光标放在“表格2”的第2行单元格中，选择【插入】➤【表格】菜单命令，插入一个4行1列、宽度为“100%”的表格。该表格记为“表格5”。

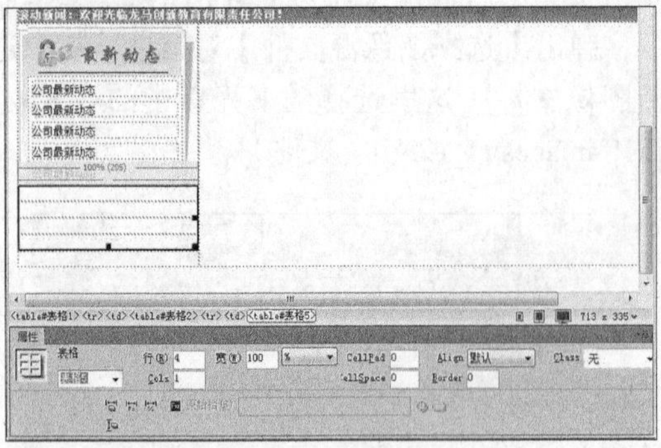

步骤02 将光标放在“表格5”的第1行单元格中，选择【插入】➤【图像】菜单命令，弹出【选择图像源文件】对话框，从中选择图像文件（这里选择随书光盘中的“素材\ch18\images\r3_c1.gif”文件）。

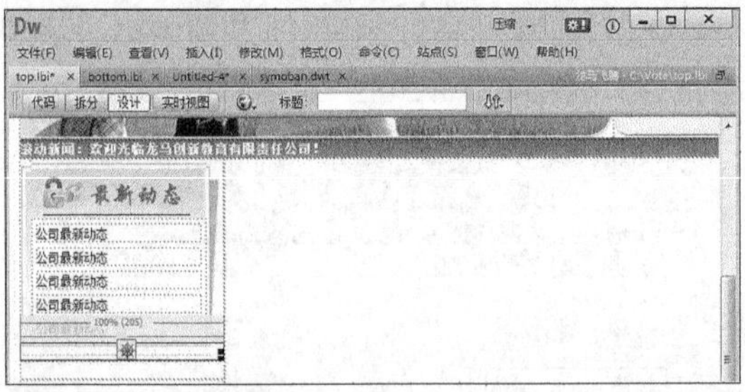

步骤03 重复**步骤02**，分别在“表格5”的第2~4行单元格中添加图像“r4_c1.gif ”文件、“r5_c1.gif ”文件和“r6_c1.gif ”文件。

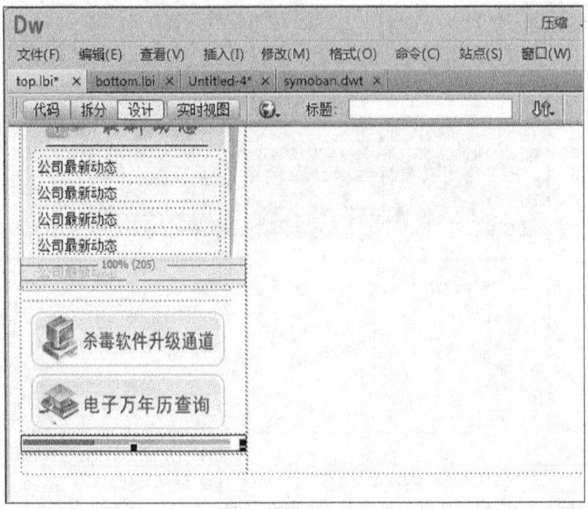

步骤04 选定“表格5”的第2行单元格中的图像，然后选择【属性】面板中的【矩形热点工具】按钮□。

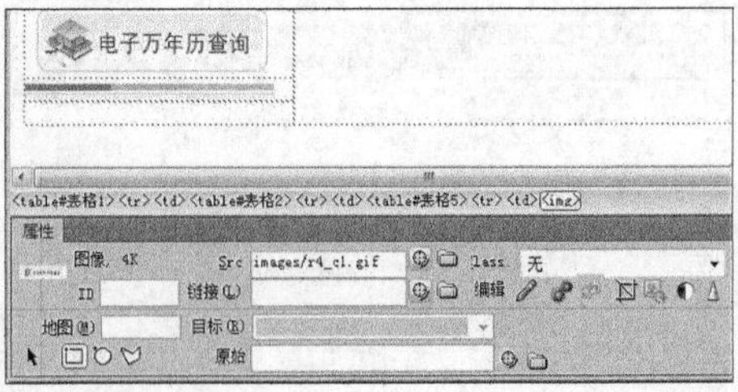

步骤05 移动光标到图像上，按住鼠标左键不放，在图像上拖动出一个矩形热点，然后在【属性】面板中，设置图像的链接地址及链接窗口的打开方式（此处设置为空链接）。

步骤06 重复**步骤04**~**步骤05**，为“表格5”中的第3行单元格图像创建矩形热点链接，并设置图像的链接地址及链接窗口的打开方式（此处设置为空链接）。

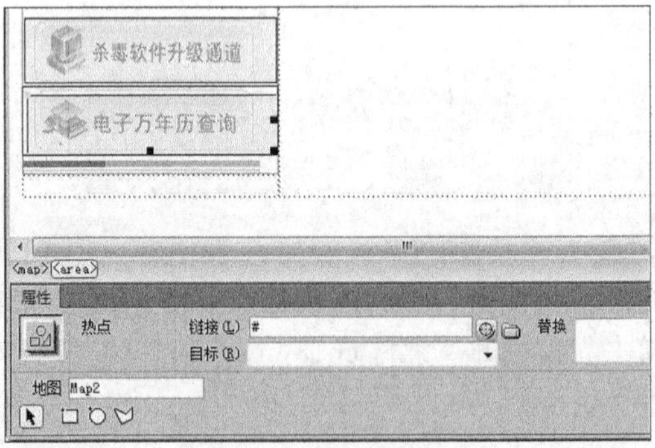

第4步：建立友情链接

步骤01 将光标放在“表格2”的第3行单元格中，选择【插入】➤【表格】菜单命令，插入一个2行2列、宽度为“100%”的表格。该表格记为“表格6”。

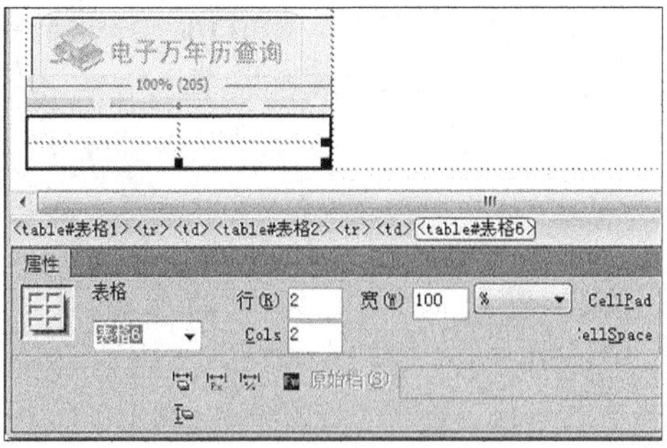

步骤02 将光标放在“表格6”第1行的第1列单元格中，然后选择【插入】➤【图像】菜单命令，弹出【选择图像源文件】对话框，从中选择图像文件（这里选择随书光盘中的“素材\ch18\images\r7_c1.gif”文件），使用同样方法，在第1行第2列的单元格中插入随书光盘中的“素材\ch18\images\r7_c3.gif”文件。

步骤03 选中“表格6”第2行的两个单元格，然后选择【修改】➤【表格】➤【合并单元格】菜单命令，合并单元格。

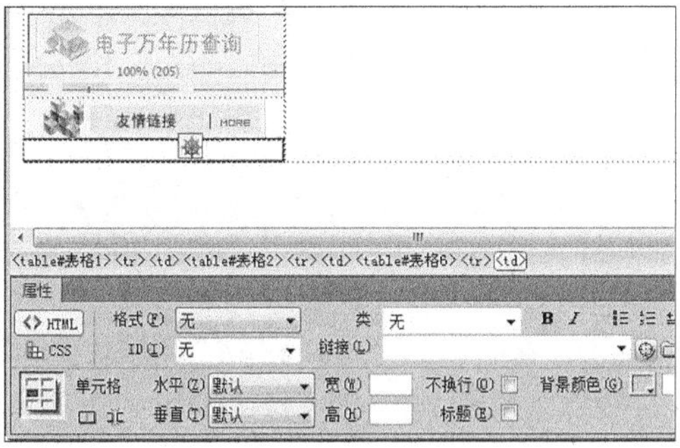

步骤04 将光标放在合并后的单元格中，选择【插入】➤【表格】菜单命令，插入一个4行2列、宽度为“100%”的表格。该表格记为“表格7”。

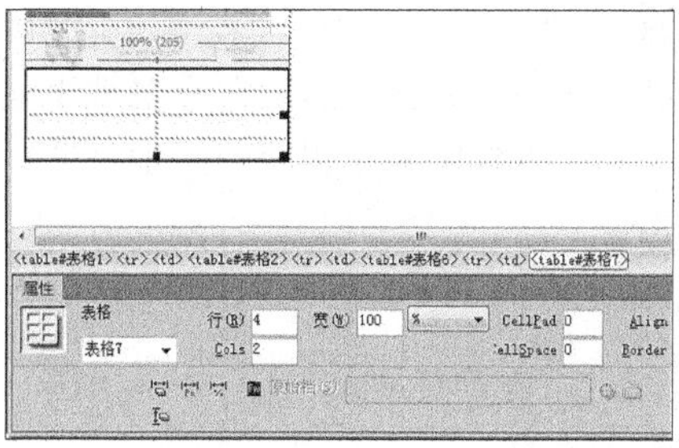

步骤05 选定“表格7”第1列的全部单元格，在【属性】面板中，将【水平】设置为【居中对齐】，【垂直】设置为【居中】，【宽】设置为“30”。

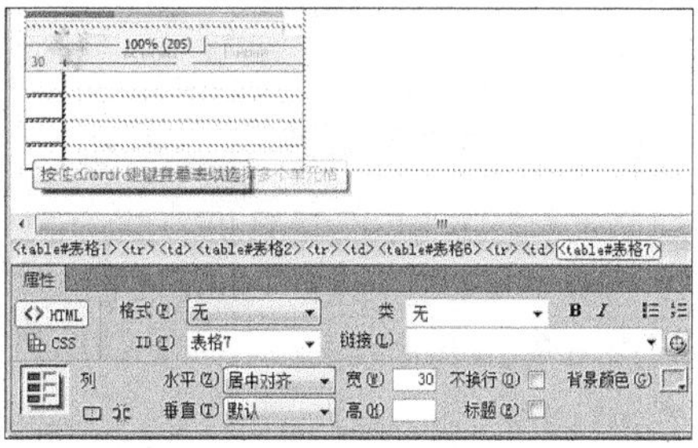

步骤06 将光标放在“表格7”第1行第1列的单元格中，选择【插入】➤【图像】菜单命令，弹出【选择图像源文件】对话框，从中选择图像文件（这里选择随书光盘中的“素材\ch18\images\r8_c1.gif”文件）。

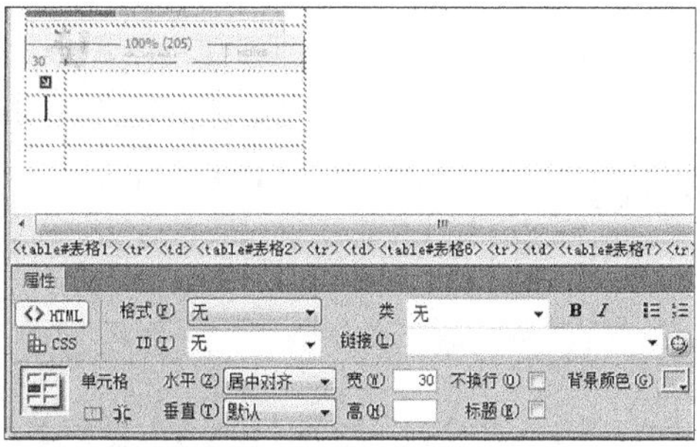

步骤07 重复步骤06，在“表格7”的第1列单元格中插入图像。

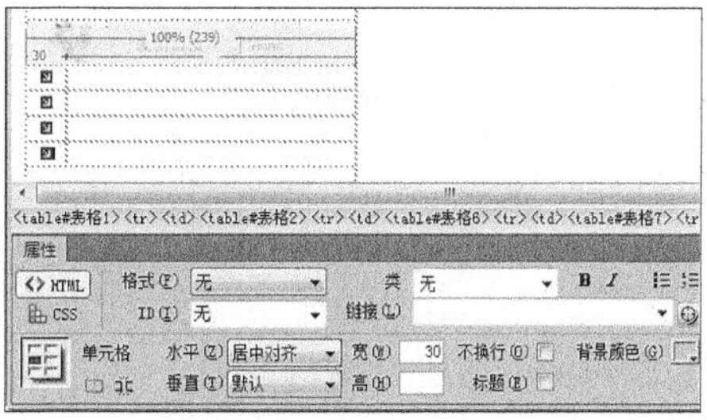

步骤 08 在“表格7”第2列的各个单元格中分别输入链接网站的名称，然后在【属性】面板的【链接】文本框中输入相应的网址，并设置相应的属性。

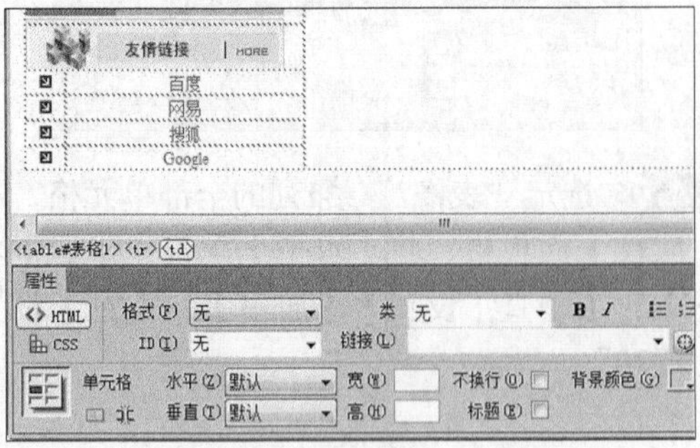

第5步：新建可编辑区域

步骤 01 将光标放在“表格1”的右侧，在【库】面板中选择库项目“bottom”，然后单击面板左下角的【插入】按钮，将库项目插入到文档窗口中。

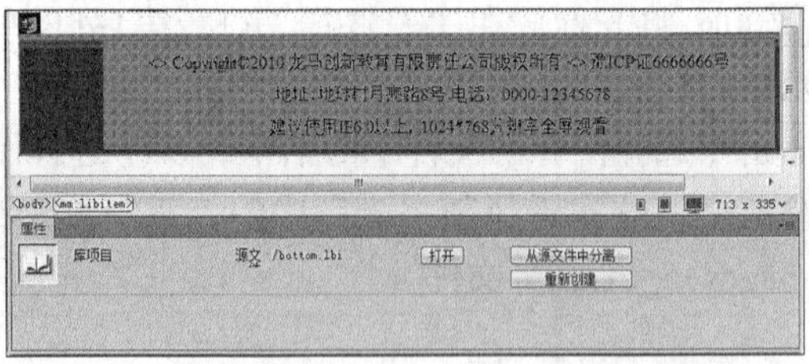

步骤 02 将光标放在“表格1”的第2列单元格中，在【属性】面板中，将【垂直】设置为【顶端】，然后选择【插入】➤【模板】➤【可编辑区域】菜单命令。

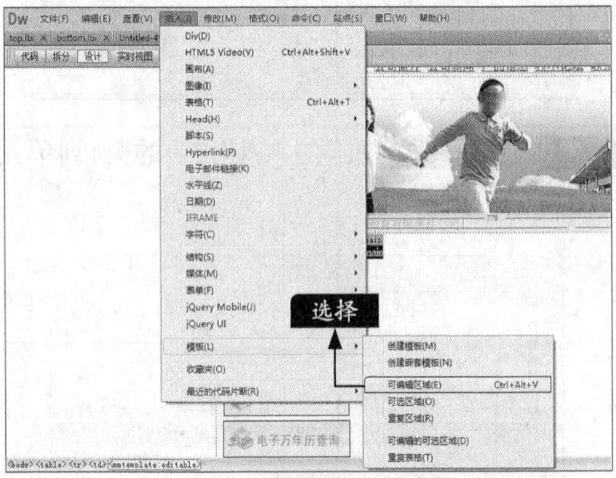

步骤 03 弹出【新建可编辑区域】对话框，在【名称】文本框中输入“main”，然后单击【确定】按钮，插入可编辑区域。

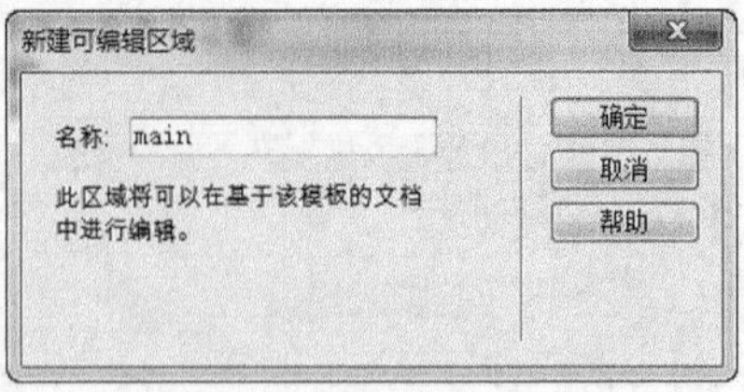

步骤 04 选择【文件】➤【保存】菜单命令，弹出【另存模板】对话框。

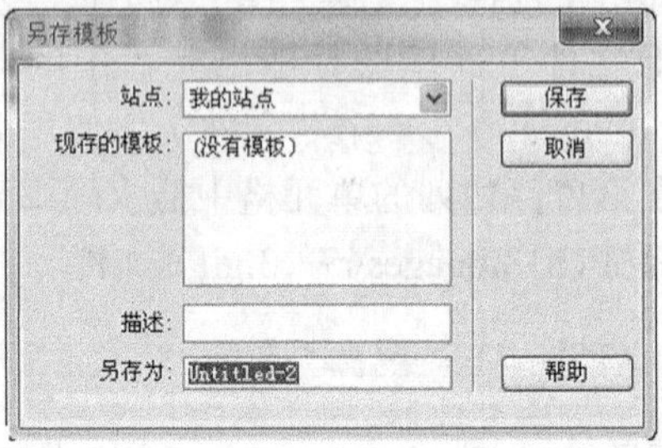

步骤 05 在【站点】下拉列表中选择保存的站点，在【描述】文本框中输入“首页模板”，在【另存为】文本框中输入“symoban”，然后单击【保存】按钮保存模板。

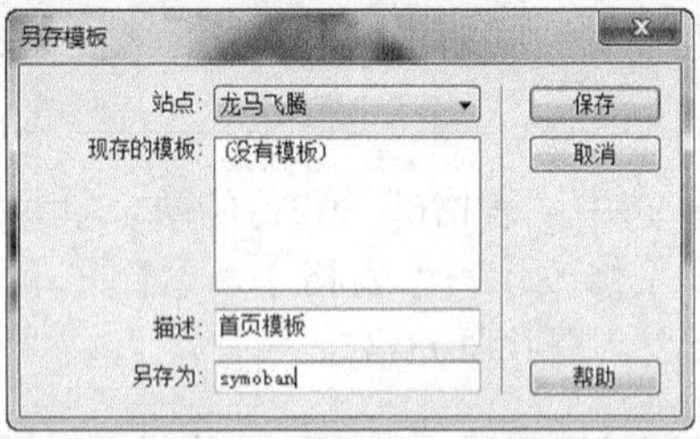

步骤 06 关闭【资源】面板，最终效果如下图所示。

18.5 利用模板制作网页

本节教学录像时间：11 分钟

利用模板制作网页文件的具体步骤如下。

第1步：创建新模板网页

步骤01 选择【文件】➤【新建】菜单命令，弹出【新建文档】对话框，选择【网站模板】选项卡，在【站点】列表框中选择【我的站点】选项，在【站点“我的站点”的模板】列表框中选择【symoban】选项。

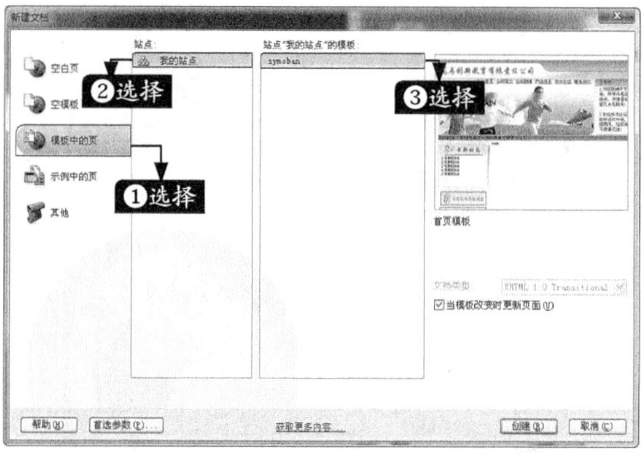

步骤02 单击【创建】按钮，创建一个新模板网页。

第2步：制作留言本1

步骤01 将光标放在可编辑区域中，选择【插入】➤【表格】菜单命令。

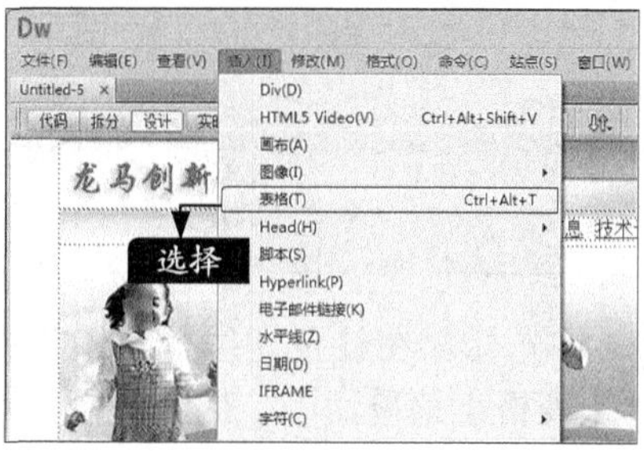

步骤02 弹出【表格】对话框，将【行数】设置为“2”，【列】设置为“1”，【表格宽度】设置为“90%”。

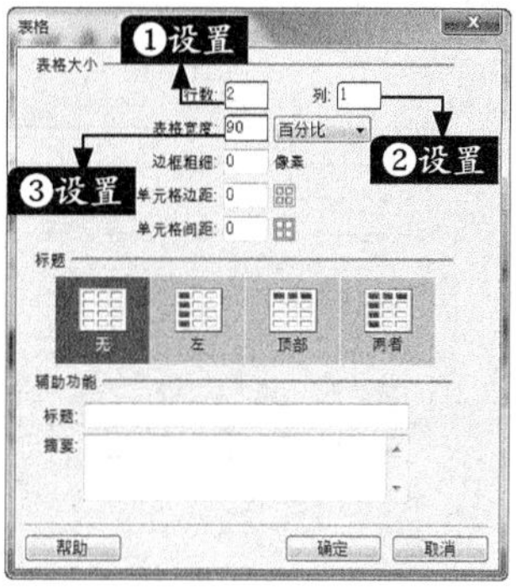

步骤03 单击【确定】按钮插入表格。然后在【属性】面板中，将【对齐】设置为【居中对齐】。

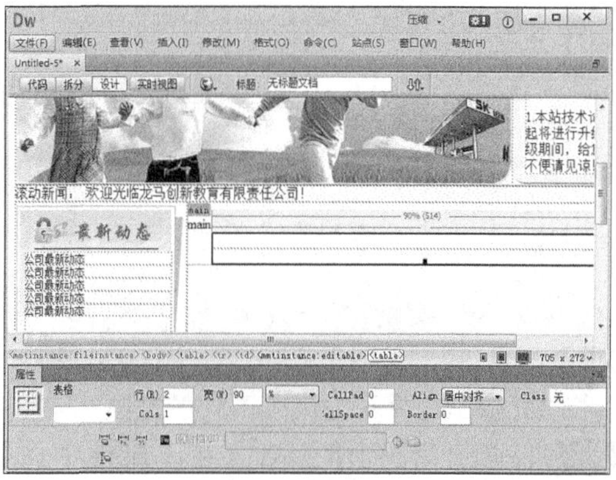

步骤 04 将光标放在第1行单元格中，输入相应的文字，并设置文字的属性。

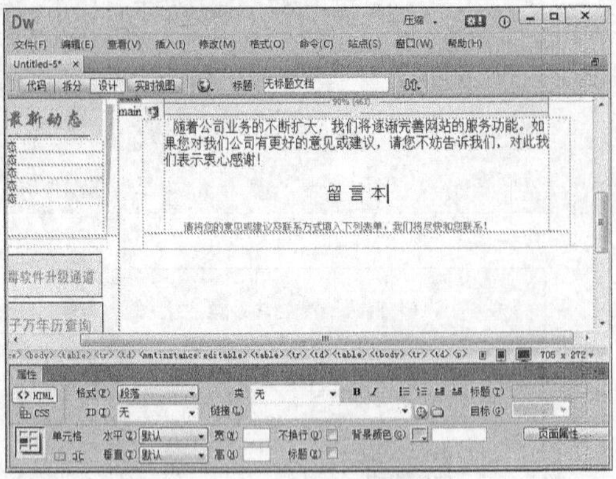

步骤 05 将光标放在红色虚线框中，选择【插入】➤【表格】菜单命令，插入一个7行2列、【表格宽度】为“90%”、【边框粗细】为“1”、【单元格边距】为“5”的表格。

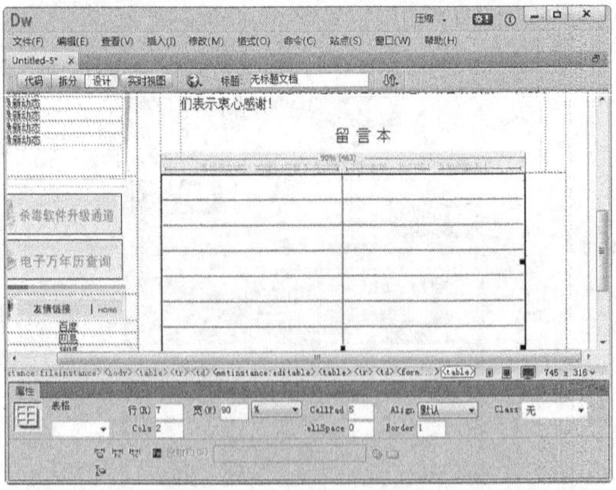

步骤 06 在【属性】面板中，将【对齐】设置为【居中对齐】，并手动调整两列表格的宽度。

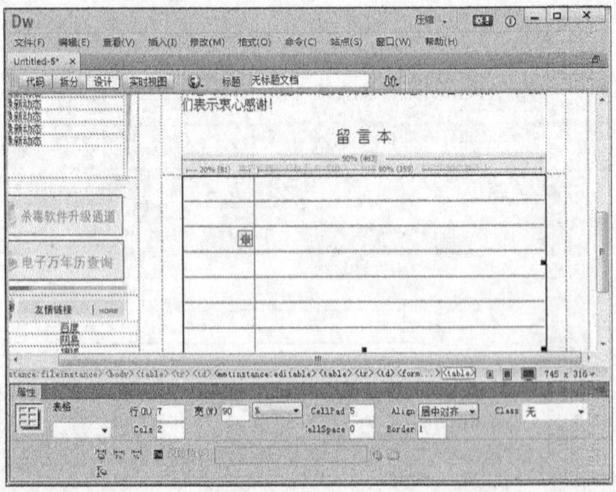

步骤 07 选定第1列单元格，在【属性】面板中，将【水平】设置为【右对齐】，【垂直】设置为【居中】，然后在第1列的单元格中输入相应的文字，并设置文字的【大小】为“9”点数（pt）。

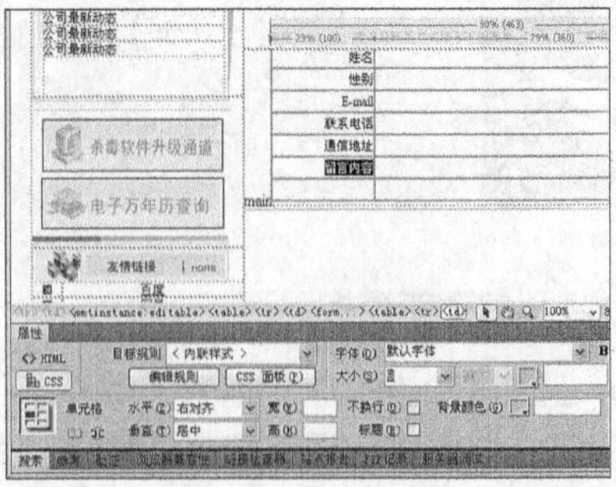

步骤 08 将光标放在第1行第2列的单元格中，选择【插入】➤【表单】➤【文本】菜单命令，插入文本域。然后在【属性】面板中，将【字符宽度】设置为“10”。

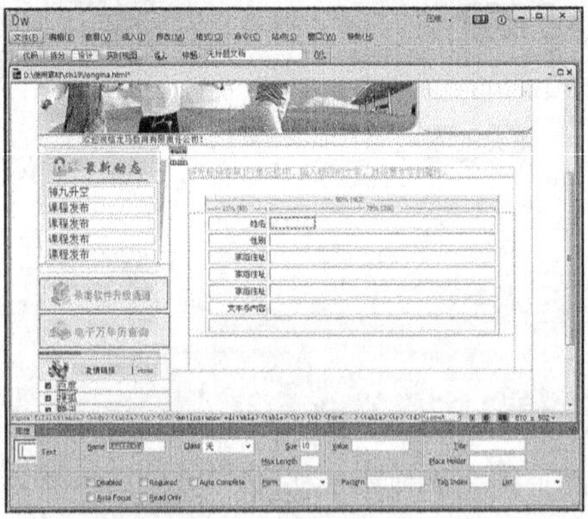

步骤 09 重复步骤 09，在第3~5行的第2列单元格中插入文本域，并设置【字符宽度】均为“20”。

第3步：制作留言本2

步骤 01 将光标放在第2行第2列的单元格中，选择【插入记录】➤【表单】➤【单选按钮】菜单命令，插入单选按钮。然后在【属性】面板中，将【初始状态】设置为【已勾选】。

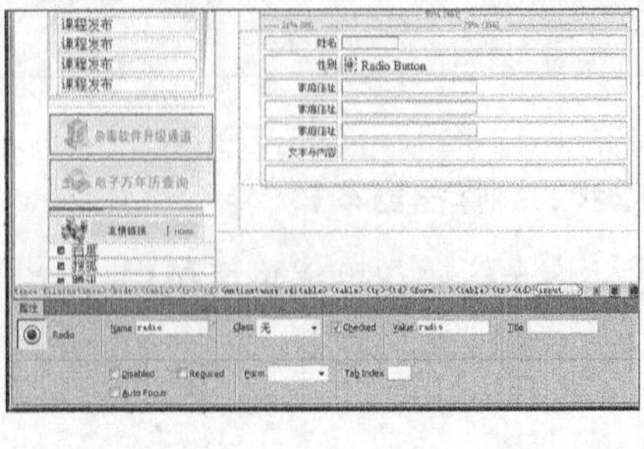

步骤 02 将光标放在单选按钮的右侧，输入“男”。

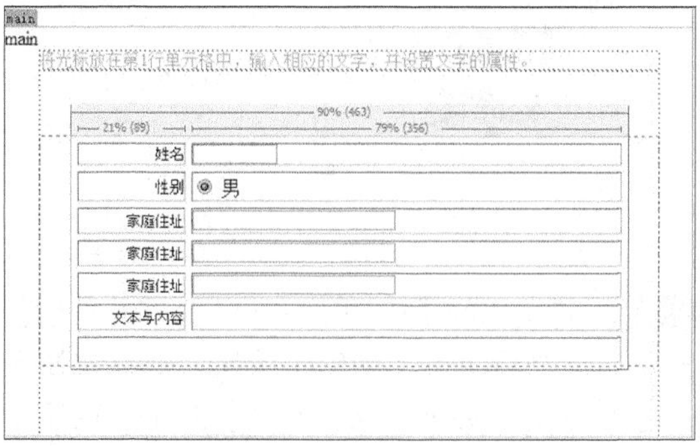

步骤 03 重复**步骤 01**~**步骤 02**，插入其他的单选按钮，并将【属性】面板中的【初始状态】设置为【未选中】。

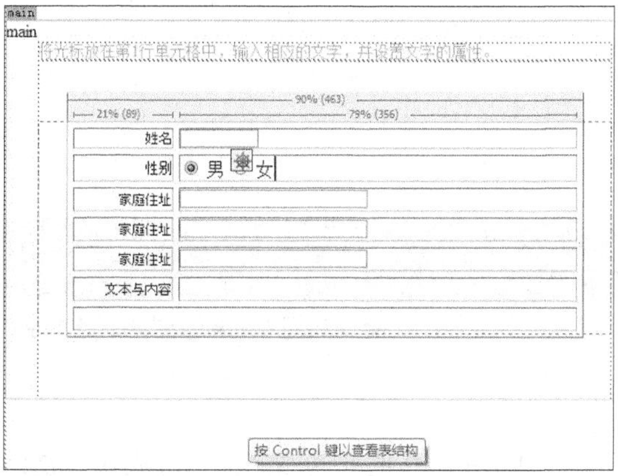

步骤 04 将光标放在第6行第2列的单元格中，选择【插入】➤【表单】➤【文本区域】菜单命令，插入文本区域。然后在【属性】面板中，将【字符宽度】设置为“45”，【行数】设置为“6”，【类型】设置为【多行】。

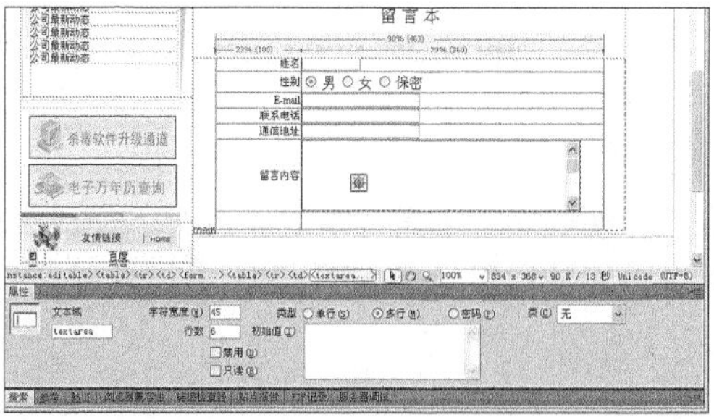

步骤 05 选定第7行的两个单元格，在【属性】面板中单击【合并单元格】按钮，合并单元格。然后在【属性】面板中，将单元格的【水平】设置为【居中对齐】。

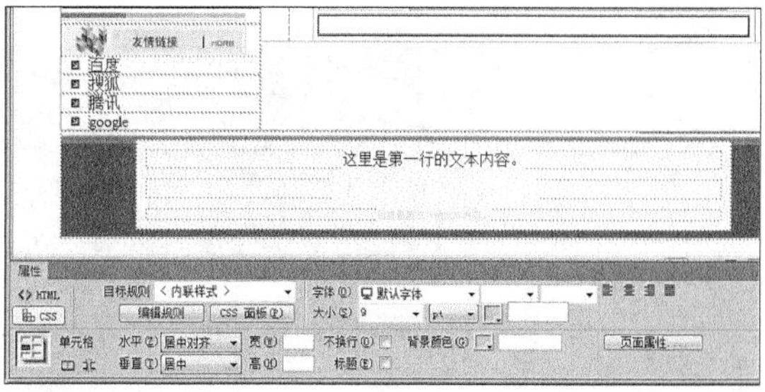

步骤 06 将光标放在合并后的单元格中，选择【插入】➤【表单】➤【按钮】菜单命令，插入按钮。然后在【属性】面板中，将【动作】设置为【提交表单】。

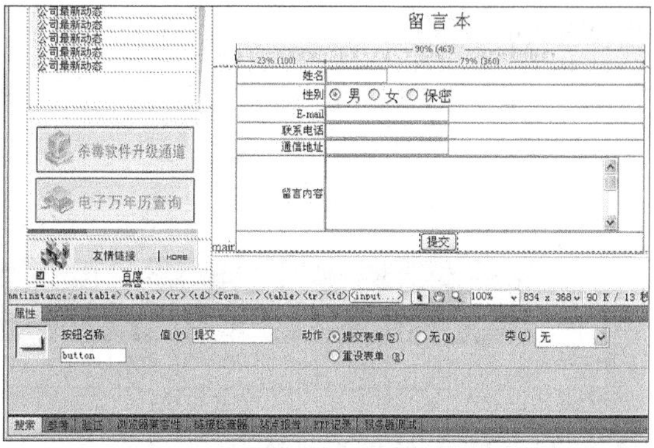

步骤 07 重复**步骤 06**，在【提交】按钮的右侧插入一个按钮，然后将【属性】面板中的【动作】设置为【重设表单】。

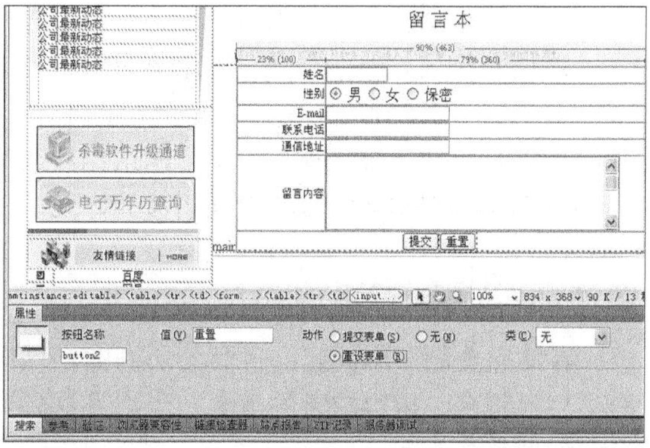

步骤 08 在文档窗口的标签选择器上选择<form>标签，选定表单，然后在【属性】面板的【动作】文本框中输入“mailto:ll_dy@163.com”，在【方法】下拉列表中选择【POST】选项。

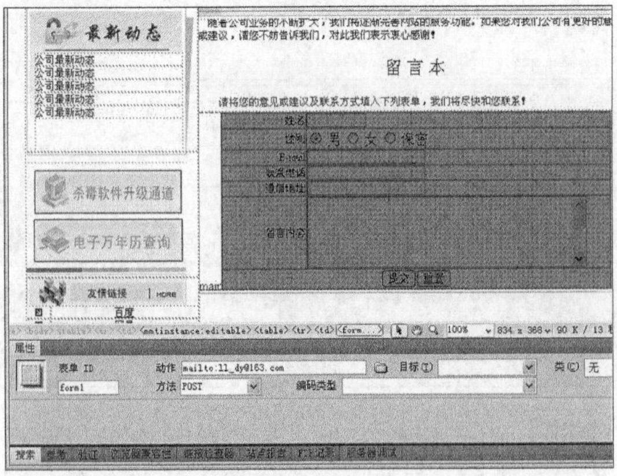

步骤09 选择【修改】➤【页面属性】菜单命令，弹出【页面属性】对话框，选择【分类】为【外观】，然后将【左边距】和【上边距】均设置为0。

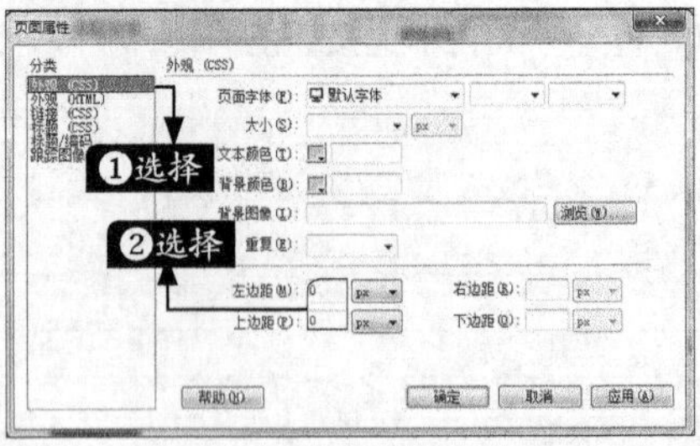

步骤10 将文档的【标题字体】改为“龙马创新教育”，之后单击【确定】按钮，保存文档至本地站点文件夹下，按【F12】键在浏览器中预览效果。

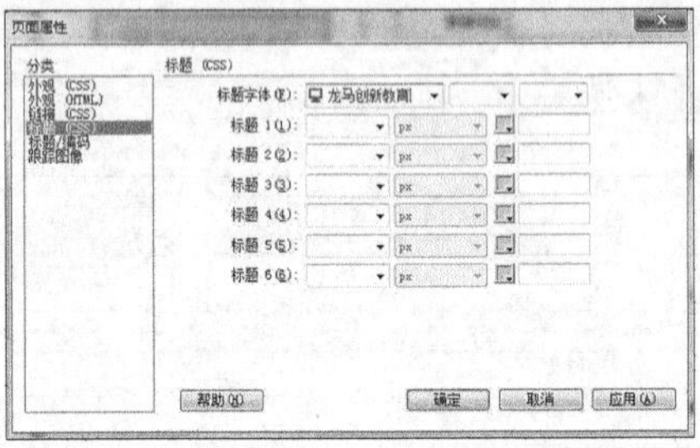

高手支招

本节教学录像时间：3 分钟

商业网站规划常见的问题

商业网站建设的好坏，会直接影响到企业的形象。因此在制作商业网站之前，应先做好整体的规划，良好的规划可以提高网站的开发效率，否则往往会事倍功半。在进行网站规划的过程中，常常会遇到以下几个问题，读者应多加注意。

(1) 整体规划不合理，主辅菜单不清晰。

(2) 网站建设导向不明确，重点不突出。

(3) 栏目过多或者过少。

(4) 各栏目缺乏统一规划，整个网站比较杂乱。

(5) 网站的促销功能没有得到明显的体现。

商业网站内容缺乏症的治疗

有的企业刚有想要建立自己公司商业网站的想法后，便开始着手进行策划，此时，往往会有网站栏目不多、内容缺乏的感觉。当遇到这种问题时，可以从以下几个方面入手，进行网站内容资料的搜集与整理。

(1) 从产品历史和沿革出发去搜集资料。

(2) 从制造、发明产品的人出发去搜集资料。

(3) 从原材料出发去搜集资料。

(4) 从客户需求出发去搜集资料。

(5) 从所从事行业的范围出发去搜集资料。

(6) 从产品的用途出发去搜集资料。

第19章

用Photoshop设计网页

学习目标

使用Photoshop CC不仅可以处理图片，还可以在其中进行设计网页，本章主要介绍汽车网页设计和房地产网页设计的具体操作步骤。

学习效果

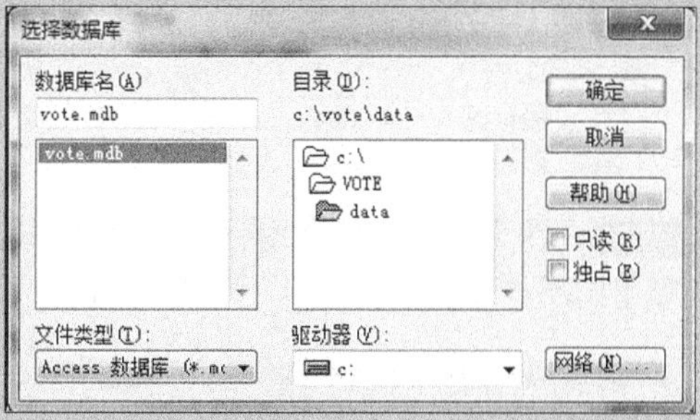

19.1 汽车网页设计

本节教学录像时间：20 分钟

网页设计是Photoshop的一种拓展功能，是网站程序设计的好搭档，本实例主要使用了【文字工具】、【移动工具】和【自由变换工具】来制作一个汽车网页。

第1步：制作公司Logo

步骤 01 单击【文件】➤【新建】菜单命令，打开【新建】对话框，在【名称】文本框中输入“公司Logo”，将【高度】设置为“600”像素、【宽度】设置为“200”、【分辨率】设置为“72”像素/英寸。

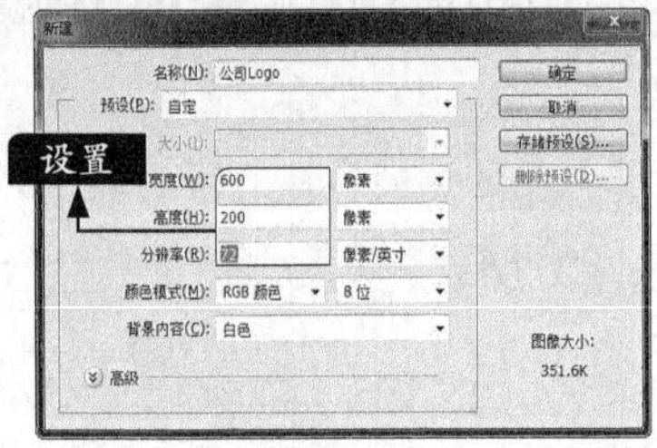

步骤 02 单击【确定】按钮，新建一个空白文档，在其中输入文字，并设置文字的颜色为黑色，其中字母的【大小】为“100点”，【字体】为“LilyUPC”。

步骤 03 在【图层】面板中选中文字图层，并单击鼠标右键，从弹出的快捷菜单中选择【栅格化文字】菜单命令，即可将该文字转化为图层。

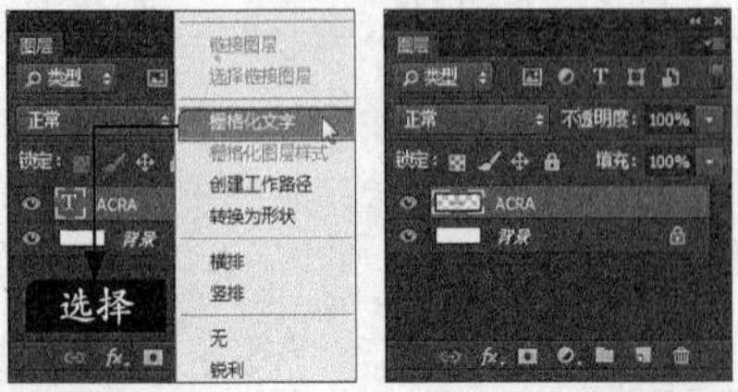

步骤 04 在【图层】面板中选中文字图层，然后单击【添加图层样式】按钮，添加【渐变叠加】图层样式，然后设置。

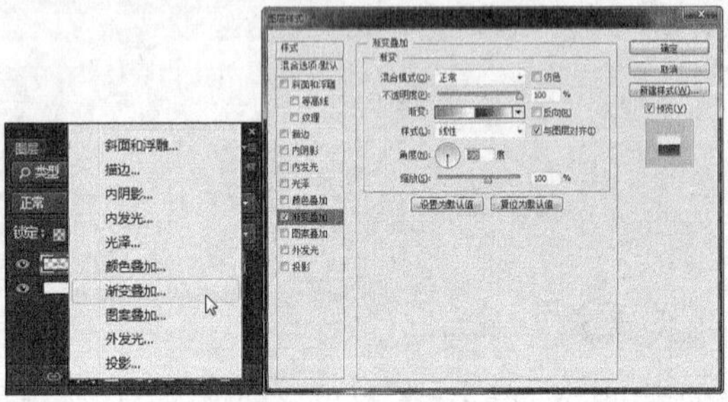

步骤 05 单击渐变颜色打开【渐变编辑器】对话框，并设置粉红色“C:0，M:72，Y:42，K:0”到白色，深灰色“C:73，M:67，Y:63，K:21”到白色的渐变颜色。

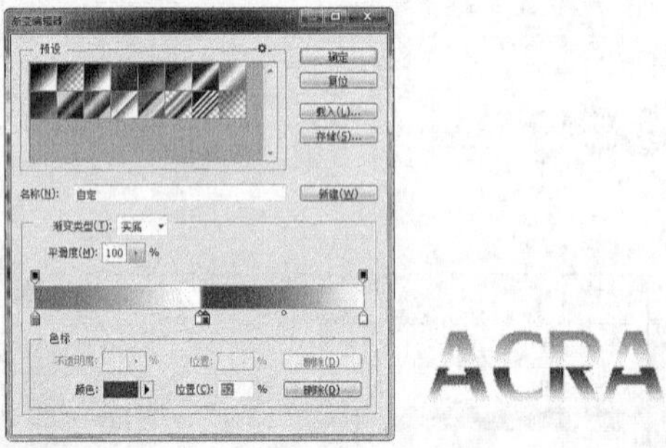

步骤 06 在【图层样式】对话框中继续添加【投影】图层样式，使用默认的参数即可。

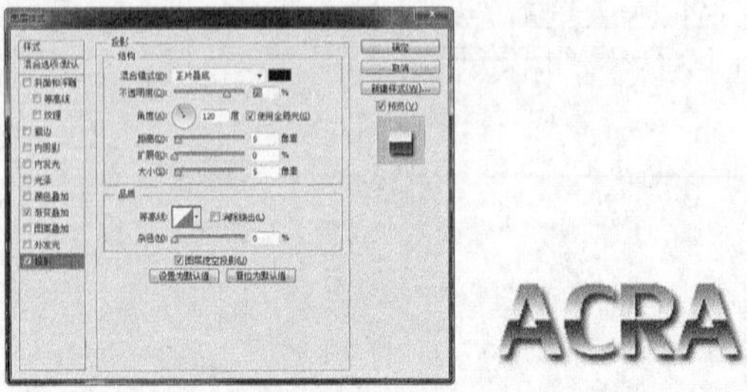

步骤07 在工具箱上选择【自定形状工具】，再在属性栏中单击【点击可打开“自定形状”拾色器】按钮，打开系统预设的形状，在其中选择需要的形状样式。

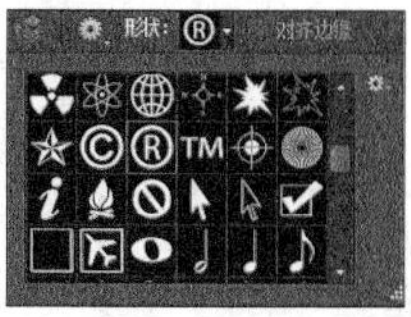

步骤08 在【图层】面板中单击【新建图层】按钮，新建一个图层，然后在该图层中绘制形状。

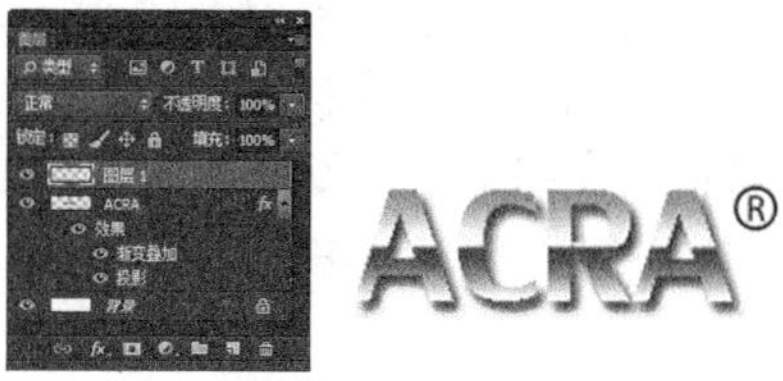

步骤09 在【图层】面板中选中文字图层，按下【Ctrl】键，单击【文字】图层和【图层1】，选中这2个图层。然后单击鼠标右键，从弹出的快捷菜单中选择【合并图层】菜单项，将2个图层合并成一个。

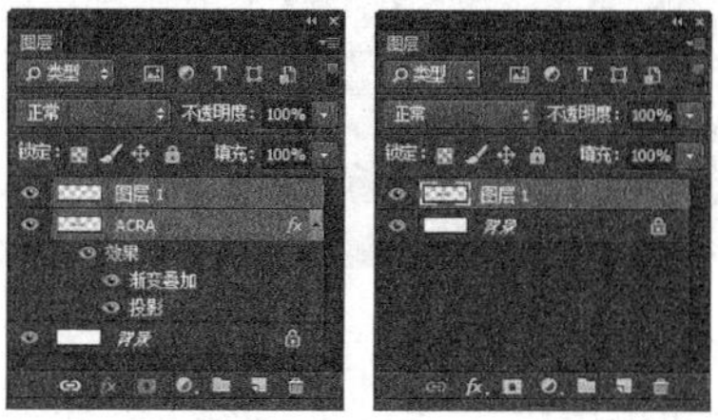

步骤10 双击【背景】图层后面的锁图标，弹出【新建图层】对话框，单击【确定】按钮将背景图层转化成普通图层。然后使用【魔棒工具】选择白色背景，按下【Delete】键删除背景。

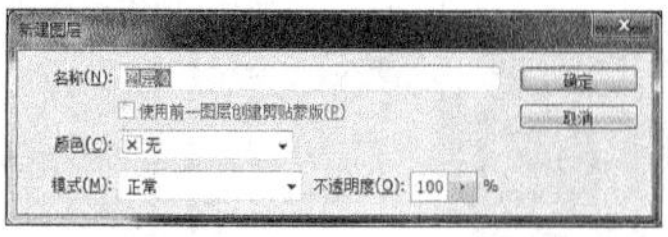

第2步：制作公司导航栏

步骤01 单击【文件】➤【新建】菜单命令，打开【新建】对话框，在【名称】文本框中输入“网页导航栏”，将【宽度】设置为“36.12”厘米、【高度】设置为“2.26”厘米、【分辨率】设置为“72像素/英寸”。

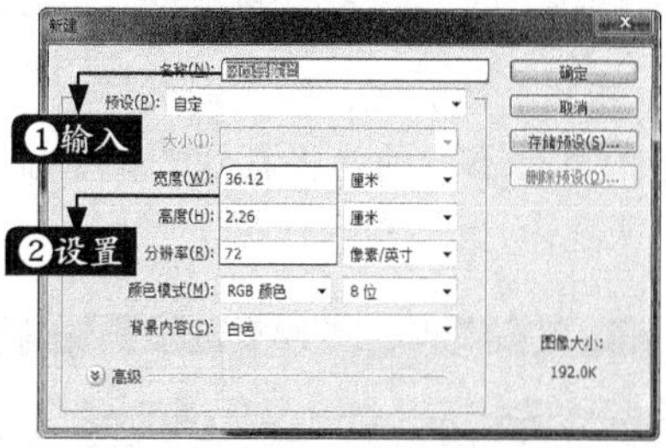

步骤02 单击【确定】按钮，新建一个空白文档，在工具箱中单击【渐变工具】按钮，然后在属性栏中单击【渐变编辑器】按钮，打开【渐变编辑器】对话框，设置渐变的颜色为灰色到白色到灰色的渐变。

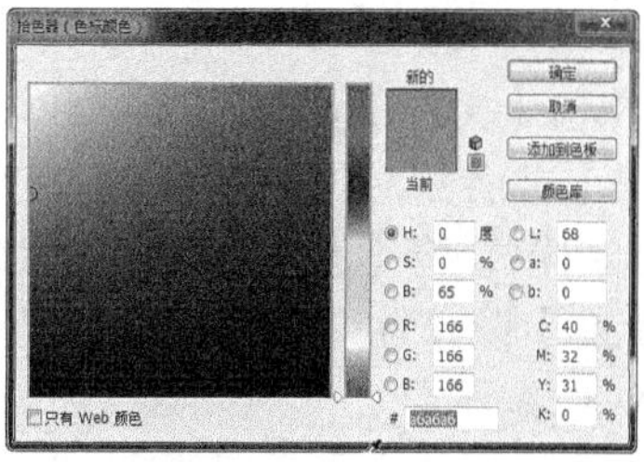

步骤03 单击网页导航栏文件的上边缘，按下鼠标左键不放，向下拖动渐变填充文件。

步骤 04 单击工具箱中的【横排文字工具】按钮，在其中输入文字，并设置文字的颜色为“C:78，M:73，Y:70，K:42”，【字体】大小为“18点”，【字体】为“黑体”。

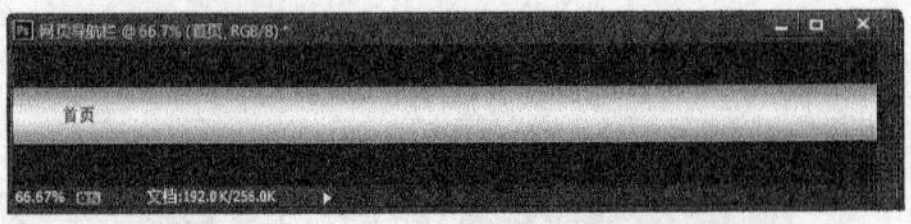

步骤 05 参照上述方式，输入网页导航栏中的其他文字信息，不同的是将其他的文字设置为浅一点的灰色。

步骤 06 在工具栏中单击【画笔工具】按钮，设置【画笔大小】为1像素，【硬度】为100%，新建一个图层，在网页导航栏中绘制分割线条，并设置线条的颜色为白色。

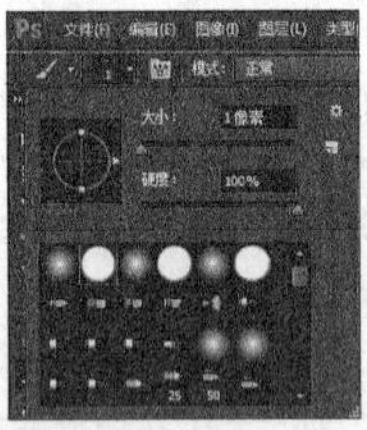

第3步：制作企业介绍

步骤 01 单击【文件】➤【新建】菜单命令，打开【新建】对话框，在【名称】文本框中输入“企业介绍”，将【高度】设置为“256”像素、【宽度】设置为“512”、【分辨率】设置为“72像素/英寸”。

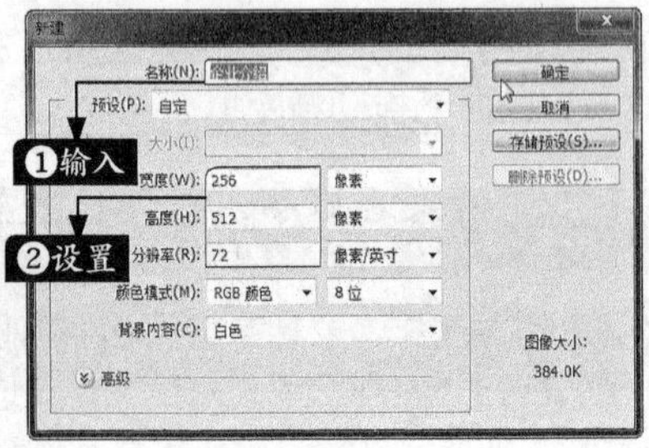

步骤 02 单击【确定】按钮，新建一个空白文档，然后填充灰色。

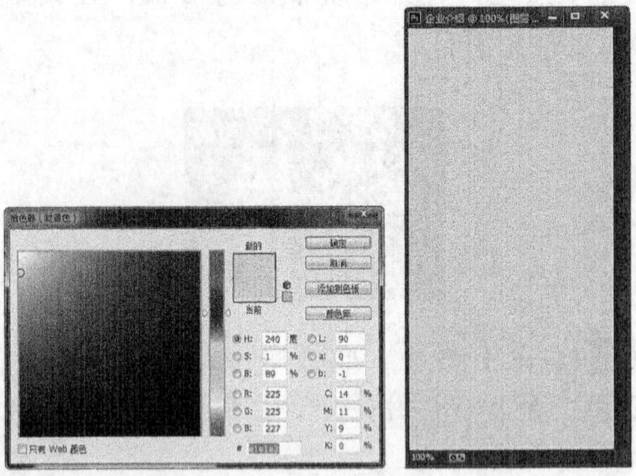

步骤 03 打开随书光盘“素材\ch19\汽车\公司.jpg”素材图像，使用【移动工具】将公司图片拖至“企业介绍.psd”文件中，按下键盘上的【Ctrl+T】组合键，自由变换图片至合适大小和位置。

步骤 04 单击工具箱中的【横排文字工具】按钮，在文档中输入“企业介绍”，并设置文字的字体为“黑体”、字体大小为“24点”，并设置文本颜色。

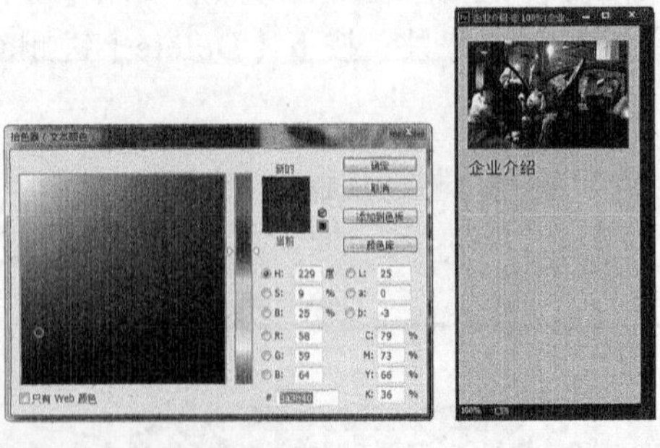

步骤 05 继续在文档中输入“服务宗旨”，并设置文字的【字体】为“黑体”、【字体】大小为“16点”，并设置文本颜色。

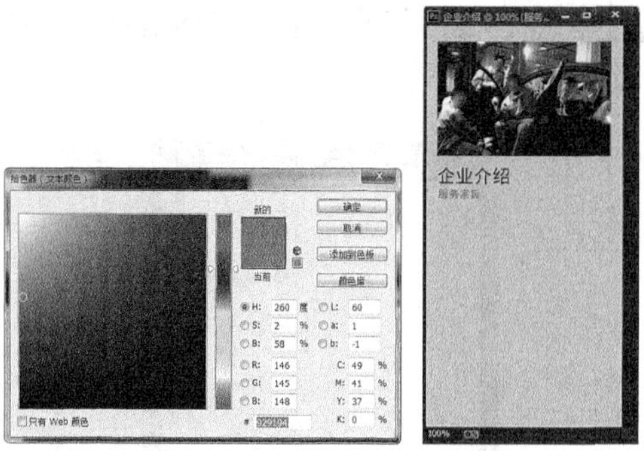

步骤06 单击工具箱中的【横排文字工具】按钮，在“企业介绍”文件中输入有关该企业的相关介绍性信息。

步骤07 再次使用【横排文字工具】在文件中输入“Read More”，并设置文字的字体为“黑体”、字体大小为“24点”，并设置文本颜色为白色。

步骤08 使用矩形工具绘制“Read More”下的矩形图标，颜色设置为深灰色。

步骤09 参照上述制作“企业介绍”文档的方式，制作“精品展示.psd”“制造工艺.psd”“汽车维护.psd”和“汽车展示.psd”。

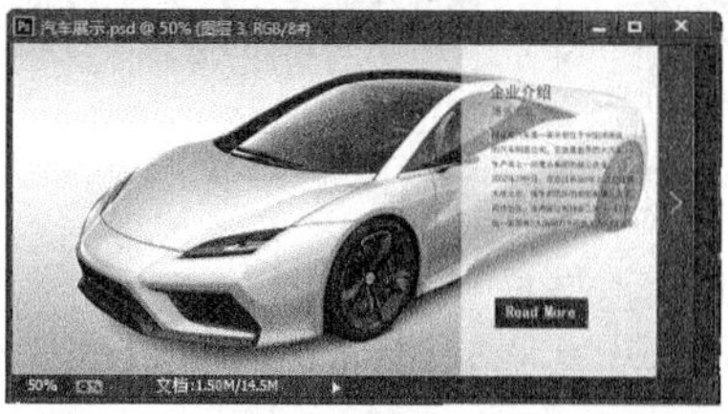

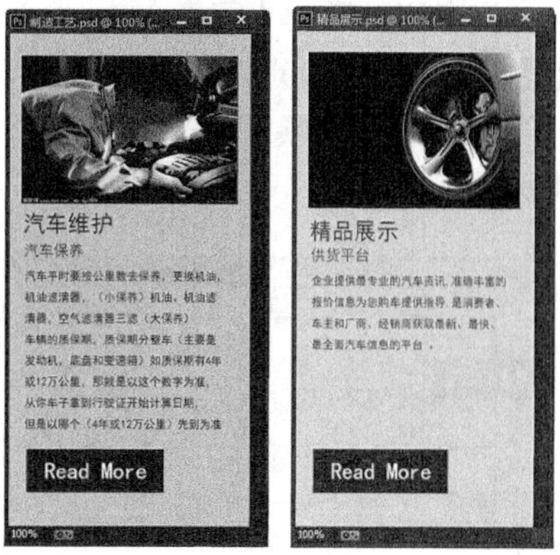

第4步：制作公司状态栏

步骤01 单击【文件】➤【新建】菜单命令，打开【新建】对话框，在【名称】文本框中输入“状态栏”，将【高度】设置为“1024”像素、【宽度】设置为“56”像素、【分辨率】设置为“72像素/英寸”。

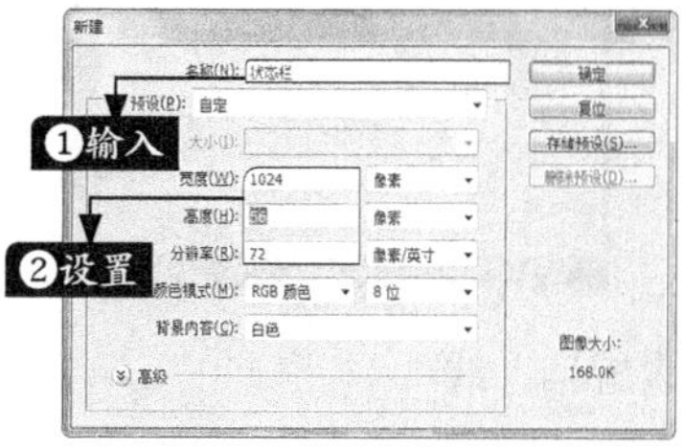

步骤02 单击【确定】按钮，即可创建一个空白文档。

步骤03 单击工具箱中的【横排文字工具】按钮，在其中输入“版权信息、地址、电话”等相关文字信息，设置文字的字体为“黑体”、字号大小为“12”。

第5步：设计汽车网页

⑴ 新建文件

步骤01 单击【文件】➤【新建】菜单命令。

步骤02 在弹出的【新建】对话框中创建一个名称为“汽车网页”、【宽度】为“1024”像素、【高度】为“1600”像素、【分辨率】为“72”像素/英寸、【颜色模式】为“RGB”模式的新文件。

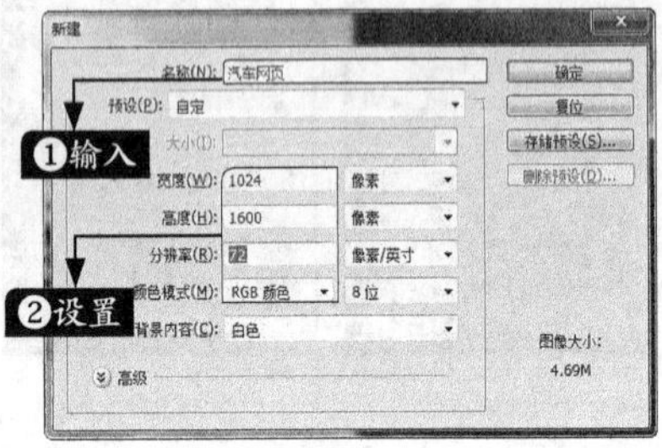

步骤03 单击【确定】按钮，创建一个“汽车网页”空白文档。

⑵ 设置辅助线

步骤01 选择【视图】➤【新建参考线】菜单命令，在【新建参考线】对话框中进行如图设置。

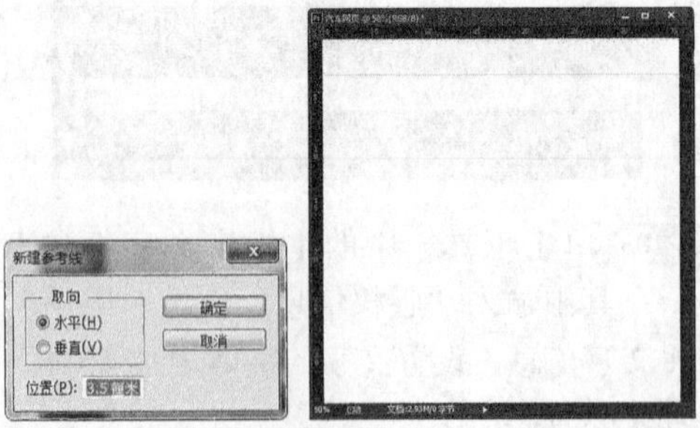

步骤02 接着设置其他水平方向和垂直方向处的参考线。

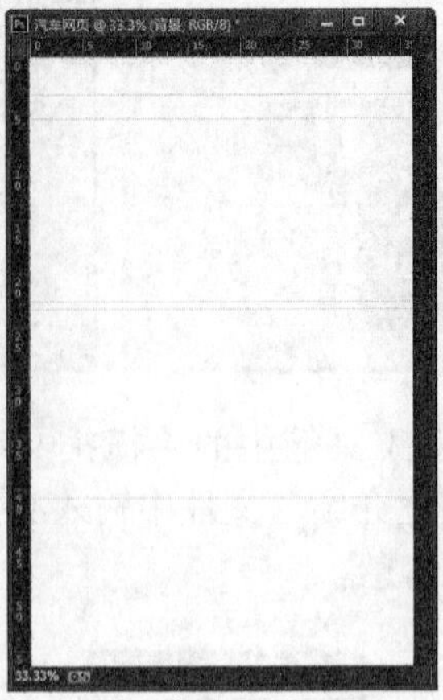

⑶ 使用素材

步骤01 单击工具箱中的【矩形工具】按钮，在属性栏中选择【像素】选项，设置前景色的颜色为深灰色（C:84，M:80，Y:79，K:65），然后绘制一个矩形。

步骤02 设置前景色的颜色为浅灰色（C:14，M:11，Y:9，K:0），然后继续在上方绘制一个矩形。

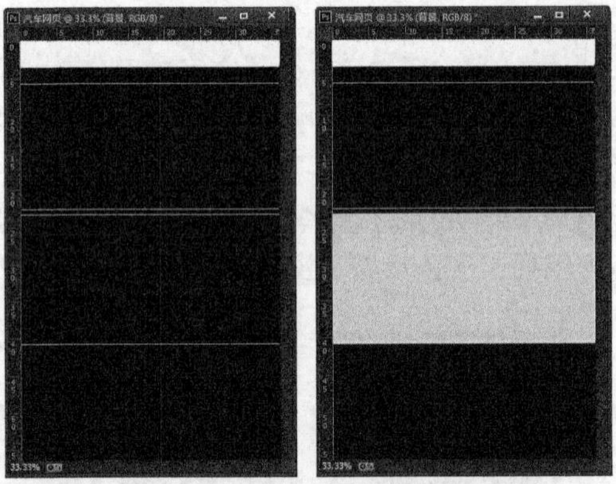

步骤03 打开随书光盘中的“素材\ch19\汽车\公司Logo.psd”“素材\ch19\汽车\汽车展示.jpg”“素材\ch19\汽车\网页导航栏.jpg”等素材图片。选择【移动工具】将素材拖曳到新建文档中。

步骤04 按住【Ctrl+T】组合键来调整位置和大小，并调整图层顺序。

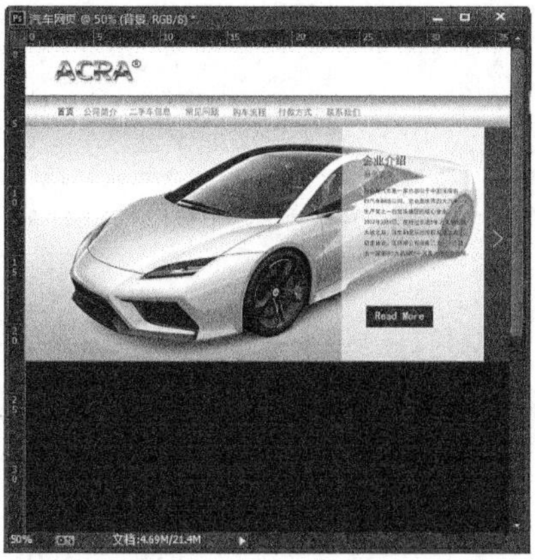

步骤05 打开随书光盘中的“素材\ch19\汽车\精品展示.jpg”“素材\ch19\汽车\企业介绍.jpg”“素材\ch19\汽车\汽车维护.jpg”“素材\ch19\汽车\购车常识.jpg”，选择【移动工具】将素材文字拖曳到新建文档中，并调整位置和顺序。

步骤06 按住【Ctrl+T】组合键来调整位置和大小，并调整图层顺序。

步骤07 打开随书光盘中的“素材\ch19\汽车\汽车1～4.jpg”图像，选择【移动工具】将素材拖曳到“汽车网页”文档中，按住【Ctrl+T】组合键并调整位置、大小和图层顺序。

步骤08 单击工具箱中的【矩形工具】按钮，在属性栏中选择【像素】选项，设置前景色的颜色为黑色，然后绘制图片下方的矩形。

步骤09 单击工具箱中的【横排文字工具】按钮，在其中输入相关文字信息。

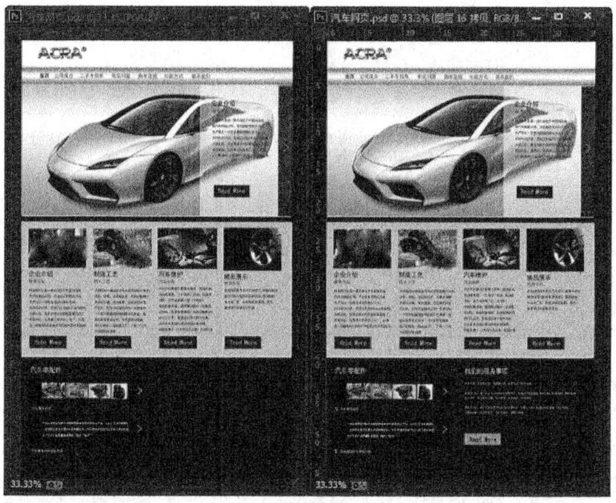

步骤10 打开随书光盘中的“素材\ch19\汽车\状

态栏.jpg”图像，选择【移动工具】将素材拖曳到“汽车网页”文档中，按住【Ctrl+T】组合键并调整位置、大小和图层顺序，至此，就完成了“汽车网页”的设计。

(4) 保存“汽车网页”

步骤01 单击【文件】➤【存储为Web和设备所用格式】菜单命令。

步骤02 弹出【存储为Web和设备所用格式】对话框，根据需要设置相关参数。

步骤03 单击【存储】按钮，弹出【将优化结果存储为】对话框，设置文件保存的位置，单击【格式】右侧的下拉按钮，从弹出的菜单中选择【HTML和图像】选项。

步骤04 单击【保存】按钮，即可将“汽车网页”以HTML和图像的格式保存起来。

步骤05 双击其中的“汽车网页.html”文件，即可在IE浏览器中打开“汽车网页”。

小提示

在设计网页时应根据网站类型来决定整体的色调和画面布局以及字体的类型。由于上述网页是一个汽车网页，因此，网页的基本色调确定为蓝色，其中文字也多用比较简单规整的字体样式。

第6步：对网页进行切图

步骤01 打开上面制作的“汽车.psd”文件。

步骤02 在工具箱中单击【切片工具】按钮，根据需要在网页中选择需要切割的图片。

步骤03 单击【文件】➤【存储为Web和设备所用格式】菜单命令，打开【存储为Web和设备所用格式】对话框，在其中选中切片1中的图像。

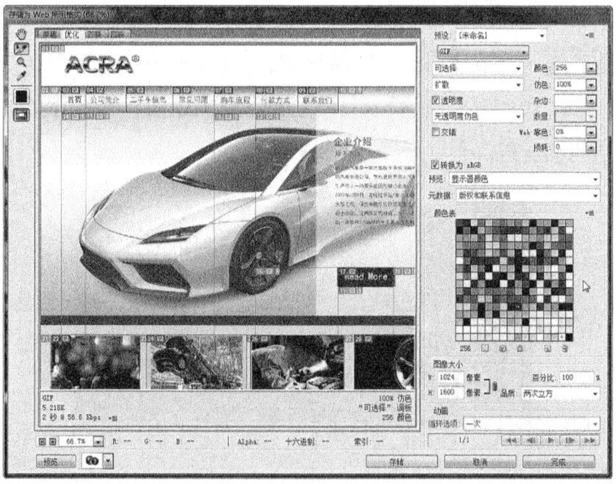

步骤04 单击【存储】按钮，即可打开【将优化结果存储为】对话框，单击【切片】后面的下三角按钮，从弹出的快捷菜单中选择【选中的切片】菜单项。

步骤05 单击【保存】按钮，即可将切片1中的图像保存起来。

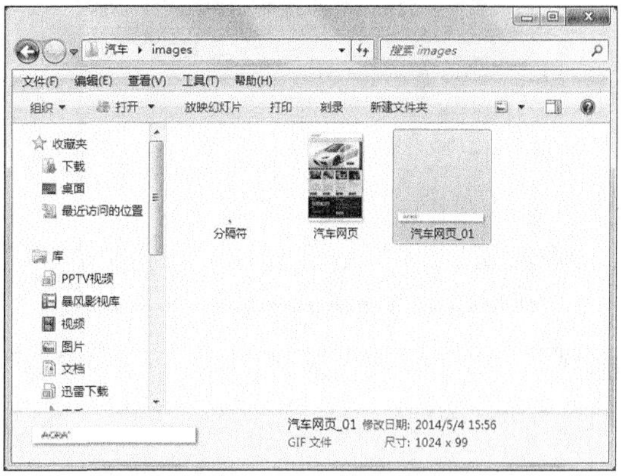

步骤06 采用保存切片1的方法将其他切片图像也保存起来。

19.2 房地产网页设计

本节教学录像时间：16 分钟

房地产网页的设计主要以精美的楼盘实景图片、人性化的设计来突出显示房地产项目。本实例主要使用了【文字工具】、【移动工具】和【自由变换工具】来制作一个房地产网页。

第1步：新建文件并设置辅助线

步骤 01 单击【文件】➤【新建】菜单命令。

步骤 02 在弹出的【新建】对话框中创建一个名称为“房地产网页”、【宽度】为“1024”像素、【高度】为“560”像素、【分辨率】为“72”像素/英寸、【颜色模式】为“RGB”模式的新文件。

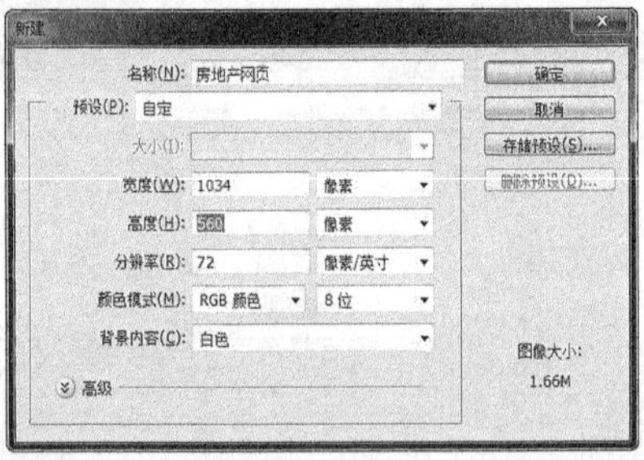

步骤 03 单击【确定】按钮，创建一个“房地产网页”空白文档。

步骤 04 选择【视图】➤【新建参考线】菜单命令，在【新建参考线】对话框中进行如图设置。

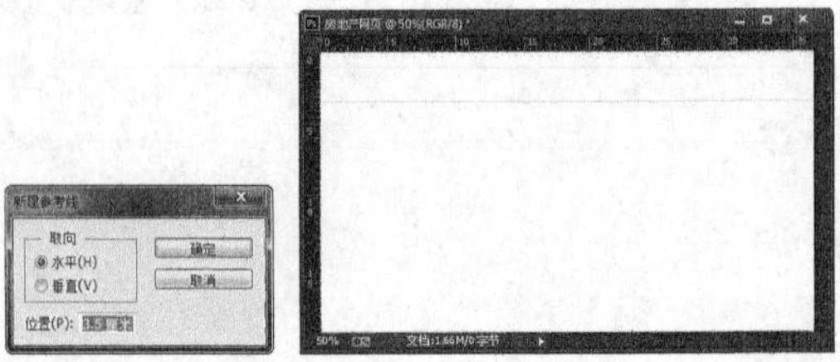

步骤 05 同理设置水平方向18厘米处的参考线。

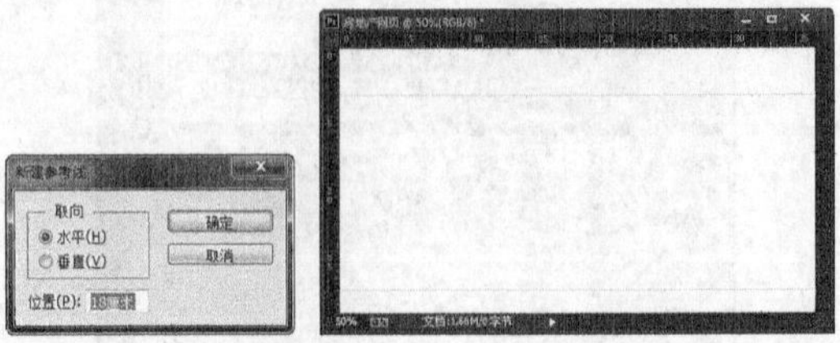

步骤 06 设置前景色为深灰色，然后填充到背景图层。

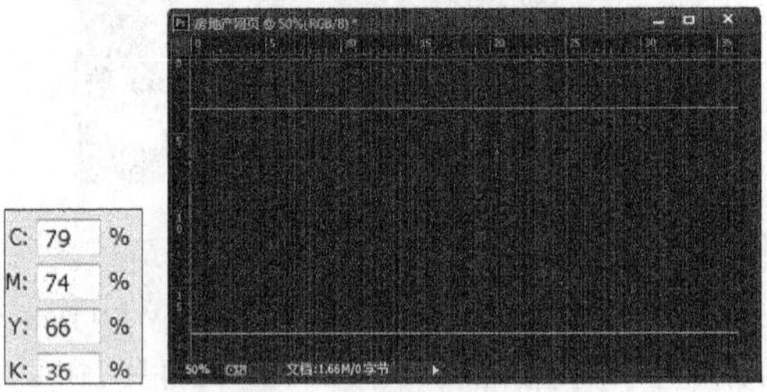

第2步：使用素材

步骤 01 打开随书光盘中的“素材\ch19\房地产\背景.jpg”“素材\ch19\房地产\公司Logo.jpg”素材图片。

步骤02 选择【移动工具】将素材拖曳到“背景”文档中。按住【Ctrl+T】组合键来调整位置和大小，并调整图层顺序。

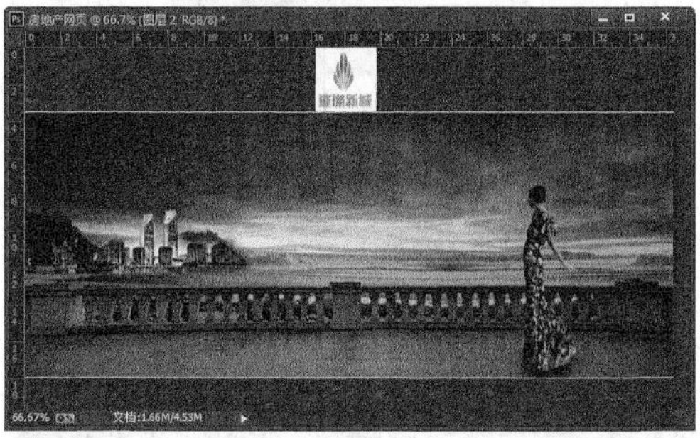

步骤03 单击工具箱中的【横排文字工具】按钮，在其中输入广告文字信息，设置文字的字体为“方正粗倩简体”、字号大小为“30点”，文字颜色为“C:6，M:14，Y:88，K:0”。

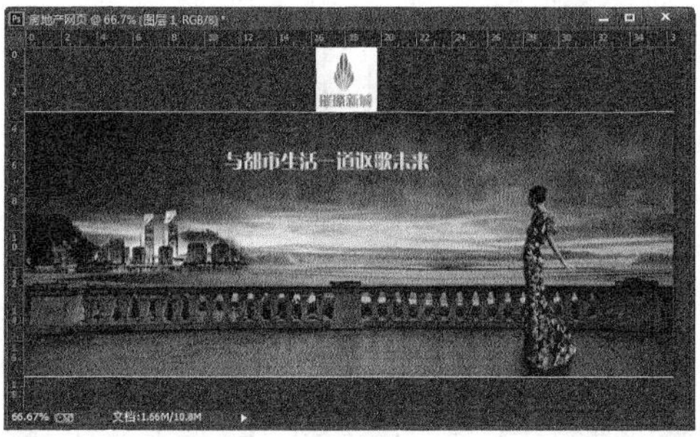

步骤04 继续输入广告文字信息，设置文字的字体为“黑体”、字号大小为“12点”，文字颜色为黑色。

步骤05 继续输入广告文字信息，设置文字的字体为“黑体”、字号大小为“10点”，文字颜色为“黑色”。

步骤06 继续在状态栏输入“版权所有：汇成房地产开发有限责任公司 地址：北京市惠济区天明路2号 E-mail：123@163.com 联系电话：010-123456 13012345678 联系人：王某”文字，设置文字的字体为“黑体”、字号大小为“10点”，文字颜色为“白色”。

第3步：制作导航栏

步骤01 在工具栏上单击【横排文字工具】按钮，在文档中输入导航栏信息。字体设置为“黑体”、大小设置为“12点”、颜色设置为白色。

步骤02 在工具栏中单击【画笔工具】按钮，设置【画笔大小】为“1像素”，【硬度】为“100%”，新建一个图层，在网页导航栏中绘制分割线条，并设置线条的颜色为白色。

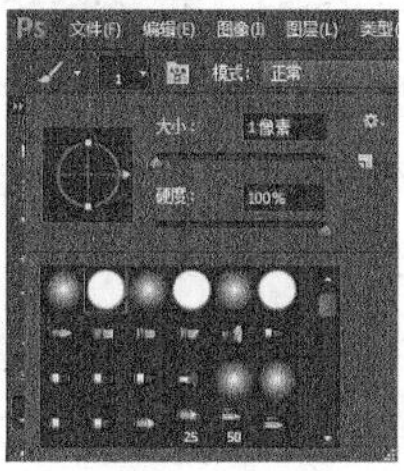

步骤 03 新建一个图层，在工具箱中单击【自定形状工具】按钮，再在属性栏中单击【点击可打开“自定形状”拾色器】按钮，打开系统预设的形状，在其中选择所需要的形状样式，在导航栏文字上方绘制一个形状。

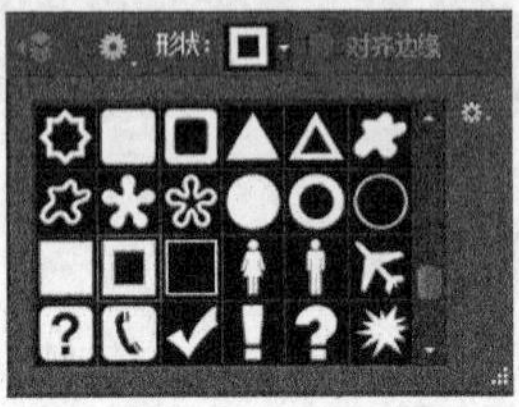

步骤 04 继续绘制导航栏文字上方的形状。

步骤 05 在工具箱中单击【自定形状工具】按钮，再在属性栏中单击【点击可打开“自定形状”拾色器】按钮，打开系统预设的形状，在其中选择所需要的形状样式，在导航栏文字上方绘制一个形状。

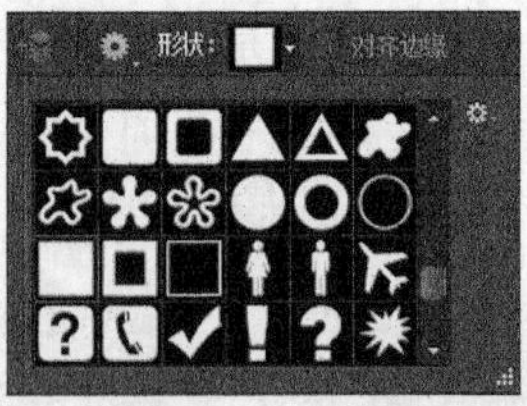

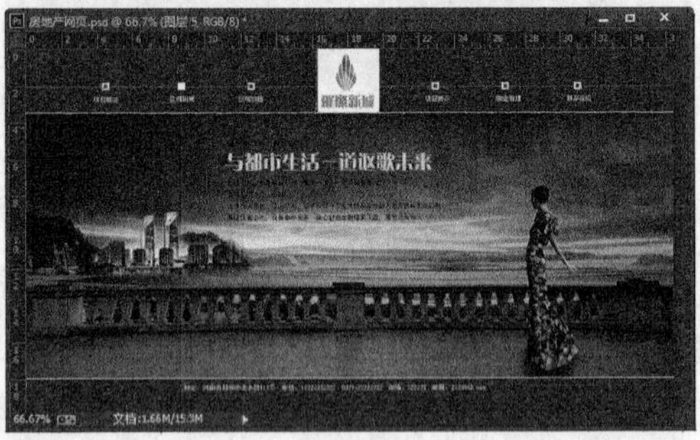

步骤 06 打开随书光盘中的“素材\ch19\房地产\户型图-1、户型图-2、户型图-3和户型图-4”素材图片。

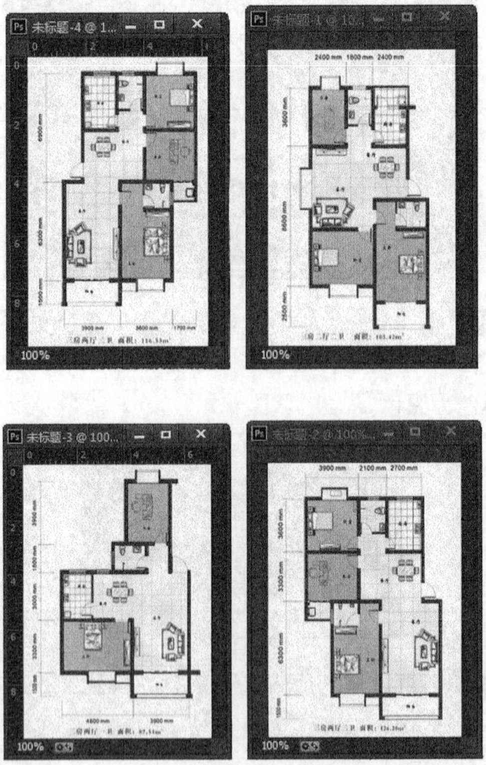

步骤 07 选择【移动工具】将素材拖曳到“背景”文档中。按住【Ctrl+T】组合键来调整位置和大小，并调整图层顺序。

步骤08 双击户型图所在图层，打开【图层样式】对话框，在其中选择【投影】、【描边】选项，设置投影的相关参数如下。

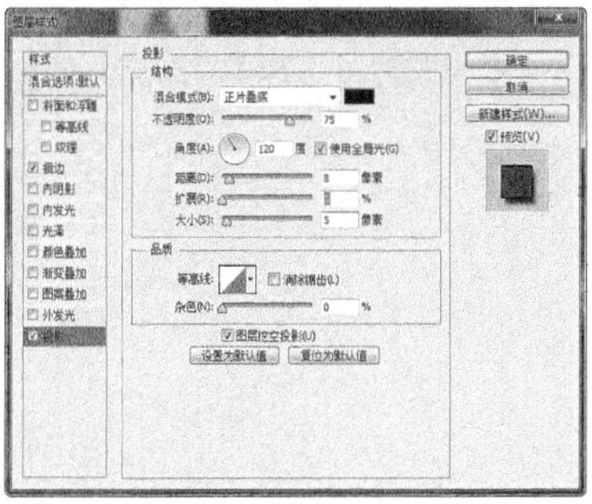

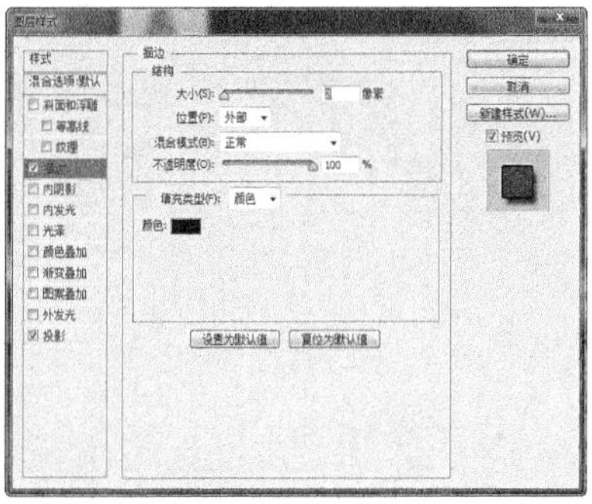

步骤09 单击【确定】按钮，即可应用图层样式。

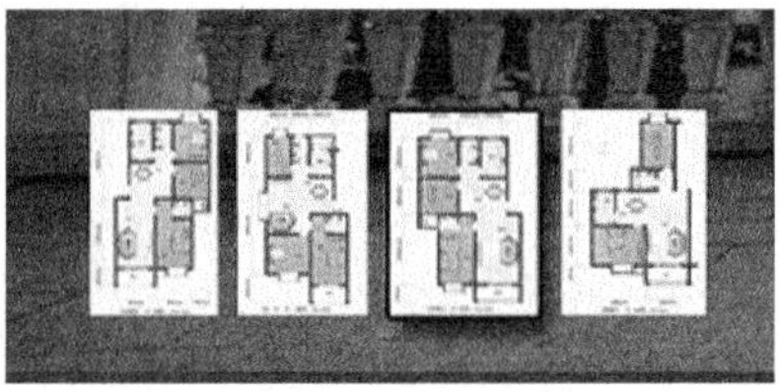

步骤10 继续为其他户型图添加图层样式。至此，一个房地产网页就设计完成了，选择【视图】➤【清除参考线】菜单命令，即可清除文件中的清除参考线；按下【Ctrl+R】组合键取消显示标尺。

第4步：保存“房地产网页”

步骤01 单击【文件】➤【存储为Web和设备所用格式】菜单命令。

步骤02 弹出【存储为Web和设备所用格式】对话框，根据需要设置相关参数。

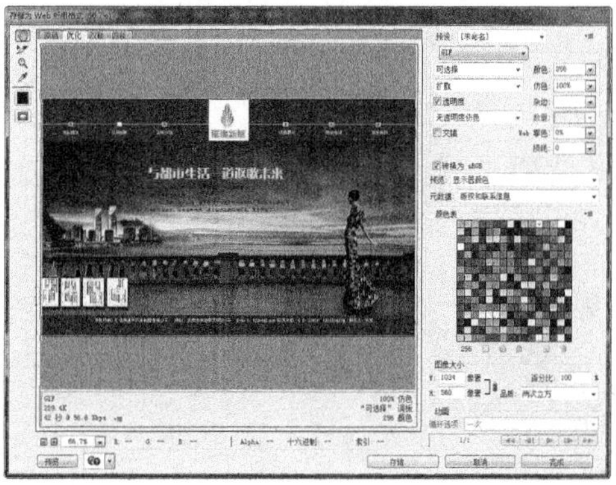

步骤03 单击【存储】按钮，弹出【将优化结果存储为】对话框，设置文件保存的位置，单击【格式】右侧的下拉按钮，从弹出的菜单中选择【HTML和图像】选项。

步骤04 单击【保存】按钮，即可将“房地产网页”以HTML和图像的格式保存起来。

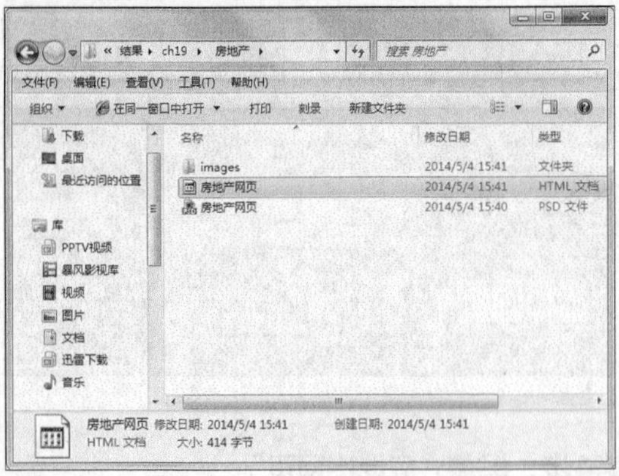

步骤 05 双击其中的“房地产网页.html”文件，即可在IE浏览器中打开“房地产网页”。

小提示

房地产网页一般要给客户温暖的感觉，所以本网页的主色调采用了庄重大方的黄色，并配以温暖舒心的绿色和明黄色。同时，精美的楼盘图片往往是吸引人点击浏览的重要元素。

第20章

制作Flash广告

学习目标

Flash动画短小、精悍，情节画面夸张起伏，能够在短时间内吸引观众的注意，传达最深感受。在制作Flash动画之前，应该先准备制作动画所需要的材料，然后仔细解剖动画的制作步骤。

学习效果

20.1 Flash广告设计基础

本节教学录像时间：1 分钟

Flash广告形式多样，尺寸多种多样。目前网络比较流行的Flash广告形式有标准广告（468 × 60）、弹出广告（400 × 300）、通栏广告（585 × 140和750 × 120）和小型广告条（150 × 150 以内）等。

小提示

广告多为展示型动画，可以包含少量的交互动作。用户不干涉或极少干涉Flash影片的播放。

20.2 基本制作步骤

本节教学录像时间：2 分钟

Flash广告的基本制作步骤如下。

1. 规划影片

设计动画要实现的效果。内容包括绘制动画场景，设计角色、道具，完成文字剧本写作。

2. 绘制分镜

绘制分镜就是根据文字剧本将动画分隔为若干要表现的镜头，解释镜头运动，将剧本形象化，确定显示效果，但不必描绘细节，以给后面的动画制作提供参考。下面是在Flash中绘制分镜的例子。

小提示

分镜可以在纸上绘制，也可以直接在Flash中绘制。

画面	画面描述	注释	时长
	咖啡色线条和装满咖啡的咖啡杯出现	[动画]：咖啡冒着热气，线条从两侧飞出，速度较快	1.4
	上方形状和中间形状出现，右上方同时出现产品图片，下方出现大图片	[动画]：形状的出现要有跳跃感，图片闪动出现	6.9
	主要产品图片出现在舞台中央，导航文字出现	[动画]：图片速度较缓。导航文字要有动感，能引起观众注意	10.8

续表

画面	画面描述	注释	时长
	产品图片缩小，结束字样出现	[动画]：结束字样出现较缓。颜色鲜艳，成为视觉中心	14.2

3. 确立图形元素

将镜头中的场景、角色与角色动作转换为Flash的各个元件，并排布在背景图层与角色图层上。下面是一些图形元素的例子。

(1) 线条：引导视线。

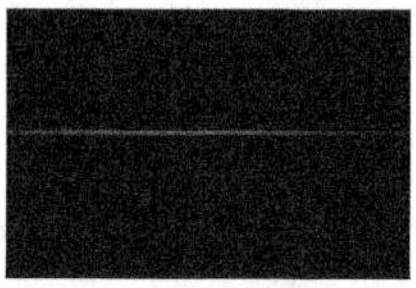

(2) 绸子：与产品颜色形成对比，彼此映衬。

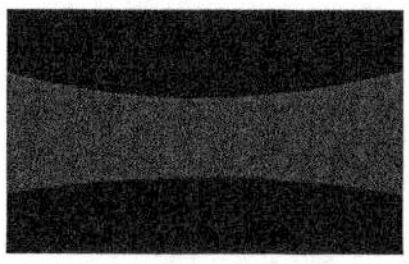

(3) 品牌标志：加强标志记忆。

(4) 结束语：突出目的。

4. 完成各元件的帧动作

完成影片的制作。实现Flash动画的技术手法多样，包括补间动画、补间形状，以及不可或缺的逐帧动画。需要充分理解动作，把握运动速度和角度的变化。下面是一些元件动画的文字描述。

(1) 引导线出现，从舞台边缘飞出，慢慢引出咖啡标志。

(2) 公司招牌出现，生动而富有立体感。

(3) 文字跳跃出现，由少到多。

(4) 产品由小变大，移向左侧。

(5) 渐渐地出现最终结束语，增加视觉上的丰富感。

5. 添加动画音乐音效和动画的发布测试

为动画添加音乐效果，最后发布动画。

20.3 设计前的指导

本节教学录像时间：1 分钟

Flash动画将场景作为表现环境，其中的元件（图形、影片剪辑或按钮）按时间轴方向改变它们的属性（位置、尺寸、形状和颜色等），形成动画效果。

动画的基本组件如下。

(1) 影片：舞台上，演员在剧本的安排下逐帧运动生成的动画。

(2) 演员表：影片中使用的演员的清单。

(3) 演员：一个独立的元素，如一幅位图、一些文本、一种声音、一个图形、一个矢量图形或一段数字视频文件。

⑷ 帧：影片中的一瞬间。在制作影片时，舞台上显示的是一帧画面。当播放影片时，舞台上一帧帧画面依次上演，就能实现影片的视觉效果。

⑸ 图层：角色位于哪一个图层，将决定该角色是位于其他角色之上，还是位于其他角色之下。

⑹ 剪辑室：是一个图表，用来显示哪个演员何时出现在舞台上。

⑺ 角色：描述了哪一个演员正在演出，它在剪辑室中的位置、在舞台上的位置以及其他的许多特性。

动画的基本形式如下。

⑴ 补间动画：就是手动创建起始帧和结束帧，而让Flash创建中间帧的动画。Flash通过更改起始帧和结束帧之间的对象大小、旋转、颜色或其他属性，就可以创建运动的效果。

⑵ 逐帧动画：就是必须创建每一帧中的图像，按顺序依次播放，形成动画效果。各帧图像动作变化应当细微、精确，要求较高。

20.4 动画制作步骤详解

本节教学录像时间：28 分钟

制作广告的具体步骤如下。

第1步：制作开场线动画

步骤 01 打开随书光盘中的“素材\ch20\广告制作.fla”文件，按【Ctrl+L】组合键打开【库】面板。

步骤 02 将“图层1”重新命名为“线1”，在舞台上绘制一个“700像素 × 5像素”的矩形。

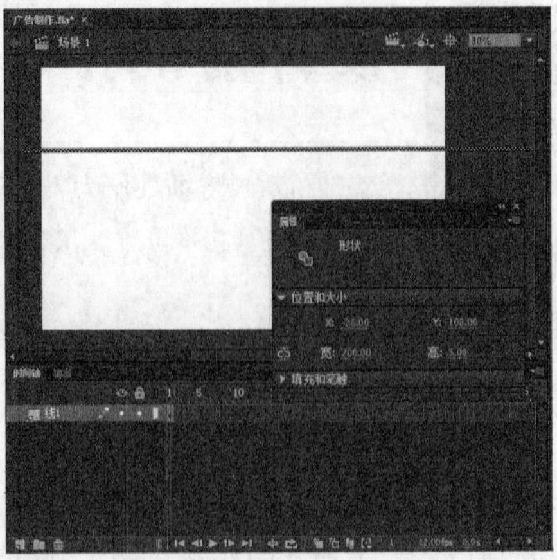

步骤 03 设置【填充颜色】为“透明色-咖啡色-

透明色”的渐变填充，单击【颜料桶工具】，为矩形填充渐变色。

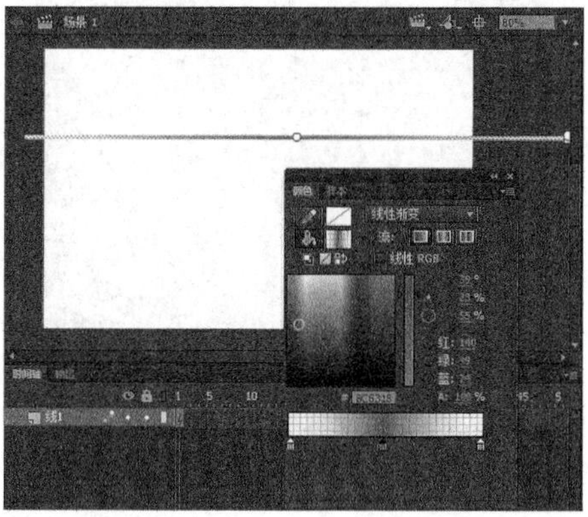

步骤04 选中该矩形，然后按【F8】键，弹出【转换为元件】对话框，输入【名称】为“开场线”，【类型】为【图形】。

步骤05 将矩形线放在舞台右上角（舞台外边的灰色部分），起点对齐舞台的右边缘。

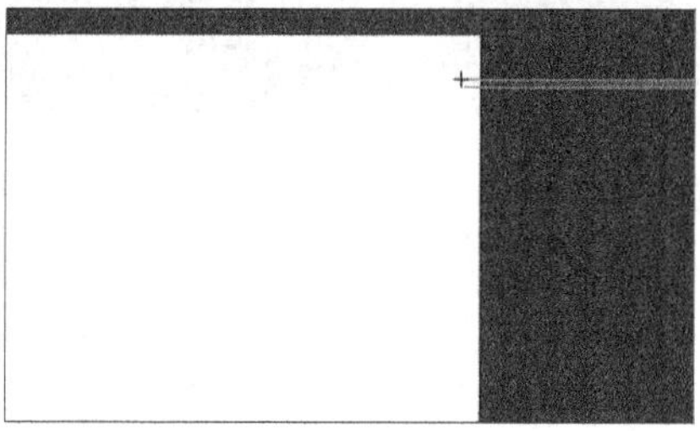

步骤06 选择“线1”图层时间轴的第10帧，按【F6】键插入关键帧，然后按【Shift+左箭头】组合键，将第10帧的矩形线移动到舞台左边。

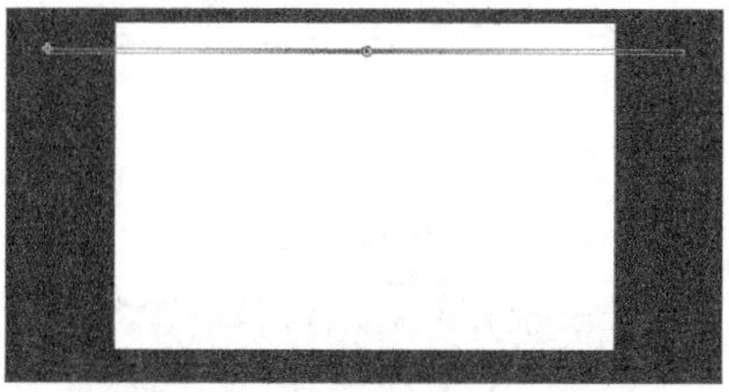

步骤07 选择第1帧，然后右击，在弹出的快捷菜单中选择【创建传统补间】菜单命令，创建出线条由右到左的移动动画。

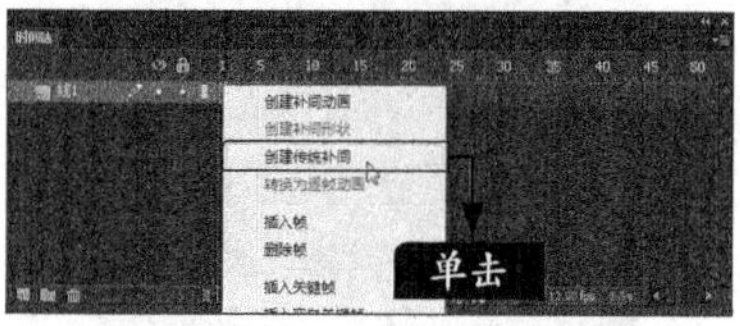

步骤08 新建一个图层，重新命名为“线2”，将【库】面板中的“开场线”元件拖曳到舞台上，旋转90°，然后在第8帧到第18帧之间，创建出线条由下到上的移动动画。

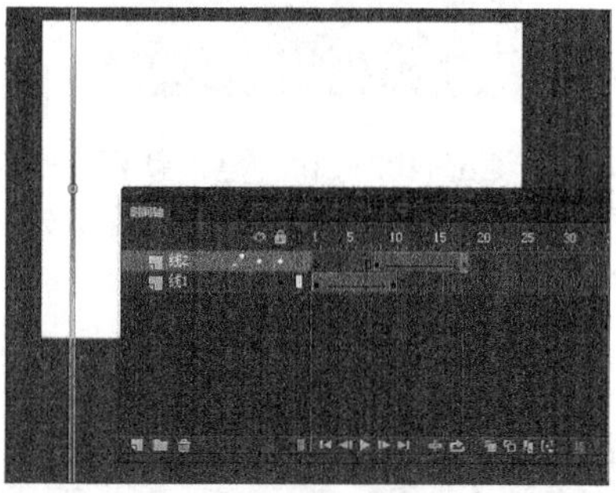

步骤09 选中“线1”图层，选中第18帧，然后右击，在弹出的快捷菜单中选择【插入帧】菜单命令。

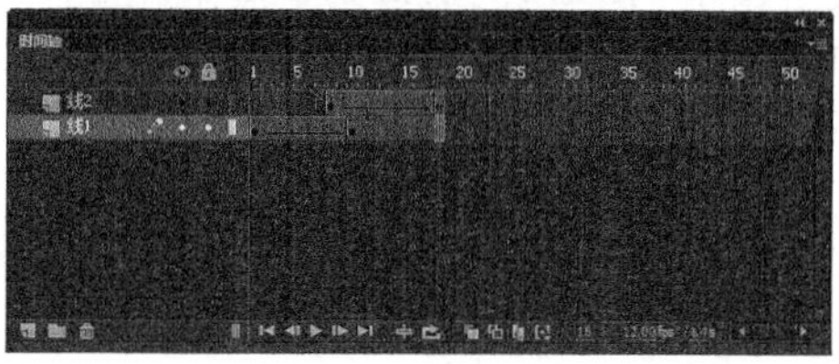

第2步：制作咖啡标志动画

步骤01 按【Ctrl+F8】组合键，弹出【创建新元件】对话框，输入【名称】为“咖啡标志”，设置【类型】为【图形】，单击【确定】按钮。

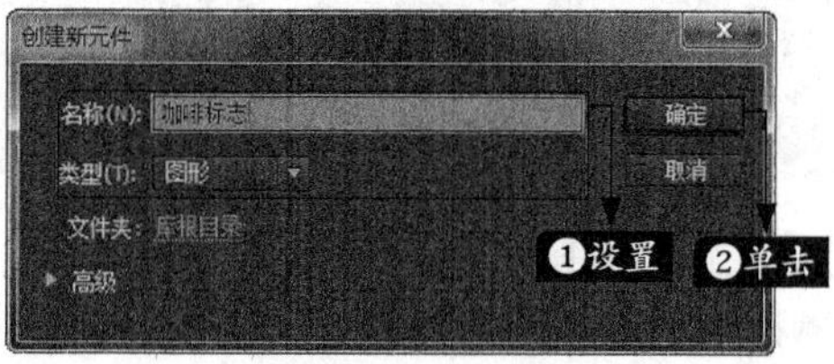

步骤02 在“咖啡标志”的编辑模式中，画出一个咖啡杯（可以自行设计，也可以直接使用库

中提供的可选素材）。

步骤03 按【Ctrl+F8】组合键，新建一个【影片剪辑】元件，【名称】为“咖啡标志动画”，单击【确定】按钮。

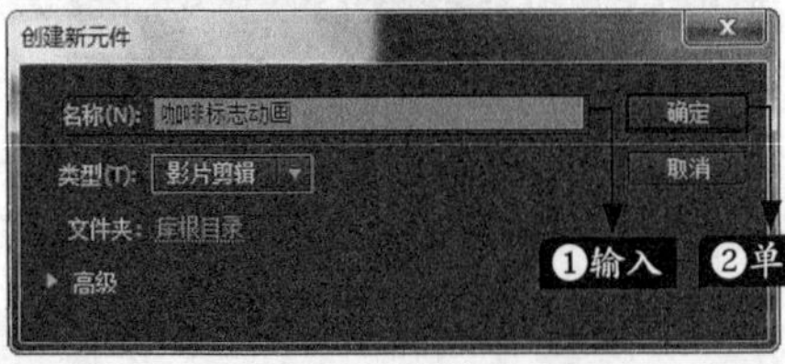

步骤04 将“图层1”重新命名为“咖啡杯”，从库中将“咖啡标志”元件拖曳到舞台中央，然后在第40帧按【F6】键插入关键帧。

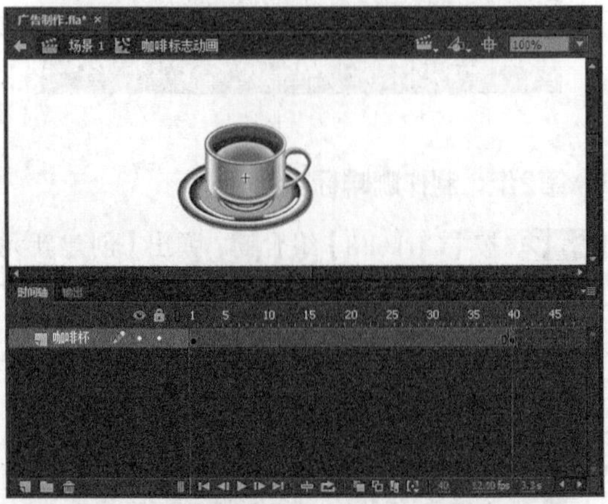

步骤05 单击第1帧，选中舞台上的咖啡杯，在【属性】面板中展开【色彩效果】选项组，在【样式】下拉列表中选择【Alpha】，设置Alpha值为0%，咖啡杯变成透明的。

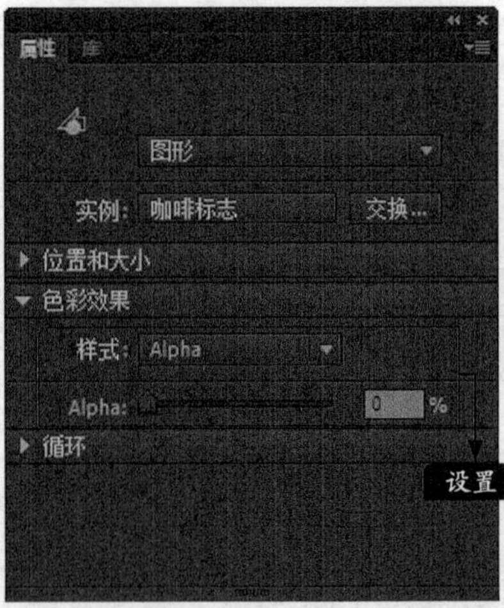

步骤06 选择“咖啡杯”图层的第1帧，然后右击，在弹出的快捷菜单中选择【创建补间动画】菜单命令，创建咖啡杯由透明到清晰的动画。

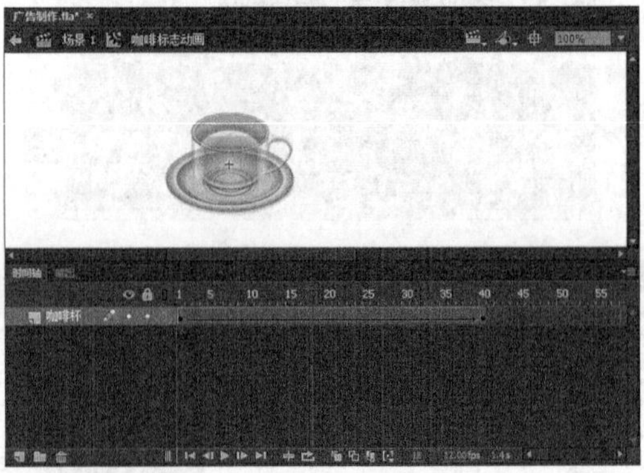

步骤07 新建一个图层，并重新命名为“烟”，然后在第60帧、第80帧和第120帧咖啡杯的上方分别画一缕烟，形成烟雾上升的3个状态，并将第120帧烟的【Alpha】值设为0%。

步骤08 分别选中第60帧和第80帧，然后右击，在弹出的快捷菜单中选择【创建传统补间】菜单命令，创建烟雾向上升起并消散的动画。

步骤09 单击场景1按钮，回到场景1中。新建一个图层，并重新命名为“咖啡杯标志”，然后选中第18帧，按【F6】键插入关键帧，从库中将“咖啡标志动画”元件拖曳到舞台的左上角。

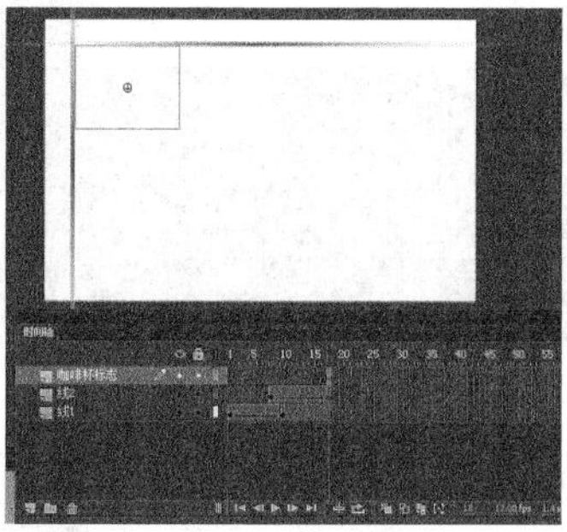

第3步：制作文字标志动画

步骤01 按【Ctrl+F8】组合键，新建一个【影片剪辑】元件，输入【名称】为“文字标志动画”。

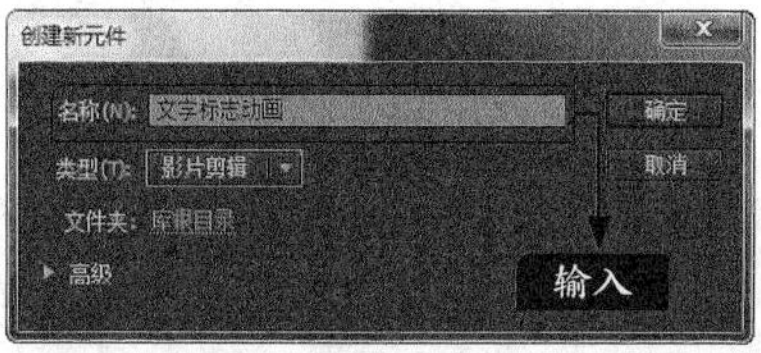

步骤02 在“文字标志动画”的编辑模式中，制作一个文字标志出现的动画（可以自行设计，也可以直接使用库中提供的可选素材）。

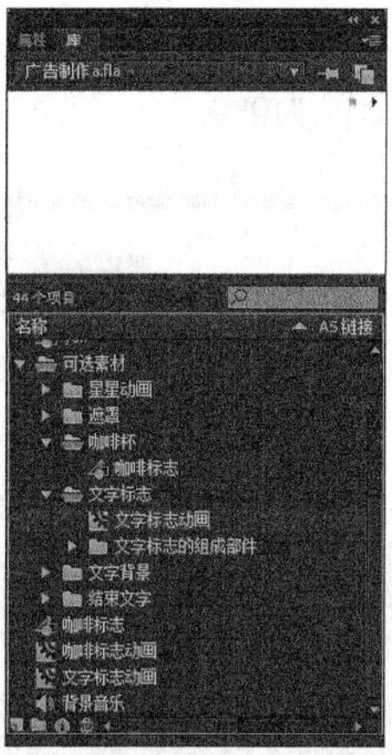

步骤03 单击场景1按钮，回到场景1中。新建一个图层，并重新命名为“文字标志”，然后在第30帧按【F6】键插入关键帧，从库中将“文字标志动画”元件拖入舞台左上角，靠近咖啡杯的下方。

步骤04 选中“线1”和“线2”图层，在第30帧插入帧。

第4步：制作“线”动画

步骤01 在“线1”图层的第55帧和第70帧按

【F6】键插入关键帧，将第70帧的矩形线条【Alpha】值设置为0%。

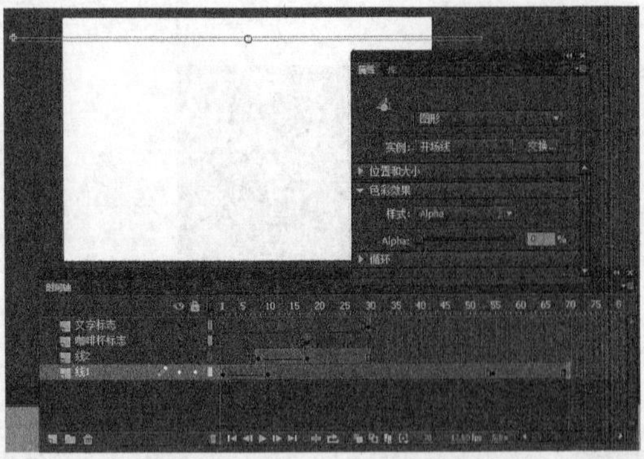

步骤02 选择第55帧，然后右击，在弹出的快捷菜单中选择【创建传统补间】菜单命令，创建线条消失的动画。

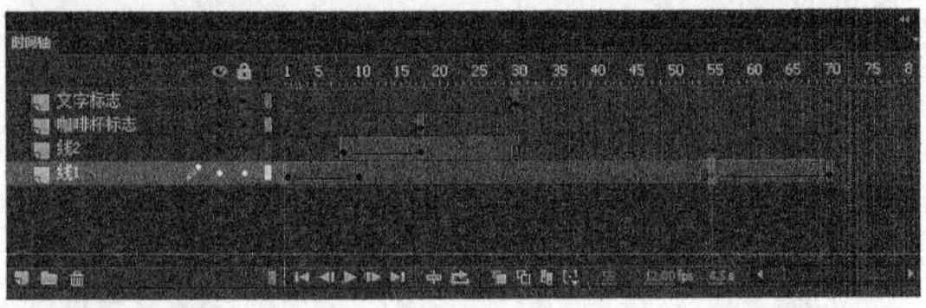

步骤03 按照步骤01和步骤02的方法，在“线2”图层的第65帧和第80帧之间创建线条消失的动画。

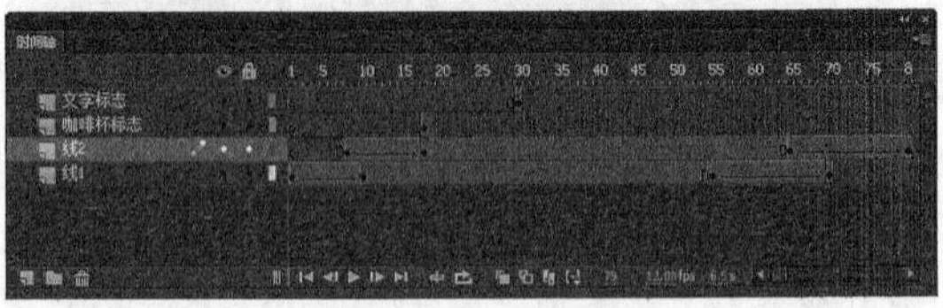

第5步：制作顶部矩形动画

步骤01 回到场景1中，新建一个图层，并重新命名为“顶部形状”，然后选中第55帧，按【F6】键插入关键帧。

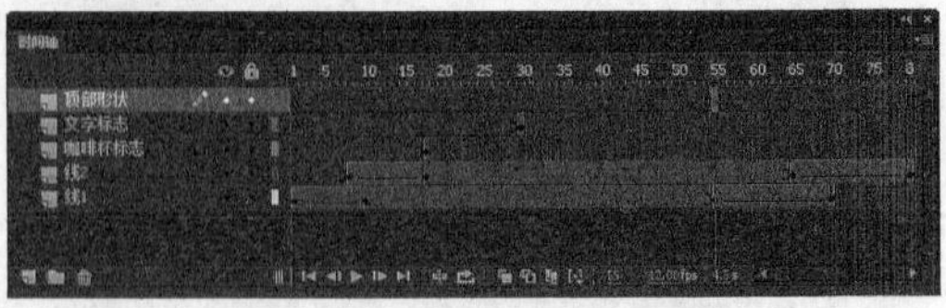

步骤02 在舞台最顶端画出一个矩形线条，设置大小为“720像素×1像素”，【填充颜色】为“土灰色”。

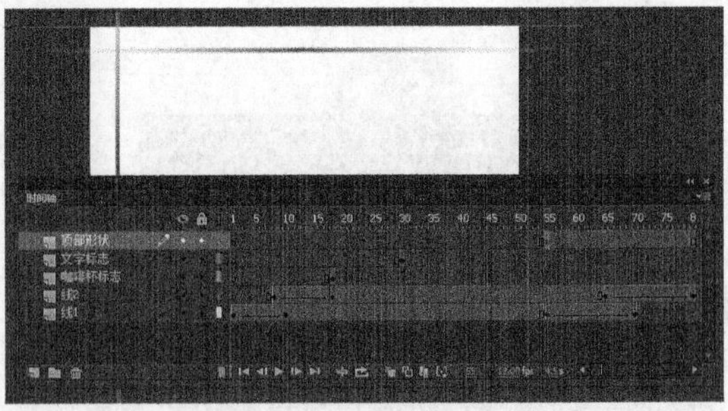

步骤03 在第65帧、第69帧和第73帧分别插入关键帧，并修改每一帧矩形的形状，如图所示。

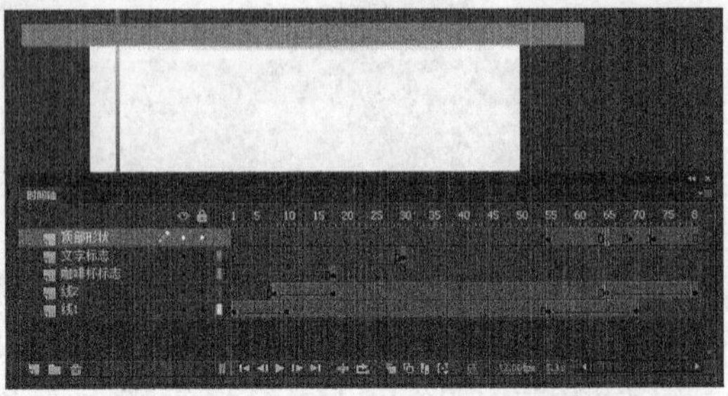

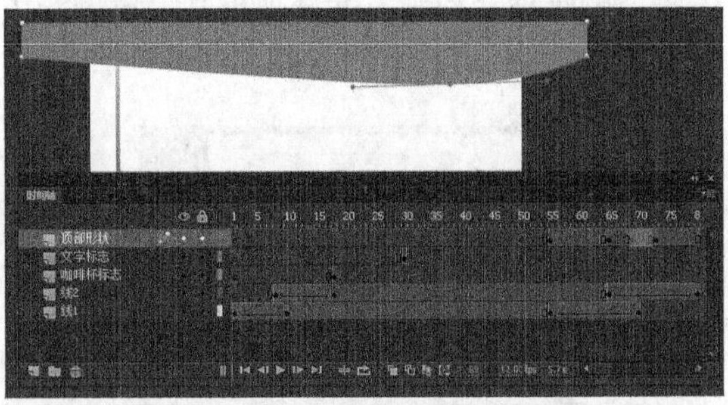

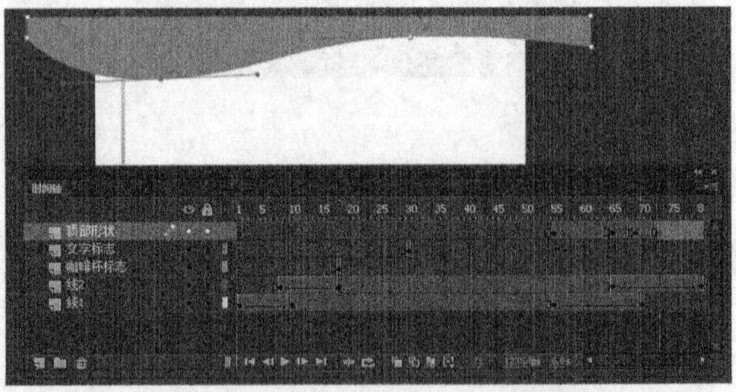

步骤04 在第55帧、第65帧、第69帧和第73帧之间创建补间形状，实现形状变化的动画。

第6步：制作顶部图片动画

步骤01 按【Ctrl+F8】组合键，弹出【创建新元件】对话框，输入【名称】为“顶部图片1”，【类型】为【图形】，单击【确定】按钮。

步骤02 在“顶部图片1”的编辑模式中，将库中的图片“1”拖到舞台上，并调整其大小。

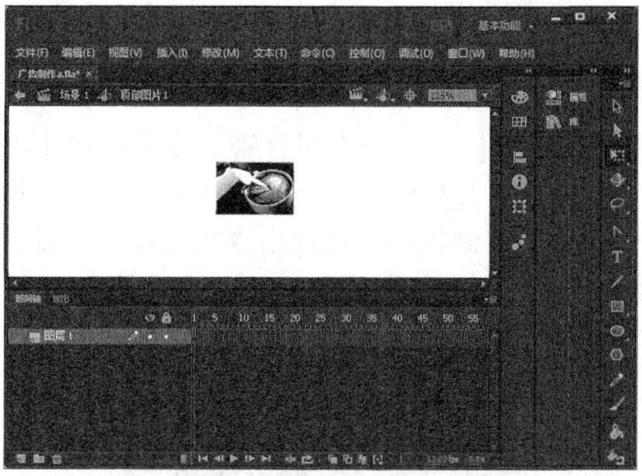

步骤03 新建一个图层，并重新命名为“遮罩层”，然后在舞台上画一个圆形，盖住部分图片。

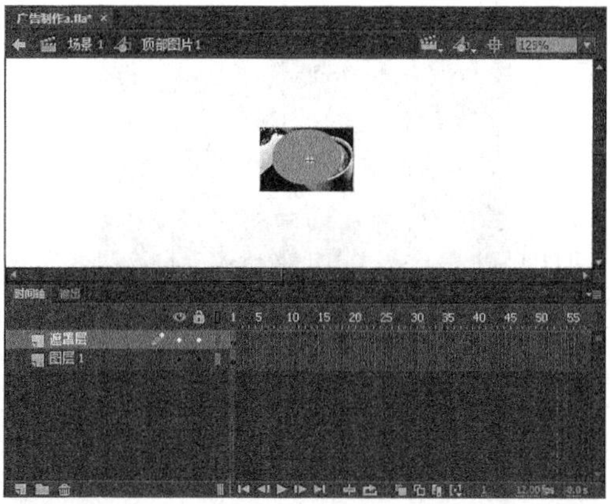

步骤04 选中“遮罩层”，然后右击，在弹出的快捷菜单中选择【遮罩层】菜单命令，创建圆形的图片。

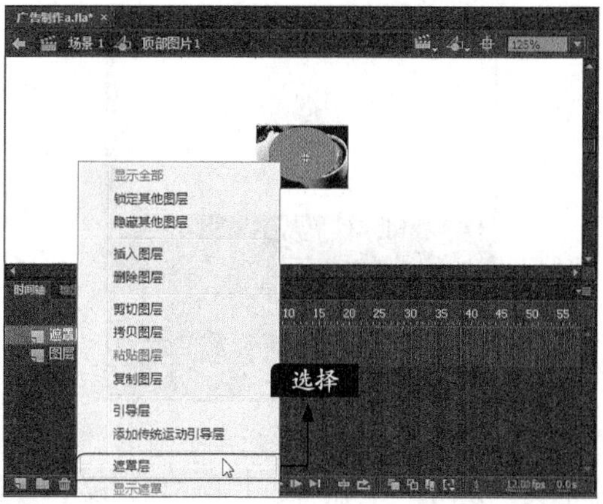

步骤05 在【时间轴】面板中新建3个图层，每个图层上画一个圈，将这3个圈作为图片的装饰。

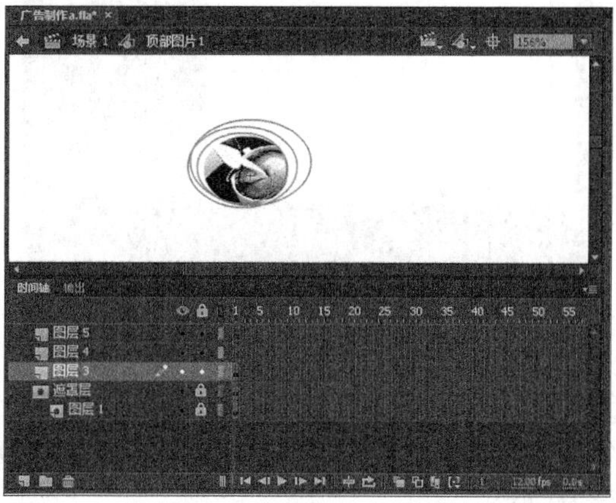

步骤06 按照步骤01~步骤05，利用库中的图片“2”和“3”，创建“顶部图片2”和“顶部图片3”图形元件。

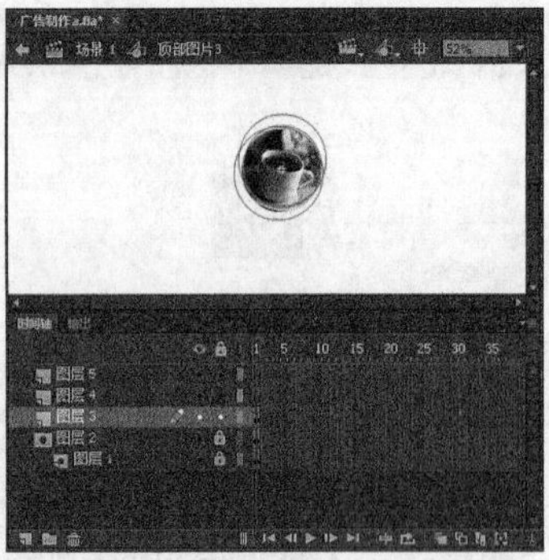

步骤07 回到场景1中，新建一个图层，并重新命名为“顶图1”，然后选中第65帧，按【F6】键插入关键帧，将库中的“顶部图片1”拖到舞台上，并调整其大小。

步骤08 在第71帧和第78帧插入关键帧，将第65帧图片的不透明度设为0%，第71帧图片的亮度设为100%。

步骤09 在第65帧、第71帧和第78帧之间创建传统补间，实现图片由透明到白色再到清晰的动画。

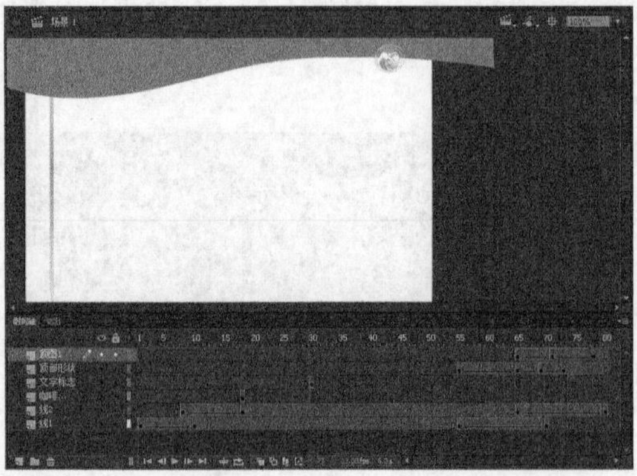

步骤10 新建两个图层，分别命名为“顶图2”和“顶图3”，重复步骤07～步骤09，创建另外两张图片由透明到白色再到清晰的动画。

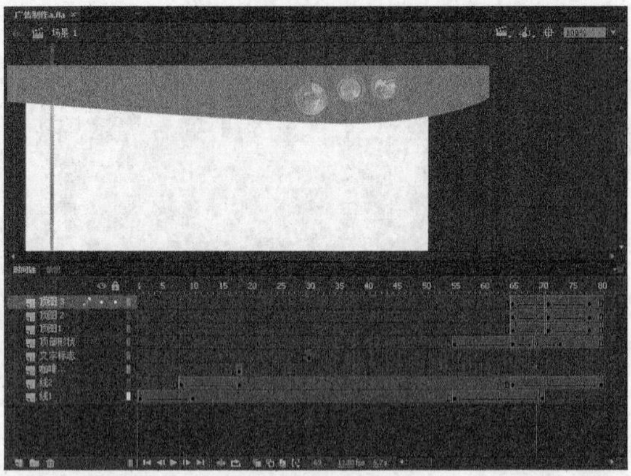

第7步：制作顶部星星动画

步骤01 按【Ctrl+F8】组合键，新建一个【类型】为【影片剪辑】的元件，【名称】为“星星动画”，制作一个星星出现的动画（可以自行设计，也可以直接使用库中提供的可选素材）。

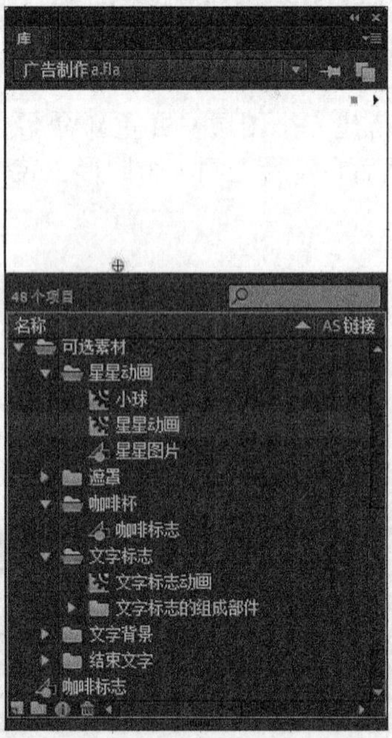

步骤02 回到场景1中，新建一个图层，并命名为“顶部星星”，然后在第65帧插入关键帧，将库中的“星星动画”拖到舞台的左上角，并调整其大小。

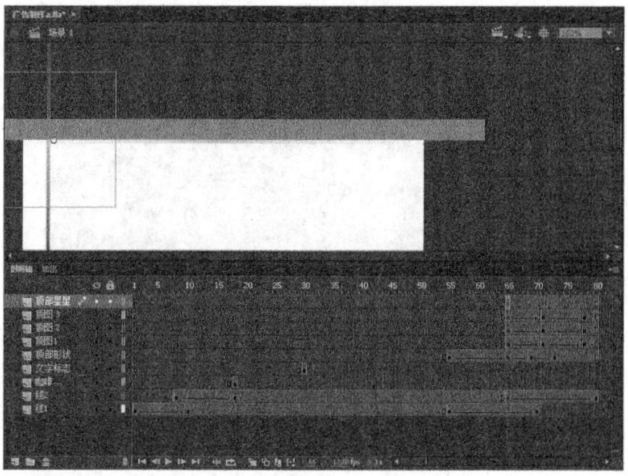

第8步：制作中部形状动画

步骤01 新建一个图层并命名为“中部形状”，然后在第70帧插入关键帧，在舞台最底端画一个矩形线条，大小为“720像素×20像素”，【填充颜色】为“咖啡色”。

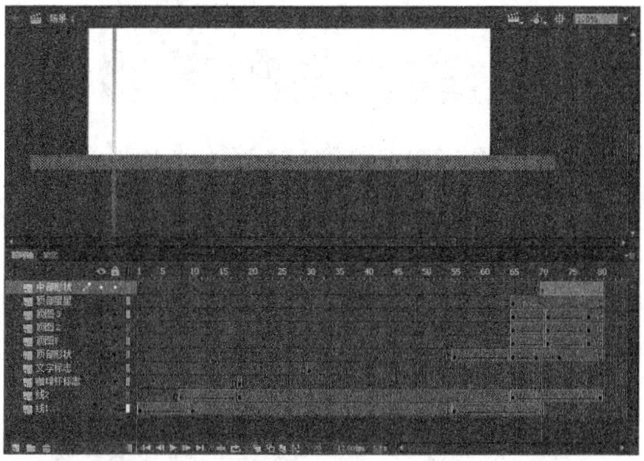

步骤02 选中第78帧，按【F6】键插入关键帧，将矩形移动到舞台中央。

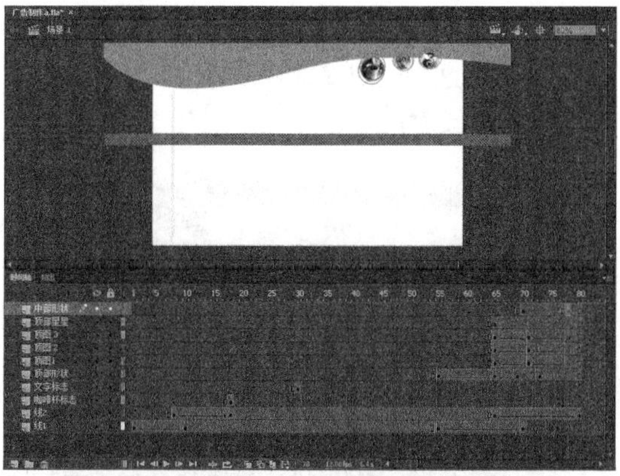

步骤03 分别选中第90帧和第100帧，按【F6】键插入关键帧，修改每一帧矩形的形状，分别设置矩形的形状如图所示。

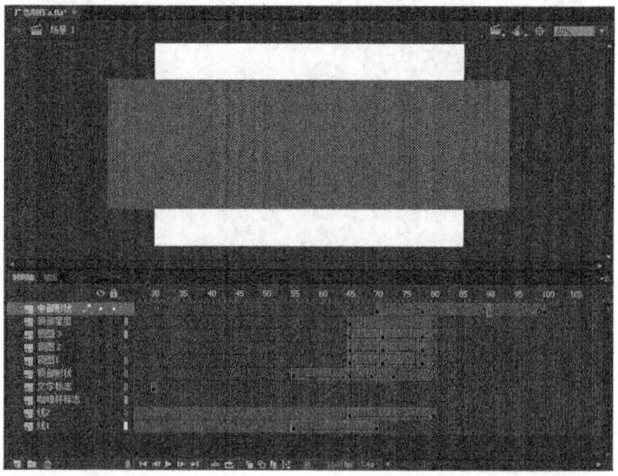

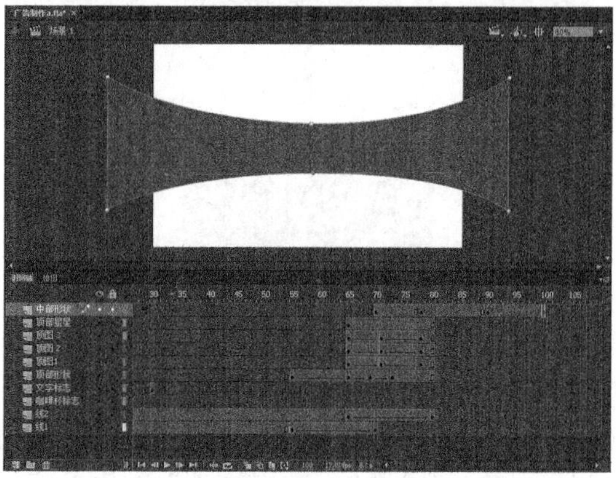

步骤04 在第70帧、第78帧、第90帧和第100帧之间创建补间形状，实现形状变化的动画。

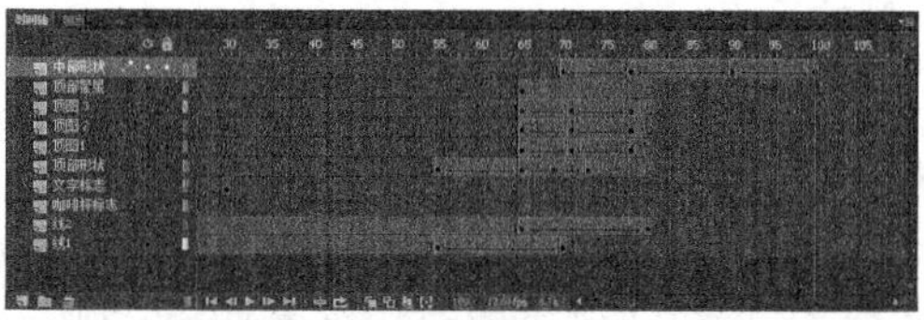

第9步：制作底部图片动画

步骤01 新建一个图层，重新命名为“底部图片”，并将该图层拖到最下边。然后选中第80帧，按【F6】键插入关键帧，将库中的图片“4”拖到舞台下半部，对齐舞台底部。

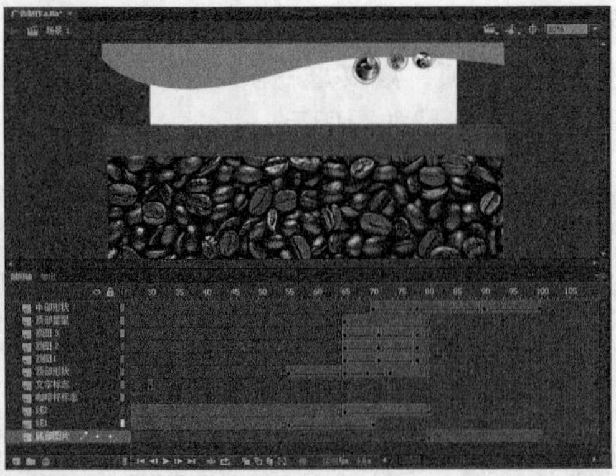

步骤02 按【Ctrl+F8】组合键，新建一个【影片剪辑】元件，【名称】为“底部图片遮罩”，制作一个方块翻转出现的动画（可以自行设计，也可以直接使用库中提供的可选素材）。

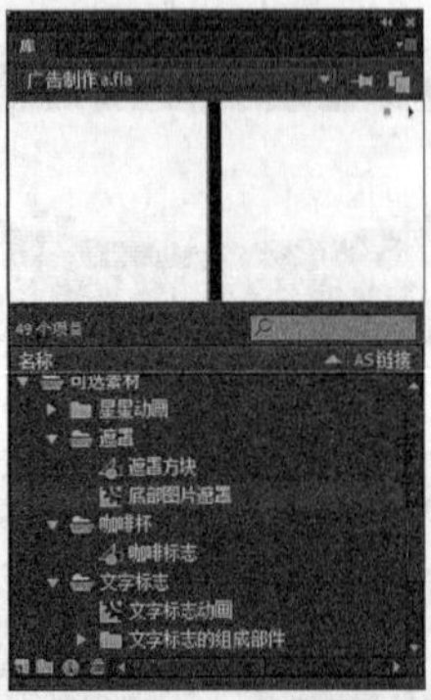

步骤03 新建一个图层，并命名为“底图遮罩”，将该图层放到“底部图片”图层上面。然后选中第80帧，按【F6】键插入关键帧，将库中的“底部图片遮罩”拖到舞台下半部，对齐舞台左边。

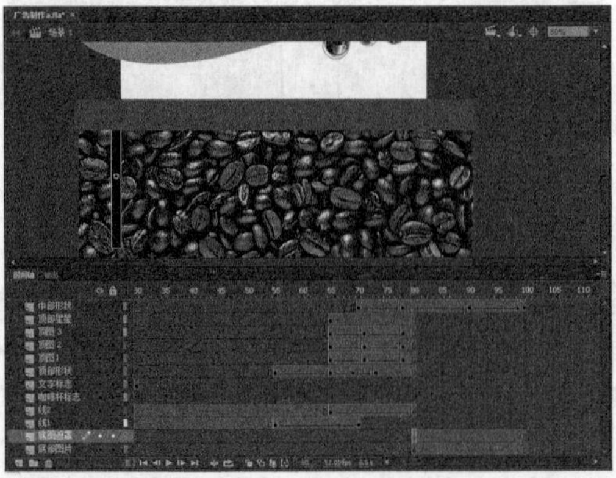

步骤04 右击“底图遮罩”图层名称，在弹出的快捷菜单中选择【遮罩层】菜单命令，创建底部图片的出现效果，并进行调整。

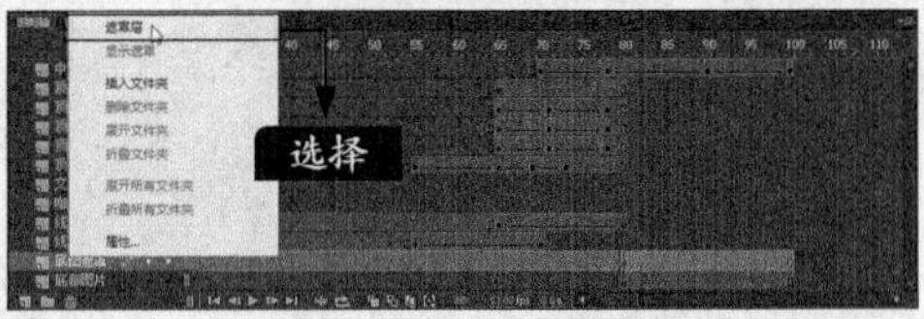

第10步：制作舞台上部文字动画

步骤01 新建一个图层，并命名为“咖啡”，在第100帧按【F6键】插入关键帧，在舞台上部输入文字“咖啡”，然后按【F8】键，将输入的文字转换为图形元件。

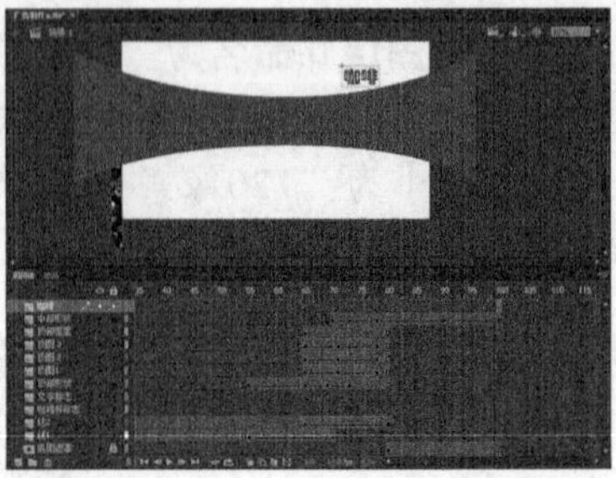

步骤02 在第106帧和第113帧按【F6】键插入关键帧，将第100帧文字的【Alpha】值设置为0%，将第106帧文字移动一些距离。在第100帧、第106帧和第113帧中间创建传统补间，制作文字晃动出现的效果。

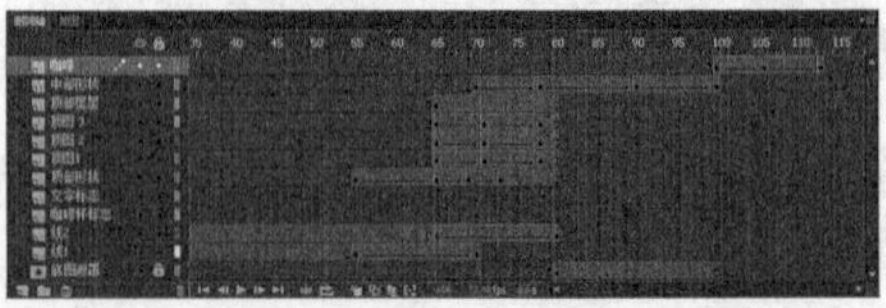

步骤03 重复步骤01和步骤02，制作其他几个产品文字（饮料、西餐和糕点）的出现效果，分别间隔一段时间。

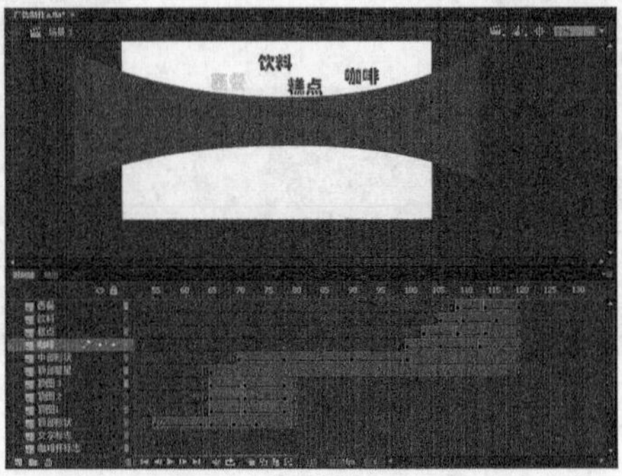

第11步：制作舞台上文字背景动画

步骤01 按【Ctrl+F8】组合键，新建一个【影片剪辑】元件，【名称】为“文字背景动画”，制作一个半透明左右移动的动画（可以自行设计，也可以直接使用库中提供的可选素材）。

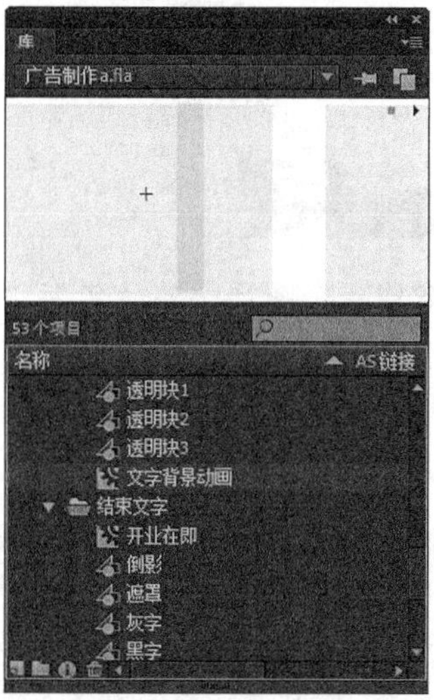

步骤02 新建一个图层，并命名为“产品文字背景”，将该图层放到“中部形状”图层的下面。然后在第120帧按【F6】键插入关键帧，将库中的“文字背景动画”拖曳到舞台中，位于文字下方。

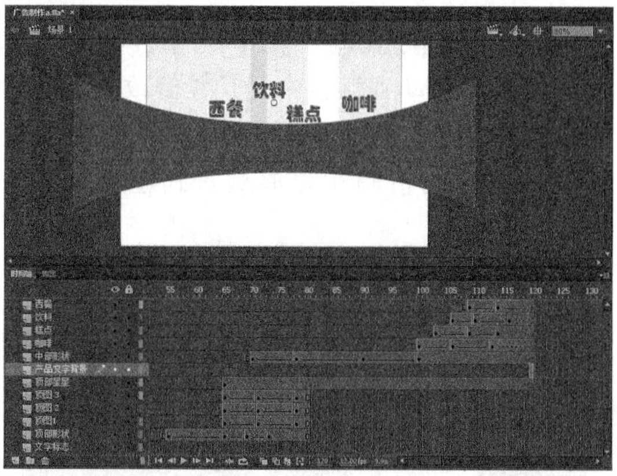

第12步：制作半透明图形动画

步骤01 按【Ctrl+F8】组合键，新建一个【图形】元件，【名称】为“半透明图形”，制作一个灰色的形状。

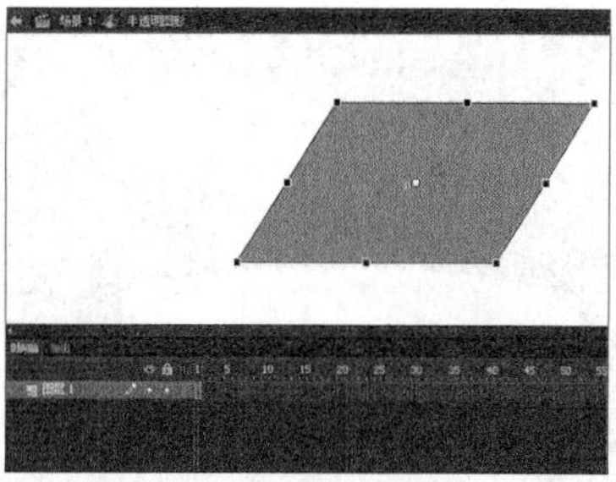

步骤02 新建一个图层，并命名为“底部半透明图形”，将该图层放到“底图遮罩”图层的上面。然后在第120帧按【F6】键插入关键帧，将库中的“底部半透明图形”拖曳到舞台中，放在舞台右下侧外部。

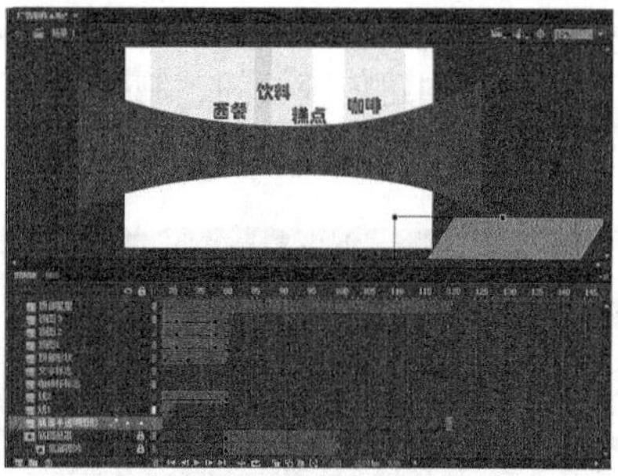

步骤03 将半透明图形的【Alpha】值设置为0%，在第185帧按【F6】键插入关键帧，将半透明图形向左平移到舞台中间的位置。然后在第120帧到第185帧中间创建传统补间，制作半透明图形从右到左出现的效果。

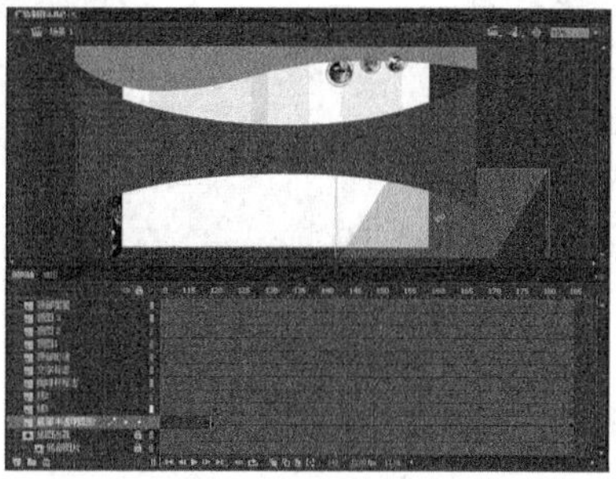

第13步：制作底部文字动画

步骤01 新建一个图层，并命名为“底部文字1”，在第125帧按【F6】键插入关键帧，在舞台上部输入文字“让我们”，然后按【F8】键，将输入的文字转换为【图形】元件。

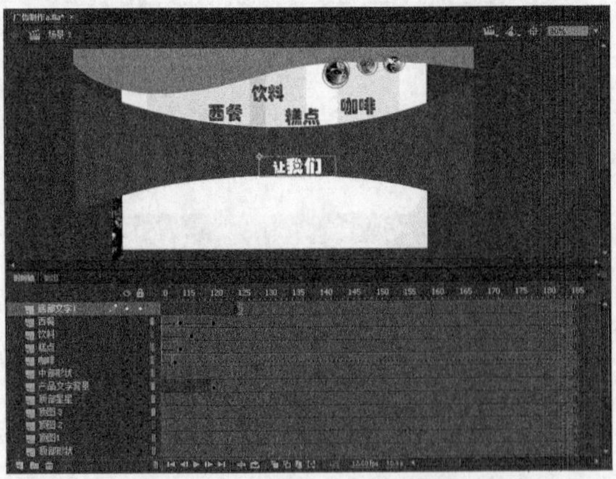

步骤02 选中第178帧，按【F6】键插入关键帧，将文字移动到靠左边的位置，并将第125帧的文字【Alpha】值设置为0%，然后在第125帧和第178帧中间创建传统补间，制作文字晃动出现的效果。

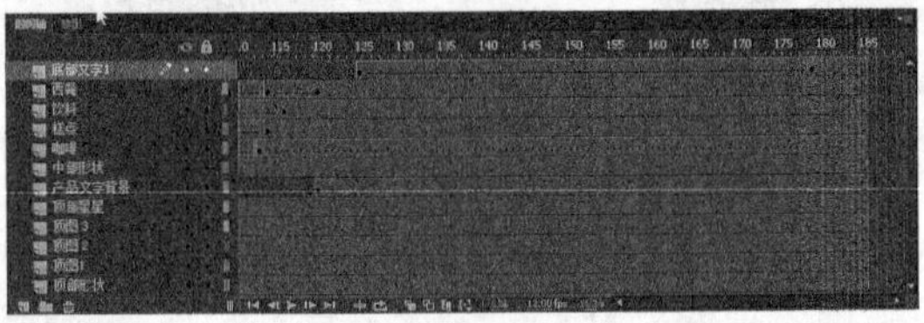

步骤03 重复步骤01和步骤02，制作其他几个文字（“一起”和“共享咖啡时光”）的出现效果，分别间隔一段时间。

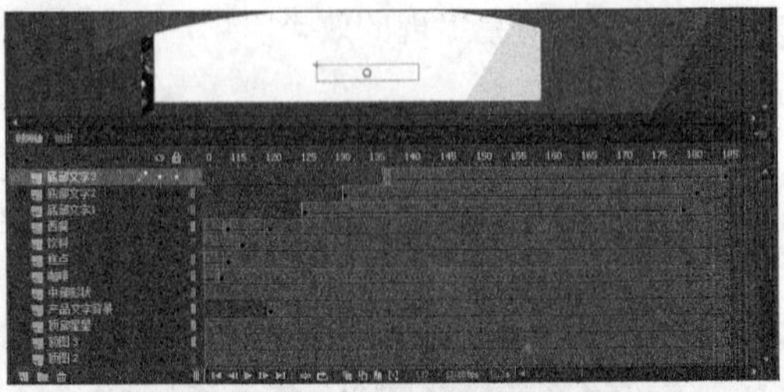

第14步：制作形状边线动画

步骤01 新建一个图层，并命名为“形状边线”，在第185帧按【F6】键插入关键帧，在舞台上沿中部形状的边缘画出两条线（灰白色），并选择【修改】➤【形状】➤【将线条转换为填充】菜单命令，将其转换成填充形状。

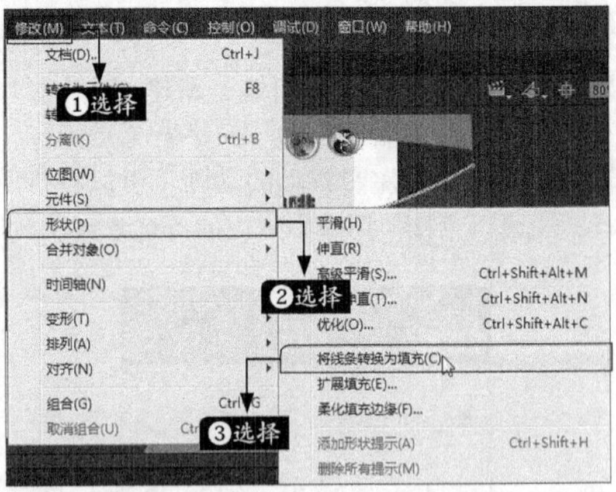

步骤02 新建一个图层，并命名为“形状边线遮罩”，选中第185帧，按【F6】键插入关键帧，在舞台右侧绘制一个矩形，然后按【F8】键，将矩形转换为【图形】元件。

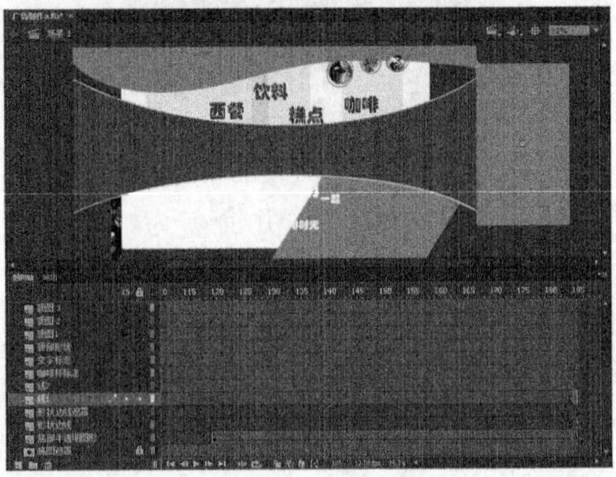

步骤03 选中第230帧，按【F6】键插入关键帧，将矩形移动到舞台中间，并修改其形状，盖住两条边线，然后在第185帧和第230帧中间创建传统补间，制作矩形从右到左出现的效果。

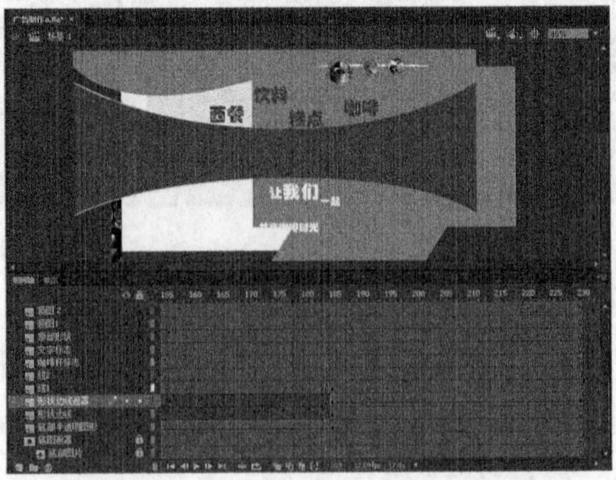

步骤04 右击“形状边线遮罩”图层名称，在弹出的快捷菜单中选择【遮罩层】菜单命令，创建形状边线的出现效果。

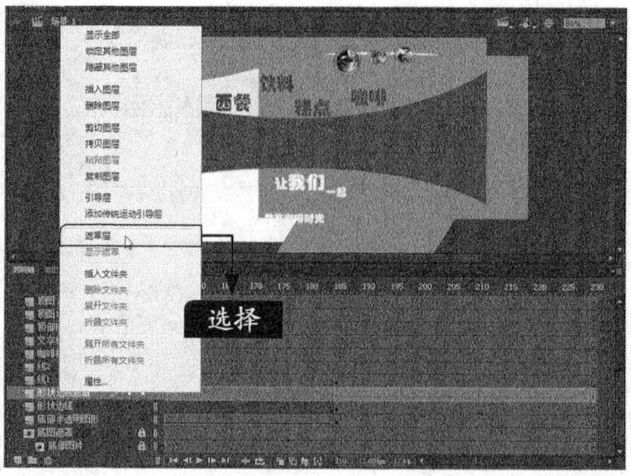

第15步：添加产品图片动画

步骤01 调整图层的摆放顺序，选择【修改】➤【文档】菜单命令，弹出【文档设置】对话框，将【舞台颜色】设置为“黑色”。

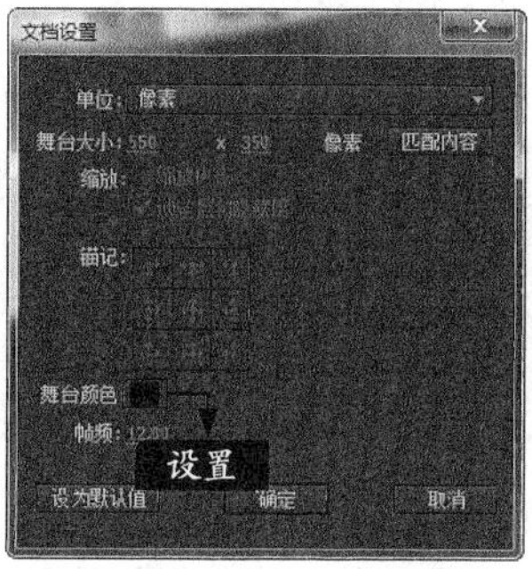

步骤02 新建一个图层，并命名为“产品1”，放在“中部形状”图层的上部。选中第185帧，插入关键帧，将库中的图片“5”拖曳到舞台右侧，调整其大小，并添加1个像素的灰白色边框，然后按【F8】键，将图片转换为【图形】元件。

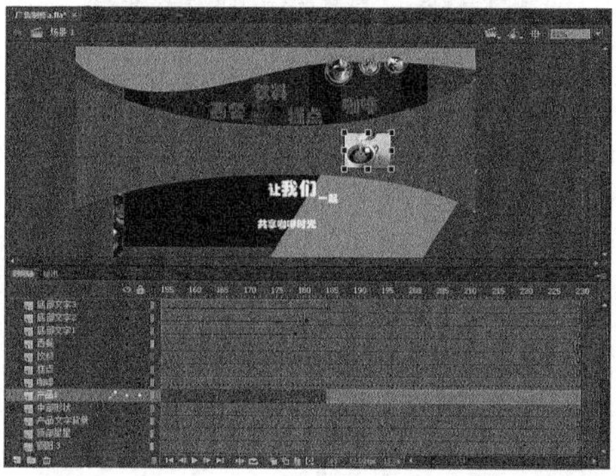

步骤03 选中第210帧，插入关键帧，将图片移动到舞台中央，然后在第185帧和第210帧中间创建传统补间，制作图片从右到左出现的效果。

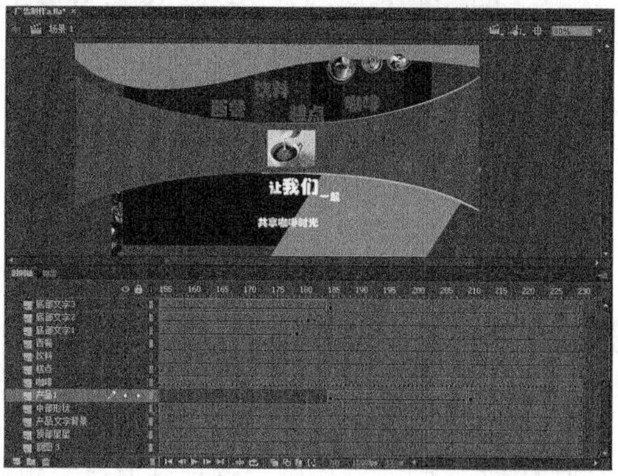

步骤04 选中第230帧，插入关键帧，将图片的【Alpha】值设置为0%，然后在第210帧和第230帧中间创建传统补间，制作图片消失的效果。

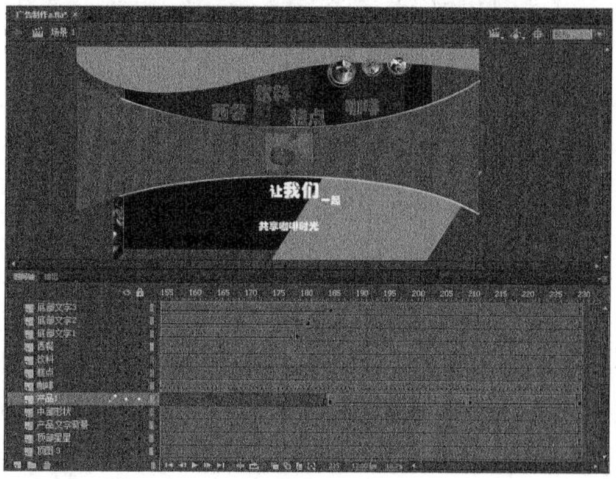

步骤05 新建3个图层，分别命名为“产品2”、“产品3”和“产品4”，放在“产品1”图层的下边，分别用来放置图片“6”、图片“7”和图片“8”。

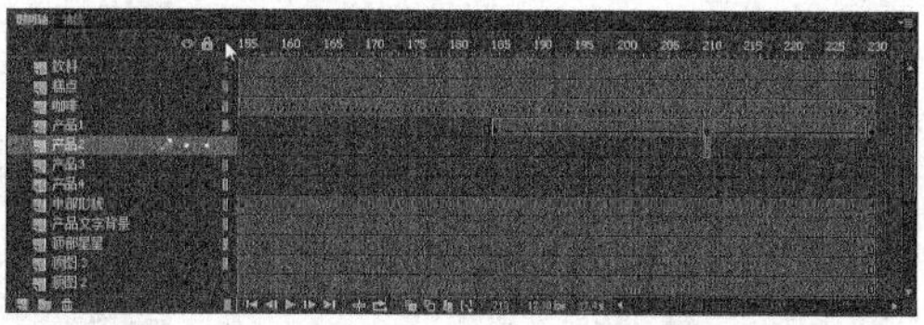

步骤06 分别为图片“6”、图片“7”和图片“8”添加1个像素的灰白色边框，并分别将其转换成【图形】元件，按照步骤03和步骤04制作3张图片出现的效果。

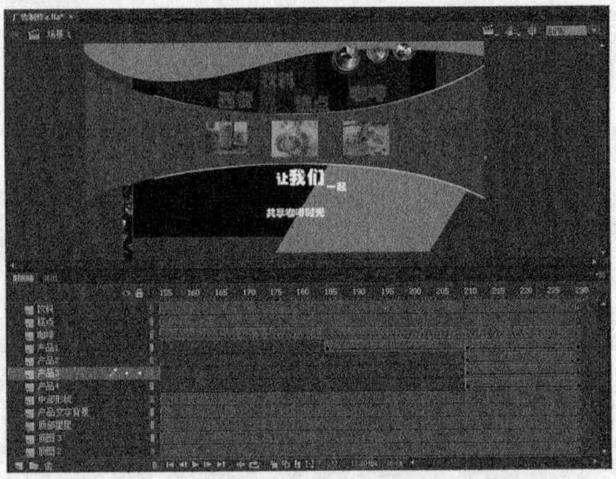

步骤07 在“产品2”图层的第270帧和第290帧插入关键帧，将第290帧的图片移动到舞台左边，并调整大小，然后在第270帧和第290帧中间创建传统补间，制作图片移动到舞台左边并变小的效果。

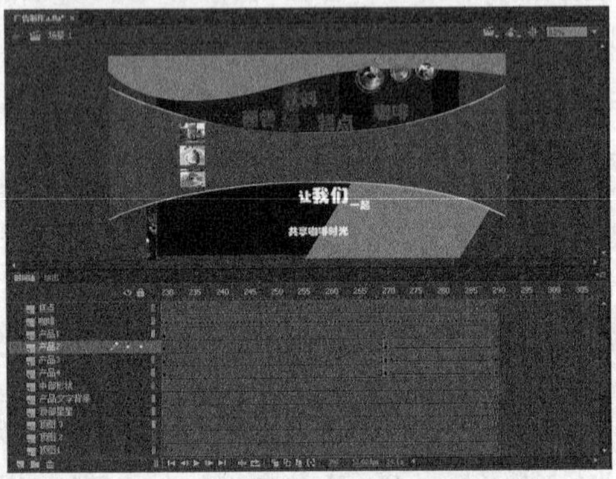

步骤08 在“产品2”图层的第300帧、第307帧和第315帧插入关键帧，并将第307帧图片的【Alpha】值设为“50%”，将第315帧的图片的【亮度】设为“-30%”。然后在第300帧、第307帧和第315帧中间创建传统补间，制作图片变模糊并变暗的效果。

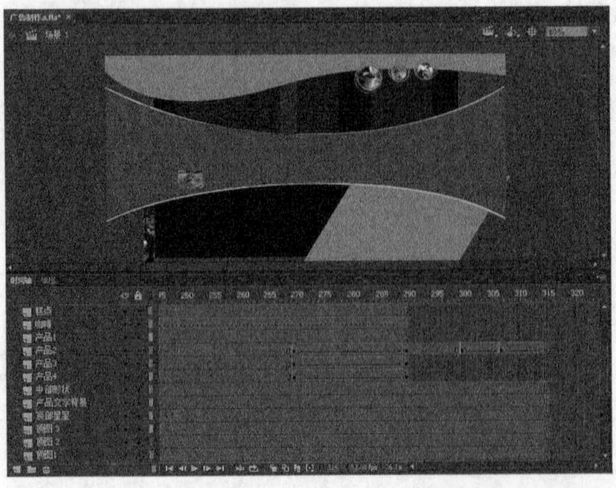

步骤09 重复步骤06和步骤07，制作其他两张产品图片移动并变暗的效果，分别间隔一段时间。

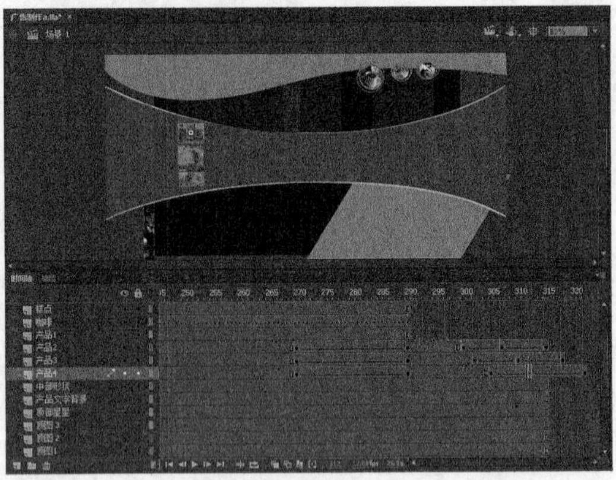

第16步：制作结束文字动画

步骤01 按【Ctrl+F8】组合键，弹出【创建新元件】对话框，输入【名称】为“开业在即”，【类型】为【影片剪辑】。

步骤02 制作一个结束文字出现的动画（可以自行设计，也可以直接使用库中提供的可选素材）。

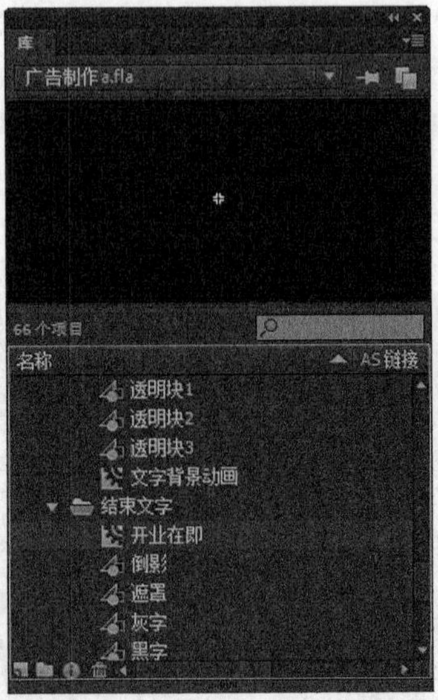

步骤03 新建一个图层，并命名为“结束文字”，放在“产品1”图层上部。然后选中第330帧，插入关键帧，将库中的“开业在即”拖曳到舞台中央。

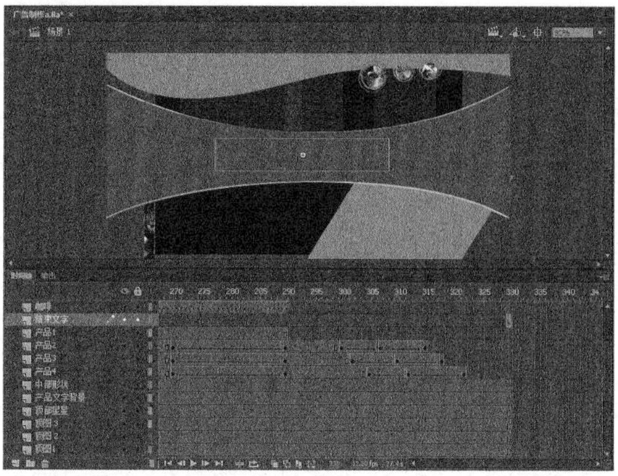

第17步：整理检查图层，并添加背景音乐

步骤01 选中所有图层的第400帧，按【F5】键插入帧，并调整图层摆放的顺序，使动画层次显示正确。

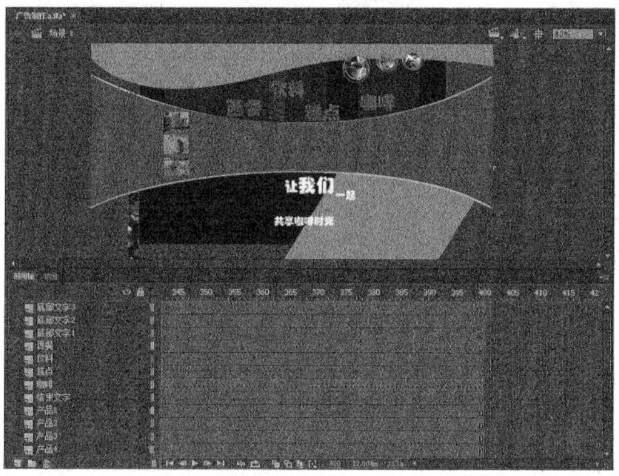

步骤02 由于重点强调的是咖啡，所以让“咖啡”字样突出显示。

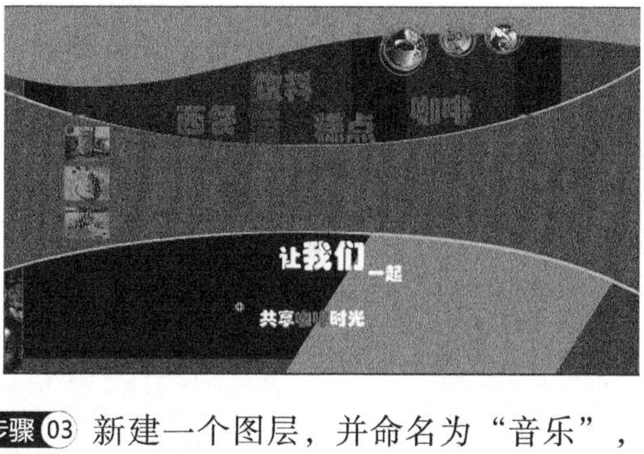

步骤03 新建一个图层，并命名为“音乐”，然后将库中的“背景音乐”拖曳到舞台中，在【属性】面板中将【同步】设置为【事件】。

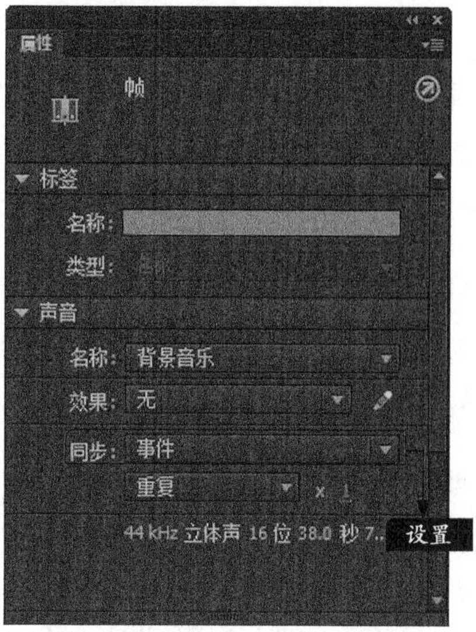

步骤04 新建一个图层，将其命名为“遮罩层”。其作为“遮罩层”，可以把舞台边缘不需要的内容遮住。

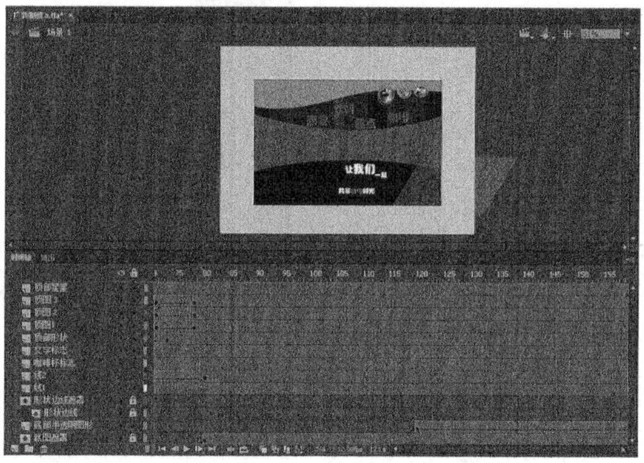

步骤05 至此就完成了广告制作任务，最后选择【控制】➤【测试影片】菜单命令（或按【Ctrl+Enter】组合键）测试影片。

高手支招

本节教学录像时间：2 分钟

如何才能有条理地制作动画

在制作一个比较复杂的动画之前，首先应该有一个清晰的思路，可以分步骤地去制作动画。当需要修改前面的内容时，可以按照步骤去找，这样操作简单明了，因此也就不会浪费时间了。

如何才能有条理地制作比较复杂的广告

如果制作一个广告需要经历许多步骤，这时，用户可以根据广告的内容分步骤地操作，这样既方便查找，又节省时间。

如何才能遮住多余的影片

有的时候制作出来的影片周围会出现不希望被看见的内容，这时需要创建一个遮罩层。通过遮罩层，只能看到舞台上的内容，舞台以外的部分就会被遮盖住。注意，遮罩层必须放在时间轴的最顶层，才能起到遮罩的效果。

第21章 使用Flash制作企业门户网站

学习目标

休闲旅游类网站是为方便人们出行或旅游而制作的网站。休闲旅游类网站的设计要给人们兴奋、自由的感觉，所以，休闲旅游类网站是为了能表现旅游的乐趣和有效地提供信息。本章我们就来分析休闲旅游类网站去哪儿网的整体布局，从而总结休闲门户类网站的特点，来制作自己的休闲旅游网站。

学习效果

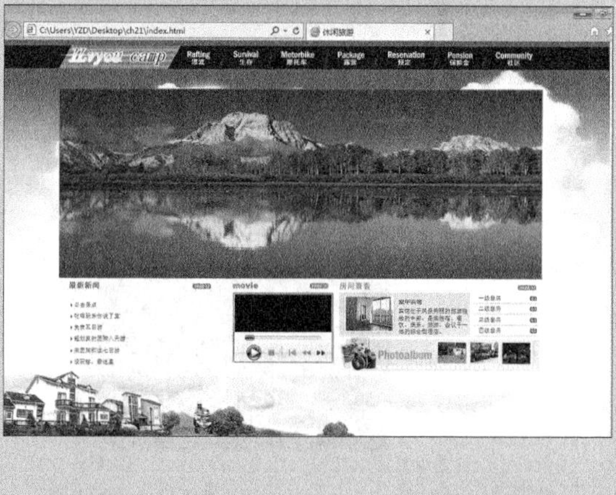

21.1 Photoshop CC设计网页元素

本节教学录像时间：26 分钟

网页元素就是指网页中使用到的所有用于组织结构和表达内容的对象。组织结构包括按钮、布局、层、导航条和链接等。表达内容包括Lglo、Banner、文字、图像和Flash等。本节通过实例学习运用Photoshop CC设计网页元素。

21.1.1 制作背景

制作网页背景的操作步骤如下。

步骤 01 单击【文件】➤【新建】菜单命令，打开【新建】对话框，在【名称】文本框中输入“15801”，将高度设置为“1280”像素、宽度设置为“511”像素、分辨率设置为“72像素/英寸”。

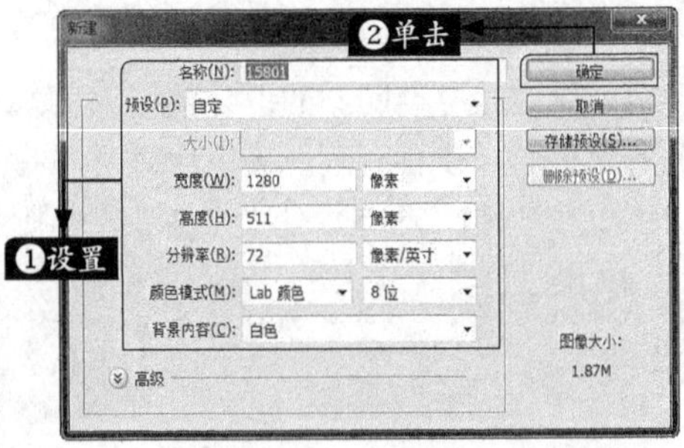

步骤 02 单击【确定】按钮，新建一个空白文档。

步骤 03 打开素材“素材\ch21\images\cloud.jpg”素材图片。选择【移动工具】将素材拖曳到新建文档中，然后调整大小和位置。

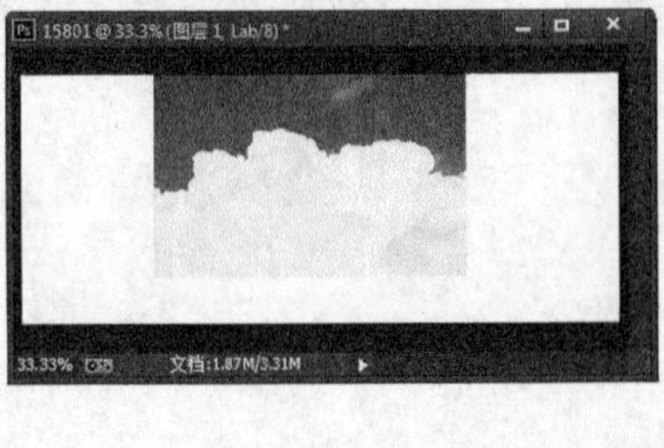

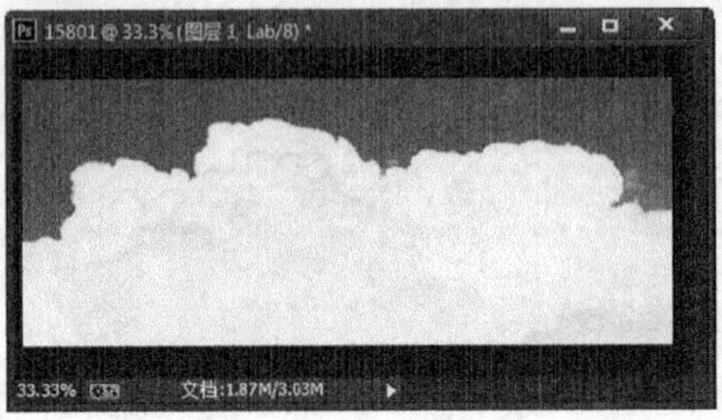

步骤 04 新建一个【图层2】图层，然后单击工具栏上的【铅笔工具】，设置前景色为白色，画笔大小为“1”像素，在图片的上方绘制一条白色的直线。

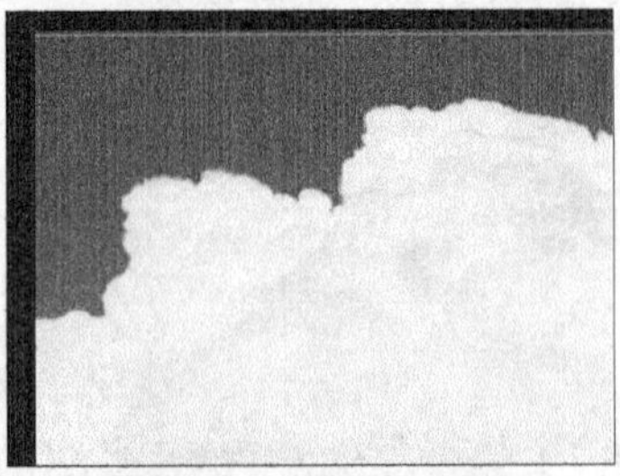

步骤 05 使用相同的方法绘制下方的线条，使线条均匀间隔的布满图片，并保持两条线之间的空距为1像素左右。

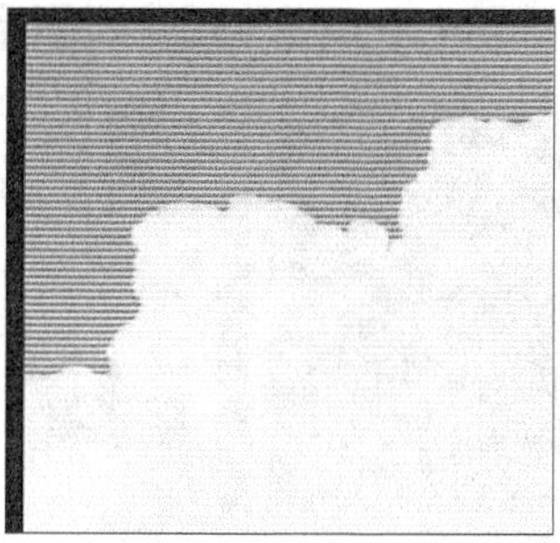

步骤06 设置【图层2】的图层【不透明度】值为10%，使线条和背景融合。

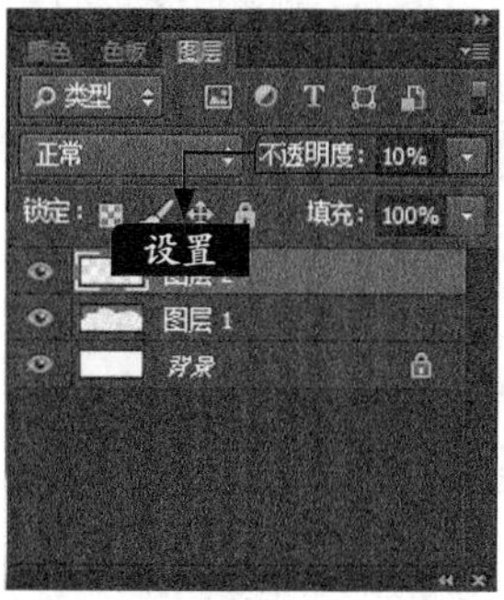

步骤07 单击工具栏上的“钢笔工具”，设置选项栏上的模式为【图形】，然后设置前景色的颜色为【l：9，a：22，b：－47】，绘制导航栏上的底图图形。

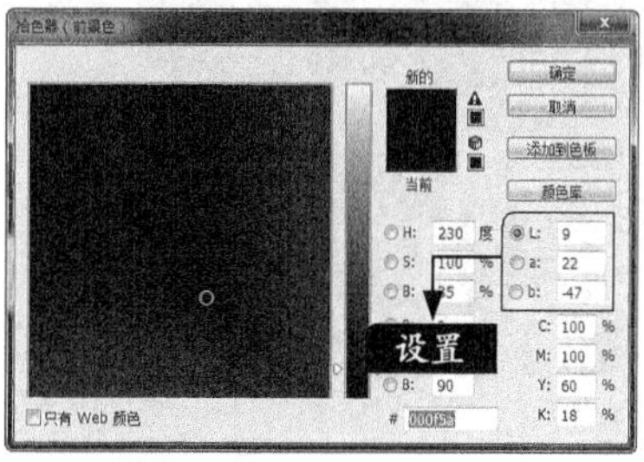

步骤08 绘制完成后保存为gif格式文件作为网页背景。

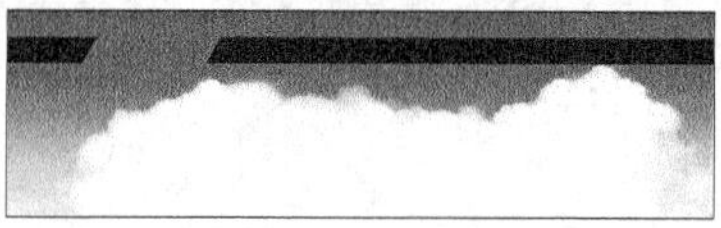

21.1.2 制作LOGO

制作网页LOGO的操作步骤如下。

步骤01 单击【文件】➤【新建】菜单命令，打开【新建】对话框，在【名称】文本框中输入“15805”，将高度设置为“46”像素、宽度设置为“252”像素、分辨率设置为“72像素/英寸”。

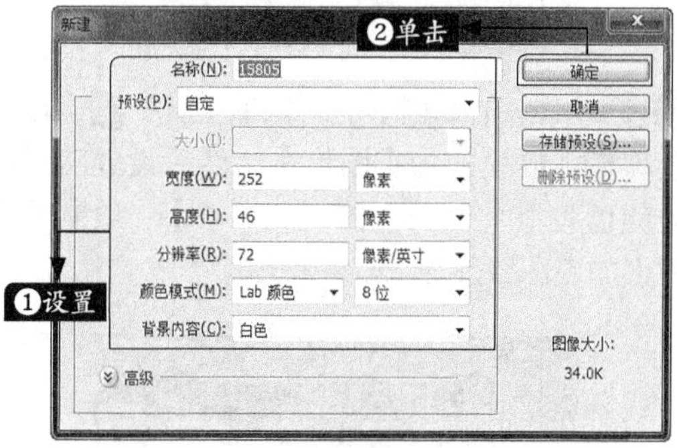

步骤02 单击【确定】按钮，新建一个空白文档。

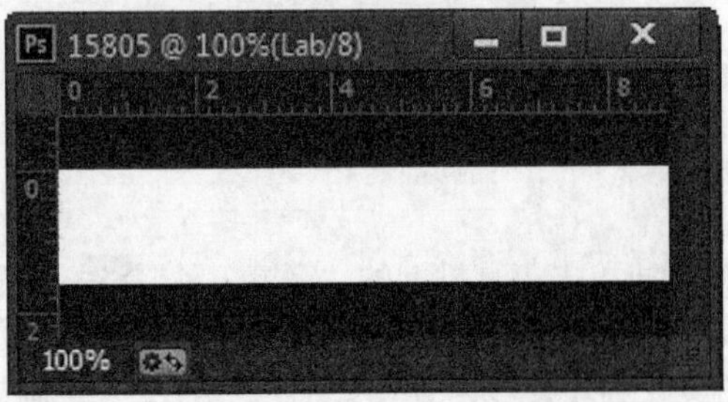

步骤03 设置前景色的颜色为（l：49，a：-3，b：-48），然后对背景图层进行填充蓝色。

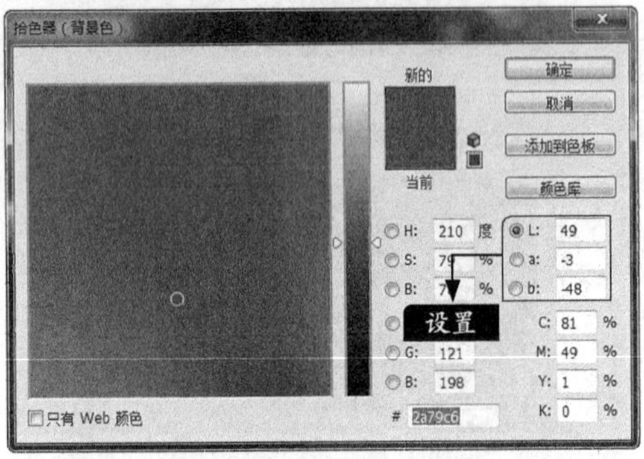

步骤04 使用与上节制作背景相同的方法绘制线条。

步骤05 单击工具栏上的“钢笔工具”，设置选项栏上的模式为【图形】，然后设置前景色的颜色为【l：9，a：22，b：-47】，绘制导航栏上的底图图形。

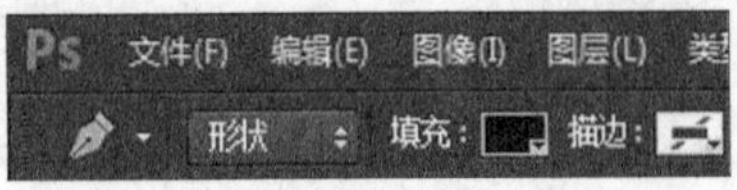

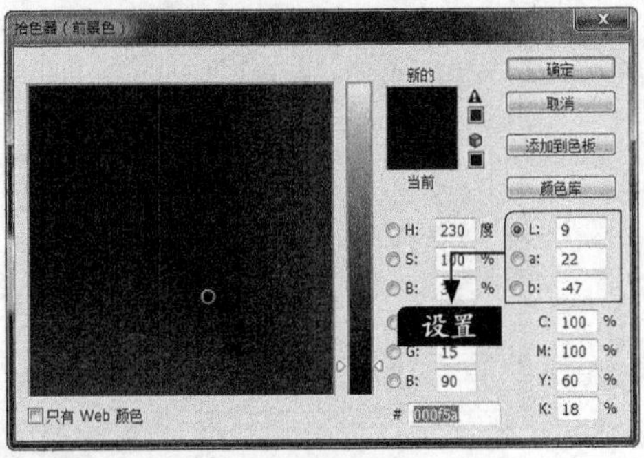

步骤06 绘制完成后效果如图所示。

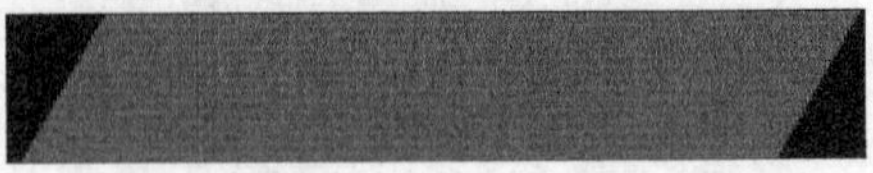

步骤07 单击工具箱中的【横排文字工具】按钮，输入“ILvyou camp”LOGO文字，并在【字符】面板中设置相关参数（这里只要设置相似的字体即可），然后使用【自由变换工具】对文字的大小和倾斜度进行微调。

步骤08 将文字图层进行栅格化变成普通图层，然后设置渐变颜色，蓝色（l:49,a:-10,b:-40）到白色（l:100,a:0,b:0）渐变填充ILvyou camp，将camp填充黑色。

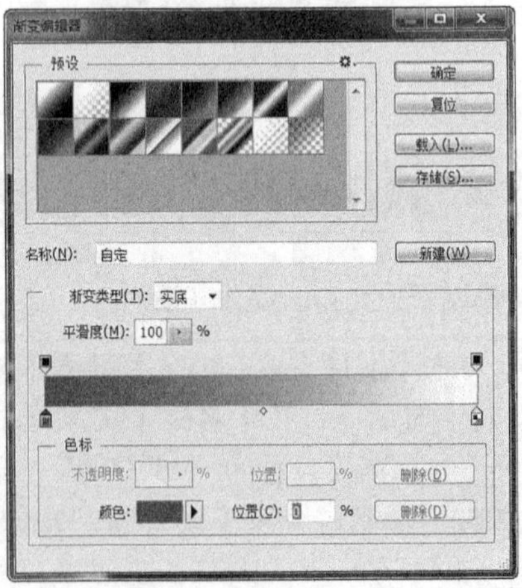

步骤09 按【Ctrl】键单击文字图层前面的缩略图建立文字图层选区，选择【编辑】➤【描边】菜单命令，在【描边】对话框中设置【宽度】为2像素，【颜色】为白色，【位置】为居外，然后单击【确定】按钮。

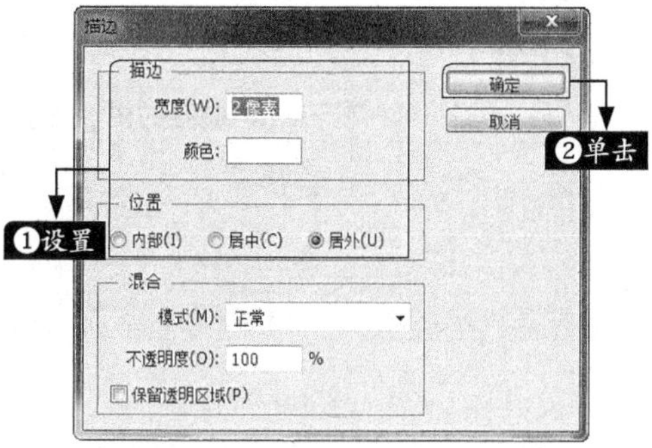

步骤10 新建一个图层，单击工具栏上的“矩形工具”，设置颜色为白色，绘制文字标志上的条状白色图形，然后设置图层【不透明度】值为50%，使线条和文字融合。

21.1.3 制作菜单

制作网页菜单的操作步骤如下。

步骤01 单击【文件】➤【新建】菜单命令，打开【新建】对话框，在【名称】文本框中输入“15802”，将高度设置为“41”像素、宽度设置为“16”像素、分辨率设置为“72像素/英寸”。

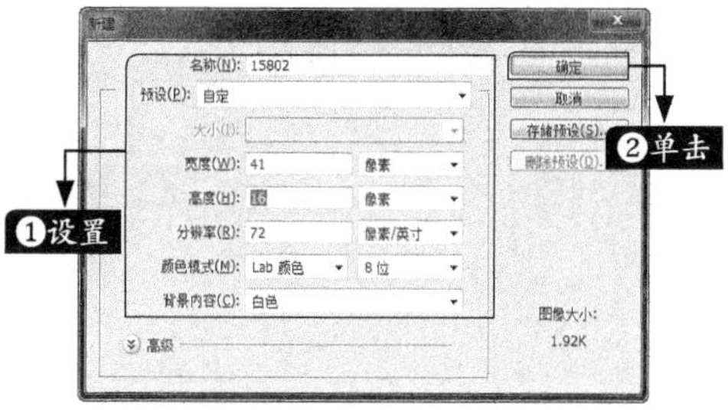

步骤02 单击【确定】按钮，新建一个空白文档。

步骤03 设置前景色的颜色为【l：49，a：-3，b：-48】，然后对背景图层进行填充蓝色。

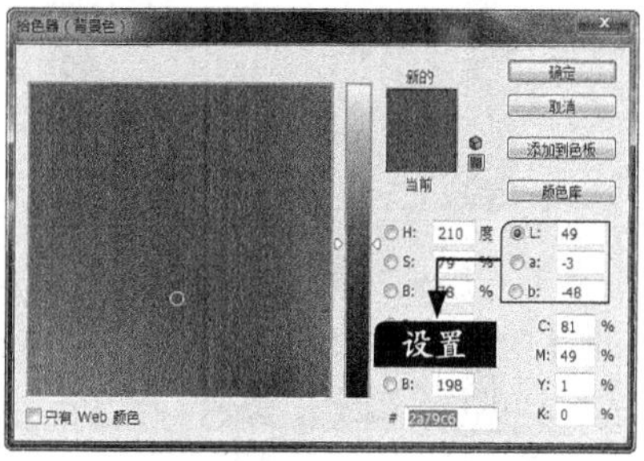

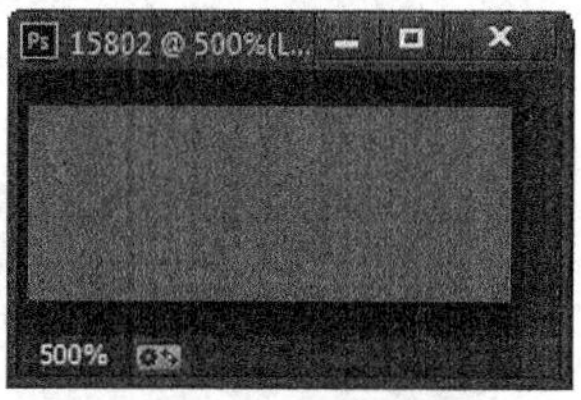

步骤04 使用与上节制作背景相同的方法绘制线条。

步骤05 单击工具箱中的【横排文字工具】按钮，输入“HOME”菜单文字，并在【字符】

面板中设置相关参数（这里只要设置相似的字体即可），文字颜色为白色。

步骤 06 使用相同的方法制作其他的菜单即可。

21.2 使用Flash制作宣传动画

本节教学录像时间：8 分钟

下面来使用Flash制作宣传动画。

使用Flash制作宣传动画的步骤如下。

第1步：使用库文件

步骤 01 选择【文件】➤【新建】菜单命令。

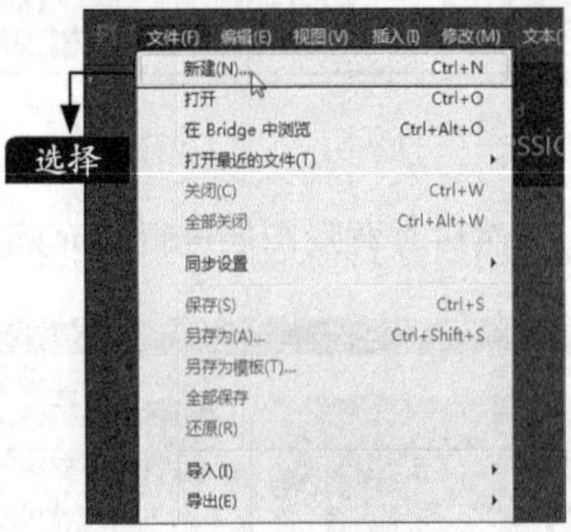

步骤 02 弹出【新建文档】对话框，在【常规】选项卡的【类型】列表框中选择【ActionScript 3.0】选项，单击【确定】按钮。

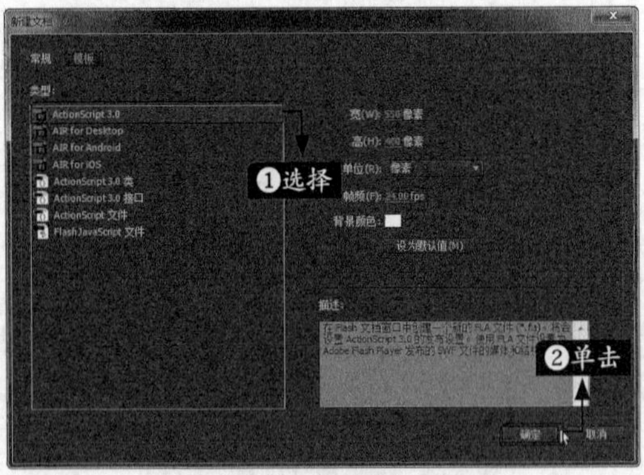

步骤 03 新建一个空白文档，选择【文件】➤【保存】菜单命令，弹出【另存为】对话框，将文档保存为“结果\ch21\images\flash15802.fla”，单击【保存】按钮。

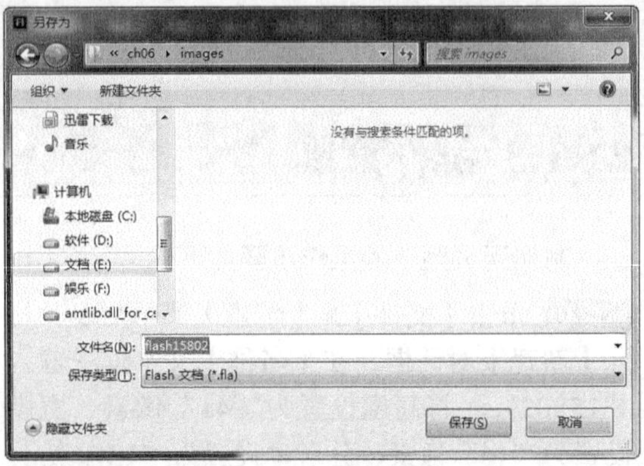

步骤 04 选择【修改】➤【文档】菜单命令。

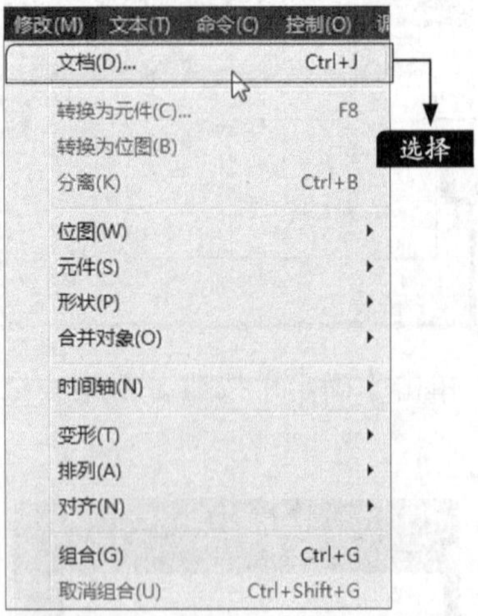

步骤 05 弹出【文档设置】对话框，将【尺寸】宽度设为“1280像素”，高度设为“176像素”，完成后单击【确定】按钮。

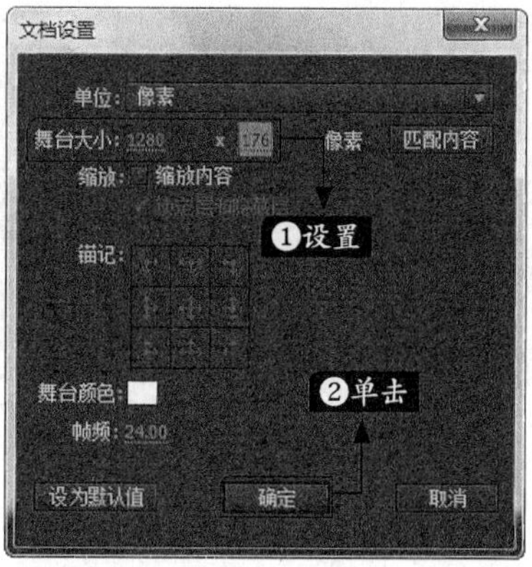

步骤06 选择【文件】➤【导入】➤【导入到库】菜单命令，将“素材\ch21\images\15825.gif、q1.psd、q2.psd和q3.psd”文件导入到库中。

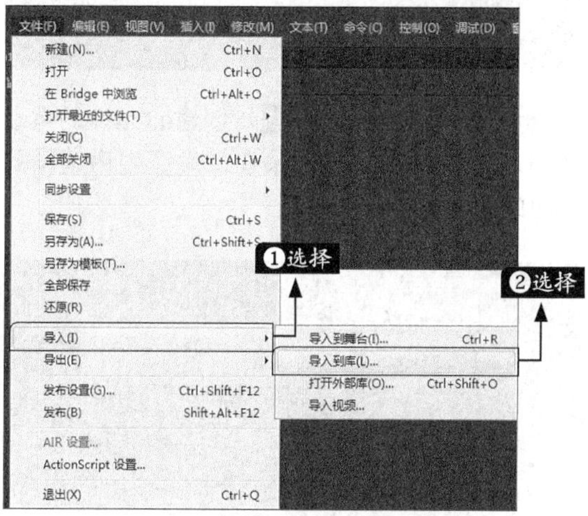

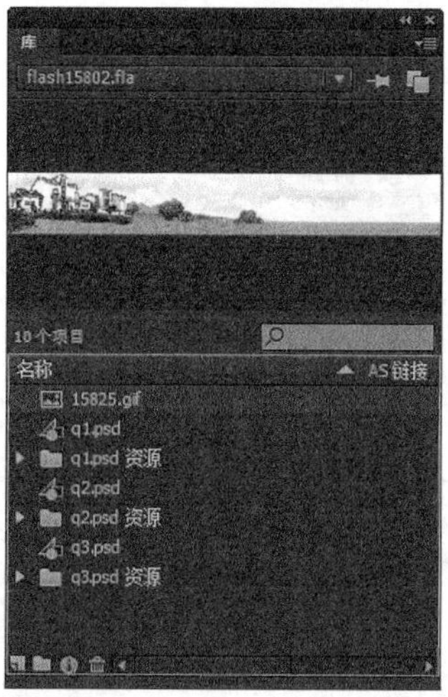

步骤07 将库面板中的【15825.gif】文件拖到舞台上。

第2步：创建补间动画效果

步骤01 新建一个图层，将【库】面板中的“q1”元件拖曳到舞台上，调整大小，然后将其转化成图形元件。

步骤02 选择图层2时间轴的第10帧，按【F6】键插入关键帧，然后选择第1帧，然后右击，在弹出的快捷菜单中选择【创建传统补间】菜单命令创建补间动画。

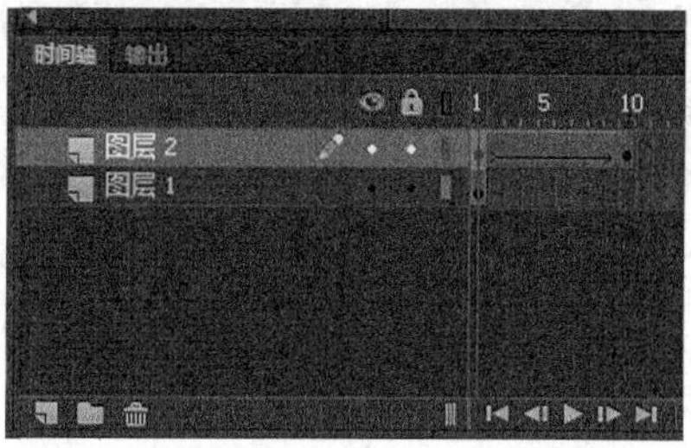

步骤03 选择第1帧，然后在舞台上选择q1元件，在【属性】面板中展开【色彩效果】选项组，在【样式】下拉列表中选择【Alpha】，设置Alpha值为0%，设置由透明到清晰的动画效果。

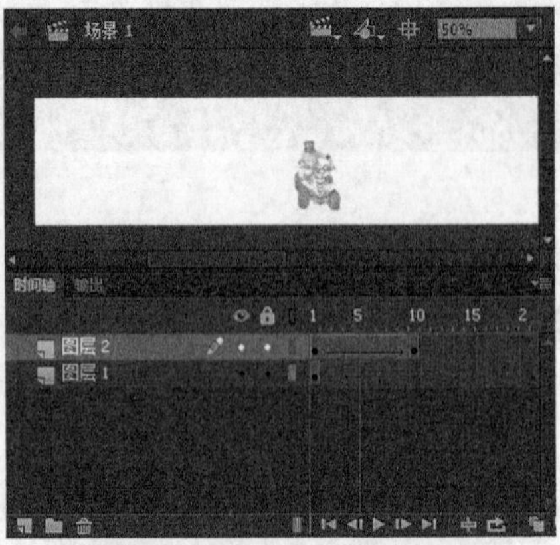

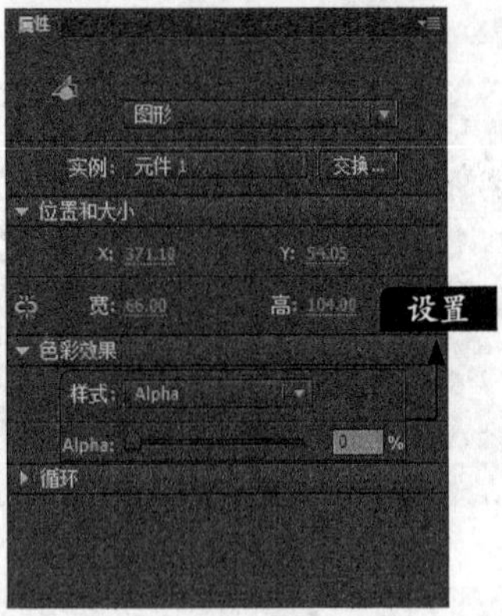

步骤04 选择图层2时间轴的第70帧，按【F6】键插入关键帧，然后选择q1元件，使用【任意变形工具】将元件放大一些，并将位置移到右侧一些创建运动的距离。

步骤05 选择图层2时间轴的第10帧，然后右击，在弹出的快捷菜单中选择【创建传统补间】菜单命令创建补间动画。

步骤06 使用步骤01~步骤05创建q2元件的运动补间动画效果，并使其产生一个时间差。

步骤07 使用步骤01~步骤05创建q3元件的运动补间动画效果，并使云朵在最后产生由清晰到透明的消失动画效果。

步骤08 保存文件后演示动画效果如图所示。

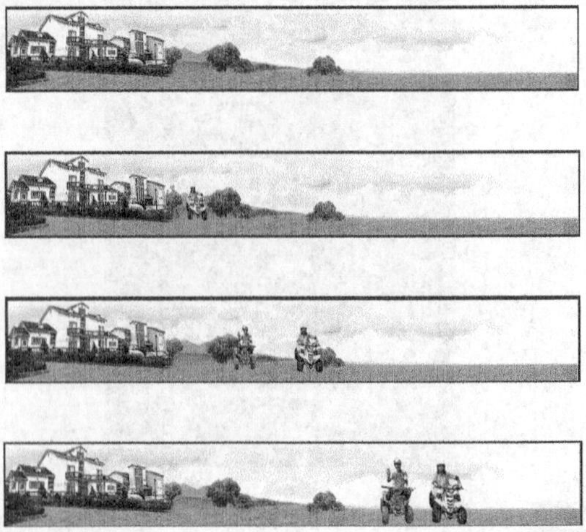

21.3 使用Dreamweaver制作页面

本节教学录像时间：16 分钟

经过去哪儿网的整体设计、版面架构和网站模块的分析，我们已对休闲旅游类网站页面的布局、整体架构、网站模块等有了一定的了解。下面我们就来制作一个休闲旅游网——Ilvyou camp。

21.3.1 需求分析

Ilvyou camp旅游网的主要目的是为网民提供实时的、准确的外出旅游信息。网页的整体布局要整齐、富有层次感，色调要简洁，模块化要清晰，模块标题要突出。

21.3.2 结构与布局

Ilvyou camp旅游网的结构与布局采用上、中、下三栏，中间一栏再从水平方向分为#news、#movie、#room若干模块。如下图所示。

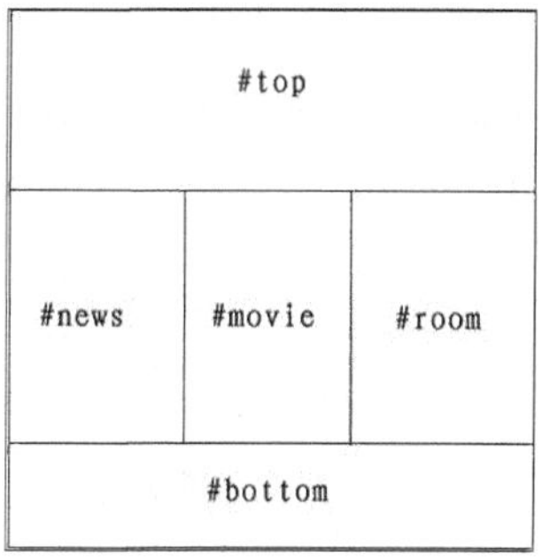

21.3.3 网站制作步骤

下面我们来具体制作Ilvyou camp休闲旅游网。

步骤 01 执行【文件】➤【新建】菜单命令，新建一个HTML页面，将该页面保存为“index.html”。

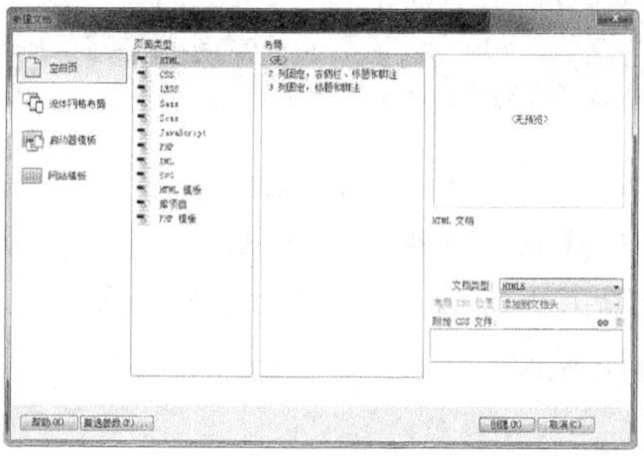

步骤 02 新建一个外部CSS样式表文件，将其保存为“style\style.css”。单击“CSS设计器”面板上的“附加现有的CSS文件”按钮，弹出“使用现有的CSS文件”对话框。

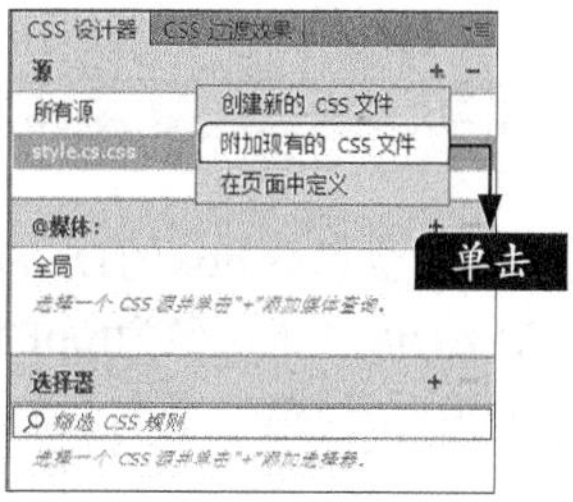

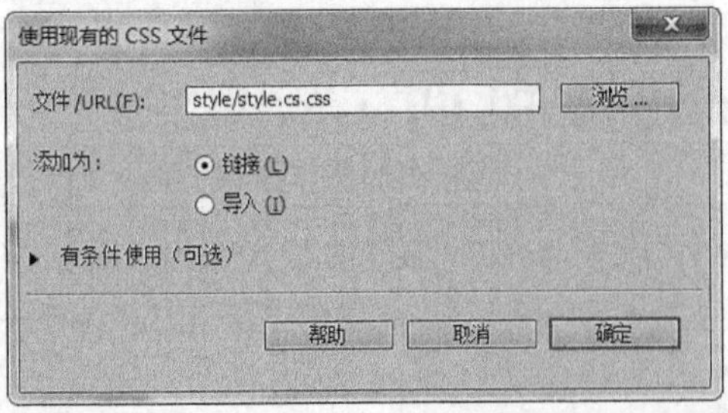

步骤 03 切换到style.css文件中，创建一个名为*的通配符CSS规则。

```
*{
    padding:0px;
    margin:0px;
    border:0px;
}
```

步骤 04 再创建一个名为body的标签CSS规则。

```
body{
    font-family:"宋体";
    font-size:12px;
}
```

步骤 05 返回index.html页面中，在页面中插入名为box的Div，切换到style.css文件中，创建一个名为#box的CSS规则。

```
#box{
    width:1003px;
    height:100%;
    overflow:hidden;
    padding-left:138px;
    padding-right:139px;
    background-image:url(../images/
15801.gif);
    background-repeat:no-repeat;
    margin:0px auto;
}
```

步骤 06 返回页面设计视图中，页面效果如图所示。

步骤 07 将光标移至名为box的Div中，将多余文字删除，在该Div中插入名为top的Div，切换到style.css文件中，创建一个名为#top的CSS规则。

```
#top{
    width:1003px;
    height:511px;
}
```

步骤 08 返回页面设计视图中，页面效果如图所示。

步骤 09 将光标移至名为top的Div中，将多余文字删除，在该Div中插入名为menu1的Div，切换到style.css文件中，创建名为#menu1的CSS规则，如图所示。

```
#menu1{
    width:200px;
    height:29px;
    padding-left:803px;
    padding-top:14px;
}
```

步骤 10 返回页面设计视图中，页面效果如图所示。

步骤 11 将光标移至为menu1的Div中，将多余文字删除，在该Div中插入相应的图像，如图所示。

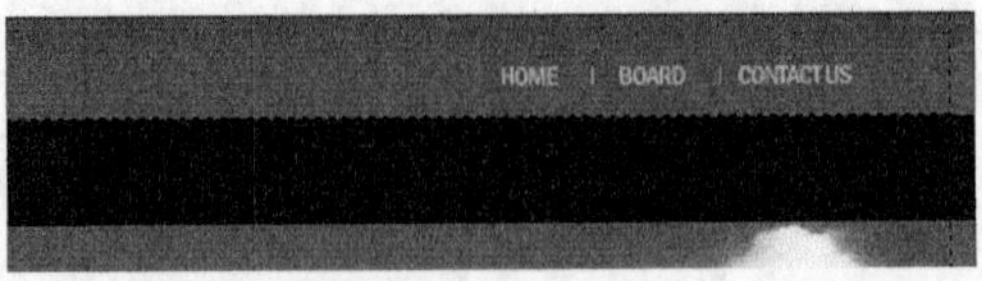

步骤 12 在名为menu1的Div之后，插入名为menu2的Div，切换到style.css文件中，创建一个名为#menu2的CSS规则，如下所示。

```
#menu2{
    width:1003px;
```

```
    height:46px;
    padding-top:1px;
    padding-bottom:40px;
}
```

步骤13 返回页面设计视图中，页面效果如图所示。

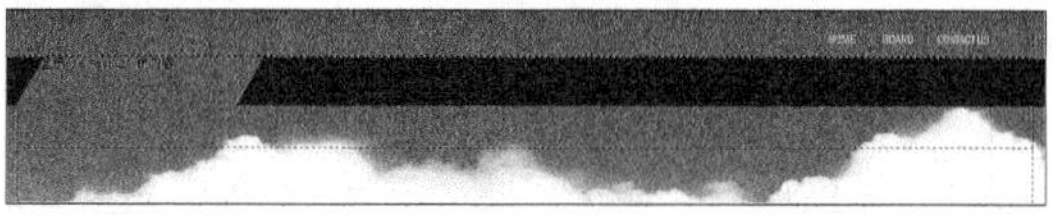

步骤14 将光标移至名为menu2的Div中，将多余文字删除，在该Div中插入相应的图像，如图所示。

步骤15 切换到style.css文件中，创建名为#menu2 img的CSS规则和一个名为.img1的类CSS样式，如下所示。

```
#menu2 img{
    margin-right:15px;
}
.img1{
    margin-bottom:7px;
}
```

步骤16 返回页面设计视图中，为相应的图像应用该类样式，页面效果如图所示。

步骤17 将光标移至名为menu2的Div后，单击"插入"面板上的SWF按钮，插入Flash动画"素材ch21\images\flash15801.swf"，如图所示。

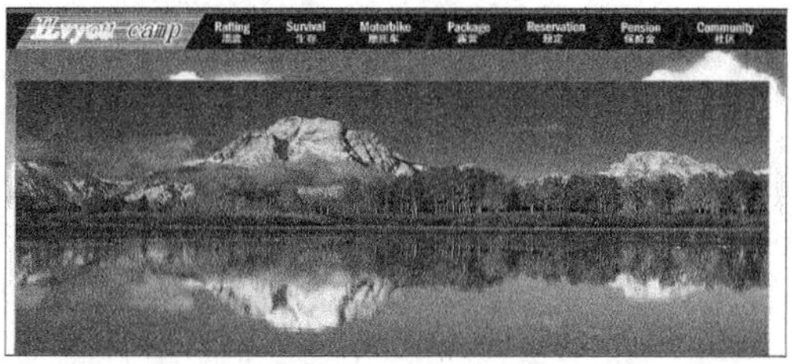

步骤18 执行【文件】➤【保存】命令，保存页面，在浏览器中预览页面，可以看到Flash动画效果，如图所示。

步骤19 在名为top的Div之后，插入名为main的Div，切换到style.css文件中，创建名为#main的CSS规则，如下所示。

```
#main{
    width:1003px;
    height:185px;
}
```

步骤20 返回页面设计视图中，页面效果如图所示。

步骤21 将光标移至名为main的Div中，删除多文字，在该Div中插入名为news的Div，切换到style.css文件中，创建名为#news的CSS规则，如下所示。

```
#news{
    width:305px;
    height:185px;
    padding-left:22px;
    padding-right:23px;
    float:left;
}
```

步骤22 返回页面设计视图中，页面效果如图所示。

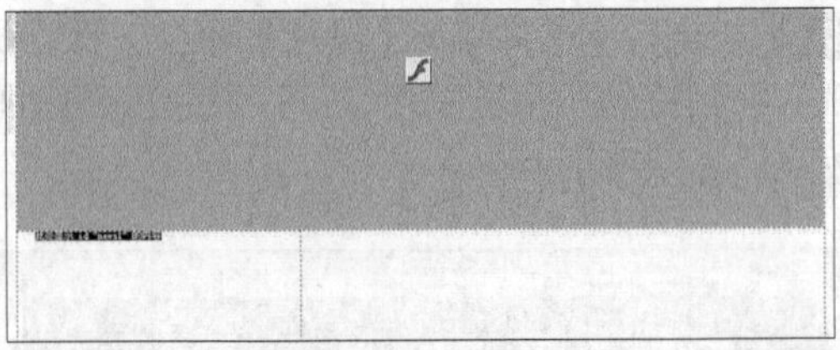

步骤 23 将光标移至名为news的Div中，删除多余文字，在该Div中插入名为news-title的Div，切换到style.css文件中，创建名为#news-title的CSS规则，如下所示。

```
#news-title{
    width:294px;
    height:21px;
    padding-top:7px;
    padding-right:11px;
}
```

步骤 24 返回页面设计视图中，页面效果如图所示。

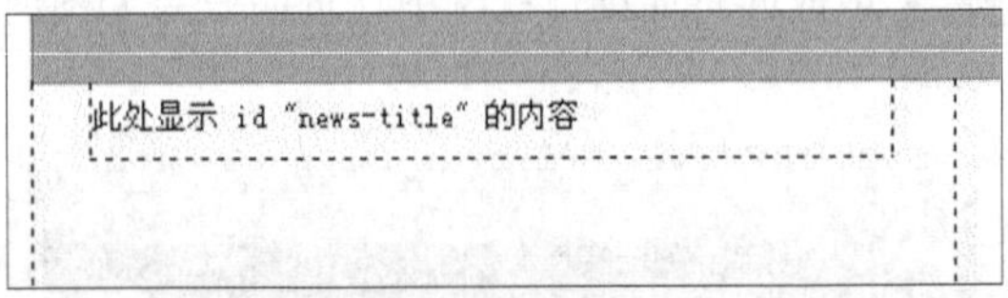

步骤 25 将光标移至名为news-title的Div中，删除多余的文字，并插入图像，效果如图所示。

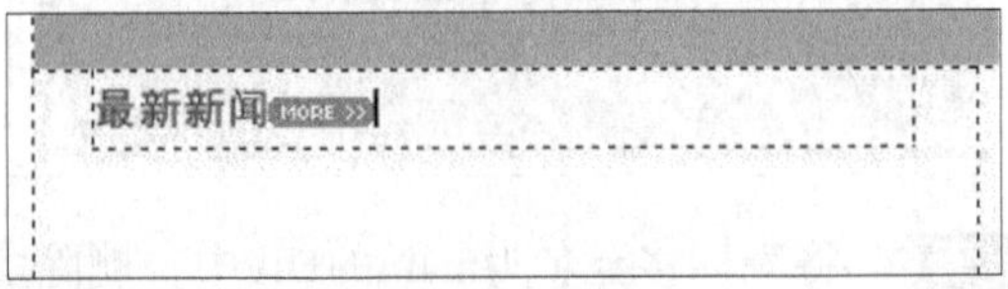

步骤 26 切换到style.css文件中，创建一个名为.img2的CSS类样式，如下所示。

```
.img2{
    margin-left:191px;
}
```

步骤 27 返回页面设计视图中，为相应的图像应用img2的类CSS样式，效果如图所示。

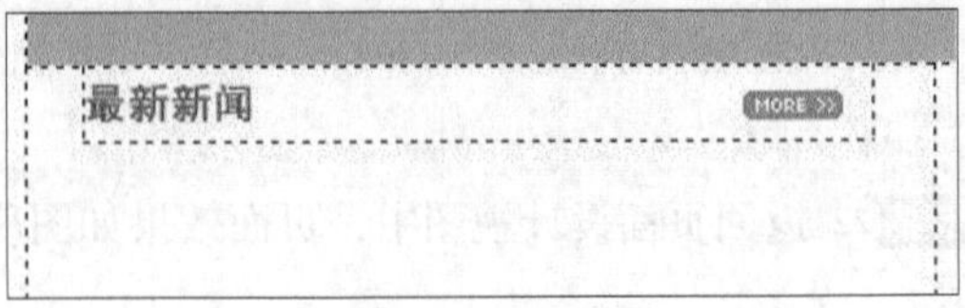

步骤 28 在名为news-title的Div之后，插入名为text1的Div，切换到style.css文件中，创建名为#text1的CSS规则，如下所示。

```
#text1{
    width:305px;
    height:127px;
    padding-top:15px;
    padding-bottom:15px;
}
```

步骤 29 返回页面设计视图中，页面效果如图所示。

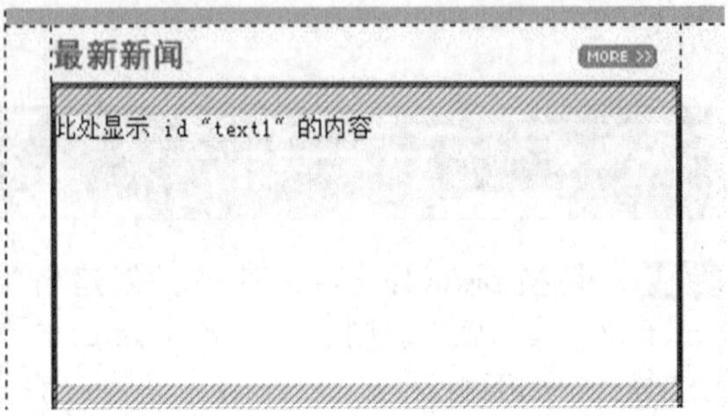

步骤 30 将光标移至名为text1的Div中，删除多余文字，并输入相应的段落文本，如图所示。

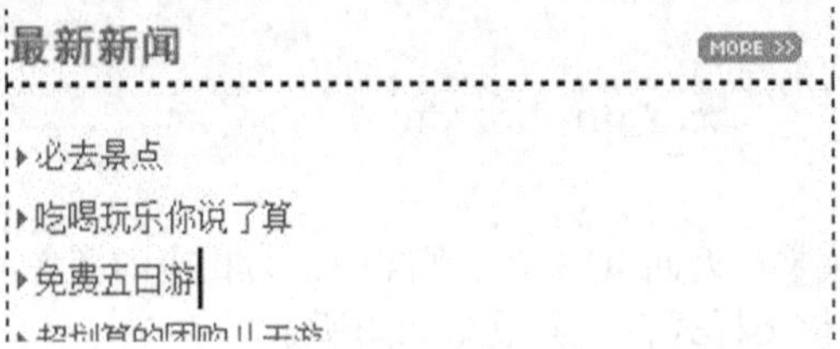

步骤 31 选中输入的文本内容，并为其创建项目列表，转换到代码视图中，可以看到项目列表的相关代码，如下所示。

```
<div id="text1">
    <ul>
        <li> 大山、中山、小山、土山、群山壮景十四日游 </li>
        <li> 海浪滚滚 + 海浪海风伴海沙七日 必游：大海、更大的海 </li>
        <li> 大沙漠、中沙漠、小沙漠、黄沙奇景五日游 </li>
        <li> 大山大海大风加大沙漠四飞一卧八天 </li>
```

```
        <li> 大海 / 大江 / 大河 / 大湖豪华
游轮七日游 </li>
        <li> 奇景异境十五天（一些其他美
    丽景色的地方）</li>
      </ul>
  </div>
```

步骤32 切换到style.css文件中，创建名为#text1 li的CSS规则，如下所示。

```
  #text1 li{
      list-style-type:none;
      background-image:url(../images
/15816.gif);
      background-repeat:no-repeat;
      background-position:3px 8px;
      padding-left:10px;
      line-height:23px;
      color:#666666;
  }
```

步骤33 返回页面设计视图中，页面效果如图所示。

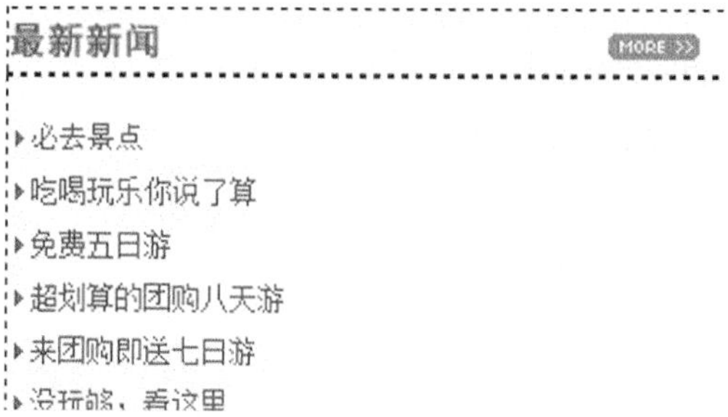

步骤34 在名为news的Div之后，插入名为movie的Div，切换到style.css文件中，创建名为#movie的CSS规则，如下所示。

```
  #movie{
      width:209px;
      height:170px;
      padding-left:11px;
      padding-right:12px;
      padding-bottom:15px;
      float:left;
  }
```

步骤35 返回页面设计视图中，页面效果如图所示。

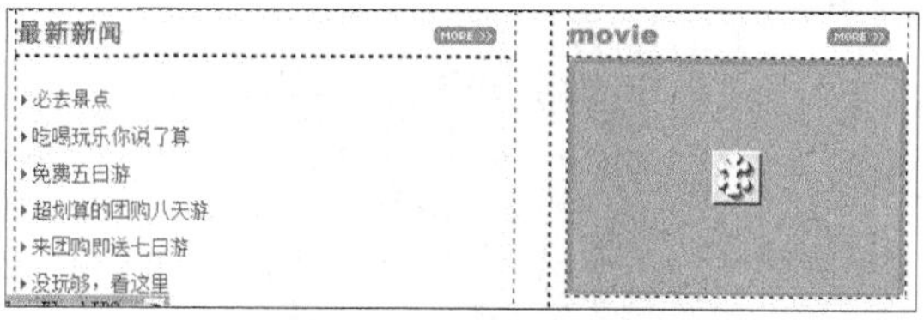

步骤36 将光标移至名为movie的Div，删除多余的文字，并在该Div中插入名为movie-title的Div，切换到style.css文件中，创建名为#movie-title的CSS规则，如下所示。

```
  #movie-title{
      width:198px;
      height:20px;
      padding-top:8px;
      padding-right:11px;
  }
```

步骤37 返回页面设计视图中，页面效果如图所示。

步骤38 使用相同的方法，可以完成相似部分内容的制作，页面效果如图所示。

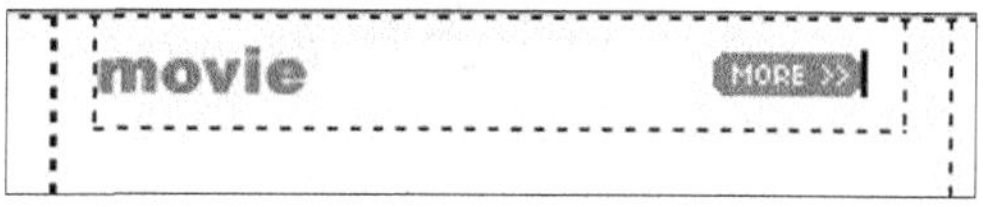

步骤39 在名为movie-title的Div之后，插入名为mv的Div，切换到style.css文件中，创建名为#mv的CSS规则，如下所示。

```
  #mv{
      width:201px;
      height:134px;
      padding:4px;
      background-image: url(../images
/15818.jpg);
      background-repeat:no-repeat;
  }
```

步骤40 返回页面设计视图中，页面效果如下所示。

步骤 41 将光标移至名为mv的Div中，将多余的文字删除，单击“插入”面板中的“插入”按钮，选择需要插入的视频“素材\ch21\images\gyt.wmv”，显示插入图标，如图所示。

步骤 42 选中插件图标，在“属性”面板上设置“宽”为201，“高”为135，效果如图所示。

步骤 43 在名为movie的Div之后，插入名为room的Div，切换到style.css文件中，创建一个名为#room的CSS规则，如下所示。

```
#room{
    width:420px;
    height:185px;
    float:left;
}
```

步骤 44 返回页面设计视图中，页面效果如图所示。

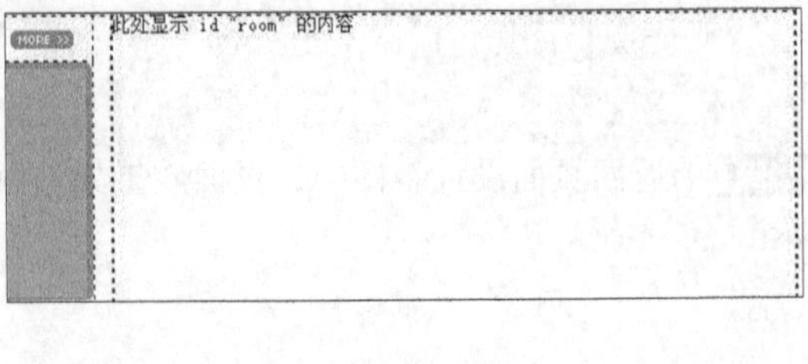

步骤 45 将光标移至名为room的Div中，删除多余的文字，在Div中插入名为room-title的Div，切换到style.css文件中，创建名为#room-title的CSS规则，如下所示。

```
#room-title{
    width:409px;
    height:22px;
    padding-top:6px;
    padding-right:11px;
}
```

步骤 46 返回页面设计视图中，页面效果如图所示。

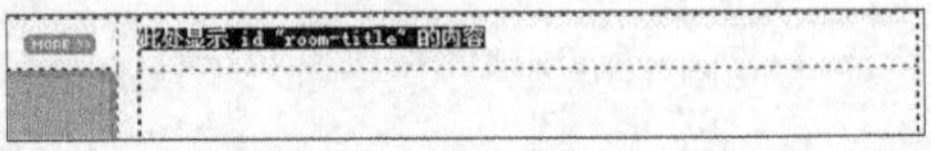

步骤 47 使用相同的方法，可以完成相似部分内容的制作，如图所示。

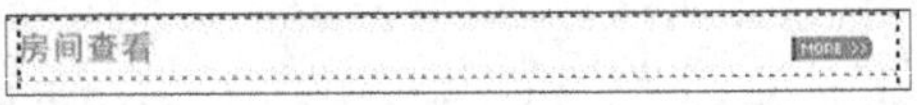

步骤 48 在名为room-title的Div之后，插入名为pic的Div，切换到style.css文件中，创建一个名为#pic的CSS规则，如下所示。

```
#pic{
    width:270px;
    height:76px;
    padding-top:6px;
    padding-bottom:6px;
    background-image:url(../images
/15820.gif);
    background-repeat:no-repeat;
    color:#666666;
    float:left;
}
```

步骤 49 返回页面设计视图中，页面效果如图所示。

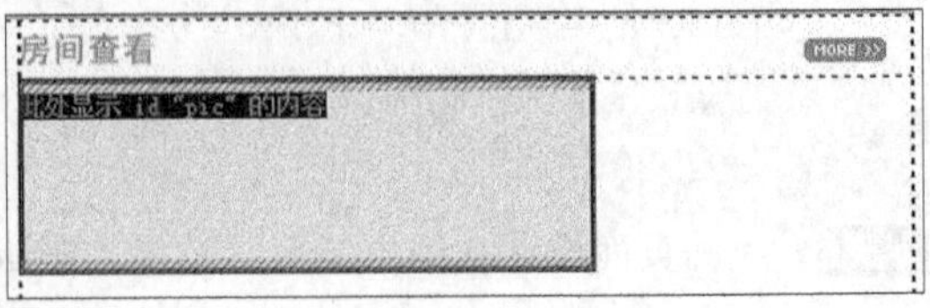

步骤50 光标移至名为pic的Div中，将多余的文字删除，插入图像并输入相应的文字，页面效果如图所示。

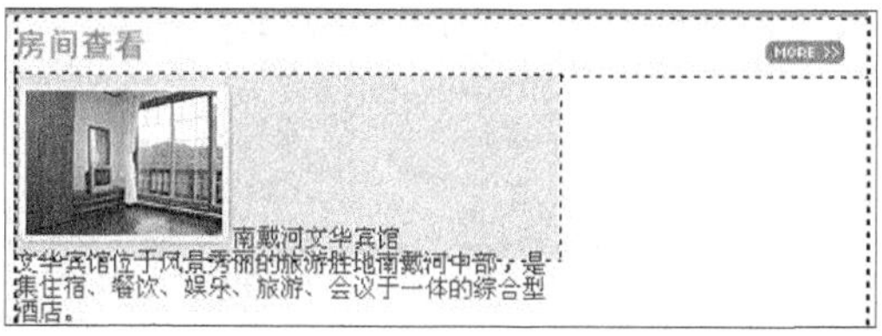
房间查看
MORE
南戴河文华宾馆
文华宾馆位于风景秀丽的旅游胜地南戴河中部，是集住宿、餐饮、娱乐、旅游、会议于一体的综合型酒店。

步骤51 切换到style.css文件中，分别创建名为.img5和.font1的CSS类样式，如下所示。

```
.img5{
    float:left;
    margin-left:7px;
    margin-right:7px;
}
.font1{
    color:#FF3300;
    font-weight: bold;
    line-height:25px;
}
```

步骤52 返回页面设计视图中，为相应的图像和文字应用所定义的类CSS样式，页面效果如下所示。

房间查看
豪华宾馆
宾馆位于风景秀丽的旅游胜
地的中部，是集住宿、餐饮、

步骤53 在名为pic的Div之后插入名为room1的Div，切换到style.css文件中，创建名为#room1的CSS规则，如下所示。

```
#room1{
    width:134px;
    height:88px;
    padding-left:8px;
    padding-right:8px;
    color:#666666;
    float:left;
}
```

步骤54 返回页面设计视图中，页面效果如图所示。

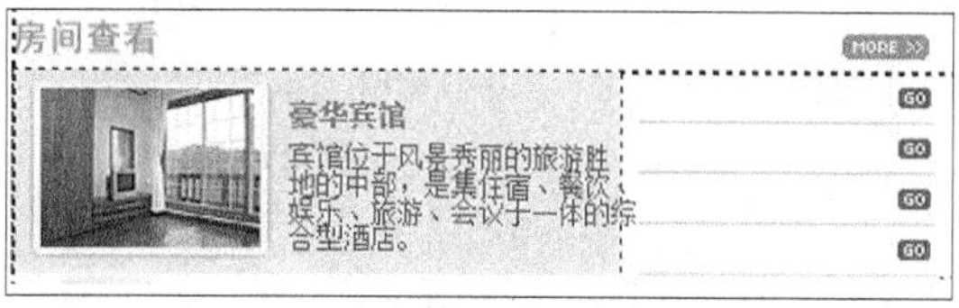
房间查看
MORE
豪华宾馆
宾馆位于风景秀丽的旅游胜地的中部，是集住宿、餐饮、娱乐、旅游、会议于一体的综合型酒店。
GO
GO
GO
GO

步骤55 将光标移至名为room1的Div中，将多余的文字删除，输入相应的文字并插入图像，页面效果如图所示。

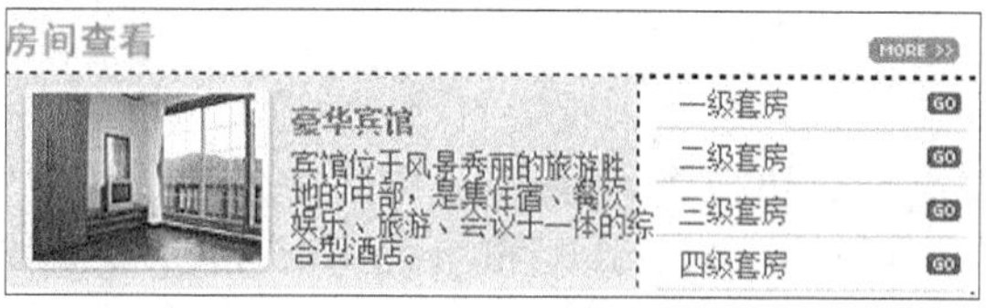
房间查看
MORE
豪华宾馆
宾馆位于风景秀丽的旅游胜地的中部，是集住宿、餐饮、娱乐、旅游、会议于一体的综合型酒店。
一级套房
二级套房
三级套房
四级套房
GO
GO
GO
GO

步骤56 选中所输入的文字及插入的图片，并为其创建项目列表，转换到代码视图中，可以看到项目列表的相关代码，如下所示。

```
<div id="room1">
  <ul>
    <li> 亲海家庭公寓 </li>
    <li><img src="images/15823.gif" width="15" height="9"></li>
    <li> 人大碧螺湖宾馆 </li>
    <li><img src="images/15823.gif" width="15" height="9"></li>
    <li> 北戴河名人别墅 </li>
    <li><img src="images/15823.gif" width="15" height="9"></li>
    <li> 秦皇度假村 </li>
    <li><img src="images/15823.gif" width="15" height="9"></li>
  </ul>
</div>
```

步骤57 在代码视图中，为相应的内容添加相关的列表标签，如图所示。

```
<div id="room1">
  <dl>
    <dt> 亲海家庭公寓 </dt>
    <dd><img src="images/15823.gif" width="15" height="9"></dd>
```

```
            <dt> 人大碧螺湖宾馆 </dt>
            <dd><img src="images/15823.gif" width="15" height="9"></dd>
            <dt> 北戴河名人别墅 </dt>
            <dd><img src="images/15823.gif" width="15" height="9"></dd>
            <dt> 秦皇度假村 </dt>
            <dd><img src="images/15823.gif" width="15" height="9"></dd>
        </dl>
    </div>
```

步骤 58 切换到style.css文件中，创建名为#room1 dt、#room1 dd和#room1 dd img的CSS规则，如下所示。

```
#room1 dt{
    width:104px;
    list-style-type:none;
    background-image:url(../images/15822.gif);
    background-repeat:no-repeat;
    background-position:2px 8px;
    padding-left:10px;
    line-height:21px;
    border-bottom: 1px solid #cccccc;
    float:left;
}
#room1 dd{
    width:20px;
    height:21px;
    border-bottom: 1px solid #cccccc;
    float:left;
}
#room1 dd img{
    margin-top:6px;
    margin-left:3px;
}
```

步骤 59 返回页面设计视图中，页面效果如图所示。

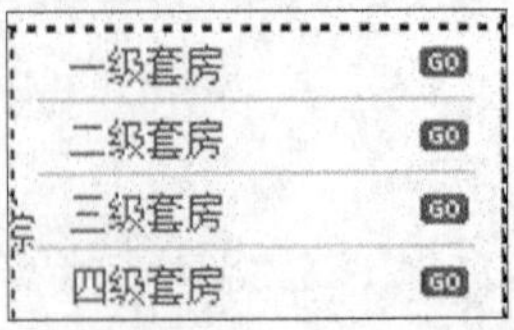

步骤 60 将光标移至名为room1的Div之后，插入相应的图片，页面效果如图所示。

步骤 61 使用相同的方法，可以完成页面底部内容的制作，页面效果如下图所示。

步骤 62 完成该休闲旅游网站页面的制作，执行【文件】➤【保存】命令，保存页面，并保存外部样式表文件，在浏览器中预览该页面，效果如下图所示。

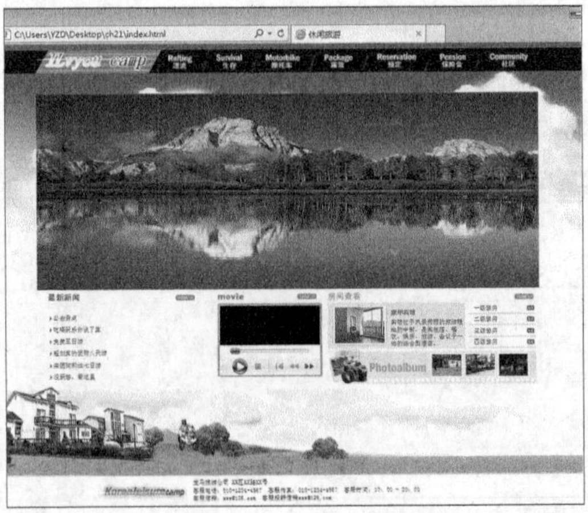

第5篇
高手秘技篇

第22章 打造赏心悦目的网站

第23章 网站的优化与推广

第24章 使用滤镜、笔刷和纹理

第22章

打造赏心悦目的网站

学习目标

要想制作出漂亮的主页，就需要灵活地运用色彩。合理恰当地运用与搭配页面各元素间的色彩，可以让网页设计得更靓丽、更舒适，从而增强页面的可阅读性。本章主要讲述网页色彩的搭配，灵活地运用它能让你的主页更具亲和力。

学习效果

初次心动
首次购物满68元 免邮再送360随身WiFi

大声唱！
无所畏！
我要
书写自己的旋律

22.1 色彩的基础知识

本节教学录像时间：3 分钟

网页中的色彩设计是最直接的视觉效果，不同的颜色运用会给人以不同的感受，高明的设计师会运用颜色来表现网站的理念和内在品质。

自然界中的色彩五颜六色、千变万化，但是最基本的色彩只有3种（红、黄、蓝），其他的色彩都可以由这3种色彩调和而成，这3种色彩称为“三原色”。

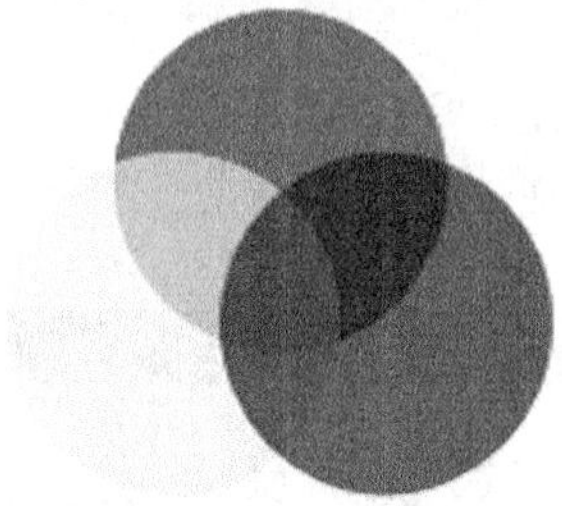

大家平时看到的白色光经过分析，在色带上可以看到，它包括红、橙、黄、绿、青、蓝、紫7种颜色，各颜色间自然过渡，其中红、绿、蓝是三原色，三原色通过不同比例的混合就可以得到各种颜色。

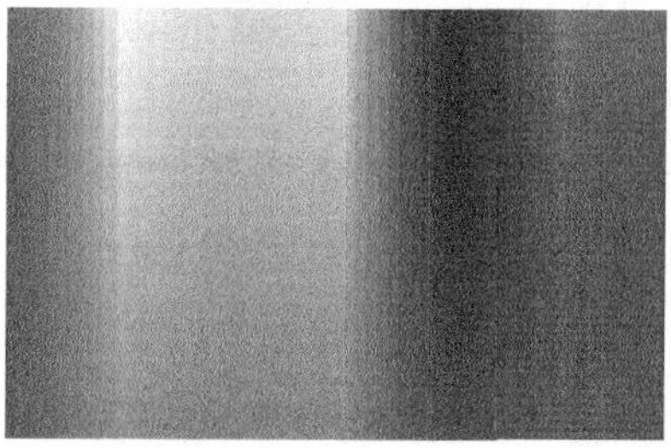

现实生活中的色彩可以分为彩色和非彩色两个系列，其中黑、白、灰属于非彩色系列，其他的色彩都属于彩色系列。任何一种彩色都具备3个特征：色相、明度和饱和度。非彩色只有明度属性。

小提示

色相指的是色彩的名称，这是色彩最基本的特征，反映了颜色的基本面貌，是一种色彩区别于另一种色彩的最主要的因素，例如紫色、绿色、黄色等都代表了不同的色相。

同一色相的色彩调整一下亮度或纯度，很容易搭配出多种色彩效果，比如深绿、暗绿、草绿、亮绿等。

小提示

明度也叫亮度，指的是色彩的明暗程度，明度越大，色彩越亮。

22.2 网页的安全颜色

本节教学录像时间：4 分钟

在网页中，常以RGB模式来表示颜色的值，RGB表示红（Red）、绿（Green）、蓝（Blue）三原色。通常情况下，RGB各有256级亮度，用0~255表示。

对于单独的R、G或B而言，当数值为0时，代表这种颜色不发光；如果为255，则代表该颜色为最高亮度。

小提示

当RGB这3种色光都发到最强的亮度（即RGB值为255、255、255）时，表示纯白色，用十六进制数表示为“FFFFFF”。相反，纯黑色的RGB值是0、0、0，用十六进制数表示为“000000”。

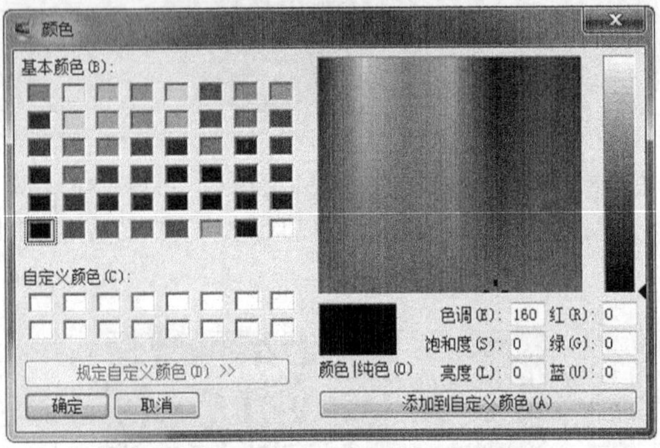

纯红色的RGB值是255、0、0，意味着只有红色R存在，且亮度最强，G和B都不发光。同理，纯绿色的RGB是0、255、0，纯蓝色的RGB是0、0、255。

小提示

在HTML语言中，可以直接使用十六进制数值来命名颜色。

按照计算，256级的RGB色彩总共能组合出约1 678万种色彩，即256×256×256＝16 777 216，通常简称为1600万色或千万色，也称为24位色（2的24次方）。

既然理论上可以得出16 777 216种颜色，那么为什么又出现了网页安全颜色范畴为216种颜色呢？这是因为浏览器的缘故。

网页被浏览器识别以后，只有216种颜色能在浏览器中正常显示，而多于这个范围的颜色，有的浏览器显示时就可能发生偏差，不能正常显示，因此将能被所有的浏览器正常显示的216种颜色称为网页安全颜色范畴。

现在的浏览器的性能越来越高，网页的安全颜色范畴也越来越广，但最安全的还是216种颜色。在Dreamweaver中，提供了具有网页安全颜色范畴的调色板，可以将网页的颜色选取控制在安全范围之内。

RGB模式是显示器的物理色彩模式，这意味着无论在软件中使用何种色彩模式，只要是在显示器上显示的，图像最终就是以RGB方式显示的。

22.3 如何处理色彩

本节教学录像时间：8 分钟

色彩是人的视觉最敏感的东西，主页的色彩处理得好，可以锦上添花，达到事半功倍的效果。

1. 色彩的感觉

⑴ 色彩的冷暖感

红、橙、黄代表太阳、火焰，蓝、青、紫代表大海、晴空，绿、紫代表不冷不暖的中性色，无色系中的黑代表冷，白代表暖。

⑵ 色彩的软硬感

高明度、高纯度的色彩能给人以软的感觉，反之则感觉硬。

⑶ 色彩的强弱感

亮度高的明亮、鲜艳的色彩感觉强，反之则感觉弱。

⑷ 色彩的兴奋与沉静

红、橙、黄，偏暖色系，高明度、高纯度、对比强的色彩感觉兴奋。青、蓝、紫，偏冷色系，低明度、低纯度、对比弱的色彩感觉沉静。

⑸ 色彩的华丽与朴素

红、黄等暖色和鲜艳而明亮的色彩能给人以华丽感，青、蓝等冷色和浑浊而灰暗的色彩能给人以朴素感。

⑹ 色彩的进退感

对比强、暖色、明快、高纯度的色彩代表前进，反之，则代表后退。

2. 色彩的季节性

春季处处一片生机，通常会流行一些活泼跳跃的色彩；夏季气候炎热，人们希望凉爽，通常流行以白色和浅色调为主的清爽亮丽的色彩。

秋季秋高气爽，流行的是沉重的暖色调；冬季气候寒冷，深颜色有吸光、传热的作用，人们希望能暖和一点，喜欢穿深色衣服。

这就很明显地形成了四季的色彩流行趋势，春夏以浅色、明艳色调为主，秋冬以深色、稳重色调为主，每年色彩的流行趋势都会因此而分成春夏和秋冬两大色彩趋向。

3. 颜色的心理感觉

不同的颜色会给浏览者不同的心理感受。

⑴ 红色

红色是一种激奋的色彩，代表热情、活泼、温暖、幸福和吉祥。红色容易引起人们的注意，也容易使人兴奋、激动、热情、紧张和冲动，而且还是一种容易造成人视觉疲劳的颜色。

⑵ 绿色

绿色代表新鲜、充满希望、和平、柔和、安逸和青春，显得和睦、宁静、健康。绿色具有黄色和蓝色两种成分颜色。在绿色中，将黄色的扩张感和蓝色的收缩感中和，并将黄色的温暖感与蓝色的寒冷感相抵消。绿色和金黄、淡白搭配，可产生优雅、舒适的气氛。

⑶ 蓝色

蓝色代表深远、永恒、沉静、理智、诚实、公正、权威，是最具凉爽、清新特点的色彩。蓝色和白色混合，能体现柔顺、淡雅、浪漫的气氛（像天空的色彩）。

⑷ 黄色

黄色具有快乐、希望、智慧和轻快的个性，它的明度最高，代表明朗、愉快、高贵，是色彩中最为娇气的一种色。只要在纯黄色中混入少量的其他色，其色相感和色性格均会发生较大程度的变化。

⑸ 紫色

紫色代表优雅、高贵、魅力、自傲和神秘。在紫色中加入白色，可使其变得优雅、娇气，并充满女性的魅力。

⑹ 橙色

橙色也是一种激奋的色彩，具有轻快、欢欣、热烈、温馨、时尚的效果。

⑺ 白色

白色代表纯洁、纯真、朴素、神圣和明快，具有洁白、明快、纯真、清洁的感觉。如果在白色中加入其他任何色，都会影响其纯洁性，使其性格变得含蓄。

⑻ 黑色

黑色具有深沉、神秘、寂静、悲哀、压抑的感受。

⑼ 灰色

在商业设计中，灰色具有柔和、平凡、温和、谦让、高雅的感觉，具有永远流行性。在许多的高科技产品中，尤其是和金属材料有关的，几乎都采用灰色来传达高级、科技的形象。

小提示

使用灰色时，大多利用不同的参差变化组合和其他色彩相配，才不会过于平淡、沉闷、呆板和僵硬。

每种色彩在饱和度、亮度上略微变化，就会产生不同的感觉。以绿色为例，黄绿色有青春、旺盛的视觉意境，而蓝绿色则显得幽宁、深沉。

22.4 网页色彩搭配原理

本节教学录像时间：3 分钟

网页的色彩是树立网站形象的关键要素之一，但色彩搭配却是网页设计初学者感到头疼的问题。

网页的背景、文字、图标、边框、链接等应该采用什么样的色彩？应该搭配什么样的色彩才能最好地表达出网站的内涵和主题？下面介绍网页色彩搭配的一些原理。

⑴ 色彩的鲜明性

网页的色彩要鲜明，这样容易引人注目。一个网站的用色必须要有自己独特的风格，这样才能显得个性鲜明，给浏览者留下深刻的印象。

⑵ 色彩的独特性

要有与众不同的色彩，使得大家对网站的印象强烈。

⑶ 色彩的艺术性

网站设计也是一种艺术活动，因此必须遵循艺术规律。在考虑到网站本身特点的同时，应按照内容决定形式的原则，大胆地进行艺术创新，设计出既符合网站要求，又有一定艺术特色的网站。

大声唱！
无所畏！
我要
书写自己的旋律

⑷ 色彩搭配的合理性

网页设计虽然属于平面设计的范畴，但又与其他的平面设计不同，它在遵循艺术规律的同时，还要考虑人的生理特点。色彩搭配一定要合理，色彩和表达的内容气氛相适合，能给人一种和谐、愉快的感觉。要避免采用纯度很高的单一色彩。

22.5 网页中色彩的搭配

本节教学录像时间：4 分钟

色彩在人们的生活中是有丰富的感情和含义的，在特定的场合下，同一种色彩可以代表不同的含义。色彩总的应用原则应该是“总体协调，局部对比”，就是主页的整体色彩效果是和谐的，局部、小范围的地方可以有一些强烈色彩的对比。

1. 彩色的搭配

(1) 相近色

色环中相邻的3种颜色。相近色的搭配给人的视觉效果很舒适、很自然，所以相近色在网站设计中极为常用。

(2) 互补色

色环中相对的两种色彩。对互补色调整一下补色的亮度，有时候是一种很好的搭配。

(3) 暖色

暖色跟黑色调和，可以达到很好的效果。暖色一般应用于购物类网站、电子商务网站、儿童类网站等，用以体现商品的琳琅满目，儿童类网站的活泼、温馨等效果。

(4) 冷色

冷色一般跟白色调和，可以达到一种很好的效果。冷色一般应用于一些高科技、游戏类网站，主要用于表达严肃、稳重等效果。绿色、蓝色、蓝紫色等都属于冷色系列。

(5) 色彩均衡

网站要让人看上去舒适、协调，除了文字、图片等内容的合理排版外，色彩均衡也是相当重要的一个部分。比如一个网站不可能单一地运用一种颜色，所以色彩的均衡是设计者必须要考虑的问题。

小提示

色彩的均衡包括色彩的位置，每一种色彩所占的比例、面积等。比如鲜艳明亮的色彩面积应小一点，让人感觉舒适、不刺眼，这就是一种均衡的色彩搭配。

2. 非彩色的搭配

黑白是最基本和最简单的搭配，白字黑底、黑底白字都非常清晰明了。灰色是万能色，可以和任何色彩搭配，也可以帮助两种对立的色彩和谐过渡。如果实在找不出合适的色彩，那么用灰色试试，效果绝对不会太差。

22.6 网页元素的色彩搭配

本节教学录像时间：3 分钟

为了让网页设计得更靓丽、更舒适，增强页面的可阅读性，必须合理、恰当地运用与搭配页面各元素间的色彩。

1. 网页导航条

网页导航条是网站的指路方向标，浏览者在网页间跳转要了解网站的结构，查看网站的内容，都必须使用导航条。可以使用稍微具有跳跃性的色彩吸引浏览者的视线，使其感觉网站清晰明了、层次分明。

2. 网页链接

一个网站不可能只有一页，所以文字与图片的链接是网站中不可缺少的部分。尤其是文字链接，因为链接区别于文字，所以链接的颜色不能跟文字的颜色一样。要让浏览者快速地找到网站链接，设置独特的链接颜色是一种驱使浏览者点击链接的好办法。

3. 网页文字

如果网站中使用了背景颜色，就必须要考虑背景颜色的用色与前景文字的搭配问题。一般的网站侧重的是文字，所以背景可以选择纯度或者明度较低的色彩，文字使用较为突出的亮色，让人一目了然。

4. 网页标志

网页标志是宣传网站最重要的部分之一，所以一定要在页面上突出、醒目。可以将Logo和Banner做得鲜亮一些，也就是说，在色彩方面与网页的主题色分离开来。有的时候为了更突出，也可以使用与主题色相反的颜色。

22.7 网页色彩的搭配技巧

本节教学录像时间：7 分钟

色彩的搭配是一门艺术，灵活地运用它能让你的主页更具亲和力。要想制作出漂亮的主页，需要灵活地运用色彩，再加上自己的创意和技巧。下面是网页色彩搭配的一些常用技巧。

⑴ 使用单色

尽管网站设计要避免采用单一色彩，以免产生单调的感觉，但通过调整色彩的饱和度和透明度，也可以产生变化，使网站避免单调，做到色彩统一，有层次感。

⑵ 使用邻近色

所谓邻近色，就是在色带上相邻近的颜色，如绿色和蓝色、红色和黄色就互为邻近色。采用邻近色设计网页，可以使网页避免色彩杂乱，易于达到页面的色彩丰富、和谐统一。

⑶ 使用对比色

使用对比色可以突出重点，产生强烈的视觉效果。通过合理地使用对比色，能够使网站特色鲜明、重点突出。在设计时，一般以一种颜色为主色调，对比色作为点缀，可以起到画龙点睛的作用。

⑷ 黑色的使用

黑色是一种特殊的颜色，如果使用恰当、设计合理，往往能产生很强的艺术效果。黑色一般用来作为背景色，与其他纯度色彩搭配使用。

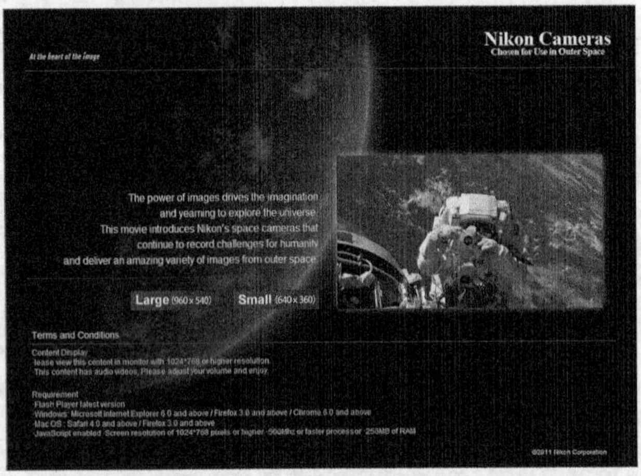
At the heart of the image
Nikon Cameras
Chosen for Use in Outer Space
The power of images drives the imagination
and yearning to explore the universe.
This movie introduces Nikon's space cameras that
continue to record challenges for humanity
and deliver an amazing variety of images from outer space.
Large (960×540)
Small (640×360)
Terms and Conditions
Content Display
Requirement
Flash Player latest version
Mac OS : Safari 4.0 and above / Firefox 3.0 and above
©2011 Nikon Corporation

⑸ 背景色的使用

背景的颜色不要太深，否则会显得过于厚重，这样会影响整个页面的显示效果。

一般应采用素淡清雅的色彩，避免采用花纹复杂的图片和纯度很高的色彩作为背景色。同时，背景色要与文字的色彩对比强烈一些。

小提示

背景色的使用也有例外，如黑色的背景衬托亮丽的文本和图像，则会给人一种另类的感觉。

⑹ 色彩的数量

事实上，网站用色并不是越多越好，一般应控制在4种色彩以内。可以通过调整色彩的各种属性来产生颜色的变化，保持整个网页的色调统一。

小提示

一般初学者在设计网页时，往往会使用多种颜色，使网页变得很“花”，缺乏统一和协调，缺乏内在的美感，给人一种繁杂的感觉。

⑺ 要和网站内容匹配

了解网站所要传达的信息和品牌，选择可以加强这些信息的颜色。如在设计一个强调稳健的金融机构网站时，就要选择冷色系、柔和的颜色，像蓝、灰或绿。在这样的状况下，如果使用暖色系或活泼的颜色，则可能会破坏该网站的品牌。

⑻ 围绕网页主题

色彩要能烘托出主题。应根据主题确定网站颜色，同时还要考虑网站的访问对象，文化的差异也会使色彩产生非预期的反应。

不同地区与不同年龄层的人群，对颜色的反应亦会有所不同。年轻族一般比较喜欢饱和色，但这样的颜色却不能引起高年龄层人群的兴趣。

此外，白色是网站用得最普遍的一种颜色。很多网站甚至会留出大块的白色空间作为网站的一个组成部分，这就是留白艺术。

很多设计性网站较多地运用留白艺术，能给人一个遐想的空间，让人感觉心情舒适、畅快。恰当的留白对于协调页面的均衡，会起到相当大的作用。

总之，色彩的使用并没有一定的法则，色彩的运用还与每个人的审美观、喜好、知识层次等密切相关。一般应先确定一种能体现主题的主体色，然后根据具体的需要应用颜色的近似和对比完成整个页面的配色方案。

小提示

整个页面在视觉上应该是一个整体，以达到和谐、悦目的视觉效果。

22.8 网页颜色的使用风格

本节教学录像时间：2 分钟

不同的网站有着自己不同的风格，也有着自己不同的颜色。网站使用颜色大概分为以下几种类型。

1. 公司色

在现代企业中，公司的CI形象显得尤其重要，每一个公司的CI设计必然要有标准的颜色，比如新浪网的主色调是一种介于浅黄和深黄之间的颜色。同时，形象宣传、海报、广告等使用的颜色应与网站颜色一致。

2. 风格色

许多网站的使用颜色秉承的是公司的风格，比如联通使用的颜色是一种中国结式的红色，既充满朝气，又不失自己的创新精神。女性网站使用粉红色的较多，大公司使用蓝色的较多……这些都是在突出自己的风格。

3. 习惯色

这些网站的使用颜色很大一部分是凭自己的个人爱好，以个人网站较多。比如自己喜欢红色、紫色、黑色等，在做网站的时候，就倾向于使用这些颜色。每一个人都有自己喜欢的颜色，因此这种类型称为习惯色。

22.9 精彩配色赏析

本节教学录像时间：3 分钟

本小节介绍几个配色较好的网站，大家可以学习和借鉴一下，以培养自己对色彩的敏感以及独到的审美能力。

这是一个大型的汽车销售网站，我们经常看到的此类网站是以白色为背景，但是这个网站使用的都是灰黑色，这样的配色可以显示独特的个性，又不失大型网站的风采。

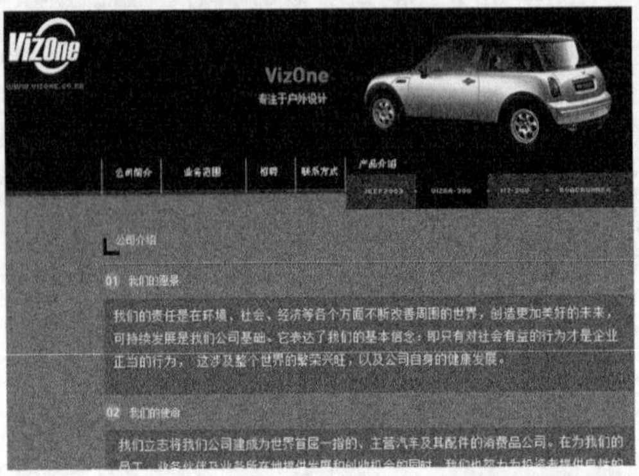

这是一个以粉色为主色调的购物网站，结合女性喜欢的红色、粉色为主的色彩，有着柔美、温柔的视觉特点。

下图是微软公司网站，微软不仅软件做得好，连网页制作也是世界一流，它的每一个网页都是制作的样板。从网页就可以看出微软公司的风格、作风以及雄厚的实力。

这个网站相对简单一些，但是它的用色却别具匠心，整体上使用的是白色，虽然简单，但颜色搭配的非常科学、合理。

22.10 网站设计的风格定位

本节教学录像时间：2 分钟

主页的美化首先要考虑风格的定位。任何一个主页都要根据主题的内容决定其风格与形式，因为只有形式与内容的完美统一，才能达到理想的宣传效果。

小提示

目前，主页的应用范围日益扩大，几乎包括了所有的行业，但归纳起来大体有这么几个大类：新闻机构、政府机关、科教文化、娱乐艺术、电子商务、网络中心等。

对于不同的行业，应体现出不同的主页风格。例如，政府部门的主页风格一般应比较庄重；娱乐行业则可以活泼生动一些；文化教育部门的主页风格应该高雅大方；电子商务主页则可贴近民俗，使大众喜闻乐见。

小提示

动画效果不宜在主页设计中滥用，主页毕竟主要依靠文字和图片来传播信息。至于在主页中适当地链接一些影视作品，那是另外一回事。

主页风格的形成主要依赖于主页的版式设计、页面的色调处理，以及图片与文字的组合形式等。

22.11 网站的版面编排

本节教学录像时间：3 分钟

主页作为一种版面，既有文字，又有图片，编排版面时要根据内容的需要将图片和文字按照次序进行合理的布局，使它们组成一个有机整体，在实际中可以依据以下几点制作。

1. 主次分明，中心突出

在一个页面上，必然要考虑视觉的中心，这个中心一般在屏幕的中央，或者在中间偏上的部位。因此，一些重要的文章和图片一般可以安排在这个部位，视觉中心以外的地方就可以安排那些稍微次要的内容，这样，在页面上就突出了重点，做到了主次有别。

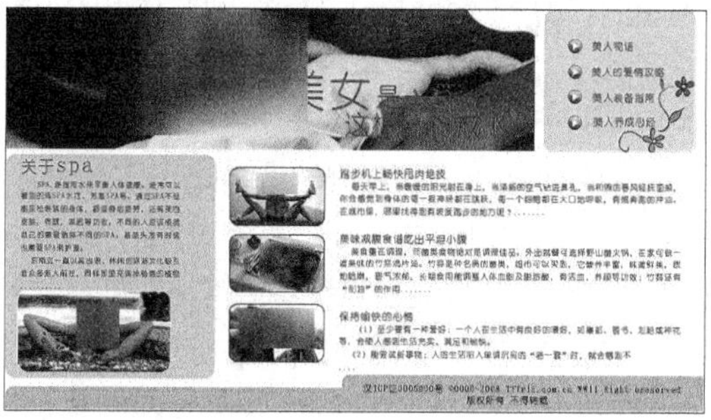

2. 大小搭配，相互呼应

较长的文章或标题不要编排在一起，要有一定的距离，同样，较短的文章也不能编排在一起。对待图片的安排也是这样，要互相错开，造成大小之间有一定的间隔，这样可以使页面错落有致，避免重心偏离。

3. 图文并茂，相得益彰

文字和图片具有一种相互补充的视觉关系，页面上文字太多，就显得沉闷，缺乏生气；页面上图片太多，缺少文字，必然就会减少页面的信息容量。因此，最理想的效果是文字与图片密切配合，互为衬托，这样既能活跃页面，又能丰富页面的内容。

江南
文人大家的理想居所

22.12 网站上的线条和形状

本节教学录像时间：3 分钟

文字、标题、图片等的组合，能在页面上形成各种各样的线条和形状，这些线条与形状的组合就构成了主页的总体艺术效果。

1. 直线（矩形）的应用

直线的艺术效果是流畅、挺拔、规矩、整齐，正所谓有轮廓。直线和矩形在页面上的重复组合，可以呈现井井有条、泾渭分明的视觉效果，一般应用于比较庄重、严肃的主页题材。

2. 曲线（弧形）的应用

曲线的效果是流动、活跃，具有动感。曲线和弧形在页面上的重复组合，可以呈现流畅、轻快、富有活力的视觉效果，一般应用于青春、活泼的主页题材。

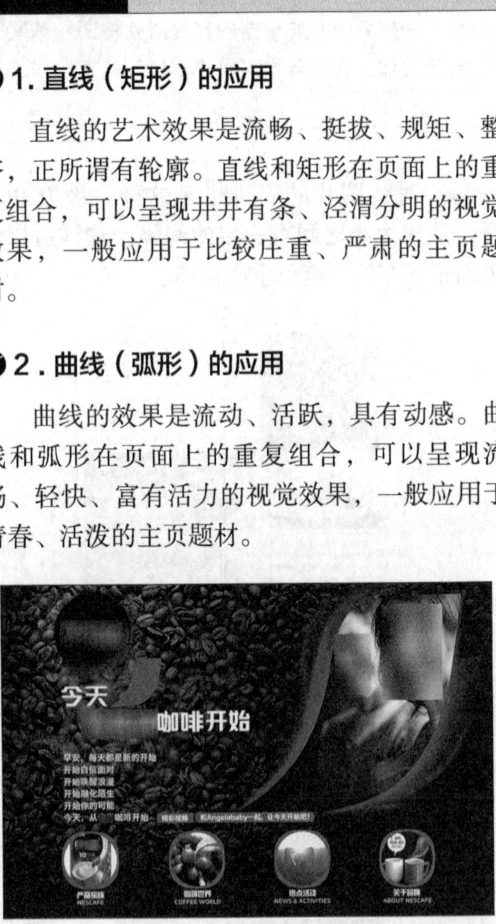
今天
咖啡开始
早安，每天都是新的开始
开始自信面对
开始唤醒浪漫
开始融化陌生
开始你的可能

3. 直线、曲线（矩形、弧形）的综合应用

把以上两种线条和形状结合起来运用，可以大大地丰富主页的表现力，使页面呈现更加丰富多彩的艺术效果。

这种形式的主页适应的范围更大，各种主题的主页都可以应用。但是，在页面的编排处理上难度也会相对大一些，处理得不好会产生凌乱的效果。最简单的途径是：在一个页面上以一种线条（形状）为主，只在局部的范围内适当地用一些其他的线条（形状）。

第23章

网站的优化与推广

学习目标

网站优化是对网站进行多方面的优化调整，也就是在搜索引擎检索中获得流量排名靠前，增强搜索引擎营销的效果，使网站相关的关键词能有好的排名。

学习效果

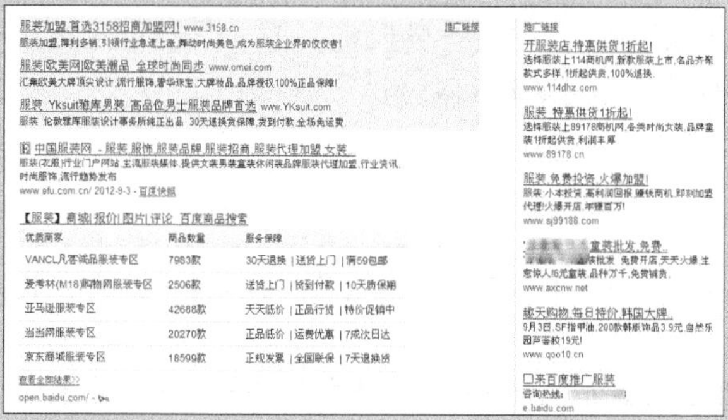

让有需求的客户找到你
现在签约百度推广，即送价值
的手机建站套餐！
在百度，平均每天有约695万次机械设备类信息搜索

23.1 网站宣传途径

本节教学录像时间：5 分钟

要想推广一个网站，坐等访客光临是不行的。就像任何一个产品一样，再优秀的网站如果不进行自我宣传，也很难有较大的访问量。那么如何才能使自己网站的访问量增大呢?

1. 利用网络媒介

网络广告的对象是网民，具有很强的针对性，因此，使用网络广告不失为一种较好的宣传方式。

在选择网站做广告的时候，需要注意以下两点。

⑴ 应选择访问率高的门户网站，只有选择访问率高的网站，才能达到“广而告之”的效果。

⑵ 优秀的广告创意是吸引浏览者的重要“手段”，要想唤起浏览者点击的欲望，就必须给浏览者点击的理由，因此，图形的整体设计、色彩和图形的动态设计，以及与网页的搭配等都是极其重要的。

2. 利用电子邮件

使用电子邮件宣传网站，有时也可以收到很好的效果。发出E-mail邀请信时要有诚意，并且简要地介绍网站更新的内容。

这个方法适用于自己熟悉的朋友，或者在主页上提供更新网站邮件订阅功能，尽量不要向自己不认识的网友发E-mail宣传自己的主页，这样会给人留下不好的印象。并且如果网友表示不愿意再收到类似的信件，就不要再三番五次地发送通知邮件。

3. 使用留言板、博客

处处留言、引人注意也是一种很好的宣传自己网站的方法。在网上看到一个不错的网站时，可以考虑在留言板或博客中留下赞美的语句，并把自己网站的简介、地址一并写下来，将来其他朋友留言时看到这些留言，说不定会有兴趣到你的网站中去参观一下。

留言时的用语要真诚、简洁，切莫将与主题无关的语句也写在上面。篇幅要尽量简短，不要将同一篇留言反复地写在别人的留言板上。

4. 在网站论坛中留言

目前，大型的商业网站中都有多个专业论坛，有的个人网站上也有论坛，那里会有许多人在发表观点，在论坛中留言也是一种很好的宣传网站的方式。

5. 注册搜索引擎

在知名的网站中注册搜索引擎，可以提高网站的访问量。当然，很多搜索引擎（有些是竞价排名）是收费的，这对于商业网站可以使用，对个人网站就不太适用了。

6. 和其他网站交换链接

对于个人网站来说，友情链接可能是最好的宣传网站的方式。和访问量大的、优秀的个人主页相互交换链接，能大大地提高主页的访问量。

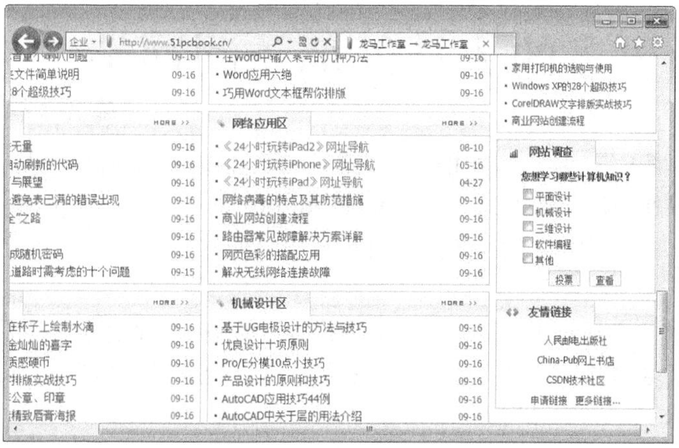

这个方法比参加广告交换组织要有效得多，起码可以选择将广告放置到哪个主页。能选择与那些访问率较高的主页建立友情链接，这样造访主页的网友肯定会多起来。

友情链接是相互建立的，要别人加上链接，也应该在自己主页的首页或专门做【友情链接】

的专页放置对方的链接，并适当地进行推荐，这样才能吸引更多的人愿意与你共建链接。此外，网站标志要制作得漂亮、醒目，使人一看就有兴趣点击。

23.2 SEO的作用

本节教学录像时间：3 分钟

SEO（Search Engine Optimization，搜索引擎优化）。通过采用易于搜索引擎索引的合理手段，使网站的各项基本要素适合搜索引擎的检索原则，从而更容易被搜索引擎收录及优先排序。

SEO的主要工作是通过了解各类搜索引擎如何抓取互联网页面、如何进行索引以及如何确定其对某一特定关键词的搜索结果排名等技术，来对网页进行相关的优化，使其提高搜索引擎排名，从而提高网站访问量，最终提升网站的销售能力或宣传能力的技术。SEO的作用不仅仅如此，这个有待于我们今后不断地去发现它，但离不开以下几点作用。

(1) 对用户的作用

① 让更多的用户更快地找到他想找的东西。

② 根据用户需求，在第一时间找到内容。

③ 扩张资本规模。

④ 优化企业财务结构。

⑤ 通过SEO 进行资产重组。

⑥ 调整产品结构，促进产业升级。

⑦ 品牌保护。

(2) 对网站的作用

① 可以让相关关键词排名靠前，满足用户需求。

② 提供搜索结果的自然排名，增加可信度。

③ 让你的网站排名自然靠前，增加网站浏览量，促进网站宣传和业务发展。

④ 增加优秀网站的曝光率，提升网页开发的技术。

23.3 让更多的人从外部访问网站

本节教学录像时间：4 分钟

让更多的人从外部访问网站，就需要使用反向链接，即外部链接。外部链接对于一个站点收录进搜索引擎结果页面能起到重要的作用。

如果说友情链接是主动地相互链接的话，链接诱饵就是单向的链接“引诱”了。因为链接在搜索引擎优化中的重要作用，已经有越来越多的优化者开始重视它的价值，随之而来的链接吸引策略就变得丰富起来。

1. 分享功能与链接诱饵

所谓分享功能，就是指网民可以将自己喜欢、愿意分享给别人的信息，通过某个平台汇集起来，推荐给有同样喜好的其他网民或者朋友。这种自发性的链接建设在SNS概念出现后得到发扬光大，它不但可以增加外部链接、吸引流量，而且这种分享行为本来就非常人性化，使用户体验得到极大的提升。现在几乎所有网站都支持分享功能。

下图是主流网站上的分享功能。

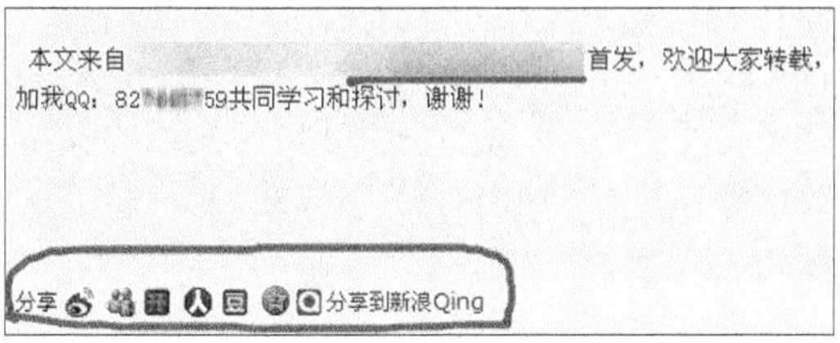

下图是CMS系统中的分享功能。

2. 资源型链接诱饵设计

资源型链接诱饵，是指以文章报告、工具插件等形式的资源，在自己网站中发布，从而吸引访问者构建指向你网站的链接。关于资源型链接诱饵的设计可通过以下两种方式来实现。

① 用有价值的行业文章、报告做链接诱饵。

例如，下图是在A5网站上，名为“宏图互联”的作者发布的一篇软文，在文章中，作者名就有指向南京网站优化的链接，这种形式就可以视其为一种链接诱饵。软文被收录后，如果符合用户的需求，用户会自发地转载这篇软文，那么指向这篇文章的外部链接也就建立了。

这个例子告诉我们，在高知名度平台上，如A5等地方发布软文是个不错的选择，如果浏览者看到软文并且喜欢就会进行转载，当软文被转载到博客、论坛等处时，也就形成了效果比较好的链接诱饵。

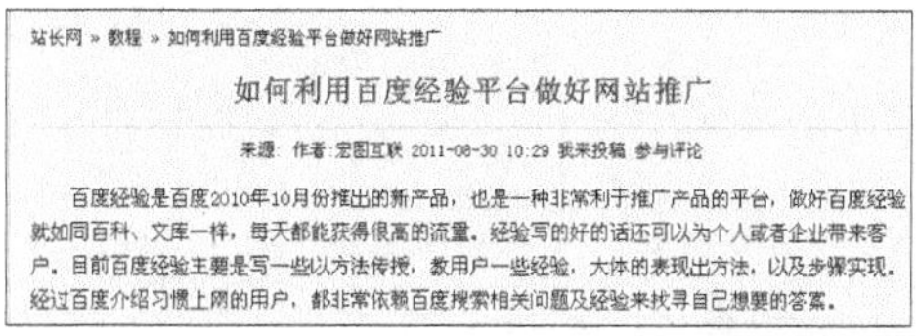
站长网 » 教程 » 如何利用百度经验平台做好网站推广

如何利用百度经验平台做好网站推广

来源: 作者:宏图互联 2011-08-30 10:29 我来投稿 参与评论

百度经验是百度2010年10月份推出的新产品，也是一种非常利于推广产品的平台，做好百度经验就如同百科、文库一样，每天都能获得很高的流量。经验写的好的话还可以为个人或者企业带来客户。目前百度经验主要是写一些以方法传授，教用户一些经验，大体的表现出方法，以及步骤实现。经过百度介绍习惯上网的用户，都非常依赖百度搜索相关问题及经验来找寻自己想要的答案。

② 使用有用且免费的工具、代码或插件做链接诱饵

一起来看看织梦网是怎么做的。从下图中可以看到，百度新闻、广告管理、站内新闻等都被织梦网安插在小插件中，用户在使用这些小插件时会同时带上这些链接。

这个例子说明，利用免费的工具、代码或插件作为链接诱饵是又一个吸引外部链接的方法。网络资源很广泛，并且是免费和共享的，这是一个见效最快、可操作性最强的方法。但是，提醒在采用资源型链接诱饵时，要注意一个“度”，不要恶意、生硬地去加入链接，否则会引起反感，结果只会适得其反。

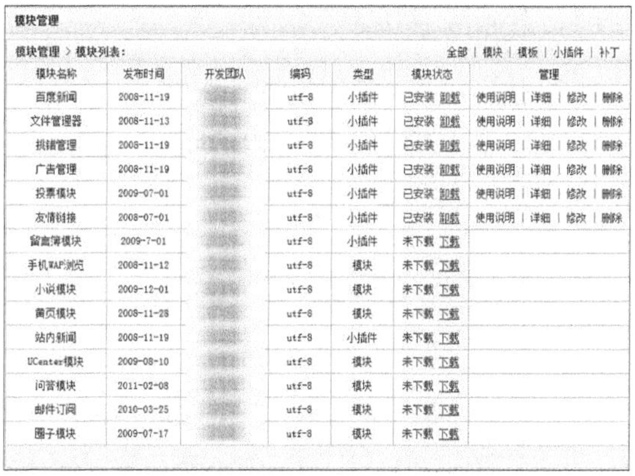
模块管理

模块管理 > 模块列表：　　全部 | 模块 | 模板 | 小插件 | 补丁

模块名称	发布时间	开发团队	编码	类型	模块状态	管理
百度新闻	2008-11-19		utf-8	小插件	已安装 卸载	使用说明 | 详细 | 修改 | 删除
文件管理器	2008-11-13		utf-8	小插件	已安装 卸载	使用说明 | 详细 | 修改 | 删除
挑错管理	2008-11-19		utf-8	小插件	已安装 卸载	使用说明 | 详细 | 修改 | 删除
广告管理	2008-11-19		utf-8	小插件	已安装 卸载	使用说明 | 详细 | 修改 | 删除
投票模块	2009-07-01		utf-8	小插件	已安装 卸载	使用说明 | 详细 | 修改 | 删除
友情链接	2008-07-01		utf-8	小插件	已安装 卸载	使用说明 | 详细 | 修改 | 删除
留言簿模块	2009-7-01		utf-8	小插件	未下载 下载	
手机WAP浏览	2008-11-12		utf-8	模块	未下载 下载	
小说模块	2009-12-01		utf-8	模块	未下载 下载	
黄页模块	2008-11-28		utf-8	模块	未下载 下载	
站内新闻	2008-11-19		utf-8	小插件	未下载 下载	
UCenter模块	2009-08-10		utf-8	模块	未下载 下载	
问答模块	2011-02-08		utf-8	模块	未下载 下载	
邮件订阅	2010-03-25		utf-8	模块	未下载 下载	
圈子模块	2009-07-17		utf-8	模块	未下载 下载	

3. 话题型链接诱饵设计

设计话题型链接诱饵，一定要紧跟热点，并且是那种能吸引人注意力的东西。主要可以从以下两方面来设计。

① 紧跟热点，创造话题。

② 用创意、点子吸引眼球和链接。

4. 活动型链接诱饵设计

下图所示是一篇征文类的博文，在文章中都链接着地址，如果用户有兴趣，就会分享此类博客，也就达到了链接诱饵的效果。

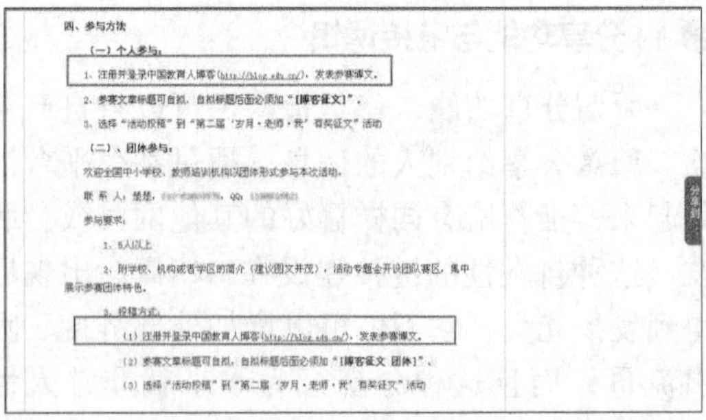
四、参与方法
（一）个人参与：
（二）、团体参与：

23.4 使用关键词提高搜索引擎排名

本节教学录像时间：8 分钟

关键词又称作Keywords，在搜索引擎优化过程中，常用的人名、网站、新闻、小说、软件等，都属于关键词的范畴。当然，关键词不仅限于单个的词，还包括词组和短语。总之，输入搜索框中的文字，也就是通过搜索引擎寻找的内容，都可以将其统称为关键词。

1. 关键词的选择

可以通过这样的方法来选择关键词。先建立简易关键词库，把一些可以作为网站优化的关键词给汇总在一起，然后再有选择地进行删减，最终选出适合网站的关键词。主要可以通过以下方法来进行。

① 思考所得。

② 询问所得。

③ 同类网站。

④ 搜索引擎。

⑤ 使用专业关键词收集工具。

现在网上发布有很多关键词收集工具，充分利用好这些工具，能帮助我们找到有价值的、可以为网站自身所用的关键词。

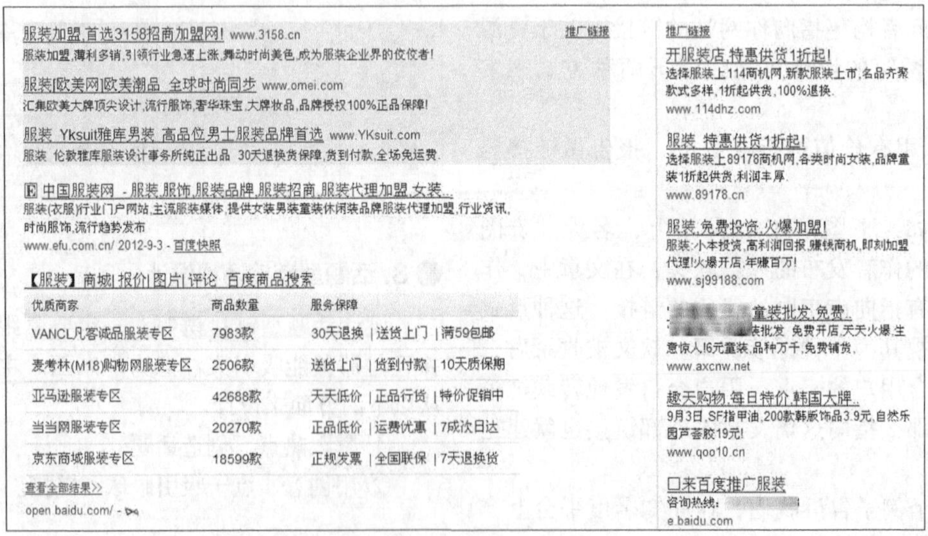
服装加盟,首选3158招商加盟网! www.3158.cn
推广链接
服装加盟,薄利多销,引领行业急速上涨,舞动时尚美色,成为服装企业界的佼佼者!
服装|欧美网|欧美潮品 全球时尚同步 www.omei.com
汇集欧美大牌顶尖设计,流行服饰,奢华珠宝,大牌妆品,品牌授权100%正品保障!
服装 Yksuit雅库男装 高品位男士服装品牌首选 www.YKsuit.com
服装 伦敦雅库服装设计事务所纯正出品 30天退换货保障,货到付款,全场免运费
中国服装网 - 服装,服饰,服装品牌,服装招商,服装代理加盟,女装...
服装(衣服)行业门户网站,主流服装媒体,提供女装男装童装休闲装品牌服装代理加盟,行业资讯,时尚服饰,流行趋势发布
www.efu.com.cn/ 2012-9-3 - 百度快照
【服装】商城|报价|图片|评论 百度商品搜索
优质商家
商品数量
服务保障
VANCL凡客诚品服装专区
7983款
30天退换 | 送货上门 | 满59包邮
麦考林(M18)购物网服装专区
2506款
送货上门 | 货到付款 | 10天质保期
亚马逊服装专区
42688款
天天低价 | 正品行货 | 特价促销中
当当网服装专区
20270款
正品低价 | 运费优惠 | 7成次日达
京东商城服装专区
18599款
正规发票 | 全国联保 | 7天退换货
查看全部结果>>
open.baidu.com/
推广链接
开服装店,特惠供货1折起!
选择服装上114商机网,新款服装上市,名品齐聚款式多样,1折起供货,100%退换
www.114dhz.com
服装 特惠供货1折起!
选择服装上89178商机网,各类时尚女装,品牌童装1折起供货,利润丰厚
www.89178.cn
服装,免费投资,火爆加盟!
服装:小本投资,高利润回报,赚钱商机,即刻加盟代理!火爆开店,年赚百万!
www.sj99188.com
童装批发,免费
装批发 免费开店,天天火爆,生意惊人,6元童装,品种万千,免费铺货,
www.axcnw.net
趣天购物,每日特价,韩国大牌..
9月3日,SF指甲油,200款韩版饰品3.9元,自然乐园芦荟胶19元!
www.qoo10.cn
来百度推广服装
咨询热线:
e.baidu.com

2.关键词的分布

经过扩展之后的关键词，在数量上有着相当的规模，也许有的关键词搜索次数并不是很多，但是因为数量多，经过累积所带来的流量就能增加很多。关键词分布方法如下。

⑴ 结构

合理的关键词布局应该是首页中对两三个核心关键词进行优化。

⑵ 布局

可将关键词的布局以“金字塔”的形式进行安排。塔尖就是网站的首页，塔身为网站的频道、栏目或者分类首页，塔底为产品、文章、新闻、帖子等内容页。

3. 核心关键词

核心关键词，也就是网站的主要关键词，用于网站首页作为目标关键词。由于版面的限制，不可能将关键词全部集中在首页进行优化。所以，往往是将关键词分布在整个网站的各个页面中。

4. 长尾关键词

因为关键词的竞争度实在太大，想把某个关键词在搜索引擎中的排位做到理想位置，需要花费大量的时间与金钱。采用一些非目标关键词，它们拥有搜索流量和转化率，将这些词分布于网站的不同地方，这就是长尾关键词策略。

⑴ 页面标签的使用技巧

在网站的“title”“keywords”“description”三个标签里放入长尾关键词，可以使搜索引擎给的权重得到提升，因此长尾关键词与网站的内容有关。

⑵ 合理嵌入到文章当中

操作方法是在文章的合理位置，放置长尾关键词，数量不一定多，起到扩展描述、提高页面深度的效果就可以了。

⑶ 修饰主关键词

长尾关键词，可以通过在主关键词的基础上添加修饰的词获得，这是一些SEOer常用的选择长尾关键词的方法。

⑷ 挖掘行业用语

行业用语包括行业名称及行业别称（如果该行业有别称）等，留意行业里被经常提到，也就是使用频率高的词，可以将其作为优化过程中的长尾关键词来使用。以行业用语作为长尾关键词的优势在于精确度高。

⑸ 整合各方资源

如果SEOer不想用热门关键词和那些大的门户网站去竞争，可以整合这些网站的主要关键词，然后扩展成长尾关键词，这也是关键词优化的一种手段。在整合资源的时候，通过集思广益，就会挑出好的适合自己发展的优化思路与关键词。

5.三类关键词

根据搜索目的不同，可将关键词分为导航类、交易类和信息类三种。

⑴ 导航类关键词

用户因为不记得网址或者想借助搜索引擎进行网址输入，直接在搜索框中输入品牌名称或者与特定品牌有关的词，查找排在第一位的希望访问的官方网站。出于这样的目的而输入的关键词，即导航类关键词。

⑵ 交易类关键词

交易型关键词占全部搜索量的10%左右，指的是带有明显购买意图的搜索词。例如三星手机价格、联想笔记本电脑价格等这类关键词，就属于交易类关键词。

⑶ 信息类关键词

信息类关键词不如交易类关键词带有明显的购买意图，也不如导航类关键词带有明显的网站指向性，但其搜索量在这三类关键词中是最大的。例如电脑图片、健身方法等，可将其归入信息类关键词。

23.5 保持站点的干净整洁

本节教学录像时间：2 分钟

应保证自己的网站具有友好的网页结构、无误的代码以及明确的导航，尽量少用Flash、iframes和JavaScript脚本，保持站点的干净整洁。做到这些会有利于搜索引擎更精确地“爬行”到网站的索引。

过多地对网站信息进行封装或者嵌套处理，会使搜索引擎无法取到网页的正文并且会认为网页没有正文内容，是一个比较空洞的页面。这样的页面如果在整站内部占据一定比例的话，可能会引起搜索引擎的处罚。

23.6 使用紧凑的网页主题

本节教学录像时间：1 分钟

使用紧凑的网页主题，则有利于保持关键词的密度，增强网页文章的紧凑感。研究显示，过长的文章会急剧地减少读者的数量。

明白网页内容的目的是什么，主题和结构设计、要清晰、一目了然，适当地在网页内容里出现一些与主题比较接近的关键词，这样一方面可以提高搜索引擎排名，另一方面可以让读者很清晰、准确地浏览到网站的文章，提高用户体验度。

23.7 保证网站空间的稳定性

本节教学录像时间：1 分钟

只有给用户一个安全稳定的网站空间，才能带来稳定的客户来源，因此保证网站空间的安全稳定至关重要。

① 选择使用稳定流畅的站点服务器或虚拟主机。

② 使用简单的网站布局，删除烦琐的代码，避免存在漏洞。

③ 定期更新服务器，经常更新漏洞程序补丁，保证网站安全运行。

④ 尽量使用复杂的后台管理员账号和密码。

⑤ 不要使用默认的数据库路径。

第24章

使用滤镜、笔刷和纹理

学习目标

使用Photoshop内部环境中的外挂滤镜和笔刷，可以优化印刷图像、优化Web图像、提高工作效率、提供创意滤镜和创建三维效果等。通过本章对这些工具操作的讲述，用户可以用来实现惊人的效果。

学习效果

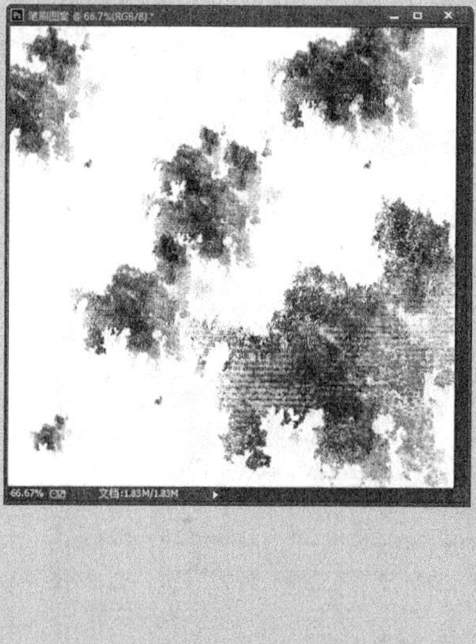

24.1 Eye Candy滤镜

本节教学录像时间：6 分钟

Photoshop的外挂滤镜是由第三方软件销售公司创建的程序，工作在Photoshop内部环境中的外挂滤镜主要有5个方面的作用：优化印刷图像、优化Web图像、提高工作效率、提供创意滤镜和创建三维效果。有了外挂滤镜，用户可以通过简单操作来实现惊人的效果。

外挂滤镜的安装方法很简单，用户只需要将下载的滤镜压缩文件解压，然后放在Photoshop CC安装程序的“Plug-ins”文件夹下即可。本节首先将介绍如何使用Eye Candy滤镜。

Eye Candy是AlienSkin公司出品的一组极为强大的经典Photoshop外挂滤镜，Eye Candy功能千变万化，拥有极为丰富的特效，如反相、铬合金、闪耀、发光、阴影、HSB噪点、水滴、水迹、挖剪、玻璃、斜面、烟幕、漩涡、毛发、木纹、编织、星星、斜视、大理石、摇动、运动痕迹、溶化和火焰等。

将Eye Candy滤镜的文件夹解压到Photoshop CC安装程序的“Plug-ins”文件夹下，然后启动Photoshop，选择【滤镜】➤【Alien Skin】➤【Eye Candy 7】菜单命令即可打开外挂滤镜。下面以添加Eye Candy滤镜为例进行讲解，具体操作步骤如下。

步骤01 打开随书光盘中的“素材\秘技3\01.jpg”文件。

步骤02 选择【滤镜】➤【Alien Skin】➤【Eye Candy 7】菜单命令，在弹出的【编织效果】对话框中进行设置。

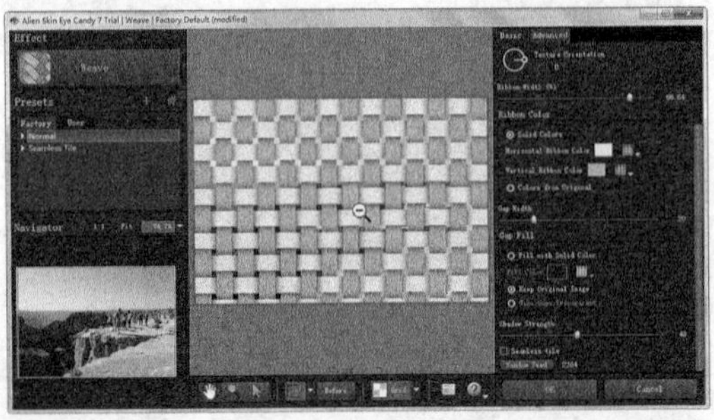

步骤03 单击【确定】按钮即可为图像添加编织效果。

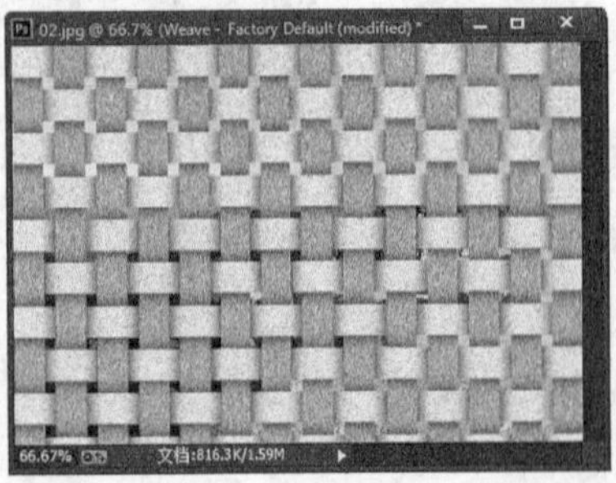

步骤04 用户也可以尝试实现水珠效果。打开随书光盘中的“素材\秘技3\02.jpg”文件。

步骤05 选择【滤镜】➤【Eye Candy】➤【水珠效果】菜单命令，在弹出的【水珠效果】对话框中进行设置。

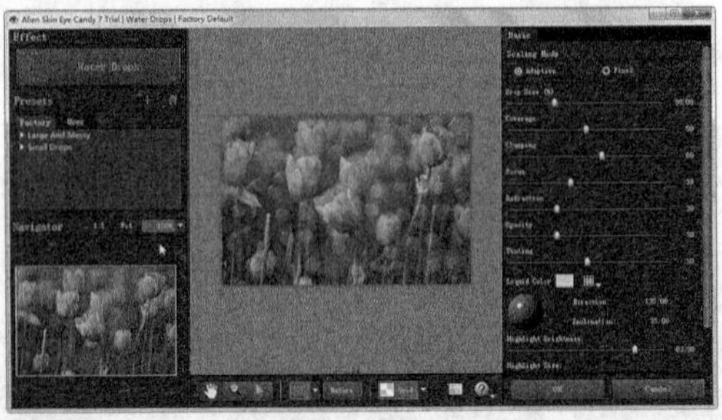

步骤06 单击【确定】按钮即可为图像添加水珠效果。

24.2 KPT滤镜

本节教学录像时间：1 分钟

KPT滤镜是由MetaCreations公司创建的滤镜系列，它每一个新版本的推出都会给用户带来惊喜。

KPT 7.0包含8种滤镜，它们分别是KPT Channel Surfing、KPT Fluid、KPT FraxFlame II、KPT Gradient Lab、KPT Hyper Tilling、KPT Lightning、KPT Pyramid Paint、KPT Scatter。除了对以前版本滤镜的加强外，这个版本更侧重于模拟液体的运动效果，另外这一版本也加强了对其他图像处理软件的支持。

24.3 使用笔刷绘制复杂的图案

本节教学录像时间：4 分钟

除了系统自带的笔刷类型外，用户还可以下载一些喜欢的笔刷，然后将其安装使用。

在Photoshop 中，笔刷文件扩展名统一为“*.abr”。安装笔刷的方法很简单，用户只需要将下载的笔刷压缩文件解压，然后将其放到Photoshop安装程序的相应文件夹下即可，一般路径为“…\Presets(预设)\Brushes（画笔）”。

笔刷安装完成后，用户即可使用笔刷绘制复杂的图案，具体操作步骤如下。

步骤 01 启动Photoshop CC软件，选择【文件】➤【新建】菜单命令。弹出【新建】对话框，在【名称】文本框中输入“笔刷图案”，将【宽度】和【高度】分别设为“800”像素和“600”像素，单击【确定】按钮。

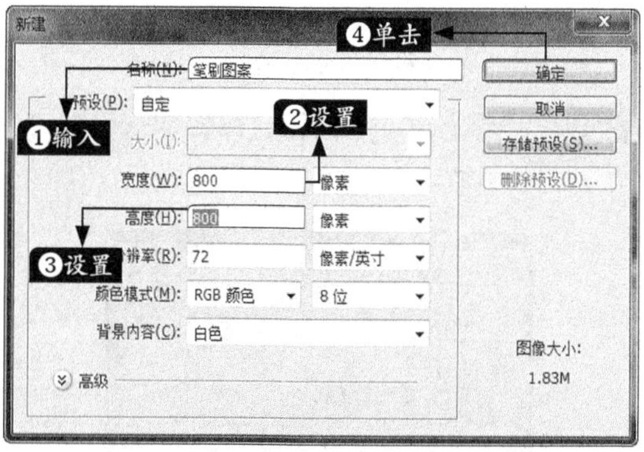

步骤 02 在工具栏中单击【画笔工具】按钮，然后在属性栏中单击【画笔预设】按钮，在弹出的面板中设置合适的笔触大小，在笔触样式中单击新添加的笔刷。

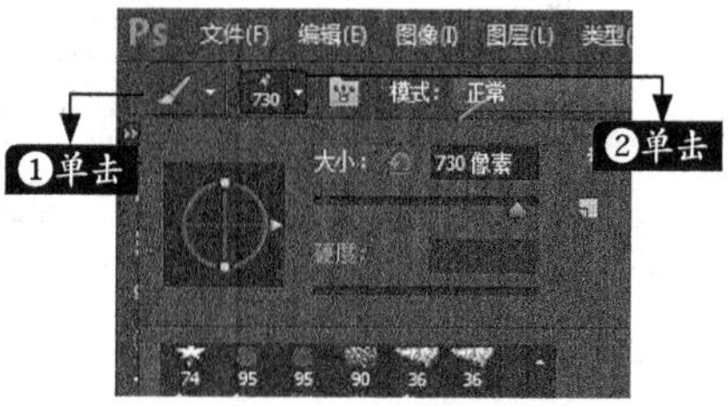

步骤 03 在绘图区单击鼠标即可绘制图案。

步骤04 右击，在弹出的面板中重新设置笔触的大小为“188px”。

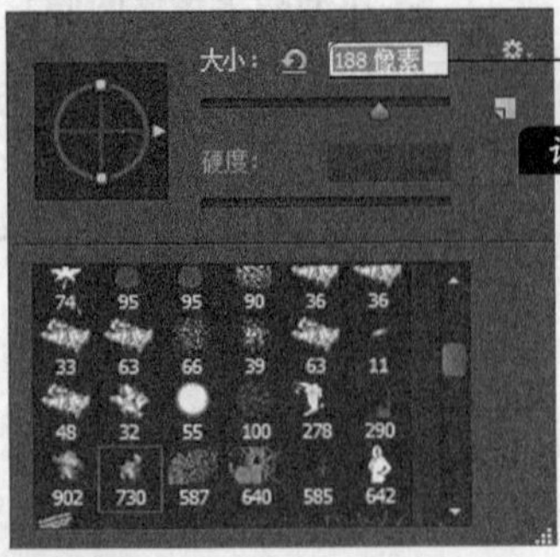

步骤05 在绘图区单击，即可利用笔刷绘制复杂的图案效果。

24.4 使用纹理实现拼贴效果

本节教学录像时间：4 分钟

Photoshop使用【纹理】功能可以赋予图像一种深度或物质的外观，或添加一种有机外观。在Photoshop 中，纹理文件扩展名统一为“*.pat”。

安装纹理的方法和安装笔刷的方法类似，用户只需要将下载的纹理压缩文件解压，然后将其放到Photoshop安装程序的相应文件夹下即可，一般路径为“…\Presets(预设)\Patterns（纹理）”。

纹理安装完成后，用户即可使用纹理实现拼贴效果，具体操作步骤如下。

步骤01 打开随书光盘中的“素材\秘技3\03.jpg”文件。

步骤02 在【图层】面板中双击背景图层，弹出【新建图层】对话框，单击【确定】按钮。

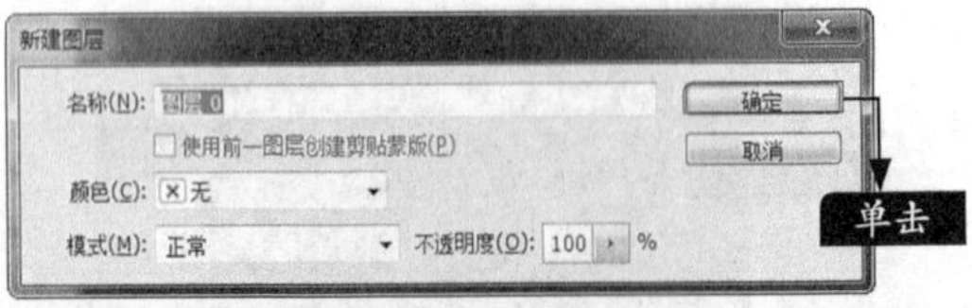

步骤03 选择【图层0】，然后添加【混合模式】。

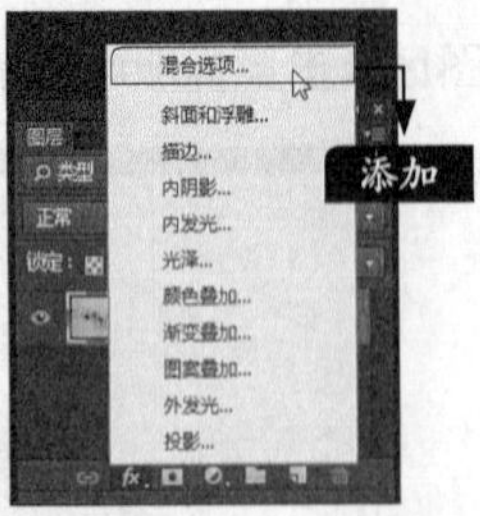

步骤04 弹出【图层样式】对话框，选中【图案叠加】复选框，然后单击【图案】右侧的下拉按钮，在弹出的下拉列表中选择新安装的纹理。

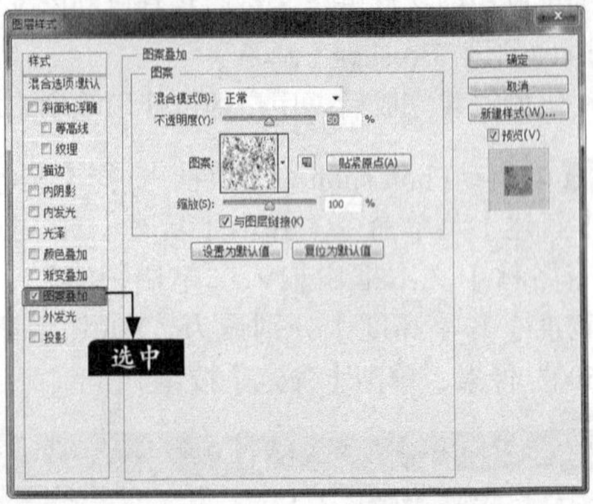

步骤05 单击【确定】按钮，图像即被添加拼贴的纹理效果。

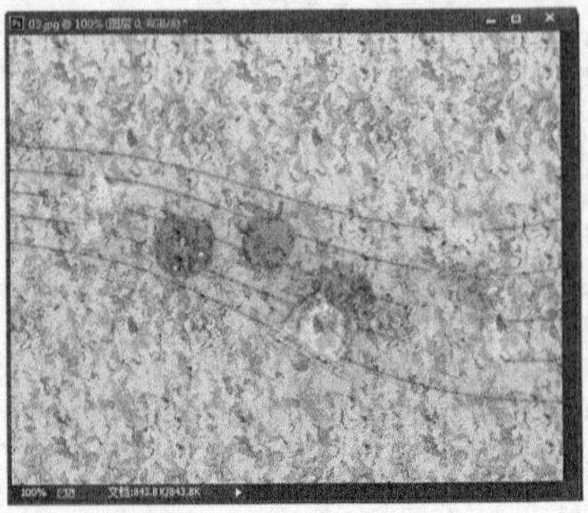

目录 CONTENTS

Part 1 网上银行安全使用技巧

Part 2 支付宝转账/支付安全技巧

Part 1 网上银行安全使用技巧

1. 了解网上银行安全设置

最近一段时期以来，网络欺诈事件呈跳跃式增长，木马病毒、假银行网站成了网上银行安全的最大威胁，公众普遍存在着对网上银行安全性的忧虑。网上银行资金被盗案件大多针对大众版用户，以“卡号+口令”方式登录网上银行面临着安全风险，在这种情况下，通过外部方式对网上银行安全进行加密就显得非常必要。

推出数字证书的中国金融认证中心是国内金融行业经中国人民银行和国家信息安全管理机构批准成立的国家级权威的第三方安全认证机构，用户只要使用可以存放在USB Key上的数字证书登录网上银行，就可以更好地保证安全。除了第三方的安全认证机构之外，各网上银行目前也纷纷推出了外部的加密手段，例如，建行新版网上银行新增加了密码控件、安全控件、预留防伪信息验证、暂停网银服务安全手段，配合原有的双重密码保护、电子证书、动态口令卡等各种安全手段，可以最大限度地确保客户信息与网上交易资金的安全。工商银行也为客户提供了U盾、电子银行口令卡、防病毒安全控件、余额变动提醒、预留信息验证等一系列安全措施。

2. 网络安全初级要求

(1) 拒绝假网银。假网银是比较常见的欺诈手段，不法分子通常注册一个与官方网站很相似的地址，然后通过电子邮件或网站链接的方法引诱客户上当。例如，工商银行的网站官方网址是：www.icbc.com.cn，而不法分子却注册一个www.lcbc.com.cn的网站，不仔细看很难发现有什么区别！如果再看网站的页面，俨然就是工商银行的网站，但如果在这个假网站上输入你的卡号和密码，就上当了。还有一个犯罪份子以××银行客服部门的名义发送电子邮件，谎称银行网银系统升级等内容，要求客户将资金转入到××账号等，这也是陷阱！

总而言之，防范假网银的方法很简单，只要做到以下要求即可：通过“百度”“Google”等大型搜索引擎搜索出你使用的网银官方网址，把这些网址加入收藏夹，以后登录网银时只使用收藏夹内的地址，其他地址一律不予相信或使用！

(2) 账户和密码的设置与保密。

① 关于账户的保密。通常我们对账户的保密性要求很低。如果和他人有资金往来，经常会遇到别人（包括熟人和陌生人）把钱转给你的情况，账户的保密根本就是不可能的事情。当然如果你纯粹是私人使用，与他人没有资金往来的话，保持个人银行账号的私密性，便为你的资金安全提供了第一道屏障。当然，有部分网银在登录时使用的并非银行卡号，而是客户号（农行）或者昵称（浦发、交行），在这种情况下，你应当保证这些信息的安全性。

② 关于密码的设置与保密。密码是我们最核心的安全屏障，如果你的密码泄露了，再查到你的银行卡号，即使不攻破网银的安全防范系统，也完全可以克隆一张银行卡。因此，任何时候都不要向任何人透露你的银行密码！在密码的设置上，网银通常允许设置不同于银行卡取款的密码，不仅可以设成数字，也可

以设成字母。从安全角度考虑，推荐将网银密码设置成“字母+数字”的形式，如果记忆力超强，并不嫌麻烦的话，可以考虑每月更换一次密码。

(3) 使用安全的计算机上网。使用网银的计算机应当保证是专人使用的，没有其他人使用，如家中的台式电脑，或者个人的笔记本电脑。以下几种情况应当尽量避免。

① 使用网吧中的电脑。

② 使用办公室中共用或者公用的电脑。

③ 通过不可信任的代理上网。

(4) 正确退出网银。有很多朋友无论使用E-mail，还是使用网银，总是习惯于简单地关闭浏览器，而不是正常退出登录，这是不安全的。在使用网银后要正常退出。

(5) 不要使用IE自动记忆功能。IE有自动记录输入内容的功能，这在带来便利的同时也带来了安全隐患，要禁止这项功能。

(6) 操作系统安全补丁更新。Windows系统是一个复杂的系统，有漏洞在所难免，但重要的是当有补丁发布时要及时更新补丁。建议开启Windows系统自带的update功能，它会自动在线保持你的系统下载并安装最新的补丁，这有助于堵住安全漏洞。

(7) 使用最新版本的网银。新版本往往意味着功能的增强和安全性的提高，使用最新版本是一种好习惯。

3. 网络安全中级要求

(1) 使用网银证书。网银证书可以有效防范假网站和非授权用户的资金操作。另外，经过数字签名的电子交易受法律认可。

(2) 网银证书的备份与保管。许多网银都使用了证书，但有些证书安装在IE中（如建设银行、农业银行、浦发银行），有些证书则是安装在网银客户端中（如招行网银专业版）。遇到电脑出现严重的问题，重装系统是经常遇到的情况，如果不提前把这些证书备份出来的话，就不得不到银行柜面上再去申请一次证书，这是一件很麻烦的事情。所以，平时保留一份网银证书的备份是非常必要的。

① 如果证书安装在IE中，如建设银行、农业银行、浦发银行的证书，打开IE浏览器，选择【工具】➤【Internet选项】➤【内容】➤【证书】菜单命令，找到对应的网银证书，选中，然后将其导出。由于证书很多，很可能不知道哪些才是网银的证书，建议在安装网银证书时记下相关的信息，这样有助于找到网银证书。在导出时，把这些网银证书分门别类地保存下来。有些证书导出时会要求设置一个密码，以保证证书不会被他人盗用，请千万记住设置的密码。另外，这些证书导出时可能会有一个不太好记的文件名，不妨将其改得清晰一点，例如，把建行的网银证书改名为“建行网银证书”，这样很容易识别。

② 如果证书安装在网银客户端中，以招商银行为例。登录招行网银专业版后，选择【证书】➤【证书备份】选项，按提示操作就可以了。与其他的网银不同，招行导出的证书不仅需要设置密码，还需要设置安全问题，例如，“我的哥哥叫什么名字”之类，千万要记清楚问题及答案，否则以后恢复时可能会遇到麻烦。

③ 在备份好这些网银证书后，一定要妥善保存。建议不要保存在本地硬盘上，因为黑客有可能扫描到你的硬盘上的每一个文件。尽量保存在专用的U盘上，或者专门刻一张盘保存起来都

是不错的主意，当然，这些东西也应当被妥善保存，不要让别人轻易拿到。

(3) 病毒、木马的防范。病毒与木马都对网银的使用造成威胁，尤其是木马程序！而现在的木马很多都以病毒的形式传播，所以我们需要严防死守。具体来说就是安装杀毒软件和防火墙，并经常检查任务管理器与注册表，是否有不正常的情况发生。任务管理器主要检查CPU占用率是否正常，如果CPU长时间地100%被占用，这就很可能中了木马，木马对系统操作与资源进行全面扫描和记录的特征就是CPU占用率过高。找到占用CPU最多的那个进程，并判断是否可疑。在注册表中主要查看“HKEY_LOCAL_MACHINESOFTWARE\Microsoft\Windows\Current Version\Run”里面是否有可疑程序被调用。当然，也可以直接单击【开始】➤【运行】命令，在【运行】对话框中输入“msconfig”，然后单击【确定】按钮，单独调出这一部分来查看。

↘ 4. 网络安全高级要求

(1) 使用软键盘输入密码。有一些木马程序可以记录键盘操作，直接用键盘输入密码有可能被盗取密码，但如果使用软键盘，即用鼠标单击输入，密码是无法被扫描到的，这样可以防止密码被盗窃。

(2) 使用USB-Key盘或者使用动态密码。例如，工行网银的USB-Key盘在进行资金划拨时，必须插入Key盘，否则无法操作，这使得安全性大大增加。还有些网银使用动态密码，每次登录网银时，银行会发一个动态的密码到用户本人手机上，必须输入动态密码才能登录。由于银行每次在用户登录时发来的密码都是变化的，所以，网银的安全性也得到大大提高。

(3) 设定限额。对某些交易额设定限制，可以有效控制风险。例如，将单笔转账的资金上限设定为2000元，对每日的交易限额设定为5000元等，都可以有效地控制风险。

(4) 将银行账户中的资金进行转移，减少银行账户资金余额，在这种情况下，即使网银被盗，由于资金有限，损失也不会太大。例如，招行的一卡通是银行资金账号，但招行的银基通有一个专门的保证金账户，将一卡通中的资金转入保证金账户，然后再将保证金账户中的资金购买成货币基金，就大大提高了资金的利用效率和安全性。

(5) 使用其他功能。某些特殊附加功能也可以提高网银的安全性，如浦发的及时语。浦发银行允许用户设置一个最低限额，当账户的变动额超过最低限额时，用户的手机就会收到一个账户资金变动详情的短消息，这样用户就可以随时掌握账户的资金状况了。

↘ 5. 网银安全维权

要应对网上支付被盗的情况，最好的手段就是注意安全并注意以下几点。

(1) 登录正确网址。访问网站时请直接输入网址登录，不要采用超级链接方式间接访问。

(2) 保护账号密码。在任何情况下，不要将账号、密码告诉别人，为网上银行设置专门的密码，区别于自己在其他场合中使用的用户名和密码。

⑶ 注意计算机安全。下载并安装由银行提供的用于保护客户端安全的控件，定期下载和安装最新的操作系统与浏览器安全程序或补丁。只有这样，才能共同打造一个安全使用网上银行的良好环境。

一旦发生被盗事件，也不必惊慌，如果是网上银行账户被盗，首先应该通知银行将有关账户冻结，并将之前的有关交易记录打印之后交给公安机关进行调查。如果是在第三方支付中受骗，也应该注意保存相关证据，必要时请网站或者律师出面进行追索。

↘ 6. 设置网络支付账户的安全

不少用户出于省事考虑，在微博、邮箱等网站上使用与网络支付账号相同的账户和密码，怎样保障网络支付账户的安全，这里就给大家支几招。

⑴ 设置单独的高安全级别的密码。

网络支付账户、网银账户保管的是大家的钱袋子。因此，如果邮箱、SNS网站等登录名和支付宝账户名一致，务必保证密码不同。支付宝的密码最好同时包含数字、字母、符号，尽量避免用生日、身份证号、手机号等易于破解的数字作为密码。另外，支付宝的登录密码和支付密码务必设置成不同的密码，形成“双保险”。

⑵ 使用数字证书宝令、支付盾等安全产品。

安装了能够提升账户安全等级的数字证书、支付盾、宝令等安全产品之后，即使密码被盗，盗用者在没有证书、支付盾或宝令的情况下也无法操作资金，从而避免了资金损失。

支付宝的数字证书是免费的，在不同电脑上，通过手机校验码的方式重新安装或删除也很方便，建议用户务必安装。

卖家或者日常消费频率很高的用户可以考虑选择支付盾、宝令等安全产品，其安全性和便捷性都更高。

⑶ 绑定手机，使用手机动态口令。

通过手机也能保障账户安全。支付宝等网络支付账户都支持绑定手机并支持设定手机动态口令，用户可以设定当单笔支付额度或者每日支付累计额度超过一定金额时就需要进行手机动态口令校验，从而增强资金的安全性。

⑷ 使用支付宝快捷支付享受全额赔付保障。

目前，通过第三方支付平台跳转到网银页面的中间步骤进行木马钓鱼作案是盗用者惯用的手段。快捷支付省去跳转环节，有效封杀钓鱼者欺诈的空间。此外，快捷支付既需要用户的信用卡信息匹配，又要求支付宝密码和手机校验码认证，有多重安全保障。

最重要的是，支付宝针对快捷支付提出了支付行业史无前例的72小时无理由赔付。用户只要是通过快捷支付遭受的资金损失，支付宝都会全额赔付。账户内少留或者不留余额，尽量通过支付宝快捷支付付款，这是保障网上支付安全的最简单窍门。

↘ 7. 在线支付网上银行安全攻略——注册篇

⑴ 准备好身份资料。不要胡乱填写你的注册资料，这些资料对你的账户而言是十分重要的。一旦将来忘记账户的密码、账户被盗或被限制等问题发生，正确地填写身份资料才不会忘记。

⑵ 填写真实的资料。一般情况下，能够联络到你的邮政通讯地址、电话、生日甚至真实的姓名都是必须要填写的。因为这几样东西在处理非常情况时是需要的。

⑶ 记录好资料，以备后查。

⑷ 设计好密码、提示问题等重要信息。

↘ 8. 在线支付网上银行安全攻略——出入篇

⑴ 没事不要总是进入账户，特别是新手，似乎一会不进去看看就不放心。这不是一个好的做法。

⑵ 不要通过代理进入账户，在代理服务器中会留下你的痕迹，如果有人别有用心，会很轻松地找到这些。

⑶ 离开账户时要正确地退出。

⑷ 除了在线支付，不要通过任何网站或邮件等进入网银。只通过保存的网银站点正确的链接进入。

⑸ 最好不在网吧进入网银，如果非这样做，首先要检查一下任务管理器，看看有没有不正常的进程在运行。退出后，清除网页的密码保存和cookies。

⑹ 在操作网银时，建议不要浏览别的网站，有些恶意代码可以得到电脑上的信息，并利用这些信息盗取你的账号。退出账户后再访问其他的网站。

⑺ 建议最好在你重新启动机器后，还没有登录其他网站时去你的账户。

⑻ 多账户操作时，切记不要同时进入，一定要退出前一个再进入后一个。

↘ 9. 在线支付网上银行安全攻略——密码篇

⑴ 密码要足够长(最少8位以上)，并且最好同时使用大、小写字母以及数字和其他字符。

⑵ 不要用生日、姓名、地址等做密码，容易被猜出。

⑶ 不要与任何其他的密码一样或相近。

⑷ 在输入密码的时候，可以通过多次的部分密码复制、粘贴的方式进行，以免被键盘记录器记录。粘贴的次序也可以打乱，再加上错误的字符删除，这样就很难盗取了。

⑸ 不能通过复制、粘贴的方式输入密码时，可以使用页面提供的加密软键盘来输入密码，这样做也可以防止键盘鼠标被监听，除非对方攻破了指点数据包(那是128位加密的，很难被攻破)，否则密码数据是不会被盗的。

⑹ 把密码保存好，最好不要记录在你的计算机里。如果保存在计算机里，也要变通一下。

⑺ 网银站点提供的安全措施，如EG提供的PIN校验，一定不要关闭，即便麻烦一点也要坚持。一旦发现有异样，立刻更换密码。

↘ 10. 在线支付网上银行安全攻略——邮箱篇

⑴ 网银使用的邮箱最好是专用的，尽量不要用来收取其他的信件。

⑵ 网银使用的邮箱一定要可靠、迅速。如果条件允许可以使用收费的邮箱。

⑶ 网银邮箱的名称和密码都不与其他的邮箱相同。

⑷ 不要轻易打开不明来历的邮件，特别是声称某个网银来的邮件及带附件的邮件。也不要单击邮件中的任何链接。

⑸ 建议使用国际通用的邮箱。

⑹ 以邮箱为账号的网银，能支持多邮箱的，就加上多个邮箱，但与网银联络的仅固定一个邮箱。

↘ 11. 在线支付网上银行安全攻略——安全篇

⑴ 电脑要有杀毒、防火墙和防黑的系统，并保证代码库及时更新，定期检测和清理电脑，保证去除各种间谍插件。

⑵ 有选择地定期清除 Cookies 及历史。

⑶ 清楚机器启动加载运行的程序有哪些，去除不必要的东西。

⑷ 关闭不必要的端口和服务。

⑸ 随时查看任务管理器，检查系统进程的状况，关闭可疑的进程。如果你不明白，起码可以在系统刚启动时，记下此时的进程数和名字，在每次启动电脑时进行比较检查，运行中也可以对照。

⑹ 如果有能力，尽量在能公开显示本机IP的地方使用代理。

⑺ 保证电脑有一个好的备份镜像，以便可以及时、迅速地将其恢复为干净状态。

⑻ 网银资料最好不保存在电脑内。

↘ 12. 使用U盾

下面以使用工商银行U盾为例介绍U盾的使用方法。

❶ 安装工商银行安全控件，第一次登录时会有提示信息，确认自己的预留信息正确后按照提示下载安装即可。

❷ 安装U盾驱动程序，此时不需要将U盾插入USB接口。驱动程序可以从光盘或者是网上银行的U盾管理中下载，下载时需要注意自己的品牌型号，按照提示安装即可（同时防火墙会提示有新的启动项加载，请允许通过，否则U盾将不能正常使用）。

❸ 安装工行网银证书管理软件，可以从光盘或网站安装，可以管理下载U盾证书和证书升级（网站的U盾管理可以实现同样的功能）。

❹ 插入U盾，最好不要使用前置USB接口，第一次会提示发现新硬件，重启计算机，正确安装后就不再提示了。

❺ 用U盾管理软件或到网上银行U盾管理查看U盾证书信息，确认U盾在有效期内。至此U盾安装完毕。

登录个人网上银行之后，如需办理转账、汇款、缴费等对外支付业务，只要按系统提示将U盾插入电脑的USB接口，输入U盾密码，并经银行系统验证无误，即可完成支付业务。

↘ 13. 设置网银交易每日限额

对某些交易额设定限制，可以有效控制风险。下面以设置工商银行网银交易为例进行介绍。

❶ 进入工商银行官网，在登录窗口输入账号、密码、验证码，单击【登录】按钮登录网银。

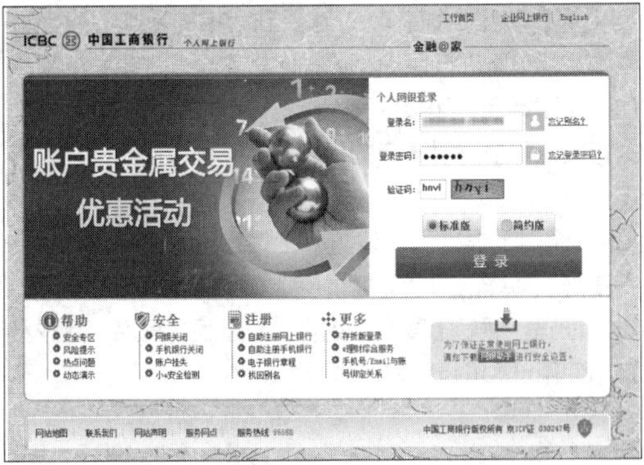

❷ 进入主页后，在页面上方选择【安全中心】选项卡，在左侧的【安全中心】区域选择【支付限额管理】选项，在右侧即可设置交易额度，设置完成单击【提交】按钮，并根据需要进行确认即可。

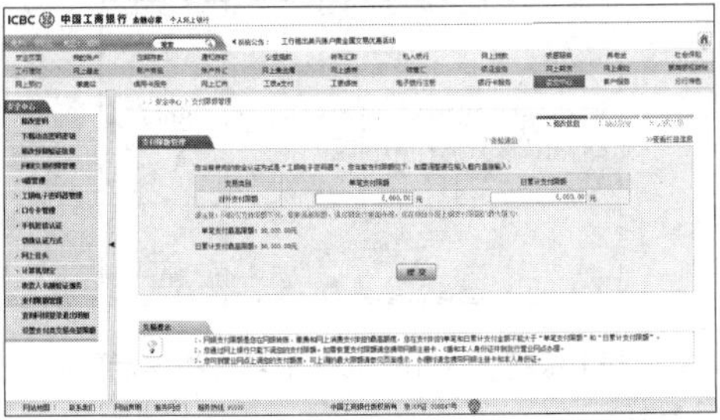

↘ 14. 通过网上银行同行转账

网上银行转账快捷，越来越受到大家的青睐，网上银行转账时需要使用U盾进行保护，这样比较安全，最重要的是核对好对方的账号和姓名。如果是同一银行之间转账，不需手续费，向其他银行转账需要支付一定的手续费。下面以中国建设银行为例说一下具体方法。

❶ 开通网上银行后，设置网上银行登录密码和U盾支付密码，并在网上转账前激活。登录网上银行，输入银行卡号、登录密码、验证码，然后下载安全组件、U盾驱动程序，完成激活后就能正常使用U盾进行转账。

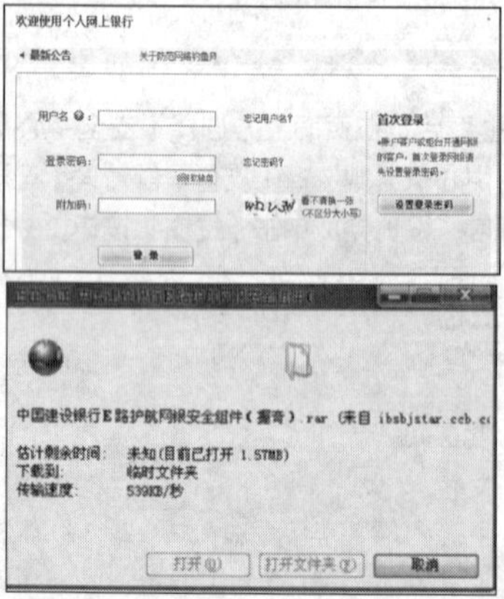

❷ 登录网上银行，单击【转账汇款】按钮后单击【活期转账汇款】按钮。

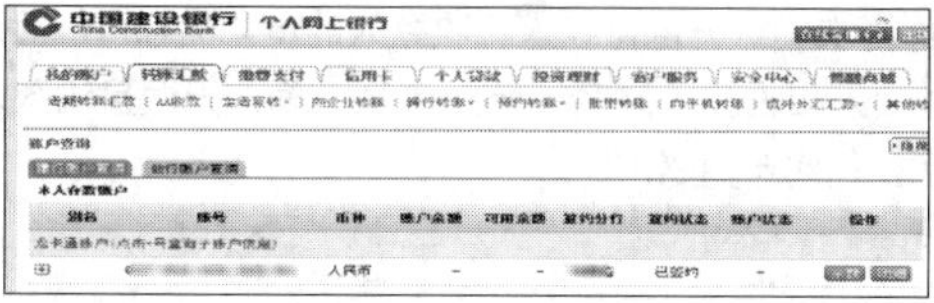

❸ 选择付款账户和付款子账户。要确定好付款的账号，在账号下面可以查询账户的余额，以免余额不足无法转账。子账户是你的卡或存折开立的活期或定期账户，如果想转出定期子账户，要单击进行设置。

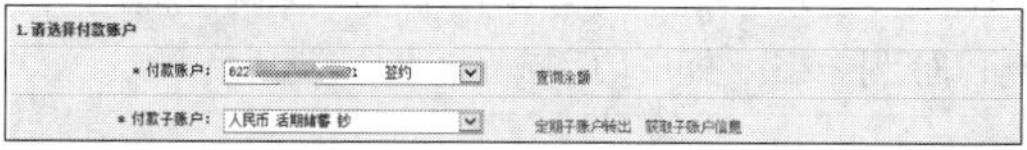

❹ 仔细填写收款人信息，包括收款人姓名和收款账号，一定要多核对几遍，不能出错。

❺ 填写转账金额和相关信息。接着要填写转账的金额，一般最低是5元，上限要查看每个银行的规定。金额直接输入阿拉伯数字即可，如果想让对方接收短信，在“向收款人发短信”后面打上“√”即可。然后单击【下一步】按钮。

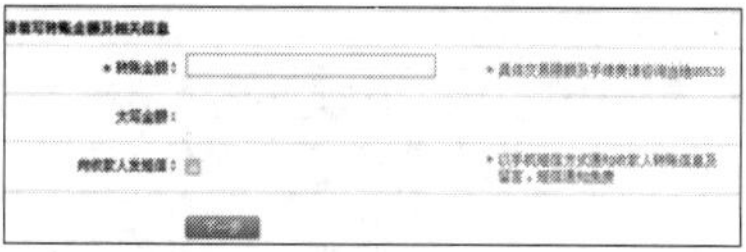

❻ 再次确认一遍付款人和收款人的具体信息，包括银行账号、付款人和收款人姓名、转账金额，确认无误且输入附加码后，单击【确定】按钮。

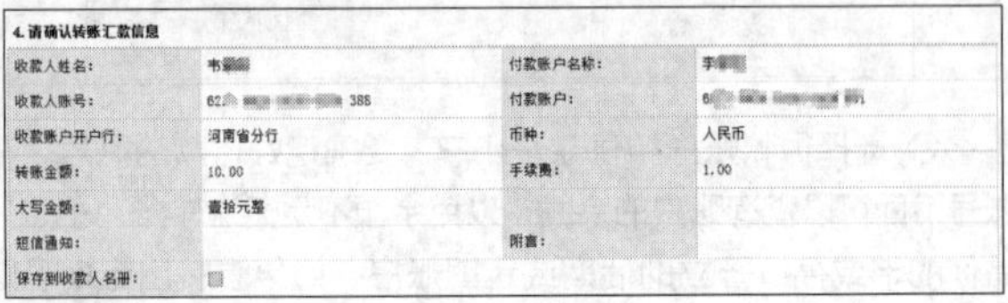

❼ 提示插入网银盾，插入网银盾后输入网银盾支付密码，单击【确定】按钮，即成功完成了转账。

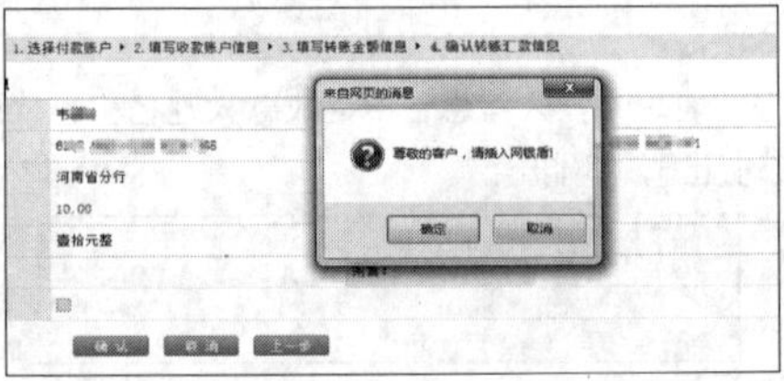

↘ 15. 通过网上银行跨行转账

❶ 单击【转账汇款】按钮后，选择【跨行转账】➤【建行转他行】选项。

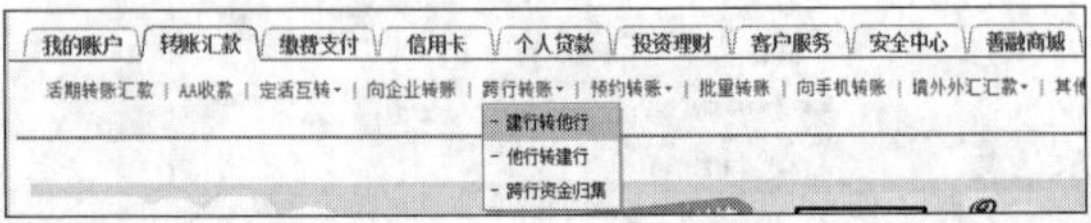

❷ 和同行转账一样，输入付款账户、收款人姓名和账户，一定要核对仔细。

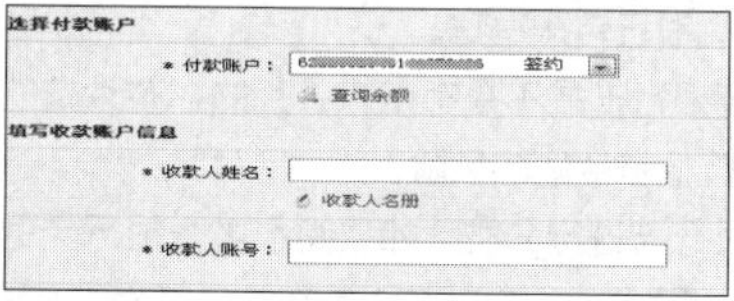

❸ 不同的一点是要仔细填写收款账号所属行别、账户开户行所在地区（市、区等）以及收款账户开户网点。

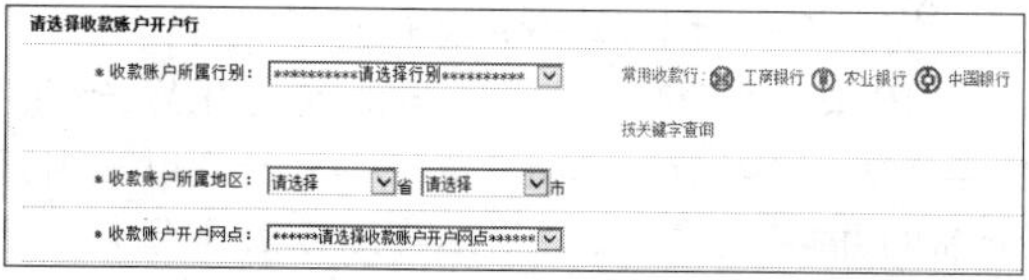

❹ 接下来的程序和同行转账一样了，填写转账金额，确定后输入附加码，插入网银盾，输入支付密码即可。只是在最终转账时要支付同城每笔2元，异地5‰（25元封顶）的手续费。

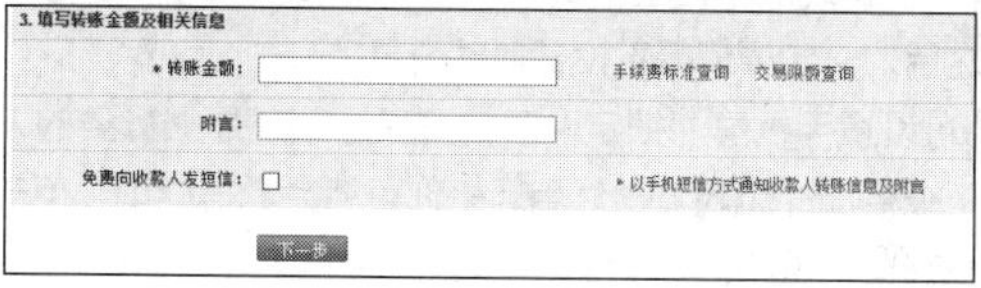

↘ 16. 安全使用手机银行转账

很多人喜欢用手机转账到基金账户进行理财，但由于手机容易丢失，安全问题也成了大家关注的热点。下面和大家分享一下如何规避这些风险，尽可能地把风险降到最低，实现最大化地安全使用手机银行转账理财。

(1) 检查银行卡是不是都带有芯片的。芯片卡的安全性相对较高，可以降低被盗刷的风险。

(2) 将银行卡进行分类。如果有很多张银行卡的话，可以考虑按储蓄卡（母卡）、工资卡、养老卡、基金卡、股票卡等来分类。每个月从工资卡上领钱出来，充值在母卡上面。由母卡统一分配给各个分卡。如果出现账号被破解的情况，丢掉的也只是这张卡上的钱。母卡，也就是总账户是不受到影响的。

(3) 为母卡开通手机转账功能。市面上有些银行卡手机银行转账0手续费，这种卡可以作为首选。另外，也可以在银行开通超级网银的功能，这样可以将所有卡都集结在一张母卡上。互相转账都是0手续费。

(4) 为银行卡开通短信提醒功能。转账理财时都会有短信提醒出入账情况，这使安全有保障。

(5) 在正规的平台上下载银行APP软件。在手机上登录网上银行之后，一定要记得不设置自动登录。

(6) 设置手机屏保锁定。手机屏保加锁还是很重要的，等于降低了被盗刷的风险。虽然用起来你可能会觉得麻烦，但安全还是要放在第一位的。

(7) 手机内加装安全软件。现在有一些安全软件有一个功能，就是当你购物的电商网站需要付款，输入手机号码后收到验证短信时，它会帮你开通一个绿色通道。这样相当于多了一道防火墙，提高了安全性能。

(8) 定期银行查账，查看近期银行交易情况。经常定期检查，如果存在安全问题也能及时发现，及时处理。

Part 2 支付宝转账/支付安全技巧

17. 可定制的资金异动通知

支付宝为用户提供及时的账户变动和异常通知，通过邮件、手机短信的方式，让用户第一时间知道账户异动情况，而且所有的通知服务全部免费。

(1) 通知1：阿里旺旺系统消息实时提醒。

当用户收到AA付款、付款成功、建立交易时，阿里旺旺系统消息就会自动提示你，只需要用户下载阿里旺旺，在登录的情况下系统就会自动发送相应消息。

(2) 通知2：500元及以上资金变动短信提示。

当用户用支付宝账户余额支付500元及以上的款项时，用户会收到手机短信通知，交易额度暂时不可以改变。每个账户每天最多提示5笔满足条件的交易。

(3) 通知3：手机短信校验码提示付款。

当用户用支付宝账户余额支付200元及以上款项时，用户会收到手机短信校验码（6位数字），输入才会付款成功。交易额度是可变的，在开通短信校验服务时可以自己设置单笔最低额度（最低200元）和当月累计最低额度（最低200元）。

(4) 通知4：可定制的邮箱消息。

支付宝邮箱消息可根据需要自己选择，如即时到账、修改交易价格、买家付款等多种个性化条件，基本满足用户的需求。登录支付宝，通过【我的账户】➤【系统提醒消息】定制，便可以选择定制。

↘ 18. 支付宝安全防护：登录密码

注册支付宝时，需要设置支付宝密码，也就是登录密码，登录密码作为支付宝账户安全的第一道防火墙，非常重要。登录密码设置有以下注意事项。

(1) 登录密码本身要有足够的复杂度，最好是数字、字母、符号的组合。

(2) 不要使用门牌号、电话号、生日等作为登录密码。

(3) 登录密码不要与淘宝账户登录密码、支付宝支付密码一样。

为了保证支付安全，建议每隔一段时间更换一次登录密码。

❶ 进入支付宝账户后进入【账户设置】页面，选择【安全设置】选项卡，单击【登录密码】选项后面的【重置】按钮。

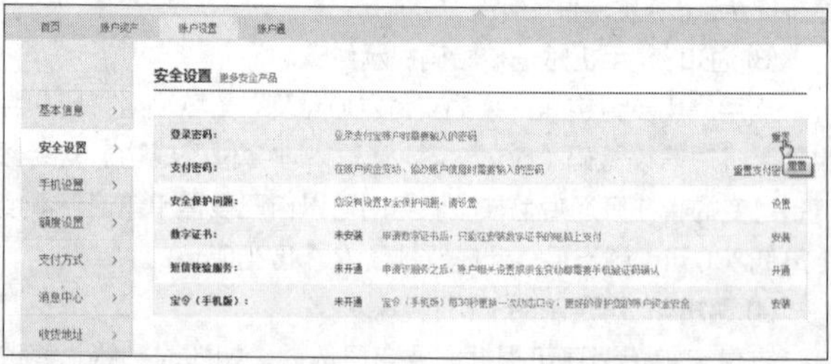

❷ 可以选择手机或者邮箱验证，验证完成，进入【重置登录密码】页面，在【新的登录密码】和【确认新的登录密码】文本框中输入要设置的密码，单击【确认】按钮即可。

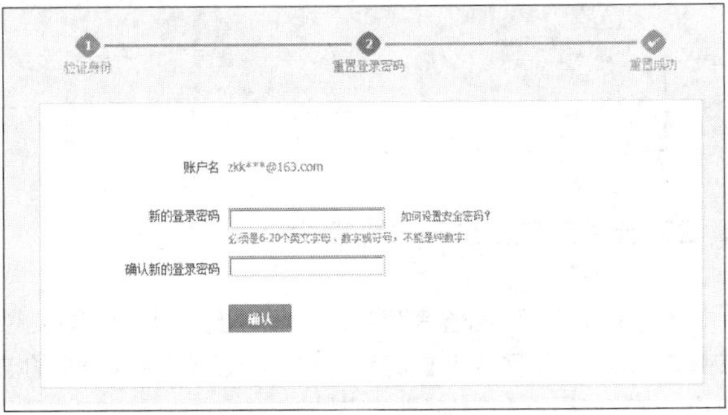

↘ 19. 支付宝安全防护：支付密码

支付密码是我们在支付的时候填写在“支付密码”框中的密码，这个密码比登录密码更重要。通过支付宝支付，不管是在淘宝购物，还是在其他平台购物、支付等，都需要用到支付密码。

支付密码设置注意事项与设置登录密码类似。

如果要修改支付密码，可以进入支付宝账户后进入【账户设置】页面，选择【安全设置】选项卡，单击支付密码后面的【重置支付密码】按钮，然后根据需要进行设置即可。

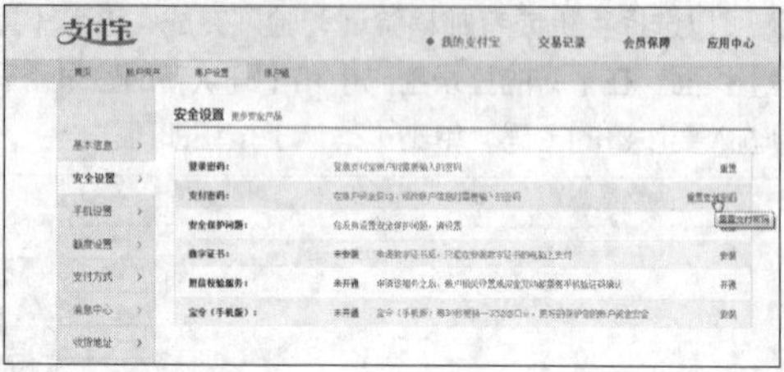

↘ 20. 支付宝安全防护：数字证书

数字证书是更高安全等级的账户保护措施，用来保证支付宝账户安全。申请了数字证书后，只有安装了个人数字证书的电脑上，才能使用个人支付宝账户支付。

申请数字证书，首先要求支付宝账户绑定手机。现在大多数人的支付宝账号就是手机号，可以手动绑定手机。

❶ 安装支付宝数字证书，单击【安全设置】➤【数字证书】选项后面的【安装】按钮，如下图所示。

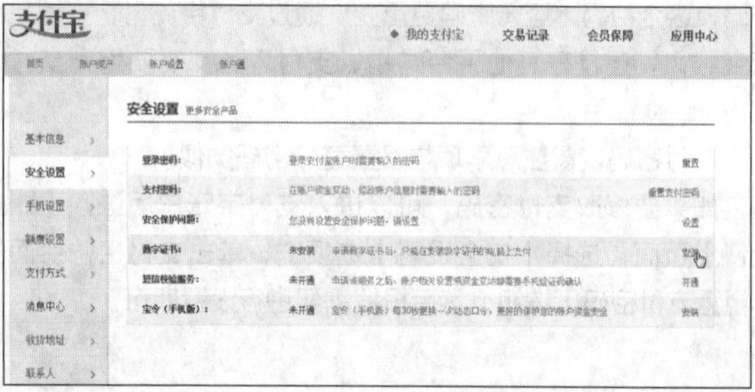

❷ 在打开的数字证书页面单击【申请数字证书】按钮，如下图所示。需要注意的是，绑定的手机要能够收到验证短信。

❸ 在打开的申请数字证书页面输入你的身份证信息，这个要与注册绑定的认证过的身份证信息一致。输入验证码后，单击【确定】按钮。

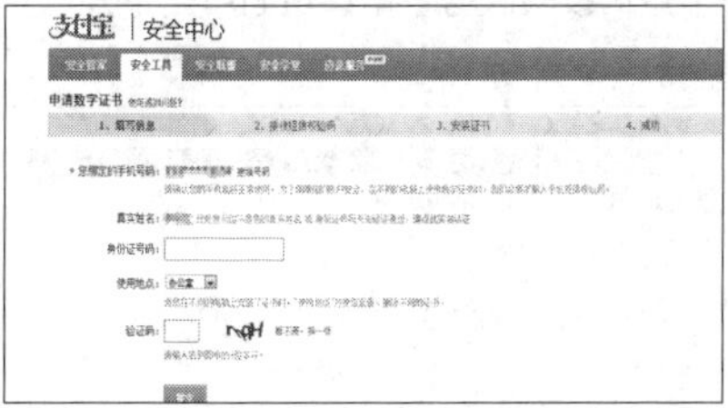

❹ 输入手机收到的短信验证码，单击【确定】按钮后，即可开始安装数字证书。

↘ 21. 支付宝安全防护：短信校验服务

❶ 设置短信校验服务就是在支付的时候，系统会给你绑定的手机发送验证码，需要输入正确的验证码才能够完成支付。在【安全设置】页面单击【短信校验服务】选项后的【开通】按钮。

❷ 在【短信校验服务】申请页面单击【开通短信校验服务】按钮。

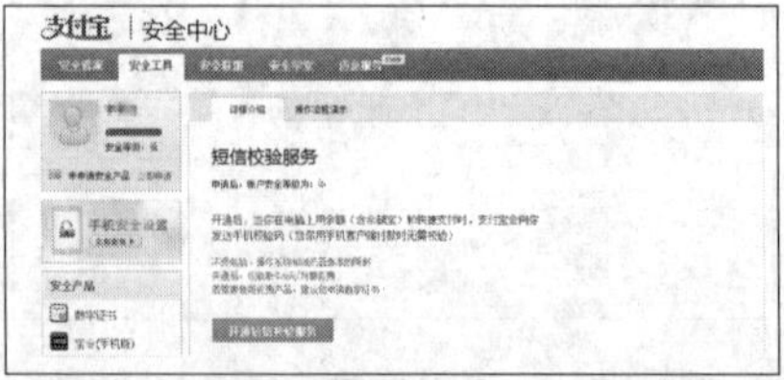

❸ 这里要说明的是，开通短信校验服务，每月需要收费0.6元。单击【确定】按钮即可开通。

➘ 22. 支付宝安全防护：宝令（手机版）

宝令(手机版)是支付宝推出的，免费安装在手机客户端上的基于动态口令的安全认证产品。申请成功后，在进行付款、确认收货等关键操作时显示6位动态密码，安全方便，确保您的账户资金更加安全。

❶ 安装宝令，单击【安全设置】➤【宝令】选项后面的【安装】按钮。

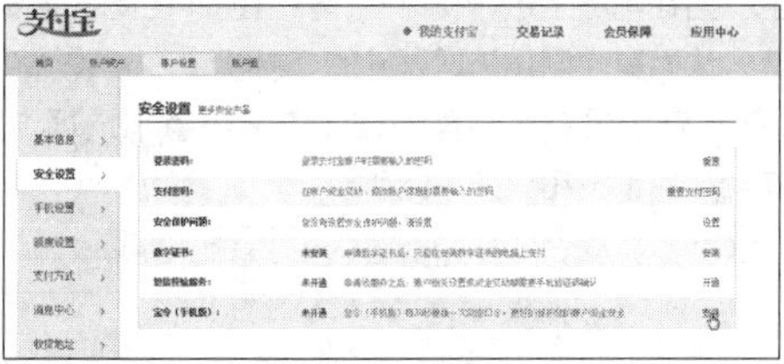

❷ 在宝令（手机版）页面有详细的安装介绍，这里就不再赘述。

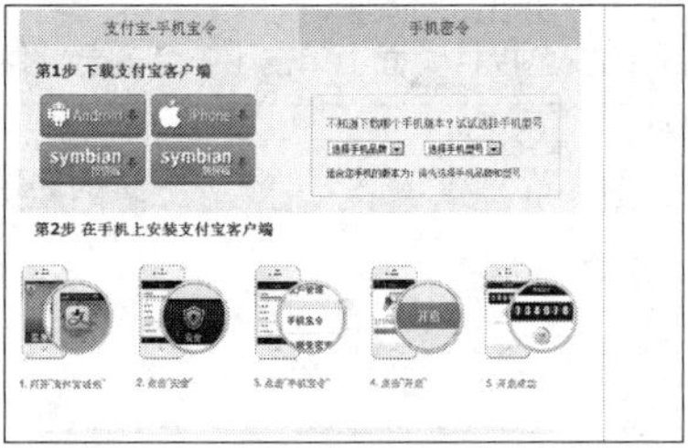

❸ 需要注意的是，安装手机版宝令，需要选择正确的适合

你的手机操作系统类型的软件安装。安装完手机宝令后，在支付的时候，需要输入手机宝令验证码。手机宝令和短信校验服务、数字证书可以重叠使用，互不冲突。

↘ 23. 支付宝安全防护：安全控件

安全控件可以保证支付宝使用环境的安全，安装后，安全控件会时时保护密码及账号不被窃取，从而有效地保障您的账户资金安全。当在电脑上进行交易时，安全控件会及时地发现风险并提醒您，从而有效制止仿冒网站的交易欺诈。

❶ 在【安全设置】页面单击【安全设置】选项卡后面的【更多安全产品】按钮，如下图所示。

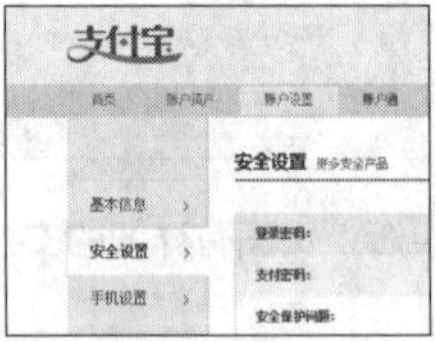

❷ 在打开的安全控件页面上单击【安装安全控件】按钮。

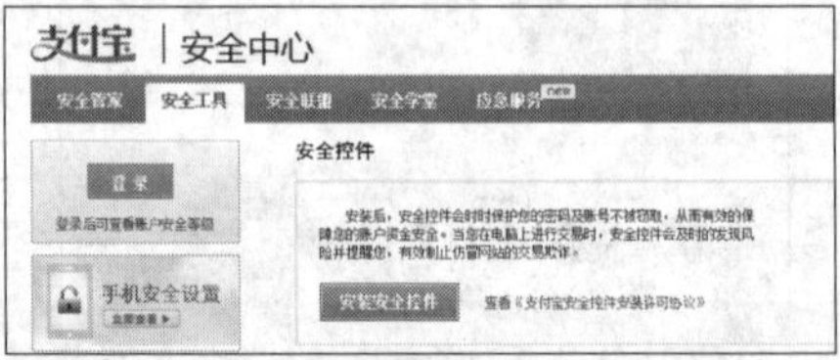

❸ 弹出安装【安全控件提示】对话框，单击【立即安装】

按钮即可，注意，安装安全控件之后，需要重新启动浏览器才能生效。

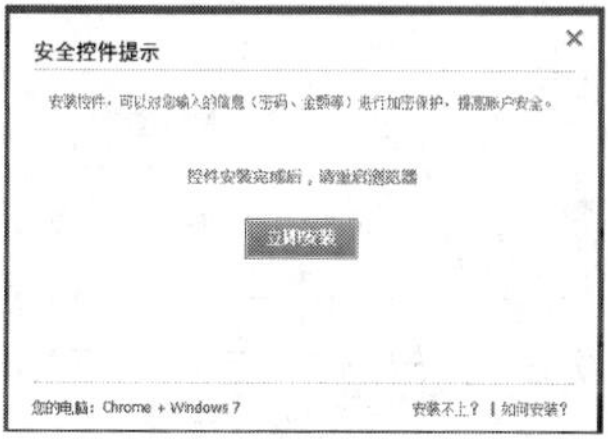

↘ 24. 使用转账向一人付款

转账到支付宝账户有两种形式：向一人付款和向多人付款。下面讲述如何使用转账向一人付款到支付宝账户。

❶ 登录支付宝账户，单击【应用中心】➤【转账付款】➤【转账到支付宝】选项。

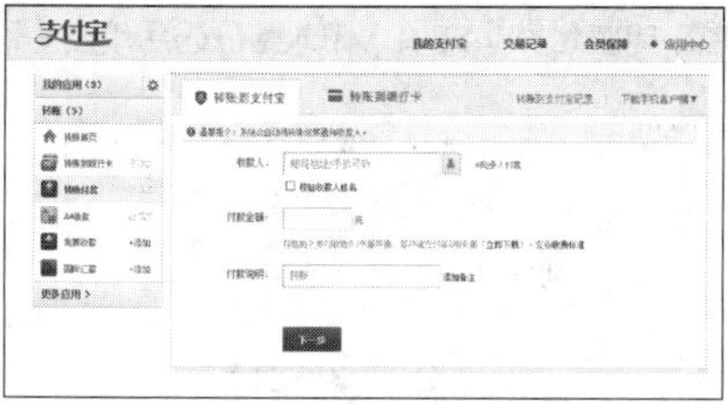

❷ 输入收款人支付宝账户、收款人姓名（勾选校验收款人姓名后才需要输入）、付款理由、付款金额，单击【下一步】按钮。

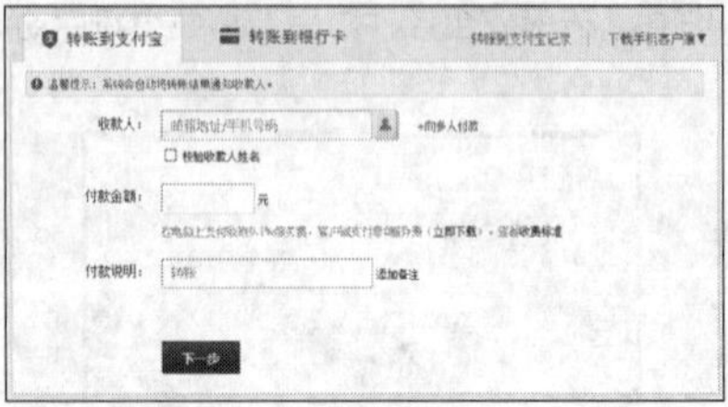

❸ 确认付款信息，选择付款方式：【电脑付款】或【手机付款】，系统默认选择【手机付款】方式。

❹ 选择电脑付款。

a.选择【电脑付款】选项，输入验证码后单击【确认信息并付款】按钮。

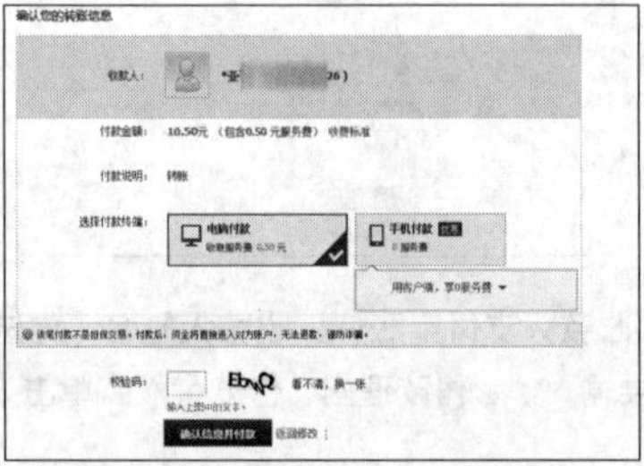

b. 选择支付方式：选择支付宝余额、储蓄卡网上银行或储蓄卡快捷支付（含卡通）完成付款。

❺ 选择手机付款：单击【手机付款】选项，输入验证码后单击【确认并用手机付款】按钮。

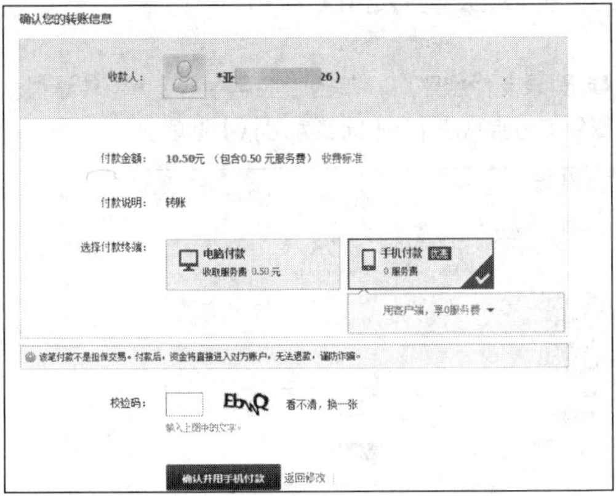

区分用户手机是否安装支付宝钱包。

(1) 如果用户装有支付宝钱包，则显示下面的界面，请打开最新版支付宝钱包，完成付款（点此查看操作流程）；若用户不想在手机上付款，可以单击【继续电脑付款】按钮。

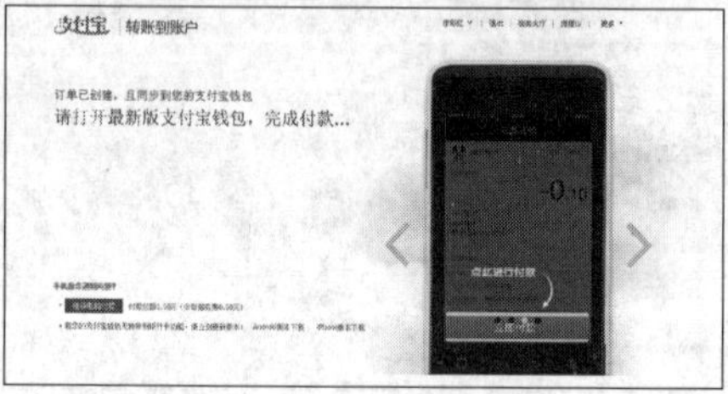

(2) 无支付宝钱包，需要用户下载后再进行付款。

↘ 25. 使用转账向多人付款

❶ 登录支付宝账户，单击【应用中心】➤【转账付款】➤【转账到支付宝账户】➤【向多人付款】选项。

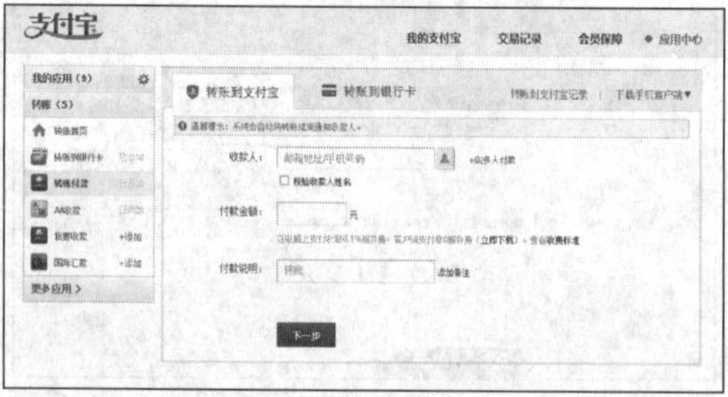

❷ 输入收款人支付宝账户、付款金额和付款说明，单击【下一步】按钮。

❸ 确认信息后，单击【确认信息并付款】按钮。

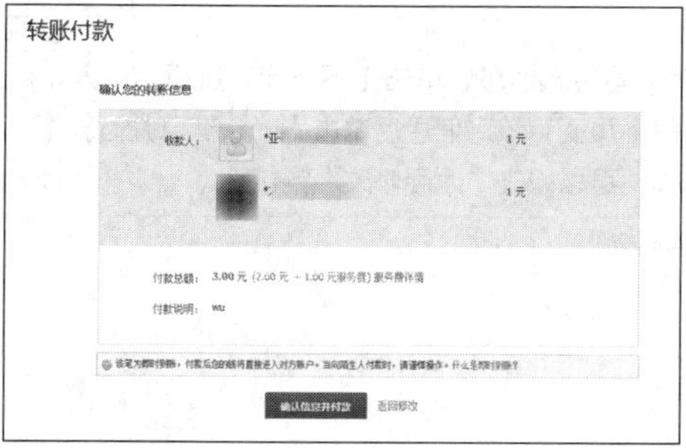

❹ 账户内有余额，直接输入支付密码支付，没有余额可以选择储蓄卡网上银行和储蓄卡快捷支付（含卡通）付款。

↘ 26. 转账到银行卡

❶ 打开支付宝首页，登录支付宝账户，登录之后单击【应用中心】➤【转账】➤【转账到银行卡】选项。

❷ 填写付款信息，单击【下一步】按钮。进入【确认您的付款信息】页面，核对信息后单击【确认信息并付款】，如果信息不正确，可以单击“返回修改”链接。

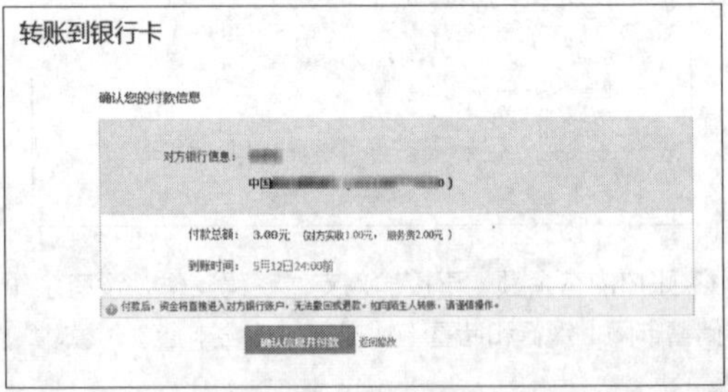

❸ 进入支付页面，如果开通的有快捷支付方式并且储蓄卡中的金额足够，输入支付宝支付密码后，单击【确认付款】按钮即可完成转账。

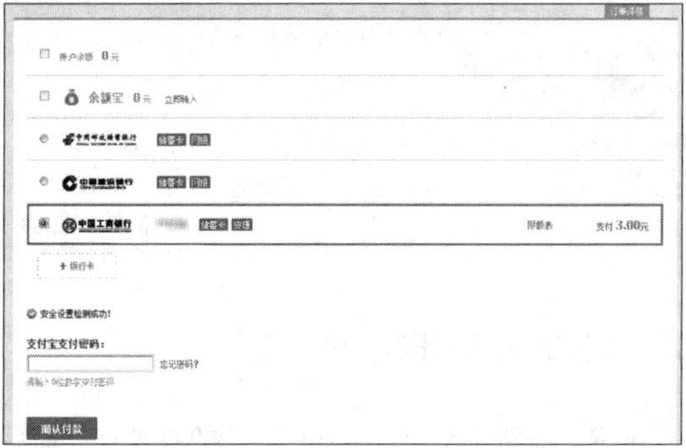

❹ 如果未开通快捷支付，可以选择【其他付款方式】或者选择【银行卡】，选择银行。

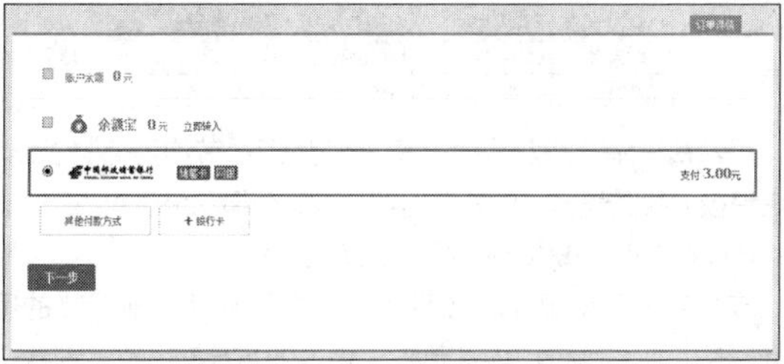

❺ 选择银行类型后，以中国建设银行为例，进入网上银行登录界面，输入网上银行登录账户名以及密码即可，进行转账。

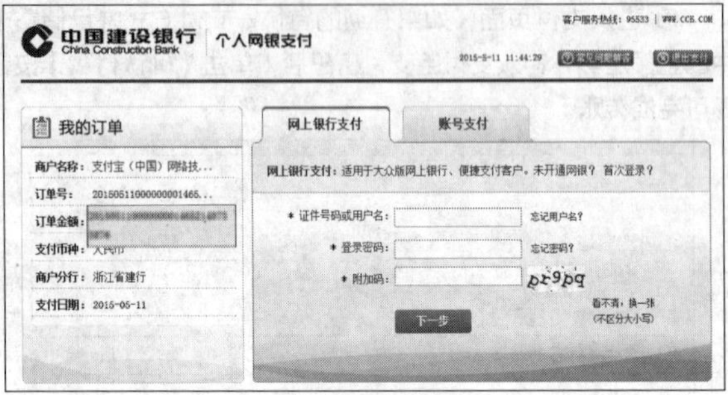

↘ 27. 支付宝电脑转账省钱小窍门

支付宝转账到银行卡使用电脑端付款需要收费，选择手机付款（即支付宝钱包）免费。

电脑端收费标准如下。

到账时间	服务费率	服务费下限	服务费上限
2小时到账	0.20%	2.00元/笔	25.00元/笔
次日到账	0.15%	2.00元/笔	25.00元/笔

虽然每一笔转账费用并不高，但习惯了“节约至上”的我们依然在积极寻找着最省钱的转账方法。下面介绍几个省钱小窍门。

(1) 网购买家单次转账500元最佳。

支付宝电脑转账全面收费后，很多习惯了小额转账的用户深受影响，现在哪怕只转1元钱，也要收取5角钱的手续费，积少成多后也是一笔不小的开销。

(2) 网店卖家用支付宝手机端转账免费。

对于网购卖家来说，受支付宝电脑转账收费的影响最大。

在经营网店时，如果买家付钱后要求退款，卖家给买家退款并不产生手续费，但卖家如果把买家多付的钱打到买家的支付宝账户里，就要收取手续费了。

好在手机上使用“支付宝钱包”转账继续免费，额度不设上限。网店卖家可以选择使用手机支付宝钱包转账。

(3) 企业客户建议少次多量的转账方式。

支付宝转账收费让不少经常要小额支付的用户大受影响，但对于那些企业客户和喜欢用支付宝大额转账的用户来说，无疑是个好消息，这会大大节约他们的转账费用。此外，还建议缩减支付宝打款的次数，采用少次多量的打款方式，这样还能进一步节约转账费。

↘ 28. 使用网上银行给支付宝充值

(1) 充值前准备。

一张支付宝支持的银行卡，并且所持有的银行卡开通了网上银行功能。这个功能只能去所在银行进行办理。

(2) 网上充值过程。

❶ 登录支付宝账号。

❷ 登录后，单击【充值】按钮开始进行充值。

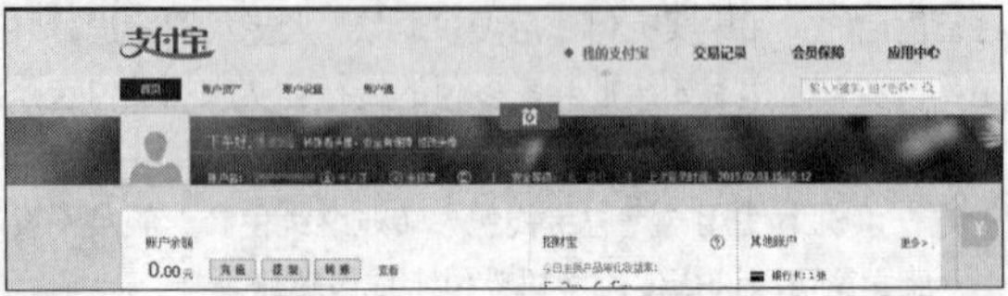

❸ 选择【储蓄卡】选项里面的“网上银行”，然后进行银行的选择，以招商银行为例（注意充值只能用储蓄卡，信用卡不支持）。

❹ 单击【下一步】按钮，进行充值金额的填写和确认。单击【登录到网上银行充值】按钮，跳转到该银行的网上银行，完成网上银行的操作，即可充值成功，充值完成后可以立即在“我的充值”里面查看。

↘ 29. 使用快捷支付给支付宝充值

快捷支付是银行和支付宝开展的一个服务，不需要烦琐的输入密码、账号，只需要输入支付密码即可进行支付，与网上银行相比，更加快捷，但是充值前需要开启银行卡的快捷支付。

❶ 登录支付宝账号。

❷ 登录后，单击【充值】按钮。

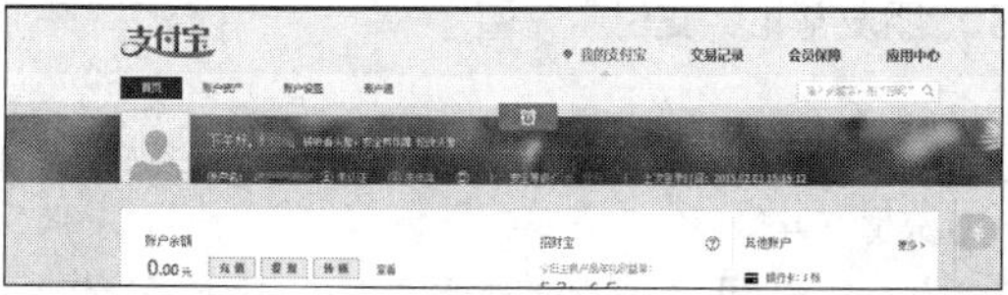

❸ 选择充值方式，这里选择快捷支付，里面可以看到及开通快捷支付的银行卡，选择，然后单击【下一步】按钮。

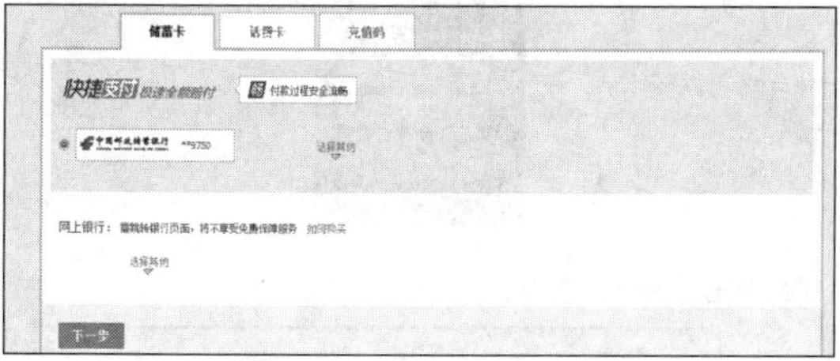

❹ 进入后，输入充值金额和支付宝支付密码，然后单击【确认充值】按钮即可完成充值。

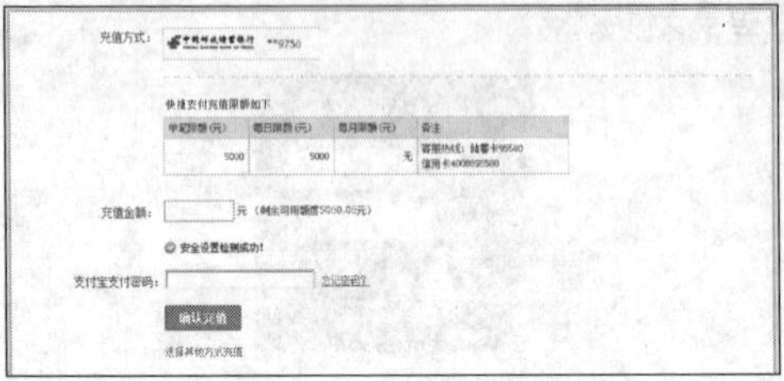

↘ 30. 朋友帮忙给支付宝充值

如果没有网上银行，可以让身边有网银的朋友帮忙充值。

(1) 充值前准备。

个人支付宝处于激活状态并且知道朋友的支付宝账号。

(2) 充值流程。

❶ 登录支付宝。

❷ 单击【充值】按钮。

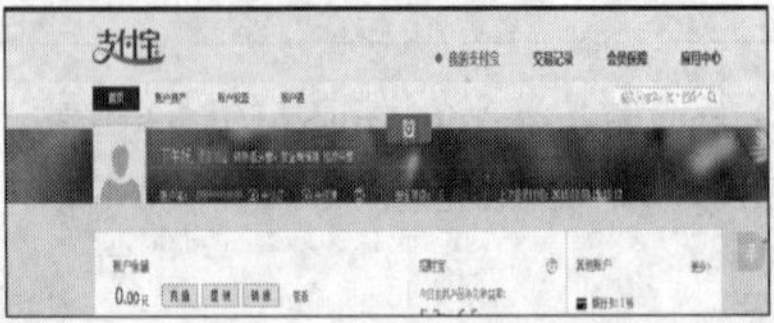

❸ 在右上角选择【找朋友充值】选项。

❹ 填写朋友的支付宝信息及其他一些信息。朋友的支付宝就会收到信息，然后进行充值操作，即可完成充值。

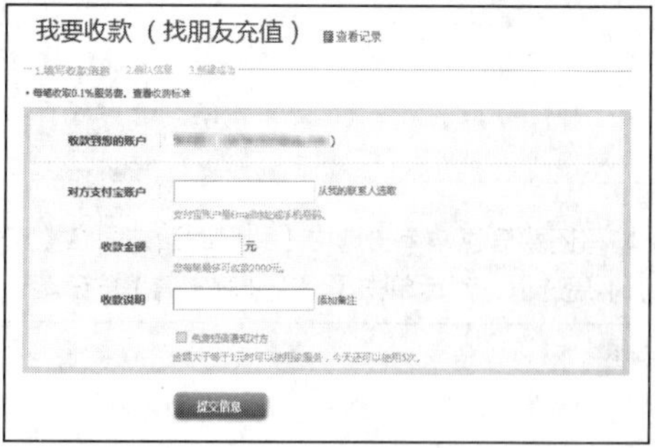

↘ 31. 利用支付宝给信用卡还款

信用卡还款是支付宝公司推出的在线还信用卡服务，您可以使用支付宝账户的可用余额、快捷支付（含卡通）或网上银行，轻松实现跨行、跨地区地为自己或他人的信用卡还款，支付宝信用卡还款操作如下。

❶ 登录支付宝。

❷ 单击页面下方的【信用卡还款】选项。

❸ 单击【立即还款】按钮。

❹ 填写还款信息，单击选中【我已阅读并同意《支付宝还款协议》】复选框，然后单击【提交还款申请】按钮。

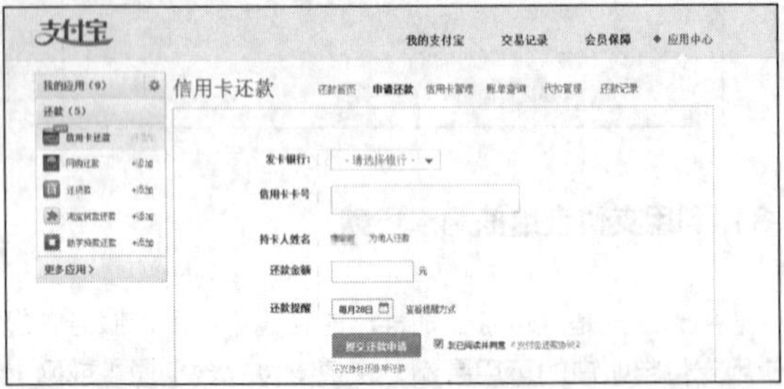

❺ 选择支付方式。可用的支付方式有账户余额、余额宝、储蓄卡快捷支付、储蓄卡网银等。选择支付方式后，输入支付宝支付密码，单击【确认付款】按钮。

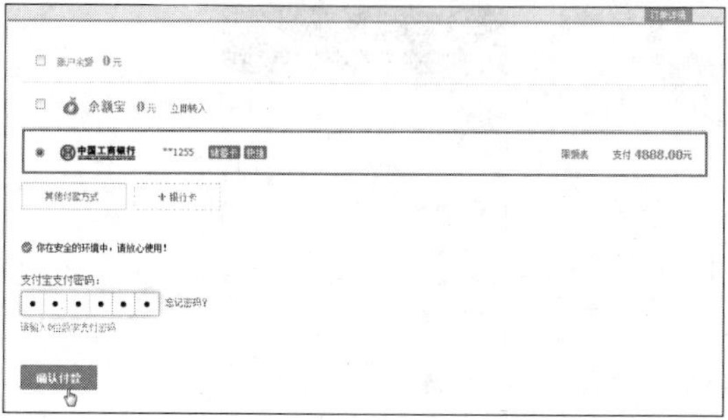

❻ 付款成功，还款申请已提交成功，接下来等待银行处理即可。

Part 3 微信支付安全技巧

↘ 32. 使用微信支付

❶ 打开微信后，单击右下角的“我”选项，在【我】界面选择【钱包】选项。

❷ 进入【我的钱包】界面，单击【手机话费充值】选项。

❸ 进入【手机话费充值】界面，输入要充值的手机号码

及充值金额（可选的充值金额有30、50、100、200、300、500），单击【立即充值】按钮。

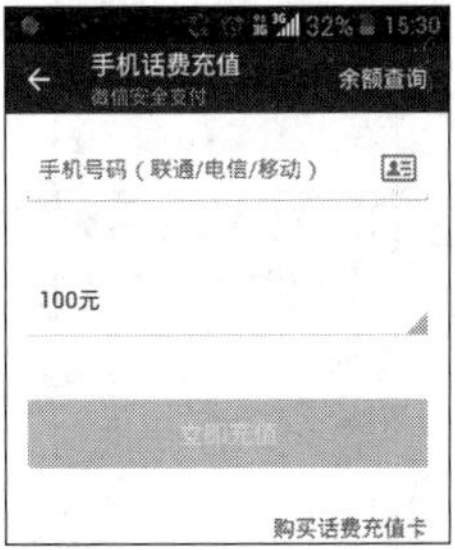

❹ 进入【确认交易】界面，确认信息后单击【使用银行卡支付】按钮。

❺ 这时候因为没有绑定银行卡，所以需要先绑定，在新的

界面中输入银行卡号，储蓄卡、信用卡都可以。然后单击【下一步】按钮。

❻ 填写银行卡信息，并勾选【同意《用户协议》】复选框，然后单击【下一步】按钮。

❼ 在新界面中输入手机收到的验证码，虽然多了这个步骤，不过也增加了安全系数。

❽ 验证码输入成功后单击【立即支付】按钮，由于是初次使用，要对微信进行6位支付密码设置，并重复设置确认。

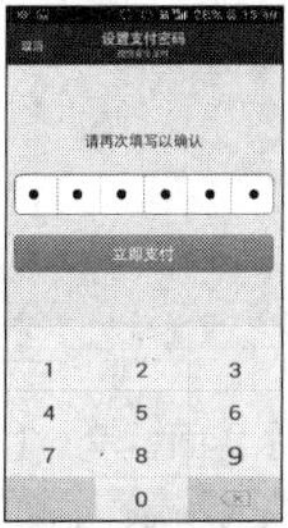

❾ 如果两次密码设置相同，则支付成功。

❿ 支付完成后，微信会发信息提示充值已经成功。

↘ 33. 使用微信转账

❶ 打开微信后，单击右下角的 我 选项，在【我】界面选择【钱包】选项。

❷ 进入【我的钱包】界面，单击【转账】选项。

❸ 转账分为【转账给朋友】和【面对面收钱】（“面对面

收钱”通过扫描二维码完成），选择要转账的微信好友。

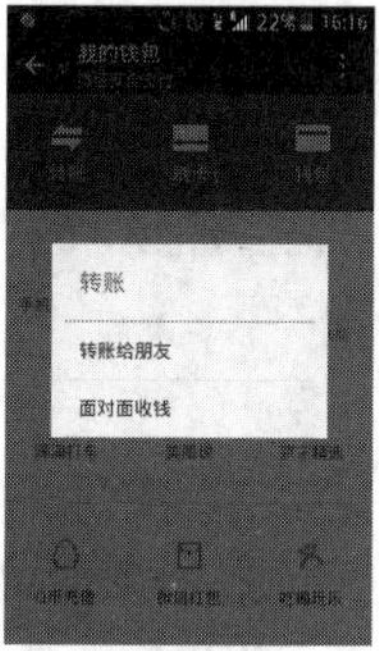

❹ 进入【转账给朋友】界面，单击【打开通讯录】按钮，在【选择朋友】界面单击要转账的朋友，输入转账金额，同时显示的是微信好友的头像，单击【转账】按钮。

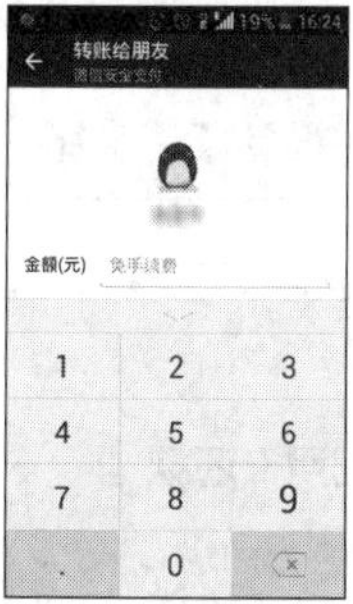

❺ 微信转账需要输入微信支付密码，在【请输入支付密码】页面输入你的支付密码，同时选择你的支付方式。

❻ 单击【完成】按钮，即可完成微信转账支付交易。

❼ 同时在微信好友聊天记录中，可以看到一条转账的聊天记录。

↘ 34. 使用微信给信用卡还款

❶ 打开微信后，单击右下角的选项，在【我】界面选择【钱包】选项。

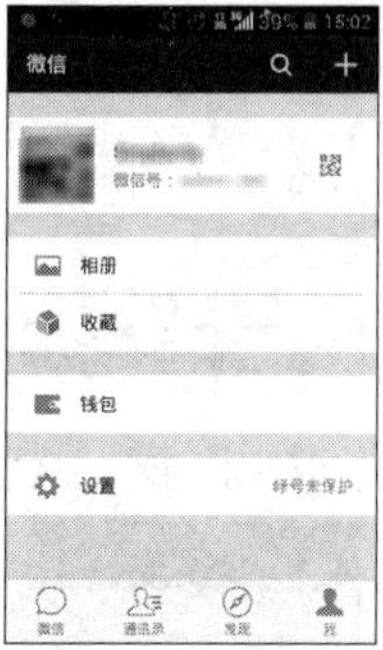

❷ 进入【我的钱包】界面，单击【信用卡还款】选项。

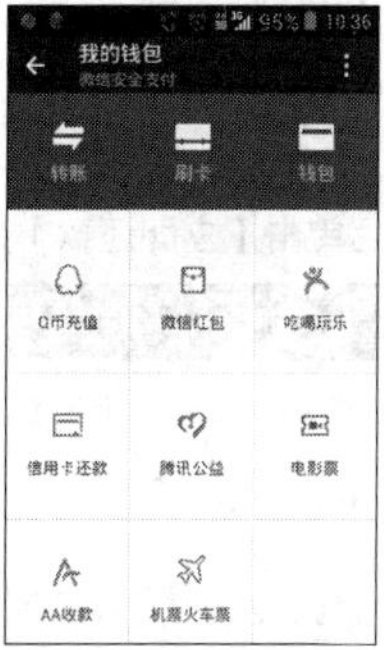

❸ 弹出【支付安全提示】对话框，单击【我知道了】按钮。第一次使用时，要先添加还款的信用卡信息，包括信用卡号、姓名、每月还款提醒日期，单击【确认】按钮。

❹ 信用卡添加成功后单击【我要现在还款】按钮。

❺ 输入还款金额后单击【立即还款】按钮。

❻ 在弹出的【更换支付方式】对话框中选择要支付的方式后单击【确定】按钮，可以选择零钱支付或储蓄卡支付，输入相应的支付密码即可还款。

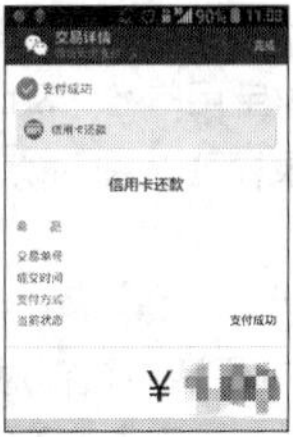

Part 4 其他支付方式

↘ 35. 快捷支付安全

快捷支付是一种方便、快速的支付方式，是指用户不需要开通网银，直接通过输入卡面信息，即可便捷、快速地完成网络订购、账号充值的支付。客户可通过将个人第三方支付账户关联自己的储蓄卡或者信用卡，每次付款时只需输入第三方支付账户的支付密码和手机校验码即可完成付款，从而绕开了银行支付网络。只要绑定了银行卡，用户无需银行卡密码就可以通过支付宝从银行卡里转账。

“快捷支付”是全新的支付理念，已成为国内网上支付体系的重要手段，必将成为未来消费的发展趋势。那么如何才能保证快捷支付安全呢？快捷支付的安全关键在于手机，要保证手机安全，特别是保证短信安全，才能保证快捷支付的安全。

(1) 取消手机号码登录功能。

快捷支付的最大漏洞就是所有的支付过程仅仅依赖于手

机，如果账户名称取消了手机号码登录功能，那么即使手机被盗，别人也很难知道支付宝用户名，从而保证了账户安全。如果已经绑定了手机号码登录，可以解除绑定。同时注意在无线网络环境下慎用快捷支付。

⑵ 手机外借但不偷窥。

借别人手机打电话在生活中是相对平常的事。对于绑定快捷支付的手机来说，借电话给别人等于给了别人一个获取快捷支付的动态验证码的机会。防患于未然，用户可以使用手机管家的私密空间等工具来帮忙解决这个问题。

⑶ 通过查看权限拒绝短信木马。

手机游戏、手机应用这些手机扩展程序在给我们提供方便的同时，也有可能引入短信木马。用户可以选择【菜单】➤【应用程序】查看应用程序的权限，以了解该应用程序是否具备读取信息、发送短信和互联网访问功能。如果具有这些功能，建议将其卸载。如果担心其他不知名的联网程序发送验证码，可以在接受验证码的时候关闭移动网络数据。

⑷ PIN密码保护的重要性。

普通的手机丢失，擦除资料即可解决问题，如果小偷把SIM卡拿出来，然后换部手机进行快捷支付，那就麻烦了，所以手机要设置PIN密码才能确保安全。PIN密码是可以修改的，用来保护自己的SIM卡不被他人使用。用户可以选择【菜单】➤【安全】➤【设置SIM卡锁定】，进入锁定设置。选择【锁定SIM卡】选项，然后更改PIN密码即可。

快捷支付给用户带来了快捷购物的体验，但同时由于仅仅依靠手机进行安全支付，其绕过了银行的安全支付系统，对用户来说风险很大。建议大家尽量使用U盾进行交易。

↘ 36. 开通快捷支付

❶ 登录支付宝账户，单击【我的支付宝】➤【账户通】，单击【开通快捷支付】按钮。

❷ 在以下页面选择您要开通的快捷支付的银行，以中国邮政储蓄银行为例，选择【中国邮政储蓄银行】，银行卡类型选择【储蓄卡（借记卡）】选项，单击【下一步】按钮。

❸ 填写信息，单击【同意协议并开通】按钮，即可开通快捷支付。

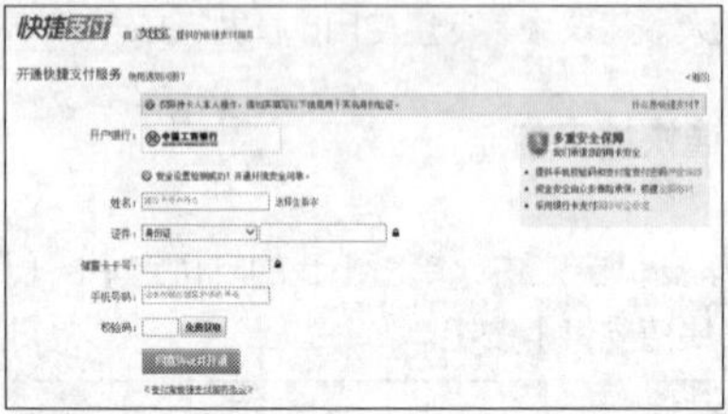

37. 使用快捷支付付款

❶ 选择银行。在网上选购好商品后，单击【立即购买】按钮，在【支付宝收银台】页面选择储蓄卡或者信用卡的快捷支付银行（下面以储蓄卡为例）。

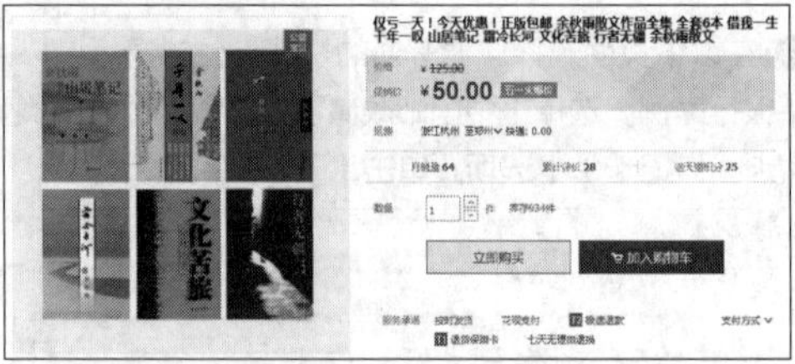

❷ 选择你的快捷支付银行卡的卡种。

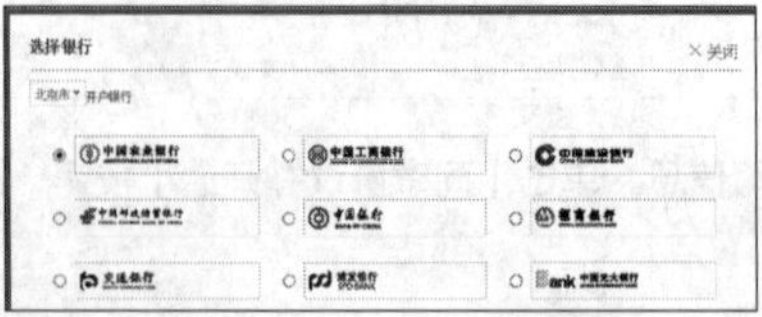

❸ 单击【下一步】按钮，输入支付宝支付密码后，单击【确认付款】按钮。

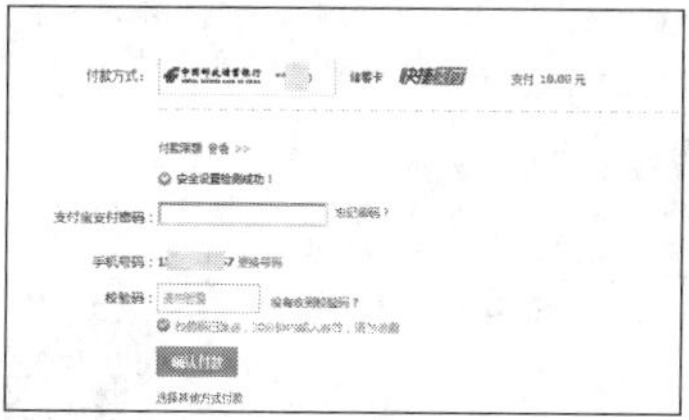

❹ 付款成功。

↘ 38. 取消快捷支付

当长期无需使用快捷支付或网络支付，快捷支付处于开通状态下，往往会留下资金安全隐患，尽量将其取消。下面介绍一下如何取消快捷支付。

❶ 登录支付宝，在【其他账户】栏下找到【银行卡】选项，找到需要关闭快捷支付的银行卡信息。

❷ 单击【快捷支付已开通】选项后的【管理】按钮。

❸ 在【银行卡详情】界面选择要关闭的银行卡，然后单击后面的【删除】按钮。

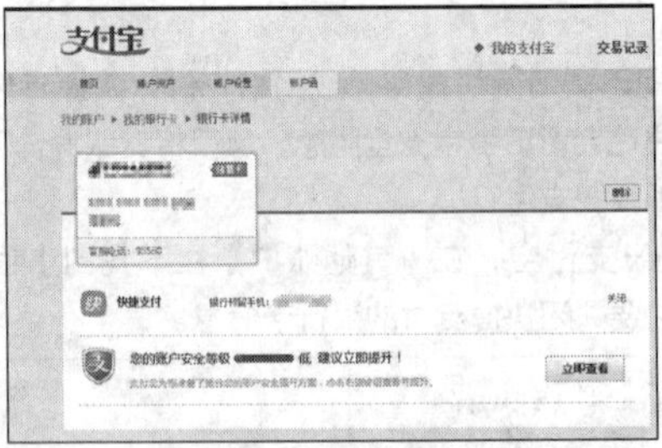

❹ 在弹出的对话框中单击【确定】按钮。

❺ 在弹出的【账户通提示】对话框中输入支付密码后单击【确定】按钮。

↘ 39. 找回财付通支付密码

❶ 登录财付通，单击用户名和QQ号后的【账户资料】链接。

❷ 在打开页面左下角的【账户保护】区域中单击【找回支付密码】链接。如果要修改支付密码，只需要单击【修改支付密码】链接即可。

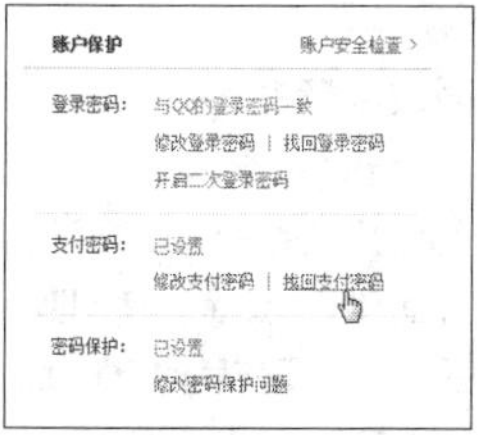

❸ 填写更多的验证方式，然后单击【提交】按钮。

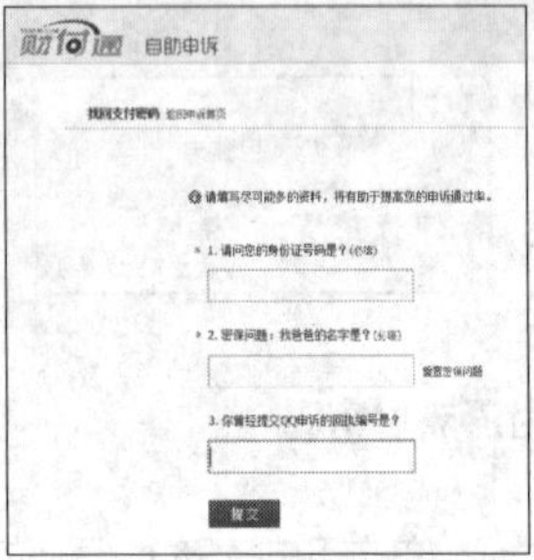

❹ 设置新的支付密码，单击【确定】按钮即可。

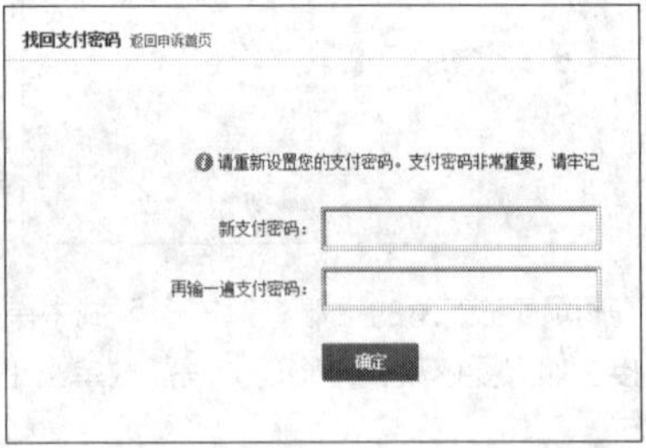

↘ 40. 安装财付通数字证书

数字证书是使用账户资金的身份凭证，只有在安装了数字证书的电脑上，才能使用账户资金，使用数字证书可保障资金不被盗用。申请成功后，如需要在其他电脑上使用账户资金，也可在该电脑上安装数字证书。

❶ 进入财付通首页，选择【安全工具】选项卡，在右侧单击【数字证书】链接。

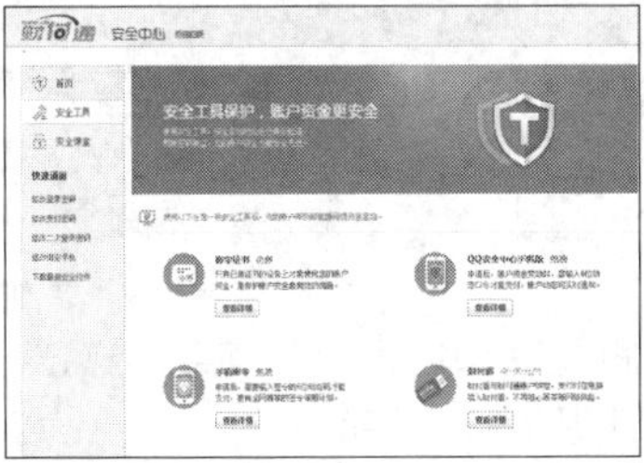

❷ 在弹出的窗口中单击【申请安装】按钮，通过短信校验账户绑定的手机后，即可完成证书的安装，方便快捷。

↘ 41. 绑定财付通手机密令

手机密令在资金变动时，使用手机动态密码验证，可以使安全支付更有保障。使用手机密令绑定手机前，需要先在手机上安装手机密令。

❶ 进入财付通首页，选择【安全工具】选项卡，在右侧单击【手机密令】链接，在打开的页面中单击【立即绑定】按钮。

❷ 如果账户尚未绑定手机，页面会提示需要先将账户与手机绑定，单击【绑定手机】链接。

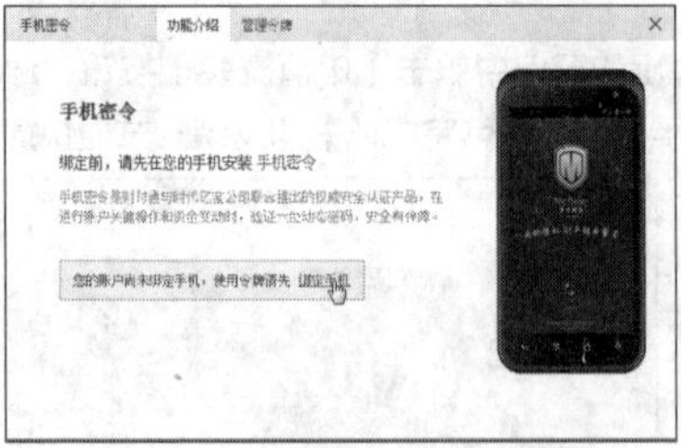

❸ 在打开的【绑定手机】窗口中输入手机号码并输入支付密码，单击【下一步】按钮。

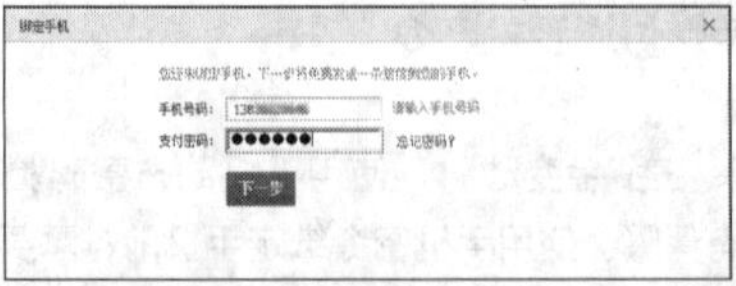

❹ 在【请填写验证码】文本框中输入手机获取的验证码，单击【确定】按钮，完成账户与手机的绑定。

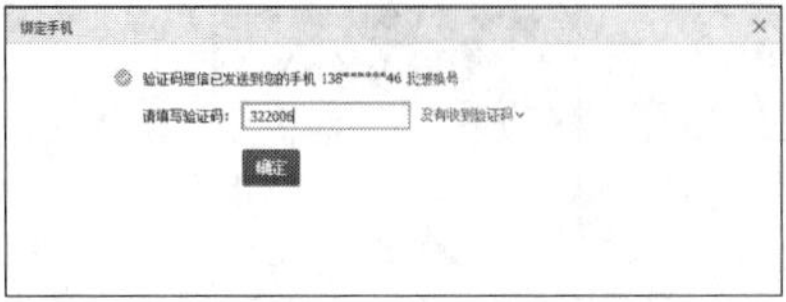

❺ 进行完账户与手机的绑定后，再次单击【绑定手机】按钮，在弹出的窗口中单击【我已安装，下一步】按钮。

❻ 在管理令牌页面填写手机号码和验证码，单击【下一步】按钮，并在下一个页面的【验证码】文本框中输入手机获取的验证码，单击【下一步】按钮。

❼ 在手机中打开【手机密令】应用程序，选择【财付通】后，即可看到页面下方出现需要输入的序列号。

❽ 在【序列号】文本框中输入【手机密令】应用程序底部的序列号，单击【下一步】按钮。

❾ 在打开的页面中的【支付密码】文本框中输入设置的支付密码，在【动态密码】文本框中输入【手机密令】应用程序上方显示的动态密码，单击【立即绑定】按钮即可完成。